i+ Interactif de Chenelière Éducation, le nouveau standard de l'enseignement

- **Créer** des préparations de cours et des présentations animées.
- **Partager** des annotations, des documents et des hyperliens avec vos collègues et vos étudiants.
- **Captiver** votre auditoire en utilisant les différents outils performants.

Profitez dès maintenant des contenus spécialement conçus pour ce titre.

AF885869

i+ Interactif

Créer | Partager | Captiver

CHENELIÈRE ÉDUCATION

3517-M ISBN 978-2-7650-4752-0

CODE D'ACCÈS ÉTUDIANT

VOUS ÊTES ENSEIGNANT ?
Communiquez avec votre représentant pour recevoir votre code d'accès permettant de consulter les ressources pédagogiques en ligne exclusives à l'enseignant.

http://mabibliotheque.cheneliere.ca

[redacted]

Mathématique d'appoint

5e édition

Mise à niveau TS5

MICHÈLE GINGRAS

Avec la collaboration de Gilles Charron

Conception et rédaction
des outils pédagogiques en ligne

MICHÈLE GINGRAS

GILLES CHARRON

CHENELIÈRE
ÉDUCATION

Mathématique d'appoint
Mise à niveau TS5, 5e édition

Michèle Gingras, avec la collaboration de Gilles Charron

Conception éditoriale : Sophie Gagnon
Édition : Dominique Lefort
Coordination : Solange Lemaitre-Provost
Révision linguistique et *correction d'épreuves :* Nicole Blanchette
Conception graphique : Pige communication
Conception de la couverture : Micheline Roy
Impression : TC Imprimeries Transcontinental

Coordination éditoriale du matériel complémentaire Web : Marie-Victoire Martin

Catalogage avant publication de Bibliothèque et Archives nationales du Québec et Bibliothèque et Archives Canada

Gingras, Michèle, 1950-

Mathématique d'appoint

5e édition.

Comprend un index.
Pour les étudiants du niveau collégial.

ISBN 978-2-7650-4752-0

1. Fonctions (Mathématiques). 2. Géométrie. 3. Algèbre. 4. Fonctions (Mathématiques) – Problèmes et exercices. I. Charron, Gilles, 1949 mars 26- . II. Titre.

QA331.G55 2015 515 C2015-940398-7

CHENELIÈRE ÉDUCATION

5800, rue Saint-Denis, bureau 900
Montréal (Québec) H2S 3L5 Canada
Téléphone : 514 273-1066
Télécopieur : 514 276-0324 ou 1 800 814-0324
info@cheneliere.ca

ISBN 978-2-7650-4752-0

Dépôt légal : 1er trimestre 2015

Bibliothèque et Archives nationales du Québec
Bibliothèque et Archives Canada

Imprimé au Canada

2 3 4 5 6 ITIB 21 20 19 18 17

Gouvernement du Québec – Programme de crédit d'impôt pour l'édition de livres – Gestion SODEC.

Ce projet est financé en partie par le gouvernement du Canada | Canada

Sources iconographiques

Couverture : Bruce yuanyue Bi/Alamy ;
p. 2, 41, 62, 118, 150, 156, 218, 321 : Wikipedia Commons ;
p. 3 (boulier) : © Ekely/iStockphoto ;
p. 3 (machine à calculer) : Natalia Siverina/Shutterstock.com ;
p. 3 (règle à calcul) : Jeffrey B. Banke/Shutterstock.com ;
p. 19 : Southtownboy/Shutterstock.com ;
p. 33 : J-M Kollar/Observatoire de Paris ;
p. 38 : MOSSOT/Wikipedia Commons ;
p. 45 : Gracieuseté de Climbing Frames France ;
p. 54 : Père Igor/Wikipedia Commons ;
p. 78 : Photo Researchers via Getty Images ;
p. 102 : © SergeyAK/iStockphoto ;
p. 107 : © Eduard Kim/Dreamstime.com ;
p. 113 : Aleksandar Mijatovic/Shutterstock.com ;
p. 121 : Oleg Elena Tovkach/Shutterstock.com ;
p. 128 : © Wangkun Jia/Dreamstime.com ;
p. 146 : © Konstantin Kamenetskiy/Dreamstime.com ;
p. 176 : Kristian Dowling/Getty Images ;
p. 193 : © habari1/iStockphoto ;
p. 199 : T.Philiptchenko/Megapress.ca ;
p. 202 : kwest19/123RF Stock Photo ;
p. 203 : Pete Spiro/Shutterstock.com ;
p. 211 : Académie des Sciences, Paris, France/Bridgeman Images ;
p. 222 : V. J. Matthew/Shutterstock.com ;
p. 231 : © Robert elichowski/iStockphoto ;
p. 232 : © FooTToo/iStockphoto ;
p. 233 : © Sutton Images/Corbis ;
p. 265 : Ryan Jorgensen – Jorgo/Shutterstock.com ;
p. 273, 276, 308 : iStock/Thinkstock Photo ;
p. 284 : Harvepino/Shutterstock.com ;
p. 287 : © Stefano Bianchetti/Corbis ;
p. 293 : inxti/Shutterstock.com ;
p. 305 : © alain wacquier/Fotolia ;
p. 316, 353 : iStock/Getty Images ;
p. 335 : 100ciaquimica.net/Wikipedia Commons ;
p. 355 : © epa european pressphoto agency b.v./Alamy ;
p. 360 : © Wisconsinart/Dreamstime.com ;
p. 361 : R.F.Morgan/Wikipedia Commons ;
p. 363 : © Classic Image/Alamy ;
p. 375 : Martin Parratt/Shutterstock.com ;
p. 380 : Anton_Ivanov/Shutterstock.com ;
p. 386 : codesyn/Shutterstock.com ;
p. 389 : akg-images/bilwissedition ;
p. 418 : © txpeter/iStockphoto ;
p. 443 : Bonnie Taylor Barry/Shutterstock.com ;
p. 450 : Patrick Foto/Shutterstock.com ;
p. 451 : iamnong27/Shutterstock.com ;
p. 470 : bikeriderlondon/Shutterstock.com.

Avant-propos

Cette nouvelle édition de *Mathématique d'appoint* est conçue spécifiquement pour le cours de mise à niveau 201-015. Sa structure et son contenu sont adaptés autant à un enseignement magistral qu'à un enseignement personnalisé sous forme de tutorat. Nous avons pris en compte les suggestions des utilisateurs afin de produire un ouvrage qui réponde encore mieux à leurs attentes.

Complètement remanié, ce manuel s'inscrit tout de même dans la tradition des éditions précédentes, en ce sens qu'il présente les mathématiques du secondaire tout en poursuivant l'objectif de préparer les étudiants aux cours qu'ils suivront au cégep. Les premiers chapitres leur permettent de réviser les bases de l'algèbre avant d'entreprendre l'étude des notions propres au cours 201-015. Les enseignants pourront choisir d'effectuer cette révision en classe avec leurs étudiants ou inviter ces derniers à consulter les chapitres concernés lorsque nécessaire. Dans le texte, de nombreux renvois précisent le chapitre et la page où on peut trouver les notions préalables.

Parmi les nouveautés, vous noterez l'utilisation de la couleur, à des fins pédagogiques d'abord (graphiques, justification des étapes, repères visuels), et aussi à des fins esthétiques (photos d'introduction de chapitre et illustration de certains problèmes). Un aide-mémoire, d'accès facile à l'intérieur des pages de couverture, rappelle de façon synthétique les principales propriétés ou formules à retenir.

En début de chapitre, des exercices préliminaires permettent à l'étudiant de vérifier sa maîtrise des notions préalables. Chaque chapitre comporte des exemples inédits et de nouveaux problèmes tirés de contextes actuels. En fin de chapitre, la section « Applications et synthèse des connaissances » présente des exemples et des exercices faisant le lien entre le contenu du chapitre et celui des chapitres précédents.

Les capsules historiques, appréciées par les utilisateurs de la quatrième édition, sont toujours présentes et les exercices récapitulatifs comportent maintenant quelques questions sur l'histoire des mathématiques.

Les enseignants auront accès à un matériel complémentaire encore plus varié : corrigé complet et détaillé des exercices, série d'exercices supplémentaires, tests récapitulatifs, réponses aux questions d'histoire, résumés des chapitres, etc.

Au-delà des innovations de cette nouvelle édition, mon objectif reste toujours le même : amener les étudiants des cours de mise à niveau à découvrir le plaisir de faire des mathématiques.

Remerciements

Je tiens à remercier chaleureusement toutes les personnes qui m'ont accompagnée pendant la rédaction de ce manuel : Gilles Charron, mon fidèle collaborateur, avec qui j'ai toujours autant de plaisir à travailler et qui m'a permis cette fois encore de profiter de son expérience d'auteur ; Monique Robitaille qui, au cours de nos nombreuses et agréables discussions, m'a fourni de précieux conseils, m'a soumis des idées originales et m'a proposé des exercices inédits ; Nancy Crosnier, du Cégep de l'Outaouais, qui, avec son souci du détail, m'a fait de nombreuses suggestions visant à faciliter la compréhension du texte ; Guillaume Poliquin, du Collège Bois-de-Boulogne et du Collège Ahuntsic, qui, par ses commentaires pertinents, m'a permis d'apporter des modifications améliorant les qualités pédagogiques de l'ouvrage ; Robert Bradley, qui s'est acquitté de la révision scientifique avec sa rigueur proverbiale et son œil de lynx, repérant les coquilles, les imprécisions et les oublis ; Louis Charbonneau, qui a conçu les capsules historiques, toujours aussi pertinentes et intéressantes.

Je remercie également les enseignants qui ont accepté de répondre à un long sondage visant à évaluer la précédente édition : Jean-Philippe Beauchamp, Denis Beausoleil, Yvonne Bolduc, Yannick Brochu, Louise Duquet, Abdelmajid Ftouhi, Geneviève Gagnon, Marie-Pier Lagassé, Sébastien Osborne, Guillaume Poliquin, Martin Villeneuve et Manon Voyer. Leurs suggestions ont été précieuses.

La conception d'un tel ouvrage aurait été impossible sans l'assistance des professionnels de l'édition de Chenelière Éducation. Je remercie particulièrement Dominique Lefort, éditrice, pour sa grande écoute et sa remarquable capacité à trouver des solutions pour surmonter toutes les embûches ; Solange Lemaitre-Provost, chargée de projet, pour son enthousiasme, son aide précieuse et sa grande disponibilité ; Nicole Blanchette, correctrice d'épreuves et réviseure linguistique, pour sa minutie et ses suggestions pertinentes afin d'améliorer la présentation du texte ; Sophie Gagnon, éditrice conceptrice – Collégial/Universitaire Sciences, Mathématiques, pour son soutien et la supervision de toutes les étapes, même dans l'ombre.

Et finalement, j'adresse un clin d'œil amical à tous mes proches, parents et amis, que j'ai négligés pendant plus d'une année, mais qui n'ont cessé de m'encourager et qui m'ont permis de garder le sourire.

Michèle Gingras

Caractéristiques du manuel

Ouverture du chapitre

Au début du chapitre, l'étudiant découvre le sommaire ainsi que l'objectif général d'apprentissage. L'introduction présente une situation concrète en lien avec les notions abordées dans le chapitre.

4 Les fonctions

Objectif général

Résoudre des problèmes faisant appel aux notions de base d'une fonction réelle.

On utilise fréquemment le terme « fonction » dans le langage courant. On dit, par exemple, que la durée d'un vol transatlantique est fonction de la distance parcourue ou que l'espérance de vie est fonction du pays de résidence. Le mot « fonction » suggère l'idée de dépendance, de relation, d'association.

Cette relation est souvent décrite par une liste à double entrée. Par exemple, voici un extrait des données concernant l'espérance de vie dans quelques pays, en 2014, selon le *CIA World Factbook*.

Pays	Espérance de vie
Japon	84 ans
Canada	82 ans
France	82 ans
États-Unis	80 ans
Pérou	73 ans
Inde	68 ans
Rwanda	59 ans
Afghanistan	50 ans

Un catalogue donne également une liste de correspondance entre chaque article et son prix. La liste de contacts d'un téléphone intelligent établit quant à elle une relation entre chaque personne qu'on y inscrit et ses coordonnées téléphoniques.

Dans le langage mathématique, une fonction est une relation particulière qui, à chaque élément de la première colonne d'une liste, associe au plus un élément de la seconde colonne. Ainsi, le tableau des espérances de vie et le catalogue décrivent une fonction au sens mathématique : il y a une seule estimation de l'espérance de vie par pays et le prix d'un article du catalogue est unique. Par contre, le carnet d'adresses du téléphone peut répertorier plus d'un numéro de téléphone pour une même personne. Il ne définit donc pas une fonction mathématique.

En mathématique, la relation fonctionnelle entre deux ensembles de nombres réels est souvent décrite par une règle de correspondance. Par exemple, on peut exprimer la relation entre le coût (en dollars) d'un repas au restaurant et le montant total de l'addition, incluant les taxes de 15 %, par la règle de correspondance $T = c + 0{,}15c = 1{,}15c$, où c est le coût du repas et T est le montant total à payer. On écrira aussi $T = f(c) = 1{,}15c$, l'expression $f(c)$ signifiant que T est fonction de c. Cette règle de correspondance permet de calculer le total de l'addition pour n'importe quel prix de repas. C'est ce que fait la caisse enregistreuse en multipliant le prix du repas par 1,15.

Ce chapitre étudie les caractéristiques générales des fonctions. Nous approfondirons l'étude de fonctions particulières dans les prochains chapitres.

Exercices préliminaires

Avant d'entreprendre l'étude de ce chapitre, vous devriez connaître et maîtriser les notions suivantes. Si vous ne pouvez répondre à une question donnée, reportez-vous aux chapitres précédents.

Les opérations sur les ensembles (*voir le chapitre 1*)

1. Effectuer chacune des opérations suivantes et exprimer la réponse en utilisant la notation d'intervalle.

   a) $\{x \in \mathbb{R} \mid -1 < x \leq 4\} \setminus \{0\}$ b) $(\mathbb{R} \setminus \{2, 8\}) \cap (\mathbb{R} \setminus \{5\})$ c) $]-2, 6] \cap]5, 10[$ d) $[0, 3[\cup \{3\} \cup]3, 12[$

Le domaine et les zéros d'une expression algébrique (*voir les chapitres 2 et 3*)

2. Déterminer le domaine de chacune des expressions algébriques suivantes.

   a) $5x^3 + 4x^2 - 3x + 2$ b) $\dfrac{9x^2 - 4}{x^2 + 2x + 1}$ c) $\dfrac{1}{25x^2 + 1}$ d) $\sqrt{x^2 - 6x}$

3. Trouver les zéros de chacune des expressions algébriques suivantes.

   a) $x^2 - 16$ b) $3x^2 + 4$ c) $\dfrac{(x+1)x+3}{10-x}$ d) $\sqrt{3x-7}$

Les équations et les inéquations (*voir le chapitre 3*)

4. Résoudre chacune des équations suivantes.

   a) $x^2 - 9x + 8 = 0$ b) $3x^3(x^2+1)(2x-5) = 0$ c) $\dfrac{x+3}{4-x} = 0$ d) $\sqrt{6x^2 - 5x + 4} = 0$

5. Trouver l'ensemble solution de chacune des inéquations suivantes.

   a) $3x - 10 \geq 0$ b) $2x^2 - 12x - 14 < 0$ c) $-4x^2(x+3)(x-5) > 0$ d) $\dfrac{x(2x+1)}{3-x} \geq 0$

Exercices préliminaires

Placés immédiatement après l'ouverture du chapitre, les exercices préliminaires permettent à l'étudiant d'évaluer les connaissances qu'il a acquises aux chapitres précédents avant de poursuivre son apprentissage.

Encadrés

Trois types d'encadrés ponctuent le texte. Facilement repérables grâce à leur couleur distincte, ils définissent une notion, présentent une propriété ou un théorème, ou décrivent une démarche.

Une **fonction réelle** f est une relation qui, à chaque $x \in \mathbb{R}$, associe **au plus un** $y \in \mathbb{R}$.

- f est le **nom** de la fonction.
- x est la **variable indépendante**.
- y est la **variable dépendante** : c'est l'**image** de x par la fonction f.

On décrit la relation entre y et x par une équation de la forme $y = f(x)$ (lire « y égale f de x »). C'est la **règle de correspondance** de la fonction qui indique comment **évaluer** la fonction pour une valeur de x donnée, c'est-à-dire comment calculer la valeur de y correspondant à cette valeur de x.

Quelques propriétés des opérations

La somme, la différence et le produit de deux nombres réels sont aussi des nombres réels.

Le quotient de deux nombres réels est un nombre réel si le diviseur est différent de 0.

Le produit ou le quotient de deux nombres réels non nuls est positif si ces deux nombres sont de même signe ; il est négatif si les deux nombres sont de signes contraires.

Le calcul du PPCM et du PGCD

Pour trouver le PPCM de deux ou plusieurs entiers positifs, on décompose d'abord chacun des nombres en facteurs premiers. Le PPCM est le produit de tous les facteurs figurant dans l'une ou l'autre des décompositions, chaque facteur étant pris avec son plus grand exposant.

Pour trouver le PGCD de deux ou plusieurs entiers positifs, on décompose d'abord chacun des nombres en facteurs premiers. Le PGCD est le produit de tous les facteurs communs à chacun des nombres, chaque facteur étant pris avec son plus petit exposant.

Nicolas Copernic

Le fait que le symbole de la racine ait l'air d'un crochet n'est sans doute pas fortuit. En effet, au début du XVIe siècle, à l'époque de Copernic (1473-1543), certains auteurs allemands indiquent qu'on prend une racine d'un nombre en plaçant devant lui un gros point avec une sorte de queue : ⸝. Ainsi, ⸝8 signifiait la même chose que notre $\sqrt{8}$. Cependant, pour écrire ce symbole avec une plume, entre autres pour bien tracer le gros point, il faut arrêter son élan. C'est probablement pour aller plus vite que d'autres mathématiciens commencent bientôt à écrire un simple crochet, √, beaucoup plus facile à tracer. De l'Allemagne, l'usage de ce symbole se répand assez rapidement en France, en Italie et dans toute l'Europe. Mais ce simple symbole a un défaut. Dans l'expression √8 + 12, par exemple, on ne peut pas savoir si cela veut dire $\sqrt{8} + 12$ ou $\sqrt{8 + 12}$. La ligne supérieure, qui indique précisément ce dont on prend la racine, sera d'usage seulement une centaine d'années plus tard, au XVIIe siècle, le siècle de Descartes. Cela peut paraître long pour ce qui nous semble un si petit ajout. Mais il en va souvent ainsi dans l'évolution du symbolisme.

Capsules historiques

Les capsules historiques donnent de l'information sur des personnalités qui ont marqué l'histoire des mathématiques ou sur des concepts abordés dans une section.

Pictogrammes

Quatre pictogrammes sont proposés à l'étudiant.

- décrit l'objectif d'apprentissage visé.
- attire l'attention sur certaines difficultés.
- présente des trucs pratiques.
- indique les problèmes plus complexes.

Exemple 1.1

◆ En divisant 3 par 11, on obtient 0,27272727... La séquence de deux chiffres 27 se répète indéfiniment. C'est la période et on écrit $\frac{3}{11} = 0,\overline{27}$.

◆ En divisant 199 par 52, on obtient 3,82692307692307... À partir de la troisième décimale, la séquence de six chiffres 692307 se répète indéfiniment. C'est la période et on écrit $\frac{199}{52} = 3,82\overline{692307}$.

◆ Une forme décimale finie est aussi considérée comme périodique, de période 0. Par exemple, $\frac{4}{25} = 0,16 = 0,160000... = 0,16\overline{0}$ et $18 = 18,\overline{0}$.

Exemples

Les nombreux exemples illustrent la théorie et préparent l'étudiant à voler de ses propres ailes au moment de faire les séries d'exercices.

Tableaux et figures

Une grande quantité de figures et de tableaux viennent appuyer la théorie présentée au fil du texte. La couleur favorise une meilleure compréhension des graphiques.

Valeur de x	$y = f(x) = x^2$	Valeur de y (image de x par la fonction f)
$x = 5$	$y = f(5) = 5^2$	$y = 25$
$x = -8$	$y = f(-8) = (-8)^2$	$y = 64$
$x = a+1$	$y = f(a+1) = (a+1)^2$	$y = a^2 + 2a + 1$

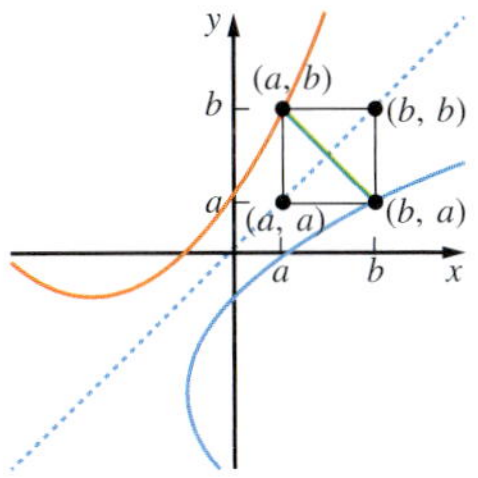

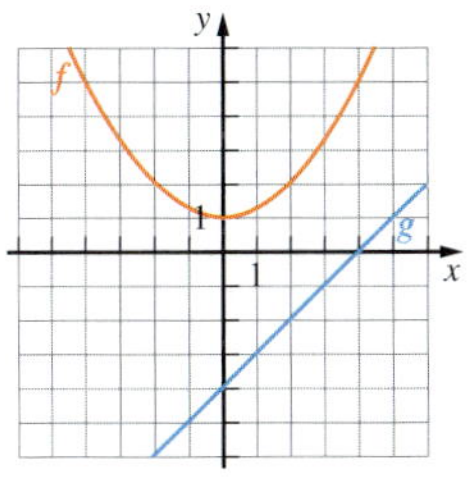

Exercices 10.7

1. a) Construire un tableau de valeurs pour x et $\cos x$, avec les valeurs de x correspondant aux points remarquables du cercle trigonométrique où $x \in \left[0, \frac{\pi}{2}\right]$.

   b) À l'aide du tableau de valeurs, tracer le graphique de la fonction $f(x) = \cos x$ sur l'intervalle $\left[0, \frac{\pi}{2}\right]$. Utiliser ensuite la symétrie du cercle trigonométrique pour tracer le graphique sur $[-\pi, 3\pi]$.

   c) À partir de ce graphique, vérifier les caractéristiques de la fonction $f(x) = \cos x$ énoncées aux pages 418 et 419.

2. Le graphique de la fonction $g(x) = \cos x$ est une translation horizontale de celui de la fonction $f(x) = \sin x$.

   a) De combien d'unités faut-il déplacer le graphique de la fonction sinus vers la gauche pour obtenir le graphique de la fonction cosinus ?

   b) Exprimer la règle de correspondance de la fonction cosinus sous la forme $g(x) = \sin(x - h)$.

3. À partir du cercle trigonométrique, expliquer pourquoi la fonction tangente change de signe lorsqu'on « traverse » une asymptote verticale.

Exercices

Des exercices variés et originaux figurent à la fin de chaque section, permettant à l'étudiant de vérifier sa compréhension des notions. Les numéros des exercices dont la solution (démonstration, justification, interprétation) ne se trouve pas dans le corrigé à la fin du manuel apparaissent en rouge.

Exercices récapitulatifs

À la fin du chapitre, les exercices récapitulatifs amènent l'étudiant à faire la synthèse de ses apprentissages. Fait nouveau, ces exercices comprennent maintenant des questions sur l'histoire des mathématiques.

Exercices récapitulatifs

1. Si $f(x) = x^2 + \frac{2}{x}$ et $g(x) = \sqrt{x+1}$, évaluer les expressions suivantes, si possible.

   a) $f(3)$ b) $f(0)$ c) $g(5)$ d) $g(-1)$ e) $f(x-3)$ f) $(f+g)(3)$ g) $(g-f)(8)$ h) $(fg)(-1)$ i) $\left(\frac{f}{g}\right)(-1)$ j) $(f \circ g)(8)$ k) $(g \circ f)(2)$ l) $(f \circ f)(-1)$ m) $g^{-1}(4)$ n) $f^{-1}(0)$ o) $(f \circ f^{-1})(1)$

2. Trouver le domaine de chacune des fonctions suivantes.

   a) $f(x) = x^2 + 3x - 12$ b) $f(x) = \frac{3x-1}{2x+5}$ c) $f(x) = \sqrt{4x+7}$ d) $f(x) = \sqrt[3]{x+1}$ e) $f(x) = \frac{\sqrt{x+2}}{x-3}$ f) $f(x) = \sqrt{x^2+x-12}$

3. Soit la fonction $f(x) = \frac{(2x-5)(x+3)}{x^2}$.

   a) Quel est le domaine de cette fonction ?

   b) Quels sont ses zéros ?

   c) Faire l'étude du signe de la fonction.

4. Tracer le graphique d'une fonction f telle que, simultanément :

Un peu d'histoire

Les réponses à certaines de ces questions se trouvent dans ce chapitre. Un peu de réflexion ou de recherche sera nécessaire pour répondre aux questions en bleu.

12. Quel mathématicien a utilisé pour la première fois le mot « fonction » dans son sens mathématique ?

13. Donner quelques exemples d'application des fonctions à l'époque de Newton.

14. a) Quel est l'autre nom du Musée Pointe-à-Callière ?

    b) Quel type d'exposition y présente-t-on ?

15. a) À qui doit-on le nom du plan cartésien ?

    b) Comment appelle-t-on la branche des mathématiques qui fait le lien entre l'algèbre et la géométrie ?

16. a) Comment les astronomes grecs procédaient-ils pour prédire le moment où un astre allait atteindre une position donnée ?

    b) À quel type de fonction peut-on associer la lecture « à l'envers » d'un tableau de valeurs ?

    c) À quoi servait un astrolabe ?

    d) Dans quelles œuvres bien connues d'Homère trouve-t-on la référence à plusieurs étoiles et constellations ?

Table des matières

Chapitre 1 Les ensembles de nombres et l'arithmétique

Chapitre 2 Les expressions algébriques

Chapitre 3 Les équations et les inéquations

Chapitre 4 Les fonctions

Chapitre 5 La droite

Chapitre 6 Les fonctions quadratiques et leur réciproque, la racine carrée

Chapitre 7 Les fonctions rationnelles

Chapitre 8 Les fonctions exponentielles et logarithmiques

Chapitre 9 La géométrie

Chapitre 10 Les fonctions trigonométriques

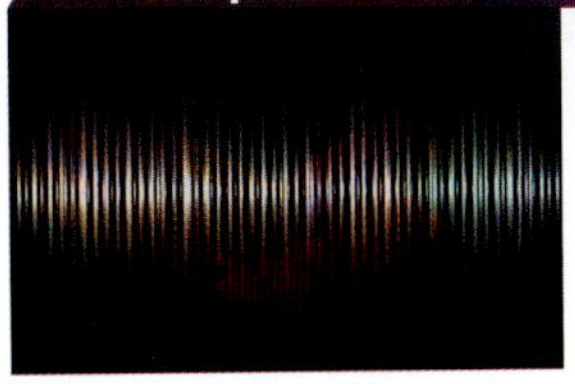

Chapitre 11 Les vecteurs du plan

1 Les ensembles de nombres et l'arithmétique

Objectif général

Résoudre des problèmes faisant appel à des calculs numériques sur les nombres réels.

La notion de nombre est apparue avant même l'invention de l'écriture. Des marques retrouvées sur des os datant de la Préhistoire ont probablement servi à compter. L'opération de comptage consistait essentiellement à associer les éléments de deux ensembles. Sans pouvoir nommer ni écrire les nombres tels que nous les connaissons aujourd'hui, un berger pouvait par exemple mettre un caillou dans une pile pour chaque mouton parti au pâturage, et retirer ensuite un caillou pour chaque bête qui revenait, s'assurant ainsi que le troupeau était complet. Le mot « calcul » vient du latin *calculus*, qui signifie « caillou ». À l'origine, calculer, c'était compter avec des cailloux.

Apparurent ensuite des symboles destinés à représenter les nombres. Les Grecs utilisaient les minuscules α, β, γ, δ, ε, etc., et les Romains, les majuscules I, V, X, L, C, M, D. Les Phéniciens inventèrent un système de numérotation dans lequel la position d'un symbole indique la valeur de celui-ci. Les chiffres arabes, ceux que nous utilisons maintenant, ont fait leur apparition dans le monde occidental vers l'an 1000 de notre ère.

Au fil des siècles, on a compté sur les doigts (d'où l'utilisation d'un système de numération à base 10) et on a utilisé différents objets permettant de compter ou de consigner des informations numériques.

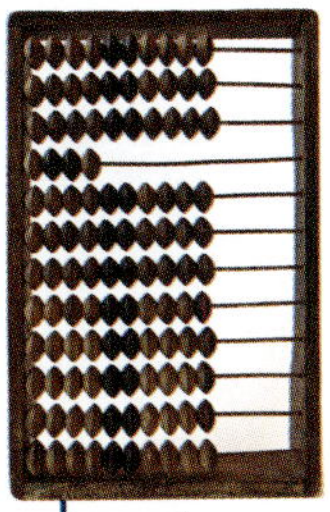

Boulier russe

Machine à calculer

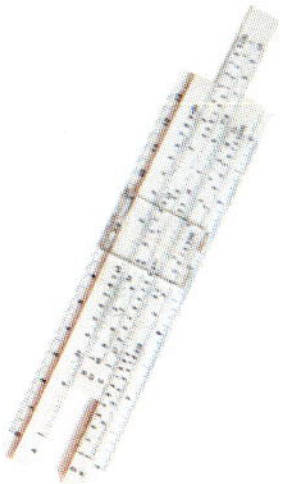

Règle à calcul

Le boulier, cadre rectangulaire muni de tiges sur lesquelles coulissent des boules, le quipu inca, fait de cordelettes comportant des nœuds complexes, des tables et des règles à calcul, puis des machines à calculer mécaniques sont les ancêtres des calculatrices et des ordinateurs modernes.

1.1 Les ensembles de nombres

Classifier les nombres réels selon leurs caractéristiques.

Certaines propriétés des nombres permettent de regrouper ceux qui ont des caractéristiques communes dans des ensembles bien définis. Les ensembles de nombres les plus courants sont décrits ci-dessous.

Les **nombres naturels**
$\mathbb{N} = \{0, 1, 2, 3, ...\}$ est l'ensemble des nombres entiers positifs ou nuls.

Les **nombres entiers**
$\mathbb{Z} = \{..., -3, -2, -1, 0, 1, 2, 3, ...\}$ est l'ensemble de tous les entiers, qu'ils soient positifs, négatifs ou nuls.

Les **nombres rationnels**
$\mathbb{Q}$ est l'ensemble des nombres qui peuvent s'exprimer sous la forme d'un quotient de deux entiers, soit sous la forme $\frac{a}{b}$, où a et b sont des entiers et $b \neq 0$. Tout nombre rationnel possède une représentation décimale périodique, ce qui signifie qu'à partir d'une certaine décimale, une même suite de chiffres se répète indéfiniment. Inversement, tout nombre dont l'expression décimale est périodique peut s'écrire sous la forme $\frac{a}{b}$, où a et b sont des entiers et $b \neq 0$.

Les **nombres irrationnels**
$\mathbb{Q}'$ est l'ensemble des nombres dont la représentation décimale est non périodique. Les nombres irrationnels ne peuvent pas s'exprimer sous la forme d'un quotient de deux entiers.

Les **nombres réels**
$\mathbb{R}$ est l'ensemble de tous les nombres qui sont soit rationnels, soit irrationnels.

Le diagramme de Venn ci-dessous présente la relation entre ces ensembles.

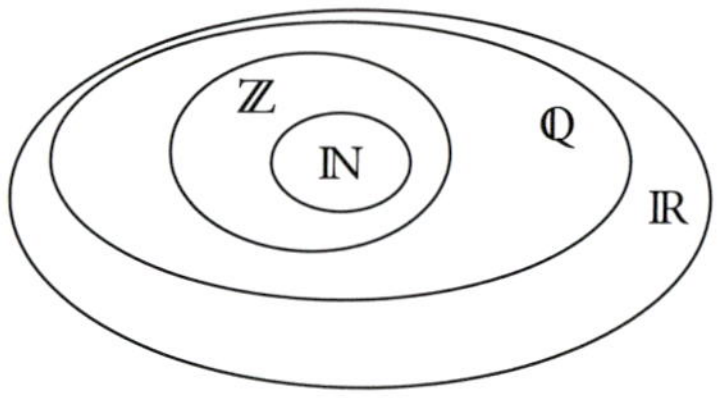

Un nombre réel est **positif** s'il est plus grand que 0 et **négatif** s'il est plus petit que 0.

Le nombre 0 n'est ni positif ni négatif. Il a une valeur **nulle**.

Dans la représentation décimale d'un nombre, on appelle **période** une suite de chiffres qui se répète indéfiniment à partir d'une certaine position. On indique la période en la surmontant d'une barre horizontale.

Exemple 1.1

- En divisant 3 par 11, on obtient 0,27272727... La séquence de deux chiffres 27 se répète indéfiniment. C'est la période et on écrit $\frac{3}{11} = 0,\overline{27}$.
- En divisant 199 par 52, on obtient 3,82692307692307... À partir de la troisième décimale, la séquence de six chiffres 692307 se répète indéfiniment. C'est la période et on écrit $\frac{199}{52} = 3,82\overline{692307}$.
- Une forme décimale finie est aussi considérée comme périodique, de période 0. Par exemple, $\frac{4}{25} = 0,16 = 0,160000... = 0,16\overline{0}$ et $18 = 18,\overline{0}$.

1

Il est toujours possible de transformer un nombre décimal périodique pour obtenir sa forme fractionnaire.

Les nombres qui constituent un ensemble sont les **éléments** de cet ensemble. On écrit $a \in A$ pour indiquer que le nombre a est un élément de l'ensemble A et $a \notin A$ si le nombre a n'appartient pas à l'ensemble.

Exemple 1.2

- 123 est un nombre naturel ($123 \in \mathbb{N}$), car c'est un entier positif. C'est aussi un entier ($123 \in \mathbb{Z}$), un nombre rationnel ($123 \in \mathbb{Q}$), car $123 = \frac{123}{1} = 123,\overline{0}$, et un nombre réel ($123 \in \mathbb{R}$).
- $-456 \notin \mathbb{N}$, car c'est un entier négatif. Puisque c'est un entier ($-456 \in \mathbb{Z}$), c'est par le fait même un nombre rationnel ($-456 \in \mathbb{Q}$) et un nombre réel ($-456 \in \mathbb{R}$).
- $\frac{3}{4} \in \mathbb{Q}$. C'est un nombre rationnel, puisqu'il est de la forme $\frac{a}{b}$, où $b \neq 0$. Sa représentation décimale 0,75 est finie, donc périodique ($0,75 = 0,75\overline{0}$). C'est aussi un nombre réel $\left(\frac{3}{4} \in \mathbb{R}\right)$.
- $2,\overline{285\,714} \in \mathbb{Q}$. C'est un nombre rationnel, car sa représentation décimale est périodique.
- Le nombre π représente le rapport entre la circonférence et le diamètre d'un cercle. La recherche de sa valeur exacte a occupé l'esprit des mathématiciens pendant des siècles. On sait maintenant que ce nombre ne peut être représenté par le quotient de deux entiers. Sa représentation décimale $\pi = 3,141\ 592\ 653\ 5...$ est non périodique. Ce n'est donc pas un nombre rationnel ($\pi \notin \mathbb{Q}$), mais plutôt un nombre irrationnel ($\pi \in \mathbb{Q}'$) et, par conséquent, un nombre réel ($\pi \in \mathbb{R}$). Le nombre 3,1416, qu'on associe souvent à π, n'est pas sa valeur exacte ; ce n'est qu'une **approximation** rationnelle de ce nombre irrationnel.
- Le carré d'un nombre réel non nul est toujours positif, puisque c'est le produit de deux nombres de même signe. Dans $\mathbb{R}$, on ne peut donc pas trouver la racine carrée d'un nombre négatif. Les nombres $\sqrt{-1}, \sqrt{-4,98}, \sqrt{-\pi}, ...$ ne sont pas des nombres réels.

On peut décrire un ensemble en énumérant ses éléments ou en précisant leurs caractéristiques communes.

La **définition d'un ensemble en extension** consiste à énumérer ses éléments, séparés par des virgules et placés entre accolades.

Exemple 1.3

- $A = \{1,\ 2,\ 3,\ 4,\ 6,\ 12\}$ est l'ensemble des diviseurs positifs de 12.
- $B = \{2,\ 4,\ 6,\ 8,\ 10,\ 12,\ ...\}$ est l'ensemble des entiers pairs positifs.

Lorsque l'ensemble contient des nombres décimaux, on utilisera plutôt le point-virgule entre les éléments, afin de ne pas confondre la virgule décimale et le séparateur. On écrira par exemple $C = \{-1{,}9;\ 12;\ 43{,}75;\ 500\}$.

La **définition d'un ensemble en compréhension** consiste à décrire les caractéristiques communes et spécifiques à ses éléments. L'énoncé des caractéristiques doit décrire tous les éléments de l'ensemble, et seulement ceux-là.

Exemple 1.4

- Pour décrire en compréhension l'ensemble $A = \{1,\ 2,\ 3,\ 4,\ 6,\ 12\}$ de l'exemple 1.3, on écrit $A = \{x \in \mathbb{R} \mid x \text{ est un diviseur positif de } 12\}$. Les accolades indiquent qu'il s'agit d'un ensemble et la barre verticale signifie « tels que ». On lit alors « A est l'ensemble des x éléments de $\mathbb{R}$ tels que x est un diviseur positif de 12 ». Les six éléments de l'ensemble sont des diviseurs positifs de 12 et ce sont les seuls. On pourrait aussi écrire $A = \{x \in \mathbb{N} \mid x \text{ est un diviseur de } 12\}$.

Les symboles « * », « + » ou « − », juxtaposés au nom d'un ensemble E, sont utilisés respectivement pour signifier qu'on exclut le 0 de l'ensemble (E^*) ou qu'on se limite aux nombres positifs (E^+) ou négatifs (E^-).

Exemple 1.5

- $\mathbb{N}^* = \{1,\ 2,\ 3,\ ...\} = \{x \in \mathbb{N} \mid x > 0\}$
- $\mathbb{Z}^+ = \{1,\ 2,\ 3,\ ...\} = \mathbb{N}^*$
- $\mathbb{R}^+ = \{x \in \mathbb{R} \mid x \text{ est positif}\}$ et $\mathbb{R}^- = \{x \in \mathbb{R} \mid x \text{ est négatif}\}$

Exercices 1.1

1. À quels ensembles (parmi $\mathbb{N}$, $\mathbb{Z}$, $\mathbb{Q}$, $\mathbb{Q}'$ et $\mathbb{R}$) les nombres suivants appartiennent-ils ?

a) $\dfrac{2}{3}$ b) -17 c) 1000 d) $0,\overline{3}$ e) 3,12112111211112...

2. Parmi les nombres suivants, indiquer ceux qui sont rationnels.

a) 12 c) π e) $\sqrt{3}$ g) $3,\overline{24512}$ i) $\dfrac{-12}{5}$

b) 1,4142 d) $\dfrac{22}{7}$ f) 0 h) 3,1416 j) $\dfrac{\sqrt{4}}{5}$

3. Dans le diagramme ci-dessous, placer correctement les nombres -8, $\dfrac{7}{3}$, $\sqrt{3}$, 14, $\dfrac{\pi}{2}$, $-2,5\overline{8}$, 0 et $-\sqrt{9}$.

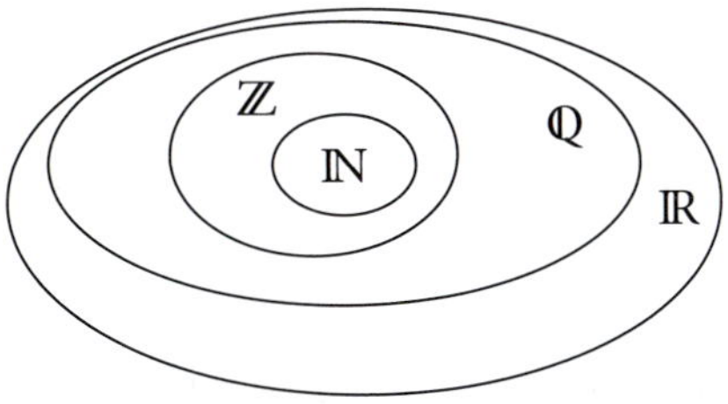

4. Transformer chacune des fractions suivantes sous la forme décimale, en indiquant correctement la période.

a) $\dfrac{8}{5}$ b) $\dfrac{22}{7}$ c) $\dfrac{-5}{12}$ d) $\dfrac{245}{111}$ e) $\dfrac{4027}{108}$

5. Calculer $0,\overline{1} + 0,\overline{12} + 0,\overline{123}$ et donner la réponse sous la forme décimale périodique.

6. Dans chacune des cases du tableau ci-dessous, utiliser le symbole $\in$ ou le symbole $\notin$ pour indiquer si le nombre appartient ou non à l'ensemble.

	$\mathbb{N}$	$\mathbb{Z}$	$\mathbb{Q}$	$\mathbb{Q}'$	$\mathbb{R}$
5					
0					
-3					
$\dfrac{5}{9}$					
-0,57					
$\sqrt{31}$					
$12,5\overline{423}$					
π					
$\dfrac{16}{8}$					
$\sqrt{-4}$					
$-\sqrt{9}$					

7. Pour chacun des ensembles suivants, indiquer s'il est défini en extension ou en compréhension et donner sa définition en utilisant l'autre méthode.

a) $\{x \in \mathbb{N} \mid x \text{ est un multiple de } 10\}$

b) $\{..., -125, -64, -27, -8, -1, 0, 1, 8, 27, ...\}$

c) $\left\{x \in \mathbb{Q} \,\middle|\, x = \dfrac{a}{b}, \text{ où } a \in \mathbb{N} \text{ et } b = a + 1\right\}$

d) $\{0{,}1\,; 0{,}01\,; 0{,}001\,; 0{,}0001\,; ...\}$

e) $\{11, 13, 17, 19, 23, 29\}$

1.2 Les intervalles

Décrire un ensemble de nombres réels à l'aide d'un intervalle.

L'ensemble $\mathbb{R}$ est muni d'une relation d'ordre, c'est-à-dire qu'on peut toujours comparer deux nombres réels a et b et qu'on obtient nécessairement l'une des relations suivantes :

- $a = b$ (a est **égal à** b) ;
- $a < b$ (a est **plus petit que** b) ;
- $a > b$ (a est **plus grand que** b).

On écrit $a \leq b$ pour signifier que le nombre a est inférieur ou égal à b et $a \geq b$ pour indiquer que le nombre a est supérieur ou égal à b.

Exemple 1.6

- $-2 < 5$ et $5 > -2$ indiquent la relation d'ordre entre les deux nombres.
- $a \leq 10$ signifie que le nombre a peut être égal à 10 ou prendre une valeur inférieure à 10.
- Lorsque trois nombres sont placés en **ordre croissant**, on peut exprimer cette relation à l'aide d'une double inégalité : $-2 < 5 < 8$ ou encore $-2 \leq 5 \leq 8$. On peut alors dire que 5 est compris entre -2 et 8.

On emploie la double inégalité $a < b < c$ seulement si les nombres a, b et c sont dans l'ordre croissant. On peut donc écrire $4 < 7 < 10$. Par contre, on ne peut recourir à une double inégalité pour simplifier une relation « plus petit que » et une relation « plus grand que ».

On représente graphiquement l'ensemble des nombres réels par une droite orientée. Après avoir placé le 0, on choisit une longueur correspondant à l'unité. Un nombre réel positif a est placé à une distance de a unités à la droite de 0 et le nombre négatif $-a$ est placé à une distance de a unités à la gauche de 0.

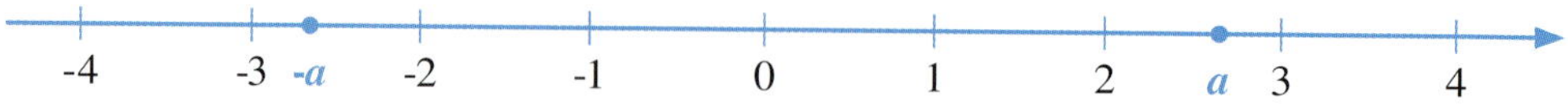

Le sens de la flèche indique l'ordre dans $\mathbb{R}$: un nombre a est plus petit qu'un nombre b s'il est situé avant lui (à sa gauche) sur cette droite.

Entre deux nombres réels, il en existe une infinité d'autres. Il existe aussi une infinité de nombres réels plus petits (ou plus grands) qu'un nombre réel donné.

La distance entre un nombre a et 0, sur l'axe réel, est la **valeur absolue** de a, notée $|a|$.

Exemple 1.7

◆ $|3| = 3$. La valeur absolue de 3 est la distance entre 3 et 0, c'est-à-dire 3.

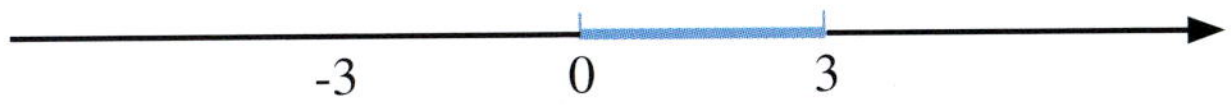

◆ $|-3| = 3$. La valeur absolue de -3 est la distance entre -3 et 0, c'est-à-dire 3.

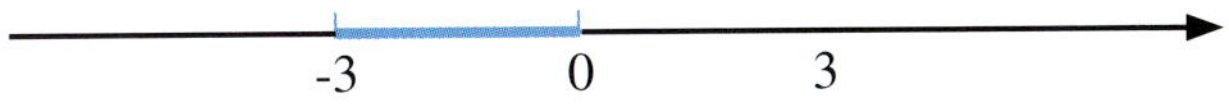

La valeur absolue d'un nombre réel est toujours positive ou nulle, puisqu'il s'agit d'une distance.

Nous traiterons de la valeur absolue de façon plus détaillée aux chapitres 4 et 5.

Un **intervalle borné** est un sous-ensemble de IR contenant tous les nombres réels compris entre deux nombres réels a et b, où $a < b$. Les nombres a et b sont les **bornes** de l'intervalle ; ils peuvent être inclus dans l'intervalle ou en être exclus.

On distingue plusieurs types d'intervalles.

Un intervalle borné est **fermé** s'il inclut ses bornes.
On le représente par des crochets tournés vers l'intérieur.

$$[a, b] = \{x \in \mathbb{R} \mid a \leq x \leq b\}$$
$$= \{x \in \mathbb{R} \mid x \text{ est compris entre } a \text{ et } b\text{, ces deux valeurs étant incluses}\}$$

Sur la droite réelle, on représente graphiquement un **intervalle fermé** $[a, b]$ par un segment de droite aux extrémités duquel les points pleins (•) indiquent que ces nombres appartiennent à l'intervalle.

Exemple 1.8

◆ $[-2, 3] = \{x \in \mathbb{R} \mid -2 \leq x \leq 3\}$

C'est l'ensemble des nombres réels compris entre -2 et 3 inclusivement.

Un intervalle borné est **ouvert** s'il n'inclut pas ses bornes.
On le représente par des crochets tournés vers l'extérieur.

$$]a, b[= \{x \in \mathbb{R} \mid a < x < b\}$$
$$= \{x \in \mathbb{R} \mid x \text{ est compris entre } a \text{ et } b, \text{ ces deux valeurs étant exclues}\}$$

On représente graphiquement un intervalle **ouvert** $]a, b[$ par un segment de droite aux extrémités duquel les points vides (∘) indiquent que ces nombres n'appartiennent pas à l'intervalle.

Exemple 1.9

◆ $\left]\frac{1}{2}, \frac{5}{9}\right[= \left\{x \in \mathbb{R} \,\middle|\, \frac{1}{2} < x < \frac{5}{9}\right\}$ est l'ensemble des nombres réels compris entre $\frac{1}{2}$ et $\frac{5}{9}$, ces deux valeurs étant exclues.

Un intervalle borné peut aussi être semi-ouvert, c'est-à-dire ouvert d'un côté et fermé de l'autre.

Exemple 1.10

◆ $[-2, 3[= \{x \in \mathbb{R} \mid -2 \leq x < 3\}$

Le nombre -2 appartient à l'intervalle, mais pas le nombre 3.

◆ $]-2, 3] = \{x \in \mathbb{R} \mid -2 < x \leq 3\}$

Le nombre 3 appartient à l'intervalle, mais pas le nombre -2.

Un intervalle ne contient pas que des nombres entiers. Il renferme tous les nombres réels compris entre ses bornes : entiers, rationnels et irrationnels.

$[4, 7] \neq \{4, 5, 6, 7\}$, car, par exemple, $5,27 \in [4, 7]$ et $5,27 \notin \{4, 5, 6, 7\}$.

$]5, 12[\neq [6, 11]$, car, par exemple, $11,999 \in]5, 12[$ et $11,999 \notin [6, 11]$.

Lorsque les bornes d'un intervalle sont des entiers, on les sépare habituellement par une virgule. Par contre, si l'une ou l'autre borne est un nombre décimal, on mettra plutôt un point-virgule afin de ne pas confondre la virgule décimale et le symbole de séparation des deux nombres. On écrira donc $[2 ; 6,9]$ ou $[2,6 ; 9]$ selon que les bornes sont 2 et 6,9 ou 2,6 et 9.

On peut aussi utiliser les intervalles pour représenter l'ensemble des nombres réels supérieurs, supérieurs ou égaux, inférieurs, ou inférieurs ou égaux à un nombre réel donné. On emploie les symboles $-\infty$ ou $+\infty$ (lire « moins l'infini » ou « plus l'infini ») pour indiquer que l'intervalle n'est pas borné à l'une ou l'autre de ses extrémités.

Un intervalle est **semi-borné** à gauche (ou à droite) s'il contient tous les nombres réels plus grands (ou plus petits) qu'un nombre réel a. La borne a peut être incluse ou non.

Un tel intervalle est représenté par une demi-droite.

$[a, +\infty[= \{x \in \mathbb{R} \mid x \geq a\}$	
$]-\infty, a] = \{x \in \mathbb{R} \mid x \leq a\}$	
$]a, +\infty[= \{x \in \mathbb{R} \mid x > a\}$	
$]-\infty, a[= \{x \in \mathbb{R} \mid x < a\}$	

Exemple 1.11

- $[-4, +\infty[= \{x \in \mathbb{R} \mid x \geq -4\}$

- $\mathbb{R}^- = \{x \in \mathbb{R} \mid x < 0\} =]-\infty, 0]$

- $\mathbb{R}^+ = \{x \in \mathbb{R} \mid x > 0\} =]0, +\infty[$

- $\mathbb{R} =]-\infty, +\infty[$

$-\infty$ et $+\infty$ ne sont pas des nombres réels et ne peuvent donc pas être inclus dans un intervalle. C'est pourquoi l'intervalle est ouvert du côté où on inscrit le symbole infini.

Tout comme on le fait pour les nombres réels, il est permis d'omettre le signe + devant ∞. Ainsi, $+\infty$ et ∞ ont la même signification.

Exercices 1.2

1. Exprimer chacun des ensembles ci-dessous sous la forme d'un intervalle et le représenter graphiquement.

   a) $\{x \in \mathbb{R} \mid 2 \le x < 15\}$

   b) $\{x \in \mathbb{R} \mid x < 4\}$

   c) $\{x \in \mathbb{R} \mid -1 \le x \le 0\}$

   d) $\{x \in \mathbb{R} \mid x \ge 3\}$

   e) $\{x \in \mathbb{R} \mid 12 < x < 15\}$

   f) $\left\{x \in \mathbb{R} \,\middle|\, \frac{1}{4} < x < \frac{5}{2}\right\}$

   g) $\{x \in \mathbb{R} \mid x < 5 \text{ et } x \ge 2\}$

   h) $\{x \in \mathbb{R} \mid x < 5 \text{ ou } x \ge 2\}$

2. Définir en compréhension chacun des intervalles ci-dessous. Représenter graphiquement l'intervalle.

   a) $[5, 8[$ b) $\left]\frac{1}{2}, +\infty\right[$ c) $]-\infty, 6]$ d) $[0, 10]$

3. Décrire chacun des ensembles ci-dessous au moyen de la notation des intervalles, puis en compréhension.

   a) 

   b) 

   c) 

   d) 

1.3 Les relations entre deux ensembles

Reconnaître les relations d'égalité ou d'inclusion entre deux ensembles.

Deux ensembles A et B sont **égaux** s'ils ont exactement les mêmes éléments. On écrit alors $A = B$.

Exemple 1.12

- Si $A = \{1, 4, 9, 16, 25\}$ et $B = \{1^2, 2^2, 3^2, 4^2, 5^2\}$, alors $A = B$.
- $A = \{5, 10\}$ et $B = \{0, 5, 10\}$ ne sont pas égaux, puisqu'ils n'ont pas exactement les mêmes éléments.
- $\{1, 2, 3\} = \{3, 2, 1\}$. L'ordre dans lequel on inscrit les éléments n'a pas d'importance.
- $\{1, 2, 1, 3, 2, 1\} = \{1, 2, 3\}$. La répétition d'un élément ne modifie pas un ensemble.
- $[-12, 27] = \{x \in \mathbb{R} \mid -12 \le x \le 27\}$
- $]5, 11[\ne [6, 10]$, puisque tous les nombres réels compris strictement entre 5 et 6 de même que ceux qui sont compris strictement entre 10 et 11 appartiennent au premier ensemble, mais pas au second.

Un ensemble A est **inclus** dans un ensemble B si tous les éléments de A sont aussi des éléments de B. On écrit alors $A \subseteq B$. On dit aussi que A est un **sous-ensemble** de B.
Si A n'est pas inclus dans B, on écrit $A \nsubseteq B$.

La relation entre l'égalité de deux ensembles et l'inclusion

$$A = B \text{ si et seulement si } A \subseteq B \text{ et } B \subseteq A.$$

Si $A \subseteq B$ et $A \neq B$, on parle alors d'inclusion stricte et on peut écrire $A \subset B$.

1

Exemple 1.13

- Si $A = \{2, 8, 13\}$, $B = \{1, 2, 5, 8, 13\}$ et $C = \{2, 5, 8\}$, alors $A \subseteq B$, $A \nsubseteq C$, $B \nsubseteq A$, $B \nsubseteq C$, $C \nsubseteq A$ et $C \subseteq B$.
- $\mathbb{N} \subseteq \mathbb{R}$, puisque tous les entiers naturels sont des nombres réels. Par contre, $\mathbb{R} \not\subseteq \mathbb{N}$, puisqu'il existe une infinité de nombres réels qui ne sont pas des entiers naturels.
- $]-99, 0[\subseteq [-99, 0]$
- Un ensemble E est toujours inclus dans lui-même. On peut ainsi écrire $E \subseteq E$.

Il ne faut pas confondre le signe d'appartenance ($\in$), qui représente une relation entre un élément et un ensemble, et le signe d'inclusion ($\subseteq$), qui indique une relation entre deux ensembles. Si $A = [2, 8]$, il est correct d'écrire $5 \in A$ (l'élément 5 appartient à l'ensemble A) ou $\{5\} \subseteq A$ (le premier ensemble est inclus dans le second), mais les expressions $5 \subseteq A$ ou $\{5\} \in A$ n'ont ici aucun sens.

Il est toutefois possible qu'un ensemble soit un élément d'un autre ensemble. Par exemple, $B = \{\{0, 1, 2\}, \{5\}\}$ a comme éléments les deux ensembles $\{0, 1, 2\}$ et $\{5\}$. Dans ce cas, $\{5\} \in B$, mais $\{5\} \nsubseteq B$.

Un ensemble est **vide** s'il ne contient aucun élément. On représente un ensemble vide par [ ] ou par $\varnothing$.

On ne peut pas désigner l'ensemble vide par $\{\varnothing\}$. En effet, l'ensemble $\{\varnothing\}$ contient un élément qui est l'ensemble vide. Une boîte qui contient une boîte vide n'est pas vide !

L'ensemble vide est un sous-ensemble de tout ensemble. Ainsi, $\varnothing \subseteq A$, quel que soit l'ensemble A. En particulier, $\varnothing \subseteq \varnothing$.

Exemple 1.14

- $\{x \in \mathbb{R} \mid x \text{ est un entier impair divisible par } 2\} = \{\ \} = \varnothing$
- L'ensemble des points d'intersection de deux droites parallèles distinctes est vide.

$$\{(x, y) \mid (x, y) \text{ est un point d'intersection de } D_1 \text{ et } D_2\} = \varnothing$$

- $\varnothing \subseteq \mathbb{N}$, mais $\varnothing \notin \mathbb{N}$, puisque $\varnothing$ est un ensemble et que les éléments de $\mathbb{N}$ sont tous des nombres.

Exercices 1.3

1. Vrai ou faux ?

a) $]6, 20[= [7, 19]$
b) $[7, 19] \subseteq]6, 20[$
c) $12 \in]12, 18[$
d) $[1, 6[= \{1, 2, 3, 4, 5\}$
e) $]2, 3[= \varnothing$
f) $3\pi \in [9, 15]$
g) $]5, 12[\subseteq [5, 12]$
h) $\{8\} \subseteq [7, 10[$
i) $\{8\} \in [7, 10[$

2. Remplacer les pointillés par un symbole approprié (=, ∈ ou ⊆) entre les deux ensembles afin d'obtenir une relation vraie.

a) $\mathbb{N}$ ... $\mathbb{R}$
b) $\frac{5}{8}$ ... $\mathbb{Q}$
c) $\left\{\frac{5}{8}\right\}$ ... $\mathbb{Q}$
d) $]-5, 15[$ ... $[-5, 15]$
e) $\varnothing$ ... $]7, 8[$
f) $0{,}75$ ... $\left\{\frac{3}{4}\right\}$
g) $\{10, 11, 12\}$ ... $[10, 12]$
h) $]-\infty, 2]$ ... $\{x \in \mathbb{R} \mid x \leq 2\}$
i) $\{0,\overline{6}\}$ ... $\left\{\frac{2}{3}\right\}$

1.4 Les opérations sur les ensembles

Effectuer des opérations d'union, d'intersection et de différence sur des ensembles de nombres.

Les ensembles n'étant pas des nombres, on ne peut effectuer avec eux les opérations élémentaires d'addition, de soustraction, de multiplication ou de division. Il existe toutefois des opérations propres aux ensembles, décrites ci-après.

L'**union** (ou **réunion**) de deux ensembles A et B, notée $A \cup B$, est l'ensemble des éléments qui appartiennent soit à A, soit à B.

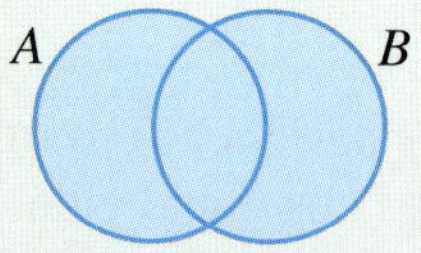

$$A \cup B = \{x \mid x \in A \text{ ou } x \in B\}$$

L'**intersection** de deux ensembles A et B, notée $A \cap B$, est l'ensemble des éléments qui appartiennent à la fois à A et à B.

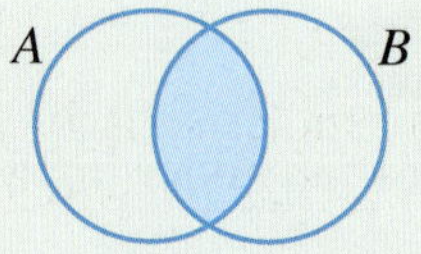

$$A \cap B = \{x \mid x \in A \text{ et } x \in B\}$$

Si A et B n'ont aucun élément commun, $A \cap B = \varnothing$ et A et B sont dits **disjoints**.

La **différence** de deux ensembles A et B, notée $A \backslash B$, est l'ensemble des éléments de A qui n'appartiennent pas à B.

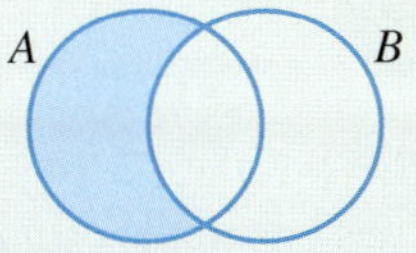

$$A \backslash B = \{x \mid x \in A \text{ et } x \notin B\}$$

Exemple 1.15

- $\mathbb{Q} \cup \mathbb{Q}' = \mathbb{R}$
- Soit les ensembles $A = \{1, 2, 3, 4, 5\}$ et $B = \{2, 4, 6, 8\}$.

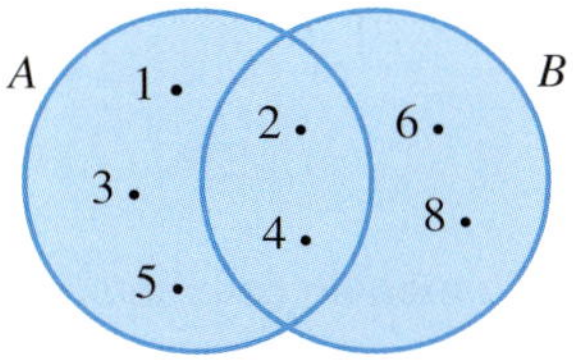

$A \cup B = \{1, 2, 3, 4, 5, 6, 8\}$

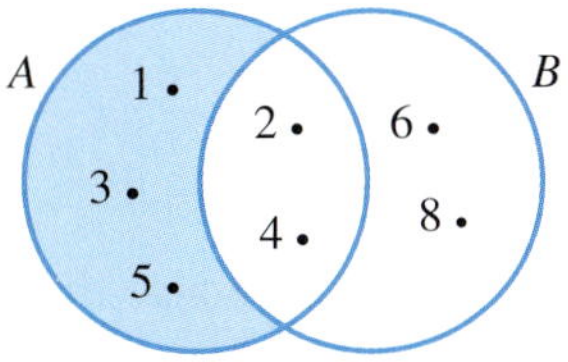

$A \backslash B = \{1, 3, 5\}$

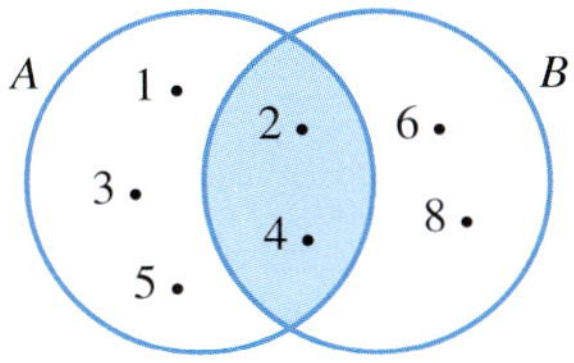

$A \cap B = \{2, 4\}$

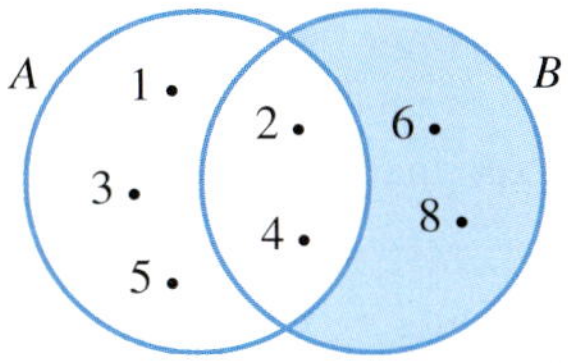

$B \backslash A = \{6, 8\}$

- Soit les ensembles $A = \{10, 20, 30\}$, $B = \{10, 15, 20, 25\}$ et $C = \{20, 25, 30\}$.

$$\begin{aligned}(A \cup B) \backslash (B \cap C) &= \{10, 15, 20, 25, 30\} \backslash \{20, 25\} \\ &= \{10, 15, 30\}\end{aligned}$$

- Soit les intervalles $[15, 35[$ et $[20, 50]$.

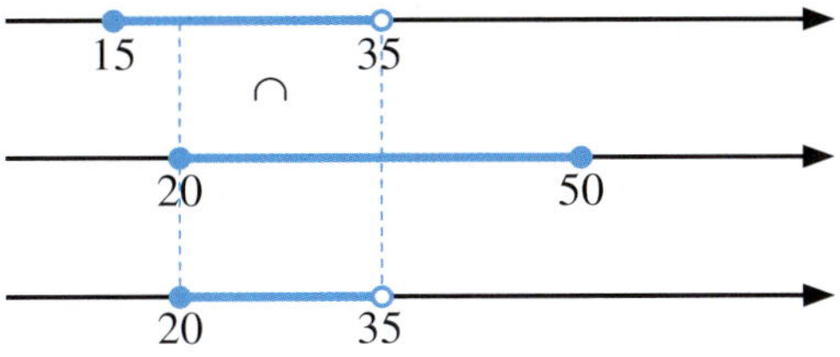

$[15, 35[\cap [20, 50] = [20, 35[$

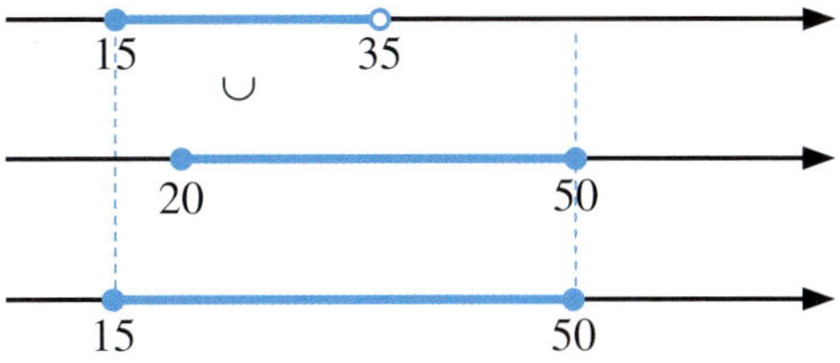

$[15, 35[\cup [20, 50] = [15, 50]$

- $]-7, 15[\cup \{-7, 15\} = [-7, 15]$ et $]-7, 15[\cap \{-7, 15\} = \varnothing$

  Les deux ensembles sont disjoints.
- $\mathbb{R}^* = \mathbb{R} \backslash \{0\} =]-\infty, 0[\cup]0, +\infty[$ est l'ensemble de tous les nombres réels non nuls.

Pour vous rappeler que c'est l'union $A \cup B$ qui correspond à la définition « $x \in A$ ou $x \in B$ », pensez simplement à associer le *u* de ***union*** au *u* de ***ou***.

Exercices 1.4

1. Si $A = \{5\}$, $B = \{-1, 0, 5, 7, 10\}$, $C = \{2, 3, 4, 7\}$ et $D = \{-2, 0, 3, 7, 10, 15\}$, décrire en extension chacun des ensembles suivants.

a) $A \cup C$
b) $B \cap D$
c) $C \setminus D$
d) $A \cap D$
e) $(B \cap D) \setminus C$
f) $(C \setminus D) \cup A$
g) $(A \cap B) \cup (C \cap D)$
h) $(A \cup B) \cap (C \cup D)$

2. Décrire en compréhension chacun des ensembles suivants.

a) $[18, 36] \cup]100, 101[$
b) $[12, 15] \cap [15, 30[$
c) $\mathbb{R} \setminus \{2\}$
d) $\mathbb{N} \cap [-43, 75[$

3. Représenter graphiquement chacun des intervalles suivants.

a) $]-2, 6[$
b) $]3, 8]$
c) $]-2, 6[\cap]3, 8[$
d) $]-2, 6[\cup]3, 8]$

4. Exprimer l'ensemble $\mathbb{R} \setminus \{-3\}$ comme l'union de deux intervalles.

5. Exprimer l'ensemble $\varnothing$ comme l'intersection de deux ensembles.

6. Exprimer l'ensemble $[-5, 2[\cup]2, 7[\cup]7, +\infty[$ comme une différence de deux ensembles.

7. Exprimer l'ensemble $\mathbb{Q}'$ comme une différence de deux ensembles.

1.5 Quelques propriétés des nombres

Reconnaître et utiliser certaines propriétés des nombres, dont la divisibilité.

Un entier a est un **multiple** d'un entier $b \neq 0$ si $\frac{a}{b}$ est un entier, c'est-à-dire s'il existe un entier c tel que $a = bc$. On dit alors que a est **divisible** par b ou encore que b est un **diviseur** ou un **facteur** de a.

Exemple 1.16

- 36 est un multiple de 3, car $\frac{36}{3} = 12$ est un entier et $36 = 3 \times 12$.
  3 est un diviseur ou un facteur de 36.
- Les diviseurs positifs de 60 sont 1, 2, 3, 4, 5, 6, 10, 12, 15, 20, 30 et 60.
- L'ensemble des diviseurs de 6 est $\{-6, -3, -2, -1, 1, 2, 3, 6\}$.
- $\{x \in \mathbb{Z} \mid x \text{ est un multiple de } 2\} = \{x \in \mathbb{Z} \mid x \text{ est pair}\}$

Un entier naturel supérieur à 1 est dit **premier** s'il n'a pas d'autres diviseurs positifs que 1 et lui-même. Les nombres premiers sont 2, 3, 5, 7, 11, 13, 17, ...

On peut toujours exprimer un entier supérieur à 1 comme un produit de facteurs premiers. Nous verrons l'utilité de cette décomposition en facteurs premiers dans les prochaines sections.

Exemple 1.17

◆ Pour décomposer le nombre 7800 en ses facteurs premiers, on le divise successivement par tous les nombres premiers, tant que cela est possible, en ne retenant que ceux qui sont des diviseurs, c'est-à-dire ceux pour lesquels le quotient est un entier.

On utilise un tableau ou un arbre pour noter les diviseurs premiers et le résultat de chaque division.

Tableau de division

$7800 \div 2 = 3900$	7800	2
$3900 \div 2 = 1950$	3900	2
$1950 \div 2 = 975$	1950	2
$975 \div 3 = 325$	975	3
$325 \div 5 = 65$	325	5
$65 \div 5 = 13$	65	5
$13 \div 13 = 1$	13	13
	1	(13 est un nombre premier.)

Arbre de division

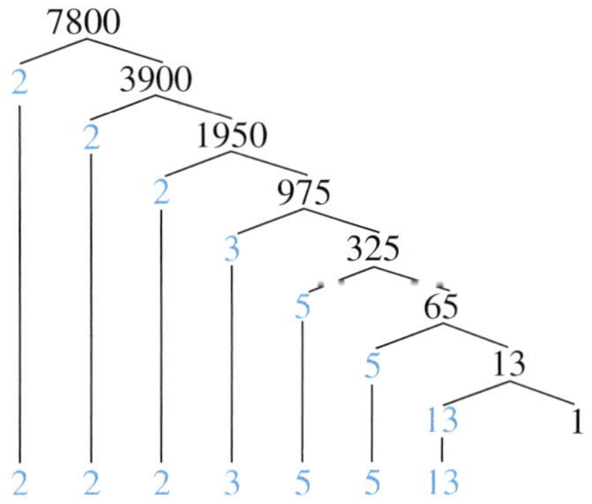

On exprime ensuite 7800 comme le produit de tous les facteurs trouvés.

$$7800 = 2 \times 2 \times 2 \times 3 \times 5 \times 5 \times 13$$
$$= 2^3 \times 3 \times 5^2 \times 13$$ (L'exposant sert à regrouper les facteurs identiques.)

Le **plus petit commun multiple** (PPCM) de deux ou plusieurs entiers est le plus petit entier positif qui est un multiple de chacun d'eux.

Le **plus grand commun diviseur** (PGCD) de deux ou plusieurs entiers est le plus grand entier positif qui est un diviseur de chacun d'eux.

Le plus petit commun multiple est supérieur ou égal à chacun des entiers, puisque c'est un multiple de chacun d'eux, mais c'est le plus petit de tous les multiples communs.

Le plus grand commun diviseur est inférieur ou égal à chacun des entiers, puisque c'est un diviseur de chacun d'eux, mais c'est le plus grand de tous les diviseurs communs.

Le calcul du PPCM et du PGCD

Pour trouver le PPCM de deux ou plusieurs entiers positifs, on décompose d'abord chacun des nombres en facteurs premiers. Le PPCM est le produit de tous les facteurs figurant dans l'une ou l'autre des décompositions, chaque facteur étant pris avec son plus grand exposant.

Pour trouver le PGCD de deux ou plusieurs entiers positifs, on décompose d'abord chacun des nombres en facteurs premiers. Le PGCD est le produit de tous les facteurs communs à chacun des nombres, chaque facteur étant pris avec son plus petit exposant.

Exemple 1.18

◆ Cherchons le PPCM et le PGCD de 4200 et 4950.

On décompose d'abord chacun des nombres en facteurs premiers :

$$4200 = 2^3 \times 3 \times 5^2 \times 7$$

$$4950 = 2 \times 3^2 \times 5^2 \times 11$$

Dans l'une ou l'autre des décompositions, on a trouvé les facteurs premiers 2, 3, 5, 7 et 11. Le PPCM est le produit de ces facteurs, chacun étant affecté du plus grand exposant observé dans les deux décompositions.

Le PPCM de 4200 et 4950 est donc $2^3 \times 3^2 \times 5^2 \times 7 \times 11 = 138\ 600$. C'est le plus petit entier positif qui est divisible par ces deux nombres.

Les facteurs premiers communs aux deux décompositions sont 2, 3 et 5.

Le PGCD est le produit de ces facteurs, chacun étant affecté du plus petit exposant observé dans les deux décompositions.

Le PGCD de 4200 et 4950 est donc $2 \times 3 \times 5^2 = 150$. C'est le plus grand entier qui est un diviseur de ces deux nombres.

Exercices 1.5

1. Quels sont les nombres premiers entre 20 et 50 ?
2. Quel est l'ensemble des nombres premiers pairs ?
3. Décomposer chacun des nombres des groupes suivants en facteurs premiers et trouver leur PPCM et leur PGCD.
   a) 5950 et 260
   b) 24, 30, 66, 78 et 90
   c) 140, 196 et 252
   d) 43 et 73
4. Si deux entiers a et b sont premiers, quels sont leur PPCM et leur PGCD ?

5. Après avoir constaté que le nombre 167 n'est pas divisible par 2, par 3, par 5, par 7 ni par 11, pourquoi peut-on affirmer que 167 est premier, sans qu'il soit nécessaire d'essayer la division par les nombres premiers supérieurs à 11 ?

6. Dans une colonie de vacances, on veut répartir les enfants pour une excursion, en formant des groupes comportant tous le même nombre de jeunes. Le nombre total d'enfants permet entre autres de former des groupes de 6, 8, 12 ou 15 enfants. Combien d'enfants y a-t-il, sachant que leur nombre est inférieur à 200 ?

Lac en pleine nature

7. On appelle « diviseur propre » d'un entier naturel tout diviseur positif différent du nombre lui-même. Par exemple, les diviseurs propres de 12 sont 1, 2, 3, 4 et 6. Un « nombre parfait » est un entier qui est égal à la somme de ses diviseurs propres. Le plus petit nombre parfait est 6 : la somme de ses diviseurs propres est $1+2+3=6$. On ne connaît à ce jour que 48 nombres parfaits, le plus grand ayant plus de 115 millions de chiffres.
   a) Le deuxième nombre parfait est un entier compris entre 20 et 30. Trouver ce nombre.
   b) Le troisième nombre parfait est 496. Montrer qu'il est parfait.

1

1.6 Les opérations sur les nombres réels

Effectuer des opérations arithmétiques sur les nombres réels.

Même si la calculatrice permet d'effectuer de nombreux calculs numériques, la compréhension des principes du calcul arithmétique est essentielle.

1.6.1 Les opérations élémentaires

Les quatre opérations élémentaires en arithmétique sont :

- l'**addition**, dont le résultat $(a+b)$ est la **somme** ;
- la **soustraction**, dont le résultat $(a-b)$ est la **différence** ;
- la **multiplication**, dont le résultat $(a\times b)$ ou ab est le **produit** ;
- la **division**, dont le résultat $(a\div b)$ ou $\frac{a}{b}$ est le **quotient** $(b\neq 0)$.

Quelques propriétés des opérations

La somme, la différence et le produit de deux nombres réels sont aussi des nombres réels.

Le quotient de deux nombres réels est un nombre réel si le diviseur est différent de 0.

Le produit ou le quotient de deux nombres réels non nuls est positif si ces deux nombres sont de même signe ; il est négatif si les deux nombres sont de signes contraires.

On peut diviser 0 par un nombre non nul, mais on ne peut jamais diviser par 0.

$\frac{0}{a} = 0$ pour tout $a \neq 0$, mais $\frac{a}{0}$ et $\frac{0}{0}$ ne sont pas définis dans IR.

L'**opposé** d'un nombre réel a est le nombre $-a$.

L'**inverse** d'un nombre réel $a \neq 0$ est le nombre $\frac{1}{a}$.

L'**élément neutre** d'une opération * est un nombre n tel que $a * n = n * a = a$, laissant la valeur a inchangée lorsqu'on effectue l'opération.

Les propriétés des éléments neutres de l'addition et de la multiplication

L'élément neutre de l'addition est 0 : $a + 0 = 0 + a = a$ pour tout a.

La somme d'un nombre et de son opposé donne l'élément neutre : $a + (-a) = (-a) + a = 0$.

L'élément neutre de la multiplication est 1 : $a \times 1 = 1 \times a = a$ pour tout a.

Le produit d'un nombre non nul et de son inverse donne l'élément neutre : $a \times \frac{1}{a} = \frac{1}{a} \times a = 1$.

Une opération est **commutative** si on peut inverser l'ordre des termes sans changer la valeur du résultat.

L'addition et la multiplication sont commutatives : $(a + b) = (b + a)$ et $(a \times b) = (b \times a)$.

La soustraction et la division ne sont pas commutatives : $(a - b) \neq (b - a)$ et $\frac{a}{b} \neq \frac{b}{a}$ si $a \neq b$.

La multiplication est **distributive** sur l'addition : $a(b + c) = ab + ac$. Si l'un des facteurs d'un produit est une somme, on peut multiplier chacun des termes de cette somme par l'autre facteur sans changer la valeur du produit.

Exemple 1.19

- Les sommes $4 + 6 = 10$ et $6 + 4 = 10$ illustrent la commutativité de l'addition.
- Les différences $4 - 6 = -2$ et $6 - 4 = 2$ montrent que la soustraction n'est pas commutative, puisqu'on n'obtient pas le même résultat en inversant l'ordre des termes.
- Les produits $3 \times 5 = 15$ et $5 \times 3 = 15$ illustrent la commutativité de la multiplication.
- Les quotients $\frac{14}{7} = 2$ et $\frac{7}{14} = \frac{1}{2}$ montrent que la division n'est pas commutative.
- $3 \times (9 + 11) = (3 \times 9) + (3 \times 11) = 27 + 33 = 60$
- Soustraire deux nombres, c'est additionner au premier l'opposé du second.

  $9 - 7 = 9 + (-7) = 2$

  $9 - (-7) = 9 + 7 = 16$

- Diviser deux nombres, c'est multiplier le premier par l'inverse du second.

$$50 \div 5 = 50 \times \frac{1}{5} = 10$$

$$50 \div \frac{1}{5} = 50 \times \frac{5}{1} = 250$$

1.6.2 L'utilisation des parenthèses

On utilise souvent des parenthèses pour regrouper certains éléments dans une suite d'opérations afin de préciser l'ordre dans lequel on doit effectuer ces opérations.

On effectue d'abord les opérations à l'intérieur des parenthèses : $5+(3 \times 2)$ signifie qu'on doit ajouter à 5 le résultat de la multiplication 3×2. Ainsi, $5+(3 \times 2)=5+6=1$.

On omet en général le signe « $\times$ » immédiatement avant ou après une parenthèse :

$2 \times (4+5) = 2(4+5)$ et $(7-4) \times (1-3) = (7-4)(1-3)$

> Le signe « $-$ » placé devant une parenthèse indique une multiplication par -1 :
>
> $-(10-1) = -1(10-1) = -10+1$

La suppression d'une parenthèse précédée du signe « + » n'affecte pas les signes des termes des sommes ou des différences. Par contre, lorsqu'on supprime une parenthèse précédée du signe « $-$ », il faut changer les signes des termes des sommes ou des différences.

$3+(5-7)=3+5-7$ et $3-(5-7)=3-5+7$

Il en va de même pour l'insertion de parenthèses.

$4+6-8=4+(6-8)$ et $4-6-8=4-(6+8)$

Lorsqu'une expression contient plusieurs parenthèses, on effectue d'abord les opérations dans les parenthèses situées le plus à l'intérieur.

Exemple 1.20

- $4-(6+(8-2)) = 4-(6+6) = 4-12 = -8$

1.6.3 L'ordre de priorité des opérations

Si on veut que le langage mathématique soit compris de la même façon par tous ses utilisateurs, il faut se donner des règles d'utilisation communes.

Voici les règles à suivre pour effectuer une suite d'opérations.

L'ordre de priorité des opérations

Pour effectuer une suite d'opérations, il faut respecter l'ordre suivant :

1. Effectuer les opérations à l'intérieur des parenthèses.
2. Évaluer les puissances (exposants).
3. Effectuer les multiplications et les divisions de gauche à droite.
4. Effectuer les additions et les soustractions de gauche à droite.

1

Exemple 1.21

- Évaluons $3 \times 4 + 5^2$ en respectant l'ordre de priorité.

$$3 \times 4 + 5^2 = 3 \times 4 + 25 = 12 + 25 = 37$$

- Si on introduit des parenthèses, l'expression $3 \times (4 + 5)^2$ n'a pas la même valeur.

$$3 \times (4 + 5)^2 = 3 \times 9^2 = 3 \times 81 = 243$$

- L'expression $3 \times \left(4 + 5^2\right)$ est différente des deux précédentes.

$$3 \times \left(4 + 5^2\right) = 3 \times (4 + 25) = 3 \times 29 = 87$$

- Évaluons $32 \div 2 \div 4 + 5 - 2 \times 3 \times 6 - 3^2 + 5(8 - 2)$.

$$\begin{aligned} 32 \div 2 \div 4 + 5 - 2 \times 3 \times 6 - 3^2 + 5(8-2) &= 32 \div 2 \div 4 + 5 - 2 \times 3 \times 6 - 3^2 + 5(8-2) \\ &= 32 \div 2 \div 4 + 5 - 2 \times 3 \times 6 - 3^2 + 5 \times 6 \\ &= 32 \div 2 \div 4 + 5 - 2 \times 3 \times 6 - 9 + 5 \times 6 \\ &= 16 \div 4 + 5 - 6 \times 6 - 9 + 30 \\ &= 4 + 5 - 36 - 9 + 30 \\ &= -6 \end{aligned}$$

Exercices 1.6

1. a) Quel nombre réel est égal à son opposé ?
   b) Quel nombre réel est égal à son inverse ?

2. Évaluer sans la calculatrice.
   a) $3 \times 4 - 5 + 1$
   b) $3(4 - 5 + 1)$
   c) $3(4 - 5) + 1$
   d) $3 \times 4 - (5 + 1)$
   e) $12 - 4 \div 2 + 6 \times 3$
   f) $(2 + 3)^2 - (1 - 2)^2$
   g) $36 \div (6 \div 2)$
   h) $36 \div 6 \div 2$
   i) $12 \times 15 \div 3 + 2^2 - 1^4$

3. Évaluer l'expression suivante sans la calculatrice et justifier la réponse.

$$(99-9)(99-19)(99-29)\times \ldots \times (99-189)(99-199)$$

4. Évaluer chacune des expressions ci-dessous sans la calculatrice.

a) $(3+(7-2))-(1-(4+5))$

b) $-(1-2-(3+4-(5+6)))$

c) $2(2-2(2+2^2)-2(2-(2-(2-2(2+2)^2))))$

d) $500 \div (50 \div (2\times 5)) + (500 \div 50) \div (2\times 5) - (2\times 5)^2 + 2\times 5^2$

e) $6^2 \div 3 \div 2 - 6(3\times 2 + 2^2) + 6^2 - 3^2 - (6-3)^2$

f) $(1-(28-3^3)+2^5-(5\times 6+7\div 7)-(4^2 \div 2^3 \div 2))^3$

5. En utilisant les propriétés de commutativité et de distributivité, vérifier si les énoncés suivants sont vrais ou faux, sachant que a, b, c et d sont des nombres réels quelconques.

a) $a\times b + a\times c = (c+b)\times a$

b) $a\times(b-c)+d = b\times(a-c)+d$

c) $a-b\div c+d = b-a\div d+c$

d) $(a-b)\div(c+d) = (b-a)\div(d+c)$

6. Sans modifier les signes d'opérations, ajouter des parenthèses aux endroits appropriés afin que le résultat de chacune des opérations suivantes soit 20.

a) $8+4\times 3$

b) $7\times 4-2+6$

c) $40\div 9\times 2-4^2$

d) $1\div 5\div 9^2+19$

7. Supprimer les parenthèses dans les expressions suivantes en gardant les nombres dans le même ordre et en modifiant si nécessaire les signes d'opérations, afin que le résultat reste le même.

a) $1+11-(2-(22-33))$

b) $-(7+5\times 4)+3-(10-12)$

c) $10+(5\times 2-3)-(1-3\times 4)+(7-6\times 2)$

1.7 Les fractions numériques

Effectuer des opérations élémentaires sur des fractions numériques.

Une **fraction numérique** est un nombre réel de la forme $\dfrac{a}{b}$, où a et b sont des entiers et $b \neq 0$.
Deux fractions $\dfrac{a}{b}$ et $\dfrac{c}{d}$ sont **équivalentes** si elles ont la même valeur. On a alors $ad = bc$.

Les fractions équivalentes et la simplification

On obtient une fraction **équivalente** à $\dfrac{a}{b}$ en multipliant ou en divisant son numérateur et son dénominateur par un même nombre non nul.

$$\text{Si } c \neq 0,\ \frac{a}{b} = \frac{ac}{bc} \text{ et } \frac{a}{b} = \frac{a\div c}{b\div c}.$$

Pour **simplifier** une fraction numérique, on divise le numérateur et le dénominateur par leur PGCD. La fraction simplifiée est équivalente à la première fraction et est dite **irréductible**, car son numérateur et son dénominateur n'ont plus de facteur commun.

Exemple 1.22

- $\frac{15}{21}$ et $\frac{20}{28}$ sont deux fractions équivalentes, car $15\times28=20\times21=420$.

  Le PGCD de 15 et 21 est 3, alors $\frac{15}{21}=\frac{15\div3}{21\div3}=\frac{5}{7}$.

  Le PGCD de 20 et 28 est 4, alors $\frac{20}{28}=\frac{20\div4}{28\div4}=\frac{5}{7}$.

  $\frac{5}{7}$ est la fraction irréductible équivalente à chacune des deux autres.

- Cherchons une fraction équivalente à $\frac{11}{13}$ dont le dénominateur est 156.

  Puisque $156\div13=12$, il faut multiplier le dénominateur par 12 pour obtenir 156. On obtient une fraction équivalente en multipliant aussi le numérateur par 12.

  $$\frac{11\times12}{13\times12}=\frac{132}{156}$$

1

Le **plus petit dénominateur commun** à deux ou plusieurs fractions est le PPCM de leurs dénominateurs.

Exemple 1.23

- Soit les fractions $\frac{5}{6}$, $\frac{8}{15}$ et $\frac{9}{14}$. Puisque $6=2\times3$, $15=3\times5$ et $14=2\times7$, le PPCM de 6, 15 et 14 est $2\times3\times5\times7=210$. C'est le plus petit dénominateur commun à ces trois fractions. Pour obtenir des fractions équivalentes avec un dénominateur de 210, il faut multiplier le numérateur et le dénominateur de la première par $210\div6=35$, ceux de la deuxième par $210\div15=14$ et ceux de la troisième par $210\div14=15$.

  On obtient $\frac{5}{6}=\frac{5\times35}{6\times35}=\frac{175}{210}$, $\frac{8}{15}=\frac{8\times14}{15\times14}=\frac{112}{210}$ et $\frac{9}{14}=\frac{9\times15}{14\times15}=\frac{135}{210}$.

  Ceci permet d'ordonner les trois fractions : $\frac{112}{210}<\frac{135}{210}<\frac{175}{210}$, donc $\frac{8}{15}<\frac{9}{14}<\frac{5}{6}$.

L'**opposé** d'une fraction $\frac{a}{b}$ est la fraction $-\frac{a}{b}=\frac{-a}{b}=\frac{a}{-b}$.

L'**inverse** d'une fraction non nulle $\frac{a}{b}$ est la fraction $\frac{b}{a}$.

Les opérations sur les fractions

Pour **additionner** ou **soustraire** deux fractions numériques ayant le même dénominateur, il suffit d'additionner ou de soustraire leurs numérateurs.

$$\frac{a}{b}+\frac{c}{b}=\frac{a+c}{b} \text{ et } \frac{a}{b}-\frac{c}{b}=\frac{a-c}{b}$$

Si les fractions ont des dénominateurs différents, on les ramène d'abord au même dénominateur, ce qui permet ensuite d'additionner ou de soustraire les numérateurs, puis de simplifier, si possible.

Pour **multiplier** deux fractions numériques, il suffit de multiplier entre eux leurs numérateurs, puis leurs dénominateurs.

$$\frac{a}{b}\times\frac{c}{d}=\frac{ac}{bd}$$

Pour **diviser** deux fractions numériques, on multiplie la première par l'inverse de l'autre.

$$\frac{\frac{a}{b}}{\frac{c}{d}}=\frac{a}{b}\div\frac{c}{d}=\frac{a}{b}\times\frac{d}{c}, \text{ si } c\neq 0$$

L'ordre de priorité des opérations reste le même.

Exemple 1.24

- $\frac{5}{18}+\frac{7}{18}=\frac{5+7}{18}=\frac{12}{18}=\frac{2}{3}$

- Le plus petit dénominateur commun à $\frac{5}{6}$ et $\frac{7}{10}$ est le PPCM de 6 et 10, soit 30.

$$\frac{5}{6}+\frac{7}{10}=\frac{5\times5}{6\times5}+\frac{7\times3}{10\times3}=\frac{25}{30}+\frac{21}{30}=\frac{25+21}{30}=\frac{46}{30}=\frac{23}{15}$$

$$\frac{5}{6}-\frac{7}{10}=\frac{5\times5}{6\times5}-\frac{7\times3}{10\times3}=\frac{25}{30}-\frac{21}{30}=\frac{25-21}{30}=\frac{4}{30}=\frac{2}{15}$$

- $\frac{4}{9}\times\frac{5}{12}=\frac{4\times5}{9\times12}=\frac{20}{108}=\frac{5}{27}$

- $\frac{\frac{11}{2}}{\frac{3}{5}}=\frac{11}{2}\div\frac{3}{5}=\frac{11}{2}\times\frac{5}{3}=\frac{55}{6}$

- $\frac{1}{2}\div\frac{1}{3}-\frac{2}{3}\times\frac{4}{5}=\frac{1}{2}\times\frac{3}{1}-\frac{2\times4}{3\times5}=\frac{3}{2}-\frac{8}{15}=\frac{3\times15}{2\times15}-\frac{8\times2}{15\times2}=\frac{45}{30}-\frac{16}{30}=\frac{29}{30}$

Exercices 1.7

1. Quelle est la fraction équivalente à $\dfrac{10}{9}$ dont le dénominateur est 72 ?

2. Trouver la fraction irréductible équivalente à chacune des fractions suivantes.

   a) $\dfrac{35}{84}$ b) $\dfrac{-12}{33}$ c) $\dfrac{43}{1000}$ d) $\dfrac{1111}{55}$ e) $\dfrac{4200}{4950}$ f) $\dfrac{12+8}{22+8}$ g) $\dfrac{13\times 999}{29\times 999}$ h) $\dfrac{3^2}{15^2}$

3. Placer les fractions $\dfrac{2}{3}, \dfrac{6}{21}, \dfrac{-9}{4}, \dfrac{75}{100}, \dfrac{-11}{30}$ et $\dfrac{74}{75}$ en ordre croissant.

4. Effectuer chacune des opérations suivantes sans la calculatrice et donner la réponse sous forme de fraction irréductible.

   a) $\dfrac{7}{6}+\dfrac{9}{20}$

   b) $\dfrac{9}{100}-\dfrac{29}{30}$

   c) $\dfrac{3}{7}\times\dfrac{25}{12}$

   d) $\dfrac{8}{7}\div\dfrac{13}{14}$

   e) $\dfrac{13}{14}\div\dfrac{8}{7}$

   f) $2\div\dfrac{5}{9}$

   g) $3+\dfrac{4}{5}+\dfrac{11}{12}$

   h) $\dfrac{6}{5}-2-\dfrac{2}{3}$

   i) $5\times\dfrac{1}{2}\times\dfrac{7}{50}$

   j) $1-\left(\dfrac{4}{3}-\dfrac{2}{5}\right)$

   k) $\left(\dfrac{4}{3}-\dfrac{2}{5}\right)\div\left(\dfrac{1}{2}-\dfrac{1}{3}\right)$

   l) $\left(\dfrac{2}{3}-\dfrac{5}{6}\times\dfrac{1}{4}\right)-\left(\dfrac{1}{2}+\dfrac{1}{5}\div\dfrac{3}{10}\right)$

1.8 Les exposants entiers

Utiliser les propriétés des exposants entiers pour effectuer des opérations sur des puissances.

Si n est un entier positif, le produit d'un nombre réel a par lui-même n fois est représenté par a^n et appelé la **nième (n^e) puissance de *a*** ou ***a* puissance *n***.

$$a^n = \underbrace{a\times a\times a\times \ldots \times a}_{n \text{ fois}}$$

Le nombre a est la **base** et n est l'**exposant** de a.
La deuxième puissance (a^2) est le **carré** du nombre et la troisième puissance (a^3) est son **cube**.

Exemple 1.25

- La cinquième puissance de 2 est $2^5 = \underbrace{2\times 2\times 2\times 2\times 2}_{5 \text{ fois}} = 32$.
- L'arête d'un bloc de béton cubique mesure 50 cm.
  L'aire de chacune des faces est donnée par le carré de la mesure de son côté, soit $50^2 = 2500 \text{ cm}^2$.
  Le volume du bloc est donné par le cube de la mesure de son côté, soit $50^3 = 125\,000 \text{ cm}^3$.

Le signe d'une puissance

Une puissance paire d'un nombre $a \neq 0$ est toujours positive.

$$\text{Si } n \text{ est pair et } a \neq 0, \text{ alors } a^n > 0.$$

Une puissance impaire d'un nombre $a \neq 0$ a le même signe que a.

$$\text{Si } n \text{ est impair et } a > 0, \text{ alors } a^n > 0.$$

$$\text{Si } n \text{ est impair et } a < 0, \text{ alors } a^n < 0.$$

Exemple 1.26

- $5^3 = 5 \times 5 \times 5 = 125$ et $5^4 = 5 \times 5 \times 5 \times 5 = 625$.
  Une puissance, paire ou impaire, d'un nombre positif étant un produit de nombres positifs, le résultat sera toujours positif.
- $(-2)^6 = (-2) \times (-2) \times (-2) \times (-2) \times (-2) \times (-2) = 64$
  Le produit d'un nombre pair de nombres négatifs sera aussi toujours positif.
- $(-2)^5 = (-2) \times (-2) \times (-2) \times (-2) \times (-2) = -32$
  Le produit d'un nombre impair de nombres négatifs sera toujours négatif.

Il ne faut pas confondre $-a^n$ et $(-a)^n$.

Selon l'ordre de priorité des opérations, pour obtenir la valeur de -3^4, il faut d'abord calculer la puissance $3^4 = 81$, puis prendre son opposé. Ainsi, $-3^4 = -81$.

D'autre part, pour calculer $(-3)^4$, il faut d'abord effectuer l'opération entre parenthèses, soit l'opposé de 3, puis calculer la 4e puissance de -3. Ainsi, $(-3)^4 = (-3)(-3)(-3)(-3) = 81$.

Le produit de puissances

Pour multiplier deux puissances d'une même base, on additionne les exposants.

$$a^m \times a^n = a^{m+n}$$

Exemple 1.27

- $$3^4 \times 3^5 = \underbrace{(3 \times 3 \times 3 \times 3)}_{4 \text{ fois}} \times \underbrace{(3 \times 3 \times 3 \times 3 \times 3)}_{5 \text{ fois}} = 3^9 = 3^{4+5}$$
- On peut étendre cette propriété au produit de plusieurs puissances d'une même base.
  $$2^3 \times 2^4 \times 2^7 \times 2^{15} = 2^{3+4+7+15} = 2^{29}$$
- $7^{10} \times 8^{12}$ doit rester sous cette forme, car les bases sont différentes.

Le quotient de puissances

Pour diviser deux puissances d'une même base non nulle, on soustrait les deux exposants.

$$\frac{a^m}{a^n} = a^{m-n} \text{ si } a \neq 0$$

Exemple 1.28

- $\frac{5^8}{5^3} = \frac{5\times5\times5\times5\times5\times\cancel{5}\times\cancel{5}\times\cancel{5}}{\cancel{5}\times\cancel{5}\times\cancel{5}} = 5\times5\times5\times5\times5 = 5^5 = 5^{8-3}$

1

La puissance nulle

$$a^0 = 1 \text{ pour tout } a \neq 0.$$

$$0^n = 0 \text{ si } n \neq 0, \text{ mais } 0^0 \text{ n'est pas défini.}$$

Exemple 1.29

- $\frac{2^4}{2^4} = 2^{4-4} = 2^0$

  On sait aussi que $\frac{2^4}{2^4} = 1$.

  Ainsi, $2^0 = 1$. Cette propriété justifie que $a^0 = 1$ si $a \neq 0$.

Les puissances négatives

Une puissance négative d'un nombre non nul est l'inverse de la puissance positive correspondante.

$$a^{-n} = \frac{1}{a^n} \text{ si } a \neq 0$$

Les propriétés du produit et du quotient de deux puissances, de même que les propriétés qui suivent, sont aussi valides pour les exposants entiers négatifs.

Exemple 1.30

- 4^{-2} peut aussi s'écrire $= 4^{0-2}$ ou $\frac{4^0}{4^2} = \frac{1}{4^2}$.
- $3^{-3}\times3^{-8} = 3^{-3+(-8)} = 3^{-11} = \frac{1}{3^{11}}$

  On obtient le même résultat en calculant $3^{-3}\times3^{-8} = \frac{1}{3^3}\times\frac{1}{3^8} = \frac{1}{3^3\times3^8} = \frac{1}{3^{11}}$.

La puissance d'une puissance

Pour élever une puissance à une autre puissance, on multiplie les exposants.

$$\left(a^m\right)^n = a^{m \times n}$$

Exemple 1.31

- $(4^2)^3 = 4^2 \times 4^2 \times 4^2 = 4^{2+2+2} = 4^{2\times 3} = 4^6$
- $(10^5)^{-7} = 10^{5 \times (-7)} = 10^{-35} = \dfrac{1}{10^{35}}$
- $((15^3)^2)^5 = (15^6)^5 = 15^{30}$

1

La puissance d'un produit

Pour élever un produit à une puissance, on élève chacun des facteurs à cette puissance et on effectue ensuite la multiplication.

$$(ab)^m = a^m \times b^m$$

Exemple 1.32

- $(2\times 3)^4 = (2\times 3)\times(2\times 3)\times(2\times 3)\times(2\times 3) = (2\times 2\times 2\times 2)\times(3\times 3\times 3\times 3) = 2^4 \times 3^4$
- $(-5)^{10} = (-1\times 5)^{10} = (-1)^{10} \times 5^{10} = 1\times 5^{10} = 5^{10}$

La puissance d'un quotient

Pour élever un quotient à une puissance, on élève chaque terme à cette puissance et on effectue ensuite la division.

$$\left(\frac{a}{b}\right)^m = \frac{a^m}{b^m} \text{ si } b \neq 0$$

Exemple 1.33

- $\left(\dfrac{4}{5}\right)^3 = \dfrac{4}{5}\times\dfrac{4}{5}\times\dfrac{4}{5} = \dfrac{4\times 4\times 4}{5\times 5\times 5} = \dfrac{4^3}{5^3}$

Les propriétés des exposants permettent de simplifier une expression avant de l'évaluer.

Exemple 1.34

- $\dfrac{7^2 \times 7^5}{7^3} = \dfrac{7^{2+5}}{7^3} = \dfrac{7^7}{7^3} = 7^{7-3} = 7^4$
- $\dfrac{(2^{-5})^3 \times 3^{-8} \times 2^7}{(2^2 \times 3^6)^{-2}} = \dfrac{2^{-15} \times 3^{-8} \times 2^7}{2^{-4} \times 3^{-12}} = \dfrac{2^{-8} \times 3^{-8}}{2^{-4} \times 3^{-12}} = 2^{-4} \times 3^4 = \dfrac{3^4}{2^4}$

On donne de préférence la réponse avec des exposants positifs.

1

Il n'y a pas de propriété des exposants pour les sommes ou les différences. Il faut respecter les règles des opérations élémentaires et l'ordre de priorité des opérations.

Exemple 1.35

- En appliquant la distributivité, on peut calculer $10 \times 5^8 - 6 \times 5^8 = (10-6)5^8 = 4 \times 5^8$.
- Il n'y a pas de règle pour additionner des puissances.

  On peut bien sûr évaluer $3^4 + 3^5 = 81 + 243 = 324$.

  On remarque aussi que 3^4 est un facteur commun aux deux termes.

  Ainsi, $3^4 + 3^5 = 3^4(1+3) = 81 \times 4 = 324$.
- $(2 \times 3^5)(4 \times 3^7) = 2 \times 4 \times 3^5 \times 3^7 = 8 \times 3^{5+7} = 8 \times 3^{12}$
- En respectant l'ordre de priorité, on peut calculer $(3+7)^3 = 10^3 = 1000$.

  Il ne faut pas confondre $(3+7)^3$ et $3^3 + 7^3 = 27 + 343 = 370$.

  On ne peut pas distribuer l'exposant sur les termes de la somme.

Exercices 1.8

1. Évaluer chacune des expressions ci-dessous sans la calculatrice.

a) 2^3	e) 2^4	i) $\left(\dfrac{-1}{2}\right)^3$	m) $2^3 + 2^4$
b) 2^{-3}	f) 2^{-4}	j) $\left(\dfrac{1}{2}\right)^{-3}$	n) $(2+3)^4$
c) $(-2)^3$	g) $(-2)^4$	k) $\left(\dfrac{-1}{3}\right)^{-2}$	o) $2^4 + 3^4$
d) -2^3	h) -2^4	l) $\left(\dfrac{-1}{4}\right)^2$	p) 2×3^4

2. Simplifier chacune des expressions ci-dessous et donner la réponse avec des exposants positifs.

a) $5^4 \times 5^2$ b) $\dfrac{8^4}{8}$ c) $(-7)^9(-7)^{-3}$ d) $\dfrac{-1}{(-3)^{-3}}$

e) $2^6 \times 3^6 \times 5^6$

f) $\dfrac{8^4 \times 9^7}{8 \times 9^5}$

g) $(((-11)^2)^{-5})^8$

h) $\dfrac{10^3(-4)^7}{4^5(-10)^2}$

i) $(14^3 \times 14^4)^{-2}$

j) $\dfrac{(8^3)^4(8^2)^3}{(2^{15})^{-1}}$

k) $-7^2 + (-7)^2$

l) $\dfrac{\left(\dfrac{1}{2}\right)^4\left(\dfrac{1}{2}\right)^{-2}}{\left(\dfrac{1}{2}\right)^{-3}\left(\dfrac{1}{2}\right)^5}$

3. Effectuer les opérations suivantes sans la calculatrice.

a) $(-2)^3 - 1^3 - (-1)^5$

b) $1 + 2^3 - (4 \times 5) + 6(7 - 8)^9 \times 10^0$

c) $\left(\dfrac{2}{5}\right)^3 \times \dfrac{5^6}{2^4}$

d) $6(2^2 \times 3^2) + 5(6^{12} \times 6^{-9})$

e) $\left(\dfrac{7}{9}\right)^{-2} \times \dfrac{7^4}{9^3} - \dfrac{7^2}{9}$

f) $\dfrac{6^2}{(2 \times 3)^2} + \dfrac{1}{2(3^2 - 2^3)} - \dfrac{3 \times 3^{-6}}{(3^2)^{-2}}$

4. Sachant que m et n sont des entiers positifs et que $a \neq 0$ et $b \neq 0$, indiquer si les énoncés ci-dessous sont vrais ou faux.

a) $(a^m)^n = a^{(m^n)}$

b) $(a^m)^n = (a^n)^m$

c) $a^{-n} = (-a)^n$

d) $\left(\dfrac{a}{b}\right)^{-n} = \left(\dfrac{b}{a}\right)^n$

5. a) Exprimer le volume total de 4 cubes de 5 cm d'arête et de 6 cubes de 12 cm d'arête par une expression contenant des exposants. Effectuer le calcul.

b) Exprimer l'aire latérale totale de ces 10 cubes par une expression contenant des exposants. Effectuer le calcul.

1.9 Les racines et les exposants fractionnaires

Effectuer des opérations sur des expressions contenant des racines ou des exposants fractionnaires.

Une **racine nième** (n^e) d'un nombre réel a est un nombre réel b tel que $b^n = a$, où n est un entier supérieur ou égal à 2.

Une racine deuxième (2e) est appelée **racine carrée**, et une racine troisième (3e) est une **racine cubique**.

Exemple 1.36

- 3 est une racine quatrième de 81, car $3^4 = 81$.
  -3 est aussi une racine quatrième de 81, car $(-3)^4 = 81$.
- -2 est une racine cinquième de -32, car $(-2)^5 = -32$. C'est la seule racine cinquième de -32, car il n'existe aucun autre nombre réel b tel que $b^5 = -32$.
- -100 000 n'a pas de racine sixième dans $\mathbb{R}$, car il n'existe aucun nombre réel b tel que $b^6 = -100\,000$. En effet, on obtiendra toujours un résultat positif en élevant un nombre réel à une puissance paire.

Les racines impaires

Si n est un **entier impair** et $n \geq 3$, tout nombre réel a possède une et **une seule racine** nième dans IR.

On désigne cette racine par $\sqrt[n]{a}$, où le symbole $\sqrt{\ }$ est le **radical** et nièmes est l'**indice** du radical.

$\sqrt[n]{a}$ a le même signe que a.

Exemple 1.37

- Il existe un seul nombre réel x tel que $x^3 = 125$. C'est $x = 5$.

  La racine cubique de 125 est $\sqrt[3]{125} = 5$.
- $\sqrt[5]{-32} = -2$, car -2 est le seul nombre réel x tel que $x^5 = -32$.
- Une racine d'un entier n'est pas nécessairement un entier. Par exemple, $\sqrt[3]{5}$ est un nombre irrationnel approximativement égal à 1,709 98.

Les racines paires

Si n est un **entier pair**, tout nombre réel **positif** a possède **deux racines** nièmes dans IR, l'une positive et l'autre négative.

La **racine positive** est désignée par $\sqrt[n]{a}$.

Un nombre réel négatif n'a pas de racine nième dans IR si n est pair.

Exemple 1.38

- Il existe deux nombres réels x tels que $x^2 = 100$. Ce sont $x = 10$ et $x = -10$. Mais seule la racine positive est désignée par $\sqrt[2]{100} = \sqrt{100} = 10$. Ainsi, $\sqrt{100} = 10$ et non $\sqrt{100} = \pm 10$. Par convention, on omet habituellement l'indice 2 du radical pour désigner une racine carrée.
- Si le volume d'un cube est 27 cm^3, la longueur de son côté est $\sqrt[3]{27}$ cm, soit 3 cm.
- $\sqrt[6]{-12}$ n'est pas définie, car -12 est négatif et 6 est pair. Il n'existe aucun nombre réel x tel que $x^6 = -12$.

Les racines de 0

$\sqrt[n]{0} = 0$ pour tout nombre entier n supérieur ou égal à 2.

Il faut bien distinguer le mot « racine » du **symbole de radical**.

Le symbole de radical ($\sqrt{\ }$ ou $\sqrt[n]{\ }$) désigne toujours **uniquement la racine principale**. Dans le cas d'une racine impaire, c'est l'unique racine. Ainsi, $\sqrt[3]{1000} = 10$ et $\sqrt[3]{-64} = -4$. Mais, dans le cas des racines paires d'un nombre réel positif, seule la racine positive peut être désignée à l'aide du symbole de radical. Ainsi, 5 et -5 sont les deux racines carrées de 25, mais $\sqrt{25} = +5$.

De même, 10 et -10 sont les deux racines quatrièmes de 10 000, mais $\sqrt[4]{10\,000} = +10$. On ne doit **jamais** écrire $\sqrt{25} = \pm 5$ ou $\sqrt[4]{10\,000} = \pm 10$.

D'OÙ NOUS VIENT LE SYMBOLE $\sqrt{}$?

Nicolas Copernic

Le fait que le symbole de la racine ait l'air d'un crochet n'est sans doute pas fortuit. En effet, au début du XVIe siècle, à l'époque de Copernic (1473-1543), certains auteurs allemands indiquent qu'on prend une racine d'un nombre en plaçant devant lui un gros point avec une sorte de queue : ʃ. Ainsi, ʃ8 signifiait la même chose que notre $\sqrt{8}$. Cependant, pour écrire ce symbole avec une plume, entre autres pour bien tracer le gros point, il faut arrêter son élan. C'est probablement pour aller plus vite que d'autres mathématiciens commencent bientôt à écrire un simple crochet, √, beaucoup plus facile à tracer. De l'Allemagne, l'usage de ce symbole se répand assez rapidement en France, en Italie et dans toute l'Europe. Mais ce simple symbole a un défaut. Dans l'expression √8 + 12, par exemple, on ne peut pas savoir si cela veut dire $\sqrt{8}+12$ ou $\sqrt{8+12}$. La ligne supérieure, qui indique précisément ce dont on prend la racine, sera d'usage seulement une centaine d'années plus tard, au XVIIe siècle, le siècle de Descartes. Cela peut paraître long pour ce qui nous semble un si petit ajout. Mais il en va souvent ainsi dans l'évolution du symbolisme.

Jusqu'à maintenant, on n'a traité que des puissances entières. Un exposant peut cependant prendre n'importe quelle valeur réelle.

La propriété des exposants $(a^m)^n = a^{mn}$ permet de voir le sens qu'on peut donner à un exposant fractionnaire. Par exemple, $\left(6^{\frac{1}{5}}\right)^5 = 6^{\frac{1}{5}\times 5} = 6^1 = 6$. Ainsi, $6^{\frac{1}{5}}$ est une racine cinquième de 6, et on peut écrire $6^{\frac{1}{5}} = \sqrt[5]{6}$.

Si n est un entier supérieur ou égal à 2 :

$$a^{\frac{1}{n}} = \sqrt[n]{a}, \text{ si cette racine existe.}$$

On utilise aussi les propriétés des exposants pour interpréter un exposant fractionnaire dont le numérateur est différent de 1. Par exemple, $6^{\frac{4}{5}} = (6^4)^{\frac{1}{5}} = \sqrt[5]{6^4}$. On pourrait aussi écrire $6^{\frac{4}{5}} = \left(6^{\frac{1}{5}}\right)^4 = (\sqrt[5]{6})^4$.

Si m et n sont des entiers positifs ($n \geq 2$) et si chaque racine nième existe :

$$a^{\frac{m}{n}} = (a^m)^{\frac{1}{n}} = \sqrt[n]{a^m} \text{ et } a^{\frac{m}{n}} = \left(a^{\frac{1}{n}}\right)^m = (\sqrt[n]{a})^m$$

Exemple 1.39

- $3^{\frac{1}{4}} = \sqrt[4]{3}$
- $8^{\frac{2}{3}} = \left(\sqrt[3]{8}\right)^2 = 2^2 = 4$. On obtient le même résultat en posant $8^{\frac{2}{3}} = \sqrt[3]{8^2} = \sqrt[3]{64} = 4$.
- L'expression $(-24)^{\frac{1}{6}}$ n'est pas définie, car $\sqrt[6]{-24}$ est une racine paire d'un nombre négatif.
- $7^{\frac{-1}{2}} = \dfrac{1}{7^{\frac{1}{2}}} = \dfrac{1}{\sqrt{7}}$ et $\sqrt[3]{7^6} = (7^6)^{\frac{1}{3}} = 7^2 = 49$
- Pour évaluer $9^{\frac{5}{2}}$, on remarque que le dénominateur 2 de l'exposant donnera une racine carrée.

  Puisque 9 est un carré, on transforme l'expression pour faire apparaître la racine carrée.

  $$9^{\frac{5}{2}} = 9^{\frac{1}{2}\times 5} = \left(9^{\frac{1}{2}}\right)^5 = \left(\sqrt{9}\right)^5 = 3^5 = 343$$

  On peut aussi écrire 9 comme un carré et obtenir $9^{\frac{5}{2}} = (3^2)^{\frac{5}{2}} = 3^{2\times\frac{5}{2}} = 3^5$.

Toutes les propriétés énoncées pour les exposants entiers restent valides pour les exposants fractionnaires, **à la condition que les expressions à exposants fractionnaires soient définies**.

On en déduit les propriétés des racines.

La racine d'un produit ou d'un quotient

Si chacune des racines nièmes existe :

$$\sqrt[n]{ab} = \sqrt[n]{a} \times \sqrt[n]{b}$$

$$\sqrt[n]{\frac{a}{b}} = \frac{\sqrt[n]{a}}{\sqrt[n]{b}} \qquad (\text{si } b \neq 0)$$

Exemple 1.40

- $\sqrt{48} = \sqrt{16\times 3} = \sqrt{16}\times\sqrt{3} = 4\sqrt{3}$
- $\sqrt[3]{\dfrac{8}{27}} = \dfrac{\sqrt[3]{8}}{\sqrt[3]{27}} = \dfrac{2}{3}$
- $\dfrac{\sqrt{48}}{\sqrt{3}} = \sqrt{\dfrac{48}{3}} = \sqrt{16} = 4$

La somme et la différence de racines

On peut additionner ou soustraire des termes qui contiennent des racines ayant le même indice et la même expression sous le radical en utilisant la propriété de distributivité de la multiplication sur l'addition.

$$a\sqrt[n]{c} \pm b\sqrt[n]{c} = (a \pm b)\sqrt[n]{c}$$

Exemple 1.41

- $4\sqrt[3]{5}+7\sqrt[3]{5}=(4+7)\sqrt[3]{5}=11\sqrt[3]{5}$
- L'expression $\sqrt{2}+\sqrt{3}$ ne peut être simplifiée, car les deux nombres figurant sous le radical sont différents et n'ont aucun facteur commun.
- Il faut parfois effectuer des simplifications avant d'additionner ou de soustraire, en factorisant le nombre sous le radical pour obtenir un carré ou la puissance désirée.

$$\sqrt{150}=\sqrt{25\times 6}=\sqrt{25}\times\sqrt{6}=5\sqrt{6}$$

$$\sqrt{486}=\sqrt{81\times 6}=\sqrt{81}\times\sqrt{6}=9\sqrt{6}$$

Ainsi, $3\sqrt{150}+5\sqrt{486}=3\left(5\sqrt{6}\right)+5\left(9\sqrt{6}\right)=15\sqrt{6}+45\sqrt{6}=(15+45)\sqrt{6}=60\sqrt{6}$.

Il faut souvent utiliser la calculatrice pour évaluer une racine. On doit toutefois savoir que, lorsque la réponse est un nombre irrationnel, la calculatrice ne donne qu'une **approximation** de la valeur exacte.

Nous avons présenté dans cette section les notions élémentaires de calcul avec des exposants numériques. Au chapitre 8, nous travaillerons avec des exposants exprimés sous forme algébrique.

Exercices 1.9

1. Transformer chacune des expressions ci-dessous sous la forme d'un radical.

a) $5^{\frac{1}{4}}$ b) $8^{\frac{3}{7}}$ c) $3\times 2^{\frac{1}{2}}$ d) $10^{\frac{-2}{5}}$

2. Transformer chacune des expressions ci-dessous sous la forme d'une puissance.

a) $\sqrt{5}$ b) $\sqrt[5]{3}$ c) $\sqrt[3]{2^5}$ d) $\dfrac{1}{\sqrt{20}}$

3. Évaluer chacune des expressions ci-dessous sans utiliser la calculatrice, puis vérifier la réponse avec la calculatrice.

a) $27^{\frac{1}{3}}$ c) $\sqrt[4]{3^{12}}$ e) $2015^{\frac{1}{3}}\times 2015^{\frac{1}{2}}\times 2015^{\frac{1}{6}}$

b) $(2\times 8)^{\frac{1}{2}}$ d) $\sqrt{\dfrac{16}{25}}$ f) $\dfrac{\sqrt{45}}{\sqrt{5}}$

4. Écrire chacun des radicaux ci-dessous sous la forme $a\sqrt{b}$ ou $a\sqrt[n]{b}$.

a) $\sqrt{60}$ b) $\sqrt{500}$ c) $\sqrt[3]{54}$ d) $\sqrt[4]{80}$

5. Simplifier si possible chacune des expressions suivantes.

a) $\sqrt{3}\times\sqrt{5}$ e) $\sqrt{25}-\sqrt{16}$ i) $\sqrt{2}\left(\sqrt{8}-\sqrt{3}\right)$

b) $\sqrt{3}+\sqrt{5}$ f) $\sqrt{25-16}$ j) $\left(\sqrt{3}+\sqrt{5}\right)\left(\sqrt{3}-\sqrt{5}\right)$

c) $2\sqrt{7}+3\sqrt{7}$ g) $\sqrt{3}+\sqrt{48}+\sqrt{0}$ k) $\sqrt{32}-5\sqrt{2}$

d) $\left(\sqrt{8}\right)^2$ h) $\sqrt{\dfrac{50}{16}}$ l) $\left(\sqrt[4]{25}+\sqrt{7}\right)^2$

6. Évaluer si possible chacune des expressions ci-dessous à l'aide de la calculatrice.

a) $\sqrt{7891}$

b) 12^5

c) $(-7)^8$

d) $124^{\frac{2}{3}}$

e) $\sqrt[4]{7654}$

f) $\sqrt{123+456}$

g) $3\sqrt{99\,999}$

h) $2{,}3 \times 10^9 + 555$

i) $\sqrt[4]{-81}$

Exercices récapitulatifs

1. Vrai ou faux ?

a) $\mathbb{N} \subseteq \mathbb{Z}$ c) $\mathbb{Z} \cup \mathbb{Q}' = \mathbb{R}$ e) $\mathbb{R} \setminus \mathbb{Z} = \mathbb{Q}'$

b) $\mathbb{Q} \in \mathbb{R}$ d) $\mathbb{Q} \cap \mathbb{Q}' = \varnothing$ f) $\mathbb{Q}' \subseteq \mathbb{R}$

2. Exprimer les ensembles ci-dessous sous forme d'intervalles ou d'opérations sur des intervalles. Représenter graphiquement le résultat.

a) $\{x \in \mathbb{R} \mid -0{,}01 \leq x \leq 0\}$

b) $\{x \in \mathbb{R} \mid x < 999\}$

c) $\{x \in \mathbb{R} \mid x > 77 \text{ et } x \leq 88\}$

d) $\{x \in \mathbb{R} \mid x < -\pi \text{ ou } x > \pi\}$

e) $\left\{x \in \mathbb{R} \,\middle|\, 0 < x < 1 \text{ et } x \neq \frac{1}{2}\right\}$

f) $\mathbb{R} \setminus \{1, 2\ 3\}$

3. Peut-on décrire en extension un intervalle $[a, b]$? Expliquer pourquoi.

4. Évaluer sans la calculatrice.

a) $3 + 4 \times 5 - 1$ f) -5^4

b) $12 - 15 \div 5 + 8 \times 4$ g) $(-5)^4$

c) $10 \times 45 \div 3 + 5^2 - 2^4$ h) 3×2^5

d) $3 \times 8 - 2(5 + 3)$ i) $0^2 - 2^0$

e) $\left(\frac{-3}{8}\right)^2$ j) $\frac{-10^6}{(-10)^6}$

5. Trouver la fraction irréductible équivalente à chacune des fractions suivantes.

a) $\frac{41}{500}$ b) $\frac{1650}{2200}$ c) $\frac{12^2}{15^2}$

6. Effectuer chacune des opérations suivantes sans la calculatrice et donner la réponse sous forme de fraction irréductible.

a) $\frac{7}{15} + \frac{9}{20}$ c) $\frac{9}{11} \times \frac{2}{45}$ e) $\frac{3}{5} - 2\left(\frac{2}{3} + \frac{1}{4}\right)$

b) $\frac{13}{50} - \frac{19}{35}$ d) $\frac{8}{11} \div \frac{12}{33}$ f) $3 \times \frac{4}{5} - \frac{10}{7} \div \frac{9}{14}$

7. Simplifier chacune des expressions ci-dessous et donner la réponse avec des exposants positifs.

a) $12^4 \times 12^5$ b) $\frac{39}{39^4}$

c) $(-27)^9(-27)^{-3}$ g) $\frac{2^{-5} \times 5^2 \times 4^6}{5^4 \times 2^{-3} \times 10^{-3}}$

d) $(47^2)^5$ h) $2 \times 5^3 + 5(1 + 2^2)^2 - 2(-5)^3$

e) $\frac{\left(\frac{2}{5}\right)^4\left(\frac{-2}{5}\right)^{-2}}{\left(\frac{-2}{5}\right)^{-3}\left(\frac{2}{5}\right)^5}$ i) $\frac{\left(\frac{3}{4}\right)^5\left(\frac{4}{3}\right)^{-5}}{4}$

f) $2^4 \times 6^3 \times 12^{-4}$ j) $2^{11} \times 3^{11} \times 5^{11}$

8. Évaluer chacune des expressions ci-dessous sans utiliser la calculatrice.

a) $1000^{\frac{1}{3}}$ c) $\sqrt[5]{3^{15}}$ e) $\frac{(5^2 \times 5^3)^2}{25^5}$

b) $\left(\frac{45}{5}\right)^{\frac{1}{2}}$ d) $\sqrt[3]{\frac{8}{27}}$ f) $\frac{\sqrt[5]{-160}}{\sqrt[5]{5}}$

9. Simplifier si possible chacune des expressions suivantes.

a) $\sqrt{7} \times \sqrt{2}$ d) $\sqrt{32} - 5\sqrt{128}$

b) $12\sqrt{17} - 10\sqrt{17}$ e) $\sqrt{2}(\sqrt{18} - \sqrt{2})$

c) $\sqrt{100 - 64}$ f) $\sqrt{\frac{98}{100}}$

Un peu d'histoire

Les réponses à certaines de ces questions se trouvent dans ce chapitre. Un peu de réflexion ou de recherche sera nécessaire pour répondre aux questions en bleu.

10. a) Quelle est l'origine du mot « calcul » ?

b) Quel lien peut-on établir entre le sens du mot « calcul » et la médecine ?

11. a) Quel mathématicien célèbre associe-t-on au XVIIe siècle, en disant que c'était son siècle ?

b) Quel élément essentiel à une représentation graphique porte un nom dérivé de celui de ce mathématicien ?

12. a) À quel peuple doit-on un système de numération basé sur la position d'un nombre ?

b) À quel pays actuel correspond approximativement la région d'où ce peuple était originaire ?

1

2 Les expressions algébriques

Objectif général

Effectuer des opérations et résoudre des problèmes faisant appel à des expressions algébriques : polynômes, fractions rationnelles et expressions contenant des exposants fractionnaires et des radicaux

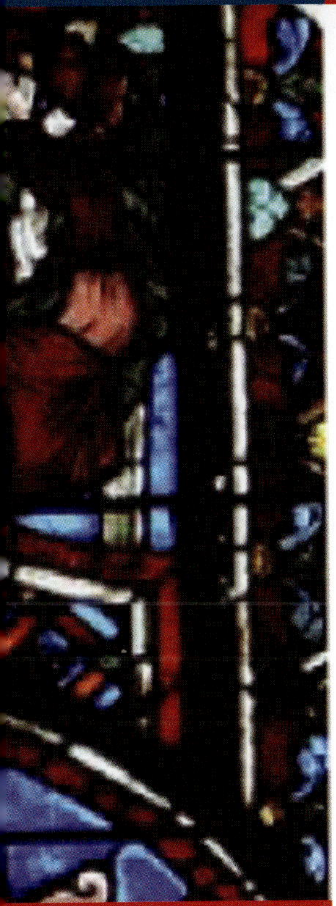

L'algèbre permet d'exprimer de façon symbolique une relation entre des quantités variables ou constantes, une suite d'opérations, les caractéristiques d'un ensemble de nombres ou une démarche de résolution de problèmes. Imaginez ce qu'il en serait si on devait décrire en mots toutes les étapes de la solution d'un problème.

Le mathématicien grec Diophante, qui a vécu vers le IIIe siècle et que certains qualifient d'inventeur de l'algèbre, a laissé un problème célèbre à la postérité. Sur sa pierre tombale est gravée l'épitaphe suivante :

Les chiffres diront la durée de sa vie.
Sa douce enfance en fait le sixième.
Un douzième de sa vie a passé et son menton s'est couvert de duvet.
Cinq ans plus tard, il s'est marié.
Après son mariage, il a vécu le septième de sa vie sans enfant.
La naissance d'un fils l'a rendu heureux et le sort a voulu que la vie de ce fils soit deux fois plus courte que celle de son père.
Plein de tristesse, le vieil homme a rendu l'âme quatre ans après la mort de son fils.

On peut résoudre ce problème sans l'aide de l'algèbre. En additionnant les quatre fractions citées, on obtient $\frac{1}{6}+\frac{1}{12}+\frac{1}{7}+\frac{1}{2}=\frac{75}{84}$. La durée du reste de sa vie est donc $1-\frac{75}{84}=\frac{9}{84}$ et correspond, en nombre d'années, à la somme $4+5=9$ ans. Chaque année représente donc $\frac{1}{84}$ de sa vie et on en conclut que Diophante est mort à l'âge de 84 ans et son fils, à 42 ans.

En utilisant l'algèbre, on peut représenter la durée de sa vie par x et, en respectant l'ordre des phrases de l'épitaphe, on peut écrire $x=\frac{x}{6}+\frac{x}{12}+5+\frac{x}{7}+\frac{x}{2}+4$.

La solution de cette équation est $x=84$.

Bien que certains problèmes puissent être résolus par des méthodes numériques dans un temps considéré comme raisonnable, d'autres exigent vraiment des méthodes algébriques.

Nous étudierons aussi, à partir du chapitre 8, des expressions non algébriques, dites « transcendantes », comportant des exposants variables, des logarithmes ou des rapports trigonométriques.

Exercices préliminaires

Avant d'entreprendre l'étude de ce chapitre, vous devriez connaître et maîtriser les notions suivantes. Si vous ne pouvez répondre à une question donnée, reportez-vous au chapitre 1.

Les ensembles de nombres (*voir le chapitre 1, section 1.1*)

1. Placer correctement deux nombres réels dans chacune des zones du diagramme ci-dessous.

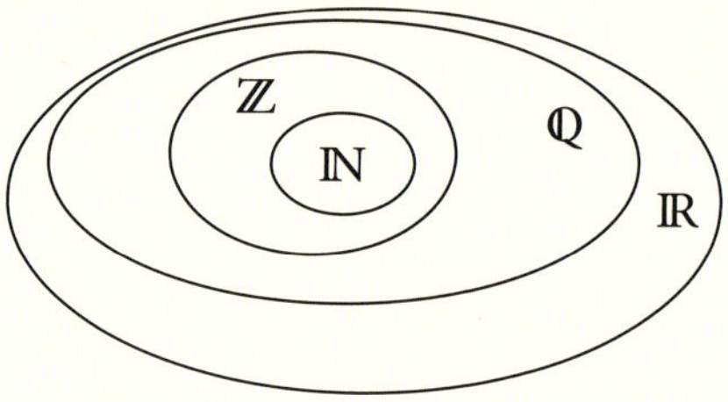

Les intervalles (*voir le chapitre 1, section 1.2*)

2. Définir en compréhension et représenter graphiquement chacun des intervalles suivants.

a) $[-2, 4]$ b) $]12, 20]$ c) $]0, 1[$ d) $]-\infty, 5[$ e) $[-6, +\infty[$

Les opérations sur les ensembles (*voir le chapitre 1, section 1.4*)

3. Exprimer l'ensemble $\{x \in \mathbb{R} \mid x \neq 2\}$ sous la forme de l'union de deux intervalles et sous la forme de la différence de deux ensembles.

4. Exprimer le résultat de l'opération $(\mathbb{R} \setminus \{0, 3\}) \cap (\mathbb{R} \setminus \{-1, 2, 3\})$ sous la forme $\mathbb{R} \setminus E$, où E est un ensemble décrit en extension.

Les propriétés des nombres (*voir le chapitre 1, section 1.5*)

5. Décomposer les nombres 4200 et 5500 en facteurs premiers et trouver leur PPCM et leur PGCD.

Les opérations sur les nombres réels (*voir le chapitre 1, section 1.6*)

6. Effectuer chacune des opérations suivantes.

a) $3+4\times 7$ c) $6+4\div 2-3\times 5$ e) $-2(3+4-(1-5))$

b) $(3+4)\times 7$ d) $(6+4)\div(2-3)\times 5$ f) $(1-4)^2-3(2^2-1)$

Les opérations sur les fractions (*voir le chapitre 1, section 1.7*)

7. Effectuer chacune des opérations suivantes et donner la réponse sous forme de fraction irréductible.

a) $\frac{9}{6}+\frac{11}{20}-\frac{1}{3}$ c) $\frac{14}{15}\div\frac{8}{5}$ e) $2\left(\frac{1}{4}-\frac{7}{2}\right)^2$

b) $3\times\frac{2}{5}\times\frac{15}{16}$ d) $\frac{2}{3}-\frac{5}{2}\times\frac{3}{4}$ f) $\dfrac{1-\frac{4}{3}}{\frac{4}{3}-1}$

Les exposants et les racines (*voir le chapitre 1, sections 1.8 et 1.9*)

8. Effectuer chacune des opérations suivantes et simplifier si possible.

a) $\left(\frac{-2}{5}\right)^{-3}$ c) $\dfrac{7^2\times 3^{\frac{-5}{2}}}{7^{-4}\times 3^{\frac{-7}{2}}}$ e) $\sqrt{\frac{25}{81}}+\frac{\sqrt{2}}{\sqrt{18}}$

b) $-3^2+(2\times 5^0)^3$ d) $\left(\left(\sqrt[3]{3}\right)^{\sqrt{3}}\right)^{\sqrt{3}}$ f) $\dfrac{4\sqrt{5}+2}{\sqrt{3}-1}$

2.1 Les polynômes

Reconnaître un polynôme, décrire ses caractéristiques et l'évaluer.

Une **constante** est une quantité qui a une valeur fixe.
Un **paramètre** est une constante qui a une valeur inconnue, appartenant à un ensemble donné.
Une **variable** est une quantité qui peut prendre n'importe quelle valeur d'un ensemble donné.

L'ensemble de référence pour les constantes, paramètres et variables est l'ensemble des nombres réels, sauf si le contexte oblige à le restreindre. Les propriétés des opérations (commutativité, associativité, distributivité, restrictions et priorité) effectuées sur ces quantités seront donc les mêmes que pour les nombres réels.

2

On utilise souvent les dernières lettres de l'alphabet (x, y, z) pour désigner les **variables** et les premières lettres de l'alphabet (a, b, c, ...) pour représenter les **paramètres**. Il est essentiel de définir chaque variable ou paramètre.

Exemple 2.1

- Si x représente l'âge d'un étudiant du cégep, x est une variable qui peut prendre n'importe quelle valeur dans l'ensemble $\{16, 17, 18, ...\}$.
- Si Étienne a 18 ans, son âge est une constante ayant la valeur 18.
- Si l'inscription à un centre sportif comporte des coûts fixes et un tarif horaire de 5 $, on peut représenter le coût annuel par $a + 5h$, où :
  - a est le paramètre représentant les coûts fixes. Sa valeur est inconnue, mais ne varie pas ;
  - 5 est la constante représentant le tarif horaire. Sa valeur est connue et fixe ;
  - h est la variable représentant le nombre d'heures d'activités sportives. Sa valeur est inconnue et peut être différente pour chaque abonné.

QUAND A-T-ON COMMENCÉ À UTILISER DES LETTRES EN ALGÈBRE ?

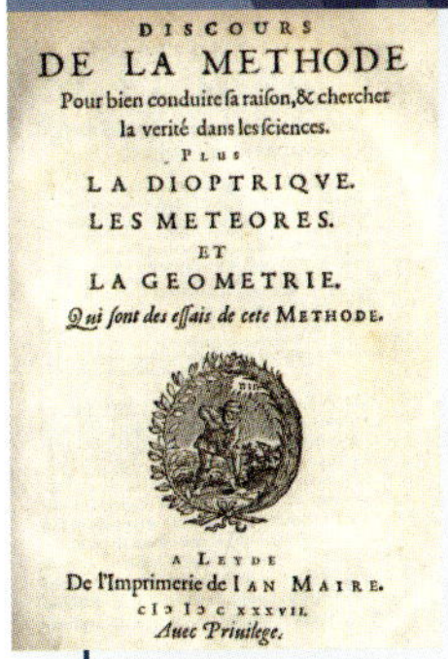
DISCOURS
DE LA METHODE
Pour bien conduire sa raison, & chercher
la verité dans les sciences.
PLUS
LA DIOPTRIQVE.
LES METEORES.
ET
LA GEOMETRIE.
Qui sont des essais de cete METHODE.

A LEYDE
De l'Imprimerie de IAN MAIRE.
CIↃ IↃ C XXXVII.
Auec Priuilege.

Première édition du *Discours de la méthode*, 1637

L'utilisation des lettres x et y pour représenter une inconnue dans une expression algébrique, de même que l'emploi de x^2 et y^2 pour représenter son carré, a été popularisée par René Descartes dans une annexe à son célèbre *Discours de la méthode* (1637). C'était là l'aboutissement d'un processus qui s'est étalé sur quelques centaines d'années. Du XIVe siècle jusqu'au début du XVIIe siècle, on a utilisé divers symboles dont les règles de manipulation n'étaient pas toujours très claires et qui laissaient place à des ambiguïtés quant à leur interprétation. Auparavant, les mathématiciens écrivaient essentiellement tout en mots. À la lecture, à vrai dire ardue, de ces livres anciens sans symbolisme, on ne peut que se réjouir de l'efficacité du symbolisme algébrique de Descartes qui est devenu le nôtre.

Un **monôme** est une expression algébrique formée du produit d'une constante et de variables, chaque variable étant affectée d'un **exposant entier positif ou nul**.

La constante est le **coefficient** du monôme.

Deux monômes sont **semblables** s'ils sont formés des mêmes variables, chacune affectée du même exposant.

Exemple 2.2

- $3x^2y^5z$, x et $\frac{2x^2y^4}{5}$ sont trois monômes, le dernier pouvant s'écrire $\frac{2}{5}x^2y^4$.
- -27 et $\sqrt{5}$ sont des monômes constants. On considère que toutes les variables sont affectées de l'exposant 0. Par exemple, $-27 = -27x^0$.
- $5x^{\frac{1}{2}}y^8z^{-3}$ n'est pas un monôme, car les exposants de x et de z ne sont pas des entiers positifs ou nuls.
- $5xy + 2x^2z^4$ n'est pas un monôme, car c'est une **somme** d'expressions algébriques.
- $8xy^3z^2$ et $-3xy^3z^2$ sont des monômes semblables, mais $8xy^3z^2$ et $8xy^3z$ ne le sont pas, car l'exposant de la variable z est différent.

2

Un **polynôme** est une expression algébrique formée d'une somme de monômes.

Chaque monôme est appelé **terme** du polynôme. Un polynôme à deux termes est appelé **binôme**. Un polynôme à trois termes est appelé **trinôme**.

Exemple 2.3

- $2x^5 - \frac{4}{3}x^4 + x^3 - 14$ est un polynôme à une variable comportant quatre termes.
- $x^4 - y$ est un binôme à deux variables.
- $ax^2 + bx + c$ est un trinôme à une variable, si a, b et c sont des constantes.
- $\frac{x^2 - 3x + 11}{3x^4 - 1}$ n'est pas un polynôme ; c'est une fraction algébrique formée du quotient de deux polynômes.
- $\sqrt{x^3 - 5x^2 + 7}$ n'est pas un polynôme ; c'est la racine carrée d'un polynôme.
- $2x^3 - x^{-1} + 4$ n'est pas un polynôme, car dans le deuxième terme, l'exposant de la variable est négatif.

Un terme d'un polynôme qui ne contient pas de variable est appelé **terme constant**.

Bien que la multiplication soit commutative, l'usage veut que, dans chaque terme, le coefficient précède la partie variable.

Exemple 2.4

- Dans le polynôme $12x^7 + \frac{8}{3}xy - 15$, 12 et $\frac{8}{3}$ sont les coefficients des deux premiers termes du polynôme et le terme constant est -15.
- Si z est la variable, le terme constant du polynôme $2az^2 - \pi z$ est 0, car on peut écrire ce polynôme sous la forme $2az^2 - \pi z + 0$.

  $2a$ et $-\pi$ sont les coefficients respectifs de z^2 et de z.

Deux polynômes sont **égaux** si tous leurs monômes sont semblables deux à deux et si les coefficients des monômes semblables sont égaux.

Exemple 2.5

- Le polynôme $ax^2 + 2x + 6$ est égal à $5x^2 + 2x - 3b$ pour toute valeur de x si et seulement si $a = 5$ et $b = -2$.
- $5x^2 + 2x + 6$ n'est pas égal à $5x^2 + x - 3b$, car même si $b = -2$, les coefficients de x sont différents $(2 \neq 1)$.

Le **degré d'un terme** est la somme des exposants qui affectent ses variables.
Le **degré d'un terme constant** non nul est 0.
Le **degré du polynôme nul** 0 n'est pas défini.
Le **degré d'un polynôme** est le plus grand des degrés de ses termes.

Exemple 2.6

- $17x^2yz^8$ est un monôme de degré 11, car $2 + 1 + 8 = 11$ est la somme des exposants des variables x, y et z qui le composent. On dit aussi parfois que c'est un monôme du second degré en x, du premier degré en y et du huitième degré en z.
- Les degrés des termes du polynôme $9 - 5xy + 7x^3 - x^6$ sont respectivement 0, 2, 3 et 6. C'est donc un polynôme de degré 6.
- Le monôme nul 0 n'a aucun degré, car 0 pourrait aussi bien représenter $0x^0$, $0x^1$, $0x^2$, etc.

L'ordre des termes d'un polynôme importe peu mais, par souci esthétique et par commodité, on place habituellement les termes d'un polynôme à une variable dans l'ordre décroissant des degrés. On écrira par exemple $x^6 + 3x^4 - 5x^2 - 12x + 24$ plutôt que $3x^4 + x^6 + 24 - 12x - 5x^2$.

Un polynôme P de degré n quelconque peut être décrit sous la forme générale suivante :

$$P = a_n x^n + a_{n-1}x^{n-1} + a_{n-2}x^{n-2} + \ldots + a_2x^2 + a_1x^1 + a_0$$

où $a_n \neq 0$ et a_k est le coefficient du terme de degré k $(k \in \{0, 1, 2, \ldots, n\})$.

Cette notation est particulièrement utilisée dans les cours de calcul différentiel.

Exemple 2.7

◆ Soit le polynôme $-x^4+3x^3-5x+8$.

Sous sa forme générale, ce polynôme peut être décrit par $a_4x^4+a_3x^3+a_2x^2+a_1x^1+a_0$.

On a alors $a_4=-1$, $a_3=3$, $a_2=0$, $a_1=-5$ et $a_0=8$.

Les variables d'un polynôme peuvent prendre n'importe quelle valeur réelle, mais selon le contexte du problème, on se limitera aux seules valeurs plausibles (entiers naturels pour un nombre d'objets, réels non négatifs pour le temps, etc.). L'ensemble des valeurs admissibles est appelé « domaine de définition » ou simplement **domaine**.

Pour des valeurs données de ses variables, on peut **évaluer** un polynôme, c'est-à-dire remplacer chaque variable par sa valeur.

2

Exemple 2.8

◆ Soit le polynôme x^4-5z^2+6yz.

Ses trois variables peuvent prendre n'importe quelle valeur réelle.

Pour évaluer le polynôme x^4-5z^2+6yz si $x=0$, $y=-2$ et $z=10$, on remplace chaque variable par la valeur indiquée. On obtient alors :

$$x^4-5z^2+6yz=0^4-5(10)^2+6(-2)(10)=0-500-120=-620$$

Le polynôme x^4-5z^2+6yz vaut donc -620 pour les valeurs données.

◆ Le profit mensuel réalisé par un fabricant de sacs à dos est donné par le polynôme $9x-0{,}002x^2$ \$, où x représente le nombre de sacs à dos vendus.

À cause du contexte, le domaine de ce polynôme est $\mathbb{N}$.

Si le fabricant vend 500 sacs à dos en un mois, on peut calculer son profit en évaluant le polynôme pour $x=500$.

$$9(500)-0{,}002(500)^2=4000$$

Le profit sera donc de 4000 \$.

Si deux polynômes sont égaux, leur évaluation donnera le même résultat pour une même valeur de la variable.

Exercices 2.1

1. Parmi les expressions suivantes, indiquer celles qui sont des polynômes.

a) $3x^{\frac{2}{3}}-5x+6$

b) $\dfrac{20x^{10}}{\pi}$

c) 18

d) $\dfrac{x^2-5x-3}{3x+1}$

e) x^5-4

f) $\dfrac{2}{x^2}+\dfrac{3}{x}-4$

g) $7x^2-\sqrt{x}$

h) $\dfrac{2}{3}x^3-\dfrac{1}{4}y^2+\dfrac{1}{5}z-\dfrac{1}{6}$

i) $4x^4-\sqrt{2}x$

2. Soit le polynôme $2x^4 - 6x^3 + 5x + 7$.

a) Combien de termes comporte-t-il ?

b) Quel est son terme constant ?

c) Quel est le coefficient de x^3 ?

d) Quel est le degré du terme $5x$?

e) Quel est le degré du terme constant ?

f) Quel est le degré du polynôme ?

g) Quel est le coefficient du terme de degré 4 ?

3. Écrire :

a) un binôme de degré 3 ;

b) un trinôme de degré 2 dont le terme constant est -5 ;

c) un polynôme de degré 4 dont tous les coefficients sont impairs ;

d) un monôme constant ;

e) un polynôme de degré 5 comportant au moins deux variables et aucun terme constant.

4. Évaluer chacun des polynômes ci-dessous lorsque les variables prennent les valeurs indiquées.

a) $3x^3 + 5x^2 - 4x + 1$ pour $x = 2$

b) $x^3 - x^2 - x - 1$ pour $x = -2$

c) $2x^2 - y + 3$ pour $x = \frac{-2}{5}$ et $y = 0$

d) 5 pour $x = -7$

5. Soit les polynômes $ax^2 + 2x - 5b$ et $cx^2 + kx + b$.

a) À quelles conditions ces polynômes sont-ils égaux ?

b) Si les deux polynômes sont égaux et si $ax^2 + 2x - 5b$ vaut 40 lorsque $x = -4$, quelle est la valeur de c ?

6. On lance un caillou verticalement vers le haut. Sa hauteur (en mètres), t secondes après le lancement, est donnée par le polynôme $20t - 4{,}9t^2$. Calculer la hauteur atteinte par le caillou :

a) une demi-seconde après son lancement ;

b) deux secondes après son lancement.

7. Lorsqu'on investit une somme de 1000 \$ à un taux d'intérêt de x % composé annuellement, le total accumulé après 3 ans est donné par le polynôme $1000 + 30x + 0{,}3x^2 + 0{,}001x^3$. Calculer le total accumulé après 3 ans si on investit 1000 \$ à un taux d'intérêt de 4 %.

8. Définir la variable et représenter par un polynôme :

a) la somme du carré et du triple d'un nombre ;

b) la somme des cinq premières puissances entières positives d'un nombre ;

c) le résultat obtenu en multipliant un nombre par 7, en soustrayant le quadruple de son carré et en ajoutant 12 ;

d) le salaire hebdomadaire d'un employé qui gagne 12 \$ l'heure ;

e) l'aire d'un rectangle dont la longueur mesure 10 cm de plus que la largeur ;

f) l'aire totale (en centimètres carrés) de bois utilisé pour construire un bac à sable à fond carré, haut de 25 cm et comportant quatre bancs en forme de triangles rectangles isocèles dont les deux côtés égaux mesurent 30 cm. Calculer ensuite l'aire totale d'un tel bac si le côté du carré mesure 2 m.

Bac à sable

2.2 Les opérations sur les polynômes

Effectuer des opérations d'addition, de soustraction, de multiplication et de division sur des polynômes.

Les propriétés des exposants pour les opérations effectuées avec des expressions algébriques sont identiques à celles que nous avons présentées pour les nombres réels au chapitre 1. Nous les rappelons dans le tableau ci-dessous.

Les propriétés des exposants pour le produit et le quotient de polynômes

Si m et n sont des entiers positifs :

$x^m x^n = x^{m+n}$	$(x^m)^n = x^{mn}$
$\dfrac{x^m}{x^n} = x^{m-n}$ si $x \neq 0$	$x^{-n} = \dfrac{1}{x^n}$ si $x \neq 0$
$(xy)^m = x^m y^m$	$\left(\dfrac{x}{y}\right)^m = \dfrac{x^m}{y^m}$ si $y \neq 0$
$x^0 = 1$ si $x \neq 0$	

On peut effectuer, sur des polynômes, les mêmes opérations élémentaires que sur les nombres réels.

La somme de polynômes

Pour additionner deux polynômes, on additionne les coefficients de leurs **termes semblables**, c'est-à-dire les termes qui ont les mêmes variables affectées des mêmes exposants.

Exemple 2.9

- $3x + 12x + (-17x) = (3 + 12 - 17)x = -2x$
- $x^2 + x + y$ reste sous cette forme, puisqu'il n'y a pas de termes semblables.
- Calculons la somme des polynômes $(3x^2y - 4xy^2 + 6xy - 7x + 15)$ et $(x^3 - 5xy^2 + xy + 4x + 3y - 2)$.

  L'opération est facilitée si on dispose les polynômes l'un au-dessus de l'autre en alignant les termes semblables. Pour les termes absents de l'un ou l'autre des deux polynômes, il peut être utile d'ajouter un terme semblable avec un coefficient 0.

$$\begin{array}{r} 0x^3 + 3x^2y - 4xy^2 + 6xy - 7x + 0y + 15 \\ +\ x^3 + 0x^2y - 5xy^2 + xy + 4x + 3y - 2 \\ \hline x^3 + 3x^2y - 9xy^2 + 7xy - 3x + 3y + 13 \end{array}$$

L'**opposé d'un polynôme** P est le polynôme $-P$ qu'on obtient en multipliant chacun des coefficients de P par -1.

Exemple 2.10

◆ L'opposé du polynôme $3x^2 - 5x + 7$ est $-1(3x^2 - 5x + 7) = -3x^2 + 5x - 7$.

La différence de polynômes

Pour soustraire un polynôme Q d'un polynôme P (c'est-à-dire pour effectuer l'opération $P - Q$), on additionne à P l'opposé de Q.

Exemple 2.11

◆ Soustrayons $(x^3 - 4x + 6)$ de $(3x^2 - 5x + 1)$.

On obtient l'opposé de $x^3 - 4x + 6$ en multipliant chacun des termes par -1. L'opposé de $x^3 - 4x + 6$ est $-x^3 + 4x - 6$.

$$\begin{aligned}(3x^2 - 5x + 1) - (x^3 - 4x + 6) &= (3x^2 - 5x + 1) + (-x^3 + 4x - 6)\\ &= 3x^2 - 5x + 1 - x^3 + 4x - 6\\ &= -x^3 + 3x^2 - x - 5\end{aligned}$$

On pourrait aussi disposer les polynômes l'un au-dessus de l'autre, en alignant les termes semblables. Il ne faut alors pas oublier de **soustraire** les termes semblables.

$$\begin{array}{rl} & 0x^3 + 3x^2 - 5x + 1\\ - & (x^3 + 0x^2 - 4x + 6)\\ \hline & -x^3 + 3x^2 - x - 5\end{array}$$

Tout comme dans ℝ, la soustraction de polynômes n'est pas commutative: $P - Q \neq Q - P$. Il est donc très important de bien lire l'énoncé pour savoir quel polynôme il faut soustraire.

L'utilisation des parenthèses

On peut supprimer des parenthèses précédées du signe « + » sans modifier la valeur de l'expression entre parenthèses.

On peut supprimer des parenthèses précédées du signe « − » en remplaçant l'expression entre parenthèses par son opposé (c'est-à-dire en multipliant **tous** ses coefficients par -1).

Pour simplifier une expression contenant plusieurs parenthèses, on supprime d'abord les parenthèses situées le plus à l'intérieur.

Exemple 2.12

- $(x^2+3x+1)+(y^3-4y)=x^2+3x+1+y^3-4y$
- $-(2x^5+4x^3-x+6)-(y^4+2y^2-3y)=-2x^5-4x^3+x-6-y^4-2y^2+3y$
- Simplifions l'expression ci-dessous en supprimant les parenthèses. On supprime d'abord celles qui sont situées le plus à l'intérieur.

$$
\begin{aligned}
&(3x-(2x+2y-(x+1)))-(x+y-(2x-3))\\
&\quad=(3x-(2x+2y-x-1))-(x+y-2x+3)\\
&\quad=(3x-(x+2y-1))-(-x+y+3)\\
&\quad=(3x-x-2y+1)+x-y-3\\
&\quad=(2x-2y+1)+x-y-3\\
&\quad=2x-2y+1+x-y-3\\
&\quad=3x-3y-2
\end{aligned}
$$

2

Le même principe s'applique à l'introduction de parenthèses.

$$x+y+a+b=(x+y)+(a+b)=(x+y)-(-a-b)$$
$$x+y+a-b=(x+y)+(a-b)=(x+y)-(-a+b)$$
$$x+y-a+b=(x+y)+(-a+b)=(x+y)-(a-b)$$
$$x+y-a-b=(x+y)+(-a-b)=(x+y)-(a+b)$$

Le produit de monômes

Pour multiplier deux monômes, on multiplie d'abord les coefficients, puis on multiplie les puissances d'une même variable en additionnant les exposants.

Exemple 2.13

- $(2x^2y)(3xy^3z)=(2\times3)(x^2x)(yy^3)(z)=6x^{2+1}y^{1+3}z=6x^3y^4z$

  On a d'abord utilisé la commutativité de la multiplication pour regrouper les coefficients et les variables semblables. On a ensuite appliqué la propriété $x^mx^n=x^{m+n}$.

Le produit de polynômes

Pour multiplier deux polynômes, on multiplie chaque terme du premier par chaque terme du second.

On utilise ici la **distributivité** de la multiplication sur l'addition : $a(b+c)=ab+ac$.

Exemple 2.14

◆ Effectuons le produit de $-3ax$ et de $(x^2 - 4a^2x + 1)$.

$$-3ax(x^2 - 4a^2x + 1) = -3ax^3 + 12a^3x^2 - 3ax$$

◆ Effectuons le produit de $(x^2 - xy + y^2)$ et de $(x + 2y)$.

$$\begin{aligned}(x^2 - xy + y^2)(x + 2y) &= x^2(x + 2y) - xy(x + 2y) + y^2(x + 2y)\\ &= x^3 + 2x^2y - x^2y - 2xy^2 + xy^2 + 2y^3\\ &= x^3 + x^2y - xy^2 + 2y^3\end{aligned}$$

On pourrait aussi présenter l'opération comme suit :

$$\begin{array}{rrrrl} & x^2 & -xy & +y^2 & \\ \times & & & x+2y & \\ \hline & 2x^2y & -2xy^2 & +2y^3 & \text{(multiplication de } x^2 - xy + y^2 \text{ par } 2y\text{)} \\ +\ x^3 & -x^2y & +xy^2 & & \text{(multiplication de } x^2 - xy + y^2 \text{ par } x\text{)} \\ \hline x^3 & +x^2y & -xy^2 & +2y^3 & \end{array}$$

◆ Pour élever un polynôme à une puissance n (où n est un entier positif), il suffit de multiplier le polynôme n fois par lui-même.

$$(2x - 5)^2 = (2x - 5)(2x - 5) = 4x^2 - 10x - 10x + 25 = 4x^2 - 20x + 25$$

Lorsqu'on additionne, qu'on soustrait ou qu'on multiplie deux polynômes, on obtient toujours un polynôme.

Le quotient de monômes

Pour diviser deux monômes, on divise d'abord les coefficients, puis on divise les puissances d'une même variable en soustrayant les exposants.

Pour que le résultat de la division soit un monôme, il faut que l'exposant de chaque variable du numérateur soit supérieur ou égal à l'exposant de la même variable dans le dénominateur.

Exemple 2.15

◆ $\dfrac{12x^8y^2z^3}{8x^5yz^3} = \dfrac{12}{8} \times \dfrac{x^8}{x^5} \times \dfrac{y^2}{y} \times \dfrac{z^3}{z^3} = \dfrac{3}{2}x^{8-5}y^{2-1}z^{3-3} = \dfrac{3}{2}x^3y^1z^0 = \dfrac{3}{2}x^3y$. Le résultat est un monôme.

◆ $\frac{6x^5y}{2x^2y^3} = 3x^3y^{-2}$. Le résultat n'est pas un monôme puisque l'exposant de y est négatif.

La division d'un polynôme par un monôme

Pour diviser un polynôme par un monôme, on divise chaque terme du polynôme par ce monôme.

Pour que le résultat de la division soit un polynôme, il faut que, dans chaque terme du numérateur, l'exposant de chaque variable soit supérieur ou égal à l'exposant de la même variable dans le dénominateur.

2

Exemple 2.16

◆ $\frac{6x^4 - 3x^3 + 2x^2}{2x^2} = \frac{6x^4}{2x^2} - \frac{3x^3}{2x^2} + \frac{2x^2}{2x^2} = 3x^2 - \frac{3}{2}x + 1$

Le résultat de cette division est un polynôme, car le degré de la variable du dénominateur est inférieur ou égal au degré de cette même variable dans chacun des termes du numérateur.

◆ $\frac{5y^4 - 7y}{y^3} = \frac{5y^4}{y^3} - \frac{7y}{y^3} = 5y - 7y^{-2}$ ou $5y - \frac{7}{y^2}$

Le résultat de cette division n'est pas un polynôme, car le degré de la variable du dénominateur est supérieur au degré de cette même variable dans l'un des termes du numérateur.

Le quotient de polynômes

Pour diviser un polynôme P par un polynôme S, tels que le degré de P est supérieur au degré de S, on cherche un polynôme Q et un polynôme R tels que :

$P = SQ + R$, où soit $R = 0$, soit le degré de R est inférieur à celui de S.

Si $R = 0$, on dit que P est divisible par S ou que S est un facteur de P.

Si $R \neq 0$, $\frac{P}{S} = Q$, reste R ou $\frac{P}{S} = Q + \frac{R}{S}$.

P est le **dividende**, S est le **diviseur**, Q est le **quotient** et R est le **reste**.

La division de deux polynômes s'effectue sensiblement de la même façon que la division de deux entiers, en cherchant un quotient et, éventuellement, un reste.

Division de 13 842 par 416	Division de $(8x + 2x^2 - 8)$ par $(x + 3)$
1. Dans un nombre, les chiffres sont placés dans l'ordre décroissant de leurs puissances de 10 : $13\,842 = 1 \times 10^4 + 3 \times 10^3 + 8 \times 10^2 + 4 \times 10^1 + 2 \times 10^0$	**1.** On écrit les termes de chaque polynôme dans l'ordre décroissant des degrés. $(2x^2 + 8x - 8) \div (x + 3)$
2. Puisque le premier chiffre, 1, n'est pas divisible par 4, on divise 13 par 4. **13**842 | **4**16 3	**2.** On divise le premier terme du dividende par le premier terme du diviseur. $\mathbf{2x^2} + 8x - 8$ | $\mathbf{x} + 3$ $2x$
3. On multiplie le diviseur au complet par 3. 13842 | 416 **1248** 3	**3.** On multiplie le diviseur au complet par le premier terme du quotient. $2x^2 + 8x - 8$ | $x + 3$ $\mathbf{2x^2 + 6x}$ $2x$
4. On soustrait le dernier nombre trouvé. 13842 | 416 − 1248 3 **136**	**4.** On soustrait le dernier polynôme trouvé. $2x^2 + 8x - 8$ | $x + 3$ $-(2x^2 + 6x)$ $2x$ $\mathbf{0 + 2x}$
5. On abaisse le chiffre suivant du dividende. 13842 | 416 − 1248 3 136**2**	**5.** On abaisse le terme suivant du dividende. $2x^2 + 8x - 8$ | $x + 3$ $-(2x^2 + 6x)$ $2x$ $0 + 2x - \mathbf{8}$
6. On reprend la démarche. 13842 | 416 − 1248 33 1362 − 1248 114	**6.** On reprend la démarche. $2x^2 + 8x - 8$ | $x + 3$ $-(2x^2 + 6x)$ $2x + 2$ $0 + 2x - 8$ $-(2x + 6)$ -14
7. Puisque le reste est inférieur au diviseur $(114 < 416)$, la division est terminée. On écrit : $13\,842 \div 416 = 33$, reste 114 On écrit aussi : $\frac{13\,842}{416} = 33 + \frac{114}{416}$ et $13\,842 = 416 \times 33 + 114$.	**7.** Puisque le degré du reste (degré 0) est inférieur à celui du diviseur (degré 1), la division est terminée. On écrit : $(2x^2 + 8x - 8) \div (x + 3) = 2x + 2$, reste -14 On écrit aussi : $\frac{2x^2 + 8x - 8}{x + 3} = 2x + 2 + \frac{-14}{x + 3}$ et $2x^2 + 8x - 8 = (x + 3)(2x + 2) - 14$.

Exemple 2.17

◆ Divisons $(4x^3 + 8x^5 - x^2 - x)$ par $(2x^2 - x)$.

On ordonne d'abord les termes de chacun des polynômes en ordre décroissant de leur degré. Comme le dividende ne comporte pas de terme en x^4, on inscrit $0x^4$.

$$
\begin{array}{l|l}
8x^5 + 0x^4 + 4x^3 - x^2 - x & 2x^2 - x \\
\underline{-(8x^5 - 4x^4)} & 4x^3 + 2x^2 + 3x + 1 \\
\quad 4x^4 + 4x^3 & \\
\quad \underline{-(4x^4 - 2x^3)} & \\
\qquad 6x^3 - x^2 & \\
\qquad \underline{-(6x^3 - 3x^2)} & \\
\qquad\quad 2x^2 - x & \\
\qquad\quad \underline{-(2x^2 - x)} & \\
\qquad\qquad 0 &
\end{array}
$$

$$(8x^5 + 4x^3 - x^2 - x) \div (2x^2 - x) = 4x^3 + 2x^2 + 3x + 1$$

Ainsi, $8x^5 + 4x^3 - x^2 - x = (2x^2 - x)(4x^3 + 2x^2 + 3x + 1)$.

Puisque le reste égale 0, on dit que $(8x^5 + 4x^3 - x^2 - x)$ est divisible par $(2x^2 - x)$ ou que $(2x^2 - x)$ est un facteur de $(8x^5 + 4x^3 - x^2 - x)$.

L'ordre de priorité des opérations

L'ordre de priorité des opérations pour les polynômes est le même que dans $\mathbb{R}$.

1. Effectuer les opérations à l'intérieur des parenthèses.

2. Évaluer les puissances (exposants).

3. Effectuer les multiplications et les divisions de gauche à droite.

4. Effectuer les additions et les soustractions de gauche à droite.

Exemple 2.18

◆ Évaluons l'expression $3(x+2)^2 - (2x-5)(3x+1) - (x - x(x^3 - x))$.

$$
\begin{aligned}
&3(x+2)^2 - (2x-5)(3x+1) - (x - x(x^3 - x)) \\
&\quad = 3(x+2)^2 - (2x-5)(3x+1) - (x - x^4 + x^2) \\
&\quad = 3(x^2 + 4x + 4) - (2x-5)(3x+1) - (x - x^4 + x^2) \\
&\quad = 3x^2 + 12x + 12 - (6x^2 - 13x - 5) - (x - x^4 + x^2) \\
&\quad = 3x^2 + 12x + 12 - 6x^2 + 13x + 5 - x + x^4 - x^2 \\
&\quad = x^4 - 4x^2 + 24x + 17
\end{aligned}
$$

Exercices 2.2

1. En utilisant correctement les propriétés des exposants, simplifier les expressions suivantes et donner la réponse avec des exposants positifs.

a) x^2x^6

b) $(x^2)^6$

c) $\dfrac{x^2}{x^6}$

d) $(4x)^3(4x)^5$

e) $\dfrac{(2x^{-7}y)^5}{4x^{-18}y^{-4}}$

f) $\left(\dfrac{3x^2y^{-4}}{2y^3}\right)^{-2}\left(\dfrac{5x}{4y^4}\right)^0$

g) $\left(\dfrac{x^{-2}y}{z^4}\right)^5 \div \left(\dfrac{(xy)^3z}{3xz^{-5}}\right)^2$

h) $\dfrac{3^n(3^{n-1})^n}{3^{n+1}} \times \dfrac{1}{3^{n-1}} \times \dfrac{1}{3^{-2n}}$

i) $\dfrac{16^{2n+1}}{4^{4n+2}}$

2. Additionner les polynômes et indiquer leur degré ainsi que le degré de leur somme.

a) $\frac{3}{4}x^5 + \frac{1}{2}x^2 + \frac{1}{3}x$ et $\frac{1}{5}x^2 - \frac{2}{5}x + \frac{2}{3}$

b) $2x^3y + 5xy^2 - 4x^3 + x^2y^2$ et $xy^3 - x^2y^2 + 5x^3 - x + 10$

c) $3x^3 - 6x + 7$ et $5x^2 - x - 12$

d) $x^3 + 2x^2 - 6x + 1$ et $3x^3 + x^2 - x + 8$

e) $3x^3 + 2x^2 - x - 1$ et $-3x^3 - 4x^2 + 5x - 10$

f) $ax + by + c$, $bx - ay + c$ et $-x + y + 2$, où a, b et c sont des constantes non nulles.

3. a) Si deux polynômes sont de degrés différents, que peut-on dire du degré de leur somme ?

b) La réponse précédente reste-t-elle toujours vraie lorsque les deux polynômes sont de même degré ? Sinon, dans quel cas est-elle fausse ?

4. Trouver l'opposé de chacun des polynômes suivants.

a) $3a + b - c$

b) $x^2 - 8x + 7$

c) $-2a^2b^2 + b^3 - 6a^2b^3 + 7a^2b$

d) $\frac{7}{3} - \frac{2}{5}xy + \frac{3}{4}x^2$

5. Soustraire le premier polynôme du second.

a) $5x - y + 2z$ de $3x + y - z$

b) $3x^2 - 5x + 6$ de $x^2 - 8x + 7$

c) $x^4 - 2x^3 + 6x^2 - x + 1$ de $x^2 + 1$

d) $x^3 - 5x + 2$ de $x^4 + 3x^2$

e) $x^3y - y^4 + 17$ de $-x^3y - y^4 - 1$

f) $\frac{4}{3}xy - \frac{2}{5}x^2 + \frac{5}{2}$ de $\frac{7}{3} - \frac{2}{5}xy + \frac{4}{3}x^2$

6. Simplifier les expressions ci-dessous en supprimant les parenthèses.

a) $(x^2 - 3x + 5) - (2x^2 - 5x + 1)$

b) $-(a + b) + (a - (a + b))$

c) $2x + (y + (3x - (x - 2y) + 4x) - 5y)$

d) $-(x - (x - (x - x)))$

e) $2 - (x^2 + xy - y^2) - (3x^2 - (4 + 3xy))$

f) $-(-(x + (x - a) - (x - b)) + x - (a + b))$

7. En conservant l'ordre des termes, et **sans changer la valeur de l'expression**, regrouper les termes deux par deux en introduisant des parenthèses (*voir la page 48*).

a) $a + b + c + d$

b) $a + b + c - d$

c) $a + b - c + d$

d) $a + b - c - d$

e) $a - b - c + d$

f) $2x + 3y - 4x^2 + 6y^2 - 9x^3 - y^3$

8. Effectuer les multiplications suivantes.

a) $(5x^2y^3z)(-2xy)$

b) $3x^6(4x^3-5x^2+x-7)$

c) $(3x-4)(2x+7)$

d) $(5x^2-7x+1)(4x+3)$

e) $(x^2+xy-y^2)(x-y)$

f) $(x-2y)^3$

g) $(t-s)(t+s)$

h) $(t+s)(t+s)$

i) $(x+y+z)(x+y-z)$

j) $(2x-5)(4x^2+10x+25)$

k) $(2x-1)(3x+2)(x-7)$

l) $\left(\frac{1}{2}x^2-\frac{2}{3}y\right)\left(2x-\frac{1}{3}\right)$

9. Effectuer les divisions suivantes et donner le résultat sous la forme $P = SQ + R$, où P est le dividende, S est le diviseur et R est le reste, s'il y a lieu.

a) $(6x^2+7x-3)\div(2x+3)$

b) $(2x^3+13x^2+14x+5)\div(x+5)$

c) $(2x^3+3x^2+5x-8)\div(x^2+2x+3)$

d) $(x^3+3x^2y+3xy^2+y^3)\div(y+x)$

e) $(3x^2+x^5+x^3+47-28x)\div(x^3-1)$

f) $(x^4-1)\div(x-1)$

g) $(x^3-y^3)\div(x-y)$

h) $(6x^3+x^2-x+1)\div(4x-1)$

10. Effectuer chacune des opérations suivantes.

a) $(x+2)(2x-3)$

b) $x+2(2x-3)$

c) $x+2\times 2x-3$

d) $(x+5)^2-25$

e) $x-2(x-2(x-2))$

f) $(x+1)-x^2(x-3)^2$

g) $(x-2)^2-4(x+2)^2$

h) $((2-x)-(x-4)(x+4))^2$

i) $(3x+1)-(x-6)(x+6)-4(1-2x)$

j) $(x+2)^3-(x-2)^3$

11. Dans une église, un vitrail a la forme d'un rectangle surmonté d'un demi-cercle. La hauteur du rectangle mesure 1 m de plus que sa largeur. Pour chacune des variables définies ci-dessous, trouver le polynôme P qui représente le périmètre du vitrail et le polynôme A qui représente son aire. Effectuer les opérations nécessaires pour que le polynôme comporte un seul terme de chaque degré.

a) x est la largeur du rectangle.

b) h est la hauteur du rectangle.

c) r est le rayon du demi-cercle.

Vitrail de l'église Saint-Martin, France

2.3 La factorisation des polynômes

Reconnaître un modèle de polynôme et le décomposer en facteurs en utilisant la méthode appropriée.

Un **facteur** est un élément d'un produit.

Si P, Q et S sont des polynômes et si $P = QS$, Q et S sont des facteurs de P.

Exemple 2.19

- x^2 est un facteur de $3x^2y^3$, car $3x^2y^3 = x^2(3y^3)$.
- $(x+2)$ et $(x-5)$ sont des facteurs de $(x^2-3x-10)$, car $x^2-3x-10=(x+2)(x-5)$.

La **factorisation** d'un polynôme (ou sa **décomposition en facteurs**) consiste à l'exprimer sous la forme d'un **produit** de polynômes de degré inférieur.

Il faut apprendre à reconnaître le modèle d'un polynôme et à utiliser la méthode de factorisation appropriée. On doit toutefois savoir que la factorisation d'un polynôme n'est pas toujours possible.

On peut toujours vérifier l'exactitude d'une décomposition en facteurs en effectuant la multiplication, dont le résultat doit être égal à l'expression initiale. Par exemple, on peut vérifier que $x^2+3x+2=(x+1)(x+2)$ en calculant le produit.

2.3.1 La mise en évidence

Lorsque tous les termes d'un polynôme contiennent au moins un facteur commun, on utilise la méthode de la **mise en évidence simple**. On cherche alors le PGCD de ces termes (*voir le chapitre 1, page 18*) et on utilise la propriété de distributivité de la multiplication sur l'addition pour « mettre en évidence » ce facteur commun.

La mise en évidence simple

$$ax+ay = a(x)+a(y)$$
$$= a(x+y)$$

Exemple 2.20

- Décomposons en facteurs le polynôme $15ax^3-6a^2x^2+9ax$.

  Le plus grand facteur commun aux trois termes est le PGCD de $15ax^3$, $-6a^2x^2$ et $9ax$, soit $3ax$.

  On divise chaque terme par ce facteur et on utilise ensuite la propriété de distributivité pour mettre en évidence le facteur $3ax$.

$$\begin{aligned}15ax^3-6a^2x^2+9ax &= 3ax\left(\frac{15ax^3}{3ax}-\frac{6a^2x^2}{3ax}+\frac{9ax}{3ax}\right)\\ &= 3ax(5x^2-2ax+3)\end{aligned}$$

On vérifie la solution en multipliant $3ax$ par $(5x^2 - 2ax + 3)$ pour retrouver le polynôme initial $15ax^3 - 6a^2x^2 + 9ax$.

$3ax$ et $(5x^2 - 2ax + 3)$ sont des facteurs de $15ax^3 - 6a^2x^2 + 9ax$.

- Factorisons le polynôme $(x+y)(x-y) - 2(x-y)$.

  Le facteur commun aux deux termes est $(x-y)$, qu'on met en évidence.

$$\begin{aligned}(x+y)(x-y) - 2(x-y) &= (x-y)\left(\frac{(x+y)(x-y)}{x-y} - \frac{2(x-y)}{x-y}\right)\\ &= (x-y)((x+y)-2)\\ &= (x-y)(x+y-2)\end{aligned}$$

On utilise la méthode de la **mise en évidence double** lorsqu'il n'existe pas de facteur commun à tous les termes, mais que les termes, une fois regroupés par deux (ou par trois, par quatre, etc.), contiennent un facteur commun à chaque groupe de termes. Après les avoir regroupés, on effectue des mises en évidence successives, une première dans chacun des groupes et, si possible, une seconde pour obtenir le produit recherché.

La mise en évidence double

$$\begin{aligned}ax + ay + bx + by &= (ax + ay) + (bx + by)\\ &= a(x+y) + b(x+y)\\ &= (x+y)(a+b)\end{aligned}$$

Exemple 2.21

- On ne peut pas factoriser le polynôme $2x^2 + 4x - 5ax - 10a$ par une mise en évidence simple, puisqu'il n'existe pas de facteur commun à tous les termes. En regroupant les termes deux par deux, on trouve ici un facteur commun aux deux termes de chaque parenthèse.

$$2x^2 + 4x - 5ax - 10a = (2x^2 + 4x) - (5ax + 10a)$$

  $2x$ est un facteur commun aux deux premiers termes et $5a$, aux deux derniers.

  Pour chaque groupe de termes, on effectue une première mise en évidence du facteur commun.

$$\begin{aligned}2x^2 + 4x - 5ax - 10a &= (2x^2 + 4x) - (5ax + 10a)\\ &= 2x(x+2) - 5a(x+2)\end{aligned}$$

  Un nouveau facteur commun, $(x+2)$, apparaît dans chacun des groupes. On effectue la seconde mise en évidence.

$$2x^2 + 4x - 5ax - 10a = 2x(x+2) - 5a(x+2)$$
$$= (x+2)(2x-5a)$$

En multipliant $(x+2)$ par $(2x-5a)$, on retrouvera le polynôme initial.

- Soit le polynôme $ax + bx - a - b$.

  En regroupant les termes, on obtient :

  $$ax + bx - a - b = (ax + bx) - (a + b)$$

  ax et bx ont un facteur commun, x. En apparence, a et b n'ont aucun facteur commun mais, en fait, tous les nombres en ont un, soit l'élément neutre 1, qu'on utilise au besoin.

  On peut donc effectuer une première mise en évidence.

  $$ax + bx - a - b = (ax + bx) - (a + b)$$
  $$= x(a + b) - 1(a + b)$$

  On peut ensuite mettre en évidence le facteur $(a + b)$.

  $$ax + bx - a - b = (a + b)(x - 1)$$

  En multipliant $(a + b)$ par $(x - 1)$, on retrouvera le polynôme initial.

> Il ne faut pas oublier que lorsqu'on introduit des parenthèses après un signe « – », les signes de tous les termes de l'expression de la parenthèse sont modifiés.

Après les mises en évidence de la première étape, il n'est pas toujours possible de trouver un facteur (autre que 1) commun à tous les termes obtenus.

Dans ce cas, on essaie d'abord de regrouper les termes autrement.

Si aucun regroupement ne permet une mise en évidence double, on devra utiliser une autre méthode de factorisation.

Exemple 2.21

- Soit le polynôme $2x^3 + y^2 + 2x^2y + xy$.

  Si on regroupe les termes dans l'ordre où ils sont présentés, on obtient :

  $$(2x^3 + y^2) + (2x^2y + xy) = 1(2x^3 + y^2) + xy(2x + 1)$$

  Après cette première étape, on ne trouve plus de facteur commun pour effectuer une deuxième mise en évidence.
  Par contre, les deux autres regroupements possibles permettent une double mise en évidence.

  $$(2x^3 + 2x^2y) + (xy + y^2) = 2x^2(x + y) + y(x + y) = (x + y)(2x^2 + y)$$

  $$(2x^3 + xy) + (2x^2y + y^2) = x(2x^2 + y) + y(2x^2 + y) = (2x^2 + y)(x + y)$$

  Ces deux résultats sont identiques puisque le produit est commutatif.

◆ Soit le polynôme $x^4 + 3x^2 - 2x - 6$.

Si on regroupe les termes dans l'ordre où ils sont présentés, on obtient :

$$x^4 + 3x^2 - 2x - 6 = (x^4 + 3x^2) - (2x + 6) = x^2(x^2 + 3) - 2(x + 3)$$

Il n'y a plus de facteur commun pour effectuer une deuxième mise en évidence.

On peut vérifier que les deux autres regroupements possibles ne permettent pas non plus d'effectuer une double mise en évidence.

2.3.2 La factorisation des polynômes du second degré

Nous verrons dans cette section des méthodes permettant de factoriser certains polynômes du second degré à une variable.

2

La forme générale d'un polynôme du second degré à une variable est $ax^2 + bx + c$.

Considérons d'abord le cas où $a = 1$, c'est-à-dire un polynôme de la forme $x^2 + bx + c$.

Si on peut le factoriser, alors :

$$x^2 + bx + c = (x + u)(x + v) = x^2 + ux + vx + uv = x^2 + (u + v)x + uv$$

On a alors $b = u + v$ et $c = uv$.

Le trinôme de la forme $x^2 + bx + c$

Pour décomposer un trinôme de la forme $x^2 + bx + c$, il faut chercher deux nombres u et v dont la somme est b et le produit, c. On obtient alors :

$$x^2 + bx + c = (x + u)(x + v) \text{ où } u + v = b \text{ et } uv = c$$

Exemple 2.23

◆ Factorisons $x^2 - 5x - 66$.

Il faut trouver deux nombres u et v dont la somme $u + v = -5$ et dont le produit $uv = -66$. Puisque le produit est négatif, les deux nombres sont de signes contraires. Puisque leur somme est négative, c'est celui qui a la plus grande valeur absolue qui est négatif. Après quelques essais, on trouve les deux nombres cherchés : -11 et 6.

En effet, $-11 + 6 = -5$ et $(-11)(6) = -66$.

Ainsi, $x^2 - 5x - 66 = (x - 11)(x + 6)$.

On justifiera cette méthode en effectuant la multiplication.

$$(x - 11)(x + 6) = x^2 + \underbrace{6x - 11x}_{-5x} + \underbrace{(-11)(6)}_{-66}$$

Cette méthode est surtout utile pour factoriser $x^2 + bx + c = (x + u)(x + v)$ si b, c, u et v sont des entiers. Même si elle est valide pour des valeurs non entières, elle n'est pas très pratique. Il se peut aussi que la factorisation du trinôme soit impossible.

Ces cas seront traités à la section 2.3.3.

Une variante de la méthode précédente permet de factoriser certains polynômes $ax^2 + bx + c$, où $a \neq 1$.

Le trinôme général $ax^2 + bx + c$

On peut factoriser certains trinômes de la forme $ax^2 + bx + c$ en respectant les étapes suivantes :

1. On cherche deux nombres dont la somme est b et le produit, ac.

2. On remplace b par la somme de ces deux nombres.

3. On effectue une double mise en évidence.

Exemple 2.24

◆ Factorisons $6x^2 + 7x - 3$.

1. On cherche deux nombres dont la somme est $b = 7$ et dont le produit est $ac = (6)(-3) = -18$. Ces deux nombres sont 9 et -2.

En effet, $9 + (-2) = 7$ et $(9)(-2) = -18$.

2. On remplace $b = 7$ par $(9 - 2)$ dans le polynôme.

$$6x^2 + 7x - 3 = 6x^2 + (9 - 2)x - 3$$

3. On effectue une double mise en évidence.

$$\begin{aligned} 6x^2 + 9x - 2x - 3 &= (6x^2 + 9x) - (2x + 3) \\ &= 3x(2x + 3) - 1(2x + 3) \\ &= (2x + 3)(3x - 1) \end{aligned}$$

On vérifie l'exactitude de la factorisation en effectuant la multiplication.

$$(2x + 3)(3x - 1) = 6x^2 + 7x - 3$$

En élevant au carré le binôme $x + a$, on obtient :

$$(x + a)^2 = (x + a)(x + a) = x^2 + ax + ax + a^2 = x^2 + 2ax + a^2$$

Observons le lien entre l'expression initiale et le résultat.

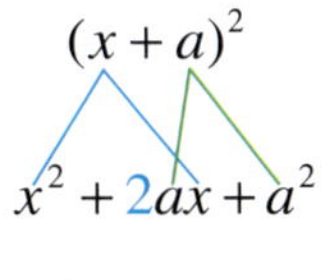

Le résultat est la somme de trois termes :

- x^2, le carré du premier terme du binôme ;
- $2ax$, le double produit des deux termes du binôme ;
- a^2, le carré du second terme du binôme.

Un polynôme de cette forme est appelé **trinôme carré parfait**. C'est un cas particulier du trinôme général.

Lorsqu'on reconnaît un trinôme carré parfait, on peut donc le factoriser en un carré d'un binôme.

Le trinôme carré parfait

$$x^2 + 2ax + a^2 = (x + a)^2$$
$$x^2 - 2ax + a^2 = (x - a)^2$$

Exemple 2.25

- $4x^2 + 20x + 25$ est un trinôme carré parfait, car :
  - $4x^2$ est le carré de $2x$;
  - 25 est le carré de 5 ;
  - $20x$ est le double produit de $2x$ et de 5 : $20x = 2(2x)(5)$.

  On obtient donc $4x^2 + 20x + 25 = (2x + 5)^2$.

  On peut vérifier l'exactitude de cette décomposition en effectuant la multiplication $(2x + 5)(2x + 5)$.

- On aurait obtenu le même résultat en utilisant la méthode du trinôme général.

  Si $4x^2 + 20x + 25 = ax^2 + bx + c$, on peut poser $a = 4$, $b = 20$ et $c = 25$.

  On cherche deux nombres u et v dont le produit est $ac = 100$ et la somme, $b = 20$.

  Ce sont $u = 10$ et $v = 10$.

$$\begin{aligned} 4x^2 + 20x + 25y &= 4x^2 + 10x + 10x + 25 \\ &= (4x^2 + 10x) + (10x + 25) \\ &= 2x(2x + 5) + 5(2x + 5) \\ &= (2x + 5)(2x + 5) \\ &= (2x + 5)^2 \end{aligned}$$

Il ne faut pas confondre $(x + a)^2$ et $x^2 + a^2$.

La figure ci-dessous présente $(x + a)^2$ comme l'aire d'un carré de côté $(x + a)$.

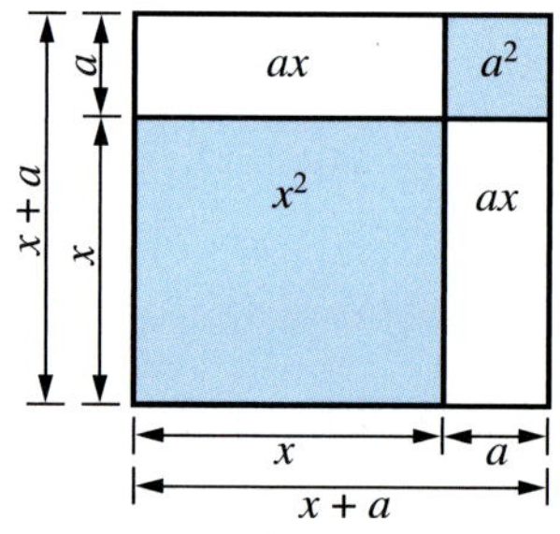

On constate facilement que l'aire $(x + a)^2$ est la somme des aires des deux carrés bleus et des deux rectangles blancs. On reconnaît alors la forme $x^2 + 2ax + a^2$. On voit bien que $x^2 + a^2$ n'est l'aire que de la partie bleue.

La somme de deux carrés

Une somme de deux carrés $x^2 + a^2$ n'est pas décomposable en facteurs du premier degré.

Exemple 2.26

◆ Soit le polynôme $x^2 + 16$, qui est la somme de deux carrés.

On peut l'écrire sous la forme $x^2 + 0x + 16$.

Pour le factoriser, il faudrait trouver deux nombres dont le produit est 16 et dont la somme est 0, ce qui est impossible. En effet, si la somme est 0, soit les deux nombres valent 0 et leur produit est 0, soit les deux nombres sont de signes contraires et leur produit est alors négatif.

La factorisation est donc impossible.

2

En multipliant la somme de deux termes par la différence des deux mêmes termes, on obtient toujours la différence de leurs carrés.

$$\begin{aligned}(x+a)(x-a) &= x^2 + ax - ax - a^2 \\ &= x^2 - a^2\end{aligned}$$

Lorsqu'on reconnaît une différence de deux carrés, on peut donc la factoriser facilement.

La différence de deux carrés

$$x^2 - a^2 = (x+a)(x-a)$$

Exemple 2.27

◆ Factorisons le polynôme $x^2 - 81$.

Il s'agit d'une différence de carrés, puisque $x^2 - 81 = x^2 - 9^2$.

Ainsi, $x^2 - 81 = (x+9)(x-9)$.

On aurait aussi pu utiliser la méthode du trinôme général avec $x^2 + 0x - 81$, en cherchant deux nombres dont le produit est -81 et la somme, 0. Ce sont bien -9 et 9.

◆ $9a^4x^2 - 121c^6 = (3a^2x)^2 - (11c^3)^2 = (3a^2x + 11c^3)(3a^2x - 11c^3)$

En effectuant la multiplication, on retrouvera le polynôme initial.

◆ On peut aussi utiliser cette méthode lorsque la constante n'est pas un carré parfait.

En effet, tout nombre réel positif a peut s'exprimer comme le carré de sa racine carrée, $a = \left(\sqrt{a}\right)^2$.

Ainsi, on peut factoriser le polynôme $x^2 - 17$ comme une différence de carrés :

$$x^2 - 17 = x^2 - \left(\sqrt{17}\right)^2 = \left(x + \sqrt{17}\right)\left(x - \sqrt{17}\right)$$

2.3.3 La méthode de complétion du carré

VOUS DITES « COMPLÉTER LE CARRÉ ». MAIS OÙ EST LE CARRÉ À COMPLÉTER ?

Manuscrit du trait, al-Khwarizmi

Aujourd'hui, l'algèbre est à la base d'à peu près toutes les sciences. Avant l'époque de Galilée et de Descartes, donc avant le XVIIe siècle, les mathématiciens se rabattaient sur la géométrie pour justifier le bien-fondé des calculs algébriques. Compléter un carré consistait alors en une véritable opération géométrique. Par exemple, dans son livre dont le titre a donné son nom à l'algèbre, le mathématicien arabo-musulman du IXe siècle al-Khwarizmi résout l'équation qu'on écrirait aujourd'hui $x^2 + 10x = 39$. Cette équation se représente géométriquement par la figure ci-après, où l'aire du rectangle total est 39.

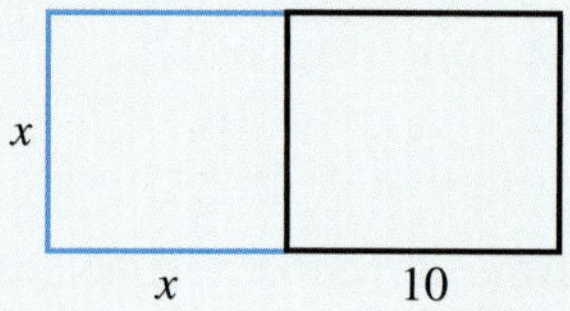

Al-Khwarizmi sépare alors le rectangle de 10 sur x en deux parties égales et déplace l'une des parties sur une autre face du carré de côté x pour obtenir la figure ci-contre, qui a toujours la même aire, c'est-à-dire 39.

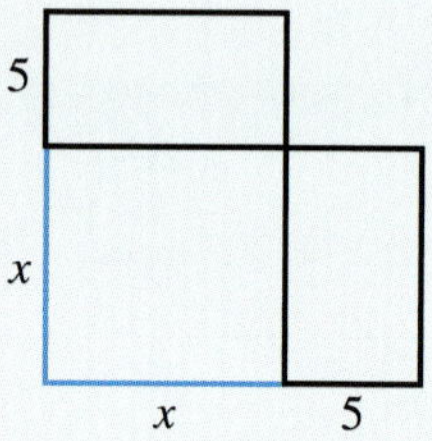

On obtient presque un carré. On le complétera pour obtenir un carré dont l'aire totale sera $39 + 25$.

Ce grand carré a pour aire 64, et son côté est 8. On voit donc que le côté x du premier carré est 3. C'est la solution de l'équation.

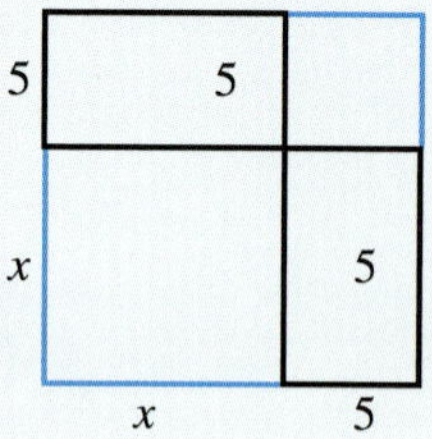

Ce raisonnement est simple, mais ne s'applique qu'à ce type précis d'équation. Aujourd'hui, on effectue cela symboliquement, ce qui permet d'obtenir une formule qui s'applique à toutes les équations polynomiales du second degré.

Les méthodes présentées précédemment pour factoriser un trinôme général $ax^2 + bx + c$ ou sa forme simplifiée $x^2 + bx + c$ avec $a = 1$ sont utiles si on peut trouver facilement deux nombres dont la somme est b et le produit, ac. Dans bien des cas, cela s'avère très ardu, voire impossible. La méthode de « complétion du carré », que nous présentons à l'aide d'un exemple, permet de savoir si un trinôme du second degré peut être factorisé et, si c'est le cas, de trouver les deux facteurs.

Exemple 2.28

◆ Soit le polynôme $3x^2 + 14x - 5$.

1. On effectue la mise en évidence du coefficient $a = 3$ pour obtenir un trinôme de la forme $x^2 + bx + c$, où b et c sont des nombres réels, mais pas nécessairement des entiers.

$$3x^2 + 14x - 5 = 3\left(x^2 + \frac{14}{3}x - \frac{5}{3}\right)$$

2. On cherche ensuite un trinôme carré parfait $x^2+2ux+u^2$ dont les deux premiers termes sont x^2 et $\frac{14}{3}x$.

Si $2ux=\frac{14}{3}x$, alors $u=\frac{7}{3}$ et $u^2=\left(\frac{7}{3}\right)^2$.

Ainsi, $x^2+2ux+u^2=x^2+2\left(\frac{7}{3}\right)x+\left(\frac{7}{3}\right)^2=x^2+\frac{14}{3}x+\frac{49}{9}$.

Puisque $x^2+2ux+u^2=(x+u)^2$, on a $x^2+\frac{14}{3}x+\frac{49}{9}=\left(x+\frac{7}{3}\right)^2$.

3. On réécrit le polynôme initial en utilisant ce trinôme carré parfait.

$$\begin{aligned}3x^2+14x-5&=3\left(x^2+\frac{14}{3}x-\frac{5}{3}\right)\\&=3\left(x^2+\frac{14}{3}x+\frac{49}{9}-\frac{49}{9}-\frac{5}{3}\right)\end{aligned}$$

L'addition et la soustraction du même terme constant $\frac{49}{9}$ peuvent paraître artificielles (les mathématiciens appellent d'ailleurs ce type d'opération un « artifice de calcul »), mais cela permet de faire apparaître le carré parfait sans modifier le polynôme initial.

$$\begin{aligned}3x^2+14x-5&=3\left(x^2+\frac{14}{3}x+\frac{49}{9}-\frac{49}{9}-\frac{5}{3}\right)\\&=3\left[\left(x^2+\frac{14}{3}x+\frac{49}{9}\right)-\frac{49}{9}-\frac{5}{3}\right]\\&=3\left[\left(x^2+\frac{14}{3}x+\frac{49}{9}\right)-\frac{64}{9}\right]\\&=3\left[\left(x+\frac{7}{3}\right)^2-\frac{64}{9}\right]\end{aligned}$$

4. On transforme l'expression entre crochets en une différence de carrés, sachant que tout nombre réel positif est égal au carré de sa racine carrée.

Ainsi, $\frac{64}{9}=\left(\sqrt{\frac{64}{9}}\right)^2=\left(\frac{8}{3}\right)^2$.

$$\begin{aligned}3x^2+14x-5&=3\left[\left(x+\frac{7}{3}\right)^2-\frac{64}{9}\right]\\&=3\left[\left(x+\frac{7}{3}\right)^2-\left(\frac{8}{3}\right)^2\right]\end{aligned}$$

On peut alors factoriser la différence de carrés.

$$\begin{aligned}3x^2+14x-5&=3\left(x+\frac{7}{3}+\frac{8}{3}\right)\left(x+\frac{7}{3}-\frac{8}{3}\right)\\&=3(x+5)\left(x-\frac{1}{3}\right)\end{aligned}$$

Cette expression en un produit de trois facteurs est tout à fait acceptable. On peut toutefois la simplifier encore.

$$\begin{aligned}3x^2+14x-5 &= 3(x+5)\left(x-\frac{1}{3}\right)\\ &= (x+5)(3)\left(x-\frac{1}{3}\right)\\ &= (x+5)(3x-1)\end{aligned}$$

On vérifie l'exactitude de la factorisation en effectuant la multiplication.

$$(x+5)(3x-1)=3x^2-x+15x-5=3x^2+14x-5$$

Nous avons choisi cet exemple parce que la factorisation est aussi possible par la méthode du trinôme général, ce qui nous permet de vérifier qu'on aurait obtenu le même résultat en cherchant deux nombres dont le produit est $ac=-15$ et dont la somme est $b=14$. Ces deux nombres sont 15 et -1.

$$\begin{aligned}3x^2+14x-5 &= 3x^2+15x-x-5\\ &= (3x^2+15x)-(x+5)\\ &= 3x(x+5)-1(x+5)\\ &= (x+5)(3x-1)\end{aligned}$$

- Soit le polynôme $2x^2+16x+11$.

  On ne trouve pas facilement deux nombres dont le produit est 22 et la somme, 16. La méthode de complétion du carré s'impose.

$$2x^2+16x+11=2\left(x^2+8x+\frac{11}{2}\right)$$ (mise en évidence du coefficient de x^2)

$$=2\left(x^2+8x+16-16+\frac{11}{2}\right)$$ (recherche du carré parfait commençant par x^2+8x)

$$=2\left[(x^2+8x+16)-\frac{21}{2}\right]$$

$$=2\left[(x+4)^2-\left(\sqrt{\frac{21}{2}}\right)^2\right]$$ (écriture sous la forme d'une différence de carrés)

$$=2\left(x+4+\sqrt{\frac{21}{2}}\right)\left(x+4-\sqrt{\frac{21}{2}}\right)$$ (factorisation de la différence de carrés)

  On vérifie que le produit donne bien $2x^2+16x+11$.

- Essayons de factoriser le polynôme x^2+5x+7.

  Le trinôme carré parfait commençant par x^2+5x est :

$$x^2+2\left(\frac{5}{2}\right)x+\left(\frac{5}{2}\right)^2=x^2+5x+\frac{25}{4}$$

2

Ainsi :

$$\begin{aligned} x^2+5x+7 &= x^2+5x+\frac{25}{4}-\frac{25}{4}+7 \\ &= \left(x^2+5x+\frac{25}{4}\right)+\frac{3}{4} \\ &= \left(x+\frac{5}{2}\right)^2+\left(\sqrt{\frac{3}{4}}\right)^2 \end{aligned}$$

Il s'agit d'une somme de carrés de degré 2, qu'on ne peut pas décomposer en facteurs.

Il est donc impossible de factoriser x^2+5x+7.

La complétion du carré

Pour factoriser un polynôme de la forme ax^2+bx+c :

1. On effectue la mise en évidence du coefficient a du terme du second degré, pour obtenir $a\left(x^2+\frac{b}{a}x+\frac{c}{a}\right)$.
2. On cherche un trinôme carré parfait $x^2+2ux+u^2$ dont les deux premiers termes sont x^2 et $\frac{b}{a}x$.
3. On réécrit le polynôme initial en utilisant ce carré parfait.
4. On transforme si possible la nouvelle expression en une différence de carrés, qu'on factorise. S'il s'agit d'une somme de carrés, le trinôme du second degré ne peut être factorisé.

2.3.4 La factorisation de différents modèles de polynômes

Il n'existe pas de méthode infaillible pour factoriser les polynômes de degré supérieur à 2 ou les polynômes à plusieurs variables. Plusieurs polynômes peuvent toutefois être factorisés au moins partiellement à l'aide de variantes des méthodes vues précédemment.

Dans le cas des polynômes de degré 3, on distingue deux modèles particuliers qu'on peut toujours factoriser.

La somme ou la différence de deux cubes

$$x^3+a^3=(x+a)(x^2-ax+a^2)$$

$$x^3-a^3=(x-a)(x^2+ax+a^2)$$

Il est possible de vérifier les résultats précédents en effectuant les multiplications $(x+a)(x^2-ax+a^2)$ et $(x-a)(x^2+ax+a^2)$ ou encore les divisions $\frac{x^3+a^3}{x+a}$ et $\frac{x^3-a^3}{x-a}$.

Exemple 2.29

- Décomposons le polynôme x^3-27.

  C'est une différence de cubes, car $x^3-27=x^3-3^3$.

  On obtient donc $x^3-27=x^3-3^3=(x-3)(x^2+3x+3^2)=(x-3)(x^2+3x+9)$. En effectuant la multiplication, on retrouvera le polynôme initial.

  On peut aussi obtenir le second facteur en effectuant la division $\frac{x^3-27}{x-3}$.

- $8x^3+125a^6$ est une somme de cubes, car $8x^3+125a^6=(2x)^3+(5a^2)^3$.

  Ainsi :

$$\begin{aligned}8x^3+125a^6&=(2x)^3+(5a^2)^3\\&=(2x+5a^2)((2x)^2-(2x)(5a^2)+(5a^2)^2)\\&=(2x+5a^2)(4x^2-10a^2x+25a^4)\end{aligned}$$

L'habileté à factoriser des polynômes s'acquiert par la pratique. Il s'agit souvent d'effectuer une mise en évidence pour découvrir un autre polynôme dont on reconnaît le modèle. Il faut parfois utiliser successivement deux méthodes avant d'obtenir une factorisation complète. Pour faciliter la décomposition, il faut aussi, dans certains cas, déplacer les termes.

Exemple 2.30

- Factorisons le polynôme $3x^3-12x$.

  Même si ce polynôme ne correspond à aucun modèle connu, on peut d'abord effectuer une mise en évidence simple.

$$3x^3-12x=3x(x^2-4)$$

  Le facteur de droite est une différence de carrés qu'on peut encore décomposer.

$$3x^3-12x=3x(x+2)(x-2)$$

- $x^4+x^2=x^2(x^2+1)$

  (x^2+1) est une somme de carrés de degré 2, qui n'est pas décomposable en facteurs du premier degré.

  Cet exemple montre qu'une somme de carrés de degré supérieur à 2, comme c'est le cas de x^4+x^2, peut parfois être factorisée. On ne pourra toutefois jamais obtenir des facteurs qui sont tous du premier degré.

- Factorisons le polynôme $x^2+6xy+9y^2-25$.

  Il n'existe aucun facteur commun à tous les termes. Le regroupement des termes deux par deux ne permet pas une mise en évidence double.

  On remarque cependant que les trois premiers termes constituent un trinôme carré parfait.

On peut donc les regrouper ainsi :

$$\begin{aligned} x^2+6xy+9y^2-25 &= (x^2+6xy+9y^2)-25 \\ &= (x+3y)^2-25 \end{aligned}$$

Il faut toutefois poursuivre, puisque le résultat **n'est pas un produit de facteurs**.

Il s'agit d'une différence de carrés.

$$\begin{aligned} x^2+6xy+9y^2-25 &= (x+3y)^2-5^2 \\ &= (x+3y+5)(x+3y-5) \end{aligned}$$

◆ Soit le polynôme x^4-17x^2+16.

En posant $y=x^2$, on obtient $x^4-17x^2+16=(x^2)^2-17x^2+16=y^2-17y+16$.

Ce type de substitution est appelé **changement de variable**.

On reconnaît alors un trinôme du second degré qu'on peut factoriser en cherchant deux nombres dont le produit est 16 et dont la somme est -17. Ce sont -1 et -16.

Ainsi, $y^2-17y+16=(y-1)(y-16)$.

Comme $y=x^2$, $(y-1)(y-16)=(x^2-1)(x^2-16)$.

On a donc $x^4-17x^2+16=(x^2-1)(x^2-16)$.

Il est encore possible de factoriser les deux différences de carrés et on obtient :

$$x^4-17x^2+16=(x+1)(x-1)(x+4)(x-4)$$

◆ Voici un cas particulier qu'on rencontre souvent en calcul différentiel. Il s'agit de factoriser une expression composée d'une somme de produits de facteurs, dont certains sont communs aux deux termes principaux.

Soit l'expression $4(x-3)^3(2x+1)^6+12(x-3)^4(2x+1)^5$.

Les facteurs 4, $(x-3)^3$ et $(2x+1)^5$ sont communs aux deux termes de la somme. On peut donc les mettre en évidence.

$$\begin{aligned} 4(x-3)^3(2x+1)^6+12(x-3)^4(2x+1)^5 &= 4(x-3)^3(2x+1)^5\left[(2x+1)+3(x-3)\right] \\ &= 4(x-3)^3(2x+1)^5(5x-8) \end{aligned}$$

On obtient alors un produit de facteurs.

Afin de faciliter la résolution des exercices, nous résumons les méthodes de factorisation des polynômes dans l'encadré ci-dessous.

Les méthodes de factorisation des polynômes

- Simple mise en évidence : $ax+ay=a(x+y)$
- Double mise en évidence : $ax+ay+bx+by=a(x+y)+b(x+y)=(x+y)(a+b)$
- Trinôme général avec $a=1$: $x^2+bx+c=(x+u)(x+v)$, où $u+v=b$ et $uv=c$
- Trinôme général de la forme ax^2+bx+c avec $a\neq 1$ (*voir la technique détaillée à la page 59*)

- Trinôme carré parfait : $x^2 + 2ax + a^2 = (x+a)^2$ et $x^2 - 2ax + a^2 = (x-a)^2$
- Somme de carrés : $x^2 + a^2$ ne se factorise pas en facteurs du premier degré.
- Différence de carrés : $x^2 - a^2 = (x+a)(x-a)$
- Complétion du carré (*voir la technique détaillée à la page 65*)
- Somme de cubes : $x^3 + a^3 = (x+a)(x^2 - ax + a^2)$
- Différence de cubes : $x^3 - a^3 = (x-a)(x^2 + ax + a^2)$

Exercices 2.3

1. Effectuer les mises en évidence simples dans les polynômes suivants.

a) $-3x - 3z$
b) $xy + x$
c) $18x^2y - 27xy^2$
d) $x^4 - x^3 - 2x^2 + x$
e) $x^2y^4 + x^3y^2 + x^3y^5 - x^6$
f) $21a^3x + 14a^2 - 42a$
g) $3x(2x-1) + 5(2x-1)$
h) $(x-y)(a+b) - (x-y)$
i) $18x^5(3x+2)^5 + 5x^4(3x+2)^6$
j) $8x(x^2-1)^3(x^2+3)^3 + 6x(x^2-1)^4(x^2+3)^2$

2. Décomposer en facteurs au moyen de la mise en évidence double.

a) $x^2 + bx + cx + bc$
b) $6x^2 - 9ax + 4bx - 6ab$
c) $ax - bx - az + bz$
d) $axy - bcz + bcxy - az$
e) $ax - bx - a + b$
f) $14a^2x + 4ay - 21ax^2 - 6xy$
g) $y^3 - y^2 + y - 1$
h) $x^2 + mxy - 4xy - 4my^2$
i) $ax - ay + bx - by + cx - cy$
j) $ax - bx + by + cy - cx - ay$

3. Factoriser si possible chacun des trinômes suivants.

a) $x^2 - 11x + 30$
b) $y^2 - 7y + 12$
c) $x^2 + x - 56$
d) $x^2 + 9x - 36$
e) $z^2 - 24z + 95$
f) $x^2 + x + 1$
g) $x^2 + 14x + 40$
h) $x^2 + 5ax + 6a^2$
i) $a^2x^2 - 3acx - 10c^2$
j) $a^2x^2 + 9ac^2x + 14c^4$
k) $x^2 + 13x + 30$
l) $x^2 - 13x + 30$
m) $x^2 + 13x - 30$
n) $x^2 - 13x - 30$
o) $x^2 + (b-a)x - ab$

4. Décomposer en facteurs les trinômes suivants.

a) $2x^2 + 3x + 1$
b) $3x^2 + 10x + 3$
c) $2x^2 + 15x - 8$
d) $3x^2 - 19x - 14$
e) $15z^2 - 77z + 10$
f) $6x^2 - 7x - 3$
g) $4x^2 + 23x + 15$
h) $7y^2 - 44y + 12$
i) $3 + 11x - 4x^2$
j) $-3x^2 - 7x - 4$
k) $2x^2 + 5x + 3$
l) $2x^2 + 5x - 3$
m) $2x^2 - 5x - 3$
n) $2x^2 - 5x + 3$
o) $24x^2 - 29ax - 4a^2$

5. Parmi les polynômes ci-dessous, trouver les trinômes carrés parfaits et les factoriser.

a) $x^2 + 18x + 81$
b) $x^2 + 8x - 16$
c) $x^2 + 8x + 16$
d) $25y^2 - 10y + 1$
e) $x^2 + 16$
f) $z^2 + 5z + 25$
g) $9x^2 - 6c^2x + c^4$
h) $4x^2 - 2x + 1$
i) $5x^2 + 10x + 1$
j) $(x+a)^2 + 2(x+a) + 1$

6. Insérer le terme manquant pour transformer chacun des trinômes ci-dessous en un carré parfait.

a) $x^2 + ... + 25$
b) $81x^2 - ... + a^2$
c) $25x^2 + ... + 100c^2$
d) $9 - 30x + ...$
e) $a^6 + 2a^3x + ...$
f) $... - 56x + 16$

7. Factoriser si possible chacun des polynômes suivants.

a) $x^2 + 22x + 121$
b) $x^2 + 2x + 1$
c) $144 - 24x + x^2$
d) $81y^2 + 72y + 16$
e) $4a^6x^2 - 12a^3x + 9$
f) $9z^2 + 100$
g) $(x+1)^2 + 6(x+1) + 9$
h) $z^2 + 2z(z+3) + (z^2 + 6z + 9)$

8. Utiliser le modèle du trinôme carré parfait pour développer les carrés suivants sans effectuer une multiplication complète.

a) $(x+2)^2$
b) $(x-c)^2$
c) $(x+2a)^2$
d) $(3a^2x - 4b)^2$
e) $(x+(b+c))^2$
f) $(x-(b+c))^2$

9. Trouver les sommes de carrés parmi les polynômes ci-dessous.

a) $(x+5)^2$
b) $81x^2 + 100$
c) $x^2 + (\text{-}5)^2$
d) $36x^2 + 36x + 9$
e) $x^2 + c^2$, où c est une constante négative
f) $16x^2 + 64a^8$

10. Parmi les polynômes ci-dessous, indiquer les différences de carrés et les factoriser.

a) $x^2 - c^2$
b) $(x-y)^2$
c) $\text{-}x^2 - 25$
d) $a^2x^2 - 9b^6$
e) $(3x)^2 - (2a)^2$
f) $(a+b)^2 - (c+d)^2$

11. Factoriser les polynômes suivants, si possible.

a) $a^4 - 25x^2$
b) $36 - 49a^6x^2$
c) $121x^2 - 81a^8$
d) $z^2 - 64$
e) $1 - 100y^2$
f) $x^2 + (\text{-}10)^2$
g) $(x+2)^2 - a^2$
h) $a^2 - (x+2)^2$
i) $(x+3)^2 - (2x-5)^2$

12. Effectuer directement les multiplications ci-dessous en utilisant le principe inverse de la décomposition d'une différence de carrés.

a) $(x+6)(x-6)$
b) $(3x+5)(3x-5)$
c) $(2ax+b)(2ax-b)$
d) $(8x-7c^3)(8x+7c^3)$

13. Factoriser si possible chacun des polynômes ci-dessous par la méthode de complétion du carré.

a) $2x^2 + 13x - 7$
b) $4x^2 - 6x - 4$
c) $x^2 - 5$
d) $2y^2 + y - 15$
e) $x^2 + x - 1$
f) $x^2 + x + 1$
g) $3t^2 - 5t + 1$
h) $\text{-}x^2 + 2x - 7$
i) $\text{-}5x^2 + 10x - 4$

14. Décomposer les sommes et les différences de cubes suivantes.

a) $x^3 + 8$
b) $a^3 - 1$
c) $8x^3 + 27y^3$
d) $125 - 216b^{12}$
e) $x^3y^3 + 512z^3$
f) $1000y^{300} - z^{15}$
g) $0{,}008x^3 + 0{,}027$
h) $(x+y)^3 + a^3$
i) $1 - (a+b)^3$

15. Factoriser complètement les polynômes suivants, si possible, en utilisant les méthodes appropriées.

a) $16x^2-81$
b) x^3y^3-1
c) $x^2+15x+56$
d) $9x^2+64y^2$
e) $x^2-cx-2dx+2cd$
f) $9x^4+42x^2+49$
g) $36x^{36}-25y^{25}$
h) $2z^2+9z+6$
i) $16x^3+8bx^2+b^2x$
j) $4x^4-32x$
k) $a^4+a^3+4a^2+32a$
l) $18x^5-32x^3$
m) x^4-16
n) x^7-8x^4
o) $y^3+3y^2-4y-12$
p) $49x^4-70x^2y^3z+25y^6z^2$
q) xy^3+27x^4
r) $x^{12}+2x^6+1$
s) $27x^3-45x^2+12x$
t) $(a+b)^2-c^2$
u) x^4-5x^2+4
v) $-3x^2-6x+1$
w) x^2-y^2+x-y
x) $x^2+2xy+y^2-25$
y) $1-a^2-2ab-b^2$
z) x^3+y^3+x+y

16. Factoriser complètement chacune des expressions algébriques ci-dessous.

a) $15x^4(x-9)^6+18x^5(x-9)^5$
b) $4x(x^2+1)(x^2-1)^2+4x(x^2+1)^2(x^2-1)$
c) $5(x-4)^4(x+2)^8+8(x-4)^5(x+2)^7$
d) $20(2x-3)^9(4x+7)^5+20(2x-3)^{10}(4x+7)^4$
e) $8x(x^2+3)^3(7-x^2)^4-8x(x^2+3)^4(7-x^2)^3$

2.4 Les zéros d'un polynôme

Trouver les zéros d'un polynôme par factorisation ou à l'aide de la formule quadratique.

Que ce soit pour résoudre une équation, pour trouver un domaine ou pour tracer le graphique d'une fonction, il sera souvent utile de connaître les valeurs qui annulent un polynôme, c'est-à-dire celles pour lesquelles le polynôme est égal à 0.

2.4.1 La recherche des zéros par factorisation

Un **zéro** (ou **racine**) d'un polynôme est un nombre réel tel que le polynôme vaut 0 si la variable prend cette valeur.

Pour trouver les zéros d'un polynôme, on fera appel à sa factorisation et à la règle du produit nul.

La règle du produit nul

Le produit de deux ou plusieurs facteurs est égal à 0 si et seulement si au moins un de ces facteurs est égal à 0.

$$AB=0 \Leftrightarrow (A=0 \text{ ou } B=0)$$
$$A_1A_2...A_n=0 \Leftrightarrow (A_1=0 \text{ ou } A_2=0 \text{ ou } ... \ A_n=0)$$

Le théorème de factorisation

a est un zéro d'un polynôme en x si et seulement si $(x-a)$ est un facteur du polynôme.

Exemple 2.31

- 5 est un zéro du polynôme $x^2+2x-35$, car $5^2+(2)(5)-35=25+10-35=0$. Par contre, 3 n'est pas un zéro, puisque $3^2+(2)(3)-35=9+6-35=\text{-}20$.
- Cherchons les zéros du polynôme x^3+5x^2-14x.

  On doit trouver les valeurs de x pour lesquelles $x^3+5x^2-14x=0$.

  On factorise d'abord le polynôme.

  $$\begin{aligned} x^3+5x^2-14x &= x(x^2+5x-14) \\ &= x(x+7)(x-2) \end{aligned}$$

  D'après la règle du produit nul :

  $$\begin{aligned} x^3+5x^2-14x=0 &\Leftrightarrow x(x+7)(x-2)=0 \\ &\Leftrightarrow (x=0 \text{ ou } x+7=0 \text{ ou } x-2=0) \end{aligned}$$

  Il reste à résoudre ces trois équations du premier degré pour trouver que les trois zéros sont $x=0$, $x=\text{-}7$ et $x=2$.
- Soit le polynôme $P=x^3-27$.

  Si $x=3$, $P=3^3-27=27-27=0$. Le nombre 3 est donc un zéro de P.

  D'après le théorème de factorisation, $(x-3)$ est alors un facteur de P. C'est donc dire que P est divisible par $(x-3)$.

  En effectuant la division $(x^3-27)\div(x-3)$, on obtient x^2+3x+9.

  Ainsi, $(x^3-27)=(x-3)(x^2+3x+9)$, ce qui correspond bien à la règle de factorisation d'une différence de cubes.
- Sachant que -2, $\frac{5}{2}$ et -4 sont les zéros d'un polynôme P de degré 3, cherchons ce polynôme.

  D'après le théorème de factorisation, $(x+2)$, $\left(x-\frac{5}{2}\right)$ et $(x+4)$ sont des facteurs de P.

  P est donc divisible par $(x+2)\left(x-\frac{5}{2}\right)(x+4)$.

  Puisque P est de degré 3, il ne peut y avoir d'autre facteur contenant la variable x.

  Le polynôme $(x+2)\left(x-\frac{5}{2}\right)(x+4)=x^3+\frac{7}{2}x^2-7x-20$ est donc une solution.

  Toutefois, tout polynôme de la forme $c\left(x^3+\frac{7}{2}x^2-7x-20\right)$, où c est une constante non nulle, est une solution possible.

  Pour tout $c\neq 0$, le polynôme est de degré 3 et ses zéros sont -2, $\frac{5}{2}$ et -4.

  Par exemple, $2\left(x^3+\frac{7}{2}x^2-7x-20\right)=2x^3+7x^2-14x-40$ est aussi une solution.

- Dans l'exemple précédent, si nous ajoutions comme condition que le terme constant de P doit être 10, il faudrait alors choisir la valeur de c telle que le terme constant de $c\left(x^3+\frac{7}{2}x^2-7x-20\right)$ soit 10.

$$c\left(x^3+\frac{7}{2}x^2-7x-20\right)=cx^3+\frac{7}{2}cx^2-7cx-20c$$

Le terme constant est $-20c$ et on aura $-20c=10$ si $c=\frac{-1}{2}$.

Le polynôme cherché serait alors $\frac{-1}{2}\left(x^3+\frac{7}{2}x^2-7x-20\right)=\frac{-1}{2}x^3-\frac{7}{4}x^2+\frac{7}{2}x+10.$

- Sachant que 0 et -2 sont des zéros du polynôme $P=x^4+2x^3-9x^2-18x$, cherchons ses autres zéros.

D'après le théorème de factorisation, $(x-0)=x$ et $(x+2)$ sont des facteurs de P.

Ainsi, $P=x(x+2)Q$, où Q est un polynôme de degré 2.

On peut trouver Q en divisant P par $x(x+2)$. Cette division vous est laissée en exercice.

On obtient $Q=\dfrac{P}{x(x+2)}=\dfrac{x^4+2x^3-9x^2-18x}{x^2+2x}=x^2-9=(x+3)(x-3)$.

Ainsi, $P=x(x+2)(x+3)(x-3)$ et ses quatre zéros sont 0, -2, -3 et 3.

- Le polynôme x^2+100 étant une somme de carrés de degré 2, on sait qu'il est impossible de le factoriser.

D'après le théorème de factorisation, ce polynôme ne possède aucun zéro.

S'il avait un zéro, il existerait un nombre réel a tel que $a^2+100=0$. Il faudrait donc que $a^2=-100$, ce qui est impossible dans IR, puisqu'un carré ne peut être négatif.

2.4.2 La recherche des zéros à l'aide de la formule quadratique

Nous verrons ici comment mettre à profit la méthode de complétion du carré (*voir la section 2.3.3*) afin de vérifier si un polynôme du second degré possède des zéros et pour les trouver, s'il y a lieu.

Soit un polynôme de la forme ax^2+bx+c $(a\neq 0)$. Utilisons la méthode de complétion du carré pour le factoriser.

1. On effectue la mise en évidence du coefficient a du terme du second degré.

$$ax^2+bx+c=a\left(x^2+\frac{b}{a}x+\frac{c}{a}\right)$$

2. On cherche un trinôme carré parfait $x^2+2ux+u^2$ dont les deux premiers termes sont x^2 et $\frac{b}{a}x$.

   Si $2ux=\frac{b}{a}x$, alors $u=\frac{b}{2a}$.

Ainsi, $x^2 + 2ux + u^2 = x^2 + 2\left(\dfrac{b}{2a}\right)x + \left(\dfrac{b}{2a}\right)^2 = x^2 + \dfrac{b}{a}x + \dfrac{b^2}{4a^2}$.

Et puisque $x^2 + 2ux + u^2 = (x+u)^2$, on a aussi $x^2 + \dfrac{b}{a}x + \dfrac{b^2}{4a^2} = \left(x + \dfrac{b}{2a}\right)^2$.

3. On réécrit le polynôme initial en utilisant ce carré parfait.

$$\begin{aligned} ax^2 + bx + c &= a\left(x^2 + \frac{b}{a}x + \frac{c}{a}\right) \\ &= a\left[x^2 + \frac{b}{a}x + \frac{b^2}{4a^2} - \frac{b^2}{4a^2} + \frac{c}{a}\right] \\ &= a\left[\left(x + \frac{b}{2a}\right)^2 - \left(\frac{b^2}{4a^2} - \frac{c}{a}\right)\right] \\ &= a\left[\left(x + \frac{b}{2a}\right)^2 - \left(\frac{b^2 - 4ac}{4a^2}\right)\right] \end{aligned}$$

4. On transforme si possible la nouvelle expression en une différence de carrés, qu'on factorise.

$$\begin{aligned} ax^2 + bx + c &= a\left[\left(x + \frac{b}{2a}\right)^2 - \left(\sqrt{\frac{b^2 - 4ac}{4a^2}}\right)^2\right] && \text{si } \frac{b^2 - 4ac}{4a^2} \geq 0 \\ &= a\left[\left(x + \frac{b}{2a}\right)^2 - \left(\frac{\sqrt{b^2 - 4ac}}{2a}\right)^2\right] && \text{si } b^2 - 4ac \geq 0 \\ &= a\left(x + \frac{b}{2a} + \frac{\sqrt{b^2 - 4ac}}{2a}\right)\left(x + \frac{b}{2a} - \frac{\sqrt{b^2 - 4ac}}{2a}\right) && \text{si } b^2 - 4ac \geq 0 \\ &= a\left(x + \frac{b + \sqrt{b^2 - 4ac}}{2a}\right)\left(x + \frac{b - \sqrt{b^2 - 4ac}}{2a}\right) && \text{si } b^2 - 4ac \geq 0 \end{aligned}$$

On voit que la factorisation n'est possible que si $b^2 - 4ac \geq 0$.

Le théorème de factorisation permet dans ce cas de déduire que les zéros du polynôme sont

$z_1 = -\left(\dfrac{b + \sqrt{b^2 - 4ac}}{2a}\right) = \dfrac{-b - \sqrt{b^2 - 4ac}}{2a}$ et $z_2 = -\left(\dfrac{b - \sqrt{b^2 - 4ac}}{2a}\right) = \dfrac{-b + \sqrt{b^2 - 4ac}}{2a}$.

On écrit souvent $z = \dfrac{-b \pm \sqrt{b^2 - 4ac}}{2a}$ pour désigner simultanément ces deux valeurs.

La formule quadratique

S'ils existent, les zéros du polynôme $ax^2 + bx + c$ $(a \neq 0)$ sont donnés par :

$$z = \frac{-b \pm \sqrt{b^2 - 4ac}}{2a}$$

Il faut distinguer trois cas, selon la valeur de $b^2 - 4ac$, qu'on appelle **discriminant**.

1. **Si $b^2 - 4ac > 0$:**

   On peut extraire la racine carrée d'un nombre positif et $\sqrt{b^2 - 4ac} > 0$.

   $z_1 = \dfrac{-b - \sqrt{b^2 - 4ac}}{2a}$ et $z_2 = \dfrac{-b + \sqrt{b^2 - 4ac}}{2a}$ sont deux nombres réels différents, puisqu'on soustrait $\sqrt{b^2 - 4ac}$ pour calculer z_1 et qu'on l'additionne pour calculer z_2.

   Ainsi, le polynôme $ax^2 + bx + c$ possède deux zéros distincts, z_1 et z_2.

   On peut alors factoriser comme suit : $ax^2 + bx + c = a(x - z_1)(x - z_2)$.

2. **Si $b^2 - 4ac = 0$:**

   On peut extraire la racine carrée de 0 et $\sqrt{b^2 - 4ac} = 0$.

   $z_1 = \dfrac{-b - \sqrt{0}}{2a} = \dfrac{-b}{2a}$ et $z_2 = \dfrac{-b + \sqrt{0}}{2a} = \dfrac{-b}{2a}$ sont donc égaux.

   Ainsi, le polynôme $ax^2 + bx + c$ possède un seul zéro, z_1.

   On peut alors factoriser comme suit : $ax^2 + bx + c = a(x - z_1)(x - z_1) = a(x - z_1)^2$.

3. **Si $b^2 - 4ac < 0$:**

   On ne peut extraire la racine carrée d'un nombre négatif et l'expression $\sqrt{b^2 - 4ac}$ n'est donc pas définie.

   Il en est de même pour z_1 et z_2.

   Ainsi, le polynôme $ax^2 + bx + c$ ne possède aucun zéro réel et ne peut être factorisé.

Les zéros d'un polynôme du second degré

- Si $\boldsymbol{b^2 - 4ac > 0}$, le polynôme $ax^2 + bx + c$ $(a \neq 0)$ possède **deux zéros** :

$$z_1 = \frac{-b - \sqrt{b^2 - 4ac}}{2a} \text{ et } z_2 = \frac{-b + \sqrt{b^2 - 4ac}}{2a}$$

$$ax^2 + bx + c = a(x - z_1)(x - z_2)$$

- Si $\boldsymbol{b^2 - 4ac = 0}$, le polynôme $ax^2 + bx + c$ $(a \neq 0)$ possède **un seul zéro** :

$$z_1 = \frac{-b}{2a}$$

$$ax^2 + bx + c = a(x - z_1)^2$$

- Si $\boldsymbol{b^2 - 4ac < 0}$, le polynôme $ax^2 + bx + c$ $(a \neq 0)$ ne possède **aucun zéro**. On ne peut pas factoriser le polynôme $ax^2 + bx + c$.

Exemple 2.32

◆ Soit le polynôme $3x^2 + x - 7$, où $a = 3$, $b = 1$ et $c = -7$.

$$b^2 - 4ac = 1^2 - 4(3)(-7) = 1 + 84 = 85$$

Puisque $b^2 - 4ac > 0$, le polynôme possède deux zéros, donnés par

$z_1 = \dfrac{-1-\sqrt{85}}{6} \approx -1{,}70$ et $z_2 = \dfrac{-1+\sqrt{85}}{6} \approx 1{,}37$.

$$3x^2 + x - 7 = 3\left(x - \frac{-1-\sqrt{85}}{6}\right)\left(x - \frac{-1+\sqrt{85}}{6}\right)$$

- Soit le polynôme $-20x^2 + 9x - 1$, où $a = -20$, $b = 9$ et $c = -1$.

$$b^2 - 4ac = 9^2 - 4(-20)(-1) = 81 - 80 = 1$$

Puisque $b^2 - 4ac > 0$, le polynôme possède deux zéros, donnés par

$z_1 = \dfrac{-9-\sqrt{1}}{-40} = \dfrac{-9-1}{-40} = \dfrac{-10}{-40} = \dfrac{1}{4}$ et $z_2 = \dfrac{-9+\sqrt{1}}{-40} = \dfrac{-9+1}{-40} = \dfrac{-8}{-40} = \dfrac{1}{5}$.

$$\begin{aligned} -20x^2 + 9x - 1 &= -20\left(x - \frac{1}{4}\right)\left(x - \frac{1}{5}\right) \\ &= -(4)(5)\left(x - \frac{1}{4}\right)\left(x - \frac{1}{5}\right) \\ &= -(4)\left(x - \frac{1}{4}\right)(5)\left(x - \frac{1}{5}\right) \\ &= -(4x-1)(5x-1) \end{aligned}$$

On peut aussi exprimer ce produit sous la forme $(-4x+1)(5x-1)$ ou $(4x-1)(-5x+1)$ en multipliant l'un ou l'autre des facteurs par -1.

On aurait pu trouver le même résultat par factorisation du trinôme $-20x^2 + 9x - 1$ en cherchant deux nombres dont le produit est $ac = 20$ et la somme, $b = 9$. Ces deux nombres sont 4 et 5.

$$-20x^2 + 9x - 1 = (-5x+1)(4x-1)$$

On peut alors déduire que les zéros sont les valeurs de x telles que $-5x + 1 = 0$ ou $4x - 1 = 0$, c'est-à-dire $\dfrac{1}{5}$ et $\dfrac{1}{4}$.

- Soit le polynôme $2x^2 - x + 5$.

$$b^2 - 4ac = (-1)^2 - 4(2)(5) = 1 - 40 = -39$$

Puisque $b^2 - 4ac < 0$, le polynôme ne possède aucun zéro et ne peut être factorisé.

- Soit le polynôme $4x^2 + 12x + 9$.

$$b^2 - 4ac = 12^2 - 4(4)(9) = 144 - 144 = 0$$

Puisque $b^2 - 4ac = 0$, le polynôme possède un seul zéro, donné par $z_1 = \dfrac{-12}{8} = \dfrac{-3}{2}$.

$$4x^2 + 12x + 9 = 4\left(x + \frac{3}{2}\right)^2 = 2^2\left(x + \frac{3}{2}\right)^2 = \left[2\left(x + \frac{3}{2}\right)\right]^2 = (2x+3)^2$$

On aurait obtenu le même résultat en utilisant la méthode de factorisation d'un trinôme carré parfait.

Exercices 2.4

1. Factoriser les polynômes suivants si possible et trouver leurs zéros, sachant que a et b sont des constantes non nulles.

a) $3x-7x^2$
b) $a-ax^2$
c) x^2+16
d) $16x^2-40x+25$
e) x^2-x-12
f) $4x^3-36x$
g) $6x^2-x-15$
h) $9x^2-121$
i) $x^2+ax+bx+ab$

2. Trouver un polynôme de degré 4 dont les zéros sont -12, 0, $\frac{1}{2}$ et 7.

3. Trouver le polynôme ax^2+bx+c dont les zéros sont $\frac{1}{4}$ et $\frac{3}{5}$, sachant que $a=100$.

4. Trouver la valeur de a et de b si les zéros de $ax^2+bx+40$ sont -2 et 4.

5. Sachant que le polynôme x^3+4x^2+x-6 possède trois zéros et que l'un d'eux est $x=1$, trouver les deux autres.

6. Quel est le nombre maximal de zéros d'un polynôme de degré n ? Justifier la réponse à l'aide du théorème de factorisation.

7. En utilisant la formule quadratique, trouver le nombre de zéros des polynômes suivants.

a) $-8x^2$
b) $x^2+6x+11$
c) $x^2+6x-11$
d) $25-30x+9x^2$

8. En utilisant la formule quadratique, trouver les zéros des polynômes suivants, s'il en existe.

a) $2x^2+20x+50$
b) x^2+x+13
c) $4x^2-x-1$
d) $5x^2+19$
e) $5x^2-19$
f) $-x^2-2x-1$
g) $11+6x-2x^2$
h) $x^2-0{,}06x+0{,}0009$
i) $\frac{1}{2}x^2-\frac{2}{3}x-\frac{3}{4}$
j) $2015x^2-31x$

9. Pour chacun des polynômes suivants, trouver la valeur de la constante a, b ou c telle que le polynôme n'a qu'un seul zéro.

a) ax^2+5x-6
b) $5x^2+bx+2$
c) $3x^2-bx$
d) $2x^2+3x-c$

10. Montrer que 3 est le seul zéro du polynôme x^3-27.

11. a) Si $ac<0$, expliquer pourquoi le polynôme ax^2+bx+c possède nécessairement deux zéros distincts.

b) Si $ac>0$, à quelle condition b doit-il satisfaire pour que ax^2+bx+c possède deux zéros distincts ?

12. Du haut d'un pont traversant une rivière, une fillette étire son bras au-dessus du parapet et lance une balle verticalement vers le haut. La distance d entre la balle et la rivière est donnée, t secondes après le lancement, par $d=10+19{,}6t-4{,}9t^2$ m.

a) Quelle est la distance entre la main de la fillette et la rivière ?
b) Après combien de temps la balle atteindra-t-elle la rivière ?

13. Pour fabriquer une boîte sans couvercle, on utilise une feuille de carton de 30 cm sur 50 cm. On découpe un carré de x cm de côté dans chaque coin de la feuille et on replie les côtés.

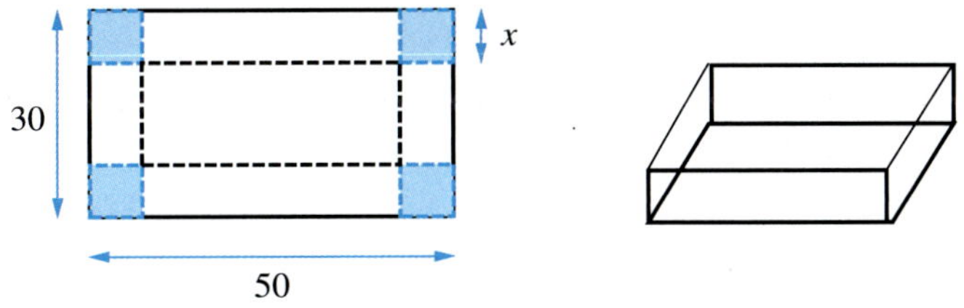

a) Exprimer la largeur l, la longueur L et la hauteur h de la boîte en fonction de x.

b) Sachant que le volume V de la boîte est donné par $V = l \times L \times h$, trouver le polynôme V qui donne le volume.

c) Dans ce contexte, trouver le domaine du polynôme.

14. Une agence de voyages propose à un groupe de 20 personnes des billets d'avion pour la Martinique à 800 \$. Pour chaque personne supplémentaire au-delà de 20, l'agence accordera une réduction de 7 \$ par billet, pour l'ensemble du groupe. Par exemple, si le groupe compte 21 personnes, les billets coûteront 793 \$ chacun ; ils coûteront 786 \$ l'unité pour un groupe de 22, etc. Si x représente le nombre de passagers supplémentaires, le revenu brut de l'agence est donné par le polynôme $16\,000 + 660x - 7x^2$ \$.

a) Factoriser ce polynôme et donner l'interprétation de chacun des deux facteurs dans ce contexte.

b) L'agence devra fixer un tarif minimal, sinon elle risque de devoir offrir des billets gratuits si le groupe est très nombreux. Sans cette condition, à partir de quelle valeur de x le revenu de l'agence serait-il nul ?

2.5 Les fractions rationnelles

Reconnaître une fraction rationnelle, trouver une fraction équivalente, simplifier une fraction et trouver le dénominateur commun à deux ou plusieurs fractions.

Plusieurs quantités sont décrites comme des rapports, des proportions, des pourcentages. On les exprime à l'aide de fractions. Les fractions algébriques sont celles dont le numérateur et le dénominateur sont des expressions algébriques. Nous nous limiterons dans ce chapitre aux fractions rationnelles, celles dont le numérateur et le dénominateur sont des polynômes.

2.5.1 Les caractéristiques des fractions rationnelles

On appelle **fraction rationnelle** toute expression de la forme $\frac{P}{Q}$, où P et Q sont des polynômes et $Q \neq 0$.

Exemple 2.33

- $\dfrac{3x^2 - 5x + 3}{2x + 7}$ est une fraction rationnelle, car son numérateur et son dénominateur sont des polynômes.
- $\dfrac{8x^5 - 17x + 6}{\sqrt{x - 2}}$ n'est pas une fraction rationnelle, car son dénominateur n'est pas un polynôme. C'est tout de même une fraction algébrique.

POURQUOI LE MOT « RATIONNELLE » APRÈS « FRACTION » ?

Joseph-Louis de Lagrange

A priori, l'expression « fraction rationnelle » semble être un pléonasme. En effet, l'adjectif « rationnel » contient le mot « ratio », qui veut aussi dire « fraction ». D'ailleurs, les nombres irrationnels sont justement ceux qui ne peuvent pas s'exprimer sous la forme d'une fraction. D'où la question : pourquoi le mot « rationnelle » après le mot « fraction » ? La première fois qu'on a nommé explicitement ce genre de fractions, c'est dans le cadre d'une étude des fonctions. En 1772, le mathématicien français Joseph-Louis de Lagrange (1736-1813) parle de « fonctions rationnelles ». Le mot « rationnelles » indique alors clairement des fonctions qui prennent la forme de fractions. Ce n'est que bien plus tard qu'on utilisera l'expression « fraction rationnelle » pour parler spécifiquement d'une fraction dont le numérateur et le dénominateur sont des polynômes, créant donc de la sorte une certaine redondance, mais conservant une visible parenté entre la terminologie des fonctions rationnelles et des fractions rationnelles.

2

Puisqu'une fraction rationnelle est un quotient de polynômes, il faut s'assurer qu'il n'y a pas de division par 0, c'est-à-dire que les variables ne prennent pas des valeurs qui rendraient le dénominateur nul.

La factorisation de polynômes, la règle du produit nul et les méthodes de résolution d'équations seront souvent utiles pour trouver les valeurs qui annulent le dénominateur d'une fraction rationnelle.

Le **domaine** d'une fraction rationnelle $\dfrac{P}{Q}$ est l'ensemble de toutes les valeurs réelles telles que le dénominateur Q est différent de 0.

Exemple 2.34

- Cherchons le domaine de la fraction rationnelle $\dfrac{x-5}{3x-1}$.

  Puisqu'on ne peut pas diviser par 0, le dénominateur ne doit pas être nul.

  Le domaine est donc l'ensemble des valeurs de x telles que $3x-1 \neq 0$, c'est-à-dire $x \neq \dfrac{1}{3}$. Ainsi, le domaine de la fraction $\dfrac{x-5}{3x-1}$ est $\mathbb{R} \setminus \left\{\dfrac{1}{3}\right\}$.

- Cherchons le domaine de la fraction rationnelle $\dfrac{x^2-9}{x^2-4}$.

  Il faut exclure de $\mathbb{R}$ les valeurs qui annulent le dénominateur, soit les zéros du polynôme x^2-4.

  $x^2-4=0$ si $(x+2)(x-2)=0$ (factorisation de la différence de carrés)

  $x+2=0$ ou $x-2=0$ (règle du produit nul)

  $x=-2$ ou $x=2$

  Puisque le dénominateur ne doit pas être nul, il faut que $x^2-4 \neq 0$, et donc que $x \neq -2$ et $x \neq 2$.

Ainsi, le domaine de la fraction $\frac{x^2-9}{x^2-4}$ est $\mathbb{R} \setminus \{-2, 2\}$.

- Cherchons le domaine de la fraction $\frac{x^2-9}{x^2-x+4}$.

  En utilisant la formule quadratique pour trouver les zéros du dénominateur x^2-x+4, on calcule d'abord $b^2-4ac = (-1)^2-4(1)(4) = -15$.

  Puisque $b^2-4ac<0$, le polynôme x^2-x+4 n'a aucun zéro et le dénominateur ne sera jamais nul.

  Le domaine de la fraction $\frac{x^2-9}{x^2-x+4}$ est $\mathbb{R}$.

- La fraction $\frac{2}{x-y}$ comporte deux variables.

  Son dénominateur sera différent de 0 si $x-y \neq 0$ ou $x \neq y$. Le domaine de cette fraction est donc l'ensemble des couples (x, y) tels que $x \neq y$.

2

Les **zéros** d'une fraction rationnelle $\frac{P}{Q}$ sont les valeurs du domaine qui annulent le numérateur.

Exemple 2.35

- Soit la fraction rationnelle $\frac{x^2+4x+3}{x^2-1}$.

$$\frac{x^2+4x+3}{x^2-1} = \frac{(x+1)(x+3)}{(x+1)(x-1)}$$

Ainsi, le domaine de la fraction est $\mathbb{R} \setminus \{-1, 1\}$.

Les valeurs qui annulent le numérateur sont -1 et -3.

Puisque -1 n'appartient pas au domaine, ce n'est pas un zéro de la fraction.

Son seul zéro est -3.

2.5.2 Les fractions équivalentes

Deux fractions rationnelles sont dites **équivalentes** si, pour **tout nombre réel** appartenant à l'intersection des deux domaines, les deux fractions ont la même valeur numérique lorsqu'on remplace leur variable par ce nombre.

Il suffit d'une seule valeur de x, commune aux deux domaines et telle que les deux fractions n'ont pas la même valeur numérique, pour affirmer que deux fractions rationnelles ne sont pas équivalentes. C'est ce qu'on appelle un contre-exemple.

Exemple 2.36

◆ Soit les fractions $\frac{x+2}{x-3}$ et $\frac{x^2-4}{x^2+6}$.

Leurs domaines respectifs sont $\mathbb{R} \setminus \{3\}$ et $\mathbb{R}$.

Choisissons un nombre appartenant aux deux domaines, par exemple 4, et remplaçons la variable x par 4 dans chacune des fractions.

Si $x = 4$, on obtient $\frac{x+2}{x-3} = \frac{4+2}{4-3} = 6$ pour la première fraction et $\frac{x^2-4}{x^2+6} = \frac{16-4}{16+6} = \frac{6}{11}$ pour la seconde.

Puisque $6 \neq \frac{6}{11}$, on constate que si on remplace x par 4, les deux fractions n'ont pas la même valeur numérique. On a donc trouvé un contre-exemple à l'équivalence de ces fractions.

C'est suffisant pour affirmer que les fractions $\frac{x+2}{x-3}$ et $\frac{x^2-4}{x^2+6}$ ne sont pas équivalentes.

Un seul exemple ne suffit pas pour affirmer que deux fractions sont équivalentes. Même si deux fractions possèdent la même valeur numérique pour une valeur de x, rien ne garantit qu'il en sera ainsi pour **toutes** les valeurs communes aux deux domaines.

Exemple 2.37

◆ Soit les fractions $\frac{x+1}{x-2}$ et $\frac{x^2-1}{x^2-3x+2}$.

Leurs domaines respectifs sont $\mathbb{R} \setminus \{2\}$ et $\mathbb{R} \setminus \{1, 2\}$.

Si $x = 0$, elles valent toutes deux $\frac{-1}{2}$.

Si $x = 3$, elles valent toutes deux 4.

Si $x = -5$, elles valent toutes deux $\frac{4}{7}$.

Toutefois, **ce n'est pas suffisant** pour affirmer qu'elles sont équivalentes.

Puisque le domaine d'une fraction rationnelle est un ensemble infini, on ne peut pas donner successivement à x toutes les valeurs de cet ensemble.

Après avoir constaté que les deux fractions ont la même valeur numérique pour quelques valeurs de x, on pourrait croire qu'elles sont équivalentes. Il faut toutefois le vérifier au moyen d'une des deux règles suivantes.

La première règle d'équivalence de fractions

Deux fractions rationnelles $\frac{P}{Q}$ et $\frac{R}{S}$ sont **équivalentes** pour les valeurs communes à leurs deux domaines si et seulement si $PS = QR$.

Si $\frac{P}{Q} = \frac{R}{S}$, on peut multiplier les deux membres de l'équation par le dénominateur commun QS, où $Q \neq 0$ et $S \neq 0$. On obtient $QS\left(\frac{P}{Q}\right) = QS\left(\frac{R}{S}\right)$ et, après simplification, $PS = QR$.

Exemple 2.38

- Vérifions si les fractions $\dfrac{x+1}{x-2}$ et $\dfrac{x^2-1}{x^2-3x+2}$ de l'exemple 2.37 sont équivalentes.

  Leurs domaines respectifs sont $\mathbb{R}\setminus\{2\}$ et $\mathbb{R}\setminus\{1, 2\}$.

  D'après la règle précédente, les deux fractions sont équivalentes si le produit du numérateur de la première et du dénominateur de la seconde, soit $(x+1)(x^2-3x+2)$, est égal au produit du dénominateur de la première et du numérateur de la seconde, c'est-à-dire $(x-2)(x^2-1)$.

  $$(x+1)(x^2-3x+2) = x^3-2x^2-x+2$$

  $$(x-2)(x^2-1) = x^3-2x^2-x+2$$

  Puisque les deux produits sont identiques, les fractions sont équivalentes pour tout $x \in \mathbb{R}\setminus\{1,\ 2\}$ soit pour toutes les valeurs communes à leurs deux domaines.

La deuxième règle d'équivalence de fractions

Deux fractions rationnelles sont **équivalentes** pour les valeurs communes à leurs deux domaines si et seulement si on obtient la seconde à partir de la première (ou inversement) en **multipliant** ou en **divisant** le numérateur et le dénominateur de celle-ci par un **même** facteur non nul.

Exemple 2.39

- Vérifions si les fractions $\dfrac{x+1}{x-2}$ et $\dfrac{x^2-1}{x^2-3x+2}$ (*voir les exemples 2.37 et 2.38*) sont équivalentes, en utilisant la deuxième règle d'équivalence de fractions.

  On factorise le numérateur et le dénominateur de la deuxième fraction.

  $$\frac{x^2-1}{x^2-3x+2} = \frac{(x+1)(x-1)}{(x-2)(x-1)}$$

  Le facteur $(x-1)$ est commun au numérateur et au dénominateur. Le domaine de la fraction étant $\mathbb{R}\setminus\{1, 2\}$, on sait que $x-1 \neq 0$ et on peut alors effectuer la division.

  En divisant le numérateur et le dénominateur par le facteur commun, on obtient :

  $$\frac{x^2-1}{x^2-3x+2} = \frac{(x+1)\cancel{(x-1)}}{(x-2)\cancel{(x-1)}} = \frac{x+1}{x-2}$$

  soit la première fraction présentée dans l'énoncé du problème.

  Les deux fractions sont donc équivalentes pour tout $x \in \mathbb{R}\setminus\{1, 2\}$.

Les deux méthodes conduisent au même résultat. On choisit l'une ou l'autre selon qu'il est facile ou non d'effectuer la décomposition en facteurs.

> Il est important de préciser les valeurs pour lesquelles les fractions sont équivalentes. En effet, si $x = 1$, la première fraction vaut -2, alors que la seconde n'est pas définie. Elles ne sont donc pas équivalentes pour $x - 1$.

Une fraction $\frac{P}{Q}$ étant connue, il est possible de lui trouver une fraction équivalente dont le numérateur (ou le dénominateur) est un multiple de P (ou de Q).

Exemple 2.40

◆ Cherchons la valeur de A si les fractions $\frac{5x-3}{4x+7}$ et $\frac{A}{32x^3+112x^2+98x}$ sont équivalentes.

En factorisant le dénominateur de la fraction cherchée, on obtient :

$$\frac{A}{32x^3+112x^2+98x}=\frac{A}{2x(16x^2+56x+49)}=\frac{A}{2x(4x+7)^2}$$

On cherche un polynôme A tel que $\frac{A}{2x(4x+7)^2}=\frac{5x-3}{4x+7}$.

On sait qu'on obtiendra une fraction équivalente à $\frac{5x-3}{4x+7}$ en multipliant son numérateur et son dénominateur par un même facteur.

Pour trouver ce facteur, on divise $2x(4x+7)^2$ par $(4x+7)$ et on trouve $2x(4x+7)$.

On doit multiplier le numérateur et le dénominateur de $\frac{5x-3}{4x+7}$ par $2x(4x+7)$.

$$\frac{5x-3}{4x+7}=\frac{2x(4x+7)(5x-3)}{2x(4x+7)(4x+7)}=\frac{2x(4x+7)(5x-3)}{2x(4x+7)^2}$$

Ainsi, $A=2x(4x+7)(5x-3)$.

Le domaine de $\frac{5x-3}{4x+7}$ est $\mathrm{IR}\setminus\left\{\frac{-7}{4}\right\}$, et celui de $\frac{2x(4x+7)(5x-3)}{2x(4x+7)^2}$ est $\mathrm{IR}\setminus\left\{\frac{-7}{4},\ 0\right\}$.

Les deux fractions sont donc équivalentes pour tout $x\in\mathrm{IR}\setminus\left\{\frac{-7}{4},\ 0\right\}$.

2.5.3 La simplification de fractions rationnelles

La simplification d'une fraction rationnelle consiste à chercher une fraction équivalente dont le numérateur et le dénominateur n'ont plus de diviseur commun. Nous venons de voir qu'il est possible d'obtenir une fraction équivalente à une autre en multipliant ou en divisant le numérateur et le dénominateur de celle-ci par un même facteur. Si on veut **simplifier** une fraction, il faut évidemment **diviser** plutôt que multiplier.

Puisque la division est l'opération inverse de la multiplication, il faut d'abord exprimer le numérateur et le dénominateur sous la forme de produits de facteurs, puis les diviser par les facteurs communs.

La simplification d'une fraction rationnelle

Pour simplifier une fraction rationnelle :

1. Décomposer en facteurs son numérateur et son dénominateur.
2. Trouver son domaine.
3. Déterminer les facteurs **communs** au numérateur et au dénominateur.
4. **Diviser** le numérateur et le dénominateur par ces facteurs communs.

Le produit des facteurs communs forme le plus grand commun diviseur (PGCD) du numérateur et du dénominateur. C'est donc par leur PGCD qu'on les divise.

La fraction initiale et sa version simplifiée seront équivalentes sur le domaine de la fraction initiale, d'où l'importance de déterminer ce domaine.

Une simplification est une **division** du numérateur et du dénominateur par un même **facteur**. On ne peut donc simplifier que les éléments d'un **produit**. On peut, par exemple, simplifier $\frac{ab}{ac}$ en divisant le numérateur et le dénominateur par a (si $a \neq 0$). On obtient alors $\frac{ab}{ac} = \frac{b}{c}$. On ne peut toutefois pas simplifier $\frac{a+b}{a+c}$ en divisant le numérateur et le dénominateur par a, puisque a n'est pas un facteur, mais un terme du numérateur et du dénominateur.

Exemple 2.41

- Soit la fraction $\frac{6x^3 - 10x^2 - 4x}{18x^4 + 78x^3 + 24x^2}$.

En décomposant en facteurs son numérateur et son dénominateur, on obtient :

$$\frac{6x^3 - 10x^2 - 4x}{18x^4 + 78x^3 + 24x^2} = \frac{2x(3x^2 - 5x - 2)}{6x^2(3x^2 + 13x + 4)} \quad \text{(simple mise en évidence)}$$

$$= \frac{2x(x-2)(3x+1)}{6x^2(x+4)(3x+1)} \quad \text{(trinômes généraux)}$$

Le domaine de cette fraction rationnelle est donc $\mathbb{R} \setminus \left\{-4, \frac{-1}{3}, 0\right\}$.

Les facteurs communs au numérateur et au dénominateur sont 2, x et $(3x+1)$.

En divisant le numérateur et le dénominateur de la fraction par ces facteurs communs, on obtient :

$$\frac{2x(x-2)(3x+1)}{6x^2(x+4)(3x+1)} = \frac{x-2}{3x(x+4)}$$

Cette dernière fraction est équivalente à la première, à la condition que x soit différent de -4, $\frac{-1}{3}$ et 0, soit pour $x \in \mathbb{R} \setminus \left\{-4, \frac{-1}{3}, 0\right\}$.

- Simplifions la fraction rationnelle $\frac{x^2 + 3x - 10}{4 - x^2}$.

$$\frac{x^2 + 3x - 10}{4 - x^2} = \frac{(x+5)(x-2)}{(2+x)(2-x)} \quad \begin{array}{l}\text{(trinôme général)} \\ \text{(différence de carrés)}\end{array}$$

Son domaine est $\mathbb{R} \setminus \{-2, 2\}$.

Le facteur $(x-2)$ du numérateur et le facteur $(2-x)$ du dénominateur ne sont pas égaux.

Cependant, $(2-x)$ est l'opposé de $(x-2)$, puisque $2 - x = -x + 2 = -1(x-2)$.

On peut réécrire la fraction sous la forme $\frac{(x+5)(x-2)}{(2+x)(-1)(x-2)}$.

En simplifiant le facteur commun $(x-2)$, on obtient :

$$\frac{(x+5)(x-2)}{(2+x)(-1)(x-2)} = \frac{x+5}{(2+x)(-1)} = \frac{x+5}{-2-x}$$

Donc, $\dfrac{x^2+3x-10}{4-x^2} = \dfrac{x+5}{-2-x}$ si $x \neq -2$ et $x \neq 2$.

La fraction $\dfrac{x+5}{-2-x}$ peut aussi s'exprimer sous la forme $\dfrac{-x-5}{2+x}$ si on multiplie son numérateur et son dénominateur par -1.

On pourrait également écrire $\dfrac{-(x+5)}{2+x}$ ou $\dfrac{x+5}{-(2+x)}$ ou $-\dfrac{x+5}{2+x}$ ou $-\left(\dfrac{x+5}{2+x}\right)$.

Le trait de fraction joue le même rôle que des parenthèses. Le signe « – » devant une fraction indique qu'il faut multiplier la fraction par -1. On peut donc multiplier le numérateur **ou** le dénominateur par -1. Tout comme $-\dfrac{2}{5} = -\left(\dfrac{2}{5}\right) = (-1)\left(\dfrac{2}{5}\right) = \dfrac{-2}{5} = \dfrac{2}{-5}$, les expressions suivantes sont égales : $-\dfrac{x-3}{x+4} = -\left(\dfrac{x-3}{x+4}\right) = (-1)\left(\dfrac{x-3}{x+4}\right) = \dfrac{-x+3}{x+4} = \dfrac{x-3}{-x-4}$

La simplification d'expressions rationnelles est souvent une étape incontournable avant la résolution d'équations ou d'inéquations. Il est donc essentiel de bien maîtriser cette notion.

L'exemple qui suit présente un type de fraction qu'on rencontre souvent dans les cours de calcul différentiel.

Exemple 2.42

- Simplifions la fraction $\dfrac{8(2x+3)^3(x-5)^2 - 2(2x+3)^4(x-5)}{(x-5)^4}$.

Son domaine est $\mathbb{R} \setminus \{5\}$.

Il faut effectuer la mise en évidence des facteurs communs aux deux termes du numérateur avant de simplifier la fraction.

$$\begin{aligned}
&\frac{8(2x+3)^3(x-5)^2 - 2(2x+3)^4(x-5)}{(x-5)^4} \\
&= \frac{2(2x+3)^3(x-5)[4(x-5)-(2x+3)]}{(x-5)^4} \quad \text{(mise en évidence)} \\
&= \frac{2(2x+3)^3(x-5)(4x-20-2x-3)}{(x-5)^4} \\
&= \frac{2(2x+3)^3(x-5)(2x-23)}{(x-5)^4} \\
&= \frac{2(2x+3)^3(2x-23)}{(x-5)^3} \quad \text{(division par } (x-5)\text{)}
\end{aligned}$$

On a pu diviser le numérateur et le dénominateur par $(x-5)$, car le domaine est $\mathbb{R} \setminus \{5\}$ ce qui nous assure que $x-5 \neq 0$.

2.5.4 Le dénominateur commun à deux fractions rationnelles

La recherche d'un dénominateur commun à deux ou plusieurs fractions rationnelles est basée sur les mêmes principes que ceux que vous avez appris pour les fractions numériques (*voir le chapitre 1, page 24*).

Le plus petit dénominateur commun

Pour trouver le plus petit dénominateur commun à deux ou plusieurs fractions :

1. On factorise chacun des dénominateurs.
2. On cherche le plus petit commun multiple (PPCM) de ces dénominateurs : c'est le produit de tous les facteurs, communs ou non, chacun d'eux étant affecté du plus grand exposant qui figure dans l'un ou l'autre des dénominateurs.

2

Exemple 2.43

◆ Soit les fractions $\dfrac{x^2-5}{9x^2-36}$ et $\dfrac{2}{15(x^2+4x+4)(x-3)}$.

Factorisons leurs dénominateurs.

$$9x^2-36=9(x^2-4)=(3^2)(x+2)(x-2)$$

$$15(x^2+4x+4)(x-3)=(3)(5)(x+2)^2(x-3)$$

Leur PPCM est donc $(3^2)(5)(x+2)^2(x-2)(x-3)=45(x+2)^2(x-2)(x-3)$.

C'est le plus petit dénominateur commun aux deux fractions.

Après avoir trouvé le plus petit dénominateur commun à plusieurs fractions, on peut trouver les fractions équivalentes qui ont toutes le même dénominateur. Cela sera utile pour comparer des fractions rationnelles, effectuer des additions ou des soustractions, ou encore résoudre des équations contenant de telles fractions.

L'expression de plusieurs fractions avec un dénominateur commun

Pour ramener deux ou plusieurs fractions au même dénominateur :

1. On cherche le plus petit dénominateur commun à ces fractions.
2. Pour chacune des fractions, on trouve la fraction équivalente ayant ce dénominateur commun (*voir la section 2.5.2*).

Exemple 2.44

◆ Soit les fractions $\dfrac{x+1}{6x^4-96x^2}$ et $\dfrac{2x-3}{20x^2+20x-240}$, qu'on veut ramener au même dénominateur.

On factorise d'abord le dénominateur de chacune des fractions pour trouver le plus petit dénominateur commun.

$$6x^4 - 96x^2 = 6x^2(x^2 - 16) = (2)(3)(x^2)(x+4)(x-4)$$
$$20x^2 + 20x - 240 = 20(x^2 + x - 12) = (2^2)(5)(x+4)(x-3)$$

La factorisation permet de savoir que les domaines des deux fractions sont respectivement $\mathbb{R} \setminus \{-4, 0, 4\}$ et $\mathbb{R} \setminus \{-4, 3\}$.

Le plus petit dénominateur commun aux deux fractions est le PPCM de leurs deux dénominateurs, soit $(2^2)(3)(5)x^2(x+4)(x-4)(x-3) = 60x^2(x+4)(x-4)(x-3)$.

Pour trouver la fraction équivalente, on divise d'abord ce dénominateur commun par le dénominateur de la fraction initiale, puis on multiplie son numérateur et son dénominateur par le quotient trouvé.

$$\frac{60x^2(x+4)(x-4)(x-3)}{6x^2(x+4)(x-4)} = 10(x-3)$$

$$\frac{x+1}{6x^4 - 96x^2} = \frac{x+1}{6x^2(x+4)(x-4)} \times \frac{10(x-3)}{10(x-3)} = \frac{10(x+1)(x-3)}{60x^2(x+4)(x-4)(x-3)}$$

On fait de même avec la seconde fraction.

$$\frac{60x^2(x+4)(x-4)(x-3)}{20(x+4)(x-3)} = 3x^2(x-4)$$

$$\frac{2x-3}{20x^2 + 20x - 240} = \frac{2x-3}{20(x+4)(x-3)} \times \frac{3x^2(x-4)}{3x^2(x-4)} = \frac{3x^2(2x-3)(x-4)}{60x^2(x+4)(x-4)(x-3)}$$

Les deux fractions ainsi obtenues ont un même dénominateur et sont respectivement équivalentes aux deux fractions initiales pour tout $x \in \mathbb{R} \setminus \{-4, 0, 3, 4\}$.

Exercices 2.5

1. Trouver le domaine de chacune des fractions rationnelles ci-après, sachant que t, u, w, x, y et z sont des variables, et que a, b et c sont des constantes non nulles.

a) $\dfrac{x-2}{x+4}$

b) $\dfrac{1}{(t+3)(t-5)}$

c) $\dfrac{4x^2-25}{2x(11-x)}$

d) $\dfrac{(u-6)(u+10)}{u^2+25}$

e) $\dfrac{x^2+5x+6}{3}$

f) $\dfrac{x^2+3x+2}{x^2-3x-10}$

g) $\dfrac{16z^5+48z^3}{9z^2+42z+49}$

h) $\dfrac{3y-11}{27y^3-45y^2+12y}$

i) $\dfrac{3x^2+1}{5x^3(4x^2-25)(x^2+8x+12)}$

j) $\dfrac{a^2-b^2}{a^2(x^2-a^2)(x^2+2bx+b^2)}$

k) $\dfrac{a+b}{(x^3-a^3)(x^3+b^3)}$

l) $\dfrac{w^5}{w}$

m) $\dfrac{7y^5-2y^4+3y^3-6}{y(y-2)-35}$

n) $\dfrac{x+a+b}{ax+ab-bx-b^2}$ si $a \neq b$

o) $\dfrac{1-x^3}{(x+5)(x-1)^2-(x^2-25)}$

p) $\dfrac{-8+11x^7}{x^8+x^6+x^4+13}$

q) $\dfrac{t}{-(t^4-81)}$

r) $\dfrac{4}{-(x^4+4)^4(4-4x)}$

s) $\dfrac{x^3+125}{(x^3-8)-(x^3-27)}$

t) $\dfrac{a+b-c}{abc(x+12)}$

2. Donner un exemple d'une fraction rationnelle dont le domaine est donné par chacun des ensembles suivants.

a) $\mathbb{R} \setminus \{1\}$ b) $\mathbb{R}$ c) $\mathbb{R} \setminus \{-5, 7\}$ d) $\mathbb{R} \setminus \{0\}$

3. Trouver le domaine de chacune des fractions ci-dessous et vérifier si les paires de fractions sont équivalentes. Si oui, préciser pour quelles valeurs.

a) $\dfrac{x^2-3x}{x^2+4x}$ et $\dfrac{x-3}{x+4}$

b) $\dfrac{x+1}{x+3}$ et $\dfrac{(x+1)^2}{(x+3)^2}$

c) $\dfrac{x^2+5x+6}{x^2+6x+9}$ et $\dfrac{x+2}{x+3}$

d) $\dfrac{x^2+4}{x^2-4}$ et $\dfrac{x+2}{x-2}$

e) $\dfrac{x^2+3x+5}{3x+5}$ et x^2

f) $\dfrac{25x^2+15x-40}{50x^2+180x+160}$ et $\dfrac{x-1}{2(x+2)}$

4. Trouver la valeur de A pour laquelle les deux fractions sont équivalentes.

a) $\dfrac{5x}{2y}$ et $\dfrac{A}{10y^2}$

b) $\dfrac{2x-5}{x+7}$ et $\dfrac{A}{(x+7)(x-9)}$

c) $\dfrac{3x}{(a+y)^2}$ et $\dfrac{3ax+3xy}{A}$

d) $\dfrac{3x-2}{3x+2}$ et $\dfrac{A}{9x^2+12x+4}$

e) $\dfrac{2x+1}{9x^2-16}$ et $\dfrac{6x^2-5x-4}{A}$

f) $\dfrac{2x^2+4x-5xy-10y}{2x-5y}$ et $\dfrac{A}{7x^2+5x-18}$

g) $\dfrac{8x^2-4x}{5x^5}$ et $\dfrac{240x^4+48x^3-84x^2}{A}$

h) $\dfrac{-15}{x+y}$ et $\dfrac{A}{x^6-y^6}$

5. Simplifier si possible chacune des fractions ci-dessous et indiquer les valeurs pour lesquelles la fraction obtenue est équivalente à la première.

a) $\dfrac{3x-4}{9x^2-16}$

b) $\dfrac{x^2+2x-48}{3x^2-19x+6}$

c) $\dfrac{x^4+y^4}{x^2+y^2}$

d) $\dfrac{x^3-2x^2+x-2}{3x^4+6x^2+3}$

e) $\dfrac{x^2-12x+36}{36-x^2}$

f) $\dfrac{y^2-9x^2}{3x-y}$

g) $\dfrac{a^2x^2-16a^2}{ax^2+9ax+20a}$

h) $\dfrac{a^2+ab-b^2}{b^2-ab-a^2}$

i) $\dfrac{x^6-a^6}{x^2-a^2}$

6. Simplifier chacune des fractions ci-dessous après avoir effectué les mises en évidence. Préciser le domaine.

a) $\dfrac{2x(2x+7)^4-4x^2(2x+7)^3}{(2x+7)^8}$

b) $\dfrac{4(2x+3)^3(x-5)^2-2(2x+3)^4(x-5)}{(x-5)^4}$

c) $\dfrac{6x(x^2-1)^2(x^2-4)^3-6x(x^2-1)^3(x^2-4)^2}{(x^2-4)^6}$

d) $\dfrac{2(2x+5)(x^2+5x+4)(1+x^3)^2-6x^2(x^2+5x+4)^2(1+x^3)}{(1+x^3)^4}$

7. Trouver le plus petit dénominateur commun à chacune des paires de fractions suivantes et donner les fractions équivalentes avec ce dénominateur.

a) $\dfrac{5a}{6a^4b}$ et $\dfrac{x}{10a^3b^3c^2}$

b) $\dfrac{x-2}{x+3}$ et $\dfrac{x^2+3}{x^2-9}$

c) $\dfrac{2x}{x^2-x-2}$ et $\dfrac{4+x}{x^2+x-6}$

d) $\dfrac{x+4}{2x^2+5x+2}$ et $\dfrac{3}{4x^2+x-14}$

e) $\dfrac{5-x}{30-5x}$ et $\dfrac{x+2}{x^2-4x-12}$

f) $\dfrac{x+3}{x^2-16}$ et $\dfrac{x+3}{x^2+8x+16}$

g) $\dfrac{2x}{x^3+27}$ et $\dfrac{2x+1}{x^3+6x^2+9x}$

h) $\dfrac{a+1}{4-a^2}$ et $\dfrac{a+3}{(a-2)^2}$

2

2.6 Les opérations sur les fractions rationnelles

Effectuer des opérations élémentaires sur des fractions rationnelles.

On effectue les opérations sur les fractions rationnelles de la même façon que sur les fractions numériques (*voir le chapitre 1, page 24*), en respectant les règles des opérations sur les polynômes. On doit aussi tenir compte des domaines.

Les opérations sur les fractions rationnelles

- Pour **additionner** ou **soustraire** deux fractions rationnelles, on les ramène au même dénominateur, ce qui permet ensuite d'additionner ou de soustraire les numérateurs, puis de simplifier, si possible.
- Pour **multiplier** deux fractions rationnelles, on multiplie leurs numérateurs entre eux et leurs dénominateurs entre eux.
- Pour **diviser** deux fractions rationnelles, on multiplie la première par l'inverse de la seconde.

Le domaine du résultat d'opérations sur des fractions

Le domaine du résultat d'une opération sur des fractions rationnelles est **inclus** dans l'intersection des domaines de chacune des fractions.

- Dans le cas de l'**addition**, de la **soustraction** ou de la **multiplication**, le domaine est **égal** à l'intersection des domaines.
- Dans le cas de la **division**, on doit aussi **exclure les zéros du diviseur**.

La forme privilégiée pour la présentation du résultat d'une opération sur des fractions rationnelles est la forme factorisée et simplifiée. Toutefois, si le numérateur ne se factorise pas facilement, on le laisse sous forme de somme, la plus simple possible. On n'effectue surtout pas les produits dans les polynômes déjà factorisés.

Exemple 2.45

◆ Effectuons l'addition $\dfrac{x-1}{3x^2-6x}+\dfrac{x+3}{x^2-x-2}$.

$$\frac{x-1}{3x^2-6x}+\frac{x+3}{x^2-x-2}=\frac{x-1}{3x(x-2)}+\frac{x+3}{(x+1)(x-2)}$$ (factorisation des dénominateurs)

Les domaines des deux fractions sont respectivement $\mathbb{R}\setminus\{0, 2\}$ et $\mathbb{R}\setminus\{-1, 2\}$.

Le plus petit dénominateur commun aux deux fractions est le PPCM de $3x(x-2)$ et de $(x+1)(x-2)$, soit $3x(x+1)(x-2)$.

$$\begin{aligned}\frac{x-1}{3x^2-6x}+\frac{x+3}{x^2-x-2}&=\frac{(x-1)(x+1)}{3x(x-2)(x+1)}+\frac{3x(x+3)}{3x(x+1)(x-2)} && \text{(mise au dénominateur commun)}\\ &=\frac{(x-1)(x+1)+3x(x+3)}{3x(x-2)(x+1)} && \text{(somme des numérateurs)}\\ &=\frac{x^2-1+3x^2+9x}{3x(x-2)(x+1)}\\ &=\frac{4x^2+9x-1}{3x(x-2)(x+1)}\end{aligned}$$

Le domaine de la somme est $(\mathbb{R}\setminus\{0, 2\})\cap(\mathbb{R}\setminus\{-1, 2\})=\mathbb{R}\setminus\{-1, 0, 2\}$.

◆ Soustrayons $\dfrac{x+1}{5x+10}$ de $\dfrac{x}{x^2-4}$. Il s'agit donc de calculer $\dfrac{x}{x^2-4}-\dfrac{x+1}{5x+10}$.

Les domaines des deux fractions de la soustraction sont respectivement $\mathbb{R}\setminus\{-2, 2\}$ et $\mathbb{R}\setminus\{-2\}$.

$$\begin{aligned}\frac{x}{x^2-4}-\frac{x+1}{5x+10}&=\frac{x}{(x+2)(x-2)}-\frac{x+1}{5(x+2)} && \text{(factorisation des dénominateurs)}\\ &=\frac{5x}{5(x+2)(x-2)}-\frac{(x+1)(x-2)}{5(x+2)(x-2)} && \text{(mise au dénominateur commun)}\\ &=\frac{5x-(x+1)(x-2)}{5(x+2)(x-2)} && \text{(soustraction des numérateurs)}\\ &=\frac{5x-(x^2-x-2)}{5(x+2)(x-2)} && \text{(calculs selon l'ordre de priorité)}\\ &=\frac{5x-x^2+x+2}{5(x+2)(x-2)}\\ &=\frac{-x^2+6x+2}{5(x+2)(x-2)}\end{aligned}$$

Le domaine de la différence est $(\mathbb{R} \setminus \{-2, 2\}) \cap (\mathbb{R} \setminus \{-2\}) = \mathbb{R} \setminus \{-2, 2\}$.

◆ Effectuons la multiplication de $\frac{x^2 + 2x}{x^2 + x - 20}$ par $\frac{x^2 - 7x + 12}{x^2 - 3x - 10}$.

Puisque $x^2 + x - 20 = (x+5)(x-4)$ et $x^2 - 3x - 10 = (x+2)(x-5)$, les domaines respectifs des deux fractions sont $\mathbb{R} \setminus \{-5, 4\}$ et $\mathbb{R} \setminus \{-2, 5\}$.

$$\frac{x^2 + 2x}{x^2 + x - 20} \times \frac{x^2 - 7x + 12}{x^2 - 3x - 10} = \frac{(x^2 + 2x)(x^2 - 7x + 12)}{(x^2 + x - 20)(x^2 - 3x - 10)}$$ (produit des numérateurs) (produit des dénominateurs)

$$= \frac{x(x+2)(x-3)(x-4)}{(x+5)(x-4)(x+2)(x-5)}$$ (factorisation)

$$= \frac{x(x-3)}{(x+5)(x-5)}$$ (simplification des facteurs communs)

Le domaine du produit est $(\mathbb{R} \setminus \{-5, 4\}) \cap (\mathbb{R} \setminus \{-2, 5\}) = \mathbb{R} \setminus \{-5, -2, 4, 5\}$.

C'est ce qui permet de simplifier les facteurs $(x+2)$ et $(x-4)$ en ayant l'assurance de ne pas faire une division par 0.

Le domaine du produit est $\mathbb{R} \setminus \{-5, -2, 4, 5\}$, même si les facteurs $(x+2)$ et $(x-4)$ n'apparaissent pas au dénominateur de la réponse.

◆ Divisons $\frac{x^2 + x}{x+3}$ par $\frac{x}{x^2 + 4x + 3}$.

Le domaine du dividende $\frac{x^2 + x}{x+3}$ est $\mathbb{R} \setminus \{-3\}$.

Puisque $x^2 + 4x + 3 = (x+1)(x+3)$, le domaine du diviseur $\frac{x}{x^2 + 4x + 3}$ est $\mathbb{R} \setminus \{-3, -1\}$.

$$\frac{x^2 + x}{x+3} \div \frac{x}{x^2 + 4x + 3} = \frac{x^2 + x}{x+3} \times \frac{x^2 + 4x + 3}{x}$$ (multiplication par l'inverse)

$$= \frac{(x^2 + x)(x^2 + 4x + 3)}{x(x+3)}$$ (produit des numérateurs) (produit des dénominateurs)

$$= \frac{x(x+1)(x+1)(x+3)}{x(x+3)}$$ (factorisation)

$$= (x+1)^2$$ (simplification des facteurs communs)

L'intersection des domaines des deux fractions est $\mathbb{R} \setminus \{-3, -1\}$.

Il importe toutefois d'ajouter une condition : pour que le diviseur $\frac{x}{x^2 + 4x + 3}$ ne soit pas nul, il faut que son numérateur soit différent de 0, c'est-à-dire que $x \neq 0$.

Ainsi, le domaine du quotient est $\mathbb{R} \setminus \{-3, -1, 0\}$.

◆ Divisons $\dfrac{4x^2-9y^2}{10x+15y}$ par $\dfrac{2x-3y}{10x}$.

$$\begin{aligned}\frac{4x^2-9y^2}{10x+15y}\div\frac{2x-3y}{10x} &= \frac{4x^2-9y^2}{10x+15y}\times\frac{10x}{2x-3y} && \text{(multiplication par l'inverse)}\\ &= \frac{10x(4x^2-9y^2)}{(10x+15y)(2x-3y)} && \begin{array}{l}\text{(produit des numérateurs)}\\ \text{(produit des dénominateurs)}\end{array}\\ &= \frac{10x(2x+3y)(2x-3y)}{5(2x+3y)(2x-3y)} && \text{(factorisation)}\\ &= 2x && \text{(simplification des facteurs communs)}\end{aligned}$$

Même si aucun facteur n'apparaît au dénominateur, il y a des restrictions au domaine du quotient : $10x+15y\neq 0$, $2x-3y\neq 0$ et $x\neq 0$.

Il est essentiel de considérer les domaines de chacune des fractions initiales pour trouver le domaine du résultat d'une opération.

En effet, si une valeur de la variable n'est pas admissible au début d'un problème, elle ne deviendra pas admissible à la fin, même si une simplification a fait « disparaître » un facteur de la réponse.

Nous illustrons ce principe à l'aide de deux exemples simples, qui montrent bien la nécessité de poser les conditions nécessaires.

Exemple 2.46

◆ Les deux fractions $\dfrac{x}{x+2}$ et $\dfrac{2}{x+2}$ ont chacune $\mathbb{R}\setminus\{-2\}$ comme domaine.

En effectuant l'addition des fractions et en simplifiant, on obtient :

$$\frac{x}{x+2}+\frac{2}{x+2}=\frac{x+2}{x+2}=1$$

Même si la réponse est 1, on ne peut affirmer que le domaine de la somme est $\mathbb{R}$, puisque la simplification qui a conduit à ce résultat n'est possible que si on n'effectue pas une division par 0, c'est-à-dire si $x\neq -2$.

Le domaine de la somme $\dfrac{x}{x+2}+\dfrac{2}{x+2}$ est $\mathbb{R}\setminus\{-2\}$.

◆ Soit les fractions $\dfrac{x}{x-3}$ et $\dfrac{x}{x-5}$, dont les domaines respectifs sont $\mathbb{R}\setminus\{3\}$ et $\mathbb{R}\setminus\{5\}$.

En effectuant la division de $\dfrac{x}{x-3}$ par $\dfrac{x}{x-5}$ et en simplifiant, on obtient :

$$\frac{x}{x-3}\div\frac{x}{x-5}=\frac{x}{x-3}\times\frac{x-5}{x}=\frac{x(x-5)}{x(x-3)}=\frac{x-5}{x-3}$$

Si on ne considérait que la réponse pour trouver le domaine du quotient, on aurait $\mathbb{R} \setminus \{3\}$, **ce qui est faux**.

En effet, les valeurs $x = 3$ et $x = 5$ sont déjà exclues depuis le début. De plus, comme on ne peut pas faire une division par 0, le diviseur $\frac{x}{x-5}$ ne peut être nul. Il faut donc ajouter la condition $x \neq 0$.

Le domaine du quotient est donc $\mathbb{R} \setminus \{0, 3, 5\}$.

L'ordre de priorité des opérations

Lorsqu'on effectue une suite d'opérations sur des fractions rationnelles, on doit toujours respecter l'ordre de priorité des opérations, qui est le même que dans $\mathbb{R}$.

2

Exemple 2.47

◆ Simplifions l'expression $\frac{x-3}{x+1} + \frac{1}{x-2} \div \frac{x}{x^2-4}$.

Pour respecter l'ordre de priorité des opérations, il faut d'abord effectuer la division de $\frac{1}{x-2}$ par $\frac{x}{x^2-4}$, puis additionner le résultat à $\frac{x-3}{x+1}$.

$$\frac{x-3}{x+1} + \frac{1}{x-2} \div \frac{x}{x^2-4} = \frac{x-3}{x+1} + \frac{1}{x-2} \times \frac{x^2-4}{x} \quad \text{(multiplication par l'inverse)}$$

$$= \frac{x-3}{x+1} + \frac{x^2-4}{x(x-2)} \quad \left(\frac{\text{produit des numérateurs}}{\text{produit des dénominateurs}}\right)$$

$$= \frac{x-3}{x+1} + \frac{(x+2)(x-2)}{x(x-2)} \quad \text{(factorisation)}$$

$$= \frac{x-3}{x+1} + \frac{(x+2)}{x} \quad \text{(simplification)}$$

$$= \frac{x(x-3)}{x(x+1)} + \frac{(x+1)(x+2)}{x(x+1)} \quad \text{(dénominateur commun)}$$

$$= \frac{x(x-3)+(x+1)(x+2)}{x(x+1)} \quad \text{(addition des numérateurs)}$$

$$= \frac{x^2-3x+x^2+3x+2}{x(x+1)}$$

$$= \frac{2x^2+2}{x(x+1)}$$

Les domaines des trois fractions initiales sont respectivement $\mathbb{R}\setminus\{-1\}$, $\mathbb{R}\setminus\{2\}$ et $\mathbb{R}\setminus\{-2, 2\}$. Il faut ajouter la condition $x \neq 0$ puisqu'on divise par $\frac{x}{x^2-4}$, qui ne doit pas valoir 0. Le domaine du résultat est donc $\mathbb{R}\setminus\{-2, -1, 0, 2\}$.

Une suite d'opérations est parfois présentée sous la forme d'une fraction à « plusieurs étages ». Pour simplifier une telle fraction, il suffit de respecter l'ordre de priorité des opérations en n'oubliant pas qu'un trait de fraction, en plus de signifier une division, joue le même rôle que des parenthèses.

Exemple 2.48

- Simplifions la fraction $\dfrac{\frac{1}{a}+\frac{1}{x}}{\frac{1}{a}-\frac{1}{x}}$, où $a \neq 0$, $x \neq 0$ et $x \neq a$.

  Le trait de fraction principal (le plus long) indique qu'il faut diviser le résultat de l'addition $\frac{1}{a}+\frac{1}{x}$ par le résultat de la soustraction $\frac{1}{a}-\frac{1}{x}$. Il s'agit donc d'effectuer l'addition et la soustraction avant de faire la division.

$$\frac{\frac{1}{a}+\frac{1}{x}}{\frac{1}{a}-\frac{1}{x}} = \frac{\frac{x+a}{ax}}{\frac{x-a}{ax}} \qquad \begin{array}{l}\text{(addition)}\\ \text{(soustraction)}\end{array}$$

$$= \frac{x+a}{ax} \times \frac{ax}{x-a} \qquad \text{(multiplication par l'inverse)}$$

$$= \frac{ax(x+a)}{ax(x-a)} \qquad \text{(produit des numérateurs et produit des dénominateurs)}$$

$$= \frac{x+a}{x-a} \qquad \text{(simplification des facteurs communs } a \neq 0 \text{ et } x \neq 0\text{)}$$

- Simplifions la fraction $\dfrac{1}{1-\dfrac{1+x}{x-\frac{1}{x}}}$, où $x \neq 0$, $x \neq 1$ et $x \neq -1$.

  La longueur des traits des fractions indique l'ordre des opérations. Si on écrivait cette fraction à l'horizontale, on aurait $\dfrac{1}{1-\dfrac{1+x}{x-\frac{1}{x}}} = 1 \div \left[1-(1+x)\div\left(x-\frac{1}{x}\right)\right]$, ce qui permet de voir l'ordre dans lequel il faut effectuer les opérations.

Nous laissons au lecteur le soin de justifier les étapes.

$$\frac{1}{1-\dfrac{1+x}{x-\dfrac{1}{x}}}=\frac{1}{1-\dfrac{1+x}{\dfrac{x^2-1}{x}}}$$

$$=\frac{1}{1-(1+x)\times\dfrac{x}{x^2-1}}$$

$$=\frac{1}{1-\dfrac{x(1+x)}{x^2-1}}$$

$$=\frac{1}{1-\dfrac{x(1+x)}{(x-1)(x+1)}}$$

$$=\frac{1}{1-\dfrac{x}{x-1}}$$

$$=\frac{1}{\left(\dfrac{x-1-x}{x-1}\right)}$$

$$=\frac{1}{\left(\dfrac{-1}{x-1}\right)}$$

$$=\frac{x-1}{-1}$$

$$=1-x$$

Exercices 2.6

1. Effectuer les additions et les soustractions ci-après. Simplifier si possible et donner le domaine du résultat.

a) $\dfrac{1}{x+3}+\dfrac{1}{x+2}$

b) $\dfrac{x+2}{x^2-4}+\dfrac{x-3}{x^2-x-2}$

c) $\dfrac{1}{x^3-1}+\dfrac{x+1}{x^2+x+1}$

d) $a+x-\dfrac{2ax}{a+x}$

e) $\dfrac{y+4}{3y^2+12y+12}+\dfrac{y-1}{6y+12}$

f) $\dfrac{x^2}{x-x^3}-\dfrac{x}{1+x^2}$

2. Effectuer les multiplications et les divisions ci-dessous. Simplifier si possible et donner le domaine du résultat.

a) $\dfrac{x^2+4x+3}{x^2-1}\times\dfrac{x^2-2x+1}{x+1}$

b) $\dfrac{x^2-16}{x^2-5x+4}\div\dfrac{x^2+5x+4}{x^2-2x+1}$

c) $\dfrac{-x^2+x+6}{x-3}\times\dfrac{x+2}{x^2+4x+4}$

d) $\dfrac{9x^2+6x+1}{x^2+10x+24}\times\dfrac{x+6}{3x+1}$

e) $\dfrac{x^2-10x+16}{x^2-x-12}\times\dfrac{x^4-25x^2+144}{x^4-68x^2+256}$

f) $(x^2-2bx+b^2)\div\dfrac{x-b}{x+b}$

3. Effectuer les opérations ci-dessous. Simplifier si possible et donner le domaine du résultat.

a) $\left(\dfrac{4}{3x}+\dfrac{8}{9b}\right)\div\left(1+\dfrac{2x}{3b}\right)$

b) $\left(\dfrac{x+1}{x-3}+\dfrac{x+3}{x-1}\right)\times\dfrac{x^2-2x-3}{3x^2-15}$

c) $\left(x+5+\dfrac{6}{x}\right)\div\left(1+\dfrac{6}{x}+\dfrac{8}{x^2}\right)$

d) $\dfrac{x-2}{x}+\dfrac{1}{1+x}\div\dfrac{x}{x+2}$

e) $\left(\dfrac{1-x^2}{3x-4}\right)\left(\dfrac{12x^2-13x-4}{5x^2+3x-2}\right)$

f) $(x+y)\left(\dfrac{1}{x}+\dfrac{1}{y}\right)$

g) $\left(\dfrac{a}{x^2}+\dfrac{x}{a^2}\right)\div\left(\dfrac{1}{a^2}-\dfrac{1}{ax}+\dfrac{1}{x^2}\right)$

h) $\dfrac{2}{1-x^2}\div\left(\dfrac{1}{1-x}-\dfrac{1}{1+x}\right)$

i) $\dfrac{x^2-64}{x^2+24x+128}\times\dfrac{x^2+12x-64}{x^3-64}\div\dfrac{x^2-16x+64}{x^2+8x+16}$

j) $\left(\dfrac{a^2+b^2}{b}-a\right)\div(a^3+b^3)$

4. Effectuer les opérations ci-dessous et simplifier si possible.

a) $\dfrac{\dfrac{1}{x}+\dfrac{1}{y}}{1-\dfrac{1}{y}}$

b) $\dfrac{1-\dfrac{y^2}{x^2}}{1+\dfrac{y^2}{x^2}}$

c) $\dfrac{\dfrac{1}{x}-\dfrac{2}{x^2}-\dfrac{3}{x^3}}{\dfrac{9}{x}-x}$

d) $\dfrac{\dfrac{x}{1+x}+\dfrac{1-x}{x}}{\dfrac{x}{1+x}-\dfrac{1-x}{x}}$

e) $1+\dfrac{x}{1+x+\dfrac{2x^2}{1-x}}$

f) $\dfrac{1}{t-\dfrac{t^2-1}{t+\dfrac{1}{t-1}}}$

g) $\dfrac{\dfrac{1}{3x-2}-\dfrac{1}{3x+2}}{\dfrac{1}{9-\dfrac{4}{x^2}}}$

h) $\dfrac{\left(1+\dfrac{2}{x}\right)^2-9}{1-\dfrac{4}{x}}$

5. Si on introduit trois moles de bioxyde d'azote (NO_2) et deux moles de tétroxyde d'azote (N_2O_4) dans un récipient, il se produit une réaction. Lorsque l'équilibre sera établi, la concentration de ces deux gaz sera modifiée : une partie du N_2O_4 sera décomposée. À une température constante, le rapport entre les concentrations des molécules qui participent à la réaction est la constante d'équilibre :

$$K=\dfrac{\left(\dfrac{3+2x}{10}\right)^2}{\dfrac{2-x}{10}}$$ où x est le nombre de moles de N_2O_4 qui seront décomposées.

a) Simplifier la fraction K pour obtenir une fraction de la forme $\dfrac{A}{B}$.

b) Calculer la valeur de K pour :

i) $x=0,2$; ii) $x=1$; iii) $x=1,5$.

2.7 Les expressions contenant des radicaux et des exposants fractionnaires

Effectuer des opérations algébriques sur des expressions contenant des radicaux ou des exposants fractionnaires.

Les propriétés des racines et des exposants fractionnaires, vues au chapitre 1, restent valides pour les expressions algébriques.

Les propriétés des racines et des exposants fractionnaires

Si n est un entier positif impair, $\sqrt[n]{x}$ existe pour tout $x \in \mathbb{R}$.

Si n est un entier positif pair, $\sqrt[n]{x}$ existe si $x \geq 0$.

Si les racines nièmes existent :

$$\left(\sqrt[n]{x}\right)^n = x \qquad x^{\frac{1}{n}} = \sqrt[n]{x}$$

$$\sqrt[n]{xy} = \sqrt[n]{x} \times \sqrt[n]{y} \qquad x^{\frac{m}{n}} = \sqrt[n]{x^m} = \left(\sqrt[n]{x}\right)^m$$

$$\sqrt[n]{\frac{x}{y}} = \frac{\sqrt[n]{x}}{\sqrt[n]{y}} \quad (\text{si } y \neq 0)$$

Exemple 2.49

- $\left(\sqrt[5]{x^2 y}\right)^5 = x^2 y$
- Si $x \geq 0$, alors $\sqrt[3]{x}\sqrt{x^5} = x^{\frac{1}{3}}x^{\frac{5}{2}} = x^{\frac{1}{3}+\frac{5}{2}} = x^{\frac{17}{6}} = \sqrt[6]{x^{17}}$.
- Si $x \geq 2$, alors $\left(\sqrt{x+1}\right)\left(\sqrt{x-2}\right) = \sqrt{(x+1)(x-2)} = \sqrt{x^2-x-2}$.
- Si $x \geq 3$, alors $\dfrac{\sqrt{x^2-9}}{\sqrt{x+3}} = \sqrt{\dfrac{x^2-9}{x+3}} = \sqrt{\dfrac{(x+3)(x-3)}{x+3}} = \sqrt{x-3}$.

Nous verrons dans cette section comment trouver le domaine d'expressions algébriques simples contenant des radicaux. Au fil des chapitres, nous pourrons utiliser des techniques plus avancées de résolution d'équations et d'inéquations pour trouver le domaine d'expressions plus complexes.

Exemple 2.50

- Cherchons le domaine de l'expression $\sqrt[4]{x-5}$.

  Puisqu'il s'agit d'une racine quatrième (donc paire), l'expression sous le radical doit être positive ou nulle.

  Il faut donc que $(x-5) \geq 0$, c'est-à-dire $x \geq 5$. Ainsi, le domaine est $[5, +\infty[$.

- Le domaine de $(x^2-9x+11)^{\frac{1}{3}}$ est IR, puisque l'exposant $\frac{1}{3}$ correspond à une racine cubique (donc impaire) : $(x^2-9x+11)^{\frac{1}{3}}=\sqrt[3]{x^2-9x+11}$. L'expression sous le radical peut alors prendre n'importe quelle valeur réelle.
- Pour trouver le domaine de la fraction $\frac{x^2-5}{\sqrt{4-3x}}$, il faut considérer à la fois la racine carrée (l'expression sous le radical ne doit pas être négative) et le dénominateur (qui ne peut être nul). Il faut donc que $(4-3x)>0$, c'est-à-dire $4>3x$ ou $x<\frac{4}{3}$.

  Ainsi, le domaine est $\left]-\infty,\frac{4}{3}\right[$.

Selon la forme de l'expression, certaines propriétés des polynômes et des fractions rationnelles seront utiles, en plus des propriétés des exposants et des radicaux, pour effectuer des opérations ou des simplifications. Il faudra que ces transformations soient valides sur le domaine des expressions.

Exemple 2.51

- Simplifions l'expression $\frac{\sqrt{x^2+7x+10}}{\sqrt{x+5}}$.

$$\frac{\sqrt{x^2+7x+10}}{\sqrt{x+5}}=\sqrt{\frac{x^2+7x+10}{x+5}}\qquad\left(\text{propriété des racines } \frac{\sqrt{a}}{\sqrt{b}}=\sqrt{\frac{a}{b}}\right)$$

$$=\sqrt{\frac{(x+2)(x+5)}{x+5}}\qquad(\text{factorisation})$$

$$=\sqrt{x+2}\qquad(\text{simplification de la fraction})$$

- On effectue les opérations sur les fractions contenant des radicaux de la même façon qu'avec des fractions rationnelles.

$$\frac{\sqrt{2x+1}}{3x}-\frac{1}{\sqrt{x-4}}=\frac{\left(\sqrt{2x+1}\right)\left(\sqrt{x-4}\right)}{3x\sqrt{x-4}}-\frac{3x}{3x\sqrt{x-4}}\qquad(\text{dénominateur commun})$$

$$=\frac{\left(\sqrt{2x+1}\right)\left(\sqrt{x-4}\right)-3x}{3x\sqrt{x-4}}\qquad(\text{soustraction des numérateurs})$$

$$=\frac{\sqrt{(2x+1)(x-4)}-3x}{3x\sqrt{x-4}}\qquad\left(\text{propriété des racines } \sqrt{a}\sqrt{b}=\sqrt{ab}\right)$$

Rappelons que le symbole $\sqrt{\ }$ désigne la racine positive. Par exemple, $\sqrt{36}=6$.

Le domaine de $\sqrt{x^2}$ est IR, puisque $x^2\geq 0$ pour tout x.

Si $x\geq 0$, $\sqrt{x^2}=x$, mais si $x<0$, $\sqrt{x^2}=-x$ (pour avoir une réponse positive).

On a donc $\sqrt{x^2}=|x|$, la valeur absolue de x.

Exemple 2.52

- $\sqrt{5^2} = 5$, mais $\sqrt{(-5)^2} = -(-5) = 5$.
- Le domaine de $\sqrt{(x-25)^2}$ est $\mathbb{R}$, puisque $(x-25)^2 \geq 0$ pour tout $x \in \mathbb{R}$.

  $\sqrt{(x-25)^2} = |x-25|$, puisque le résultat doit être positif ou nul.
- Le domaine de $\left(\sqrt{x-25}\right)^2$ est $[25, +\infty[$, puisque l'expression sous le radical doit être positive ou nulle.

  Puisque le domaine nous assure que $x - 25 \geq 0$, on peut écrire $\left(\sqrt{x-25}\right)^2 = x - 25$ sans utiliser la valeur absolue.

Lorsqu'une fraction algébrique comporte une racine carrée au dénominateur, on peut trouver une fraction équivalente dont le dénominateur ne comporte plus de radical. C'est la « rationalisation du dénominateur ».

2

La rationalisation d'un dénominateur de la forme $b\sqrt{x}$

Si le dénominateur d'une fraction est un multiple d'une racine carrée, on peut le **rationaliser** en multipliant le numérateur et le dénominateur de la fraction par cette racine.

$$\frac{a}{b\sqrt{x}} = \frac{a}{b\sqrt{x}} \times \frac{\sqrt{x}}{\sqrt{x}} = \frac{a\sqrt{x}}{b\sqrt{x}\sqrt{x}} = \frac{a\sqrt{x}}{bx}, \text{ puisque } x > 0$$

Exemple 2.53

- $\dfrac{x-1}{2\sqrt{x+3}} = \dfrac{x-1}{2\sqrt{x+3}} \times \dfrac{\sqrt{x+3}}{\sqrt{x+3}} = \dfrac{(x-1)\sqrt{x+3}}{2\left(\sqrt{x+3}\right)^2} = \dfrac{(x-1)\sqrt{x+3}}{2(x+3)}$, puisque $x + 3 > 0$

La rationalisation d'un dénominateur à l'aide de son conjugué

Si le dénominateur d'une fraction est la somme ou la différence de deux termes dont au moins un est une racine carrée, on peut le rationaliser en multipliant le numérateur et le dénominateur de la fraction par un **conjugué** du dénominateur, soit une expression obtenue lorsqu'on change le signe de l'un des termes.

On sait que $(x+y)(x-y) = x^2 - y^2$. (différence de carrés)

On en déduit que :

$$\left(\sqrt{x}+y\right)\left(\sqrt{x}-y\right) = \left(\sqrt{x}\right)^2 - y^2 = x - y^2$$

$$\left(\sqrt{x}+\sqrt{y}\right)\left(\sqrt{x}-\sqrt{y}\right) = \left(\sqrt{x}\right)^2 - \left(\sqrt{y}\right)^2 = x - y$$

Exemple 2.54

- Rationalisons le dénominateur de la fraction $\frac{4}{\sqrt{3x}-1}$.

  Un conjugué de $\sqrt{3x}-1$ est $\sqrt{3x}+1$.

$$\frac{4}{\sqrt{3x}-1}=\frac{4\left(\sqrt{3x}+1\right)}{\left(\sqrt{3x}-1\right)\left(\sqrt{3x}+1\right)}=\frac{4\left(\sqrt{3x}+1\right)}{\left(\sqrt{3x}\right)^2-1^2}=\frac{4\left(\sqrt{3x}+1\right)}{3x-1}$$

- $$\frac{3\sqrt{x}+4}{3\sqrt{x}-4}=\frac{\left(3\sqrt{x}+4\right)\left(3\sqrt{x}+4\right)}{\left(3\sqrt{x}-4\right)\left(3\sqrt{x}+4\right)}=\frac{\left(3\sqrt{x}+4\right)^2}{(3\sqrt{x})^2-4^2}=\frac{\left(3\sqrt{x}+4\right)^2}{9x-16}$$

Il est aussi possible d'utiliser cette méthode pour rationaliser une expression au numérateur, ce qu'exige parfois le calcul différentiel.

Exercices 2.7

1. Simplifier chacune des expressions suivantes.

a) $\left(x^{\frac{1}{3}}y^{\frac{2}{5}}\right)^{\frac{3}{2}}$ d) $\sqrt[6]{x^3}\sqrt{x^5}$ g) $\sqrt{\sqrt{x^2y}}$

b) $\left(x^{\frac{1}{2}}y^{\frac{1}{5}}\right)^2\left(x^{\frac{1}{4}}y^{\frac{2}{5}}\right)$ e) $\frac{\sqrt[3]{x+2}}{\sqrt[4]{x+2}}$ h) $(x+y)\sqrt[3]{(x+y)^4}$

c) $\left(\frac{x^{\frac{-1}{4}}}{3x^{\frac{-1}{2}}}\right)^{\frac{-2}{3}}$ f) $\left(\sqrt{x}+3\right)\left(\sqrt{x}-3\right)$ i) $\sqrt[5]{\frac{x^{\frac{3}{4}}x^{\frac{2}{3}}}{x^{\frac{7}{12}}}}$

2. Trouver le domaine de chacune des expressions suivantes.

a) $3\sqrt{2x+5}$ c) $\sqrt[3]{x^2-16}$ e) $2x^2-3x+4\sqrt{x}$

b) $\frac{1}{\sqrt{4-x}}$ d) $\frac{\sqrt{x-3}}{x^2-4x+3}$ f) $\sqrt{\frac{x+1}{x^2}}$

3. Effectuer les opérations suivantes et simplifier si possible.

a) $\sqrt{(4-5x)^2}$ c) $\left(\sqrt[5]{x}-1\right)\left(\sqrt[5]{x}+3\right)$ e) $\sqrt{x}\left(\frac{\sqrt{x}+3}{\sqrt{x}-2}\right)$

b) $\left(\sqrt{4-5x}\right)^2$ d) $\frac{\sqrt{x^2-9}}{\sqrt{x-3}}$ f) $\frac{\sqrt{x^2}}{x+1}+\frac{x^2}{\sqrt{x+1}}$

4. Rationaliser le dénominateur de chacune des fractions suivantes.

a) $\frac{2}{3\sqrt{x}}$ d) $\frac{\sqrt{x}+5}{\sqrt{x}-5}$ g) $\frac{2x-1}{\sqrt{3x+2}-\sqrt{3x-2}}$

b) $\frac{2x}{\sqrt{5x}}$ e) $\frac{x}{\sqrt{x+1}+\sqrt{x}}$ h) $\frac{\sqrt{x-4}}{\sqrt{x}+\sqrt{x-4}}$

c) $\frac{1}{\sqrt{x}-6}$ f) $\frac{x+3}{\sqrt{3x-5}-\sqrt{4-x}}$ i) $\frac{ax-b}{\sqrt{ax}-\sqrt{b}}$

Exercices récapitulatifs

2

1. Écrire un trinôme de degré 4 dont le coefficient du second terme est -7 et le terme constant est 12.

2. Simplifier l'expression ci-dessous.

$-(12x-(10y-(25z+14y)-(x-(10x-18z))))$

3. Effectuer chacune des opérations ci-dessous.

a) $(1-2xy-xy^2)-(5x^2-4xy+7)$

b) $(2t+u-v)^2$

c) $(2x+3xy-5y^2)(4y+9)$

d) $(-7x^2+9x-15)+2x^3(-x+4)^2-(x^5+x^4)^0$

e) $x(3x-5)(3x+5)-(7-6x)^2$

f) $40a^3x^2y^5 \div 16a^2y^3$

g) $(15x^4y^8-7x^2y^3+5xy^2)\div 5xy^2$

h) $(6x^2-5x-4)\div(3x-4)$

i) $(3x^3+2x^2-5x-7)\div(x^2+2x+1)$

j) $(16x^4-81)\div(2x+3)$

4. Factoriser si possible chacun des polynômes ci-dessous.

a) $6ax^2y^3+15a^2x^3y^2-21ax^5y$

b) $25x^2-30xy+9y^2$

c) $4x-5y-20x^2+25xy$

d) $2t^2-32t$

e) x^2-x-90

f) $6x^2-10x-56$

g) $mx+2nx-8my-16ny$

h) $121x^2-64$

i) $y^6-0{,}001$

j) $4x^2+49$

k) x^2+4x+7

l) $x^2+3xy+4x+12y$

m) $(5x-1)^2-(x+9)^2$

n) $5x^5-45x^3$

o) $3x^2-9x+5$

p) $x^3+y^3+2x+2y$

q) $2x^2+3x-6$

r) $x^2+6x+9-y^2$

s) $6x(x-4)^4+12x^2(x-4)^3$

t) $10(2x+1)^4(4x-3)^5+20(2x+1)^5(4x-3)^4$

5. Trouver les zéros de chacun des polynômes suivants.

a) $5x-9x^2$

b) x^2+144

c) $9x^2-42x+49$

d) $x^2-2x-15$

e) $2x^3-32x$

f) $8x^2-14x-15$

g) x^2+2x+5

h) $3x^2-x-1$

6. Trouver le polynôme ax^2+bx+c dont les zéros sont $\frac{2}{3}$ et $\frac{1}{5}$, sachant que $a=30$.

7. Trouver la valeur de a et de b si les zéros de $ax^2+bx+18$ sont -3 et 1.

8. Pour quelles valeurs de c le polynôme $4x^2+3x+c$ possède-t-il :

a) un seul zéro ?

b) deux zéros distincts ?

c) aucun zéro ?

9. Trouver le domaine de chacune des fractions suivantes.

a) $\dfrac{x^2+8x+16}{3x-8}$

b) $\dfrac{3x^2-5}{(x+2)(x-7)}$

c) $\dfrac{1}{15x^2+7x-4}$

d) $\dfrac{2x-9}{5x^3-80x}$

10. Effectuer chacune des opérations suivantes et donner le domaine du résultat.

a) $\dfrac{x^2-16}{x^2-5x+4}\div\dfrac{x^2+5x+4}{x^2-2x+1}$

b) $\dfrac{2x}{1-x^2}\div\left(\dfrac{1}{1-x}-\dfrac{1}{1+x}\right)$

c) $\dfrac{x^3-2x^2y+xy^2}{x+y}\times\dfrac{y}{x^3-x^2y}$

d) $\dfrac{1-\dfrac{1}{x+2}}{\dfrac{x^2-1}{x^2+10x+16}}$

11. Effectuer chacune des opérations suivantes.

a) $\dfrac{4a^2+b^2}{4a^2-b^2}-\dfrac{2a-b}{2a+b}$

b) $\dfrac{x^3-2x^2y+xy^2}{x+y}\times\dfrac{y}{x^3-x^2y}$

12. Trouver le domaine de chacune des expressions suivantes.

a) $\sqrt{4x-9}$

b) $\dfrac{x-10}{\sqrt{x+12}}$

c) $\sqrt{x}+\sqrt{x+1}+\sqrt{x+2}$

d) $\dfrac{\sqrt{2-x}}{\sqrt[3]{x}}$

13. Effectuer chacune des opérations suivantes.

a) $\sqrt{(x+100)^2}$

b) $\dfrac{\sqrt{x^2-3x-4}}{\sqrt{x-4}}$

c) $\left(1+\dfrac{2}{\sqrt{x+1}}\right)\left(\dfrac{\sqrt{x+1}}{5}\right)$

14. Rationaliser le dénominateur de chacune des fractions suivantes.

a) $\dfrac{-2}{5\sqrt{3x}}$ b) $\dfrac{2\sqrt{x}+5}{2\sqrt{x}-5}$ c) $\dfrac{2x-1}{\sqrt{2x+1}-\sqrt{2x-1}}$

Un peu d'histoire

Les réponses à certaines de ces questions se trouvent dans ce chapitre. Un peu de réflexion ou de recherche sera nécessaire pour répondre aux questions en bleu.

15. a) Quel est le titre de l'œuvre la plus célèbre de René Descartes ?

b) Quel est le sous-titre de cet ouvrage ?

c) À quelle discipline, enseignée dans tous les cégeps, associe-t-on cette œuvre ?

16. Sur la tombe de quel mathématicien grec trouve-t-on un problème célèbre ?

17. a) Qui était al-Khwarizmi ?

b) De quelle méthode de factorisation des polynômes est-il le précurseur ?

18. a) Né Giuseppe Lodovico de Lagrangia, ce mathématicien fut le premier à nommer les fractions rationnelles dans le cadre d'une étude sur les fonctions contenant de telles fractions. Sous quel nom ce mathématicien est-il connu en français ?

b) Lagrangia entretint une longue correspondance avec un autre mathématicien célèbre, d'origine suisse, dont nous parlerons dans un prochain chapitre. De qui s'agit-il ?

3 Les équations et les inéquations

Objectif général

Résoudre des problèmes faisant appel à différents modèles d'équations et d'inéquations.

Il est possible de construire un rectangle tel qu'en lui retranchant un carré de côté égal à son petit côté, on obtient un rectangle de mêmes proportions.

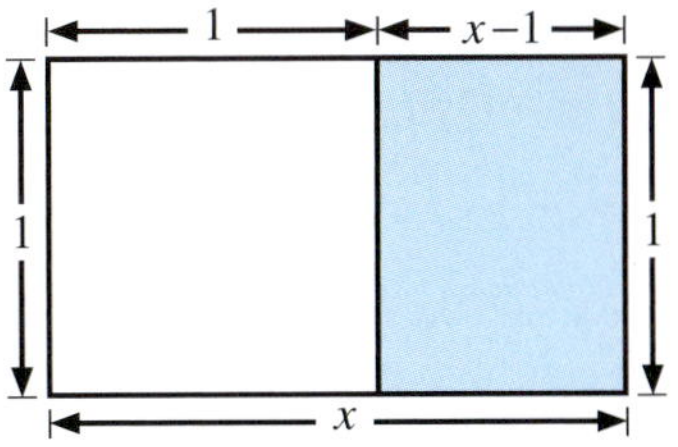

Dans la figure ci-dessus, le rapport entre les longueurs des côtés du grand rectangle est égal au rapport entre les longueurs des côtés du petit rectangle.

$$\frac{x}{1} = \frac{1}{x-1}$$

Si on retranche un carré de ce deuxième rectangle, les proportions sont encore conservées. On peut poursuivre indéfiniment le processus ; les proportions du nouveau rectangle sont toujours les mêmes, c'est-à-dire que le rapport entre les longueurs du grand et du petit côté est une constante. De plus, en traçant un arc de cercle dans chaque carré, on obtient une spirale appelée « spirale de Fibonacci », du nom de Léonard de Pise, dit Leonardo Fibonacci (1175-1250).

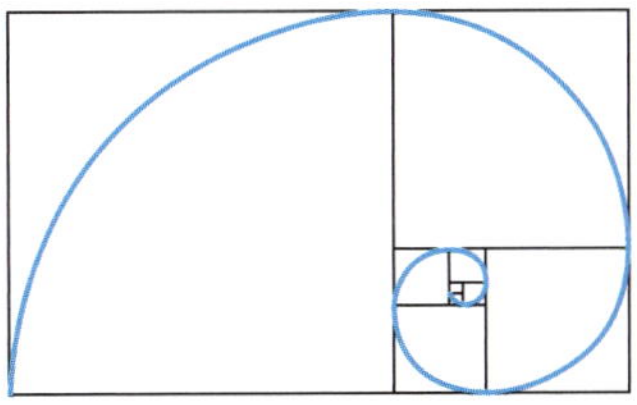

On retrouve une telle spirale dans la nature, qu'il s'agisse de certains coquillages, des écailles d'une pomme de pin ou des étamines d'une fleur de tournesol.

Un rectangle qui possède ces proportions est appelé « rectangle d'or », et le rapport entre les longueurs de son grand et de son petit côté est le « nombre d'or », ou « divine proportion ».

Les proportions du rectangle d'or sont présentes dans de nombreuses œuvres d'architectes, de peintres et de sculpteurs de toutes les époques. Les pyramides d'Égypte, le Parthénon d'Athènes et les toiles de Léonard de Vinci (1452-1519) n'en sont que quelques exemples.

On peut calculer le nombre d'or en résolvant l'équation $\frac{x}{1} = \frac{1}{x-1}$, qu'on peut ramener à l'équation du second degré $x^2 - x - 1 = 0$. Dans ce chapitre, nous verrons comment résoudre une telle équation pour trouver la valeur du nombre d'or. Ce problème vous sera proposé dans la série d'exercices de la section 3.3.

En 1959, les studios Disney produisaient le film d'animation *Donald au pays mathémagique*, qui accorde une place importante au nombre d'or en plus de présenter de façon amusante quelques autres applications des mathématiques. Plus de 50 ans plus tard, ce film est toujours d'actualité et il mérite d'être vu pour son intérêt de vulgarisation mathématique, malgré la diction déficiente de Donald. On peut le visionner gratuitement sur YouTube.

Exercices préliminaires

3

Avant d'entreprendre l'étude de ce chapitre, vous devriez connaître et maîtriser les notions suivantes. Si vous ne pouvez répondre à une question donnée, reportez-vous aux chapitres précédents.

Les opérations sur les intervalles (*voir le chapitre 1, sections 1.2 et 1.4*)

1. Exprimer les ensembles suivants sous forme d'intervalle ou d'union d'intervalles. Représenter graphiquement l'intervalle.

a) $\{x \in \mathrm{IR} \mid -1 < x \leq 4\}$ b) $\{x \in \mathrm{IR} \mid x \geq 8\}$ c) $\{x \in \mathrm{IR} \mid x < 3 \text{ ou } x \geq 6\}$ d) $\{x \in \mathrm{IR} \mid x \geq 0 \text{ et } x < 5\}$

La factorisation de polynômes (*voir le chapitre 2, section 2.3*)

2. Factoriser chacun des polynômes suivants, si possible.

a) $-2x^2 + 12x$ b) $4x^2 - 81$ c) $x^2 + 3$ d) $4x^2 + 20x + 25$ e) $x^2 - 6x - 16$ f) $6x^2 + 5x - 4$ g) $2x^2 - 4x - 3$ h) $x^2 - 3x + 6$

Les zéros d'un polynôme (*voir le chapitre 2, section 2.4*)

3. Trouver les zéros des polynômes suivants, s'ils existent, soit par factorisation ou à l'aide de la formule quadratique.

a) $5x^2 + 25x$ b) $9x^2 - 49$ c) $-3x^2 - 7$ d) $4x^2 + 44x + 121$ e) $x^2 - 4x - 21$ f) $5x^2 + 2x - 6$ g) $2x^2 - x - 5$ h) $x^2 - x + 9$

Les fractions rationnelles (*voir le chapitre 2, section 2.5*)

4. Trouver le domaine de chacune des expressions suivantes.

a) $\dfrac{2x}{x+4} + \dfrac{1}{3-2x}$ b) $\dfrac{2+x}{3(x+1)-1}$ c) $\dfrac{x^2-9}{x^2-4x+3}$ d) $\dfrac{x^2-25}{x^2+25}$

5. Trouver le plus petit dénominateur commun à chacune des paires de fractions suivantes et donner les fractions équivalentes possédant ce dénominateur.

a) $\dfrac{3x}{x-4}$ et $\dfrac{x+1}{x-5}$ b) $\dfrac{x}{6x+12}$ et $\dfrac{3}{15x^2-60}$ c) $\dfrac{1}{x^2+x-20}$ et $\dfrac{-2x}{x^2+6x+5}$ d) $\dfrac{x}{x^2-6x+9}$ et $\dfrac{x-1}{-x^2+2x+3}$

6. Simplifier si possible chacune des fractions ci-dessous et indiquer les valeurs pour lesquelles la fraction obtenue est équivalente à la première.

a) $\dfrac{2x^2-3x-5}{x^2-1}$ b) $\dfrac{x^4-2x^3}{x^3+x^2-6x}$ c) $\dfrac{x^2+16}{x+4}$ d) $\dfrac{1-x^2}{2x^2+x-3}$

Les opérations sur les fractions (*voir le chapitre 2, section 2.6*)

7. Effectuer chacune des opérations suivantes. Simplifier la réponse, si possible, et préciser son domaine.

a) $\dfrac{x+1}{x+2} - \dfrac{x+3}{x+4}$ b) $\dfrac{1}{x^2+2x+1} + \dfrac{3}{2x^2+6x+4}$ c) $2\left(\dfrac{3-x}{x+6}\right)+1$ d) $\dfrac{x^2+8x+7}{x^2+5x+4} - \dfrac{x+1}{x^2-x-2}$

Les opérations sur les racines carrées (*voir le chapitre 2, section 2.7*)

8. Effectuer les opérations suivantes et simplifier la réponse, si possible.

a) $\left(\sqrt{3x-5}\right)^2$ b) $\left(\sqrt{x}+2\right)\left(\sqrt{x}-3\right)$ c) $\dfrac{\sqrt{2x-3}}{5} + \dfrac{1}{\sqrt{2x-3}}$ d) $\left(2\sqrt{x+1}+1\right)\left(2\sqrt{x+1}-1\right)$

Les deux premières sections de ce chapitre reprennent des notions que vous avez étudiées au premier cycle du secondaire. Nous rappelons les propriétés générales des équations et les techniques de résolution d'équations du premier degré avant d'entreprendre l'étude d'équations plus complexes.

3.1 Les équations

Déterminer le domaine d'une équation et transformer celle-ci pour obtenir une équation qui lui est équivalente.

Une **équation** est une égalité qui contient une ou plusieurs variables. Cette égalité peut être vraie ou fausse selon les valeurs prises par ses variables.

Les expressions situées de part et d'autre du signe «=» sont les **membres** de l'équation.

Le **domaine** d'une équation est l'ensemble des valeurs qu'on peut attribuer à sa ou à ses variables pour que toutes les expressions qui la composent soient des nombres réels.

Les propriétés des nombres réels pour la recherche du domaine d'une équation

Lorsqu'on cherche le domaine d'une équation, il faut se rappeler ces deux principes:

- on ne peut jamais diviser par 0;
- on ne peut pas extraire une racine paire d'un nombre négatif.

Exemple 3.1

- $x+2=5$ est une équation dont le domaine est $\mathbb{R}$, puisque l'expression $x+2$ est un nombre réel pour toute valeur de $x \in \mathbb{R}$.
- $\frac{x+7}{x-4}=\frac{2x-3}{x}$ est une équation dont le domaine est $\mathbb{R}\setminus\{0, 4\}$, puisque les valeurs 0 et 4 annulent les dénominateurs et qu'on ne peut pas diviser par 0.
- $\sqrt{x-4}=5$ est une équation dont le domaine est $[4, +\infty[$. Il faut exclure les valeurs de x inférieures à 4, puisque $x-4$ serait alors négatif et qu'on ne peut pas extraire la racine carrée d'un nombre négatif.
- $\sqrt[5]{x^2+x-3}=2$ est une équation dont le domaine est $\mathbb{R}$. En effet, on peut trouver la racine cinquième (ou toute racine impaire) de n'importe quel nombre réel.
- $x^2+2xy-4z=1$ est une équation à trois variables.

Dans ce chapitre, nous nous limiterons à l'étude d'équations à une seule variable.

Les valeurs du domaine qui, lorsqu'on les substitue à la variable, transforment une équation en une égalité vraie sont les **solutions** de l'équation.

L'ensemble de toutes les solutions est appelé **ensemble solution**.

Deux équations sont **équivalentes** si elles ont le même ensemble solution.

Exemple 3.2

- $x = 3$ est une solution de l'équation $5 - x = 2$, puisqu'en remplaçant x par 3, on obtient $5 - 3 = 2$, une égalité vraie. On peut voir facilement que c'est l'unique solution, car 3 est la seule valeur qu'on peut donner à x pour obtenir une égalité vraie. L'ensemble solution est donc $\{3\}$.
- $x = -2$ est une solution de l'équation $x^3 + 4x^2 - 5x + 1 = 3x^2 + 7$, puisqu'en remplaçant x par -2, on obtient $(-2)^3 + 4(-2)^2 - 5(-2) + 1 = 3(-2)^2 + 7$, c'est-à-dire $19 = 19$, qui est une égalité vraie. Par contre, $x = 0$ n'est pas une solution, car $0^3 + 4(0)^2 - 5(0) + 1 = 3(0)^2 + 7$ donne $1 = 7$, qui est une égalité fausse. À cette étape, on ne peut pas savoir si l'équation possède d'autres solutions.
- Les équations $x + 2 = 5$, $4x - 5 = 7$ et $x = 3$ sont équivalentes puisqu'elles ont toutes trois la même solution unique, soit $x = 3$. En effet, $3 + 2 = 5$, $4(3) - 5 = 7$ et $3 = 3$. L'ensemble solution de ces trois équations est donc $\{3\}$.

Une équation qui est vraie pour toutes les valeurs de son domaine est une **identité**.

3

Exemple 3.3

- $(x+1)^2 = x^2 + 2x + 1$ est une équation dont le domaine est IR. C'est une identité puisqu'elle devient une égalité vraie quelle que soit la valeur de x (c'est la forme générale d'un trinôme carré parfait). Son ensemble solution est IR. On utilise parfois le symbole «≡» pour désigner une identité. On écrira alors $(x+1)^2 \equiv x^2 + 2x + 1$.
- $\dfrac{2x^3}{x} = 2x^2$ est une équation dont le domaine est $\mathrm{IR}\setminus\{0\}$, aussi noté IR^*. En simplifiant le membre de gauche, on voit que l'équation est équivalente à $2x^2 = 2x^2$ si $x \neq 0$. C'est donc une identité dans IR^*.

Une équation est comparable à une balance dont les deux plateaux sont au même niveau. Si on modifie la charge d'un des plateaux, il faut faire de même avec l'autre plateau pour maintenir l'équilibre.

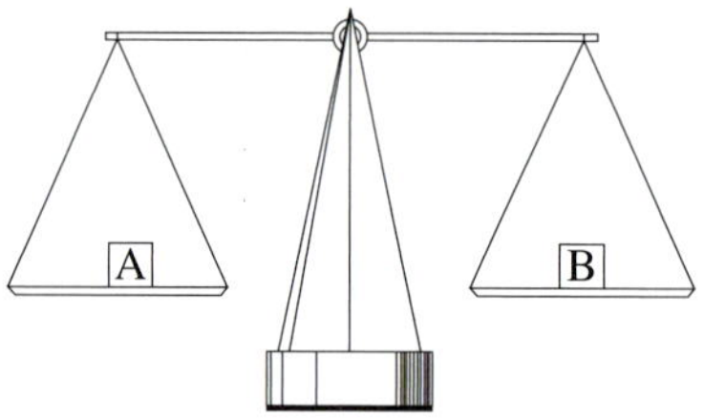

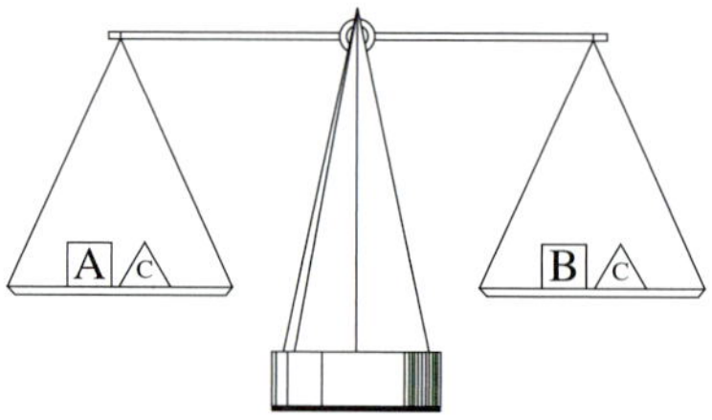

Les propriétés d'équivalence de deux équations

Deux équations sont équivalentes pour les valeurs communes à leurs deux domaines si on obtient la seconde de la première :

1. en **additionnant** un même nombre aux deux membres de l'équation ;
2. en **soustrayant** un même nombre des deux membres de l'équation ;
3. en **multipliant** les deux membres de l'équation par un même nombre **non nul** ;
4. en **divisant** les deux membres de l'équation par un même nombre **non nul**.

Si A et B sont des expressions algébriques, alors :

- $A = B \Leftrightarrow A + C = B + C$ pour tout nombre réel C ;
- $A = B \Leftrightarrow A - C = B - C$ pour tout nombre réel C ;
- $A = B \Leftrightarrow AC = BC$ pour tout nombre réel $C \neq 0$;
- $A = B \Leftrightarrow \frac{A}{C} = \frac{B}{C}$ pour tout nombre réel $C \neq 0$.

Exemple 3.4

◆ Soit $x = 10$.

$x + 2 = 10 + 2$ (addition de 2 aux deux membres de l'équation)

$x - 2 = 10 - 2$ (soustraction de 2 des deux membres de l'équation)

$2x = 2(10)$ (multiplication des deux membres de l'équation par 2)

$\frac{x}{2} = \frac{10}{2}$ (division des deux membres de l'équation par 2)

Ces quatre équations sont toutes équivalentes à $x = 10$.

On n'obtient toutefois pas une équation équivalente si on multiplie les deux membres par 0. On aurait alors :

$$x = 10$$
$$0x = 0(10)$$
$$0 = 0$$

L'égalité $0 = 0$ est toujours vraie, alors que l'équation $x = 10$ n'a qu'une solution.

Nous verrons dans les prochaines sections comment utiliser les propriétés d'équivalence pour trouver les solutions d'équations.

D'OÙ VIENT LE MOT « ALGÈBRE » ?

Muhammah Ibn Musa al-Khwarizmi

Au début du IXe siècle, l'Empire arabo-musulman s'étend de l'Espagne à l'Inde. Bagdad, sa capitale, s'ouvre progressivement aux savoirs aussi bien de la Grèce antique que de l'Inde. Dans cette atmosphère de bouillonnement intellectuel, un astronome et mathématicien se démarque. Il s'appelle Muhammad Ibn Musa al-Khwarizmi (vers 780-850). Son livre le plus célèbre a pour titre *Précis sur le calcul de l'al-jabr et al-muqabala*. Dans le langage courant, le terme *al-jabr* signifie « le » (*al*) « rebouteur » (*jabr*), c'est-à-dire celui qui remet en place les membres démis. Dans le calcul dont il est question dans ce livre, cela veut dire faire disparaître les termes négatifs dans une équation, comme s'il fallait remettre en place ce qui avait été enlevé. Ce livre a été traduit en latin au Moyen Âge. Les traducteurs ont conservé le mot *al-jabr*, qui est devenu *algebra* en latin. Ce terme a rapidement servi à nommer cette nouvelle forme de calcul, l'algèbre.

Exercices 3.1

1. Préciser le domaine de chacune des équations ci-dessous et vérifier si la valeur proposée est une solution de l'équation.

a) $2x-5=7$ si $x=6$

b) $y^2-2y=0$ si $y=0$

c) $3t+4=5t-1$ si $t=-2$

d) $\dfrac{3x-4}{2}+2=\dfrac{1-x}{x}$ si $x=0$

2. Donner le domaine de chacune des équations ci-dessous et indiquer lesquelles, parmi celles-ci, sont des identités.

a) $x=0$

b) $x^2-9=(x+3)(x-3)$

c) $\dfrac{x^2}{x}=x$

d) $(x+2)^2=x^2+4$

e) $\sqrt{x^2}=x$

f) $x+5=\dfrac{2x+10}{2}$

3. Trouver le domaine de chacune des équations suivantes.

a) $x^2-3x+5=8-x$

b) $\dfrac{x}{3}+\dfrac{3}{x}=0$

c) $\dfrac{x^3-5}{x^2}=\dfrac{10-x}{x+2}$

d) $\sqrt{x}=2x^5-4x+7$

e) $\sqrt[3]{3x-4}=x^4+1$

f) $\dfrac{x+2}{(x+3)(x+4)}=\dfrac{x^2-16}{(x-3)^2}$

4. Les paires d'équations ci-dessous sont équivalentes. Indiquer la propriété utilisée pour obtenir la seconde équation à partir de la première.

a) $3x+5=-2$ et $3x=-7$

b) $\dfrac{6x-8}{9}=0$ et $6x-8=0$

5. Trouver l'erreur dans le raisonnement suivant, qui est nécessairement fautif puisqu'on arrive à une conclusion qui ne peut être vraie.

Soit a et b deux nombres réels tels que $a\neq 0$, $b\neq 0$ et $a=b$.

$a=b$

$a^2=ab$ (multiplication des deux membres par a)

$a^2-b^2=ab-b^2$ (soustraction de b^2 des deux membres)

$(a+b)(a-b)=b(a-b)$ (factorisation)

$a+b=b$ (division des deux membres par $(a-b)$)

$b+b=b$ (substitution de a par b, puisque $a=b$)

$2b=b$

$2=1$ (division des deux membres par b)

Et si $2=1$, alors $2+1=1+1$, c'est-à-dire $3=2$. Par le même raisonnement, on obtient $4=3$, $5=4$, etc. On pourrait donc conclure que tous les entiers sont égaux.

3.2 Les équations du premier degré

Résoudre des problèmes faisant appel à une équation du premier degré à une variable.

Une **équation du premier degré** à une variable est une équation dont au moins l'un des membres contient un monôme de degré 1 et telle que chacun des membres est soit un polynôme de degré inférieur ou égal à 1, soit le polynôme 0.

Une telle équation est équivalente à une équation de la forme $ax+b=0$, où a et b sont des constantes et $a\neq 0$.

Dans une équation du premier degré, la variable est toujours affectée de l'exposant 1 et n'apparaît ni au dénominateur ni sous un radical.

Si l'équation n'est pas déjà donnée sous la forme $ax + b = 0$, les propriétés d'équivalence des équations permettent d'obtenir cette forme.

Le domaine d'une équation du premier degré

Le domaine d'une équation du premier degré à une variable est $\mathbb{R}$, à moins que le contexte n'oblige à le restreindre.

La résolution d'une équation du premier degré

On peut résoudre une équation du premier degré à une variable en **isolant** la variable : on utilise les propriétés des équations pour trouver une équation équivalente de la forme $x = c$, où c est une constante. La solution de l'équation est alors c, et cette solution est unique.

3

Exemple 3.5

- Soit l'équation $3x + 1 = x - 3$. Son domaine est $\mathbb{R}$.

  En utilisant les propriétés d'équivalence des équations, on obtient :

  $$3x + 1 - x = x - 3 - x \quad \text{(soustraction de } x \text{ des deux membres de l'équation)}$$
  $$2x + 1 = -3$$
  $$2x + 1 - 1 = -3 - 1 \quad \text{(soustraction de 1 des deux membres de l'équation)}$$
  $$2x = -4$$
  $$\frac{2x}{2} = \frac{-4}{2} \quad \text{(division des deux membres de l'équation par 2)}$$
  $$x = -2$$

  On peut vérifier la solution en remplaçant x par -2 dans l'équation initiale.

  $$3(-2) + 1 = -2 - 3$$
  $$-5 = -5 \quad \text{(égalité vraie)}$$

  -2 est bien une solution de l'équation, puisqu'on obtient une égalité vraie. L'ensemble solution de l'équation est $\{-2\}$.

- Soit l'équation $\frac{x}{6} + 3 = 6x - \frac{1}{4}$.

  Son domaine est $\mathbb{R}$.

  Lorsqu'une équation comporte plusieurs dénominateurs, il est utile de chercher le plus petit dénominateur commun afin de pouvoir multiplier les deux membres de l'équation par ce dénominateur. Dans cet exemple, le plus petit dénominateur commun est le PPCM de 6 et de 4, soit 12.

$$\frac{x}{6}+3=6x-\frac{1}{4}$$

$$12\left(\frac{x}{6}+3\right)=12\left(6x-\frac{1}{4}\right)$$ (multiplication des deux membres par 12)

$$2x+36=72x-3$$

$$2x+36-36=72x-3-36$$ (soustraction de 36 des deux membres)

$$2x=72x-39$$

$$2x-72x=72x-39-72x$$ (soustraction de $72x$ des deux membres)

$$-70x=-39$$

$$\frac{-70x}{-70}=\frac{-39}{-70}$$ (division des deux membres par -70)

$$x=\frac{39}{70}$$

On vérifie la solution en remplaçant x par $\frac{39}{70}$ dans l'équation initiale.

L'ensemble solution de l'équation est $\left\{\frac{39}{70}\right\}$.

- Soit l'équation $3x+1=3x-5$. Son domaine est IR.

$$3x+1-3x=3x-5-3x$$

$$1=-5$$

L'équation n'a aucune solution, car elle est équivalente à une égalité toujours fausse. Son ensemble solution est ∅, l'ensemble vide.

- Soit l'équation $\frac{3x+3}{3}=x+1$. Son domaine est IR.

$$\frac{3x+3}{3}=x+1$$

$$3\left(\frac{3x+3}{3}\right)=3(x+1)$$

$$3x+3=3x+3$$

L'équation initiale est équivalente à une égalité toujours vraie. C'est donc une identité et son ensemble solution est IR.

- Soit l'équation $\frac{ax+b}{c}=2$, où a, b et c sont des constantes, $a \neq 0$ et $c \neq 0$. Son domaine est IR.

$$\frac{ax+b}{c}=2$$

$$c\left(\frac{ax+b}{c}\right)=2c$$ (multiplication des deux membres par $c \neq 0$)

$$ax+b=2c$$

$$ax+b-b=2c-b$$

$$ax=2c-b$$

$$\frac{ax}{a}=\frac{2c-b}{a}$$ (division des deux membres par $a \neq 0$)

$$x=\frac{2c-b}{a}$$

On vérifie la solution dans l'équation initiale. L'ensemble solution est $\left\{\frac{2c-b}{a}\right\}$.

On devrait prendre l'habitude de **toujours** vérifier la solution d'une équation en remplaçant la variable par la valeur trouvée, dans l'**équation initiale**. Nous considérons à partir de maintenant que cela est implicite, même si ce n'est pas toujours mentionné à la fin des exemples.

> Ce sont les opérations élémentaires (+, −, ×, ÷) qui permettent d'obtenir une équation équivalente (à la condition de ne pas multiplier ou diviser par 0).
>
> L'expression populaire « Ça change de côté, alors ça change de signe » n'a de sens que si on effectue une même soustraction dans les deux membres.
>
> De même, l'expression « Je laisse tomber le dénominateur » n'a de sens que si on multiplie les deux membres par ce dénominateur.
>
> On devrait plutôt penser en termes d'addition, de soustraction, de multiplication ou de division. Ce n'est qu'à partir du moment où l'on a pris cette habitude que l'on peut se permettre de regrouper des étapes pour chercher la solution.

Jusqu'à maintenant, on s'est surtout attardé aux techniques algébriques, c'est-à-dire à l'utilisation d'« outils mathématiques » dans un contexte abstrait. Toutefois, il n'est pas plus intéressant de savoir résoudre des équations si on ne peut jamais les exploiter pour trouver la solution d'un problème contextuel que de savoir utiliser un marteau si on ne peut jamais planter un clou.

Pour résoudre un problème, il faut d'abord en comprendre l'énoncé (donc bien le lire), cerner ce que l'on cherche, établir une stratégie de résolution, choisir les outils nécessaires et les utiliser correctement et, enfin, interpréter la solution selon le contexte.

La résolution de problèmes avec des équations

1. **Lire l'énoncé** une première fois pour bien saisir le contexte du problème.
2. **Relire l'énoncé** pour repérer ce qu'on connaît (les constantes) et ce qu'on cherche (les variables ou inconnues).
3. **Définir la variable.**

   S'il y a une seule variable, la représenter par une lettre. Par exemple, soit x l'âge de Marie.

   S'il y a plusieurs variables, essayer de les définir en fonction d'une seule. Par exemple, on peut représenter trois nombres entiers consécutifs par x, $x+1$ et $x+2$ plutôt que par x, y et z.
4. **Poser l'équation** qui décrit l'énoncé. C'est le **modèle mathématique** du problème. En lisant l'équation et en remplaçant les constantes et les variables par les mots appropriés, on doit pouvoir retrouver l'énoncé du problème.
5. **Résoudre l'équation** en utilisant la méthode appropriée.
6. **Interpréter la solution et répondre à la question** en éliminant, s'il y a lieu, les solutions inacceptables selon le contexte (par exemple, des valeurs négatives pour une longueur).
7. **Vérifier la solution.**

Les variables étant les inconnues, on les repère en général dans des questions telles que « Quel est... ? », « Combien de... ? », « Trouver... », etc.

Dans une équation, les variables représentent des **nombres**, des quantités. La définition de la variable doit donc l'indiquer clairement. Pour répondre à la question « Combien d'élèves la classe compte-t-elle ? », on définit la variable au moyen de l'expression « Soit x le **nombre** d'élèves », plutôt que « Soit x les élèves ».

Exemple 3.6

◆ Dans un examen à choix multiples de 25 questions, on accorde 4 points par bonne réponse et on enlève 2 points par mauvaise réponse. Martine obtient une note de 64 %. Si elle a répondu à toutes les questions, combien de bonnes réponses a-t-elle données ?

1. **Lire l'énoncé** une première fois.

2. **Relire l'énoncé** et repérer les constantes et les variables.

   On connaît le nombre de questions (25), le nombre de points accordés pour chaque bonne réponse (4), le nombre de points retranchés pour chaque mauvaise réponse (2) et la note de Martine (64). Ce sont les constantes.

   On cherche le nombre de bonnes réponses : c'est la variable.

3. **Définir la variable.**

   Soit x le nombre de bonnes réponses, où $x \in \mathbb{N}$ et $0 \leq x \leq 25$.

   On pourrait désigner par y le nombre de mauvaises réponses, mais on aurait alors une équation à deux variables.

   On doit chercher une relation entre le nombre de bonnes réponses et le nombre de mauvaises réponses. On sait qu'il y a 25 questions au total. Ainsi, $x + y = 25$ et $y = 25 - x$.

   Si Martine a donné x bonnes réponses, elle a donc donné $(25 - x)$ mauvaises réponses.

4. **Poser l'équation.**

   La note de Martine découle de l'addition des points reçus pour les bonnes réponses et de la soustraction des points perdus pour les mauvaises réponses.

   Elle a obtenu 4 points par bonne réponse, soit $4x$ points.

   On lui a enlevé 2 points par mauvaise réponse, soit $2(25 - x)$ points.

   Par conséquent, son résultat est donné par $4x - 2(25 - x) = 64$.

5. **Résoudre l'équation.**

$$\begin{aligned} 4x - 2(25 - x) &= 64 \\ 4x - 50 + 2x &= 64 \\ 6x &= 114 \\ x &= 19 \end{aligned}$$

6. **Interpréter la solution.**

   Puisque x représente le nombre de bonnes réponses, Martine a répondu correctement à 19 questions.

7. Vérifier la solution.

Martine a obtenu 4 points pour chacune de ses 19 bonnes réponses et elle a perdu 2 points pour chacune de ses 6 mauvaises réponses.

Son résultat est donc $4 \times 19 - 2 \times 6 = 76 - 12 = 64$.

Exercices 3.2

1. Résoudre chacune des équations suivantes (a et b sont des constantes non nulles).

a) $8x - 5 = 3x + 2$

b) $-6(2t - 7) = 72t$

c) $14z + 7 = 7$

d) $\dfrac{2x+3}{2} = x - \dfrac{3}{4}$

e) $3x - \dfrac{3-x}{3} = \dfrac{3-3x}{33}$

f) $ax + b = a - b$

g) $(x + a)^2 = x^2 - b$

h) $6y - \dfrac{y-2}{5} = \dfrac{25-7y}{9}$

i) $\dfrac{y}{0,2} + 1,3 = 2y - 5$

j) $5x(2x - 5) = 12x^2 + x - 7 - 2(4 - x)^2$

Pour chacun des exercices ci-après, définir la variable, poser l'équation, en trouver la solution et répondre à la question en tenant compte du contexte du problème.

2. Trouver trois entiers consécutifs dont la somme est 468.

3. À ses trois premiers examens, Annick a obtenu des notes de 76 %, 63 % et 84 %. Tous les examens ont une pondération égale pour le calcul de la note finale (chaque examen compte pour 25 % de la note).

a) Quelle note Annick doit-elle obtenir au quatrième examen pour parvenir à une moyenne de 80 % ?

b) Peut-elle espérer une moyenne de 90 % ? Expliquer votre réponse à l'aide d'un raisonnement mathématique.

4. Un père de 38 ans a un fils de 12 ans. Dans combien d'années l'âge du père sera-t-il le double de celui de son fils ?

5. La superficie de la terre de M. Séguin était supérieure de 80 ha (hectares) à celle de la terre de son voisin. Il a vendu à ce dernier un sixième de sa terre. Les deux terres ont maintenant la même superficie. Quelle était auparavant la superficie de chacune des terres ?

6. On installe, au bord d'une piscine municipale, une estrade pour les spectateurs d'une compétition de natation. Si on prévoit asseoir 11 spectateurs par banc, 3 d'entre eux devront rester debout. Par ailleurs, si on prévoit 12 spectateurs par banc, il restera 2 places libres. Combien de bancs l'estrade compte-t-elle et combien de spectateurs y a-t-il ?

7. À quelle heure précise, entre 1 h et 2 h, les aiguilles d'une horloge sont-elles superposées ?

3.3 Les équations du second degré

Résoudre une équation du second degré par factorisation ou à l'aide de la formule quadratique.

Une **équation du second degré** ou **équation quadratique** à une variable est une équation dont au moins l'un des membres contient un monôme de degré 2 et telle que chacun des membres est soit un polynôme de degré inférieur ou égal à 2, soit le polynôme 0.

Une telle équation est équivalente à une équation de la forme $ax^2 + bx + c = 0$, où a, b et c sont des constantes et $a \neq 0$.

Lorsqu'une équation du second degré n'est pas donnée sous la forme $ax^2 + bx + c = 0$, les propriétés d'équivalence des équations (*voir la section 3.1, page 106*) permettent d'obtenir cette forme.

3

Le domaine d'une équation du second degré

Le domaine d'une équation du second degré à une variable est $\mathbb{R}$, à moins que le contexte n'oblige à le restreindre.

Exemple 3.7

- $3x^2 - 5x + 4 = 0$ est une équation du second degré, de la forme $ax^2 + bx + c = 0$, où $a = 3$, $b = -5$ et $c = 4$.

  Son domaine est $\mathbb{R}$.

- $x^2 + 3x = 2x^2 + \frac{5}{4}$ est une équation quadratique.

  On peut obtenir la forme $ax^2 + bx + c = 0$ en soustrayant $2x^2 + \frac{5}{4}$ de ses deux membres.

$$x^2 + 3x = 2x^2 + \frac{5}{4}$$

$$x^2 + 3x - 2x^2 - \frac{5}{4} = 2x^2 + \frac{5}{4} - 2x^2 - \frac{5}{4}$$

$$-x^2 + 3x - \frac{5}{4} = 0$$

On pourrait aussi multiplier les deux membres par -1 pour obtenir l'équation équivalente $x^2 - 3x + \frac{5}{4} = 0$ dont le coefficient du premier terme est positif.

Le domaine de cette équation est $\mathbb{R}$.

Les solutions de l'équation $ax^2 + bx + c = 0$

Les solutions de l'équation $ax^2 + bx + c = 0$ sont les **zéros** du polynôme $ax^2 + bx + c$.

Nous avons vu au chapitre 2 (*voir la section 2.4, page 70*) qu'on peut trouver les zéros d'un polynôme du second degré par factorisation ou à l'aide de la formule quadratique. Selon le type de polynôme, on utilisera l'une ou l'autre de ces méthodes pour résoudre une équation quadratique.

La méthode de factorisation peut être utilisée s'il est possible de factoriser le polynôme et elle est particulièrement utile dans les cas où on reconnaît un modèle de polynôme facilement décomposable. Cette méthode fait appel à la règle du produit nul, que nous rappelons ci-dessous.

La règle du produit nul

Le produit de deux ou plusieurs facteurs est égal à 0 si et seulement si au moins un de ces facteurs est égal à 0.

$$AB = 0 \Leftrightarrow (A = 0 \text{ ou } B = 0)$$

$$A_1A_2 \ldots A_n = 0 \Leftrightarrow (A_1 = 0 \text{ ou } A_2 = 0 \text{ ou} \ldots A_n = 0)$$

La résolution d'une équation quadratique par factorisation

On peut résoudre une équation quadratique de la forme $ax^2 + bx + c = 0$ en factorisant le polynôme du second degré qui la compose, **si c'est possible**. Dans ce cas, la règle du produit nul permet d'obtenir deux équations de degré 1, qu'on résout en isolant la variable.

Pour utiliser la méthode de factorisation, on doit absolument exprimer l'équation sous la forme $ax^2 + bx + c = 0$. En effet, on ne pourra pas faire appel à la propriété du produit nul si le polynôme n'est pas égal à 0.

Exemple 3.8

- Soit l'équation $3x^2 = 5x$. Son domaine est $\mathbb{R}$.

  Pour utiliser la règle du produit nul, on doit d'abord ramener l'un des membres de l'équation à 0. On le fera ici en soustrayant $5x$ des deux membres.

$$3x^2 - 5x = 0$$

$$x(3x - 5) = 0 \quad \text{(mise en évidence simple)}$$

$$x = 0 \text{ ou } 3x - 5 = 0 \quad \text{(règle du produit nul)}$$

$$x = 0 \text{ ou } 3x = 5$$

$$x = 0 \text{ ou } x = \frac{5}{3}$$

Les deux zéros du polynôme $3x^2 - 5x$ sont les deux solutions de l'équation $3x^2 - 5x = 0$. L'ensemble solution de l'équation est $\left\{0, \frac{5}{3}\right\}$.

On vérifie les solutions dans l'équation initiale.

- Dans l'exemple précédent, on n'aurait pas pu diviser par x les deux membres de l'équation initiale $3x^2 = 5x$. On ne peut pas diviser par 0 et on ne connaît pas la valeur de x, qui peut être égale à 0, car le domaine est IR.

  En divisant les deux membres par x, on aurait obtenu l'équation $3x = 5$, qui n'est pas équivalente à la première puisque son unique solution est $x = \frac{5}{3}$. La solution $x = 0$ de l'équation initiale nous aurait échappé.

- Soit l'équation $2x^2 - 7x = \frac{x^2 + 5}{2}$. Son domaine est IR.

  On doit d'abord transformer l'équation afin d'obtenir la forme $ax^2 + bx + c = 0$.

$$2(2x^2 - 7x) = 2\left(\frac{x^2+5}{2}\right) \quad \text{(multiplication des deux membres par 2)}$$

$$4x^2 - 14x = x^2 + 5$$

$$4x^2 - 14x - x^2 - 5 = x^2 + 5 - x^2 - 5 \quad \text{(soustraction d'un même nombre des deux membres)}$$

$$3x^2 - 14x - 5 = 0$$

$$(3x + 1)(x - 5) = 0 \quad \text{(factorisation d'un trinôme général)}$$

$$3x + 1 = 0 \quad \text{ou} \quad x - 5 = 0 \quad \text{(règle du produit nul)}$$

$$x = \frac{-1}{3} \quad \text{ou} \quad x = 5$$

  Ce sont les deux zéros du polynôme $3x^2 - 14x - 5$ et les deux solutions de l'équation $3x^2 - 14x - 5 = 0$. L'ensemble solution est $\left\{\frac{-1}{3}, 5\right\}$.

  On vérifie les solutions dans l'équation initiale.

- Soit l'équation $x^2 + 16 = 0$. Son domaine est IR.

  Le polynôme est une somme de carrés qu'on ne peut pas factoriser (*voir la section 2.3.2, page 61*).

  Puisque $x^2 \geq 0$ pour tout nombre réel x, la valeur de $x^2 + 16$ est toujours supérieure à 0. Cette équation n'a aucune solution. Son ensemble solution est $\varnothing$, l'ensemble vide.

Lorsqu'on n'arrive pas à factoriser facilement un polynôme du second degré, on ne peut pas nécessairement conclure qu'il n'est pas décomposable. La formule quadratique, présentée au chapitre 2 et que nous rappelons ci-après, permet de résoudre tous les modèles d'équations du second degré.

La résolution d'une équation du second degré avec la formule quadratique

On peut résoudre une équation du second degré, ramenée à la forme $ax^2 + bx + c = 0$, en utilisant la formule quadratique.

- Si $\boldsymbol{b^2 - 4ac > 0}$, le polynôme $ax^2 + bx + c$, où $a \neq 0$, possède **deux zéros,**

  $z_1 = \dfrac{-b - \sqrt{b^2 - 4ac}}{2a}$ et $z_2 = \dfrac{-b + \sqrt{b^2 - 4ac}}{2a}$.

  $x = z_1$ et $x = z_2$ sont les **deux solutions** de l'équation $ax^2 + bx + c = 0$.

  $$ax^2 + bx + c = a(x - z_1)(x - z_2)$$

- Si $\boldsymbol{b^2 - 4ac = 0}$, le polynôme $ax^2 + bx + c$, où $a \neq 0$, possède **un seul zéro**, $z_1 = \dfrac{-b}{2a}$.

  $x = z_1$ est la **seule solution** de l'équation $ax^2 + bx + c = 0$.

  $$ax^2 + bx + c = a(x - z_1)^2$$

- Si $\boldsymbol{b^2 - 4ac < 0}$, le polynôme $ax^2 + bx + c$, où $a \neq 0$, ne possède **aucun zéro**. L'équation $ax^2 + bx + c = 0$ n'a **aucune solution**.

  On ne peut pas factoriser le polynôme $ax^2 + bx + c$.

3

On écrit souvent simplement $x = \dfrac{-b \pm \sqrt{b^2 - 4ac}}{2a}$ pour représenter les solutions d'une équation quadratique, si elles existent.

Le calcul de la valeur de $b^2 - 4ac$, aussi appelée **discriminant**, permet, par l'observation de son signe, de vérifier si une équation possède ou non des solutions.

Exemple 3.9

◆ Soit l'équation $2x^2 + 3x = 4$. Son domaine est $\mathbb{R}$.

On ramène d'abord le membre de droite à 0 pour obtenir la forme $ax^2 + bx + c = 0$.

$$2x^2 + 3x - 4 = 0$$

On évalue ensuite $b^2 - 4ac = 3^2 - 4(2)(-4) = 9 + 32 = 41$.

Puisque $b^2 - 4ac > 0$, l'équation possède deux solutions distinctes, qu'on calcule à l'aide de la formule quadratique $x = \dfrac{-b \pm \sqrt{b^2 - 4ac}}{2a}$.

On obtient $x = \dfrac{-3 - \sqrt{41}}{4} \approx -2{,}35$ ou $x = \dfrac{-3 + \sqrt{41}}{4} \approx 0{,}85$.

L'ensemble solution de l'équation $2x^2 + 3x = 4$ est $\left\{\dfrac{-3 - \sqrt{41}}{4}, \dfrac{-3 + \sqrt{41}}{4}\right\}$.

On peut vérifier les solutions de l'équation avec une calculatrice.

- Soit l'équation $-x^2 + 18x - 81 = 0$. Son domaine est $\mathbb{R}$.

  On évalue $b^2 - 4ac = 18^2 - 4(-1)(-81) = 0$.

  Puisque $b^2 - 4ac = 0$, l'équation possède une seule solution donnée par $x = \frac{-b}{2a} = \frac{-18}{-2} = 9$ et son ensemble solution est $\{9\}$.

- Soit l'équation $3x^2 + 5x + 8 = 0$. Son domaine est $\mathbb{R}$.

  On évalue $b^2 - 4ac = 5^2 - 4(3)(8) = -71$.

  Puisque $b^2 - 4ac < 0$, l'équation n'a aucune solution. Son ensemble solution est $\varnothing$, l'ensemble vide.

POURQUOI S'INTÉRESSER AUX ÉQUATIONS POLYNOMIALES DU SECOND DEGRÉ ?

Galilée

On sait que l'on calcule l'aire d'un rectangle en multipliant la mesure de la base par celle de la hauteur, et donc que l'aire d'un carré est donnée par la mesure de la base au carré. Ces questions d'aire font appel aux produits. Les scribes babyloniens de la fin du IIe millénaire avant notre ère s'intéressaient déjà à toutes sortes de problèmes relatifs aux surfaces. Voici un exemple : « Quelles sont les dimensions d'un terrain rectangulaire, si je connais le périmètre et l'aire ? » Ils savaient déjà comment résoudre de telles questions. Tout au long de l'histoire des civilisations, la propriété foncière a joué un rôle fondamental... et donc ce genre de problèmes aussi. Mais il y a beaucoup plus. Ainsi, il y a un peu moins de 400 ans, lorsque Galilée (1564-1642) découvre que la chute des corps se modélise mathématiquement par une expression du second degré, on se rend vite compte que, pour pouvoir prédire l'endroit où tombera un boulet de canon, il faut connaître les subtilités des équations du second degré.

Pour résoudre un problème faisant appel à une équation du second degré, on suit la même démarche que pour les problèmes comportant une équation du premier degré (*voir la page 111*).

Il faut d'abord comprendre l'énoncé, savoir ce que l'on cherche, établir une stratégie de résolution, choisir les outils appropriés et les utiliser correctement, puis interpréter la solution en tenant compte du contexte.

Exemple 3.10

- Il a fallu 28 m^2 de moquette pour recouvrir le plancher d'une pièce rectangulaire dont la longueur mesure 4,5 m de plus que la largeur. Quelles sont les dimensions de la pièce ?

  1. **On lit l'énoncé une première fois pour saisir le contexte.**
  2. **On relit l'énoncé** et on établit ce qu'on connaît et ce qu'on cherche.

     On connaît l'aire du plancher (28 m^2) et la relation entre la longueur et la largeur de la pièce (la longueur mesure 4,5 m de plus que la largeur). On cherche les dimensions de la pièce (longueur et largeur).

3. On définit les variables.

On a remarqué deux inconnues dans ce problème : la longueur et la largeur de la pièce.

Soit x la largeur de la pièce (en mètres).

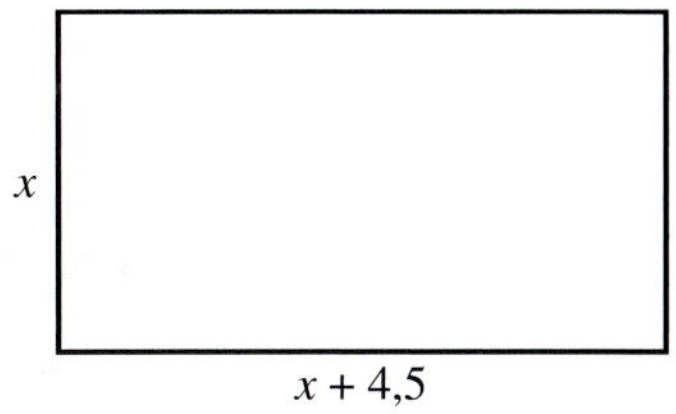

On exprime l'autre variable en fonction de x, en utilisant la relation entre la longueur et la largeur.

La longueur de la pièce (en mètres) est alors $x + 4,5$.

4. On pose l'équation.

Puisque l'aire du plancher est donnée par le produit de sa largeur et de sa longueur, on peut poser l'équation suivante :

$$\text{longueur} \times \text{largeur} = \text{aire}$$
$$x(x+4,5) = 28$$

5. On résout l'équation.

$$x(x+4,5) = 28$$
$$x^2 + 4,5x = 28$$
$$2x^2 + 9x = 56$$
$$2x^2 + 9x - 56 = 0$$

(multiplication des deux membres de l'équation par 2 pour éliminer la partie décimale)

$$(x+8)(2x-7) = 0$$
$$x+8 = 0 \quad \text{ou} \quad 2x-7 = 0$$
$$x = -8 \quad \text{ou} \quad x = \frac{7}{2}$$

On aurait aussi pu choisir de résoudre l'équation $2x^2 + 9x - 56 = 0$ avec la formule quadratique.

6. On interprète les solutions.

Puisque x représente la largeur de la pièce, sa valeur est positive. On rejette donc la solution $x = -8$.

La pièce a donc une largeur de $\frac{7}{2}$ m, soit 3,5 m.

La longueur de la pièce est $x + 4,5 = 3,5 + 4,5 = 8$ m.

7. On vérifie la solution.

En calculant l'aire d'un rectangle de 3,5 m sur 8 m, on obtient :

$$\text{aire} = 3,5 \text{ m} \times 8 \text{ m} = 28 \text{ m}^2$$

Exercices 3.3

1. Trouver les solutions de chacune des équations ci-dessous par factorisation.

a) $x^2 - x - 12 = 0$

b) $4x^2 + 8 = 12x$

c) $9x^2 = 121$

d) $3x = 7x^2$

e) $3x^2 - 14x = 5$

f) $10x^2 - ax = 0$

g) $2x^2 + 5x - 7 = 3x^2 + 15x + 14$

h) $(x+2)^2 + 3x - 12 = 0$

i) $x^2 + 11x + 30 = 0$

j) $6x^2 - x = 15$

k) $x^2 + 25 = 0$

l) $x^2 = mx$

m) $16x^2 - 40x = -25$

n) $6x^2 - 13x - 5 = 0$

o) $3x^2 + 2x - 27 = 4x^2 + 5x - 67$

p) $1 - (x-3)^2 = 0$

2. Résoudre chacune des équations ci-dessous avec la formule quadratique.

a) $x^2 - 7x - 8 = 0$

b) $14x^2 + x = 3$

c) $-3x^2 - 2x = 4$

d) $3x^2 - 5 = 0$

e) $20x^2 - 19x = 18$

f) $0{,}9x^2 + 3{,}3x - 1{,}7 = 0$

g) $\frac{2}{3}x^2 + \frac{5}{6}x - \frac{1}{4} = 0$

h) $4x^2 + 4x + 1 = 0$

i) $5x^2 = 0$

j) $9x^2 = 5x$

k) $2x^2 + x = 4$

l) $-x^2 - 3x - 7 = 0$

m) $100x^2 + 75x = 25$

n) $0{,}2x^2 - 0{,}25x - 1{,}34 = 0$

o) $\frac{1}{3}x^2 - \frac{2}{5}x = -4$

p) $ux^2 + vx + n = 0$

3. Si b est une constante, à quelle condition l'équation $3x^2 + x - b = 0$ a-t-elle deux solutions ? Quelles sont alors ces solutions ?

4. Si k est une constante non nulle, à quelle condition l'équation $kx^2 - x + 2 = 0$ a-t-elle une seule solution ? Quelle est alors cette solution ?

5. Trouver deux entiers consécutifs dont le produit est 272.

6. La somme de deux nombres est 16 et la somme de leurs carrés est 130. Quels sont ces deux nombres ?

Certains des problèmes qui suivent font appel à des formules de géométrie (*voir l'aide-mémoire à intérieur de la couverture*).

7. Calculer le nombre d'or (*voir la page 103*) en résolvant l'équation $x^2 - x - 1 = 0$. Expliquer pourquoi on ne peut retenir qu'une seule des deux solutions de l'équation.

8. Un rectangle a un périmètre de 30 cm et une aire de 36 cm^2. Quelles sont ses dimensions ?

9. Une échelle de 10 m de long est appuyée contre un mur. Le haut de l'échelle est situé à 8 m du sol. À quelle distance du mur le pied de l'échelle se trouve-t-il ?

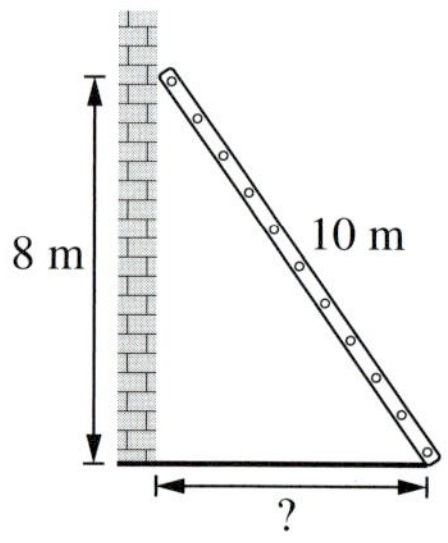

10. On a installé un tremplin pour le saut à ski au milieu du lac O'Clair en prévision des prochains Championnats du Québec de ski nautique. La section verticale de ce tremplin a la forme d'un triangle rectangle dont la base est deux fois plus longue que la hauteur. Si le plan incliné mesure 5 m de long, quelles sont les dimensions de la base et de la hauteur du triangle ?

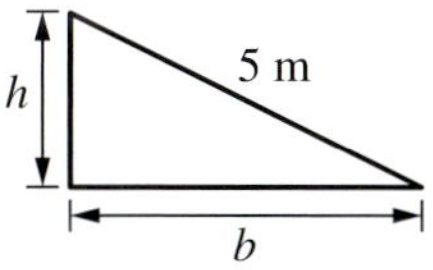

11. Pour recouvrir le plancher d'une cuisine, on peut choisir des carreaux de vinyle ou des carreaux de céramique. Il faut 200 carreaux de vinyle ou 450 carreaux de céramique. Si le côté d'un carreau de vinyle mesure 10 cm de plus que celui d'un carreau de céramique, quelles sont les dimensions de chaque type de carreau et quelle est l'aire du plancher ?

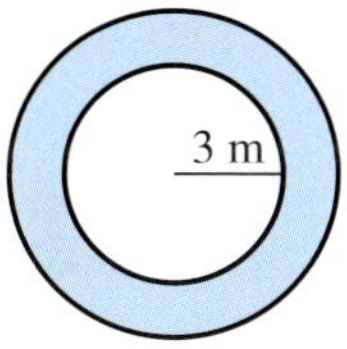

12. Une piscine circulaire de 3 m de rayon est entourée d'un trottoir de béton de largeur uniforme. Si l'aire totale du trottoir et de la piscine est de 50 m^2, quelle est la largeur du trottoir ?

13. Le logo de l'usine Caron est un carré inscrit dans un cercle de rayon r.

a) Exprimer le côté c du carré en fonction du rayon du cercle.

b) Trouver le rayon du cercle, sachant que l'aire de la partie peinte en noir est de $(400\pi - 800)$ cm^2.

14. Pour fabriquer une boîte de conserve cylindrique fermée aux deux extrémités, comme celle qui est illustrée ci-contre, il a fallu 90π cm^2 de métal. Si la boîte mesure 12 cm de haut, quel est son rayon ?

15. On lance une balle verticalement vers le haut ; t secondes après son lancement, sa hauteur est donnée par $h = 10t - 5t^2$ m. Combien de temps après son lancement la balle atteint-elle, la première fois, une hauteur de 3,75 m ?

16. On a constaté que 500 étudiants achètent leur repas à la cafétéria d'un cégep lorsque le menu du jour coûte 4,75 $ et que chaque diminution de 0,10 $ amène 20 clients de plus. La recette de mercredi dernier a atteint 2607 $. Calculer le nombre d'étudiants qui ont pris leur repas à la cafétéria et le prix du menu du jour.

17. L'an dernier, le propriétaire d'un immeuble d'habitation touchait un revenu de 8800 $ par mois grâce à la location de tous ses logements. Cette année, il a haussé les loyers de 10 $ par mois et deux des logements sont restés inoccupés. Son revenu est toujours de 8800 $ par mois. Combien de logements son immeuble compte-t-il et quel est le loyer mensuel de chacun ?

18. On construit les figures représentées ci-dessous avec des cure-dents.

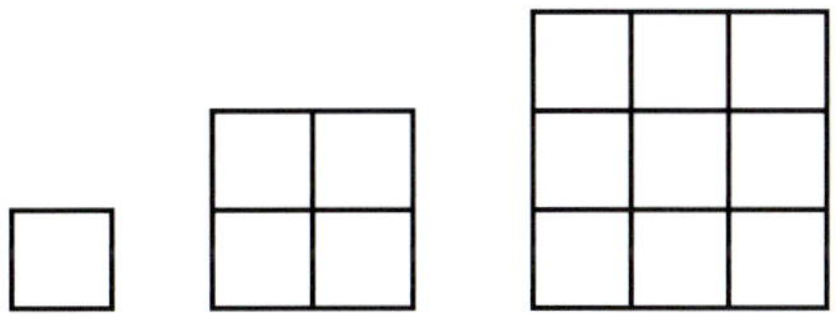

a) Combien de cure-dents faut-il pour construire chacune des figures illustrées ?

b) Si la base d'un carré est formée de x cure-dents, exprimer en termes de x le nombre total de cure-dents nécessaires pour construire la figure.

c) Quelles sont les dimensions de la figure construite avec 264 cure-dents ?

d) Combien de carrés (de n'importe quelles dimensions) y a-t-il dans chacune des figures illustrées?

e) Combien de carrés y a-t-il si la base d'une figure contient 5 cure-dents?

f) Donner la formule générale qui permet de trouver le nombre de carrés si la base d'une figure contient n cure-dents.

3.4 Les équations contenant des fractions rationnelles

Résoudre une équation contenant des fractions rationnelles.

Rappelons qu'une fraction rationnelle est une fraction algébrique dont le numérateur et le dénominateur sont des polynômes non nuls. Nous verrons dans cette section comment résoudre des équations contenant de telles fractions. Il faudra souvent effectuer des opérations et des simplifications de fractions (*voir la section 2.5, page 77*).

3

Le domaine d'une équation contenant des fractions rationnelles

Le **domaine** d'une équation contenant des fractions rationnelles est l'intersection des domaines de ces fractions, à moins que le contexte n'exige de le restreindre.

La résolution d'une équation contenant des fractions rationnelles

Pour résoudre une équation contenant des fractions rationnelles :

1. On détermine le domaine de l'équation.
2. On cherche le plus petit dénominateur commun à toutes les fractions.
3. On multiplie les deux membres de l'équation par ce dénominateur afin d'obtenir une équation sans dénominateur.
4. On résout cette nouvelle équation en utilisant les méthodes appropriées.
5. On vérifie les solutions dans l'équation initiale, en s'assurant qu'elles appartiennent au domaine.

Exemple 3.11

- Soit l'équation $\dfrac{x}{x+2}+\dfrac{4}{x+6}=1$.

  Le domaine de la première fraction est $\mathbb{R}\setminus\{-2\}$ et celui de la seconde fraction est $\mathbb{R}\setminus\{-6\}$. Le domaine de l'équation est donc $\mathbb{R}\setminus\{-6,\ -2\}$.

  Les dénominateurs étant $(x+2)$, $(x+6)$ et 1, le plus petit dénominateur commun est $(x+2)(x+6)$.

$$\frac{x}{x+2}+\frac{4}{x+6}=1$$

$$\frac{x(x+6)+4(x+2)}{(x+2)(x+6)}=1$$ (addition des deux fractions)

$$\frac{x^2+10x+8}{(x+2)(x+6)}=1$$

$$(x+2)(x+6)\left(\frac{x^2+10x+8}{(x+2)(x+6)}\right)=1(x+2)(x+6)$$ (multiplication des deux membres par le dénominateur commun)

$$\frac{\cancel{(x+2)}\cancel{(x+6)}(x^2+10x+8)}{\cancel{(x+2)}\cancel{(x+6)}}=(x+2)(x+6)$$ (produit et simplification)

$$x^2+10x+8=x^2+8x+12$$

$$x^2+10x+8-x^2-8x-8=x^2+8x+12-x^2-8x-8$$ (soustraction d'une même quantité)

$$2x=4$$

$$x=2$$

Il faut d'abord vérifier si la valeur trouvée appartient au domaine, ce qui est le cas ici, car le domaine de l'équation est $\mathbb{R}\setminus\{-6, -2\}$.

On vérifie ensuite la solution de l'équation en remplaçant x par 2 dans l'équation initiale.

◆ Soit l'équation $\frac{ax-b}{x-c}=d$, où a, b, c et d sont des constantes.

Son domaine est $\mathbb{R}\setminus\{c\}$.

$$\cancel{(x-c)}\frac{ax-b}{\cancel{x-c}}=d(x-c)$$ (multiplication des deux membres par le dénominateur commun)

$$ax-b=dx-cd$$ (simplification)

$$ax-dx=b-cd$$ (regroupement des termes en x d'un côté)

$$x(a-d)=b-cd$$ (mise en évidence de la variable x)

$$x=\frac{b-cd}{a-d}$$ (division des deux termes par $a-d$, si $a\neq d$)

Puisque le domaine est $\mathbb{R}\setminus\{c\}$, la solution $x=\frac{b-cd}{a-d}$ doit être différente de c.

Il faut aussi que $a\neq d$.

On vérifie la solution dans l'équation initiale.

◆ Soit l'équation $\frac{x-1}{3}=\frac{2x+3}{x+3}$. Son domaine est $\mathbb{R}\setminus\{-3\}$.

Le plus petit dénominateur commun aux deux fractions est $3(x+3)$.

En multipliant les deux membres de l'équation par cette expression, on obtient une équation quadratique, qu'on peut résoudre par factorisation.

$$\begin{aligned}
\cancel{3}(x+3)\left(\frac{x-1}{\cancel{3}}\right) &= 3(\cancel{x+3})\left(\frac{2x+3}{\cancel{x+3}}\right) && \text{(multiplication des deux membres par le dénominateur commun)}\\
(x+3)(x-1) &= 3(2x+3) && \text{(simplification)}\\
x^2+2x-3 &= 6x+9\\
x^2-4x-12 &= 0 && \text{(soustraction de } 6x+9 \text{ des deux membres)}\\
(x-6)(x+2) &= 0 && \text{(factorisation)}\\
x-6=0 \text{ ou } x+2 &= 0 && \text{(règle du produit nul)}\\
x=6 \text{ ou } \quad x &= -2
\end{aligned}$$

Ces deux valeurs appartiennent au domaine. De plus, on obtient une égalité vraie en remplaçant x par 6 ou par -2 dans l'équation initiale. Ce sont les deux solutions de l'équation, et l'ensemble solution est $\{-2,\ 6\}$.

- Soit l'équation $\frac{x^2-4}{x-2} = 3x-2$. Son domaine est $\mathbb{R} \setminus \{2\}$.

Pour cet exemple, la justification des étapes est laissée au lecteur.

$$\begin{aligned}
\frac{x^2-4}{x-2} &= 3x-2\\
\frac{(\cancel{x-2})(x+2)}{\cancel{x-2}} &= 3x-2\\
x+2 &= 3x-2\\
-2x &= -4\\
x &= 2
\end{aligned}$$

Puisque 2 n'appartient pas au domaine, on rejette la solution. L'ensemble solution de l'équation est $\varnothing$, l'ensemble vide. On constate d'ailleurs qu'en remplaçant x par 2 dans l'équation initiale, on obtiendrait $\frac{0}{0}$ dans le membre de gauche, et nous savons que cette expression n'est pas définie.

Nous avons vu à la section 2.5.2 (*voir la page 80*) que deux fractions rationnelles $\frac{P}{Q}$ et $\frac{R}{S}$ sont équivalentes, c'est-à-dire que $\frac{P}{Q} = \frac{R}{S}$, si $PS = QR$, où $Q \neq 0$ et $S \neq 0$.

Il est possible de résoudre une équation fractionnaire en utilisant ce principe, mais cette méthode n'est pas toujours appropriée si le plus petit dénominateur commun n'est pas le produit des deux dénominateurs.

Exemple 3.12

- Reprenons l'équation $\frac{x-1}{3} = \frac{2x+3}{x+3}$ de l'exemple 3.11.

$\frac{x-1}{3} = \frac{2x+3}{x+3}$ est équivalent à $(x-1)(x+3) = 3(2x+3)$ si $x \neq -3$.

On doit donc résoudre l'équation du second degré $x^2+2x-3=6x+9$, tout comme lorsqu'on a utilisé la méthode du produit par le plus petit dénominateur commun.

- Soit l'équation $\dfrac{x^2-9}{x^2-4}=\dfrac{x^2+6x+9}{x^2+3x-10}$.

Les deux fractions sont équivalentes si :

$$\begin{aligned}(x^2-9)(x^2+3x-10)&=(x^2+6x+9)(x^2-4)\\ x^4+3x^3-19x^2-27x+90&=x^4+6x^3+5x^2-24x-36\\ -3x^3-24x^2-3x+126&=0\\ x^3+8x^2+x-42&=0\end{aligned}$$

C'est une équation du troisième degré qu'on n'arrivera pas à résoudre facilement.

La méthode du produit par le dénominateur commun est donc plus appropriée.

$$\begin{aligned}\frac{x^2-9}{x^2-4}&=\frac{x^2+6x+9}{x^2+3x-10}\\ \frac{(x+3)(x-3)}{(x+2)(x-2)}&=\frac{(x+3)^2}{(x-2)(x+5)}\end{aligned}$$

Cela permet déjà de trouver le domaine de l'équation, $\mathbb{R}\setminus\{-5,\ -2,\ 2\}$.

Le plus petit dénominateur commun est $(x+2)(x-2)(x+5)$.

En multipliant les deux membres de l'équation par ce dénominateur, on obtient :

$$\cancel{(x+2)}\cancel{(x-2)}(x+5)\frac{(x+3)(x-3)}{\cancel{(x+2)}\cancel{(x-2)}}=(x+2)\cancel{(x-2)}\cancel{(x+5)}\frac{(x+3)^2}{\cancel{(x-2)}\cancel{(x+5)}}$$
$$(x+5)(x+3)(x-3)=(x+2)(x+3)^2$$

On ne peut pas diviser les deux membres de l'équation par $(x+3)$, puisque -3 appartient au domaine et qu'on effectuerait alors une division par 0.

On peut toutefois ramener le membre de droite à 0 et effectuer une mise en évidence.

$$\begin{aligned}(x+5)(x+3)(x-3)-(x+2)(x+3)^2&=0\\ (x+3)\big[(x+5)(x-3)-(x+2)(x+3)\big]&=0\\ (x+3)\big[(x^2+2x-15)-(x^2+5x+6)\big]&=0\\ (x+3)(-3x-21)&=0\\ -3(x+3)(x+7)&=0\\ (x+3)(x+7)&=0\end{aligned}$$

D'après la règle du produit nul, l'équation possède deux solutions, $x=-3$ ou $x=-7$, qui appartiennent toutes deux au domaine et qu'on peut vérifier dans l'équation initiale.

Lorsqu'on divise les deux membres d'une équation par une quantité qui contient une variable ou un paramètre dont la valeur est inconnue, il est essentiel de s'assurer qu'on ne divise pas par 0. L'exemple 3.12 illustre bien ce fait. Si on avait effectué la division des deux membres de l'équation $(x+5)(x+3)(x-3)=(x+2)(x+3)^2$ par $(x+3)$, on n'aurait trouvé que la solution $x=-7$.

La stratégie de résolution de problèmes faisant appel à une équation contenant des fractions est la même que pour les problèmes comportant une équation du premier degré (*voir la page 111*).

Exemple 3.13

◆ La somme d'un nombre et de son inverse est 10. Quel est ce nombre ?

Soit x ce nombre. Son inverse est $\frac{1}{x}$.

Il faut résoudre l'équation $x+\frac{1}{x}=10$, dont le domaine est $\mathbb{R}^*$.

$$x+\frac{1}{x}=10$$
$$x\left(x+\frac{1}{x}\right)=10x$$
$$x^2+1=10x$$
$$x^2-10x+1=0$$
$$x=\frac{-(-10)\pm\sqrt{(-10)^2-4(1)(1)}}{2}$$
$$x=5\pm2\sqrt{6}$$

L'équation possède deux solutions. Vérifions la première :

$$5+2\sqrt{6}+\frac{1}{5+2\sqrt{6}}=\frac{(5+2\sqrt{6})^2+1}{5+2\sqrt{6}}$$
$$=\frac{25+20\sqrt{6}+24+1}{5+2\sqrt{6}}$$
$$=\frac{50+20\sqrt{6}}{5+2\sqrt{6}}$$
$$=\frac{10(5+2\sqrt{6})}{5+2\sqrt{6}}$$
$$=10$$

La vérification de la seconde solution est laissée en exercice.

◆ On veut fabriquer un panneau publicitaire rectangulaire dont la longueur mesure 1 m de plus que la largeur. On y placera une photo rectangulaire mesurant 1,5 m sur 1,8 m. La photo doit être placée au centre du panneau et on veut que le rapport entre les longueurs des côtés du panneau soit le même que le rapport entre les dimensions de la photo. Quelles sont les dimensions du panneau ?

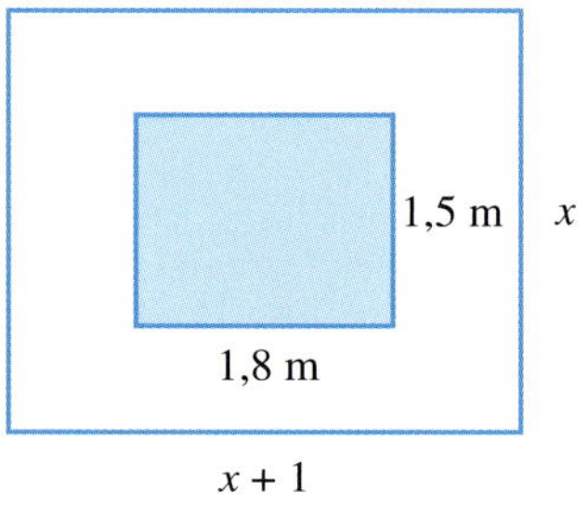

Soit x la largeur du panneau. Sa longueur est alors $x + 1$.

Il faut résoudre l'équation $\frac{x}{x+1}=\frac{1,5}{1,8}$, dont le domaine est $]1,5\,;+\infty[$, car le panneau doit être plus grand que la photo et que si $x > 1,5$ m, on aura nécessairement $x + 1 > 1,8$ m.

$$\frac{x}{x+1}=\frac{1{,}5}{1{,}8}$$
$$\frac{x}{x+1}=\frac{5}{6}$$
$$6x=5x+5$$
$$x=5$$

La largeur du panneau doit être $x=5$ m et sa longueur, $x+1=6$ m.

Le rapport entre sa largeur et sa longueur est donc bien de $\frac{5}{6}$.

Exercices 3.4

1. Trouver l'ensemble solution de chacune des équations suivantes.

a) $\frac{3x-1}{x+2}-\frac{1}{2}=4$

b) $\frac{6x-3}{2x+7}=\frac{3x-2}{x+5}$

c) $\frac{x}{x+2}+\frac{2}{x-3}=1$

d) $\frac{2x+5}{5x+3}-\frac{2x+1}{5x+2}=0$

e) $\frac{1}{x-2}-\frac{2}{x+1}=\frac{3}{x^2-x-2}$

f) $\frac{2-x}{3x+1}-\frac{2}{3}=4$

g) $\frac{5x+4}{2x-1}=\frac{5x+1}{2x-4}$

h) $\frac{6x+7}{9x+6}=\frac{1}{12}+\frac{5x-5}{12x+8}$

i) $\frac{1}{x+5}-\frac{3}{x+2}=\frac{1}{x^2+7x+10}$

j) $\frac{3x}{x+1}-\frac{1}{x-4}=3$

2. Trouver l'ensemble solution de chacune des équations suivantes, sachant que a, b et c sont des constantes non nulles.

a) $\frac{ax+b}{c}=1$

b) $\frac{x+a}{x}=a$

c) $c=\frac{2x-1}{x-3}$

d) $\frac{1}{a}-\frac{1}{x}=\frac{1}{x}-\frac{1}{b}$

e) $\frac{x-a}{b-x}=\frac{x-b}{a-x}$

f) $\frac{x-a}{2}=\frac{(x-b)^2}{2x-a}$

3. Trouver l'ensemble solution de chacune des équations suivantes.

a) $\frac{3}{x}+\frac{x+4}{2x}=0$

b) $\frac{4}{x}=\frac{x}{x+4}$

c) $\frac{5}{x-2}-\frac{4}{x}=\frac{3}{x+6}$

d) $\frac{x+1}{2}+\frac{x+3}{x-1}=5$

e) $3-\frac{2}{x}+\frac{1}{x^2}=0$

f) $\frac{x+5}{3x-5}-4=\frac{1}{x+2}$

g) $\frac{1}{x}=x$

h) $\frac{x}{x+2}+\frac{x}{x-2}=0$

i) $\frac{x+2}{x+1}-2=\frac{1}{x+1}$

j) $\frac{x+6}{x+2}=\frac{x+4}{3}$

k) $\frac{2}{x^2}+3=\frac{5}{x}$

l) $\frac{(x-1)^2}{3x}=2x-1$

4. Factoriser chacune des fractions ci-dessous et trouver l'ensemble solution de l'équation.

a) $\frac{x^2-16}{x^2-9}=\frac{x^2+8x+16}{x^2-2x-15}$

b) $\frac{(x+1)^2(3x+5)+(x+1)(3x+5)^2}{3-x}=0$

c) $\frac{x+3}{5x-10}+\frac{6-x}{x^2-4x+4}=1$

5. La somme des inverses de deux entiers consécutifs est $\frac{15}{56}$. Quels sont ces deux entiers ?

6. Selon les normes de la Fédération internationale de natation, l'aire d'une piscine olympique (bassin rectangulaire) est de 1250 m^2.

a) Si x représente la largeur de la piscine, quelle expression algébrique permet de décrire son périmètre ?

b) Sachant que le périmètre d'une piscine olympique est de 150 m, trouver ses dimensions.

Piscine olympique de Montréal

7. Un automobiliste a parcouru 500 km en 6 heures. Pour les 140 premiers kilomètres, il a roulé à une vitesse moyenne de v km/h. Pour le reste du trajet, sa vitesse moyenne était supérieure de 20 km/h. À quelle vitesse a-t-il roulé sur chacune des portions du trajet ?

8. Pour la semaine de relâche, un groupe d'étudiants a loué un chalet dans les Laurentides, au coût de 1200 $. À la dernière minute, deux autres amis ont décidé de se joindre à eux, ce qui a réduit la part de chacun de 50 $. Combien de personnes ont occupé le chalet ?

3.5 Les inéquations

Transformer une inéquation en une inéquation équivalente.

Une **inéquation** est une inégalité qui contient une ou plusieurs variables. Selon la valeur attribuée à chacune des variables, une inéquation devient une inégalité vraie ou une inégalité fausse.

Le **domaine** d'une inéquation est l'ensemble des valeurs qu'on peut attribuer à sa ou à ses variables.

On appelle **solution** d'une inéquation toute valeur par laquelle on peut remplacer la variable pour obtenir une inégalité vraie.

L'ensemble de toutes les solutions d'une inéquation est son **ensemble solution**.

Deux inéquations sont **équivalentes** si elles ont le même ensemble solution.

Les propriétés des inéquations sont semblables à celles des équations en ce qui concerne l'addition d'un même nombre aux deux termes et la soustraction d'un même nombre des deux termes.

L'équivalence des inéquations pour l'addition et la soustraction

On obtient une inéquation équivalente en **additionnant** un même nombre réel aux deux membres d'une inéquation ou en **soustrayant** un même nombre réel de ses deux membres.

Si A et B sont des expressions algébriques, alors, pour tout nombre réel C :

- $A < B \Leftrightarrow A+C < B+C$;
- $A > B \Leftrightarrow A+C > B+C$;
- $A < B \Leftrightarrow A-C < B-C$;
- $A > B \Leftrightarrow A-C > B-C$.

En ce qui concerne la multiplication ou la division des deux termes d'une inéquation par un même nombre, les propriétés varient **selon le signe de ce nombre**.

L'équivalence des inéquations pour la multiplication et la division

On obtient une inéquation équivalente en **multipliant** ou en **divisant** les deux membres d'une inéquation **par un même nombre réel positif**.

Si A et B sont des expressions algébriques, alors, pour tout nombre réel positif C :

- $A < B \Leftrightarrow AC < BC$;
- $A > B \Leftrightarrow AC > BC$;
- $A < B \Leftrightarrow \frac{A}{C} < \frac{B}{C}$;
- $A > B \Leftrightarrow \frac{A}{C} > \frac{B}{C}$.

Lorsqu'on **multiplie** ou qu'on **divise** les deux membres d'une inéquation **par un même nombre réel négatif**, on obtient une inéquation équivalente si on **inverse le sens** de l'inégalité.

Si A et B sont des expressions algébriques, alors, pour tout nombre réel négatif C :

- $A < B \Leftrightarrow AC > BC$;
- $A > B \Leftrightarrow AC < BC$;
- $A < B \Leftrightarrow \frac{A}{C} > \frac{B}{C}$;
- $A > B \Leftrightarrow \frac{A}{C} < \frac{B}{C}$.

Exemple 3.14

- $3x > 12$ et $x > 4$ sont des inéquations équivalentes. Tous les nombres réels supérieurs à 4 sont des solutions des deux inéquations.
- Les solutions de l'inéquation $x > 5$ sont tous les nombres réels supérieurs à 5. Par exemple, le nombre 8 est une solution.

  Si on multiplie simplement les deux membres de l'inéquation par -1, on obtient $-x > -5$.

  En remplaçant x par 8 dans cette dernière inéquation, on obtient $-8 > -5$, qui est une inégalité fausse. Donc, 8 n'est pas une solution de l'inéquation. Ainsi, les inéquations $x > 5$ et $-x > -5$ ne sont pas équivalentes.

  Par contre, si on inverse le sens de la relation en remplaçant le symbole « > » par le symbole « < », on obtient l'inéquation $-x < -5$, qui est équivalente à l'inéquation initiale $x > 5$.
- Si $-10x < 60$, alors $x > -6$ est une inéquation équivalente.

Toutes les propriétés des inéquations restent valables si on remplace le symbole « $<$ » par « $\leq$ » ou le symbole « $>$ » par « $\geq$ ».

Les seules opérations qui permettent d'obtenir des inéquations équivalentes sont les opérations élémentaires ($+$, $-$, $\times$, $\div$), sous réserve des conditions énoncées précédemment. On n'obtient pas nécessairement une inéquation équivalente en élevant au carré ou en extrayant la racine carrée des deux membres d'une inéquation.

Exemple 3.15

- Les solutions de l'inéquation $x < 3$ sont tous les nombres réels inférieurs à 3.

  Si on élève au carré les deux membres de l'inéquation, on obtient $x^2 < 9$.

  Seuls les nombres réels compris entre -3 et 3 ont un carré inférieur à 9.

  Ainsi, le nombre -4 est une solution de la première inéquation, mais pas de la seconde. Les deux inéquations ne sont donc pas équivalentes.

Exercices 3.5

1. Remplacer les points de suspension par le symbole approprié (< ou >) afin d'obtenir une inéquation équivalente à $x < -4$.

a) $x + 2 \ldots -2$

b) $5x \ldots -20$

c) $\frac{x}{2} \ldots -2$

d) $-x \ldots 4$

e) $x - 3 \ldots -7$

f) $\frac{x}{-4} \ldots 1$

2. Pour chacune des inéquations ci-dessous, donner une valeur de a permettant d'obtenir une inéquation équivalente à $2x - 1 > 3$.

a) $2x + a > 7$

b) $8x - 4 > a$

c) $ax + 5 < -15$

d) $-x + a < \frac{-3}{2}$

3.6 Les inéquations du premier degré

Résoudre des problèmes faisant appel aux inéquations du premier degré.

Une **inéquation du premier degré** à une variable est une inéquation dont au moins l'un des membres contient un monôme de degré 1 et telle que chacun des deux membres est soit un polynôme de degré inférieur ou égal à 1, soit le polynôme 0.

Elle est équivalente à une inéquation de l'une des formes suivantes : $ax + b < 0$, $ax + b \leq 0$, $ax + b > 0$ ou $ax + b \geq 0$, où a et b sont des constantes et $a \neq 0$.

Dans une inéquation du premier degré, la variable est toujours affectée de l'exposant 1 et n'apparaît ni au dénominateur ni sous un radical.

Le domaine d'une inéquation du premier degré à une variable

Le domaine d'une inéquation du premier degré à une variable est $\mathbb{R}$, à moins que le contexte n'oblige à le restreindre.

Pour résoudre une inéquation du premier degré à une variable, on fait appel aux propriétés nécessaires pour la transformer en une inéquation équivalente de la forme $x < c$, $x > c$, $x \leq c$ ou $x \geq c$, où c est une constante.

Exemple 3.16

◆ Cherchons l'ensemble solution de l'inéquation $2x + 3 < 5x - 4$.

Le domaine de cette inéquation est $\mathbb{R}$.

$$2x + 3 < 5x - 4$$

$$2x + 3 - 3 < 5x - 4 - 3 \quad \text{(soustraction de 3 des deux membres)}$$

$$2x < 5x - 7$$

$$2x - 5x < 5x - 7 - 5x \quad \text{(soustraction de } 5x \text{ des deux membres)}$$

$$-3x < -7$$

$$\frac{-3x}{-3} > \frac{-7}{-3} \quad \text{(division des deux membres par -3, un nombre négatif : on doit inverser le sens de l'inégalité)}$$

$$x > \frac{7}{3}$$

On peut décrire en compréhension l'ensemble solution de cette inéquation par $\left\{x \in \mathbb{R} \,\middle|\, x > \frac{7}{3}\right\}$ ou par l'intervalle $\left]\frac{7}{3}, +\infty\right[$.

Pour résoudre un problème contextuel au moyen d'inéquations du premier degré à une variable, les étapes sont les mêmes que pour les problèmes comportant des équations (*voir la section 3.2, page 111*).

Exemple 3.17

◆ Un monte-charge possède une capacité maximale de 300 kg. On y a déjà déposé un colis de 182 kg. Quelle charge maximale peut-on ajouter si on ne veut pas dépasser la capacité du monte-charge ?

Soit x la charge ajoutée (en kilogrammes).

La charge totale, $182 + x$, ne doit pas dépasser 300 kg.

On pose l'inéquation $182 + x \leq 300$ et on la résout.

$$182 + x \leq 300$$
$$x \leq 300 - 182$$
$$x \leq 118$$

L'ensemble solution de cette inéquation est $[0 \text{ kg}, 118 \text{ kg}]$, car on ne peut pas parler de charge négative.

On peut donc ajouter toute charge inférieure ou égale à 118 kg sans dépasser la capacité maximale du monte-charge.

La charge maximale qu'on peut ajouter est donc de 118 kg.

Exercices 3.6

1. Résoudre chacune des inéquations ci-dessous. Donner l'ensemble solution sous la forme d'un intervalle.

a) $x + 6 > 11$

b) $-8x \leq \frac{-4}{3}$

c) $2x + 5 > 7x - 9$

d) $3x - 5 \geq 7x - 9$

e) $3x - \frac{1}{5} > x + \frac{1}{2}$

f) $3(x - 2) < 5x - 2(x + 1)$

g) $\frac{2 - 3x}{3} + \frac{1 + x}{4} \leq 8$

h) $\frac{x}{2} + \frac{x}{3} > \frac{5x}{6}$

i) $\frac{2x}{3} + \frac{4 - x}{2} \leq \frac{x}{6}$

Pour chacun des exercices ci-dessous, définir la variable, poser l'inéquation, en trouver la solution et répondre à la question.

2. Trouver les deux plus grands entiers impairs consécutifs dont la somme ne dépasse pas 102.

3. Trouver tous les entiers pairs dont la somme du double et du triple est supérieure à 125.

4. Dans un cours, les quatre examens comptent chacun pour 25 % de la note finale, et la note de passage est 60 %. Si on a obtenu des notes de 72 %, 51 % et 68 % aux trois premiers examens, entre quelles valeurs la note du quatrième examen doit-elle se situer pour que l'on réussisse le cours ?

5. À l'occasion des soldes du printemps, un magasin annonce une réduction de 15 % sur toute sa marchandise. Si vous voulez dépenser entre 50 \$ et 75 \$ (somme calculée sans les taxes), entre quelles valeurs le prix courant de vos achats doit-il se situer ?

6. Vous jouez à un jeu vidéo. Vous commencez avec 1500 points et vos points diminuent au rythme de 40 points à la minute. Combien de temps pouvez-vous consacrer à la résolution de l'énigme du jeu si vous voulez conserver au moins 500 points ?

7. Le réservoir à essence d'une voiture a une capacité de 48 litres. La voiture consomme 6,2 litres aux 100 kilomètres. Quelle distance peut-on parcourir après avoir fait le plein si on veut qu'il reste au moins 5 litres d'essence dans le réservoir ?

3.7 Les inéquations du second degré

Résoudre des problèmes faisant appel aux inéquations du second degré.

Une **inéquation du second degré** à une variable est une inéquation dont au moins l'un des membres contient un monôme de degré 2 et telle que chacun des deux membres est soit un polynôme de degré inférieur ou égal à 2, soit le polynôme 0.

Elle est équivalente à une inéquation de l'une des formes suivantes: $ax^2+bx+c>0$, $ax^2+bx+c\geq 0$, $ax^2+bx+c<0$ ou $ax^2+bx+c\leq 0$, où a, b et c sont des constantes et $a\neq 0$.

Le domaine d'une inéquation du second degré à une variable

Le domaine d'une inéquation du second degré à une variable est $\mathbb{R}$, à moins que le contexte n'oblige à le restreindre.

Lorsqu'on peut factoriser le polynôme ax^2+bx+c, son signe dépend du signe de chacun de ses facteurs.

La règle des signes pour la multiplication

Le **produit** de deux nombres est **positif** si et seulement si les deux nombres sont de **même signe**.

$$ab>0 \Leftrightarrow [(a>0 \text{ et } b>0) \text{ ou } (a<0 \text{ et } b<0)]$$

Le **produit** de deux nombres est **négatif** si et seulement si les deux nombres sont de **signes contraires**.

$$ab<0 \Leftrightarrow [(a>0 \text{ et } b<0) \text{ ou } (a<0 \text{ et } b>0)]$$

Le **produit** de deux nombres est **nul** si et seulement si au moins un des deux nombres est nul.

$$ab=0 \Leftrightarrow (a=0 \text{ ou } b=0)$$

Sur l'axe réel, le nombre 0 est la « frontière » entre les nombres négatifs et les nombres positifs.

Une valeur telle qu'une expression algébrique peut changer de signe en la « traversant » est une **valeur critique** de cette expression.

Si z est un zéro d'un polynôme, alors $(x-z)$ est un facteur.

$x-z<0$ si $x<z$

$x-z=0$ si $x=z$

$x-z>0$ si $x>z$

Un zéro z est donc une valeur critique, puisque le facteur $(x-z)$ change de signe en « traversant » cette valeur.

Nous utiliserons cette propriété pour la construction d'un **tableau de signes** permettant de résoudre une inéquation. Cette méthode est illustrée par l'exemple suivant.

Exemple 3.18

◆ Soit l'inéquation $-x^2 - 3x \geq -4$. Son domaine est $\mathbb{R}$.

On ramène d'abord l'inéquation à la forme $ax^2 + bx + c \geq 0$ en additionnant 4 à chacun des deux membres.

$$-x^2 - 3x + 4 \geq 0$$

On factorise ensuite le polynôme.

$$-x^2 - 3x + 4 = -(x^2 + 3x - 4) = -(x-1)(x+4) = (1-x)(x+4)$$

Les zéros du polynôme sont 1 et -4.

On construit le tableau de signes de la façon suivante.

1. La première ligne du tableau représente le domaine. Puisque le domaine est $\mathbb{R}$, on place le symbole $-\infty$ à l'extrême gauche et le symbole $+\infty$ à l'extrême droite. On place ensuite les zéros dans l'ordre croissant, comme sur l'axe réel. On insère une colonne avant, entre et après les zéros pour représenter les intervalles contenant tous les autres nombres réels.

On inscrit chacun des facteurs au début des lignes suivantes, et le produit des facteurs au début de la dernière ligne.

On écrit le nombre 0 sur la ligne correspondant à chaque facteur, dans la colonne qui représente son zéro.

	$]-\infty, -4[$	$\{-4\}$	$]-4, 1[$	$\{1\}$	$]1, +\infty[$
Valeurs de x	$-\infty$	-4		1	$+\infty$
$1-x$				0	
$x+4$		0			
$(1-x)(x+4)$					

On a indiqué en rouge, au-dessus de chaque colonne, l'ensemble des valeurs de x à considérer.

On constate que $]-\infty, -4[\cup \{-4\} \cup]-4, 1[\cup \{1\} \cup]1, +\infty[= \mathbb{R}$.

2. On détermine ensuite le signe de chaque facteur en résolvant les inéquations appropriées, sachant que «plus petit que zéro» signifie «négatif» et «plus grand que zéro» signifie «positif».

$1 - x < 0$ si $x > 1$ $\qquad$ $x + 4 < 0$ si $x < -4$

$1 - x = 0$ si $x = 1$ $\qquad$ $x + 4 = 0$ si $x = -4$

$1 - x > 0$ si $x < 1$ $\qquad$ $x + 4 > 0$ si $x > -4$

On reporte ces résultats sur la ligne réservée à chaque facteur, en inscrivant le signe «+» dans les cases correspondant aux intervalles où le facteur est positif et le signe «−» lorsque le facteur est négatif.

Valeurs de x	$-\infty$	-4		1	$+\infty$
$1-x$	+	+	+	0	−
$x+4$	−	0	+	+	+
$(1-x)(x+4)$					

3. On remplit la dernière ligne du tableau en indiquant le signe du produit ou le nombre 0 si le produit est nul. Par exemple, dans l'intervalle $]-\infty, -4[$, le premier facteur est positif et le second est négatif ; le produit est alors négatif.

Valeurs de x	$-\infty$	-4		1	$+\infty$
$1-x$	+	+	+	0	−
$x+4$	−	0	+	+	+
$(1-x)(x+4)$	−	0	+	0	−

4. On recherche sur la dernière ligne les cases qui contiennent le signe « + » ou le nombre 0 indiquant que $(1-x)(x+4) \geq 0$, et on repère sur la première ligne les valeurs de x qui donnent ce résultat.

L'ensemble solution de l'inéquation est l'intervalle $[-4, 1]$.

◆ Soit l'inéquation $-x^2 - 3x < -4$. Son domaine est IR.

On obtient l'inéquation équivalente $-x^2 - 3x + 4 < 0$. Seul le symbole d'inégalité diffère de celui de l'exemple précédent.

Les trois premières étapes de la solution sont identiques à celles de l'exemple précédent, mais l'ensemble solution est différent, puisqu'on cherche les valeurs pour lesquelles $(1-x)(x+4) < 0$.

Valeurs de x	$-\infty$	-4		1	$+\infty$
$1-x$	+	+	+	0	−
$x+4$	−	0	+	+	+
$(1-x)(x+4)$	−	0	+	0	−

L'ensemble solution de l'inéquation est l'union de deux intervalles : $]-\infty, -4[\cup]1, +\infty[$.

◆ Par une démarche similaire avec le même tableau, on peut trouver que :

- l'ensemble solution de l'inéquation $-x^2 - 3x > -4$ est $]-4, 1[$;
- l'ensemble solution de l'inéquation $-x^2 - 3x \leq -4$ est $]-\infty, -4] \cup [1, +\infty[$.

On peut aussi utiliser la formule quadratique pour chercher les zéros du polynôme.

Si le polynôme ne possède aucun zéro, il ne peut pas y avoir de changement de signe.

Exemple 3.19

◆ Soit l'inéquation $x^2 + 3x + 5 < 0$. Son domaine est IR.

$$b^2 - 4ac = 3^2 - 4(1)(5) = -11$$

Puisque $b^2 - 4ac < 0$, le polynôme ne possède aucun zéro et ne peut être factorisé.

Les zéros étant les seules valeurs pour lesquelles on peut observer un changement de signe, on peut conclure que $x^2 + 3x + 5$ a toujours le même signe. Pour trouver ce signe, il suffit d'évaluer le polynôme pour une valeur quelconque de x appartenant au domaine, par exemple $x = 1$.

$1^2 + 3(1) + 5 = 9$, qui est un nombre positif. Ainsi, le polynôme $x^2 + 3x + 5$ est toujours positif et l'ensemble solution de l'inéquation $x^2 + 3x + 5 < 0$ est $\varnothing$.

- Soit l'inéquation $x^2 + 3x + 5 \geq 0$. Son domaine est $\mathbb{R}$.

  Le polynôme est le même que celui de l'exemple précédent. Il est toujours positif.

  Ainsi, l'ensemble solution de l'inéquation $x^2 + 3x + 5 \geq 0$ est $\mathbb{R}$.

Une méthode graphique de résolution des inéquations du second degré sera abordée au chapitre 6.

Exercices 3.7

1. Trouver l'ensemble solution de chacune des inéquations suivantes en utilisant un tableau de signes.

a) $(2x+3)(x-5) \geq 0$

b) $x^2 + x - 6 > 0$

c) $6x^2 - x < 2$

d) $7x > x^2$

e) $x^2 + x + 10 \leq 0$

f) $x^2 \geq 25$

g) $x^2 + 6x + 9 \leq 0$

h) $3(x+5)^2 > 0$

i) $-3x^2 + 4 < x$

j) $2x^2 - 3x + 5 \geq 0$

3.8 Les inéquations contenant des fractions rationnelles

Utiliser un tableau de signes pour résoudre une inéquation fractionnaire.

Une fraction étant une division, le signe du résultat dépend des signes des valeurs du numérateur et du dénominateur.

La règle des signes pour la division

Le **quotient** de deux nombres est **positif** si et seulement si les deux nombres sont de **même signe**.

$$\frac{a}{b} > 0 \Leftrightarrow [(a > 0 \text{ et } b > 0) \text{ ou } (a < 0 \text{ et } b < 0)]$$

Le **quotient** de deux nombres est **négatif** si et seulement si les deux nombres sont de **signes contraires**.

$$\frac{a}{b} < 0 \Leftrightarrow [(a > 0 \text{ et } b < 0) \text{ ou } (a < 0 \text{ et } b > 0)]$$

Le **quotient** de deux nombres est **nul** si et seulement si le dividende est nul et le diviseur, non nul.

$$\frac{a}{b} = 0 \Leftrightarrow (a = 0 \text{ et } b \neq 0)$$

Le **quotient** de deux nombres **n'est pas défini** si le diviseur est nul.

On a vu à la section 3.7 que les zéros d'un polynôme sont ses valeurs critiques.

Les valeurs critiques d'une fraction rationnelle sont les zéros de son numérateur (donc les zéros de la fraction) et les zéros de son dénominateur (les valeurs exclues du domaine), le signe du quotient pouvant être différent avant et après chacun de ces nombres.

Nous verrons à l'aide d'exemples comment on peut résoudre certaines inéquations fractionnaires en construisant un tableau de signes. On peut utiliser cette méthode si l'un des membres de l'inéquation est 0. D'autres méthodes seront abordées aux chapitres 6 et 7.

Exemple 3.20

- Soit l'inéquation $\dfrac{x+11}{15-x} \geq 0$. Son domaine est $\mathbb{R}\setminus\{15\}$.

  On cherche les valeurs de x pour lesquelles le quotient $\dfrac{x+11}{15-x}$ est positif ou nul.

  On peut utiliser un tableau de signes, tout comme on l'a fait pour des produits (*voir la section 3.7*).

  Sur la première ligne du tableau, on inscrit les valeurs critiques de la fraction, qui servent de frontière entre les intervalles. Ce sont les zéros du numérateur et du dénominateur, soit -11 et 15.

  On utilisera le symbole $\nexists$, qui signifie « n'existe pas », pour indiquer que l'expression $\dfrac{x+11}{15-x}$ n'a pas de valeur réelle lorsque $x = 15$.

Valeurs de x	$-\infty$	-11		15	$+\infty$
$x+11$	$-$	0	$+$	$+$	$+$
$15-x$	$+$	$+$	$+$	0	$-$
$\dfrac{x+11}{15-x}$	$-$	0	$+$	$\nexists$	$-$

  Sur la dernière ligne du tableau, on voit que le quotient a un signe positif si $-11 < x < 15$ et vaut 0 si $x = -11$. L'ensemble solution de l'inéquation est donc $[-11, 15[$.

- Soit l'inéquation $\dfrac{2x-13}{x-4} + x \leq 2$. Son domaine est $\mathbb{R}\setminus\{4\}$.

  On ne peut utiliser directement un tableau de signes, puisque le membre de droite est 2, et non 0. On peut toutefois transformer l'inéquation en soustrayant 2 des deux membres.

$$\frac{2x-13}{x-4} + x \leq 2$$

$$\frac{2x-13}{x-4} + x - 2 \leq 2 - 2$$

$$\frac{2x-13}{x-4} + x - 2 \leq 0$$

Il faut effectuer l'addition afin que le résultat soit une fraction, ce qui permettra d'utiliser la loi des signes.

$$\frac{2x-13}{x-4}+x-2\leq 0$$
$$\frac{2x-13}{x-4}+\frac{(x-4)(x-2)}{x-4}\leq 0$$
$$\frac{2x-13+x^2-6x+8}{x-4}\leq 0$$
$$\frac{x^2-4x-5}{x-4}\leq 0$$

On factorise ensuite le numérateur.

$$\frac{(x-5)(x+1)}{x-4}\leq 0$$

Puisqu'on a maintenant une expression algébrique composée d'un produit et d'un quotient, on pourra utiliser la loi des signes et résoudre l'inéquation à l'aide d'un tableau de signes.

Les valeurs critiques sont les zéros des trois facteurs, soit -1, 4 et 5.

Valeurs de x	-∞	-1		4		5	+∞
$x-5$	−	−	−	−	−	0	+
$x+1$	−	0	+	+	+	+	+
$x-4$	−	−	−	0	+	+	+
$\frac{(x-5)(x+1)}{x-4}$	−	0	+	∄	−	0	+

Puisqu'on cherche les valeurs de x pour lesquelles $\frac{(x-5)(x+1)}{x-4}\leq 0$, on repère les signes « − » et les 0 sur la dernière ligne du tableau.

$$\frac{(x-5)(x+1)}{x-4}\leq 0 \text{ si } x\leq -1 \text{ ou si } 4<x\leq 5$$

L'ensemble solution de l'inéquation $\frac{2x-13}{x-4}+x\leq 2$ est $]-\infty, -1]\cup\,]4, 5]$.

Exercices 3.8

1. Résoudre chacune des inéquations ci-dessous en utilisant un tableau de signes.

a) $\frac{x+3}{1-x}>0$

b) $\frac{2x-8}{x+2}\leq 0$

c) $\frac{(3-2x)(x+4)(x-1)}{x-3}<0$

d) $\frac{x+5}{x^2+1}>0$

e) $\frac{x^4-9x^2}{25-x^2}\geq 0$

f) $\frac{2}{x}-\frac{x}{8}<0$

g) $\dfrac{2x-1}{x+3} > 1$

h) $\dfrac{1}{x-1} + x \leq 2$

i) $\dfrac{x}{x-4} \geq \dfrac{1-x}{2x-3}$

j) $\dfrac{x^2+4x+3}{x+3} > x+1$

3.9 Les équations contenant des racines carrées

Résoudre des équations contenant une ou deux racines carrées.

Pour déterminer le domaine d'une équation contenant des racines carrées, il faudra résoudre des inéquations afin de trouver les valeurs de x telles que l'expression sous le radical est positive ou nulle. Si une des expressions est une fraction, on doit aussi s'assurer de ne pas diviser par 0.

Exemple 3.21

- Soit l'équation $\sqrt{x-3} = 7$.
  Son domaine est l'ensemble des valeurs de x telles que $x-3 \geq 0$, soit $x \geq 3$.
  Le domaine est donc $[3, +\infty[$.
- Soit l'équation $\sqrt{5-x} + 2 = \sqrt{x-4}$.
  Son domaine est l'ensemble des valeurs de x telles que $5-x \geq 0$ et $x-4 \geq 0$.
  Il faut donc que $x \leq 5$ et $x \geq 4$.
  Le domaine est $]-\infty, 5] \cap [4, +\infty[= [4, 5]$.
- Soit l'équation $\dfrac{-1}{\sqrt{x^2}} = \dfrac{\sqrt{x+10}}{x-16}$.
  Les valeurs du domaine doivent répondre à toutes les conditions suivantes :
  - $x^2 > 0$ (la valeur 0 est exclue, car le dénominateur ne peut être nul), ce qui est vrai pour tout $x \neq 0$;
  - $x+10 \geq 0$ ou $x \geq -10$;
  - $x-16 \neq 0$ ou $x \neq 16$.

  Le domaine est donc $[-10, +\infty[\setminus \{0, 16\}$ ou $[-10, 0[\cup]0, 16[\cup]16, +\infty[$.
- Soit l'équation $\sqrt{x^2-8x-9} = 0$.
  Son domaine est l'ensemble des valeurs de x telles que $x^2-8x-9 \geq 0$.
  On factorise le polynôme $x^2-8x-9 = (x-9)(x+1)$ et on utilise un tableau de signes.

Valeurs de x	$-\infty$	-1		9	$+\infty$
$x-9$	$-$	$-$	$-$	0	$+$
$x+1$	$-$	0	$+$	$+$	$+$
$(x-9)(x+1)$	$+$	0	$-$	0	$+$

Le domaine de l'équation est donc $]-\infty, -1] \cup [9, +\infty[$.

Rappelons que les propriétés d'équivalence des équations, qui seront encore une fois utiles pour la résolution d'équations contenant des racines carrées, ne sont valides que pour les opérations élémentaires (+, −, ×, ÷).

> En élevant au carré les deux membres d'une équation, on n'obtient pas nécessairement une équation équivalente. En effet, on prend le risque d'introduire de fausses solutions. **Il faut donc toujours vérifier chacune des solutions possibles dans l'équation initiale.**

Voici comment le fait d'élever au carré peut produire de fausses solutions.

L'équation $x = 4$ n'a qu'une solution. En élevant ses deux membres au carré, on obtient $x^2 = 16$. Cette nouvelle équation possède deux solutions : $x = 4$ et $x = -4$. Les deux équations $x = 4$ et $x^2 = 16$ ne sont donc pas équivalentes.

La résolution d'une équation comportant une racine carrée

1. On détermine le domaine de l'équation.
2. On isole le terme contenant la racine carrée.
3. On élève au carré les deux membres de l'équation.
4. On résout cette nouvelle équation en utilisant la méthode appropriée.
5. On vérifie chaque solution appartenant au domaine dans l'équation initiale afin d'éliminer les fausses solutions.

Exemple 3.22

- Soit l'équation $\sqrt{2x-1} = 5$.

  Son domaine est l'ensemble des valeurs de x telles que $2x - 1 \geq 0$.

$$\begin{aligned} 2x - 1 &\geq 0 \\ 2x &\geq 1 \\ x &\geq \frac{1}{2} \end{aligned}$$

  Le domaine est donc $\left[\frac{1}{2}, +\infty\right[$.

  Si on élève au carré les deux membres de l'équation, on obtient :

$$\begin{aligned} \left(\sqrt{2x-1}\right)^2 &= 5^2 \\ 2x - 1 &= 25 \\ 2x &= 26 \\ x &= 13 \end{aligned}$$

  Puisque 13 appartient au domaine, c'est une solution possible.

  On vérifie si $x = 13$ satisfait l'équation initiale.

$$\sqrt{2(13)-1} = \sqrt{26-1} = \sqrt{25} = 5$$

  $x = 13$ est donc une solution de l'équation initiale, et l'ensemble solution est $\{13\}$.

◆ Soit l'équation $\sqrt{x}+3=x-9$. Son domaine est $[0, +\infty[$.

Si on élève au carré les deux membres de l'équation, on obtient :

$$(\sqrt{x}+3)^2=(x-9)^2$$
$$x+6\sqrt{x}+9=x^2-18x+81$$

On n'a pas réussi à éliminer tous les radicaux.

Pour y parvenir, il faut d'abord transformer l'équation initiale afin d'**isoler** le radical d'un côté de l'égalité.

$$\sqrt{x}+3=x-9$$
$$\sqrt{x}=x-9-3$$
$$\sqrt{x}=x-12$$

On peut maintenant élever au carré les deux membres de l'équation.

$$(\sqrt{x})^2=(x-12)^2$$
$$x=x^2-24x+144$$
$$-x^2+25x-144=0$$
$$x^2-25x+144=0 \quad \text{(multiplication des deux membres par -1)}$$
$$(x-16)(x-9)=0$$
$$x=16 \text{ ou } x=9$$

Puisque 9 et 16 appartiennent au domaine, ce sont des solutions possibles.

On vérifie s'ils satisfont l'équation initiale.

Si $x=16$, on obtient $\sqrt{16}+3=16-9$, c'est-à-dire $7=7$, qui est une égalité vraie.

Donc, $x=16$ est une solution de l'équation.

Si $x=9$, on obtient $\sqrt{9}+3=9-9$, soit $6=0$, qui est une égalité fausse.

Par conséquent, $x=9$ n'est pas une solution de l'équation.

L'ensemble solution est $\{16\}$.

On constate que même si les nombres 9 et 16 appartiennent tous deux au domaine, ils ne sont pas forcément des solutions de l'équation.

Si l'équation comporte deux racines carrées, il faut répéter le processus.

La résolution d'une équation comportant deux racines carrées

1. On détermine le domaine de l'équation.
2. On isole un des termes comportant une racine carrée.

3. On élève au carré les deux membres de l'équation.
4. On isole le terme comportant une racine carrée dans cette dernière équation.
5. On élève au carré les deux membres de la nouvelle équation.
6. On résout cette nouvelle équation en utilisant la méthode appropriée.
7. On vérifie chaque solution appartenant au domaine dans l'équation initiale afin d'éliminer les fausses solutions.

Exemple 3.23

- Soit l'équation $\sqrt{x} - \sqrt{x-9} = 1$.

Les valeurs du domaine sont telles que $x \geq 0$ et $x - 9 \geq 0$, soit $x \geq 9$.

Le domaine de l'équation est donc $[9, +\infty[$.

Pour résoudre l'équation, on isole d'abord un des radicaux.

$$\sqrt{x} - 1 = \sqrt{x-9}$$

On élève les deux membres de l'équation au carré.

$$(\sqrt{x} - 1)^2 = (\sqrt{x-9})^2$$
$$x - 2\sqrt{x} + 1 = x - 9$$

On isole à nouveau le radical.

$$-2\sqrt{x} = x - 9 - x - 1$$
$$-2\sqrt{x} = -10$$
$$\sqrt{x} = 5$$

On élève à nouveau au carré pour résoudre cette dernière équation.

$$(\sqrt{x})^2 = 5^2$$
$$x = 25$$

Puisque 25 appartient au domaine, c'est une solution possible. On doit vérifier s'il satisfait l'équation initiale.

Si $x = 25$, on obtient $\sqrt{25} - \sqrt{25-9} = 1$, soit $1 = 1$, qui est une égalité vraie.

Donc, $x = 25$ est la solution de l'équation, et l'ensemble solution est $\{25\}$.

Exercices 3.9

1. Trouver le domaine de chacune des équations suivantes.

a) $\sqrt{3-4x} = x^2 + 13$

b) $\dfrac{3}{\sqrt{200-x}} = 8$

c) $\dfrac{-\sqrt{x+11}}{15(x-15)} = x^2 + 14x - 13$

d) $\sqrt{5-8x} + \sqrt{3x-9} = \sqrt[5]{2x+17}$

e) $\dfrac{\sqrt{x}}{x} = \dfrac{1}{2}$

f) $\sqrt{x^2-100} = x$

g) $\dfrac{(\sqrt{x}-3)(\sqrt{x-3})}{x(x-3)} = \sqrt{5-x}$

h) $\sqrt{\dfrac{x+3}{1-x}} = 0$

i) $\sqrt{x^2+16} = \dfrac{1}{x}$

j) $\dfrac{-2}{\sqrt{x^2+11x+10}} = (x+1)^2$

2. Résoudre chacune des équations ci-dessous.

a) $\sqrt{3x-5} = 12$

b) $\sqrt{x^2+3x-4} = 6$

c) $\sqrt{x} = x - 12$

d) $x - \sqrt{x-2} = 2$

e) $\sqrt{2x+4} = 1 + \sqrt{x+3}$

f) $\sqrt{x+1} + \sqrt{2x+3} = 5$

g) $\sqrt{7x-1} = 14$

h) $\sqrt{x^2+9x-6} = 4$

i) $\sqrt{x-1} = 2x - 5$

j) $\sqrt{3x} + 1 = 3x + 1$

k) $\sqrt{4x+5} = \sqrt{8x-15}$

l) $\sqrt{x+3} + 2 = \sqrt{1-4x}$

Exercices récapitulatifs

1. Donner un exemple d'une identité du second degré.

2. Résoudre chacune des équations suivantes.

a) $3x-5=7x-11$

b) $x+2=\dfrac{2x+1}{3}-3$

c) $\dfrac{3}{5}x-8=1+\dfrac{2x-7}{4}$

d) $ax+a=\dfrac{1}{a}$, où a est une constante

3. Dans un jardin communautaire, chaque potager est délimité par une corde attachée à des piquets. Le quart de chaque piquet est enfoncé dans le sol et la corde est fixée à 30 cm du sol. Il reste un sixième de la longueur du piquet au-dessus de la corde. Quelle est la longueur de chaque piquet?

4. Trouver l'ensemble solution de chacune des équations suivantes.

a) $2(x+6)(4x-5)=0$

b) $4x^2+3x-1=0$

c) $3x^2+5x=2$

d) $2x^2+x=-10$

e) $2x^2=3x$

f) $2x^2+5x+4=5x^2+x-1$

g) $13x^2+17=0$

h) $(x-2)^2=(3x+5)^2$

i) $(1-x)(4x+7)-(x-1)(2x-8)=0$

j) $x^2+kx-3=0$, où k est une constante

5. Le rayon d'un cercle mesure 1 cm de plus que le côté d'un carré. Quelles sont les dimensions de ces deux figures si leur aire totale est de 150 cm^2?

6. On place un miroir circulaire dans un cadre en forme d'anneau de 3 cm de largeur. Si l'aire du cadre est égale à celle du miroir, quelle est la mesure du rayon du miroir?

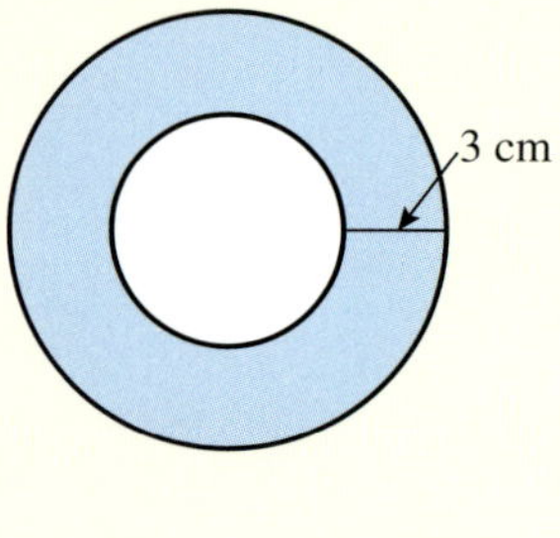

7. Résoudre chacune des équations suivantes.

a) $\dfrac{2x+5}{4x+3}-\dfrac{2x+1}{4x+2}=0$

b) $\dfrac{x-1}{2-x}=\dfrac{3x+1}{4-5x}$

c) $2a-x=\dfrac{a^2-ax-x^2}{3+x}$, où a est une constante

d) $\dfrac{(x+2)^2(4-x)-(x+2)(4-x)^2}{x+6}=0$

8. Trouver l'ensemble solution de chacune des inéquations suivantes.

a) $5x+7<8x-12$

b) $-3(x-2)>4-3x$

c) $4x-5\leq\dfrac{7x+1}{10}$

d) $\dfrac{x}{2}-3\geq\dfrac{x+1}{3}-\dfrac{2x-3}{4}$

9. À l'aide d'un tableau de signes, trouver l'ensemble solution de chacune des inéquations suivantes.

a) $(x+6)(2-x)\leq 0$

b) $x^2+x+12>0$

c) $x^2\geq 100$

d) $6x^2-x\leq 15$

e) $-x^2-8x-16<0$

f) $2x^2-5x+3>x^2-6x+2$

10. Trouver l'ensemble solution de chacune des inéquations suivantes.

a) $\dfrac{x^2-9}{2x+3}\leq 0$

b) $\dfrac{x^2+5x+6}{x+3}>2x+1$

c) $\dfrac{x^2+8x-6}{4-x}<-3$

d) $\dfrac{-(x^2-9)(3-x)(2x+5)}{(x-2)^2}\geq 0$

11. Trouver le domaine de chacune des équations suivantes.

a) $\sqrt{5x-20}=7$

b) $\sqrt{x^2+2x-35}=1+x$

c) $\sqrt{x}-\sqrt{x-1}=\sqrt{x-2}$

d) $\sqrt{\dfrac{x+2}{x+4}}=\sqrt{x^2+50}$

12. Trouver l'ensemble solution de chacune des équations suivantes.

a) $\sqrt{12x-20}=15$

b) $\sqrt{x+2}=x-10$

c) $\sqrt{x}-\sqrt{x-16}=2$

d) $\sqrt{x+2}+3=\sqrt{5x+1}$

Un peu d'histoire

Les réponses à certaines de ces questions se trouvent dans ce chapitre. Un peu de réflexion ou de recherche sera nécessaire pour répondre aux questions en bleu.

13. a) Quelle est l'origine du mot « algèbre » ?

b) Quel lien peut-on établir entre l'algèbre et le Bonhomme Sept Heures ?

14. a) À quel mathématicien italien doit-on une spirale associée au nombre d'or ?

b) Donner les 20 premiers termes de la suite à laquelle ce mathématicien a donné son nom.

c) Construire un rectangle d'or.

d) Donner quelques exemples de la présence du nombre d'or dans la nature, en architecture et dans les arts.

e) À quel producteur cinématographique doit-on le film dont il est fait mention dans ce chapitre ?

f) Dans ce film, Donald se transforme en un personnage d'une œuvre de fiction pour enfants. Qui est ce personnage et quel est l'auteur de l'œuvre, qui était aussi mathématicien ?

g) Dans quelle figure, symbole de la secte pythagoricienne, retrouve-t-on les proportions du nombre d'or ?

h) Construire la figure dont il est question en g) à partir du rectangle d'or.

i) Donner des exemples, autres que ceux qui sont mentionnés dans ce chapitre, de la présence du nombre d'or dans différents domaines.

j) À qui doit-on la citation énoncée à la fin du film ? Écrire une courte biographie de cet homme célèbre, en insistant sur sa contribution à l'évolution de la science.

4 Les fonctions

Objectif général

Résoudre des problèmes faisant appel aux notions de base d'une fonction réelle.

On utilise fréquemment le terme « fonction » dans le langage courant. On dit, par exemple, que la durée d'un vol transatlantique est fonction de la distance parcourue ou que l'espérance de vie est fonction du pays de résidence. Le mot « fonction » suggère l'idée de dépendance, de relation, d'association.

Cette relation est souvent décrite par une liste à double entrée. Par exemple, voici un extrait des données concernant l'espérance de vie dans quelques pays, en 2014, selon le *CIA World Factbook*.

Pays	Espérance de vie
Japon	84 ans
Canada	82 ans
France	82 ans
États-Unis	80 ans
Pérou	73 ans
Inde	68 ans
Rwanda	59 ans
Afghanistan	50 ans

Un catalogue donne également une liste de correspondance entre chaque article et son prix. La liste de contacts d'un téléphone intelligent établit quant à elle une relation entre chaque personne qu'on y inscrit et ses coordonnées téléphoniques.

Dans le langage mathématique, une fonction est une relation particulière qui, à chaque élément de la première colonne d'une liste, associe au plus un élément de la seconde colonne. Ainsi, le tableau des espérances de vie et le catalogue décrivent une fonction au sens mathématique : il y a une seule estimation de l'espérance de vie par pays et le prix d'un article du catalogue est unique. Par contre, le carnet d'adresses du téléphone peut répertorier plus d'un numéro de téléphone pour une même personne. Il ne définit donc pas une fonction mathématique.

En mathématique, la relation fonctionnelle entre deux ensembles de nombres réels est souvent décrite par une règle de correspondance. Par exemple, on peut exprimer la relation entre le coût (en dollars) d'un repas au restaurant et le montant total de l'addition, incluant les taxes de 15 %, par la règle de correspondance $T = c + 0{,}15c = 1{,}15c$, où c est le coût du repas et T est le montant total à payer. On écrira aussi $T = f(c) = 1{,}15c$, l'expression $f(c)$ signifiant que T est fonction de c. Cette règle de correspondance permet de calculer le total de l'addition pour n'importe quel prix de repas. C'est ce que fait la caisse enregistreuse en multipliant le prix du repas par 1,15.

Ce chapitre étudie les caractéristiques générales des fonctions. Nous approfondirons l'étude de fonctions particulières dans les prochains chapitres.

Exercices préliminaires

Avant d'entreprendre l'étude de ce chapitre, vous devriez connaître et maîtriser les notions suivantes. Si vous ne pouvez répondre à une question donnée, reportez-vous aux chapitres précédents.

Les opérations sur les ensembles (*voir le chapitre 1*)

1. Effectuer chacune des opérations suivantes et exprimer la réponse en utilisant la notation d'intervalle.

a) $\{x \in \mathbb{R} \mid -1 < x \leq 4\} \setminus \{0\}$ b) $(\mathbb{R} \setminus \{2, 8\}) \cap (\mathbb{R} \setminus \{5\})$ c) $]-2, 6] \cap]5, 10[$ d) $[0, 3[\cup \{3\} \cup]3, 12[$

Le domaine et les zéros d'une expression algébrique (*voir les chapitres 2 et 3*)

2. Déterminer le domaine de chacune des expressions algébriques suivantes.

a) $5x^3 + 4x^2 - 3x + 2$ b) $\dfrac{9x^2 - 4}{x^2 + 2x + 1}$ c) $\dfrac{1}{25x^2 + 1}$ d) $\sqrt{x^2 - 6x}$

3. Trouver les zéros de chacune des expressions algébriques suivantes.

a) $x^2 - 16$ b) $3x^2 + 4$ c) $\dfrac{(x+1)x+3}{10-x}$ d) $\sqrt{3x-7}$

Les équations et les inéquations (*voir le chapitre 3*)

4. Résoudre chacune des équations suivantes.

a) $x^2 - 9x + 8 = 0$ b) $3x^3(x^2+1)(2x-5) = 0$ c) $\dfrac{x+3}{4-x} = 0$ d) $\sqrt{6x^2 - 5x + 4} = 0$

5. Trouver l'ensemble solution de chacune des inéquations suivantes.

a) $3x - 10 \geq 0$ b) $2x^2 - 12x - 14 < 0$ c) $-4x^2(x+3)(x-5) > 0$ d) $\dfrac{x(2x+1)}{3-x} \geq 0$

4.1 La définition d'une fonction

- Reconnaître une fonction parmi des relations.
- Définir une fonction à l'aide d'une règle de correspondance.
- Évaluer une fonction en un point.

Une **fonction réelle** f est une relation qui, à chaque $x \in \mathbb{R}$, associe **au plus un** $y \in \mathbb{R}$.

- f est le **nom** de la fonction.
- x est la **variable indépendante**.
- y est la **variable dépendante** : c'est l'**image** de x par la fonction f.

On décrit la relation entre y et x par une équation de la forme $y = f(x)$ (lire « y égale f de x »). C'est la **règle de correspondance** de la fonction qui indique comment **évaluer** la fonction pour une valeur de x donnée, c'est-à-dire comment calculer la valeur de y correspondant à cette valeur de x.

La notation $f(x)$ est spécifique aux fonctions. Les parenthèses n'indiquent pas ici une multiplication, mais plutôt le fait qu'on évalue la fonction f pour une valeur de x. Dans la règle de correspondance, l'expression de $f(x)$ prend souvent la forme d'une des expressions algébriques vues au chapitre 2.

4

Pour évaluer l'image d'un nombre réel par une fonction f, on remplace chaque x par ce nombre dans la règle de correspondance de f.

Exemple 4.1

◆ Soit la relation qui, à chaque nombre réel, associe son carré.

C'est une fonction, puisque chaque nombre réel possède un seul carré.

On peut exprimer cette fonction par une règle de correspondance de la forme $y = f(x) = x^2$.

Pour chaque nombre réel x, la fonction f calcule son carré, ici appelé y ou $f(x)$. Évaluons la fonction pour quelques valeurs de x.

Valeur de x	$y = f(x) = x^2$	Valeur de y (image de x par la fonction f)
$x = 5$	$y = f(5) = 5^2$	$y = 25$
$x = -8$	$y = f(-8) = (-8)^2$	$y = 64$
$x = a+1$	$y = f(a+1) = (a+1)^2$	$y = a^2 + 2a + 1$

x est la variable indépendante, car on peut choisir sa valeur selon ce que l'on cherche.

y est la variable dépendante, car sa valeur dépend de celle qu'on a choisie pour x.

◆ La relation $y > x$ **n'est pas une fonction** réelle, puisqu'on peut trouver **plus d'un** nombre réel y plus grand qu'une valeur de x donnée.

Si $x = 10$, la variable y peut prendre toutes les valeurs réelles supérieures à 10.

Par exemple, $y=11$, $y=243$ ou $y=10{,}001$ sont toutes des valeurs qui respectent la relation $y>10$.

◆ Soit $f(x)=\dfrac{3x^2-5x+1}{4-x}$ la règle de correspondance d'une fonction réelle. On a :

- $f(7)=\dfrac{3(7)^2-5(7)+1}{4-7}=\dfrac{113}{-3}=\dfrac{-113}{3}$;
- $f(-2)=\dfrac{3(-2)^2-5(-2)+1}{4-(-2)}=\dfrac{23}{6}$;
- $f(4)=\dfrac{3(4)^2-5(4)+1}{4-4}$ non défini, puisqu'on ne peut pas diviser par 0;
- $f(c)=\dfrac{3c^2-5c+1}{4-c}$ à la condition que $c\neq 4$.

DEPUIS QUAND PARLE-T-ON DES FONCTIONS EN MATHÉMATIQUE ?

Gottfried Wilhelm Leibniz

On parle de fonctions depuis l'époque de Newton (1643-1727), il y a 300 ans. Mais, en fait, l'idée de fonction remonte aux Grecs, près de 2000 ans auparavant. Le mot « fonction », dans son sens mathématique, a été utilisé pour la première fois par un mathématicien allemand, Gottfried Wilhelm Leibniz (1646-1716). Vers la fin du XVIIe siècle, Newton et Leibniz ont systématisé de très nombreux travaux de recherche de leurs prédécesseurs visant à mieux comprendre le mouvement : mouvement des boulets de canon ou d'une balle de mousquet, mouvement des corps qui tombent, mouvement d'un pendule, mouvement des planètes. C'est dans ce cadre que la notion de fonction se cristallise chez Leibniz. Pourtant, bien avant, les astronomes grecs savaient déjà prédire avec une assez bonne précision la position d'une planète à un moment précis. N'est-ce pas là une fonction, celle qui associe cette position au temps ?

On peut désigner une fonction, sa variable indépendante et sa variable dépendante à l'aide d'autres symboles que *f*, *x* et *y*.

Les règles de correspondance ci-dessous désignent toutes la même fonction qui, à chaque nombre réel, associe la somme de son carré et de son triple :

$$y=f(x)=x^2+3x$$
$$z=g(u)=u^2+3u$$
$$N=p(t)=t^2+3t$$

On n'obtient pas une fonction différente en modifiant le nom de la fonction (*f*, *g* ou *p*), le nom de la variable dépendante (*y*, *z* ou *N*) ou le nom de la variable indépendante (*x*, *u* ou *t*) puisque, dans tous les cas, la règle est la même : on additionne le carré et le triple de chaque nombre réel.

Si $x=2$, alors $y=f(2)=2^2+3(2)=10$.

Si $u=2$, alors $z=g(2)=2^2+3(2)=10$.

Si $t=2$, alors $N=p(2)=2^2+3(2)=10$.

Exercices 4.1

1. Si x et y sont des nombres réels, les règles de correspondance ci-dessous permettent-elles de définir y en fonction de x?

a) y est le double de x.

b) y est la racine carrée positive de x.

c) y est un diviseur de x.

d) x et y sont égaux.

2. Si $x \in \mathbb{R}$ et $y \in \mathbb{R}$, les règles de correspondance ci-dessous définissent-elles une fonction réelle $y = f(x)$?

a) $y \leq x$

b) $x = y^2$

c) $y = x^2$

d) $y = \sqrt{x}$

e) $y = 7$ pour toute valeur de x

f) $x = 7$ pour toute valeur de y

3. Écrire sous forme d'équation la règle de correspondance qui définit la première variable en fonction de la seconde.

a) y est le tiers de x.

b) y est la somme du cube et du triple de x.

c) A est l'aire d'un rectangle de largeur l dont la longueur mesure 12 m de plus que sa largeur.

d) d est la distance parcourue par une automobiliste qui roule à une vitesse moyenne de 80 km/h pendant h heures.

e) c est le coût d'une course en taxi de k kilomètres, sachant que le tarif de base est de 3,30 $ et qu'il en coûte ensuite 1,60 $ du kilomètre parcouru.

f) a est l'âge d'un père dont la fille a aujourd'hui s ans, sachant que, l'an prochain, le père aura le triple de l'âge de sa fille.

4. Soit $f(x) = \dfrac{\sqrt{x-2}}{x}$ et $g(x) = 3x^2 + 4$, deux fonctions réelles. Évaluer chacune des expressions ci-dessous, si possible, sachant que $c \geq 0$ et $h \neq 0$.

a) $f(6)$

b) $f(2)$

c) $f(0)$

d) $f(-1)$

e) $g(5)$

f) $g(-10)$

g) $f(c+2)$

h) $g(x+h)$

i) $\dfrac{g(x+h) - g(x)}{h}$

4.2 Le domaine d'une fonction

Déterminer le domaine d'une fonction.

Le **domaine** d'une fonction réelle f décrite par la règle de correspondance $y = f(x)$ est l'ensemble des valeurs de x pour lesquelles l'expression $f(x)$ est définie.

Le domaine d'une fonction f est désigné par $dom(f)$.

La recherche du domaine d'une fonction algébrique

Pour déterminer le domaine d'une fonction algébrique, on cherche les valeurs de sa variable indépendante telles :

- qu'aucun dénominateur n'est nul ;
- que les expressions sous une racine paire (racine carrée, quatrième, sixième, etc.) sont positives ou nulles.

Le **domaine naturel** d'une fonction algébrique est celui de l'expression qui la définit. On utilise donc les mêmes techniques que pour les expressions algébriques (*voir les chapitres 2 et 3*). Si l'énoncé ou le contexte d'un problème impose une restriction du domaine naturel, il s'agit alors du **domaine contextuel** de la fonction.

Exemple 4.2

◆ Soit $f(x) = -x^3 + 2x^2 - x + 6$.

$dom(f) = \mathbb{R}$, puisque la fonction est définie par un polynôme : il n'y a aucun dénominateur ni radical, donc aucune restriction.

◆ Soit la fonction $f(x) = \sqrt{x-2} + 3$.

La fonction est définie à la condition que $x - 2 \geq 0$, soit si $x \geq 2$.

Ainsi, $dom(f) = \{x \in \mathbb{R} \mid x \geq 2\} = [2, +\infty[$.

◆ Soit la fonction $f(x) = \sqrt{\dfrac{x-5}{3x^2 - 11x - 4}}$.

Cette fonction est définie à la condition que $\dfrac{x-5}{3x^2 - 11x - 4} \geq 0$, car l'expression sous le radical doit être positive ou nulle.

On utilisera un tableau de signes (*voir le chapitre 3, page 134*) pour résoudre l'inéquation $\dfrac{x-5}{(3x+1)(x-4)} \geq 0$, qu'on obtient en factorisant le dénominateur de la fraction.

Les valeurs critiques sont les zéros de chacun des facteurs du numérateur et du dénominateur.

$$x - 5 = 0 \text{ si } x = 5$$

$$3x + 1 = 0 \text{ si } x = \frac{-1}{3}$$

$$x - 4 = 0 \text{ si } x = 4$$

4

On place ces valeurs sur la première ligne du tableau et on remplit les cases du tableau.

Valeurs de x	$-\infty$	$\frac{-1}{3}$		4		5	$+\infty$
$x-5$	$-$	$-$	$-$	$-$	$-$	0	$+$
$3x+1$	$-$	0	$+$	$+$	$+$	$+$	$+$
$x-4$	$-$	$-$	$-$	0	$+$	$+$	$+$
$\frac{x-5}{(3x+1)(x-4)}$	$-$	$\nexists$	$+$	$\nexists$	$-$	0	$+$

Le domaine cherché est l'ensemble des valeurs de x telles que la fraction $\frac{x-5}{(3x+1)(x-4)}$ est positive ou nulle.

Ainsi, $dom(f) = \left]\frac{-1}{3}, 4\right[\cup [5, +\infty[$.

Le contexte d'un problème peut exiger la restriction du domaine d'une fonction.

Exemple 4.3

- Soit la fonction $A(r) = \pi r^2$.

  Le domaine naturel de cette fonction est $dom(A) = \mathbb{R}$.

- La même fonction peut représenter l'aire d'un cercle de rayon r.

  Dans ce cas, le domaine contextuel est $dom(A) = [0, +\infty[$, car la mesure du rayon d'un cercle ne peut pas être négative et rien n'indique une limite supérieure.

- Il se peut aussi que l'énoncé du problème nous amène à restreindre encore plus le domaine. Si on cherche l'aire d'un cercle dessiné sur une feuille carrée de 20 cm de côté, le rayon du cercle ne peut être supérieur à 10 cm et on aura alors $dom(A) = [0, 10]$.

Exercices 4.2

1. Trouver le domaine de chacune des fonctions réelles suivantes.

a) $f(x) = (x+3)(x-2)$

b) $f(x) = \frac{x}{\sqrt{x-5}}$

c) $f(x) = \frac{4x-15}{x^2+7x+10}$

d) $f(x) = \frac{1}{3x^5 - 300x^3}$

e) $f(x) = \frac{\sqrt{x-2}}{x^2-7x-8}$

f) $f(x) = \frac{x^2+3}{x^2+1}$

g) $f(x) = \frac{50}{\sqrt[5]{x-32}}$

h) $f(x) = \frac{\sqrt{x-10}}{\sqrt{4-x}}$

i) $f(x) = \sqrt{\frac{x-10}{4-x}}$

2. Donner le domaine contextuel de chacune des fonctions suivantes.

a) Entre deux sorties d'autoroute distantes de 100 km, un automobiliste roule à une vitesse constante de 90 km/h. La fonction $t = f(d) = \dfrac{d}{90}$ donne le temps écoulé (en heures) lorsqu'il a parcouru d kilomètres.

b) Les météorologues de Dorval ont mesuré la quantité totale de pluie (en millimètres) chaque année, de 2000 à 2014, inclusivement. La fonction $p = N(a)$ donne la quantité de pluie selon l'année.

4.3 La représentation graphique d'une fonction

- Représenter une fonction par un graphique cartésien.
- Distinguer le graphique d'une fonction de celui d'une relation non fonctionnelle.
- Reconnaître une fonction injective à l'aide de son graphique.
- Trouver le domaine et l'ensemble image d'une fonction à l'aide de son graphique.

La règle de correspondance $y = f(x)$ d'une fonction f permet d'associer à chaque valeur $x \in dom(f)$ son image y. On peut alors représenter la fonction par un ensemble de couples de la forme $(x, y) = (x, f(x))$.

Le **graphe** d'une fonction f est l'ensemble des couples (x, y) tels que $y = f(x)$.

$$\text{Graphe de } f = \left\{(x, y) \mid x \in dom(f) \text{ et } y = f(x)\right\}$$

L'ensemble des premières composantes (les valeurs de x) des couples du graphe correspond à $dom(f)$, le **domaine** de f.

L'**ensemble image** de f, noté $ima(f)$, est l'ensemble des secondes composantes (les valeurs de y).

Deux couples sont **égaux** si leurs premières composantes sont égales et si leurs secondes composantes sont égales.

$$(x_1, y_1) = (x_2, y_2) \Leftrightarrow x_1 = x_2 \text{ et } y_1 = y_2$$

Deux couples qui ne sont pas égaux sont dits **distincts**.

À chaque couple (x, y) du graphe d'une fonction, on peut associer un point (x, y) du plan cartésien, x étant son **abscisse** et y (l'image de x), son **ordonnée**.

L'ensemble des points correspondant à tous les couples du graphe d'une fonction f constitue le **graphique cartésien** ou **graphique** de la fonction.

Les conventions graphiques

- Chacun des deux axes perpendiculaires est une droite réelle, c'est-à-dire une droite orientée (représentée par une flèche dont la pointe indique le sens croissant), graduée selon une échelle linéaire (la distance entre deux graduations consécutives est constante et représente toujours un même nombre, appelé l'**échelle** de l'axe).
- Les deux axes se coupent au point (0, 0), appelé l'**origine** du plan cartésien.

- Sur chacun des axes, on indique l'échelle et le nom de la variable (variable indépendante sur l'axe horizontal et variable dépendante sur l'axe vertical).

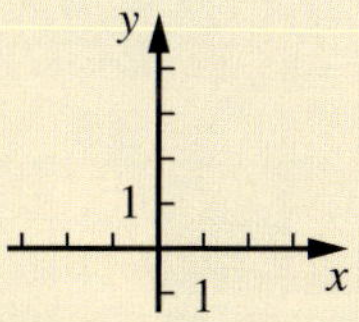

- Lorsqu'une fonction est définie sur un intervalle, on place un point vide (∘) ou un point plein (•) aux extrémités de la courbe selon que l'extrémité correspondante de l'intervalle est ouverte ou fermée.

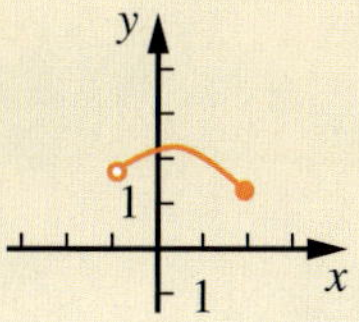

Exemple 4.4

◆ Soit la fonction $f(x) = x^2 - 4$, où $dom(f) =]\text{-}3, 3]$.

Chaque couple de son graphe est de la forme $(x, y) = (x, f(x)) = (x, x^2 - 4)$.

Le graphique cartésien de f est l'ensemble des points dont l'ordonnée est égale au résultat de la soustraction de 4 du carré de l'abscisse.

Le **tableau de valeurs** ci-dessous donne quelques exemples de points du graphique.

x	-3	-2	-1	$\frac{-1}{2}$	0	$\frac{1}{2}$	1	2	3
$y = x^2 - 4$	$\nexists$	0	-3	$\frac{-15}{4}$	-4	$\frac{-15}{4}$	-3	0	5
(x, y)		(-2, 0)	(-1, -3)	$\left(\frac{-1}{2}, \frac{-15}{4}\right)$	(0, -4)	$\left(\frac{1}{2}, \frac{-15}{4}\right)$	(1, -3)	(2, 0)	(3, 5)

On obtient une esquisse du graphique en plaçant ces points dans le plan cartésien et en les reliant de façon approximative. On constate que $f(\text{-}a) = f(a)$ pour tout $a \in dom(f)$. Ainsi, la courbe est symétrique par rapport à l'axe des x.

Puisque $dom(f) =]\text{-}3, 3]$, un intervalle ouvert à gauche et fermé à droite, on place un point vide en (-3, 5) et un point plein en (3, 5).

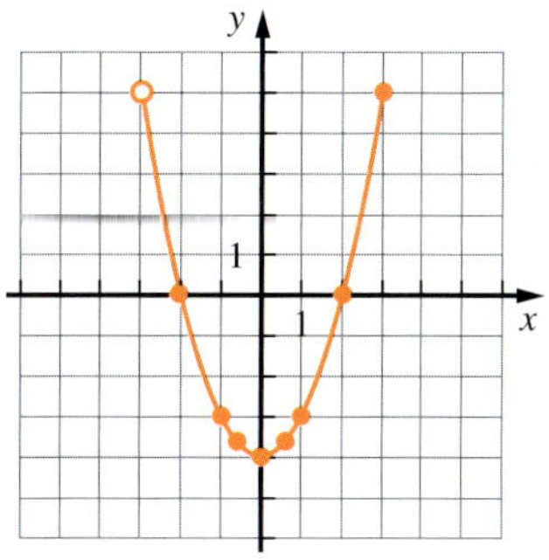

Un tableau de valeurs est utile pour obtenir quelques points du graphique et en tracer une esquisse, mais il ne permet pas de connaître avec certitude la forme de la courbe entre ces points. Les prochains chapitres présentent plusieurs modèles de fonctions courantes et leurs caractéristiques particulières qui permettront de tracer leur graphique de façon plus précise.

D'OÙ VIENT L'ADJECTIF « CARTÉSIEN » ?

René Descartes

On entend parler de graphique cartésien, de plan cartésien, mais aussi d'esprit cartésien. C'est que l'invention de la géométrie analytique par René Descartes (1596-1650), dans le premier tiers du XVIIe siècle, s'insère dans un projet intellectuel qui dépasse largement la mathématique. En fait, par cette nouvelle approche liant algèbre et géométrie, Descartes voulait illustrer une méthode générale de raisonnement pouvant conduire à des découvertes scientifiques. Son *Discours de la méthode*, publié en 1637, est sous-titré *Pour bien conduire sa raison, et chercher la vérité dans les sciences*. Les outils de pensée explicités par Descartes ont connu un grand succès, aussi bien chez les philosophes que chez les scientifiques. Le nom de Descartes a dès lors été associé à la pratique et à la puissance de la rationalité.

Puisqu'une fonction associe au plus une valeur de y à chaque x, on peut reconnaître le graphique d'une fonction au fait que deux points distincts n'ont jamais la même **abscisse**.

Le test de la droite verticale

Un graphique cartésien est celui d'une fonction si une droite verticale ne le coupe jamais en plus d'un point.

4

Exemple 4.5

◆ Le graphique ci-contre n'est pas celui d'une fonction.

La droite verticale pointillée coupe le graphique aux points (2, 2) et (2, 4), qui ont la même abscisse. Ainsi, lorsque $x = 2$, y prend les deux valeurs 2 et 4, ce qui contredit la définition d'une fonction.

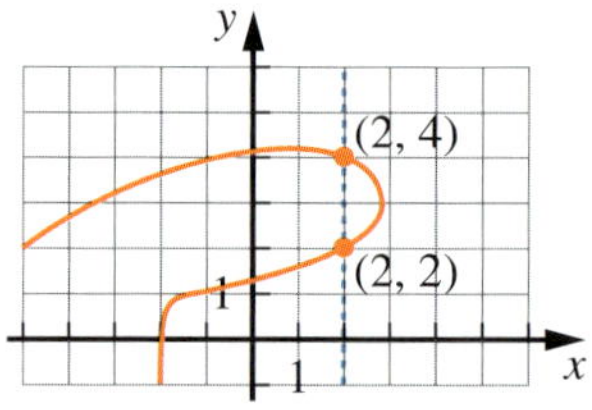

◆ Le graphique ci-contre représente une fonction, puisqu'une droite verticale ne coupera jamais la courbe en plus d'un point.

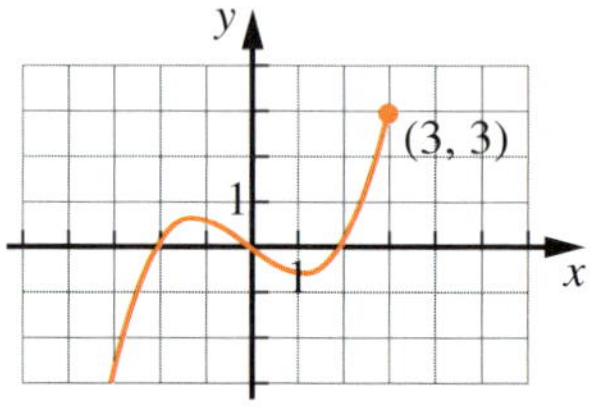

Une fonction f est **injective** si elle associe chaque $y \in \mathbb{R}$ à au plus un $x \in \mathbb{R}$.

De façon équivalente, on dit que f est injective si l'une des conditions suivantes est satisfaite :

- deux valeurs distinctes de x n'ont jamais la même image par f;
- les secondes composantes des couples du graphe de f sont toutes différentes.

On peut reconnaître le graphique d'une fonction injective au fait que deux points distincts n'ont jamais la même **ordonnée**.

Le test de la droite horizontale

Une fonction est injective si une droite horizontale ne coupe jamais son graphique cartésien en plus d'un point.

Exemple 4.6

◆ La fonction f représentée par le graphique ci-contre n'est pas injective.

La droite horizontale pointillée coupe le graphique aux points (-2, 4) et (2, 4), qui ont la même ordonnée. Ainsi, lorsque $y = 4$, x peut valoir -2 ou 2, ce qui contredit la définition d'une fonction injective.

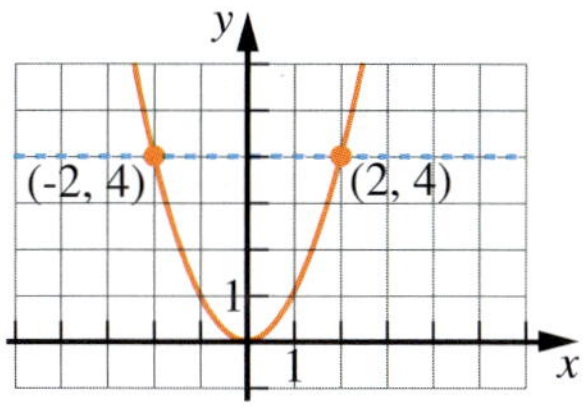

◆ La fonction f représentée par le graphique ci-contre est injective, puisqu'une droite horizontale ne coupera jamais la courbe en plus d'un point.

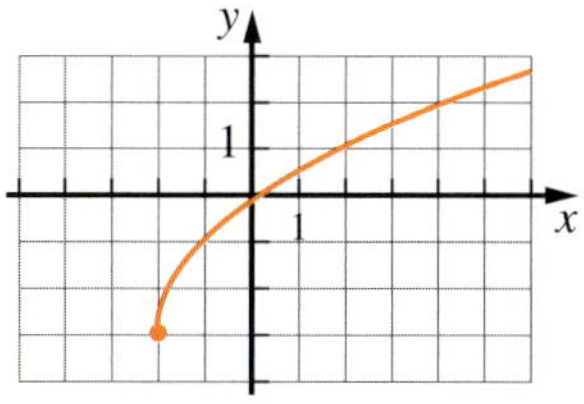

Le graphique d'une fonction permet aussi de trouver son domaine et son ensemble image.

La recherche du domaine et de l'ensemble image à l'aide du graphique

Le **domaine** d'une fonction est l'ensemble des **abscisses** des points de son graphique. Pour trouver le domaine, on projette verticalement tous les points du graphique sur l'axe horizontal.

L'**ensemble image** d'une fonction est l'ensemble des **ordonnées** des points de son graphique. Pour trouver l'ensemble image, il suffit de projeter horizontalement tous les points du graphique sur l'axe vertical.

Exemple 4.7

◆ Soit la fonction f représentée par le graphique ci-contre.

$dom(f) =]-5, -3] \cup \{-2\} \cup [0, +\infty[$, l'ensemble des abscisses des points de son graphique.

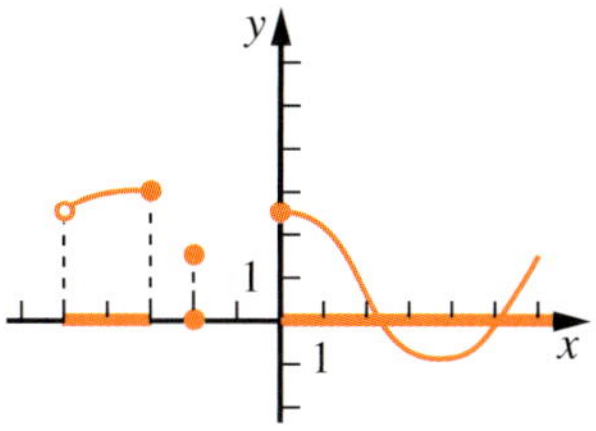

◆ Soit la fonction f représentée par le graphique ci-contre.

$ima(f) =]-\infty, -1] \cup]1, 4]$, l'ensemble des ordonnées des points de son graphique.

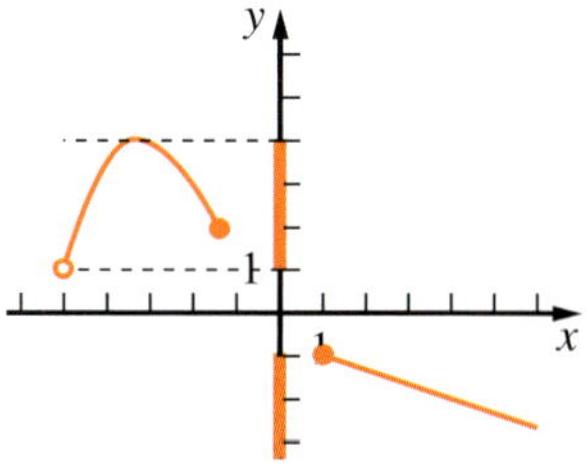

Exercices 4.3

1. Parmi les graphiques ci-dessous, indiquer ceux qui représentent des fonctions. Lorsqu'il s'agit d'une fonction, préciser si elle est injective ou non.

a)

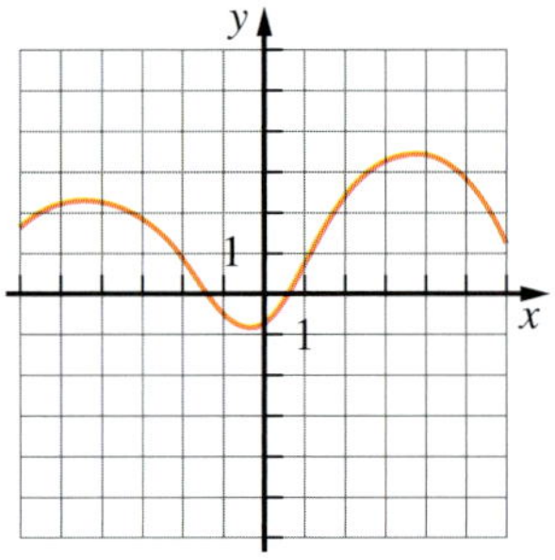

c)

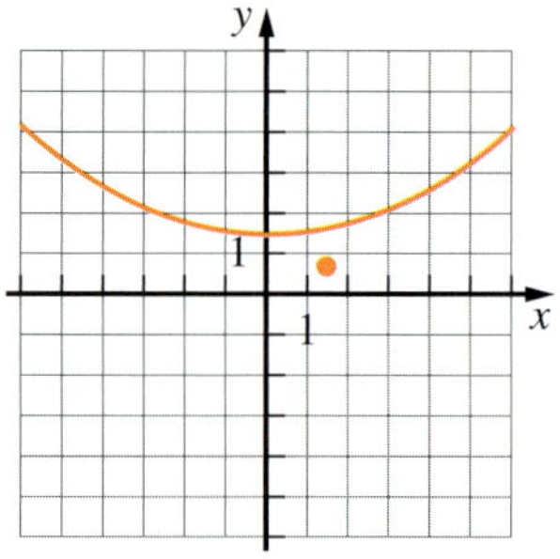

b)

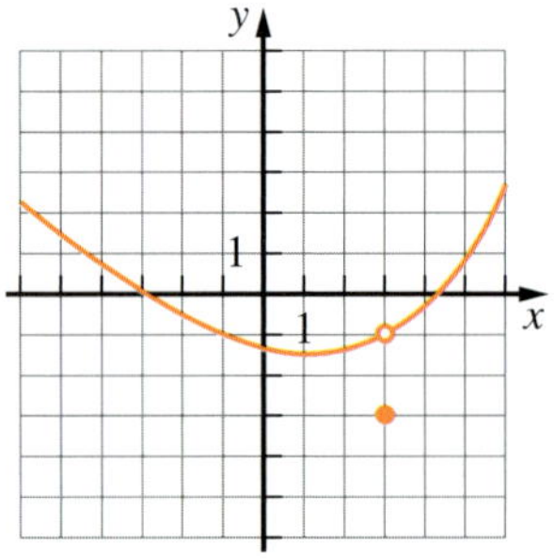

d)

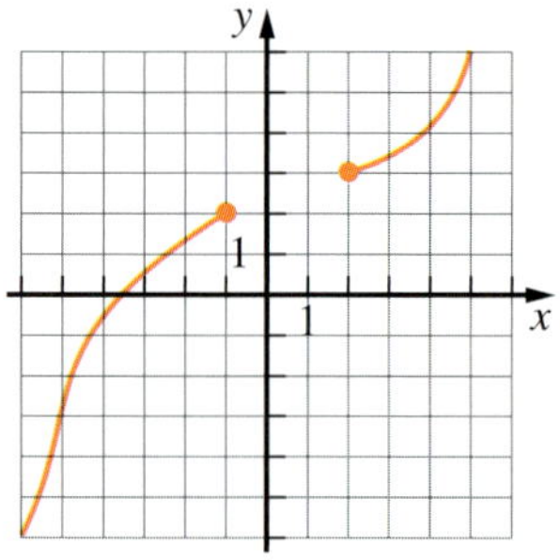

2. Trouver le domaine et l'ensemble image de chacune des fonctions suivantes.

a)

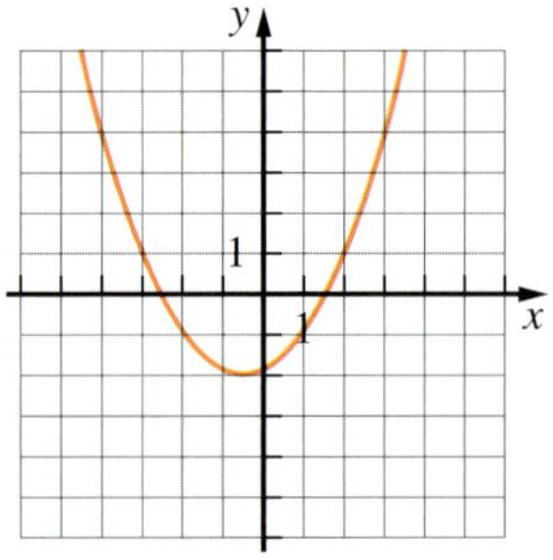

c)

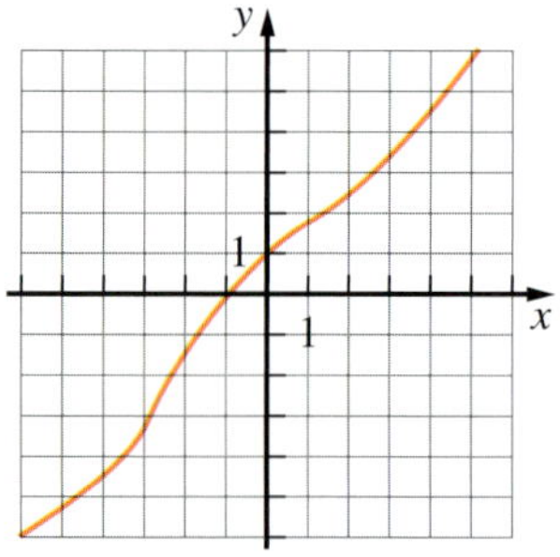

b)

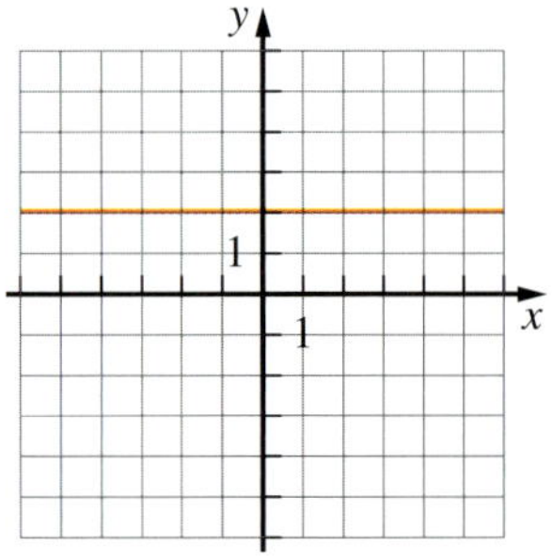

d)

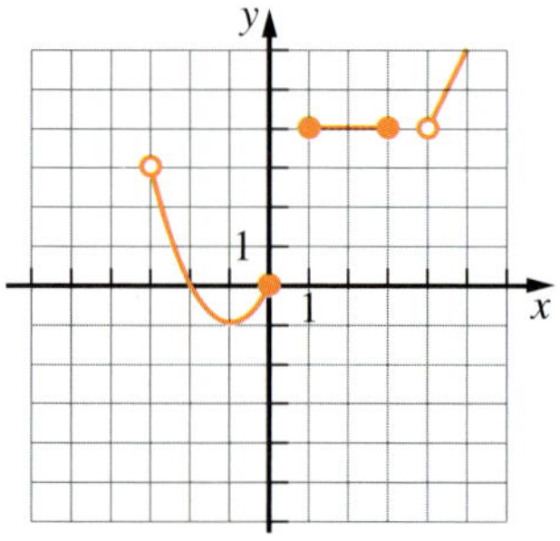

3. Pour chacune des fonctions suivantes, construire un tableau de valeurs pour le domaine spécifié, puis tracer une esquisse du graphique cartésien.

a) $f(x) = 2x + 1$ où $dom(f) = [2, 4[$

b) $g(x) = 3$ où $dom(g) =]-\infty, 2] \cup]4, +\infty[$

c) $h(x) = x - 2$ où $dom(h) = \mathbb{R}$

d) $k(x) = \dfrac{x^2 - 4}{x + 2}$ où $dom(k) = \mathbb{R} \setminus \{-2\}$

e) Les graphiques des fonctions *h* et *k* des questions c) et d) sont presque semblables. À l'aide des règles de correspondance et des domaines, expliquer la similitude et la différence entre les deux graphiques.

4. Soit f la fonction représentée par le graphique ci-contre.

a) Trouver $dom(f)$.

b) Trouver $ima(f)$.

c) Quelle est la valeur de :

i) $f(2)$? ii) $f(0)$? iii) $f(-4)$?

d) Quelle est l'image de 1 par la fonction f ?

e) Pour quelles valeurs de x obtient-on $f(x) = 0$?

f) Pour quelles valeurs de x obtient-on $f(x) = 4$?

g) Quel est le signe de $f(6)$?

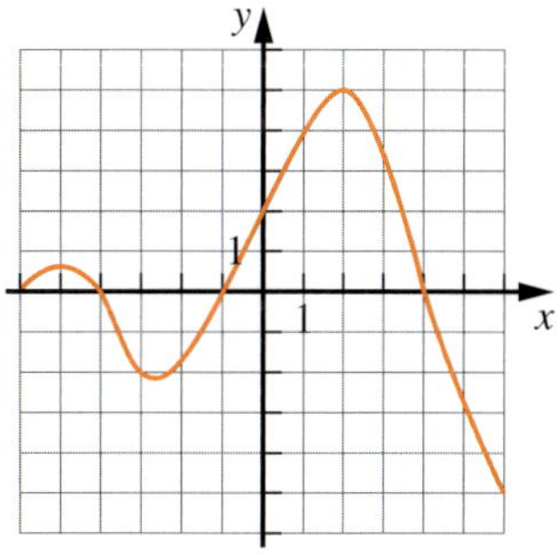

4.4 Les points d'intersection d'un graphique avec les axes

Trouver les points d'intersection du graphique d'une fonction avec les axes.

Un **zéro** d'une fonction f est une valeur de x telle que $f(x) = 0$.

z est un zéro de la fonction $\Leftrightarrow z \in dom(f)$ et $f(z) = 0$

4

Pour trouver les zéros d'une fonction f, il suffit de trouver les solutions de l'équation $f(x) = 0$ qui appartiennent au domaine de f, en utilisant les méthodes appropriées au modèle d'équation (*voir le chapitre 3*).

Exemple 4.8

◆ Soit la fonction $f(x) = x^2 + 8x - 33$, dont le domaine est IR.

On peut trouver les zéros de la fonction f en résolvant l'équation $x^2 + 8x - 33 = 0$. C'est une équation quadratique qu'on peut résoudre par factorisation.

$$x^2 + 8x - 33 = 0$$
$$(x + 11)(x - 3) = 0 \quad \text{(factorisation d'un trinôme } x^2 + bx + c\text{)}$$
$$x + 11 = 0 \quad \text{ou} \quad x - 3 = 0 \quad \text{(règle du produit nul)}$$
$$x = -11 \quad \text{ou} \quad x = 3$$

-11 et 3 appartiennent au domaine de la fonction. Ce sont ses deux zéros.

Dans le plan cartésien, tout point situé sur l'axe des x est de la forme $(z, 0)$. Si ce point appartient au graphique d'une fonction f, il est de la forme $(z, f(z))$ et on a alors $f(z) = 0$.

Ainsi, z est un zéro de la fonction.

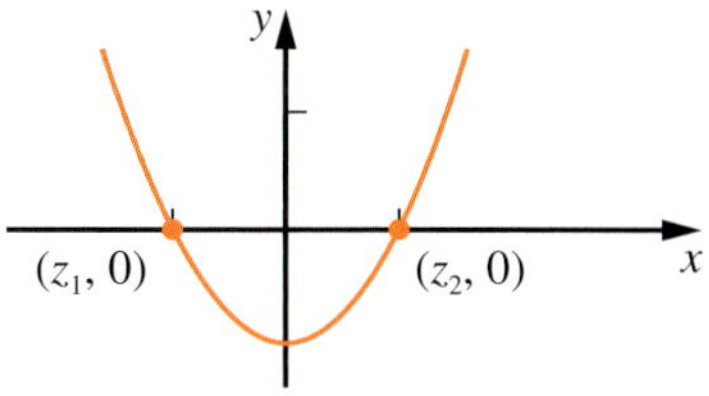

Les points d'intersection du graphique avec l'axe horizontal

Les points d'intersection du graphique d'une fonction f avec l'axe horizontal sont tous les points du graphique de la forme $(z, 0)$, où z est un zéro de la fonction. L'abscisse z d'un tel point est aussi appelée **abscisse à l'origine**.

Le nombre de points d'intersection du graphique avec l'axe horizontal est égal au nombre de zéros de la fonction. Si la fonction n'a aucun zéro, son graphique ne coupe pas l'axe horizontal.

Dans le plan cartésien, tout point situé sur l'axe des y est de la forme $(0, b)$. Si un tel point appartient au graphique d'une fonction f, il est de la forme $(0, f(0))$ et on a alors $f(0) = b$.

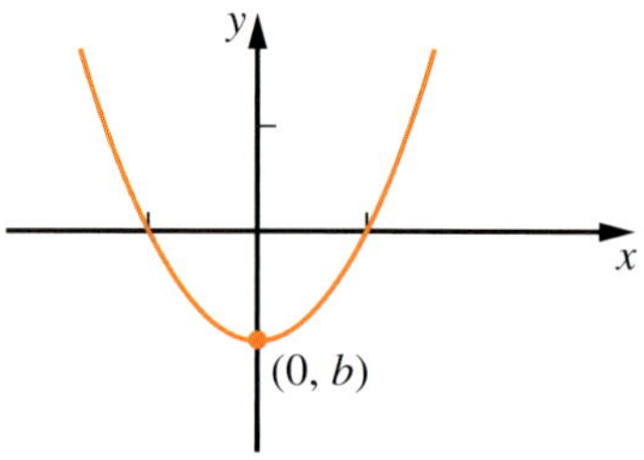

Le point d'intersection du graphique avec l'axe vertical

Si $0 \in dom(f)$, le graphique de la fonction f coupe l'axe vertical au point $(0, b)$, où $b = f(0)$. L'ordonnée b d'un tel point est appelée **ordonnée à l'origine**.

Ce point d'intersection est unique, car le nombre 0 ne peut avoir qu'une seule image par la fonction f.

Si $0 \notin dom(f)$, le graphique ne coupe pas l'axe vertical.

4

Exemple 4.9

◆ Soit la fonction $f(x) = \dfrac{x^2 - 4}{x + 3}$, dont le domaine est $\mathbb{R} \setminus \{-3\}$.

Cherchons d'abord les zéros de la fonction en résolvant l'équation $f(x) = 0$, ce qui revient à trouver les zéros du numérateur de la fraction.

$$x^2 - 4 = 0$$

$$(x+2)(x-2) = 0 \quad \text{(factorisation d'une différence de carrés)}$$

$$x + 2 = 0 \quad \text{ou} \quad x - 2 = 0 \quad \text{(règle du produit nul)}$$

$$x = -2 \quad \text{ou} \quad x = 2$$

Ces deux valeurs appartiennent au domaine de la fonction. Le graphique de f coupe donc l'axe des x aux points $(-2, 0)$ et $(2, 0)$.

Pour trouver l'ordonnée à l'origine, on calcule

$$f(0) = \frac{0^2 - 4}{0 + 3} = \frac{-4}{3}.$$

Ainsi, le graphique de f coupe l'axe des y au point $\left(0, \dfrac{-4}{3}\right)$.

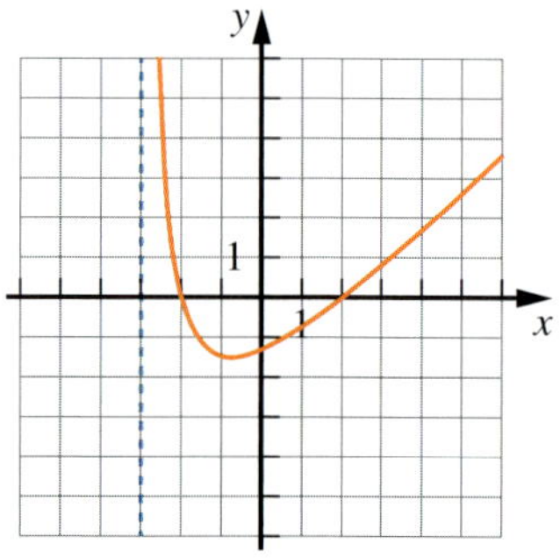

Le graphique ci-contre représente une portion de la courbe de f.

◆ Le graphique ci-dessous représente une fonction f telle que $f(x)$ est un polynôme de degré 3.

Le graphique coupe l'axe des x aux points (-1, 0), (3, 0) et (5, 0).

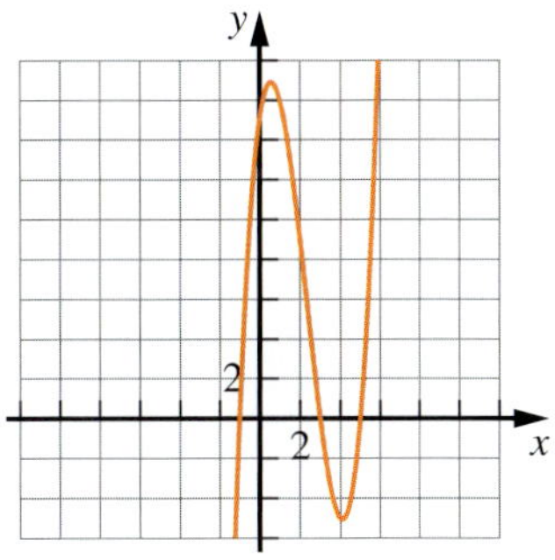

Cette fonction possède donc trois zéros : -1, 3 et 5.

D'après le théorème de factorisation (*voir le chapitre 2, page 71*), on déduit que $(x+1)$, $(x-3)$ et $(x-5)$ sont des facteurs de $f(x)$.

Puisqu'il s'agit d'une fonction polynomiale de degré 3, on peut alors poser :

$$f(x) = a(x+1)(x-3)(x-5), \text{ où } a \text{ est une constante non nulle.}$$

Le graphique de f coupe l'axe des y au point $(0, 15)$. Ainsi, $f(0) = 15$.

D'autre part, $f(0) = a(0+1)(0-3)(0-5) = 15a$.

On a donc $15a = 15$, d'où $a = 1$.

Le graphique est donc celui de $f(x) = (x+1)(x-3)(x-5) = x^3 - 7x^2 + 7x + 15$.

Exercices 4.4

1. Trouver, s'il y a lieu, les zéros et l'ordonnée à l'origine des fonctions représentées par chacun des graphiques ci-dessous.

a)

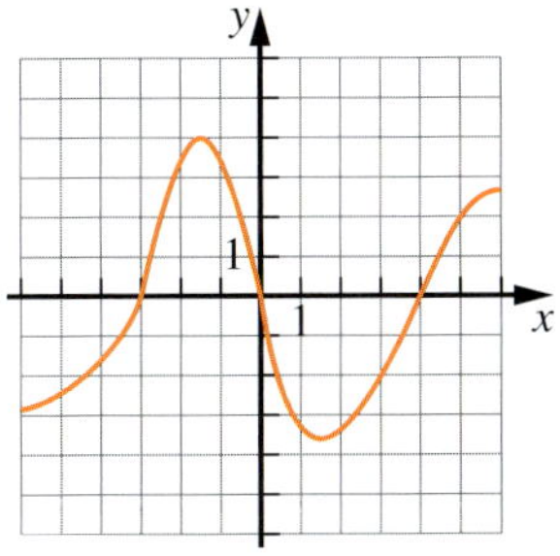

c)

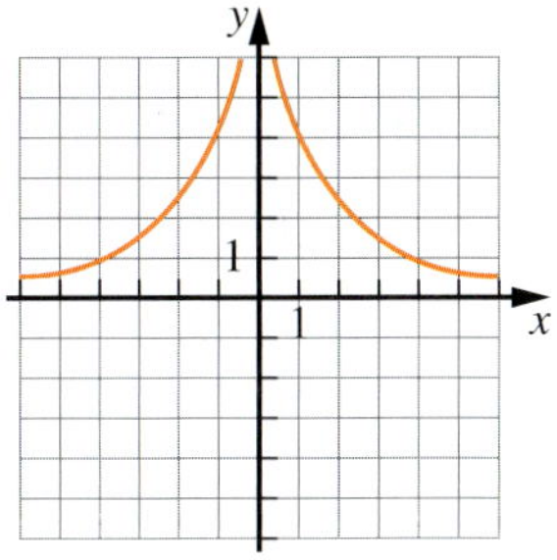

b)

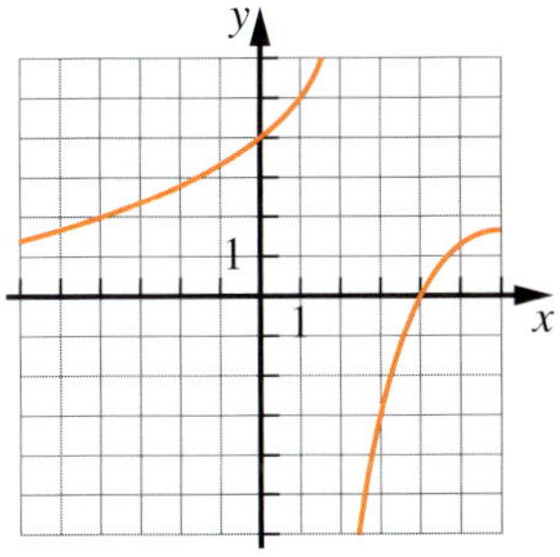

d)

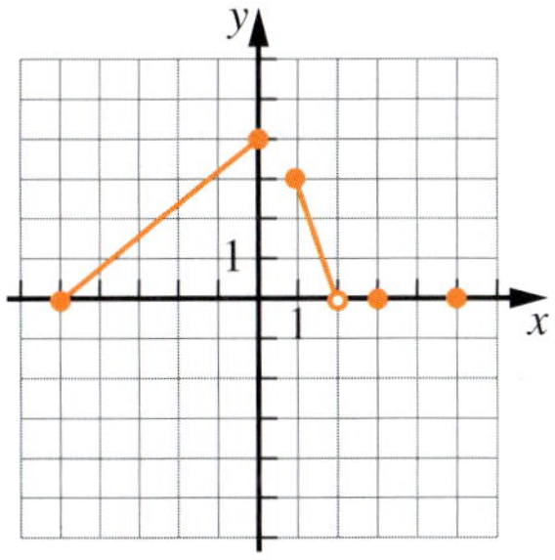

2. Tracer le graphique d'une fonction qui possède les zéros indiqués. (Il y a plusieurs solutions possibles pour chacune des quatre fonctions suivantes.)

a) -1 et 2

b) $\dfrac{10}{3}$

c) Tous les nombres naturels impairs

d) Aucun zéro

3. Trouver, s'il y a lieu, les points d'intersection avec les axes du graphique de chacune des fonctions suivantes.

a) $f(x) = 2x - 5$

b) $f(x) = x^2 - 5x - 6$

c) $f(x) = 12$

d) $f(x) = \dfrac{5x-2}{x+3}$

e) $f(x) = 24x^3 + 32x^2 - 160x$

f) $f(x) = \dfrac{3}{\sqrt{x}}$

4. Sachant que le graphique de la fonction $f(x) = \dfrac{x-a}{2x+5}$ coupe l'axe des y au point $(0, 10)$:

a) quelle est la valeur de la constante a ?

b) en quel point le graphique coupe-t-il l'axe des x ?

5. Trouver la règle de correspondance d'une fonction polynomiale dont le graphique coupe les axes aux points (-2, 0), (7, 0) et (0, 28). (Il y a plusieurs solutions possibles.)

6. Que peut-on dire du domaine et de l'ensemble image d'une fonction dont le graphique ne coupe ni l'axe des x ni l'axe des y ?

7. Combien de zéros une fonction injective peut-elle avoir ? Justifier la réponse.

4.5 Le signe d'une fonction

4

Trouver les intervalles sur lesquels une fonction est positive, négative ou nulle.

Dans plusieurs situations, il est utile de connaître les valeurs de x dont l'image $y = f(x)$ est positive ou négative. Par exemple, si une fonction représente le revenu net d'une entreprise, le signe de chaque valeur de y indique s'il s'agit d'un profit ou d'une perte.

Faire l'**étude du signe** d'une fonction consiste à trouver toutes les valeurs de x pour lesquelles $f(x) < 0$, $f(x) = 0$ ou $f(x) > 0$.

L'étude du signe d'une fonction à l'aide de son graphique

Une fonction est :

- **négative** sur les intervalles où son graphique est situé **au-dessous de l'axe des *x***.
- **nulle** aux abscisses des points situés **sur l'axe des *x***, c'est-à-dire les zéros.
- **positive** sur les intervalles où son graphique est situé **au-dessus de l'axe des *x***.

Les seuls points où le graphique peut traverser l'axe des x sont ceux qui correspondent aux zéros de la fonction. La fonction peut aussi changer de signe de part et d'autre d'une valeur de x (appartenant ou non au domaine) lorsqu'il y a une **discontinuité**, une interruption dans la ligne du graphique, par exemple un « trou » ou un « saut ». Les zéros et les discontinuités sont des **valeurs critiques** de la fonction.

Les valeurs critiques sont les seuls endroits où la fonction **peut** changer de signe. Toutefois, le signe de la fonction n'est pas toujours différent de part et d'autre d'une valeur critique.

La présentation de l'étude du signe dans un tableau

- Sur la première ligne, on inscrit les extrémités du domaine (ou le symbole de l'infini avec son signe) et les valeurs critiques de la fonction.
- Sur la deuxième ligne, on inscrit 0 pour un zéro et ∄ pour les valeurs n'appartenant pas au domaine, puis le signe de la fonction sur chaque intervalle inclus dans le domaine, selon que le graphique est au-dessus ou au-dessous de l'axe des x.

Exemple 4.10

◆ Soit la fonction f représentée par le graphique ci-contre, avec $dom(f) = [-3, +\infty[$.

Il n'y a aucune discontinuité, alors les seuls endroits où la fonction pourrait changer de signe sont ses zéros.

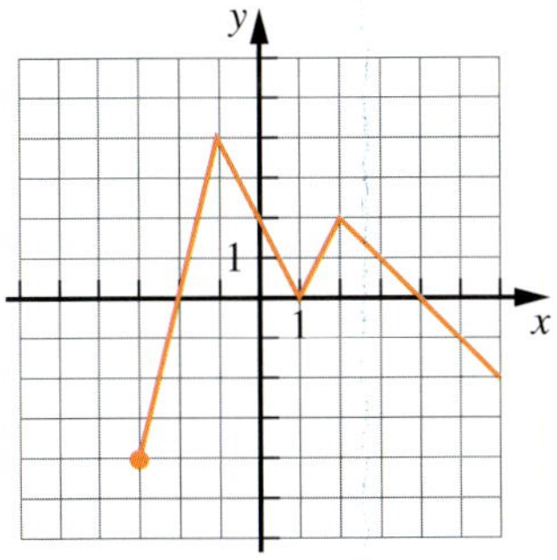

$f(x) < 0$ si $x \in [-3, -2[\cup]4, +\infty[$

$f(x) = 0$ si $x \in \{-2, 1, 4\}$

$f(x) > 0$ si $x \in]-2, 1[\cup]1, 4[$

Dans le cas présent, la fonction change de signe en passant par les zéros $x = -2$ et $x = 4$, mais elle reste positive avant et après le zéro $x = 1$.

Valeurs de x	-3		-2		1		4	+∞
$f(x)$	−	−	0	+	0	+	0	−

◆ Soit la fonction f représentée par le graphique ci-contre, avec $dom(f) = [-5, 3[\cup]3, +\infty[$.

La fonction n'a aucun zéro, mais elle comporte deux discontinuités.

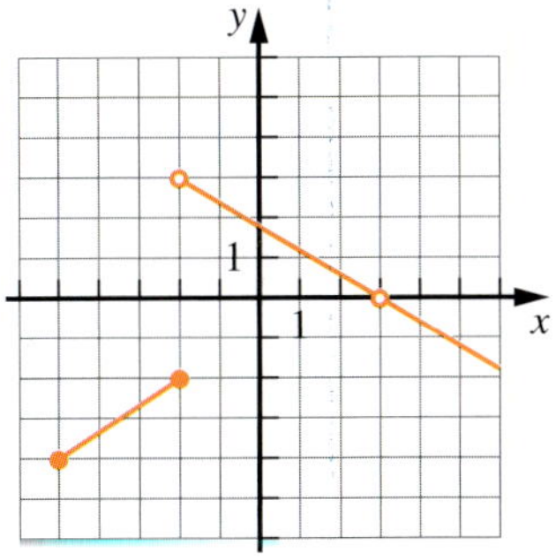

$f(x) < 0$ si $x \in [-5, -2] \cup]3, +\infty[$

$f(x) > 0$ si $x \in]-2, 3[$

Valeurs de x	-5		-2		3	+∞
$f(x)$	−	−	−	+	∄	−

◆ Soit la fonction f représentée par le graphique ci-contre.

La fonction possède un zéro et une discontinuité.

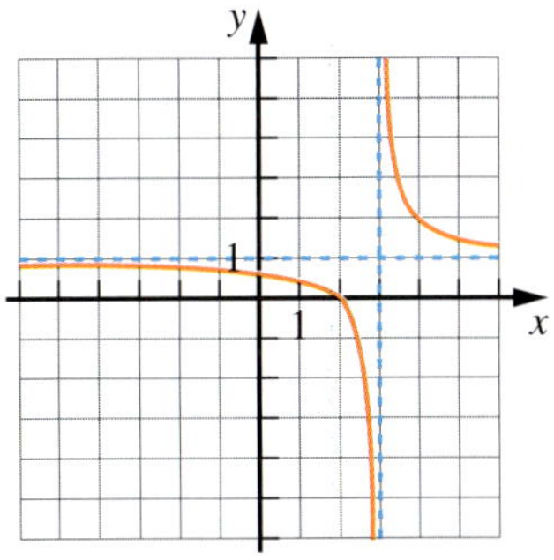

$f(x) < 0$ si $x \in]2, 3[$

$f(x) = 0$ si $x = 2$

$f(x) > 0$ si $x \in]-\infty, 2[\cup]3, +\infty[$

Valeurs de x	-∞	2		3	+∞
$f(x)$	+	0	−	∄	+

L'étude du signe d'une fonction à l'aide de sa règle de correspondance

On peut faire l'étude du signe d'une fonction f en déterminant son domaine et en résolvant l'équation $f(x)=0$ et les inéquations $f(x)<0$ et $f(x)>0$.

On choisit les méthodes de résolution de l'équation et des inéquations selon le modèle de fonction, c'est-à-dire selon la forme de l'expression $f(x)$ (*voir le chapitre 3*).

L'union des trois ensembles sur lesquels une fonction est respectivement négative, nulle et positive est toujours égale au domaine de la fonction.

Exemple 4.11

◆ Soit la fonction $f(x)=7(2-x)^2(x+3)$, où $dom(f)=\mathbb{R}$.

Pour faire l'étude du signe de cette fonction, on cherche d'abord ses zéros en résolvant l'équation $f(x)=0$.

$$7(2-x)^2(x+3)=0$$

$$2-x=0 \text{ ou } x+3=0 \qquad \text{(règle du produit nul)}$$

$$x=2 \text{ ou } \quad x=-3$$

La fonction étant définie par un produit de facteurs, on utilise un tableau de signes pour résoudre les inéquations $f(x)<0$ et $f(x)>0$ (*voir le chapitre 3, page 134*).

On peut déterminer le signe de chaque facteur en résolvant les inéquations appropriées, mais il existe une méthode plus rapide, qu'on peut utiliser à la condition de ne pas oublier que le résultat correspond à la solution d'inéquations.

- Pour chaque facteur, on choisit une valeur de x à gauche du zéro et une autre valeur à droite du zéro.
- On évalue ce facteur pour chacune de ces valeurs et on inscrit le signe du résultat dans les cases correspondantes.

Sur chaque ligne, il suffit de choisir une seule valeur de chaque côté du zéro, puisqu'un changement de signe ne peut se produire que lorsqu'on « traverse » le 0.

Le zéro du facteur $(x+3)$ est -3. On choisit une valeur de x plus petite que -3, par exemple -4. On obtient alors $x+3=-4+3=-1$, qui est un nombre négatif. On inscrit donc le signe « $-$ » dans chaque colonne située à gauche du 0 sur la ligne du facteur $(x+3)$.

On choisit ensuite une valeur de x plus grande que -3, par exemple 2. On obtient alors $x+3=2+3=5$, qui est un nombre positif. On inscrit donc le signe « + » dans chaque colonne située à droite du 0 sur la ligne du facteur $(x+3)$.

On procède de la même façon pour chaque facteur, puis on remplit la dernière ligne du tableau en indiquant le signe du produit des trois facteurs au bas de chaque colonne.

Valeurs de x	$-\infty$	-3		2	$+\infty$
7	+	+	+	+	+
$(2-x)^2$	+	+	+	0	+
$x+3$	$-$	0	+	+	+
$7(2-x)^2(x+3)$	$-$	0	+	0	+

On résume ensuite le résultat de l'analyse sous l'une ou l'autre des formes suivantes.

$f(x) < 0$ si $x < -3$ $f(x) = 0$ si $x = -3$ ou $x = 2$ $f(x) > 0$ si $-3 < x < 2$ ou $x > 2$	$f(x) < 0$ si $x \in]-\infty, -3[$ $f(x) = 0$ si $x \in \{-3, 2\}$ $f(x) > 0$ si $x \in]-3, 2[\cup]2, +\infty[$

Le tableau de signes permet d'esquisser le graphique de la fonction. Les signes « + » correspondent aux points situés au-dessus de l'axe des x, les signes « − », aux points situés au-dessous de l'axe des x, et les 0, aux points situés sur l'axe des x. On obtiendra une meilleure idée de la forme du graphique en calculant les coordonnées de quelques points.

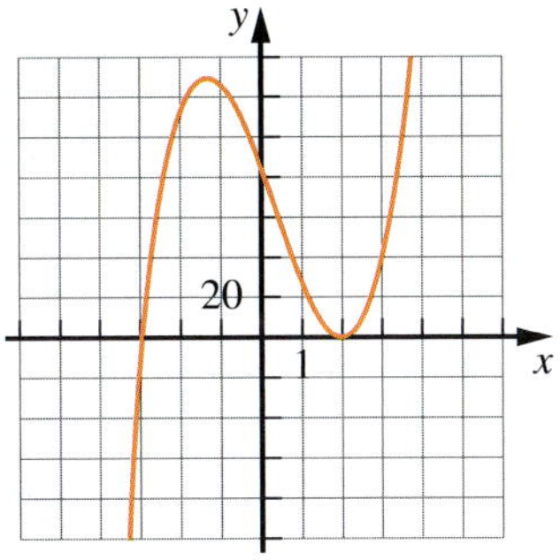

- Soit la fonction $f(x) = \dfrac{-5(2-x)}{x+1}$, où $dom(f) = \mathbb{R} \setminus \{-1\}$.

La fonction est définie par une fraction rationnelle.

Le seul zéro de la fonction est la valeur qui annule le numérateur, soit 2.

On inscrit ce zéro sur la première ligne du tableau, de même que la valeur -1, qui n'appartient pas au domaine. Ce sont les valeurs critiques, soit celles où on pourrait observer un changement de signe.

On construit le tableau en suivant les étapes présentées à l'exemple précédent, sans oublier qu'on ne peut pas diviser par 0.

Valeurs de x	$-\infty$	-1		2	$+\infty$
-5	−	−	−	−	−
$2-x$	+	+	+	0	−
$x+1$	−	0	+	+	+
$\dfrac{-5(2-x)}{x+1}$	+	$\nexists$	−	0	+

$f(x) < 0$ si $x \in]-1, 2[$

$f(x) = 0$ si $x = 2$

$f(x) > 0$ si $x \in]-\infty, -1[\cup]2, +\infty[$

On peut alors esquisser le graphique de la fonction en utilisant ces résultats. Un tableau de valeurs permettra une meilleure précision.

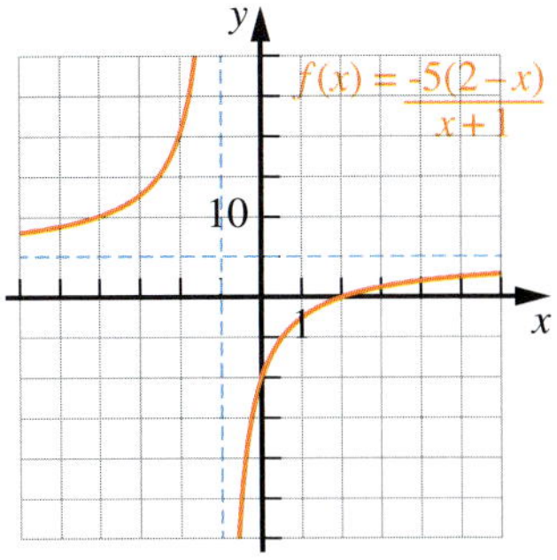

4

Exercices 4.5

1. Faire l'étude du signe des fonctions représentées par chacun des graphiques suivants.

a)

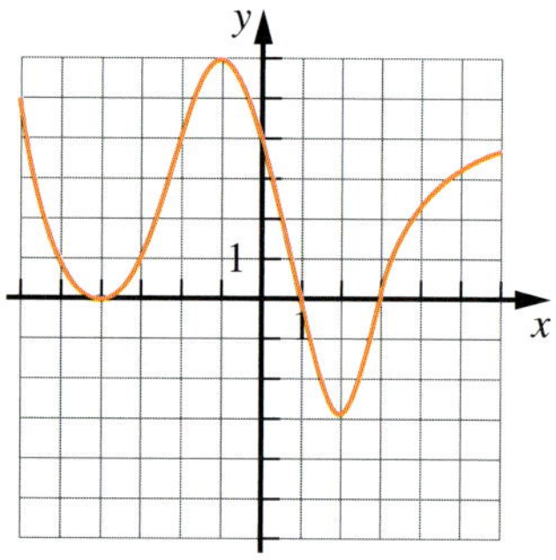

b)

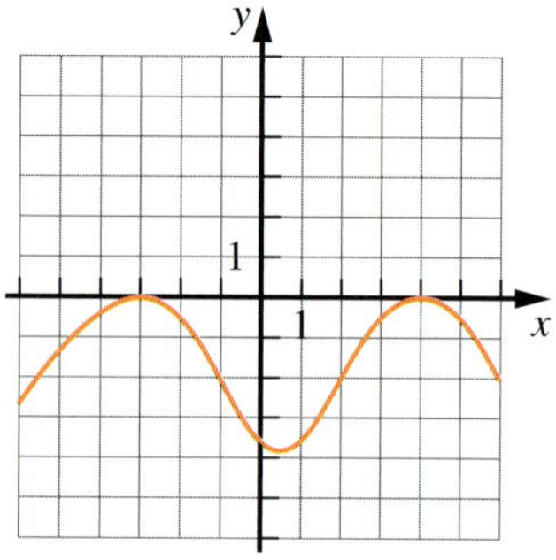

c)

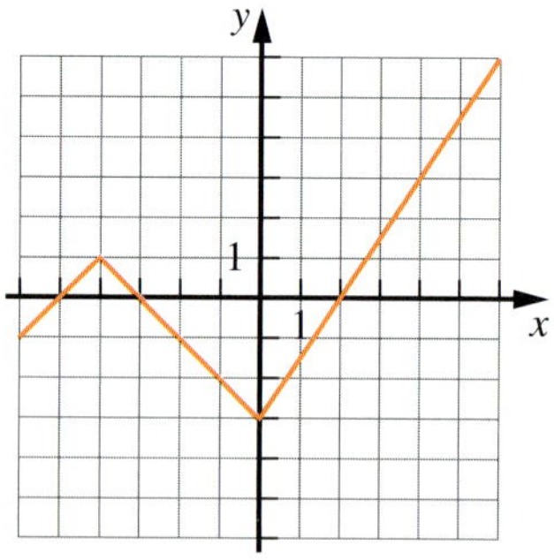

d)

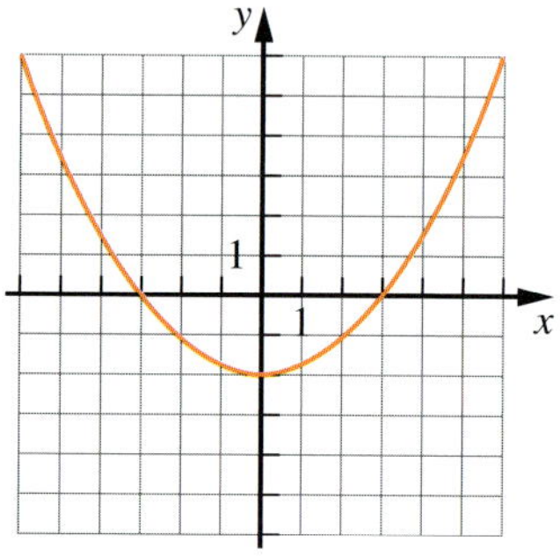

e)

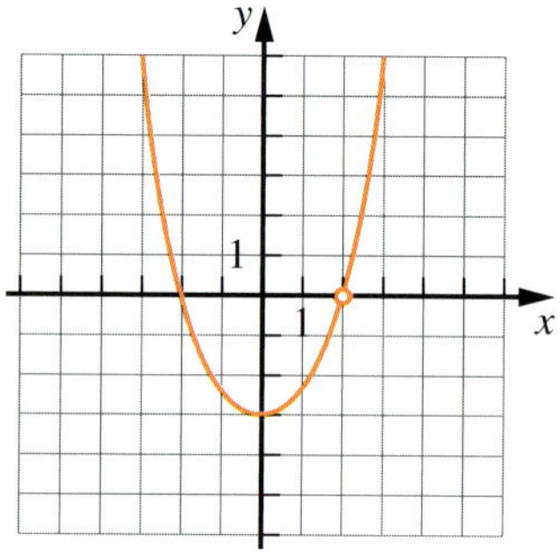

f)

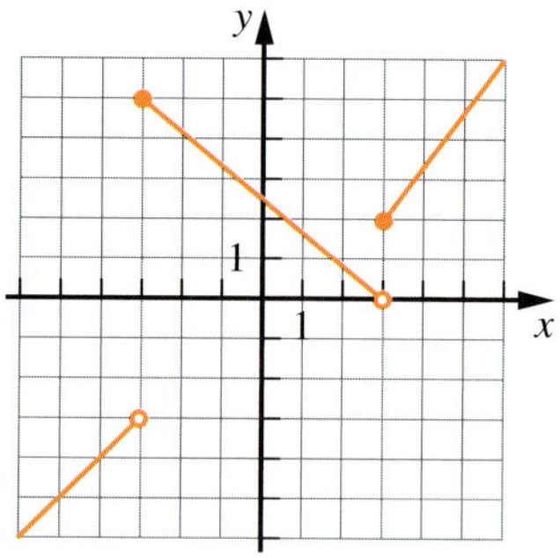

2. Tracer une esquisse du graphique d'une fonction qui respecte simultanément les conditions suivantes.

a) $dom(f) = \mathbb{R}$

$f(x) = 0$ si $x = 2$ ou $x = 5$

$f(x) < 0$ si $x < 2$ ou $x > 5$

$f(x) > 0$ si $2 < x < 5$

b) $dom(f) = \mathbb{R} \setminus \{0\}$

f n'a aucun zéro

$f(x) > 0$ si $x < 0$

$f(x) < 0$ si $x > 0$

c) $dom(f) = [-3, 2[$

$f(x) = 0$ si $x = 1$

$f(x) > 0$ si $x \in [-3, 1[$

$f(x) < 0$ si $x \in]1, 2[$

d) $dom(f) = \mathbb{R}$

$f(x) > 0$ pour tout $x \in \mathbb{R}$

3. Faire l'étude du signe de chacune des fonctions ci-dessous.

a) $f(x)=\dfrac{5-4x}{2}$

b) $f(x)=-2x^2+20x-50$

c) $f(x)=\dfrac{x+4}{1-2x}$

d) $f(x)=\dfrac{3}{x^2(2x-5)}$

e) $f(x)=3x^4(10-x)(3x+1)$

f) $f(x)=-7(x^2+1)(x-6)$

g) $f(x)=\dfrac{5x+9}{(4-x)(2+3x)}$

h) $f(x)=\dfrac{8x}{x^2-100}$

4. Construire le tableau de signes de chacune des fonctions suivantes.

a)

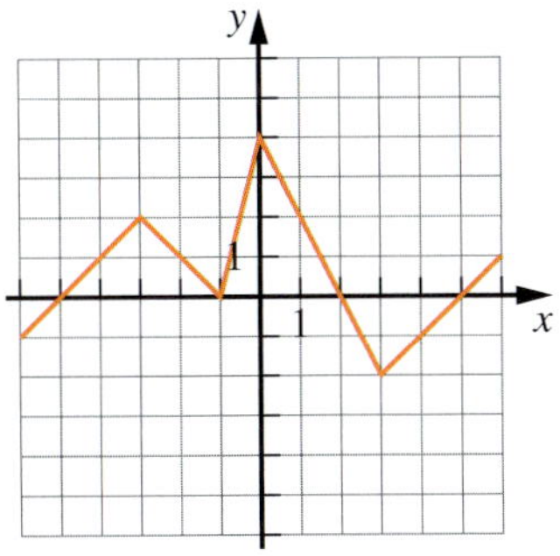

b)

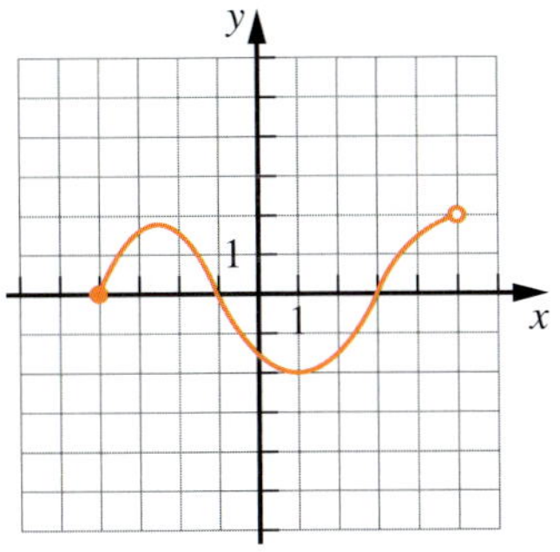

c)

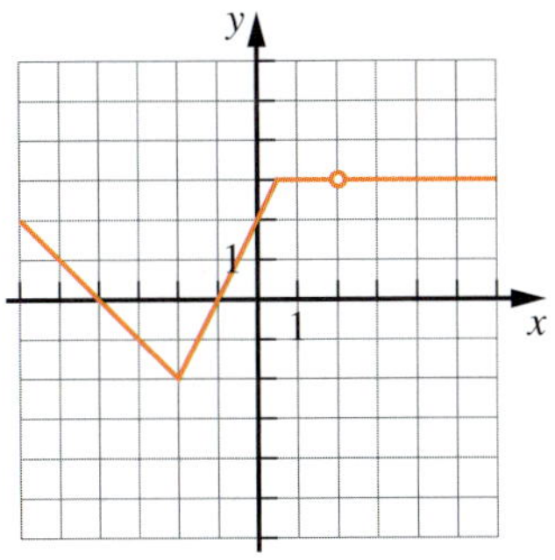

d)

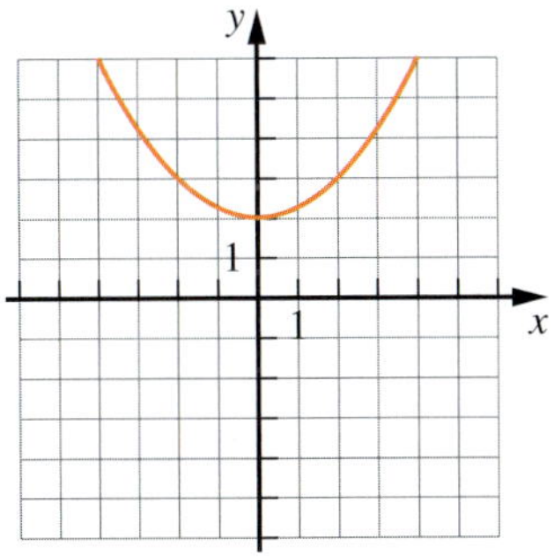

5. Tracer une esquisse du graphique cartésien d'une fonction qui possède les caractéristiques décrites dans chacun des tableaux suivants.

a)

Valeurs de x	$+\infty$	-3		1		5	$+\infty$
$g(x)$	+	0	−	∄	−	0	+

b)

Valeurs de x	$+\infty$	-2		0		3	$+\infty$
$f(x)$	+	0	+	0	+	0	−

4.6 La croissance et les extremums d'une fonction

- Trouver les intervalles de croissance et de décroissance d'une fonction à partir de son graphique cartésien.
- Déterminer les maximums et les minimums absolus ou relatifs.

Une fonction est **croissante** (ou **strictement croissante**) sur un intervalle $I \subseteq dom(f)$ si, pour toutes les valeurs x_1 et x_2 dans cet intervalle, $x_1 < x_2 \Rightarrow f(x_1) < f(x_2)$. Dans cet intervalle, les valeurs de y augmentent lorsque celles de x augmentent et le graphique est une courbe ascendante.

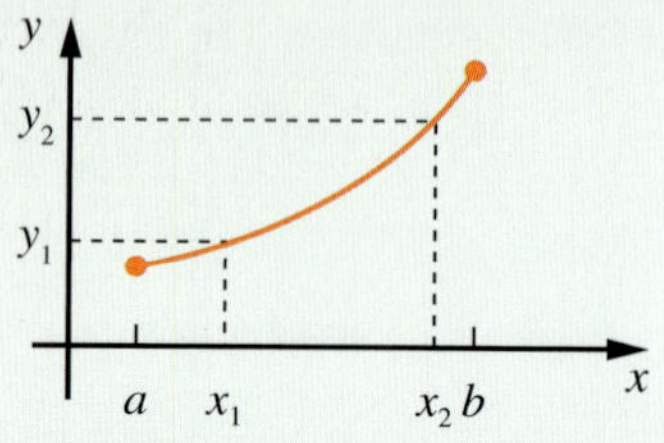

Une fonction est **décroissante** (ou **strictement décroissante**) sur un intervalle $I \subseteq dom(f)$ si, pour toutes les valeurs x_1 et x_2 dans cet intervalle, $x_1 < x_2 \Rightarrow f(x_1) > f(x_2)$. Dans cet intervalle, les valeurs de y diminuent lorsque celles de x augmentent et le graphique est une courbe descendante.

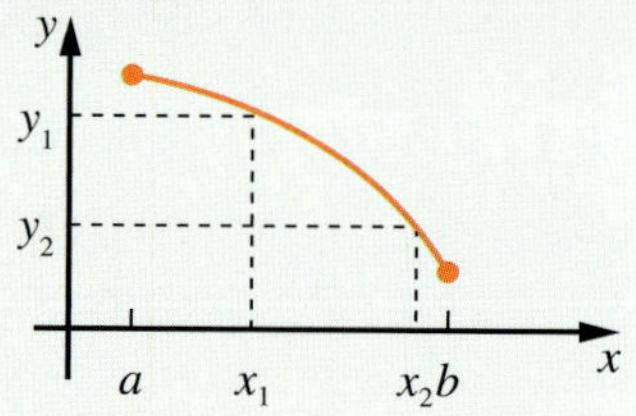

Une fonction est **constante** sur un intervalle $I \subseteq dom(f)$ si, pour toutes les valeurs x_1 et x_2 dans cet intervalle, $f(x_1) = f(x_2)$. Dans cet intervalle, les valeurs de y sont égales pour toutes les valeurs de x et le graphique est une droite horizontale.

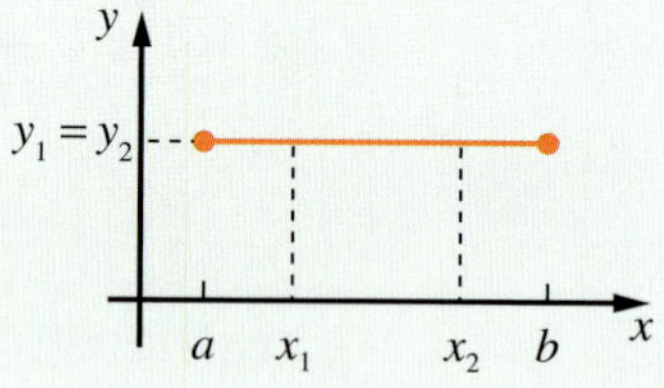

4

Nous avons choisi de définir la croissance et la décroissance au sens strict, c'est-à-dire que le graphique « monte » ou « descend » sur tout l'intervalle *I*. C'est cette définition que nous utiliserons pour la recherche des intervalles de croissance et de décroissance des fonctions.

Certains auteurs parlent aussi de croissance ou de décroissance au sens large, en incluant la possibilité que la fonction soit constante sur une partie de l'intervalle *I*.

Exemple 4.12

- Soit la fonction f représentée par le graphique ci-contre.
  f est décroissante sur $[-4, -1]$.
  f est constante sur $[-1, 2]$.
  f est croissante sur $[2, 5]$.

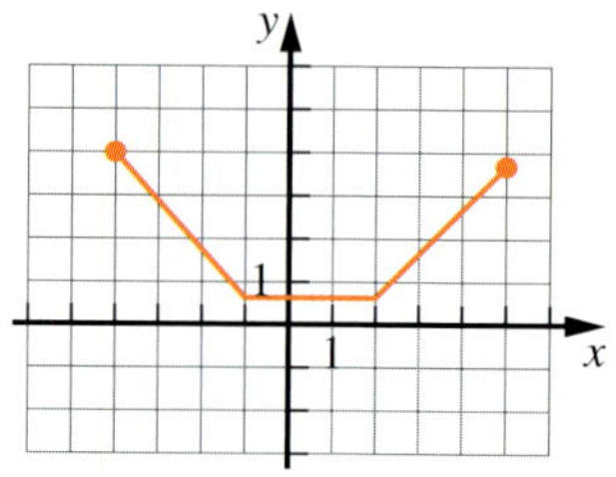

- Soit la fonction f représentée par le graphique ci-contre.
  f est croissante sur $]-\infty, -3]$ et sur $]2, +\infty[$.
  Elle est décroissante sur $[-3, -1]$.

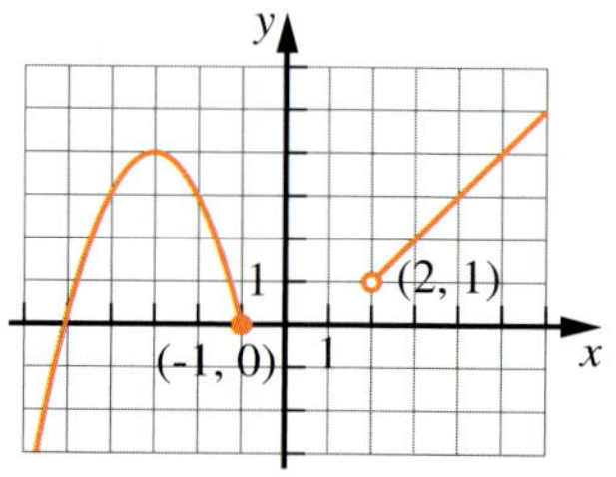

De façon générale, lorsqu'une fonction est croissante (ou décroissante) sur plusieurs intervalles disjoints, on ne peut pas utiliser le symbole d'union entre ces intervalles. Dans l'exemple précédent, la fonction f est croissante sur $]-\infty, -3]$ et elle est croissante sur $]2, +\infty[$.

Par contre, elle n'est pas croissante sur l'**ensemble** $]-\infty, -3] \cup]2, +\infty[$, puisqu'on peut trouver dans cet ensemble des valeurs x_1 et x_2 telles que $x_1 < x_2$, mais pour lesquelles on n'a pas $f(x_1) < f(x_2)$. Par exemple, si $x_1 = -4$ et $x_2 = 3$, alors $f(x_1) = 3$ et $f(x_2) = 2$. On a bien $x_1 < x_2$, mais dans ce cas, $f(x_1) > f(x_2)$.

Le **maximum** (ou **maximum absolu**) d'une fonction f, désigné par $max(f)$, est la plus grande valeur atteinte par $f(x)$.

$$max(f) \geq f(x) \text{ pour tout } x \in dom(f)$$

Le **minimum** (ou **minimum absolu**) d'une fonction f, désigné par $min(f)$, est la plus petite valeur atteinte par $f(x)$.

$$min(f) \leq f(x) \text{ pour tout } x \in dom(f)$$

On appelle **extremum** d'une fonction une valeur qui est soit son maximum, soit son minimum.

Chaque extremum doit être l'ordonnée d'au moins un point du graphique. C'est donc un nombre réel.

Si une fonction f possède un minimum et un maximum, alors $ima(f) \subseteq [min(f), max(f)]$.

Si une fonction f possède un minimum et pas de maximum, alors $ima(f) \subseteq [min(f), +\infty[$.

Si une fonction f possède un maximum et pas de minimum, alors $ima(f) \subseteq]-\infty, max(f)]$.

4

Exemple 4.13

- Soit la fonction f représentée par le graphique ci-contre. Son domaine est $dom(f) = [-4, 5]$.

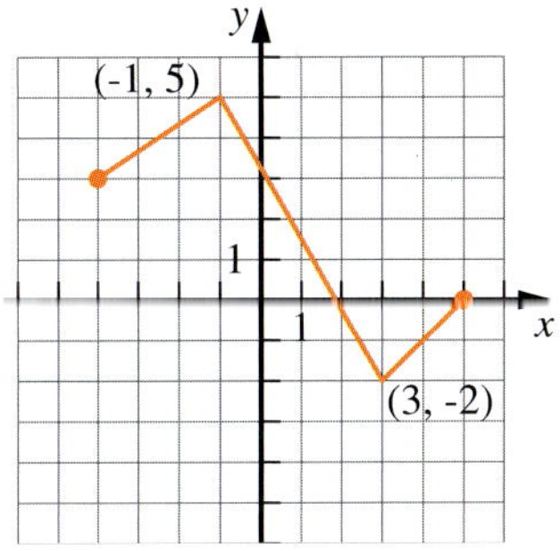

Son maximum est $max(f) = 5$. La fonction atteint ce maximum absolu lorsque $x = -1$.

Le maximum est le nombre 5. Le point (-1, 5), quant à lui, est le point où la fonction atteint ce maximum, qu'on peut appeler « point de maximum ».

Son minimum est $min(f) = -2$. La fonction atteint ce minimum absolu lorsque $x = 3$.

Le minimum est le nombre -2. Le point (3, -2) est le point de minimum.

$y = f(x)$ prend toutes les valeurs entre -2 et 5.

Ainsi, $ima(f) = [-2, 5]$.

◆ Soit la fonction $f(x) = 2x - 3$ représentée par le graphique ci-contre, où $dom(f) = \mathbb{R}$.

La fonction n'a ni minimum ni maximum, puisqu'elle est représentée par une droite oblique.

Ainsi, $ima(f) = \mathbb{R}$.

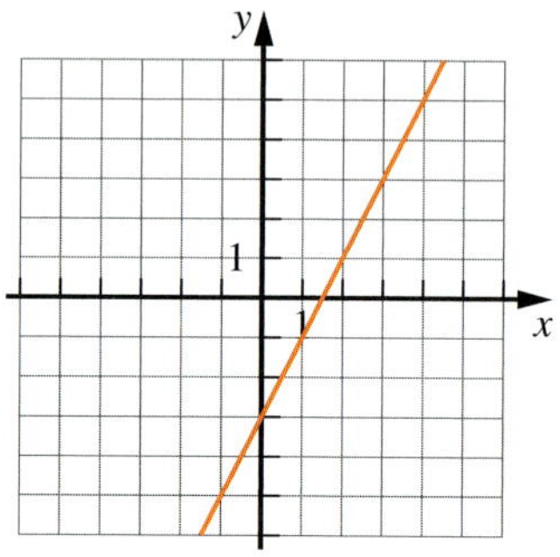

◆ Soit $g(x) = 2x - 3$, où $dom(g) = [1, 4[$.

La fonction g et la fonction f de l'exemple précédent ont la même règle de correspondance, mais leur domaine est différent.

Puisque la fonction g est définie sur un intervalle fermé à gauche et ouvert à droite, on la représente par un segment de la droite précédente.

$min(g) = -1$, atteint lorsque $x = 1$

La fonction g n'a pas de maximum, puisque $g(4)$ n'est pas défini. Il n'existe pas de valeur de $g(x)$ qui soit supérieure ou égale à toutes les autres.

$ima(g) = [-1, 5[$

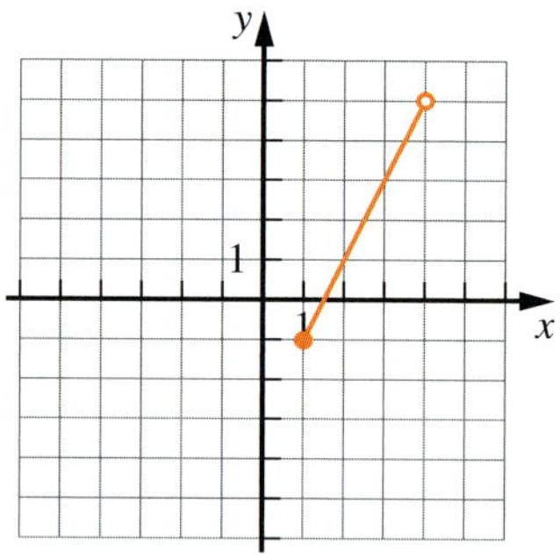

◆ Soit la fonction $f(x) = 3$, où $dom(f) = \mathbb{R}$.

Elle est représentée par une droite horizontale et est donc constante sur tout son domaine.

Dans ce cas, le minimum et le maximum sont égaux.

$min(f) = max(f) = 3$

$ima(f) = \{3\}$

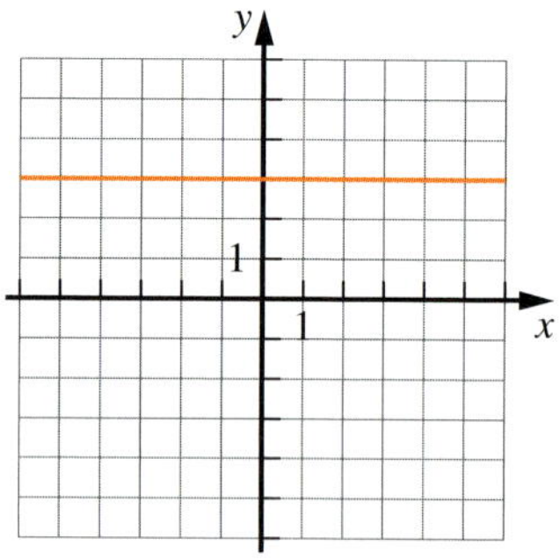

Lorsque le graphique d'une fonction est alternativement croissant et décroissant, il peut présenter un certain nombre de « sommets ». Leur ordonnée est un maximum (ou un minimum) si on se limite à un intervalle autour de l'abscisse de ce sommet. On l'appelle « maximum (ou minimum) relatif ».

L'ordonnée $f(a)$ d'un point du graphique est un **maximum relatif** (ou **minimum relatif**) si c'est la plus grande (ou la plus petite) valeur de $y = f(x)$ pour les valeurs de x comprises dans un intervalle ouvert autour de a.

Tout maximum (minimum) absolu est aussi un maximum (minimum) relatif.

Les extrémités fermées d'un graphique sont également des points où on peut observer un extremum relatif.

Exemple 4.14

◆ Soit la fonction f représentée par le graphique ci-contre.

Cette fonction n'a ni minimum absolu ni maximum absolu.

Elle possède toutefois un maximum relatif 2 au point (-1, 2) et un minimum relatif -2 au point (1, -2).

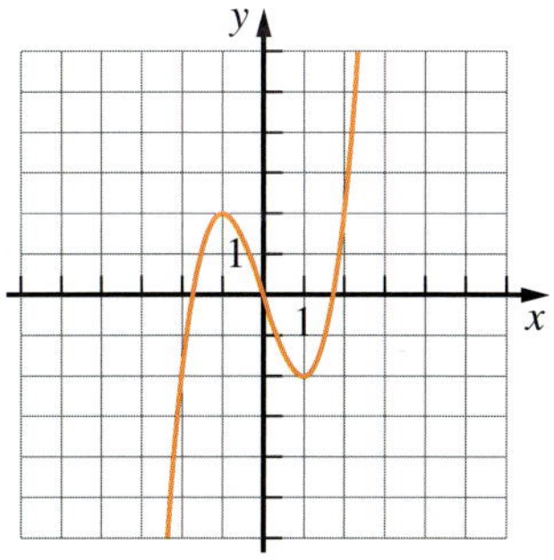

◆ Soit la fonction f représentée par le graphique ci-contre, avec $dom(f) = [-4, 5[$.

Cette fonction possède deux minimums relatifs.

2 est un minimum relatif, atteint au point (-4, 2), l'extrémité gauche du graphique.

-3 est également un minimum relatif, atteint au point (3, -3). C'est aussi le minimum absolu et on a alors $min(f) = -3$.

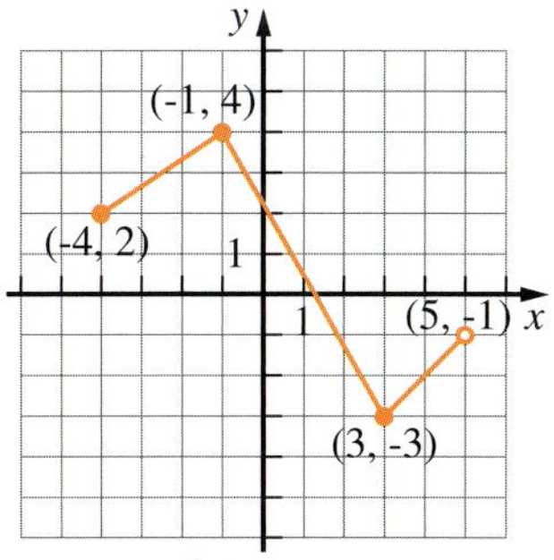

Au point (-1, 4), le maximum relatif 4 est aussi le maximum absolu et alors $max(f) = 4$.

On n'a pas de maximum relatif au point (5, -1), puisque ce point n'appartient pas au graphique ($5 \notin dom(f)$).

4

Exercices 4.6

1. Déterminer les intervalles de croissance et de décroissance des fonctions représentées par chacun des graphiques suivants.

a)

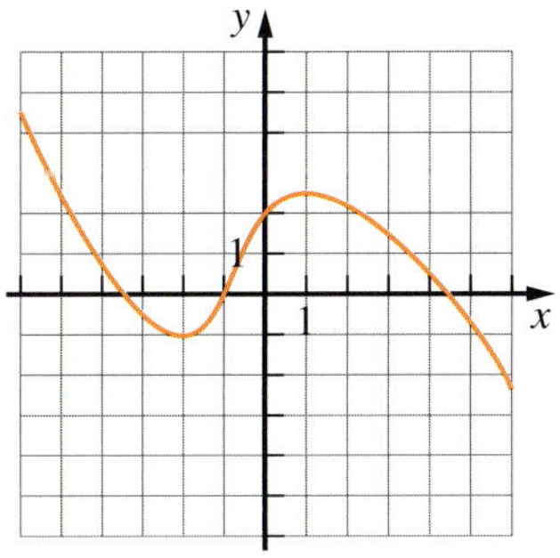

b)

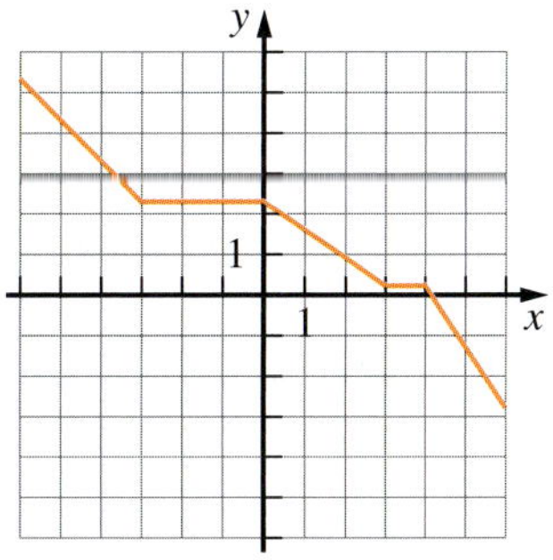

2. Tracer le graphique cartésien d'une fonction qui possède les caractéristiques décrites ci-dessous. (Il y a plusieurs solutions possibles.)

a) $dom(f) = \mathbb{R}$

f est croissante sur $]-\infty, 2]$ et sur $[4, +\infty[$; elle est décroissante sur $[2, 4]$.

b) $dom(f) = [0, 5]$

f est croissante sur $[0, 2]$ et constante sur $[2, 5]$.

c) $dom(f) = \mathbb{R}$

f est croissante sur tout son domaine.

d) $dom(f) = \mathbb{R}\setminus\{0\}$

f est croissante sur $]-\infty, 0[$ et décroissante sur $]0, +\infty[$.

3. Trouver, s'ils existent, le maximum et le minimum de chacune des fonctions ci-dessous, de même que les maximums ou les minimums relatifs. Indiquer la valeur de x pour laquelle la fonction atteint chaque extremum. Donner ensuite le domaine et l'ensemble image de la fonction.

a)

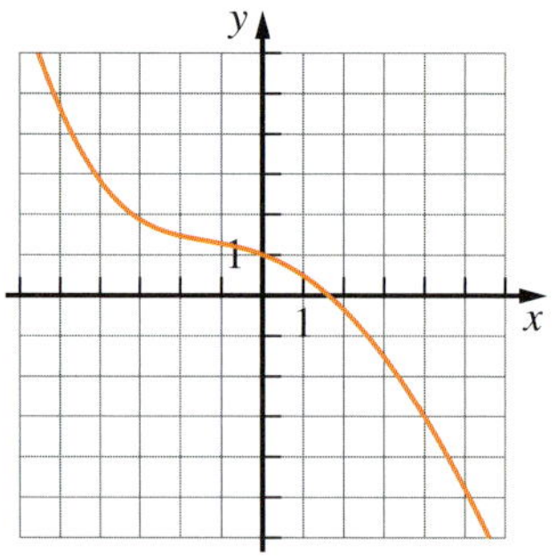

c)

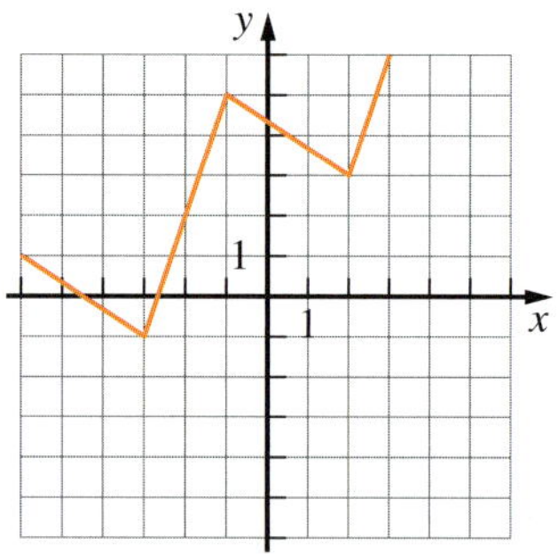

b)

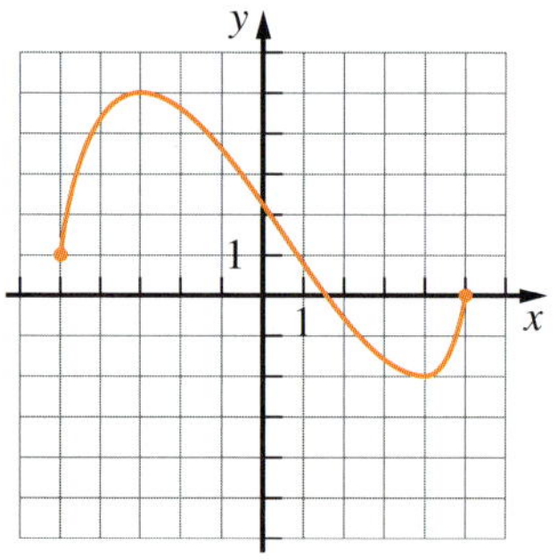

d)

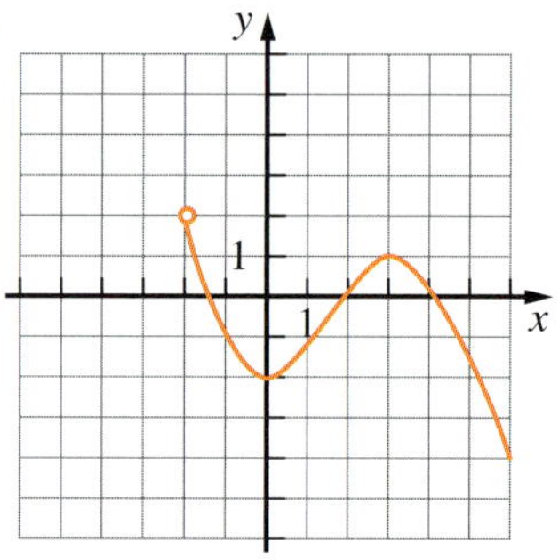

4. Tracer le graphique cartésien d'une fonction f dont le minimum est -1, qui atteint ce minimum lorsque $x = 3$ et qui n'a pas de maximum. (Il y a plusieurs solutions possibles.)

5. Tracer le graphique cartésien d'une fonction f telle que $dom(f) = \mathbb{R}$ et $ima(f) = [-4, 6]$. Indiquer le minimum et le maximum de cette fonction et préciser la valeur de x pour laquelle la fonction atteint chaque extremum. (Il y a plusieurs solutions possibles.)

6. Tracer le graphique cartésien d'une fonction f dont le domaine est $\mathbb{R}$, qui n'a ni minimum ni maximum, mais qui possède un minimum relatif au point (-3, 2) et un maximum relatif au point (4, 5). (Il y a plusieurs solutions possibles.)

4.7 Le tableau de variation d'une fonction

- Regrouper, dans un tableau, les renseignements sur le signe, la croissance et les extremums d'une fonction.
- Esquisser le graphique d'une fonction à partir de son tableau de variation.

On peut regrouper tous les renseignements sur le domaine d'une fonction, son signe, ses intervalles de croissance ou de décroissance et ses extremums dans un tableau appelé **tableau de variation** de la fonction.

Lorsqu'on obtient ces renseignements à partir d'un graphique, le tableau facilite l'interprétation des valeurs critiques et des extremums de la fonction.

Lorsqu'on obtient ces renseignements à partir de la règle de correspondance de la fonction, le tableau permet de tracer facilement une esquisse du graphique.

L'algèbre élémentaire ne permet pas toujours de trouver les intervalles de croissance ou de décroissance et les extremums d'une fonction. Le calcul différentiel, qui fait l'objet d'autres cours de niveau collégial, fournit des outils supplémentaires. Le tableau de variation deviendra alors un élément essentiel à l'analyse d'une fonction.

Exemple 4.15

◆ Soit la fonction f représentée par le graphique ci-contre, avec $dom(f) = \mathbb{R}$ et $ima(f) =]-\infty, 4]$.

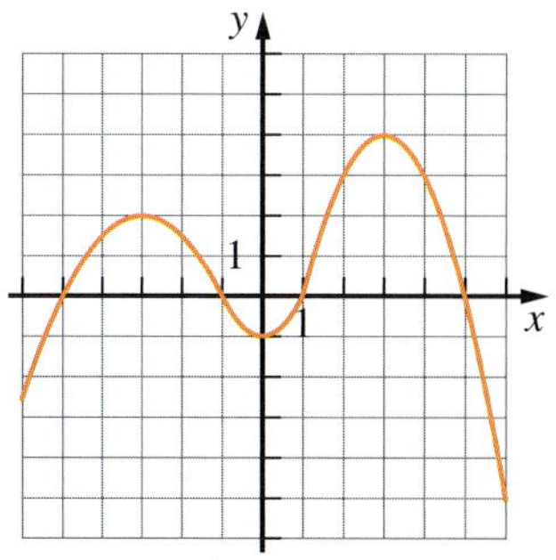

$$f(x) = 0 \text{ si } x \in \{-5, -1, 1, 5\}$$

$$f(x) < 0 \text{ si } x \in]-\infty, -5[\cup]-1, 1[\cup]5, +\infty[$$

$$f(x) > 0 \text{ si } x \in]-5, -1[\cup]1, 5[$$

f est croissante sur $]-\infty, -3]$ et sur $[0, 3]$; elle est décroissante sur $[-3, 0]$ et sur $[3, +\infty[$.

Elle possède des maximums relatifs aux points (-3, 2) et (3, 4) et un minimum relatif au point (0, -1). De plus, elle atteint un maximum absolu $max(f) = 4$, lorsque $x = 3$, et ne possède aucun minimum absolu.

On peut résumer l'analyse du graphique de la fonction dans un tableau.

1. Sur la première ligne, on inscrit toutes les valeurs pertinentes de x : extrémités du domaine, points où la fonction n'est pas définie, zéros et extremums s'il y a lieu.
2. Sur la deuxième ligne, on inscrit les résultats de l'étude du signe de la fonction.
3. Sur la troisième ligne, on inscrit les résultats de l'analyse de croissance en utilisant des flèches ascendantes pour la croissance et des flèches descendantes pour la décroissance, puis en précisant les extremums.

Valeurs de x	$-\infty$	-5		-3		-1		0		1		3		5	$+\infty$
Signe de f	−	0	+	+	+	0	−	−	−	0	+	+	+	0	−
Croissance de f		↗		max. rel. 2		↘		-1 min. rel.		↗		max. 4		↘	

◆ Soit une fonction f dont le tableau de variation est le suivant. On n'a volontairement pas précisé si les extremums sont relatifs ou absolus.

Valeurs de x	-6		-4		-3		-2		0		5
Signe de f	+	+	+	+	0	−	∄	−	0	+	+
Croissance de f	2 min.	↗	max. 4		↘		∄		↗		max. 6

Le tableau ne permet pas de décrire complètement la fonction, mais il fournit plusieurs indications aidant à esquisser son graphique.

On constate d'abord que $dom(f) = [-6, -2[\cup]-2, 5]$.

Puisque $-2 \notin dom(f)$, aucun point du graphique n'aura une abscisse de -2. Il y aura donc une discontinuité à cet endroit.

Le tableau précise quelques points du graphique, qu'on peut placer dans le plan cartésien :

- les points (-3, 0) et (0, 0) correspondant aux deux zéros (-3 et 0) et à l'ordonnée à l'origine (0) ;
- les points d'extremums (-6, 2) et (5, 6), les extrémités du graphique, de même que (-4, 4).

La fonction ne pouvant avoir qu'un seul maximum absolu, on en déduit que le maximum 4, au point (-4, 4), est nécessairement un maximum relatif. En observant le tableau, on constate facilement que $f(x)$ ne pourra jamais avoir une valeur supérieure à 6. On a donc un maximum absolu $max(f) = 6$.

Le minimum 2, au point (-6, 2), est nécessairement un minimum relatif, puisque la fonction possède deux zéros. Les deux points d'intersection avec l'axe des x ont alors une ordonnée inférieure à 2.

L'étude du signe et de la croissance permet d'esquisser un graphique. Il existe toutefois une infinité de graphiques qui correspondent à ce tableau. En voici deux exemples.

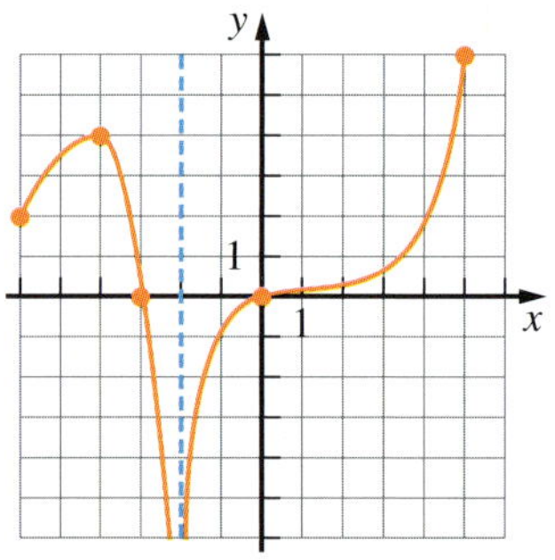

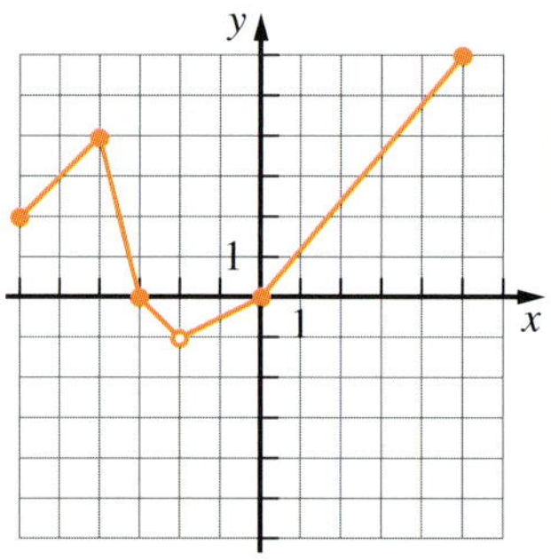

Si on connaissait la règle de correspondance de la fonction, on pourrait construire un tableau de valeurs et placer d'autres points dans le plan pour obtenir une esquisse plus précise.

Dans un contexte particulier, le graphique d'une fonction fournit de nombreuses informations dont l'interprétation permet de décrire la situation.

Exemple 4.16

◆ Le graphique ci-contre représente la fonction $y = f(x)$, où y est la température d'un four (en degrés Celsius), x minutes après y avoir déposé une cocotte.

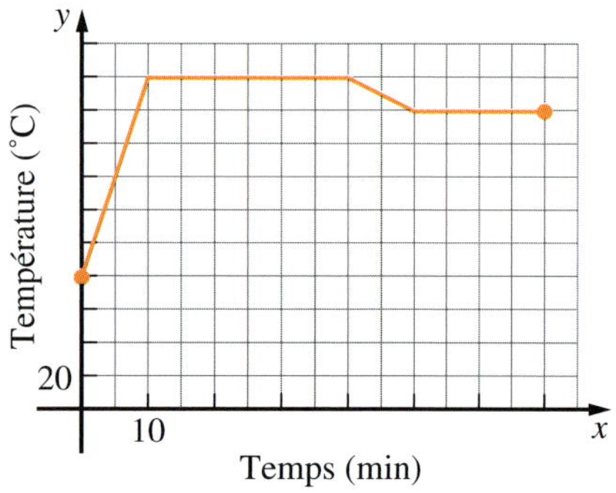

$dom(f) = [0 \text{ min}, 70 \text{ min}]$. On a mesuré la température pendant 70 minutes, ce qui correspond probablement au temps de cuisson.

$f(0) = 80$, puisque le point (0, 80) est sur le graphique. La température du four était de 80 °C lorsqu'on y a déposé la cocotte.

$ima(f) = [80\ °C, 200\ °C]$. La température du four a varié de 80 °C à 200 °C.

Après 10 minutes, la température avait atteint 200 °C, puisque $f(10) = 200$. On constate également que la température a augmenté de façon constante pendant ces 10 minutes.

La température est restée constante pendant les 30 minutes suivantes : $f(x) = 200$ pour tout $x \in [10, 40]$.

La température du four a ensuite diminué graduellement pendant 10 minutes jusqu'à 180 °C ($f(50) = 180$), puis est restée stable jusqu'à la fin de la cuisson.

Le graphique permet de connaître la température à tout moment pendant la durée de la cuisson. Par exemple, le point (42, 196) indique que la température atteignait 196 °C après 42 minutes de cuisson.

L'encadré ci-dessous résume les étapes essentielles de l'analyse d'une fonction.

L'analyse d'une fonction

1. Déterminer le domaine de la fonction.
2. Calculer l'ordonnée à l'origine et en déduire le point d'intersection du graphique avec l'axe des y.
3. Trouver les zéros de la fonction et en déduire les points d'intersection du graphique avec l'axe des x.
4. Faire l'étude du signe de la fonction : préciser les intervalles sur lesquels la fonction est positive, négative ou nulle.
5. Faire l'étude de croissance de la fonction : préciser les intervalles sur lesquels la fonction est croissante, décroissante ou constante.
6. Préciser les extremums, absolus ou relatifs, et en déduire l'ensemble image de la fonction.
7. Regrouper toutes les informations précédentes dans un tableau de variation.
8. Tracer une esquisse du graphique.

L'ordre des étapes peut varier selon les éléments dont on dispose. Une première esquisse du graphique, après quelques étapes, peut aider à trouver certaines caractéristiques. D'autres étapes, propres à certaines fonctions particulières, permettront une analyse plus approfondie, comme nous le verrons dans les prochains chapitres.

Exercices 4.7

1. Faire l'analyse complète des fonctions représentées par chacun des graphiques suivants.

a)

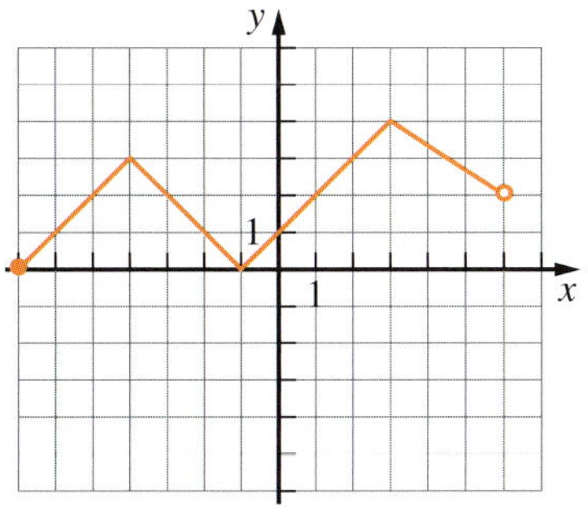

b)

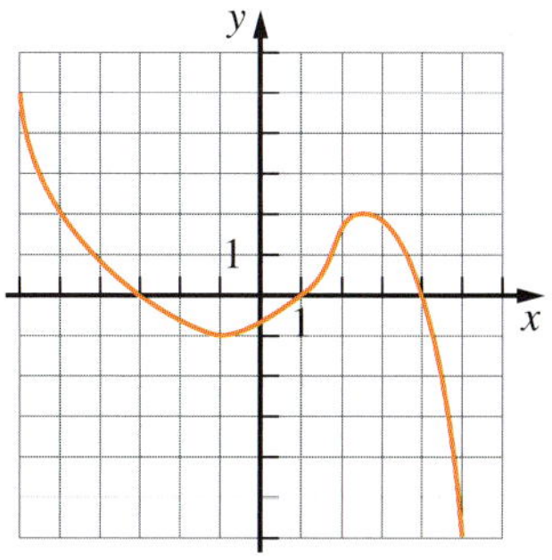

c)

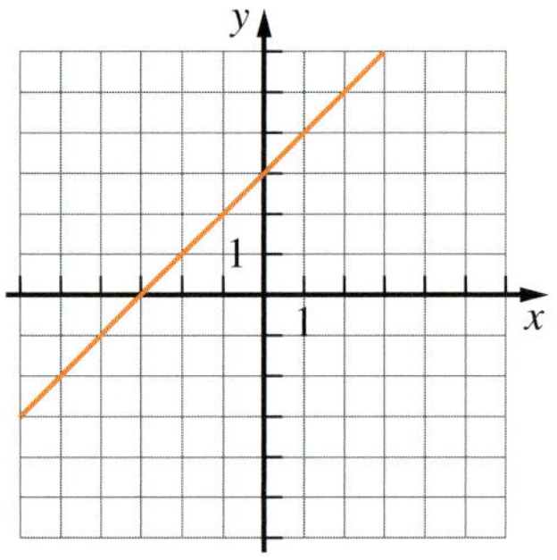

d)

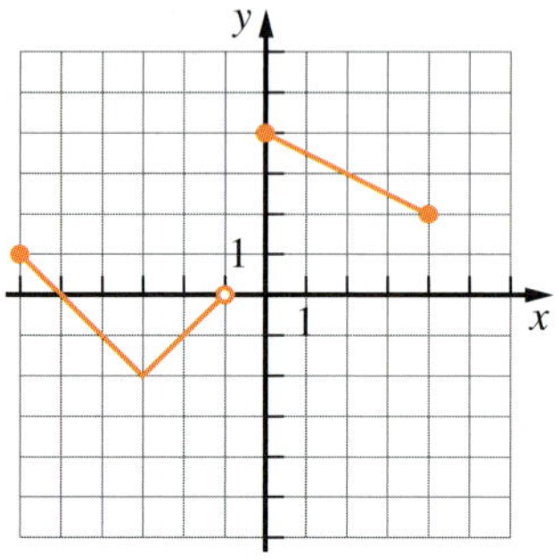

2. Esquisser un graphique correspondant aux caractéristiques présentées dans chacun des tableaux de variation ci-dessous (il y a plusieurs solutions possibles). Préciser dans le tableau si les extremums sont absolus ou relatifs.

a)

Valeurs de x	-2		-1		0		3		4		5
Signe de f	∄	+	0	–	–	–	0	+	+	+	+
Croissance de f	∄	↘			-1 min.	↗			max. 2	↘	1 min.

b)

Valeurs de x	-∞	-3		-1		1		3		5		7		9	+∞
Signe de f	+	0	–	–	–	0	+	+	+	0	–	–	–	0	–
Croissance de f	↘			-3 min.	↗			max. 2	↘			-5 min.	↗		

c)

Valeurs de x	-∞	-4		-2		1		3		5	+∞
Signe de f	–	0	+	+	+	0	–	–	–	0	+
Croissance de f	↗			max. 3	↘			-2 min.	↗		

d)

Valeurs de x	-5		-3		0		3		5
Signe de f	+	+	0	+	+	+	0	+	+
Croissance de f	max. 3	↘	0 min.	↗	max. 6	↘	0 min.	↗	max. 3

3. Le graphique ci-après représente la position d'un plongeur (en mètres au-dessus de la surface de l'eau) à chaque instant entre son impulsion sur le tremplin et son entrée dans l'eau.

Alexandre Despatie

a) Quelle est la hauteur du tremplin ?

b) i) Quelle est la position approximative du plongeur, au-dessus de la surface de l'eau, un quart de seconde après son impulsion ?

ii) À ce moment, quelle est sa position au-dessus du tremplin ?

c) Quelle hauteur maximale, au-dessus de la surface de l'eau, le plongeur atteint-il ?

d) Après combien de temps revient-il à la hauteur du tremplin ?

e) Après combien de temps entre-t-il dans l'eau ?

f) Quelle distance approximative a-t-il parcourue, en hauteur, pendant le deuxième quart de seconde ?

g) Quelle distance a-t-il parcourue pendant la dernière seconde ?

h) À quel moment sa vitesse est-elle la plus grande ?

i) Quelle est sa vitesse moyenne pendant sa descente ?

j) Dans ce contexte, que signifie $f(1{,}5)$?

k) Dans ce contexte, que signifie $f(1)=10$?

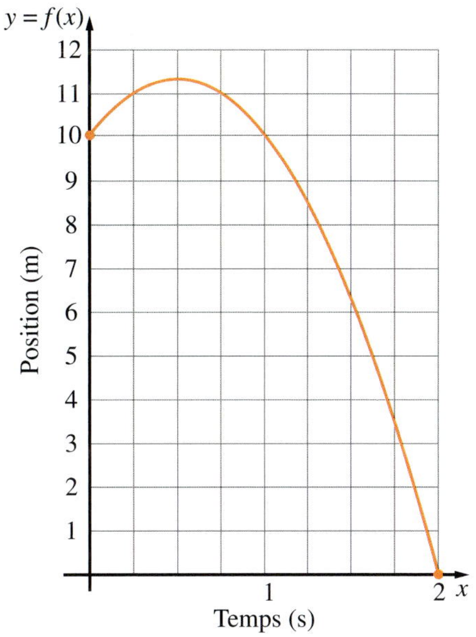

4. Le graphique ci-dessous représente la vitesse d'une automobile pendant la durée du trajet en fonction du temps écoulé (en heures) depuis le départ.

a) Quelle a été la durée du trajet ?

b) Quelle vitesse maximale la voiture a-t-elle atteinte ?

c) Quelle était la vitesse de la voiture exactement 40 minutes après le départ ?

d) Pendant combien de temps la voiture a-t-elle roulé à une vitesse supérieure à 60 km/h ?

e) À quel moment la voiture a-t-elle connu son accélération la plus rapide ?

f) Le graphique de la fonction présente un minimum relatif vers la moitié du parcours. Donner sa valeur, préciser le moment auquel il est atteint et interpréter ces valeurs en fonction du contexte du problème.

g) Pendant combien de temps l'automobiliste s'est-il arrêté ?

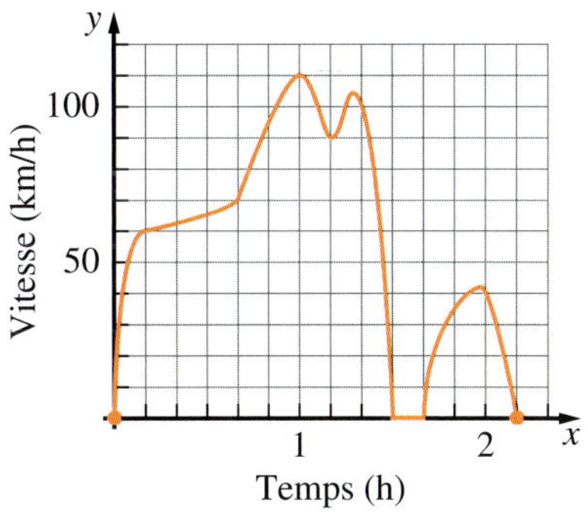

4.8 Les opérations élémentaires sur les fonctions

Effectuer des opérations d'addition, de soustraction, de multiplication ou de division sur des fonctions réelles.

Chaque image $y = f(x)$ d'un nombre réel x est aussi un nombre réel. On peut donc effectuer des opérations élémentaires sur ces valeurs de y.

Si x appartient au domaine d'une fonction f et au domaine d'une fonction g, alors $f(x)$ et $g(x)$ sont des nombres réels sur lesquels on peut aussi effectuer des opérations.

Exemple 4.17

◆ Soit $f(x)=4x-1$ et $g(x)=x^2$, avec $dom(f)=\mathbb{R}$ et $dom(g)=\mathbb{R}$.

$$3 \in dom(f) \text{ et } f(3)=4(3)-1=11$$

$$3 \in dom(g) \text{ et } g(3)=3^2=9$$

Pour $x=3$, on peut effectuer les opérations suivantes.

$$f(3)+g(3)=11+9=20$$
$$f(3)-g(3)=11-9=2$$
$$(f(3))(g(3))=(11)(9)=99$$
$$\frac{f(3)}{g(3)}=\frac{11}{9}$$

De façon générale :

$$f(x)+g(x)=4x-1+x^2$$
$$f(x)-g(x)=4x-1-x^2$$
$$(f(x))(g(x))=(4x-1)(x^2)$$
$$\frac{f(x)}{g(x)}=\frac{4x-1}{x^2} \quad \text{si } x^2 \neq 0$$

En évaluant les quatre expressions algébriques précédentes pour $x=3$, on obtient encore 20, 2, 99 et $\frac{11}{9}$ respectivement.

Le résultat de telles opérations sur les expressions qui constituent les règles de correspondance de deux ou plusieurs fonctions permet, pour chacune des opérations, de définir une nouvelle fonction.

Si f et g sont deux fonctions, on obtient de nouvelles fonctions en effectuant des opérations élémentaires sur les expressions qui constituent leurs règles de correspondance.

Fonction somme

$$(f+g)(x)=f(x)+g(x), \text{ où } dom(f+g)=dom(f)\cap dom(g)$$

Fonction différence

$$(f-g)(x)=f(x)-g(x), \text{ où } dom(f-g)=dom(f)\cap dom(g)$$

Fonction produit

$$(fg)(x)=(f(x))(g(x)), \text{ où } dom(fg)=dom(f)\cap dom(g)$$

Fonction quotient

$$\left(\frac{f}{g}\right)(x)=\frac{f(x)}{g(x)}, \text{ où } dom\left(\frac{f}{g}\right)=\left(dom(f)\cap dom(g)\right)\setminus\left\{x\in dom(g) \mid g(x)=0\right\}$$

Exemple 4.18

◆ Soit $f(x)=\dfrac{x+2}{x-1}$ et $g(x)=3x^2$.

$dom(f)=\mathbb{R}\setminus\{1\}$ et $dom(g)=\mathbb{R}$

$$(f+g)(x)=f(x)+g(x)=\frac{x+2}{x-1}+3x^2=\frac{x+2+3x^2(x-1)}{x-1}=\frac{3x^3-3x^2+x+2}{x-1}$$

et $dom(f+g)=\mathbb{R}\setminus\{1\}$

$$(f-g)(x)=f(x)-g(x)=\frac{x+2}{x-1}-3x^2=\frac{x+2-3x^2(x-1)}{x-1}=\frac{-3x^3+3x^2+x+2}{x-1}$$

et $dom(f-g)=\mathbb{R}\setminus\{1\}$

$$(fg)(x)=(f(x))(g(x))=\left(\frac{x+2}{x-1}\right)(3x^2)=\frac{3x^2(x+2)}{x-1} \text{ et } dom(fg)=\mathbb{R}\setminus\{1\}$$

$$\left(\frac{f}{g}\right)(x)=\frac{f(x)}{g(x)}=\frac{\dfrac{x+2}{x-1}}{3x^2}=\frac{x+2}{x-1}\times\frac{1}{3x^2}=\frac{x+2}{3x^2(x-1)}$$

$$\text{et } dom\left(\frac{f}{g}\right)=(\mathbb{R}\setminus\{1\})\setminus\left\{x\in\mathbb{R}\,\middle|\,3x^2=0\right\}=\mathbb{R}\setminus\{0,1\}$$

$$\left(\frac{g}{f}\right)(x)=\frac{g(x)}{f(x)}=\frac{3x^2}{\dfrac{x+2}{x-1}}=3x^2\times\frac{x-1}{x+2}=\frac{3x^2(x-1)}{x+2}$$

$$\text{et } dom\left(\frac{g}{f}\right)=(\mathbb{R}\setminus\{1\})\setminus\left\{x\in\mathbb{R}\,\middle|\,\frac{x+2}{x-1}=0\right\}=\mathbb{R}\setminus\{-2,1\}$$

Pour tracer le graphique d'une fonction somme (différence, produit, quotient), on peut calculer sa règle de correspondance en effectuant l'opération appropriée et tracer ensuite le graphique de la résultante. Si les fonctions f et g sont représentées par leur graphique, il suffit alors d'additionner (soustraire, multiplier, diviser) les ordonnées des points correspondant à un même x. Par exemple, si $a\in dom(f)\cap dom(g)$, le point $(a, f(a))$ appartient au graphique de f et le point $(a, g(a))$ appartient au graphique de g. L'ordonnée du point $(a, (f+g)(a))$ du graphique de $f+g$ est $(f+g)(a)=f(a)+g(a)$, soit la somme des ordonnées des deux points précédents.

Exemple 4.19

◆ Le graphique ci-contre représente les fonctions f et g, de même que la fonction somme $f+g$.

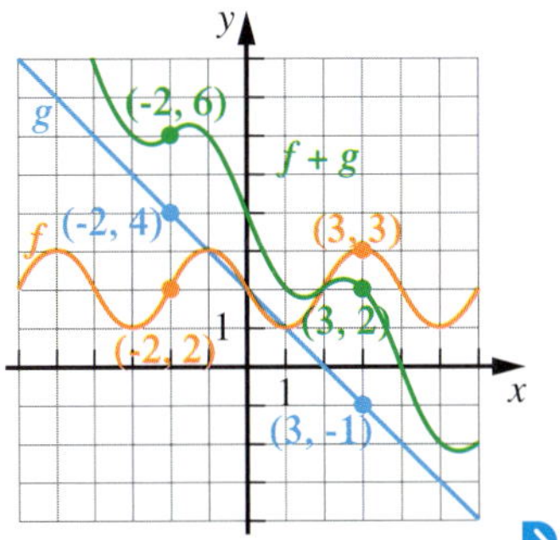

Puisque $dom(f) = \mathbb{R}$ et $dom(g) = \mathbb{R}$, on a $dom(f+g) = dom(f) \cap dom(g) = \mathbb{R}$.

Pour chaque x, on obtient l'ordonnée du point du graphique de $f+g$ en additionnant les ordonnées $f(x)$ et $g(x)$. Les points indiqués sur le graphique illustrent ce résultat.

Par exemple, pour $x = -2$:

Fonction	f	g	$f+g$
Ordonnée	$f(-2) = 2$	$g(-2) = 4$	$(f+g)(-2) = 2+4 = 6$
Point sur le graphique	$(-2, 2)$	$(-2, 4)$	$(-2, 6)$

De même, pour $x = 3$:

Fonction	f	g	$f+g$
Ordonnée	$f(3) = 3$	$g(3) = -1$	$(f+g)(3) = 3+(-1) = 2$
Point sur le graphique	$(3, 3)$	$(3, -1)$	$(3, 2)$

◆ Avec les mêmes fonctions f et g qu'à l'exemple précédent, on peut tracer le graphique de $\frac{f}{g}$ en divisant les ordonnées $f(x)$ et $g(x)$: $\left(\frac{f}{g}\right)(x) = \frac{f(x)}{g(x)}$.

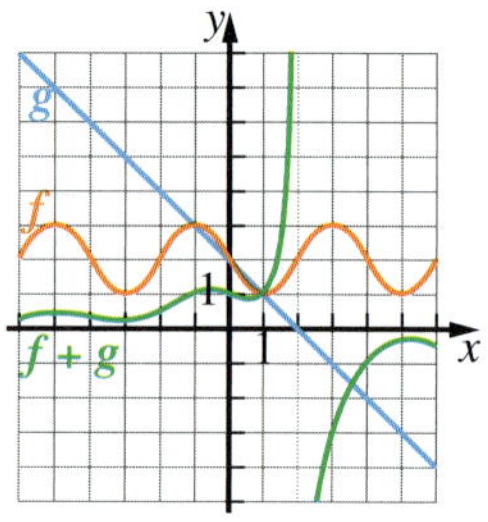

Sur le graphique de g, on constate que $g(x) = 0$ si $x = 2$.

Ainsi $dom\left(\frac{f}{g}\right) = (dom(f) \cap dom(g)) \setminus \{x \in dom(g) \mid g(x) = 0\} = \mathbb{R} \setminus \{2\}$.

La fonction $\frac{f}{g}$ n'est donc pas définie pour $x = 2$ et on observe une discontinuité sur le graphique.

Exercices 4.8

1. Soit $f(x) = \frac{x}{x-5}$ et $g(x) = \sqrt{3-x}$.

a) Déterminer $dom(f)$ et $dom(g)$.

b) Évaluer $f(a)$ et $g(a)$ pour chacune des valeurs de a suivantes, si possible.

i) $a = -1$ ii) $a = 0$ iii) $a = 3$ iv) $a = 5$

c) À partir des résultats trouvés en b), évaluer les expressions suivantes pour chaque valeur de a, si possible.

i) $f(a) + g(a)$ iii) $(f(a))(g(a))$ v) $\frac{g(a)}{f(a)}$

ii) $f(a) - g(a)$ iv) $\frac{f(a)}{g(a)}$ vi) $g^2(a)$

d) Donner la règle de correspondance et le domaine de chacune des fonctions suivantes.

i) $f+g$ iii) fg v) $\dfrac{g}{f}$

ii) $f-g$ iv) $\dfrac{f}{g}$ vi) g^2

2. À partir des graphiques des fonctions f et g représentées ci-contre, tracer une esquisse du graphique de chacune des fonctions suivantes.

a) $f+g$ c) fg

b) $f-g$ d) $\dfrac{f}{g}$

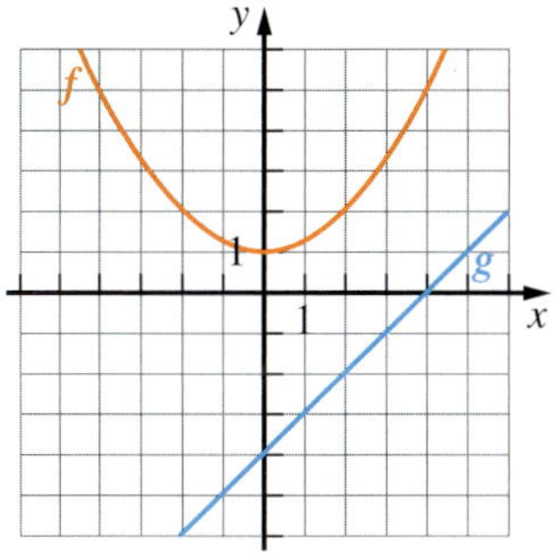

4.9 La composée de fonctions

Effectuer la composition de fonctions.

4

Une fonction est souvent le résultat de l'application successive de deux ou de plusieurs fonctions plus simples.

Exemple 4.20

◆ Soit la fonction $h(x)=(x+3)^4$.

Pour calculer $(x+3)^4$, il faut d'abord ajouter 3 à x, puis élever le résultat à la quatrième puissance, selon l'ordre de priorité des opérations (*voir le chapitre 1*).

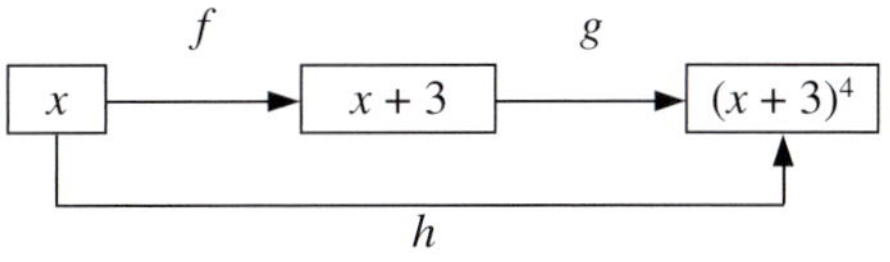

On peut décomposer $h(x)=(x+3)^4$ en deux fonctions simples :

- $f(x)=x+3$ est la fonction par laquelle on ajoute 3 à un nombre réel ;
- $g(x)=x^4$ est la fonction par laquelle on élève un nombre réel à la quatrième puissance.

On peut évaluer $h(2)$ en calculant directement $h(2)=(2+3)^4=5^4=625$.

On pourrait aussi calculer d'abord $f(2)=2+3=5$, puis $g(5)=5^4=625$.

Ainsi, $h(2)=g(f(2))$.

La **composée** $g\circ f$ (lire « g rond f ») de la fonction g et de la fonction f est donnée par :

$$(g\circ f)(x)=g(f(x))$$

On peut représenter l'opération de composition par le diagramme suivant.

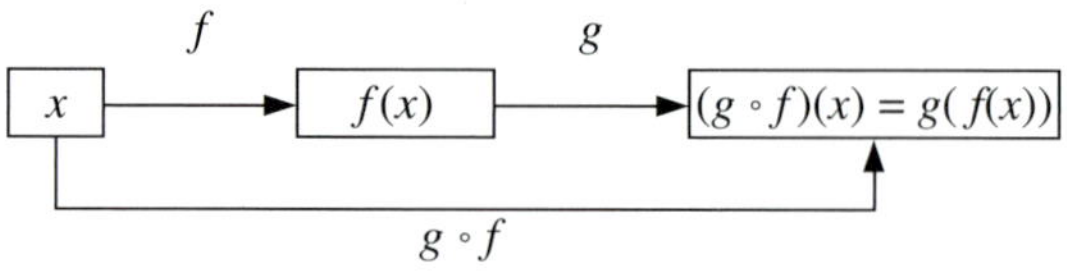

Exemple 4.21

◆ Soit $f(x) = x^2$ et $g(x) = 3x + 1$.

On trouve l'expression de $(g \circ f)(x) = g(f(x))$ en remplaçant la variable x par $f(x)$ dans la règle de correspondance de g.

$$(g \circ f)(x) = g(f(x)) = g(x^2) = 3x^2 + 1$$

On peut alors évaluer la fonction $g \circ f$ pour une valeur donnée de x, par exemple $x = 2$.

$$(g \circ f)(x) = 3x^2 + 1$$

$$(g \circ f)(2) = 3(2^2) + 1 = 13$$

On obtient le même résultat en utilisant directement la définition de la composition.

$$(g \circ f)(2) = g(f(2)) = g(2^2) = g(4) = 3(4) + 1 = 13$$

Pour trouver l'expression de $(f \circ g)(x) = f(g(x))$, on remplace la variable x par $g(x)$ dans la règle de correspondance de f.

$$(f \circ g)(x) = f(g(x)) = f(3x + 1) = (3x + 1)^2$$

L'opération de composition n'est pas commutative, c'est-à-dire que, de façon générale, $g \circ f \neq f \circ g$.

Plus les règles de correspondance des fonctions f et g sont complexes, plus il devient difficile de trouver d'un coup d'œil la règle de correspondance de $g \circ f$. On peut y arriver en remplaçant temporairement x par une « boîte » dans la règle de correspondance de la fonction g.

Exemple 4.22

◆ Soit $f(x) = \dfrac{x^2 - 1}{2}$ et $g(x) = \dfrac{2x - 5}{3 - 4x}$, avec $dom(f) = \mathbb{R}$ et $dom(g) = \mathbb{R} \setminus \left\{\dfrac{3}{4}\right\}$.

$$g(x) = \frac{2x - 5}{3 - 4x}$$

$$g(3) = \frac{2(3) - 5}{3 - 4(3)}$$

$$g(\text{-}1) = \frac{2(\text{-}1) - 5}{3 - 4(\text{-}1)}$$

...

Ainsi, $g(\square) = \dfrac{2(\square)-5}{3-4(\square)}$ où la boîte représente un nombre réel appartenant à $dom(g)$.

Pour trouver l'expression de $(g \circ f)(x)$, il suffit ensuite de « remplir » la boîte avec l'expression de $f(x)$ dans la règle de correspondance de g.

$$(g \circ f)(x) = g(f(x)) = g\left(\boxed{\frac{x^2-1}{2}}\right) = \frac{2\left(\boxed{\frac{x^2-1}{2}}\right)-5}{3-4\left(\boxed{\frac{x^2-1}{2}}\right)}$$

En simplifiant l'expression (*voir le chapitre 2, page 57*), on obtient :

$$(g \circ f)(x) = \frac{2\left(\frac{x^2-1}{2}\right)-5}{3-4\left(\frac{x^2-1}{2}\right)} = \frac{(x^2-1)-5}{3-2(x^2-1)} = \frac{x^2-6}{5-2x^2}$$

Cette fonction n'est pas définie si $5-2x^2=0$, soit si $x = \pm\sqrt{\frac{5}{2}}$.

Pour que $g(f(x))$ existe, il faut que x ait une image par la fonction f et que $f(x)$ ait une image par la fonction g.

4

Le domaine d'une fonction composée

$$dom(g \circ f) = \{x \in \mathbb{R} \mid x \in dom(f) \text{ et } f(x) \in dom(g)\}$$

La règle de correspondance d'une fonction composée ne suffit pas pour déterminer son domaine.

Exemple 4.23

- Soit $f(x) = \sqrt{x+1}$ et $g(x) = x^2$.

  $dom(f) = \{x \mid x+1 \geq 0\} = [-1, +\infty[$, car on ne peut pas extraire la racine carrée d'un nombre négatif.

  $dom(g) = \mathbb{R}$, car il n'y a aucune restriction.

  $$(g \circ f)(x) = g(f(x)) = g\left(\sqrt{x+1}\right) = \left(\sqrt{x+1}\right)^2 = x+1$$

  Même si $x+1$ est défini pour tout nombre réel, le domaine de $g \circ f$ n'est pas $\mathbb{R}$.

  En effet, pour évaluer $(g \circ f)(x)$, il faut d'abord calculer $f(x)$, qui n'est défini que si $x \geq -1$.

Par exemple, $(g \circ f)(-3) = g(f(-3)) = g\left(\sqrt{-3+1}\right) = g\left(\sqrt{-2}\right)$, qui n'est pas défini.

Les valeurs appartenant au domaine de $g \circ f$ doivent respecter les deux conditions suivantes :

1. $x \in dom(f)$, c'est-à-dire $x \geq -1$.

2. $f(x) \in dom(g)$, c'est-à-dire $\sqrt{x+1} \in \mathbb{R}$, ce qui est vrai pour tout $x \geq -1$.

Donc, $dom(g \circ f) = \left\{x \in \mathbb{R} \mid x \geq -1\right\} = [-1, +\infty[$.

Par un raisonnement semblable, on trouverait $dom(f \circ g) = \mathbb{R}$.

◆ Soit $f(x) = \dfrac{2}{3x-1}$ et $g(x) = \dfrac{1}{x-5}$.

$dom(f) = \mathbb{R} \setminus \left\{\dfrac{1}{3}\right\}$, car le dénominateur doit être différent de 0.

$dom(g) = \mathbb{R} \setminus \{5\}$ pour la même raison.

$$\begin{aligned}(g \circ f)(x) &= g(f(x)) = g\left(\frac{2}{3x-1}\right)\\ &= \frac{1}{\frac{2}{3x-1} - 5} = \frac{1}{\frac{2-5(3x-1)}{3x-1}} = \frac{1}{\frac{7-15x}{3x-1}}\\ &= \frac{3x-1}{7-15x}\end{aligned}$$

Les valeurs appartenant au domaine de $g \circ f$ doivent respecter les deux conditions suivantes :

1. $x \in dom(f)$, c'est-à-dire $x \neq \dfrac{1}{3}$.

2. $f(x) \in dom(g)$, c'est-à-dire $f(x) \neq 5$.

On trouve la ou les valeurs à exclure en résolvant l'équation suivante.

$$\begin{aligned}\frac{2}{3x-1} &= 5\\ (3x-1)\frac{2}{3x-1} &= 5(3x-1)\\ 2 &= 15x-5\\ -15x &= -7\\ x &= \frac{7}{15}\text{, qu'on doit exclure du domaine.}\end{aligned}$$

Donc, $dom(g \circ f) = \left\{x \in \mathbb{R} \;\middle|\; x \neq \dfrac{1}{3} \text{ et } x \neq \dfrac{7}{15}\right\} = \mathbb{R} \setminus \left\{\dfrac{1}{3}, \dfrac{7}{15}\right\}$.

Exercices 4.9

1. Soit $f(x)=\dfrac{2x+5}{x^2+1}$. Évaluer chacune des expressions ci-dessous.

a) $f(x+2)$　　c) $f(1-3x^2)$　　e) $f\left(\dfrac{3-4x}{x^2}\right)$

b) $f\left(\dfrac{1}{x}\right)$　　d) $f\left(\sqrt{x^2-5}\right)$　　f) $f(f(x))$

2. Soit $f(x)=3x^2+2$ et $g(x)=\dfrac{1}{x-4}$. Évaluer chacune des expressions ci-dessous, si possible.

a) $(f\circ g)(3)$　　b) $(g\circ f)(3)$　　c) $(f\circ g)(4)$　　d) $(g\circ f)(4)$

3. Soit $f(x)=x^2-1$, $g(x)=\dfrac{5}{3x-2}$ et $h(x)=\sqrt{4-x}$. Trouver la règle de correspondance de chacune des composées suivantes.

a) $f\circ g$　　d) $f\circ f$　　g) $f\circ h$

b) $g\circ f$　　e) $g\circ h$　　h) $g\circ g$

c) $h\circ f$　　f) $h\circ g$　　i) $h\circ h$

4. Pour chacune des paires de fonctions ci-dessous, donner la règle de correspondance et le domaine de $g\circ f$.

a) $f(x)=\dfrac{1}{x}$ et $g(x)=\dfrac{2}{x-5}$　　c) $f(x)=\dfrac{2x+3}{4}$ et $g(x)=\dfrac{4}{2x+3}$

b) $f(x)=3x-1$ et $g(x)=\sqrt{x+4}$　　d) $f(x)=\sqrt{x-2}$ et $g(x)=3x^2+7$

5. Les administrateurs d'une compagnie théâtrale ont calculé que le nombre de spectateurs par soir varie en fonction du prix du billet, selon la fonction $n(x)=\dfrac{7500}{x}-100$. À l'entracte, chaque spectateur dépense en moyenne 4,25 $ au bar. Le concessionnaire du bar évalue donc son revenu brut par soir à $r(s)=4{,}25s$ $, où s représente le nombre de spectateurs.

a) Écrire la règle de correspondance de la fonction p qui donne le revenu brut du concessionnaire, chaque soir, en fonction du prix du billet.

b) Quel sera le revenu brut du concessionnaire un soir de représentation si le prix du billet est de 25 $?

4.10 Les transformations du graphique d'une fonction

- Tracer le graphique d'une fonction $F(x)=Af(B(x-h))+k$ à partir de celui de la fonction f.
- Interpréter correctement l'effet des paramètres A, B, h et k.

Avant d'étudier les transformations d'une fonction, il convient de rappeler que la valeur absolue d'un nombre réel a, notée $|a|$, est la distance, toujours positive ou nulle, entre ce nombre et 0 sur l'axe réel (*voir le chapitre 1, page 9*). Ainsi, $|1|=|-1|=1$, $|a|>1 \Leftrightarrow (a<-1 \text{ ou } a>1)$ et $|a|<1 \Leftrightarrow -1<a<1$.

À partir du graphique d'une fonction f, on peut obtenir une fonction F en effectuant les transformations suivantes : $F(x) = A\,f(B(x-h))+k$.

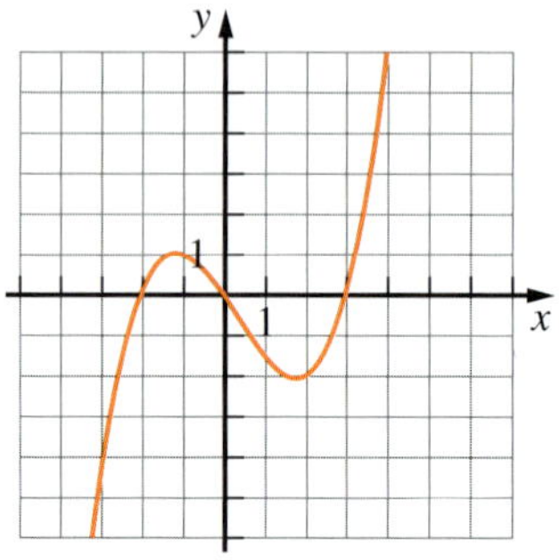

Chacun des paramètres A, B, h et k joue un rôle particulier dans la modification du graphique de f pour obtenir celui de F.

Nous étudierons le rôle de chacun de ces paramètres à l'aide de la fonction f représentée par le graphique ci-contre.

Soit $y = f(x)$ et $F(x) = A\,f(x)$, où $A \neq 0$. On a alors $F(x) = A\,y$.

Pour une même valeur de x, le point $P(x, y)$ est situé sur le graphique de f et le point $Q(x, Ay)$ est situé sur le graphique de F. On obtient l'ordonnée du point Q en multipliant par A l'ordonnée du point P.

Le paramètre *A*

Si $y = f(x)$ et $F(x) = A\,f(x)$, le paramètre A est responsable d'un **étirement vertical** (si $|A| > 1$) ou d'une **compression verticale** (si $|A| < 1$) du graphique de f.

Si $A < 0$, les ordonnées de P et de Q sont de signes contraires et l'étirement (compression) s'accompagne d'une **réflexion par rapport à l'axe des *x***.

<table>
<tr><th colspan="2">$y = Af(x)$</th></tr>
<tr><th>$A > 0$</th><th>$A < 0$</th></tr>
<tr><td>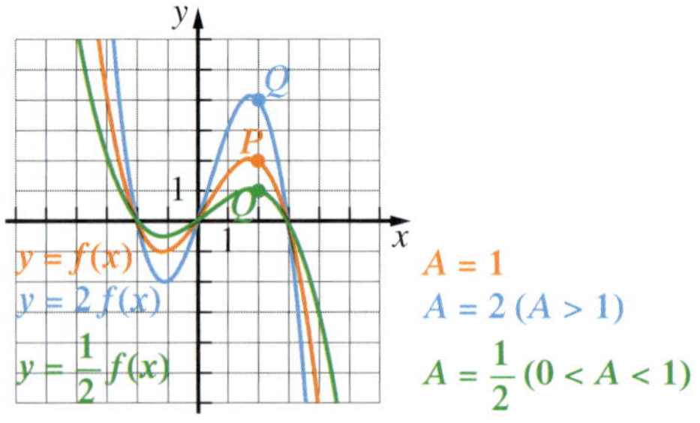
</td><td>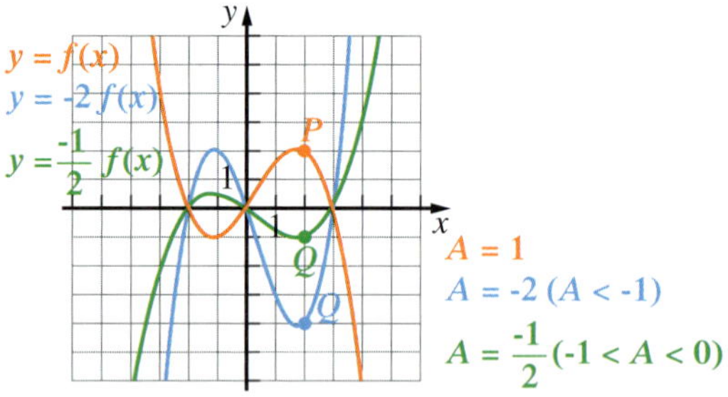
</td></tr>
</table>

Soit $y = f(x)$ et $F(x) = f(Bx)$. On a alors $F\left(\frac{x}{B}\right) = f\left(\frac{Bx}{B}\right) = f(x) = y$.

Pour une même valeur de y, le point $P(x, y)$ est situé sur le graphique de f et le point $Q\left(\frac{x}{B}, y\right)$ est situé sur le graphique de F. On obtient l'abscisse du point Q en multipliant par $\frac{1}{B}$ (ou en divisant par B) l'abscisse du point P.

Le paramètre *B*

Si $y = f(x)$ et $F(x) = f(Bx)$, le paramètre B est responsable d'un **étirement horizontal** (si $|B| < 1$) ou d'une **compression horizontale** (si $|B| > 1$).

Si $B < 0$, les abscisses de P et de Q sont de signes contraires et l'étirement (compression) s'accompagne d'une **réflexion par rapport à l'axe des *y***.

$y = f(Bx)$	
$B > 0$	$B < 0$
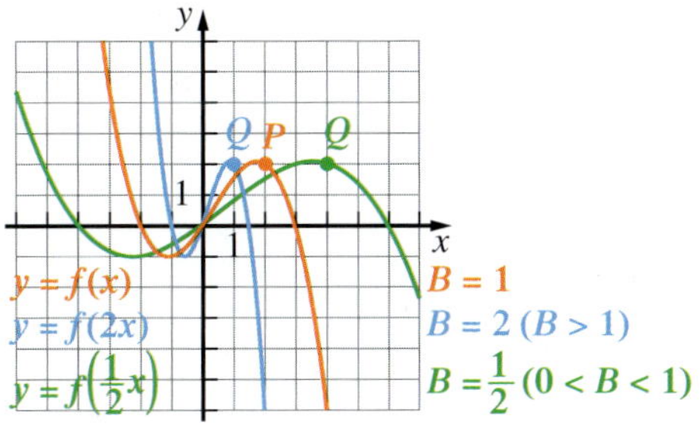	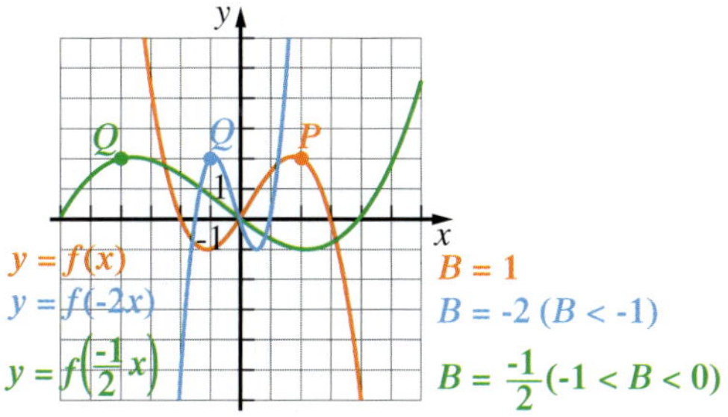

Soit $y = f(x)$ et $F(x) = f(x-h)$. On a alors $F(x+h) = f(x+h-h) = f(x) = y$.

Pour une même valeur de y, le point $P(x, y)$ est situé sur le graphique de f, alors que le point $Q(x+h, y)$ est situé sur le graphique de F. On obtient l'abscisse du point Q en additionnant h à l'abscisse du point P.

Le paramètre *h*

Si $y = f(x)$ et $F(x) = f(x-h)$, le paramètre h est responsable d'une **translation horizontale** de $|h|$ unités, vers la droite si $h > 0$ et vers la gauche si $h < 0$.

Soit $y = f(x)$ et $F(x) = f(x)+k$. On a alors $F(x) = y+k$.

Pour une même valeur de x, le point $P(x, y)$ est situé sur le graphique de f et le point $Q(x, y+k)$ est situé sur le graphique de F. On obtient l'ordonnée du point Q en additionnant k à l'ordonnée du point P.

Le paramètre *k*

Si $y = f(x)$ et $F(x) = f(x)+k$, le paramètre k est responsable d'une **translation verticale** de $|k|$ unités, vers le haut si $k > 0$ et vers le bas si $k < 0$.

$y = f(x-h)$	$y = f(x) + k$
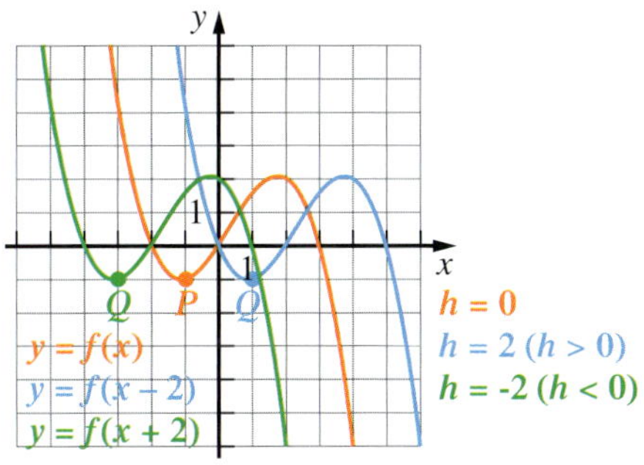	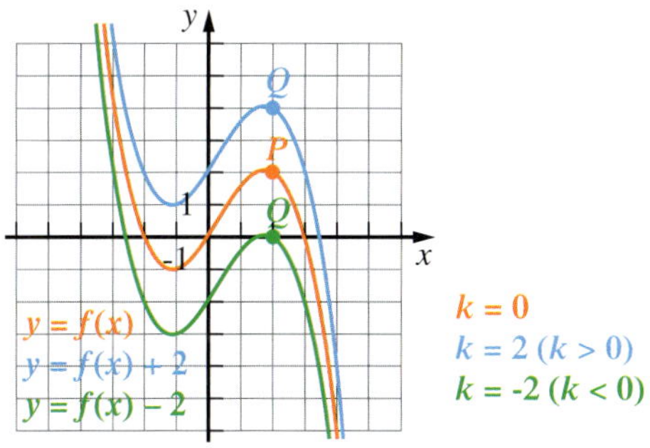

Si $y = f(x)$ et $F(x) = A\,f(B(x-h))+k$, on obtient le graphique de F, à partir de celui de f, en effectuant successivement les transformations décrites précédemment. Si $A < 0$ ou $B < 0$, on doit absolument effectuer les modifications relatives à A et à B avant celles qui sont relatives à h et à k. Cela se justifie par le fait que la réflexion par rapport à l'axe des x ou à l'axe des y ne donnera pas les résultats attendus si on a déjà effectué une translation.

Pour s'assurer d'effectuer les transformations dans le bon ordre, il suffit d'appliquer les transformations en respectant l'**ordre alphabétique** A, B, h, k.

Exemple 4.24

◆ Soit la fonction f représentée par le graphique ci-contre. Traçons le graphique de la fonction $F(x) = -2f(3(x-4)) - 1$. On a $A = -2$, $B = 3$, $h = 4$ et $k = -1$.

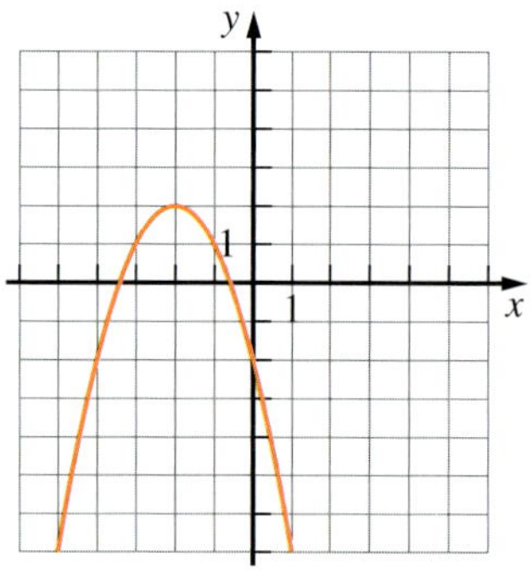

Le paramètre $A = -2$ entraîne un étirement vertical de facteur 2, suivi d'une réflexion par rapport à l'axe des x.

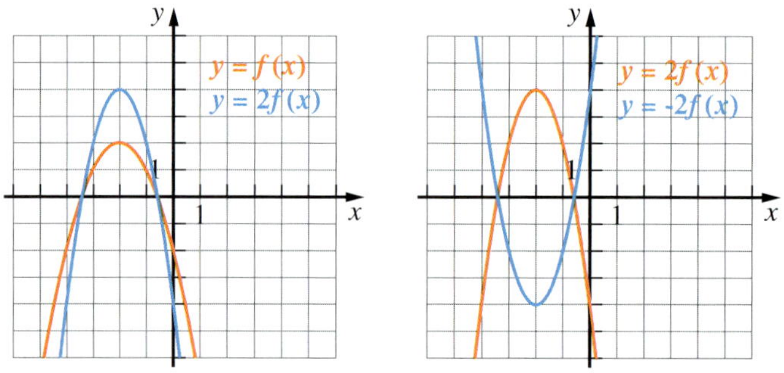

Le paramètre $B = 3$ entraîne une compression horizontale de facteur $\frac{1}{3}$.

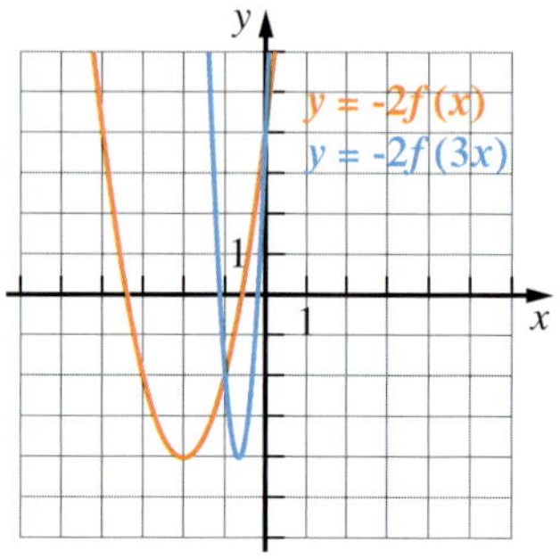

Le paramètre $h = 4$ entraîne une translation horizontale de 4 unités vers la droite.

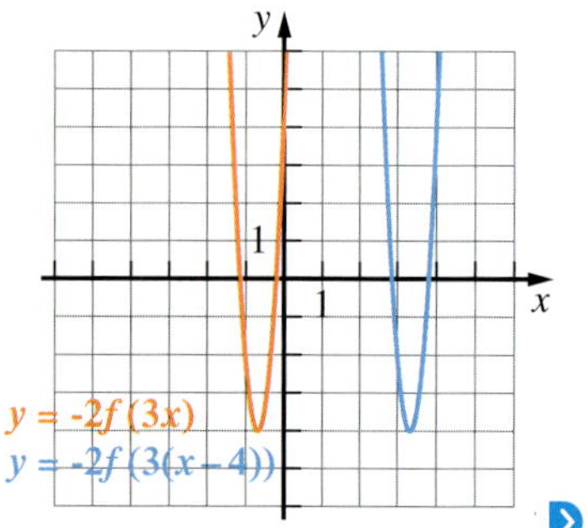

Le paramètre $k = -1$ entraîne une translation verticale de 1 unité vers le bas.

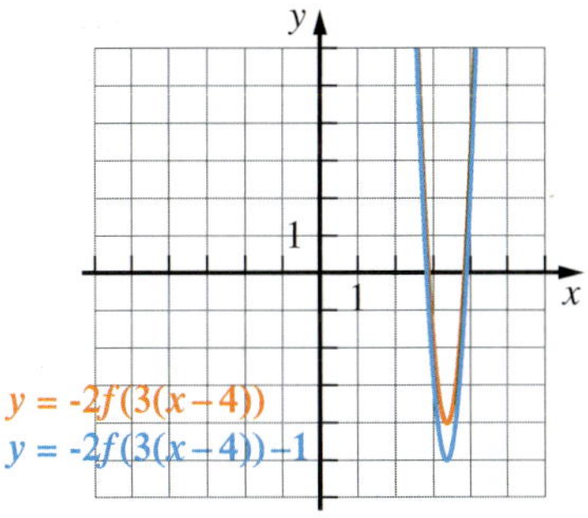

Exercices 4.10

1. Soit la fonction f représentée par le graphique ci-contre. Tracer le graphique de chacune des fonctions suivantes.

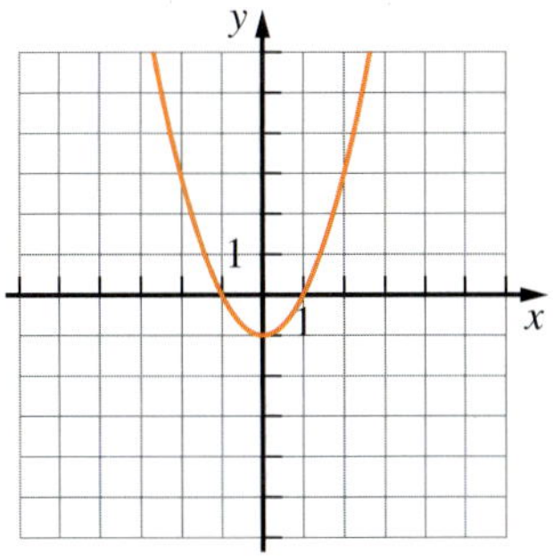

a) $F(x) = 2f(x)$

b) $F(x) = -f(x)$

c) $F(x) = f(3x)$

d) $F(x) = f(-2x)$

e) $F(x) = f(x+1)$

f) $F(x) = f(x-1)$

g) $F(x) = f(x)+2$

h) $F(x) = f(x)-1$

i) $F(x) = f(3x)+2$

j) $F(x) = -2f(3x)-1$

k) $F(x) = f(-2(x+1))$

l) $F(x) = 2f(3(x-1))+2$

4.11 La réciproque d'une fonction

- Trouver la règle de correspondance de la réciproque d'une fonction.
- Tracer le graphique de la réciproque d'une fonction.

Lorsqu'on connaît l'image y d'une valeur x par une fonction f, on peut s'intéresser à retrouver la valeur de x. Cette démarche de « retour en arrière » est la base de la recherche de la réciproque d'une fonction.

Exemple 4.25

◆ J'ai acheté un gigot d'agneau à 17,39 $/kg et je dois connaître son poids pour en déterminer le temps de cuisson. J'ai jeté l'emballage qui indiquait le poids. Cependant, j'ai conservé le ticket de caisse, ce qui me permet de savoir que j'ai payé le gigot 24,35 $.

Le prix du gigot d'agneau est défini par la règle de correspondance suivante :

$P(x) = 17{,}39x$, où x est le poids du gigot (en kilogrammes), et $P(x)$ son prix (en dollars).

Puisqu'on calcule le prix du gigot en multipliant son poids par 17,39, on peut trouver le poids en effectuant l'opération inverse, c'est-à-dire en divisant le prix par 17,39.

On peut exprimer le poids en kilogrammes d'un gigot de x dollars par la fonction $k(x)=\dfrac{x}{17,39}$.

Je peux donc calculer $k(24,35)=\dfrac{24,35}{17,39}\approx 1,4$ kg, soit le poids de mon gigot.

La fonction k est appelée la « réciproque » de la fonction P. On peut également la désigner par P^{-1}. C'est la fonction qui permet de « revenir en arrière » : en connaissant l'image par P d'une valeur x, on peut retrouver cette valeur.

Soit une fonction f telle que $y=f(x)$. La **réciproque** de f est la relation qui, à chaque élément y, associe (s'il en existe) les valeurs de x dont il est l'image. La réciproque de f est désignée par f^{-1}.

Le « -1 » *de* f^{-1} n'est pas un exposant. On ne peut pas interpréter f^{-1} comme $\dfrac{1}{f}$.

L'évaluation de la réciproque en un point

Pour trouver $f^{-1}(b)$, il faut chercher les valeurs de x pour lesquelles $f(x)=b$, qu'on trouve en résolvant cette dernière équation.

$$f^{-1}(b)=a \Leftrightarrow f(a)=b$$

Exemple 4.26

- Soit $f(x)=2x+1$.

  Pour calculer $f^{-1}(7)$, on cherche les valeurs de x pour lesquelles $f(x)=7$.

$$\begin{aligned}2x+1&=7\\2x&=6\\x&=3\end{aligned}$$

  Ainsi, $f^{-1}(7)=3$ et cette valeur est unique.

  On peut vérifier la solution en calculant $f(3)=2(3)+1=7$.

- Soit $f(x)=x^2$.

  Pour calculer $f^{-1}(16)$, on cherche les valeurs de x pour lesquelles $f(x)=16$.

$$\begin{aligned}x^2&=16\\x^2-16&=0\\(x+4)(x-4)&=0\end{aligned}$$

$$\begin{aligned}x+4=0 \quad &\text{ou} \quad x-4=0\\x=-4 \quad &\text{ou} \quad x=4\end{aligned}$$

Ainsi, $f^{-1}(16) = -4$ ou $f^{-1}(16) = 4$.

On a bien $f(-4) = (-4)^2 = 16$ et $f(4) = 4^2 = 16$.

Comme on a pu le voir à l'exemple précédent, la réciproque d'une fonction n'est pas toujours une fonction. En effet, si deux ou plusieurs valeurs de x ont la même image y par la fonction f, alors la relation f^{-1} associera plus d'une valeur à ce y.

La condition pour que la réciproque d'une fonction soit une fonction

La réciproque f^{-1} de la fonction f est elle aussi une fonction si f est une fonction **injective**.

Si on voulait évaluer la réciproque des fonctions de l'exemple 4.26 en un grand nombre de points, on devrait résoudre autant d'équations qu'il y a de points. Il serait plus pratique, dans ce cas, de connaître la règle de correspondance de la réciproque.

On peut trouver la réciproque de certaines fonctions simples par déduction.

Exemple 4.27

◆ Soit la fonction $y = f(x) = \dfrac{2x^3 - 5}{4}$.

Pour obtenir y, on soumet x aux opérations successives représentées par le diagramme suivant.

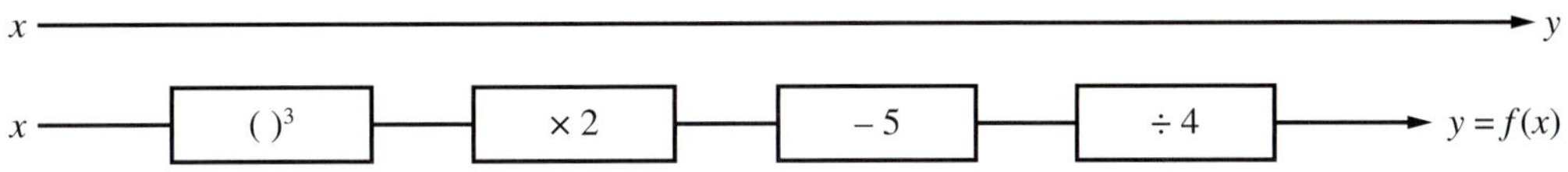

Pour retrouver la valeur initiale lorsqu'on connaît le résultat final, on doit effectuer les opérations inverses en commençant par la fin. La variable x de la nouvelle relation f^{-1} est la variable y de l'ancienne fonction f.

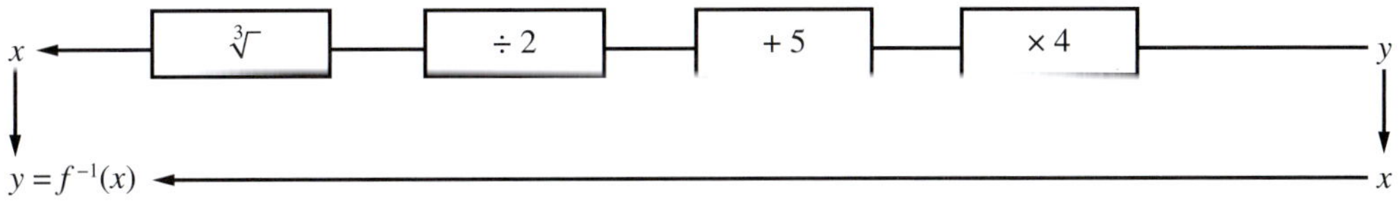

On obtient donc une nouvelle relation définie par $y = \sqrt[3]{\dfrac{4x+5}{2}} = f^{-1}(x)$.

Dans ce cas, la réciproque est une fonction.

La règle de correspondance de la réciproque

Pour trouver l'expression de la réciproque f^{-1} d'une fonction f:

1. On remplace x par y et y par x dans l'expression $y = f(x)$.
2. On isole y dans la nouvelle expression.

Exemple 4.28

◆ Soit $f(x)=\dfrac{2x-1}{5+3x}$.

1. On remplace x par y et y par x.

$$f: y=\frac{2x-1}{5+3x}$$

$$f^{-1}: x=\frac{2y-1}{5+3y}$$

2. On isole y dans cette dernière expression.

$$x=\frac{2y-1}{5+3y}$$

$$x(5+3y)=\frac{2y-1}{5+3y}(5+3y)$$ (multiplication des deux membres par un même nombre)

$$x(5+3y)=2y-1$$ (simplification)

$$5x+3xy=2y-1$$

$$3xy-2y=-5x-1$$ (regroupement des termes en y d'un côté)

$$y(3x-2)=-5x-1$$ (mise en évidence simple)

$$y=\frac{-5x-1}{3x-2}$$ (division des deux membres par un même nombre)

On remarque qu'avant d'isoler y il a fallu regrouper d'un côté de l'égalité tous les termes contenant y, ce qui a permis de mettre y en évidence.

On a donc $f^{-1}(x)=\dfrac{-5x-1}{3x-2}$ ou $f^{-1}(x)=\dfrac{5x+1}{2-3x}$.

Vérifions par un exemple si les composantes des couples sont bien permutées par la fonction réciproque.

Soit $x=-6$ dans la fonction f.

$$f(-6)=\frac{2(-6)-1}{5+3(-6)}=\frac{-13}{-13}=1$$

Soit maintenant $x=1$ dans la fonction f^{-1}.

$$f^{-1}(1)=\frac{5(1)+1}{2-3(1)}=\frac{6}{-1}=-6$$

Le couple $(-6, 1)$ de la fonction f devient $(1, -6)$ pour la fonction f^{-1}.

COMMENT POUVAIT-ON TROUVER LA RÉCIPROQUE D'UNE FONCTION LORSQU'IL N'Y AVAIT PAS DE SYMBOLISME ?

Astrolabe

Les astronomes grecs n'avaient à leur disposition que la géométrie et les calculs numériques pour mettre au point leurs modèles astronomiques. Pourtant, ils ont réussi à utiliser ce que nous appelons aujourd'hui les fonctions et leur fonction réciproque, mais sans aucun support symbolique. Puisqu'ils voulaient prédire la position des astres, il leur fallait connaître les valeurs numériques d'une position à un moment donné. Pour faciliter leur travail, ils ont établi des tables mettant en regard le temps et la position correspondante. Pour savoir à quel moment un astre allait atteindre une position donnée, ils n'avaient qu'à lire leur table à l'envers, allant de la position au temps correspondant. Ainsi, sans le savoir, ils manipulaient numériquement la réciproque de la fonction qui donne la position d'un astre en fonction du temps.

On a vu au chapitre 1 que le nombre 0 est l'élément neutre pour l'addition ($a+0=0+a=a$, quel que soit $a \in \mathbb{R}$) et que le nombre 1 est l'élément neutre pour la multiplication ($a \times 1 = 1 \times a = a$, quel que soit $a \in \mathbb{R}$). Chaque opération avec l'élément neutre laisse le nombre a intact. La composition est une opération qui s'effectue non pas entre des nombres, mais seulement entre des fonctions. Une fonction joue le rôle d'élément neutre pour la composition : c'est la fonction **identité**, notée I, qui associe à x sa propre valeur, pour tout $x \in \mathbb{R}$.

4

La **fonction identité** est la fonction qui, à chaque x, associe sa propre valeur.

$$I(x) = x, \text{ pour tout } x \in \mathbb{R}$$

Si on compose la fonction identité, à gauche ou à droite, avec une fonction f, le résultat laisse la fonction f intacte, et ce, quelle que soit la fonction f.

La fonction identité et la composition

La fonction identité est l'élément neutre pour la composition de fonctions :

$$(f \circ I)(x) = f(I(x)) = f(x), \text{ quelle que soit la fonction } f$$

On a aussi $(I \circ f)(x) = I(f(x)) = f(x)$, même si l'opération de composition n'est pas commutative.

Exemple 4.29

◆ Soit $f(x) = \dfrac{x^3-4}{\sqrt{x+1}}$.

$$(I \circ f)(x) = I(f(x)) = I\left(\frac{x^3-4}{\sqrt{x+1}}\right) = \frac{x^3-4}{\sqrt{x+1}}$$

$$(f \circ I)(x) = f(I(x)) = f(x) = \frac{x^3-4}{\sqrt{x+1}}$$

La composition d'une fonction et de sa réciproque

La composée d'une fonction injective et de sa réciproque donne toujours la fonction identité.

$$(f \circ f^{-1})(x) = (f^{-1} \circ f)(x) = I(x) = x$$

C'est cette propriété qui, par analogie avec l'opération de multiplication $(a \times a^{-1} = a^{-1} \times a = 1$, pour $a \neq 0)$ vaut à la réciproque de f sa notation de f^{-1}.

Exemple 4.30

- Soit la fonction $f(x) = \dfrac{2x-1}{5+3x}$.

  Dans l'exemple 4.28, on a calculé $f^{-1}(x) = \dfrac{5x+1}{2-3x}$.

$$(f \circ f^{-1})(x) = f\left(\frac{5x+1}{2-3x}\right) = \frac{2\left(\frac{5x+1}{2-3x}\right) - 1}{5+3\left(\frac{5x+1}{2-3x}\right)} = \frac{\frac{13x}{2-3x}}{\frac{13}{2-3x}} = \frac{13x}{2-3x} \times \frac{2-3x}{13} = x$$

$$(f^{-1} \circ f)(x) = f^{-1}\left(\frac{2x-1}{5+3x}\right) = \frac{5\left(\frac{2x-1}{5+3x}\right) + 1}{2-3\left(\frac{2x-1}{5+3x}\right)} = \frac{\frac{13x}{5+3x}}{\frac{13}{5+3x}} = \frac{13x}{5+3x} \times \frac{5+3x}{13} = x$$

Puisque la fonction f^{-1} permute les composantes des couples du graphe de f, elle permute les coordonnées des points de son graphique. Le domaine de f devient donc l'ensemble image de f^{-1}, et inversement.

Le graphique de la réciproque d'une fonction

Le graphique de f^{-1} est le symétrique de celui de f par rapport à la droite $y = x$, la bissectrice des quadrants I et III du plan cartésien.

$$dom(f^{-1}) = ima(f) \text{ et } ima(f^{-1}) = dom(f)$$

Chaque point (a, b) du graphique de f devient (b, a) sur le graphique de f^{-1}.

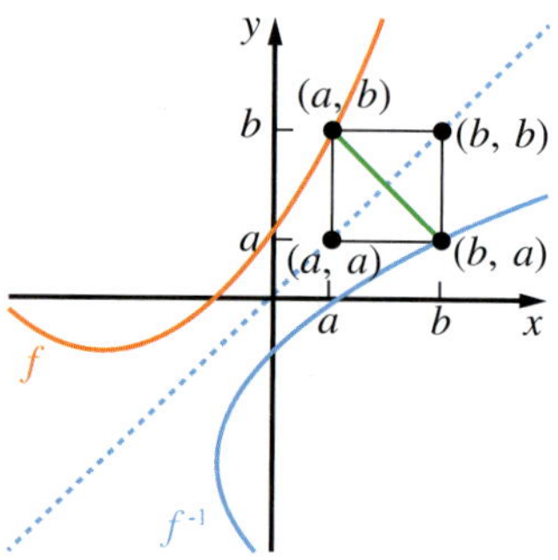

Le quadrilatère dont les sommets sont (a, b), (b, b), (b, a) et (a, a) est un carré. Puisque les diagonales d'un carré se coupent à angle droit, en leurs points milieux, les points (a, b) du graphique de f et (b, a) du graphique de f^{-1} sont situés à égale distance de part et d'autre de la bissectrice (la ligne pointillée), qui joue le rôle d'un miroir dans lequel se reflète la courbe.

À l'aide du test de la droite verticale, on constate que, dans ce cas, f^{-1} n'est pas une fonction.

Exercices 4.11

1. Pour chacune des fonctions ci-dessous, calculer $f^{-1}(3)$.

a) $f(x)=3x-1$ b) $f(x)=\dfrac{5x}{4}$ c) $f(x)=\sqrt{x+4}$ d) $f(x)=\dfrac{5-x}{2x+7}$

2. Pour chacune des fonctions f ci-dessous, trouver la règle de correspondance de f^{-1} et vérifier le résultat à l'aide de la composition.

a) $f(x)=4x-3$ c) $f(x)=\dfrac{4x-1}{6-x}$ e) $f(x)=5-\dfrac{3}{4x}$ g) $f(x)=\sqrt{3x-4}$

b) $f(x)=\dfrac{x-3}{2x+7}$ d) $f(x)=\dfrac{3x-2}{4}$ f) $f(x)=\dfrac{x^5+1}{4}$ h) $f(x)=\dfrac{1}{\sqrt{2x}}$

3. Tracer le graphique de la réciproque de chacune des fonctions ci-dessous et vérifier si la réciproque est une fonction.

a)

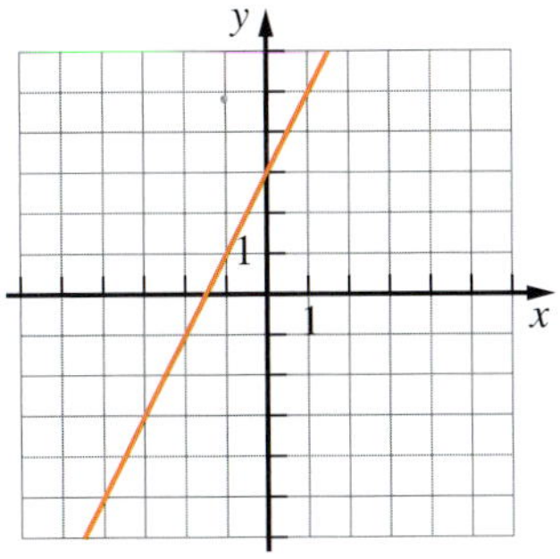

b)

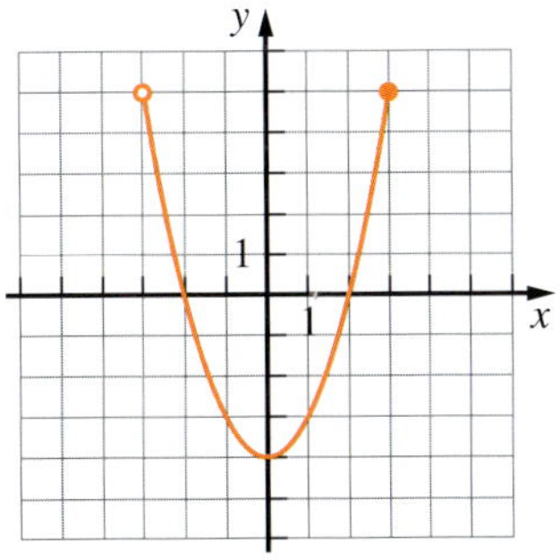

c)

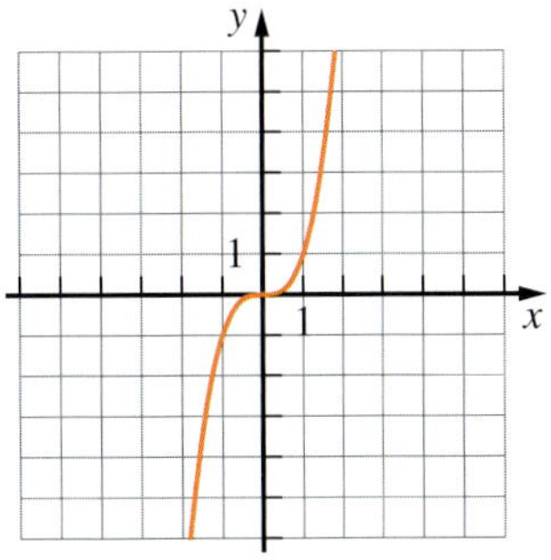

d)

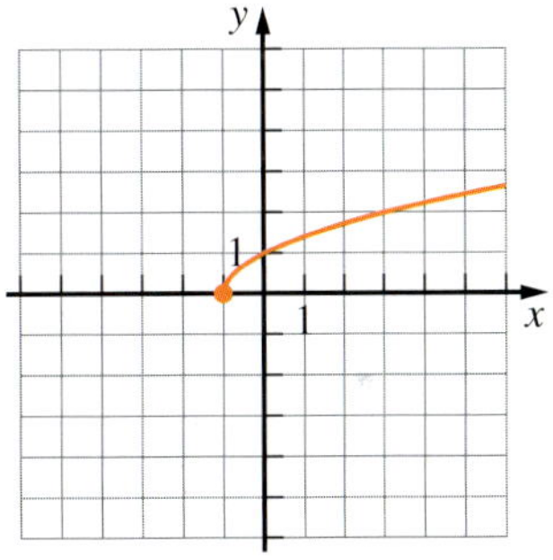

4.12 Les fonctions définies par parties

Résoudre des problèmes représentés par des fonctions définies par parties.

On ne peut pas toujours définir une fonction à l'aide d'une seule équation. Certaines fonctions peuvent être définies par une règle de correspondance qui varie selon les valeurs de x.

Une **fonction définie par parties** est une fonction dont la règle de correspondance s'exprime différemment selon les sous-ensembles du domaine.

Exemple 4.31

◆ Le tarif domestique quotidien d'Hydro-Québec pour la consommation d'électricité est calculé de la manière suivante :

Redevance par jour (abonnement) :	40,64 ¢
Premiers 30 kWh par jour :	5,57 ¢/kWh
Reste de l'énergie consommée :	8,26 ¢/kWh

Le kilowattheure (kWh) est l'unité de mesure qui correspond à l'énergie consommée par un appareil de 1000 watts (1 kW) pendant une heure.

On effectue différemment le calcul de la facture quotidienne d'un abonné qui consomme 30 kWh ou moins chaque jour que celle d'un autre qui consomme plus de 30 kWh.

Pour une consommation inférieure ou égale à 30 kWh par jour :

Soit x la quantité d'énergie consommée, où $x \leq 30$.

L'abonné paie la redevance fixe de 40,64 ¢ et doit ajouter 5,57 ¢ par kilowattheure.

On peut exprimer le tarif quotidien par $T(x) = 40{,}64 + 5{,}57x$ ¢.

Pour une consommation supérieure à 30 kWh par jour :

Soit x la quantité d'énergie consommée, où $x > 30$.

L'abonné paie la redevance fixe de 40,64 ¢ et doit ajouter 5,57 ¢ pour chacun des 30 premiers kilowattheures, soit $40{,}64 + 30(5{,}57) = 207{,}74$ ¢. Il doit aussi ajouter 8,26 ¢ pour chaque kilowattheure excédant les 30 premiers.

On peut exprimer le tarif quotidien par :

$$T(x) = 207{,}74 + 8{,}26(x - 30) = 8{,}26x - 40{,}06 \text{ ¢}$$

La définition de la fonction varie selon la valeur de x. On peut tout de même résumer tous les cas possibles par une seule fonction définie en deux parties.

$$T(x) = \begin{cases} 40{,}64 + 5{,}57x & \text{si } 0 \leq x \leq 30 \\ 8{,}26x - 40{,}06 & \text{si } x > 30 \end{cases}$$

Pour évaluer la fonction en un point, il faut choisir la partie de la définition qui correspond à la valeur de x concernée.

Par exemple, pour une consommation quotidienne de 22 kWh, on choisit la première partie de la définition, puisque $22 < 30$.

$T(22) = 40{,}64 + 5{,}57(22) = 163{,}18$ ¢, soit approximativement 1,63 $.

Pour une consommation quotidienne de 38 kWh, on choisit la seconde partie de la définition, puisque $38 > 30$.

$T(38) = 8{,}26(38) - 40{,}06 = 273{,}82$ ¢, soit approximativement 2,74 $.

Lorsqu'on définit une fonction par parties, on doit s'assurer qu'à chaque valeur de x correspond **au plus** une image. Pour ce faire, il suffit que les parties de la définition correspondent à des sous-ensembles **disjoints** du domaine de la fonction.

Exemple 4.32

- Soit la fonction $f(x)=\begin{cases}3x+1 & \text{si } x<2\\ x^2 & \text{si } 2\leq x\leq 5\\ \sqrt{x-4} & \text{si } x>5\end{cases}$.

  Cette fonction est bien définie, car les trois parties de la définition correspondent à des ensembles disjoints de valeurs de x.

  La condition $x>5$ nous assure que l'expression $x-4$ sous le radical est positive.

  $dom(f) =]\text{-}\infty, 2[\cup [2, 5] \cup]5, +\infty[= \mathbb{R}$

  C'est la valeur de x qui détermine la partie de la définition qu'il faut choisir pour évaluer la fonction.

  $f(0)=3(0)+1=1$. On choisit la première partie de la définition, car $0<2$.

  $f(2)=2^2=4$. On choisit la deuxième partie, car $2\leq 2\leq 5$.

  $f(4)=4^2=16$. On choisit la deuxième partie, car $2\leq 4\leq 5$.

  $f(5)=5^2=25$. On choisit la deuxième partie, car $2\leq 5\leq 5$.

  $f(10)=\sqrt{10-4}=\sqrt{6}$. On choisit la troisième partie, car $10>5$.

- Soit $f(x)=\begin{cases}\text{-}x & \text{si } x<0\\ x & \text{si } x\geq 0\end{cases}$.

  C'est la fonction valeur absolue, dont les caractéristiques seront étudiées au chapitre 5.

Le graphique d'une fonction définie par parties comporte autant de parties que la définition elle-même. Dans le même plan, on trace chaque section de courbe en tenant compte de la partie correspondante du domaine.

Exemple 4.33

- Soit la fonction $f(x)=\begin{cases}3x+8 & \text{si } x<\text{-}3\\ x^2 & \text{si } \text{-}3\leq x\leq 2\\ \sqrt{x-1} & \text{si } x>2\end{cases}$.

  Sa définition comporte trois parties, alors il faudra tracer trois portions de courbe :

  - un segment de la droite $y=3x+8$ tracé sur l'intervalle $]\text{-}\infty, \text{-}3[$;
  - une portion de la parabole $y=x^2$ tracée sur l'intervalle $[\text{-}3, 2]$;
  - une portion de la courbe $y=\sqrt{x-1}$ tracée sur l'intervalle $]2, +\infty[$.

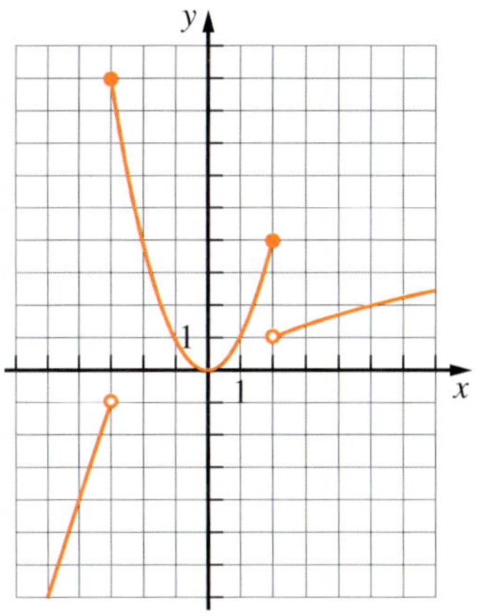

  On obtient le graphique de f en juxtaposant ces trois courbes.

4

Exercices 4.12

1. Soit $f(x)=\begin{cases} x+2 & \text{si } x\leq 0 \\ x^2 & \text{si } 0<x<2 \\ 6-x & \text{si } x\geq 2 \end{cases}$.

a) Évaluer les expressions suivantes.

i) $f(\text{-}3)$ ii) $f(4)$ iii) $f(0)$ iv) $f\left(\dfrac{1}{2}\right)$ v) $f(2)$

b) Sachant que $a>2$, évaluer $f(a)$.

c) Sachant que c est un nombre négatif, évaluer $f(c)$.

d) En utilisant un tableau de valeurs, tracer une esquisse du graphique de la fonction *f*.

e) Trouver $dom(f)$ et $ima(f)$.

2. Soit $f(x)=\begin{cases} x^2-4 & \text{si } \text{-}2\leq x\leq 2 \\ \text{-}x^2+9x-18 & \text{si } 3\leq x\leq 6 \end{cases}$.

a) En utilisant un tableau de valeurs, tracer une esquisse du graphique de la fonction *f*.

b) Trouver $dom(f)$ et $ima(f)$.

c) Trouver les zéros de la fonction.

d) Évaluer les expressions suivantes, si possible.

i) $f(\text{-}3)$ ii) $f(0)$ iii) $f(2)$ iv) $f(2{,}5)$ v) $f(5)$

3. Une agence de voyages offre des tarifs de groupe avantageux. Plus le groupe est nombreux, moins le voyage coûte cher. Le graphique ci-après représente le coût par personne d'une croisière dans les Antilles en fonction du nombre de personnes dans le groupe. Il faut noter que le graphique devrait être formé de 150 points isolés, puisque le domaine ne contient que des entiers. On les a reliés pour faciliter la lecture.

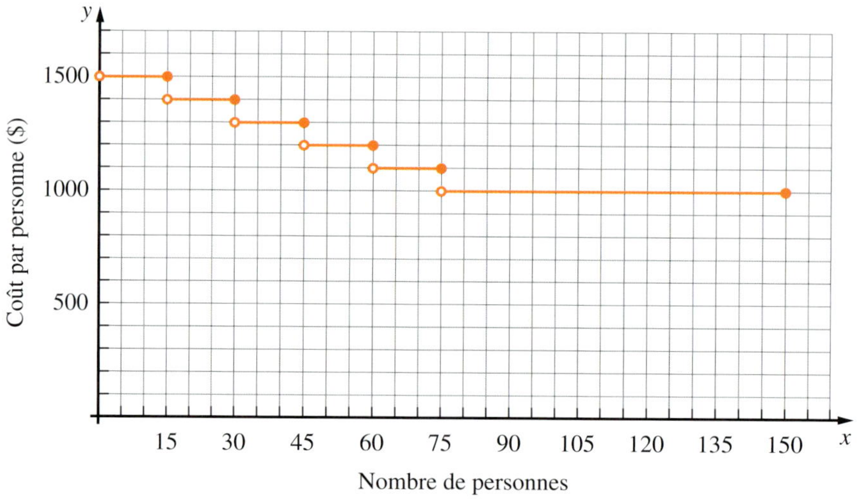

a) Quelle somme une personne voyageant seule devra-t-elle verser ?

b) Combien paiera un voyageur qui fait partie d'un groupe de 20 personnes ?

c) Quel nombre minimal de personnes un groupe doit-il comporter pour bénéficier d'une réduction ?

d) Quel est le domaine de la fonction ? Interpréter la réponse selon le contexte du problème.

e) Quel est le maximum de la fonction ? Interpréter la réponse selon le contexte du problème.

f) Quel est le minimum de la fonction ? Interpréter la réponse selon le contexte du problème.

g) Dans ce contexte, comment peut-on interpréter le fait que la fonction est constante sur l'intervalle]30, 45] ?

h) Donner la règle de correspondance de cette fonction définie par parties.

4. Le Musée Pointe-à-Callière offre à ses visiteurs, en janvier et en février, le tarif spécial des *week-ends sous zéro*. Le samedi et le dimanche, le musée accorde une réduction sur les droits d'entrée équivalente en pourcentage à la température sous zéro enregistrée le matin à 10 h. Par exemple, si la température est de -15 °C, les visiteurs bénéficient d'une réduction de 15 %. Le tarif régulier pour les adultes est de 20 $.

Le graphique ci-dessous est celui d'une fonction $T = f(h)$ qui représente la température extérieure enregistrée à Montréal le dimanche 26 janvier 2014, en fonction de l'heure d'observation.

Musée Pointe-à-Callière en hiver

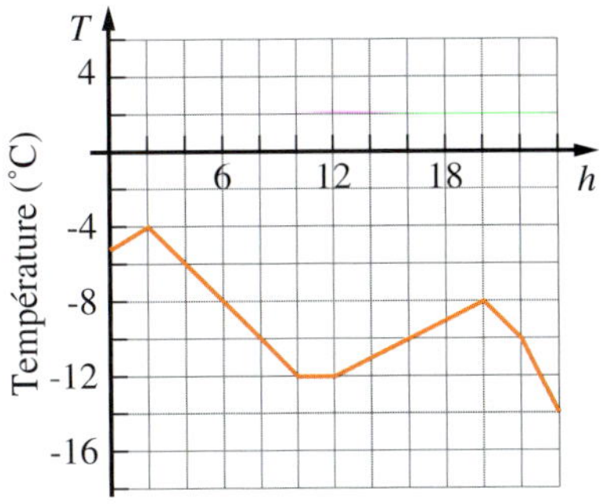

a) À quelle heure a-t-il fait le plus chaud ? Quelle était alors la température ?

b) Quelle est la valeur de $max(f)$?

c) Comment peut-on interpréter, dans ce contexte, le fait que la fonction f n'a aucun zéro ?

d) À quelle heure a-t-on enregistré une température de -6 °C ? Exprimer ce résultat sous la forme $f(a) = b$, en remplaçant a et b par les constantes appropriées.

e) Quelle était la température à 10 h ? Exprimer ce résultat sous la forme $f(a) = b$, en remplaçant a et b par les constantes appropriées.

f) Donner la règle de correspondance de la fonction $A = g(d)$, définie en deux parties, qui détermine le coût A d'une entrée pour adulte au Musée Pointe-à-Callière, les samedis et dimanches de janvier et de février, si la température à 10 h est de d degrés.

g) Quel était le coût d'entrée pour un adulte le dimanche 26 janvier 2014 ? Exprimer ce résultat sous la forme $g(a) = b$, en remplaçant a et b par les constantes appropriées.

h) Laquelle des expressions suivantes représente le coût d'entrée calculé en g) ?

i) $(f \circ g)(10)$ ii) $(g \circ f)(10)$ iii) $(f \circ g)(26)$ iv) $(g \circ f)(26)$

Exercices récapitulatifs

1. Si $f(x)=x^2+\dfrac{2}{x}$ et $g(x)=\sqrt{x+1}$, évaluer les expressions suivantes, si possible.

a) $f(3)$

b) $f(0)$

c) $g(-5)$

d) $g(-1)$

e) $f(x-3)$

f) $(f+g)(3)$

g) $(g-f)(8)$

h) $(f\,g)(-1)$

i) $\left(\dfrac{f}{g}\right)(-1)$

j) $(f\circ g)(8)$

k) $(g\circ f)(2)$

l) $(f\circ f)(-1)$

m) $g^{-1}(4)$

n) $f^{-1}(0)$

o) $(f\circ f^{-1})(1)$

2. Trouver le domaine de chacune des fonctions suivantes.

a) $f(x)=x^2+3x-12$

b) $f(x)=\dfrac{3x-1}{2x+5}$

c) $f(x)=\sqrt{4x+7}$

d) $f(x)=\sqrt[3]{x+1}$

e) $f(x)=\dfrac{\sqrt{x+2}}{x-3}$

f) $f(x)=\sqrt{x^2+x-12}$

3. Soit la fonction $f(x)=\dfrac{(2x-5)(x+3)}{x^2}$.

a) Quel est le domaine de cette fonction ?

b) Quels sont ses zéros ?

c) Faire l'étude du signe de la fonction.

4. Tracer le graphique d'une fonction *f* telle que, simultanément :

- $dom(f)=\,]-2, 4]$;
- $f(-1)=-2$;
- *f* possède deux zéros : $\dfrac{-1}{2}$ et 2 ;
- $f(x)<0$ si $x\in\left]-2, \dfrac{-1}{2}\right[\cup\,]2, 4[$;
- $f(x)>0$ si $x\in\left]\dfrac{-1}{2}, 2\right[$;
- *f* est constante sur]-2, -1], croissante sur [-1, 0] et décroissante sur [0, 4] ;
- *f* atteint son maximum au point (0, 5) et son minimum au point (4, -3).

5. Construire le tableau de variation de la fonction représentée par le graphique suivant.

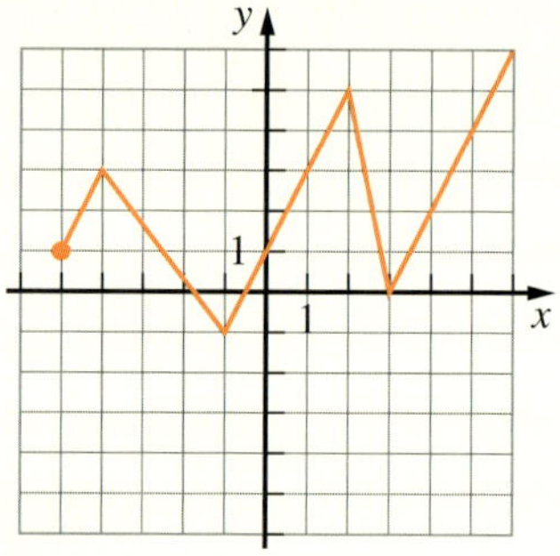

6. Soit $f(x)=\dfrac{-2}{x}$ et $g(x)=\dfrac{x^2+1}{3-x}$.

a) Donner la règle de correspondance de $g\circ f$.

b) Déterminer $dom(g\circ f)$.

7. Soit *f* la fonction représentée par le graphique ci-dessous. Tracer le graphique de la fonction $F(x)=-2f(-(x+1))-3$.

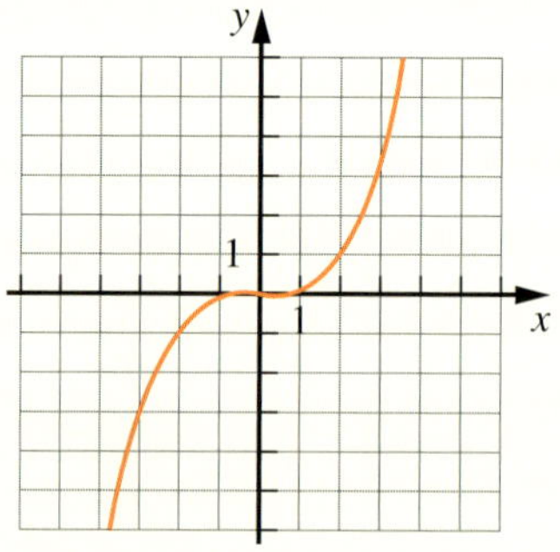

8. Soit $f(x)=\dfrac{x+3}{4x}$.

a) Trouver la règle de correspondance de f^{-1}.

b) Calculer $(f\circ f^{-1})(x)$ et $(f^{-1}\circ f)(x)$.

9. Un vendeur d'encyclopédies reçoit un salaire de base de 200 $ par semaine auquel s'ajoute une commission de 30 $ pour chaque encyclopédie vendue. Il travaille 5 jours par semaine.

a) Quelle est la règle de correspondance de la fonction *f* qui permet de calculer son salaire hebdomadaire s'il vend *x* encyclopédies ?

b) S'il peut rencontrer un maximum de 12 clients par jour, quel est le domaine de cette fonction ?

c) Quel est son salaire hebdomadaire lorsqu'il vend 24 encyclopédies ?

d) Chaque semaine, il doit payer 150 $ pour son loyer et sa nourriture, et il dépense le cinquième de son salaire pour ses loisirs. Donner la règle de correspondance de la fonction g qui permet de calculer ses économies hebdomadaires s'il a gagné d dollars.

e) Quel est le domaine de la fonction g ?

f) Calculer $(g \circ f)(x)$ et expliquer ce que cette fonction représente.

g) Quelle est la règle de correspondance de la fonction h qui permet de calculer le nombre d'encyclopédies qu'il a vendues s'il a reçu un salaire s ? Quel est le lien entre h et f ?

10. Le graphique ci-dessous représente le revenu mensuel d'un fabricant de calculatrices en fonction du prix de vente de chaque calculatrice.

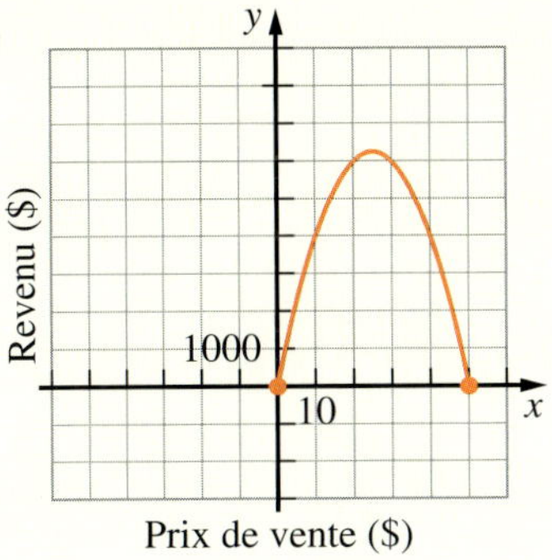

a) Quel est le domaine de la fonction ?

b) Quels sont les zéros de la fonction ? Interpréter ces valeurs dans le contexte du problème.

c) Quel est le revenu mensuel du fabricant lorsqu'il vend ses calculatrices 20 $ l'unité ?

d) Quel est le prix de vente d'une calculatrice si le revenu mensuel du fabricant est de 6000 $?

e) À quel prix le fabricant doit-il vendre chaque calculatrice pour que son revenu soit maximal ? Quel est alors son revenu mensuel ?

f) Quel est l'intervalle de décroissance de la fonction ? Dans le contexte du problème, donner une raison plausible pour que le revenu diminue alors que le prix de vente de la calculatrice augmente.

11. Soit $f(x) = \begin{cases} x+3 & \text{si } x < 2 \\ 5 & \text{si } 2 \le x \le 6. \\ 50 - x^2 & \text{si } x > 6 \end{cases}$

a) Quel est le domaine de la fonction ?

b) En utilisant un tableau de valeurs, tracer une esquisse du graphique de la fonction f.

c) Évaluer les expressions suivantes.

i) $f(-1)$ ii) $f(2)$ iii) $f(4)$ iv) $f(6)$ v) $f(10)$

Un peu d'histoire

Les réponses à certaines de ces questions se trouvent dans ce chapitre. Un peu de réflexion ou de recherche sera nécessaire pour répondre aux questions en bleu.

12. Quel mathématicien a utilisé pour la première fois le mot « fonction » dans son sens mathématique ?

13. Donner quelques exemples d'application des fonctions à l'époque de Newton.

14. a) Quel est l'autre nom du Musée Pointe-à-Callière ?

b) Quel type d'exposition y présente-t-on ?

15. a) À qui doit-on le nom du plan cartésien ?

b) Comment appelle-t-on la branche des mathématiques qui fait le lien entre l'algèbre et la géométrie ?

16. a) Comment les astronomes grecs procédaient-ils pour prédire le moment où un astre allait atteindre une position donnée ?

b) À quel type de fonction peut-on associer la lecture « à l'envers » d'un tableau de valeurs ?

c) À quoi servait un astrolabe ?

d) Dans quelles œuvres bien connues d'Homère trouve-t-on la référence à plusieurs étoiles et constellations ?

5 La droite

Objectif général

Résoudre des problèmes faisant appel à des fonctions représentées par des droites.

Les droites font tellement partie de notre univers qu'elles passent souvent inaperçues. Regardez autour de vous et essayez de repérer tout ce qui est « droit ». Mais l'est-ce vraiment ?

Pourriez-vous donner la définition d'une droite ? Les éléments les plus simples sont souvent les plus difficiles à définir. Le *Petit Larousse* lui-même s'y perd. Dans l'édition en ligne de 2014, on y apprend qu'une droite est une « ligne dont l'image est celle d'un fil tendu ou d'un fil à plomb ». Est-ce clair ? La définition de l'adjectif « droit, droite » précise qu'une « ligne droite » est « une ligne qui est sans déviation, sans courbure ». On dit souvent que « la droite est le plus court chemin entre deux points ». Mais qu'en est-il du plus court chemin sur une sphère ?

Même les mathématiciens ont eu de la difficulté à donner une définition claire d'une droite. Dans ses *Éléments*, Euclide (vers 300 avant notre ère) définit la ligne droite comme « celle qui est également placée entre ses points ». Voilà qui ne nous éclaire pas davantage. Euclide fait peut-être référence ici à la définition platonicienne voulant qu'une ligne est une droite si, regardée à partir de l'un de ses points, elle se confond à tout autre point de celle-ci.

Ainsi, même si nous reconnaissons instantanément une droite, il est difficile de dire précisément pourquoi nous la reconnaissons. On peut tout de même constater qu'une ligne est vraiment une droite si, à partir d'un point quelconque, on peut atteindre n'importe quel autre point en grossissant ou en rapetissant un triangle, tout en conservant sa forme, c'est-à-dire en utilisant des triangles semblables.

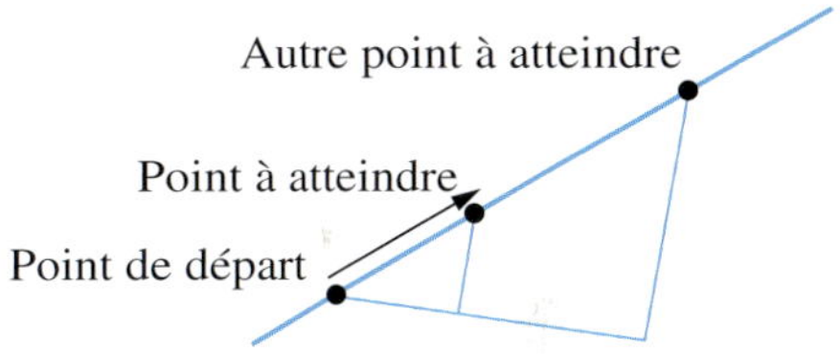

C'est ainsi que les Grecs travaillaient avec une droite et c'est cette approche qui a conduit à la notion, beaucoup plus récente, de pente d'une droite placée dans un plan cartésien.

On utilise aussi des droites et des segments de droite pour obtenir l'approximation d'une courbe. Le diagramme ci-dessous suggère une parabole ; pourtant, il n'y a que des droites.

Une pièce de 1 $ est presque circulaire, mais c'est en fait un polygone régulier à 11 côtés, qu'on appelle « hendécagone », dont les sommets sont légèrement arrondis.

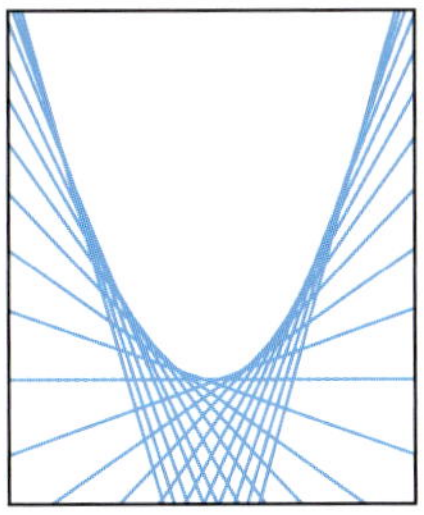

Dollar canadien

Dans ce chapitre, nous verrons la droite comme une représentation de nombreuses situations où la relation entre deux variables est telle que chaque accroissement d'une unité de l'une se traduit par une variation constante de la seconde.

Exercices préliminaires

Avant d'entreprendre l'étude de ce chapitre, vous devriez connaître et maîtriser les notions suivantes. Si vous ne pouvez répondre à une question donnée, reportez-vous aux chapitres précédents.

Les opérations sur les ensembles (*voir le chapitre 1*)

1. Effectuer chacune des opérations suivantes et exprimer la réponse en utilisant la notation d'intervalle.

a) $\{x \in \mathbb{R} \mid x \leq 4\} \cup \{x \in \mathbb{R} \mid x \leq -10\}$

b) $\{x \in \mathbb{R} \mid x \leq 4\} \cap \{x \in \mathbb{R} \mid x \leq -10\}$

c) $]-\infty, 6] \cap]2, +\infty[$

d) $]-\infty, 6] \cup]2, +\infty[$

Les polynômes du premier degré (*voir le chapitre 2*)

2. Parmi les expressions algébriques suivantes, indiquer celles qui sont des polynômes du premier degré.

a) $3x - 8$ b) $\dfrac{2-x}{5}$ c) $\dfrac{x+3}{10-x}$ d) 12

3. Quel est le domaine d'un polynôme du premier degré ?

4. Combien de zéros un polynôme du premier degré possède-t-il ?

Les équations et les inéquations du premier degré (*voir le chapitre 3*)

5. Trouver l'ensemble solution de chacune des équations et inéquations suivantes.

a) $3(2x-5) = -2(1-4x)$

b) $\dfrac{x-5}{6} = 1 - \dfrac{2-3x}{3}$

c) $x - \dfrac{1}{4} = \dfrac{4x-5}{4} + 1$

d) $3x - 4 \geq 0$

e) $2x + 3 < 5x - 1$

f) $\dfrac{1-3x}{2} \geq \dfrac{x+1}{3}$

5

Les fonctions (*voir le chapitre 4*)

6. Faire l'analyse complète de la fonction f représentée par le graphique suivant (*voir les étapes à la page 175*).

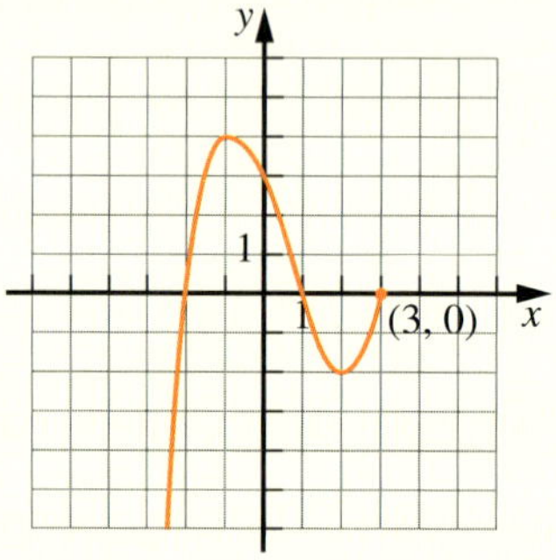

7. Soit $f(x) = \dfrac{1-2x}{5}$ et $g(x) = 3x - 4$. Donner la règle de correspondance et le domaine de chacune des fonctions suivantes.

a) $f \circ g$

b) $g \circ f$

c) f^{-1}

d) $f \circ f^{-1}$

e) $f^{-1} \circ f$

f) $\dfrac{f}{g}$

5.1 Les fonctions représentées par des droites

- Reconnaître les caractéristiques d'une fonction constante et d'une fonction linéaire.
- Résoudre des problèmes faisant appel à ces modèles de fonctions.

Nous avons étudié au chapitre 4 les caractéristiques générales et les étapes de l'analyse complète d'une fonction (*voir la page 175*). Le présent chapitre est consacré à l'étude des fonctions représentées par des droites.

5.1.1 La fonction constante

Une **fonction constante** est une fonction dont la règle de correspondance est donnée par :

$y = f(x) = b$, où b est une constante réelle.

C'est une fonction polynomiale de degré 0 si $b \neq 0$ ou de degré non défini si $b = 0$.

Exemple 5.1

◆ La fonction $f(x) = -3$ est une fonction constante. Faisons-en l'analyse complète.

1. $dom(f) = \mathbb{R}$
2. L'ordonnée à l'origine est $f(0) = -3$: le graphique coupe l'axe des y au point (0, -3).
3. Cette fonction ne possède aucun zéro, puisque l'équation $f(x) = 0$ devient $-3 = 0$, une égalité toujours fausse. Le graphique ne coupe donc pas l'axe des x.
4. Puisque $f(x) = -3$ pour tout $x \in \mathbb{R}$, la fonction est négative sur tout son domaine $\mathbb{R}$.
5. Puisque y vaut toujours -3, le graphe de la fonction est formé des couples de la forme $(x, -3)$, où $x \in \mathbb{R}$. On en déduit que son graphique est une droite horizontale. La fonction n'est ni croissante ni décroissante.
6. $min(f) = -3$ et $max(f) = -3$, atteints en tout point. On en déduit que $ima(f) = \{-3\}$.
7. Le tableau de variation est le suivant.

Valeurs de x	$-\infty$ $+\infty$
Signe de f	−
Croissance de f	→ $min(f) = max(f) = -3$

8. Le graphique de f est la droite horizontale suivante.

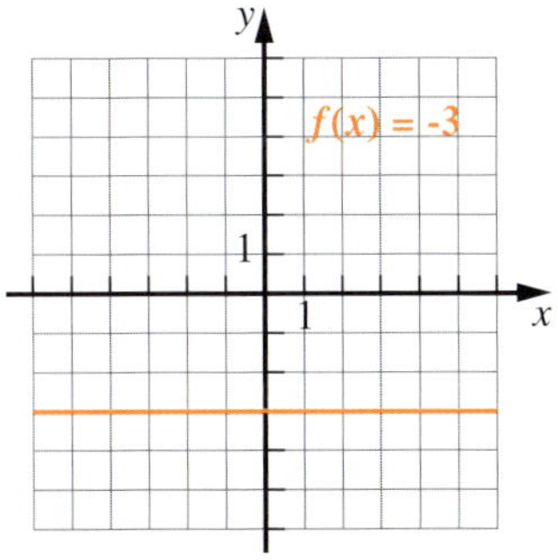

Les caractéristiques d'une fonction constante

Une **fonction constante** $f(x) = b$ possède les caractéristiques suivantes :

- $dom(f) = \mathbb{R}$
- Le graphique cartésien est une droite horizontale dont tous les points sont de la forme (x, b).

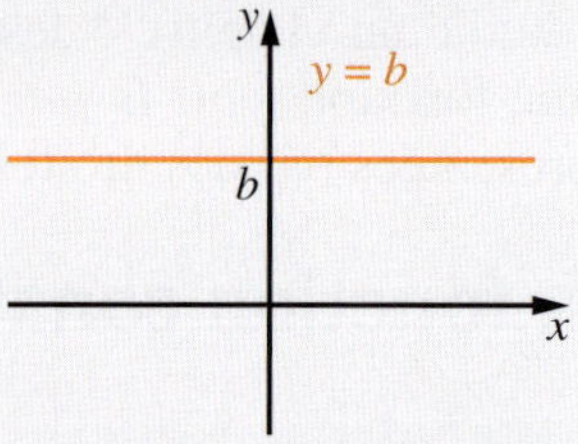

- L'ordonnée à l'origine est b : la droite coupe l'axe des y au point $(0, b)$.
- Si $b \neq 0$, la fonction n'a aucun zéro, et son graphique ne coupe pas l'axe des x. Si $b = 0$, tous les nombres réels sont des zéros, et la droite se confond avec l'axe des x.
- La fonction est toujours négative si $b < 0$, toujours nulle si $b = 0$ et toujours positive si $b > 0$.
- La fonction n'est jamais croissante ni décroissante : elle est constante sur tout son domaine.
- $max(f) = min(f) = b$
- $ima(f) = \{b\}$

5

5.1.2 La fonction linéaire

Une **fonction linéaire** est une fonction polynomiale du premier degré dont la règle de correspondance est donnée par :

$y = f(x) = ax + b$, où a et b sont des constantes réelles et $a \neq 0$.

Certains auteurs réservent l'appellation « fonction linéaire » à la fonction $f(x) = ax$ (où $b = 0$) et appellent « fonction affine » la fonction $f(x) = ax + b$ (où $b \neq 0$).

Soit une fonction linéaire $y = f(x) = ax + b$, où $a \neq 0$. Voyons comment interpréter chacun des paramètres b et a.

Pour interpréter b, on évalue $f(0) = a(0) + b = b$. Ainsi, b est l'ordonnée à l'origine.

Pour interpréter a, on évalue d'abord la fonction pour deux valeurs distinctes de x, soit x_1 et x_2.

$$y_1 = f(x_1) = ax_1 + b$$

$$y_2 = f(x_2) = ax_2 + b$$

On obtient une équation équivalente en soustrayant le membre de gauche de la seconde équation de celui de la première et en faisant de même avec les deux membres de droite.

$$y_2 = ax_2 + b$$

$$y_1 = ax_1 + b$$

$$y_2 - y_1 = ax_2 + b - (ax_1 + b)$$ (soustraction des membres de gauche et de ceux de droite)

$$y_2 - y_1 = ax_2 + b - ax_1 - b$$

$$y_2 - y_1 = ax_2 - ax_1$$

$$y_2 - y_1 = a(x_2 - x_1)$$ (mise en évidence)

$$\frac{y_2 - y_1}{x_2 - x_1} = \frac{a(x_2 - x_1)}{x_2 - x_1}$$ (division des deux membres par un même nombre non nul)

$$\frac{y_2 - y_1}{x_2 - x_1} = a$$ (simplification)

L'expression $a = \frac{y_2 - y_1}{x_2 - x_1}$ est le rapport entre la variation de y, donnée par $(y_2 - y_1)$, et la variation de x, donnée par $(x_2 - x_1)$. La variation de x est souvent notée Δx (lire « delta x ») et celle de y, Δy (lire « delta y »).

$$a = \frac{\Delta y}{\Delta x} = \frac{\text{variation de } y}{\text{variation de } x} = \frac{y_2 - y_1}{x_2 - x_1} = \frac{f(x_2) - f(x_1)}{x_2 - x_1} \text{ si } x_1 \neq x_2$$

C'est le **taux de variation moyen** de y par rapport à x. Le résultat ne dépend pas des valeurs de x qu'on a choisies.

La valeur de a indique la variation de y pour chaque unité d'accroissement de x. La variation est une augmentation si $a > 0$ et une diminution si $a < 0$. Cette variation constante justifie le fait que les points sont alignés et que le graphique est une droite oblique, croissante si $a > 0$ et décroissante si $a < 0$.

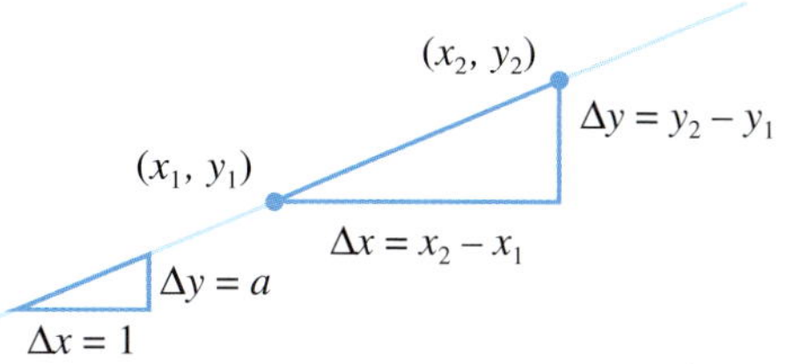

Sur la figure ci-dessus, les deux triangles sont semblables (leurs angles respectifs sont égaux). Le rapport entre la hauteur et la base est donc le même :

$$\frac{\Delta y}{\Delta x} = \frac{y_2 - y_1}{x_2 - x_1} = \frac{a}{1} = a$$

Soit une fonction linéaire $y = f(x) = ax + b$, où $a \neq 0$.

La constante a est la **pente** de la droite qui représente la fonction.

$$a = \frac{\Delta y}{\Delta x} = \frac{\text{variation de } y}{\text{variation de } x} = \frac{y_2 - y_1}{x_2 - x_1} = \frac{f(x_2) - f(x_1)}{x_2 - x_1} \text{ si } x_1 \neq x_2$$

La constante b est l'**ordonnée à l'origine** de la droite qui représente la fonction.

Certains auteurs utilisent la lettre m pour désigner la pente.

Il existe une infinité de droites qui passent par un point donné. Par contre, deux points distincts permettent de déterminer une et une seule droite. On peut faire une analogie avec la menuiserie. Si on fixe une baguette de bois au mur avec un seul clou, elle peut pivoter. Si on plante un deuxième clou, la baguette est immobilisée.

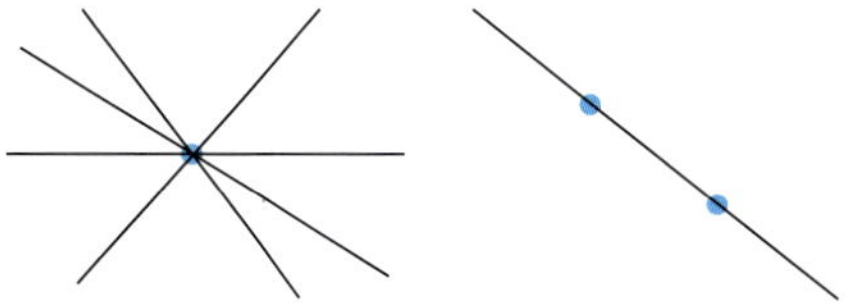

5

Exemple 5.2

◆ Soit la fonction $f(x) = -2x + 4$.

L'ordonnée à l'origine $b = 4$ indique que la droite qui représente cette fonction coupe l'axe des y au point $(0, 4)$.

La pente $a = -2$ signifie que y diminue de 2 lorsque x augmente de 1. Il s'agit d'une variation négative.

Ces valeurs de a et de b permettent de tracer le graphique de la fonction. À partir du point $(0, 4)$, on se déplace de 1 unité vers la droite (l'accroissement de x) et de 2 unités vers le bas (la diminution correspondante de y). On atteint ainsi le point $(1, 2)$, appartenant lui aussi à la droite.

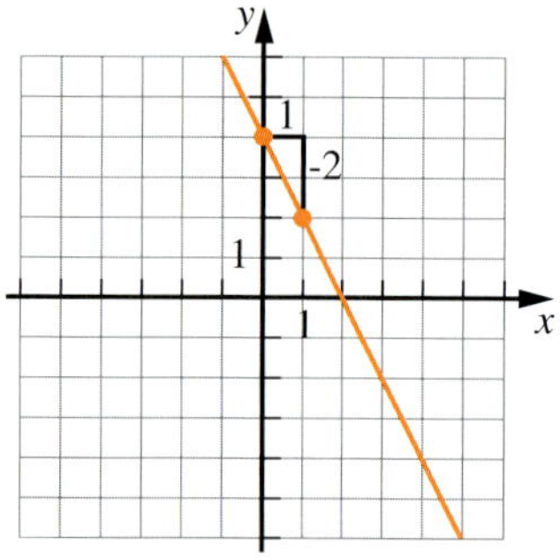

La droite $f(x) = -2x + 4$ passe par ces deux points, qui suffisent pour tracer la droite.

L'exemple qui suit illustre l'analyse complète d'une fonction linéaire.

Exemple 5.3

◆ $f(x) = \frac{2}{3}x - 1$ est une fonction linéaire, où $a = \frac{2}{3}$ et $b = -1$.

1. $dom(f) = \mathbb{R}$
2. L'ordonnée à l'origine est $f(0) = 2(0) - 1 = -1$: le graphique de f coupe l'axe des y au point $(0, -1)$.
3. En résolvant l'équation $f(x) = 0$, on trouve le zéro de la fonction.

$$\frac{2}{3}x - 1 = 0$$
$$\frac{2}{3}x = 1$$
$$2x = 3$$
$$x = \frac{3}{2}$$

La fonction possède donc un seul zéro, $x = \frac{3}{2}$, et le graphique de f coupe l'axe des x au point $\left(\frac{3}{2}, 0\right)$.

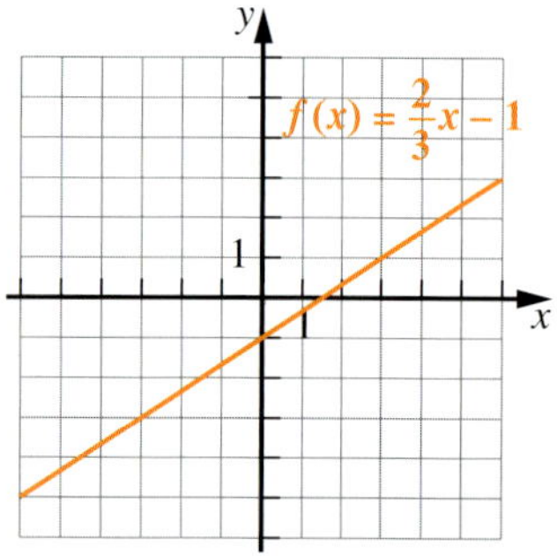

À cette étape, puisqu'on sait que le graphique d'une fonction linéaire est une droite et qu'on en connaît deux points, on peut déjà tracer cette droite, ce qui facilitera la suite de l'analyse.

4. $f(x) < 0$ si $\frac{2}{3}x - 1 < 0$, donc $x < \frac{3}{2}$

   $f(x) > 0$ si $\frac{2}{3}x - 1 > 0$, donc $x > \frac{3}{2}$

5. La fonction est croissante sur tout son domaine IR, puisque la pente de la droite est positive.

6. La fonction f n'a ni minimum ni maximum et $ima(f) = \mathbb{R}$.

7. Le tableau de variation de f est le suivant.

Valeurs de x	$-\infty$	$\frac{3}{2}$	$+\infty$
Signe de f	$-$	0	$+$
Croissance de f	↗		

Les caractéristiques d'une fonction linéaire

La **fonction linéaire** $y = f(x) = ax + b$ (où $a \neq 0$) possède les caractéristiques suivantes :

- $dom(f) = \mathbb{R}$ et $ima(f) = \mathbb{R}$
- La fonction est représentée par une droite oblique de pente a.

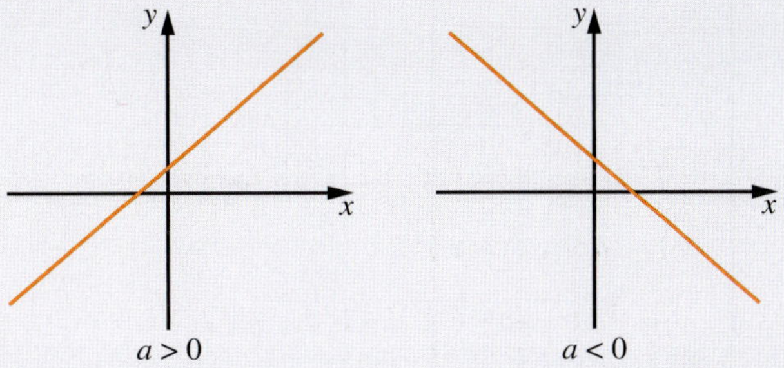

- L'ordonnée à l'origine est b : la droite coupe l'axe vertical au point $(0, b)$.
- La fonction possède un seul zéro : $x = \frac{-b}{a}$. La droite coupe l'axe horizontal au point $\left(\frac{-b}{a}, 0\right)$. Ce zéro est aussi appelé « abscisse à l'origine ».
- Si $a > 0$, la fonction est négative jusqu'à son zéro, et positive après. C'est l'inverse si $a < 0$.
- Si $a > 0$, la fonction est croissante sur IR ; elle est décroissante sur IR si $a < 0$.
- La fonction linéaire n'a ni minimum ni maximum.

Exercices 5.1

1. Soit $f(x) = 5$. Évaluer chacune des expressions suivantes.

a) $f(2)$ c) $f(-5)$ e) $f(a)$

b) $f(5)$ d) $f\left(\frac{-1}{4}\right)$ f) $f(x+h)$

2. Donner la règle de correspondance de la fonction constante dont le graphique passe par le point $(2, 3)$.

3. Soit la fonction linéaire $y = f(x) = \dfrac{3}{2}x - 5$.

Calculer $a = \dfrac{\Delta y}{\Delta x}$ si :

a) $x_1 = 0$ et $x_2 = 2$; b) $x_1 = -3$ et $x_2 = \dfrac{1}{2}$; c) $x_1 = c$ et $x_2 = d$.

4. Donner la règle de correspondance de chacune des fonctions représentées par les graphiques suivants. Faire l'analyse complète de ces fonctions.

a)

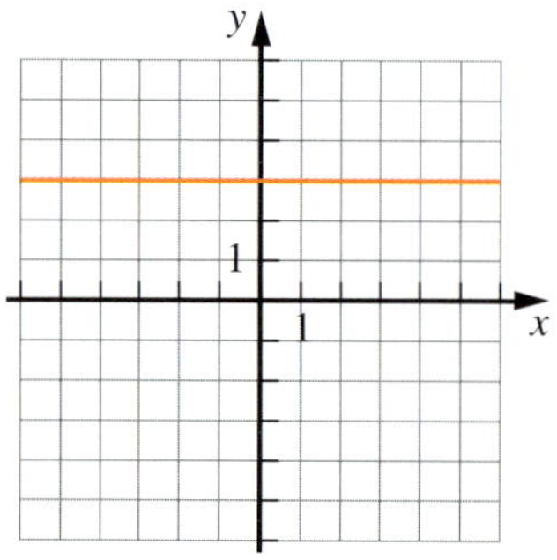

b)

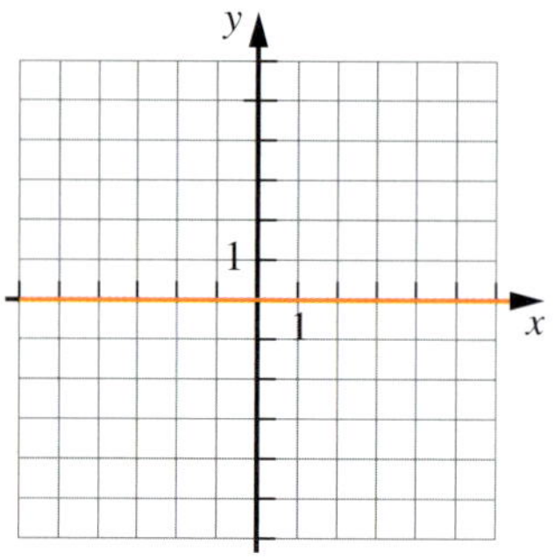

c)

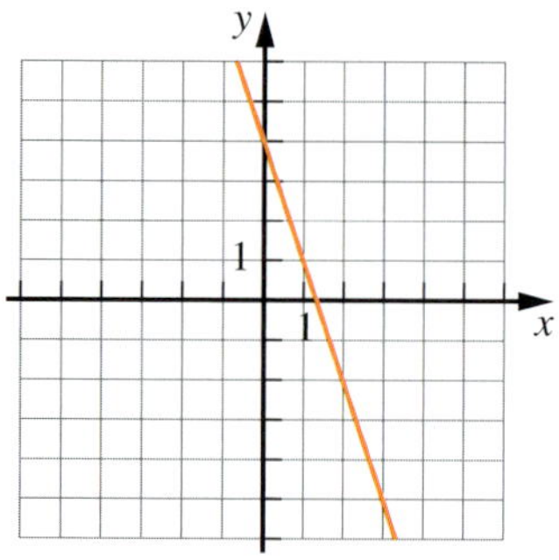

d)

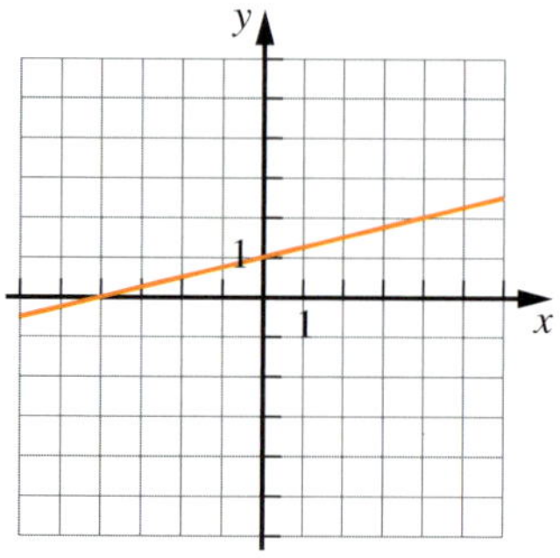

5. Faire l'analyse complète de chacune des fonctions ci-dessous.

a) $f(x) = 8x - 10$

b) $f(x) = -5$

c) $f(x) = -5x$

d) $f(x) = -x + 3$

6. Tracer le graphique des fonctions linéaires possédant les caractéristiques suivantes.

a) $a = \dfrac{1}{2}$ et $b = -1$

b) $a = -2$ et le zéro est $x = 3$

7. Parmi les situations suivantes, indiquer celles qu'on peut représenter par une fonction constante et celles qu'on peut représenter par une fonction linéaire. Définir les variables et donner la règle de correspondance ainsi que le domaine contextuel de la fonction.

a) Le périmètre d'un rectangle en fonction de sa largeur, si sa longueur mesure 3 m de plus que sa largeur.

b) Le nombre de jours du mois de juin en fonction de l'année.

c) La recette totale de l'organisateur d'un spectacle dont le prix d'entrée est de 20 $ en fonction du nombre de spectateurs.

d) Le profit net du même organisateur en fonction du nombre de spectateurs, si les dépenses s'élèvent à 2000 $.

8. La fonction $v(t) = 8500 - 510t$ donne le volume d'eau (en litres) dans un réservoir, t heures après qu'on a commencé à le vider. Le débit de la pompe est constant.

a) Quel était le volume d'eau initial dans le réservoir ?

b) Combien de temps faut-il pour vider complètement le réservoir ?

c) Utiliser les résultats précédents pour trouver le domaine et l'ensemble image de la fonction.

d) Quel est le débit de la pompe ?

e) Combien restait-il d'eau dans le réservoir 2 h 15 min après qu'on a commencé à le vider ?

f) Après combien de temps restait-il 3000 litres ?

9. Si $f(x) = 2x - 5$ et $g(x) = -x + 4$, trouver la règle de correspondance de chacune des fonctions suivantes.

a) $f + g$

b) $\frac{f}{g}$

c) $f \circ g$

d) $g \circ f$

e) f^{-1}

f) g^{-1}

10. Soit $f(x) = ax + b$ et $g(x) = cx + d$ deux fonctions linéaires. Montrer que $f \circ g$ et f^{-1} sont aussi des fonctions linéaires.

5.2 La géométrie analytique de la droite

- Trouver l'équation d'une droite.
- Déterminer la position relative de deux droites.

5

5.2.1 L'équation d'une droite

L'équation d'une droite permet de décrire cette droite, de déterminer tous les points qui la constituent et de tracer son graphique.

À QUAND REMONTE L'ÉQUATION DE LA DROITE ?

Gaspard Monge

On a utilisé les équations du cercle et d'autres courbes géométriques bien avant de songer à donner une équation pour la droite. Si cela paraît un peu surprenant *a priori*, c'est que les problèmes relatifs aux droites pouvaient être résolus avec les triangles semblables. En 1637, lorsque René Descartes (1596-1650) publie sa *Géométrie* dans laquelle il expose les fondements de la géométrie analytique, il ne s'intéresse qu'à des courbes complexes de degré deux ou plus. Ce n'est qu'en 1756, plus de 100 ans plus tard, que les deux Français Mathieu-Bernard Goudin (1734-1817) et Achille Pierre Dionis du Séjour (1734-1794) exposent pour la première fois une étude systématique de l'équation de la droite. Ils proposent l'équation $mx - ny = 0$ pour une droite passant par l'origine. Leur livre n'a cependant qu'une influence limitée. Il faut attendre Gaspard Monge (1746-1818), professeur à l'École militaire du génie de Metz, pour qu'à partir des années 1770 l'équation de la droite soit présentée sous la forme maintenant classique $y = ax + b$. Cette façon de voir l'équation de la droite sera popularisée par son disciple Sylvestre Lacroix (1765-1843) qui, par ses très nombreux manuels, influencera profondément l'enseignement de la mathématique au secondaire tout au long du XIXe siècle.

L'équation d'une droite peut se présenter sous plusieurs formes.

On présente le plus souvent l'équation d'une droite sous l'une ou l'autre des formes suivantes :

- la forme **fonctionnelle** ou **canonique** : $y = ax + b$;
- la forme **générale ou cartésienne** : $Ax + By + C = 0$.

La forme fonctionnelle $y = ax + b$ est la plus courante et la plus pratique :

- elle donne explicitement la pente et l'ordonnée à l'origine, permettant ainsi de tracer facilement la droite ;
- si $a \neq 0$, elle sert à définir la fonction linéaire $y = f(x) = ax + b$, représentée par une droite oblique ;
- si $a = 0$, elle sert à définir la fonction constante $y = f(x) = b$, représentée par une droite horizontale.

On peut passer d'une forme à l'autre par de simples manipulations algébriques.

Pour trouver l'équation d'une droite, il suffit d'en connaître deux points distincts ou la pente et un point.

La recherche de l'équation d'une droite dont on connaît deux points

Soit $P_1(x_1, y_1)$ et $P_2(x_2, y_2)$ deux points de la droite $y = ax + b$, où $x_1 \neq x_2$.

1. On calcule la pente $a = \dfrac{\Delta y}{\Delta x} = \dfrac{y_2 - y_1}{x_2 - x_1}$.
2. On remplace a par sa valeur dans l'équation de la droite $y = ax + b$.
3. On substitue les coordonnées d'un des deux points aux variables x et y pour obtenir l'équation $y_1 = ax_1 + b$ (si on a choisi P_1) ou $y_2 = ax_2 + b$ (si on a choisi P_2).
4. On trouve b en résolvant cette dernière équation.

La recherche de l'équation d'une droite dont on connaît la pente et un point

Si on connaît la pente a et un point $P(x_1, y_1)$, il suffit de commencer à l'étape 2 de la démarche précédente.

On distingue les cas suivants :

- deux points distincts d'une **droite oblique** ont des abscisses différentes ($x_1 \neq x_2$) et des ordonnées différentes ($y_1 \neq y_2$). Dans ce cas, $a \neq 0$ et l'équation est de la forme $y = ax + b$;
- deux points distincts d'une **droite horizontale** ont des abscisses différentes ($x_1 \neq x_2$), mais des ordonnées égales ($y_1 = y_2$). Dans ce cas, $a = 0$ et l'équation est de la forme $y = b$;
- deux points distincts d'une **droite verticale** ont la même abscisse ($x_1 = x_2$), mais des ordonnées différentes ($y_1 \neq y_2$). Le dénominateur $x_2 - x_1 = 0$, alors une droite verticale n'a pas de pente, puisqu'on ne peut pas diviser par 0. Puisque tous ses points ont la même abscisse, son équation est de la forme $x = c$.

L'équation d'une droite verticale

L'équation d'une droite verticale est de la forme $x = c$, où c est la constante égale à l'ordonnée de tous les points de la droite.

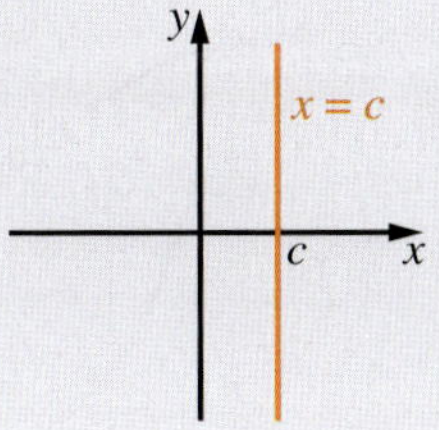

Exemple 5.4

◆ Soit la droite $y = ax + b$ passant par les points $P_1(-3, 4)$ et $P_2(2, -5)$.

La pente de la droite est donnée par $a = \frac{y_2 - y_1}{x_2 - x_1} = \frac{-5-4}{2-(-3)} = \frac{-9}{5}$, c'est-à-dire que y diminue de 9 unités chaque fois que x augmente de 5 unités, ou que y diminue de $\frac{9}{5}$ unité lorsque x augmente de 1 unité. La droite est décroissante, puisque sa pente est négative.

L'équation de la droite est de la forme $y = \frac{-9}{5}x + b$.

Pour trouver b, on substitue les coordonnées de l'un des points, par exemple P_1, à x et à y, et on résout l'équation.

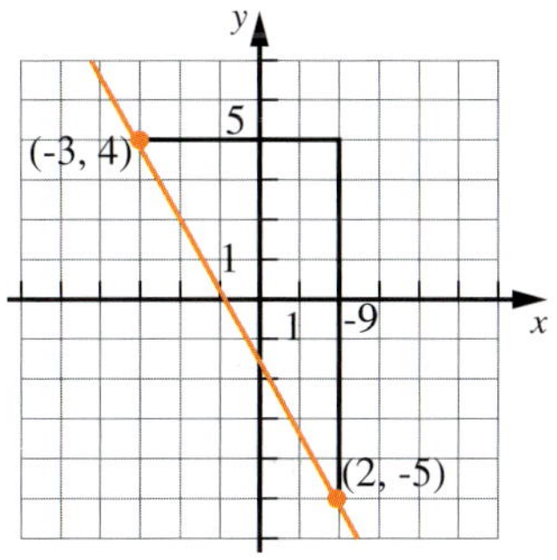

$$y = \frac{-9}{5}x + b$$

$$4 = \frac{-9}{5}(-3) + b$$

$$4 = \frac{27}{5} + b$$

$$b = 4 - \frac{27}{5} = \frac{-7}{5}$$

L'ordonnée à l'origine est $b = \frac{-7}{5}$.

L'équation de la droite est donc $y = \frac{-9}{5}x - \frac{7}{5}$.

◆ Soit la droite $y = ax + b$ passant par les points $(-3, 4)$ et $(2, 4)$. Sa pente est donnée par $a = \frac{4-4}{2-(-3)} = 0$.

La variation de y est nulle, quel que soit l'accroissement de x.

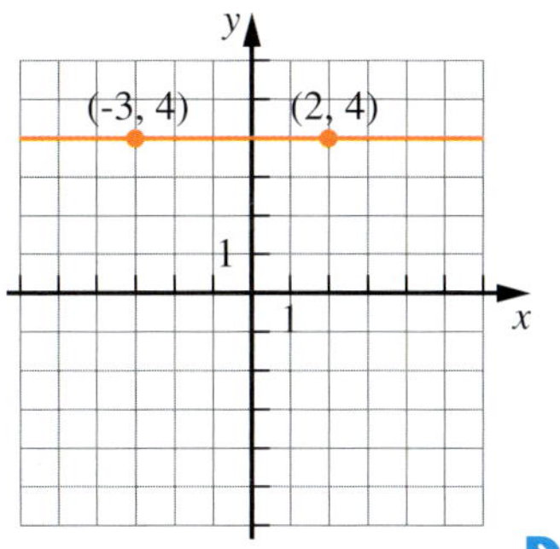

C'est une droite horizontale qui représente une fonction constante. Son équation est $y = 0x + b$, c'est-à-dire $y = 4$, où 4 est l'ordonnée de chacun de ses points (c'est donc aussi l'ordonnée à l'origine b).

- Soit la droite passant par les points $P_1(-2, 5)$ et $P_2(-2, 3)$. On a $a = \dfrac{3 - 5}{-2 - (-2)} = \dfrac{-2}{0}$. Cette expression n'est pas définie, puisqu'on ne peut pas diviser par 0.

  Puisque les deux points ont la même abscisse, on reconnaît une droite verticale, qui ne représente pas une fonction. Son équation est $x = -2$, où -2 est l'abscisse de chacun de ses points.

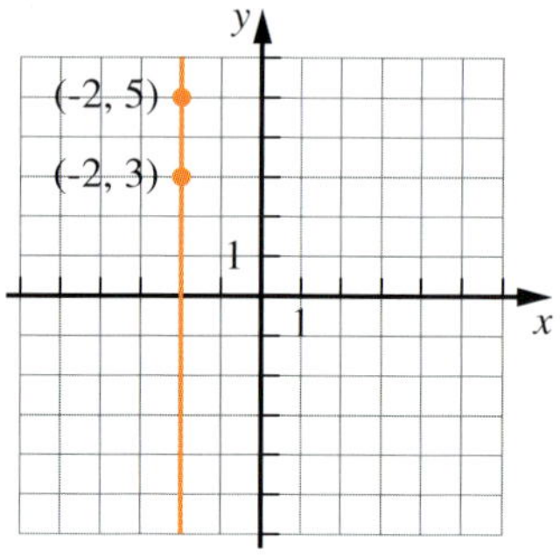

- Cherchons l'équation de la droite de pente -5 qui passe par le point $P(-3, 4)$.

  L'équation de la droite est de la forme $y = ax + b$.

  On connaît la pente $a = -5$.

  Ainsi, l'équation de la droite devient $y = -5x + b$.

  Puisque le point (-3, 4) appartient à la droite, ses coordonnées transforment l'équation en une égalité vraie.

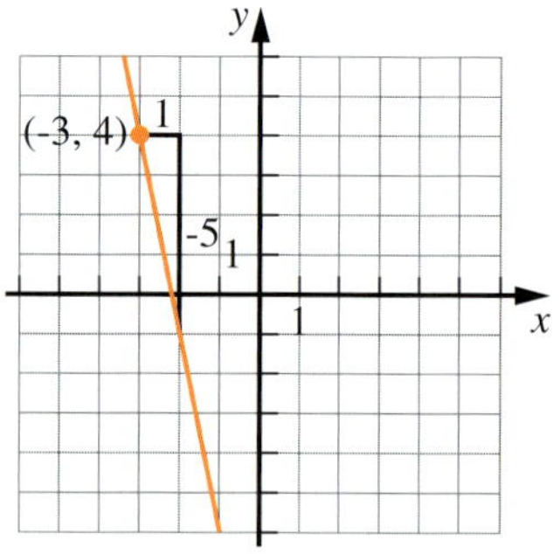

  En remplaçant x par -3 et y par 4 dans l'équation $y = -5x + b$, on obtient :

$$4 = -5(-3) + b$$
$$4 = 15 + b$$
$$-11 = b$$

  L'équation de la droite est donc $y = -5x - 11$.

5.2.2 La position relative de deux droites

La notion de pente permet d'établir des relations entre les droites.

Deux droites D_1 et D_2 qui ont la même pente sont **parallèles** ($D_1 // D_2$). Il en va de même pour deux droites verticales.

Deux droites parallèles peuvent être **distinctes** (elles n'ont aucun point commun) ou **confondues** (tous leurs points sont communs).

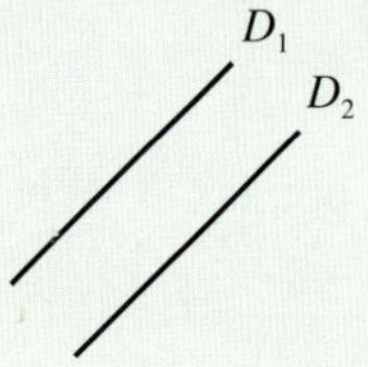

D_1 et D_2 sont des parallèles distinctes.

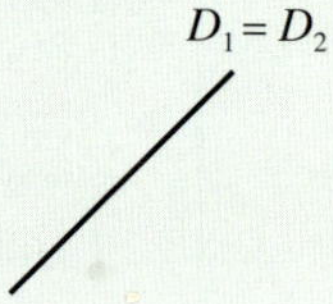

D_1 et D_2 sont des parallèles confondues.

Si les équations des droites D_1 et D_2 sont respectivement $y = a_1x + b_1$ et $y = a_2x + b_2$, alors $D_1 // D_2$ lorsque $a_1 = a_2$; ces parallèles sont distinctes si $b_1 \neq b_2$ et confondues si $b_1 = b_2$.

Deux droites qui ne sont pas parallèles sont dites **sécantes** (elles se coupent en un point).

Deux droites sécantes D_1 et D_2 qui se coupent à angle droit sont **perpendiculaires** ($D_1 \perp D_2$).

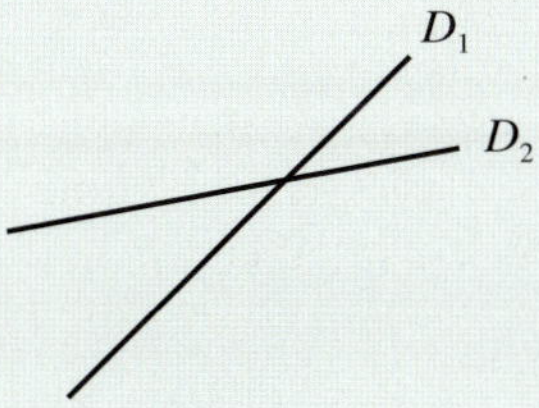

D_1 et D_2 sont sécantes.

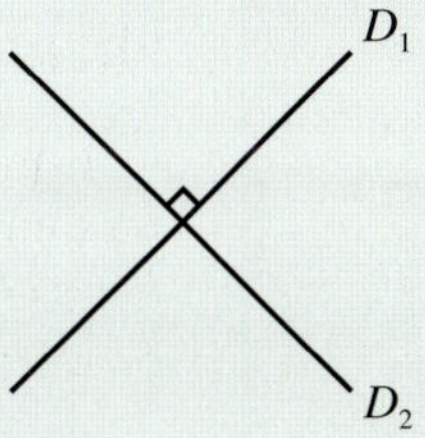

D_1 et D_2 sont perpendiculaires.

Si les équations des droites D_1 et D_2 sont respectivement $y = a_1x + b_1$ et $y = a_2x + b_2$, ces deux droites sont sécantes lorsque $a_1 \neq a_2$.

La relation entre les pentes de droites perpendiculaires

Deux droites dont les pentes existent sont perpendiculaires si et seulement si le produit de leurs pentes est -1.

Une droite verticale et une droite horizontale sont perpendiculaires.

Sur la figure ci-contre, on voit qu'une rotation de 90 degrés centrée à l'origine transporte le point $P_1(x_1, y_1)$ du segment OP_1 au point $P_2(-y_1, x_1)$.

La pente du segment OP_1 est donnée par $a_1 = \dfrac{y_1 - 0}{x_1 - 0} = \dfrac{y_1}{x_1}$ et

celle du segment OP_2, par $a_2 = \dfrac{x_1 - 0}{-y_1 - 0} = \dfrac{-x_1}{y_1}$.

Le produit des deux pentes est $a_1a_2 = \dfrac{y_1}{x_1} \times \dfrac{-x_1}{y_1} = -1$.

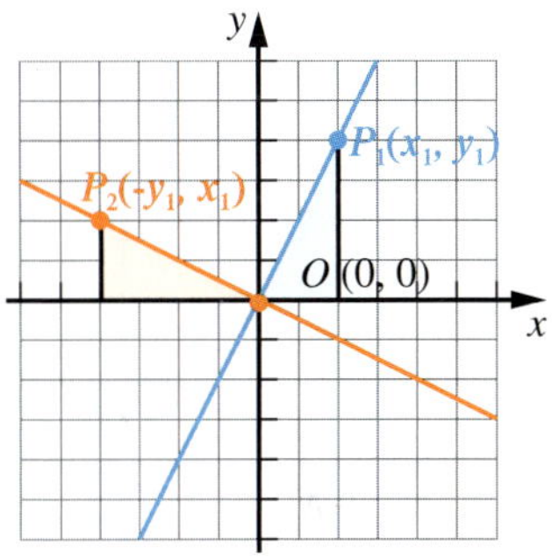

Exemple 5.5

- Cherchons l'équation de la droite D_2 passant par le point (1, -2) et qui est parallèle à la droite D_1 d'équation $y = -3x + 8$.

  La pente de D_1 est $a_1 = -3$.

  Puisque $D_1 \mathbin{//} D_2$, les deux droites ont la même pente et on a donc $a_2 = -3$.

  Ainsi, l'équation de la droite D_2 est de la forme $y = -3x + b$.

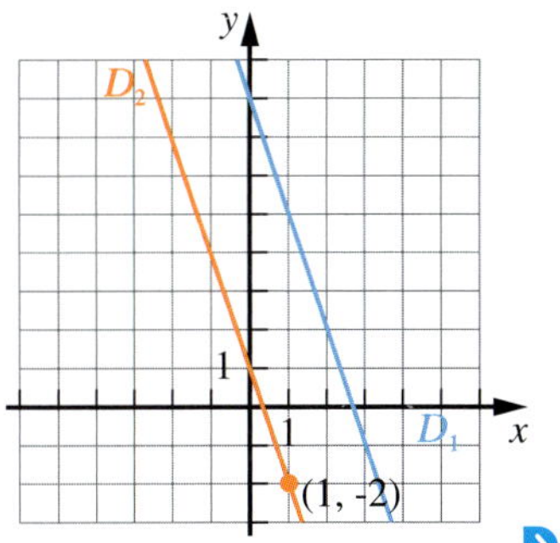

Puisque D_2 passe par le point (1, -2), on obtient une égalité vraie en remplaçant x par 1 et y par -2 dans l'équation de D_2, et on résout cette équation pour trouver b.

$$y = -3x + b$$
$$-2 = -3(1) + b$$
$$-2 = -3 + b$$
$$3 - 2 = b$$
$$1 = b$$

L'équation de D_2 est $y = -3x + 1$.

◆ Cherchons l'équation de la droite D_2 passant par le point (-3, 4) et qui est perpendiculaire à la droite D_1 d'équation $y = 2x - 5$.

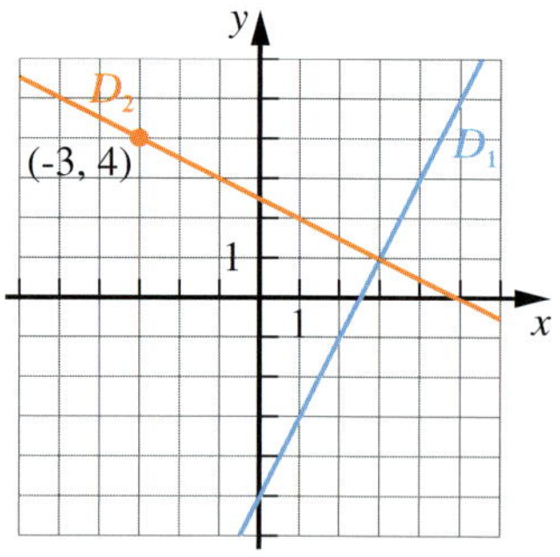

La pente de D_1 est $a_1 = 2$.

Puisque $D_1 \perp D_2$, le produit des pentes des deux droites est -1.

$$a_1 a_2 = -1$$
$$2a_2 = -1$$
$$a_2 = \frac{-1}{2}$$

Ainsi, l'équation de la droite D_2 est de la forme $y = \frac{-1}{2}x + b$.

Puisque D_2 passe par le point (-3, 4), on obtient une égalité vraie en remplaçant x par -3 et y par 4 dans l'équation de D_2, et on résout cette équation pour trouver b.

$$4 = \frac{-1}{2}(-3) + b$$
$$4 = \frac{3}{2} + b$$
$$4 - \frac{3}{2} = b$$
$$\frac{5}{2} = b$$

L'équation de D_2 est $y = \frac{-1}{2}x + \frac{5}{2}$.

Exercices 5.2

1. Calculer la pente de la droite passant par chacune des paires de points suivantes.

a) (2, 5) et (-1, 4) b) (-3, -5) et (0, 0) c) (-3, -2) et (0, -2)

2. Si la pente de la droite passant par les points (3, -1) et (5, c) est -4, quelle est la valeur de c ?

3. Trouver l'équation de chacune des droites dont la pente a et un point P sont donnés.

a) $a = 4$ et $P(2, 7)$ b) $a = -5$ et $P(-3, -6)$ c) $a = 0$ et $P(4, 10)$ d) $a = \frac{-4}{3}$ et $P\left(\frac{1}{2}, \frac{-1}{3}\right)$

4. Trouver l'équation de la droite passant par chacune des paires de points suivantes.

a) (-5, -3) et (11, 4) b) (0, 0) et (-7, 8) c) (3, 6) et (12, 6) d) (6, 3) et (6, 12)

5. Trouver l'équation de la droite dont l'abscisse à l'origine et l'ordonnée à l'origine sont respectivement 12 et -9.

6. Donner la règle de correspondance des fonctions représentées par chacun des graphiques ci-dessous.

a)

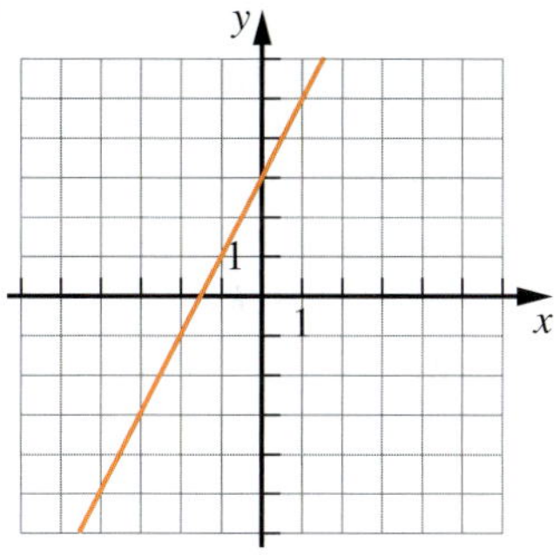

b)

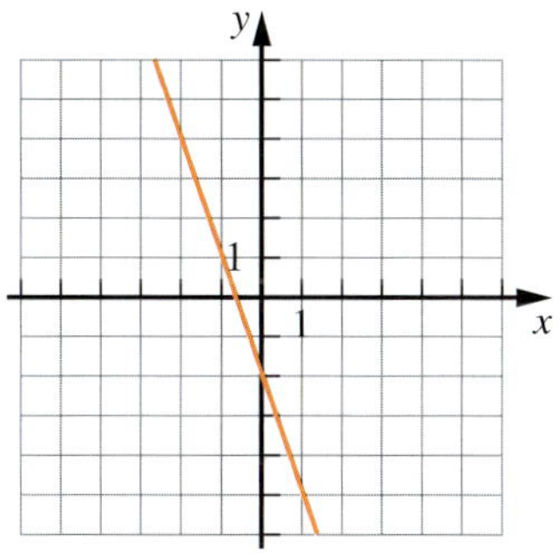

c)

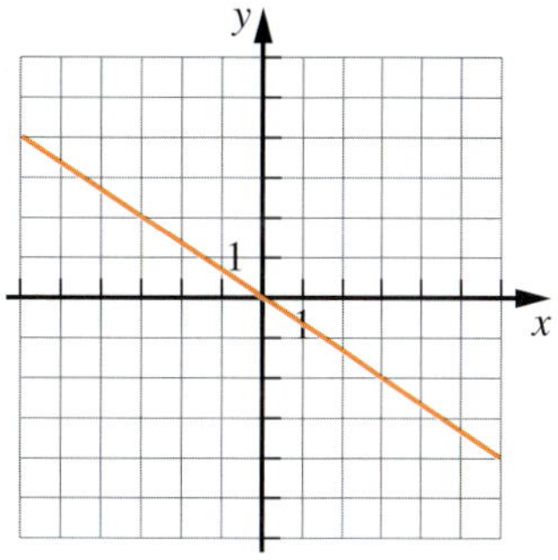

d)

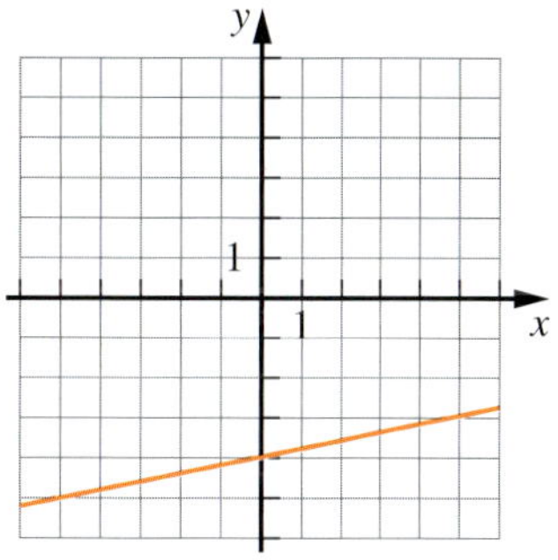

7. Vérifier si les paires de droites ci-après sont parallèles distinctes, parallèles confondues, sécantes quelconques ou sécantes perpendiculaires.

a) $y = 3x + 11$ et $y = 11x + 3$

b) $y = 5x - 7$ et $x + 5y - 15 = 0$

c) $2x - 3y - 30 = 0$ et $y = \frac{2}{3}x - 10$

d) $6x - 9y - 17 = 0$ et $-2x + 3y + 81 = 0$

e) $y = -10$ et $x = 25$

8. Trouver l'équation de la droite qui passe par le point (-5, 1) et qui est parallèle à la droite d'équation $y = 2x - 1$.

9. Trouver l'équation de la droite qui passe par le point (1, 0) et qui est perpendiculaire à la droite d'équation $y = \frac{2}{3}x + \frac{5}{3}$.

5.3 Les systèmes d'équations linéaires

- Trouver les solutions d'un système de deux équations linéaires.

Un système d'équations est un ensemble d'équations qui décrivent différentes propriétés d'une même situation.

Dans ce chapitre, nous aborderons les systèmes de deux équations linéaires à deux variables (les équations de deux droites). Nous verrons dans les prochains chapitres comment résoudre des systèmes d'équations contenant d'autres modèles de fonctions.

DEPUIS QUAND SAIT-ON RÉSOUDRE UN SYSTÈME D'ÉQUATIONS LINÉAIRES ?

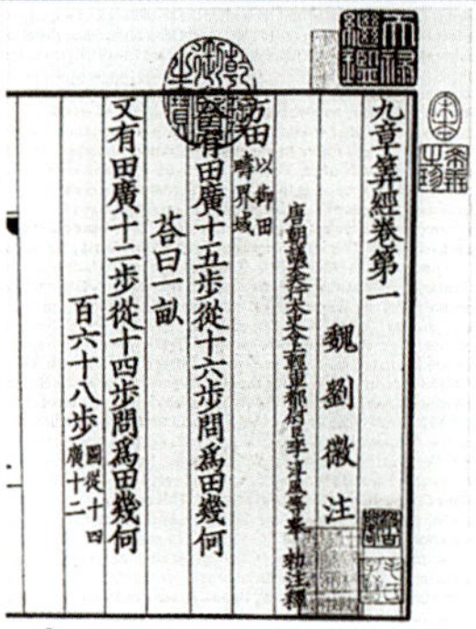

Page manuscrite des *Neuf chapitres sur l'art mathématique*

Dans toutes les civilisations anciennes, on trouve des documents qui contiennent des problèmes que nous résolvons aujourd'hui à l'aide d'un système d'équations linéaires. De tels problèmes sont courants, aussi bien dans des tablettes babyloniennes d'il y a plus de 1000 ans avant notre ère que dans un manuscrit chinois du IIe siècle avant notre ère. Voici un exemple tiré des *Neuf chapitres sur l'art mathématique*, un célèbre traité chinois de cette dernière période : « Le prix d'une acre de bonne terre est de 300 pièces d'or ; le prix de 7 acres de mauvaise terre est de 500. On a acheté ensemble 100 acres de terre qu'on a payées 10 000 pièces. Quelle superficie de bonne terre et quelle superficie de mauvaise terre avons-nous achetées ? »

On présente habituellement un système d'équations en plaçant une accolade devant les équations. On peut écrire les équations sous leur forme fonctionnelle, sous leur forme générale ou sous toute autre forme.

On écrira par exemple $\begin{cases} y = a_1x + b_1 \\ y = a_2x + b_2 \end{cases}$ ou $\begin{cases} A_1x + B_1y + C_1 = 0 \\ A_2x + B_2y + C_2 = 0 \end{cases}$.

Les solutions d'un système sont les valeurs des variables qui vérifient simultanément toutes les équations du système.

Un couple (u, v) est une **solution du système** $\begin{cases} y = a_1x + b_1 \\ y = a_2x + b_2 \end{cases}$ s'il est une solution commune aux deux équations.

Un couple (u, v) est une solution d'une équation linéaire $y = ax + b$ si on obtient une égalité vraie en remplaçant x par son abscisse u et y par son ordonnée v, c'est-à-dire si $v = au + b$. Dans ce cas, le point (u, v) appartient à la droite.

Par conséquent, un couple (u, v) est une solution du système d'équations linéaires $\begin{cases} y = a_1x + b_1 \\ y = a_2x + b_2 \end{cases}$ si $v = a_1u + b_1$ et $v = a_2u + b_2$.

Le point (u, v) appartient alors à chacune des deux droites.

Le nombre de solutions d'un système d'équations linéaires

- Si les deux droites sont **sécantes**, le système d'équations linéaires possède **une solution unique** correspondant au point d'intersection des deux droites. La résolution donne un seul couple (u, v).

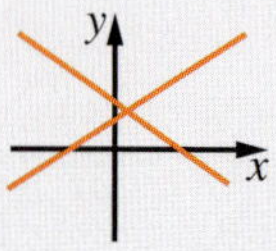

- Si les deux droites sont **parallèles distinctes**, elles n'ont aucun point commun et le système n'a alors **aucune solution**. La résolution conduit à une **égalité toujours fausse**.

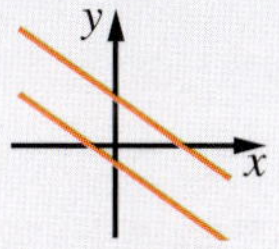

- Si les deux droites sont **parallèles confondues**, tous leurs points sont communs et le système a alors une **infinité de solutions** correspondant à l'ensemble des points de la droite. La résolution conduit à une **égalité toujours vraie**.

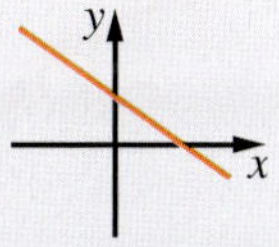

Il existe plusieurs méthodes de résolution de systèmes d'équations linéaires. Nous nous limiterons à présenter ici la méthode de comparaison, qu'on utilise lorsque les deux équations sont présentées sous leur forme fonctionnelle $y = ax + b$. Si les équations du système sont présentées sous une autre forme, on les ramène d'abord à la **forme fonctionnelle**.

La résolution d'un système d'équations linéaires par la méthode de comparaison

Pour résoudre un système d'équations linéaires de la forme $\begin{cases} y = a_1x + b_1 \\ y = a_2x + b_2 \end{cases}$:

1. On pose l'égalité entre les deux expressions de y et on résout l'équation.
2. Si cette dernière équation possède une seule solution, on substitue cette solution à la variable x dans l'une des équations initiales pour trouver la valeur de y. La solution du système est alors le couple (x, y) dont les coordonnées vérifient simultanément les deux équations et qui correspond au point d'intersection des deux droites.
3. Si on obtient une égalité toujours vraie, le système possède une infinité de solutions et les deux droites sont confondues : tous les couples (x, y) correspondant aux points des deux droites sont des solutions du système.
4. Si on obtient une égalité toujours fausse, le système ne possède aucune solution et les deux droites sont des parallèles distinctes.

5

Exemple 5.6

◆ Soit le système $\begin{cases} y = 5x - 9 \\ y = 2x \end{cases}$.

Pour résoudre ce système, on peut poser l'égalité entre les deux expressions de y et on résout cette équation pour trouver la valeur de x.

$$\begin{aligned} 5x - 9 &= 2x \\ 5x - 2x &= 9 \\ 3x &= 9 \\ x &= 3 \end{aligned}$$

On trouve ensuite y en remplaçant x par 3 dans l'une des deux équations du système.

$$y = 5x - 9 = 5(3) - 9 = 6$$

La solution du système est donc le couple (3, 6).

On vérifie la solution en remplaçant x par 3 et y par 6 dans les deux équations initiales.

Les deux droites représentant le système d'équations se coupent au point (3, 6).

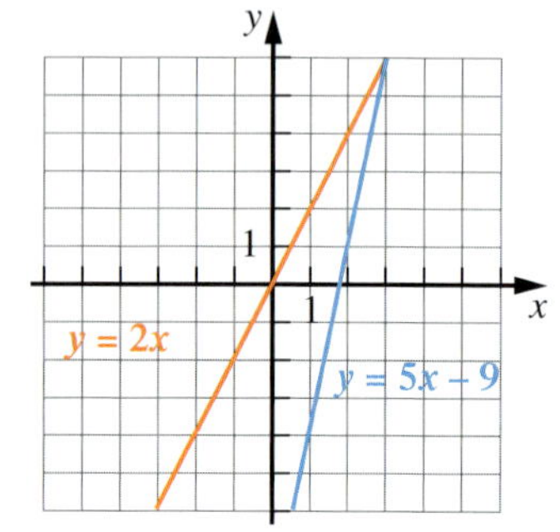

- Soit le système $\begin{cases} 5x+4y=10 \\ 10x+8y=12 \end{cases}$.

On peut présenter les deux équations sous la forme fonctionnelle en isolant y dans chacune d'elles.

Le système devient $\begin{cases} y=\frac{-5}{4}x+\frac{5}{2} \\ y=\frac{-5}{4}x+\frac{3}{2} \end{cases}$.

On reconnaît les équations de deux droites de même pente et d'ordonnées à l'origine différentes. Les droites sont donc parallèles distinctes et n'ont alors aucun point commun.

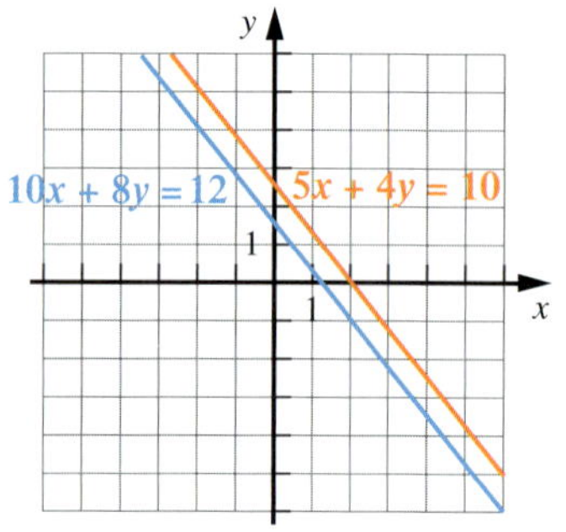

Ainsi, le système d'équations n'a aucune solution.

Si on avait plutôt posé l'égalité entre les deux expressions de y, on aurait obtenu :

$$\frac{-5}{4}x+\frac{5}{2}=\frac{-5}{4}x+\frac{3}{2}$$

$$0x=-1$$

$$0=-1$$

Puisque c'est une égalité toujours fausse, le système n'a aucune solution.

- Soit le système $\begin{cases} 2x+3y=7 \\ 4x+6y=14 \end{cases}$.

On présente les deux équations sous la forme fonctionnelle.

$$\begin{cases} y=\frac{-2}{3}x+\frac{7}{3} \\ y=\frac{-2}{3}x+\frac{7}{3} \end{cases}$$

On reconnaît les équations de deux droites de même pente et de même ordonnée à l'origine. Elles sont donc parallèles confondues et tous leurs points sont communs.

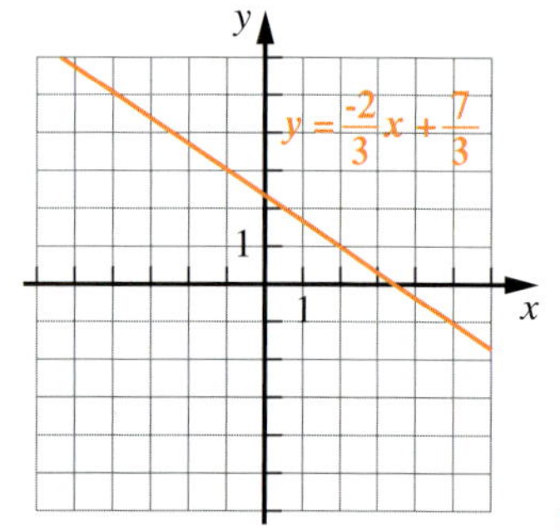

Ainsi, le système d'équations a une infinité de solutions, soit tous les couples de la forme $\left(x, \frac{-2}{3}x+\frac{7}{3}\right)$.

5

Si on avait plutôt posé l'égalité entre les deux expressions de y, on aurait obtenu :

$$\frac{-2}{3}x+\frac{7}{3}=\frac{-2}{3}x+\frac{7}{3}$$
$$0=0$$

Puisque c'est une égalité toujours vraie, le système a une infinité de solutions, soit tous les couples correspondant aux points de ces deux droites.

De nombreuses situations concrètes peuvent être illustrées par des systèmes d'équations. Pour résoudre un problème qui se traduit par un tel système, on doit définir les variables, poser les équations, résoudre le système et interpréter les solutions dans le contexte.

Exemple 5.7

◆ On a payé 130 $ pour l'achat de 6 m de soie et de 5 m de coton. On aurait payé 107 $ pour l'achat de 5 m de soie et de 4 m de coton. Cherchons le prix au mètre de chacun de ces tissus.

Soit x le prix d'un mètre de soie et y, le prix d'un mètre de coton.

L'énoncé du problème permet de poser le système d'équations suivant :

$$\begin{cases}6x+5y=130\\5x+4y=107\end{cases}\text{ ou, sous la forme fonctionnelle, }\begin{cases}y=26-\dfrac{6}{5}x\\y=\dfrac{107}{4}-\dfrac{5}{4}x\end{cases}$$

En résolvant ce système (la démarche vous est laissée en exercice), on trouve comme solution $x=15$ et $y=8$.

La soie coûte donc 15 $ le mètre et le coton, 8 $ le mètre.

5

Exercices 5.3

1. Résoudre chacun des systèmes d'équations suivants et préciser la position relative des deux droites.

a) $\begin{cases}y=-x+3\\y=3x-1\end{cases}$ b) $\begin{cases}2+7x=-5y\\7x+5y=4\end{cases}$ c) $\begin{cases}x+3y=-2\\2x-5y=18\end{cases}$ d) $\begin{cases}3x+4y-12\\\dfrac{3x}{2}-6=-2y\end{cases}$

2. Représenter chacun des systèmes ci-dessous par un graphique et indiquer le nombre de solutions.

a) $\begin{cases}x=y\\y=x+1\end{cases}$ b) $\begin{cases}2x-y=2\\3x+y=3\end{cases}$ c) $\begin{cases}x-3=4y\\3x-12y=9\end{cases}$ d) $\begin{cases}x-3=4y\\3x-12y=10\end{cases}$

Pour chacun des exercices ci-après, définir les variables, poser le système d'équations, le résoudre et interpréter la solution en tenant compte du contexte.

3. Un restaurant offre des tables à deux places et des tables à quatre places. Il y a en tout 50 tables pouvant recevoir 118 personnes. Combien de tables à deux places et de tables à quatre places y a-t-il ?

4. Paul, Marie et leurs deux enfants ont visité la Gaspésie pendant 30 jours au cours de l'été dernier. Ils ont dormi dans des motels les soirs de pluie et sous la tente par beau temps. Ils ont dépensé en moyenne 80 $ par nuit pour les motels et 15 $ par nuit en camping. Le montant total de leurs dépenses à cet égard a atteint 1230 $. Pendant combien de nuits a-t-il plu ?

Rocher Percé

5. Au lendemain d'une tempête, un entrepreneur a utilisé ses deux camions pour transporter de la neige. Un des camions peut transporter 3 tonnes de neige, l'autre, 5 tonnes. Les deux camions ont fait en tout 75 chargements et ont transporté 291 tonnes de neige. Combien de chargements chaque camion a-t-il faits ?

5.4 La fonction valeur absolue

- Résoudre des problèmes se traduisant par une fonction valeur absolue.

Parmi les fonctions définies par parties, il en est une qui mérite une étude plus approfondie : la fonction valeur absolue.

5.4.1 La fonction valeur absolue $f(x) = |x|$

Nous avons vu au chapitre 1 (*voir la page 9*) que la valeur absolue d'un nombre a, notée $|a|$, correspond à la distance, sur l'axe réel, entre a et l'origine (le nombre 0).

La **fonction valeur absolue** est une fonction de la forme $y = f(x) = |x|$, où :

$$|x| = \begin{cases} -x \text{ si } x < 0 \\ x \text{ si } x \geq 0 \end{cases}$$

Exemple 5.8

- $|3| = 3$, car $3 \geq 0$.
- $|-3| = -(-3) = 3$, car $-3 < 0$.
- $|0| = 0$

Le signe d'une valeur absolue

La valeur absolue d'un nombre x est toujours positive ou nulle.

Si $x < 0$, $|x| = -x$ n'est pas un nombre négatif.

Par exemple, si $x = -5$, $|x| = |-5| = -(-5) = 5$, un nombre positif.

Puisque la fonction valeur absolue est définie en deux parties, son graphique est aussi composé de deux parties.

$$f(x)=|x|=\begin{cases}-x \text{ si } x<0\\ x \text{ si } x\geq 0\end{cases}$$

Si $x<0$, la règle de correspondance de la fonction devient $y=-x$, qu'on représente par une portion de la droite de pente -1 passant par l'origine, tracée sur l'intervalle $]-\infty, 0[$.

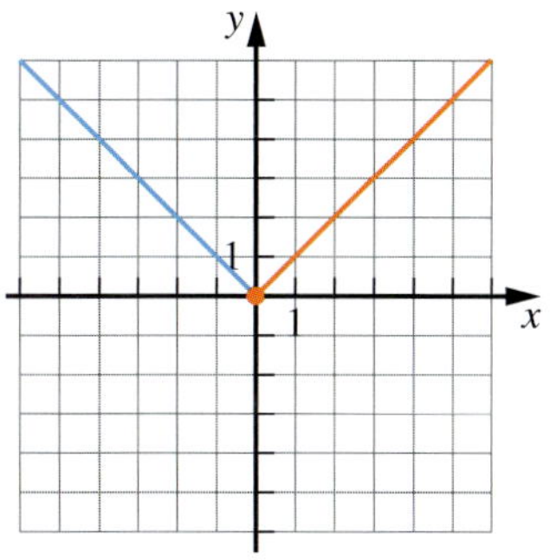

Si $x\geq 0$, la règle de correspondance devient $y=x$, qu'on représente par une portion de la droite de pente 1 passant par l'origine, tracée sur l'intervalle $[0,+\infty[$.

On obtient le graphique de $f(x)=|x|$ en juxtaposant les deux parties.

Le point (0, 0) correspondant au minimum est appelé **sommet** du graphique. On utilise le terme « sommet » autant pour un minimum que pour un maximum.

Les caractéristiques de la fonction valeur absolue

La fonction valeur absolue $f(x)=|x|$ possède les caractéristiques suivantes :

- $dom(f)=\mathbb{R}$
- $ima(f)=[0, +\infty[$
- La fonction possède un seul zéro : $x=0$.
- f est positive sur $\mathbb{R}\setminus\{0\}$ et nulle si $x=0$; elle n'est jamais négative.
- f est décroissante sur $]-\infty, 0]$ et croissante sur $[0, +\infty[$.
- f possède un minimum $min(f)=0$, atteint lorsque $x=0$. Elle n'a pas de maximum.
- Le sommet du graphique est situé au point (0, 0).

5.4.2 La fonction valeur absolue $F(x) = A|(B(x-h))| + k$

Nous avons vu au chapitre 4 (*voir la page 185*) comment tracer le graphique d'une fonction $F(x)=Af(B(x-h))+k$ à partir du graphique de la fonction f. Dans le cas d'une fonction valeur absolue, la définition par parties suffit pour tracer le graphique.

Exemple 5.9

◆ Soit la fonction $f(x)=2|-(x+3)|+1$.

$$|-(x+3)|=\begin{cases}x+3 \text{ si } -(x+3)<0\\ -(x+3) \text{ si } -(x+3)\geq 0\end{cases} \quad \text{ou} \quad |-(x+3)|=\begin{cases}x+3 \text{ si } x>-3\\ -x-3 \text{ si } x\leq -3\end{cases}$$

Ainsi, $f(x)=\begin{cases} 2(x+3)+1 & \text{si } x>-3 \\ 2(-x-3)+1 & \text{si } x\leq -3 \end{cases}$

$\quad\quad\;\; =\begin{cases} 2x+7 & \text{si } x>-3 \\ -2x-5 & \text{si } x\leq -3 \end{cases}$

On obtient le graphique de *f* en traçant les deux portions de droites sur les intervalles appropriés.

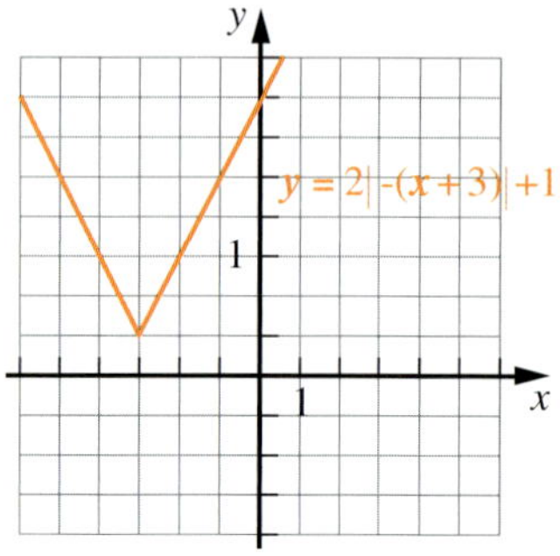

5.4.3 La fonction valeur absolue *g*(*x*) = | *f*(*x*) |

Le fait qu'une valeur absolue soit toujours positive ou nulle permet de tracer le graphique d'une fonction de la forme $g(x)=|f(x)|$ lorsqu'on connaît celui de *f*.

Soit deux fonctions *f* et *g* telles que $g(x)=|f(x)|$.

$$g(x)=\begin{cases} -f(x) \text{ si } f(x)<0 \\ f(x) \text{ si } f(x)\geq 0 \end{cases}$$

Pour les valeurs de x telles que $f(x)<0$, on a $g(x)=-f(x)$, qui est l'opposé de $f(x)$ et, par conséquent, un nombre positif. Le graphique de g est alors le symétrique de celui de *f* par rapport à l'axe des x. Tous les points du graphique de *f* situés au-dessous de l'axe des x sont reportés au-dessus de l'axe par réflexion.

D'autre part, pour les valeurs de x telles que $f(x)\geq 0$, on a $g(x)=f(x)$ et le graphique de g coïncide avec celui de *f*.

On obtient donc le graphique de $g(x)=|f(x)|$ par une réflexion de la partie négative de la courbe de *f* par rapport à l'axe des x. L'exemple qui suit illustre cette méthode.

Exemple 5.10

◆ Soit la fonction *f* représentée par le graphique ci-dessous.

Les zéros de *f* sont -1 et 2. On constate que $f(x)<0$ si $x\in]-1, 2[$.

On obtient le graphique de $g(x)=|f(x)|$ par une réflexion de la partie négative de la courbe de *f* par rapport à l'axe des x.

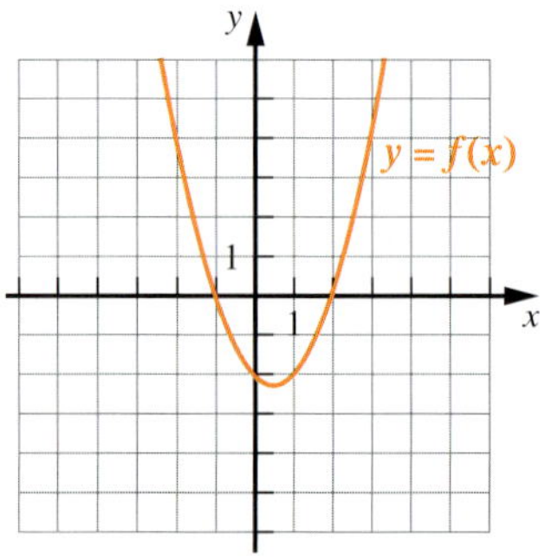

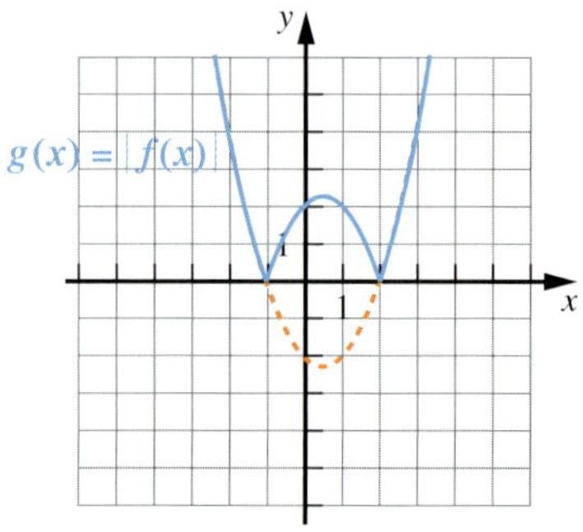

Le graphique cartésien d'une fonction valeur absolue

On peut tracer le graphique cartésien d'une fonction $g(x) = |f(x)|$ en suivant ces étapes.

1. Tracer le graphique cartésien de f.
2. Trouver les points d'intersection du graphique avec l'axe des x et les intervalles sur lesquels la fonction est négative.
3. Reporter la portion négative de la courbe de f au-dessus de l'axe des x, qui sert alors d'axe de symétrie.

5.4.4 Les équations contenant des valeurs absolues

La résolution de l'équation $|x| = c$ (où c est une constante positive ou nulle) consiste à chercher les valeurs de x situées à une distance de c unités de l'origine sur l'axe réel. Si $c > 0$, on trouve deux solutions : $x = c$ ou $x = -c$. Si $c = 0$, la seule solution est $x = 0$.

Exemple 5.11

- L'équation $|x| = 18$ possède deux solutions : $x = 18$ ou $x = -18$.

  En effet, $|18| = 18$ et $|-18| = 18$.
- L'équation $|x| = -12$ n'a aucune solution, car une valeur absolue ne peut pas être négative.

5

De la même façon, on peut résoudre une équation de la forme $|f(x)| = c$ (où c est une constante positive ou nulle) en considérant les deux cas possibles.

La résolution d'une équation de la forme $|f(x)| = c$

Si c est une constante positive :

$$|f(x)| = c \Leftrightarrow (f(x) = c \text{ ou } f(x) = -c)$$

Si $c = 0$:

$$|f(x)| = 0 \Leftrightarrow f(x) = 0$$

Exemple 5.12

- Soit l'équation $|2x - 2| = 4$.

  Puisque 4 est une constante positive, on considère les deux cas possibles.

$$|2x - 2| = 4$$

$$\swarrow \qquad \searrow$$

$$\begin{aligned} 2x - 2 &= 4 \quad \text{ou} \quad & 2x - 2 &= -4 \\ 2x &= 6 \quad \text{ou} \quad & 2x &= -2 \\ x &= 3 \quad \text{ou} \quad & x &= -1 \end{aligned}$$

On vérifie les solutions dans l'équation initiale.

Si $x = 3$, on obtient $|2(3) - 2| = |4| = 4$.

Si $x = -1$, on obtient $|2(-1) - 2| = |-4| = 4$.

L'ensemble solution de l'équation $|2x - 2| = 4$ est $\{-1, 3\}$.

Lorsque le membre de droite de l'équation n'est pas une constante, on peut procéder de la même façon. Toutefois, puisque le membre de droite contient une variable, il peut être positif ou négatif, selon la valeur de x. Après avoir résolu les deux équations, il est alors **essentiel** de vérifier si les solutions transforment l'équation initiale en une égalité vraie. Si ce n'est pas le cas, on rejette la solution.

La résolution d'une équation de la forme $|f(x)| = g(x)$

1. On résout les deux équations $f(x) = g(x)$ et $f(x) = -g(x)$.
2. On vérifie les solutions dans l'équation initiale et on rejette celles qui donnent une égalité fausse.

Exemple 5.13

- Soit l'équation $|x - 1| = 2x$.

$$\begin{array}{ccc} x - 1 = 2x & \text{ou} & x - 1 = -2x \\ -x = 1 & \text{ou} & 3x = 1 \\ x = -1 & \text{ou} & x = \dfrac{1}{3} \end{array}$$

On remplace x par chacune de ces valeurs dans l'équation initiale.

Si $x = -1$, on obtient $|-1 - 1| = 2(-1)$, soit $|-2| = -2$, qui est une égalité fausse.

Par conséquent, -1 n'est pas une solution.

Si $x = \frac{1}{3}$, on obtient $\left|\frac{1}{3} - 1\right| = 2\left(\frac{1}{3}\right)$, soit $\left|\frac{-2}{3}\right| = \frac{2}{3}$, qui est une égalité vraie.

Ainsi, $\frac{1}{3}$ est la seule solution de l'équation.

- Soit l'équation $3|x - 1| + 4x = 10x$.

On peut résoudre cette équation en isolant d'abord la valeur absolue.

$$3|x - 1| + 4x = 10x$$

$$3|x - 1| = 6x \quad \text{(soustraction de } 4x \text{ des deux membres)}$$

$$|x - 1| = 2x \quad \text{(division des deux membres par 3)}$$

On obtient l'équation de l'exemple précédent, dont la seule solution est $x = \frac{1}{3}$.

La valeur absolue permet souvent de représenter des écarts entre deux quantités lorsque le sens des écarts n'a pas d'importance.

Exemple 5.14

◆ L'écart entre la note de mathématique d'Émilie et celle de Frédéric est de 7 points. Si Frédéric a obtenu une note de 85, quelle est la note d'Émilie ?

Soit x la note d'Émilie.

On ignore si la note d'Émilie est supérieure ou inférieure à celle de Frédéric, mais on peut représenter l'écart entre les deux notes par $|x-85|=7$.

$$|x-85|=7$$

$$\swarrow \qquad \searrow$$

$$x-85=7 \quad \text{ou} \quad x-85=-7$$

$$x=92 \quad \text{ou} \quad x=78$$

Ce problème a donc deux solutions. Émilie a obtenu une note de 92 ou de 78.

5.4.5 Les inéquations contenant des valeurs absolues

On a vu précédemment que si $|x|=c$, alors une distance c sépare le nombre x et l'origine.

Si $|x|<c$, la distance entre x et l'origine est inférieure à c.

Il faut donc que x soit situé entre $-c$ et c.

Si $|x|>c$, la distance entre x et l'origine est supérieure à c.

Il faut donc que x soit situé à gauche de $-c$ ou à droite de c.

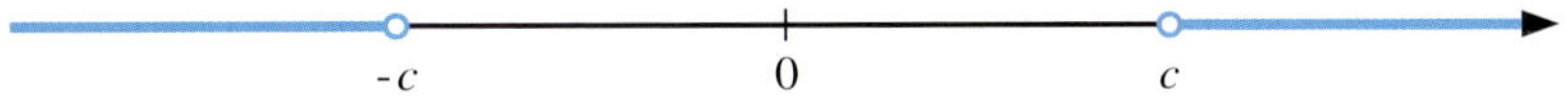

La résolution d'inéquations contenant une valeur absolue

Si c est une constante positive :

$$|x|<c \Leftrightarrow -c<x<c$$

$$|x|>c \Leftrightarrow (x<-c \quad \text{ou} \quad x>c)$$

On peut généraliser cette propriété à la valeur absolue d'une expression algébrique quelconque.

$$|f(x)|<c \Leftrightarrow -c<f(x)<c$$

$$|f(x)|>c \Leftrightarrow (f(x)<-c \quad \text{ou} \quad f(x)>c)$$

La double inéquation $a<x<b$ signifie que x est **à la fois** supérieur à a et inférieur à b. Elle se traduit donc par ($a<x$ **et** $x<b$). Il faut chercher les solutions communes aux deux inéquations, soit celles qui appartiennent à l'**intersection** des deux ensembles solutions.

Par contre, lorsqu'on a $x<a$ **ou** $x<b$, il faut faire l'**union** des deux ensembles solutions.

Exemple 5.15

◆ Soit l'inéquation $|3x-4|-2<0$.

On la ramène d'abord à la forme $|f(x)|<c$, soit $|3x-4|<2$.

$$-2<3x-4<2$$

$$\swarrow \qquad \searrow$$

$$\begin{array}{ccc} -2<3x-4 & \text{et} & 3x-4<2 \\ -3x<-2 & \text{et} & 3x<6 \\ x>\dfrac{2}{3} & \text{et} & x<2 \end{array}$$

On doit ensuite faire l'**intersection** des deux ensembles solutions.

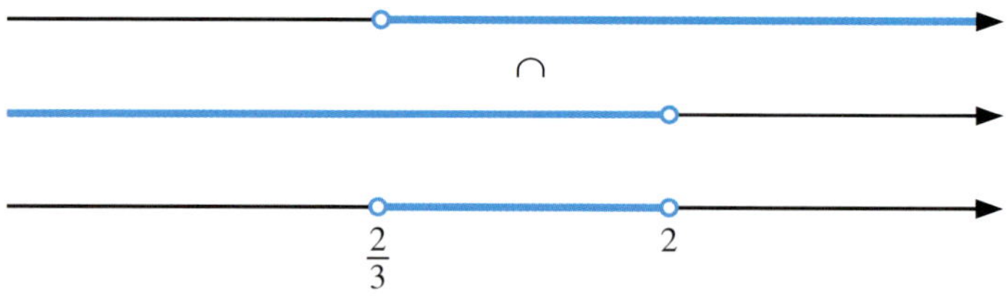

L'ensemble solution de l'inéquation $|3x-4|-2<0$ est donc $\left]\dfrac{2}{3}, 2\right[$.

◆ Soit l'inéquation $|2x+1| \geq 3x-5$.

$$\begin{array}{ccc} 2x+1 \leq -(3x-5) & \text{ou} & 2x+1 \geq 3x-5 \\ 2x+1 \leq -3x+5 & \text{ou} & 2x+1 \geq 3x-5 \\ 5x \leq 4 & \text{ou} & -x \geq -6 \\ x \leq \dfrac{4}{5} & \text{ou} & x \leq 6 \end{array}$$

Il faut faire l'**union** des deux ensembles solutions.

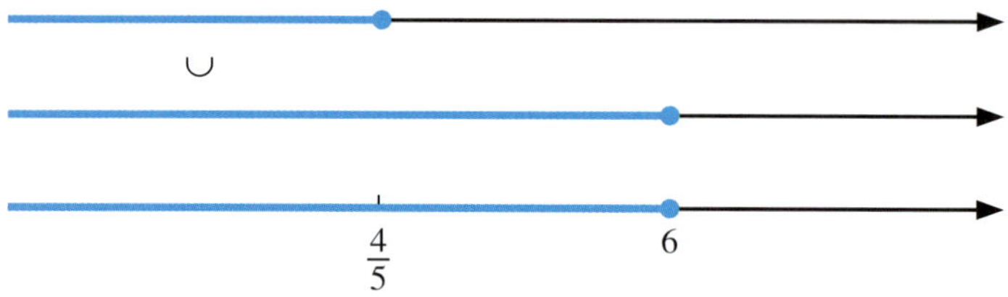

L'ensemble solution de l'inéquation $|2x+1| \geq 3x-5$ est donc $]-\infty, 6]$.

Dans l'énoncé d'un problème, les expressions « l'écart ne dépasse pas », « la distance est supérieure à », « la variation est de $\pm c$ » annoncent souvent une inéquation comportant une valeur absolue.

Exemple 5.16

◆ Selon le résultat d'un sondage, 96 % des automobilistes québécois interrogés bouclent leur ceinture de sécurité. La maison de sondage précise qu'il y a 19 chances sur 20 que la marge d'erreur d'un tel sondage ne dépasse pas 3 %.

Cela signifie que l'écart entre le pourcentage de 96 % obtenu auprès des personnes interrogées et le pourcentage exact qu'on aurait obtenu en interrogeant toute la population a 19 chances sur 20 (95 % des chances) d'être inférieur à 3 %.

Si x représente le pourcentage d'automobilistes qui bouclent leur ceinture dans l'ensemble de la population, on peut décrire la marge d'erreur par l'inéquation $|x - 96\ \%| \leq 3\ \%$.

$$-3\ \% \leq x - 96\ \% \leq 3\ \%$$

$$\swarrow \qquad \searrow$$

$$-3\ \% \leq x - 96\ \% \quad \text{et} \quad x - 96\ \% \leq 3\ \%$$

$$-x \leq -93\ \% \quad \text{et} \quad x \leq 99\ \%$$

$$x \geq 93\ \% \quad \text{et} \quad x \leq 99\ \%$$

$$93\ \% \leq x \leq 99\ \%$$

Il y a donc 19 chances sur 20 (95 % des chances) que, dans la population entière, le pourcentage d'automobilistes qui bouclent leur ceinture se situe entre 93 % et 99 %.

Exercices 5.4

1. Soit $f(x) = |x|$. Évaluer si possible chacune des expressions suivantes.

a) $f(12)$ c) $f(12 - 20)$ e) $\sqrt{f(-25)}$

b) $f(-20)$ d) $f(12) + f(-20)$ f) $f(\sqrt{-25})$

2. Tracer le graphique de la fonction $f(x) = |3x - 2|$ et en faire l'analyse complète.

3. Pour chacune des fonctions f ci-dessous, tracer le graphique de la fonction $g(x) = |f(x)|$.

a)

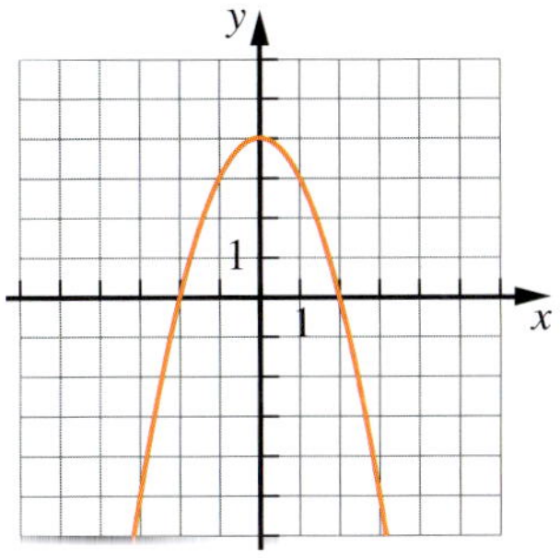

b)

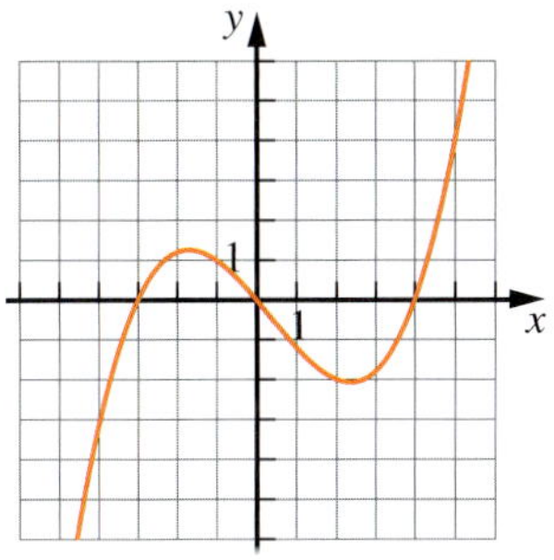

4. Tracer le graphique de chacune des fonctions suivantes.

a) $f(x) = \frac{-1}{2}|x - 3|$ b) $f(x) = |2(x - 1)| - 3$ c) $f(x) = |x| + |x + 1|$

5. Trouver la règle de correspondance des fonctions représentées par chacun des graphiques suivants.

a)

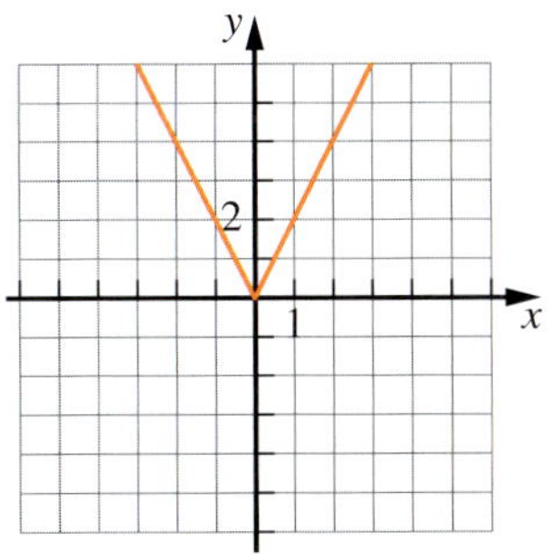

b)

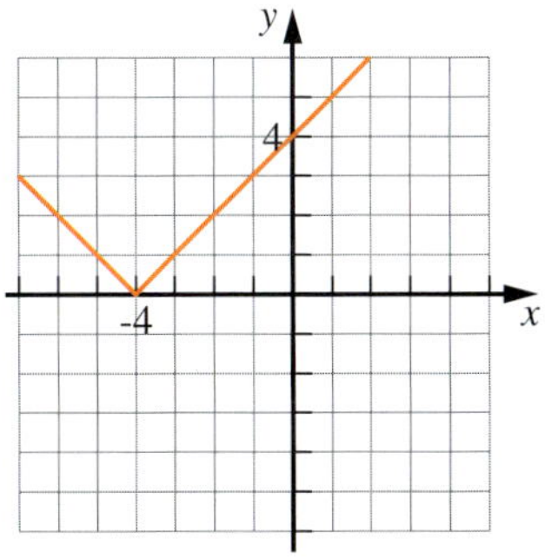

6. Résoudre chacune des équations suivantes.

a) $|-3x| = 12$ c) $|4x - 5| = -12$ e) $|3x - 5| = 4x$ g) $3|2x + 1| - 4 = 0$

b) $|3x - 2| = 8$ d) $|x + 6| = 3x - 2$ f) $|6x| - x = 1$ h) $|-3x| = x - 4$

7. Lorsqu'on ajoute de l'algicide à l'eau d'une piscine, la concentration d'algues visibles diminue pendant quelques heures, puis elle augmente de nouveau. La concentration d'algues est donnée, t heures après l'application du produit, par la fonction

$$C(t) = \left|400 - \frac{2t}{0{,}04}\right| \text{mg/cm}^3.$$

a) Quelle est la concentration d'algues au moment où l'on verse l'algicide dans la piscine ?

b) Combien de temps faudra-t-il avant qu'il ne reste plus d'algues visibles ?

c) Combien de temps après avoir versé l'algicide la concentration d'algues atteindra-t-elle 450 mg/cm^3 ?

8. Par une belle journée d'été, le nombre de baigneurs présents simultanément sur une plage publique a suivi la fonction $N(x) = -50|x - 6| + 300$, où x représente le nombre d'heures écoulées depuis l'ouverture de la plage à 9 h.

a) Tracer le graphique cartésien de la fonction.

b) Quel est le nombre maximal de baigneurs qu'on a pu observer simultanément sur la plage ? Quelle heure était-il alors ?

c) À quelle heure la plage s'est-elle vidée ?

d) À quelle heure a-t-on pu observer 200 baigneurs ?

9. Au laboratoire de chimie, les étudiants doivent mesurer la concentration d'une solution d'acide sulfurique. La réponse exacte est 98 g/L. Le professeur accorde 10 points pour une bonne réponse et il enlève 0,5 point pour chaque unité de différence avec la réponse exacte.

a) Si x représente la réponse d'un étudiant, donner la règle de correspondance de la fonction qui calcule le nombre des points qui lui seront accordés.

b) Quelle note obtiendra celui qui a répondu 95 g/L ?

c) Quelle réponse a donnée l'étudiant qui a reçu la note 8 ?

10. Trouver l'ensemble solution de chacune des inéquations ci-dessous.

a) $|x - 2| < 5$ f) $|2x - 5| < -3$

b) $|2x + 3| \geq 2$ g) $|3x - 2| \leq 9$

c) $|x - 4| > 2x + 1$ h) $|5 - x| < 3x + 4$

d) $|3x| \leq 3 - 7x$ i) $|2x| \geq 4 - 7x$

e) $|x + 1| - 5x < 0$ j) $|x - 2| - x + 1 > 0$

11. Il y a quelques années, dans le cadre de son programme Écono-confort, Hydro-Québec installait gratuitement des thermostats électroniques à affichage numérique chez ses abonnés. La fiche technique de ces thermostats spécifie que la précision de l'affichage est de ±0,4 °C.

a) Si T représente la température exacte et a, la température affichée, poser l'inéquation qui décrit la spécification du fabricant de thermostats.

b) Si le thermostat affiche une température de 22,6 °C, dans quel intervalle la température exacte se situe-t-elle ?

12. Une machine à café est calibrée de façon à verser 200 ml de liquide dans les gobelets. On estime que la quantité réelle de café peut varier de plus ou moins 6 ml.

a) Si x représente la quantité de café versée dans un gobelet, poser l'inéquation qui décrit cette situation.

b) Dans quel intervalle se situe la quantité de café que peut contenir le gobelet ?

Exercices récapitulatifs

1. Faire l'analyse complète de chacune des fonctions suivantes.

a) $f(x) = -4$ b) $f(x) = 3x + 5$ c) $f(x) = \frac{-x}{2}$

2. La fonction $C = \frac{5}{9}(F - 32)$ permet de transformer des degrés Fahrenheit en degrés Celsius.

a) Un thermomètre marque 86 °F. Quelle est la température équivalente en degrés Celsius ?

b) L'eau bout à 100 °C. À combien de degrés Fahrenheit l'eau bout-elle ?

c) Quelle est la température qui est exprimée par le même nombre, qu'on la mesure en degrés Celsius ou en degrés Fahrenheit ?

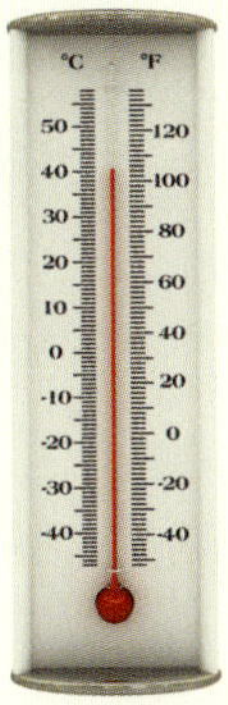

Thermomètre

d) Si on se trouve dans une pièce où la température exprimée selon l'une des échelles (Celsius ou Fahrenheit) est le double de la température exprimée selon l'autre échelle, peut-on parler d'une température confortable ?

e) Lorsque la température de l'air augmente de 1 °F, quelle est l'augmentation équivalente en degrés Celsius ?

f) Quel est le taux de variation moyen de la température en degrés Celsius lorsque la température varie de 10 °F à 15 °F ?

g) Au cours d'une belle journée d'été, la température a augmenté de 10 °F entre 8 h et 15 h. Quelle est la hausse de température en degrés Celsius ?

h) On a observé le même phénomène qu'en g) une journée d'hiver, soit une hausse de température de 10 °F entre 8 h et 15 h. Expliquer pourquoi l'augmentation de la température en degrés Celsius est la même que celle qui a été calculée en g).

i) Calculer le zéro de la fonction et interpréter cette valeur en fonction du contexte.

j) Exprimer sous forme d'intervalle l'ensemble des températures en degrés Fahrenheit qui sont sous le point de congélation.

3. Trouver l'ensemble solution de chacun des systèmes suivants. Vérifier les solutions algébriquement et à l'aide d'un graphique.

a) $\begin{cases} 2x - 3y = 2 \\ 2x + 3y = 42 \end{cases}$

b) $\begin{cases} \frac{y}{2} + \frac{x}{6} = 1 \\ \frac{x}{3} + y = 5 \end{cases}$

c) $\begin{cases} 15x + 7y = 29 \\ 9x + 15y = 39 \end{cases}$

d) $\begin{cases} x + 3y = -1 \\ 2x + 6y + 2 = 0 \end{cases}$

4. Montrer que la droite D_1 passant par les points (-2, 2) et (4, -6) et la droite D_2 passant par les points (-3, -2) et (5, 4) se coupent à angle droit.

5. Des voitures et des motocyclettes sont garées dans une rue. On compte 50 véhicules et 118 roues. Combien de voitures y a-t-il ? Combien de motocyclettes ?

6. Résoudre chacune des équations ou inéquations suivantes.

a) $|x - 7| = 4$

b) $|3x - 2| \leq 15$

c) $|4x - 5| = 3x$

d) $|x - 7| > 6x + 2$

e) $|2x - 1| = 5x$

f) $|2x| < 1 - x$

5

Un peu d'histoire

7. Quel mathématicien a donné une définition de la droite environ 300 ans avant notre ère ?

8. Pour quel type de droite les mathématiciens Goudin et Dionis du Séjour ont-ils proposé une équation en 1756 ?

9. Résoudre le problème tiré des *Neuf chapitres sur l'art mathématique* (*voir la page 218*).

6 Les fonctions quadratiques et leur réciproque, la racine carrée

Objectif général

Résoudre des problèmes représentés par une fonction polynomiale du second degré ou par une fonction racine carrée.

Dans le langage courant, on utilise souvent le terme « parabole » pour désigner une « antenne parabolique » qui permet de capter des ondes transmises par un radar, par un satellite ou même par les astres. C'est la forme de cette antenne, sa courbure, qui est une parabole au sens mathématique du terme.

Le circuit de course automobile de Monza, en Italie, présente aussi un bel exemple de parabole avec sa Curva Parabolica (courbe parabolique). Une partie du circuit est en fait l'enchaînement d'un segment de droite et d'une portion de parabole.

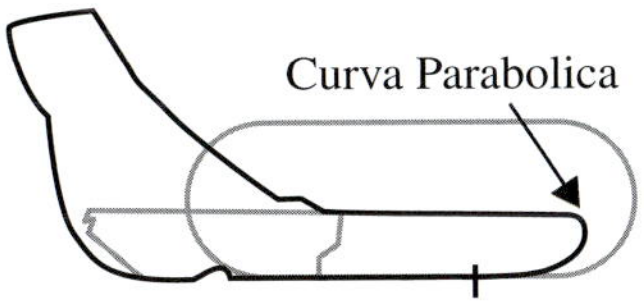

Vue aérienne du circuit de Formule 1 de Monza

Sur un circuit d'une longueur totale de 5,777 km, la ligne droite fait 1,195 km et la parabole offre un virage de 470 m.

Dans de nombreux domaines scientifiques, des situations concrètes peuvent être décrites par une fonction polynomiale du second degré, représentée par une parabole dont l'axe de symétrie est vertical. La fonction racine carrée, quant à elle, est représentée par la branche supérieure d'une parabole dont l'axe de symétrie est horizontal.

Dans ce chapitre, nous étudierons les propriétés de ces fonctions et les caractéristiques de leur graphique.

Exercices préliminaires

Avant d'entreprendre l'étude de ce chapitre, vous devriez connaître et maîtriser les notions suivantes. Si vous ne pouvez répondre à une question donnée, reportez-vous aux chapitres précédents.

Les équations et les inéquations (*voir le chapitre 3*)

1. Résoudre chacune des équations suivantes.

a) $(2x-3)(x+5)=0$

b) $4x^2=9$

c) $x^2+6x=-9$

d) $x^2+10=x$

e) $6x^2+19x-7=0$

f) $x^2+5x-3=0$

g) $\dfrac{x+2}{3}-\dfrac{x+4}{x-1}=\dfrac{-11}{6}$

h) $x-\sqrt{x-3}=3$

i) $\sqrt{x-1}=2x-5$

2. Résoudre chacune des inéquations suivantes à l'aide d'un tableau de signes.

a) $x^2+5x<-4$

b) $-2(x^2+2x+1)>0$

c) $\dfrac{7x+4}{2x^2}\geq 1$

Les fonctions (*voir le chapitre 4*)

3. Trouver le domaine, les zéros et l'ordonnée à l'origine de chacune des fonctions suivantes.

a) $f(x)=x^2+7x+10$

b) $f(x)=\dfrac{2x+5}{3-x}$

c) $f(x)=\sqrt{3x-2}$

4. Faire l'analyse complète de la fonction représentée par le graphique suivant.

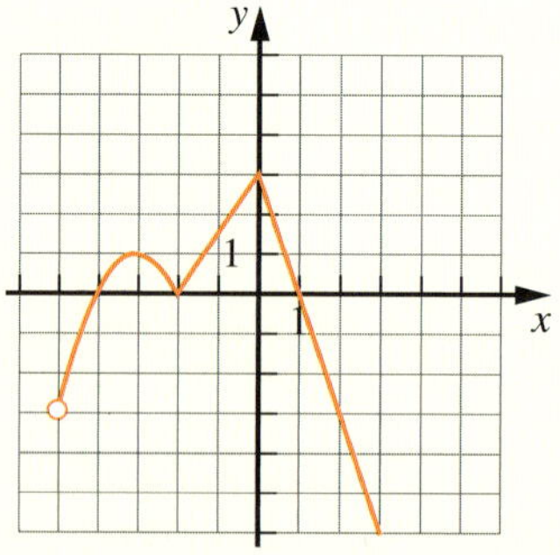

La droite et les systèmes d'équations (*voir le chapitre 5*)

5. Trouver l'équation de la droite de pente -3 qui passe par le point (-2, 4).

6. Résoudre chacun des systèmes d'équations suivants et donner le point d'intersection des deux droites qui définissent le système, s'il y a lieu. Préciser si les droites sont sécantes, parallèles confondues ou parallèles distinctes.

a) $\begin{cases} y=5x-1 \\ y=-4x+10 \end{cases}$

b) $\begin{cases} y=3x-6 \\ y=12-6x \end{cases}$

c) $\begin{cases} y=2x-5 \\ y=4x-8 \end{cases}$

6

6.1 La fonction polynomiale du second degré

Reconnaître une fonction polynomiale du second degré décrite par sa règle de correspondance ou son graphique.

Une **fonction quadratique** est une **fonction polynomiale du second degré**. Sa règle de correspondance est de la forme $y = f(x) = ax^2 + bx + c$, où a, b et c sont des constantes et $a \neq 0$.

Exemple 6.1

- $f(x) = \frac{2}{5} - 4x + 3x^2$ est une fonction polynomiale du second degré. En replaçant ses termes en ordre décroissant de leurs degrés, on obtient $f(x) = 3x^2 - 4x + \frac{2}{5}$, et on a alors $a = 3$ (le coefficient du terme de second degré), $b = -4$ (le coefficient du terme de premier degré) et $c = \frac{2}{5}$ (le terme constant).
- $f(x) = -12x^2$ est une fonction quadratique, où $a = -12$, $b = 0$ et $c = 0$.
- $f(x) = \frac{5x^2 - 7x + 8}{6}$ est une fonction quadratique, car on peut l'exprimer sous la forme $f(x) = \frac{5}{6}x^2 - \frac{7}{6}x + \frac{4}{3}$. On a alors $a = \frac{5}{6}$, $b = \frac{-7}{6}$ et $c = \frac{4}{3}$.

Quel que soit l'ordre dans lequel les termes du polynôme sont écrits, a est le coefficient de x^2, b est le coefficient de x et c est le terme constant.

6

Une fonction quadratique étant définie par un polynôme du second degré, son domaine est toujours IR, à moins que le contexte du problème n'oblige à le restreindre.

Le domaine d'une fonction quadratique

Le **domaine** d'une fonction $y = f(x) = ax^2 + bx + c$ est IR.

Le graphique cartésien d'une fonction quadratique est une **parabole**.

Le graphique de $f(x) = x^2$, la fonction quadratique de base, permet d'observer quelques caractéristiques des paraboles.

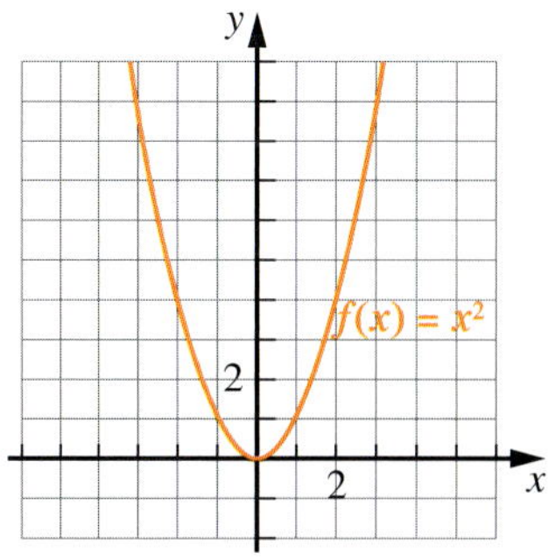

$f(x) = 0$ si $x = 0$ et $f(x) > 0$ pour tout $x \neq 0$, puisque le carré de tout nombre réel non nul est positif. Ainsi, la fonction possède un minimum au point $(0, 0)$, qu'on appelle le **sommet** de la parabole.

Puisque $(-x)^2 = x^2$ pour tout $x \in$ IR, la courbe est composée de deux branches symétriques par rapport à l'axe des y.

En évaluant $f(x) = x^2$ pour quelques valeurs de x, on peut voir la forme de la courbe.

Le graphique de $g(x) = -x^2$ est le symétrique de celui de $f(x) = x^2$ par rapport à l'axe des x.

En effet, si $y = x^2$, alors $-x^2 = -y$.

Les graphiques des fonctions quadratiques ont tous une forme similaire. Les coefficients du polynôme permettront de déterminer l'orientation de la parabole, ses points d'intersection avec les axes, la position de son sommet, etc.

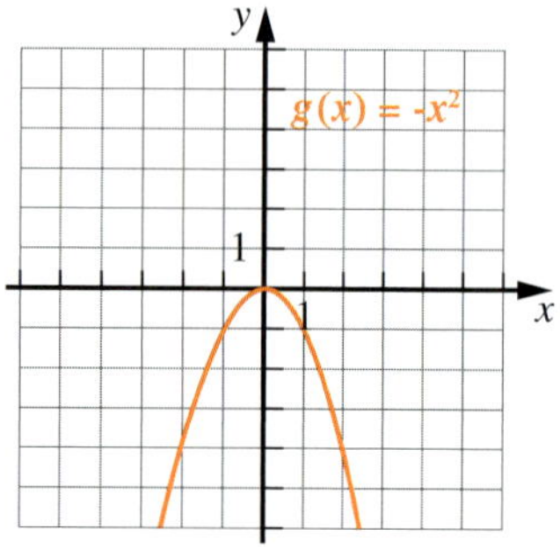

Le graphique d'une fonction quadratique

Le graphique d'une fonction quadratique $y = ax^2 + bx + c$ est une parabole dont les deux branches sont symétriques par rapport à un axe vertical. L'orientation de la parabole dépend du signe de a.

Si $a > 0$, la parabole est ouverte vers le haut. Si $a < 0$, la parabole est ouverte vers le bas.

$a > 0$

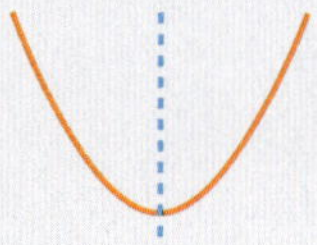

$a < 0$

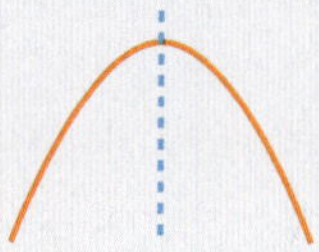

On dit aussi que la parabole est « orientée » vers le haut ou vers le bas, ou qu'elle est « concave » vers le haut ou vers le bas.

On peut se rappeler le lien entre le signe de a et l'orientation de la parabole en pensant à des binettes.

Le bonhomme sourire est positif : sa bouche est tournée vers le haut.

Le bonhomme triste est négatif : sa bouche est tournée vers le bas.

Exemple 6.2

◆ Soit la fonction $f(x) = x^2 + x + 1$, où $dom(f) = \mathbb{R}$.

La parabole est ouverte vers le haut, puisque $a = 1$ (donc $a > 0$).

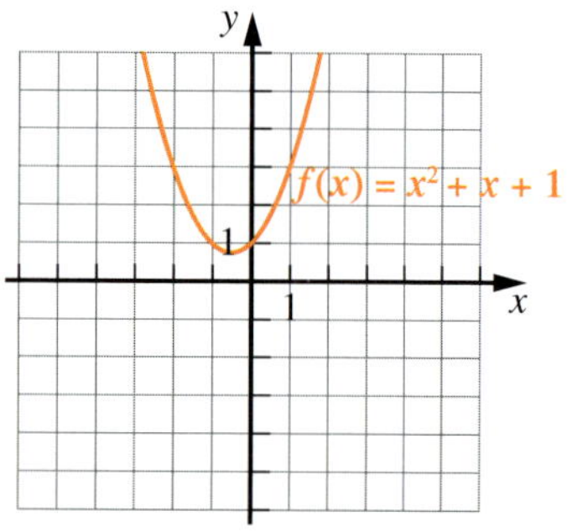

◆ Soit la fonction $f(x) = -2x^2$, où $dom(f) = \mathbb{R}$.

La parabole est ouverte vers le bas, puisque $a = -2$ (donc $a < 0$).

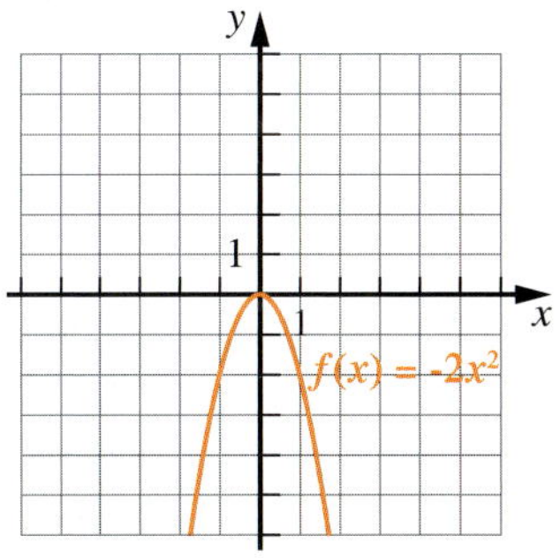

POURQUOI DONNER LE NOM DE PARABOLE AU GRAPHIQUE D'UNE FONCTION DU SECOND DEGRÉ ?

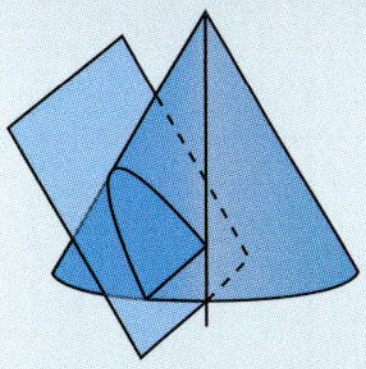

Aujourd'hui, en classe, nous voyons d'abord les fonctions du second degré sous forme symbolique pour ensuite étudier leur graphique. Mais jusqu'à la fin du XVIIe siècle, donc jusqu'à l'époque de Newton (1642-1727), les mathématiciens abordaient d'abord les problèmes de façon géométrique. Cela était particulièrement vrai chez les Grecs de l'Antiquité. Pour eux, l'étude de la courbe obtenue en coupant un cône par un plan parallèle à son côté était un problème géométrique.

C'est Apollonius (v. 262 – v. 180 avant notre ère) qui étudia le plus en profondeur cette courbe. C'est aussi probablement lui qui lui donna le nom de parabole. Le mot « parabole » (« appliquer ») fait référence à une opération géométrique consistant à construire un parallélogramme, dans le cas présent un carré, sur une droite donnée. Apollonius savait déjà que cette courbe se caractérisait par une relation entre un certain segment (notre *y*) et le carré d'un autre segment (notre *x*).

Exercices 6.1

1. Indiquer les fonctions quadratiques parmi les fonctions suivantes. Lorsque c'est le cas, préciser les valeurs des paramètres *a*, *b* et *c*.

a) $f(x) = 3x^2 + 5x - 6$

b) $g(t) = \dfrac{4 - t^2}{\pi}$

c) $f(x) = \dfrac{2}{x^2} + \dfrac{3}{x} - 4$

d) $f(x) = \dfrac{1}{4}x^2 + \sqrt{2x} - \dfrac{1}{5}$

e) $f(x) = \dfrac{1}{4}x^2 + \sqrt{2}x - \dfrac{1}{5}$

f) $s(x) = \sqrt{4x^4 + 1}$

2. Pour chacune des fonctions quadratiques ci-dessous, déterminer la valeur de *a*, de *b* et de *c*, et indiquer si la parabole est ouverte vers le haut ou vers le bas. Donner le domaine de la fonction, et évaluer ensuite $f(-5)$, $f(0)$ et $f(10)$.

a) $f(x) = 2x^2 - 5x + 7$

b) $f(x) = 5 - 3x^2$

c) $f(x) = -(x-2)^2$

d) $f(x) = -\dfrac{x^2}{2} + \dfrac{x}{3} + \dfrac{1}{4}$

6.2 Les points d'intersection avec les axes

Trouver les zéros et l'ordonnée à l'origine d'une fonction quadratique et en déduire les points d'intersection de la parabole avec les axes.

Le domaine de la fonction $f(x) = ax^2 + bx + c$ étant IR, on a $0 \in dom(f)$ et on peut évaluer $f(0)$ pour trouver l'ordonnée à l'origine.

$f(0) = a(0)^2 + b(0) + c = c$. Ainsi, le graphique coupe l'axe des y au point $(0, c)$.

L'intersection du graphique avec l'axe vertical

L'ordonnée à l'origine du graphique d'une fonction quadratique $f(x) = ax^2 + bx + c$ est $f(0) = c$: la parabole coupe l'axe des y au point $(0, c)$.

Exemple 6.3

◆ Soit la fonction $f(x) = x^2 - 3x - 4$, où $dom(f) = \mathbb{R}$.

$$f(0) = 0^2 - 3(0) - 4 = -4$$

Le graphique de f coupe l'axe des y au point (0, -4).

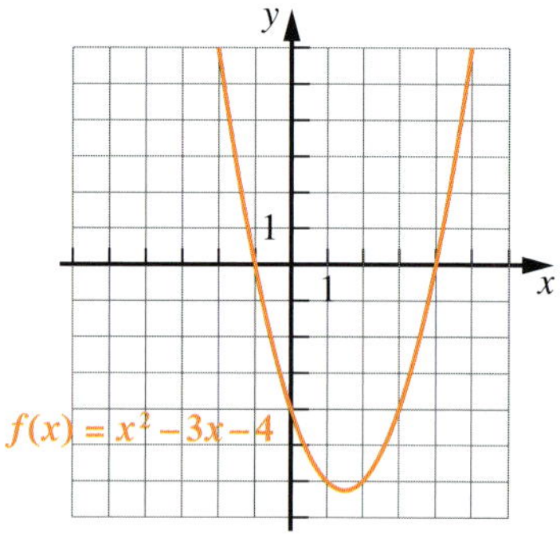

Nous avons vu au chapitre 4 que les **zéros** d'une fonction f sont les valeurs de x pour lesquelles $f(x) = 0$. Les zéros sont les abscisses des points d'intersection du graphique avec l'axe des x, aussi appelées « abscisses à l'origine ».

6

L'intersection du graphique avec l'axe horizontal

Les points d'intersection du graphique d'une fonction quadratique $f(x) = ax^2 + bx + c$ avec l'axe des x sont les points de la forme $(z, 0)$, où z est un zéro de la fonction.

Puisque la fonction quadratique est représentée par une parabole qui est orientée vers le haut ou vers le bas, on distingue les cas suivants :

- la parabole coupe l'axe des x en deux points et la fonction possède deux zéros ;

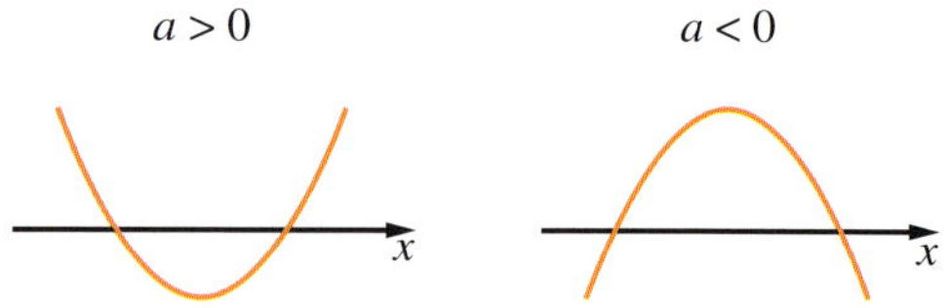

- la parabole touche l'axe des x en un seul point (son sommet) et la fonction possède un seul zéro ;

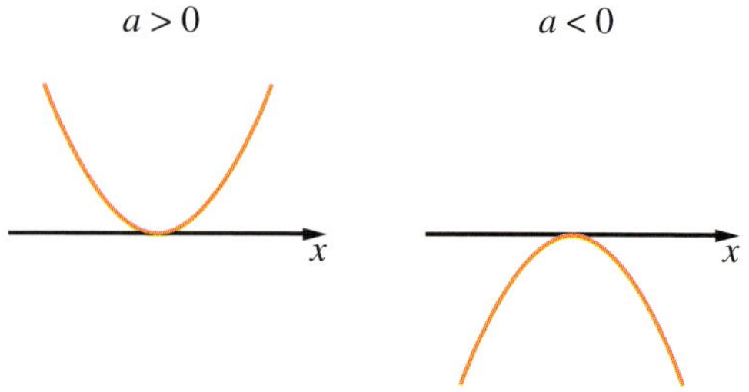

- la parabole ne touche pas l'axe des x et la fonction ne possède aucun zéro.

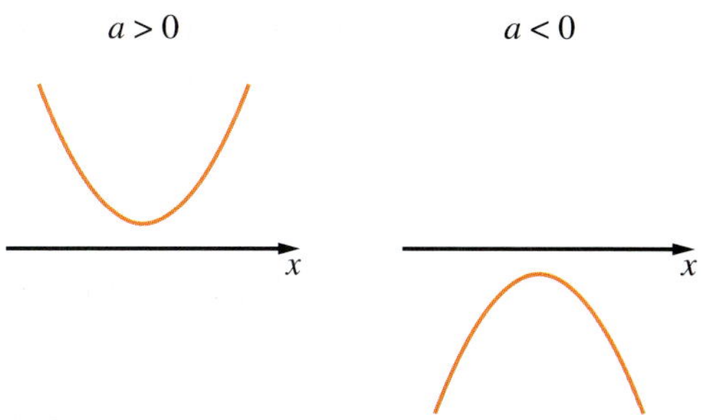

Pour trouver les zéros d'une fonction $f(x) = ax^2 + bx + c$, on doit résoudre l'équation quadratique $ax^2 + bx + c = 0$, soit par la méthode de factorisation, soit à l'aide de la formule quadratique (*voir les chapitres 2 et 3*). On trouvera alors au plus deux zéros.

La recherche des zéros d'une fonction quadratique par la méthode de factorisation

On peut trouver les zéros de la fonction $f(x) = ax^2 + bx + c$ en factorisant le polynôme (si possible) et en utilisant la règle du produit nul pour résoudre l'équation $f(x) = 0$.

Exemple 6.4

- Soit la fonction $f(x) = x^2 + 7x - 44$, où $dom(f) = \mathbb{R}$.

  Pour trouver les zéros, on doit résoudre l'équation $f(x) = 0$.

  $x^2 + 7x - 44 = 0$

  $(x + 11)(x - 4) = 0$ (factorisation)

  $x + 11 = 0$ ou $x - 4 = 0$ (règle du produit nul)

  $x = -11$ ou $x = 4$ (résolution des deux équations du premier degré)

  Ainsi, la fonction possède deux zéros : $x = -11$ et $x = 4$.

  On vérifie les solutions de l'équation en remplaçant successivement x par -11 et par 4 dans la règle de correspondance de la fonction.

  Le graphique coupe donc l'axe des x aux points (-11, 0) et (4, 0).

  Puisque $a = 1$ (donc $a > 0$), la parabole est ouverte vers le haut.

  Ces renseignements permettent de tracer une esquisse du graphique de f.

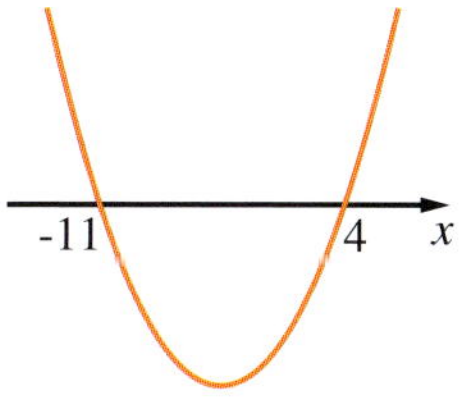

- Soit la fonction $f(x) = -4x^2 - 12x - 9$, où $dom(f) = \mathbb{R}$.

  On trouve les zéros en résolvant l'équation $f(x) = 0$.

  $-4x^2 - 12x - 9 = 0$

  $-(4x^2 + 12x + 9) = 0$

  $-(2x + 3)^2 = 0$

  $2x + 3 = 0$

  $2x = -3$

  $x = \frac{-3}{2}$

  La fonction possède un seul zéro, $x = \frac{-3}{2}$.

Son graphique possède donc un seul point de contact avec l'axe des x, le point $\left(\frac{-3}{2}, 0\right)$.

Puisque $a = -4$ (donc $a < 0$), la parabole est ouverte vers le bas.

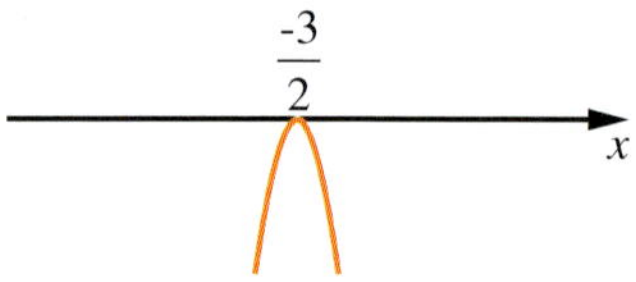

◆ Soit la fonction $f(x) = x^2 + 25$, où $dom(f) = \mathbb{R}$.

$x^2 + 25$ est une somme de carrés de degré 2, qu'on ne peut pas factoriser.

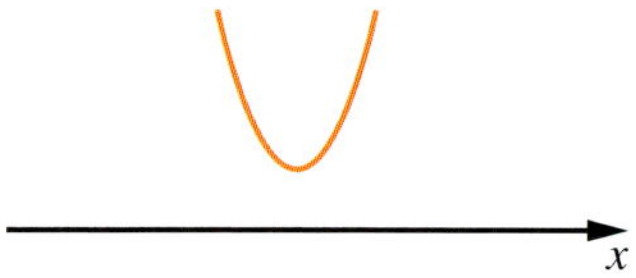

L'équation $f(x) = 0$ n'a donc aucune solution et la fonction ne possède aucun zéro.

Puisque $a = 1$ (donc $a > 0$), la parabole est ouverte vers le haut.

Le graphique ne touche pas l'axe des x et est situé entièrement au-dessus de cet axe.

La recherche des zéros avec la formule quadratique

On peut trouver les zéros de la fonction $f(x) = ax^2 + bx + c$ en utilisant la formule quadratique pour chercher les solutions de l'équation $ax^2 + bx + c = 0$. Le nombre de zéros dépend de la valeur du discriminant $b^2 - 4ac$.

- Si $\boldsymbol{b^2 - 4ac > 0}$, la fonction $f(x) = ax^2 + bx + c$ possède **deux zéros** distincts :

$$z_1 = \frac{-b - \sqrt{b^2 - 4ac}}{2a} \text{ et } z_2 = \frac{-b + \sqrt{b^2 - 4ac}}{2a}$$

  La parabole coupe l'axe des x en deux points : $(z_1, 0)$ et $(z_2, 0)$.
- Si $\boldsymbol{b^2 - 4ac = 0}$, la fonction $f(x) = ax^2 + bx + c$ possède **un seul zéro**, $z = \frac{-b}{2a}$.

  La parabole n'a qu'un point de contact avec l'axe des x, le point $(z, 0)$.
- Si $\boldsymbol{b^2 - 4ac < 0}$, la fonction $f(x) = ax^2 + bx + c$ ne possède **aucun zéro**.

  La parabole n'a aucun point d'intersection avec l'axe des x.

Exemple 6.5

◆ Soit la fonction $f(x) = 3x^2 + 2x - 5$, où $dom(f) = \mathbb{R}$.

$$b^2 - 4ac = 2^2 - 4(3)(-5) = 64$$

Puisque $b^2 - 4ac > 0$, la fonction possède deux zéros :

$$z_1 = \frac{-2 - \sqrt{64}}{6} = \frac{-5}{3} \text{ et } z_2 = \frac{-2 + \sqrt{64}}{6} = 1$$

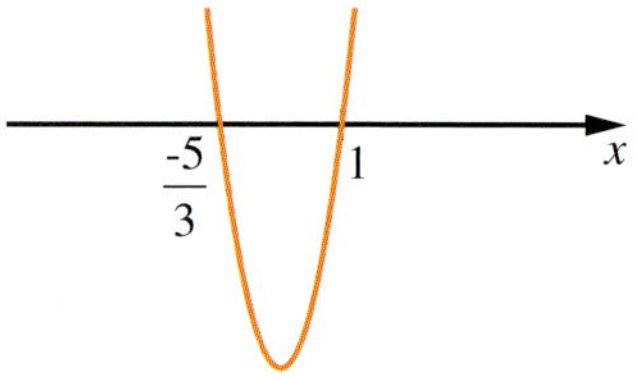

Le graphique coupe l'axe des x aux points $\left(\frac{-5}{3}, 0\right)$ et $(1, 0)$.

Puisque $a = 3$ (donc $a > 0$), la parabole est ouverte vers le haut.

- Soit la fonction $f(x) = x^2 + x + 1$, où $dom(f) = \mathbb{R}$.

  $$b^2 - 4ac = 1^2 - 4(1)(1) = -3$$

  Puisque $b^2 - 4ac < 0$, la fonction ne possède aucun zéro.

  Le graphique ne coupe pas l'axe des x.

  Puisque $a = 1$ (donc $a > 0$), la parabole est ouverte vers le haut.

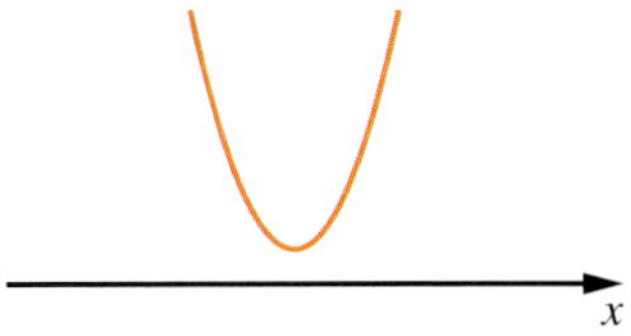

- Soit la fonction $f(x) = 4x^2 - 12x + 9$, où $dom(f) = \mathbb{R}$.

  $$b^2 - 4ac = (-12)^2 - 4(4)(9) = 0$$

  Puisque $b^2 - 4ac = 0$, la fonction possède un seul zéro :

  $$z = \frac{-b}{2a} = \frac{12}{8} = \frac{3}{2}$$

  Le graphique touche l'axe des x au point $\left(\frac{3}{2}, 0\right)$.

  Puisque $a = 4$ (donc $a > 0$), la parabole est ouverte vers le haut.

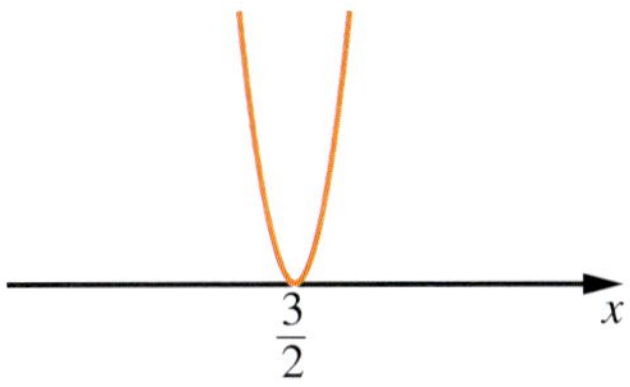

En connaissant l'orientation de la parabole, déterminée par le signe de a, et les points d'intersection avec les deux axes, on peut tracer une esquisse plus précise du graphique de la fonction.

Exemple 6.6

- Soit la fonction $f(x) = x^2 + x - 12$, où $dom(f) = \mathbb{R}$.

  $$b^2 - 4ac = 1^2 - 4(1)(-12) = 49$$

  Puisque $b^2 - 4ac > 0$, la fonction possède deux zéros :

  $$z_1 = \frac{-1 - \sqrt{49}}{2} = -4 \text{ et } z_2 = \frac{-1 + \sqrt{49}}{2} = 3$$

  La parabole coupe l'axe des x aux points (-4, 0) et (3, 0).

  Puisque $a = 1$ (donc $a > 0$), la parabole est ouverte vers le haut.

  $f(0) = 0^2 + 0 - 12 = -12$ est l'ordonnée à l'origine : la parabole coupe l'axe des y au point (0, -12).

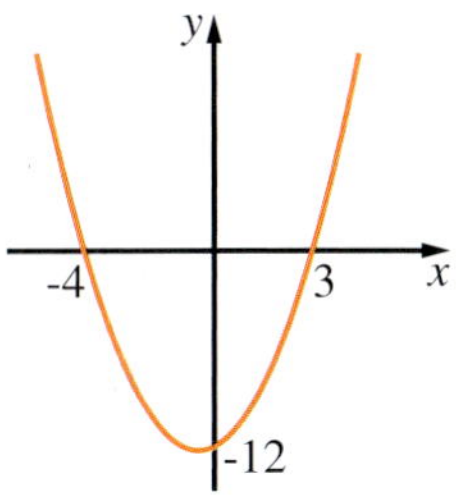

Exercices 6.2

1. Trouver les zéros de chacune des fonctions ci-dessous par la méthode de factorisation et tracer une esquisse du graphique.

a) $f(x) = x^2 + 7x + 12$

b) $g(x) = 9 - 4x^2$

c) $s(t) = 3t^2 + 5t$

d) $f(x) = -x^2 - 100$

e) $h(x) = 1 - 6x + 9x^2$

f) $f(u) = 6u^2 + u - 2$

g) $k(x) = 16x^2 + 1$

h) $f(z) = z^2 + 2z - 35$

i) $f(x) = 7 - 11x - 6x^2$

j) $h(x) = -12x^2$

k) $f(t) = 8t^2 - 4t$

l) $f(x) = 5x^2 - 41x - 36$

2. À l'aide de la formule quadratique, déterminer le nombre de zéros de chacune des fonctions suivantes et calculer ces zéros, s'ils existent.

a) $f(x)=x^2+4x+3$
e) $f(x)=x^2-18x+81$
i) $f(x)=x^2-x-7$

b) $f(x)=2x^2-3x+2$
f) $f(x)=2x^2-5x-3$
j) $f(x)=6x^2-17x+12$

c) $f(x)=4x^2+20x+25$
g) $f(x)=-3x^2+2x-6$
k) $f(x)=8x^2+45x-18$

d) $f(x)=-3x^2-7$
h) $f(x)=-9x^2+6x-1$
l) $f(x)=-2x^2+5x$

3. Trouver les points d'intersection du graphique des fonctions ci-dessous avec les axes, puis tracer une esquisse du graphique.

a) $f(x)=x^2-x-6$
d) $f(x)=8x^2+45x-18$
g) $f(x)=x^2-100$

b) $f(x)=x^2+4$
e) $f(x)=-x^2-5x-6$
h) $f(x)=x^2+x+5$

c) $f(x)=-4x^2+4x-1$
f) $f(x)=9x^2+30x+25$
i) $f(x)=-\dfrac{x^2}{2}$

4. À quelles conditions le graphique de $f(x)=ax^2+2x+c$ est-il situé :

a) au-dessous de l'axe des x avec son sommet sur cet axe ?

b) complètement au-dessus de l'axe des x ?

5. Si $f(x)=-x^2+bx-9$, déterminer les valeurs de b pour lesquelles le sommet de la parabole est situé :

a) sur l'axe des x ;

b) au-dessous de l'axe des x.

6.3 L'axe de symétrie et le sommet de la parabole

- Trouver l'équation de l'axe de symétrie d'une parabole et calculer les coordonnées de son sommet.
- En déduire l'extremum de la fonction et trouver son ensemble image.

Toute parabole comporte deux branches symétriques, c'est-à-dire qu'on peut tracer une droite qui passe par son sommet et qui partage la région intérieure en deux parties qui sont l'image l'une de l'autre, comme dans un miroir. Cette droite est l'**axe de symétrie** de la parabole.

Seuls les deux premiers graphiques représentent une fonction.

L'axe de symétrie de la parabole qui représente une fonction quadratique est toujours une droite verticale, dont l'équation est de la forme $x=h$, où h est une constante. Il suffit de connaître l'abscisse d'un point de la droite pour en déterminer l'équation.

D'après la définition de la symétrie, deux points distincts de la parabole qui ont la même ordonnée sont situés à égale distance de l'axe de symétrie. L'axe passe donc par le point milieu du segment horizontal qui relie ces deux points.

- Si une fonction quadratique $f(x) = ax^2 + bx + c$ possède deux zéros distincts z_1 et z_2, la parabole coupe l'axe des x aux points $(z_1, 0)$ et $(z_2, 0)$.

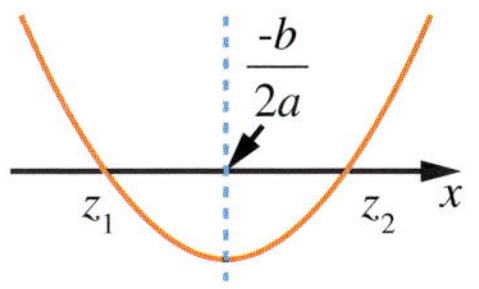

  On peut exprimer les deux zéros sous la forme
  $$z = \frac{-b \pm \sqrt{b^2 - 4ac}}{2a} = \frac{-b}{2a} \pm \frac{\sqrt{b^2 - 4ac}}{2a}.$$
  Ainsi, sur l'axe des x, les nombres z_1 et z_2 sont situés à égale distance de $\frac{-b}{2a}$, qui est donc l'abscisse du point milieu du segment horizontal qui relie $(z_1, 0)$ et $(z_2, 0)$.

  C'est aussi l'abscisse de tous les points de l'axe de symétrie, dont l'équation est alors $x = \frac{-b}{2a}$.

- Si une fonction quadratique $f(x) = ax^2 + bx + c$ possède un seul zéro z_1, le sommet de la parabole est le point $(z_1, 0)$, où $z_1 = \frac{-b}{2a}$.

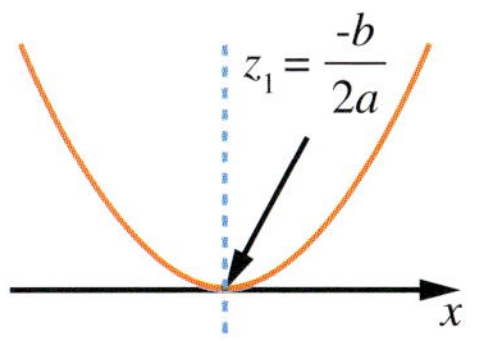

  L'axe de symétrie passe par le sommet de la parabole et son équation est $x = \frac{-b}{2a}$.

- Si une fonction quadratique $f(x) = ax^2 + bx + c$ n'a aucun zéro, on peut trouver l'équation de l'axe de symétrie de la façon suivante.

  Sur le graphique d'une fonction $f(x) = ax^2 + bx + c$, choisissons deux points distincts (x_1, y_1) et (x_2, y_1) ayant la même ordonnée.

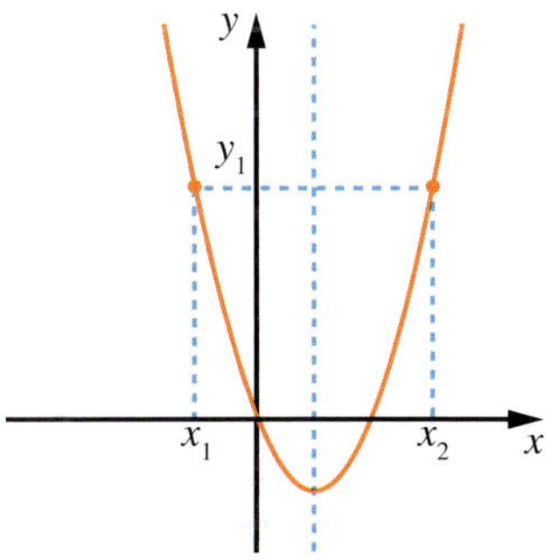

  L'abscisse du point milieu du segment de droite qui les relie est donnée par $\frac{x_1 + x_2}{2}$.

  Puisque les deux points sont situés sur la parabole, on a :

  $$y_1 = f(x_1) = ax_1^2 + bx_1 + c$$
  $$y_1 = f(x_2) = ax_2^2 + bx_2 + c$$

  On peut donc poser l'égalité $ax_1^2 + bx_1 + c = ax_2^2 + bx_2 + c$.

  On obtient la valeur de $\frac{x_1 + x_2}{2}$ en transformant cette équation.

$ax_1^2 + bx_1 + c = ax_2^2 + bx_2 + c$	
$ax_1^2 + bx_1 = ax_2^2 + bx_2$	(soustraction de c des deux membres)
$ax_1^2 - ax_2^2 = -bx_1 + bx_2$	(équation équivalente avec a d'un côté et b de l'autre)
$a(x_1^2 - x_2^2) = -b(x_1 - x_2)$	(mise en évidence)
$a(x_1 - x_2)(x_1 + x_2) = -b(x_1 - x_2)$	(factorisation de la différence de carrés)
$a(x_1 + x_2) = -b$	(division par $(x_1 - x_2)$, possible, car $x_1 \neq x_2$)
$x_1 + x_2 = \frac{-b}{a}$	(division par $a \neq 0$)
$\frac{x_1 + x_2}{2} = \frac{-b}{2a}$	(division par 2 pour obtenir la valeur cherchée)

L'équation de l'axe de symétrie est donc encore $x = \frac{-b}{2a}$.

Cette méthode est également valide dans le cas où la fonction possède un ou deux zéros.

> L'**axe de symétrie** de la parabole qui représente la fonction $f(x) = ax^2 + bx + c$ est la droite verticale d'équation $x = \frac{-b}{2a}$.

Exemple 6.7

◆ Soit la fonction $f(x) = x^2 - 2x - 24$, où $dom(f) = \mathbb{R}$.

L'axe de symétrie de la parabole est la droite verticale d'équation $x = \frac{-b}{2a}$.

$$\frac{-b}{2a} = \frac{-(-2)}{2(1)} = 1$$

Ainsi, l'axe de symétrie est la droite verticale d'équation $x = 1$.

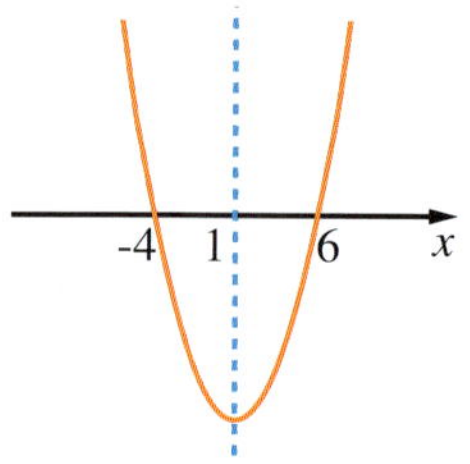

On aurait obtenu le même résultat en cherchant les zéros de la fonction et en calculant l'abscisse du point milieu du segment joignant les deux points d'intersection de la parabole avec l'axe des x.

Puisque $f(x) = (x+4)(x-6)$, ses zéros sont $x = -4$ et $x = 6$.

L'abscisse du point milieu entre les points correspondant aux deux zéros est $\frac{-4+6}{2} = 1$.

On définit une droite à l'aide d'une équation, et non par un seul nombre ou un seul point. Ainsi, il ne suffit pas de donner la valeur de $\frac{-b}{2a}$ pour décrire l'axe de symétrie d'une parabole. Il faut donner une **équation de droite**. Dans l'exemple précédent, l'axe de symétrie n'est donc pas 1. C'est la droite d'équation $x = 1$, c'est-à-dire la droite formée de tous les points dont l'abscisse est 1.

L'axe de symétrie d'une parabole passe toujours par son sommet. Ainsi, l'abscisse h du sommet est égale à $\frac{-b}{2a}$. Pour trouver l'ordonnée k du sommet, on calcule $f(h)$ en remplaçant x par h dans la règle de correspondance de la fonction.

> **Les coordonnées du sommet d'une parabole**
>
> Le sommet de la parabole représentant la fonction $f(x) = ax^2 + bx + c$ est le point (h, k), où $h = \frac{-b}{2a}$ et $k = f(h) = f\left(\frac{-b}{2a}\right)$.

Exemple 6.8

◆ Soit la fonction $f(x) = 5x^2 - 4x + 1$, où $dom(f) = \mathbb{R}$.

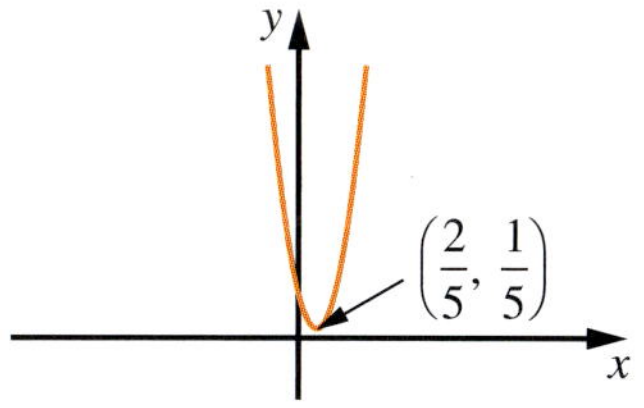

La parabole qui représente cette fonction est ouverte vers le haut, car $a = 5$ (donc $a > 0$).

L'abscisse du sommet de la parabole est $h = \frac{-b}{2a} = \frac{-(-4)}{2(5)} = \frac{2}{5}$.

L'ordonnée du sommet est $k = f(h) = f\left(\frac{2}{5}\right) = 5\left(\frac{2}{5}\right)^2 - 4\left(\frac{2}{5}\right) + 1 = \frac{1}{5}$.

Le sommet de la parabole est donc le point $\left(\frac{2}{5}, \frac{1}{5}\right)$.

Selon l'orientation de la parabole, l'ordonnée du sommet est un minimum ou un maximum de la fonction.

Les extremums de la fonction quadratique

Lorsque $a > 0$, la fonction $f(x) = ax^2 + bx + c$ possède un **minimum** au sommet (h, k).

$$min(f) = k = f(h), \text{ atteint lorsque } x = h = \frac{-b}{2a}$$

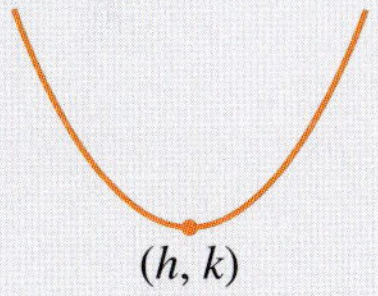

Lorsque $a < 0$, la fonction $f(x) = ax^2 + bx + c$ possède un **maximum** au sommet (h, k).

$$max(f) = k = f(h), \text{ atteint lorsque } x = h = \frac{-b}{2a}$$

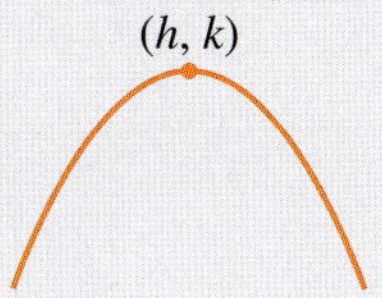

Exemple 6.9

◆ Soit la fonction $f(x) = -x^2 + 4x - 7$, où $dom(f) = \mathbb{R}$.

Puisque $a = -1$ (donc $a < 0$), la parabole est ouverte vers le bas et la fonction possède un maximum au sommet (h, k).

$$h = \frac{-b}{2a} = \frac{-4}{-2} = 2$$

$$k = f(h) = f(2) = -2^2 + 4(2) - 7 = -3$$

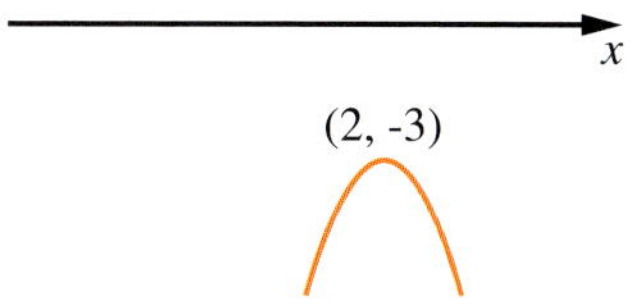

Le sommet de la parabole est donc le point (2, -3).

Ainsi, $max(f) = -3$, atteint lorsque $x = 2$.

◆ Soit la fonction $f(x) = 2x^2 - 20x + 49$, où $dom(f) = \mathbb{R}$.

Puisque $a = 2$ (donc $a > 0$), la parabole est ouverte vers le haut et la fonction possède un minimum au sommet (h, k).

$$h = \frac{-b}{2a} = \frac{20}{4} = 5$$

$$k = f(h) = f(5) = 2(5)^2 - 20(5) + 49 = -1$$

Le sommet de la parabole est donc le point (5, -1).

Ainsi, $min(f) = -1$, atteint lorsque $x = 5$.

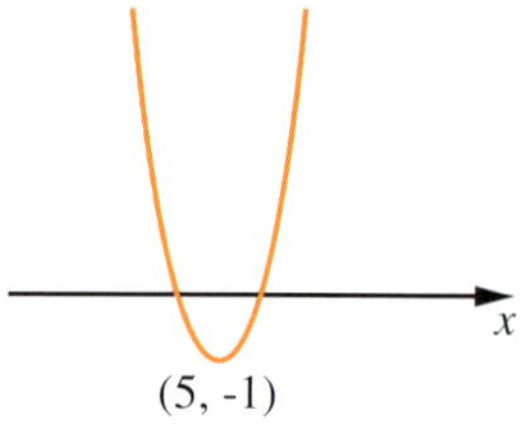

On peut déterminer l'ensemble image d'une fonction quadratique lorsqu'on connaît l'orientation de la parabole et l'ordonnée de son sommet.

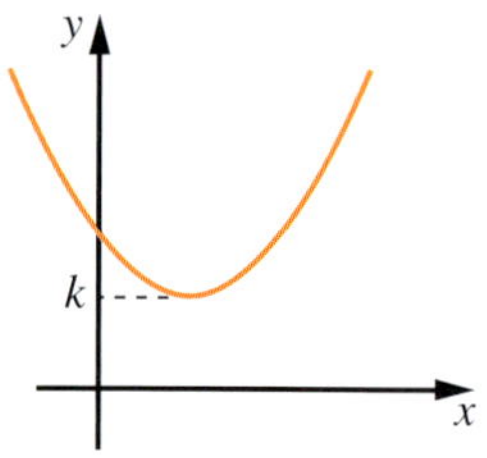

Lorsque $a > 0$, la parabole est ouverte vers le haut et les valeurs de y sont alors toutes supérieures ou égales à l'ordonnée k du sommet.

Puisque le graphique est tracé en continu et que la parabole n'est pas limitée, y peut prendre toutes les valeurs réelles supérieures ou égales à k.

On a donc $ima(f) = \{y \in \mathbb{R} \mid y \geq k\} = [k, +\infty[$.

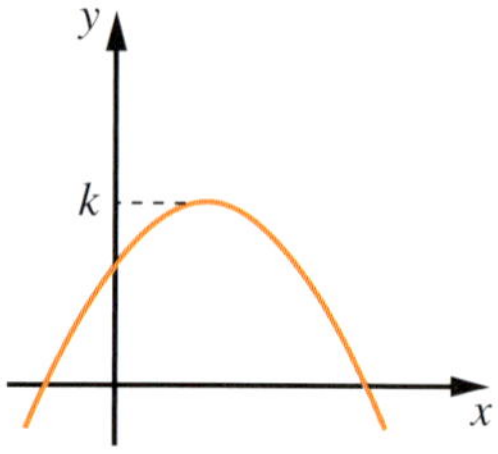

Lorsque $a < 0$, la parabole est ouverte vers le bas et les valeurs de y sont alors toutes inférieures ou égales à l'ordonnée k du sommet.

À partir du sommet, y peut prendre toutes les valeurs réelles inférieures ou égales à k.

On a donc $ima(f) = \{y \in \mathbb{R} \mid y \leq k\} =]-\infty, k]$.

L'ensemble image d'une fonction quadratique

L'ensemble image de la fonction $f(x) = ax^2 + bx + c$ représentée par une parabole de sommet (h, k) est donné par :

$$ima(f) = [k, +\infty[\text{ si } a > 0$$

$$ima(f) =]-\infty, k] \text{ si } a < 0$$

Exemple 6.10

- Soit la fonction $f(x) = -2x^2 + 8x - 1$, où $dom(f) = \mathbb{R}$.

  Puisque $a = -2$ (donc $a < 0$), la parabole est ouverte vers le bas.

  Cherchons les coordonnées du sommet (h, k).

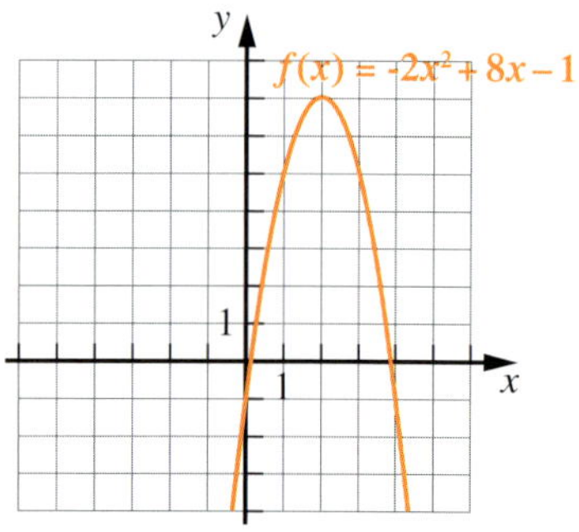

$$h = \frac{-b}{2a} = \frac{-8}{-4} = 2$$

$$k = f(h) = f(2) = -2(2)^2 + 8(2) - 1 = 7$$

Le sommet de la parabole est donc le point (2, 7).

La fonction atteint un maximum $max(f) = 7$ lorsque $x = 2$.

On en déduit que $ima(f) =]-\infty, 7]$.

6

Exercices 6.3

1. Trouver l'équation de l'axe de symétrie de la parabole représentant chacune des fonctions suivantes.

a) $f(x) = 2x^2 + 5x - 3$ c) $s(t) = 5t^2 + 8$ e) $f(u) = \text{-}3u^2$

b) $g(x) = x^2 - 2x$ d) $f(x) = \frac{4}{5}x^2 - \frac{3}{2}x + \frac{5}{6}$ f) $f(x) = 4(x-1)^2$

2. Trouver les coordonnées du sommet de la parabole représentant les fonctions ci-dessous. Déduire la valeur du minimum ou du maximum de la fonction et préciser la valeur de x pour laquelle la fonction atteint cet extremum.

a) $f(x) = 2x^2 - x + 3$ c) $f(x) = \text{-}5x^2 - 2x$ e) $f(x) = x^2 - 6$

b) $f(x) = 4x^2$ d) $f(x) = \text{-}x^2 + x + 1$ f) $f(x) = 3x^2 - 4x$

3. Trouver l'ensemble image de chacune des fonctions suivantes si le domaine est $\mathbb{R}$.

a) $f(x) = 2x^2 + 5x - 3$ c) $f(x) = 7x^2 + x + 5$ e) $f(x) = \text{-}x^2 + 2x - 5$

b) $g(x) = \text{-}x^2 + 4$ d) $h(x) = 3x^2 + 14x$ f) $k(x) = 2015x^2$

4. La différence entre les deux zéros d'une fonction $f(x) = ax^2 + bx + c$ est 8 et l'axe de symétrie est la droite $x = 1$.

a) Quels sont les zéros de la fonction ?

b) Si $ima(f) =]\text{-}\infty, 32]$, quelle est la règle de correspondance de la fonction ?

6.4 L'étude du signe et les inéquations du second degré

- Trouver les intervalles sur lesquels une fonction quadratique est positive, négative ou nulle.
- Résoudre une inéquation du second degré à l'aide du graphique d'une parabole ou d'un tableau de signes.

Dès qu'on connaît le signe de a et les zéros d'une fonction quadratique, on peut tracer une esquisse de son graphique, ce qui permet de déterminer le signe de la fonction pour toute valeur réelle de x.

L'étude du signe par la méthode graphique

1. On détermine l'orientation de la parabole d'après le signe de a.

2. On cherche les zéros de la fonction.

3. On trace une esquisse du graphique.

4. On détermine les ensembles sur lesquels la fonction est positive, négative ou nulle, selon que le graphique est situé au-dessus, au-dessous ou sur l'axe des x.

Exemple 6.11

◆ Soit la fonction $f(x)=3x^2+11x-4$, où $dom(f)=\mathbb{R}$.

Puisque $a=3$ (donc $a>0$), la parabole est ouverte vers le haut.

On trouve les zéros de la fonction par factorisation.

$$f(x)=(3x-1)(x+4)$$

Les zéros sont donc $\frac{1}{3}$ et -4 et le graphique coupe l'axe des x aux points $\left(\frac{1}{3}, 0\right)$ et (-4, 0).

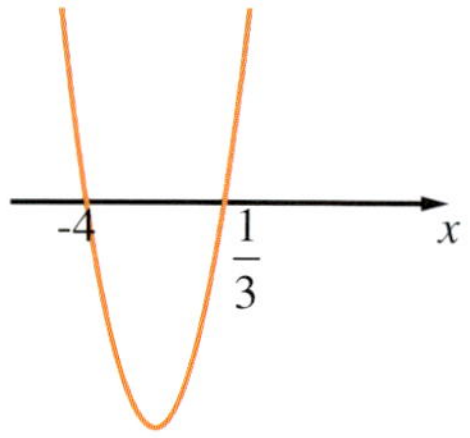

On peut tracer une esquisse du graphique.

$f(x)>0$ si $\left(x<-4 \text{ ou } x>\frac{1}{3}\right)$	La portion correspondante du graphique est située au-dessus de l'axe des x.
$f(x)=0$ si $\left(x=-4 \text{ ou } x=\frac{1}{3}\right)$	Ce sont les abscisses des points de la parabole situés sur l'axe des x.
$f(x)<0$ si $-4<x<\frac{1}{3}$	La portion correspondante du graphique est située au-dessous de l'axe des x.

La fonction est positive sur $]-\infty, -4[\cup \left]\frac{1}{3}, +\infty\right[$, nulle si $x \in \left\{-4, \frac{1}{3}\right\}$ et négative sur $\left]-4, \frac{1}{3}\right[$.

On vérifie que l'union de ces ensembles est bien égale à $\mathbb{R}$, le domaine de la fonction.

◆ Soit la fonction $f(x)=-2x^2+20x-50$, où $dom(f)=\mathbb{R}$.

Puisque $a=-2$ (donc $a<0$), la parabole est ouverte vers le bas.

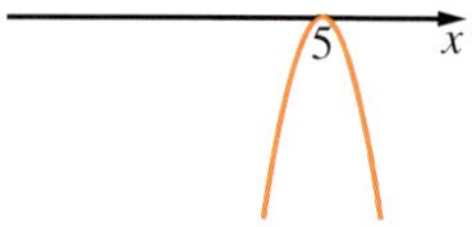

$$f(x)=-2(x^2-10x+25)=-2(x-5)^2$$

La fonction possède un seul zéro : $x=5$.

Le point (5, 0) est le seul point de contact de la parabole avec l'axe des x.

Le graphique est entièrement situé sous l'axe des x, sauf au point (5, 0).

$f(x)=0$ si $x=5$	C'est l'abscisse du point de contact de la parabole avec l'axe des x.
$f(x)<0$ pour tout $x \neq 5$	La portion correspondante du graphique est située au-dessous de l'axe des x.

La fonction est négative sur $\mathbb{R} \setminus \{5\}$ et nulle si $x \in \{5\}$. L'union de ces deux ensembles est bien égale à $\mathbb{R}$, le domaine de la fonction.

Puisque l'étude du signe à l'aide du graphique consiste à trouver les valeurs de x pour lesquelles $f(x)<0$, $f(x)=0$ et $f(x)>0$, cette méthode permet de résoudre toutes les inéquations du second degré. Après avoir ramené le membre de droite de l'inéquation à 0, il suffit de choisir, parmi les résultats de l'étude du signe, ceux qui correspondent au type d'inégalité (<, >, ≤ ou ≥).

Pour ramener le membre de droite d'une inéquation à 0, il faut effectuer des manipulations algébriques. On doit respecter les propriétés des inéquations (*voir le chapitre 3, page 129*).

- On peut additionner ou soustraire un même nombre réel de chaque côté d'une inéquation.
- On peut multiplier ou diviser les deux membres d'une inéquation par un même nombre réel non nul, mais **il faut changer le sens de l'inégalité si ce nombre est négatif**.

La méthode graphique de résolution d'une inéquation du second degré

1. On transforme l'inéquation afin d'obtenir un polynôme ax^2+bx+c comme membre de gauche et 0 comme membre de droite.
2. On cherche les zéros de la fonction $f(x)=ax^2+bx+c$.
3. On détermine l'orientation de la parabole d'après le signe de a.
4. On trace une esquisse du graphique.
5. On repère les points pour lesquels $f(x)<0$, $f(x)\leq 0$, $f(x)>0$ ou $f(x)\geq 0$, selon le cas.
6. On cherche les valeurs de x correspondant à ces points.

Exemple 6.12

◆ Cherchons l'ensemble solution de l'inéquation $2x^2-5x<3$.

On ramène d'abord l'inéquation à la forme $ax^2+bx+c<0$.

$$2x^2-5x<3$$

$$2x^2-5x-3<0 \quad \text{(soustraction de 3 des deux membres)}$$

On cherche les zéros de la fonction $f(x)=2x^2-5x-3$, où $2x^2-5x-3=(2x+1)(x-3)$.

Les deux zéros sont donc $\frac{-1}{2}$ et 3. Ainsi, la parabole coupe l'axe des x aux points $\left(\frac{-1}{2}, 0\right)$ et $(3, 0)$.

Puisque $a=2$ (donc $a>0$), la parabole est ouverte vers le haut.

On trace une esquisse du graphique de f.

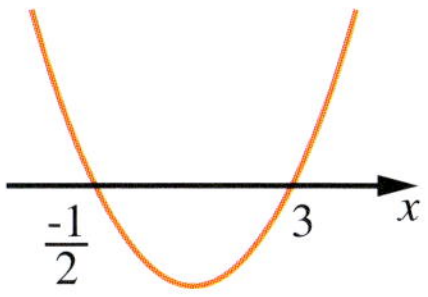

On cherche ensuite les points du graphique pour lesquels $f(x)<0$, c'est-à-dire les points situés **au-dessous de l'axe des *x***. L'ensemble solution de l'inéquation est l'ensemble des abscisses de tous ces points.

L'ensemble solution de l'inéquation $2x^2-5x-3<0$ est donc $\left]\frac{-1}{2}, 3\right[$.

◆ Dans l'exemple précédent, si l'inéquation avait été $2x^2-5x-3\leq 0$, il aurait fallu inclure les zéros, et l'ensemble solution aurait été $\left[\frac{-1}{2}, 3\right]$.

- Cherchons l'ensemble solution de l'inéquation $-x^2 - 4x - 4 \geq 0$.

  On cherche les zéros de la fonction $f(x) = -x^2 - 4x - 4$.

  $$-x^2 - 4x - 4 = -(x^2 + 4x + 4) = -(x+2)^2$$

  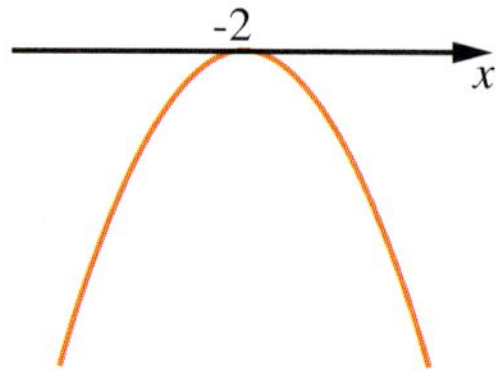

  La fonction possède donc un seul zéro, $x = -2$.

  Puisque $a = -1$ (donc $a < 0$), la parabole est ouverte vers le bas.

  Son sommet est le point (-2, 0).

  On cherche les points du graphique pour lesquels $f(x) \geq 0$, c'est-à-dire les points situés **au-dessus de l'axe des *x* ou sur celui-ci**. Il n'y en a qu'un, c'est le point (-2, 0).

  L'ensemble solution de l'inéquation $-x^2 - 4x - 4 \geq 0$ est donc $\{-2\}$.

- Dans l'exemple précédent, si l'inéquation avait été $-x^2 - 4x - 4 > 0$, il aurait fallu exclure le zéro, et l'ensemble solution aurait été $\varnothing$, l'ensemble vide.

- Cherchons l'ensemble solution de l'inéquation $x^2 + 2 \geq -x$.

  On ramène d'abord l'inéquation à la forme $ax^2 + bx + c \geq 0$ et on obtient $x^2 + x + 2 \geq 0$.

  On cherche ensuite les zéros de la fonction $f(x) = x^2 + x + 2$.

  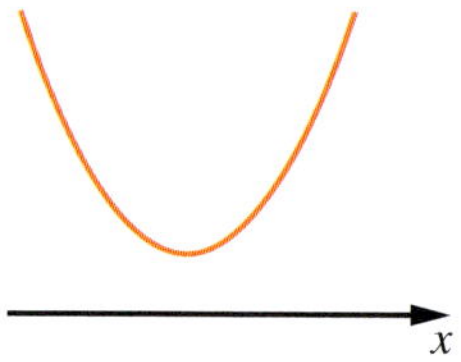

  $$b^2 - 4ac = 1^2 - 4(1)(2) = -7$$

  La fonction ne possède aucun zéro, car $b^2 - 4ac < 0$.

  Puisque $a = 1$ (donc $a > 0$), la parabole est ouverte vers le haut.

  Elle ne coupe pas l'axe des *x*.

  $f(x) > 0$ pour tous les points du graphique, car la parabole est entièrement située au-dessus de l'axe des *x*.

  Toutes les valeurs de *x* sont donc des solutions de l'inéquation.

  L'ensemble solution de l'inéquation $x^2 + 2 \geq -x$ est donc $\mathbb{R}$.

- Dans l'exemple précédent, si l'inéquation avait été $x^2 + 2 < -x$, il aurait fallu trouver les points situés **au-dessous de l'axe des *x***.

  Puisqu'il n'y en a aucun, l'ensemble solution de l'inéquation $x^2 + 2 < -x$ est $\varnothing$.

On peut toujours, bien sûr, effectuer l'étude du signe d'une fonction et résoudre des inéquations du second degré en utilisant la méthode du tableau de signes (*voir le chapitre 3, page 134*), lorsqu'il est possible de factoriser le polynôme. L'exemple qui suit rappelle cette méthode.

Exemple 6.13

- Soit la fonction $f(x) = 2x^2 - 5x - 3$, où $dom(f) = \mathbb{R}$.

  En factorisant le polynôme, on obtient $f(x) = (2x+1)(x-3)$. Les zéros de la fonction sont donc $\frac{-1}{2}$ et 3.

  On construit le tableau de signes.

6

Valeurs de x	$-\infty$	$\frac{-1}{2}$		3	$+\infty$
$2x+1$	$-$	0	$+$	$+$	$+$
$x-3$	$-$	$-$	$-$	0	$+$
$(2x+1)(x-3)$	$+$	0	$-$	0	$+$

La dernière ligne du tableau permet, par exemple, de trouver l'ensemble solution de l'inéquation $2x^2-5x-3<0$.

On cherche alors les valeurs de x pour lesquelles la fonction est négative.

L'ensemble solution de l'inéquation $2x^2-5x-3<0$ est donc $\left]\frac{-1}{2}, 3\right[$, ce qui correspond à ce qu'on a trouvé par la méthode graphique (*voir l'exemple 6.12*).

Exercices 6.4

1. Faire l'étude du signe de chacune des fonctions suivantes.

a) $f(x)=3x^2+4$

b) $f(x)=25-x^2$

c) $f(x)=5x^2-13x-6$

d) $f(x)=4x^2-12x+9$

e) $f(x)=-x^2-8x-16$

f) $f(x)=x^2+2x+7$

g) $f(x)=-12x^2$

h) $f(x)=3x^2-6x$

i) $f(x)=\dfrac{1+5x+6x^2}{3}$

2. Trouver l'ensemble solution de chacune des inéquations suivantes.

a) $x^2+x-6>0$

b) $6x^2-x<2$

c) $7x>x^2$

d) $2x^2+5x+3<x^2+4x$

e) $4x^2+4x+1\leq 0$

f) $-x^2-2x-5<0$

g) $11x+20\leq 3x^2$

h) $x^2\geq 25$

i) $-3x^2+4<x$

j) $x^2+6x+9\leq 0$

k) $6x^2+37x+6\leq 0$

l) $-2(x+3)(x-4)\leq 0$

m) $x^2-x>20$

n) $-5x^2\leq 3x$

o) $3(x+5)^2>0$

6.5 La croissance et la décroissance d'une parabole

Trouver les intervalles de croissance et de décroissance d'une fonction quadratique.

Puisqu'une fonction quadratique $f(x)=ax^2+bx+c$ est représentée par une parabole, elle possède toujours une portion croissante et une portion décroissante.

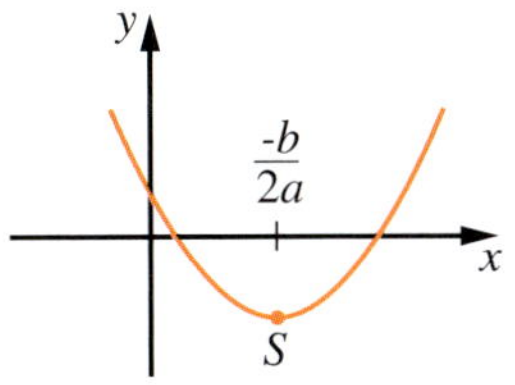

Lorsque $a>0$, la parabole est décroissante jusqu'au sommet et croissante ensuite.

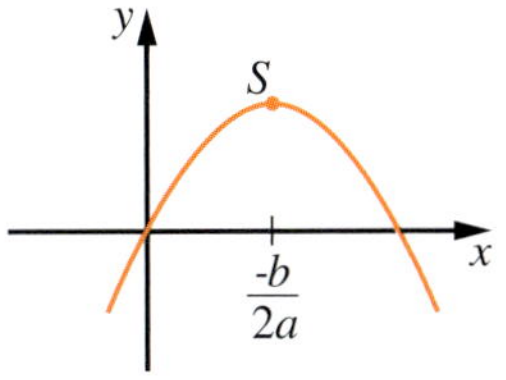

Lorsque $a<0$, la parabole est croissante jusqu'au sommet et décroissante ensuite.

Le changement dans la croissance s'effectue donc lorsque x prend la valeur de l'abscisse du sommet, $h = \frac{-b}{2a}$.

Les intervalles de croissance et de décroissance

Si $a > 0$, la fonction $f(x) = ax^2 + bx + c$ est **décroissante** sur $\left]-\infty, \frac{-b}{2a}\right]$ et **croissante** sur $\left[\frac{-b}{2a}, +\infty\right[$.

Si $a < 0$, la fonction $f(x) = ax^2 + bx + c$ est **croissante** sur $\left]-\infty, \frac{-b}{2a}\right]$ et **décroissante** sur $\left[\frac{-b}{2a}, +\infty\right[$.

Pour étudier la croissance d'une fonction quadratique, il suffit de connaître l'orientation de la parabole et l'abscisse de son sommet. En traçant une esquisse du graphique, on peut déterminer les intervalles de croissance et de décroissance.

Exemple 6.14

◆ Soit la fonction $f(x) = 2x^2 - 5x + 1$, où $dom(f) = \mathbb{R}$.

Puisque $a = 2$ (donc $a > 0$), la parabole est ouverte vers le haut.

L'abscisse du sommet est $h = \frac{-b}{2a} = \frac{5}{4}$ et la fonction y atteint son minimum.

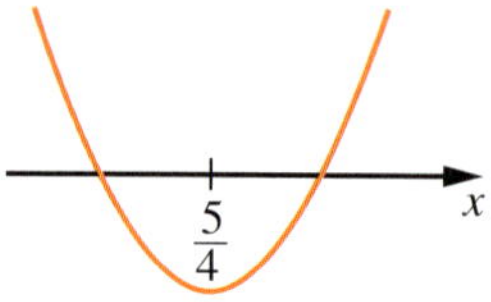

La fonction f est décroissante sur $\left]-\infty, \frac{5}{4}\right]$ et croissante sur $\left[\frac{5}{4}, +\infty\right[$.

Exercices 6.5

1. Trouver les intervalles de croissance et de décroissance de chacune des fonctions suivantes.

a) $f(x) = x^2 + 3x - 10$
b) $f(x) = -2x^2 - x + 7$
c) $f(x) = 6(x-2)^2$
d) $f(x) = 3x^2 - 5$
e) $f(x) = -x^2 + 3x + 1$
f) $f(x) = 9 + 4x^2$

2. Soit $f(x) = ax^2 + bx + c$ une fonction croissante sur $]-\infty, 3]$ et décroissante sur $[3, +\infty[$.

a) Quel est le signe de a ?
b) La fonction atteint-elle un minimum ou un maximum ? Pour quelle valeur de x ?
c) Quelle est l'équation de l'axe de symétrie de la parabole ?

3. Soit $f(x) = ax^2 + bx + c$ une fonction telle que l'ensemble solution de l'inéquation $f(x) > 0$ est $\mathbb{R} \setminus \{-5\}$.

a) Quels sont les intervalles de croissance et de décroissance de f ?
b) Si $a = 2$, quelle est la règle de correspondance de la fonction ?

6.6 L'analyse d'une fonction quadratique

Décrire les caractéristiques d'une fonction quadratique à partir de sa règle de correspondance ou de son graphique.

Les caractéristiques d'une fonction quadratique permettent d'en faire une analyse complète (*voir le chapitre 4, page 175*). Certaines étapes sont propres à l'analyse de ce type de fonction.

Les étapes de l'analyse d'une fonction quadratique

1. Déterminer le domaine de la fonction.
2. Déterminer l'orientation de la parabole d'après le signe de a.
3. Trouver les zéros de la fonction, s'il y a lieu, et en déduire les points d'intersection du graphique avec l'axe des x.
4. Calculer l'ordonnée à l'origine pour trouver le point d'intersection du graphique avec l'axe des y.
5. Calculer les coordonnées du sommet de la parabole. À cette étape, une première esquisse du graphique peut être utile.
6. Déterminer si la fonction possède un minimum ou un maximum, en donner la valeur et indiquer la valeur de x pour laquelle il est atteint.
7. Trouver l'équation de l'axe de symétrie de la parabole.
8. Trouver l'ensemble image de la fonction.
9. Faire l'étude du signe.
10. Faire l'étude de la croissance.
11. Construire un tableau de variation.
12. Tracer le graphique, en plaçant d'abord dans le plan tous les points trouvés au cours de l'analyse.

Exemple 6.15

◆ Soit la fonction $f(x) = 2x^2 - 3x - 2$.

1. On détermine le **domaine** : $dom(f) = \mathbb{R}$.
2. On détermine l'**orientation de la parabole**. Puisque $a = 2$ (donc $a > 0$), elle est ouverte vers le haut.
3. On cherche les **zéros** en résolvant l'équation $f(x) = 0$.

$$2x^2 - 3x - 2 = 0$$

$$(2x+1)(x-2) = 0 \quad \text{(factorisation)}$$

$$2x+1 = 0 \quad \text{ou} \quad x-2 = 0 \quad \text{(règle du produit nul)}$$

$$x = \frac{-1}{2} \quad \text{ou} \quad x = 2$$

La fonction possède deux zéros : $\frac{-1}{2}$ et 2, qu'on aurait également pu trouver à l'aide de la formule quadratique. Les points d'intersection du graphique avec l'axe des x sont donc $\left(\frac{-1}{2}, 0\right)$ et (2, 0).

4. On calcule l'**ordonnée à l'origine**.

$$f(0) = 2(0)^2 - 3(0) - 2 = -2$$

Le graphique coupe donc l'axe des y au point (0, -2).

5. On calcule les **coordonnées du sommet**.

L'abscisse du sommet est $h = \frac{-b}{2a} = \frac{3}{4}$.

L'ordonnée du sommet est

$$k = f(h) = f\left(\frac{3}{4}\right) = 2\left(\frac{3}{4}\right)^2 - 3\left(\frac{3}{4}\right) - 2 = \frac{-25}{8}.$$

Le sommet est donc le point $\left(\frac{3}{4}, \frac{-25}{8}\right)$.

On peut tracer une première esquisse du graphique.

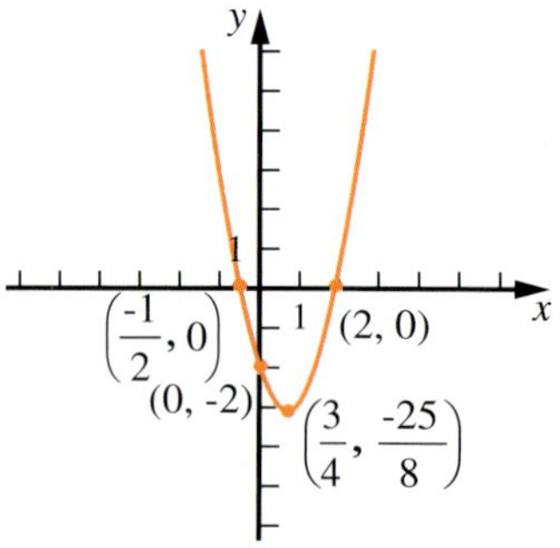

6. Puisque la parabole est ouverte vers le haut, la fonction atteint un **minimum** au sommet.

$$min(f) = \frac{-25}{8}, \text{ atteint lorsque } x = \frac{3}{4}$$

7. On trouve l'**équation de l'axe de symétrie** de la parabole.

C'est la droite verticale qui passe par le sommet $\left(\frac{3}{4}, \frac{-25}{8}\right)$ de la parabole.

L'équation de l'axe de symétrie est $x = \frac{3}{4}$.

8. On trouve l'**ensemble image**.

Puisque $min(f) = \frac{-25}{8}$, on déduit que $ima(f) = \left[\frac{-25}{8}, +\infty\right[$.

9. On effectue l'**étude du signe** à l'aide de l'esquisse du graphique.

$$f(x) > 0 \text{ si } x < \frac{-1}{2} \text{ ou } x > 2$$

$$f(x) = 0 \text{ si } x = \frac{-1}{2} \text{ ou } x = 2$$

$$f(x) < 0 \text{ si } \frac{-1}{2} < x < 2$$

10. À l'aide de l'esquisse du graphique, on fait l'**étude de la croissance** de la fonction.

f est décroissante sur $\left]-\infty, \frac{3}{4}\right]$ et croissante sur $\left[\frac{3}{4}, +\infty\right[$.

11. On résume toutes les caractéristiques de la fonction dans un **tableau de variation**.

Valeurs de x	$-\infty$	$\frac{-1}{2}$		$\frac{3}{4}$		2	$+\infty$
Signe de f	+	0	−	−	−	0	+
Croissance de f	↘			$\frac{-25}{8}$ min.	↗		

12. On trace le **graphique** de la fonction en plaçant correctement tous les points trouvés au cours de l'analyse. On doit choisir une échelle appropriée pour chacun des axes, selon l'ordre de grandeur des coordonnées des points remarquables. Afin d'obtenir une meilleure précision, il est judicieux d'évaluer la fonction pour quelques autres valeurs de x et de placer les points correspondants dans le plan cartésien avant de tracer la courbe.

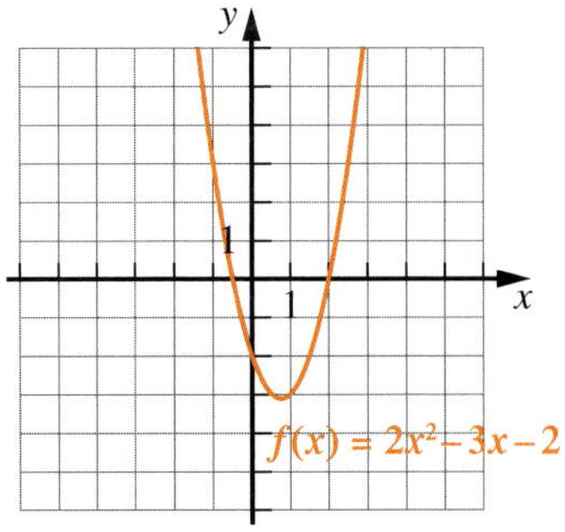

Si, dans un contexte donné, on doit restreindre le domaine, il faut limiter les résultats de l'analyse aux valeurs de ce domaine, en n'oubliant pas que les extrémités du domaine sont des valeurs critiques où on pourrait observer un comportement particulier.

Exemple 6.16

◆ Soit la fonction $g(x) = 2x^2 - 3x - 2$, où $dom(g) = [-1, 2[$.

La fonction g a la même règle de correspondance que la fonction f de l'exemple précédent, avec un domaine différent. Il n'est donc pas nécessaire de refaire les calculs. Nous présentons ici les différences attribuables au domaine.

1. $dom(g) = [-1, 2[$
2. La parabole est toujours ouverte vers le haut, mais on n'en considère qu'une partie.
3. Nous avions trouvé deux zéros, $\frac{-1}{2}$ et 2.

   Puisque $2 \notin dom(g)$, la fonction g possède un seul zéro : $x = \frac{-1}{2}$.

   Le seul point d'intersection du graphique avec l'axe des x est donc $\left(\frac{-1}{2}, 0\right)$.
4. Puisque $0 \in dom(g)$, l'ordonnée à l'origine reste la même, soit $g(0) = -2$.

   Le graphique coupe donc l'axe des y au point $(0, -2)$.
5. L'abscisse du sommet est encore $h = \frac{-b}{2a} = \frac{3}{4}$ et le sommet appartient bien au graphique de g, puisque $\frac{3}{4} \in dom(g)$. Le sommet est le point $\left(\frac{3}{4}, \frac{-25}{8}\right)$.

On peut déjà tracer une première esquisse du graphique.

En plus des points trouvés précédemment, on peut placer le point $(-1, g(-1)) = (-1, 3)$ correspondant à l'extrémité gauche du domaine.

Puisque le domaine est un intervalle ouvert à droite, $2 \notin dom(g)$ et $g(2)$ n'est donc pas défini. Toutefois, comme une parabole est tracée en continu, on déduit que lorsque x s'approche indéfiniment de 2 (en prenant des valeurs du domaine), alors y s'approche indéfiniment de la valeur que prendrait $g(2)$ si 2 appartenait au domaine. Le point $(2, g(2)) = (2, 0)$ **n'appartient pas au graphique**, alors on place un point vide (∘) à cette extrémité.

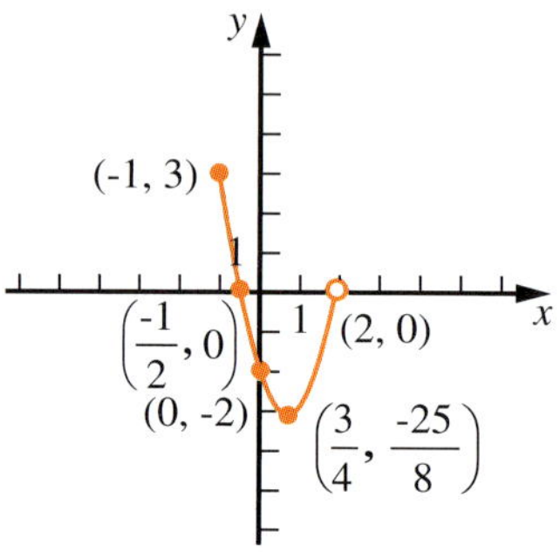

6. $min(g) = \frac{-25}{8}$, atteint lorsque $x = \frac{3}{4}$. C'est le minimum absolu.
On constate aussi la présence d'un maximum absolu au point (-1, 3).
Le point (2, 0) n'appartient pas au graphique, alors ce n'est pas un point de maximum relatif.

7. L'équation de l'axe de symétrie reste $x = \frac{3}{4}$.

8. $ima(g) = \left[\frac{-25}{8}, 3\right]$

9. On fait l'étude du signe à l'aide de l'esquisse du graphique.

$$g(x) > 0 \text{ si } -1 \leq x < \frac{-1}{2}$$

$$g(x) = 0 \text{ si } x = \frac{-1}{2}$$

$$g(x) < 0 \text{ si } \frac{-1}{2} < x < 2$$

10. g est décroissante sur $\left[-1, \frac{3}{4}\right]$ et croissante sur $\left[\frac{3}{4}, 2\right[$.

11. Le tableau de variation est le suivant.

Valeurs de x	-1		$\frac{-1}{2}$		$\frac{3}{4}$		2
Signe de g	+	+	0	−	−	−	∄
Croissance de g	max. 3	↘			$\frac{-25}{8}$ min.	↗	∄

12. Le graphique de g est présenté ci-contre.
On constate que c'est une portion du graphique de la fonction f de l'exemple précédent, tracé sur l'intervalle correspondant au domaine de g.

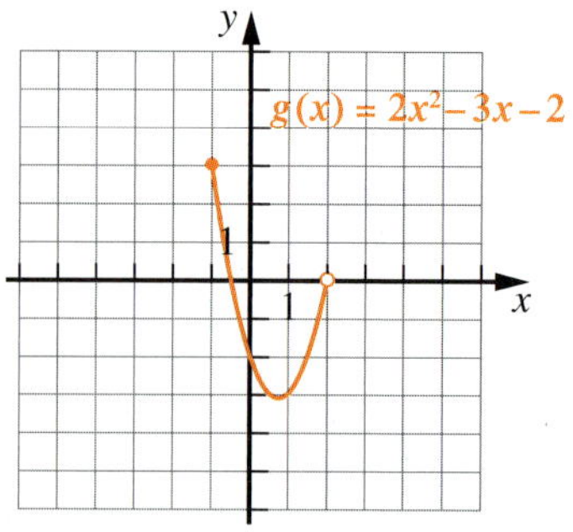

On peut aussi faire l'analyse d'une fonction quadratique à partir de son graphique, lorsque les points remarquables sont bien identifiables.

Exemple 6.17

◆ Soit la fonction quadratique f représentée par le graphique ci-contre.

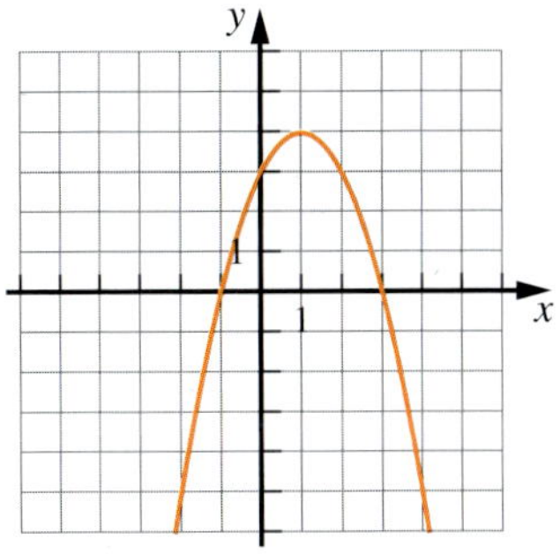

1. $dom(f) = \mathbb{R}$
2. $a < 0$, puisque la parabole est ouverte vers le bas.
3. La parabole coupe l'axe des x aux points (-1, 0) et (3, 0). La fonction possède donc deux zéros : -1 et 3.
4. La parabole coupe l'axe des y au point (0, 3). L'ordonnée à l'origine est donc 3.
5. Le sommet de la parabole est le point $(h, k) = (1, 4)$.
6. $max(f) = 4$, atteint lorsque $x = 1$
7. f est croissante sur $]-\infty, 1]$ et décroissante sur $[1, +\infty[$.
8. L'axe de symétrie est la droite d'équation $x = h$, c'est-à-dire $x = 1$.
9. $ima(g) =]-\infty, 4]$
10. On fait l'étude du signe à l'aide du graphique.

    $f(x) < 0$ si $x < -1$ ou $x > 3$

    $f(x) = 0$ si $x = -1$ ou $x = 3$

    $f(x) > 0$ si $-1 < x < 3$
11. Le tableau de variation est le suivant.

Valeurs de x	$-\infty$	-1		1		3	$+\infty$
Signe de f	−	0	+	+	+	0	−
Croissance de f	↗			max. 4	↘		

Exercices 6.6

1. Faire l'analyse complète de chacune des fonctions suivantes.

   a) $f(x) = x^2 - 4x - 21$

   b) $f(x) = x^2 - 4x + 6$

   c) $f(x) = -5x^2 + 10x - 5$

   d) $f(x) = 4x^2 - 36x$

   e) $f(x) = -3x^2 + 12$

   f) $f(x) = -x^2 + 7x + 8$

2. Faire l'analyse complète de chacune des fonctions ci-dessous, dont on a restreint le domaine.

   a) $f(x) = x^2 + 4x - 5$, où $dom(f) =]-\infty, 2]$

   b) $f(x) = -x^2 + 9$, où $dom(f) =]3, +\infty[$

   c) $f(x) = 2x^2 + x + 3$, où $dom(f) = [-3, 2[$

   d) $f(x) = -5x^2$, où $dom(f) =]-2, 4]$

3. Faire l'analyse complète des fonctions quadratiques représentées par chacun des graphiques ci-dessous.

a)

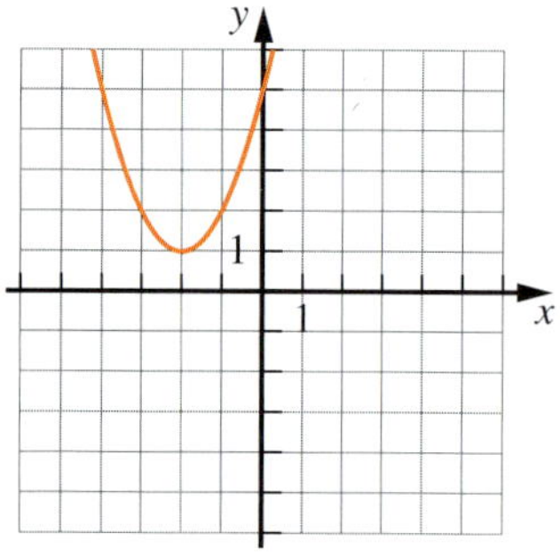

b)

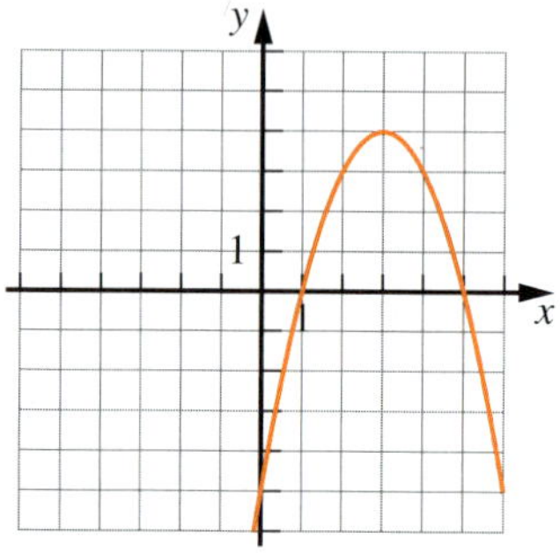

6.7 La recherche de la règle de correspondance à partir des caractéristiques du graphique

- Distinguer la forme générale, la forme factorisée et la forme canonique de la règle de correspondance d'une fonction quadratique.
- Trouver la règle de correspondance d'une fonction lorsqu'on connaît des points remarquables de son graphique.

La règle de correspondance d'une fonction quadratique est habituellement présentée sous l'une des formes suivantes, où $a \neq 0$:

- la **forme générale** : $f(x) = ax^2 + bx + c$
- la **forme factorisée** : $f(x) = a(x - z_1)(x - z_2)$ si la fonction possède deux zéros z_1 et z_2.
  $f(x) = a(x - z)^2$ si la fonction possède un seul zéro z.
  Il n'y a pas de forme factorisée si la fonction n'a aucun zéro.
- la **forme canonique** : $f(x) = a(x - h)^2 + k$, où (h, k) est le sommet de la parabole.

Lorsqu'on connaît la forme générale d'une fonction quadratique, on peut trouver sa forme canonique en calculant les coordonnées du sommet de la parabole.

Exemple 6.18

◆ Soit la fonction $f(x) = 2x^2 - 12x + 19$.

Cherchons la forme canonique de la règle de correspondance. Calculons les coordonnées (h, k) du sommet.

$$h = \frac{-b}{2a} = \frac{12}{4} = 3$$

$$k = f(h) = 2(3)^2 - 12(3) + 19 = 1$$

On connaît déjà $a = 2$.

Ainsi, la forme canonique est donnée par $f(x) = a(x - h)^2 + k = 2(x - 3)^2 + 1$.

Nous avons vu précédemment (*voir le chapitre 4, page 186*) l'effet des paramètres A, B, h et k lors de la transformation d'une fonction $y = f(x)$ en une fonction $F(x) = A\,f(B(x-h)) + k$.

On peut montrer que, dans le cas d'une fonction quadratique $f(x) = x^2$, le paramètre a permet d'obtenir l'effet combiné des deux paramètres A et B.

$$\begin{aligned} F(x) &= A\,f(B(x-h)) + k \\ &= A(B(x-h))^2 + k \\ &= \underbrace{AB^2}_{a}(x-h)^2 + k \\ &= a(x-h)^2 + k \end{aligned}$$

On remarque que le paramètre B n'apparaît qu'au carré et multiplié par A. On en déduit que son signe n'a aucun effet : une réflexion par rapport à l'axe des y ne changera rien au graphique, puisque le graphique de $f(x) = x^2$ est déjà symétrique par rapport à cet axe.

Les exemples graphiques qui suivent illustrent l'effet des paramètres a, h et k lors de la transformation de la fonction $f(x) = x^2$ en une fonction $F(x) = a(x-h)^2 + k$.

$y = ax^2$	
$a > 0$	$a < 0$
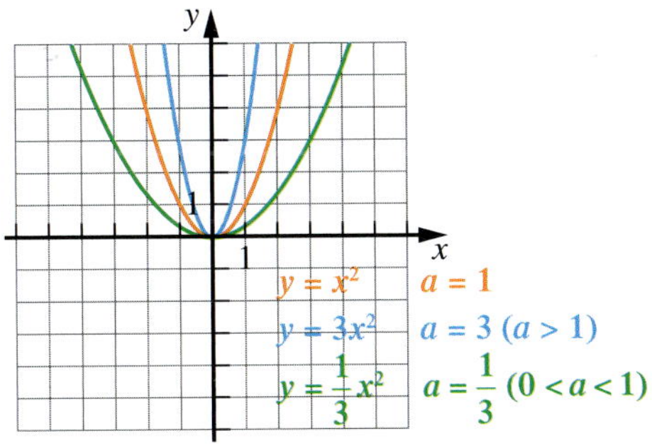	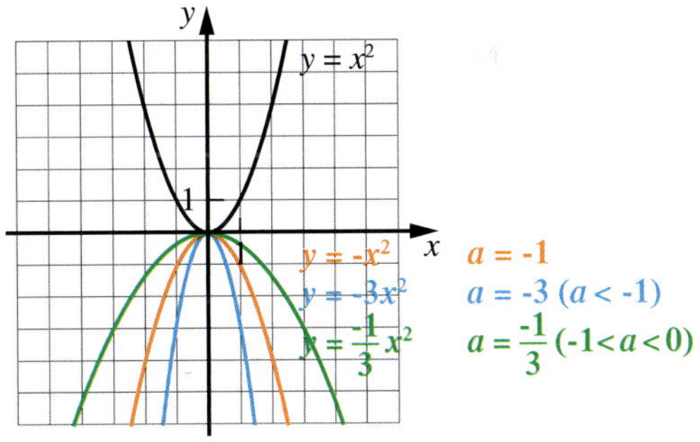
Le signe de a est responsable de l'orientation de la parabole, ouverte vers le haut (si $a > 0$) ou vers le bas (si $a < 0$). La valeur absolue de a est responsable de l'étirement ou de la compression du graphique. Elle contrôle l'ouverture de la parabole : plus la valeur absolue de a est grande, plus la croissance et la décroissance sont rapides et moins l'ouverture de la parabole est grande. L'effet combiné des étirements (compressions, réflexions) attribuables à A et à B et pris en charge par a laisse fixe le point $(0, 0)$.	

$y = (x-h)^2$	$y = x^2 + k$
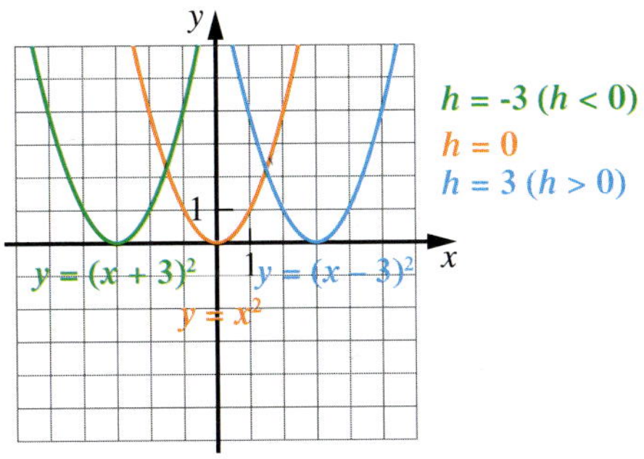	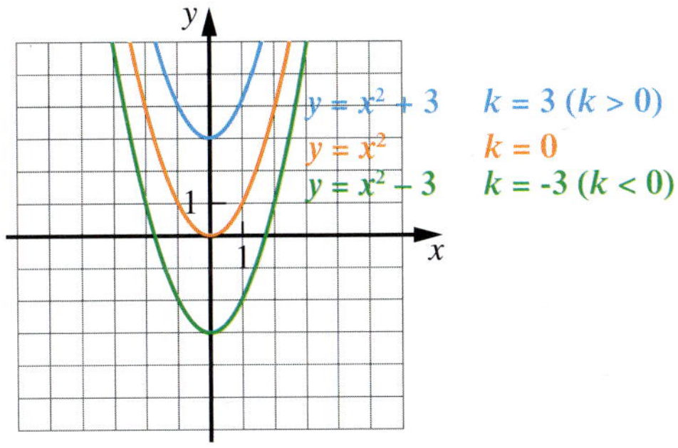
Si $h > 0$, on observe une translation horizontale de h unités vers la droite ; le déplacement est de $\lvert h \rvert$ unités vers la gauche si $h < 0$.	Si $k > 0$, on observe une translation verticale de k unités vers le haut ; le déplacement est de $\lvert k \rvert$ unités vers le bas si $k < 0$.
Les deux translations ont pour effet de déplacer le point $(0, 0)$ au point (h, k).	

6

Exemple 6.19

- Comparons les graphiques de $f(x)=x^2$ et de $g(x)=-2(x-3)^2-4$, où $a=-2$, $h=3$ et $k=-4$.

  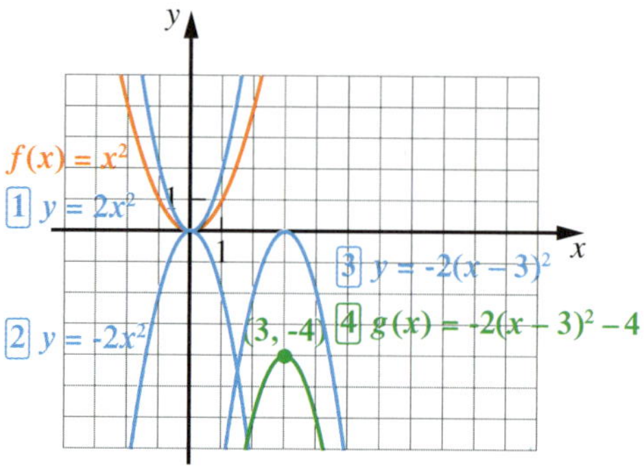

  Le graphique de g est obtenu de celui de f par :

  1. un étirement vertical, puisque $|a|=2$ (donc $|a|>1$) ;

  2. une réflexion par rapport à l'axe des x, puisque $a<0$;

  3. une translation horizontale de 3 unités vers la droite, puisque $h=3$ (donc $h>0$) ;

  4. une translation verticale de 4 unités vers le bas, puisque $k=-4$ (donc $k<0$).

  L'étirement et la réflexion attribuables au paramètre a ne déplacent pas le sommet de la parabole situé à l'origine, alors que les deux translations ont pour effet de le déplacer du point (0, 0) au point $(h, k)=(3, -4)$.

Pour obtenir la règle de correspondance d'une fonction quadratique sous la forme générale $f(x)=ax^2+bx+c$, il faut trouver les valeurs de a, de b et de c. Pour ce faire, il faut résoudre un système de trois équations à trois inconnues. Il faut donc en général connaître les coordonnées (x, y) de trois points de la parabole pour poser les trois équations.

La résolution de tels systèmes ne fait pas l'objet de ce cours, mais il existe plusieurs cas où il est possible de trouver la règle de correspondance, sous l'une ou l'autre forme, lorsqu'on connaît deux ou trois points du graphique.

6

Exemple 6.20

- Soit une fonction quadratique dont les zéros sont -3 et 5 et dont le graphique passe par le point (2, 30).

  C'est la forme factorisée qui sera utile dans ce cas, puisqu'on connaît les zéros.

  $$f(x)=a(x-z_1)(x-z_2)=a(x+3)(x-5)$$

  Il reste une inconnue, la valeur de a. Puisque la parabole passe par le point (2, 30), on a $f(2)=30$.

  $$f(x)=a(x+3)(x-5)$$
  $$f(2)=a(2+3)(2-5)$$
  $$30=-15a$$
  $$-2=a$$

  Ainsi, $f(x)=-2(x+3)(x-5)=-2x^2+4x+30$.

  En remplaçant x successivement par -3, 5 et 2, on peut vérifier que le graphique passe bien par les points (-3, 0), (5, 0) et (2, 30).

- Soit une fonction quadratique dont le seul zéro est -10 et dont l'ordonnée à l'origine est 200.

  On peut exprimer la fonction sous la forme factorisée $f(x)=a(x-z)^2=a(x+10)^2$.

$f(0)=200$, car l'ordonnée à l'origine est 200.

$$f(0)=a(0+10)^2$$
$$200=100a$$
$$2=a$$

On a donc $f(x)=2(x+10)^2=2x^2+40x+200$.

◆ Soit une fonction quadratique représentée par une parabole dont le sommet est situé au point (2, -4) et qui passe par le point (5, 23).

Dans ce cas, c'est la forme canonique qui sera utile, puisqu'on connaît les coordonnées du sommet, soit $h=2$ et $k=-4$.

$$f(x)=a(x-h)^2+k=a(x-2)^2-4$$

Puisque la fonction passe par le point (5, 23), on a $f(5)=23$.

$$f(x)=a(x-2)^2-4$$
$$f(5)=a(5-2)^2-4$$
$$23=9a-4$$
$$-9a=-27$$
$$a=3$$

Ainsi, $f(x)=3(x-2)^2-4=3x^2-12x+8$.

◆ Soit une fonction quadratique représentée par une parabole dont l'ordonnée à l'origine est 4 et qui passe par les points (1, 9) et (2, 20).

Dans ce cas, c'est la forme générale qui sera utile, puisqu'on connaît l'ordonnée à l'origine $c=4$.

$$f(x)=ax^2+bx+c=ax^2+bx+4$$

Puisqu'il reste deux inconnues, on utilise les deux points connus pour construire un système d'équations.

$$\begin{cases} f(1)=9 \\ f(2)=20 \end{cases}, \text{ c'est-à-dire } \begin{cases} a(1^2)+b(1)+4=9 \\ a(2^2)+b(2)+4=20 \end{cases} \text{ ou } \begin{cases} a+b+4=9 \\ 4a+2b+4=20 \end{cases}$$

On peut résoudre ce système par la méthode de comparaison (*voir le chapitre 5, page 219*).

$$\begin{cases} a+b+4=9 \\ 4a+2b+4=20 \end{cases}$$

$$\begin{cases} a+b+4=9 \\ 2a+b+2=10 \end{cases}$$ (division des deux membres par 2)

$$\begin{cases} b=5-a \\ b=8-2a \end{cases}$$ (isolement de b)

On a donc $5-a=8-2a$, d'où $a=3$. On trouve ensuite $b=5-a=5-3=2$. Ainsi, $f(x)=3x^2+2x+4$.

6

La recherche de la règle de correspondance d'une fonction quadratique dont on connaît quelques points du graphique

- Si on connaît les zéros et un autre point :

  On exprime la règle de correspondance sous la forme factorisée $f(x)=a(x-z_1)(x-z_2)$ ou $f(x)=a(x-z)^2$. On substitue les coordonnées de l'autre point à x et à $f(x)$ dans la règle de correspondance et on résout l'équation afin de trouver la valeur de a.

- Si on connaît le sommet (h, k) et un autre point :

  On exprime la règle de correspondance sous la forme canonique $f(x)=a(x-h)^2+k$.

  On substitue les coordonnées de l'autre point à x et à $f(x)$ dans la règle de correspondance et on résout l'équation afin de trouver la valeur de a.

- Si on connaît l'ordonnée à l'origine et deux autres points :

  On exprime la règle de correspondance sous la forme générale $f(x)=ax^2+bx+c$.

  On substitue successivement les coordonnées des deux points dans la règle de correspondance et on résout le système d'équations ainsi obtenu.

On peut aussi trouver la règle de correspondance d'une fonction dont on connaît le graphique si les coordonnées des points remarquables sont facilement repérables.

Exemple 6.21

◆ Cherchons la règle de correspondance de la fonction f représentée par le graphique ci-contre.

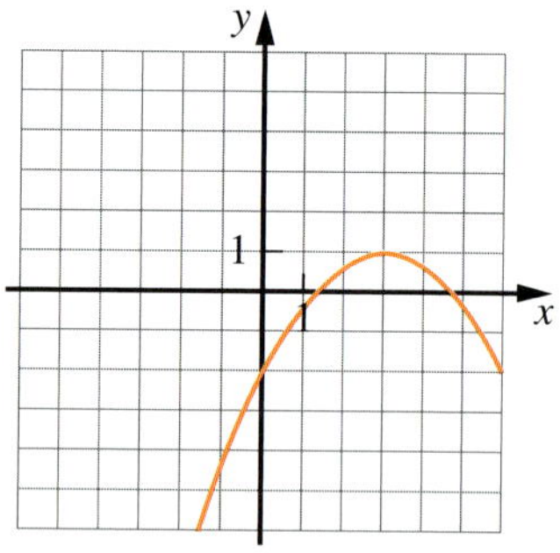

Le sommet de la parabole est le point (3, 1).

On peut exprimer la règle de correspondance sous la forme canonique $f(x)=a(x-h)^2+k$, où $h=3$ et $k=1$.

$$f(x)=a(x-3)^2+1$$

L'ordonnée à l'origine est -2. Ainsi, $f(0)=\text{-}2$, ce qui permet de trouver la valeur de a.

$$f(0)=a(0-3)^2+1$$
$$\text{-}2=9a+1$$
$$\text{-}3=9a$$
$$\frac{\text{-}1}{3}=a$$

On a donc $f(x)=\frac{\text{-}1}{3}(x-3)^2+1$ ou, sous la forme générale, $f(x)=\frac{\text{-}1}{3}x^2+2x-2$.

Exercices 6.7

1. Indiquer si la règle de correspondance des fonctions suivantes est donnée sous la forme générale, la forme factorisée ou la forme canonique. Exprimer ensuite la règle de correspondance sous les deux autres formes, si possible.

   a) $f(x)=\text{-}3(x-1)(x+2)$
   b) $f(x)=6x^2-5x-4$
   c) $f(x)=x^2+2x+3$
   d) $f(x)=(x-2)^2-9$

2. Exprimer chacune des fonctions ci-dessous sous la forme canonique. Tracer le graphique de g en effectuant les transformations appropriées au graphique de $f(x) = x^2$.

a) $g(x) = 2x^2 - 4x + 7$
b) $g(x) = -x^2 - 6x - 13$
c) $g(x) = -3x^2 - 12x - 5$
d) $g(x) = 9x^2 - 12x + 13$
e) $g(x) = 5x^2 + 6$
f) $g(x) = 0{,}01x^2 + x + 0{,}25$

3. Trouver la règle de correspondance des fonctions quadratiques qui possèdent les caractéristiques suivantes.

a) $a = 3$ et les zéros sont -3 et -4.
b) $a = -2$ et le seul zéro est -5.
c) Les zéros sont 2 et -3, et la parabole passe par le point (1, -8).
d) Un des zéros est -1 et le sommet de la parabole est le point (2, -27).
e) Les points d'intersection avec les axes sont (0, 42), (2, 0) et (7, 0).
f) Le sommet de la parabole est le point (1, -9) et la différence entre les deux zéros est 6.
g) La parabole passe par le point (2, 12) et le seul zéro est 4.
h) Le sommet de la parabole est le point (4, 7) et $f(-5) = 0$.
i) Le sommet de la parabole est le point (-1, 6) et l'ordonnée à l'origine est -4.
j) Un des zéros est -6, l'ordonnée à l'origine est 0 et $ima(f) = [-45, +\infty[$.

4. Trouver la règle de correspondance des fonctions représentées par chacune des paraboles ci-dessous.

a)

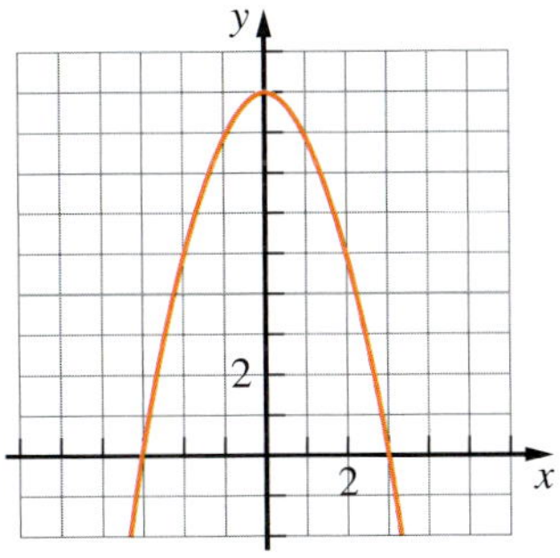

b)

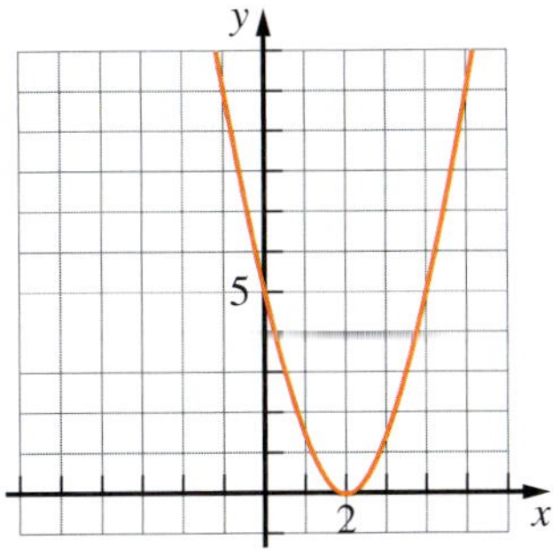

c)

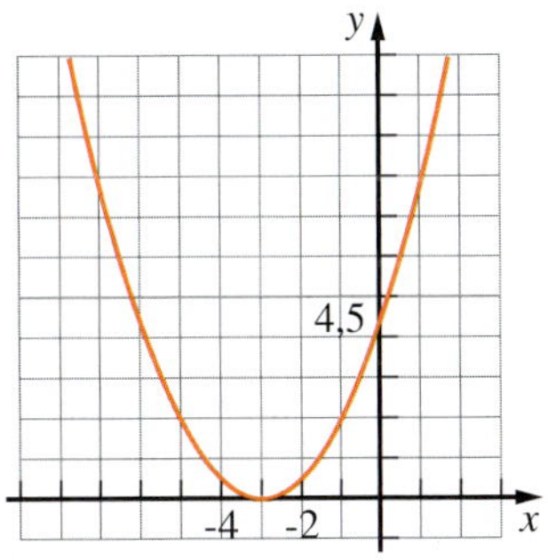

d)

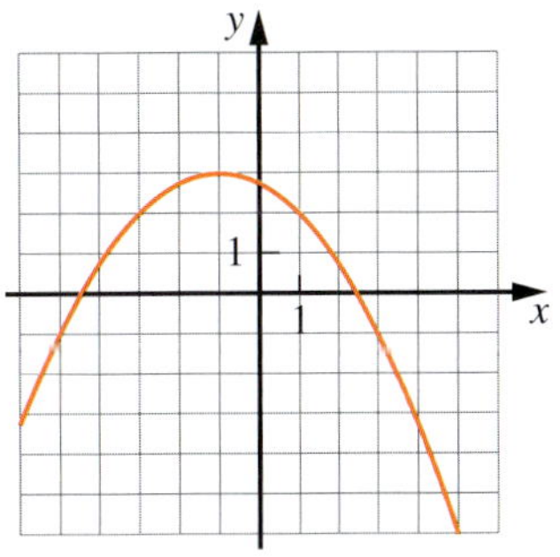

6.8 La résolution de problèmes avec des fonctions quadratiques

Résoudre des problèmes concrets qu'on peut modéliser par des fonctions quadratiques.

On peut décrire de nombreuses situations concrètes à l'aide de fonctions polynomiales du second degré. Ces fonctions expriment une relation entre deux variables, qu'il faut interpréter selon le contexte. La règle de correspondance de la fonction et les caractéristiques de son graphique permettent la résolution de nombreux problèmes, dans divers domaines.

Exemple 6.22

◆ La position d'un plongeur (en mètres au-dessus de la surface de l'eau) entre son impulsion et son entrée dans l'eau est donnée à chaque instant par la fonction $p(t) = -5t^2 + 5t + 10$, où t représente le temps (en secondes) écoulé depuis que le plongeur a quitté le tremplin. Cette situation vous a été proposée, en version graphique, à l'exercice 3 de la section 4.7 (*voir la page 176*). Nous verrons ici comment trouver les mêmes informations, de façon algébrique cette fois.

a) La hauteur du tremplin correspond à la position du plongeur au temps $t = 0$ s.

$$p(0) = -5(0)^2 + 5(0) + 10 = 10 \text{ m}$$

Le plongeur s'élance donc d'une plateforme de 10 m.

b) i) La position du plongeur, au-dessus de l'eau, un quart de seconde après son impulsion, est donnée par $p\left(\frac{1}{4}\right) = -5\left(\frac{1}{4}\right)^2 + 5\left(\frac{1}{4}\right) + 10 = \frac{175}{16}$ m, soit environ 10,9 m.

ii) À ce moment, le plongeur atteint une hauteur de $\frac{175}{16} - 10$ m au-dessus du tremplin, soit un peu plus de 0,9 m.

c) Puisque $a < 0$, la parabole est ouverte vers le bas et la fonction p atteint un maximum en son sommet. La hauteur maximale atteinte par le plongeur, au-dessus de la surface de l'eau, est l'ordonnée k du sommet.

L'abscisse du sommet est donnée par $h = \frac{-b}{2a} = \frac{-5}{-10} = \frac{1}{2} = 0{,}5$.

L'ordonnée du sommet est donc $k = p(0{,}5) = -5(0{,}5)^2 + 5(0{,}5) + 10 = 11{,}25$.

$max(p) = 11{,}25$ est atteint lorsque $t = 0{,}5$.

Ainsi, le plongeur atteint une hauteur maximale de 11,25 m au-dessus de l'eau, soit 1,25 m au-dessus du tremplin, 0,5 s après son impulsion.

d) Le plongeur revient à la hauteur du tremplin lorsque $p(t) = 10$ m.

On trouve la valeur de t en résolvant cette équation.

$$p(t) = 10$$

$$-5t^2 + 5t + 10 = 10$$

$$-5t^2 + 5t = 0 \quad \text{(soustraction de 10 des deux membres)}$$

$$-5t(t - 1) = 0 \quad \text{(factorisation)}$$

$$-5t = 0 \text{ ou } t - 1 = 0 \quad \text{(règle du produit nul)}$$

$$t = 0 \text{ ou } t = 1$$

On élimine évidemment la solution $t = 0$ qui correspond au moment de l'élan. Ainsi, le plongeur revient à la hauteur du tremplin 1 s après son élan.

e) Le plongeur entre dans l'eau lorsque $p(t) = 0$ m. Il se trouve alors à 0 m au-dessus de la surface.

$$p(t) = 0$$

$$-5t^2 + 5t + 10 = 0$$

$$-5(t^2 - t - 2) = 0$$

$$(t^2 - t - 2) = 0$$

$$(t + 1)(t - 2) = 0$$

$$t = -1 \text{ ou } t = 2$$

Il faut rejeter la solution $t = -1$, qui n'appartient pas au domaine contextuel, et on conclut que le plongeur entre dans l'eau après 2 secondes. Cela permet de déduire que $dom(p) = [0\text{ s}, 2\text{ s}]$.

◆ Une balle frappée par un golfeur suit une trajectoire parabolique. La balle retombe 120 m plus loin après avoir atteint une hauteur maximale de 10 m. Cherchons la règle de correspondance de la fonction qui décrit la trajectoire.

Golfeur qui frappe une balle

Soit $f(x)$ la hauteur (en mètres) de la balle lorsqu'elle a parcouru une distance horizontale de x mètres. f est une fonction quadratique, puisque la trajectoire est parabolique.

La balle est au sol ($f(x) = 0$) au moment où le golfeur la frappe et au moment où elle retombe : les zéros de la fonction sont donc 0 et 120. Le maximum de la fonction est $max(f) = 10$. Ce maximum est atteint lorsque $x = 60$, puisque l'axe de symétrie passe par le point milieu du segment qui relie les deux zéros. Ceci permet de tracer une esquisse du graphique.

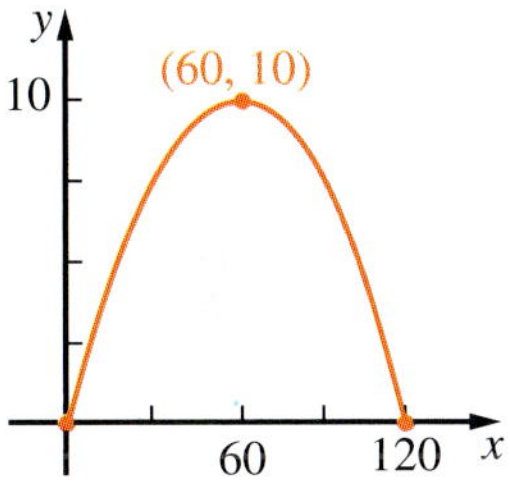

On peut exprimer la fonction sous la forme $f(x) = a(x-0)(x-120) = ax(x-120)$.

Puisque la parabole passe par le point (60, 10), on sait que $f(60) = 10$, ce qui permet de trouver la valeur de a.

$$f(60) = 10$$
$$60a(60-120) = 10$$
$$-3600a = 10$$
$$a = \frac{-1}{360}$$

Ainsi, $f(x) = ax(x-120) = \frac{-1}{360}x(x-120) = \frac{-1}{360}x^2 + \frac{1}{3}x$.

$dom(f) = [0\text{ m}, 120\text{ m}]$

La stratégie de résolution de problèmes au moyen d'inéquations est identique à celle qu'il faut utiliser si le problème se traduit par une équation. Seul le modèle mathématique est différent. En général, on reconnaît les problèmes qui nécessitent la résolution d'une inéquation par des expressions comme « est inférieur à… », « ne dépasse pas… », « est au plus… », etc.

Exemple 6.23

◆ Cherchons tous les couples d'entiers naturels consécutifs dont le produit est inférieur à 200.

On désigne par x le premier entier et par $(x+1)$ l'entier suivant. On cherche tous les entiers naturels tels que $x(x+1) < 200$.

On ramène d'abord le membre de droite à 0.

$$x(x+1) < 200$$

$$x^2 + x < 200$$

$$x^2 + x - 200 < 0$$

On définit $f(x) = x^2 + x - 200$, où $dom(f) = \mathbb{R}$.

On étudie la fonction sur l'ensemble des réels afin d'en faire une analyse complète.

On ne retiendra ensuite que les solutions acceptables dans le contexte du problème.

On trouve les zéros avec la formule quadratique.

$$z_1 = \frac{-1-\sqrt{1^2-4(1)(-200)}}{2(1)} \approx -14{,}65 \text{ et } z_2 = \frac{-1+\sqrt{1^2-4(1)(-200)}}{2(1)} \approx 13{,}65$$

La parabole représentant la fonction f est ouverte vers le haut, car $a > 0$.

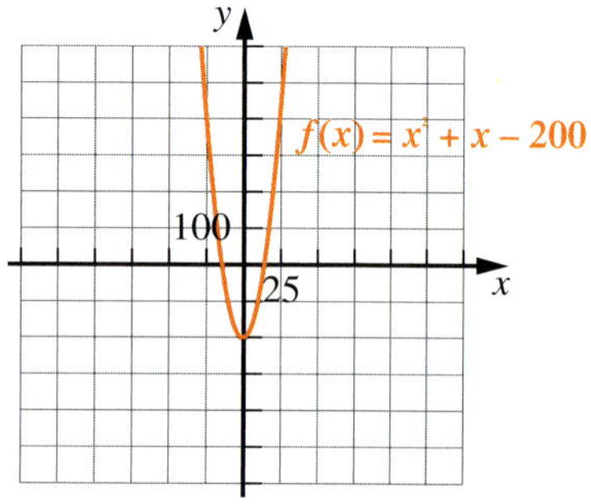

$x^2 + x - 200 < 0$ si $z_1 < x < z_2$, c'est-à-dire si $-14{,}65 < x < 13{,}65$ approximativement.

Puisque l'énoncé du problème précise que $x \in \mathbb{N}$, les seules valeurs possibles pour x sont les entiers 0, 1, 2, ..., 13. Les valeurs de $(x+1)$ sont respectivement 1, 2, 3, ..., 14.

Les couples de nombres naturels consécutifs dont le produit est inférieur à 200 sont donc (0, 1), (1, 2), (2, 3), ..., (13, 14).

6

Exercices 6.8

1. Un ouvrier travaillant sur le toit d'un édifice fait malencontreusement glisser le marteau qu'il avait déposé à ses côtés. La distance verticale (en mètres) parcourue par le marteau est donnée, t secondes après le début de la chute, par la fonction $d(t) = 5t^2 + 3t$.

a) Quelle distance le marteau a-t-il parcourue dans la première demi-seconde de sa chute ?

b) Si le marteau touche le sol après 2 secondes, quelle est la hauteur de l'édifice ?

c) À quelle distance du sol le marteau se trouve-t-il 1 seconde après le début de sa chute ?

d) Après combien de temps le marteau sera-t-il à 12 mètres du sol ?

2. Dans un mur de 2,5 m de hauteur sur 4 m de largeur, on pratique deux ouvertures carrées de x m de côté afin d'y poser des fenêtres.

a) Donner la règle de correspondance de la fonction qui exprime l'aire de la partie pleine du mur en fonction du côté d'un carré.

b) Si chaque ouverture mesure 1,5 m de côté, quelle est l'aire de la partie pleine du mur ?

c) Quelle devrait être la mesure du côté de chaque carré pour que l'aire de la partie pleine du mur soit égale à l'aire totale des deux ouvertures ?

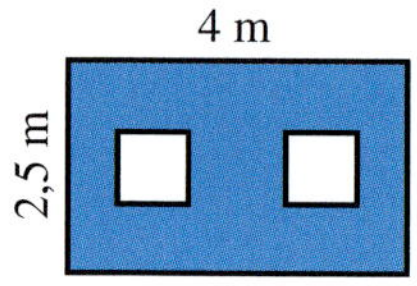

3. Un congélateur défectueux n'arrive pas à maintenir une température constante. On y place un pot d'eau dont on mesure la température à intervalles réguliers. On constate que la température de l'eau ou de la glace (en degrés Celsius) est donnée, t heures après que le récipient a été déposé au congélateur, par la fonction $f(t) = 2t^2 - 14t + 20$, où $t \in$ [0 h, 6 h].

a) Quelle est la température de l'eau au moment où on place le récipient au congélateur ?

b) Combien de temps l'eau met-elle à se transformer en glace ?

c) Après combien de temps la glace commence-t-elle à fondre ?

d) Quelle est la température minimale atteinte par la glace ? Combien de temps après que le pot d'eau a été placé au congélateur atteint-on cette température ?

4. Du 1er janvier au 1er mai, le musée Bozart exposait les œuvres du célèbre peintre Adé Syné. Pendant toute la durée de l'exposition, on a constaté qu'une fonction quadratique $N(m) = am^2 + bm + c$ pouvait décrire chaque jour le nombre de visiteurs, où m représente le nombre de mois écoulés depuis l'ouverture.

a) Trouver la règle de correspondance de cette fonction, sachant que :

- le jour de l'ouverture, 750 invités spéciaux ont pu admirer les œuvres de Syné ;
- c'est le 1er février qu'on a enregistré le plus grand nombre de visiteurs, soit 800.

b) Calculer le nombre de visiteurs le dernier jour de l'exposition.

5. Le profit mensuel $p(n)$ réalisé par un fabricant de jouets sur la vente de n poupées *Poil de carotte* est donné (en dollars) par une fonction quadratique. Le fabricant doit vendre au moins 200 poupées par mois pour que son entreprise réalise un profit. Le profit maximal atteint 2400 $ lorsqu'il vend 300 poupées. Au-delà de ce nombre, son profit diminue, car il engage des dépenses additionnelles (heures supplémentaires à salaire majoré pour les employés, chauffage et électricité sur une plus longue période, etc.).

a) Utiliser la symétrie de la parabole pour trouver le nombre maximal de poupées qu'il peut vendre avant que ses profits tombent à zéro.

b) Trouver la règle de correspondance de la fonction.

6. Le propriétaire d'une boutique de chaussures peut augmenter ses profits en haussant ses prix, mais il court le risque de faire fuir les clients si les prix sont trop élevés. Le marchand a constaté que son profit mensuel sur la vente d'une certaine marque d'espadrilles varie selon une fonction quadratique, en fonction du prix de vente d'une paire d'espadrilles. Chaque paire lui coûte 30 $, et ses clients ne les achètent pas si le prix atteint 60 $. Il a calculé que son profit maximal possible est de 450 $ par mois.

a) Dans cette situation, quel est le domaine de la fonction ?

b) Trouver la règle de correspondance de la fonction qui décrit cette situation.

c) Quel est le profit mensuel du marchand s'il vend les espadrilles 55 $ la paire ?

d) Au mois de juillet, son profit a été de 400 $. Quel était le prix de vente des espadrilles ?

e) Quel est le prix de vente le plus avantageux pour le marchand ?

7. Un fermier veut utiliser 40 m de clôture pour entourer un enclos rectangulaire. Il veut que la surface de cet enclos soit d'au moins 75 m^2. Quelles sont les dimensions possibles de l'enclos ?

8. Un démographe prédit que, dans t années, Néoville comptera $t^2 + 388t + 5200$ habitants, et Villeneuve, $2t^2 + 8980$ habitants. Dans combien d'années la population de Néoville dépassera-t-elle celle de Villeneuve ?

9. Un enfant lance une pierre verticalement vers le haut. Au moment où il la lance, sa main est à 1 m du sol. La position s de la pierre au-dessus du sol t secondes après son lancement est $s(t) = 1 + 12t - 5t^2$ m. Pendant combien de temps la pierre reste-t-elle au-dessus de son point de lancement ?

6.9 La fonction racine carrée

Décrire et interpréter les caractéristiques du graphique d'une fonction racine carrée.

Les racines carrées d'un nombre réel x sont les nombres réels dont le carré est égal à x.

Pour définir la fonction racine carrée, on devra faire appel à la réciproque de la fonction $f(x)=x^2$.

La parabole ci-contre représente la fonction $f(x)=x^2$.

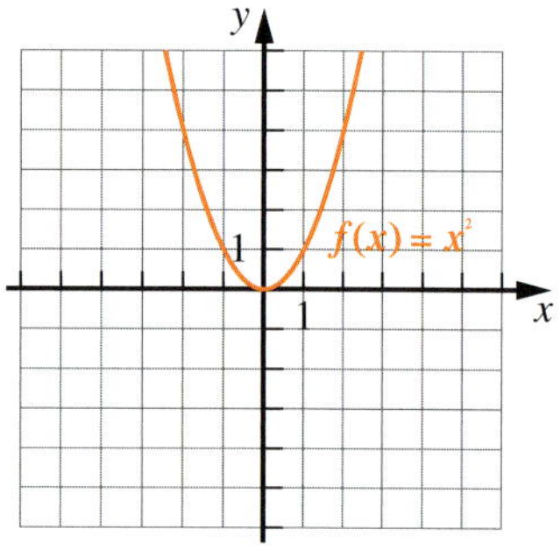

Nous avons vu au chapitre 4 (*voir la page 189*) comment trouver la **réciproque** d'une fonction dont on connaît la règle de correspondance.

1. On remplace x par y et y par x dans la règle de correspondance de f.
2. On isole y dans cette nouvelle équation.

On peut donc trouver la réciproque de la fonction $y=f(x)=x^2$ en procédant comme suit :

1. On remplace x par y et y par x dans l'équation $y=x^2$, et on obtient $x=y^2$.
2. On peut alors exprimer y par les phrases suivantes :
   - « y est un nombre dont le carré est égal à x » ;
   - « y est une **racine carrée** de x ».

On sait que le graphique de la relation réciproque f^{-1} d'une fonction f est symétrique à celui de f par rapport à la droite $y=x$ (la bissectrice des premier et troisième quadrants).

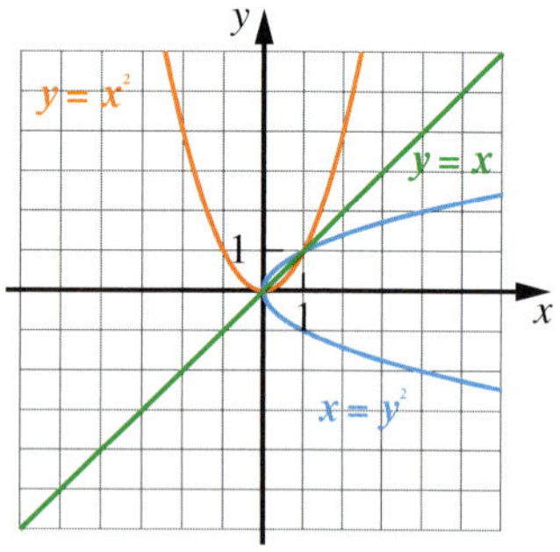

En traçant le symétrique de la parabole représentant $f(x)=x^2$, on obtient une parabole dont l'axe de symétrie est horizontal.

Le graphique de la réciproque **n'est pas celui d'une fonction**, puisqu'à chaque valeur positive de x correspondent deux valeurs de y. À partir de ce graphique, on déduit les propriétés suivantes :

- Un nombre réel négatif n'a pas de racine carrée.
- L'unique racine carrée de 0 est 0.
- Tout nombre réel positif possède deux racines carrées, l'une positive et l'autre négative.

On a vu au chapitre 1 que le symbole $\sqrt{\ }$ (radical) désigne la **racine carrée positive**. Par exemple, -5 et 5 sont les deux racines carrées de 25, puisque ce sont les deux solutions de l'équation $x^2=25$. En effet, $(-5)^2=25$ et $5^2=25$.

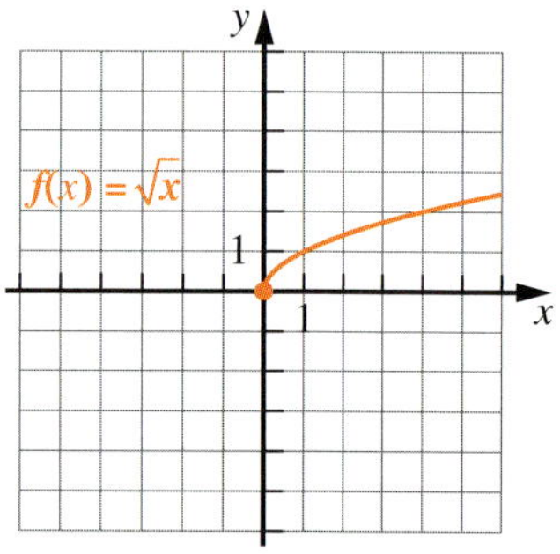

Toutefois, $\sqrt{25}$ possède une seule valeur. Le symbole radical désigne la racine carrée positive, c'est-à-dire $\sqrt{25}=5$.

On peut définir une fonction en ne conservant que la branche positive de la parabole représentant f^{-1}. C'est la **fonction racine carrée**.

La **fonction racine carrée** est la fonction dont la règle de correspondance est de la forme $y=f(x)=\sqrt{x}$.

On peut écrire $\sqrt{x}$ sous la forme $\sqrt{x} = x^{\frac{1}{2}}$. Puisqu'il s'agit d'un exposant fractionnaire, la fonction $y = f(x) = \sqrt{x}$ n'est pas une fonction polynomiale.

Les caractéristiques de la fonction racine carrée

La fonction racine carrée $f(x) = \sqrt{x}$ possède les caractéristiques suivantes :

- $dom(f) = [0,+\infty[$ et $ima(f) = [0,+\infty[$
- La fonction possède un seul zéro : $x = 0$.
- L'ordonnée à l'origine est 0.
- f est croissante sur tout son domaine, soit sur $[0,+\infty[$.
- f possède un minimum $min(f) = 0$, atteint lorsque $x = 0$.
- La fonction ne possède pas de maximum.
- L'extrémité du graphique est le point (0, 0).
- f est positive sur $]0,+\infty[$ et nulle si $x = 0$; elle n'est jamais négative.

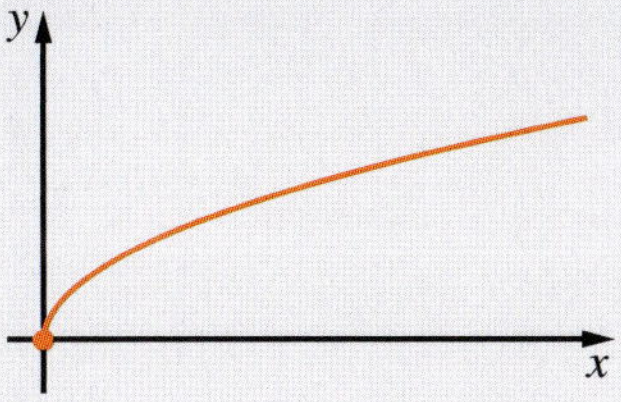

La fonction $f(x) = \sqrt{x}$ est la fonction racine carrée de base.

Tout comme pour la fonction quadratique, on peut simplifier la forme canonique $F(x) = Af(B(x-h)) + k$ en combinant les effets des paramètres A et B.

$$\begin{aligned} F(x) &= Af(B(x-h)) + k \\ &= A\sqrt{B(x-h)} + k, \text{ où } B(x-h) \geq 0 \end{aligned}$$

$$F(x) = \begin{cases} \underbrace{A\sqrt{|B|}}_{a}\sqrt{x-h} + k \text{ si } B > 0 \\ \underbrace{A\sqrt{|B|}}_{a}\sqrt{-(x-h)} + k \text{ si } B < 0 \end{cases}$$

On peut donc présenter la fonction transformée sous l'une des formes $F(x) = a\sqrt{x-h} + k$ ou $F(x) = a\sqrt{-(x-h)} + k$.

Si une fonction est de la forme $F(x) = a\sqrt{cx-d} + k$, on peut transformer la règle de correspondance de telle façon que le coefficient de x soit 1 ou -1.

Exemple 6.24

◆ Exprimons la fonction $h(x) = -3\sqrt{8-4x} - 1$ sous la forme canonique.

$$\begin{aligned} h(x) &= -3\sqrt{8-4x} - 1 \\ &= -3\sqrt{-4x+8} - 1 \\ &= -3\sqrt{-4(x-2)} - 1 \\ &= -3\sqrt{4}\sqrt{-(x-2)} - 1 \\ &= -6\sqrt{-(x-2)} - 1 \end{aligned}$$

On retrouve ainsi la forme $h(x) = a\sqrt{-(x-h)} + k$, où $a = -6$, $h = 2$ et $k = -1$.

Les exemples graphiques ci-dessous illustrent l'effet des différents paramètres lors de la transformation d'une fonction $f(x)=\sqrt{x}$ en une fonction $F(x)=a\sqrt{\pm1(x-h)}+k$.

<table>
<tr><th colspan="2">$y=a\sqrt{x}$</th></tr>
<tr><th>$a>0$</th><th>$a<0$</th></tr>
<tr><td>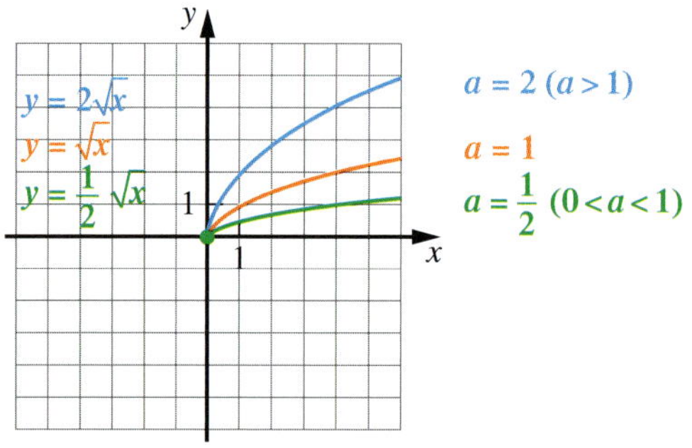
</td><td>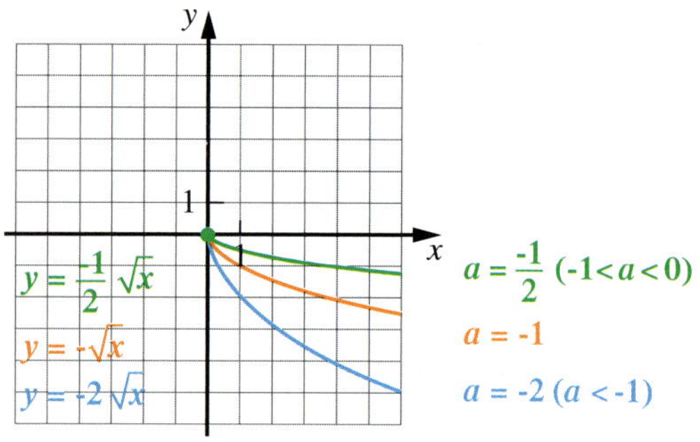
</td></tr>
<tr><td colspan="2">La valeur absolue de a est responsable de l'étirement ou de la compression du graphique. Si $a<0$, l'étirement ou la compression s'accompagne d'une réflexion par rapport à l'axe des x.</td></tr>
</table>

<table>
<tr><th colspan="2">$y=\sqrt{-x}$</th></tr>
<tr><td>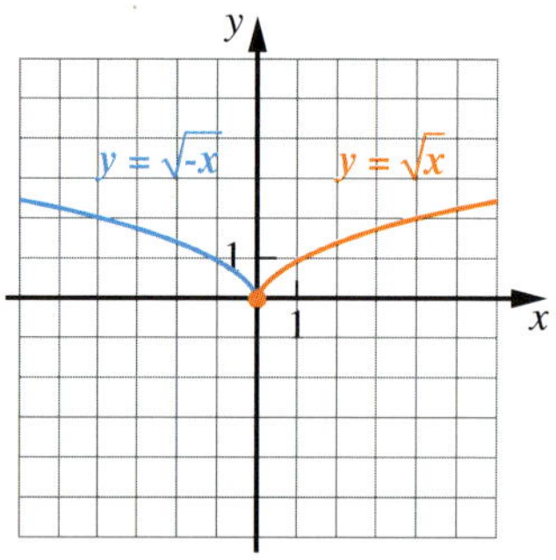
</td><td>Le signe «–» devant le x indique une réflexion par rapport à l'axe des y.</td></tr>
</table>

<table>
<tr><th>$y=\sqrt{x-h}$</th><th>$y=\sqrt{x}+k$</th></tr>
<tr><td>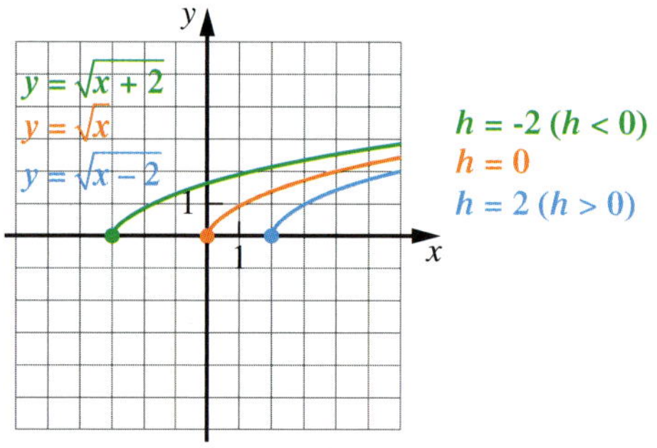
</td><td>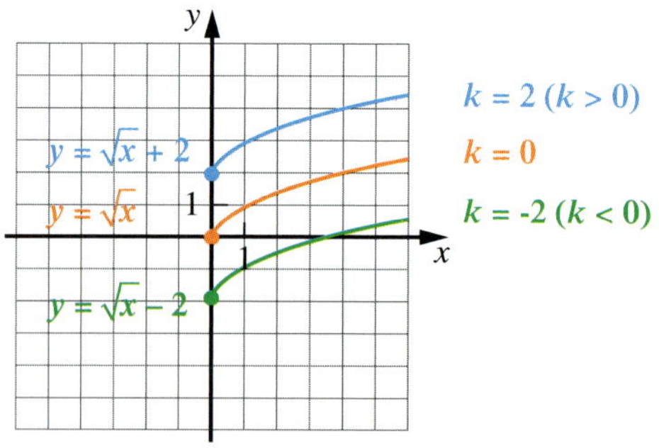
</td></tr>
<tr><td>Si $h>0$, on observe une translation horizontale de h unités vers la droite ; le déplacement est de $|h|$ unités vers la gauche si $h<0$.</td><td>Si $k>0$, on observe une translation verticale de k unités vers le haut ; le déplacement est de $|k|$ unités vers le bas si $k<0$.</td></tr>
</table>

Exemple 6.25

◆ Comparons les graphiques de $f(x) = \sqrt{x}$ et de $g(x) = 2\sqrt{-1 - x} - 4$.

$$g(x) = 2\sqrt{-1 - x} - 4$$
$$= 2\sqrt{-(x + 1)} - 4$$

$$a = 2,\ h = -1 \text{ et } k = -4$$

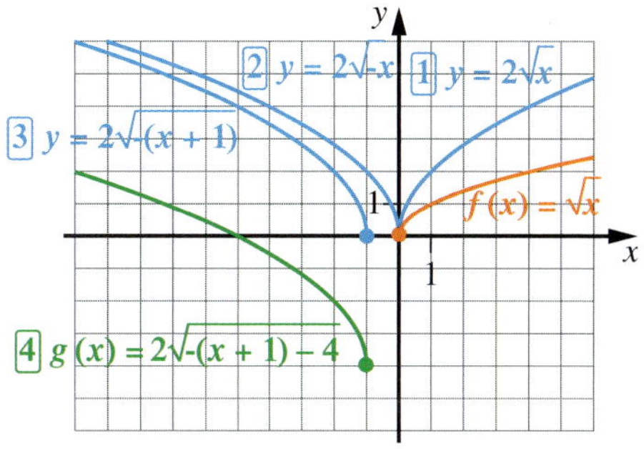

Le graphique de g est obtenu de celui de f par :

1. un étirement vertical de facteur 2 ;
2. une réflexion par rapport à l'axe des y ;
3. une translation horizontale de 1 unité vers la gauche ;
4. une translation verticale de 4 unités vers le bas.

Les deux translations ont pour effet de déplacer le sommet du graphique du point $(0, 0)$ au point $(h, k) = (-1, -4)$.

L'analyse de la fonction g permet de connaître les caractéristiques suivantes :

1. $dom(g) = \{x \in \mathbb{R} \mid -(x + 1) \geq 0\} = \{x \in \mathbb{R} \mid x \leq -1\} =]-\infty, -1]$
2. Le zéro de la fonction est la solution de l'équation $g(x) = 0$ (*voir le chapitre 3, section 3.9, pour la résolution d'équations contenant des radicaux*).

$$2\sqrt{-1 - x} - 4 = 0$$
$$2\sqrt{-1 - x} = 4$$
$$\sqrt{-1 - x} = 2$$
$$\left(\sqrt{-1 - x}\right)^2 = 2^2$$
$$-1 - x = 4$$
$$-5 = x$$

On vérifie la solution dans l'équation initiale.

Le graphique de g coupe l'axe des x au point $(-5, 0)$.

3. Puisque $0 \notin dom(g)$, il n'y a pas d'ordonnée à l'origine : le graphique ne coupe pas l'axe des y.
4. L'extrémité du graphique est le point $(-1, g(-1)) = (-1, -4)$.
5. La fonction est décroissante sur tout son domaine.
6. $min(g) = -4$, atteint lorsque $x = -1$. Il n'y a pas de maximum.
7. $ima(g) = [-4, +\infty[$

8. Étude du signe :

$g(x) > 0$ si $x < -5$

$g(x) = 0$ si $x = -5$

$g(x) < 0$ si $-5 < x \leq -1$

9. Tableau de variation

Valeurs de x	$-\infty$	-5		-1
Signe de g	+	0	−	−
Croissance de g	↘			-4 min.

On rencontre aussi d'autres fonctions contenant des racines carrées. Ces fonctions sont le résultat d'opérations élémentaires ou de la composition de deux ou plusieurs fonctions simples.

Par exemple, la fonction $f(x) = \sqrt{x^3 + 2x^2 - 5x + 8} + \frac{x^2}{3 - x}$ est le résultat d'une suite d'opérations.

La fonction $f(x) = \sqrt{x^2}$ présente un intérêt particulier.

$dom(f) = \mathbb{R}$, puisque x^2 est toujours positif ou nul.

$\sqrt{x^2}$ est la racine carrée positive de x^2.

Si $x \geq 0$, alors $\sqrt{x^2} = x$. Par exemple, si $x = 6$: $\sqrt{x^2} = \sqrt{6^2} = \sqrt{36} = 6$, d'où $\sqrt{x^2} = x$.

Si $x < 0$, alors $\sqrt{x^2} = -x$. Par exemple, si $x = -6$: $\sqrt{x^2} = \sqrt{(-6)^2} = \sqrt{36} = 6 = -(-6)$, d'où $\sqrt{x^2} = -x$.

On peut donc définir $f(x) = \sqrt{x^2}$ par une fonction définie par parties.

$$f(x) = \sqrt{x^2} = \begin{cases} -x & \text{si } x < 0 \\ x & \text{si } x \geq 0 \end{cases}$$

Cette définition est celle de la fonction valeur absolue (*voir le chapitre 5, page 222*).

D'autre part, si on inverse l'ordre des fonctions composées, on obtient $g(x) = (\sqrt{x})^2$.

$dom(g) = [0, +\infty[$

$(\sqrt{x})^2 = x$, car $x \geq 0$ et $\sqrt{x}$ est une racine carrée de x.

Ici, la valeur absolue n'est pas nécessaire.

La relation entre la racine carrée et la valeur absolue

$\sqrt{x^2} = |x|$ pour tout $x \in \mathbb{R}$

Exercices 6.9

1. Tracer le graphique de chacune des fonctions ci-dessous et en faire l'analyse complète.

a) $f(x) = -3\sqrt{x} + 4$

b) $f(x) = 3\sqrt{x+1}$

c) $f(x) = -\sqrt{-x+2} + 5$

d) $f(x) = 2\sqrt{x-1} - 4$

e) $f(x) = -2\sqrt{8-4x} - 1$

f) $f(x) = 3\sqrt{2x+1} + \frac{3}{2}$

2. Un démographe prédit que, dans x années, la population de son village natal atteindra $p(x) = 125 + 3\sqrt{x+4}$ habitants.

a) Tracer le graphique de la fonction.

b) Quelle est la population actuelle du village ?

c) Quelle sera la population du village dans cinq ans ?

d) Dans combien d'années le village comptera-t-il 137 habitants ?

3. La vitesse du son est donnée par $v(t) = 331\sqrt{1 + \frac{t}{273}}$ m/s lorsque la température de l'air est de t degrés Celsius.

a) Quelle est la vitesse du son lorsque la température de l'air est de 18 degrés ?

b) Quelle est la température de l'air si la vitesse du son est de 337 m/s ?

c) Le zéro absolu (ou 0 kelvin) est la température à laquelle, théoriquement, le son ne se propagerait plus. Quelle est, en degrés Celsius, la valeur du zéro absolu ?

4. On appelle « période d'un pendule » le temps que met celui-ci à faire une oscillation complète. La période T (en secondes) dépend de la longueur L (en mètres) de la corde du pendule et de l'accélération gravitationnelle g.

La période est donnée par $T = 2\pi\sqrt{\frac{L}{g}}$ s. Sur la Terre, la constante gravitationnelle g est égale à 9,8 m/s^2. La formule de la période est donc $T = 2\pi\sqrt{\frac{L}{9{,}8}}$.

Un pendule

a) Quelle est la période d'un pendule dont la corde mesure 1,2 m ?

b) Quelle est la longueur de la corde d'un pendule dont la période est de 3 s ?

c) Un pendule, suspendu au plafond d'un entrepôt, descend presque jusqu'au sol. Si sa période est de 8 s, quelle est la hauteur approximative de l'entrepôt ?

d) Sur la Lune, l'accélération gravitationnelle g est égale à 1,67 m/s^2. Quelle serait la période du pendule de la question précédente sur la Lune ?

5. L'aire d'un jardin carré est de x m^2.

a) Exprimer la mesure c du côté du carré en fonction de x.

b) Exprimer, en fonction de x, la longueur L de la clôture qui entoure le jardin.

c) Quelle est la longueur de la clôture qui entoure un jardin carré dont l'aire est de 144 m^2 ?

d) Quelle est l'aire d'un jardin carré entouré d'une clôture de 22,3 m de longueur ?

6. L'admission au programme collégial de techniques de denturologie est conditionnelle à la réussite d'un test de dextérité manuelle. À l'aide de pinces et d'un fil de métal flexible, on demande aux candidats de former différentes figures. Imaginons un test où on remet aux candidats un fil métallique de 28 cm de longueur. On leur demande de couper le fil en deux parties inégales et de former deux carrés tels que l'aire du plus grand a 21 cm^2 de plus que l'aire du plus petit.
   a) Exprimer la longueur L du fil métallique en fonction de l'aire x du petit carré.
   b) Trouver l'aire du petit carré.
   c) Trouver la mesure du côté de chacun des carrés.
   d) Trouver la longueur de chacune des parties du fil métallique permettant de réussir le test.

6.10 Applications et synthèse des connaissances

Résoudre des problèmes de synthèse faisant appel aux connaissances acquises dans les six premiers chapitres.

Dans cette section, nous verrons comment mettre à profit les connaissances acquises dans les chapitres précédents pour résoudre des problèmes utilisant différents modèles de fonctions.

6.10.1 Les points d'intersection de deux courbes

Nous avons vu au chapitre 5 que le point d'intersection de deux droites est le couple solution d'un système de deux équations linéaires. De façon générale, les points d'intersection de deux courbes quelconques sont les couples solutions du système constitué des équations de ces courbes.

6

Exemple 6.26

◆ Soit les fonctions $f(x) = 2x^2 - 3x + 1$ et $g(x) = -x^2 + 6x - 5$.

Les points d'intersection des deux paraboles qui représentent ces fonctions, s'il en existe, sont les solutions du système $\begin{cases} y = 2x^2 - 3x + 1 \\ y = -x^2 + 6x - 5 \end{cases}$.

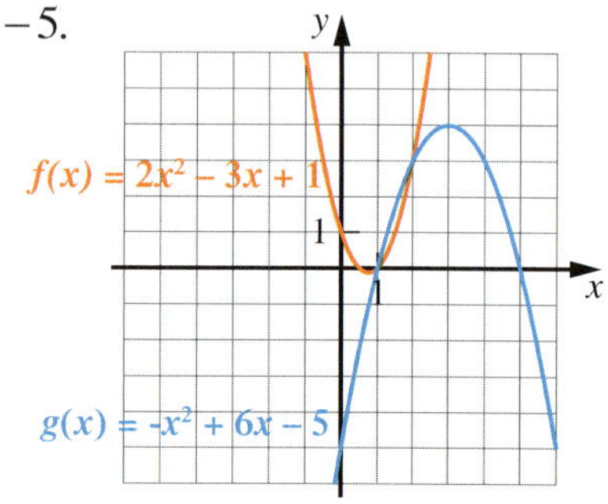

On utilise la méthode de comparaison (*voir le chapitre 5, page 219*) en posant l'égalité entre les deux valeurs de y et on résout l'équation.

$$2x^2 - 3x + 1 = -x^2 + 6x - 5 \quad \text{(comparaison)}$$
$$3x^2 - 9x + 6 = 0 \quad \text{(membre de droite ramené à 0)}$$
$$3(x-1)(x-2) = 0 \quad \text{(factorisation)}$$
$$x - 1 = 0 \quad \text{ou} \quad x - 2 = 0 \quad \text{(règle du produit nul)}$$
$$x = 1 \quad \text{ou} \quad x = 2$$

Les deux paraboles se coupent aux points $(1, f(1))$ et $(2, f(2))$ ou encore $(1, g(1))$ et $(2, g(2))$, puisque ces points appartiennent à la courbe de f et à celle de g.

On calcule les ordonnées de ces points en utilisant la règle de correspondance de l'une ou l'autre des deux fonctions.

$f(x) = 2x^2 - 3x + 1$ $\quad$ $g(x) = -x^2 + 6x - 5$

$f(1) = 2(1)^2 - 3(1) + 1 = 0$ $\quad$ $g(1) = -1^2 + 6(1) - 5 = 0$

$f(2) = 2(2)^2 - 3(2) + 1 = 3$ $\quad$ $g(2) = -2^2 + 6(2) - 5 = 3$

Les points d'intersection sont donc (1, 0) et (2, 3).

Lorsqu'on connaît l'équation d'une parabole et les points d'intersection d'une droite qui la coupe, on peut trouver l'équation de cette droite sécante.

Exemple 6.27

◆ Soit la fonction $f(x) = x^2 - 3x + 4$.

Cherchons l'équation de la sécante passant par les points $(1, f(1))$ et $(3, f(3))$.

$f(1) = 1^2 - 3(1) + 4 = 2$

$f(3) = 3^2 - 3(3) + 4 = 4$

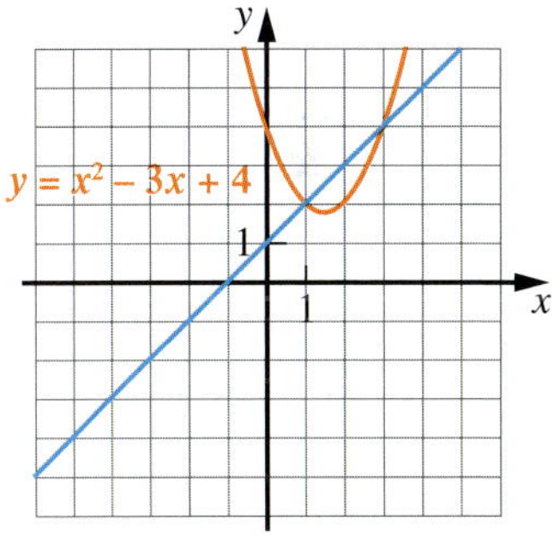

Les points (1, 2) et (3, 4) sont donc situés sur la parabole. La droite qui passe par ces deux points coupe la parabole.

On peut trouver l'équation d'une droite dont on connaît deux points (*voir le chapitre 5, page 212*).

L'équation de la droite est de la forme $y = ax + b$, où a est la pente, et b, l'ordonnée à l'origine.

La pente de la droite passant par les points (1, 2) et (3, 4) est donnée par :

$$a = \frac{y_2 - y_1}{x_2 - x_1} = \frac{4-2}{3-1} = 1$$

L'équation $y = ax + b$ devient $y = 1x + b$, soit $y = x + b$.

On trouve la valeur de b en remplaçant les variables par les coordonnées de l'un des deux points connus, le point (3, 4) par exemple. En remplaçant x par 3 et y par 4, on obtient $4 = 3 + b$, d'où $b = 1$.

L'équation de la sécante est donc $y = x + 1$.

La pente de la sécante passant par deux points $(a, f(a))$ et $(b, f(b))$ de la courbe d'une fonction f donne le **taux de variation moyen** (TVM) de cette fonction lorsque x varie de a à b.

$$TVM_{[a,b]} = \text{pente de la sécante} = \frac{f(b) - f(a)}{b - a}$$

6

Exemple 6.28

◆ Reprenons l'exemple du plongeur (*voir la page 264*).

$$p(t) = -5t^2 + 5t + 10$$

Nous savons déjà que le sommet de la parabole est le point (0,5 ; 11,25): le plongeur atteint une hauteur maximale de 11,25 m au-dessus de l'eau, 0,5 s après son élan.

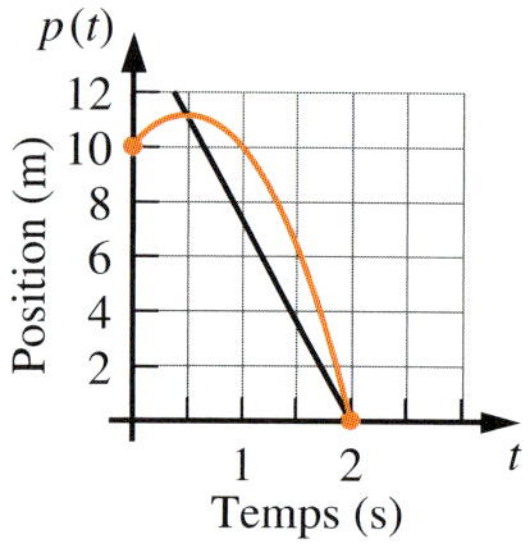

Le point (2, 0) de la parabole indique que 2 est un zéro et signifie que le plongeur entre dans l'eau 2 s après son élan. Sa vitesse moyenne pendant cet intervalle de temps est donnée par la pente de la sécante qui passe par ces deux points. C'est le taux de variation moyen de la fonction lorsque x passe de 0,5 s à 2 s.

$$TVM_{[0,5;\,2]} = \frac{p(2) - p(0,5)}{2 - 0,5} = \frac{0 - 11,25}{2 - 0,5} = -7,5 \text{ m/s}$$

Le signe « moins » indique que le plongeur **descend** à une vitesse moyenne de 7,5 m/s, c'est-à-dire que la distance séparant le plongeur et la surface de l'eau diminue sur cet intervalle.

La vitesse moyenne varie selon les points choisis.

On peut calculer la vitesse moyenne aux tout derniers instants de la descente, soit lorsque t varie de 1,95 à 2 par exemple. C'est la pente de la sécante qui coupe la parabole aux points (1,95 ; p(1,95)) et (2 ; p(2)).

$$TVM_{[1,95;\,2]} = \frac{p(2) - p(1,95)}{2 - 1,95} = \frac{0 - 0,7375}{0,05} = -14,75 \text{ m/s}$$

6

POURQUOI LES GRECS SE SONT-ILS INTÉRESSÉS À LA PARABOLE ?

Temple de Délos

Une légende veut qu'un oracle ait dit que les Athéniens ne pourraient se libérer de l'emprise d'une épidémie que lorsqu'ils auraient construit un autel dont le volume serait le double de l'autel cubique qui se trouvait au temple de la ville de Délos. Toutefois, comme il s'agissait du désir d'un dieu, cela impliquait d'établir les dimensions de ce nouvel autel uniquement à l'aide de la règle et du compas. Les géomètres ont travaillé d'arrache-pied sans parvenir à trouver comment faire, mais cet effort n'a pas été vain. En effet, ils se sont aperçus qu'ils pouvaient déterminer la mesure du côté du nouvel autel en trouvant le point d'intersection de deux paraboles. À partir de ce moment, la parabole est devenue un objet d'étude intense. On sait aujourd'hui qu'il est impossible de résoudre ce problème de la duplication du cube en se limitant à l'usage de la règle et du compas.

6.10.2 Les fonctions définies par parties

Certaines fonctions définies par parties sont telles que les différentes portions du graphique représentent plusieurs modèles de fonctions.

Exemple 6.29

◆ Le graphique ci-contre est composé d'un segment de droite et d'une portion de parabole. Il représente une fonction définie par parties.

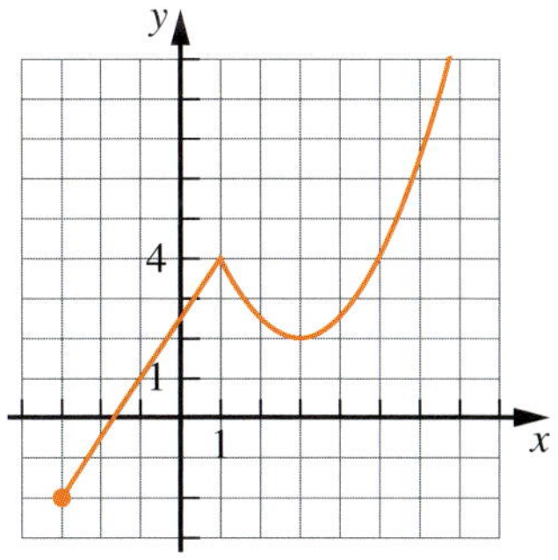

La première portion du graphique est le segment de droite dont les extrémités sont les points (-3, -2) et (1, 4). Ainsi, pour $-3 \leq x \leq 1$, la règle de correspondance de la fonction est donnée par une équation de droite de la forme $y = ax + b$. On peut trouver cette équation puisqu'on connaît deux points de la droite.

On calcule d'abord la pente.

$$a = \frac{4-(-2)}{1-(-3)} = \frac{6}{4} = \frac{3}{2}$$

L'équation de la droite devient $y = \frac{3}{2}x + b$.

On remplace x par l'abscisse d'un des deux points et y par son ordonnée, et on résout l'équation pour trouver b. Prenons le point (1, 4).

$$\begin{aligned} y &= \frac{3}{2}x + b \\ 4 &= \frac{3}{2}(1) + b \\ 4 - \frac{3}{2} &= b \\ \frac{5}{2} &= b \end{aligned}$$

On a donc $y = f(x) = \frac{3}{2}x + \frac{5}{2}$ si $-3 \leq x \leq 1$.

La deuxième partie du graphique est une portion de parabole dont on connaît le sommet, (3, 2), et qui passe par le point (1, 4).

Pour $x \geq 1$, on peut exprimer la règle de correspondance sous la forme $f(x) = a(x-h)^2 + k$, où $h = 3$ et $k = 2$.

$$f(x) = a(x-3)^2 + 2$$

On sait que $f(1) = 4$, puisque la parabole passe par le point (1, 4).

$$\begin{aligned} f(1) &= 4 \\ a(1-3)^2 + 2 &= 4 \\ 4a + 2 &= 4 \\ 4a &= 2 \\ a &= \frac{1}{2} \end{aligned}$$

On a donc $f(x) = \frac{1}{2}(x-3)^2 + 2$ si $x \geq 1$.

Puisque le point (1, 4) appartient aux deux courbes, on obtient $f(1)=4$ en utilisant l'équation de la droite ou celle de la parabole. Pour définir la fonction, on peut choisir d'inclure $x=1$ dans l'une ou l'autre des parties de la définition.

$$f(x)=\begin{cases} \frac{3}{2}x+\frac{5}{2} & \text{si } -3 \le x \le 1 \\ \frac{1}{2}(x-3)^2+2 & \text{si } x>1 \end{cases}$$

$dom(f)=[-3,+\infty[$

6.10.3 Le domaine de fonctions composées

Cette section est consacrée à la recherche du domaine de fonctions mixtes, obtenues soit par des opérations algébriques, soit par la composition de fonctions plus simples.

Les exemples et les exercices qui suivent font appel aux connaissances acquises depuis le début du cours. Il faudra donc choisir et utiliser les méthodes appropriées, selon les modèles des fonctions de base qui composent la fonction dont on cherche le domaine.

Exemple 6.30

◆ Cherchons le domaine de la fonction $f(x)=\sqrt{x^2-16}$.

L'expression sous le radical doit être positive ou nulle.

Il faut résoudre l'inéquation $x^2-16\ge 0$.

On définit une fonction $g(x)=x^2-16$ et on cherche ses zéros.

$x^2-16=(x+4)(x-4)$. Les zéros sont donc -4 et 4.

La parabole représentant la fonction g est ouverte vers le haut et coupe l'axe des x aux points (-4, 0) et (4, 0).

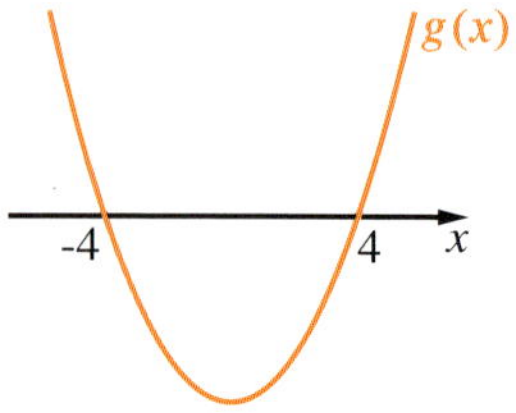

En observant le graphique, on déduit que $x^2-16\ge 0$ si $x\le -4$ ou $x\ge 4$.

Ainsi, $dom(f)=]-\infty, -4]\cup[4, +\infty[$.

◆ Soit $k(x)=\dfrac{1}{\sqrt{x^2-16}}$.

$k(x)=\dfrac{1}{f(x)}$, où f est la fonction de l'exemple précédent.

Pour trouver le domaine de k, il faut ajouter la condition $\sqrt{x^2-16}\ne 0$, puisque le dénominateur ne peut pas être nul.

On doit donc exclure les zéros du dénominateur, soit $x=-4$ et $x=4$.

Ainsi, $dom(k)=]-\infty, -4[\cup]4,+\infty[$.

◆ Soit la fonction $f(x)=\dfrac{9-x^2}{5x^2-13x-28}$.

Le domaine de cette fonction est l'ensemble des valeurs de x pour lesquelles le dénominateur $5x^2-13x-28$ est différent de 0.

On cherche d'abord les zéros de ce polynôme.

$$5x^2 - 13x - 28 = 0$$

$$(5x + 7)(x - 4) = 0$$

$$5x + 7 = 0 \quad \text{ou} \quad x - 4 = 0$$

$$x = \frac{-7}{5} \quad \text{ou} \quad x = 4$$

Ce sont les valeurs à exclure pour définir le domaine.

Le domaine de la fonction $f(x) = \dfrac{9 - x^2}{5x^2 - 13x - 28}$ est donc $\mathbb{R} \setminus \left\{\dfrac{-7}{5}, 4\right\}$.

◆ Soit $g(x) = \sqrt{\dfrac{9 - x^2}{5x^2 - 13x - 28}}$.

On constate que $g(x) = \sqrt{f(x)}$, où $f(x)$ est la fonction de l'exemple précédent et $dom(f) = \mathbb{R} \setminus \left\{\dfrac{-7}{5}, 4\right\}$.

En factorisant le numérateur et le dénominateur de la fraction, on obtient :

$$g(x) = \sqrt{\frac{(3 + x)(3 - x)}{(5x + 7)(x - 4)}}$$

Pour que $g(x)$ soit défini, il faut ajouter la condition $\dfrac{(3 + x)(3 - x)}{(5x + 7)(x - 4)} \geq 0$, puisque l'expression sous le radical doit être positive ou nulle.

On peut résoudre cette inéquation à l'aide d'un tableau de signes.

Les zéros du numérateur de la fraction sont -3 et 3.

Valeurs de x	$-\infty$	-3		$\frac{-7}{5}$		3		4	$+\infty$
$3 + x$	−	0	+	+	+	+	+	+	+
$3 - x$	+	+	+	+	+	0	−	−	−
$5x + 7$	−	−	−	0	+	+	+	+	+
$x - 4$	−	−	−	−	−	−	−	0	+
$\dfrac{(3+x)(3-x)}{(5x+7)(x-4)}$	−	0	+	∄	−	0	+	∄	−

Ainsi, $dom(f) = \left[-3, \dfrac{-7}{5}\right[\cup [3, 4[$.

◆ Soit $f(x) = \sqrt{|x^2 + 10x - 25|}$.

Il n'y a aucune restriction au domaine de *f*, puisqu'un polynôme est toujours défini et qu'une valeur absolue est toujours positive ou nulle.

Ainsi, $dom(f) = \mathbb{R}$.

Exercices 6.10

1. Trouver les points d'intersection de la droite et de la parabole représentant chacun des systèmes d'équations ci-dessous. Illustrer la solution à l'aide d'un graphique.

a) $\begin{cases} y = 5x + 1 \\ y = 3x^2 - x + 1 \end{cases}$

b) $\begin{cases} y = x - 1 \\ y = -x^2 + 5x - 4 \end{cases}$

c) $\begin{cases} y = 3x + 2 \\ y = 4x^2 - 3x - 2 \end{cases}$

d) $\begin{cases} y = -2x + 99 \\ y = 16 - x^2 \end{cases}$

e) $\begin{cases} y = 10 \\ y = x^2 + 3x - 7 \end{cases}$

f) $\begin{cases} y = \frac{1}{8}x + 2 \\ y = -5x^2 + 2x + 1 \end{cases}$

2. Trouver l'équation de la sécante qui coupe la parabole aux points indiqués. Illustrer la solution à l'aide d'un graphique.

a) $f(x) = 3x^2 - x + 8$ aux points $(1, f(1))$ et $(4, f(4))$

b) $f(x) = -2x^2 - 5x + 1$ aux points $(-2, f(-2))$ et $(3, f(3))$

c) $f(x) = x^2 + 6x + 10$ aux points $(1, f(1))$ et $\left(\frac{1}{2}, f\left(\frac{1}{2}\right)\right)$

3. Trouver, s'il en existe, les points d'intersection des deux paraboles représentant chacun des systèmes d'équations ci-dessous. Illustrer la solution à l'aide d'un graphique.

a) $\begin{cases} y = x^2 - 9 \\ y = -2x^2 + 18 \end{cases}$

b) $\begin{cases} y = 3x^2 \\ y = x^2 - 2x - 1 \end{cases}$

c) $\begin{cases} y = -x^2 + 2x - 4 \\ y = 3x^2 - 6x \end{cases}$

d) $\begin{cases} y = x^2 + 4x + 1 \\ y = 2x^2 + 4x - 1 \end{cases}$

4. Pour illustrer une capsule historique dans un manuel de mathématique, l'auteur a prévu placer la photo d'un mathématicien célèbre dans un médaillon circulaire de 3 cm de rayon. L'éditeur décide d'agrandir le médaillon.

a) La circonférence d'un cercle de rayon r est donnée par $C(r) = 2\pi r$. Calculer le taux de variation moyen de la circonférence du médaillon lorsque le rayon passe de 3 cm à 7 cm. Interpréter la réponse en tenant compte du contexte.

b) L'aire d'un cercle de rayon r est donnée par $A(r) = \pi r^2$. Calculer le taux de variation moyen de l'aire du médaillon lorsque le rayon passe de 3 cm à 7 cm. Interpréter la réponse en tenant compte du contexte.

c) Calculer le taux de variation moyen de l'aire du médaillon si on l'agrandit encore en faisant passer le rayon de 7 cm à 10 cm. Interpréter la réponse en tenant compte du contexte et expliquer pourquoi le taux de variation moyen est supérieur à celui trouvé en b).

5. Une usine de conditionnement utilise des boîtes cylindriques de 3 cm de rayon et de 9 cm de hauteur pour la conservation des petits pois. Le volume d'un cylindre de rayon r et de hauteur h est donné par $V = \pi r^2 h$.

a) Calculer le volume d'une boîte de petits pois.

b) Le directeur de l'usine pense modifier la dimension des boîtes. Calculer le taux de variation moyen du volume si on augmente le rayon de 3 cm à 4 cm sans modifier la hauteur. Interpréter la réponse en tenant compte du contexte.

c) Calculer le taux de variation moyen du volume si on augmente la hauteur de 9 cm à 10 cm en conservant un rayon de 3 cm. Interpréter la réponse en tenant compte du contexte.

6. Trouver le domaine de chacune des fonctions suivantes.

a) $f(x)=\dfrac{3x-7}{x^2+15x+56}$

b) $f(x)=\sqrt{x^2-100}$

c) $f(x)=\dfrac{1}{\sqrt{x^2-100}}$

d) $f(x)=\dfrac{x^3-45x}{3x^3-108x}+1$

e) $f(x)=\dfrac{\sqrt{3-x}}{x^2+x-20}$

f) $f(x)=\left(\dfrac{7-2x}{5x^6-80x^2}\right)\left(\dfrac{x}{3x-6}\right)$

g) $f(x)=\sqrt{x-2}+\dfrac{1}{x-2}$

h) $f(x)=\sqrt{|36-x^2|}$

i) $f(x)=\left|\sqrt{36-x^2}\right|$

j) $f(x)=\dfrac{3x^2-12x+40}{5x^2+7x-13}$

k) $f(x)=\dfrac{\sqrt{x-2}}{\sqrt{5x^2-20}}$

l) $f(x)=\sqrt{2}x^2+\sqrt{3}x-\sqrt{5}$

m) $f(x)=\sqrt{(x+9)^2}$

n) $f(x)=\dfrac{1}{2x}+\dfrac{1}{\sqrt{x}}-4$

o) $f(x)=\sqrt{14x^2-19x-3}$

p) $f(x)=\sqrt{\dfrac{x^2+8x+7}{-1-x^2}}$

q) $f(x)=\dfrac{\sqrt{100x^2-140x+49}}{\sqrt{12+x-x^2}}$

r) $f(x)=\dfrac{1}{|2x+5|-13}$

Exercices récapitulatifs

1. Faire l'analyse complète de chacune des fonctions suivantes.

a) $f(x) = x^2 + 3x - 10$ c) $f(x) = 5x^2 - 45$

b) $f(x) = 3x^2 + x + 1$ d) $f(x) = -x^2 - 5x + 6$

2. Quelle est la règle de correspondance de la fonction quadratique dont les zéros sont -4 et 12, et dont le graphique coupe l'axe des y au point (0, 96) ?

3. Quelle est la règle de correspondance de la fonction représentée par une parabole dont le sommet est le point (-5, 11) et qui passe par le point (1, 20) ?

4. Au cours d'une partie de hockey, un joueur a déjoué son adversaire en soulevant la rondelle avec son bâton. Entre le moment du lancer et le moment où la rondelle retombe sur la glace, on peut décrire sa hauteur à chaque instant par une fonction quadratique. On sait que la rondelle a atteint une hauteur maximale de 20 cm après une seconde.

a) Trouver la règle de correspondance qui définit cette fonction.

b) Dans ce contexte, quel est le domaine de la fonction ?

c) Quelle est la hauteur de la rondelle 1,2 seconde après le lancer ?

d) Combien de temps après le lancer la rondelle atteint-elle, pour la première fois, une hauteur de 15 cm ?

e) Pendant combien de temps la rondelle garde-t-elle une trajectoire descendante ?

5. Trouver l'ensemble solution de chacune des inéquations suivantes.

a) $x^2 + x + 12 > 0$ d) $x^2 \geq 100$

b) $6x^2 - x \leq 15$ e) $2x^2 - 5x + 3 > x^2 - 6x + 2$

c) $-x^2 - 8x - 16 < 0$ f) $50x \leq 5x^2$

6. Trouver toutes les paires d'entiers consécutifs tels que le carré de leur somme dépasse de 144 la somme de leurs carrés.

7. Exprimer chacune des fonctions ci-dessous sous la forme canonique et tracer le graphique en effectuant les transformations requises à partir de la fonction $g(x) = x^2$.

a) $f(x) = x^2 + 8x + 11$ c) $f(x) = 9x^2 - 12x + 4$

b) $f(x) = -x^2 + 2x - 5$ d) $f(x) = -3x^2 - 4$

8. Trouver les points d'intersection des deux courbes représentant chacun des systèmes d'équations ci-dessous. Illustrer la solution à l'aide d'un graphique.

a) $\begin{cases} y = 5x + 1 \\ y = -4x + 10 \end{cases}$ d) $\begin{cases} y = \dfrac{2x}{5} + 4 \\ y = -2x^2 + 20x - 50 \end{cases}$

b) $\begin{cases} y = x - 1 \\ y = x^2 + 5x + 2 \end{cases}$ e) $\begin{cases} y = 2x^2 + 4x - 1 \\ y = 3x^2 + 6x \end{cases}$

c) $\begin{cases} y = -4 - x \\ y = 3x^2 + 11x - 4 \end{cases}$ f) $\begin{cases} y = x^2 + 3x - 4 \\ y = -2x^2 - 6x + 8 \end{cases}$

9. Trouver l'équation de la droite qui passe par le sommet de la parabole représentant la fonction $f(x) = 3x^2 - 12x + 8$ et par le point d'intersection de la parabole avec l'axe des y.

10. Trouver la règle de correspondance de la fonction représentée par chacun des graphiques suivants.

a)

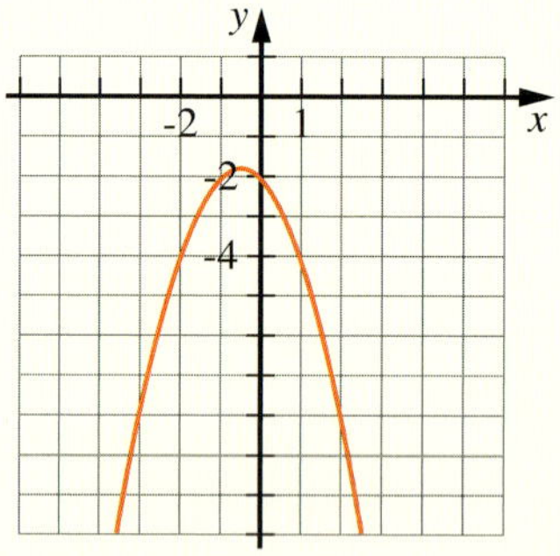

b)

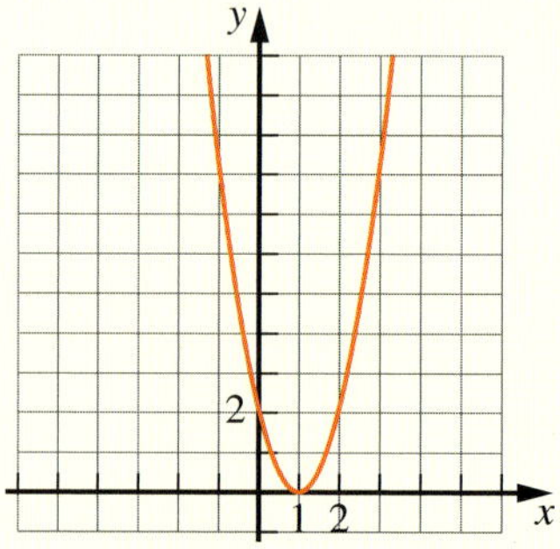

c)

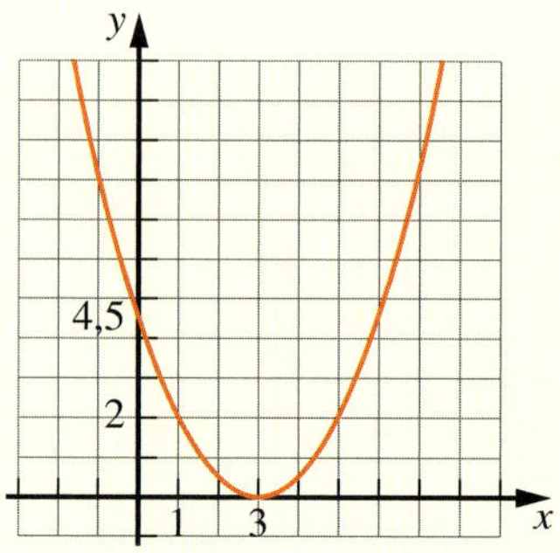

d)

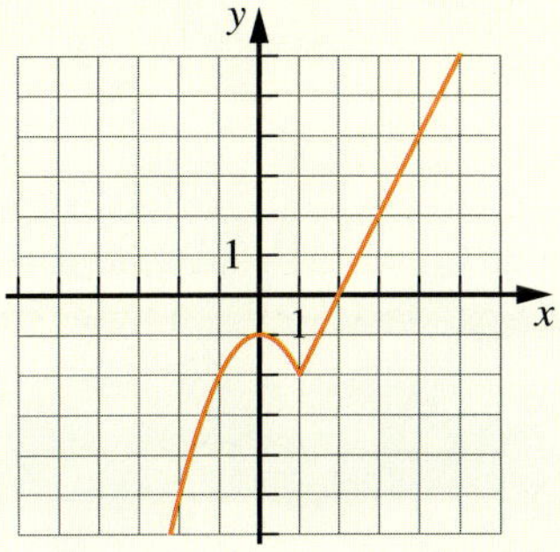

e)

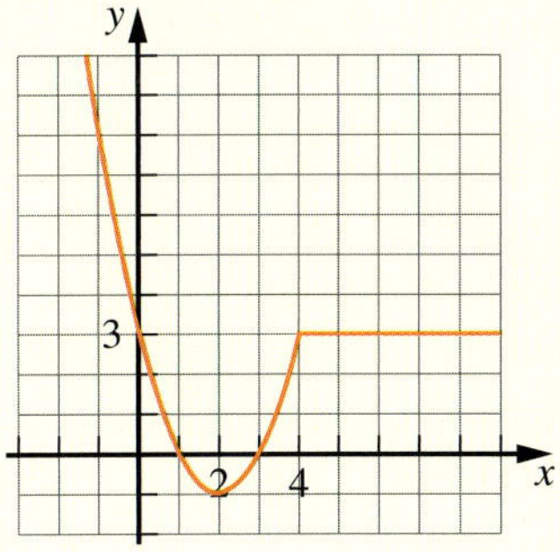

f)

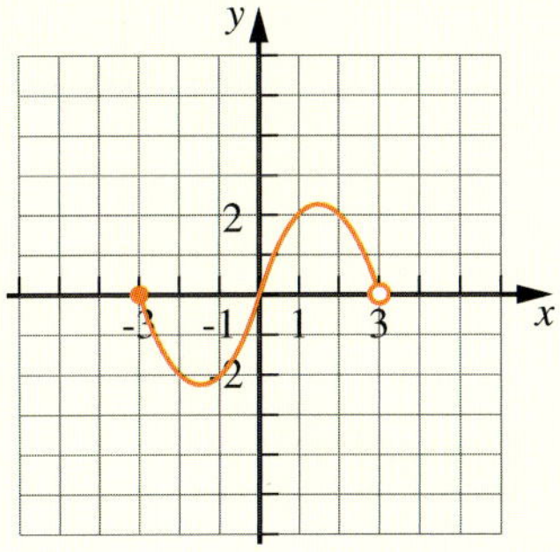

11. Tracer, dans un même plan cartésien, les graphiques de $f(x)=\sqrt{x}$ et $g(x)=2\sqrt{9x+18}-5$. Faire l'analyse complète de la fonction g.

12. Trouver le domaine de chacune des fonctions suivantes.

a) $f(x)=\dfrac{5x-2}{x^2+17x+72}$

b) $f(x)=\sqrt{x^2-81}$

c) $f(x)=\dfrac{1}{\sqrt{x^2-81}}$

d) $f(x)=\left(\sqrt{x-3}\right)^2$

e) $f(x)=\dfrac{|x^2-1|+3}{|x^2-3|-1}$

f) $f(x)=\dfrac{x^3-12x}{4x^3-100x}-\sqrt{x+5}$

g) $f(x)=\dfrac{\sqrt{x^2-100}}{\sqrt{x+5}}$

h) $f(x)=\dfrac{\sqrt{5-x}}{x^2+2x-24}$

Un peu d'histoire

13. Pourquoi appelle-t-on « coniques » certaines formes comme la parabole, l'ellipse ou l'hyperbole ?

14. À quel mathématicien de l'Antiquité doit-on les premières études approfondies de la parabole ?

15. Afin de construire le second autel du temple de Délos (*voir la capsule historique, page 276*), les géomètres athéniens devaient trouver la mesure de l'arête d'un cube dont le volume serait le double de celui d'un autre cube, le temple original.

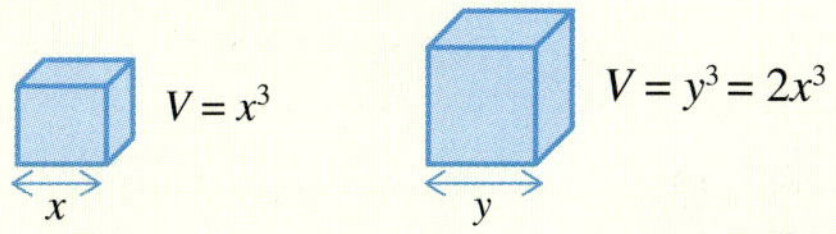

Avec les instruments de l'époque, ils devaient trouver comment mesurer une longueur de y unités, où $y^3=2x^3$, c'est-à-dire $y=\sqrt[3]{2x^3}=\sqrt[3]{2}x$. N'arrivant pas à construire un segment de longueur $\sqrt[3]{2}$ avec la règle et le compas, ils ont utilisé les deux paraboles représentant les relations $y=x^2$ et $y^2=2x$.

En effet, si $y=x^2$ et $y^2=2x$, on obtient $y(y^2)=x^2(2x)$, soit $y^3=2x^3$, la relation cherchée. Les coordonnées des points d'intersection des deux paraboles sont donc des solutions de cette dernière équation.

a) Tracer dans un même plan une esquisse des courbes représentant les relations $y=x^2$ et $y^2=2x$.

b) Dans ce contexte, il faut poser les conditions $x>0$ et $y>0$. Avec ces contraintes, tracer un graphique plus précis, en utilisant 10 carreaux d'une feuille quadrillée pour représenter l'unité.

c) Les deux courbes représentent alors des fonctions. Exprimer ces deux fonctions sous la forme $y=f(x)$ et $y=g(x)$. De quels types de fonctions s'agit-il ?

d) Trouver le(s) point(s) d'intersection des deux courbes en résolvant le système d'équations approprié.

e) Sur le graphique, tracer à un endroit approprié un segment de droite horizontal qui mesure les unités. En utilisant l'échelle de mesure du graphique (10 carreaux = 1), donner la valeur approximative de $\sqrt[3]{2}$ et la comparer à la valeur obtenue à l'aide de la calculatrice.

7 Les fonctions rationnelles

Objectif général

Résoudre des problèmes représentés par des fonctions rationnelles.

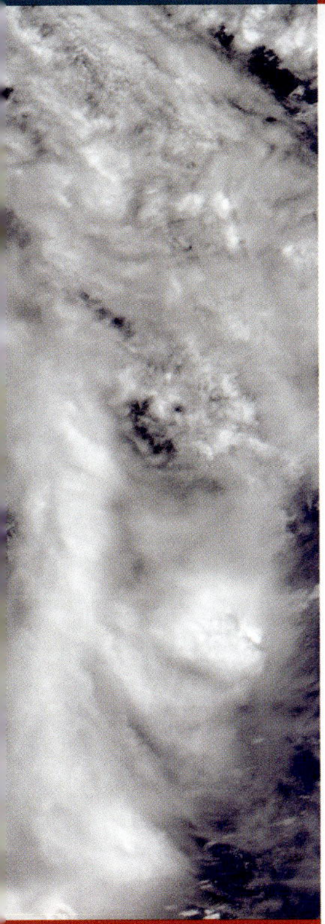

Une fraction numérique exprime un rapport entre deux nombres, deux quantités. Dès l'école primaire, les élèves apprennent que $\frac{1}{8}$ représente une part d'une tarte coupée en huit parties égales et que si trois enfants ont mangé leur part, il manque $\frac{3}{8}$ de la tarte.

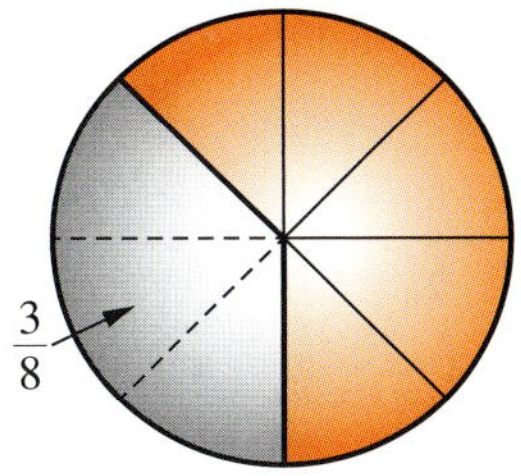

Une fraction algébrique exprime un rapport entre des quantités variables. Sa valeur est donc elle-même variable.

Par exemple, la fraction $\frac{x-50}{x}$ permet de calculer la proportion libre de la superficie d'un terrain sur lequel on a installé une piscine de 50 m^2 de surface, quelle que soit la superficie du terrain ($x \geq 50$ m^2).

Les fonctions rationnelles expriment la relation entre deux variables x et y, cette relation pouvant être définie par une règle de la forme $y = \frac{P(x)}{Q(x)}$, où le numérateur et le dénominateur de la fraction sont des polynômes.

Taux de natalité ou d'inflation, ratio de rentabilité ou d'endettement, part de marché, proportion de la superficie de la Terre occupée par les océans, probabilité de gagner à la loterie, pourcentage de votes pour un parti politique, voilà autant d'exemples de l'utilisation des fractions dans la vie courante.

L'étude des caractéristiques des fonctions rationnelles, et surtout leur interprétation dans des situations concrètes, permet de décrire le comportement de nombreuses variables.

Dans ce chapitre, nous étudierons les caractéristiques de quelques modèles de fonctions rationnelles en nous attardant particulièrement aux fonctions définies par un quotient de polynômes de degré inférieur à deux.

Exercices préliminaires

Avant d'entreprendre l'étude de ce chapitre, vous devriez connaître et maîtriser les notions suivantes. Si vous ne pouvez répondre à une question donnée, reportez-vous aux chapitres précédents.

Les expressions algébriques (*voir le chapitre 2*)

1. Factoriser, si possible, chacun des polynômes suivants et donner ses zéros s'il y a lieu.

a) $2x^3+50x^2$ b) $x^2-12x+11$ c) x^2+3x+4 d) $-4x^2+13x-3$

2. Effectuer chacune des opérations suivantes et simplifier, si possible.

a) $\dfrac{1}{2x}-\dfrac{x}{x+1}+\dfrac{3}{x^2-1}$ b) $(6x^2-2x+1)\div(3x+4)$ c) $\dfrac{3x-6}{(x^2+4)}\times\dfrac{(x+2)^2}{5x^2-20}$ d) $\dfrac{3}{\dfrac{2x}{x-4}}$

Les équations et les inéquations (*voir le chapitre 3*)

3. Résoudre chacune des équations suivantes.

a) $6x^2=5+7x$ c) $\dfrac{3}{x+1}-\dfrac{1}{5x+10}=\dfrac{4-x}{x^2+3x+2}$

b) $3x^2+7=x$ d) $\sqrt{2x+1}=7-x$

4. Trouver l'ensemble solution de chacune des inéquations suivantes.

a) $6x-1>9x-4$ b) $x^2>36$ c) $\dfrac{1}{x}>\dfrac{3}{2x}-4$ d) $\dfrac{x+3}{5x^2-x}\leq 0$

Les fonctions (*voir les chapitres 4, 5 et 6*)

5. Trouver le domaine et les zéros de chacune des fonctions suivantes.

a) $f(x)=\dfrac{x^2+7x+12}{x^2+6x+9}$ b) $f(x)=\sqrt{x^2-4}$ c) $f(x)=x^3+x^2+x$ d) $f(x)=\dfrac{x-1}{\sqrt{x-2}}$

6. Faire l'analyse complète de la fonction $f(x)=-(x+1)^2+3$.

7. Si $f(x)=\dfrac{5x+1}{2x-1}$ et $g(x)=x^2+3$, donner la règle de correspondance de chacune des fonctions suivantes.

a) $f\circ g$ b) $g\circ f$ c) f^{-1} d) $f\circ f^{-1}$

8. Soit la droite D_1 de pente 3 et d'ordonnée à l'origine -2, et la droite D_2, perpendiculaire à D_1 et passant par le point (6, 1). Donner l'équation de ces deux droites et trouver leur point d'intersection.

9. Donner, sous la forme canonique, la règle de correspondance de la fonction quadratique *f* représentée par une parabole de sommet (-3, 1) qui passe par le point (-4, -1). Tracer dans un même plan cartésien le graphique de *f* et celui de $g(x)=x^2$ et décrire les transformations permettant de passer de *g* à *f*.

7.1 Le cas général des fonctions rationnelles

Reconnaître une fonction rationnelle et en trouver le domaine et les zéros.

Nous étudierons dans ce chapitre les fonctions dont la règle de correspondance contient des fractions rationnelles. Nous ferons donc appel aux propriétés des fractions vues au chapitre 2.

Une **fonction rationnelle** est une fonction dont la règle de correspondance est un quotient de polynômes.

$$f(x)=\frac{P(x)}{Q(x)}, \text{ où } P(x) \text{ et } Q(x) \text{ sont des polynômes et } Q(x)\neq 0$$

On appelle aussi «fonction rationnelle» toute fonction dont la règle de correspondance est équivalente à cette forme.

Exemple 7.1

- $f(x)=\dfrac{x^2+3x-5}{x^3}$ est une fonction rationnelle, où $P(x)=x^2+3x-5$ et $Q(x)=x^3$.
- $f(x)=\dfrac{1}{7x+1}$ est une fonction rationnelle dont le numérateur est un polynôme de degré 0 (une constante).
- $f(x)=\dfrac{3}{x-2}+4$ est une fonction rationnelle, car on obtient la forme $f(x)=\dfrac{4x-5}{x-2}$ en effectuant l'addition.
- $f(x)=\dfrac{x^4-9}{3}$ est une fonction rationnelle, car son dénominateur est un polynôme de degré 0. C'est aussi une fonction polynomiale.
- $f(x)=\dfrac{\sqrt{x^2-5x+6}}{3x^2}$ n'est pas une fonction rationnelle, car le numérateur de la fraction n'est pas un polynôme.

FONCTIONS RATIONNELLES ET MARCHANDS, DRÔLE D'ASSOCIATION, N'EST-CE PAS ?

Fibonacci

Notre façon d'écrire les nombres nous vient de l'Inde (Ve et VIe siècles), en passant par le monde arabo-musulman (du VIIe au XIIIe siècle). Parmi les Européens du Moyen Âge, les marchands italiens sont les premiers à percevoir les avantages de la numération indo-arabe et de l'algèbre au fil de leurs relations avec les marchands arabo-musulmans de la Méditerranée. Le plus célèbre de ces marchands est Fibonacci (v. 1170 – v. 1240). Les besoins en ce qui a trait à la formation mathématique des grandes familles de marchands se faisant plus pressants, on assiste à la création d'écoles spécialisées. Les maîtres de ces écoles, qu'on appelait «abaquistes», écrivent alors de nombreux traités. C'est dans ces traités que l'on trouve, pour la première fois en Europe, des précisions sur la manipulation des fractions rationnelles. Au XVIIe siècle, lorsque la géométrie analytique se développe, on s'intéresse aux courbes représentées par ces fractions; la notion de fonction rationnelle prend ainsi forme peu à peu.

Le domaine d'une fonction rationnelle est l'ensemble des nombres réels qui n'annulent pas le dénominateur de la fraction. On doit donc exclure les zéros du dénominateur.

Le domaine d'une fonction rationnelle

Si $f(x)=\dfrac{P(x)}{Q(x)}$ est une fonction rationnelle :

$$dom(f)=\{x\in\mathbb{R}\,|\,Q(x)\neq 0\}=\mathbb{R}\setminus\{x\in\mathbb{R}\,|\,x\text{ est un zéro de }Q\}$$

Si $f(x)=\dfrac{P(x)}{Q(x)}$, on peut trouver ses zéros en résolvant l'équation $f(x)=0$.

Les zéros d'une fonction rationnelle

Les zéros d'une fonction rationnelle $f(x)=\dfrac{P(x)}{Q(x)}$ sont les zéros de son numérateur.

$$\frac{P(x)}{Q(x)}=0\Leftrightarrow P(x)=0\text{ et }Q(x)\neq 0$$

Exemple 7.2

- Soit $f(x)=\dfrac{4x+13}{x-20}$.

  $dom(f)=\mathbb{R}\setminus\{20\}$, car 20 est le seul zéro du dénominateur.

  Pour trouver le zéro de la fonction, il suffit de chercher le zéro du polynôme $4x+13$.

  $$4x+13=0\Leftrightarrow x=\frac{-13}{4}$$

  C'est le seul zéro de la fonction $f(x)=\dfrac{4x+13}{x-20}$.

- Soit $f(x)=\dfrac{x^2+3x+4}{x^2+8x-9}$.

  Pour trouver le domaine de *f*, on cherche d'abord les zéros du dénominateur, c'est-à-dire les valeurs de x pour lesquelles $x^2+8x-9=0$. On peut résoudre cette équation par factorisation ou en utilisant la formule quadratique.

  $$\begin{aligned}x^2+8x-9&=0\\(x+9)(x-1)&=0\\x+9=0\quad&\text{ou}\quad x-1=0\\x=-9\quad&\text{ou}\quad x=1\end{aligned}$$

  ou

  $$\begin{aligned}x&=\frac{-b\pm\sqrt{b^2-4ac}}{2a}\\&=\frac{-8\pm\sqrt{8^2-4(1)(-9)}}{2(1)}=\frac{-8\pm\sqrt{100}}{2}\\x&=-9\text{ ou }x=1\end{aligned}$$

  Ce sont les valeurs qu'il faut exclure. Ainsi, $dom(f)=\mathbb{R}\setminus\{-9, 1\}$.

  Les zéros de *f*, s'il en existe, sont ceux du polynôme x^2+3x+4.

  $$b^2-4ac=3^2-4(1)(4)=-7$$

Puisque $b^2 - 4ac < 0$, ce polynôme ne possède aucun zéro. C'est donc aussi le cas de la fonction *f*.

◆ Soit $f(x) = \dfrac{x^2 - 16}{x^2 + 5}$.

Le dénominateur $x^2 + 5$ ne possède aucun zéro, car $b^2 - 4ac = 0^2 - 4(1)(5) = -20$ est négatif. Ainsi, $dom(f) = \mathbb{R}$.

Les zéros de *f*, s'il en existe, sont ceux du polynôme $x^2 - 16$.

$$x^2 - 16 = 0$$

$$(x+4)(x-4) = 0 \quad \text{(factorisation d'une différence de carrés)}$$

$$x + 4 = 0 \quad \text{ou} \quad x - 4 = 0 \quad \text{(règle du produit nul)}$$

$$x = -4 \quad \text{ou} \quad x = 4$$

La fonction possède donc deux zéros, -4 et 4.

Exercices 7.1

1. Indiquer les fonctions rationnelles parmi les fonctions ci-dessous.

a) $f(x) = \dfrac{-5}{x}$

b) $f(x) = \dfrac{-x}{5}$

c) $f(x) = \dfrac{2x-3}{x} + 4$

d) $f(x) = \dfrac{x^2 - x + 11}{12x}$

e) $f(x) = \dfrac{\sqrt{-x+1}}{3-x}$

f) $f(x) = \dfrac{x^2+1}{x^2-4} - \dfrac{3}{x^3}$

2. Trouver le domaine et les zéros de chacune des fonctions suivantes.

a) $f(x) = \dfrac{x-5}{2x+7}$

b) $f(x) = \dfrac{-5x+8}{x^2-49}$

c) $f(x) = \dfrac{x^2+3x-18}{6x^2+11}$

d) $f(x) = \dfrac{-54}{5x^3 - 15x}$

e) $f(x) = \dfrac{2}{x+4} - 3$

f) $f(x) = x + \dfrac{6}{x-5}$

g) $f(x) = 1 + \dfrac{2}{x} - \dfrac{3}{x+4}$

h) $f(x) = \dfrac{2x(x-3)(x+5)}{3x^2(1-3x)^2}$

i) $f(x) = \dfrac{4x-1}{10-x} + \dfrac{x+2}{3-2x}$

7

7.2 Les fonctions rationnelles du premier degré

- Décrire et interpréter les caractéristiques de fonctions rationnelles du premier degré et de leur réciproque.
- Trouver la règle de correspondance, sous la forme générale ou canonique, de fonctions rationnelles du premier degré dont on connaît le graphique.

Nous étudierons dans cette section les fonctions rationnelles $f(x) = \dfrac{P(x)}{Q(x)}$ telles que $P(x)$ est une constante non nulle ou un polynôme du premier degré, et $Q(x)$, un polynôme du premier degré. Afin d'alléger le texte, nous nous permettrons de les appeler « fonctions rationnelles du premier degré », même si cette définition n'est pas universelle.

On peut exprimer la règle de correspondance d'une fonction rationnelle du premier degré de plusieurs façons. Les plus courantes sont la forme générale et la forme canonique.

La règle de correspondance d'une fonction rationnelle du premier degré est habituellement présentée sous l'une des formes suivantes :

- la **forme générale** : $f(x)=\dfrac{ax+b}{cx+d}$, où $ax+b\neq 0$ et $c\neq 0$
- la **forme canonique** : $f(x)=\dfrac{A}{x-h}+k$, où $A\neq 0$

La restriction $c\neq 0$ pour la forme générale exclut les cas $f(x)=\dfrac{ax+b}{d}$, qui sont des fonctions linéaires, étudiées au chapitre 5 et dont le graphique est une droite.

On peut passer d'une forme à l'autre par de simples manipulations algébriques.

Exemple 7.3

◆ Soit la fonction $f(x)=\dfrac{-5+3x}{2+x}$.

$dom(f)=\mathbb{R}\setminus\{-2\}$

En ordonnant correctement les termes de chacun des polynômes, on obtient la forme générale $f(x)=\dfrac{ax+b}{cx+d}=\dfrac{3x-5}{x+2}$, où $a=3$, $b=-5$, $c=1$ et $d=2$.

On obtient la forme canonique équivalente en effectuant la division du numérateur par le dénominateur (*voir le chapitre 2, page 50, pour la division de polynômes*).

$$\begin{array}{r|l} 3x-5 & x+2 \\ \hline -(3x+6) & 3 \\ \hline -11 & \end{array}$$

Ainsi, $\dfrac{3x-5}{x+2}=3-\dfrac{11}{x+2}=\dfrac{-11}{x+2}+3$.

C'est la forme canonique $f(x)=\dfrac{A}{x-h}+k$, où $A=-11$, $h=-2$ et $k=3$.

◆ Soit la fonction $f(x)=\dfrac{2}{3x+1}-4$.

On peut transformer l'expression pour obtenir la forme canonique $f(x)=\dfrac{A}{x-h}+k$, où le coefficient de x est 1.

$$f(x)=\frac{2}{3x+1}-4=\frac{2}{3\left(x+\frac{1}{3}\right)}-4=\frac{\frac{2}{3}}{x+\frac{1}{3}}-4$$

On obtient ainsi $f(x)=\dfrac{A}{x-h}+k$, où $A=\dfrac{2}{3}$, $h=\dfrac{-1}{3}$ et $k=-4$.

On peut aussi transformer $f(x)$ en effectuant la soustraction afin d'obtenir la forme générale.

$$f(x)=\frac{2}{3x+1}-4=\frac{2-4(3x+1)}{3x+1}=\frac{-12x-2}{3x+1}$$

On obtient ainsi $f(x)=\frac{ax+b}{cx+d}$, où $a=-12$, $b=-2$, $c=3$ et $d=1$.

7.2.1 La fonction rationnelle de base $f(x)=\frac{1}{x}$

L'exemple le plus simple de fonction rationnelle du premier degré $f(x)=\frac{P(x)}{Q(x)}$ est celui où $P(x)=1$ (un polynôme constant) et $Q(x)=x$ (un polynôme du premier degré).

C'est la fonction $f(x)=\frac{1}{x}$.

Sous la forme générale $f(x)=\frac{ax+b}{cx+d}$, on a alors $a=0$, $b=1$, $c=1$ et $d=0$.

Sous la forme canonique $f(x)=\frac{A}{x-h}+k$, on a $A=1$, $h=0$ et $k=0$.

L'analyse de cette fonction permettra de dégager les principales caractéristiques de son graphique.

1. $dom(f)=\mathbb{R}\setminus\{0\}$, car on ne peut pas diviser par 0.
2. Puisque $0\notin dom(f)$, il n'y a pas d'ordonnée à l'origine et le graphique de f ne coupe pas l'axe des y.
3. Les zéros de la fonction sont ceux du numérateur, mais comme l'équation $1=0$ n'a aucune solution, la fonction ne possède aucun zéro. Le graphique de f ne coupe pas l'axe des x.
4. Puisque la fonction ne possède aucun zéro, on sait déjà que $y=f(x)$ ne vaut jamais 0. Ainsi, $0\notin ima(f)$.

   On peut montrer que tout nombre réel y non nul est l'image par f d'une valeur de x, c'est-à-dire que pour tout $y\neq 0$, on peut trouver un nombre réel x tel que $y=f(x)$.

   Soit $y\neq 0$. Si $y=f(x)$, alors $y=\frac{1}{x}$. De plus, le signe de y est le même que celui de x.

   $$y=\frac{1}{x}$$

   $xy=1$ (multiplication des deux membres par $x\neq 0$)

   $x=\frac{1}{y}$ (division des deux membres par $y\neq 0$)

   Ainsi, tout $y\neq 0$ est l'image de $\frac{1}{y}$, qui est un nombre réel, c'est-à-dire que $y=f(x)=f\left(\frac{1}{y}\right)$.

   On en déduit que $ima(f)=\mathbb{R}\setminus\{0\}$.
5. On peut calculer les coordonnées de quelques points afin d'esquisser le graphique. Le tableau ci-dessous donne les images y de quelques valeurs négatives de x.

x	-10 000	-1000	-100	-10	-5	-2	-1	-0,1	-0,01	-0,001	-0,0001
y	-0,0001	-0,001	-0,01	-0,1	-0,2	-0,5	-1	-10	-100	-1000	-10 000

- Pour tout $x < 0$, on obtient un $y < 0$. La portion de courbe associée à ces points est donc située entièrement dans le troisième quadrant.

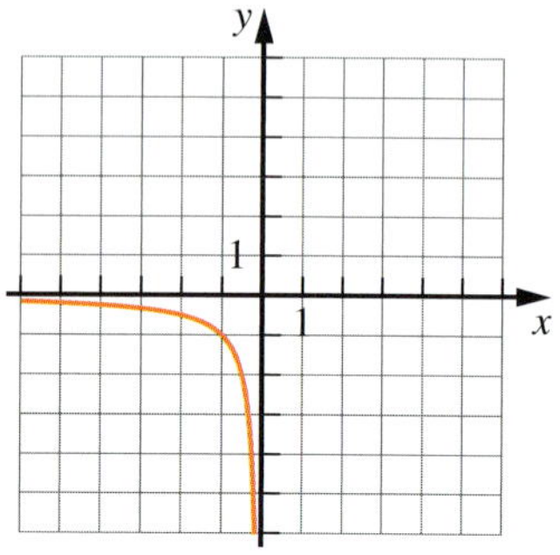

- Lorsque x augmente, y diminue. La fonction est décroissante sur $]-\infty, 0[$.
- Plus x est petit, plus y est près de 0. Vers la gauche, le graphique s'approche indéfiniment de l'axe des x sans jamais l'atteindre.
- Plus x est grand (près de 0), plus y est petit (sa valeur absolue est grande). Cette portion du graphique s'approche indéfiniment de l'axe des y sans jamais l'atteindre.

Le tableau suivant donne les images y correspondant à quelques valeurs positives de x et permet de tracer l'autre portion du graphique.

x	0,0001	0,001	0,01	0,1	1	2	5	10	100	1000	10 000
y	10 000	1000	100	10	1	0,5	0,2	0,1	0,01	0,001	0,0001

- Pour tout $x > 0$, on obtient un $y > 0$. Cette portion de courbe est donc située entièrement dans le premier quadrant.

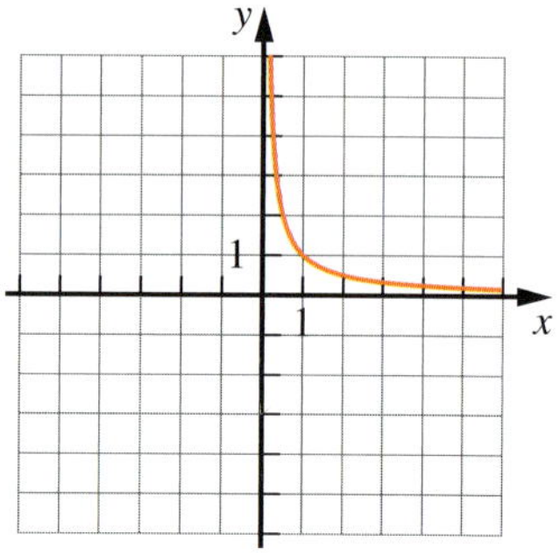

- Lorsque x augmente, y diminue. La fonction est décroissante sur $]0, +\infty[$.
- Plus x est petit (près de 0), plus y est grand. Cette portion du graphique s'approche indéfiniment de l'axe des y sans jamais l'atteindre.
- Plus x est grand, plus y est près de 0. Vers la droite, le graphique s'approche indéfiniment de l'axe des x sans jamais l'atteindre.

On obtient le graphique de f en juxtaposant les deux parties.

Cette courbe est une **hyperbole**.

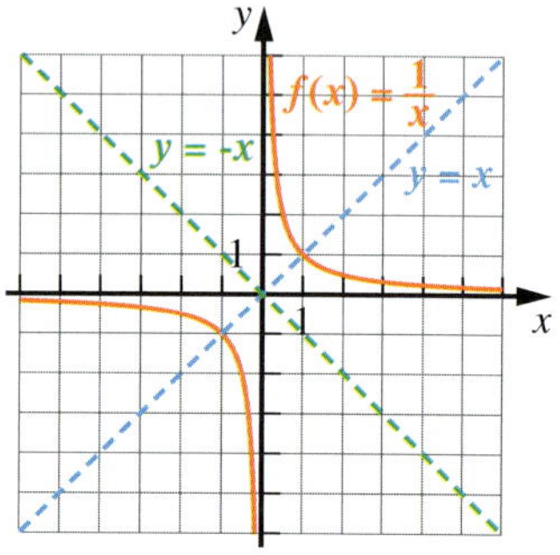

La droite d'équation $x = 0$ (l'axe des y) est l'**asymptote verticale** de l'hyperbole.

$0 \notin dom(f)$, mais x peut prendre toutes les autres valeurs réelles, aussi proches de 0 que l'on veut. Plus la valeur de x approche de 0, plus la valeur absolue du y correspondant est grande et plus la courbe s'approche de l'asymptote, vers le bas si $x < 0$ et vers le haut si $x > 0$.

La droite d'équation $y = 0$ (l'axe des x) est l'**asymptote horizontale** de l'hyperbole.

Plus la valeur absolue de x est grande (à l'extrême gauche et à l'extrême droite du graphique), plus la valeur de y est proche de 0.

Le point d'intersection des deux asymptotes est le **centre de l'hyperbole**. C'est ici le point (0, 0). Chaque branche de l'hyperbole est symétrique par rapport à la droite $y = x$. Les deux branches de l'hyperbole sont aussi symétriques l'une de l'autre par rapport à la droite $y = -x$.

Les deux axes de symétrie sont perpendiculaires et se coupent au centre de l'hyperbole.

6. La fonction est décroissante sur $]-\infty, 0[$ et sur $]0, +\infty[$; elle n'est jamais croissante.
7. La fonction ne possède ni minimum ni maximum.

8. $f(x) < 0$ si $x < 0$ et $f(x) > 0$ si $x > 0$. Ainsi, la fonction est négative sur]-∞, 0[, est positive sur]0, +∞[et n'est jamais nulle.

9. Le tableau de variation suivant résume les caractéristiques de la fonction.

Valeurs de x	-∞	0	+∞
Signe de f	−	∄	+
Croissance de f	↘	∄	↘

Les caractéristiques de la fonction $f(x) = \frac{1}{x}$

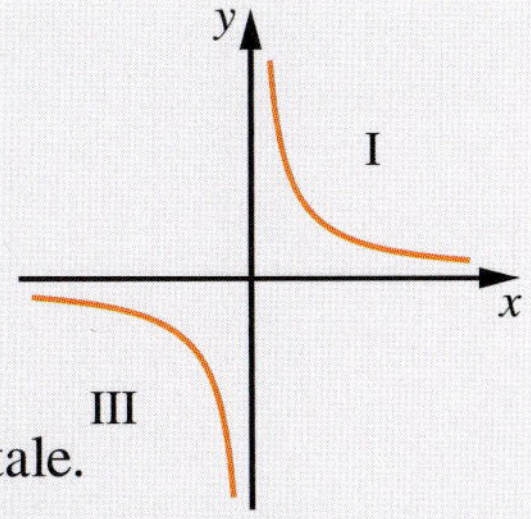

- $dom(f) = \mathbb{R} \setminus \{0\}$ et $ima(f) = \mathbb{R} \setminus \{0\}$
- La fonction n'a aucun zéro ni aucune ordonnée à l'origine : le graphique ne coupe pas les axes.
- Son graphique est une hyperbole de centre (0, 0) située dans les quadrants I et III.
- La droite d'équation $y = 0$ (l'axe des x) est l'asymptote horizontale.
- La droite d'équation $x = 0$ (l'axe des y) est l'asymptote verticale.
- La fonction n'a ni minimum ni maximum.
- Elle est décroissante sur]-∞, 0[et sur]0, +∞[.
- Elle est négative sur]-∞, 0[et positive sur]0, +∞[.

COMMENT UNE FONCTION AUSSI SIMPLE QUE $f(x) = \frac{1}{x}$ PEUT-ELLE OCCUPER UNE PLACE SI IMPORTANTE ?

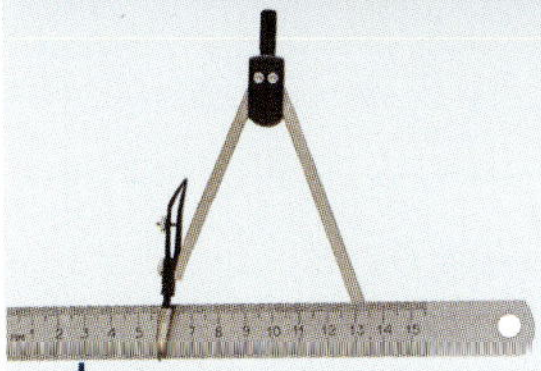

Règle et compas

Le graphique de la fonction $f(x) = \frac{1}{x}$ est une hyperbole. L'hyperbole, comme la parabole, est une conique. Les Grecs de l'Antiquité ont étudié les coniques dans leur tentative de résoudre deux problèmes qu'ils considéraient comme fondamentaux : diviser un angle en trois angles isométriques ou déterminer le côté d'un cube dont le volume est le double de celui d'un cube donné, uniquement à l'aide de la règle et du compas. Ces études ont amené les Grecs à considérer des courbes tracées par des machines, ouvrant ainsi de tout nouveaux champs d'investigation et pavant la route qui a mené les mathématiciens du XVIIe siècle, comme René Descartes (1596-1650), à représenter ces courbes par des expressions algébriques.

7.2.2 La forme canonique $f(x) = \frac{A}{x-h} + k$

Nous avons vu au chapitre 4 (*voir la page 186*) l'effet des paramètres A, B, h et k lors de la transformation d'une fonction $f(x)$ en une fonction $F(x) = Af(B(x-h)) + k$, où $A \neq 0$ et $B \neq 0$. On peut simplifier la forme canonique pour combiner les effets de A et de B.

Si $f(x) = \frac{1}{x}$, on a $F(x) = Af(B(x-h)) + k = \frac{A}{B(x-h)} + k = \frac{\frac{A}{B}}{x-h} + k$.

À cause de la symétrie du graphique, les étirements ou les compressions, à l'horizontale et à la verticale, sont pris en charge par $\frac{A}{B}$.

Afin de simplifier la notation, nous nous permettrons de définir la forme canonique par $F(x)=\frac{A}{x-h}+k$, qu'on obtient par des manipulations algébriques (*voir l'exemple 7.3, page 290*).

Les exemples graphiques ci-dessous illustrent l'effet des paramètres A, h et k lors de la transformation d'une fonction $f(x)=\frac{1}{x}$ en une fonction $F(x)=\frac{A}{x-h}+k$.

<table>
<tr><th colspan="2">$g(x)=y=\frac{A}{x}$</th></tr>
<tr><th>$A>0$</th><th>$A<0$</th></tr>
<tr><td>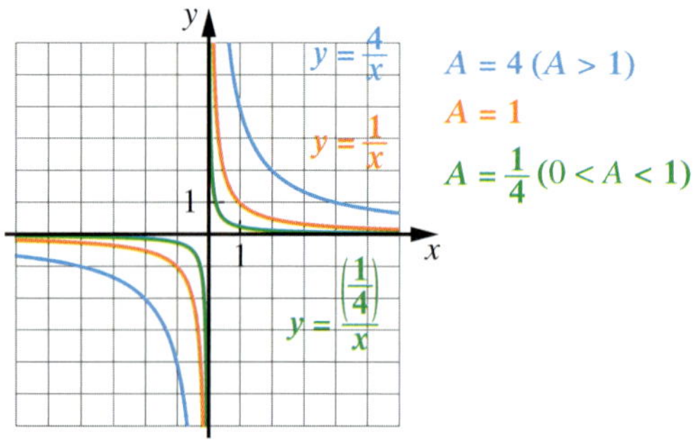
</td><td>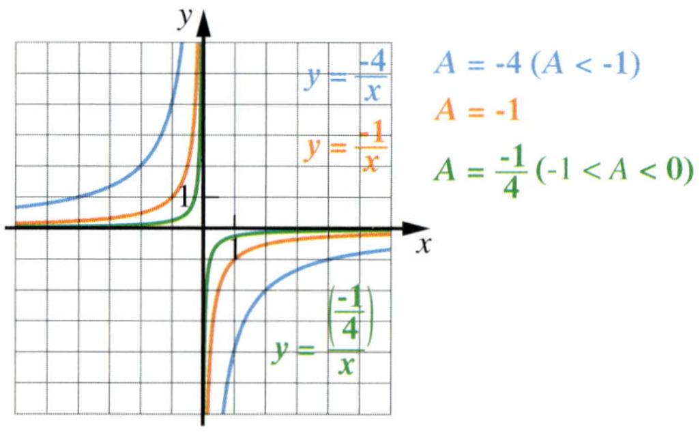
</td></tr>
<tr><td>Si $A>0$, l'hyperbole est située dans les quadrants I et III.</td><td>Si $A<0$, l'hyperbole est située dans les quadrants II et IV.</td></tr>
<tr><td colspan="2">La valeur absolue de A entraîne un étirement (si $|A|>1$) ou une compression (si $|A|<1$).
$dom(g)=\mathbb{R}\setminus\{0\}$ et $ima(g)=\mathbb{R}\setminus\{0\}$. L'axe des x est l'asymptote horizontale et l'axe des y est l'asymptote verticale. Le centre de l'hyperbole est le point (0, 0).</td></tr>
</table>

<table>
<tr><th colspan="2">$g(x)=\frac{1}{(x-h)}+k$</th></tr>
<tr><th>$y=\frac{1}{x-h}\ (k=0)$</th><th>$y=\frac{1}{x}+k\ (h=0)$</th></tr>
<tr><td>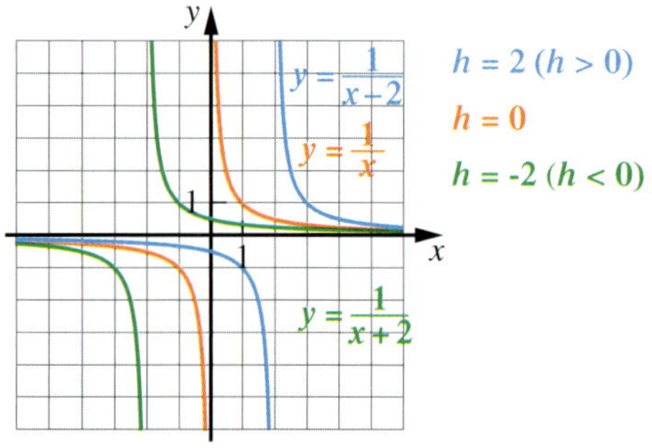
</td><td>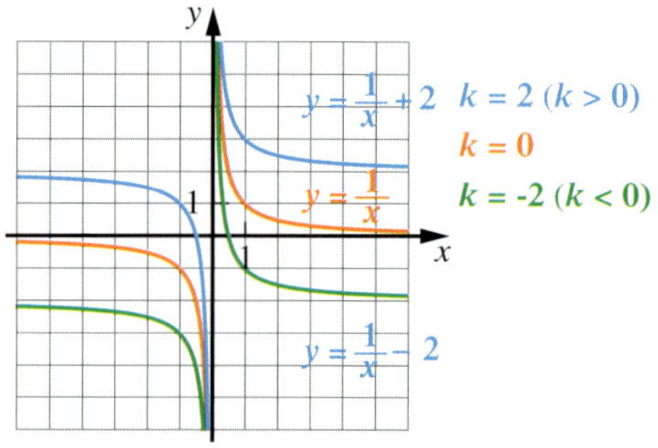
</td></tr>
<tr><td>Si $h>0$, on observe une translation horizontale de h unités vers la droite; le déplacement est de $|h|$ unités vers la gauche si $h<0$.</td><td>Si $k>0$, on observe une translation verticale de k unités vers le haut; le déplacement est de $|k|$ unités vers le bas si $k<0$.</td></tr>
<tr><td colspan="2">$dom(g)=\mathbb{R}\setminus\{h\}$ et $ima(g)=\mathbb{R}\setminus\{k\}$. L'équation de l'asymptote horizontale est $y=k$ et celle de l'asymptote verticale est $x=h$. Le centre de l'hyperbole est le point (h, k).</td></tr>
</table>

7

Exemple 7.4

◆ Comparons les graphiques de $f(x)=\dfrac{1}{x}$ et de $g(x)=\dfrac{3}{x+4}-1$.

Le graphique de g est obtenu de celui de f par :

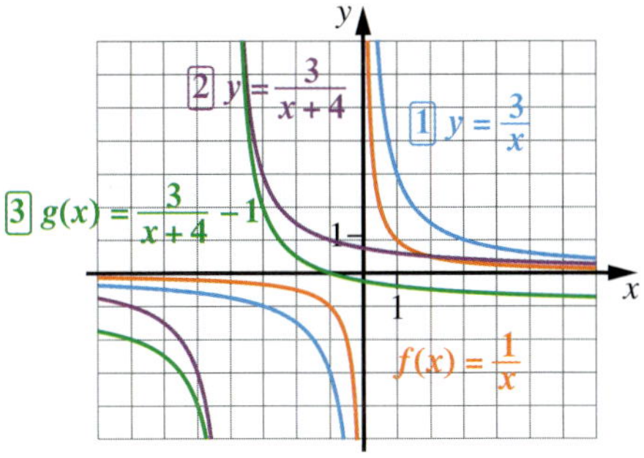

1. un étirement vertical, puisque $A=3$ (donc $|A|>1$) ;
2. une translation horizontale de 4 unités vers la gauche, puisque $h=-4$ (donc $h<0$) ;
3. une translation verticale de 1 unité vers le bas, puisque $k=-1$ (donc $k<0$).

Les deux translations ont pour effet de déplacer le centre de l'hyperbole du point (0, 0) au point $(h, k)=(-4, -1)$.

◆ Faisons l'analyse de la fonction $f(x)=\dfrac{3}{3x-12}-2$.

On exprime d'abord la règle de correspondance sous la forme canonique $f(x)=\dfrac{A}{x-h}+k$.

$$f(x)=\frac{3}{3x-12}-2=\frac{3}{3(x-4)}-2=\frac{1}{x-4}-2,\text{ où } A=1,\ h=4 \text{ et } k=-2$$

1. $dom(f)=\mathbb{R}\setminus\{h\}=\mathbb{R}\setminus\{4\}$ et $ima(f)=\mathbb{R}\setminus\{k\}=\mathbb{R}\setminus\{-2\}$.
2. Puisque $0\in dom(f)$, on peut calculer $f(0)$ pour trouver l'ordonnée à l'origine.

$$f(0)=\frac{1}{0-4}-2=\frac{-1}{4}-2=\frac{-9}{4}$$

L'ordonnée à l'origine est $\dfrac{-9}{4}$ et l'hyperbole coupe l'axe des y au point $\left(0, \dfrac{-9}{4}\right)$.

3. La fonction f possède un zéro qu'on trouve en résolvant l'équation $f(x)=0$.

$$\frac{1}{x-4}-2=0$$
$$(x-4)\left(\frac{1}{x-4}-2\right)=0(x-4) \text{ (multiplication des deux membres par } x-4\neq 0)$$
$$1-2(x-4)=0$$
$$1-2x+8=0$$
$$-2x=-9$$
$$x=\frac{9}{2}$$

$x=\dfrac{9}{2}$ est le seul zéro de la fonction et l'hyperbole coupe l'axe des x au point $\left(\dfrac{9}{2}, 0\right)$.

4. Les équations des asymptotes sont $x=h$ et $y=k$, c'est-à-dire $x=4$ et $y=-2$.

Les deux asymptotes se coupent au centre de l'hyperbole, au point $(h, k)=(4, -2)$.

7

5. On peut faire l'étude du signe à l'aide d'un tableau (*voir le chapitre 3, page 134*). Il faut d'abord ramener l'expression de $f(x)$ à un quotient de polynômes.

$$f(x)=\frac{1}{x-4}-2=\frac{1-2(x-4)}{x-4}=\frac{9-2x}{x-4}$$

Valeurs de x	-∞	4		$\frac{9}{2}$	+∞
$9-2x$	+	+	+	0	−
$x-4$	−	0	+	+	+
$\frac{9-2x}{x-4}$	−	∄	+	0	−

$f(x)<0$ sur $]-\infty, 4[\cup\left]\frac{9}{2}, +\infty\right[$, $f(x)=0$ si $x\in\left\{\frac{9}{2}\right\}$ et $f(x)>0$ sur $\left]4, \frac{9}{2}\right[$.

L'union de ces trois ensembles donne bien $\mathbb{R}\setminus\{4\}$, le domaine de la fonction.

On observe un changement de signe de part et d'autre de l'asymptote verticale, et de part et d'autre du zéro.

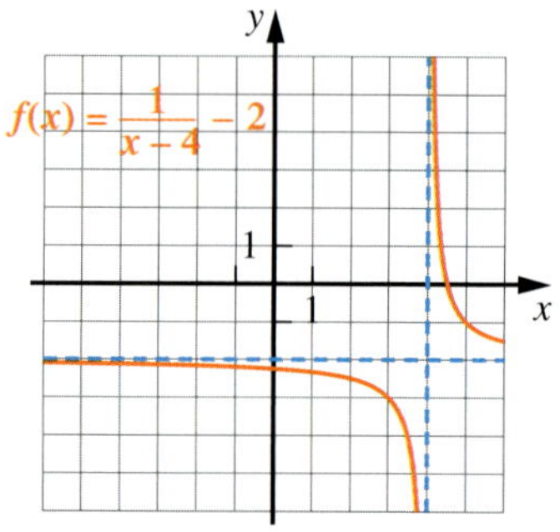

6. Avec les données calculées jusqu'à maintenant, on peut déjà tracer une esquisse assez précise du graphique.

7. Les deux branches du graphique sont décroissantes, car $A>0$. La fonction est décroissante sur $]-\infty, 4[$ et sur $]4, +\infty[$.

8. Le tableau de variation est le suivant.

Valeurs de x	-∞	4		$\frac{9}{2}$	+∞
Signe de f	−	∄	+	0	−
Croissance de f	↘	∄	↘		

- Cherchons la forme canonique $f(x)=\frac{A}{x-h}+k$ de la règle de correspondance de la fonction rationnelle représentée par le graphique ci-dessous.

$dom(f)=\mathbb{R}\setminus\{-3\}$ et $ima(f)=\mathbb{R}\setminus\{1\}$.

La droite d'équation $x=-3$ est l'asymptote verticale et la droite d'équation $y=1$, l'asymptote horizontale. Les asymptotes se coupent au point (-3, 1), qui est le centre (h, k) de l'hyperbole.

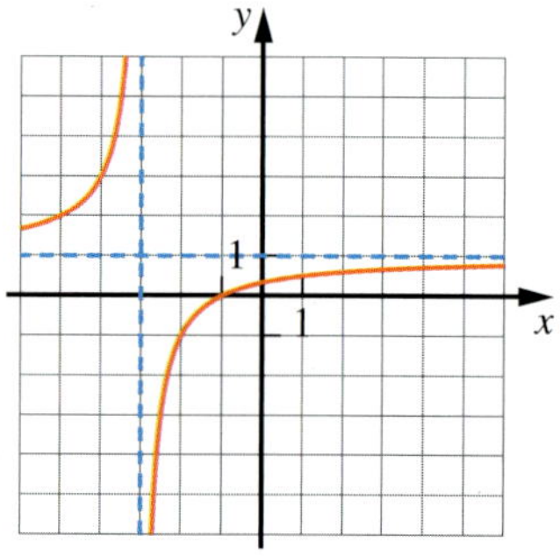

Ainsi, $h=-3$ et $k=1$.

$$f(x)=\frac{A}{x-h}+k=\frac{A}{x-(-3)}+1=\frac{A}{x+3}+1$$

Le graphique passe par le point (-4, 3). On peut donc poser $f(-4)=3$ et résoudre l'équation ainsi obtenue pour trouver A.

7

$$f(x)=\frac{A}{x+3}+1$$
$$f(-4)=\frac{A}{-4+3}+1$$
$$3=-A+1$$
$$A=-2$$

La règle de correspondance de la fonction est donc $f(x)=\frac{-2}{x+3}+1$.

Les caractéristiques d'une fonction $f(x)=\frac{A}{x-h}+k$

- Le graphique est une hyperbole de centre (h, k).

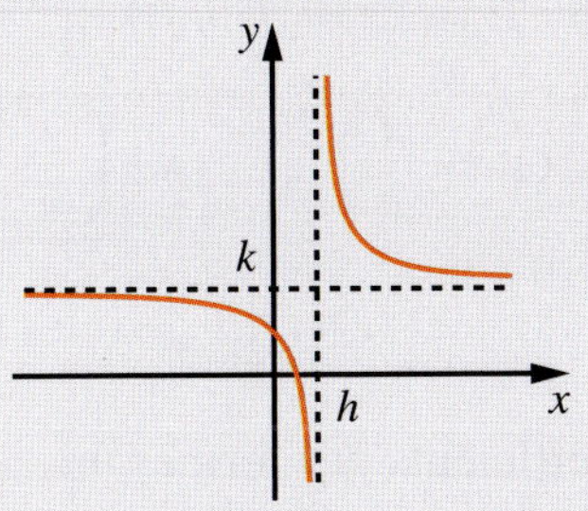

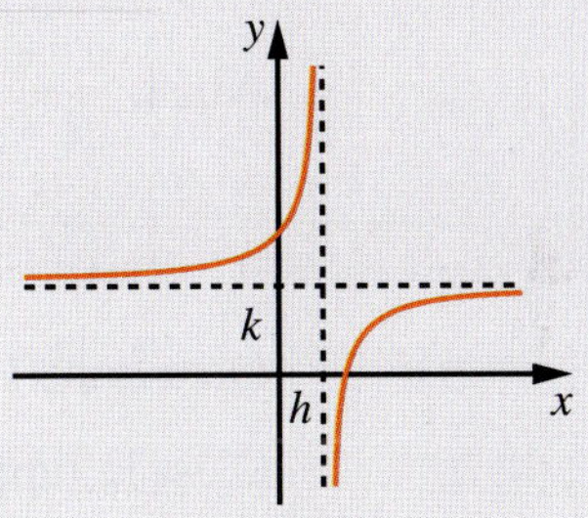

- $dom(f)=\mathbb{R}\setminus\{h\}$
- $ima(f)=\mathbb{R}\setminus\{k\}$
- La fonction possède un zéro et l'hyperbole coupe l'axe des x si $k \neq 0$.
- L'hyperbole coupe l'axe des y si $h \neq 0$.
- La droite d'équation $y=k$ est l'asymptote horizontale du graphique de f et la droite d'équation $x=h$, son asymptote verticale.
- On observe un changement de signe de part et d'autre du zéro et de part et d'autre de l'asymptote verticale.
- La fonction n'a ni minimum ni maximum.
- Si $A>0$, la fonction est décroissante sur $]-\infty, h[$ et sur $]h, +\infty[$; si $A<0$, elle est croissante sur ces mêmes intervalles.

7.2.3 La forme générale $f(x)=\frac{ax+b}{cx+d}$

La forme canonique $f(x)=\frac{A}{x-h}+k$ donne directement les valeurs de h et de k, qui déterminent le centre de l'hyperbole et les équations des asymptotes.

On peut aussi trouver les caractéristiques de la fonction à partir de sa forme générale :

$$f(x)=\frac{ax+b}{cx+d}, \text{ où } ax+b \neq 0 \text{ et } c \neq 0$$

7

- Le paramètre h est le zéro du dénominateur, la restriction du domaine.

$$cx+d=0 \text{ si } x=\frac{-d}{c}$$

On a donc $h=\frac{-d}{c}$ et $dom(f)=\mathbb{R}\setminus\{h\}=\mathbb{R}\setminus\left\{\frac{-d}{c}\right\}$.

- On peut calculer l'ordonnée à l'origine si $0 \in dom(f)$, c'est-à-dire si $h \neq 0$ (donc $d \neq 0$).
- On obtient le paramètre k en divisant le numérateur par le dénominateur.

$$\begin{array}{r|l} ax+b & cx+d \\ \hline -\left(ax+\frac{ad}{c}\right) & \frac{a}{c} \\ \hline b-\frac{ad}{c} & \end{array}$$

Ainsi, $$\frac{ax+b}{cx+d}=\frac{a}{c}+\frac{b-\frac{ad}{c}}{cx+d}=\frac{\frac{bc-ad}{c}}{c\left(x+\frac{d}{c}\right)}+\frac{a}{c}=\frac{\overbrace{\frac{bc-ad}{c^2}}^{A}}{x-\underbrace{\left(\frac{-d}{c}\right)}_{h}}+\underbrace{\frac{a}{c}}_{k}$$

On a donc $k=\frac{a}{c}$.
C'est le rapport entre les coefficients des termes en x des polynômes du numérateur et du dénominateur de la fonction $f(x)=\frac{ax+b}{cx+d}$.

- La fonction possède un zéro si $k \neq 0$, donc si $a \neq 0$.

Exemple 7.5

◆ Soit $f(x)=\frac{3x-4}{2x+5}$.

Cette fonction est présentée sous sa forme générale $f(x)=\frac{ax+b}{cx+d}$, où $a=3$, $b=-4$, $c=2$ et $d=5$.

1. $dom(f)=\mathbb{R}\setminus\left\{\frac{-5}{2}\right\}$, où $h=\frac{-5}{2}$ est le zéro du dénominateur.
2. Puisque $0 \in dom(f)$, on peut calculer $f(0)$ pour trouver l'ordonnée à l'origine.

$$f(0)=\frac{3(0)-4}{2(0)+5}=\frac{-4}{5}$$

Le graphique coupe l'axe des y au point $\left(0, \frac{-4}{5}\right)$.

3. Le zéro de f est le zéro du numérateur, soit $\frac{4}{3}$.

Le graphique coupe l'axe des x au point $\left(\frac{4}{3}, 0\right)$.

4. On sait déjà que $h = \frac{-5}{2}$.

La valeur de k est le rapport entre les coefficients des termes en x du numérateur et du dénominateur, soit $k = \frac{3}{2}$.

Ainsi, le centre de l'hyperbole est le point $(h, k) = \left(\frac{-5}{2}, \frac{3}{2}\right)$ et les asymptotes sont la droite verticale d'équation $x = \frac{-5}{2}$ et la droite horizontale d'équation $y = \frac{3}{2}$.

5. $ima(f) = \mathbb{R} \setminus \{k\} = \mathbb{R} \setminus \left\{\frac{3}{2}\right\}$.

6. On fait l'étude du signe à l'aide d'un tableau. La fonction est déjà donnée sous la forme d'un quotient de polynômes.

Valeurs de x	$-\infty$	$\frac{-5}{2}$		$\frac{4}{3}$	$+\infty$
$3x-4$	$-$	$-$	$-$	0	$+$
$2x+5$	$-$	0	$+$	$+$	$+$
$\frac{3x-4}{2x+5}$	$+$	$\nexists$	$-$	0	$+$

7. Afin de déterminer la croissance ou la décroissance des deux branches de l'hyperbole, on pourrait exprimer la fonction sous la forme canonique et ainsi connaître le signe de A en effectuant la division de polynômes. Cette étape étant assez fastidieuse, on peut plutôt tracer une esquisse du graphique en plaçant les points d'intersection avec les axes.

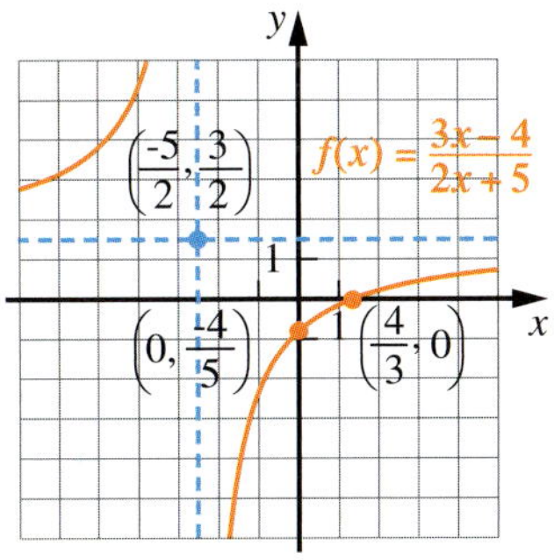

8. À partir de ce graphique, on déduit que f est croissante sur $\left]-\infty, \frac{-5}{2}\right[$ et sur $\left]\frac{-5}{2}, +\infty\right[$.

9. On peut maintenant construire le tableau de variation. Le zéro et le h sont les valeurs critiques de la fonction.

Valeurs de x	$-\infty$	$\frac{-5}{2}$		$\frac{4}{3}$	$+\infty$
Signe de f	$+$	$\nexists$	$-$	0	$+$
Croissance de f	↗	$\nexists$	↗		

On aurait obtenu les mêmes caractéristiques en transformant d'abord la règle de correspondance de la fonction sous sa forme canonique, puis en procédant de la même manière qu'à l'exemple 7.4.

Les caractéristiques d'une fonction $f(x) = \dfrac{ax+b}{cx+d}$, où $ax+b \neq 0$ et $c \neq 0$

- $dom(f) = \mathbb{R} \setminus \left\{\dfrac{-d}{c}\right\}$, où $\dfrac{-d}{c}$ est le zéro du dénominateur.
- Si $a \neq 0$, la fonction possède un zéro : c'est le zéro du numérateur, soit $x = \dfrac{-b}{a}$. Il n'y a aucun zéro si $a = 0$.
- Si $0 \in dom(f)$, c'est-à-dire si $d \neq 0$, l'ordonnée à l'origine est donnée par $f(0) = \dfrac{b}{d}$. Le graphique ne coupe pas l'axe des y si $d = 0$.
- L'asymptote verticale est la droite d'équation $x = h$, où $h = \dfrac{-d}{c}$ est le zéro du dénominateur, la restriction du domaine.
- L'asymptote horizontale est la droite d'équation $y = k$, où $k = \dfrac{a}{c}$, le rapport entre les coefficients des termes en x du numérateur et du dénominateur.
- Le graphique est une hyperbole de centre (h, k).
- On observe un changement de signe de part et d'autre du zéro et de part et d'autre de l'asymptote verticale.
- La fonction n'a ni minimum ni maximum.
- $ima(f) = \mathbb{R} \setminus \{k\}$
- On peut déterminer les intervalles de croissance ou de décroissance en traçant une esquisse du graphique sur laquelle on place les points d'intersection avec les axes.

Les autres fonctions rationnelles (celles qui contiennent des polynômes de degré supérieur à 1) peuvent avoir des graphiques très différents. L'exemple qui suit en montre deux cas, dont l'analyse complète ne fait pas l'objet de ce cours.

7

Exemple 7.6

◆ Le graphique ci-dessous représente la fonction $f(x) = \left(\dfrac{x-1}{x+1}\right)^2 - 1$.

Cet exemple montre qu'une courbe peut couper son asymptote horizontale.

La droite d'équation $y = 0$ (l'axe des x) est une asymptote horizontale, car lorsque x devient infiniment petit (à l'extrême gauche du graphique), les ordonnées des points sont de plus en plus près de 0. Même si la courbe coupe l'axe des x au point $(0, 0)$, la fonction a aussi un comportement asymptotique à droite puisque, lorsque x devient infiniment grand, les ordonnées s'approchent de plus en plus de 0.

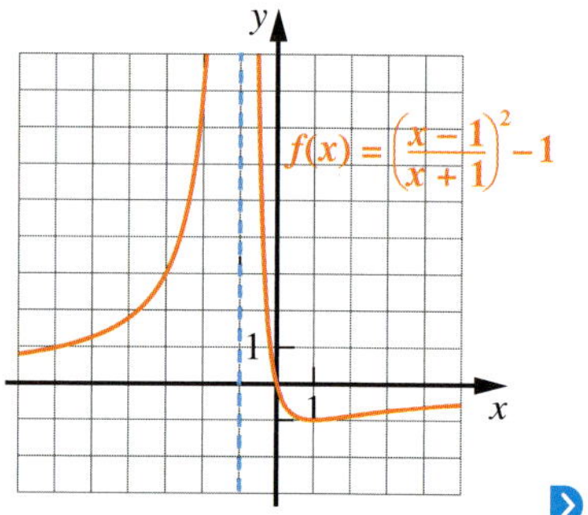

◆ Le graphique de la fonction $f(x)=\dfrac{x^2-3}{x^2-1}$ ci-contre présente deux asymptotes verticales et une asymptote horizontale.

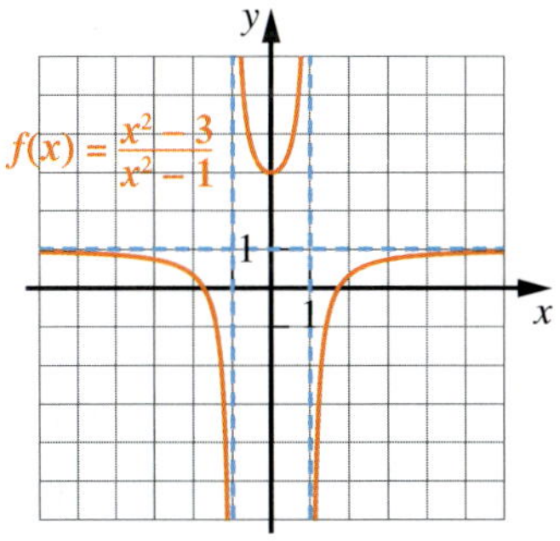

7.2.4 La réciproque d'une fonction rationnelle du premier degré

Le graphique d'une fonction rationnelle du premier degré est toujours une hyperbole. Une telle fonction est injective (deux valeurs différentes de x ont nécessairement des images différentes). Sa réciproque est donc une fonction (*voir le chapitre 4, section 4.11*).

Pour trouver la règle de correspondance de la fonction f^{-1}:

1. On remplace x par y et y par x dans la règle de correspondance de f.
2. On isole y dans cette nouvelle équation et on obtient alors $y=f^{-1}(x)$.

Exemple 7.7

◆ Soit $y=f(x)=\dfrac{5x-3}{2x+1}$, exprimée sous la forme générale $\dfrac{ax+b}{cx+d}$, où $a=5$, $b=-3$, $c=2$ et $d=1$.

$dom(f)=\mathbb{R}\setminus\left\{\dfrac{-1}{2}\right\}$

Le centre de l'hyperbole est le point (h, k), où $h=\dfrac{-d}{c}=\dfrac{-1}{2}$ et $k=\dfrac{a}{c}=\dfrac{5}{2}$.

La valeur de k permet de trouver l'ensemble image, $ima(f)=\mathbb{R}\setminus\{k\}=\mathbb{R}\setminus\left\{\dfrac{5}{2}\right\}$.

Pour trouver la règle de correspondance de f^{-1}, on remplace x par y et y par x.

$$x=\frac{5y-3}{2y+1}$$

On isole ensuite y.

$$x(2y+1)=\frac{5y-3}{2y+1}(2y+1) \quad \text{(multiplication des deux membres par } 2y+1\neq 0\text{)}$$

$$2xy+x=5y-3$$

$$2xy-5y=-x-3 \quad \text{(regroupement des termes en } y \text{ d'un côté)}$$

$$y(2x-5)=-x-3 \quad \text{(mise en évidence de } y\text{)}$$

$$y=\frac{-x-3}{2x-5} \quad \text{(division des deux membres par } 2x-5\neq 0\text{)}$$

Ainsi, $f^{-1}(x) = \dfrac{-x-3}{2x-5} = \dfrac{x+3}{-2x+5}$.

f^{-1} est encore une fonction rationnelle, donnée ici sous sa forme générale, où $a = 1$, $b = 3$, $c = -2$ et $d = 5$.

$dom(f^{-1}) = \text{IR} \setminus \left\{\dfrac{5}{2}\right\}$

Le centre de l'hyperbole est le point $(h, k) = \left(\dfrac{5}{2}, \dfrac{-1}{2}\right)$, où $h = \dfrac{-d}{c} = \dfrac{5}{2}$ et $k = \dfrac{a}{c} = \dfrac{-1}{2}$.

On remarque que le h de la fonction f est devenu le k de la fonction f^{-1}, et inversement.

De plus, $ima(f) = \text{IR} \setminus \{k\} = \text{IR} \setminus \left\{\dfrac{-1}{2}\right\}$.

On constate que $dom(f^{-1}) = ima(f)$ et que $ima(f^{-1}) = dom(f)$.

Le graphique de f^{-1} est le symétrique de celui de f par rapport à la droite $y = x$.

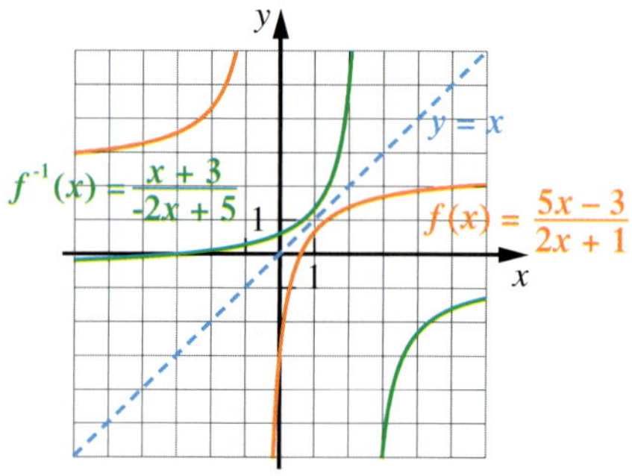

Nous avons vu au chapitre 4 que la composée d'une fonction et de sa réciproque donne la fonction identité, c'est-à-dire que $(f^{-1} \circ f)(x) = (f \circ f^{-1})(x) = x$.

On peut le vérifier avec les fonctions f et f^{-1} de cet exemple.

$$(f^{-1} \circ f)(x) = f^{-1}(f(x))$$

$$= f^{-1}\left(\frac{5x-3}{2x+1}\right)$$

$$= \frac{\left(\dfrac{5x-3}{2x+1}\right)+3}{-2\left(\dfrac{5x-3}{2x+1}\right)+5} \qquad \text{(composition de fonctions)}$$

$$= \frac{\dfrac{5x-3+3(2x+1)}{2x+1}}{\dfrac{-2(5x-3)+5(2x+1)}{2x+1}} \qquad \text{(opérations sur les fractions)}$$

$$= \frac{\dfrac{11x}{2x+1}}{\dfrac{11}{2x+1}}$$

$$= \frac{11x}{2x+1} \times \frac{2x+1}{11} \qquad \text{(multiplication par l'inverse)}$$

$$= x \qquad \text{(simplification)}$$

La vérification dans l'autre sens, soit celle de $(f \circ f^{-1})(x) = x$, est laissée au lecteur.

7

Exercices 7.2

1. Transformer la règle de correspondance de chacune des fonctions ci-dessous afin d'obtenir la forme générale, la forme canonique ou les deux, selon le cas.

a) $f(x)=\dfrac{7}{x-10}+12$ c) $f(x)=\dfrac{-1}{2x-5}-6$ e) $f(x)=1-\dfrac{x-5}{4-x}$

b) $f(x)=\dfrac{3x-1}{x+4}$ d) $f(x)=\dfrac{x+2}{3x-4}$ f) $f(x)=\dfrac{-x+2}{5x-15}-\dfrac{x-1}{2x-6}$

2. Faire l'analyse complète de chacune des fonctions suivantes.

a) $f(x)=\dfrac{-1}{x-5}+2$ d) $f(x)=1-\dfrac{3}{x+2}$ g) $f(x)=\dfrac{3-x}{4x}$

b) $f(x)=\dfrac{4}{x}-1$ e) $f(x)=\dfrac{x+2}{x+1}$ h) $f(x)=\dfrac{-3x-1}{4x+6}$

c) $f(x)=\dfrac{3}{2x-1}+4$ f) $f(x)=\dfrac{2x-1}{2x-5}$ i) $f(x)=\dfrac{2x+1}{3-x}$

3. Trouver la règle de correspondance des fonctions rationnelles du premier degré représentées par chacun des graphiques suivants.

a)

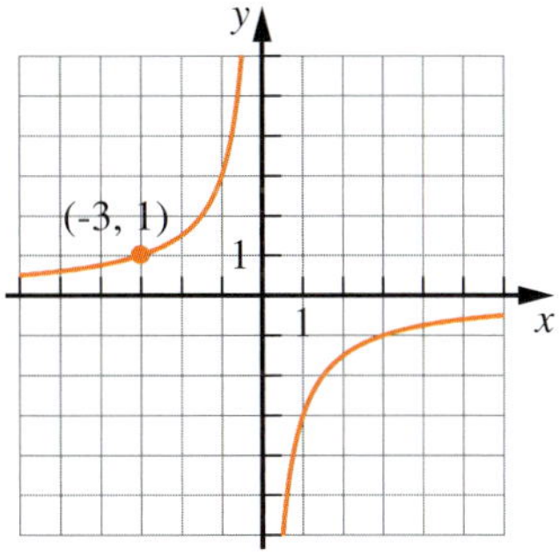

d)

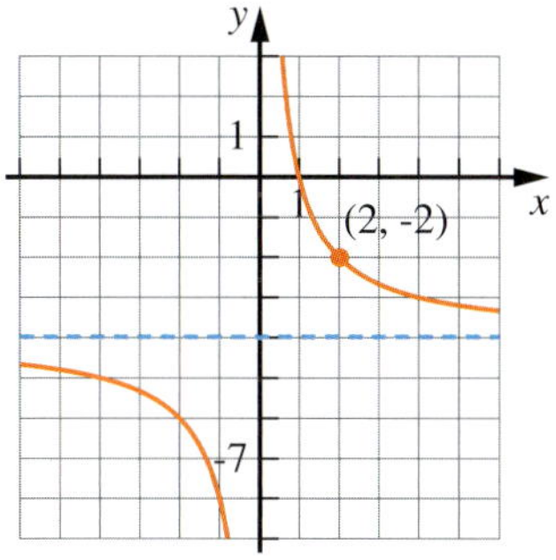

b)

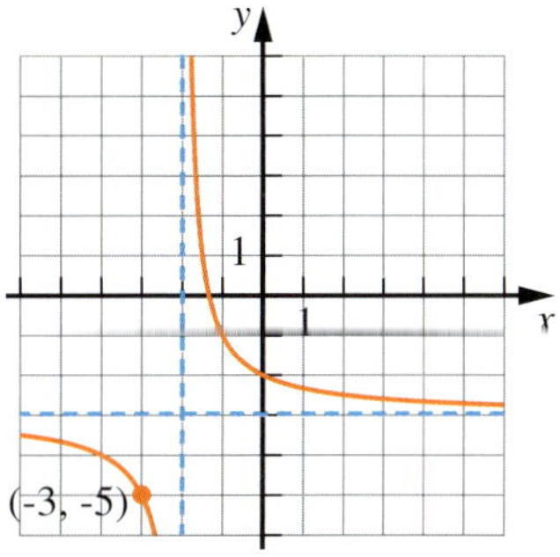

e)

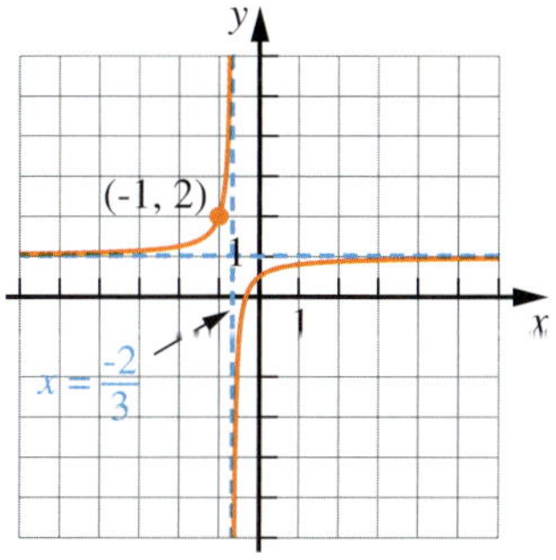

c)

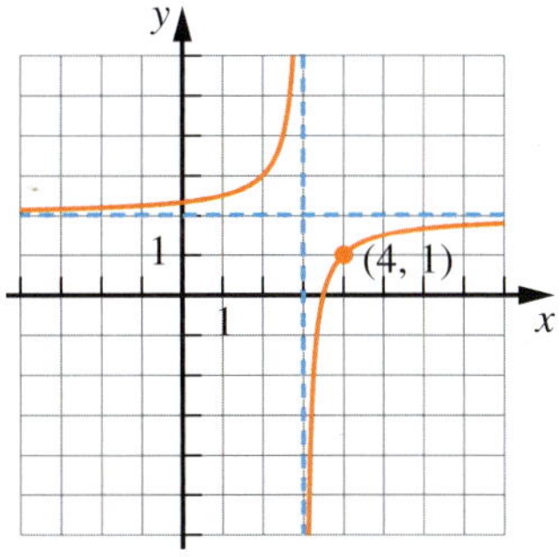

f)

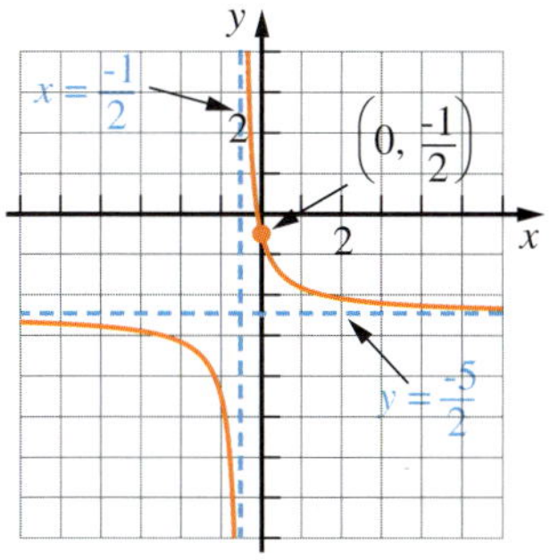

4. Trouver la règle de correspondance des fonctions rationnelles du premier degré dont on connaît les caractéristiques suivantes.

a) $A = -5$ et l'hyperbole est centrée au point $(-2, 4)$.

b) Les droites d'équations $x = 10$ et $y = 20$ sont les asymptotes du graphique de f, et 50 est le zéro de la fonction.

c) La fonction f ne possède aucun zéro, $dom(f) = \mathbb{R} \setminus \{3\}$ et le graphique passe par le point $(6, 1)$.

d) $dom(f) = \mathbb{R} \setminus \{100\}$, $ima(f) = \mathbb{R} \setminus \{-500\}$ et l'ordonnée à l'origine est -498.

e) L'hyperbole n'a aucun point d'intersection avec les axes et passe par le point $\left(3, \frac{1}{2}\right)$.

5. Trouver la règle de correspondance de la réciproque de chacune des fonctions suivantes et vérifier la réponse à l'aide de la composition de fonctions. Indiquer le domaine et l'ensemble image de f et de f^{-1}.

a) $f(x) = \dfrac{3}{x-12}$

b) $f(x) = \dfrac{2x+3}{3x-4}$

c) $f(x) = \dfrac{-7x+1}{10-9x}$

d) $f(x) = \dfrac{-4}{x} + 1$

e) $f(x) = \dfrac{6}{3x-7} - 8$

f) $f(x) = \dfrac{5x+2}{3x-1} + 9$

6. Montrer que si $f(x) = \dfrac{b}{x}$, alors $f^{-1}(x) = f(x)$.

7.3 La résolution de problèmes avec des fonctions rationnelles

Résoudre des problèmes décrits par un modèle de fonction rationnelle.

Quel que soit le type de fonction qui permet de décrire une situation concrète, les règles de résolution de problèmes restent les mêmes. Il faut toujours définir clairement les variables, chercher le modèle de fonction approprié et préciser son domaine contextuel, choisir une démarche adéquate (évaluation de la fonction en certains points, résolution d'une équation ou d'une inéquation, etc.) et interpréter les résultats en tenant compte du contexte.

7

Exemple 7.8

◆ On veut fabriquer un panneau publicitaire rectangulaire dont la longueur mesure 1 m de plus que la largeur. On y placera une photo rectangulaire mesurant 1,5 m sur 1,8 m. La photo doit être placée au centre du panneau et on veut que le rapport entre les longueurs des côtés du panneau soit le même que le rapport entre les dimensions de la photo.

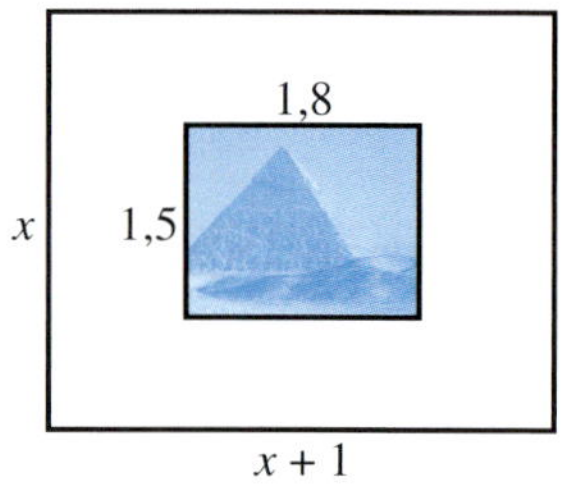

Soit x la largeur du panneau ($x > 1,5$) et $x+1$ sa longueur (en mètres).

On peut exprimer le rapport entre la largeur et la longueur du panneau par la fonction $f(x) = \dfrac{x}{x+1}$, où $dom(f) =]1,5\,; +\infty[$.

On cherche la valeur de x pour laquelle ce rapport est le même que pour la photo, soit $\frac{1,5}{1,8} = \frac{5}{6}$.

Il faut donc résoudre l'équation $f(x) = \frac{5}{6}$.

$$\frac{x}{x+1} = \frac{5}{6}$$

$$6(x+1)\left(\frac{x}{x+1}\right) = 6(x+1)\left(\frac{5}{6}\right)$$ (multiplication des deux membres par le dénominateur commun)

$$6x = 5x + 5$$

$$x = 5$$

La largeur du panneau doit être $x = 5$ m, et sa longueur, $x + 1 = 6$ m.

Les fractions expriment des proportions. Dans le langage courant, on utilise souvent les expressions « directement proportionnel » ou « inversement proportionnel » pour signifier que deux quantités varient dans le même sens ou dans le sens contraire. Voyons comment interpréter mathématiquement ces expressions.

Une variable y est **directement proportionnelle** à une variable x qui lui est associée si le rapport $\frac{y}{x} = c$ est constant pour chaque paire de valeurs de x et de y non nulles, et si $y = 0$ lorsque $x = 0$.

On peut décrire la relation entre les deux variables par une fonction linéaire $y = f(x) = cx$, où c est une constante ($c \neq 0$) appelée **constante de proportionnalité**. Cette fonction est représentée par une droite oblique de pente c et d'ordonnée à l'origine 0.

Exemple 7.9

◆ Depuis plusieurs années, les municipalités du Québec interdisent l'utilisation de la plupart des pesticides pour contrôler la propagation des mauvaises herbes ou des insectes nuisibles.

Il est possible de fabriquer soi-même des produits écologiques assez efficaces. Pour lutter contre les insectes qui attaquent les plantes, on peut vaporiser celles-ci avec une solution contenant 30 ml de savon liquide par litre d'eau.

Interdiction d'utiliser des pesticides

La quantité de savon nécessaire (q) est directement proportionnelle au volume d'eau (v). Il faut 30 ml de savon pour 1 litre d'eau, 60 ml de savon pour 2 litres d'eau, 300 ml de savon pour 10 litres d'eau, etc. Le rapport entre les deux quantités est constant : $\frac{q}{v} = 30$, quelles que soient les valeurs non nulles de q et de v qui respectent la « recette ».

On peut décrire la relation entre le volume d'eau et la quantité de savon par la fonction linéaire $q = f(v) = 30v$, où v est le volume d'eau (en litres) et $q = f(v)$, la quantité de savon nécessaire (en millilitres).

$dom(f) = [0, +\infty[$, car le volume d'eau ne peut être négatif.

Le graphique de cette fonction est une demi-droite de pente 30 et d'ordonnée à l'origine 0.

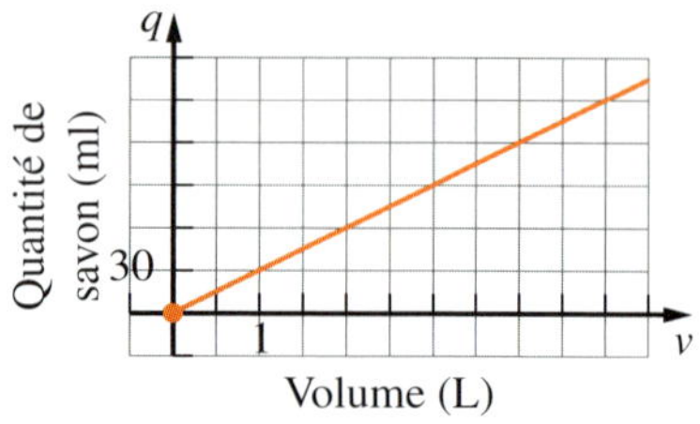

Une variable y est **inversement proportionnelle** à une variable x qui lui est associée si le produit $xy = b$ est constant pour chaque paire de valeurs de x et de y non nulles. Ce produit b est la **constante de proportionnalité**.

On peut décrire la relation entre les deux variables par une fonction rationnelle $y = f(x) = \frac{b}{x}$, où b est une constante ($b \neq 0$). On l'appelle alors **fonction de variation inverse**.

Exemple 7.10

◆ Le responsable de l'entretien d'un terrain de golf met quatre heures à tondre le gazon lorsqu'il est seul. À deux employés, il faudrait deux fois moins de temps, à trois employés, trois fois moins de temps, etc.

Le tableau ci-dessous présente la relation entre le temps requis y (en heures) et le nombre d'employés x, en supposant que tous les employés travaillent au même rythme.

x (nombre d'employés)	0	1	2	3	4	5	6
y (nombre d'heures)	$\not\exists$	$\frac{4}{1} = 4$	$\frac{4}{2} = 2$	$\frac{4}{3} = 1,\overline{3}$	$\frac{4}{4} = 1$	$\frac{4}{5} = 0,8$	$\frac{4}{6} = 0,\overline{6}$

Le produit xy est toujours égal à 4, et ainsi $y = \frac{4}{x}$.

Le temps requis pour l'entretien du terrain est inversement proportionnel au nombre d'employés et la fonction $y = f(x) = \frac{4}{x}$ décrit la relation entre ces deux variables.

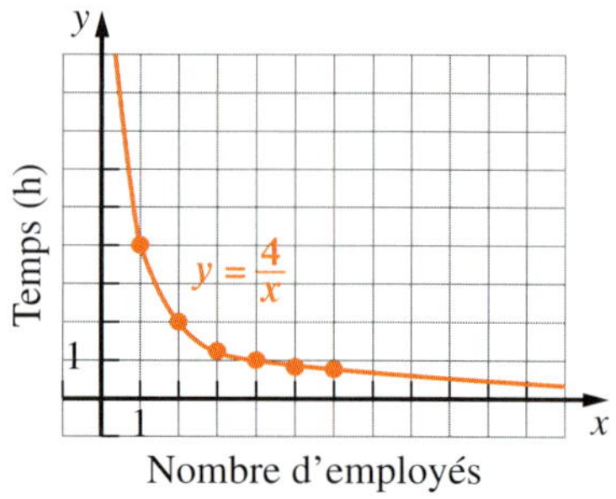

On a tracé la courbe en prenant $dom(f) =]0, +\infty[$ afin de bien voir les caractéristiques du graphique. Dans le contexte du problème, la variable x ne peut prendre que des valeurs entières positives. Si on suppose qu'au plus 6 employés peuvent être affectés à l'entretien du terrain, alors il faudra restreindre le domaine à $dom(f) = \{1, 2, 3, 4, 5, 6\}$. Le graphique sera alors constitué uniquement de 6 points.

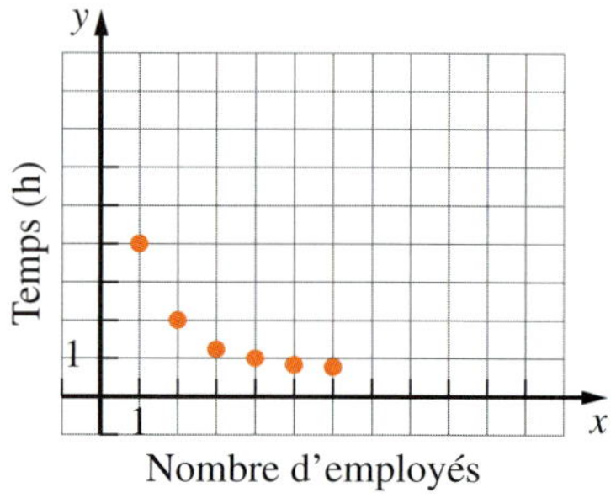

Exercices 7.3

1. L'aire d'un terrain rectangulaire est de 1500 m^2.

a) Exprimer la longueur L du rectangle en fonction de sa largeur x donnée en mètres.

b) Exprimer, en fonction de x, la longueur y de la clôture qui entoure le terrain.

c) Sachant qu'il a fallu 170 m de clôture pour délimiter le terrain, quelles sont les dimensions de celui-ci ?

2. L'hépatite B, une infection virale qui s'attaque au foie, est très répandue dans le monde et constitue un problème majeur dans plusieurs pays. Selon l'Organisation mondiale de la santé (OMS), environ deux milliards de personnes sont infectées dans le monde, et 350 millions d'entre elles ont développé une hépatite chronique qui diminue leur espérance de vie. Plus un enfant est infecté jeune, plus il court le risque de développer une forme chronique de la maladie. Les données de l'OMS permettent d'établir un modèle approximatif de la relation entre l'âge d'un enfant infecté et la probabilité qu'il devienne un porteur chronique. $p(x) = \frac{34}{x} + 22$ donne la probabilité (en pourcentage) qu'un enfant infecté à l'âge de x années devienne porteur chronique de l'hépatite B. On suppose que ce modèle est valide pour les enfants de 6 mois à 10 ans inclusivement.

a) Tracer le graphique de la fonction sur l'intervalle [0,5 ; 10].

b) Quelle est la probabilité qu'un nourrisson infecté à l'âge de 6 mois devienne porteur chronique de l'hépatite B ?

c) Vers quel âge un enfant a-t-il été infecté si la probabilité qu'il développe la forme chronique de la maladie est de 30 % ?

d) Si on analyse la fonction p avec $dom(p) =]0, +\infty[$, quelle est l'équation de son asymptote horizontale ?

e) L'OMS précise qu'environ 90 % des personnes infectées à l'âge adulte alors qu'elles étaient en bonne santé guérissent et se débarrassent du virus en moins de six mois. Expliquer pourquoi le modèle présenté dans l'énoncé du problème ne convient pas pour les adultes.

3. Un fabricant de matériel informatique a investi 700 000 $ en recherche pour concevoir un modèle d'imprimante 3D. La fabrication de chaque imprimante coûte 3000 $.

a) Donner la règle de correspondance de la fonction C qui donne le coût de revient moyen (recherche et fabrication) par unité, sachant qu'on a fabriqué x imprimantes.

b) Comparer le coût de revient moyen pour la fabrication de 500 et de 10 000 imprimantes.

c) Si le fabricant vend les imprimantes 4000 $, calculer le profit ou la perte totale sur la vente de 500 imprimantes et sur la vente de 10 000 imprimantes.

4. Un camionneur a parcouru 200 km après avoir roulé x heures.

a) S'il conserve la même vitesse moyenne pendant les 45 prochaines minutes, donner la règle de correspondance de la fonction $d(x)$ qui permet de calculer la distance totale qu'il aura parcourue.

b) Évaluer $d(2)$ et interpréter cette valeur en tenant compte du contexte.

5. On dit que le cœur d'un mammifère bat environ 900 millions de fois au cours de son existence. Plus l'animal est petit, plus son cœur bat rapidement, diminuant ainsi sa longévité. Une musaraigne, qui ne pèse que quelques grammes, a un rythme cardiaque d'au moins 1000 battements par minute et peut vivre environ un an. La baleine bleue peut peser 100 000 kg et vivre 120 ans, son cœur battant au rythme de 6 battements par minute.

Baleine bleue

Chez l'homme, on observe aussi une relation inversement proportionnelle entre le rythme cardiaque et l'espérance de vie, qu'on peut modéliser par une fonction $V(p)=\frac{A}{p}$, où p est le nombre moyen de battements par minute, $V(p)$ est l'espérance de vie et A, la constante de proportionnalité.

a) Sachant qu'une personne dont le rythme cardiaque moyen est de 60 battements/min a une espérance de vie de 96 ans, trouver la valeur de la constante de proportionnalité A.

b) Quelle est l'espérance de vie d'une personne dont le cœur bat en moyenne 70 fois par minute ?

c) Quel est le rythme cardiaque d'une personne dont l'espérance de vie est de 81 ans ?

d) Dans un certain pays occidental, le rythme cardiaque moyen est de 71 battements/min et l'espérance de vie, de 81,12 ans. Que représente la fonction $U(p)=\frac{A}{p}-81{,}12$? Que représente x dans la règle de correspondance de la fonction $W(x)=\frac{A}{x+71}-81{,}12$?

6. Une entreprise fabrique des bicyclettes de type BIXI, qui sont vendues aux municipalités du Québec souhaitant offrir des vélos en libre-service à leurs citoyens et aux visiteurs, comme le fait la ville de Montréal depuis 2009. Le coût de fabrication d'un vélo est de 125 $ l'unité. Les frais mensuels fixes associés à la fabrication s'élèvent à 50 000 $. Un vélo est vendu 200 $, mais le fabricant assume les frais de manutention, de comptabilité et d'administration, qui atteignent 25 000 $ par mois.

La fonction $f(x)=\frac{200x-25\,000}{125x+50\,000}$ donne le ratio de rentabilité qui permet de calculer chaque mois le revenu net du fabricant pour chaque dollar investi dans la fabrication de x vélos ($x>0$), en supposant que tous les vélos fabriqués durant un mois sont vendus.

a) Calculer le ratio de rentabilité d'un mois où le fabricant a produit et vendu 2000 vélos. Interpréter cette valeur en tenant compte du contexte.

b) Donner l'équation de l'asymptote horizontale du graphique de f. Interpréter la valeur de k dans cette situation.

c) Donner l'équation de l'asymptote verticale du graphique de f et expliquer pourquoi cette information n'est pas intéressante dans ce contexte.

d) Si l'entreprise peut fabriquer au plus 5000 vélos par mois, quel est le domaine contextuel ?

e) Tracer une esquisse du graphique de f.

Pour chacun des exercices suivants, préciser si les variables sont directement ou inversement proportionnelles et définir la fonction qui décrit la situation avant de répondre à la question.

7. Pendant une partie d'un vol transatlantique, un avion vole à une vitesse constante et parcourt 1032 km en 1 h 12 min.

a) Combien de temps l'avion met-il pour parcourir 500 km ?

b) À quelle vitesse vole-t-il ?

8. La loi de Boyle stipule qu'à température constante le volume d'un gaz varie selon la pression exercée sur ce gaz.

a) Si on désigne le volume par V et la pression par P, exprimer V en fonction de P.

b) Un cylindre contient 1,6 litre d'oxygène à une pression de 125 kPa. À l'aide d'un piston, on comprime le gaz et la pression augmente à 150 kPa. Quel est alors le volume d'oxygène ?

9. Pour parcourir une certaine distance, le nombre de tours qu'effectue une roue de bicyclette dépend du rayon de la roue.

a) Quelle est la règle de correspondance de la fonction qui donne le nombre de tours nécessaires pour parcourir 200 m avec une roue de rayon r cm ?

b) Combien de tours de roue faut-il pour parcourir cette même distance avec une bicyclette dont les roues mesurent 30 cm de rayon ?

7.4 Applications et synthèse des connaissances

Résoudre des problèmes de synthèse faisant appel aux connaissances acquises dans les sept premiers chapitres.

7.4.1 Les fonctions composées contenant des fonctions rationnelles

Les fonctions qui permettent de modéliser des situations concrètes sont souvent le résultat d'opérations élémentaires ou de la composition de fonctions plus simples.

Il sera souvent utile de pouvoir « décomposer » une fonction, c'est-à-dire de retrouver les fonctions simples qui la composent et les opérations effectuées sur celles-ci. Cette décomposition sera particulièrement utile dans les cours de calcul différentiel pour calculer la dérivée d'une fonction composée.

Il existe souvent plusieurs façons équivalentes d'exprimer la résultante d'une suite d'opérations.

7

Exemple 7.11

◆ Soit la fonction $f(x)=\sqrt{\dfrac{3x+2}{x-1}}$.

Pour calculer l'image d'une valeur de x par cette fonction, il faut d'abord évaluer la fraction et ensuite extraire la racine carrée.

On peut définir la fonction rationnelle comme le quotient des deux polynômes $p(x)=3x+2$ et $q(x)=x-1$.

Si $g(x)=\sqrt{x}$, alors $f(x)=\sqrt{\dfrac{p(x)}{q(x)}}=g\left(\dfrac{p(x)}{q(x)}\right)$.

On pourrait aussi définir une fonction rationnelle $h(x)=\dfrac{3x+2}{x-1}$. Dans ce cas, $f(x)=\sqrt{h(x)}=g(h(x))=(g\circ h)(x)$.

- Soit la fonction $f(x) = \dfrac{\sqrt{3x+2}}{\sqrt{x-1}}$.

  Pour calculer l'image d'une valeur de x par cette fonction, il faut évaluer chacune des racines carrées avant d'effectuer la division.

  En utilisant les mêmes fonctions de base définies à l'exemple précédent, on obtient $f(x) = \dfrac{\sqrt{p(x)}}{\sqrt{q(x)}} = \dfrac{g(p(x))}{g(q(x))} = \dfrac{(g \circ p)(x)}{(g \circ q)(x)}$.

L'analyse complète de fonctions complexes ne fait pas l'objet de ce cours. Il existe toutefois un bon nombre de fonctions pour lesquelles on peut facilement trouver le domaine, les zéros et l'ordonnée à l'origine. Dans plusieurs cas, on peut faire l'étude du signe à l'aide d'un tableau.

Les exemples suivants présentent des fonctions composées qu'on peut analyser partiellement à l'aide des outils présentés jusqu'à maintenant.

Exemple 7.12

- Soit la fonction $f(x) = \sqrt{\dfrac{3-x}{x+4}}$.

  Les valeurs x du domaine doivent répondre à la condition $\dfrac{3-x}{x+4} \geq 0$, car l'expression sous le radical doit être positive ou nulle.

  Ainsi, $dom(f) = \left\{ x \in \mathbb{R} \;\middle|\; \dfrac{3-x}{x+4} \geq 0 \right\}$.

  On peut résoudre l'inéquation $\dfrac{3-x}{x+4} \geq 0$ à l'aide d'un tableau de signes.

Valeurs de x	$-\infty$	-4		3	$+\infty$
$3-x$	+	+	+	0	−
$x+4$	−	0	+	+	+
$\dfrac{3-x}{x+4}$	−	∄	+	0	−

  La dernière ligne du tableau nous indique que $\dfrac{3-x}{x+4} \geq 0$ si $-4 < x \leq 3$.

  On a donc $dom(f) = \{x \in \mathbb{R} \mid -4 < x \leq 3\} =]-4, 3]$.

  Les zéros de f sont les solutions de l'équation $f(x) = 0$ (*voir le chapitre 3, section 3.9, pour la résolution d'équations contenant des racines carrées*).

$$\sqrt{\frac{3-x}{x+4}}=0$$

$$\left(\sqrt{\frac{3-x}{x+4}}\right)^2=0^2$$

$$\frac{3-x}{x+4}=0$$

$$3-x=0$$

$$x=3$$

$3 \in dom(f)$ et c'est le seul zéro de f. Le graphique de f coupe l'axe des x au point (3, 0), qui est aussi l'extrémité du graphique.

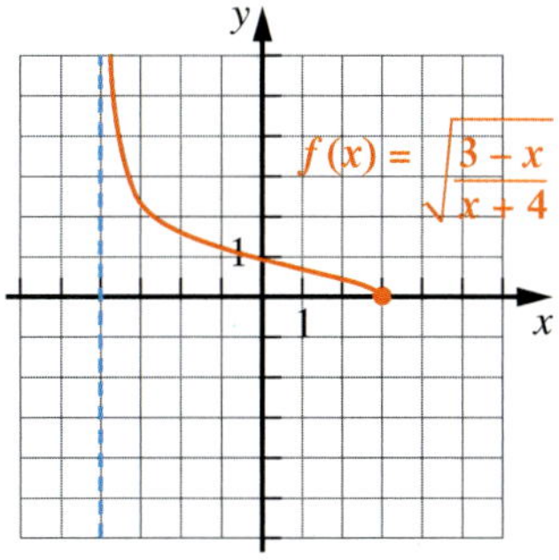

Puisque $0 \in dom(f)$, on peut calculer l'ordonnée à l'origine.

$$f(0)=\sqrt{\frac{3-0}{0+4}}=\sqrt{\frac{3}{4}}=\frac{\sqrt{3}}{2}$$

Le graphique coupe l'axe des y au point $\left(0, \frac{\sqrt{3}}{2}\right) \approx (0\,;0{,}87)$.

La fonction f n'est jamais négative puisqu'elle est définie par une racine carrée.

Le graphique ci-dessus permet d'observer les caractéristiques trouvées précédemment.

◆ Soit $f(x)=\frac{x^2-4}{x-2}$.

$dom(f)=\mathbb{R}\setminus\{2\}$, puisque 2 est la seule valeur qui annule le dénominateur.

Les zéros de la fonction sont les zéros du numérateur qui appartiennent au domaine.

$$x^2-4=0$$

$$(x+2)(x-2)=0$$

$$x+2=0 \quad \text{ou} \quad x-2=0$$

$$x=-2 \quad \text{ou} \quad x=2$$

Il faut rejeter la solution $x=2$, car $2 \notin dom(f)$.

La fonction ne possède donc qu'un seul zéro : $x=-2$.

Cette fonction est particulière en ce sens qu'on peut simplifier la fraction $\frac{x^2-4}{x-2}$.

$$f(x)=\frac{x^2-4}{x-2}=\frac{(x+2)(x-2)}{x-2}=x+2 \quad (\text{car } x-2\neq 0)$$

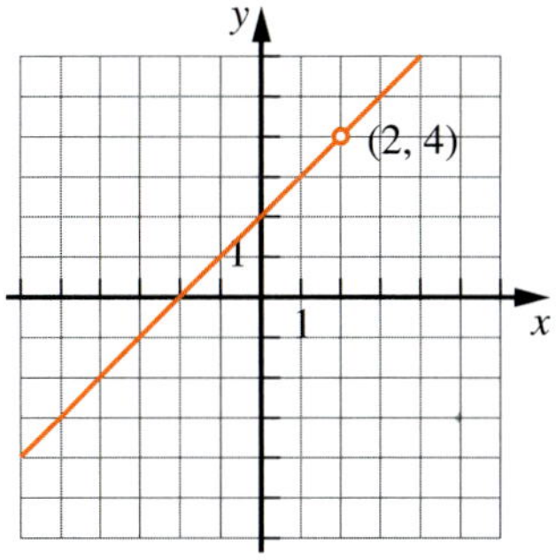

On peut donc exprimer la fonction sous la forme $f(x)=x+2$, où $dom(f)=\mathbb{R}\setminus\{2\}$.

Elle est alors définie par l'équation d'une droite, pour toutes les valeurs réelles de x différentes de 2. Son graphique est une droite avec un « trou » représenté par un point vide (◦) qui indique que la fonction ne possède pas d'image pour $x=2$.

7.4.2 Les systèmes d'équations

Nous avons vu au chapitre 5 (*voir la section 5.3*) comment trouver le point d'intersection de deux droites en résolvant un système d'équations. Au chapitre 6 (*voir la section 6.10*), nous avons étendu cette méthode à la recherche des points d'intersection de deux courbes. Nous présentons ci-dessous un exemple qui fait intervenir une fonction rationnelle.

Exemple 7.13

◆ Soit la fonction $g(x)=\frac{1}{x-2}+3$, où $dom(g)=\mathbb{R}\setminus\{2\}$.

La fonction est exprimée sous la forme canonique $g(x)=\frac{A}{x-h}+k$, où $A=1$, $h=2$ et $k=3$.

On sait que la droite d'équation $y=x$ est un axe de symétrie de l'hyperbole représentant la fonction $f(x)=\frac{1}{x}$. Lorsqu'on transforme la fonction f pour obtenir g, cet axe de symétrie subit les mêmes transformations.

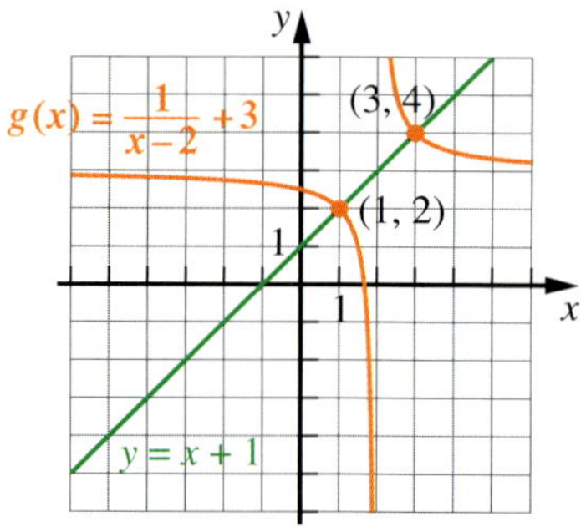

L'axe de symétrie est donc la droite $y = (x - 2) + 3$, c'est-à-dire la droite $y=x+1$.

On peut trouver les points d'intersection de cette droite avec l'hyperbole en résolvant le système d'équations $\begin{cases} y=x+1 \\ y=\frac{1}{x-2}+3 \end{cases}$.

On pose l'égalité entre les deux expressions de y et on résout l'équation.

$$x+1=\frac{1}{x-2}+3$$

$$x+1=\frac{1+3(x-2)}{x-2} \qquad \text{(addition de fractions)}$$

$$x+1=\frac{3x-5}{x-2}$$

$$(x-2)(x+1)=(x-2)\frac{3x-5}{x-2} \qquad \text{(multiplication des deux membres par } x-2\neq 0\text{)}$$

$$x^2-x-2=3x-5$$

$$x^2-4x+3=0$$

$$(x-1)(x-3)=0 \qquad \text{(factorisation)}$$

$$x-1=0 \text{ ou } x-3=0 \qquad \text{(règle du produit nul)}$$

$$x=1 \text{ ou } x=3$$

L'axe de symétrie coupe le graphique de g aux points $(1, g(1))=(1, 2)$ et $(3, g(3))=(3, 4)$, qui sont les sommets des deux branches de l'hyperbole.

7.4.3 Les fonctions définies par parties

Exemple 7.14

◆ Le graphique ci-contre est constitué de deux branches d'hyperboles.

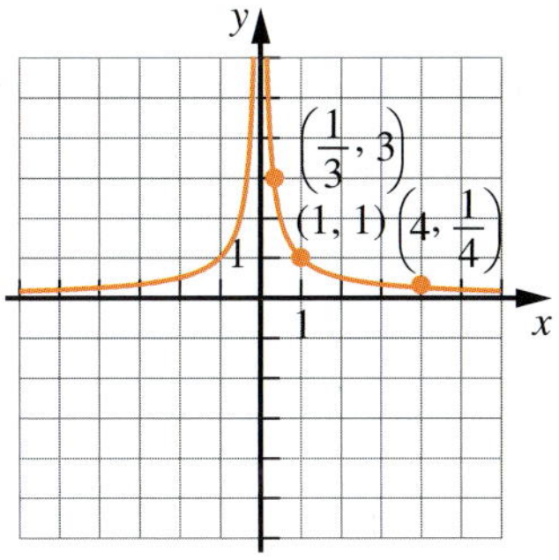

Pour $x > 0$, on reconnaît la fonction $f(x) = \frac{1}{x}$.

La branche de gauche est symétrique à celle de droite par rapport à l'axe des y.

Pour $x < 0$, on a donc $f(x) = \frac{-1}{x}$.

On peut alors définir f en deux parties :

$$f(x) = \begin{cases} \frac{-1}{x} & \text{si } x < 0 \\ \frac{1}{x} & \text{si } x > 0 \end{cases}$$

Il serait possible de définir cette fonction sans recourir à la définition par parties (*voir l'exercice 7.4, n° 6*).

◆ Soit la fonction $f(x) = \begin{cases} \frac{2}{x+3} - 1 & \text{si } x < -3 \\ x + 3 & \text{si } -3 \leq x \leq 1 \\ \frac{1}{x-1} + 2 & \text{si } x > 1 \end{cases}$

On peut faire l'analyse de la fonction à partir de sa règle de correspondance et de son graphique, constitué de deux branches d'hyperboles et d'un segment de droite.

$dom(f) = \mathbb{R}$

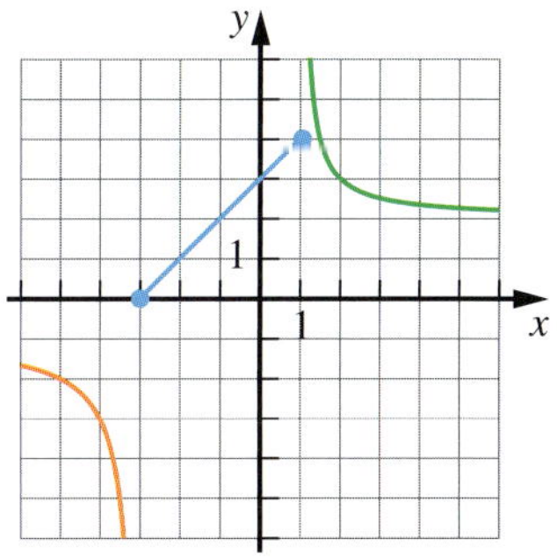

Le seul zéro est $x = -3$, puisque le graphique touche l'axe des x au point (-3, 0). On trouverait le même résultat à partir de la règle de correspondance.

L'ordonnée à l'origine est $f(0) = 3$, qu'on peut trouver à partir de la définition de la fonction ou en constatant que le graphique coupe l'axe des y au point (0, 3).

$f(x) < 0$ si $x < -3$, $f(x) = 0$ si $x = -3$ et $f(x) > 0$ si $x \geq -3$.

f est croissante sur $[-3, 1]$; elle est décroissante sur $]-\infty, -3[$ et sur $]1, +\infty[$.

Les droites $x = -3$ et $x = 1$ sont les asymptotes verticales, alors que les droites $y = -1$ et $y = 2$ sont les asymptotes horizontales.

Exercices 7.4

1. Décomposer chacune des fonctions suivantes en exprimant la règle de correspondance comme une suite d'opérations sur des fonctions simples. Il y a plusieurs solutions possibles.

a) $f(x)=\sqrt{\dfrac{x-10}{x+10}}$

b) $f(x)=\dfrac{\sqrt{x}+100}{\sqrt{x}-100}$

c) $f(x)=\dfrac{x^2-10}{\sqrt{x^2-10}}$

d) $f(x)=\left(\dfrac{x+2}{1-5x}\right)^2$

e) $f(x)=\dfrac{-1}{\dfrac{2}{x-13}}$

f) $f(x)=\dfrac{|3x-1|}{|4+x|}$

2. Pour chacune des fonctions suivantes, trouver le domaine et les zéros, puis faire l'étude du signe.

a) $f(x)=\dfrac{(x+3)^2}{(x-2)^3}$

b) $f(x)=\dfrac{\sqrt{x+10}}{x^2}$

c) $f(x)=\dfrac{x^2-4}{\sqrt{x^2-4}}$

d) $f(x)=\sqrt{\dfrac{x-5}{x+9}}$

e) $f(x)=\dfrac{x^2-25}{2x+10}$

f) $f(x)=\dfrac{|x-3|}{|x-5|}$

3. À l'aide d'un système d'équations, trouver les points d'intersection des graphiques des fonctions suivantes, s'ils existent. Vérifier la solution en traçant les graphiques.

a) $f(x)=\dfrac{5}{x}$ et $g(x)=x+4$

b) $f(x)=\dfrac{1}{x-3}$ et $g(x)=\dfrac{-1}{x-1}$

c) $f(x)=\dfrac{x}{1-x}-4$ et $g(x)=-4$

d) $f(x)=\dfrac{1+2x}{x}$ et $g(x)=\dfrac{5+2x}{x+1}$

e) $f(x)=\dfrac{-x^2}{4}$ et $g(x)=\dfrac{x}{x-2}$

f) $f(x)=\dfrac{x+2}{x-5}$ et $g(x)=\sqrt{x+2}$

4. Tracer le graphique de $f(x)=\begin{cases} -(x+3)^2+4 & \text{si } -5\le x\le -1 \\ 2x+2 & \text{si } -1<x<1 \\ \dfrac{2}{x}+2 & \text{si } x>1 \end{cases}$ et faire l'analyse de cette fonction.

5. Donner la règle de correspondance de la fonction définie par parties représentée par le graphique ci-contre, sachant que chaque partie de la courbe est une portion de la même hyperbole $\left(y=\dfrac{1}{x}\right)$ qu'on a soumise à des translations horizontales.

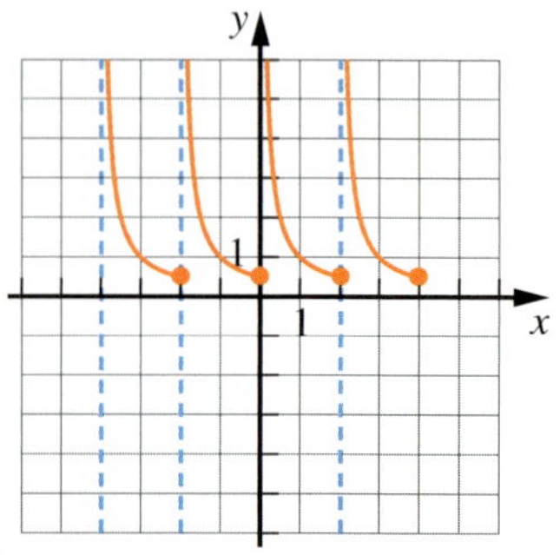

6. Soit la fonction $f(x)=\begin{cases} \dfrac{-1}{x} & \text{si } x<0 \\ \dfrac{1}{x} & \text{si } x>0 \end{cases}$ *(voir l'exemple 7.14)*.

Exprimer la règle de correspondance de *f* sans utiliser une définition par parties.

7. Tracer le graphique de la fonction $f(x)=\dfrac{x-|x|}{x}$. À partir de ce graphique, donner une définition par parties de $f(x)$.

Exercices récapitulatifs

1. Faire l'analyse complète de chacune des fonctions suivantes.

a) $f(x)=\dfrac{5}{3x-4}-2$ b) $f(x)=\dfrac{2x-7}{x+4}$

2. Trouver la règle de correspondance des fonctions rationnelles du premier degré représentées par chacun des graphiques suivants.

a)

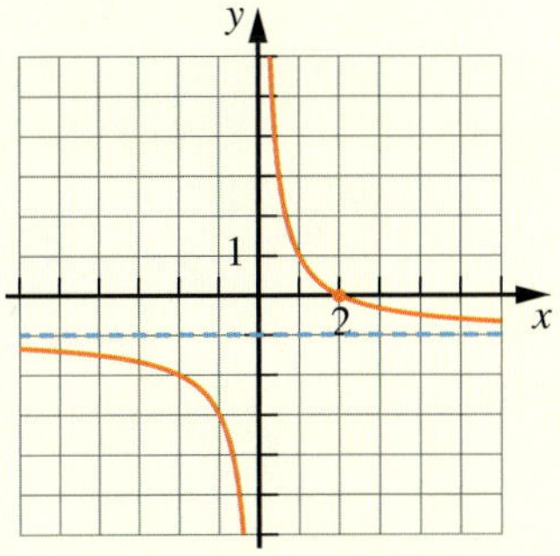

b)

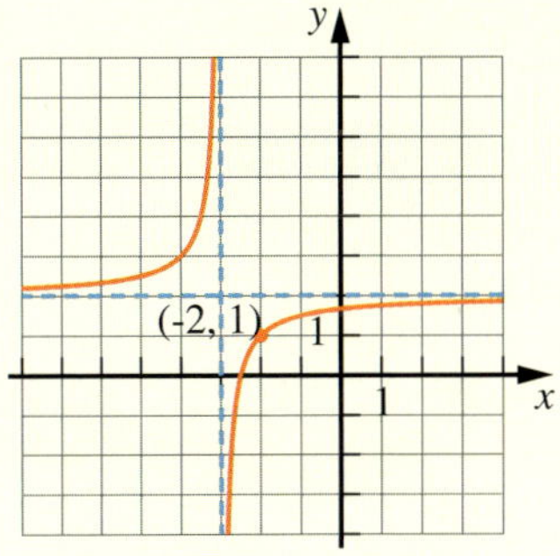

3. Trouver la règle de correspondance de la fonction rationnelle du premier degré représentée par une hyperbole de centre (-2, 4) qui passe par le point (-1, 5).

4. Trouver la règle de correspondance et le domaine de la réciproque de chacune des fonctions suivantes.

a) $f(x)=\dfrac{4x-5}{2x-3}$ b) $f(x)=\dfrac{-5}{2x+15}-1$

5. Votre grand-père vous raconte qu'avant l'adoption du système international d'unités (SI) on calculait la consommation d'essence d'une voiture en milles par gallon impérial (MPG). Il vous dit que sa première voiture parcourait en moyenne 32 MPG, ce qui correspondrait aujourd'hui à une consommation de 8,8275 L/100 km. La relation entre la consommation en litres par 100 km (y) et son équivalent en milles par gallon impérial (x) est une fonction de variation inverse.

a) Donner la règle de correspondance $y=f(x)$ de cette fonction et son domaine contextuel.

b) Calculer les valeurs manquantes dans le tableau.

Milles par gallon impérial	20	28		
Litres par 100 km			6,6	10,4

c) Donner la règle de correspondance et l'interprétation de la fonction f^{-1}.

6. Deux produits chimiques A et B réagissent pour former un produit C. La fonction $Q(t)=2-\dfrac{30}{2t+15}$ donne la quantité de produit C (en grammes), t secondes après le début de la réaction.

a) Déterminer la quantité de produit C obtenue après 10 secondes de réaction.

b) Combien de temps de réaction faut-il pour obtenir 1,5 g du produit C ?

c) Tracer le graphique de la fonction Q, sans restriction contextuelle de domaine. Donner ses caractéristiques.

d) Dans ce contexte, il faut restreindre le domaine aux valeurs de $t \geq 0$. Donner les coordonnées de l'extrémité du graphique et interpréter ce résultat.

7. Trouver le domaine et les zéros de chacune des fonctions suivantes, puis faire l'étude du signe à l'aide d'un tableau.

a) $f(x)=\dfrac{\sqrt{x+5}}{2x^2}$ d) $f(x)=\dfrac{x+4}{x-5}-\dfrac{2-x}{x}$

b) $f(x)=\sqrt{\dfrac{x-2}{x+3}}$ e) $f(x)=\dfrac{x^2+7x+10}{x^3}$

c) $f(x)=\dfrac{x^2+3x+4}{\sqrt{x^2+3x+4}}$ f) $f(x)=\dfrac{|x|}{x}$

8. Soit $f(x)=\dfrac{2}{3-x}+1$. Trouver les points d'intersection du graphique de f avec la droite $x+y-3=0$.

Un peu d'histoire

Les réponses à certaines de ces questions se trouvent dans ce chapitre. Un peu de réflexion ou de recherche sera nécessaire pour répondre aux questions en bleu.

9. À quel mathématicien italien célèbre, issu d'une famille de marchands, doit-on un intérêt pour l'algèbre ?

10. À quel outil mathématique fait-on référence lorsqu'on qualifie certains mathématiciens d'« abaquistes » ?

11. La division d'un angle en trois parties isométriques est appelée « trisection d'un angle ». Nommez quelques mathématiciens qui ont étudié cette question.

7

8 Les fonctions exponentielles et logarithmiques

Objectif général

Résoudre des problèmes représentés par des fonctions exponentielles ou des fonctions logarithmiques.

Quelle sera la population de la Chine dans 20 ans si elle continue de croître au rythme de 0,6 % par année ? Dans combien de temps un placement à 4 % d'intérêt aura-t-il doublé ? Comment calcule-t-on la valeur actuelle d'une voiture achetée il y a quelques années et qui se déprécie de 15 % par an ? Si le nombre de bactéries dans une culture double toutes les heures, combien y en aura-t-il dans deux jours ?

Les fonctions exponentielles et leurs réciproques, les fonctions logarithmiques, permettent de répondre à toutes ces questions. Les propriétés de ces fonctions sont tellement particulières que le terme « exponentiel » est souvent employé, entre autres par les médias, pour qualifier une croissance phénoménale.

Une légende raconte que l'inventeur du jeu d'échecs a fait cadeau d'un échiquier à son roi. En guise de remerciement, le roi lui a offert une récompense de son choix. L'homme a demandé au roi de placer un grain de riz sur la première case de l'échiquier, deux grains sur la deuxième case, quatre grains sur la troisième, et ainsi de suite, en doublant le nombre de grains de riz à chacune des étapes. Cela semblait bien peu au roi. La suite 1, 2, 4, 8, 16, 32, 64, ... donne le nombre de grains de riz sur chacune des cases de l'échiquier. On peut aussi écrire les termes de cette suite sous la forme d'une puissance de 2 : 2^0, 2^1, 2^2, 2^3, 2^4, ..., 2^{63}. Il aurait fallu 18 446 744 073 709 551 615 grains de riz pour répondre à la demande.

La même suite permet de calculer l'épaisseur d'une pile de papier obtenue par des coupes successives d'une grande feuille. On coupe la première feuille en deux et on superpose les deux parties. On effectue une nouvelle coupe et on superpose les quatre parties, et ainsi de suite. Après 50 coupes seulement, on aura 2^{50} petits bouts de papier, soit près de 1 125 900 000 000 000 feuilles (plus d'un million de milliards). Si on estime l'épaisseur d'une feuille de papier à 0,07 mm, la pile mesurerait alors près de 79 000 000 km, soit 2000 fois le tour de la Terre ou 200 fois la distance de la Terre à la Lune !

Dans ce chapitre, nous étudierons les caractéristiques des fonctions qui permettent de décrire de telles situations.

Exercices préliminaires

Avant d'entreprendre l'étude de ce chapitre, vous devriez connaître et maîtriser les notions suivantes. Si vous ne pouvez répondre à une question donnée, reportez-vous aux chapitres précédents.

Les propriétés des exposants (*voir le chapitre 1*)

1. Effectuer chacune des opérations suivantes et simplifier la réponse si possible.

a) $\dfrac{8^2}{(2\times 4)^2}+\dfrac{1}{2(4^2-2^3)}-\dfrac{4\times 4^{-6}}{(4^2)^{-2}}$

b) $\dfrac{\left(\frac{2}{3}\right)^4\left(\frac{2}{3}\right)^{-2}}{\left(\frac{2}{3}\right)^{-3}\left(\frac{2}{3}\right)^5}$

c) $(3\times 27)^{\frac{1}{2}}$

d) $2\times 5^3+5(1+3^2)^2-2(-5)^3$

Les équations et les inéquations (*voir les chapitres 6 et 7*)

2. Résoudre chacune des équations suivantes.

a) $6x^2-x=12$

b) $x^2+5x-10=0$

c) $\dfrac{3}{4x+4}=\dfrac{x}{x^2+3x+2}$

d) $\sqrt{3x+10}=6-x$

3. Trouver l'ensemble solution de chacune des inéquations suivantes.

a) $x^2\leq 1$

b) $4x^2-12x+9\leq 0$

c) $\dfrac{x+3}{x^2-x}\geq 0$

Les fonctions (*voir les chapitres 4, 6 et 7*)

4. Trouver le domaine et les zéros de chacune des fonctions suivantes.

a) $f(x)=\dfrac{x^2+2x-3}{x^2-2x+1}$

b) $f(x)=\sqrt{x^2-25}$

c) $f(x)=\dfrac{1}{x}-\dfrac{1}{x+1}$

d) $f(x)=\dfrac{x-3}{\sqrt{x-4}}$

5. Faire l'analyse complète de la fonction $f(x)=3-\dfrac{1}{x+2}$.

6. Si $f(x)=\dfrac{3x+1}{x-2}$, donner la règle de correspondance de chacune des fonctions suivantes.

a) f^{-1}

b) $f\circ f^{-1}$

c) $f^{-1}\circ f$

8

8.1 La fonction exponentielle $f(x) = b^x$

Décrire et interpréter les caractéristiques d'une fonction exponentielle $f(x) = b^x$.

Avant d'entreprendre l'étude de la fonction exponentielle, il convient de rappeler les propriétés des exposants. Les propriétés énoncées au chapitre 1 pour les exposants entiers ou fractionnaires (*voir les sections 1.8 et 1.9*) restent valides pour tous les exposants réels.

Les propriétés des exposants réels

Lorsque ces expressions existent comme nombres réels :

1. $a^m \times a^n = a^{m+n}$

2. $\dfrac{a^m}{a^n} = a^{m-n}$

3. $a^0 = 1$ si $a \neq 0$

4. $a^{-n} = \dfrac{1}{a^n}$

5. $(a^m)^n = a^{mn}$

6. $(ab)^m = a^m b^m$

7. $\left(\dfrac{a}{b}\right)^m = \dfrac{a^m}{b^m}$

8. $a^{\frac{1}{n}} = \sqrt[n]{a}$

9. $a^{\frac{m}{n}} = \left(\sqrt[n]{a}\right)^m = \sqrt[n]{a^m}$

Exemple 8.1

◆ Simplifions l'expression $\dfrac{3^{x^2} \times 3^{3x-1}}{9^x}$.

$$\frac{3^{x^2} \times 3^{3x-1}}{9^x} = \frac{3^{x^2+3x-1}}{9^x} \quad \text{(propriété 1 des exposants)}$$

$$= \frac{3^{x^2+3x-1}}{(3^2)^x} \quad \text{(base commune)}$$

$$= \frac{3^{x^2+3x-1}}{3^{2x}} \quad \text{(propriété 5 des exposants)}$$

$$= 3^{x^2+3x-1-2x} \quad \text{(propriété 2 des exposants)}$$

$$= 3^{x^2+x-1}$$

◆ Simplifions l'expression $\dfrac{\left(\dfrac{a^{-n}}{2a^2}\right)^{n+1}}{a}$.

$$\frac{\left(\dfrac{a^{-n}}{2a^2}\right)^{n+1}}{a} = \left(\frac{a^{-n}}{2a^2}\right)^{n+1} \times \frac{1}{a} \quad \text{(multiplication par l'inverse)}$$

$$= \frac{(a^{-n})^{n+1}}{(2a^2)^{n+1}} \times \frac{1}{a} \quad \text{(propriété 7 des exposants)}$$

$$= \frac{(a^{-n})^{n+1}}{2^{n+1}a^{2(n+1)}} \times \frac{1}{a} \quad \text{(propriété 6 des exposants)}$$

$$= \frac{a^{-n^2-n}}{2^{n+1}a^{2n+2}} \times \frac{1}{a}$$

$$= \frac{a^{-n^2-n}}{2^{n+1}a^{2n+3}} \quad \text{(propriété 1 des exposants)}$$

8

$$= \frac{a^{-n^2 - n - 2n - 3}}{2^{n+1}}$$ (propriété 2 des exposants)

$$= \frac{a^{-n^2 - 3n - 3}}{2^{n+1}}$$

Une **fonction exponentielle** est une fonction de la forme $f(x) = b^x$, où la **base** b est une constante réelle telle que $b > 0$ et $b \neq 1$.

Exemple 8.2

- $f(x) = 5^x$ est une fonction exponentielle de base 5.
- $f(x) = (0{,}3)^x$ est une fonction exponentielle de base 0,3.
- $f(x) = (-6)^x$ n'est pas une fonction exponentielle, car $-6 < 0$.
- $f(x) = x^7$ n'est pas une fonction exponentielle, puisque la variable n'est pas en exposant. C'est une fonction polynomiale de degré 7.

Voici pourquoi on pose les conditions $b > 0$ et $b \neq 1$.

- Si $b < 0$, l'expression b^x n'est pas toujours définie.

  Si on pose $y = (-8)^x$, on peut calculer la valeur de y pour toute valeur entière de x.

  $$(-8)^3 = -512,\ (-8)^0 = 1,\ (-8)^{-2} = \frac{1}{64}, \text{ etc.}$$

  On peut aussi calculer la valeur de y si x est une fraction dont le dénominateur est impair.

  $$(-8)^{\frac{1}{3}} = \sqrt[3]{-8} = -2,\ (-8)^{\frac{2}{7}} = \sqrt[7]{(-8)^2} = \sqrt[7]{64}, \text{ etc.}$$

  Par contre, y n'est pas défini si x est une fraction irréductible dont le dénominateur est pair, puisqu'il s'agirait d'extraire une racine paire d'un nombre négatif.

  $$(-8)^{\frac{3}{4}} = \sqrt[4]{(-8)^3} = \sqrt[4]{-512} \text{ n'est pas défini.}$$

  Il existe une infinité de valeurs pour lesquelles l'expression $y = (-8)^x$ n'est pas définie, ce qui rendrait cette fonction inintéressante.

8

- Si $b = 1$, la règle de correspondance $y = b^x$ devient $y = 1^x$, c'est-à-dire $y = 1$ pour tout x. C'est une fonction constante. Il en va de même pour $b = 0$, qui donne lieu à la fonction constante $y = 0$ quand $x > 0$ et à une fonction qui n'existe pas quand $x \leq 0$.

Pour qu'une fonction $f(x) = b^x$ porte le nom de fonction exponentielle, le nombre b peut être un nombre entier, rationnel ou irrationnel **positif**, et il doit être **différent de 1**.

Parmi les nombres irrationnels qui peuvent constituer la base d'une fonction exponentielle, on retrouve le nombre e, parfois appelé « nombre d'Euler » ou « constante de Neper », dont la représentation décimale est non périodique et dont la valeur approximative est 2,718 28. C'est la « limite » de la suite infinie ci-dessous :

$$\left(1+\frac{1}{1}\right)^1, \left(1+\frac{1}{2}\right)^2, \left(1+\frac{1}{3}\right)^3, \left(1+\frac{1}{4}\right)^4, \left(1+\frac{1}{5}\right)^5, \ldots$$

Chaque terme est de la forme $\left(1+\frac{1}{n}\right)^n$. Plus n est grand, plus la valeur de $\left(1+\frac{1}{n}\right)^n$ s'approche de la valeur exacte de e.

n	1	2	10	100	1000	10 000	1 000 000
$\left(1+\frac{1}{n}\right)^n$	2	2,25	2,593...	2,704...	2,716 923...	2,718 145...	2,718 280 469...

On peut aussi définir e comme la limite de la somme infinie suivante.

$$e = 1+\frac{1}{1}+\frac{1}{1\times 2}+\frac{1}{1\times 2\times 3}+\frac{1}{1\times 2\times 3\times 4}+\ldots$$

On utilise souvent la fonction exponentielle $y = e^x$ pour décrire des situations rencontrées notamment en biologie, en physique, en économie et en démographie. L'intérêt particulier de la base e est encore plus évident en calcul différentiel.

Il faut bien distinguer les fonctions exponentielles de la forme $y = b^x$, où la base est constante et l'exposant, variable, et les fonctions polynomiales de la forme $y = x^b$ où l'exposant est constant.

D'OÙ VIENT LE MOT « EXPONENTIEL » ?

Leonhard Euler

En latin, le verbe *exponere* signifie, entre autres, « reproduire ». À la Renaissance, les livres scientifiques étaient en général écrits en latin. Ainsi, dans son *Arithmetica integra* publié en 1544, Michael Stifel (1487-1567) écrit « *3 exponens ipsius octonarij* », ce qui veut dire « 3 reproduit (*exponens*) huit fois (*octonarij*) par lui-même (*ipsius*) ». Les termes « exposant » et « exponentiel » découlent de cet usage. Cependant, à la Renaissance, on ne parle pas encore de fonctions. Ce n'est que presque 300 ans plus tard, au XVIIIe siècle, qu'Euler (1707-1783) étudie en profondeur les fonctions exponentielles qu'il écrit d'ailleurs comme nous : $f(x) = b^x$. Toutefois, calculer la valeur de cette fonction est difficile pour un x qui n'est pas un entier. Heureusement, Euler a réussi à exprimer cette fonction comme une somme infinie de certains monômes en x. Aujourd'hui, ces séries programmées dans les calculatrices donnent rapidement les valeurs que prend une fonction exponentielle.

8

Une fonction exponentielle $y = f(x) = b^x$ est définie pour tout $x \in \mathbb{R}$.

En effet, si $b > 0$ et $b \neq 1$, on peut élever b à n'importe quelle puissance réelle.

Ainsi, $dom(f) = \mathbb{R}$.

Quelle que soit la valeur de x, son image $y = b^x$ est toujours positive.

On a donc $ima(f) \subseteq\ ]0, +\infty[$.

Par exemple, pour $b = 2$, le tableau ci-après donne les images $y = f(x) = 2^x$ de quelques valeurs de x.

x	-4	-1	0	$\frac{1}{2}$	1	$\sqrt{3}$	5
$y = 2^x$	$2^{-4} = \frac{1}{16}$	$2^{-1} = \frac{1}{2}$	$2^0 = 1$	$2^{\frac{1}{2}} = \sqrt{2}$	$2^1 = 2$	$2^{\sqrt{3}} \approx 3{,}3220$	$2^5 = 32$

La comparaison des graphiques des fonctions $f(x) = 2^x$ et $g(x) = \left(\frac{1}{2}\right)^x$ permettra de déduire les caractéristiques du graphique d'une fonction exponentielle.

Le tableau de valeurs ci-dessous montre les images $f(x)$ et $g(x)$ de quelques valeurs de x.

x	-3	-2	-1	$\frac{-1}{2}$	0	$\frac{1}{2}$	1	2	3
$f(x) = 2^x$	$\frac{1}{8}$	$\frac{1}{4}$	$\frac{1}{2}$	$\frac{1}{\sqrt{2}} \approx 0{,}7$	1	$\sqrt{2} \approx 1{,}4$	2	4	8
$g(x) = \left(\frac{1}{2}\right)^x$	8	4	2	$\sqrt{2} \approx 1{,}4$	1	$\frac{1}{\sqrt{2}} \approx 0{,}7$	$\frac{1}{2}$	$\frac{1}{4}$	$\frac{1}{8}$

Les couples $(x, f(x))$ et $(x, g(x))$ permettent de tracer les graphiques de f et de g.

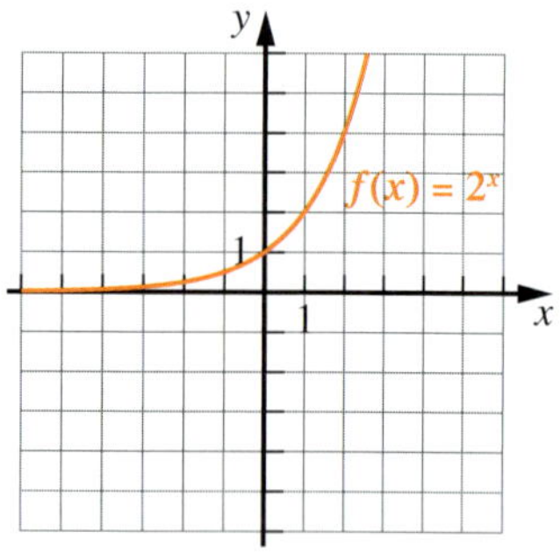

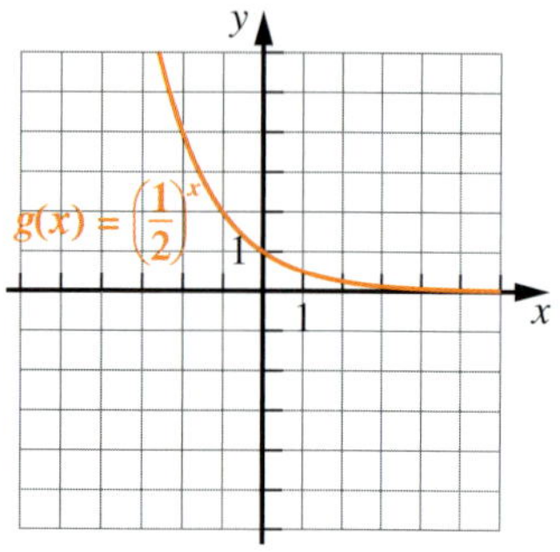

- Les deux graphiques s'étendent sur toute la longueur de l'axe des x, puisque le domaine de chacune des deux fonctions est IR.
- Les deux graphiques sont entièrement situés au-dessus de l'axe des x, puisque l'ensemble image des deux fonctions est inclus dans $]0, +\infty[$.
- Ces fonctions n'ont aucun zéro, mais chacune des courbes s'approche indéfiniment de l'axe des x, la première quand $x < 0$ (à gauche) et la seconde quand $x > 0$ (à droite). Dans les deux cas, l'axe des x est donc l'asymptote horizontale du graphique. On dit que l'asymptote est **active à gauche** dans le premier cas et **active à droite** dans le second.
- On en déduit que l'ensemble image de chacune des fonctions est $]0, +\infty[$.
- Les deux graphiques coupent l'axe des y au point $(0, 1)$, puisque $b^0 = 1$ quelle que soit la valeur de b ($b > 0$ et $b \neq 1$).
- On constate que la fonction f est croissante sur tout son domaine, alors que la fonction g est décroissante sur tout son domaine.
- Dans les deux cas, la courbe est concave (ouverte) vers le haut sur tout son domaine.
- On remarque aussi que les deux graphiques sont symétriques l'un de l'autre par rapport à l'axe des y.

8

Les caractéristiques du graphique d'une fonction exponentielle sont liées à la valeur de b.

Les caractéristiques du graphique d'une fonction exponentielle $f(x) = b^x$

<table>
<tr><th>$b > 1$</th><th>$0 < b < 1$</th></tr>
<tr><td>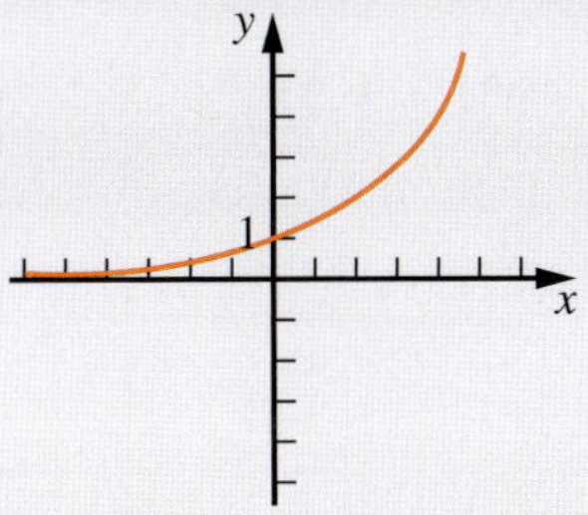</td><td>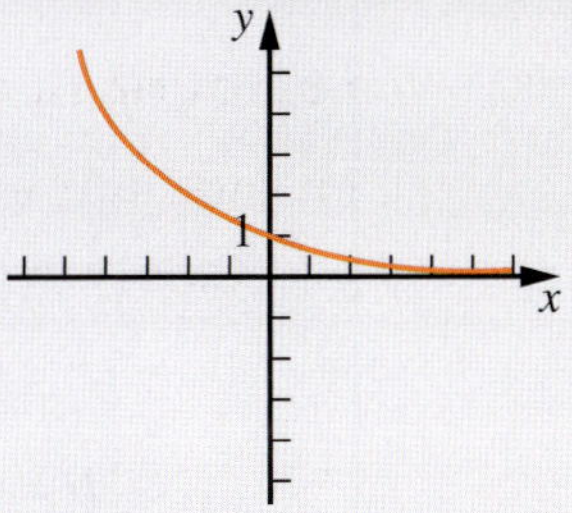</td></tr>
<tr><td colspan="2">

- $dom(f) = \mathbb{R}$ et $ima(f) =]0, +\infty[$.
- Le graphique est entièrement situé au-dessus de l'axe des y.
- La droite d'équation $y = 0$ (l'axe des x) est une asymptote horizontale.
- La fonction ne possède aucun zéro : le graphique ne coupe pas l'axe des x.
- L'ordonnée à l'origine est $f(0) = 1$: le graphique coupe l'axe des y au point $(0, 1)$.
- Le graphique passe par le point $(1, b)$, puisque $f(1) = b^1 = b$.
- La fonction est positive sur tout son domaine.
- La fonction n'a ni minimum ni maximum.
- La courbe est concave (ouverte) vers le haut sur tout son domaine.
- La fonction est injective.

</td></tr>
<tr><td>

Si $b > 1$:

- La fonction est croissante sur $\mathbb{R}$. Plus b est grand, plus la courbe croît rapidement.
- L'asymptote horizontale est active à gauche.

</td><td>

Si $0 < b < 1$:

- La fonction est décroissante sur $\mathbb{R}$. Plus b est grand, plus la courbe décroît lentement.
- L'asymptote horizontale est active à droite.

</td></tr>
</table>

Un seul point du graphique, autre que (0, 1), suffit pour trouver la règle de correspondance d'une fonction exponentielle $f(x) = b^x$.

Exemple 8.3

◆ Cherchons la base de la fonction $f(x) = b^x$ dont le graphique passe par le point $(6, 64)$.

On a $f(6) = b^6 = 64$ et b est donc une racine sixième de 64. On doit prendre la racine positive, puisque la base d'une fonction exponentielle doit être positive.

$b = \sqrt[6]{64} = 2$, d'où $f(x) = 2^x$

◆ Cherchons la base de la fonction $f(x) = b^x$ dont le graphique passe par le point $\left(-3, \frac{1}{2}\right)$.

On a $f(-3) = b^{-3} = \frac{1}{2}$.

$$b^{-3} = \frac{1}{2}$$
$$\frac{1}{b^3} = \frac{1}{2}$$
$$b^3 = 2$$
$$b = \sqrt[3]{2}$$

Ainsi, $f(x) = \left(\sqrt[3]{2}\right)^x$.

Exercices 8.1

1. Effectuer chacune des opérations suivantes et simplifier si possible.

a) $5^{2x} \times 5^3$

b) $(14^{x+4})^{5-x}$

c) $\dfrac{12^{x+1} \times 12^{3x-5}}{12^{x^2}}$

d) $\left(\dfrac{7^{2x-7}}{2 \times 7^{-4x}}\right)^x$

e) $\dfrac{5^{3x}}{25^{4-x}}$

f) $(20+30)^x$

g) $9^x + 2 \times 9^x + 6 \times 9^x$

h) $((10^x)^x)^x$

i) $(a^x b^{x+1} c^{x+2})^0$

j) $\dfrac{16^{2x+1}}{(2^{x+1})^{x-1}}$

k) $(-b)^{2x} b^{-x}$

l) $\dfrac{3^n (3^{n-1})^n}{3^{n+1} \times 3^{n-1}} \times \dfrac{1}{3^{-2n}}$

m) $\dfrac{5^{x+2} e(5e^{x+2})}{(5e)^{x+3}} \div \dfrac{e^{x^2-1}}{e^{x^2}}$

n) $\left[\left(\dfrac{4^{3x-5}}{3 \times 5^{-2x}}\right)^x \left(\dfrac{5^{3x-5}}{3 \times 4^{-2x}}\right)^x\right]^x$

o) $\left(\dfrac{x}{\dfrac{1}{(-x^5 x^{-3})^{-2x}}}\right)^{-x}$

2. Utiliser les propriétés des exposants pour comparer les nombres 2^{555} et 5^{222}. Lequel des deux est le plus grand ?

3. Pour chacune des fonctions ci-dessous, évaluer $f(-2)$, $f(-1)$, $f(0)$, $f(1)$ et $f(2)$.

a) $f(x) = 2^x$

b) $f(x) = \left(\frac{1}{2}\right)^x$

c) $f(x) = 3^x$

d) $f(x) = (0{,}1)^x$

e) $f(x) = \left(\sqrt{2}\right)^x$

f) $f(x) = e^x$

4. Trouver le domaine et l'ensemble image de chacune des fonctions suivantes.

a) $f(x) = 2^x$

b) $f(x) = x^2$

c) $f(x) = \left(\frac{1}{2}\right)^x$

d) $f(x) = x^{\frac{1}{2}}$

5. Tracer le graphique des fonctions $f(x) = 4^x$ et $g(x) = \left(\frac{1}{4}\right)^x$ dans le même plan cartésien. Faire l'étude complète de chacune des deux fonctions.

8

6. Trouver la règle de correspondance de la fonction exponentielle $y = f(x) = b^x$ qui passe par chacun des points (x, y) suivants.

a) $(3, 125)$ b) $\left(-5, \dfrac{1}{32}\right)$ c) $(4, 81)$ d) $\left(-4, \dfrac{1}{10\,000}\right)$

7. Trouver la règle de correspondance de la fonction exponentielle $y = f(x) = b^x$ représentée par chacun des graphiques suivants.

a)

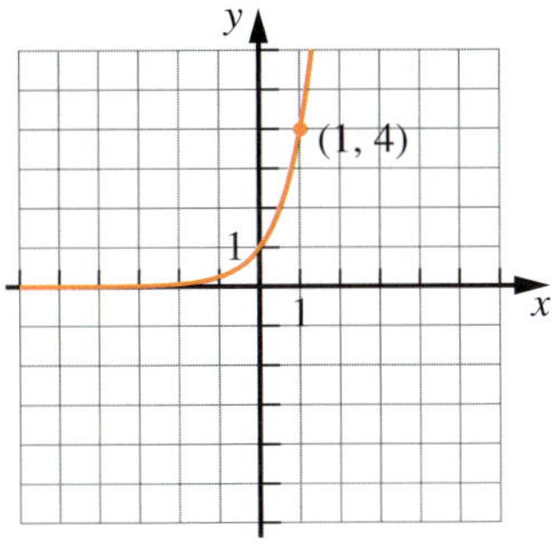

b)

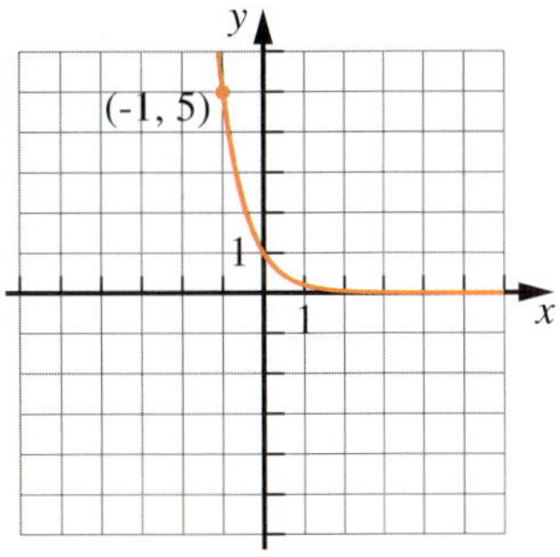

8. En tenant compte de la croissance ou de la décroissance de la fonction exponentielle appropriée, trouver le plus grand des deux nombres.

a) 24^{-14} et 24^{-8} c) $\left(\dfrac{3}{5}\right)^{45}$ et $\left(\dfrac{3}{5}\right)^{100}$ e) $15^{\frac{1}{7}}$ et 15^{-7}

b) $(0,25)^{\frac{1}{4}}$ et $(0,25)^{\frac{1}{10}}$ d) $200^{\sqrt{2}}$ et $200^{\sqrt{3}}$ f) $\left(\dfrac{1}{2}\right)^{-8}$ et $\left(\dfrac{1}{2}\right)^{-19}$

8.2 Les fonctions exponentielles $f(x) = ab^x + k$

Décrire et interpréter l'effet des paramètres additifs et multiplicatifs sur une fonction exponentielle.

Nous avons vu au chapitre 4 (*voir la page 185*) l'effet des paramètres A, B, h et k lors de la transformation d'une fonction $f(x)$ en une fonction $F(x) = Af(B(x-h)) + k$, où $A \neq 0$ et $B \neq 0$.

Dans le cas d'une fonction exponentielle, on peut simplifier l'expression de $F(x)$.

Soit $f(x) = u^x$ une fonction exponentielle de base u ($u > 0$ et $u \neq 1$).

$$\begin{aligned} F(x) &= Af(B(x-h)) + k \\ &= Au^{B(x-h)} + k \\ &= Au^{Bx - Bh} + k \\ &= Au^{Bx}u^{-Bh} + k \\ &= \underbrace{Au^{-Bh}}_{a}\,(\underbrace{u^B}_{b})^x + k \\ &= ab^x + k \end{aligned}$$

On a bien $a \neq 0$, puisque $a = Au^{-Bh}$, où $A \neq 0$ et $u^{-Bh} > 0$.

De plus, b possède les deux caractéristiques de la base d'une fonction exponentielle :

- $b > 0$, car $b = u^B$ et $u^B > 0$;
- $b \neq 1$, car $B \neq 0$.

L'effet de B est celui d'un changement de base et le rôle de h est pris en charge par a.

Ainsi, on peut exprimer toute fonction $f(x) = Au^{B(x-h)} + k$ sous la forme générale $f(x) = ab^x + k$.

Les graphiques suivants illustrent l'effet des paramètres a et k pour une fonction exponentielle de base $b > 1$.

$y = ab^x$, où $b > 1$	
$a > 0$	$a < 0$
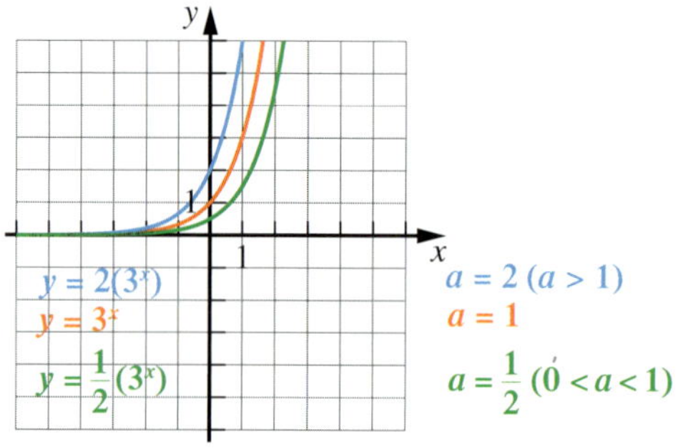	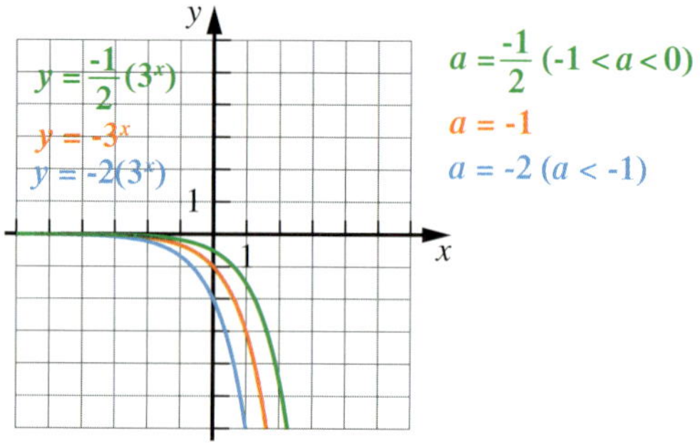
La valeur absolue de a entraîne un étirement (si $\lvert a \rvert > 1$) ou une compression (si $\lvert a \rvert < 1$) à la verticale, ce qui fait varier l'ordonnée à l'origine. Si $a < 0$, on observe également une réflexion par rapport à l'axe des x et le graphique est alors entièrement situé en dessous de l'asymptote.	

$y = b^x + k$, où $b > 1$
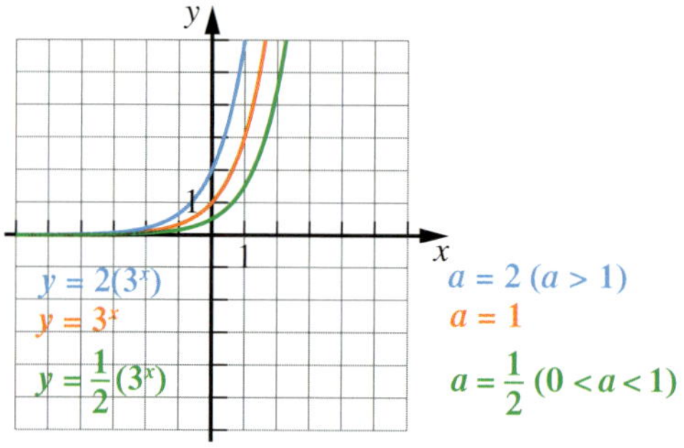
La translation verticale de $\lvert k \rvert$ unités, vers le bas si $k < 0$ et vers le haut si $k > 0$, a pour effet de déplacer l'asymptote, qui devient la droite d'équation $y = k$.

Le graphique d'une fonction $f(x) = ab^x + k$ possède les caractéristiques suivantes.

- Il est soit croissant sur tout son domaine, soit décroissant sur tout son domaine.
- Il est soit concave vers le haut sur tout son domaine, soit concave vers le bas sur tout son domaine.

- Il coupe toujours l'axe des y, puisque $0 \in dom(f)$.

$$f(0) = a(b)^0 + k = a(1) + k = a + k$$

L'ordonnée à l'origine est $a + k$. Le graphique coupe l'axe des y au point $(0,\ f(0)) = (0,\ a + k)$.

- La courbe ne peut pas couper l'axe horizontal en plus d'un point, puisque la fonction est injective. Il y a donc au plus un zéro. Si la fonction possède un zéro, c'est la solution de l'équation $ab^x + k = 0$. On pourra résoudre une telle équation à l'aide des logarithmes (*voir la section 8.6*). Si une solution z existe, la courbe coupe l'axe des x au point $(z,\ 0)$.
- L'asymptote est active à gauche si $b > 1$ et active à droite si $0 < b < 1$.

Ces caractéristiques permettent de tracer facilement une esquisse du graphique de toute fonction $f(x) = ab^x + k$.

L'esquisse du graphique d'une fonction $f(x) = ab^x + k$

Pour tracer une esquisse du graphique d'une fonction $f(x) = ab^x + k$:

- On détermine le domaine : $dom(f) = \mathbb{R}$, à moins que le contexte n'oblige à le restreindre.
- On calcule l'ordonnée à l'origine $f(0) = ab^0 + k = a + k$ et on place le point $(0,\ f(0))$ dans le plan cartésien.
- On trace l'asymptote, soit la droite d'équation $y = k$.
- On détermine de quel côté l'asymptote est « active » selon la valeur de b.
- On esquisse la portion de courbe allant de l'intersection avec l'axe des y vers l'asymptote.
- On complète l'esquisse, de l'autre côté de l'axe des y, selon le modèle d'une fonction exponentielle (*voir la section 8.1*).

On peut obtenir une esquisse plus précise en calculant les coordonnées de quelques points.

Exemple 8.4

◆ Faisons l'étude de la fonction $g(x) = 6(2^{2x-1}) - 1$.

On exprime sa règle de correspondance sous la forme générale $g(x) = ab^x + k$.

$$\begin{aligned} g(x) &= 6(2^{2x-1}) - 1 \\ &= 6(2^{2x})(2^{-1}) - 1 && \text{(propriété 1 des exposants)} \\ &= 6((2^2)^x)(2^{-1}) - 1 && \text{(propriété 5 des exposants)} \\ &= 6(4)^x\left(\frac{1}{2}\right) - 1 && \text{(propriété 4 des exposants)} \\ &= 3(4^x) - 1 \end{aligned}$$

Ainsi, $g(x) = 3(4^x) - 1$, où $a = 3$, $b = 4$ et $k = -1$.

- $dom(g) = \mathbb{R}$
- $g(0) = 3(4^0) - 1 = 3(1) - 1 = 2$. L'ordonnée à l'origine est 2 et le graphique coupe l'axe des y au point $(0,\ 2)$.

8

- L'asymptote est la droite horizontale d'équation $y = -1$, puisque $k = -1$.
- L'asymptote est active à gauche, puisque $b > 1$.
- En traçant une première portion de courbe en partant du point (0, 2) et en se dirigeant vers l'asymptote active à gauche, on peut immédiatement déduire que la fonction est croissante et concave vers le haut sur tout son domaine. La fonction n'a donc ni minimum ni maximum.

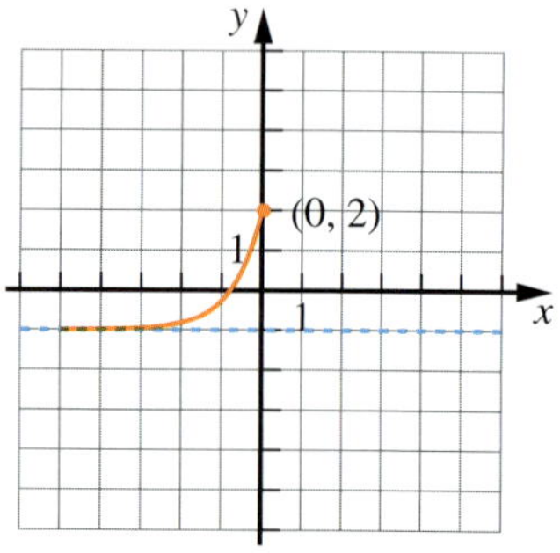

- On complète la courbe en respectant le modèle d'une fonction exponentielle.

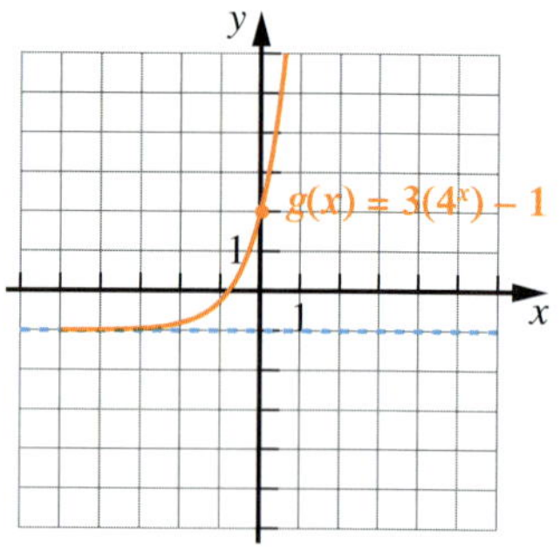

- Le graphique est entièrement situé au-dessus de l'asymptote et on en déduit que $ima(g) =]-1, +\infty[$.
- Le graphique coupe l'axe des x : la fonction g possède un zéro z, dont la valeur semble située entre -1 et 0. On le confirme en calculant les images de ces entiers consécutifs.

$$g(-1) = 3(4)^{-1} - 1 = \frac{-1}{4} \text{ et } g(0) = 3(4)^0 - 1 = 2$$

$g(-1)$ et $g(0)$ sont de signes contraires. Puisque la courbe n'est pas interrompue, elle passe nécessairement par un point $(z, 0)$ situé entre $\left(-1, \frac{-1}{4}\right)$ et (0, 2). On pourrait trouver la valeur exacte de z en résolvant l'équation $3(4^x) - 1 = 0$, c'est-à-dire $4^x = \frac{1}{3}$.

La méthode de résolution d'une telle équation sera présentée à la section 8.6 (*voir la page 347*).

- L'observation du graphique permet d'affirmer que $g(x) < 0$ si $x < z$, $g(x) = 0$ si $x = z$ et $g(x) > 0$ si $x > z$.
- Le tableau de variation est le suivant.

Valeurs de x	$-\infty$	z	$+\infty$
Signe de g	−	0	+
Croissance de g	↗		

◆ Cherchons la règle de correspondance de la fonction $f(x) = ab^x + k$ représentée par le graphique ci-après.

La droite d'équation $y = 4$ est l'asymptote horizontale. Ainsi, $k = 4$.

8

Le graphique coupe l'axe des y au point (0, 1). L'ordonnée à l'origine est 1.

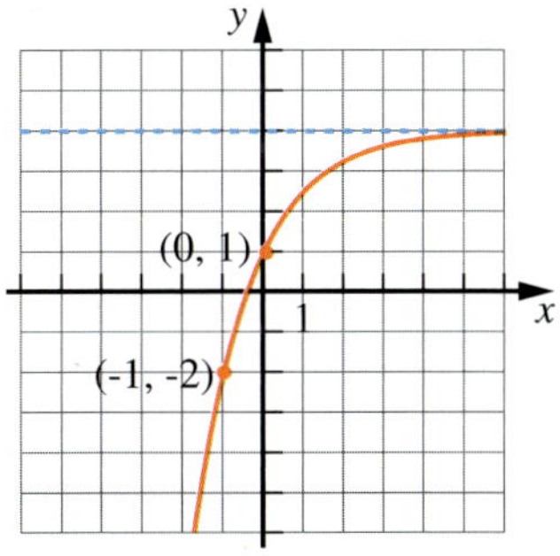

$$f(0) = ab^0 + k$$
$$1 = a + 4$$
$$a = -3$$

On a donc $f(x) = -3b^x + 4$.

Il suffit de connaître les coordonnées d'un autre point du graphique pour trouver la valeur de la base b. Puisque le point (-1, -2) est situé sur la courbe, on a $f(-1) = -2$.

$$f(x) = -3b^x + 4$$
$$f(-1) = -3b^{-1} + 4$$
$$-2 = -3b^{-1} + 4$$
$$3b^{-1} = 6$$
$$b^{-1} = 2$$
$$b = \frac{1}{2}$$

Ainsi, $f(x) = -3\left(\frac{1}{2}\right)^x + 4$.

Exercices 8.2

1. Exprimer la règle de correspondance de chacune des fonctions suivantes sous la forme $f(x) = ab^x + k$.

a) $f(x) = 2(7^{3x}) - 1$

b) $f(x) = -2(4^{(3x-2)}) + 8$

c) $f(x) = 5(3^{1-x}) + 2$

d) $f(x) = -3(2^{-4x}) + 1$

2. Trouver le point d'intersection du graphique de chacune des fonctions suivantes avec l'axe des y, donner l'équation de l'asymptote et tracer une esquisse du graphique.

a) $f(x) = 10(12^x) - 4$ b) $f(x) = 5(4^x) + 3$ c) $f(x) = -3(8^x) - 1$

3. Faire l'étude complète de chacune des fonctions suivantes.

a) $f(x) = 3(2^{-x}) - \frac{3}{8}$ b) $f(x) = -3(2^{-x}) - \frac{3}{8}$ c) $f(x) = -3\left(\frac{1}{2}\right)^x + 1$

4. Trouver la règle de correspondance des fonctions représentées par les graphiques suivants.

a)

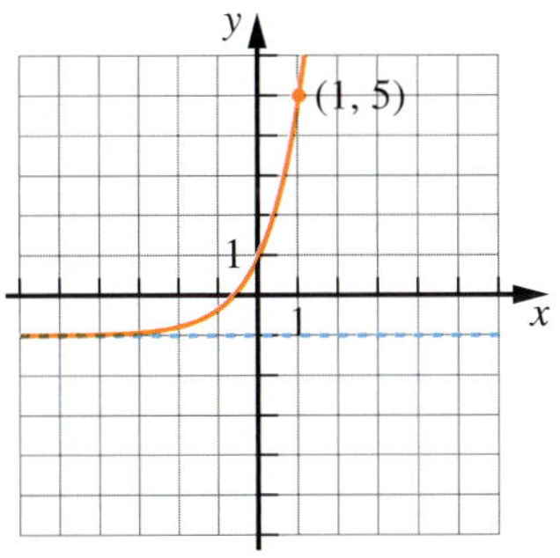

b)

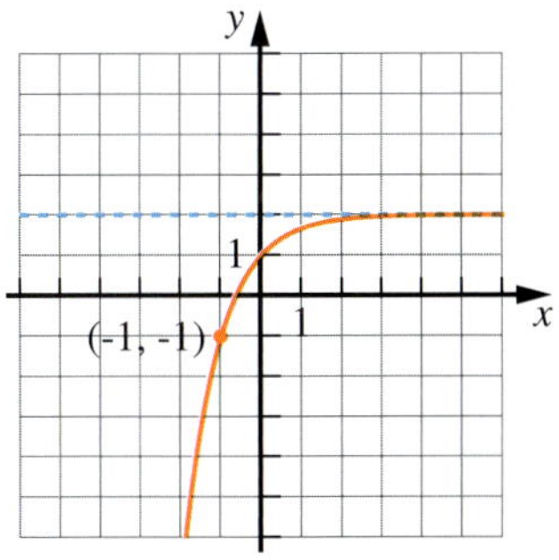

8

8.3 La résolution d'équations exponentielles

Résoudre des équations contenant des expressions exponentielles qu'on peut ramener à une base commune.

Dans une équation exponentielle, on retrouve la variable en exposant. On ne peut donc pas isoler cette variable au moyen des opérations élémentaires (+, −, ×, ÷).

Une fonction exponentielle est injective, c'est-à-dire que deux valeurs différentes de x ont deux images différentes. On peut le vérifier à l'aide du test de la droite horizontale (*voir le chapitre 4, page 157*). Par conséquent, si deux points du graphique ont la même ordonnée, ils ont nécessairement la même abscisse. On utilise fréquemment cette propriété pour résoudre une équation exponentielle.

L'injectivité de la fonction exponentielle

$$b^u = b^v \Leftrightarrow u = v$$

Pour utiliser cette propriété, il est toutefois essentiel que les deux membres de l'équation aient la même base. Il faudra parfois effectuer une transformation pour exprimer chaque membre de l'équation comme une puissance d'une base commune.

Exemple 8.5

- Soit l'équation $3^{x+1} = \left(\frac{1}{27}\right)^{x-2}$, dont le domaine est IR.

  On peut exprimer 3 et $\frac{1}{27}$ comme des puissances de 3.

$$3^{x+1} = \left(\frac{1}{27}\right)^{x-2}$$

$$3^{x+1} = (3^{-3})^{x-2} \quad \text{(base commune)}$$

$$3^{x+1} = 3^{-3x+6} \quad \text{(propriété 5 des exposants)}$$

$$x+1 = -3x+6 \quad \text{(propriété d'injectivité)}$$

$$4x = 5$$

$$x = \frac{5}{4}$$

  On vérifie la solution dans l'équation initiale.

  L'ensemble solution de l'équation $3^{x+1} = \left(\frac{1}{27}\right)^{x-2}$ est $\left\{\frac{5}{4}\right\}$.

- Soit l'équation $(4^x)(8^{x+1}) = 16$, dont le domaine est IR.

  On peut exprimer 4, 8 et 16 comme des puissances de 2.

$$(4^x)(8^{x+1}) = 16$$
$$(2^{2x})(2^3)^{x+1} = 2^4 \quad \text{(expression en puissances de 2)}$$
$$(2^{2x})(2^{3x+3}) = 2^4 \quad \text{(propriété 5 des exposants)}$$
$$2^{2x+3x+3} = 2^4 \quad \text{(propriété 1 des exposants)}$$
$$2^{5x+3} = 2^4$$
$$5x + 3 = 4 \quad \text{(propriété d'injectivité)}$$
$$5x = 1$$
$$x = \frac{1}{5}$$

On vérifie la solution dans l'équation initiale.

L'ensemble solution est $\left\{\frac{1}{5}\right\}$.

◆ Soit l'équation $7^{3x^2+5x} = 1$.

Puisque $1 = 7^0$, on obtient $3x^2 + 5x = 0$.

$$3x^2 + 5x = 0$$
$$x(3x+5) = 0$$
$$x = 0 \text{ ou } 3x + 5 = 0$$
$$x = 0 \text{ ou } x = \frac{-5}{3}$$

L'ensemble solution est $\left\{\frac{-5}{3}, 0\right\}$.

◆ Soit l'équation $2^x = 3^{x+4}$.

On ne peut pas exprimer 2 et 3 comme des puissances d'une base commune.

Pour résoudre une telle équation, il faudra utiliser les logarithmes, comme nous le verrons à la section 8.6.

Exercices 8.3

1. Résoudre chacune des équations suivantes.

a) $5^{3x} = 25$

b) $7^{x-1} = \frac{1}{343}$

c) $9^{2x+1} - 27 = 0$

d) $4^{x^2-1} = 1$

e) $3(9^{2x}) = \left(\frac{1}{3}\right)^{1-x}$

f) $\frac{5^{2+x}}{25^x} = \frac{1}{5}$

g) $8^{x+3} = 16^x$

h) $2(4^{2x+3}) = \frac{1}{8}$

i) $\frac{4^{1+x}}{2^x} = \frac{1}{8^{2x}}$

j) $(0,25)^{x+2} = (0,5)^{3-4x}$

k) $\frac{6^x}{2^x} = 243$

l) $\left(\frac{4}{9}\right)^{2x}\left(\frac{8}{27}\right)^{1-x} = \frac{2}{3}$

m) $16^{x^2+x+4} = 32^{x^2+2x}$

n) $(10^{5x-7})(100^{2x}) = 1000^{4-x}$

o) $\frac{3^{x^2}}{3} - 1 = 0$

2. Trouver la solution de l'équation $3^{x+2} = 3^x + 216$.

8.4 La fonction logarithmique $f(x) = \log_b x$

Décrire et interpréter les caractéristiques d'une fonction logarithmique $f(x) = \log_b x$.

Nous avons vu précédemment comment résoudre une équation exponentielle lorsqu'on peut exprimer ses deux membres comme des puissances d'une base commune. Par exemple, cette méthode permet de résoudre l'équation $2^{x-1} = 256$.

$$2^{x-1} = 2^8$$
$$x - 1 = 8$$
$$x = 9$$

Il aurait été plus difficile de résoudre l'équation si on n'avait pas pu trouver de base commune aux deux membres de l'équation. Par exemple, il n'existe pas de valeur entière de x telle que $2^x = 300$. Cette équation possède pourtant une solution comprise entre 8 et 9, puisque $2^8 = 256$ et $2^9 = 512$. L'exposant x qu'il faut attribuer à 2 pour obtenir 300 est appelé le « logarithme en base 2 de 300 » et vaut approximativement 8,23.

Pour trouver l'exposant lorsqu'on connaît le résultat, on doit utiliser la réciproque de la fonction exponentielle.

Cherchons l'expression de la réciproque de la fonction $y = f(x) = b^x$, où $b > 0$ et $b \neq 1$.

Pour trouver la réciproque (*voir le chapitre 4, page 189*):

1. On remplace x par y et y par x.

$$y = b^x$$
$$x = b^y$$

2. On ne peut pas isoler y dans cette nouvelle équation en effectuant une opération algébrique (en soustrayant, en divisant, etc.). On peut toutefois décrire y par la phrase suivante:

   « y est l'exposant qu'on doit attribuer à b pour obtenir x ».

   Cette phrase constitue une définition correcte pour une fonction, mais elle n'est pas très pratique. L'exposant en question se nomme un **logarithme**.

La phrase	« y	est	l'exposant	qu'on doit attribuer à b	pour obtenir x »
devient	« y	est	le logarithme	en base b	de x »
qu'on écrit	y	$=$	log	b	x
ou	$y = \log_b x$				

Puisque la fonction exponentielle est injective, sa réciproque est une fonction.

Malgré un nom un peu rébarbatif et une notation peu habituelle, un logarithme **n'est rien d'autre qu'un exposant**. Il n'est donc pas justifié de croire que les logarithmes sont plus difficiles à comprendre et à manipuler que les expressions algébriques.

Puisque la fonction logarithmique est la réciproque de la fonction exponentielle, la base b doit respecter les mêmes conditions, c'est-à-dire $b > 0$ et $b \neq 1$.

Une **fonction logarithmique** est une fonction de la forme $y = f(x) = \log_b x$, où b est une constante ($b > 0$ et $b \neq 1$).

$$y = \log_b x \Leftrightarrow x = b^y$$

y est le **logarithme en base b de x**, b est la **base** du logarithme et x est son **argument**.

Puisqu'une fonction logarithmique est la réciproque d'une fonction exponentielle, le domaine et l'ensemble image de la première sont respectivement l'ensemble image et le domaine de la seconde.

En effet, si f^{-1} est la réciproque de f, alors $dom(f^{-1}) = ima(f)$ et $ima(f^{-1}) = dom(f)$.

Le **domaine** et l'**ensemble image** d'une fonction logarithmique $f(x) = \log_b x$ sont donnés par :

$$dom(f) =]0, +\infty[$$

$$ima(f) = \mathbb{R}$$

On ne peut donc pas évaluer le logarithme d'un nombre négatif ou nul, mais un logarithme peut prendre n'importe quelle valeur réelle.

Exemple 8.6

- $f(x) = \log_3 x$ est une fonction logarithmique, car $b = 3$ (donc $b > 0$ et $b \neq 1$).

  $dom(f) =]0, +\infty[$.

  $f(81) = \log_3 81 = 4$, car $81 = 3^4$.

  $f\left(\frac{1}{81}\right) = \log_3 \frac{1}{81} = -4$, car $\frac{1}{81} = \frac{1}{3^4} = 3^{-4}$.

  $f(\sqrt{3}) = \log_3 \sqrt{3} = \frac{1}{2}$, car $\sqrt{3} = 3^{\frac{1}{2}}$.

  $f(-9)$ n'est pas défini, car $-9 < 0$ (donc $-9 \notin dom(f)$).

  $f(2) = \log_3 2 \approx 0{,}6309$, car $2 \approx 3^{0,6309}$.

  On a trouvé cette valeur approximative de $\log_3 2$ à l'aide d'une calculatrice, en utilisant la formule de changement de base qui sera présentée à la section 8.5. La valeur exacte de ce logarithme est un nombre irrationnel dont la représentation décimale est non périodique.

- L'expression $\log_{-3} x$ n'est pas définie, car $b = -3$ (donc $b < 0$). Il n'existe donc pas de fonction logarithmique $f(x) = \log_{-3} x$.

Il est d'usage courant d'omettre les parenthèses pour désigner un logarithme : on écrit $\log_b x$ plutôt que $\log_b (x)$. On peut aussi omettre les parenthèses pour désigner le logarithme d'un produit. Ainsi, $\log_b xy = \log_b (xy)$ est le logarithme du produit xy.

Toutefois, à cause de l'ordre de priorité des opérations, les parenthèses sont essentielles pour désigner le logarithme d'une somme.

$\log_b (x + y)$ est le logarithme de la somme $(x + y)$, mais $\log_b x + y = (\log_b x) + y = y + \log_b x$. Dans ce dernier cas, l'évaluation de la fonction $\log_b x$ a priorité sur l'addition.

On peut toujours ajouter des parenthèses s'il y a un risque d'ambiguïté.

On peut évaluer de nombreux logarithmes sans calculatrice, en utilisant la propriété $y = \log_b x \Leftrightarrow x = b^y$, qui transforme la forme logarithmique en une forme exponentielle équivalente. Cela est possible lorsqu'on peut exprimer b et x comme des puissances d'une base commune.

Exemple 8.7

- Cherchons $\log_5 125$.

$$y = \log_5 125$$
$$5^y = 125 \qquad \text{(forme exponentielle)}$$
$$5^y = 5^3$$
$$y = 3 \qquad \text{(injectivité)}$$

Ainsi, $\log_5 125 = 3$. Pour obtenir 125, on doit affecter 5 de l'exposant 3.

- Il faut parfois effectuer une transformation avant de résoudre l'équation exponentielle (*voir la section 8.3, page 330*).

Calculons $\log_4 8$.

$$y = \log_4 8$$
$$4^y = 8 \qquad \text{(forme exponentielle)}$$
$$(2^2)^y = 2^3 \qquad \text{(base commune)}$$
$$2^{2y} = 2^3$$
$$2y = 3 \qquad \text{(injectivité)}$$
$$y = \frac{3}{2}$$

Ainsi, $\log_4 8 = \frac{3}{2}$. En effet, $4^{\frac{3}{2}} = \left(4^{\frac{1}{2}}\right)^3 = 2^3 = 8$.

Tout nombre réel b tel que $b > 0$ et $b \neq 1$ peut être la base d'une fonction logarithmique, mais deux bases sont particulièrement utiles pour décrire de nombreuses situations concrètes : la base 10 et la base e. Les calculatrices scientifiques sont préprogrammées pour le calcul des logarithmes de ces deux bases. On attribue une notation particulière à chacun de leurs logarithmes.

Un **logarithme en base 10** est désigné en omettant la base.

$$\log_{10} x = \log x$$

Un **logarithme en base *e***, également appelé **logarithme naturel** ou **logarithme népérien** (du nom du mathématicien Neper), est désigné par :

$$\log_e x = \ln x$$

Exemple 8.8

- $\log 100\,000 = 5$, car $10^5 = 100\,000$.
- $\ln 6 \approx 1,79$, car $e^{1,79} \approx 6$.

8

QUEL LIEN Y A-T-IL ENTRE LES LOGARITHMES ET LA POSITION D'UN NAVIRE ?

John Napier

Les logarithmes ont été inventés et nommés par un calculateur écossais remarquable, John Napier (1550-1617), mieux connu sous le nom de Neper. Le sens du mot « logarithme » n'est pas clair et plusieurs historiens ont d'ailleurs émis des hypothèses parfois divergentes. Disons simplement qu'il est composé du mot grec *logos*, qui veut dire ici « rapport », et de *arithmos*, qui signifie « nombre ». Napier a inventé les logarithmes pour transformer les multiplications en additions. Ce faisant, il simplifiait grandement la tâche des calculateurs et, par ricochet, réduisait le temps requis pour faire des calculs complexes. Au XVIIIe siècle, 100 ans plus tard, pour calculer la position exacte d'un navire en mer, on utilisait un sextant pour mesurer précisément la position du Soleil et de la Lune avant d'entreprendre de longs calculs exigeant quatre heures de travail intense basé justement sur cet usage des logarithmes. Sans les logarithmes, ces calculs auraient été beaucoup trop longs. Aujourd'hui encore, il est obligatoire qu'au moins une personne sache effectuer ces calculs sur un navire traversant un océan, au cas où tomberait en panne le système GPS grâce auquel on détermine instantanément sa position.

Puisqu'une fonction logarithmique est la réciproque d'une fonction exponentielle, son graphique est le symétrique de celui de la fonction exponentielle par rapport à la droite $y = x$.

Exemple 8.9

◆ On obtient le graphique de la fonction $g(x) = \log_2 x$ en traçant le symétrique de celui de la fonction $f(x) = 2^x$.

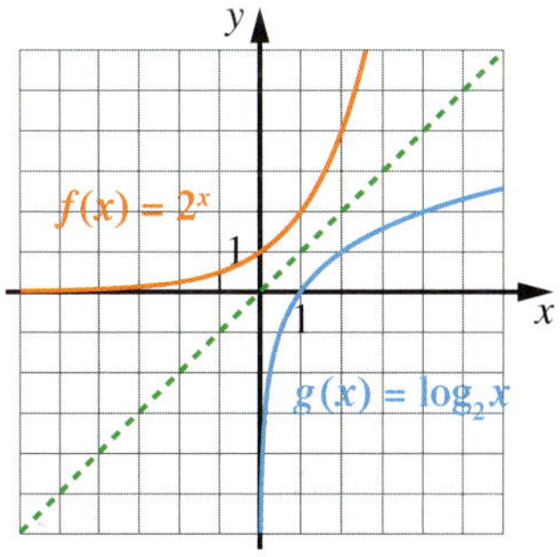

- L'asymptote horizontale de la courbe de f (l'axe des x) donne lieu à une asymptote verticale (l'axe des y) pour la courbe de g.
- $dom(g) = ima(f) =]0, +\infty[$ et $ima(g) = dom(f) = \mathbb{R}$.
- Puisque $0 \notin dom(g)$, il n'y a pas d'ordonnée à l'origine et le graphique de g ne coupe pas l'axe des y.
- On trouve le zéro de la fonction g par symétrie : le seul point du graphique de f qui coupe l'axe des y, $(0, 1)$, devient le point $(1, 0)$ du graphique de g ; $x = 1$ est l'unique zéro de la fonction g et le graphique de g coupe l'axe des x au point $(1, 0)$.
- Un autre point de repère : le point $(2, 1)$ appartient au graphique de g, puisque $(1, 2)$ appartient à celui de f. En effet, $g(2) = \log_2 2 = 1$.
- On fait l'étude du signe en observant le graphique.

  $g(x) < 0$ si $x < 1$

  $g(x) = 0$ si $x = 1$

  $g(x) > 0$ si $x > 1$
- La fonction g est croissante sur tout son domaine, soit sur $]0, +\infty[$.
- Elle ne possède ni minimum ni maximum.
- La courbe est concave vers le bas sur tout son domaine.

L'exemple précédent a permis d'observer les caractéristiques d'une fonction logarithmique de base $b > 1$. L'exercice 5 de la section 8.4 (*voir la page 337*) propose une démarche semblable pour une fonction logarithmique telle que $0 < b < 1$.

Les caractéristiques du graphique d'une fonction logarithmique $f(x) = \log_b x$

$b > 1$	$0 < b < 1$
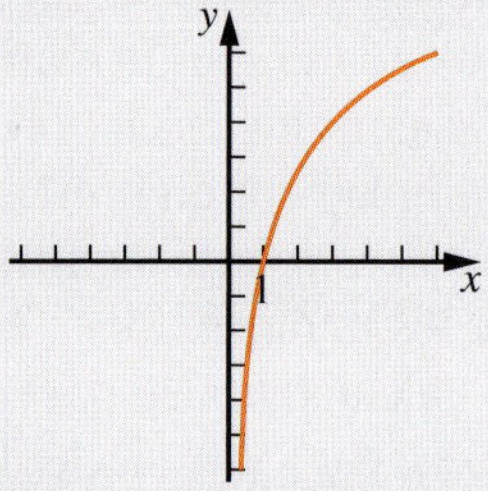	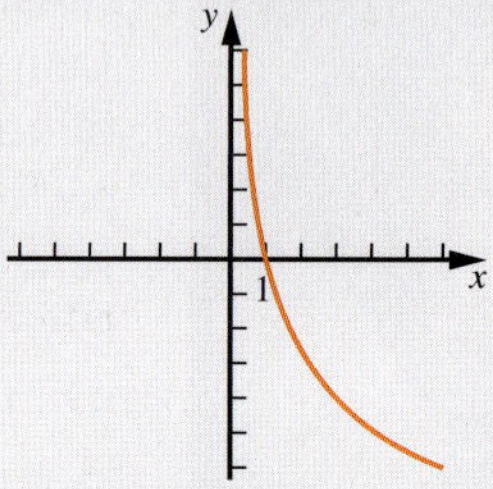

- $dom(f) =]0, +\infty[$ et $ima(f) = \mathbb{R}$.
- Le graphique est entièrement situé à droite de l'axe des y.
- La droite d'équation $x = 0$ (l'axe des y) est l'asymptote verticale.
- $x = 1$ est l'unique zéro de la fonction : le graphique coupe l'axe des x au point $(1, 0)$.
- Il n'y a pas d'ordonnée à l'origine, puisque $0 \notin dom(f)$: le graphique ne coupe pas l'axe des y.
- La courbe passe par le point $(b, 1)$.
- La fonction n'a ni minimum ni maximum.
- La fonction est injective.

Si $b > 1$:	**Si $0 < b < 1$:**
• La fonction est négative sur $]0, 1[$, positive sur $]1, +\infty[$ et nulle si $x = 1$.	• La fonction est positive sur $]0, 1[$, négative sur $]1, +\infty[$ et nulle si $x = 1$.
• La fonction est croissante sur $]0, +\infty[$. Plus b est grand, plus la courbe croît lentement.	• La fonction est décroissante sur $]0, +\infty[$. Plus b est grand, plus la courbe décroît rapidement.
• L'asymptote est active vers le bas.	• L'asymptote est active vers le haut.
• La courbe est concave vers le bas sur tout son domaine.	• La courbe est concave vers le haut sur tout son domaine.

Il suffit de connaître un point du graphique, autre que (1, 0), pour trouver la règle de correspondance d'une fonction logarithmique $f(x) = \log_b x$.

Exemple 8.10

◆ Soit la fonction $f(x) = \log_b x$ dont le graphique passe par le point (25, -2).

$$f(25) = \log_b 25$$
$$-2 = \log_b 25$$
$$b^{-2} = 25$$
$$(b^{-2})^{\frac{-1}{2}} = 25^{\frac{-1}{2}}$$
$$b = \frac{1}{25^{\frac{1}{2}}} = \frac{1}{5}$$

Ainsi, $f(x) = \log_{\frac{1}{5}} x$.

Exercices 8.4

1. Exprimer chacune des égalités logarithmiques ci-dessous sous la forme exponentielle.

a) $\log_5 25 = 2$

b) $\log_2\left(\frac{1}{4}\right) = -2$

c) $\log_7 1 = 0$

d) $\log 1000 = 3$

e) $\ln 5 \approx 1{,}6$

f) $\log_a b = c$

2. Exprimer chacune des égalités exponentielles ci-dessous sous la forme logarithmique.

a) $2^3 = 8$

b) $\left(\frac{3}{4}\right)^{-2} = \frac{16}{9}$

c) $10^{-4} = 0{,}0001$

d) $e^3 \approx 20$

e) $a^0 = 1$, où $a > 0$ et $a \neq 1$

f) $u^v = w$, où $u > 0$ et $u \neq 1$

3. S'ils sont définis, évaluer chacun des logarithmes ci-dessous sans la calculatrice. Sinon, expliquer pourquoi ils ne sont pas définis.

a) $\log_6 216$

b) $\log_3\left(\frac{1}{81}\right)$

c) $\log_{\frac{1}{5}} 625$

d) $\log 10$

e) $\log_5 1$

f) $\log 100\,000$

g) $\log_2 2$

h) $\ln e$

i) $\log_8 16$

j) $\log_{\frac{1}{2}} 4$

k) $\log_7 \sqrt{7}$

l) $\log_4 (-16)$

m) $\log_9 \frac{1}{3}$

n) $\log_5 0{,}008$

o) $\ln e^4$

p) $\log_{-3} 9$

q) $\log_{\sqrt{3}} 3$

r) $\log_{15} 0$

4. Évaluer chacune des expressions ci-dessous sans la calculatrice.

a) $\log_4 (16 + 48)$

b) $\log_4 16 + 48$

c) $\log_4 16 + \log_4 64$

d) $9 \log_3 27$

e) $27 \log_3 9$

f) $\log_3 (27 \times 9)$

5. Tracer les graphiques des fonctions $f(x) = \log_3 x$ et $g(x) = \log_{\frac{1}{3}} x$ dans le même plan cartésien. Faire l'étude complète de chacune des deux fonctions.

6. Trouver la règle de correspondance de la fonction logarithmique $f(x) = \log_b x$ dont le graphique passe par chacun des points suivants.

a) $(16, 2)$

b) $\left(\frac{1}{8}, -3\right)$

c) $(100\,000, -5)$

d) $\left(\sqrt{7}, \frac{1}{2}\right)$

e) $(125, 3)$

f) $(0{,}0001\,;\,-4)$

g) $(9, -2)$

h) $\left(\sqrt[3]{36}, \frac{2}{3}\right)$

7. Utiliser les propriétés des graphiques des fonctions logarithmiques pour déterminer si chacun des nombres ci-dessous est positif, négatif ou nul.

a) $\log_4 1$

b) $\log_2 \frac{1}{3}$

c) $\ln \pi$

d) $\log_{\frac{1}{3}}\left(\frac{1}{4}\right)$

e) $\log_{\frac{1}{2}} 5$

f) $\log 8$

g) $\log_{2015} 2015$

h) $\log e$

8

8.5 Les propriétés des logarithmes

Effectuer des opérations en utilisant les propriétés des logarithmes.

Comme les logarithmes sont des exposants, leurs propriétés sont les mêmes ; seule la façon de les écrire diffère.

L'utilisation d'une lettre minuscule pour l'exposant (le logarithme) et de la majuscule de la même lettre pour la puissance (l'expression dont on calcule le logarithme) peut faciliter la compréhension et la mémorisation des propriétés des logarithmes.

On écrira par exemple $M = b^m \Leftrightarrow m = \log_b M$.

La propriété 1 des logarithmes

$$\log_b b^m = m$$

On démontre cette propriété en posant $M = b^m$.

On exprime cette égalité sous la forme logarithmique.

$\log_b M = m$

$\log_b b^m = m$ (puisque $M = b^m$)

La définition de logarithme permet aussi de traduire $\log_b b^m$ par « l'exposant qu'on doit attribuer à b pour obtenir b^m ». C'est donc m.

La propriété 2 des logarithmes

$$b^{\log_b M} = M, \text{ où } M > 0$$

On démontre cette propriété en posant $m = \log_b M$.

On exprime cette égalité sous la forme exponentielle.

$b^m = M$

$b^{\log_b M} = M$ (puisque $m = \log_b M$)

La définition de logarithme permet de traduire $\log_b M$ par « l'exposant qu'on doit attribuer à b pour obtenir M ». On obtient donc M en calculant $b^{\log_b M}$.

On peut aussi démontrer ces deux premières propriétés à l'aide des fonctions réciproques $f(x) = b^x$ et $f^{-1}(x) = \log_b x$. En sachant que $(f^{-1} \circ f)(x) = x$ et $(f \circ f^{-1})(x) = x$, on obtient les deux identités $\log_b b^x = x$ et $b^{\log_b x} = x$, valides sur leurs domaines respectifs.

Exemple 8.11

- $\log_3 3^5 = 5$, d'après la propriété 1.
- $5^{\log_5 2} = 2$, d'après la propriété 2.

8

La propriété 3 des logarithmes

Le logarithme d'un produit est la somme des logarithmes de ses facteurs.

$$\log_b MN = \log_b M + \log_b N, \text{ où } M > 0 \text{ et } N > 0$$

On démontre cette propriété en posant $m = \log_b M$ et $n = \log_b N$.

En exprimant ces expressions sous la forme exponentielle, on obtient $M = b^m$ et $N = b^n$.

$$\begin{aligned}\log_b MN &= \log_b(b^m \times b^n)\\ &= \log_b b^{m+n} && \text{(propriété 1 des exposants)}\\ &= m+n && \text{(propriété 1 des logarithmes)}\\ &= \log_b M + \log_b N\end{aligned}$$

Exemple 8.12

- $\log_2 32 = \log_2(4\times 8) = \log_2 4 + \log_2 8 = 2+3 = 5$
- En sachant que $\log 5 \approx 0{,}699$ et que $\log 7 \approx 0{,}845$, on peut évaluer $\log 35$.

  $\log(5\times 7) = \log 5 + \log 7 \approx 0{,}699 + 0{,}845$, soit approximativement 1,544
- $\log 10x = \log 10 + \log x = 1 + \log x$
- $\log_6 36x = \log_6 36 + \log_6 x = 2 + \log_6 x$
- En sachant que $\log 2 \approx 0{,}3$, on peut calculer le logarithme en base 10 de tous les nombres de la forme 2×10^n.

  $\log 20 = \log(10\times 2) = \log 10 + \log 2 = 1 + \log 2 \approx 1{,}3$

  $\log 200 = \log(100\times 2) = \log 100 + \log 2 = 2 + \log 2 \approx 2{,}3$

  $\log 2000 = \log(1000\times 2) = \log 1000 + \log 2 = 3 + \log 2 \approx 3{,}3$

  $\log 0{,}2 = \log(0{,}1\times 2) = \log 0{,}1 + \log 2 = -1 + \log 2 \approx -0{,}7$

  $\log 0{,}02 = \log(0{,}01\times 2) = \log 0{,}01 + \log 2 = -2 + \log 2 \approx -1{,}7$

  ...

La propriété 4 des logarithmes

Le logarithme d'un quotient est la différence des logarithmes du dividende et du diviseur.

$$\log_b \frac{M}{N} = \log_b M - \log_b N, \text{ où } M > 0 \text{ et } N > 0$$

La preuve est analogue à celle de la propriété 3 et est proposée à l'exercice 1 de la section 8.5.

8

Exemple 8.13

- $\log_2 \frac{32}{4} = \log_2 32 - \log_2 4 = 5 - 2 = 3$

  On obtient le même résultat en calculant $\log_2 \frac{32}{4} = \log_2 8 = 3$.
- En sachant que $\log 12 \approx 1{,}079$ et que $\log 2 \approx 0{,}301$, on peut évaluer $\log 6$.

  $\log 6 = \log \frac{12}{2} = \log 12 - \log 2 \approx 1{,}079 - 0{,}301$, soit approximativement 0,778

La propriété 5 des logarithmes

Le logarithme d'une puissance d'un nombre est le produit de l'exposant et du logarithme de ce nombre.

$$\log_b M^p = p \log_b M, \text{ où } M > 0$$

On démontre cette propriété en posant $M = b^m$.

$$\begin{aligned} \log_b M^p &= \log_b (b^m)^p \\ &= \log_b b^{pm} && \text{(propriété 5 des exposants)} \\ &= pm && \text{(propriété 1 des logarithmes)} \\ &= p \log_b M && (\text{car } M = b^m \Leftrightarrow m = \log_b M) \end{aligned}$$

Exemple 8.14

- $\log_2 32 = \log_2 2^5 = 5 \log_2 2 = 5 \times 1 = 5$
- $\log_5 x^6 = 6 \log_5 x$

La propriété 6 des logarithmes

Le logarithme de 1 vaut 0.

$$\log_b 1 = 0$$

Puisque $b^0 = 1$, il suffit de transformer cette équation exponentielle en équation logarithmique pour obtenir $b^0 = 1 \Leftrightarrow \log_b 1 = 0$.

La propriété 7 des logarithmes

Le logarithme de l'inverse d'un nombre est l'opposé du logarithme de ce nombre.

$$\log_b \frac{1}{M} = -\log_b M, \text{ où } M > 0$$

On peut démontrer cette propriété de deux façons.

Puisque $\frac{1}{M}$ est un quotient, on peut utiliser la propriété 4.

$$\begin{aligned} \log_b \frac{1}{M} &= \log_b 1 - \log_b M && \text{(propriété 4 des logarithmes)} \\ &= 0 - \log_b M && \text{(propriété 6 des logarithmes)} \\ &= -\log_b M \end{aligned}$$

On peut aussi exprimer $\frac{1}{M}$ sous la forme M^{-1} et utiliser la propriété 5.

$$\begin{aligned} \log_b \frac{1}{M} &= \log_b M^{-1} \\ &= -1(\log_b M) && \text{(propriété 5 des logarithmes)} \\ &= -\log_b M \end{aligned}$$

8

Exemple 8.15

- $\log_3 \frac{1}{9} = -\log_3 9 = -2$
- En sachant que $\log 25 \approx 1{,}398$, on peut évaluer $\log 0{,}04 = \log \frac{1}{25} = -\log 25 \approx -1{,}398$.

La formule de changement de base

$$\log_b M = \frac{\log_a M}{\log_a b}$$

On peut démontrer cette propriété à l'aide des propriétés précédentes.

$$b^{\log_b M} = M \qquad \text{(propriété 2 des logarithmes)}$$

$$\log_a\left(b^{\log_b M}\right) = \log_a M$$

$$(\log_b M)(\log_a b) = \log_a M \qquad \text{(propriété 5 des logarithmes)}$$

$$\log_b M = \frac{\log_a M}{\log_a b} \qquad (\log_a b \neq 0\text{, puisque } b \neq 1)$$

Exemple 8.16

- $\log_8 32 = \frac{\log_2 32}{\log_2 8} = \frac{5}{3}$

  Vérification : $8^{\frac{5}{3}} = \left(8^{\frac{1}{3}}\right)^5 = \left(\sqrt[3]{8}\right)^5 = 2^5 = 32$
- $\ln 3 = \frac{\log 3}{\log e}$, car $\ln x = \log_e x$
- $\log 3 = \frac{\ln 3}{\ln 10}$

Une calculatrice scientifique permet d'évaluer directement un logarithme en base 10 au moyen de la touche [log] et un logarithme naturel (en base e) au moyen de la touche [ln].

Pour évaluer un logarithme dans une autre base, il suffit de le transformer en un logarithme en base 10 ou en un logarithme naturel par la formule de changement de base.

Les formules de changement d'une base *b* à la base 10 ou à la base *e*

$$\log_b M = \frac{\log M}{\log b} \quad \text{ou} \quad \log_b M = \frac{\ln M}{\ln b}$$

Exemple 8.17

◆ $\log_3 25 = \dfrac{\log 25}{\log 3} \approx \dfrac{1{,}397\,94}{0{,}477\,12}$, soit approximativement 2,929 95

Les valeurs approximatives de log 25 et de log 3 ont été calculées avec une calculatrice.

On trouve la même réponse en utilisant les logarithmes naturels.

$$\log_3 25 = \frac{\ln 25}{\ln 3} \approx \frac{3{,}218\,88}{1{,}098\,61}, \text{ soit approximativement } 2{,}929\,95$$

La propriété 2 et la propriété 5 permettent aussi de transformer une fonction exponentielle $f(x) = b^x$ en une fonction exponentielle d'une autre base.

$b = 10^{\log b}$	$b = e^{\ln b}$	$b = a^{\log_a b}$
$b^x = (10^{\log b})^x = 10^{x \log b}$	$b^x = (e^{\ln b})^x = e^{x \ln b}$	$b^x = (a^{\log_a b})^x = a^{x \log_a b}$

Exemple 8.18

◆ Soit $f(x) = 5^x$ une fonction exponentielle de base 5.

On peut transformer la règle de correspondance pour obtenir une fonction exponentielle de base 7, par exemple.

$$5 = 7^{\log_7 5}$$

$$5^x = (7^{\log_7 5})^x = 7^{x \log_7 5}$$

On peut utiliser les propriétés des logarithmes pour simplifier ou développer des expressions logarithmiques.

Exemple 8.19

◆ Développons l'expression $\ln \dfrac{e^5 \left(\sqrt[6]{x+4}\right)}{(x+7)^2}$.

$$\ln\left[\frac{e^5 \left(\sqrt[6]{x+4}\right)}{(x+7)^2}\right] = \ln\left[e^5 \left(\sqrt[6]{x+4}\right)\right] - \ln(x+7)^2 \quad \text{(propriété 4 des logarithmes)}$$

$$= \ln(e^5) + \ln\left(\sqrt[6]{x+4}\right) - \ln(x+7)^2 \quad \text{(propriété 3 des logarithmes)}$$

$$= \ln(e^5) + \ln(x+4)^{\frac{1}{6}} - \ln(x+7)^2$$

$$= 5 + \ln(x+4)^{\frac{1}{6}} - \ln(x+7)^2 \quad \text{(propriété 1 des logarithmes)}$$

$$= 5 + \frac{1}{6}\ln(x+4) - 2\ln(x+7) \quad \text{(propriété 5 des logarithmes)}$$

8

◆ On peut exprimer l'expression $\log_3(x-2)+\log_3 x-2\log_3(x+3)$ à l'aide d'un seul logarithme.

$$\begin{aligned}\log_3(x-2)+\log_3 x-2\log_3(x+3) &= \log_3 x(x-2)-2\log_3(x+3)\\ &= \log_3 x(x-2)-\log_3(x+3)^2\\ &= \log_3 \frac{x(x-2)}{(x+3)^2}\end{aligned}$$

Exercices 8.5

1. En s'inspirant du modèle de la preuve de la propriété 3 des logarithmes, démontrer la propriété 4.
2. Développer les expressions suivantes en utilisant les propriétés des logarithmes. Les variables a, b, c, k, x et y sont positives et différentes de 1.

a) $\log_2(12\times 35)$
b) $\log_5 \frac{34}{125}$
c) $\log 27^6$
d) $\ln \frac{1}{273}$
e) $\log_b \sqrt{15}$
f) $\ln e^2$
g) $\log_a x^2y^3a^4$
h) $\log_b\left(\frac{ac}{k}\right)^n$
i) $\log_a(x+y)$
j) $\log \frac{(x+1)^2}{x-3}$, où $x>3$
k) $\log_a \frac{1}{2x}$
l) $\log_3(2x+1)(x-5)$, où $x>5$

3. Exprimer les expressions ci-dessous par un seul logarithme. Les variables a, b, c, d, x, y et z sont positives et différentes de 1.

a) $\log_b x+\log_b y+\log_b z$
b) $\log_b 5+\log_b 4-\log_b 3$
c) $\log_b x-2\log_b a$
d) $3\log_b 2+5\log_b 7-2\log_b 4$
e) $\frac{\log_5 c}{\log_5 d}$
f) $\ln 2+\ln 3-\ \ln 5-\ln 7$
g) $\log 5-\log_{100} a$
h) $2\log_{\frac{1}{2}} a-3\log_{\frac{1}{2}} b$
i) $(\log_b b^5)(\log x)$
j) $\frac{\log x}{\log b}+\log_b y$

4. Évaluer $S=\log_b b-\log_b b^2+\log_b b^3-\log_b b^4+\ldots-\ \log_b b^{98}+\ \log_b b^{99}$.
5. Évaluer sans la calculatrice le nombre $N=\log_2 8+\log_4 8+\log_8 8+\log_{16} 8+\log_{32} 8$.
6. En sachant que $\log_b 2\approx 0{,}301$ et que $\log_b 3\approx 0{,}477$, évaluer chacun des nombres ci-dessous sans utiliser la calculatrice.

a) $\log_b 6$
b) $\log_b \frac{3}{2}$
c) $\log_b 2^{12}$
d) $\log_b \sqrt{3}$
e) $\log_b 27$
f) $\log_b 12$
g) $\log_b \sqrt[5]{4}$
h) $\log_b \frac{8}{9}$
i) $\log_b 2b$
j) $\log_b 2b^3$
k) $\log_2 3$
l) $\log_3 2$

7. Évaluer chacun des logarithmes ci-dessous avec une calculatrice, si possible. Sinon, expliquer pourquoi.

a) $\log 2$
b) $\log 3$
c) $\log(2+3)$
d) $\log 2+\log 3$
e) $\log(2\times 3)$
f) $(\log 2)(\log 3)$
g) $\log 14^{15}$
h) $\log \frac{1}{4}$
i) $\ln(0{,}33)$
j) $\ln 6^5$
k) $\log_2 5$
l) $\log_{12} \frac{1}{25}$
m) $\log_4 10$
n) $\log_3(-91)$
o) $-\log_3(91)$
p) $\log_{\frac{3}{4}}\left(\frac{2}{7}\right)$

8.6 La résolution d'équations à l'aide des logarithmes

- Résoudre des équations contenant des logarithmes.
- Résoudre des équations exponentielles à l'aide des logarithmes.

Lorsqu'une équation comporte un ou plusieurs logarithmes, on ne peut pas la résoudre en effectuant des opérations arithmétiques ou algébriques de base. Il faut d'abord transformer l'équation.

Les équations de la forme $\log_b M = m$

Si l'un des membres d'une équation est un logarithme et l'autre, une constante, on utilise la définition de logarithme $\log_b M = m \Leftrightarrow b^m = M$ pour transformer l'équation logarithmique en une équation exponentielle équivalente.

Exemple 8.20

◆ Soit l'équation $\log_3(x+2) = 4$.

Son domaine est $]-2, +\infty[$, puisque $(x+2)$ doit être positif.

$$\begin{aligned} \log_3(x+2) &= 4 \\ 3^4 &= x+2 \\ 81 &= x+2 \\ 79 &= x \end{aligned}$$

79 est un élément du domaine. On vérifie s'il satisfait l'équation.

$$\log_3(79+2) = \log_3 81 = 4$$

La solution de l'équation $\log_3(x+2) = 4$ est donc 79.

Il faut parfois faire subir des transformations à l'équation initiale avant d'obtenir la forme $\log_b M = m$. On utilise alors les propriétés des logarithmes.

8

Exemple 8.21

◆ Soit l'équation $\log_x(x-1) + \log_x 2x = 2$.

La variable x doit respecter les conditions suivantes :

- $x > 0$ et $x \neq 1$, car x est la base des deux logarithmes ;
- $x - 1 > 0$, c'est-à-dire $x > 1$, car l'argument d'un logarithme doit être positif ;
- $2x > 0$, c'est-à-dire $x > 0$, pour la même raison.

Le domaine de l'équation est donc $]1, +\infty[$.

$$\log_x(x-1)+\log_x 2x = 2$$
$$\log_x(x-1)(2x) = 2 \quad \text{(propriété 3 des logarithmes)}$$
$$x^2 = (x-1)(2x) \quad \text{(forme exponentielle)}$$
$$x^2 = 2x^2 - 2x$$
$$2x - x^2 = 0$$
$$x(2-x) = 0 \quad \text{(factorisation)}$$
$$x = 0 \text{ ou } 2-x = 0 \quad \text{(règle du produit nul)}$$
$$x = 0 \text{ ou } x = 2$$

On doit rejeter la valeur $x = 0$ qui n'est pas un élément du domaine.

On vérifie si $x = 2$ satisfait l'équation initiale.

$$\log_2(2-1)+\log_2 2(2) = \log_2 1 + \log_2 4 = 0+2 = 2$$

C'est une égalité vraie, alors 2 est la solution de l'équation $\log_x(x-1)+\log_x 2x = 2$.

On doit toujours vérifier si les solutions possibles appartiennent au domaine de l'équation. Il faut se rappeler que la base d'un logarithme est positive et différente de 1, et qu'on ne peut pas calculer le logarithme d'un nombre négatif ou nul.

Les équations de la forme $\log_b M = \log_b N$

Lorsque les deux membres d'une équation sont des logarithmes de même base, on utilise la propriété d'injectivité de la fonction logarithmique $\log_b M = \log_b N \Leftrightarrow M = N$.

Exemple 8.22

◆ Soit l'équation $\log_b(x^2+1) - \log_b x = \log_b(x+2)$, où $b > 0$ et $b \neq 1$.

Puisque l'argument d'un logarithme doit être positif, la variable x doit respecter les conditions suivantes :

- $x^2 + 1 > 0$, ce qui est toujours vrai, car c'est une somme de carrés ;
- $x > 0$;
- $x + 2 > 0$, c'est-à-dire $x > -2$.

Le domaine de l'équation est donc $]0, +\infty[$.

On transforme d'abord l'équation afin d'obtenir un seul logarithme dans chaque membre.

8

$$\log_b(x^2+1)-\log_b x=\log_b(x+2)$$

$$\log_b \frac{x^2+1}{x}=\log_b(x+2) \quad \text{(propriété 4 des logarithmes)}$$

$$\frac{x^2+1}{x}=x+2 \quad \text{(propriété d'injectivité)}$$

$$x\left(\frac{x^2+1}{x}\right)=x(x+2) \quad \text{(multiplication des deux membres par } x\neq 0\text{)}$$

$$x^2+1=x^2+2x$$

$$-2x=-1$$

$$x=\frac{1}{2}$$

$x=\frac{1}{2}=0{,}5$ est un élément du domaine. On vérifie si cette valeur satisfait l'équation initiale.

$$\log_b((0{,}5)^2+1)-\log_b 0{,}5=\log_b(0{,}5+2)$$

$$\log_b 1{,}25-\log_b 0{,}5=\log_b 2{,}5$$

$$\log_b\left(\frac{1{,}25}{0{,}5}\right)=\log_b 2{,}5$$

$$\log_b 2{,}5=\log_b 2{,}5$$

C'est une égalité vraie, alors $\frac{1}{2}$ est la solution de l'équation $\log_b(x^2+1)-\log_b x=\log_b(x+2)$.

La résolution d'équations exponentielles au moyen des logarithmes

S'il n'existe pas de base commune à tous les termes d'une équation exponentielle, on utilise les propriétés suivantes.

Si $b>0, b\neq 1, c>0$ et $c\neq 1$:

$$b^m=c^n \Leftrightarrow \log b^m=\log c^n$$

$$\Leftrightarrow m\log b=n\log c$$

8

Exemple 8.23

- Soit l'équation $2^{x-1}=7^{3x}$.

  Son domaine est IR, puisque l'exposant d'une fonction exponentielle peut prendre n'importe quelle valeur réelle et que les exposants $(x-1)$ et $3x$ sont définis pour toute valeur de x.

  On ne peut pas trouver de base commune à 2 et à 7.

On utilise donc le principe énoncé précédemment et les propriétés des logarithmes.

$$2^{x-1} = 7^{3x}$$

$$\log 2^{x-1} = \log 7^{3x}$$

$$(x-1)\log 2 = 3x\log 7$$

$$x\log 2 - \log 2 = 3x\log 7$$

$$x\log 2 - 3x\log 7 = \log 2$$

$$x(\log 2 - 3\log 7) = \log 2$$

$$x = \frac{\log 2}{\log 2 - 3\log 7}$$

Avec une calculatrice, on trouve $x \approx -0{,}135$ et on vérifie la solution dans l'équation initiale. On aurait pu résoudre cette équation en remplaçant le logarithme en base 10 par le logarithme naturel, qui permet lui aussi l'utilisation de la calculatrice pour l'évaluation du résultat final.

En calculant $x = \dfrac{\ln 2}{\ln 2 - 3\ln 7}$, on peut vérifier que le résultat est bien le même.

◆ Cherchons le zéro de la fonction $g(x) = 3(4)^x - 1$, analysée à l'exemple 8.4.

$$3(4)^x - 1 = 0$$

$$4^x = \frac{1}{3}$$

$$\log 4^x = \log\left(\frac{1}{3}\right)$$

$$x\log 4 = -\log 3$$

$$x = \frac{-\log 3}{\log 4} \approx -0{,}792$$

◆ La méthode de résolution d'équations à l'aide des logarithmes permet de retrouver la formule de changement de base.

On peut calculer $\log_5 8$ à l'aide de la formule de changement de base.

$$x = \log_5 8 = \frac{\log 8}{\log 5} \approx 1{,}292$$

La transformation de l'équation logarithmique en équation exponentielle nous donne $x = \log_5 8 \Leftrightarrow 5^x = 8$.

$$5^x = 8$$

$$\ln 5^x = \ln 8$$

$$x\ln 5 = \ln 8$$

$$x = \frac{\ln 8}{\ln 5} \approx 1{,}292$$

On peut vérifier que $5^{1{,}292} \approx 8$.

8

Exercices 8.6

1. Résoudre chacune des équations suivantes.

a) $\log_4 x = 3$

b) $\log_3(x+1) = -2$

c) $\log_2(x-2) + \log_2 x = 3$

d) $\log_b 24 = \log_b x$

e) $\log 20 - \log 5 = \log 2x$

f) $\log_x(3x-2) = 2$

g) $\log_5 125 = 3x+4$

h) $\ln 12 + \ln 2x = \ln x^2$

i) $\log_b(x+11) - \log_b(x-1) = \log_b(x+4)$

j) $2\log_3(x-4) = \log_3 25$

k) $3^x = 5$

l) $3^{x+1} = 7^{2x}$

m) $(2^{5x+1})(5^x) = 3$

n) $4(3^{x-2}) = 2^{3x}$

2. Résoudre chacune des équations suivantes.

a) $\log_x 5 = 2$

b) $4^{3x+1} = 5^x$

c) $\log_3 x + \log_3 2 = 5$

d) $8(4^{2x-1}) = 32^x$

e) $\log_7 x + \log_7(x-1) = 1$

f) $(2^{4x+1})(7^{x-2}) = 3^{1-x}$

g) $\log_2 \sqrt{x} + \log_2 \sqrt{3x-11} = 1$

h) $(\log_2 5)(\log_2 3x) = 7$

i) $3^{4x+5} = 8^2 \log 14$

j) $\log(3x+1) - \log(x-2) = \log(x+4)$

8.7 Les fonctions logarithmiques $f(x) = A \log_b B(x-h) + k$

- Décrire et interpréter l'effet des paramètres additifs et multiplicatifs sur une fonction logarithmique.

On peut obtenir d'autres fonctions logarithmiques en faisant subir des transformations à la fonction élémentaire $f(x) = \log_b x$ pour obtenir $F(x) = A\log_b[B(x-h)] + k$.

Le domaine et l'équation de l'asymptote sont liés aux valeurs de B et de h.

L'effet de h étant une translation horizontale, l'asymptote verticale se déplace en même temps : c'est la droite d'équation $x = h$.

Le domaine de F est l'ensemble des x tels que l'argument $B(x-h)$ est positif.

- Si $B > 0$:

$$\begin{aligned} B(x-h) &> 0 \\ x-h &> 0 \quad \text{(division des deux membres par } B>0\text{)} \\ x &> h \end{aligned}$$

  On a alors $dom(F) =]h, +\infty[$ et le graphique est situé à droite de l'asymptote.

- Si $B < 0$:

$$\begin{aligned} B(x-h) &> 0 \\ x-h &< 0 \quad \text{(division des deux membres par } B<0\text{)} \\ x &< h \end{aligned}$$

  On a alors $dom(F) =]-\infty, h[$ et le graphique est situé à gauche de l'asymptote.

Dans les deux cas, le domaine est une demi-droite ouverte dont l'unique borne est la valeur du paramètre *h*, et l'asymptote verticale se trouve à la frontière du domaine.

Les graphiques ci-dessous illustrent ces résultats pour une fonction logarithmique de base 2 (donc $b>1$). On trouverait les mêmes domaines avec une base *b* telle que $0<b<1$.

<table>
<tr><th colspan="2">$y=\log_2[B(x-h)]$</th></tr>
<tr><th>$B=1\ (B>0)$</th><th>$B=-1\ (B<0)$</th></tr>
<tr><td>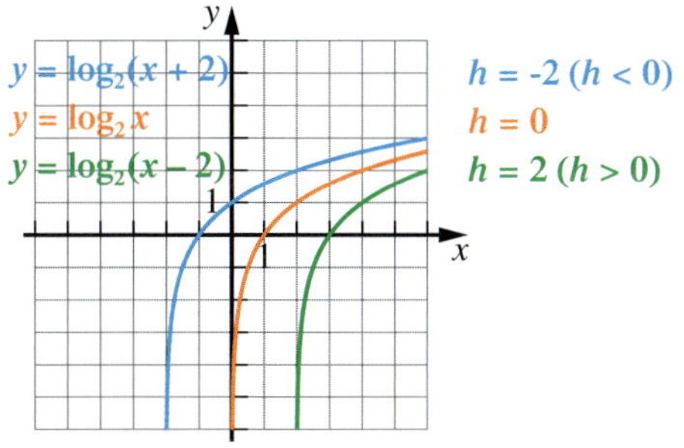
</td><td>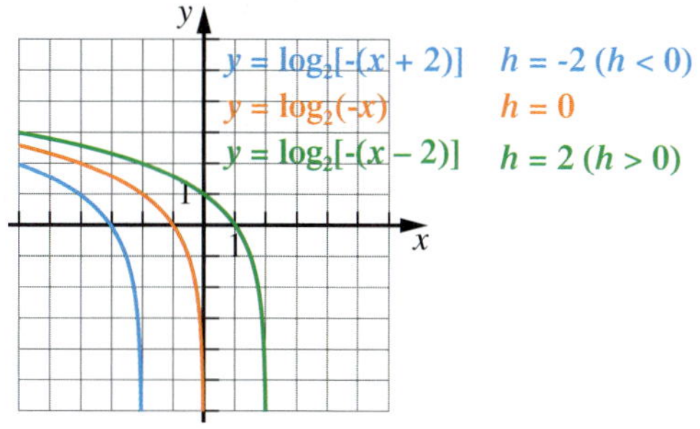
</td></tr>
</table>

Les graphiques ci-dessous présentent quelques exemples illustrant l'effet des paramètres *A* et *B*.

<table>
<tr><th colspan="2">$y=A\log_b x$</th></tr>
<tr><th>$b>1$</th><th>$0<b<1$</th></tr>
<tr><td>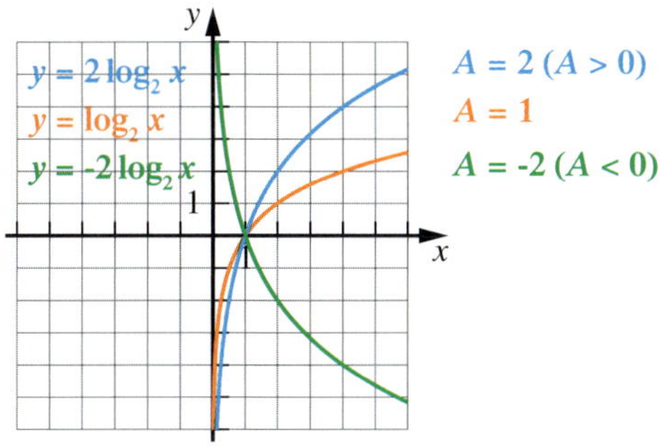
</td><td>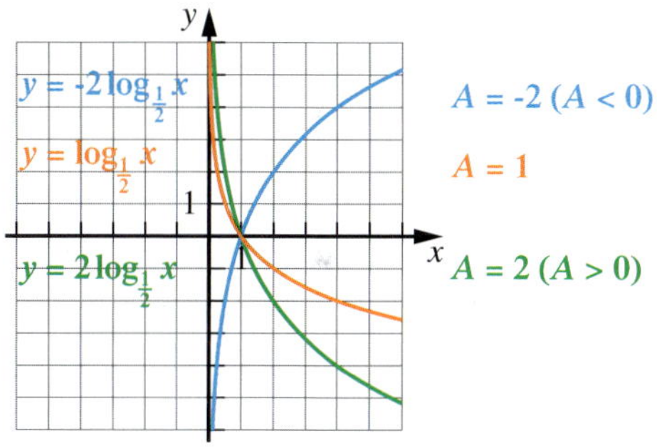
</td></tr>
<tr><th colspan="2">$y=\log_b Bx$</th></tr>
<tr><th>$b>1$</th><th>$0<b<1$</th></tr>
<tr><td>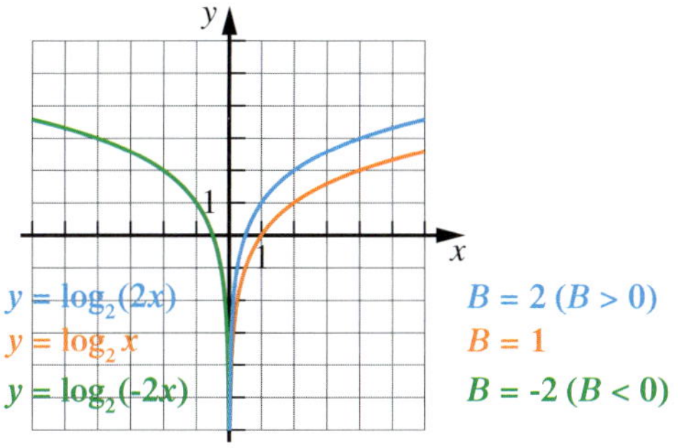
</td><td>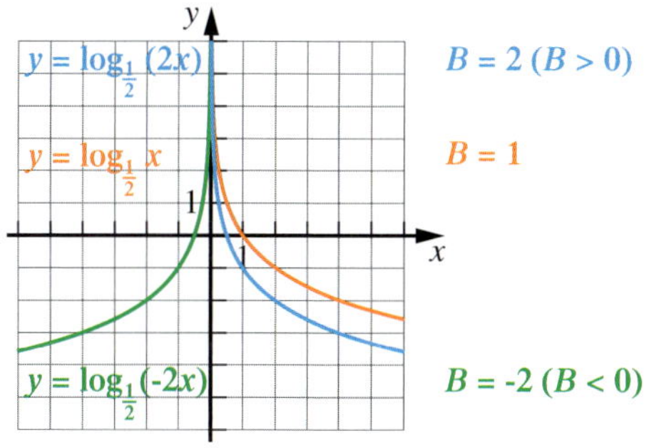
</td></tr>
</table>

De façon générale, les valeurs absolues de *A* et de *B* influencent la rapidité de la croissance ou de la décroissance, alors que la combinaison de leurs signes détermine si la fonction est croissante ou décroissante sur tout son domaine. Quelles que soient les valeurs des paramètres de transformation, il n'y a aucun sommet ni aucun changement de concavité de la courbe sur l'ensemble du domaine.

Une fonction $f(x) = A \log_b B(x-h) + k$ possède les caractéristiques suivantes.

- Son domaine est un intervalle de la forme $]-\infty, h[$ ou $]h, +\infty[$.
- L'asymptote verticale est la droite d'équation $x = h$, où h est la frontière du domaine.
- Le graphique est soit croissant sur tout son domaine, soit décroissant sur tout son domaine.
- La courbe est soit concave vers le haut sur tout le domaine, soit concave vers le bas sur tout le domaine.
- $ima(f) = \mathbb{R}$, car un logarithme peut prendre n'importe quelle valeur réelle. La translation verticale due au paramètre k déplace le graphique, mais ne modifie pas l'ensemble image.
- La fonction possède un unique zéro : c'est la solution de l'équation $f(x) = 0$.
- Si $0 \in dom(f)$, le graphique coupe l'axe des y au point $(0, f(0))$. Autrement, il n'y a aucun point d'intersection avec cet axe.

Ces propriétés permettent de tracer une esquisse du graphique.

L'esquisse du graphique d'une fonction $f(x) = A \log_b B(x-h) + k$

- On détermine le domaine, en sachant que l'argument $B(x-h)$ doit être positif.
- On trace l'asymptote, soit la droite d'équation $x = h$, à la frontière du domaine.
- On calcule le zéro z et on place le point $(z, 0)$ dans le plan.
- On calcule l'ordonnée à l'origine si $0 \in dom(f)$, sinon l'ordonnée d'un autre point, et on ajoute ce point dans le plan.
- On esquisse le graphique. La position relative des deux points détermine la croissance ou la décroissance et la position de l'asymptote impose la concavité vers le haut ou vers le bas.

On peut obtenir une esquisse plus précise en calculant les coordonnées de quelques points.

Exemple 8.24

◆ Soit la fonction $f(x) = 2 \log_{\frac{1}{2}}(2x-2) + 4$.

On exprime la règle de correspondance sous la forme $f(x) = A \log_b [B(x-h)] + k$.

$$f(x) = 2 \log_{\frac{1}{2}} 2(x-1) + 4$$

On a alors $A = 2$, $b = \dfrac{1}{2}$, $B = 2$, $h = 1$ et $k = 4$.

- Le domaine de la fonction est l'ensemble des valeurs de x telles que l'argument $2(x-1) > 0$. Ainsi, $dom(f) =]1, +\infty[$.
- L'asymptote est la droite verticale d'équation $x = h$ (la frontière du domaine), c'est-à-dire la droite d'équation $x = 1$.
- On peut trouver le zéro de la fonction en résolvant l'équation $f(x) = 0$.

$$2 \log_{\frac{1}{2}} 2(x-1) + 4 = 0$$
$$2 \log_{\frac{1}{2}} 2(x-1) = -4$$
$$\log_{\frac{1}{2}} 2(x-1) = -2$$
$$2(x-1) = \left(\frac{1}{2}\right)^{-2} \quad \text{(forme exponentielle)}$$

8

$$x-1=\left(\frac{1}{2}\right)\left(\frac{1}{2}\right)^{-2}$$

$$x=\left(\frac{1}{2}\right)^{-1}+1$$

$$x=3$$

Le graphique coupe l'axe des x au point (3, 0).

- Il n'y a pas d'ordonnée à l'origine, puisque $0 \notin dom(f)$. Le graphique ne coupe pas l'axe des y.
- On calcule l'ordonnée d'un autre point, par exemple $f(5)$.

$$f(5)=2\ \log_{\frac{1}{2}} 2(5-1)+4=2\ \log_{\frac{1}{2}} 8+4=2(-3)+4=-2$$

- On place les points (3, 0) et (5, -2) dans le plan et on trace l'asymptote d'équation $x = 1$.
- On observe la position relative des deux points et on en déduit que la courbe est décroissante sur tout son domaine.
- On trace une esquisse de la courbe sur son domaine, la concavité vers le haut étant « forcée » par la position de l'asymptote (à gauche du domaine) combinée à la décroissance.

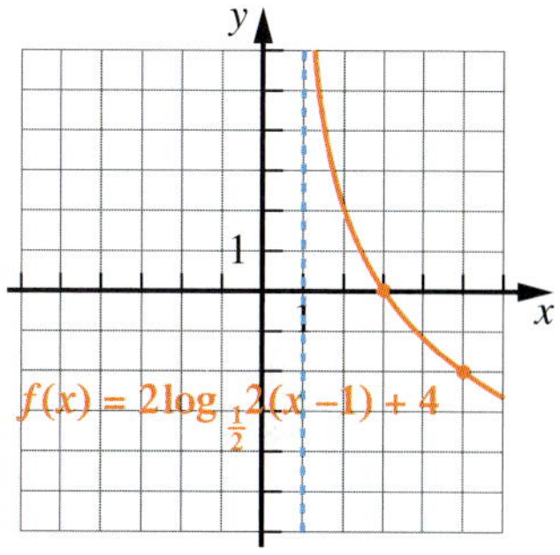

- On peut faire l'étude du signe à l'aide du graphique :

$f(x) > 0$ si $1 < x < 3$, $f(x) = 0$ si $x = 3$ et $f(x) < 0$ si $x > 3$.

- Le tableau de variation est le suivant.

Valeurs de x	1		3	$+\infty$
Signe de g	$\nexists$	+	0	–
Croissance de g	$\nexists$	↘		

Exercices 8.7

1. Pour chacune des fonctions suivantes, donner le domaine, l'équation de l'asymptote et les points d'intersection avec les axes, s'il y a lieu.

a) $g(x)=\log_3(x-2)$
b) $g(x)=\log_3(x+4)+1$
c) $g(x)=\log_2 32x$
d) $g(x)=-3\log_2 x$
e) $g(x)=2\log(-(x-2))$
f) $g(x)=-\ln x$

2. Faire l'étude complète de chacune des fonctions suivantes.

a) $f(x)=-\log_3(x+1)$
b) $f(x)=\log_2(4x-3)$
c) $f(x)=\log_2 4x-3$
d) $f(x)=2\log(-(x-1))+3$

8.8 La résolution de problèmes avec des fonctions exponentielles ou logarithmiques

Résoudre des problèmes concrets se traduisant par des fonctions exponentielles ou logarithmiques.

On peut décrire de nombreuses situations par des fonctions exponentielles ou logarithmiques, notamment en biologie (croissance d'une culture de bactéries), en médecine (développement de cellules cancéreuses), en chimie (désintégration de substances radioactives), en démographie (croissance d'une population) et en économie (rendement d'un placement).

Exemple 8.25

◆ **La division cellulaire**

Dans des conditions favorables, la cellule d'une bactérie d'un certain type se divise en deux toutes les 20 minutes.

Si on isole une de ces bactéries, on obtient :

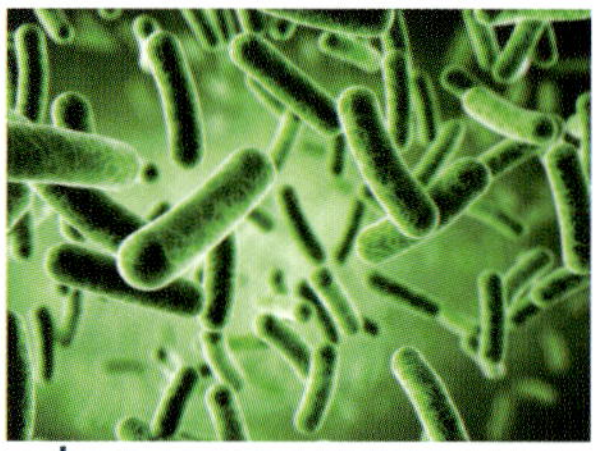
Bactéries

- après 1 période de 20 minutes : 2 bactéries ;
- après 2 périodes de 20 minutes : $2 \times 2 = 2^2$ bactéries ;
- après 3 périodes de 20 minutes : $2^2 \times 2 = 2^3$ bactéries ;
- après 4 périodes de 20 minutes : $2^3 \times 2 = 2^4$ bactéries ;
- ...
- après t périodes de 20 minutes : 2^t bactéries.

On peut représenter la croissance de cette bactérie par la fonction $N(t) = 2^t$, où t est le nombre de périodes de 20 minutes écoulées depuis le début de l'expérience et $N(t)$, le nombre de bactéries à ce moment-là.

$$dom(N) = \mathbb{N}$$

Pour connaître le nombre de bactéries au bout de 10 heures (30 périodes de 20 minutes), on calcule $N(30)$.

$$N(30) = 2^{30} \approx 1{,}0737 \times 10^9, \text{ soit plus de un milliard de bactéries}$$

Pour trouver le temps nécessaire pour obtenir 500 bactéries, on doit résoudre l'équation $N(t) = 500$.

$$N(t) = 500$$
$$2^t = 500$$
$$t = \log_2 500$$

On calcule $\log_2 500$ avec la calculatrice, en utilisant la formule de changement de base.

$$t = \log_2 500 = \frac{\ln 500}{\ln 2} \approx 8{,}97$$

Après 9 périodes de 20 minutes, soit 3 heures après le début de l'expérience, un peu plus de 500 bactéries se sont développées. Il y en aura en fait $2^9 = 512$.

◆ **L'intérêt composé**

On place 1000 $ à un taux d'intérêt de 3 % composé annuellement.

Chaque année, la valeur du placement s'accroît de 3 %. Le montant initial est donc multiplié par 103 %, soit 1,03. Le total accumulé sera :

- après 1 an : $1000(1{,}03)$ $;
- après 2 ans : $1000(1{,}03)(1{,}03) = 1000(1{,}03)^2$ $;

- après 3 ans : $1000(1,03)^2(1,03) = 1000(1,03)^3$ $;
- ...
- après x ans : $1000(1,03)^x$ $.

On peut représenter l'évolution de ce placement par la fonction $f(x) = 1000(1,03)^x$, où x est le nombre d'années écoulées depuis le placement et $f(x)$, le total accumulé.

$$dom(f) = \mathbb{N}$$

Pour connaître le total accumulé après 10 ans, on calcule $f(10)$.

$$f(10) = 1000(1,03)^{10} \approx 1343,92 \text{ \$}$$

Afin de calculer le nombre d'années nécessaires pour que la somme accumulée atteigne 1500 $, on doit résoudre l'équation $f(x) = 1500$.

$$f(x) = 1500$$

$$1000(1,03)^x = 1500$$

$$(1,03)^x = 1,5$$

$$x = \log_{1,03}(1,5)$$

On calcule $\log_{1,03}(1,5)$ avec la calculatrice, en utilisant la formule de changement de base.

$$x = \log_{1,03}(1,5) = \frac{\log(1,5)}{\log(1,03)} \approx 13,72$$

Comme l'intérêt est versé annuellement, il faut attendre 14 ans. Le total sera alors $1000(1,03)^{14} = 1512,59$ $.

Exercices 8.8

1. Chaque heure, les cellules d'un microorganisme se divisent en deux.

a) Trouver la règle de correspondance et le domaine de la fonction qui permet de calculer $N(t)$, le nombre de cellules générées par une cellule mère après t heures.

b) Combien de cellules la cellule mère aura-t-elle générées après une journée ?

c) Combien de temps faut-il pour qu'elle génère 500 cellules ?

d) Trouver la règle de correspondance de la fonction qui permet de calculer $C(x)$, le nombre de cellules générées par la cellule mère après x jours.

2. Les dirigeants d'une association ont mis sur pied une chaîne téléphonique qui leur permet de joindre rapidement tous leurs membres pour les convoquer à l'assemblée annuelle. Le président appelle trois personnes, chacune d'elles doit en appeler trois autres, et ainsi de suite.

a) Trouver la règle de correspondance et le domaine de la fonction qui permet de déterminer $N(x)$, le nombre d'appels effectués à la xe étape (sans tenir compte des appels précédents).

b) Combien d'appels effectuera-t-on à la quatrième étape ?

c) En sachant qu'à la dernière étape on a appelé 729 personnes, déterminer le nombre d'étapes qui ont été nécessaires.

d) En incluant le président, combien de membres cette association compte-t-elle ?

3. La population scolaire d'un cégep s'accroît de 5 % par année. Ce cégep compte actuellement 3000 étudiants.
   a) Trouver la règle de correspondance et le domaine de la fonction qui permet de calculer le nombre d'étudiants que comptera le cégep dans a années.
   b) Combien d'étudiants fréquenteront ce cégep dans quatre ans ?
   c) Les installations du cégep permettent d'accueillir un maximum de 4000 étudiants. Combien d'années faudra-t-il pour atteindre ce nombre ?

4. Une substance radioactive se désintègre à une vitesse telle qu'à la fin de chaque année, il ne reste que 80 % de la masse initiale.
   a) Si la masse initiale est de 100 g, trouver la règle de correspondance et le domaine de la fonction qui donne la masse restante après t années.
   b) Quelle sera la masse de cette substance après 20 ans ?
   c) Combien de temps faudra-t-il pour que la masse diminue de moitié ?

5. Un placement rapporte 4 % d'intérêt par année.
   a) Trouver la règle de correspondance et le domaine de la fonction qui permet de calculer l'avoir total $A(t)$ après t années pour un placement de 1000 $, si l'intérêt est composé annuellement.
   b) Quel sera l'avoir total après cinq ans ?
   c) Combien d'années faudra-t-il pour que le placement de 1000 $ double de valeur ?
   d) Si l'intérêt est composé deux fois par année (2 % tous les six mois), que devient la règle de correspondance de la fonction ? Quel sera l'avoir total après cinq ans ?
   e) Trouver la règle de correspondance de la fonction qui permet de calculer le nombre d'années qu'il faudra pour que l'avoir total atteigne d dollars, si l'intérêt est versé une fois l'an.

6. Si le taux d'inflation annuel se maintient à 4 % pendant cinq ans, quelle sera l'augmentation du coût de la vie au cours de ces cinq ans ?

7. La valeur de revente d'une voiture diminue de 20 % chaque année.
   a) Si la voiture coûte 20 000 $, quelle sera sa valeur de revente dans quatre ans ?
   b) Combien d'années après l'achat faudra-t-il revendre la voiture pour en retirer au moins 12 000 $?

8. Le carbone 14 est un élément radioactif utilisé notamment pour déterminer l'âge d'objets ou d'ossements découverts lors de fouilles archéologiques. Les atomes de carbone 14 se désintègrent en émettant des rayonnements et deviennent ainsi plus légers. Si la masse initiale est m_0, la masse n'est plus que $m_0(2^{\frac{t}{5590}})$ après t années. On appelle demi-vie d'une substance radioactive le temps qu'elle met à arriver à la moitié de sa masse initiale, soit $\frac{m_0}{2}$.
   Quelle est la demi-vie du carbone 14 ?

9. En mars 2014, une épidémie de la maladie à virus Ebola s'est déclarée en Afrique de l'Ouest. Selon une étude de l'Organisation mondiale de la santé, dont les résultats ont été publiés en septembre 2014 dans le *New England Journal of Medicine*, on a constaté une évolution exponentielle du nombre de cas déclarés de la maladie. Le graphique suivant montre bien la croissance exponentielle.

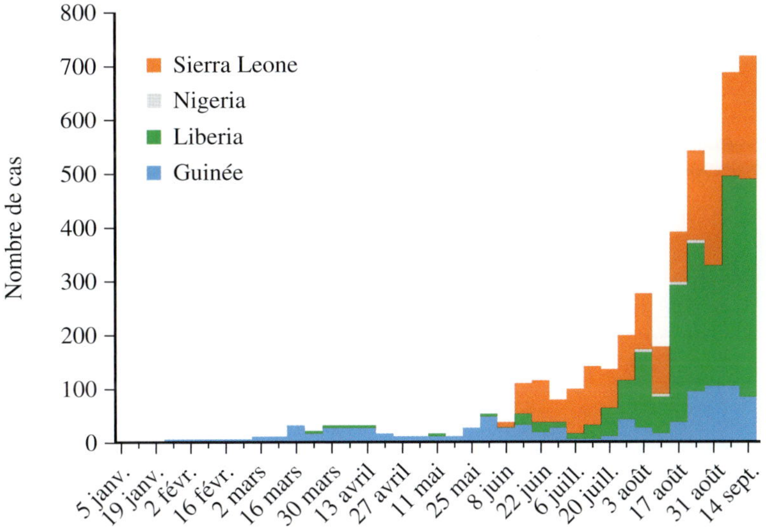

Les fonctions exponentielles ci-dessous, de la forme $y = ab^x$, sont une approximation des modèles utilisés par les chercheurs pour trois pays, où x représente le nombre de jours écoulés depuis la date du début de l'étude et y, le nombre total de cas observés à ce moment.

Sierra Leone : $y = f(x) = 539{,}62(1{,}023)^x$

Guinée : $y = g(x) = 79{,}25b^x$

Liberia : $y = h(x) = a(1{,}030)^x$

Joanne Liu, présidente de Médecins sans frontières

Nous ne pouvons qu'espérer que, lorsque vous répondrez aux questions qui suivent, les autorités médicales auront réussi à limiter la propagation de la maladie et que les perspectives seront meilleures que celles que prévoyaient les chercheurs de l'OMS.

a) Combien de cas déclarés y avait-il approximativement en Sierra Leone au début de l'étude ?

b) Combien de cas y avait-il approximativement en Sierra Leone à la fin de l'étude, 41 jours plus tard ?

c) Si aucune mesure ne parvient à ralentir la propagation de la maladie, à combien estime-t-on le nombre de cas qu'on déplorera en Sierra Leone le 2 novembre 2014 (97 jours après le début de l'étude) ?

d) On estime qu'en Guinée, le nombre de cas double tous les 15,7 jours. Quelle est la base b de la fonction g ?

e) Si on estime que le nombre de cas déclarés au Liberia atteindra 9890 le 2 novembre 2014, quelle est la valeur du coefficient a de la fonction h ?

f) Dans lequel de ces trois pays le nombre de cas augmente-t-il le plus rapidement ? Préciser lequel des paramètres de la règle de correspondance des trois fonctions permet de répondre à cette question.

g) Lequel des trois pays recensait le plus grand nombre de cas au début de l'étude ? Préciser lequel des paramètres de la règle de correspondance des trois fonctions permet de répondre à cette question.

10. Le pH d'une solution est donné par le logarithme de l'inverse de sa concentration en ions hydrogène, notée $[H]^+$: $pH = \log \frac{1}{[H]^+}$.

a) Quel est le pH de l'eau pure si sa concentration en ions hydrogène est de 10^{-7} ?

b) Après qu'on a ajouté de l'hydroxyde de sodium à l'eau, la nouvelle solution a un pH de 8. Quelle est sa concentration en ions hydrogène ?

c) Trouver la règle de correspondance de la fonction qui permet de calculer la concentration en ions hydrogène lorsqu'on connaît le pH.

8.9 Applications et synthèse des connaissances

Résoudre des problèmes de synthèse faisant appel aux connaissances acquises dans les huit premiers chapitres.

8.9.1 Le domaine de fonctions composées

Une fonction peut être la résultante de la composition de fonctions exponentielles ou logarithmiques et de fonctions algébriques. Pour trouver le domaine de telles fonctions, on doit tenir compte des caractéristiques de chacun de ces modèles de fonctions.

Exemple 8.26

◆ Cherchons le domaine de la fonction $f(x) = \log(x^2 + 5x - 6)$.

L'argument du logarithme doit être positif.

Il faut donc poser la condition $x^2 + 5x - 6 > 0$.

On peut résoudre cette inéquation du second degré par la méthode graphique (*voir le chapitre 6, page 247*), à l'aide d'une esquisse de la parabole représentant la fonction $g(x) = x^2 + 5x - 6$.

La parabole est tournée vers le haut, car $a = 1$ (donc $a > 0$).

On cherche les zéros de g en factorisant le polynôme.

$$x^2 + 5x - 6 = (x + 6)(x - 1)$$

Ses zéros sont donc -6 et 1.

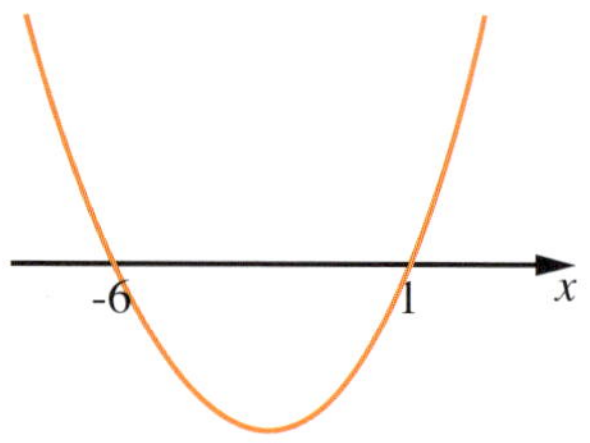

$$x^2 + 5x - 6 > 0 \text{ si } x < -6 \text{ ou } x > 1$$

Ainsi, $dom(f) =]-\infty, -6[\cup]1, +\infty[$.

◆ Cherchons le domaine de la fonction $f(x) = \sqrt{\log(x - 3)}$.

Il faut poser les conditions suivantes :

- $x - 3 > 0$, c'est-à-dire $x > 3$, car l'argument d'un logarithme doit être positif ;
- $\log(x - 3) \geq 0$, car on ne peut pas extraire la racine carrée d'un nombre négatif.

On utilise la méthode graphique pour résoudre cette inéquation, à l'aide d'une esquisse du graphique de la fonction $g(x) = \log(x - 3)$.

8

La courbe est croissante, car la base du logarithme est $b = 10$ (donc $b > 1$) et il n'y a aucune inversion due à un paramètre multiplicatif A ou B.

Le zéro est la solution de l'équation logarithmique $\log(x - 3) = 0$.

$$\log(x-3) = 0$$
$$x - 3 = 10^0 \quad \text{(forme exponentielle)}$$
$$x - 3 = 1$$
$$x = 4$$

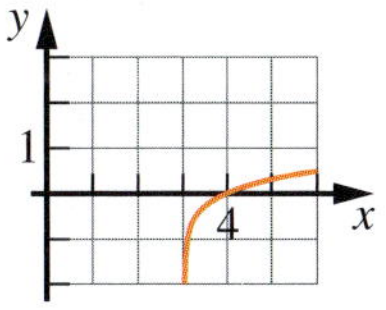

$\log(x-3) \geq 0$ si $x \geq 4$

Ainsi, $dom(f) = \{x \in \mathbb{R} \mid x > 3 \text{ et } x \geq 4\} = [4, +\infty[$.

◆ Cherchons le domaine de la fonction $f(x) = e^{\frac{\sqrt{x}}{x-2}}$.

Il faut poser les conditions suivantes :

- $x \geq 0$, car on ne peut pas extraire la racine carrée d'un nombre négatif ;
- $x \neq 2$, car on ne peut pas diviser par 0.

Ainsi, $dom(f) = \{x \in \mathbb{R} \mid x \geq 0 \text{ et } x \neq 2\} = [0, +\infty[\setminus \{2\}$.

◆ Cherchons le domaine de la fonction $f(x) = \ln\left(\frac{x+3}{6-x}\right)$.

Il faut poser la condition $\frac{x+3}{6-x} > 0$, car l'argument d'un logarithme doit être positif.

On résout cette inéquation à l'aide d'un tableau de signes.

Valeurs de x	$-\infty$	-3		6	$+\infty$
$x+3$	$-$	0	+	+	+
$6-x$	+	+	+	0	$-$
$\frac{x+3}{6-x}$	$-$	0	+	$\nexists$	$-$

Ainsi, $dom(f) =]-3, 6[$.

8.9.2 Les systèmes d'équations

Les méthodes de résolution d'équations exponentielles et logarithmiques que nous avons étudiées dans ce chapitre permettent de résoudre certains systèmes qui contiennent de telles fonctions afin de trouver les points d'intersection de deux courbes.

8

Exemple 8.27

◆ Cherchons les éventuels points d'intersection des graphiques des fonctions $f(x) = \log(x^2 + 5x - 12)$ et $g(x) = \log x$.

Il faut résoudre le système d'équations $\begin{cases} y = \log(x^2 + 5x - 12) \\ y = \log x \end{cases}$.

On doit avoir $x^2 + 5x - 12 > 0$ et $x > 0$.

Le domaine de ce système d'inéquations est alors approximativement $]1{,}77\,;\,+\infty[$.

On peut résoudre ce système par la méthode de comparaison, en posant l'égalité entre les deux expressions de y.

$$\log(x^2+5x-12) = \log x$$
$$x^2+5x-12 = x \quad \text{(injectivité de la fonction logarithmique)}$$
$$x^2+4x-12 = 0$$
$$(x+6)(x-2) = 0 \quad \text{(factorisation)}$$
$$x+6=0 \text{ ou } x-2=0 \quad \text{(règle du produit nul)}$$
$$x=-6 \text{ ou } x=2$$

On doit rejeter la solution $x = -6$, car elle n'appartient pas au domaine.

Si $x = 2$, on a $f(2) = \log(2^2+5\times 2-12) = \log 2$ et $g(2) = \log 2$.

Les deux courbes se coupent donc au point $(2, \log 2)$, soit approximativement $(2\,;\,0{,}3)$.

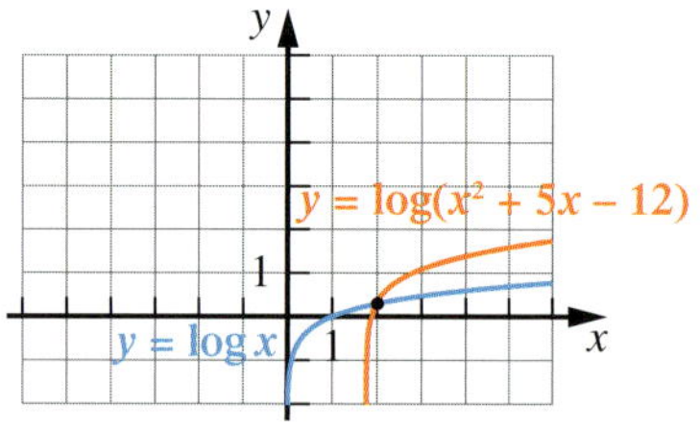

Exercices 8.9

1. Trouver le domaine de chacune des fonctions suivantes.

a) $f(x) = \sqrt{\log(x-2)}$

b) $f(x) = \log\sqrt{x-4}$

c) $f(x) = 8^{x^2-16}$

d) $f(x) = \log_3(25-x^2)$

e) $f(x) = \sqrt{2^{x+1}}$

f) $f(x) = \dfrac{x^2+3x+2}{\log_2(x-5)}$

g) $f(x) = \ln\left(\dfrac{x^2-4}{1-x}\right)$

h) $f(x) = \log(3-x) + \log(x+7)$

i) $f(x) = 6^{\log(3-2x)}$

j) $f(x) = \ln(\ln x)$

k) $f(x) = \dfrac{x}{9^{2x}-4}$

l) $f(x) = 6^{\frac{x^2-1}{x^2+7x+10}}$

m) $f(x) = \log_2 x - \log_3 x + \sqrt{x}$

n) $f(x) = \dfrac{1}{(\log_3 x)^2 + 3(\log_3 x) - 4}$

2. Trouver les points d'intersection des graphiques des fonctions suivantes.

a) $f(x) = 1 - \log x$ et $g(x) = \log(x-1)$

b) $f(x) = 8(4^{2x-1})$ et $g(x) = 2^x$

c) $f(x) = x\log(x+3)$ et $g(x) = 2x$

d) $f(x) = \log_2(x+6)$ et $g(x) = 2\log_2 x$

e) $f(x) = 3^{\frac{x^2+1}{x}}$ et $g(x) = 9^x$

f) $f(x) = e^x$ et $g(x) = 10^x$

Exercices récapitulatifs

1. Simplifier chacune des expressions suivantes.

a) $\dfrac{27^{2x+1}}{(3^{x+1})^{x-1}}$

b) $\dfrac{4^x(4^{x-1})^x}{4^{1-x}\times 4^{x-1}}$

c) $(5^{x+1})\left(\dfrac{b^{2x-9}}{5b^{-3x}}\right)^{x+1}$

d) $\dfrac{(a+b)^{3x-2}}{(a+b)^{1-x}}\div\dfrac{1}{a+b}$

2. Soit la fonction $f(x)=b^x$ dont le graphique passe par le point $\left(-3,\dfrac{1}{8}\right)$.

a) Quelle est la règle de correspondance de la fonction f ?

b) Quelle est la règle de correspondance de la fonction g dont le graphique est symétrique à celui de f par rapport à l'axe des y ?

c) Quelle est la règle de correspondance de la fonction h dont le graphique est symétrique à celui de f par rapport à la droite $y=x$?

d) Quelle est la règle de correspondance de la fonction k dont le graphique est symétrique à celui de f par rapport à l'axe des x ?

3. Trouver l'ensemble solution des équations exponentielles suivantes.

a) $5^{x+1}=625$

b) $9^{2x}=27^{3x+2}$

c) $4^{x-3}=11$

d) $5(3^{x+4})=7^x$

4. Faire l'étude complète de la fonction $f(x)=3(2^x)-\dfrac{3}{2}$.

5. Le loyer d'un appartement a augmenté de 3 % par année depuis l'année 2000. Un locataire payait 763,05 $ par mois en 2008. Combien payait-il en 2014 ?

6. Évaluer chacun des logarithmes suivants.

a) $\log_5\dfrac{1}{625}$

b) $\log_{\frac{1}{2}}32$

c) $\log 1234$

d) $\log_4 205$

e) $\ln e^4$

f) $\ln 3$

7. Exprimer chacune des expressions ci-dessous sous la forme d'un seul logarithme. Les variables a, x, y et z sont positives et différentes de 1.

a) $2\log 5+5\log 2-4\log 3$

b) $\dfrac{1}{3}\log_2 6+\log_2 7$

c) $\dfrac{2}{5}(\log_a x+\log_a y-\log_a z)$

d) $(\log_3 9)(\log_9 2)-(\log_4 64)(\log_9 4)$

8. Quelle est la base de la fonction $f(x)=\log_b x$ dont le graphique passe par le point (64 ; 1,5) ?

9. Développer les expressions ci-dessous en utilisant les propriétés des logarithmes. Les variables a, b et c sont positives et différentes de 1.

a) $\log_3 a^2b^6$

b) $\log_b\left(\dfrac{ab}{c}\right)^n$

c) $\ln\left(\sqrt{5-x}\right)$, où $x<5$

d) $\log\dfrac{(x+1)^3}{x-12}$, où $x>12$

10. Résoudre les équations logarithmiques suivantes.

a) $\log_3(x-2)=5$

b) $\log x^2=6$, où $x>0$

c) $\ln 2x+\ln 3=4$

d) $\log_3(x+8)-2\log_3 x=2$

e) $\log(x^2-5x+4)=\log 4$

f) $\ln(x+3)+\ln(x-2)=2\ln(x+1)$

11. Faire l'étude complète de la fonction $f(x)=\log_2(-x+3)-4$.

12. Trouver le domaine des fonctions suivantes.

a) $f(x)=\log(-x^2+4x+5)$

b) $f(x)=\sqrt{\log(6-x)}$

c) $f(x)=\dfrac{1}{\sqrt[3]{\ln x-1}}$

d) $f(x)=e^{\frac{x}{x+1}}-\dfrac{4\sqrt{e}}{\sqrt{e^x-1}}$

e) $f(x)=5^{\log_5(x-5)}$

f) $f(x)=\dfrac{1}{(\log_8 x)^2+2(\log_8 x)+1}$

Un peu d'histoire

Les réponses à certaines de ces questions se trouvent dans ce chapitre. Un peu de de réflexion ou de recherche sera nécessaire pour répondre aux questions en bleu.

13. Qui est l'inventeur des logarithmes ?

14. Quelle est l'origine du mot « exponentiel » ?

15. Décrire un sextant et expliquer son usage.

9 La géométrie

Objectif général

Résoudre des problèmes faisant appel aux propriétés des figures géométriques.

La photo ci-contre représente la pyramide de Khéops (du nom du pharaon dont elle abrite le tombeau), aussi appelée « grande pyramide de Gizeh » (du nom de la ville d'Égypte où elle est située).

Construite il y a plus de 4500 ans, cette pyramide fascine toujours les visiteurs et intrigue encore les mathématiciens et les astronomes. La précision des mesures, l'utilisation de rapports très proches du nombre d'or ou du nombre pi, l'orientation de certains axes qui pointent vers des étoiles, les techniques architecturales utilisées, le transport et la manipulation des énormes blocs de pierre sont autant d'éléments qui donnent lieu à toutes sortes de conjectures.

Il s'agit d'une pyramide régulière, dont la base carrée mesurait à l'origine 440 coudées royales (environ 230,5 m). Sa hauteur était de 280 coudées (environ 146,7 m). Avec l'érosion et l'enfoncement dans le sable, les dimensions de la pyramide sont aujourd'hui légèrement moindres. Son aire latérale est d'environ 53 000 m^2 et son volume, d'environ 2 600 000 m^3. Il a fallu plus de 5 millions de tonnes de pierre pour ériger la pyramide, chaque bloc pesant en moyenne 2,5 tonnes.

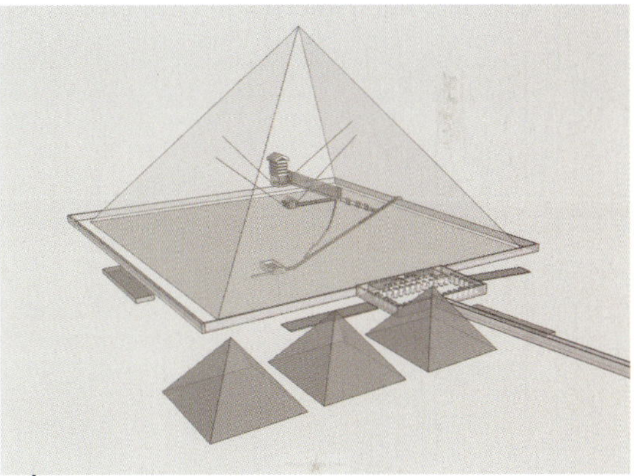

Plan de la pyramide de Khéops

Les faces de la pyramide sont orientées selon les quatre points cardinaux. Avec les instruments modernes, on a calculé que l'erreur d'orientation est d'à peine un vingtième de degré.

À elle seule, la pyramide de Khéops permet d'illustrer la plupart des notions de géométrie qui seront traitées dans ce chapitre : angles, distances, aires, volumes, figures semblables ou équivalentes. Vous pourrez le constater en résolvant l'exercice récapitulatif 8 (*voir la page 385*).

Dans ce chapitre, nous étudierons des figures planes (en deux dimensions) et des solides (en trois dimensions) obtenus par la combinaison de segments de droite, de courbes et d'angles.

Exercices préliminaires

Avant d'entreprendre l'étude de ce chapitre, vous devriez connaître et maîtriser les notions suivantes. Si vous ne pouvez pas répondre à une question donnée, reportez-vous au chapitre 5, qui porte sur la droite.

La droite (*voir le chapitre 5*)

1. Quelle est l'équation de la droite passant par les points (-2, 1) et (3, 4) ?

2. Quelle est l'équation de la droite de pente $\frac{3}{5}$ passant par le point $\left(\frac{1}{2}, \frac{-3}{4}\right)$?

3. Quel est le rapport entre les pentes des droites D_1 et D_2 si :

a) elles sont parallèles ?

b) elles sont perpendiculaires ?

4. Si D_1 est la droite d'équation $y = -2x + 7$, trouver l'équation de la droite D_2, en sachant que les deux droites sont perpendiculaires et se coupent au point (1, 5).

5. Trouver le point d'intersection des droites représentées par les systèmes d'équations ci-dessous.

a) $\begin{cases} y = -x + 6 \\ y = \frac{1}{2}x + 4 \end{cases}$

b) $\begin{cases} y = \frac{3}{4}x + 5 \\ y = -2x + \frac{37}{3} \end{cases}$

9

9.1 Les angles

Comparer des angles selon leur mesure ou leur position.

D'OÙ VIENT LA GÉOMÉTRIE ?

Thalès de Milet

Les historiens de la Grèce antique font remonter la géométrie aux Égyptiens. De fait, la géométrie a toujours été d'une grande importance pour ces derniers. Chaque année, le Nil entre en crue et déborde sur ses rives, déposant par le fait même un limon très riche en matières organiques qui assure l'abondance des récoltes pour l'année à venir. Ces inondations ont toutefois pour conséquence de déplacer et même de détruire les différents signes, rochers, clôtures ou bâtons qui délimitent les terres de chacun. Aussi, après chaque crue, il faut déterminer de nouveau les limites de chaque terrain. Des arpenteurs sont alors appelés à la rescousse. Les problèmes auxquels ils font face dans leur travail seraient à l'origine de l'intérêt des Égyptiens pour la géométrie. Ces mêmes historiens grecs soulignent aussi que le premier grand géomètre, Thalès de Milet (v. 625 – v. 547 avant notre ère), serait allé apprendre les rudiments de la géométrie auprès de prêtres égyptiens. C'est au cours de ce séjour en Égypte qu'il aurait grandement impressionné ces derniers en mesurant la hauteur d'une grande pyramide sans monter à son sommet. Il a réussi cet exploit en comparant l'ombre de la pyramide à celle d'un bâton, puis en utilisant les triangles semblables ainsi formés. De retour à Milet, il continua à s'intéresser à la géométrie. Il a alors eu Pythagore comme élève. Pas surprenant que Thalès soit considéré comme le père de la géométrie grecque.

Un **angle** est une figure formée de deux segments de droite (ou deux demi-droites) ayant une origine commune appelée **sommet** de l'angle.

Les deux segments sont les **côtés** de l'angle.

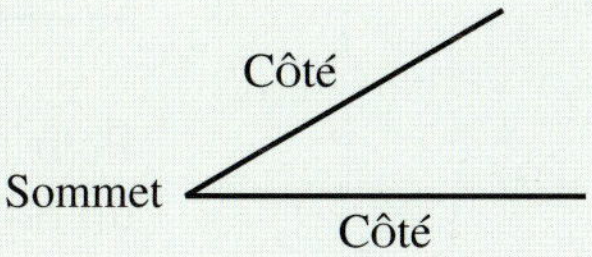

On utilise souvent les lettres grecques minuscules pour désigner des angles. Cela n'est certainement pas étranger au fait que les mathématiciens grecs ont largement contribué au développement de la géométrie.

L'alphabet grec

α	alpha	ε	epsilon	ι	iota	ν	nu	ρ	rhô	φ	phi
β	bêta	ζ	zêta	κ	kappa	ξ	ksi	σ	sigma	χ	khi
γ	gamma	η	êta	λ	lambda	o	omicron	τ	tau	ψ	psi
δ	delta	θ	thêta	μ	mu	π	pi	υ	upsilon	ω	oméga

Exemple 9.1

◆ La figure ci-dessous représente un angle θ de sommet B dont les côtés sont les segments BA et BC. On peut désigner cet angle :

- par son sommet : angle B ou $\angle B$;
- par les extrémités de ses côtés, le sommet étant placé au centre : angle ABC ou $\angle ABC$;
- par un symbole représentant sa mesure : angle θ ou θ.

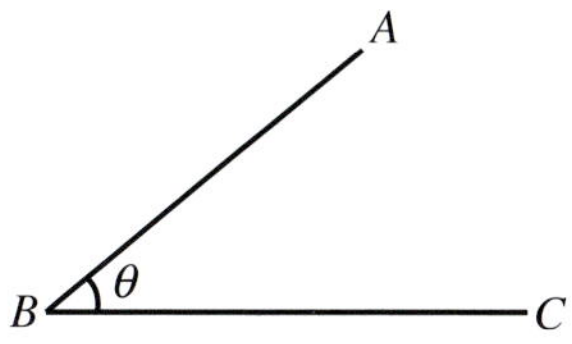

Les mesures des angles sont définies à partir d'un cercle. L'angle étant formé de deux rayons et ayant son sommet au centre du cercle, sa mesure est alors déterminée par la portion de circonférence interceptée par ses côtés.

En géométrie, on mesure les angles en degrés.

Un **degré** (°) est la mesure de l'angle au centre qui intercepte $\frac{1}{360}$ de la circonférence d'un cercle.

Un angle **complet** (qui intercepte toute la circonférence du cercle) mesure donc 360°.

Exemple 9.2

- Un angle de 30° intercepte $\frac{30}{360} = \frac{1}{12}$ de la circonférence d'un cercle.

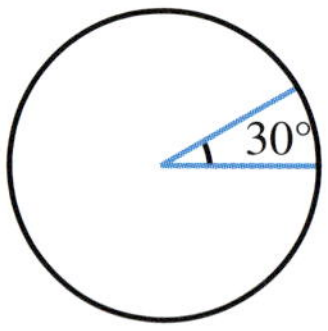

- Un angle de 250° intercepte $\frac{250}{360} = \frac{25}{36}$ de la circonférence d'un cercle.

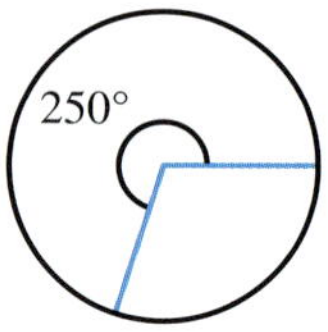

Pour évaluer la mesure en degrés d'un angle, on utilise un rapporteur d'angles.

Ci-contre, l'angle θ mesure 40°.

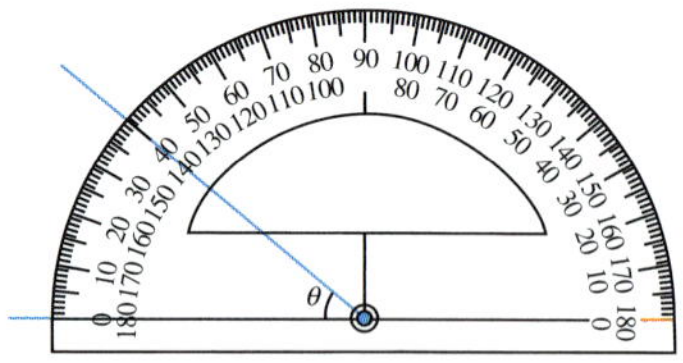

Certains auteurs utilisent des notations différentes pour l'angle ($\angle A$) et sa mesure ($\mathrm{m}\angle A = 30°$). Dans ce manuel, nous nous permettrons d'utiliser la notation abrégée $\angle A = 30°$, qui sous-entend le « m ».

On peut caractériser un angle par sa mesure en degrés.

Angle nul

$\angle A = 0°$

Angle aigu

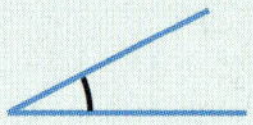

$0° < \angle A < 90°$

Angle droit

$\angle A = 90°$

Angle obtus

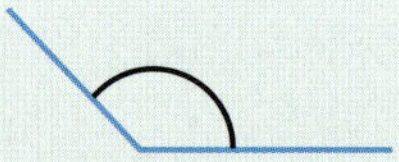

$90° < \angle A < 180°$

Angle plat

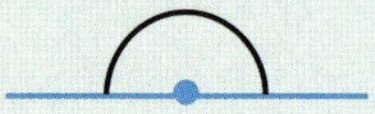

$\angle A = 180°$

Angle rentrant

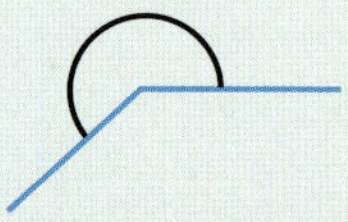

$180° < \angle A < 360°$

9

On peut aussi caractériser deux angles par la relation qui existe entre eux.

Deux angles sont **isométriques** s'ils ont la même mesure.

Deux angles sont **complémentaires** si la somme de leurs mesures est égale à 90°.

Deux angles sont **supplémentaires** si la somme de leurs mesures est égale à 180°.

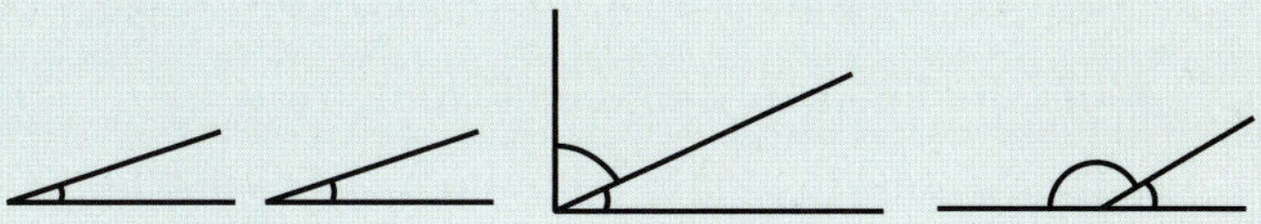

Angles isométriques — Angles complémentaires — Angles supplémentaires

Deux angles sont **adjacents** s'ils ont le même sommet et sont situés de part et d'autre d'un côté commun.

Deux angles sont **opposés par le sommet** si les côtés de l'un sont les prolongements des côtés de l'autre.

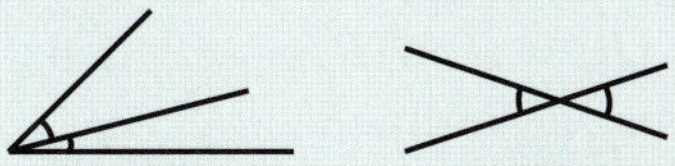

Angles adjacents — Angles opposés par le sommet

La **bissectrice** d'un angle est la droite ou le segment de droite qui partage cet angle en deux angles adjacents isométriques.

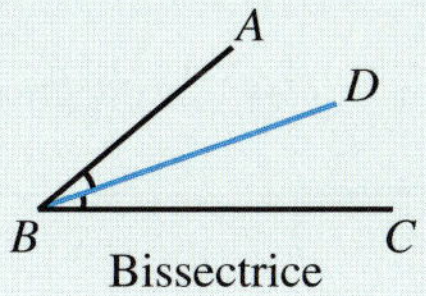

Bissectrice

Les angles déterminés par une droite sécante à deux parallèles sont caractérisés par leur position respective.

Deux angles sont **alternes-internes** s'ils sont situés à l'intérieur des parallèles, de part et d'autre de la sécante.

Deux angles sont **alternes-externes** s'ils sont situés à l'extérieur des parallèles, de part et d'autre de la sécante.

Deux angles non adjacents sont **correspondants** s'ils sont situés du même côté de la sécante, l'un à l'intérieur et l'autre à l'extérieur des parallèles.

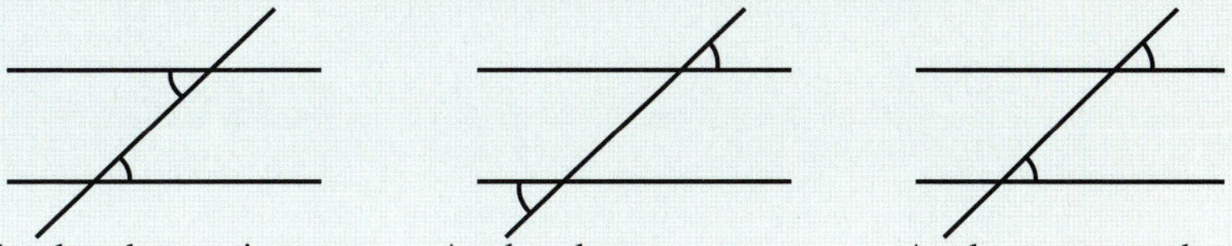

Angles alternes-internes — Angles alternes-externes — Angles correspondants

Les mesures des angles selon leur position

Deux angles opposés par le sommet sont isométriques.

Une sécante qui coupe deux parallèles détermine :

- des angles alternes-internes isométriques ;
- des angles alternes-externes isométriques ;
- des angles correspondants isométriques ;
- d'un même côté de la sécante, des angles intérieurs supplémentaires ;
- d'un même côté de la sécante, des angles extérieurs supplémentaires.

Exemple 9.3

◆ Dans la figure ci-contre, les segments AB et CD sont parallèles.

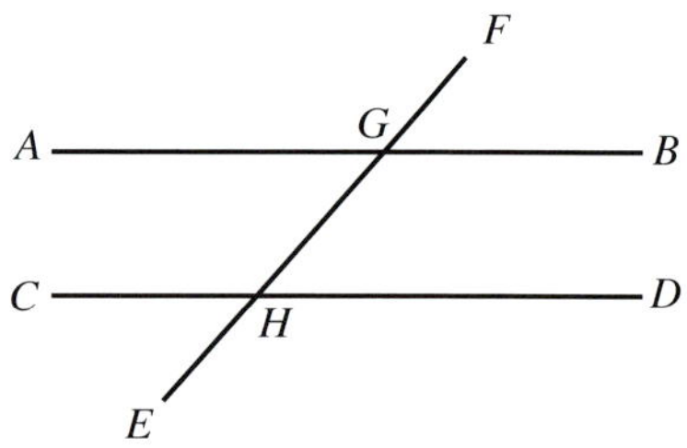

- $\angle AGH = \angle FGB$, car ces deux angles sont opposés par le sommet.
- $\angle AGH = \angle GHD$, car ces deux angles sont alternes-internes.
- $\angle FGB = \angle CHE$, car ces deux angles sont alternes-externes.
- $\angle FGB = \angle GHD$, car ces deux angles sont correspondants.
- $\angle AGF$ et $\angle CHE$ sont supplémentaires.

Exercices 9.1

1. Soit $\angle A = 36°$, $\angle B = 180°$, $\angle C = 64°$, $\angle D = 54°$, $\angle E = 90°$, $\angle F = 126°$ et $\angle G = 230°$.

a) Quels sont les angles aigus ?

b) Quel est l'angle droit ?

c) Quel est l'angle obtus ?

d) Quel est l'angle plat ?

e) Quel est l'angle rentrant ?

f) Quelle est la paire d'angles complémentaires ?

g) Quelle est la paire d'angles supplémentaires ?

2. Dans la figure ci-contre, $AB \parallel CD$.

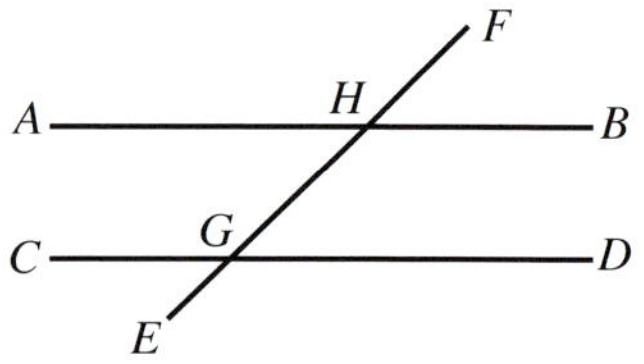

a) Indiquer une paire d'angles alternes-internes.

b) Indiquer une paire d'angles alternes-externes.

c) Indiquer une paire d'angles correspondants.

d) Indiquer une paire d'angles opposés par le sommet.

e) Si $\angle FHB = 42°$, quelle est la mesure de chacun des angles suivants ? Justifier la réponse.

i) $\angle AHF$ ii) $\angle AHG$ iii) $\angle EGD$ iv) $\angle CGE$ v) $\angle GHB + \angle HGD$

3. Quel qualificatif peut-on donner aux bissectrices de deux angles adjacents supplémentaires ?

9

9.2 Les triangles

Résoudre des problèmes faisant appel aux relations métriques dans un triangle.

Un **polygone à *n* côtés** est une figure fermée obtenue lorsqu'on relie successivement *n* points du plan ($n \geq 3$) à l'aide de segments de droite qui ne se coupent pas (ils ne se touchent que par leurs extrémités).

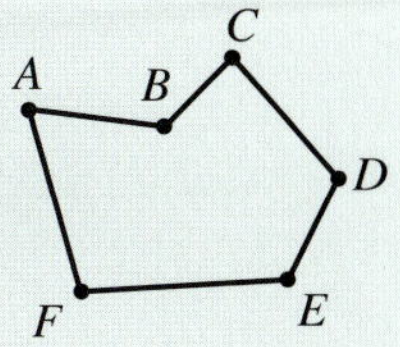

Chacun de ces points est un **sommet** du polygone, et chacun des segments est un **côté**.

On désigne un polygone par les lettres représentant ses sommets: polygone *ABCDEF*.

Pour décrire les figures planes et les solides géométriques, on utilise des mesures de longueur, d'aire, de volume et d'angle. Lorsque l'unité de longueur (kilomètre, mètre, centimètre, par exemple) n'est pas précisée, on peut utiliser le terme général «unité» ou son symbole «u». On se permettra souvent d'omettre cette précision.

Ainsi, pour spécifier la longueur du segment *AB* mesurant 5 unités, on écrira indifféremment $AB = 5$ unités, $AB = 5$ u, ou tout simplement $AB = 5$. On précisera toutefois u^2 ou u^3 pour les unités d'aire ou de volume.

Un **triangle** est un polygone à trois côtés. Il possède aussi trois angles intérieurs, d'où son nom.

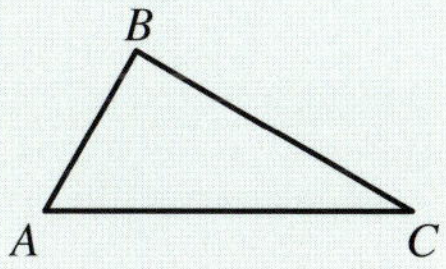

On désigne un triangle par les trois lettres représentant ses sommets, souvent précédées du symbole Δ: triangle *ABC* ou Δ *ABC*.

On peut caractériser un triangle par certaines propriétés de ses angles ou de ses côtés.

Un triangle est **équilatéral** si ses trois côtés sont isométriques. Ses trois angles sont aussi isométriques.

Un triangle est **isocèle** s'il a deux côtés isométriques. Les deux angles opposés à ces deux côtés sont isométriques.

Un triangle est **scalène** si ses trois côtés sont de longueurs différentes. Ses trois angles ont des mesures différentes.

Un triangle est **rectangle** s'il a un angle droit. Le côté opposé à l'angle droit est l'**hypoténuse** et les côtés de l'angle droit sont les **cathètes**.

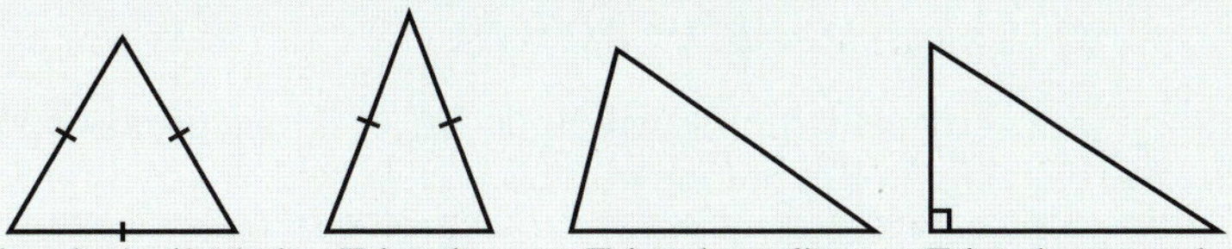

Triangle équilatéral | Triangle isocèle | Triangle scalène | Triangle rectangle

Les mesures des angles d'un triangle

La somme des mesures des trois angles d'un triangle est égale à 180°.

Les deux angles aigus d'un triangle rectangle sont complémentaires.

Le théorème de Pythagore donne la relation entre les mesures des côtés d'un triangle rectangle.

Le théorème de Pythagore

Dans un triangle rectangle où a et b sont les côtés de l'angle droit et c, l'hypoténuse :

$$c^2 = a^2 + b^2$$

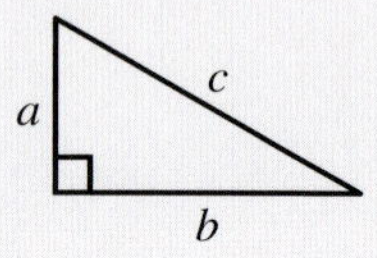

Un ensemble de trois entiers naturels a, b et c tels que $a^2 + b^2 = c^2$ est appelé « triplet pythagoricien ». Le plus connu de ces triplets est $\{3,\ 4,\ 5\}$: $3^2 + 4^2 = 5^2$. Un triangle dont les côtés mesurent 3 unités, 4 unités et 5 unités est donc un triangle rectangle. Les menuisiers et les charpentiers utilisent cette propriété pour vérifier si un angle est droit. Ils marquent sur les côtés de l'angle deux points déterminant des longueurs de 3 et de 4 unités. Ils relient ensuite ces deux points par un segment de droite. Si ce dernier mesure 5 unités, l'angle est droit. Sinon, il ne l'est pas.

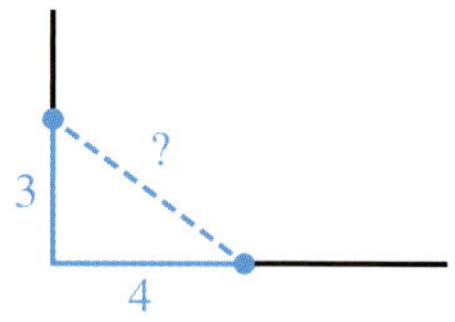

La mesure du côté opposé à un angle de 30° dans un triangle rectangle

Dans un triangle rectangle dont l'un des angles mesure 30°, la longueur du côté opposé à cet angle est égale à la moitié de la longueur de l'hypoténuse.

Voici la preuve de cette propriété.

Soit un triangle ABC rectangle en A tel que $\angle B = 60°$ et $\angle C = 30°$.

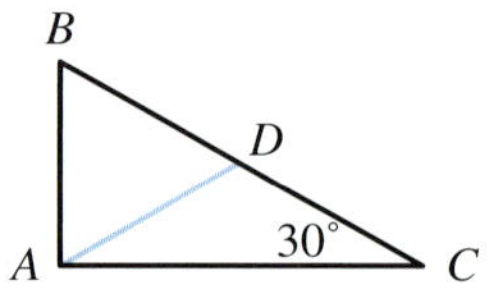

Traçons le segment AD tel que $\angle DAC = 30°$.

Le triangle ADC est isocèle ($AD = DC$), puisqu'il a deux angles isométriques.

Le triangle ABD est équilatéral ($AB = BD = AD$), car ses trois angles mesurent 60° (le calcul de la mesure des angles est laissé au lecteur).

On a alors $AB = BD = AD = DC$.

Ainsi, D est le point milieu de BC et la mesure du côté $AB = BD$ est donc égale à la moitié de celle de l'hypoténuse.

On désigne souvent l'un des côtés d'un triangle par le terme « base », particulièrement (mais pas exclusivement) lorsqu'on représente le triangle avec un côté horizontal. Le segment de droite abaissé perpendiculairement sur la base (ou sur son prolongement) à partir du sommet opposé est alors appelé « hauteur » du triangle.

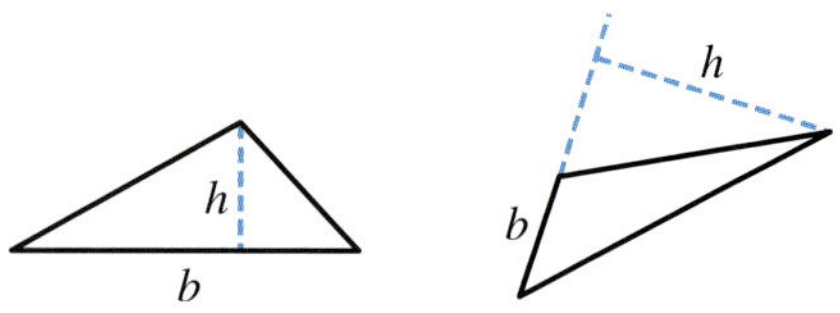

L'aire d'un triangle

L'aire d'un triangle de base b et de hauteur h est donnée par :

$$A = \frac{bh}{2}$$

Exercices 9.2

1. Quelle est la mesure de chacun des angles d'un triangle équilatéral ?

2. Si l'un des angles d'un triangle isocèle mesure 100°, quelle est la mesure des deux autres angles ?

3. Dans un triangle ABC rectangle en A, $AB = 3$ et $AC = 4$. Quelle est la mesure de BC ?

4. Trouver un triplet pythagoricien autre que {3, 4, 5}.

5. Quelle est la longueur des côtés de l'angle droit d'un triangle rectangle isocèle dont l'hypoténuse mesure 5 cm ?

6. Dans un triangle rectangle ABC, $\angle B = 60°$. Si l'hypoténuse BC mesure 12 m, quelle est la mesure des deux autres côtés ?

7. Quel est le périmètre d'un triangle rectangle dont l'hypoténuse mesure 13 cm et un côté de l'angle droit, 5 cm ?

8. En utilisant le théorème de Pythagore, démontrer que la longueur de la hauteur d'un triangle équilatéral de côté a mesure $\frac{a\sqrt{3}}{2}$.

9. Les deux petits côtés d'un cerf-volant mesurent 50 cm, et les deux grands côtés, 110 cm. Si la petite diagonale mesure 70 cm, quelle est la longueur de la grande diagonale ?

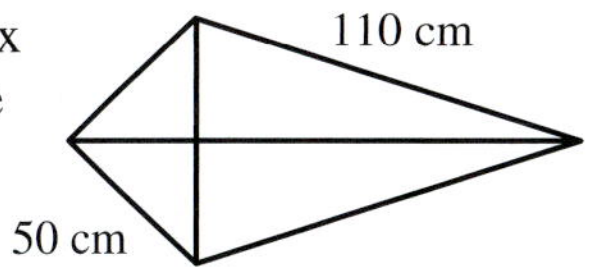

10. Calculer l'aire de chacun des triangles ci-dessous.

a)

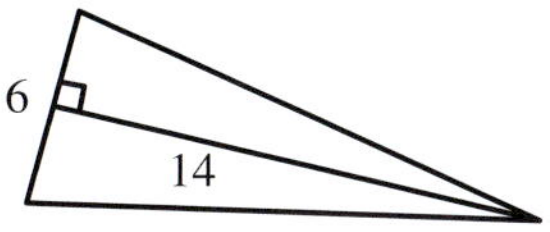

b)

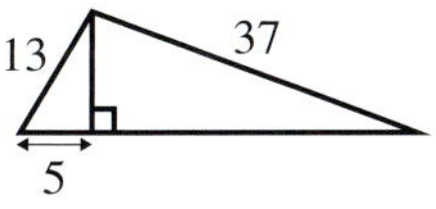

11. Deux araignées sont confortablement installées au même coin du plafond d'un salon de 3 m sur 4 m. L'une d'elles traverse le plafond en diagonale et descend le long du mur de 2,5 m de haut. Quelle distance sépare alors les deux araignées ?

9.3 Le cercle

Résoudre des problèmes faisant appel aux relations métriques dans un cercle.

Nous avons tous déjà vu l'image d'un mouton attaché à une corde retenue par un piquet. L'herbe broutée par le mouton est représentée par un cercle dessiné autour du piquet. Pourquoi dessine-t-on toujours un cercle plutôt qu'un carré ou une autre forme géométrique ? Tout simplement parce que la distance que peut parcourir le mouton, dans n'importe quelle direction, est limitée par la longueur, constante, de la corde.

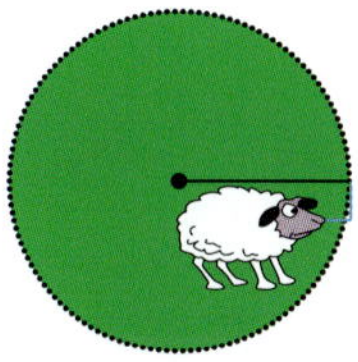

Un **cercle** est une figure plane fermée formée de l'ensemble des points situés à égale distance d'un point fixe O appelé **centre**.

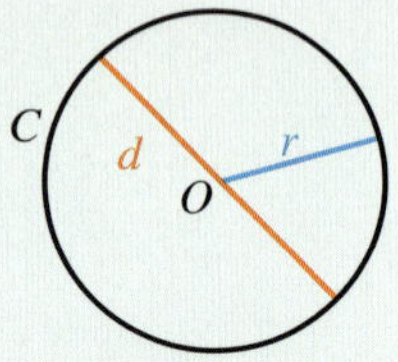

Un **rayon** r est un segment de droite reliant le centre et un point quelconque du cercle. La mesure d'un rayon est la distance entre le centre et ce point.

Un **diamètre** d est un segment de droite reliant deux points du cercle en passant par le centre. La mesure d'un diamètre est la distance maximale qui sépare deux points du cercle.

La **circonférence** C est la courbe fermée délimitant le cercle. Sa mesure est la longueur d'un tour de cercle.

On utilisera les termes « rayon », « diamètre » et « circonférence » autant pour désigner les segments ou la courbe que pour indiquer leurs mesures.

Les mesures de longueur dans un cercle

Le diamètre d'un cercle est le double de son rayon.

$$d = 2r$$

La circonférence du cercle est la mesure du tour du cercle.

$$C = 2\pi r = \pi d$$

Il existe une terminologie particulière pour les angles d'un cercle.

Un **angle au centre** est un angle dont le sommet coïncide avec le centre du cercle.

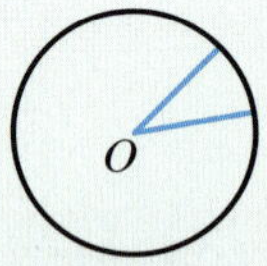

Un **angle inscrit** est un angle dont le sommet est situé sur le cercle.

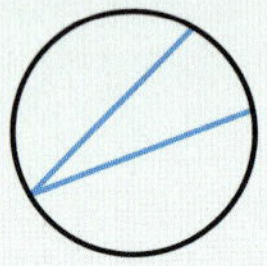

On s'intéresse souvent à une portion de la circonférence d'un cercle. Cette notion sera particulièrement utile au chapitre 10.

Un **arc** est une partie de la circonférence d'un cercle.

On désigne l'arc AB par $\overset{\frown}{AB}$. Les points A et B déterminent deux arcs sur le cercle ci-contre. Pour éviter toute confusion, on désignera le petit arc bleu par $\overset{\frown}{AB}$ et le grand arc noir par $\overset{\frown}{ACB}$, où C est un point situé sur ce grand arc.

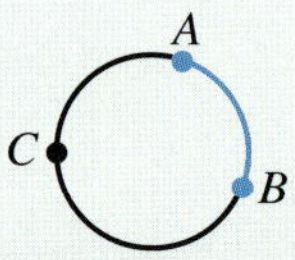

La mesure d'un arc dépend de celle de l'angle qui l'intercepte.

La mesure d'un arc

La longueur d'un arc est proportionnelle à la mesure de l'angle au centre qui l'intercepte.

$$\frac{\text{longueur de l'arc}}{\text{circonférence du cercle}} = \frac{\text{mesure de l'angle au centre qui intercepte l'arc}}{\text{mesure de l'angle au centre du cercle complet}}$$

$$\frac{\text{longueur de l'arc}}{2\pi r} = \frac{\text{mesure de l'angle au centre (en degrés)}}{360^\circ}$$

$$\text{longueur de l'arc} = \frac{\text{angle au centre (°)}}{360^\circ} \times 2\pi r$$

Exemple 9.4

◆ Dans le cercle ci-contre, la longueur de l'arc $\overset{\frown}{AB}$ est égale à $\frac{60}{360}$ de la circonférence.

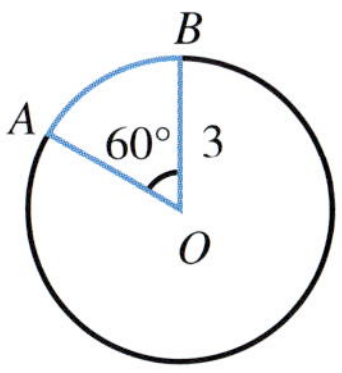

$$\text{longueur de } \overset{\frown}{AB} = \frac{60}{360} \times 2\pi r = \frac{60}{360} \times 6\pi = \pi$$

La mesure en degrés d'un angle inscrit

La mesure en degrés d'un angle inscrit est égale à la moitié de celle de l'angle au centre qui intercepte le même arc.

Voici la preuve de cette propriété.

Soit ABC un angle inscrit.

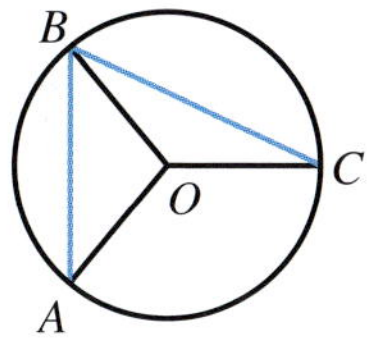

Traçons les segments qui relient le centre O aux points A, B et C (ci-contre).

$$\angle AOB + \angle BOC + \angle COA = 360^\circ$$

Les triangles AOB et BOC sont isocèles, puisque OA, OB et OC sont des rayons du cercle.

On a donc $\angle A = \angle ABO$ et $\angle C = \angle OBC$.

Dans le triangle AOB :

$\angle ABO + \angle A + \angle AOB = 180^\circ$ (somme des angles d'un triangle)

$2\angle ABO + \angle AOB = 180^\circ$ (car $\angle A = \angle ABO$)

De même, dans le triangle BOC :

$\angle OBC + \angle C + \angle BOC = 180^\circ$

$2\angle OBC + \angle BOC = 180^\circ$ (car $\angle C = \angle OBC$)

On obtient une équation équivalente lorsqu'on additionne d'une part les membres de gauche et d'autre part les membres de droite des équations relatives aux deux triangles.

Ainsi :

$$2\angle ABO + \angle AOB + 2\angle OBC + \angle BOC = 360°$$
$$2\angle ABO + 2\angle OBC = 360° - \angle AOB - \angle BOC$$
$$2(\angle ABO + \angle OBC) = \angle AOC$$
$$2\angle ABC = \angle AOC \qquad \text{(angles adjacents)}$$
$$\angle ABC = \frac{\angle AOC}{2}$$

Exemple 9.5

◆ Dans le cercle de 6 cm de rayon ci-dessous, l'angle A intercepte un arc $\overset{\frown}{BC}$ mesurant 5 cm. Cherchons la mesure en degrés de l'angle A.

La circonférence du cercle mesure $2\pi r = 12\pi$ cm.

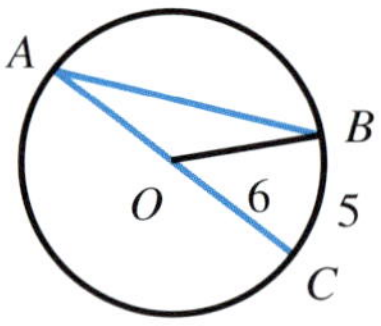

$$\text{longueur de l'arc} = \frac{\text{angle au centre (°)}}{360°} \times 2\pi r$$
$$\overset{\frown}{BC} = \frac{\angle BOC}{360°} \times 2\pi r$$
$$5 = \frac{\angle BOC}{360°} \times 12\pi$$
$$\angle BOC = \frac{5 \times 360°}{12\pi} \approx 47{,}75°$$

La mesure de l'angle inscrit $\angle A$ est la moitié de celle de $\angle BOC$.

$\angle A \approx \frac{47{,}75°}{2}$, soit environ 23,88°.

Une **corde** est un segment qui relie deux points du cercle.

On dit que la corde AB sous-tend l'arc $\overset{\frown}{AB}$. La plus longue corde du cercle est son diamètre.

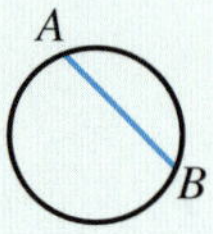

Les propriétés des cordes

Deux cordes de même longueur sous-tendent des arcs isométriques.

Tout diamètre perpendiculaire à une corde divise cette corde et les arcs sous-tendus en deux parties isométriques.

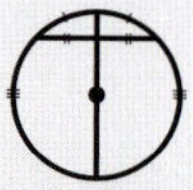

Les arcs compris entre deux cordes parallèles sont isométriques.

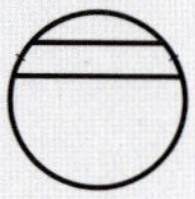

Le calcul de la longueur d'une corde est une application de la trigonométrie que nous verrons au chapitre 10.

L'aire d'un cercle

Si r est la mesure du rayon d'un cercle, alors l'aire du cercle est donnée par :

$$A = \pi r^2$$

Certaines portions de l'aire d'un cercle méritent une étude plus approfondie.

Un **secteur circulaire** est une partie de la surface d'un cercle limitée par deux rayons.

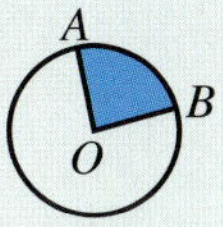

Un **segment circulaire** est la partie de la surface d'un cercle située entre une corde et l'arc qu'elle sous-tend.

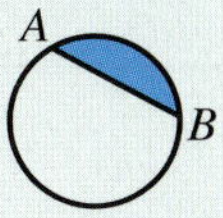

L'aire d'un secteur circulaire et d'un segment circulaire

L'**aire d'un secteur circulaire** est proportionnelle à la mesure de l'angle au centre que forment les rayons.

$$\text{aire d'un secteur} = \frac{\text{angle au centre}}{360°} \times \pi r^2$$

L'**aire d'un segment circulaire** déterminé par un angle de moins de 180° est égale à la différence entre l'aire du secteur et celle du triangle formé par les côtés du secteur et la corde qui sous-tend l'arc. Si l'angle mesure plus de 180°, on additionne l'aire du triangle.

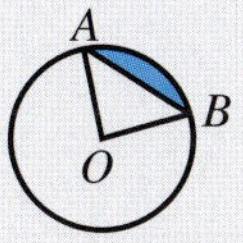

Exemple 9.6

◆ Cherchons l'aire du secteur circulaire déterminé par un angle au centre de 85° dans le cercle de 10 cm de rayon ci-contre.

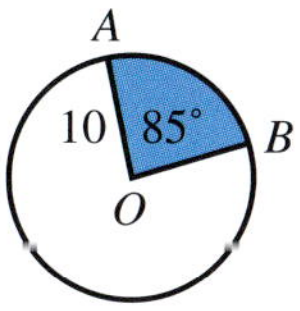

On calcule d'abord l'aire du cercle.

$$A = \pi r^2 = \pi(10)^2 = 100\pi \approx 314,16 \text{ cm}^2$$

L'aire du secteur circulaire est proportionnelle à l'angle au centre.

$$\text{aire du secteur} = \frac{85}{360} \times A \approx \frac{85}{360} \times 314,16, \text{ soit environ } 74,18 \text{ cm}^2$$

◆ Calculons l'aire du segment circulaire représenté sur la figure ci-contre, sachant que $\angle AOB$ est un angle droit et que le rayon du cercle mesure 3 cm.

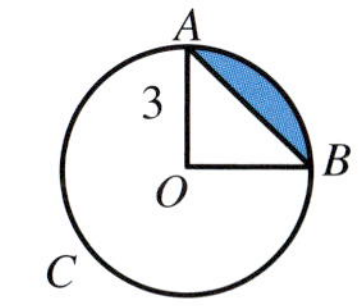

On obtient l'aire du segment circulaire en soustrayant l'aire du triangle rectangle AOB de celle du secteur circulaire.

$$\text{aire du secteur} = \frac{90}{360}(\pi r^2) = \frac{\pi(3^2)}{4} = \frac{9\pi}{4} \text{ cm}^2$$

$$\text{aire du triangle} = \frac{3 \times 3}{2} = \frac{9}{2} \text{ cm}^2$$

9

et :

$$\text{aire du segment} = \frac{9\pi}{4} - \frac{9}{2} \approx 2{,}57 \text{ cm}^2$$

On pourrait trouver l'aire du grand segment *ACB* de deux façons :

- en calculant l'aire du secteur *ACBO* avec un angle au centre de 270° et en additionnant ensuite l'aire du triangle ;
- en soustrayant l'aire du petit segment bleu de l'aire du cercle.

Dans les deux cas, on trouvera que l'aire du grand segment est approximativement égale à 25,71 cm^2. La démarche est laissée au lecteur.

De façon générale, le calcul de l'aire d'un segment circulaire dont on connaît l'angle au centre est une application de la trigonométrie que nous verrons au chapitre 10.

Exercices 9.3

1. Déterminer la mesure (en centimètres) de l'arc intercepté par chacun des angles suivants.

a) Un angle au centre de 50° dans un cercle de 8 cm de rayon.

b) Un angle au centre de 242° dans un cercle dont la circonférence est de 20π cm.

c) Un angle inscrit de 20° dans un cercle de 2 m de rayon.

2. Un angle inscrit intercepte un arc de 10 cm sur un cercle de 5 cm de rayon. Quelle est la mesure de cet angle ?

3. Dans chacun des cercles ci-dessous, trouver la mesure de l'angle *A*.

a) 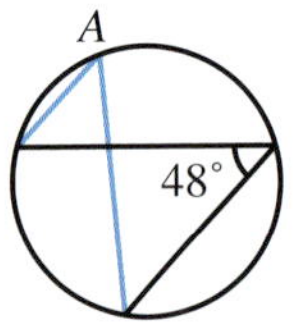

b) 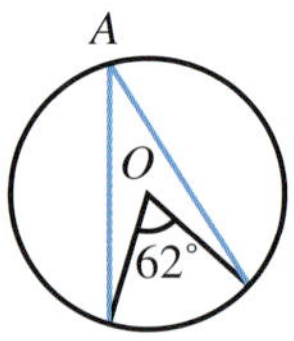

c) 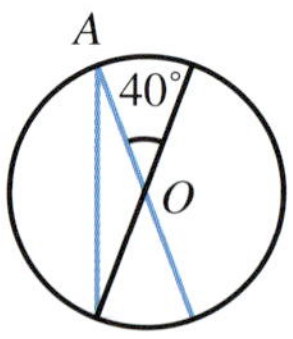

d) 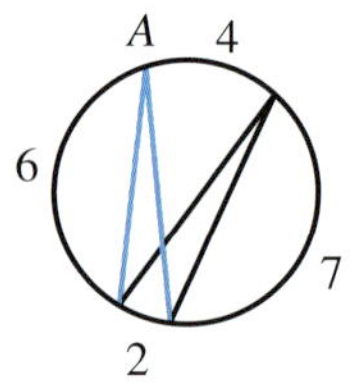

4. Démontrer que tout triangle inscrit dans un cercle et dont l'un des côtés est un diamètre du cercle est un triangle rectangle.

5. Si $AB = 20$ et $OC = 8$, quel est le rayon du cercle ci-contre ?

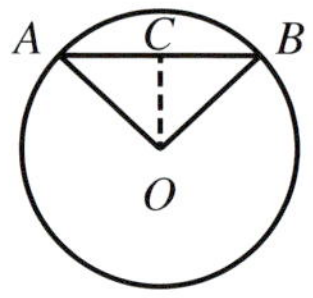

6. Quelle est l'aire d'un cercle dont la circonférence mesure 20 cm ?

7. Quelle est la circonférence d'un cercle dont l'aire est de 25 cm^2 ?

8. Calculer l'aire du secteur circulaire déterminé par un angle de 25° dans un cercle de 4 cm de rayon.

9. Quelle est l'aire du segment circulaire représenté sur la figure ci-contre ?

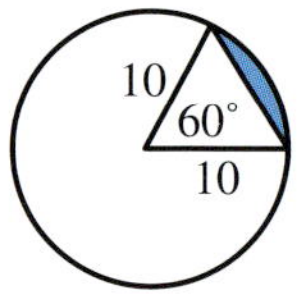

10. Quelle est la longueur des arcs compris entre les deux cordes parallèles illustrées sur la figure ci-contre ?

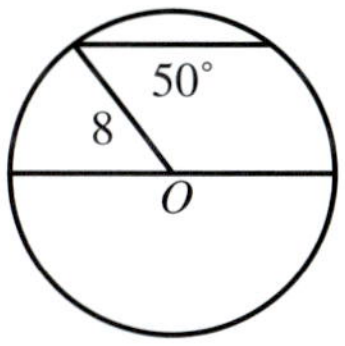

11. Un jeu télévisé propose aux concurrents de faire tourner une roue de fortune qui leur donne une chance de gagner un prix. Dans la figure ci-contre, les secteurs bleus ont un angle au centre deux fois plus petit que les secteurs blancs. Le concurrent gagne le prix indiqué si la flèche s'arrête sur un secteur blanc lorsque la roue s'immobilise. Il ne gagne rien si la flèche s'arrête sur un secteur coloré.

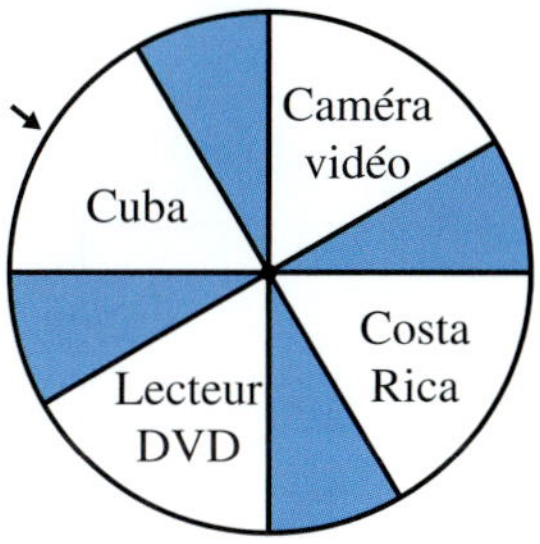

a) Calculer l'angle au centre de chacun des secteurs de la roue.

b) En sachant que l'aire d'un secteur est proportionnelle à son angle au centre, calculer la proportion de l'aire du cercle occupée par chacun des secteurs.

c) Quelle est la probabilité qu'un concurrent ne gagne aucun prix ? (La probabilité d'un événement est le rapport entre la portion de surface qui correspond à cet événement et l'aire totale du cercle.)

d) Quelle est la probabilité qu'il gagne un prix, quel qu'il soit ?

e) Quelle est la probabilité qu'il gagne un voyage à Cuba ?

f) Quelle est la probabilité qu'il gagne un voyage ou une caméra vidéo ?

9.4 Les polygones semblables et les figures équivalentes

Résoudre des problèmes faisant appel aux propriétés de similitude de figures planes ou aux propriétés d'équivalence de solides géométriques.

Lorsqu'on agrandit ou qu'on réduit une photo en conservant ses proportions, les deux images (l'original et sa copie modifiée) ne sont pas isométriques, mais elles sont semblables (voir les photos ci-contre).

Hutte en bord de mer

Lorsqu'on compare des figures géométriques de même nature, les éléments correspondants sont dits **homologues**. Par exemple, si on veut comparer les triangles ci-contre, on dira que le plus petit côté du premier triangle est homologue au plus petit côté du second, que le plus grand angle du premier triangle est homologue au plus grand angle du second, etc.

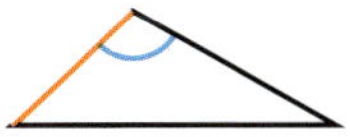

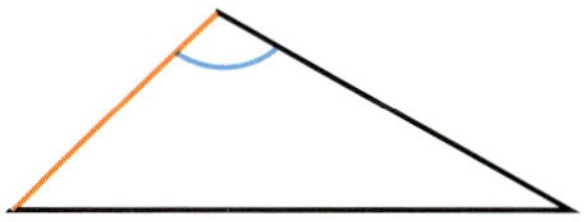

Deux polygones ayant le même nombre de côtés sont **semblables** lorsque leurs angles homologues sont isométriques et leurs côtés, respectivement proportionnels, c'est-à-dire lorsque les rapports entre les mesures des côtés homologues sont égaux.

On utilise le symbole « ~ » entre les noms de deux polygones pour indiquer qu'ils sont semblables : $ABCD \sim EFGH$ signifie que les quadrilatères $ABCD$ et $EFGH$ sont semblables.

Exemple 9.7

- Montrons que les deux quadrilatères ci-contre sont semblables, sachant que leurs angles homologues sont isométriques, c'est-à-dire que $\angle A = \angle E$, $\angle B = \angle F$, $\angle C = \angle G$ et $\angle D = \angle H$.

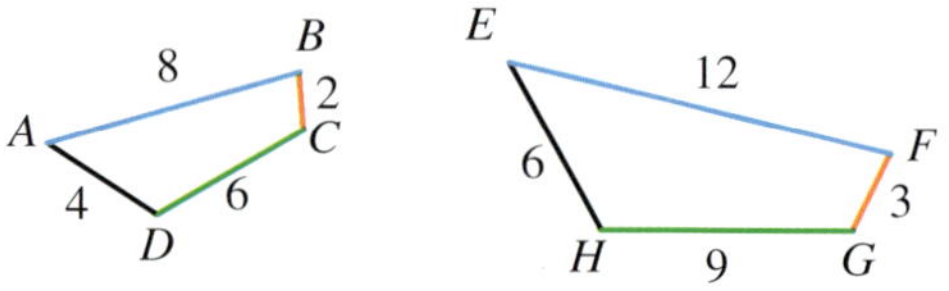

Les rapports entre les mesures des côtés homologues sont $\frac{AB}{EF} = \frac{8}{12} = \frac{2}{3}$, $\frac{BC}{FG} = \frac{2}{3}$, $\frac{CD}{GH} = \frac{6}{9} = \frac{2}{3}$ et $\frac{DA}{HE} = \frac{4}{6} = \frac{2}{3}$.

Les deux quadrilatères sont donc semblables, puisque leurs angles homologues sont égaux et que les côtés homologues sont proportionnels.

- Les deux rectangles ci-contre ne sont pas semblables, même si les angles homologues sont isométriques (ils mesurent tous 90°).

En effet, le rapport entre les longueurs des petits côtés est $\frac{8}{4} = 2$, alors que le rapport entre les longueurs des grands côtés est $\frac{20}{12} = \frac{5}{3}$. Les côtés homologues ne sont donc pas proportionnels. Ainsi, on constate qu'il ne suffit pas que les angles homologues aient la même mesure pour que deux polygones soient semblables.

- Les deux losanges ci-contre ne sont pas semblables non plus, même s'ils ont des côtés isométriques.

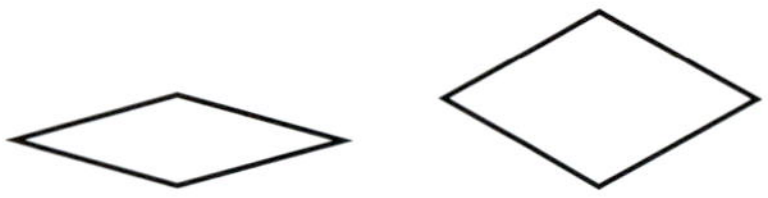

Les côtés étant isométriques, les rapports entre les côtés homologues valent 1.

Il est facile de constater que les angles homologues n'ont pas la même mesure.

Ainsi, pour des polygones possédant plus de 3 côtés, il ne suffit pas que leurs côtés homologues soient proportionnels pour que ces polygones soient semblables.

Les triangles possèdent une propriété particulière, en ce sens que la connaissance des mesures des trois côtés détermine un unique triangle, si on ne tient pas compte des déplacements dans l'espace : les angles sont alors automatiquement déterminés. Il en va de même si on connaît les mesures de deux côtés et celle de l'angle qu'ils forment : la mesure du troisième côté est automatiquement déterminée. Cette particularité des triangles permet d'établir les conditions minimales de similitude.

Les conditions de similitude des triangles

Deux triangles sont semblables s'ils satisfont à l'une ou à l'autre des conditions suivantes (A signifie « angle » et C signifie « côté ») :

1. Ils ont deux angles homologues isométriques (AA).

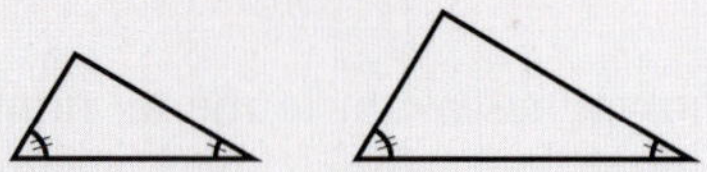

2. Ils ont un angle isométrique compris entre deux côtés homologues proportionnels (CAC).

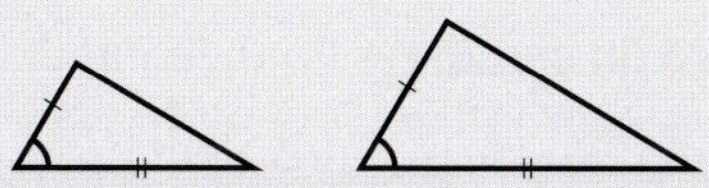

3. Leurs trois côtés homologues sont proportionnels (CCC).

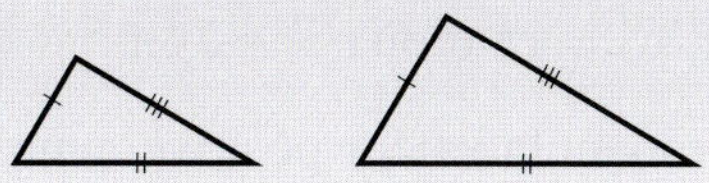

Exemple 9.8

- Montrons que les deux triangles ci-contre sont semblables, en sachant que $\angle A = \angle D$.

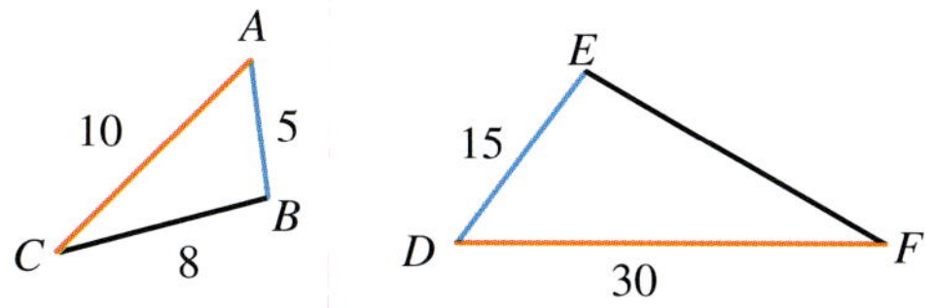

Les paires de côtés homologues sont AB et DE, BC et EF, de même que AC et DF.

$$\frac{AB}{DE} = \frac{5}{15} = \frac{1}{3} \text{ et } \frac{AC}{DF} = \frac{10}{30} = \frac{1}{3}$$

Les deux triangles possèdent un angle isométrique compris entre deux côtés homologues proportionnels. D'après le deuxième cas de similitude (CAC), on a $\Delta\, ABC \sim \Delta\, DEF$.

Les deux triangles étant semblables, le rapport entre les mesure de BC et de EF est aussi égal à $\frac{1}{3}$.

$$\frac{BC}{EF} = \frac{8}{EF} = \frac{1}{3}, \text{ d'où } EF = 24$$

- Dans la figure ci-contre, on a $AB \,//\, DE$. Montrons que $\Delta\, ABC \sim \Delta\, CDE$.

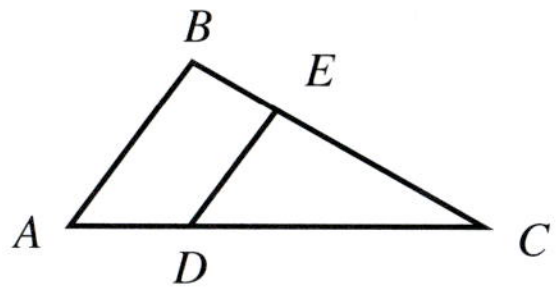

$\angle BAC = \angle EDC$ et $\angle ABC = \angle DEC$, puisque ce sont des paires d'angles correspondants. Les triangles ABC et CDE ont donc deux angles homologues isométriques.

D'après le premier cas de similitude (AA), on a $\Delta\, ABC \sim \Delta\, CDE$.

Il est parfois utile de comparer les aires de deux figures ou les volumes de deux solides (*voir les formules à l'intérieur de la couverture*).

9

Deux **figures planes** sont **équivalentes** si elles ont la même aire.

Deux **solides** sont **équivalents** s'ils ont le même volume.

Exemple 9.9

- Soit un cercle de 2 cm de rayon. Cherchons les dimensions d'un carré équivalent.
  L'aire du cercle est donnée par $A = \pi r^2 = \pi(2^2) = 4\pi$ cm^2.

  L'aire d'un carré équivalent est donc aussi 4π cm^2.

  L'aire d'un carré est donnée par $A = c^2$, où c est la mesure de son côté.

  $$c^2 = 4\pi \text{ d'où } c = \pm\sqrt{4\pi}$$

  On retient la valeur positive, puisqu'il s'agit d'une longueur.

  Ainsi, $c = \sqrt{4\pi} = 2\sqrt{\pi} \approx 3{,}54$ cm.

- Une boîte cylindrique de rayon $r = 3$ cm et de hauteur $h = 12$ cm contient du jus de fruit. On veut offrir le même volume de jus dans une boîte en forme de prisme droit dont la base est un carré de côté $c = 6$ cm. Calculons la hauteur H de ce prisme.
  Le volume du cylindre est donné par $V = \pi r^2 h = \pi(3^2)(12) = 108\pi$ cm^3.

  Le volume du prisme équivalent vaut aussi 108π cm^3.

  $$V = 108\pi$$
  $$c^2 H = 108\pi$$
  $$(6^2)H = 108\pi$$
  $$H = \frac{108\pi}{36} = 3\pi$$

  La hauteur du prisme est donc de 3π cm, soit environ 9,4 cm.

La construction d'un carré de même aire qu'un cercle avec uniquement la règle et le compas est l'un des célèbres problèmes de l'Antiquité, qu'on appelle « quadrature du cercle » (*voir l'exercice récapitulatif 10, page 385*).

Lorsque deux figures planes (ou deux solides) sont semblables, on appelle **rapport de similitude** le rapport entre les mesures de leurs éléments homologues.

Le rapport des aires et des volumes

Le **rapport des aires** de deux figures semblables est égal au **carré** du rapport de similitude.

Le **rapport des volumes** de deux solides semblables est égal au **cube** du rapport de similitude.

Exemple 9.10

◆ Soit les deux rectangles R_1 et R_2 ci-dessous.

Ils sont semblables puisque le rapport de leurs côtés homologues est $\frac{1}{4}$.

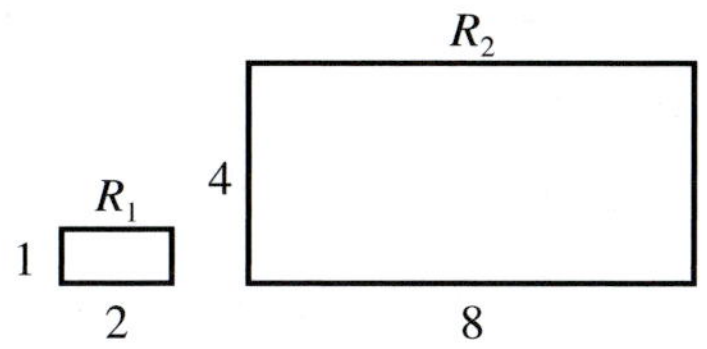

L'aire de R_1 est donnée par $A_1 = 1 \times 2 = 2$ et celle de R_2 est $A_2 = 4 \times 8 = 32$.

$$\frac{A_1}{A_2} = \frac{2}{32} = \frac{1}{16} = \left(\frac{1}{4}\right)^2$$

◆ Soit deux sphères S_1 et S_2, dont les rayons mesurent respectivement 2 cm et 3 cm.

Deux sphères sont toujours semblables. Le rapport de similitude entre S_1 et S_2 est le rapport entre leurs rayons, soit $\frac{2}{3}$.

Le volume de S_1 est donné par $V_1 = \frac{4\pi(2^3)}{3} = \frac{32\pi}{3}$ cm et celui de S_2 est $V_2 = \frac{4\pi(3^3)}{3} = 36\pi$ cm.

$$\frac{V_1}{V_2} = \frac{\frac{32\pi}{3}}{36\pi} = \frac{8}{27} = \left(\frac{2}{3}\right)^3$$

Exercices 9.4

1. Parmi les polygones ci-dessous, identifier ceux qui sont semblables.

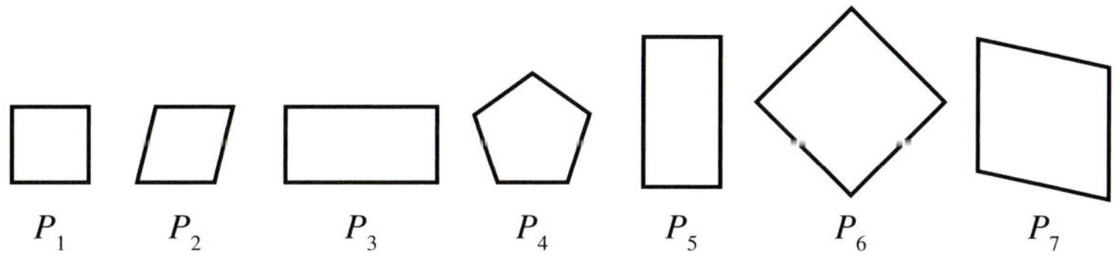

2. En sachant que les triangles *ABC* et *DEF* sont semblables, calculer *x* et *y*.

a)

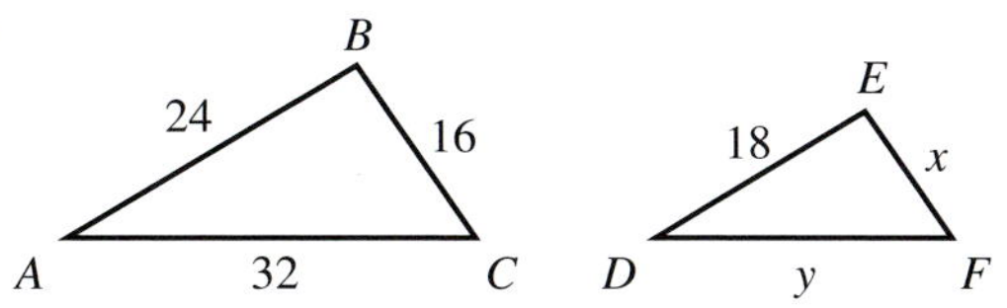

b)

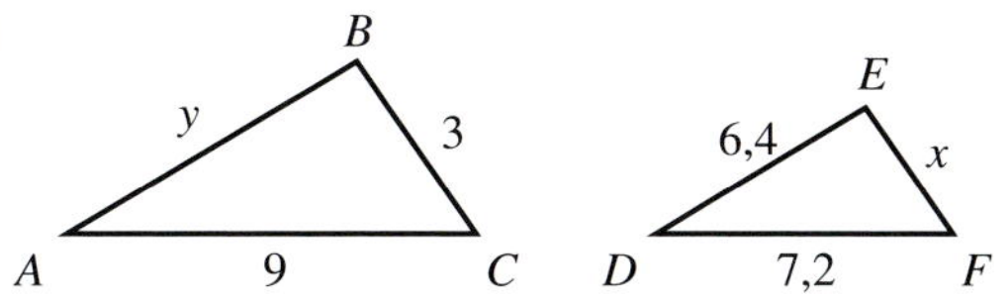

c)

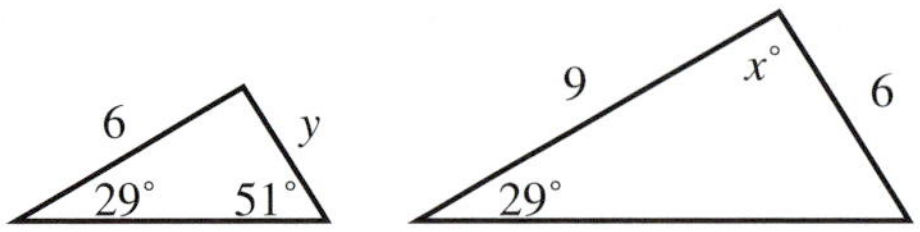

3. Dans le triangle ci-contre, $ED \parallel AC$ et $EF \parallel BC$. Sachant que $AB = 30$, $BD = 18$, $ED = 20$ et $DC = 14$, calculer les mesures de AC et de EF.

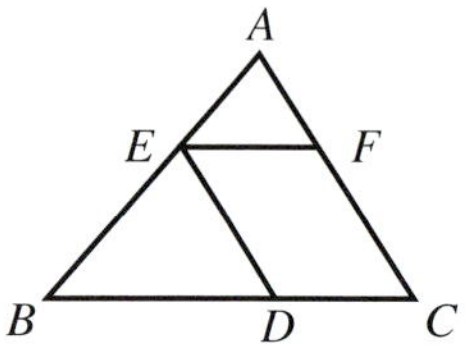

4. Dans la figure ci-contre, les segments AC et DE sont parallèles. Montrer que $\Delta\, DBE \sim \Delta\, ABC$.

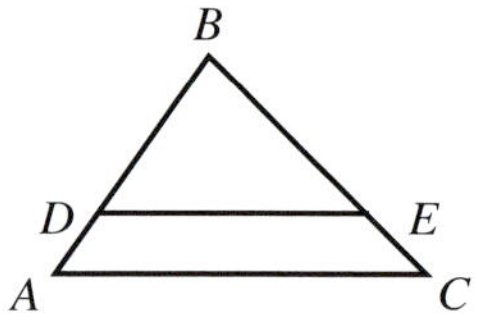

5. Sur une carte géographique, les villages Arrière-Pays, Basses-Terres et Canton-Fleuri sont situés aux sommets d'un triangle ABC, dont les côtés mesurent 2,5 cm, 4,5 cm et 7 cm. Si Arrière-Pays est situé à 30 km de Basses-Terres, quelles sont les deux autres distances représentées sur la carte ci-dessous ?

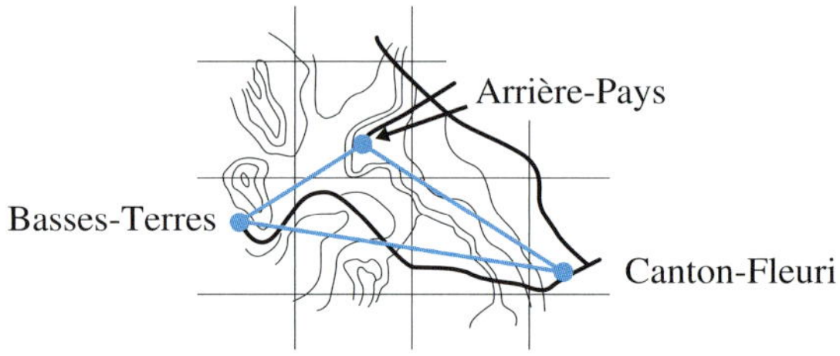

6. Le Sénégal est réputé pour ses baobabs géants. Près du lac Rose, ce lac salé auquel des micro-organismes donnent une couleur rose, on trouve plusieurs baobabs d'une hauteur impressionnante. L'un d'eux projette sur le sol une ombre de 3 m de long. Au même moment, l'ombre projetée par un arbuste de 50 cm de haut mesure 10 cm. Quelle est la hauteur du baobab ?

Lac Rose

7. Indiquer si les paires de figures ci-après sont équivalentes. Justifier la réponse.
   a) Un carré de 8 cm de côté et un triangle de base $b = 32$ cm et de hauteur $h = 4$ cm.
   b) Un cercle de 12 cm de rayon et un triangle équilatéral de 30 cm de côté.
   c) La partie bleue des deux figures ci-dessous.

   d) Les deux figures ci-dessous.

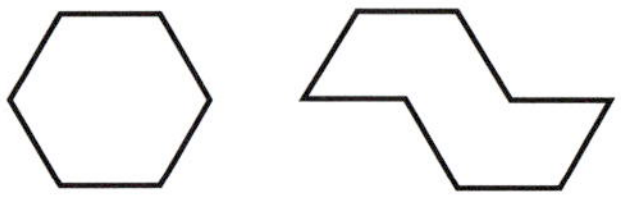

8. Donner les dimensions d'un rectangle dont la base mesure 3 cm de plus que la hauteur et qui est équivalent à un triangle rectangle isocèle dont l'hypoténuse mesure 15 cm.

9. Si la base d'un cylindre est un cercle de 10 cm de rayon, quel est le rayon de la base d'un cône équivalent de même hauteur ?

10. Avec de la pâte à modeler, un enfant a façonné une sphère de 5 cm de diamètre. S'il écrase la boule de pâte à modeler et forme une galette cylindrique de 2 cm de hauteur, quel sera le diamètre de cette galette ?

11. La base d'une pyramide droite est un carré de côté b, et sa hauteur est aussi b.
   a) Quel est le rapport entre le volume de la pyramide et le volume d'un cube d'arête b ?
   b) Quelle devrait être la mesure de l'arête du cube pour que les deux solides soient équivalents ?

12. Soit un cube dont l'arête mesure 5 cm.
   a) Calculer l'aire de chacune des faces du cube.
   b) Calculer le volume du cube.
   c) Quel est le rapport de similitude entre ce cube et un autre, plus petit, dont l'arête mesure 3 cm ?
   d) En utilisant uniquement le rapport de similitude, calculer l'aire totale et le volume du petit cube.

9.5 Applications et synthèse des connaissances

Résoudre des problèmes de synthèse faisant appel aux connaissances acquises dans les neuf premiers chapitres.

Dans cette section, nous établirons des liens entre les propriétés géométriques des triangles, vues à la section 9.2, et la géométrie analytique de la droite, étudiée au chapitre 5, lorsqu'on place les triangles dans le plan cartésien.

Le segment qui relie deux points distincts $P_1(x_1, y_1)$ et $P_2(x_2, y_2)$ tels que $x_1 \neq x_2$ et $y_1 \neq y_2$ constitue l'hypoténuse d'un triangle rectangle dont le sommet de l'angle droit est le point $P_3(x_2, y_1)$. La formule de distance entre ces deux points est une application du théorème de Pythagore.

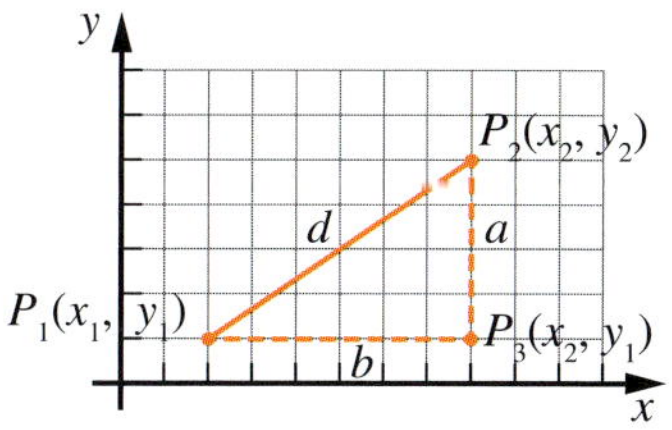

$$d^2 = b^2 + a^2 = (x_2 - x_1)^2 + (y_2 - y_1)^2$$

$$d = \sqrt{(x_2 - x_1)^2 + (y_2 - y_1)^2}$$

On prend la racine positive, car une distance ne peut pas être négative.

La distance entre deux points

La distance d entre deux points distincts $P_1(x_1, y_1)$ et $P_2(x_2, y_2)$ est donnée par :

$$d = \sqrt{(x_2 - x_1)^2 + (y_2 - y_1)^2}$$

On utilise la similitude des triangles pour trouver le point milieu d'un segment de droite.

Le point milieu d'un segment de droite

Soit $P_1(x_1, y_1)$ et $P_2(x_2, y_2)$ les extrémités du segment P_1P_2.

Le point $M\left(\dfrac{x_1+x_2}{2}, \dfrac{y_1+y_2}{2}\right)$ est le point milieu du segment.

La démonstration de cette propriété est proposée en exercice (*voir la question 5 des exercices 9.5, page 384*).

Quelques segments de droite présentent un intérêt particulier lorsqu'on les trace dans des triangles.

Les segments de droites remarquables dans un triangle

Une **hauteur** d'un triangle est un segment de droite abaissé perpendiculairement d'un sommet sur le côté opposé ou sur son prolongement.

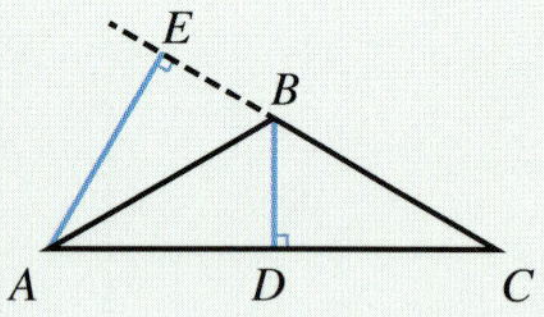

BD est la hauteur issue du sommet *B* ou relative au côté *AC*.

AE est la hauteur issue du sommet *A* ou relative au côté *BC*.

Une **médiane** d'un triangle est un segment de droite qui relie un sommet au milieu du côté opposé.

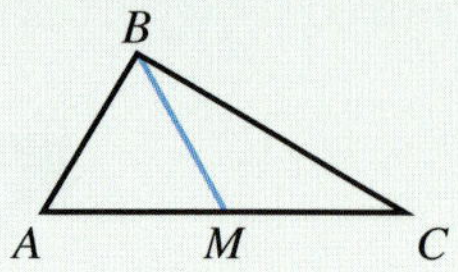

BM est la médiane issue du sommet *B* ou relative au côté *AC*.

La **médiatrice** relative à un côté d'un triangle est un segment de droite perpendiculaire au milieu de ce côté et limité par un autre côté du triangle.

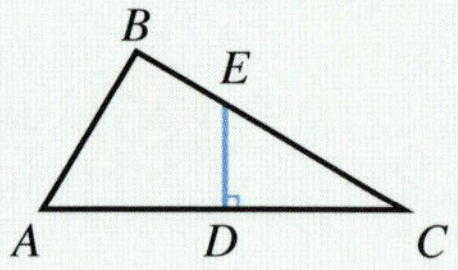

DE est la médiatrice relative au côté *AC*.

Les droites supportant ces segments sont appelées **droites remarquables** et portent les mêmes noms. Lorsqu'on parle de la longueur de la médiane, de la médiatrice ou de la hauteur, il s'agit évidemment des segments.

Lorsqu'on connaît les coordonnées des sommets d'un triangle, il est possible de déterminer les équations des droites remarquables en utilisant les méthodes vues au chapitre 5. On utilise la formule de la distance entre deux points pour trouver la longueur des segments.

Exemple 9.11

◆ Soit le triangle *ABC* ci-contre, dont les sommets sont les points *A*(-2, 1), *B*(2, 4) et *C*(5, -1). Cherchons l'équation et la longueur de la hauteur issue du sommet *B* (ou relative au côté *AC*).

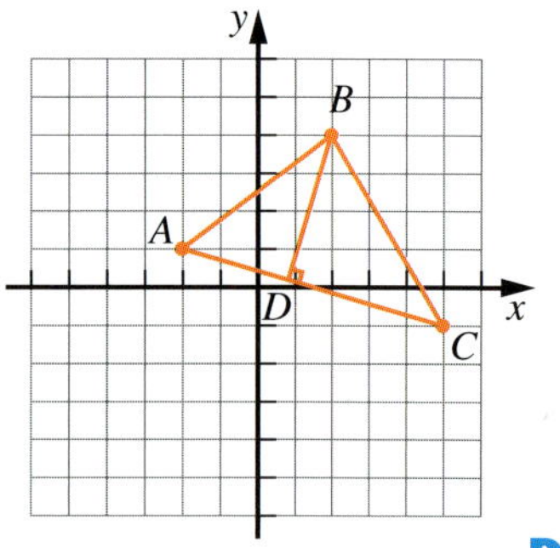

Cette hauteur est le segment *BD* perpendiculaire au côté *AC*.

Cette propriété permet de trouver l'équation de *BD*.

1. On cherche d'abord l'équation de la droite supportant le côté *AC* (aussi notée *AC*), dont on connaît les deux points *A*(-2, 1) et *C*(5, -1).

9

La pente de AC est $a_{AC} = \dfrac{-1-1}{5-(-2)} = \dfrac{-2}{7}$.

L'équation de AC est donc de la forme $y = \dfrac{-2}{7}x + b$.

On trouve b en remplaçant x et y par l'abscisse et l'ordonnée de l'un des deux points connus, $A(-2, 1)$ par exemple.

$$y = \frac{-2}{7}x + b$$
$$1 = \left(\frac{-2}{7}\right)(-2) + b$$
$$1 = \frac{4}{7} + b$$
$$\frac{3}{7} = b$$

L'équation de AC est donc $y = \dfrac{-2}{7}x + \dfrac{3}{7}$.

2. On cherche ensuite l'équation de BD.

Puisque $BD \perp AC$, le produit de leurs pentes est égal à -1.

$$a_{AC} \times a_{BD} = -1$$
$$\left(\frac{-2}{7}\right)a_{BD} = -1$$
$$a_{BD} = \frac{-1}{\frac{-2}{7}} = \frac{7}{2}$$

L'équation de BD est donc de la forme $y = \dfrac{7}{2}x + b$.

On trouve b en remplaçant x et y par l'abscisse et l'ordonnée du point $B(2, 4)$.

$$y = \frac{7}{2}x + b$$
$$4 = \left(\frac{7}{2}\right)(2) + b$$
$$4 = 7 + b$$
$$-3 = b$$

L'équation de BD est donc $y = \dfrac{7}{2}x - 3$.

3. Le point D est l'intersection des segments AC et BD. On peut trouver ses coordonnées en résolvant le système formé par les équations de AC et de BD.

On cherche la solution du système $\begin{cases} y = \dfrac{-2}{7}x + \dfrac{3}{7} \\ y = \dfrac{7}{2}x - 3 \end{cases}$ à l'aide de la méthode de comparaison.

$$\frac{-2}{7}x+\frac{3}{7}=\frac{7}{2}x-3$$
$$\frac{-53}{14}x=\frac{-24}{7}$$
$$x=\frac{48}{53}$$

C'est l'abscisse du point D. On trouve son ordonnée en remplaçant x par $\frac{48}{53}$ dans l'une des deux équations.

$$y=\frac{7}{2}x-3=\left(\frac{7}{2}\right)\left(\frac{48}{53}\right)-3=\frac{9}{53}$$

Ainsi, AC et BD se coupent au point $D\left(\frac{48}{53}, \frac{9}{53}\right)$.

4. On calcule la distance entre les points $B(2, 4)$ et $D\left(\frac{48}{53}, \frac{9}{53}\right)$ pour trouver la longueur de la hauteur BD.

$$d=\sqrt{\left(\frac{48}{53}-2\right)^2+\left(\frac{9}{53}-4\right)^2}=\sqrt{\left(\frac{-58}{53}\right)^2+\left(\frac{-203}{53}\right)^2}=\frac{\sqrt{44\,573}}{53}\approx 3{,}98$$

La hauteur BD mesure donc environ 3,98 unités.

Exercices 9.5

1. Calculer les longueurs des côtés du triangle ABC dont les sommets sont les points $A(-2, 2)$, $B(2, 4)$ et $C(1, -4)$.
2. Calculer le périmètre du triangle ABC dont les sommets sont les points $A(-3, -1)$, $B(0, 2)$ et $C(4, -1)$.
3. Calculer l'aire du triangle rectangle ABC dont les sommets sont les points $A(-2, -3)$, $B(2, 1)$ et $C(5, -2)$.
4. Soit les points $A(-6, 1)$, $B(-4, 2)$, $C(-2, -1)$, $D(1, 1)$, $E(3, 5)$ et $F(7, -3)$. Montrer que $\Delta ABC \sim \Delta DEF$.
5. Soit $P_1(x_1, y_1)$ et $P_2(x_2, y_2)$ les extrémités d'un segment de droite. Montrer que $M\left(\frac{x_1+x_2}{2}, \frac{y_1+y_2}{2}\right)$ est le point milieu du segment P_1P_2.
6. Soit le triangle ABC dont les sommets sont les points $A(-2, 1)$, $B(2, 4)$ et $C(5, -1)$ (*voir l'exemple 9.11, page 382*).
   a) Tracer la médiane BM. Trouver l'équation et la longueur de cette médiane.
   b) Tracer la médiatrice relative au côté AC. Trouver son équation et sa longueur.
7. Soit $A(-2, -3)$, $B(-1, 3)$ et $C(11, 1)$. Montrer que le triangle ABC est rectangle. Calculer la longueur de son hypoténuse et son aire.
8. Calculer l'aire du triangle ABC dont les sommets sont les points $A(1, 3)$, $B(5, 4)$ et $C(7, -4)$.
9. Montrer que, dans un triangle équilatéral, la hauteur, la médiane et la médiatrice issues d'un même sommet sont confondues.

9

Exercices récapitulatifs

1. La figure ci-dessous est composée d'un triangle et de deux arcs de cercle. Le triangle *ABC* est rectangle et isocèle. Le point *M* est le milieu de *BC*. L'arc *BDC* est une portion de la circonférence d'un cercle de centre *A*, et l'arc *BEC* est une portion de la circonférence d'un cercle de centre *M*.

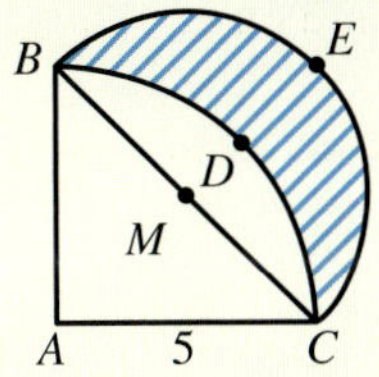

a) Quelle est l'aire du segment circulaire *BCD* ?

b) Quelle est l'aire de la partie hachurée ?

2. Soit *A*(-2, 3), *B*(0, 5) et *C*(4, -1) les sommets d'un triangle. Calculer la longueur de la hauteur, de la médiane et de la médiatrice relatives au côté *AC*.

3. Les points *C*(-5, 4) et *D*(2, 8) sont les extrémités du diamètre d'un cercle. Calculer la circonférence et l'aire de ce cercle.

4. La figure ci-contre représente deux carrés adjacents. Quelle est l'aire de la partie hachurée ?

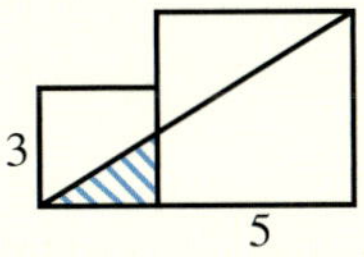

5. Quelle surface de métal doit-on utiliser pour fabriquer une boîte de conserve cylindrique de 12 cm de hauteur et de 4 cm de rayon ? Quelles sont les dimensions et l'aire totale d'une boîte cubique de même volume ?

6. Trouver les mesures de côtés manquantes dans chacun des triangles suivants.

a)

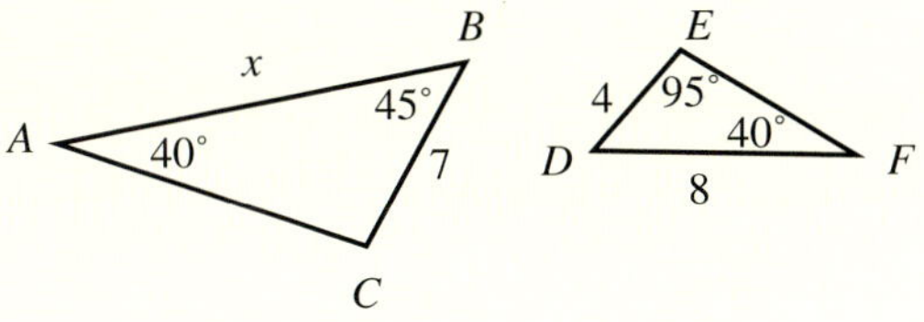

b)

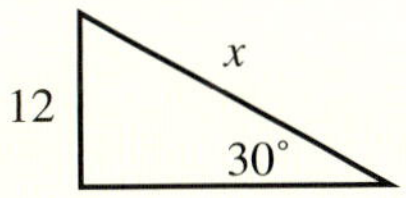

c)

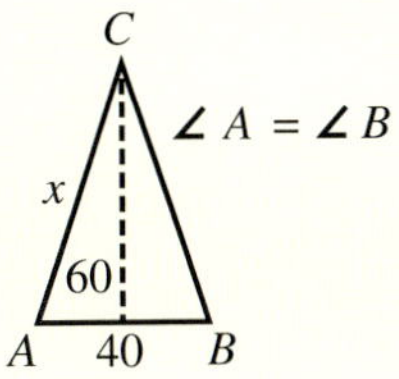

7. Trouver les mesures d'angles manquantes dans chacun des triangles suivants.

a)

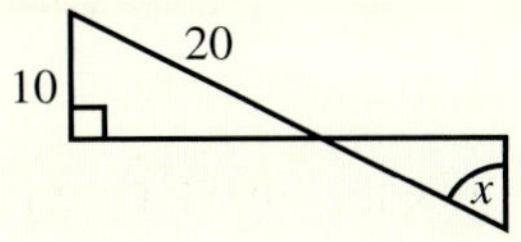

b)

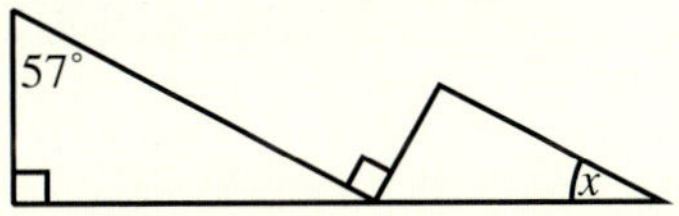

c)

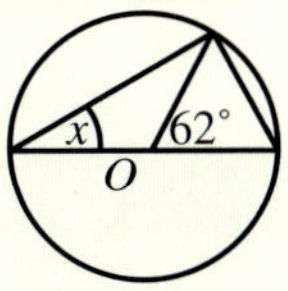

d)

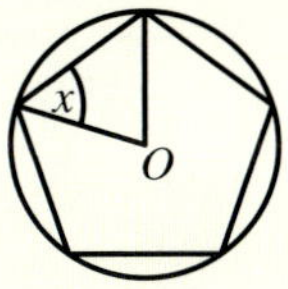

8. La pyramide de Khéops est une pyramide régulière à base carrée (ses quatre faces sont des triangles isocèles isométriques). Au moment de sa construction, il y a 4500 ans, sa hauteur était de 146,7 m et chaque côté de sa base mesurait 230,5 m.

Pyramide de Khéops

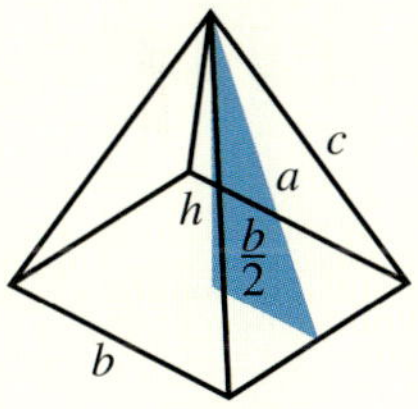

a) Calculer la mesure *a* de l'apothème (hauteur du triangle formant une face de la pyramide).

b) Calculer la mesure *c* de l'arête de la pyramide.

c) Calculer l'aire de chacune des faces de la pyramide.

d) Calculer l'aire totale et le volume de la pyramide.

e) La pyramide de Mykérinos, voisine de celle de Khéops, a une hauteur de 65,5 m et une base carrée de 105 m de côté. Les deux pyramides sont-elles semblables ?

Un peu d'histoire

Les réponses à certaines de ces questions se trouvent dans ce chapitre. Un peu de réflexion ou de recherche sera nécessaire pour répondre aux questions en bleu.

9. a) Quel mathématicien surnomme-t-on « le père de la géométrie grecque » ?

b) Quelle propriété utilisa-t-il en Égypte pour calculer la hauteur d'une pyramide ?

10. À l'aide d'éléments historiques, expliquer pourquoi l'expression « chercher la quadrature du cercle » signifie « tenter de résoudre un problème impossible ».

10 Les fonctions trigonométriques

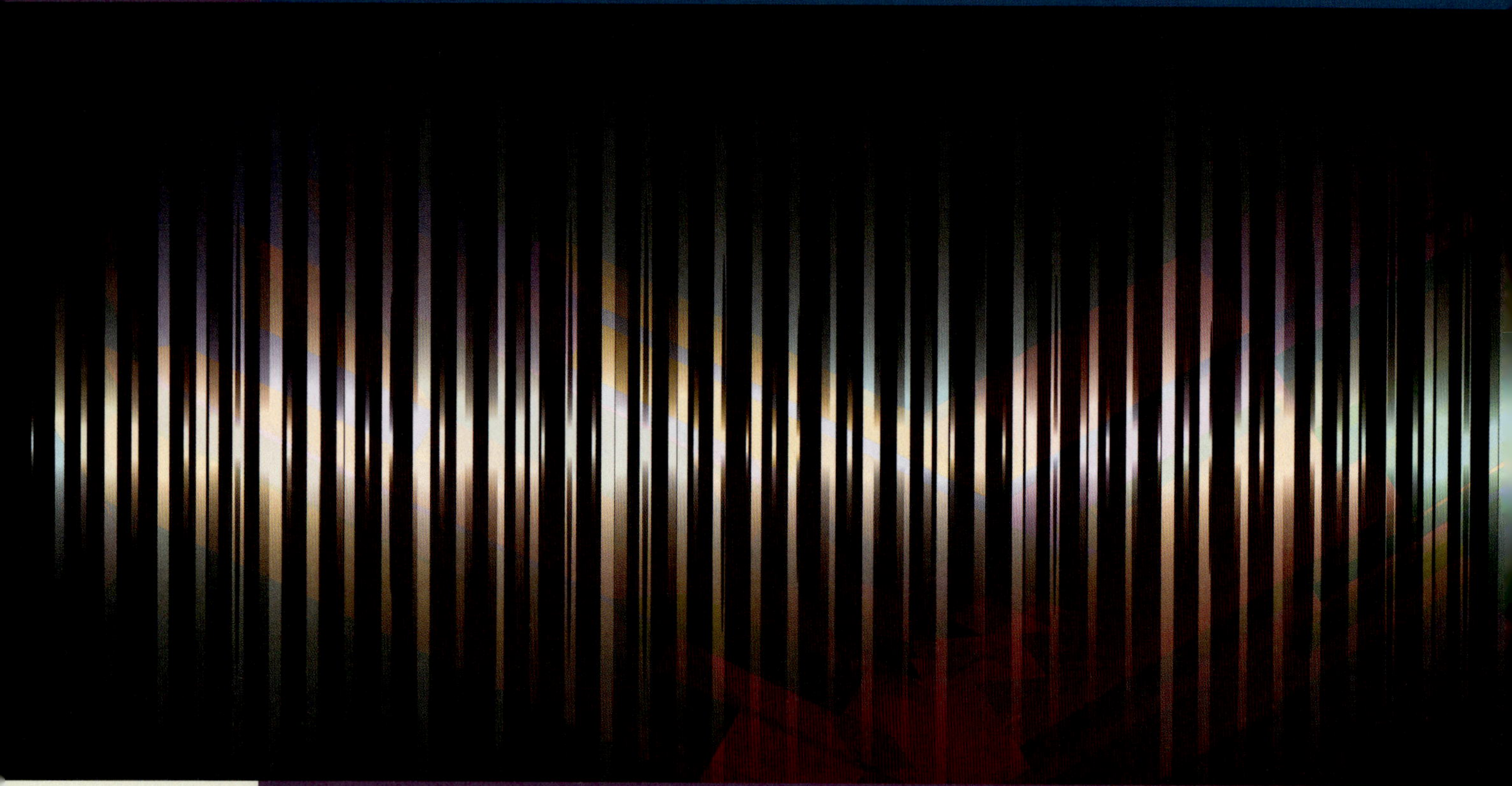

Objectif général

Résoudre des problèmes se traduisant par des fonctions trigonométriques.

Nous sommes constamment en présence d'ondes, que nous en soyons conscients ou pas. Les ondes lumineuses, par exemple, permettent de voir ce qui nous entoure. Les ondes infrarouges sont associées à la chaleur. C'est grâce aux ondes radioélectriques que nous pouvons capter nos émissions préférées. Les radars détectent des signaux permettant de déterminer la position d'un avion, facilitant ainsi le contrôle aérien. On ne se passerait plus d'un four à micro-ondes dans une cuisine. Les appareils au laser émettent des ondes. Lors d'un tremblement de terre, les sismographes enregistrent des ondes. Ce ne sont que quelques exemples de la présence d'ondes dans notre univers.

Même si elles sont invisibles, les ondes ont une forme qui décrit leur façon de se propager. On parle entre autres d'ondes carrées, d'ondes en dents de scie ou d'ondes sinusoïdales.

Des appareils spécialisés, comme les oscilloscopes, permettent de « voir » les ondes.

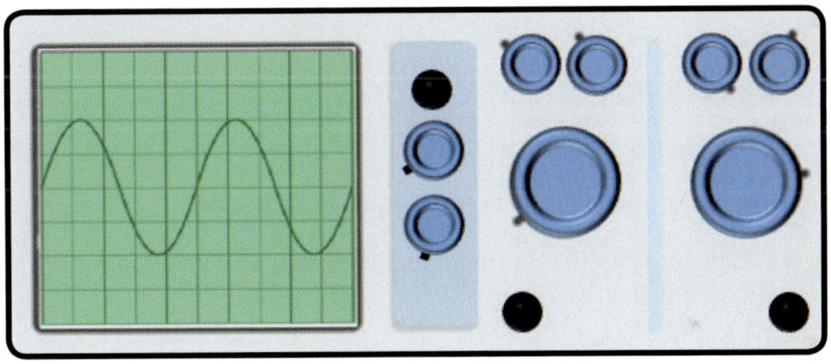

L'écran de l'oscilloscope représenté ci-dessus montre une onde sinusoïdale.

Dans ce chapitre, nous étudierons les fonctions trigonométriques, et en particulier les caractéristiques de la fonction sinus.

Exercices préliminaires

Avant d'entreprendre l'étude de ce chapitre, vous devriez connaître et maîtriser les notions suivantes. Si vous ne pouvez répondre à une question donnée, reportez-vous aux chapitres précédents.

Les équations algébriques (*voir le chapitre 3*)

1. Donner le domaine de chacune des égalités suivantes et indiquer celles qui sont des identités.

a) $(x+1)^2 = x^2 + 1$

b) $(x-1)(x+1) = x^2 - 1$

c) $\dfrac{x+1}{x} = 1$

d) $\dfrac{x^2-1}{x+1} = x - 1$

2. Résoudre chacune des équations suivantes.

a) $x^2 - 2x = 3$

b) $2x^2 - x - 3 = 0$

c) $\dfrac{2}{x} - \dfrac{1}{x-3} = \dfrac{5}{2}$

Les fonctions (*voir les chapitres 4 à 8*)

3. Donner la règle de correspondance de la réciproque de la fonction $f(x) = \dfrac{2-x}{1+3x}$.

4. Quelles sont les étapes essentielles de l'analyse complète d'une fonction ?

Les équations de droites (*voir le chapitre 5*)

5. Donner la pente et l'équation de la droite qui passe par les points (-2, 4) et (3, -1).

Les équations exponentielles (*voir le chapitre 8*)

6. Résoudre chacune des équations suivantes.

a) $3^x = 5^{1-x}$

b) $1 - e^x = 4$

La géométrie (*voir le chapitre 9*)

7. Sachant que les triangles $\Delta\, ABC$ et $\Delta\, DEF$ sont semblables, que AB et DE ainsi que BC et EF sont des paires de côtés homologues et que $AB = 2$ cm, $BC = 3$ cm et $DE = 10$ cm, donner la mesure de EF.

10

8. Soit un triangle ABC rectangle en B, tel que $\angle\, A = 60°$ et $AB = 8$ cm. Calculer la mesure des deux autres côtés.

10.1 Le cercle trigonométrique

- Convertir en radians la mesure d'un angle en degrés et inversement.
- Placer sur le cercle trigonométrique un point correspondant à un angle donné.
- Utiliser la fonction d'enroulement pour situer un nombre réel sur le cercle trigonométrique.

Y AVAIT-IL UNE TRIGONOMÉTRIE AVANT QUE LE MOT SOIT CRÉÉ EN 1595 ?

Ptolémée

Le mot «trigonométrie» (formé des mots grecs *trigonos*, «trois angles», et *metron*, «mesure») apparaît pour la première fois en 1595, dans le titre d'un livre de Bartholomäus Pitiscus (1561-1613) intitulé *Trigonometriae sive, de dimensione triangulis, Liber*, ce qui signifie «trigonométrie ou livre sur les dimensions des triangles». Quarante-cinq ans auparavant, Rheticus (1514-1574), l'infatigable disciple de Copernic, avait défini les rapports trigonométriques dans les triangles rectangles. La trigonométrie entrait de plain-pied dans l'ère de la mesure et se mettait au service des arpenteurs et des mesureurs militaires. Pour ceux-là, la «trigonométrie» était un nouvel outil. Auparavant, les arpenteurs n'utilisaient que les triangles semblables pour effectuer leurs calculs.

Pour ainsi dire jusqu'à la Renaissance, ce que nous appelons la «trigonométrie» était une partie pratique de l'astronomie. Ainsi, le premier chapitre du livre le plus célèbre de l'histoire de l'astronomie, livre écrit par Ptolémée au IIe siècle de notre ère, est aussi le plus ancien traité de trigonométrie qui nous soit parvenu. On y trouve une table de longueurs des cordes dans un cercle en fonction des angles au centre qui les déterminent. C'est là l'origine de la notion de sinus dans un cercle. Cette trigonométrie, partie de l'astronomie, a rarement été appliquée à des problèmes comme ceux posés par la mesure des distances sur la Terre. On peut se demander pourquoi. C'est sans doute dû au fait que, jusqu'à Copernic, on considérait que la partie de l'Univers située au-delà de la Lune était parfaite et de nature toute différente de notre Terre. Ainsi, on ne pensait pas appliquer à notre monde une science réservée au monde céleste. En plaçant le Soleil au centre du monde, Copernic brise cette division du monde et ouvre la porte à une physique universelle.

On appelle **cercle trigonométrique** un cercle de rayon 1 centré à l'origine du plan cartésien, soit au point $O(0, 0)$.

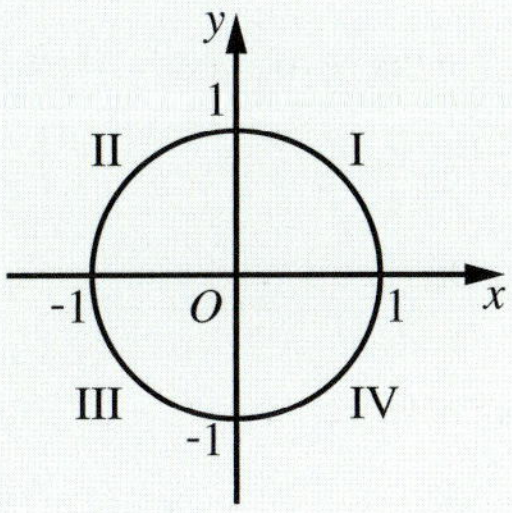

Pour représenter le cercle trigonométrique dans le plan cartésien, on choisit la même unité de longueur sur les deux axes. Le cercle coupe les axes aux points (-1, 0), (1, 0), (0, -1) et (0, 1). Les axes partagent le cercle en quatre parties égales situées dans les quatre quadrants du plan cartésien.

Le cercle trigonométrique est la représentation graphique de la relation $x^2 + y^2 = 1$.

En trigonométrie, on étudie les angles au centre du cercle trigonométrique dont l'un des côtés est un rayon situé sur la partie positive de l'axe des x. L'autre côté est obtenu par une rotation de ce rayon autour du sommet.

La **mesure d'un angle** évalue la « distance » entre ses deux côtés, c'est-à-dire qu'elle quantifie la rotation qu'il faut effectuer pour passer du côté situé sur l'axe des x vers l'autre côté de l'angle.

La mesure d'un angle est **positive** si on effectue la rotation dans le sens antihoraire ; elle est **négative** si on effectue la rotation dans le sens horaire.

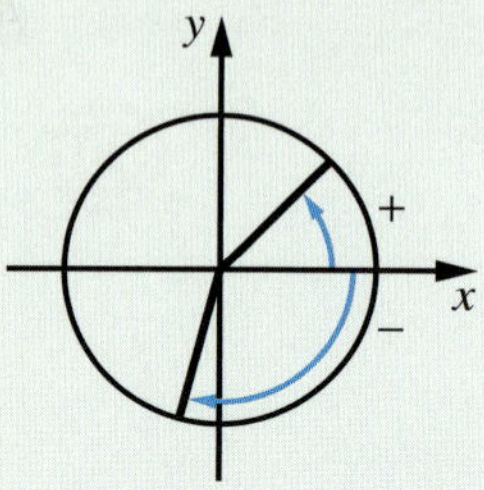

Dans le cercle trigonométrique, on mesure les angles en degrés ou en radians. Nous avons vu au chapitre 9 que le degré est l'unité de mesure correspondant à un angle au centre qui intercepte $\frac{1}{360}$ de la circonférence.

Un **radian** (rad) est l'unité de mesure correspondant à un angle au centre qui intercepte sur la circonférence un arc de longueur égale à celle du rayon du cercle.

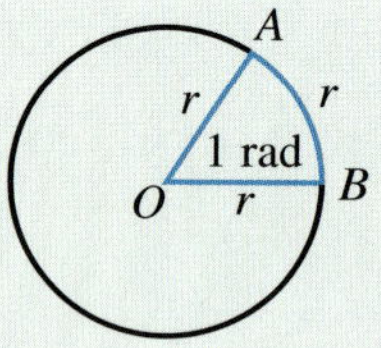

Puisque la circonférence d'un cercle de rayon r mesure $2\pi r$, un angle au centre de 1 radian intercepte $\frac{r}{2\pi r} = \frac{1}{2\pi}$ de la circonférence.

En valeur absolue, la mesure d'un angle en radians détermine le nombre de fois que la longueur du rayon est comprise dans la longueur de l'arc.

$$\text{mesure d'un angle en radians} = \frac{\text{mesure de l'arc intercepté sur la circonférence}}{\text{longueur du rayon}}$$

Dans le cercle trigonométrique, la mesure d'un angle en radians est égale à celle de l'arc intercepté, puisque la longueur du rayon est 1. On attribue à la mesure de l'arc le même signe que celui de l'angle, selon le sens de rotation.

La mesure d'un angle en radians dans le cercle trigonométrique

$$\text{mesure d'un angle en radians} = \text{mesure de l'arc intercepté}$$

Un angle complet (angle au centre qui intercepte toute la circonférence) mesure 360°. Il intercepte sur la circonférence un arc mesurant $2\pi r$ unités, soit 2π fois la longueur du rayon. Ainsi, un angle complet mesure 2π rad, soit environ 6,28 rad.

On peut établir une correspondance entre la mesure d'un angle en radians et sa mesure en degrés.

L'équivalence des mesures d'angles en degrés et en radians

$$2\pi \text{ rad} = 360° \qquad 360° = 2\pi \text{ rad}$$

$$\pi \text{ rad} = 180° \qquad 180° = \pi \text{ rad}$$

$$1 \text{ rad} = \frac{180°}{\pi} \qquad 1° = \frac{\pi}{180} \text{ rad}$$

10

Ainsi, un radian mesure $\frac{180°}{\pi} \approx 57,3°$ et un degré mesure $\frac{\pi}{180}$ rad $\approx 0,017$ rad.

Exemple 10.1

- Un angle de -90° intercepte sur la circonférence un arc de longueur égale à $\frac{90}{360} = \frac{1}{4}$ de cette circonférence, mesuré dans le sens horaire à partir de la portion positive de l'axe des x.

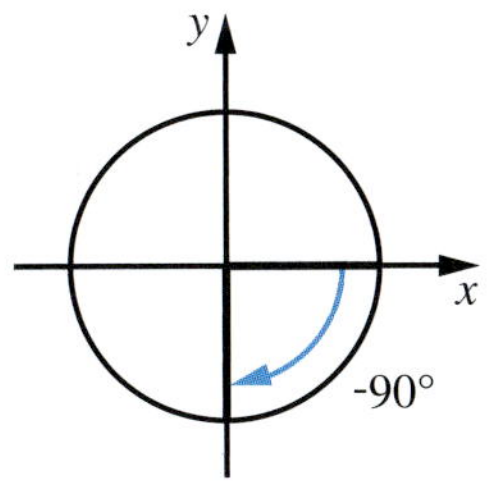

- Un angle de 420° est obtenu par une rotation complète (360°) dans le sens antihoraire, plus un sixième de tour (60°).

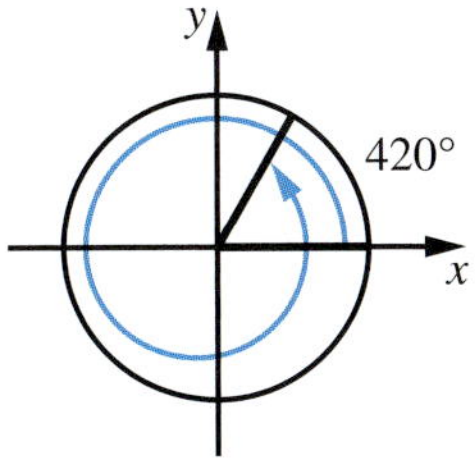

- Cherchons la mesure en degrés d'un angle de 1,5 rad.
  Sur le cercle trigonométrique, l'arc intercepté mesure 1,5 unité.

$$1 \text{ rad} = \frac{180°}{\pi}, \text{ d'où } 1,5 \text{ rad} = 1,5\left(\frac{180°}{\pi}\right) = \frac{270°}{\pi} \approx 85,94°$$

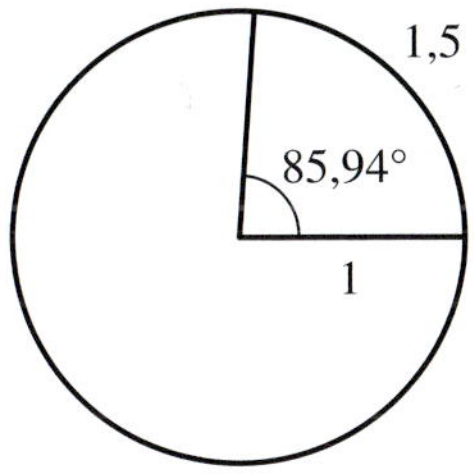

  Ainsi, un angle de 85,94° intercepte sur la circonférence un arc mesurant 1,5 fois la longueur du rayon du cercle.

- Cherchons la mesure en radians d'un angle de 15°.

$$1° = \frac{\pi}{180} \text{ rad}$$

$$15° = 15\left(\frac{\pi}{180}\right) \text{rad} = \frac{\pi}{12} \text{ rad} \approx 0,26 \text{ rad}$$

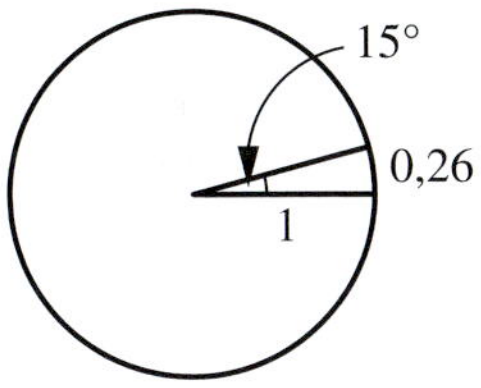

  Sur le cercle trigonométrique, un angle de 15° intercepte un arc mesurant approximativement 0,26 unité.

On obtient les **points trigonométriques** en enroulant un axe réel autour du cercle trigonométrique.

- On trace un axe réel vertical qui représente les valeurs de la variable t. On choisit la même unité de longueur que pour les axes du plan cartésien. Ainsi, la longueur d'une unité sur cet axe est la même que celle du rayon du cercle. On place le point 0 de cet axe au point 1 de l'axe des x, c'est-à-dire au point (1, 0) du plan cartésien, à l'intersection du cercle et de la partie positive de l'axe des x.

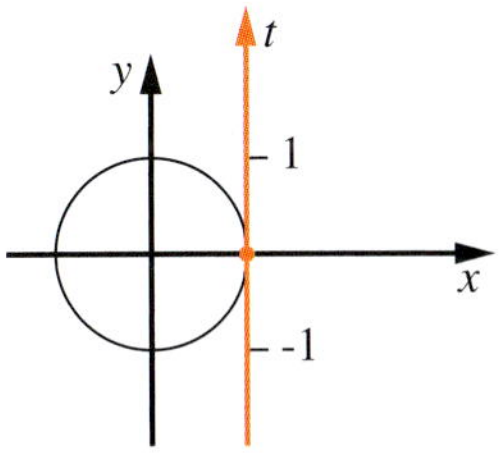

10

- On enroule cet axe réel autour du cercle, dans le sens antihoraire pour les valeurs positives de t et dans le sens horaire pour les valeurs négatives de t.

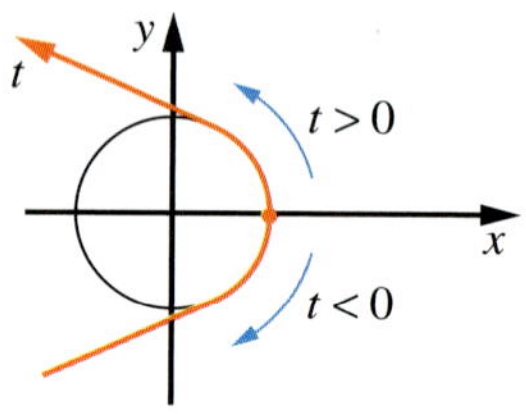

Chaque point de l'axe réel se trouve donc sur la circonférence du cercle après un certain nombre de tours. Ainsi, à chaque nombre réel t correspond un point unique du cercle, désigné par $P(t)$.

Exemple 10.2

◆ Soit le nombre réel $t = 2$.

Le point 0 de l'axe vertical est le point $P(0)$.

On enroule l'axe autour du cercle, dans le sens antihoraire, jusqu'à ce que le nombre 2 se trouve sur le cercle. On obtient alors le point $P(2)$. L'arc indiqué dans la figure ci-contre mesure 2 unités.

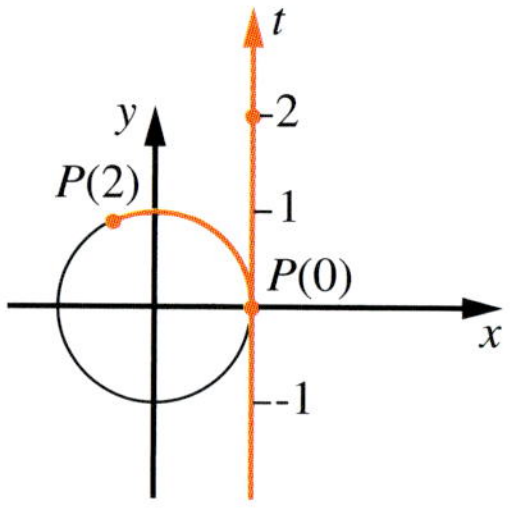

◆ Soit le nombre réel $t = -1{,}3$.

On atteint le point $P(-1{,}3)$ en enroulant l'axe autour du cercle, dans le sens horaire, jusqu'à ce que le nombre -1,3 se trouve sur le cercle.

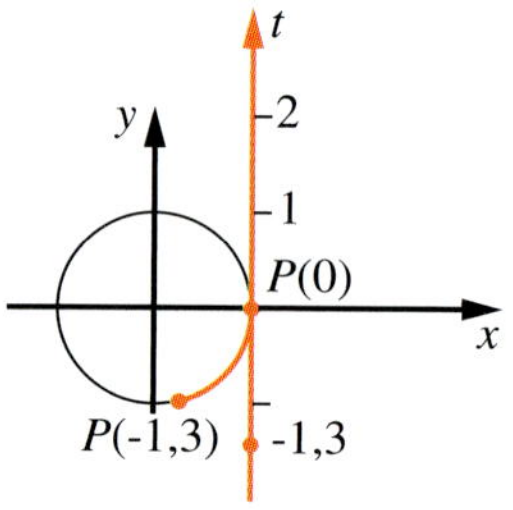

La **fonction d'enroulement** est la fonction P qui, à chaque nombre réel t, associe le point $P(t)$.

$$dom(P) = \mathbb{R}$$

$$\begin{aligned} ima(P) &= \{(x, y) \mid x \text{ et } y \text{ sont les coordonnées d'un point du cercle trigonométrique}\} \\ &= \{(x, y) \mid x^2 + y^2 = 1\} \end{aligned}$$

Tout nombre réel possède une image par la fonction d'enroulement, puisqu'on peut associer un point $P(t) = (x, y)$ du cercle trigonométrique à chaque nombre réel t.

Puisque la circonférence du cercle mesure 2π, chaque point obtenu lors d'un premier tour de cercle dans le sens antihoraire correspond à un nombre réel t compris entre 0 et 2π, c'est-à-dire entre 0 et 6,28, approximativement.

Chaque quadrant du plan cartésien correspond à un quart de circonférence qui mesure $\frac{2\pi}{4} = \frac{\pi}{2}$ unité.

La figure ci-après indique les points correspondant aux principales subdivisions de la circonférence, qu'on appelle **points remarquables**.

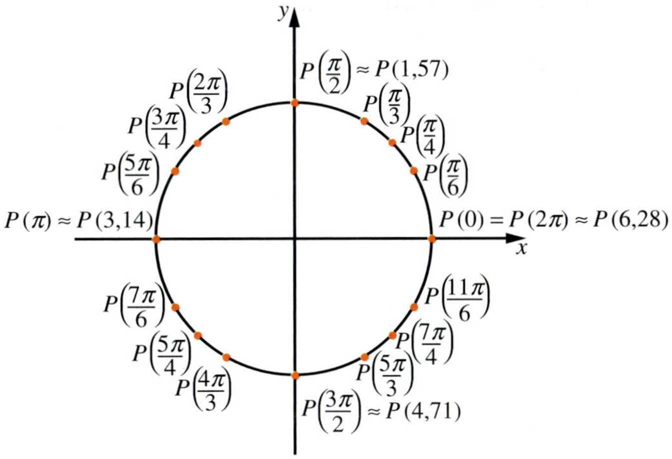

On constate que $P(0) = P(2\pi) = P(4\pi) = P(6\pi) = \ldots$, puisqu'on revient au même point après chaque tour complet de longueur 2π.

De même, $P(0) = P(-2\pi) = P(-4\pi) = P(-6\pi) = \ldots$

De plus, pour chaque point $P(t)$, on obtient :

$$P(t) = P(t + 2\pi) = P(t + 4\pi) = P(t + 6\pi) = \ldots$$

$$P(t) = P(t - 2\pi) = P(t - 4\pi) = P(t - 6\pi) = \ldots$$

La périodicité de la fonction d'enroulement

Tous les nombres réels dont la différence est un multiple de 2π correspondent au même point trigonométrique.

$$P(t) = P(t + 2k\pi) \text{ pour tout } k \in \mathbb{Z}$$

Exemple 10.3

◆ Plaçons sur le cercle trigonométrique les points $P(-7\pi)$ et $P\left(\frac{33\pi}{4}\right)$.

$$P(-7\pi) = P(-6\pi - \pi) = P(-\pi)$$

On obtient $P(-7\pi)$ en faisant trois tours complets (-6π), puis un demi-tour ($-\pi$), dans le sens horaire.

$$P\left(\frac{33\pi}{4}\right) = P\left(8\pi + \frac{\pi}{4}\right) = P\left(\frac{\pi}{4}\right)$$

On obtient $P\left(\frac{33\pi}{4}\right)$ en faisant quatre tours complets (8π), puis un huitième de tour $\left(\frac{\pi}{4}\right)$, dans le sens antihoraire.

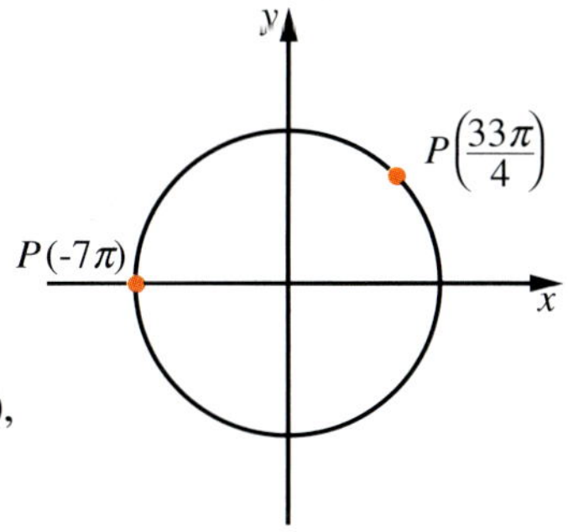

10

Exercices 10.1

1. Sur le cercle trigonométrique, représenter les angles correspondant à chacune des mesures suivantes.

a) -150°   c) 450°   e) $2\pi°$ g) 0,5 rad

b) 300°   d) -400°   f) 2 rad   h) $\frac{\pi}{4}$ rad

2. Exprimer chacun des angles suivants en radians.

a) -75°   b) 600°   c) 310°   d) 24°

3. Exprimer chacun des angles suivants en degrés.

a) 3 rad   b) $\frac{5\pi}{6}$ rad   c) $\frac{-\pi}{12}$ rad   d) $\frac{29\pi}{4}$ rad

4. Calculer la longueur de l'arc intercepté sur la circonférence du cercle trigonométrique par chacun des angles suivants.

a) 200°   b) -1080°   c) -1,9 rad   d) $\frac{-25\pi}{4}$ rad

5. Calculer la mesure en radians et en degrés d'un angle au centre qui intercepte, sur la circonférence du cercle trigonométrique, un arc de chacune des longueurs suivantes.

a) 10   b) $\pi + 3$ c) 3π d) $\frac{3}{\pi}$

6. Dans quel quadrant chacun des points ci-dessous est-il situé ?

a) $P\left(\frac{7\pi}{4}\right)$ d) $P\left(\frac{47\pi}{5}\right)$ g) $P\left(\frac{-9\pi}{4}\right)$ j) $P\left(\frac{-1}{2}\right)$

b) $P\left(\frac{11\pi}{6}\right)$ e) $P\left(\frac{\pi}{8}\right)$ h) $P(123)$ k) $P\left(\frac{74\pi}{3}\right)$

c) $P\left(\frac{-5\pi}{3}\right)$ f) $P(-5)$ i) $P(2,5)$ l) $P(-500\pi)$

10.2 Les coordonnées des points trigonométriques remarquables

- Trouver les coordonnées des points trigonométriques remarquables.
- Évaluer le sinus et le cosinus des arcs remarquables.

Puisqu'un point $P(t)$ du cercle trigonométrique est situé dans le plan cartésien, on peut trouver ses coordonnées (x, y). Son abscisse x est le **cosinus** de t et son ordonnée y est le **sinus** de t.

Si $t \in \mathbb{R}$ et $P(t) = (x, y)$, le point correspondant du cercle trigonométrique :

- x est le **cosinus** de t et est désigné par $\cos t$.
- y est le **sinus** de t et est désigné par $\sin t$.

$$P(t) = (\cos t, \sin t)$$

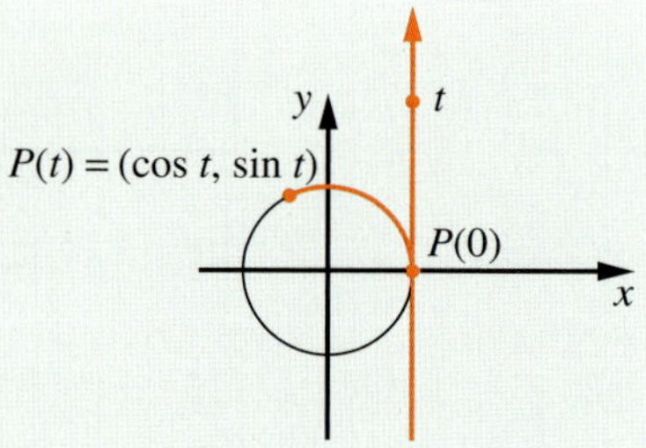

Puisque le nombre réel t correspond à la fois à la mesure de l'angle au centre (en radians) et à celle de l'arc, on parle indifféremment du sinus du nombre t, du sinus de l'angle t ou du sinus de l'arc t. Par ailleurs, si le point $P(t)$ correspond à un angle de $a°$, on écrit $\cos a°$ et $\sin a°$.

Lorsque l'unité de mesure de l'angle au centre n'est pas précisée, il s'agit de radians. Par exemple, sin 2 désigne le sinus d'un angle de 2 rad. Le sinus d'un angle de 2 degrés est nécessairement désigné par sin 2°.

Un point $P(t)$ étant situé sur le cercle trigonométrique de rayon 1, ses coordonnées sont toujours comprises entre -1 et 1 inclusivement.

Les valeurs du sinus et du cosinus

Pour tout $t \in \mathbb{R}$:

$$-1 \leq \cos t \leq 1$$

$$-1 \leq \sin t \leq 1$$

Les signes du sinus de t et du cosinus de t sont déterminés par la position du point $P(t)$ sur le cercle, plus précisément par le quadrant dans lequel ce point est situé.

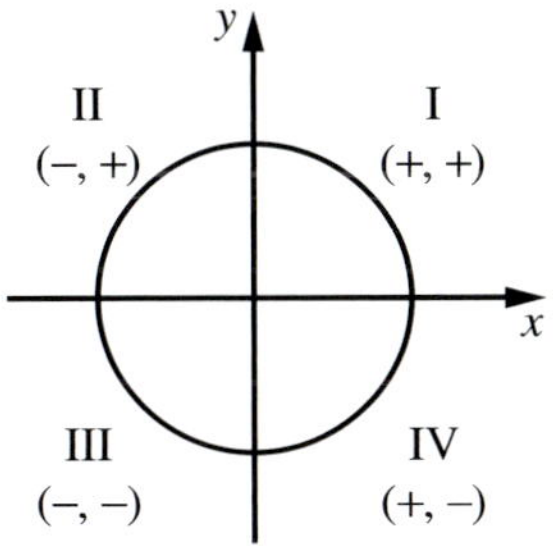

Quadrant	cos	sin
I	+	+
II	−	+
III	−	−
IV	+	−

On peut trouver les coordonnées des points correspondant à certains arcs à l'aide de la géométrie. Ces arcs (ou les angles qui y correspondent) sont appelés **arcs (angles) remarquables**. Ce sont les multiples de π, $\frac{\pi}{2}$, $\frac{\pi}{3}$, $\frac{\pi}{4}$ ou $\frac{\pi}{6}$.

Pour trouver ces coordonnées, nous utiliserons essentiellement le cercle trigonométrique, le théorème de Pythagore et les propriétés des triangles rectangles ayant un angle de 45° ou un angle de 30°.

Puisqu'on connaît les points d'intersection du cercle trigonométrique avec les axes, on peut déduire les valeurs du sinus et du cosinus pour chacun des arcs correspondants, qui sont des multiples de $\frac{\pi}{2}$.

Le sinus et le cosinus des multiples de $\frac{\pi}{2}$

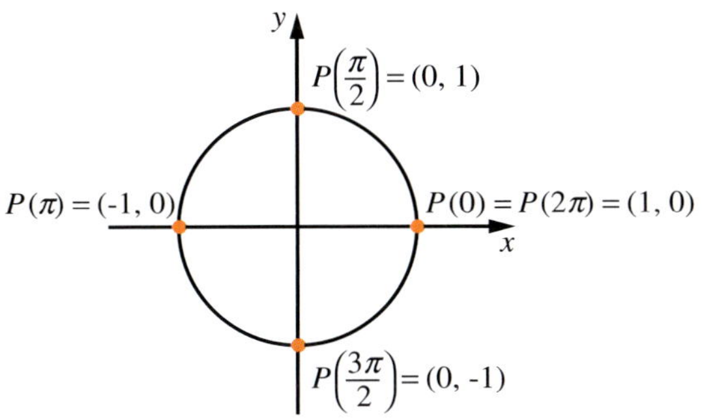

t	$P(t)$	$\cos t$	$\sin t$
0	(1, 0)	1	0
$\frac{\pi}{2}$	(0, 1)	0	1
π	(-1, 0)	-1	0
$\frac{3\pi}{2}$	(0, -1)	0	-1
2π	(1, 0)	1	0

Un angle de $\frac{\pi}{4}$ radians correspond à un angle de 45°.

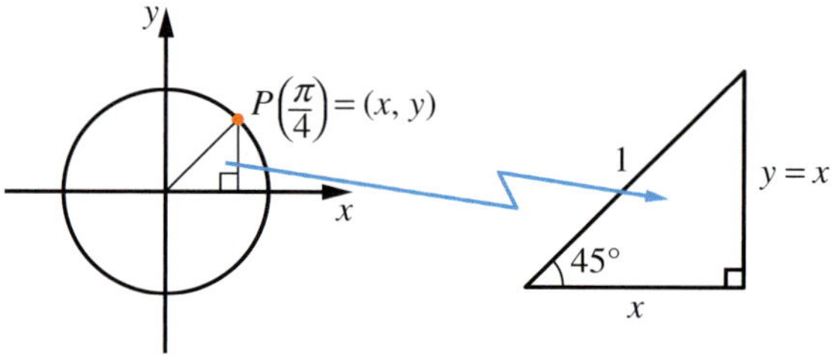

Un triangle rectangle ayant un angle de 45° est isocèle, d'où $y = x$.

L'hypoténuse du triangle étant un rayon du cercle trigonométrique, elle mesure 1.

D'après le théorème de Pythagore :

$$x^2 + y^2 = 1 \qquad \text{(théorème de Pythagore)}$$

$$x^2 + x^2 = 1 \qquad \text{(car } y = x\text{)}$$

$$2x^2 = 1$$

$$x^2 = \frac{1}{2}$$

$$x = \pm\sqrt{\frac{1}{2}} = \pm\frac{1}{\sqrt{2}} = \pm\frac{\sqrt{2}}{\sqrt{2}\sqrt{2}} = \pm\frac{\sqrt{2}}{2} \qquad \text{(rationalisation du dénominateur)}$$

La base et la hauteur du triangle mesurent donc $\frac{\sqrt{2}}{2} \approx 0,707$.

Comme le point $P\left(\frac{\pi}{4}\right)$ est situé dans le premier quadrant, ses deux coordonnées sont positives. Ainsi, $P\left(\frac{\pi}{4}\right) = \left(\cos\frac{\pi}{4}, \sin\frac{\pi}{4}\right) = \left(\frac{\sqrt{2}}{2}, \frac{\sqrt{2}}{2}\right)$.

Par symétrie, on peut déduire les coordonnées des points $P\left(\frac{3\pi}{4}\right)$, $P\left(\frac{5\pi}{4}\right)$ et $P\left(\frac{7\pi}{4}\right)$.

Le sinus et le cosinus des arcs $\frac{\pi}{4}$, $\frac{3\pi}{4}$, $\frac{5\pi}{4}$ et $\frac{7\pi}{4}$

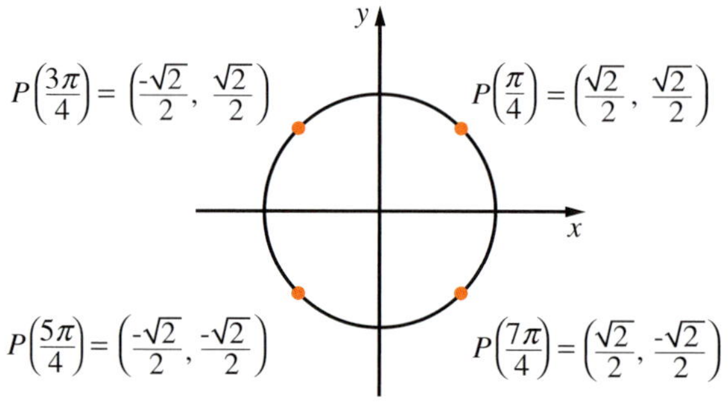

t	***P(t)***	**cos *t***	**sin *t***
$\frac{\pi}{4}$	$\left(\frac{\sqrt{2}}{2}, \frac{\sqrt{2}}{2}\right)$	$\frac{\sqrt{2}}{2}$	$\frac{\sqrt{2}}{2}$
$\frac{3\pi}{4}$	$\left(\frac{-\sqrt{2}}{2}, \frac{\sqrt{2}}{2}\right)$	$\frac{-\sqrt{2}}{2}$	$\frac{\sqrt{2}}{2}$
$\frac{5\pi}{4}$	$\left(\frac{-\sqrt{2}}{2}, \frac{-\sqrt{2}}{2}\right)$	$\frac{-\sqrt{2}}{2}$	$\frac{-\sqrt{2}}{2}$
$\frac{7\pi}{4}$	$\left(\frac{\sqrt{2}}{2}, \frac{-\sqrt{2}}{2}\right)$	$\frac{\sqrt{2}}{2}$	$\frac{-\sqrt{2}}{2}$

Un angle de $\frac{\pi}{6}$ radians correspond à un angle de 30°.

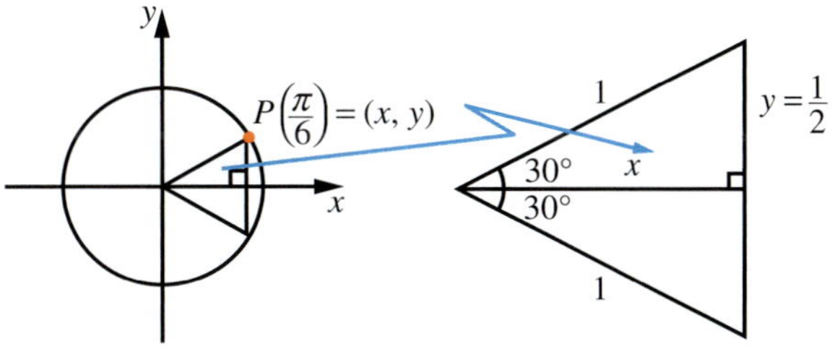

L'hypoténuse du triangle étant un rayon du cercle trigonométrique, elle mesure 1.

Dans un triangle rectangle, la mesure du côté opposé à un angle de 30° est la moitié de celle de l'hypoténuse (*voir le chapitre 9, page 368*). Par conséquent, $y = \frac{1}{2}$.

D'après le théorème de Pythagore :

$$x^2 + y^2 = 1$$

$$x^2 + \left(\frac{1}{2}\right)^2 = 1$$

$$x^2 + \frac{1}{4} = 1$$

$$x^2 = \frac{3}{4}$$

$$x = \pm\sqrt{\frac{3}{4}} = \pm\frac{\sqrt{3}}{\sqrt{4}} = \pm\frac{\sqrt{3}}{2}$$

La base du triangle mesure donc $\frac{\sqrt{3}}{2} \approx 0{,}866$.

Comme le point $P\left(\frac{\pi}{6}\right)$ est situé dans le premier quadrant, ses deux coordonnées sont positives.

Ainsi, $P\left(\frac{\pi}{6}\right) = \left(\cos\frac{\pi}{6}, \sin\frac{\pi}{6}\right) = \left(\frac{\sqrt{3}}{2}, \frac{1}{2}\right)$.

Par symétrie, on peut déduire les coordonnées des points $P\left(\frac{5\pi}{6}\right)$, $P\left(\frac{7\pi}{6}\right)$ et $P\left(\frac{11\pi}{6}\right)$.

Le sinus et le cosinus des arcs $\frac{\pi}{6}$, $\frac{5\pi}{6}$, $\frac{7\pi}{6}$ et $\frac{11\pi}{6}$

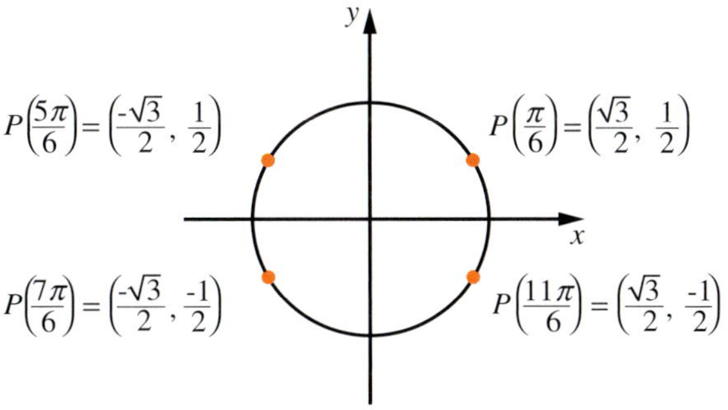

t	$P(t)$	$\cos t$	$\sin t$
$\frac{\pi}{6}$	$\left(\frac{\sqrt{3}}{2}, \frac{1}{2}\right)$	$\frac{\sqrt{3}}{2}$	$\frac{1}{2}$
$\frac{5\pi}{6}$	$\left(\frac{-\sqrt{3}}{2}, \frac{1}{2}\right)$	$\frac{-\sqrt{3}}{2}$	$\frac{1}{2}$
$\frac{7\pi}{6}$	$\left(\frac{-\sqrt{3}}{2}, \frac{-1}{2}\right)$	$\frac{-\sqrt{3}}{2}$	$\frac{-1}{2}$
$\frac{11\pi}{6}$	$\left(\frac{\sqrt{3}}{2}, \frac{-1}{2}\right)$	$\frac{\sqrt{3}}{2}$	$\frac{-1}{2}$

Un angle de $\frac{\pi}{3}$ radians correspond à un angle de 60°.

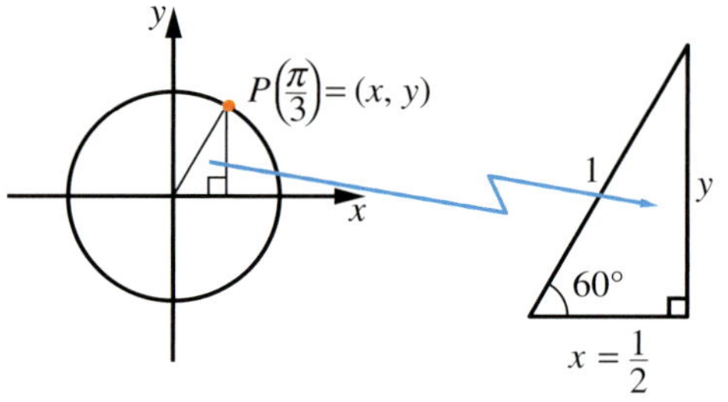

L'autre angle aigu du triangle rectangle mesure donc 30° ou $\frac{\pi}{6}$. On obtient le même triangle que dans le cas précédent, mais il est orienté différemment. Ainsi, $x = \frac{1}{2}$ et $y = \frac{\sqrt{3}}{2}$.

Comme le point $P\left(\frac{\pi}{3}\right)$ est situé dans le premier quadrant, ses deux coordonnées sont positives.

Ainsi, $P\left(\frac{\pi}{3}\right) = \left(\cos\frac{\pi}{3}, \sin\frac{\pi}{3}\right) = \left(\frac{1}{2}, \frac{\sqrt{3}}{2}\right)$.

Par symétrie, on peut déduire les coordonnées des points $P\left(\frac{2\pi}{3}\right)$, $P\left(\frac{4\pi}{3}\right)$ et $P\left(\frac{5\pi}{3}\right)$.

Le sinus et le cosinus des arcs $\frac{\pi}{3}$, $\frac{2\pi}{3}$, $\frac{4\pi}{3}$ et $\frac{5\pi}{3}$

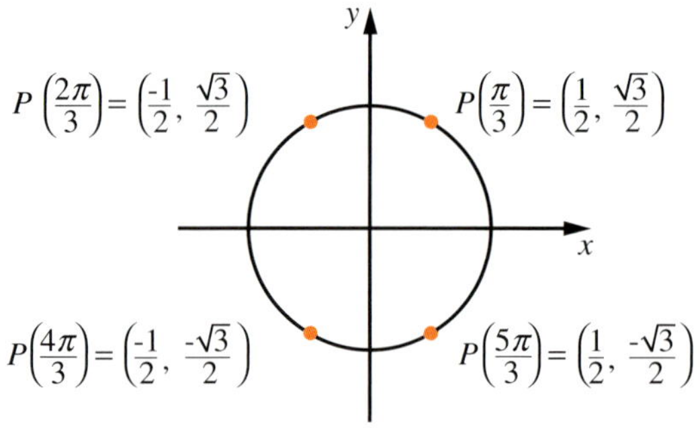

t	$P(t)$	$\cos t$	$\sin t$
$\frac{\pi}{3}$	$\left(\frac{1}{2}, \frac{\sqrt{3}}{2}\right)$	$\frac{1}{2}$	$\frac{\sqrt{3}}{2}$
$\frac{2\pi}{3}$	$\left(\frac{-1}{2}, \frac{\sqrt{3}}{2}\right)$	$\frac{-1}{2}$	$\frac{\sqrt{3}}{2}$
$\frac{4\pi}{3}$	$\left(\frac{-1}{2}, \frac{-\sqrt{3}}{2}\right)$	$\frac{-1}{2}$	$\frac{-\sqrt{3}}{2}$
$\frac{5\pi}{3}$	$\left(\frac{1}{2}, \frac{-\sqrt{3}}{2}\right)$	$\frac{1}{2}$	$\frac{-\sqrt{3}}{2}$

On peut représenter tous les résultats obtenus précédemment sur un même cercle trigonométrique.

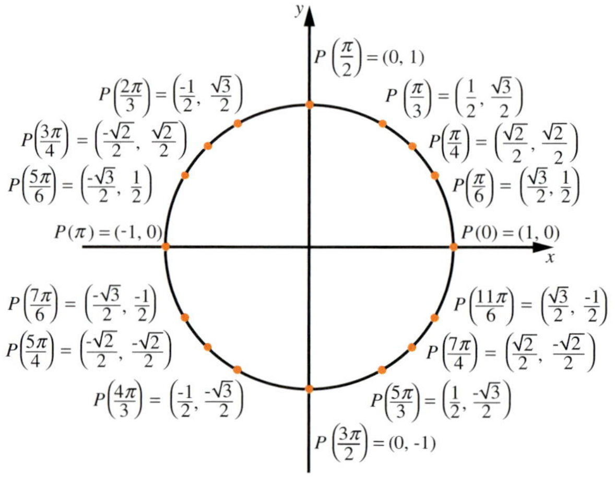

Pour situer sur le cercle les points correspondant à des nombres négatifs ou supérieurs à 2π, il suffit de retrancher le nombre correspondant aux tours complets, dans un sens ou dans l'autre. Si le nombre obtenu est négatif, on ajoute 2π (un tour) pour le rendre positif.

Exemple 10.4

- Soit le point $P\left(\frac{29\pi}{6}\right)$ sur le cercle trigonométrique.

  Chaque tour de cercle dans le sens antihoraire (2π) représente $\frac{12\pi}{6}$. Il faut donc faire deux tours complets $\left(\frac{24\pi}{6}\right)$, puis ajouter $\frac{5\pi}{6}$. Les coordonnées de $P\left(\frac{29\pi}{6}\right)$ sont, par conséquent, les mêmes que celles de $P\left(\frac{5\pi}{6}\right)$, soit $\left(\frac{-\sqrt{3}}{2}, \frac{1}{2}\right)$.

- Soit le point $P\left(\frac{-11\pi}{3}\right)$ sur le cercle trigonométrique.

  Chaque tour de cercle dans le sens horaire (-2π) représente $\frac{-6\pi}{3}$. Il faut donc faire un tour complet $\left(\frac{-6\pi}{3}\right)$, puis ajouter $\frac{-5\pi}{3}$. Les coordonnées de $P\left(\frac{-11\pi}{3}\right)$ sont, par conséquent, les mêmes que celles de $P\left(\frac{-5\pi}{3}\right) = P\left(\frac{-5\pi}{3} + 2\pi\right) = P\left(\frac{\pi}{3}\right)$, soit $\left(\frac{1}{2}, \frac{\sqrt{3}}{2}\right)$.

Exercices 10.2

1. Sans la calculatrice, évaluer les coordonnées de chacun des points ci-dessous sur le cercle trigonométrique.

a) $P(5\pi)$
b) $P(-12\pi)$
c) $P\left(\frac{-11\pi}{4}\right)$
d) $P\left(\frac{17\pi}{6}\right)$
e) $P\left(\frac{-14\pi}{3}\right)$
f) $P\left(\frac{115\pi}{2}\right)$
g) $P\left(\frac{47\pi}{3}\right)$
h) $P\left(\frac{-19\pi}{6}\right)$

2. Évaluer chacun des nombres ci-dessous sans la calculatrice.

a) $\sin \frac{5\pi}{3}$
b) $\sin\left(\frac{-23\pi}{6}\right)$
c) $\cos \frac{15\pi}{4}$
d) $\cos\left(\frac{-19\pi}{2}\right)$
e) $\sin 30°$
f) $\cos 135°$
g) $\cos \frac{7\pi}{6}$
h) $\sin\left(\frac{-2\pi}{3}\right)$
i) $\sin\left(\frac{-11\pi}{3}\right)$
j) $\cos \frac{15\pi}{2}$
k) $\cos 270°$
l) $\sin 180°$

3. Trouver trois valeurs de $t \in \mathbb{R}$ pour chacun des points suivants du cercle trigonométrique.

a) $P(t) = (-1, 0)$
b) $P(t) = (0, 1)$
c) $P(t) = \left(\frac{\sqrt{3}}{2}, \frac{1}{2}\right)$
d) $P(t) = \left(\frac{-\sqrt{2}}{2}, \frac{\sqrt{2}}{2}\right)$
e) $P(t) = \left(\frac{1}{2}, \frac{-\sqrt{3}}{2}\right)$
f) $P(t) = \left(\frac{-\sqrt{2}}{2}, \frac{-\sqrt{2}}{2}\right)$

4. Déterminer la valeur de t pour laquelle $0 \le t < 2\pi$, $\cos t = \frac{-\sqrt{3}}{2}$ et $\sin t = \frac{1}{2}$.

5. Déterminer la valeur de t pour laquelle $3\pi \le t < 4\pi$ et $\sin t = \cos t$.

10.3 Les coordonnées des points trigonométriques quelconques

- Trouver les coordonnées approximatives de points trigonométriques quelconques.
- Évaluer le sinus et le cosinus d'angles quelconques avec une calculatrice.

Si t est un nombre réel quelconque, on peut situer approximativement le point $P(t)$ sur le cercle trigonométrique, sachant que chaque quart de cercle correspond à $\frac{\pi}{2} \approx 1{,}57$ unité. Ces points de repère aident à situer le point $P(t)$ selon la valeur de t.

Exemple 10.5

◆ Plaçons le point $P(t) = P(1{,}3)$ sur le cercle trigonométrique.

$P(1{,}3)$ est situé à peu près à mi-chemin entre $P\left(\frac{\pi}{3}\right)$ et $P\left(\frac{\pi}{2}\right)$, puisque $\frac{\pi}{3} \approx 1{,}05$ et $\frac{\pi}{2} \approx 1{,}57$

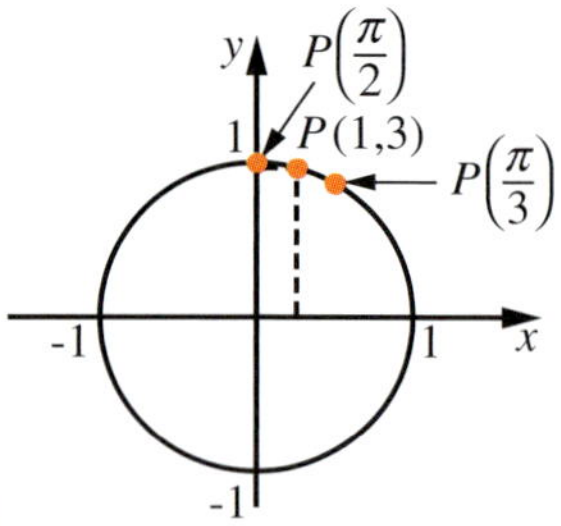

On constate que sin 1,3 est très près de 1 et que cos 1,3 vaut à peu près $\frac{1}{4}$. Une calculatrice scientifique donne $\sin 1{,}3 \approx 0{,}964$ et $\cos 1{,}3 \approx 0{,}267$.

Une telle méthode n'est pas très précise. C'est pourquoi on utilise une calculatrice pour évaluer le sinus et le cosinus des nombres réels quelconques.

Lorsqu'on utilise une calculatrice pour évaluer une valeur trigonométrique, on doit choisir le mode d'affichage approprié, selon qu'on entrera la valeur des angles en degrés ou en radians. Le changement de mode d'affichage n'influe que sur les résultats des calculs avec les fonctions trigonométriques. Il ne modifie en rien les résultats des autres calculs arithmétiques.

Exemple 10.6

◆ Si on appuie sur [sin] [1] [=] lorsque la calculatrice est en mode « degrés », le résultat affiché est 0,017 452 406, soit la valeur arrondie à neuf décimales de sin 1°.

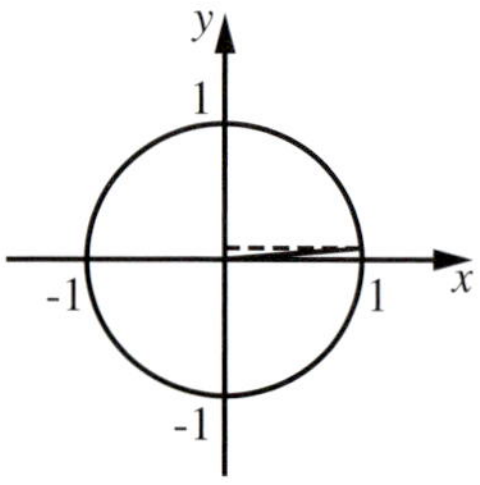

◆ Si on appuie sur [sin] [1] [=] lorsque la calculatrice est en mode « radians », le résultat affiché est 0,841 470 985, soit la valeur arrondie à neuf décimales de sin 1.

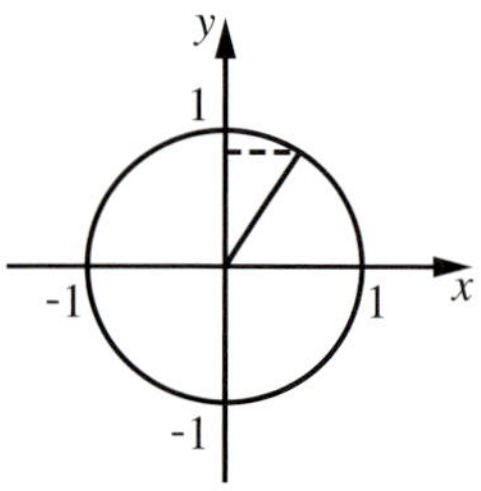

POURQUOI UTILISER LES RADIANS, ET NON LES DEGRÉS, AVEC LES FONCTIONS TRIGONOMÉTRIQUES ?

Le radian a été inventé il y a moins de 140 ans, alors que le degré remonte quant à lui aux astronomes de l'Antiquité. Ce sont des physiciens anglais qui s'intéressaient aux phénomènes électromagnétiques qui ont senti le besoin d'utiliser cette nouvelle unité afin de simplifier leurs calculs. En effet, pour un angle très petit, la fonction sinus se comporte comme la fonction $f(x) = x$ lorsque l'angle est mesuré en radians. En revanche, si l'angle est mesuré en degrés, elle se comporte comme la fonction $f(x) = \dfrac{\pi x}{180}$. Ce simple facteur additionnel rend plus complexe le calcul différentiel et intégral, et la présence récurrente de ce facteur alourdit aussi les calculs dans la modélisation des phénomènes électromagnétiques et, plus généralement, ondulatoires. C'est pourquoi les physiciens de la fin du XIXe siècle ont rapidement adopté cette nouvelle unité.

Exercices 10.3

1. Évaluer les coordonnées de chacun des points ci-dessous avec une calculatrice.

a) $P(5{,}4)$ d) $P\left(\dfrac{2\pi}{11}\right)$ g) $P\left(\dfrac{-3\pi}{7}\right)$

b) $P(12)$ e) $P(-123)$ h) $P(1{,}001)$

c) $P\left(\dfrac{7}{13}\right)$ f) $P\left(\dfrac{125}{3}\right)$ i) $P(192\pi)$

2. Évaluer chacun des nombres ci-dessous avec une calculatrice.

a) $\cos 25°$ d) $\sin\left(\dfrac{-2\pi}{7}\right)$ g) $\cos 30$

b) $\sin 520°$ e) $\sin 1000°$ h) $\cos\left(\dfrac{3\pi}{8}\right)$

c) $\sin 4$ f) $\cos \pi$ i) $-\cos(-13)$

3. À l'aide du cercle trigonométrique, déterminer le plus grand des deux nombres.

a) $\sin 1°$ ou $\cos 1°$ b) $\sin 1°$ ou $\sin 2°$ c) $\cos 1°$ ou $\cos 2°$ d) $\cos 2°$ ou $\cos 2$

10.4 Les rapports trigonométriques

Connaissant le sinus et le cosinus d'un angle quelconque, évaluer sa tangente, sa cotangente, sa sécante et sa cosécante, si elles sont définies.

L'étude de la trigonométrie pourrait se limiter à celle des sinus et des cosinus. Cependant, dans plusieurs situations où intervient la trigonométrie, on utilise les inverses ou les rapports des sinus et des cosinus. Il est donc utile de connaître les définitions suivantes.

- $\tan t = \dfrac{\sin t}{\cos t}$ est la **tangente** de t.
- $\cot t = \dfrac{\cos t}{\sin t} = \dfrac{1}{\tan t}$ est la **cotangente** de t.

- $\sec t = \dfrac{1}{\cos t}$ est la **sécante** de t.
- $\csc t = \dfrac{1}{\sin t}$ est la **cosécante** de t.

Ces expressions sont définies si leur dénominateur n'est pas nul.

Les rapports sec t, csc t et cot t sont utilisés plus rarement, puisqu'ils sont respectivement les inverses de cos t, de sin t et de tan t. Ils peuvent tout de même être utiles pour simplifier certaines expressions.

Exemple 10.7

- $\tan \dfrac{\pi}{6} = \dfrac{\sin \dfrac{\pi}{6}}{\cos \dfrac{\pi}{6}} = \dfrac{\dfrac{1}{2}}{\dfrac{\sqrt{3}}{2}} = \dfrac{1}{2} \times \dfrac{2}{\sqrt{3}} = \dfrac{1}{\sqrt{3}} = \dfrac{\sqrt{3}}{\sqrt{3}\sqrt{3}} = \dfrac{\sqrt{3}}{3}$
- On évalue $\csc 5 = \dfrac{1}{\sin 5} \approx \dfrac{1}{-0{,}9589} \approx -1{,}0428$ avec la calculatrice.
- $\sec \dfrac{3\pi}{2} = \dfrac{1}{\cos \dfrac{3\pi}{2}}$ n'est pas défini, puisque $\cos \dfrac{3\pi}{2} = 0$.

Dans certains manuels, on trouve aussi les notations « tg » pour tangente, « cotg » ou « cotan » pour cotangente, et « cosec » pour cosécante.

On peut établir un lien entre la tangente d'un nombre réel t et la pente du segment OP qui relie le centre du cercle trigonométrique et le point $P(t)$ (*voir le diagramme ci-dessous*).

La pente a d'un segment de droite est le rapport entre la variation de y et la variation de x (*voir le chapitre 5, page 207*). La pente d'une droite passant par les points (x_1, y_1) et (x_2, y_2) est donnée par $a = \dfrac{y_2 - y_1}{x_2 - x_1}$.

Ainsi, la pente du segment joignant le point $O(0, 0)$ et le point $P(t) = (\cos t, \sin t)$ est donnée par :

$$a = \frac{\sin t - 0}{\cos t - 0} = \frac{\sin t}{\cos t} = \tan t \quad \text{si } \cos t \neq 0$$

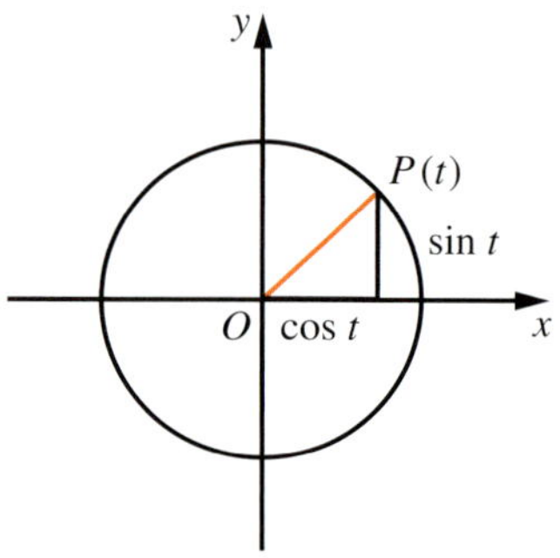

Le lien entre la tangente d'un angle et la pente d'un rayon du cercle

Si $t \in \mathbb{R}$ et $\cos t \neq 0$, alors tan t est la pente du rayon qui relie le centre du cercle trigonométrique au point $P(t)$.

10

Exemple 10.8

◆ Soit le point $P\left(\frac{\pi}{3}\right)$, dont les coordonnées sont $\left(\frac{1}{2}, \frac{\sqrt{3}}{2}\right)$.

La pente du segment qui relie les points (0, 0) et $\left(\frac{1}{2}, \frac{\sqrt{3}}{2}\right)$ est donnée par :

$$a = \frac{\frac{\sqrt{3}}{2} - 0}{\frac{1}{2} - 0} = \frac{\sqrt{3}}{2} \times \frac{2}{1} = \sqrt{3}$$

D'autre part, $\tan t = \frac{\sin t}{\cos t} = \frac{\frac{\sqrt{3}}{2}}{\frac{1}{2}} = \frac{\sqrt{3}}{2} \times \frac{2}{1} = \sqrt{3}$.

On obtient bien $\tan t = a$, la pente du segment.

Exercices 10.4

1. Évaluer chacun des nombres ci-dessous sans la calculatrice, si possible.

a) $\tan \frac{2\pi}{3}$
b) $\sec 30°$
c) $\cot \frac{7\pi}{4}$
d) $\csc 9\pi$
e) $\tan\left(\frac{-5\pi}{6}\right)$
f) $\csc \frac{35\pi}{3}$
g) $\sec 405°$
h) $\cot 270°$
i) $\tan\left(\frac{-25\pi}{6}\right)$
j) $\sec \pi$
k) $\cot \frac{-15\pi}{2}$
l) $\tan \frac{-13\pi}{4}$

2. Évaluer chacun des nombres ci-dessous avec une calculatrice.

a) $\sec 47°$
b) $\tan \frac{5\pi}{7}$
c) $\csc\left(\frac{-5}{2}\right)$
d) $\tan 12$
e) $\sec(-1{,}15)$
f) $\csc \frac{\sqrt{3}}{2}$
g) $\cot\left(\frac{13}{11}\right)$
h) $\frac{\tan 20°}{\sec 20° - \cot 20°}$

3. Déterminer le signe de $\tan t$, $\sec t$, $\cot t$ et $\csc t$ dans chacun des quatre quadrants.

4. a) Si $\tan t = -1$, dans quels quadrants le point $P(t)$ peut-il être situé ?
b) Quelles sont les coordonnées de ce point si $0 \leq t < \pi$?

5. Sachant que $t = \frac{\pi}{3}$, évaluer $3\tan t + \tan 3t - (\sec t)^2$ sans la calculatrice.

6. Quelle est la pente du rayon OP qui joint le centre O du cercle trigonométrique et le point $P\left(\frac{5\pi}{6}\right)$?

10

10.5 La fonction sinus

Reconnaître les caractéristiques de la fonction sinus et en faire l'analyse complète.

La **fonction sinus** est une fonction de la forme $y = f(x) = \sin x$, où $x \in \mathbb{R}$ et où $\sin x$ est l'ordonnée du point $P(x)$ sur le cercle trigonométrique.

Le symbole « sin » est le nom de la fonction sinus, tout comme f est le nom de la fonction dans $f(x)$. Pour désigner le sinus d'un nombre réel, le symbole « sin » doit toujours être accompagné de la valeur de ce nombre. L'expression $\sin x$ ne désigne pas le produit de sin et de x, mais plutôt la valeur du sinus de x, de la même façon que $f(3)$ ne représente pas le produit de f et de 3, mais la valeur de la fonction f lorsque $x = 3$.

Par conséquent, on ne peut pas simplifier les x dans l'expression $\frac{\sin x}{x}$, tout comme on ne peut pas simplifier les 3 dans $\frac{f(3)}{3}$. On peut toutefois évaluer $\frac{\sin x}{x}$ pour une valeur de x donnée. Par exemple, $\frac{\sin 5}{5} \approx \frac{-0{,}959}{5}$, soit approximativement -0,19.

Pour tracer le graphique de la fonction sinus, il est plus facile de placer dans le plan les points correspondant aux arcs remarquables dont on connaît le sinus, en n'oubliant pas que les nombres π, $\frac{\pi}{2}$, $\frac{\pi}{3}$, etc., ont une valeur réelle ($\pi \approx 3{,}14$). Sur une feuille quadrillée, on peut représenter la longueur π par 6 ou par 12 carreaux. Il est ainsi plus facile de situer les demis, les tiers, les quarts et les sixièmes de π. Il n'est pas nécessaire de choisir la même unité sur les deux axes, à condition toutefois de bien indiquer ces unités.

Donnons d'abord à x quelques valeurs remarquables correspondant à des points situés dans le premier quadrant du cercle trigonométrique. En plaçant le point $P(x)$ sur le cercle, on trouve $\sin x$, l'ordonnée de $P(x)$. On place ensuite le point $(x, \sin x)$ dans le plan cartésien.

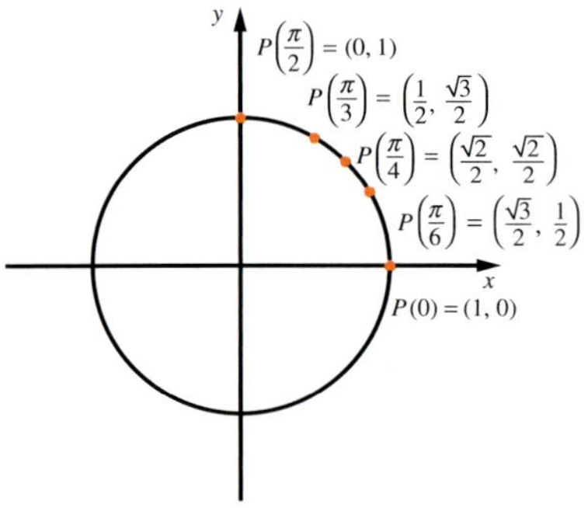

x	0	$\frac{\pi}{6}$	$\frac{\pi}{4}$	$\frac{\pi}{3}$	$\frac{\pi}{2}$
$y = \sin x$	0	$\frac{1}{2}$	$\frac{\sqrt{2}}{2} \approx 0{,}71$	$\frac{\sqrt{3}}{2} \approx 0{,}86$	1
(x, y)	(0, 0)	$\left(\frac{\pi}{6}, \frac{1}{2}\right)$	$\left(\frac{\pi}{4}, \frac{\sqrt{2}}{2}\right)$	$\left(\frac{\pi}{3}, \frac{\sqrt{3}}{2}\right)$	$\left(\frac{\pi}{2}, 1\right)$

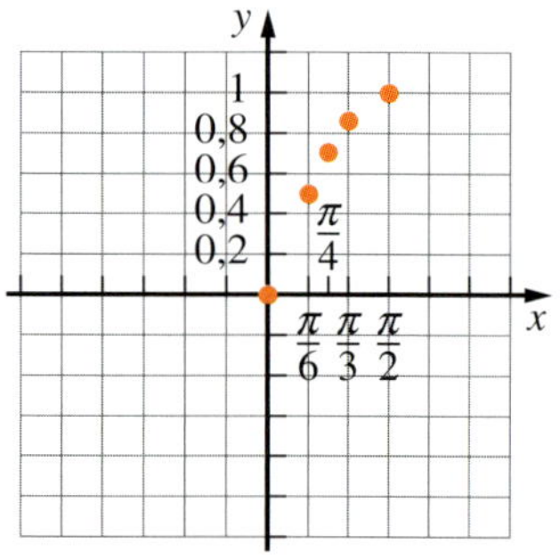

Il est important de bien indiquer les unités sur les axes. Le x et le y du tableau sont ceux du graphique. Par symétrie dans le cercle trigonométrique, on trouve le sinus des autres arcs remarquables et on place les points $(x, \sin x)$ sur le graphique.

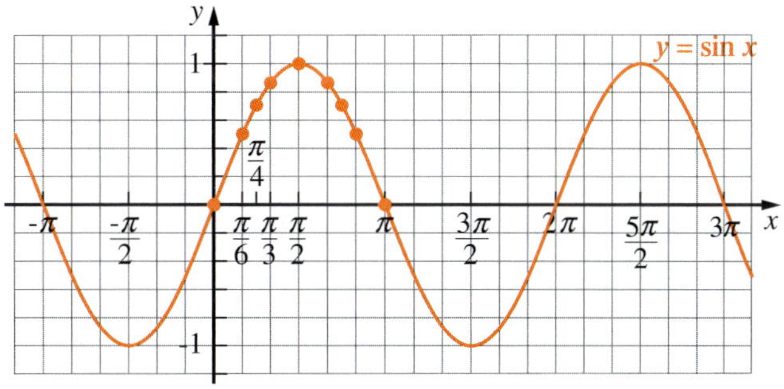

Il ne faut pas confondre les points $P(x) = (\cos x, \sin x)$ du cercle trigonométrique et les points $(x, y) = (x, f(x)) = (x, \sin x)$ du graphique de la fonction sinus. L'abscisse d'un point du graphique est un nombre réel x et son ordonnée est le sinus de x.

Par exemple, si $x = \frac{\pi}{6}$, les coordonnées du point $P\left(\frac{\pi}{6}\right)$ du cercle trigonométrique sont $\left(\cos \frac{\pi}{6}, \sin \frac{\pi}{6}\right) = \left(\frac{\sqrt{3}}{2}, \frac{1}{2}\right)$. C'est l'ordonnée $\frac{1}{2}$ de ce point qui est le sinus de $\frac{\pi}{6}$.

C'est donc le point $\left(\frac{\pi}{6}, f\left(\frac{\pi}{6}\right)\right) = \left(\frac{\pi}{6}, \sin \frac{\pi}{6}\right) = \left(\frac{\pi}{6}, \frac{1}{2}\right)$ qu'on placera sur le graphique de la fonction $f(x) = \sin x$.

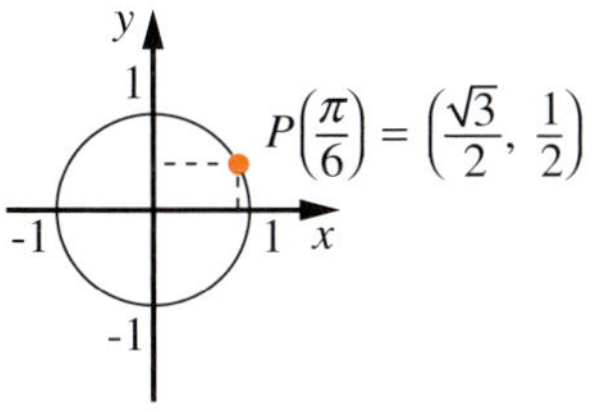

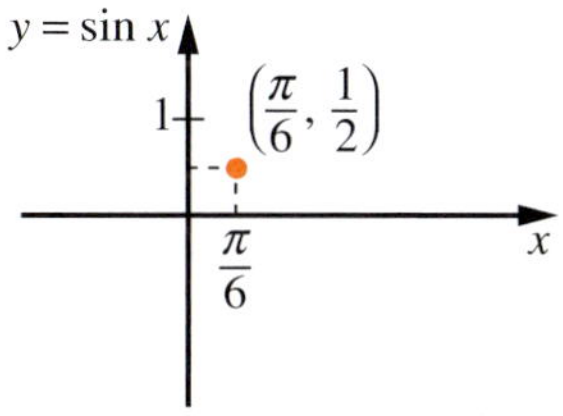

On remarque que la courbe de la fonction sinus se répète sur chaque intervalle de longueur 2π (l'équivalent d'un tour de cercle). Une telle fonction est dite « périodique ».

Une fonction f est **périodique** si $f(x + T) = f(x)$ pour un nombre réel positif T et pour tout $x \in dom(f)$.

La plus petite valeur possible de T satisfaisant l'égalité précédente est la **période** de la fonction.

Une portion du graphique s'étendant sur une période est un **cycle**.

La période de la fonction sinus

La fonction sinus est **périodique** et sa période est $T = 2\pi$.

10

L'esquisse du graphique que nous venons de tracer permet de faire l'analyse de la fonction sinus.

- À chaque nombre réel x correspond un point $P(x)$ du cercle trigonométrique dont l'ordonnée est $\sin x$. Ainsi, $dom(\sin) = \mathbb{R}$.

- Les ordonnées des points du cercle trigonométrique sont toutes comprises entre -1 et 1 inclusivement. De plus, tout nombre réel situé entre -1 et 1 est l'ordonnée d'un point du cercle. On a donc $ima(\sin) = [-1, 1]$.
- Le graphique de la fonction $f(x) = \sin x$ coupe l'axe des y, puisque $0 \in dom(f)$.

  $f(0) = \sin 0 = 0$

  L'ordonnée à l'origine est 0 et le graphique coupe l'axe des y au point $(0, f(0)) = (0, 0)$.
- La fonction sinus possède une infinité de zéros, soit toutes les valeurs de x telles que $\sin x = 0$. Ce sont tous les nombres réels auxquels la fonction d'enroulement associe un des points du cercle trigonométrique situés sur l'axe horizontal, c'est-à-dire que $P(x) = (1, 0)$ ou $P(x) = (-1, 0)$.

  L'un de ces zéros est $x = 0$ et on trouve un autre zéro à chaque demi-tour de cercle (dans un sens ou dans l'autre) à partir du point $P(0)$. Ainsi, puisque π est la mesure d'un demi-tour dans le cercle trigonométrique, x est un zéro de la fonction pour tout $x \in \{..., -3\pi, -2\pi, -\pi, 0, \pi, 2\pi, 3\pi, ...\}$.

  Les zéros sont tous les multiples de π, qu'on peut désigner par $k\pi$, où k est un entier.

  Ainsi, x est un zéro de $\sin x$ pour tout $x \in \{x \in \mathbb{R} \mid x = k\pi, \text{ où } k \in \mathbb{Z}\}$.

  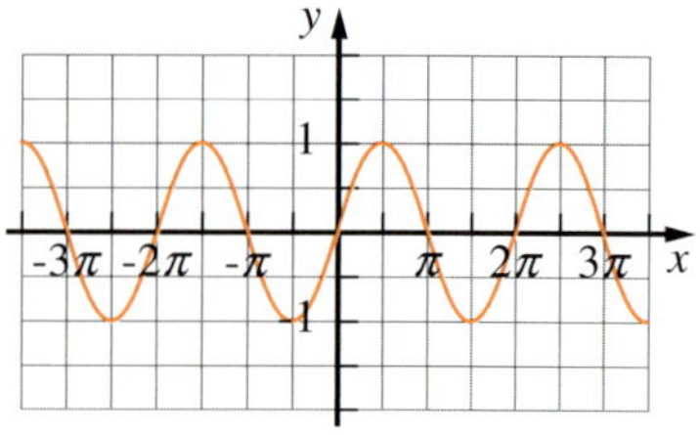

  Le graphique de la fonction sinus coupe donc l'axe des x en une infinité de points, qui sont tous de la forme $(k\pi, 0)$, où $k \in \mathbb{Z}$.
- On peut faire l'étude du signe en observant le graphique. Les points de changement de signe sont les zéros de la fonction.
  - La fonction sinus est **positive** sur les intervalles $I \in \{...,]-2\pi, -\pi[,]0, \pi[,]2\pi, 3\pi[, ...\}$, qu'on peut exprimer sous la forme $]2k\pi, \pi + 2k\pi[$, où $k \in \mathbb{Z}$.

    Cette notation des intervalles vient de la périodicité de la fonction, c'est-à-dire qu'à partir d'un point du cercle, chaque tour complet (2π) nous ramène au même point.
  - La fonction est **nulle** si $x = k\pi$, où $k \in \mathbb{Z}$.
  - Elle est **négative** sur les intervalles $I \in \{...,]-3\pi, -2\pi[,]-\pi, 0[,]\pi, 2\pi[, ...\}$, qu'on exprime sous la forme $]-\pi + 2k\pi, 2k\pi[$, où $k \in \mathbb{Z}$.

  On constate que la fonction est positive pour les valeurs de x telles que le point $P(x)$ du cercle trigonométrique est situé dans les quadrants I ou II, alors qu'elle est négative si $P(x)$ est situé dans les quadrants III ou IV.
- Le graphique permet également de trouver les intervalles de croissance et de décroissance de la fonction sinus.
  - Elle est **croissante** sur les intervalles $I \in \left\{..., \left[\frac{-5\pi}{2}, \frac{-3\pi}{2}\right], \left[\frac{-\pi}{2}, \frac{\pi}{2}\right], \left[\frac{3\pi}{2}, \frac{5\pi}{2}\right], ...\right\}$, qu'on exprime sous la forme $\left[\frac{-\pi}{2} + 2k\pi, \frac{\pi}{2} + 2k\pi\right]$, où $k \in \mathbb{Z}$.
  - Elle est décroissante sur les intervalles $I \in \left\{..., \left[\frac{-3\pi}{2}, \frac{-\pi}{2}\right], \left[\frac{\pi}{2}, \frac{3\pi}{2}\right], \left[\frac{5\pi}{2}, \frac{7\pi}{2}\right], ...\right\}$, qu'on exprime sous la forme $\left[\frac{\pi}{2} + 2k\pi, \frac{3\pi}{2} + 2k\pi\right]$, où $k \in \mathbb{Z}$.

10

- Sur chaque intervalle de longueur 2π (un tour de cercle), la fonction sinus atteint une fois son minimum et une fois son maximum:
  - $min(\sin) = -1$, atteint en tout point d'abscisse $x = \frac{-\pi}{2} + 2k\pi$, où $k \in \mathbb{Z}$;
  - $max(\sin) = 1$, atteint en tout point d'abscisse $x = \frac{\pi}{2} + 2k\pi$, où $k \in \mathbb{Z}$.

  Il n'y a aucun autre point d'extremum relatif si on considère la fonction sur l'ensemble de son domaine.

- On regroupe les informations précédentes dans un tableau de variation, dont on ne peut présenter qu'une portion, puisque le nombre de valeurs critiques est infini. On choisit un intervalle dont la longueur est égale à une période de la fonction, soit 2π.

Valeurs de x	$-\infty$	0		$\frac{\pi}{2}$		π		$\frac{3\pi}{2}$		2π	$+\infty$
Signe de f	…	0	+	+	+	0	−	−	−	0	…
Croissance de f	…	↗		max. 1	↘			-1 min.	↗		…

Les caractéristiques de la fonction sinus

- $dom(\sin) = \mathbb{R}$
- $ima(\sin) = [-1, 1]$
- La fonction est périodique et sa période est $T = 2\pi$.
- L'ordonnée à l'origine est $\sin 0 = 0$ et le graphique coupe l'axe des y au point $(0, 0)$.
- Les zéros sont les valeurs $x = k\pi$ et le graphique coupe l'axe des x en tous les points de la forme $(k\pi, 0)$, où $k \in \mathbb{Z}$.
- La fonction est positive sur les intervalles de la forme $]2k\pi, \pi + 2k\pi[$ et négative sur les intervalles de la forme $]-\pi + 2k\pi, 2k\pi[$, où $k \in \mathbb{Z}$.
- Elle est croissante sur les intervalles de la forme $\left[\frac{-\pi}{2} + 2k\pi, \frac{\pi}{2} + 2k\pi\right]$ et décroissante sur les intervalles de la forme $\left[\frac{\pi}{2} + 2k\pi, \frac{3\pi}{2} + 2k\pi\right]$, où $k \in \mathbb{Z}$.
- $min(\sin) = -1$, atteint en tout point d'abscisse $x = \frac{-\pi}{2} + 2k\pi$, et $max(\sin) = 1$, atteint en tout point d'abscisse $x = \frac{\pi}{2} + 2k\pi$, où $k \in \mathbb{Z}$. Ce sont des extremums absolus.

Exercices 10.5

1. Tracer le graphique de la fonction $f(x) = \sin x$ sur l'intervalle $\left[\frac{\pi}{4}, \frac{2\pi}{3}\right]$.

2. Trouver tous les zéros de la fonction sinus qui sont compris dans l'intervalle $[7\pi, 12\pi[$.

3. Étudier la croissance et la décroissance de la fonction sinus sur l'intervalle $[3\pi, 5\pi]$.

10

4. Indiquer les coordonnées de tous les points où la fonction sinus atteint un maximum sur l'intervalle $[-4\pi, 6\pi]$.

5. a) Expliquer le lien entre le signe de la fonction sinus et la position des points sur le cercle trigonométrique.

b) Expliquer le lien entre la croissance et la décroissance de la fonction sinus et la position des points sur le cercle trigonométrique.

10.6 Les transformations de la fonction sinus

- Décrire et interpréter l'effet des paramètres additifs et multiplicatifs sur la fonction sinus.
- Trouver l'amplitude, la période, la fréquence et le déphasage d'une fonction sinusoïdale.
- Trouver la règle de correspondance d'une fonction sinusoïdale.

Nous avons vu au chapitre 4 (*voir la page 186*) l'effet des paramètres A, B, h et k lors de la transformation d'une fonction $f(x)$ en une fonction $F(x) = Af(B(x-h)) + k$, où $A \neq 0$ et $B \neq 0$. La fonction $f(x) = \sin x$ ainsi transformée est appelée « fonction sinusoïdale ».

Les exemples graphiques qui suivent illustrent l'effet du paramètre A lors de la transformation d'une fonction $f(x) = \sin x$ en une fonction $F(x) = A \sin x$.

<table>
<tr><th colspan="2">$y = A \sin x$</th></tr>
<tr><th>$A > 0$</th><th>$A < 0$</th></tr>
<tr><td>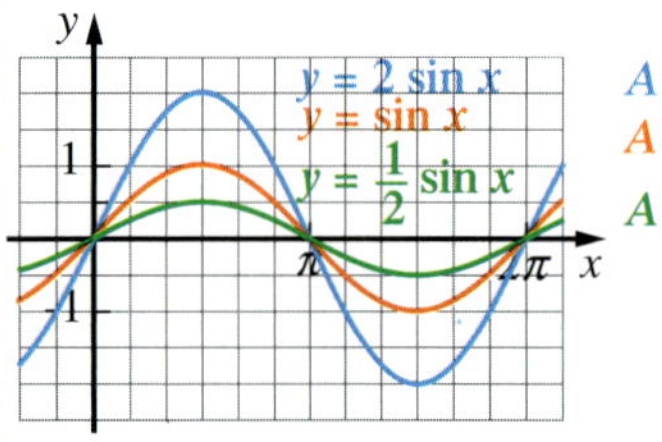</td><td>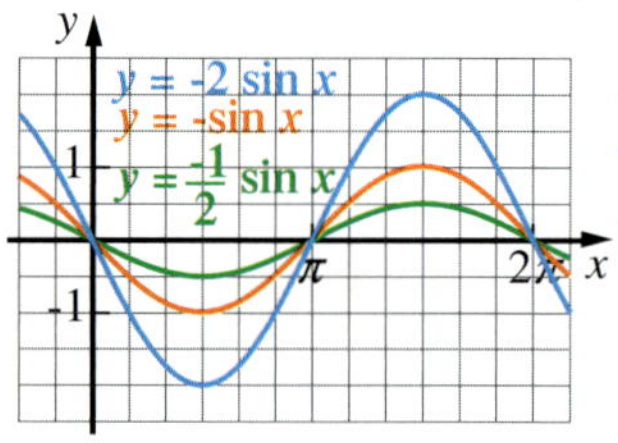</td></tr>
<tr><td colspan="2">La valeur absolue de A entraîne un étirement (si $|A| > 1$) ou une compression (si $|A| < 1$) à la verticale.

Si $A < 0$, l'étirement (ou la compression) s'accompagne d'une réflexion par rapport à l'axe des x.</td></tr>
</table>

On constate que la valeur du paramètre A modifie les extremums et l'ensemble image de la fonction lorsque $|A| \neq 1$.

Si $f(x) = A \sin x$, avec $A \neq 0$:

- $min(f) = -|A|$ et $max(f) = |A|$;
- $ima(f) = [-|A|, |A|]$.

Le paramètre A détermine l'amplitude de la fonction.

L'**amplitude** d'une fonction sinusoïdale $f(x) = A \sin x$ est la moitié de l'écart entre son maximum et son minimum.

$$\text{amplitude de } f = \frac{max(f) - min(f)}{2} = |A|, \text{ où } A \neq 0$$

Exemple 10.9

◆ Soit la fonction $f(x) = -2 \sin x$ représentée à la page 408.

Sa règle de correspondance est de la forme $f(x) = A \sin x$, où $A = -2$.

$min(f) = -|A| = -|-2| = -2$ et $max(f) = |A| = |-2| = 2$

$ima(f) = [-2, 2]$

amplitude de $f = |A| = 2$

Les exemples graphiques ci-après illustrent l'effet du paramètre B, lors de la transformation d'une fonction $f(x) = \sin x$ en une fonction $F(x) = \sin(Bx)$, qu'on peut aussi noter $F(x) = \sin Bx$ (le produit a alors priorité sur l'évaluation de la fonction).

<table>
<tr><td colspan="2">$y = \sin(Bx)$</td></tr>
<tr><td>$B > 0$</td><td>$B < 0$</td></tr>
<tr><td>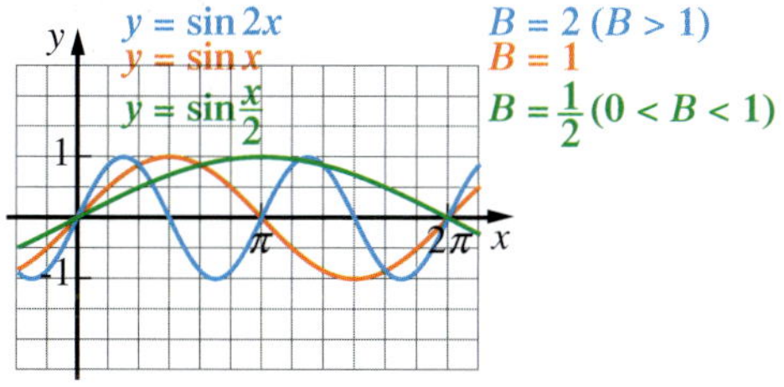
</td><td>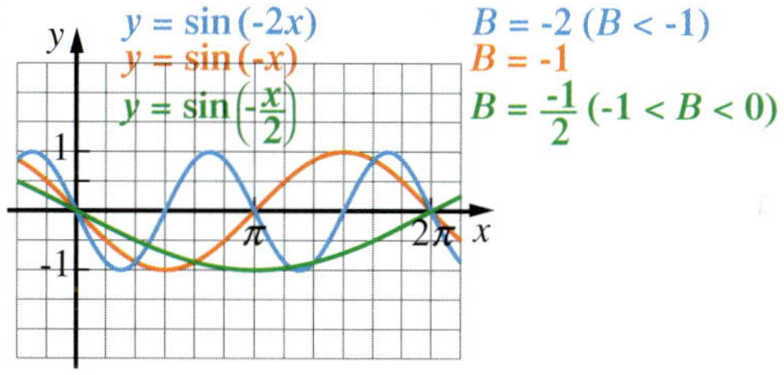
</td></tr>
<tr><td colspan="2">La valeur absolue de B entraîne une compression (si $|B| > 1$) ou un étirement (si $|B| < 1$) à l'horizontale.
Si $B < 0$, la compression (ou l'étirement) s'accompagne d'une réflexion par rapport à l'axe des y.</td></tr>
</table>

On constate que, dans le cas d'une fonction sinusoïdale de la forme $y = \sin(Bx)$, la réflexion par rapport à l'axe des y a le même effet qu'une réflexion par rapport à l'axe des x. Cela est dû au fait que $\sin(-\theta) = -\sin \theta$, comme on peut l'observer sur le cercle trigonométrique.

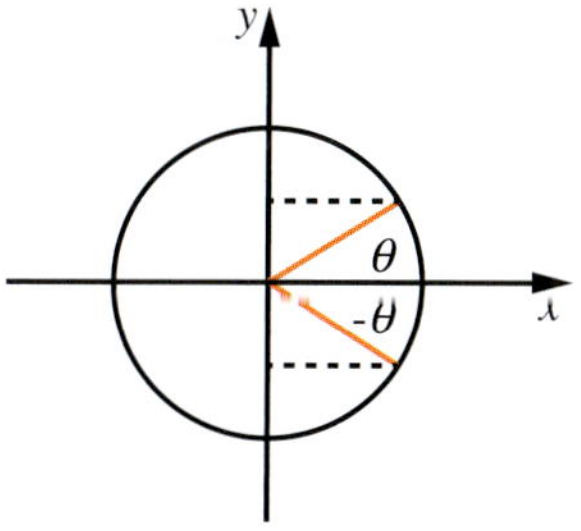

Le paramètre B influence la période de la fonction, c'est-à-dire que l'intervalle nécessaire pour que la courbe fasse un cycle complet varie.

La période de la fonction $y = \sin x$ est 2π. On obtient donc un cycle de la courbe lorsque x varie de 0 à 2π.

Lorsque $B > 0$, le graphique de $y = \sin(Bx)$ fait un cycle complet lorsque Bx varie de 0 à 2π, c'est-à-dire lorsque x varie de 0 à $\frac{2\pi}{B}$.

Lorsque $B < 0$, c'est la valeur absolue de B qui détermine la période.

La multiplication de l'arc x par une constante B a pour effet de diminuer la période si $|B| > 1$ et d'augmenter la période si $0 < |B| < 1$.

La **période** d'une fonction sinusoïdale $f(x) = \sin(Bx)$ est égale à $T = \dfrac{2\pi}{|B|}$, où $B \neq 0$.

La **fréquence** de la fonction est l'inverse de sa période, soit $F = \dfrac{1}{T} = \dfrac{|B|}{2\pi}$.

La fréquence indique le nombre de cycles de la courbe pour chaque unité de la variable x. Une fréquence $F = \dfrac{|B|}{2\pi}$ signifie qu'on observe $|B|$ cycles par intervalle de longueur 2π ou F cycles par unité.

Exemple 10.10

◆ Soit la fonction $g(x) = \sin(2x)$ représentée à la page 409.

Sa période est $T = \dfrac{2\pi}{|B|} = \dfrac{2\pi}{|2|} = \pi$. Sa fréquence est $F = \dfrac{1}{\pi}$.

La période de g est la moitié de celle de $f(x) = \sin x$ et sa fréquence est le double de celle de f.

Les exemples graphiques ci-dessous illustrent l'effet du paramètre h, lors de la transformation d'une fonction $f(x) = \sin x$ en une fonction $F(x) = \sin(x - h)$.

$y = \sin(x - h)$

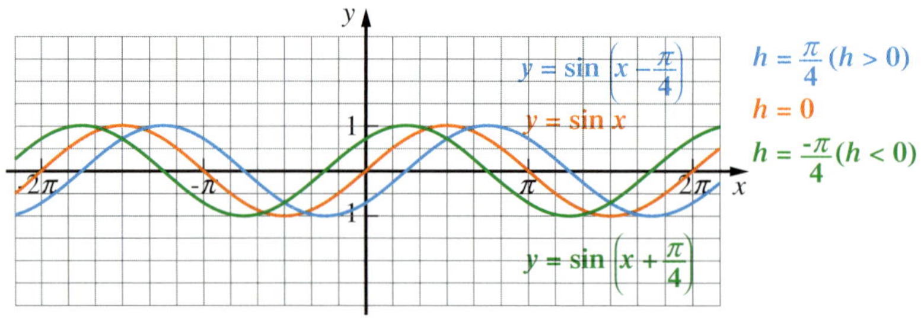

Si $h > 0$, on observe une translation horizontale de h unités vers la droite ; le déplacement est de $|h|$ unités vers la gauche si $h < 0$.

Le **déphasage** d'une fonction $f(x) = \sin(x - h)$ est égal à h.

Il correspond au déplacement horizontal du graphique de f par rapport à celui de $y = \sin x$.

Exemple 10.11

◆ Soit la fonction $g(x) = \sin\left(x - \dfrac{\pi}{4}\right)$ représentée à l'exemple précédent.

Sa règle de correspondance est de la forme $g(x) = \sin(x - h)$, où $h = \dfrac{\pi}{4}$ (donc $h > 0$).

Le graphique de g est une translation horizontale qui déplace le graphique de $f(x) = \sin x$ de $\dfrac{\pi}{4}$ unité vers la droite. Le déphasage est donc de $\dfrac{\pi}{4}$ unité.

10

Les exemples graphiques ci-dessous illustrent l'effet du paramètre k, lors de la transformation d'une fonction $f(x) = \sin x$ en une fonction $F(x) = \sin x + k$.

$y = \sin x + k$
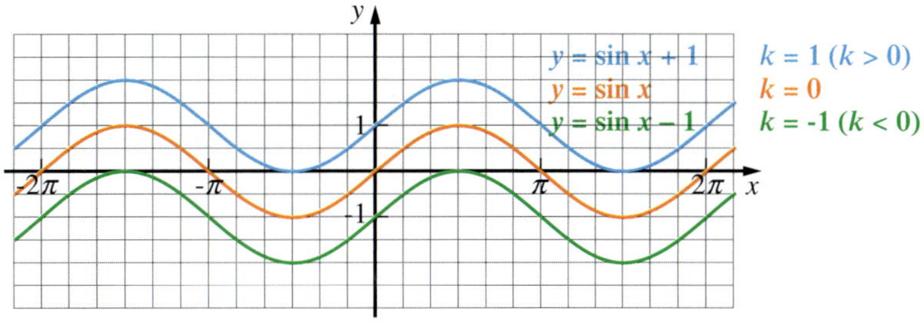
Si $k > 0$, on observe une translation verticale de k unités vers le haut ; le déplacement est de $\mid k \mid$ unités vers le bas si $k < 0$.

Le paramètre k n'influence ni l'amplitude, ni la période, ni le déphasage. Il ne fait que déplacer le graphique verticalement. L'ensemble image de $F(x) = A \sin x + k$ est alors $\left[-|A|+k, |A|+k\right]$.

Si on fait subir successivement les quatre transformations précédentes à la fonction $f(x) = \sin x$, on obtient une fonction de la forme $F(x) = Af(B(x-h)) + k$, où $A \neq 0$ et $B \neq 0$. Rappelons qu'il faut effectuer les étirements ou les compressions (effet de A et de B) avant les translations (effet de h et de k).

Exemple 10.12

◆ Soit la fonction $F(x) = \frac{-1}{2} \sin(3x - \pi) + 1$.

On transforme d'abord la règle de correspondance de F afin d'obtenir la forme $F(x) = A \sin B(x-h) + k$.

$$F(x) = \frac{-1}{2} \sin(3x - \pi) + 1 = \frac{-1}{2} \sin 3\left(x - \frac{\pi}{3}\right) + 1$$

Ainsi, $A = \frac{-1}{2}$, $B = 3$, $h = \frac{\pi}{3}$ et $k = 1$.

Le graphique ci-contre représente la fonction $f(x) = \sin x$, d'amplitude $|A| = 1$, de période $T = 2\pi$ et de fréquence $F = \frac{1}{2\pi}$.

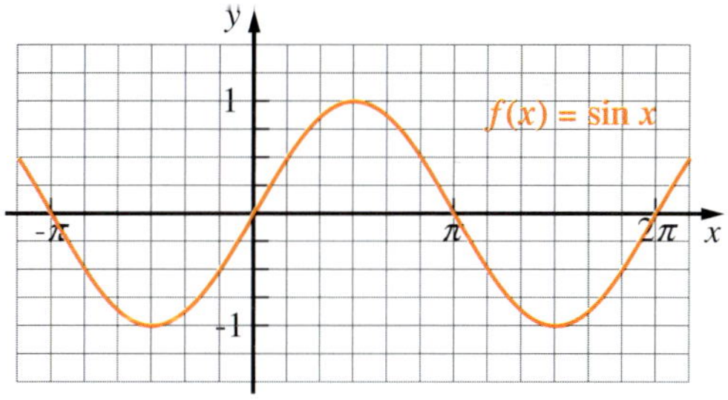

- $A = \frac{-1}{2}$ ($|A| < 1$ et $A < 0$)

  On effectue une compression verticale suivie d'une réflexion par rapport à l'axe des x. L'amplitude est diminuée de moitié $\left(|A| = \frac{1}{2}\right)$.

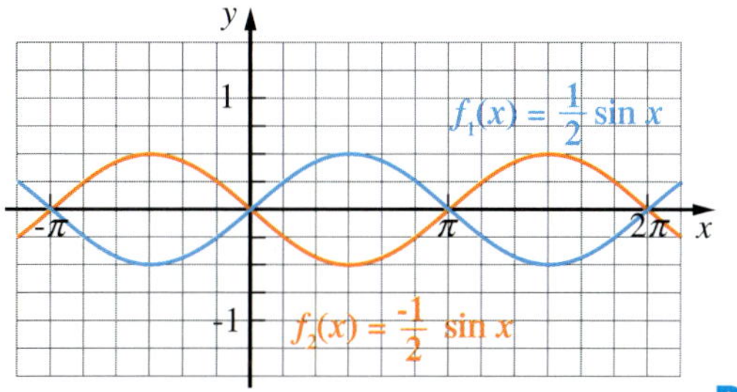

- $B = 3\,(|B| > 1$ et $B > 0)$

  On effectue une compression horizontale.

  La période est divisée par 3 : $T = \dfrac{2\pi}{3}$.

  La fréquence est multipliée par 3 :

  $F = \dfrac{3}{2\pi}$.

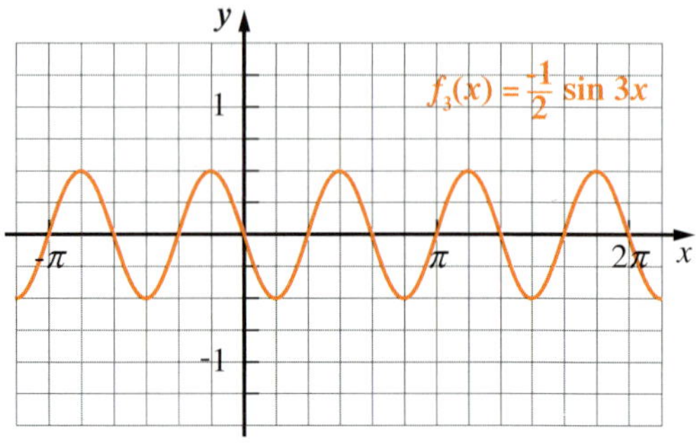

- $h = \dfrac{\pi}{3}\ (h > 0)$

  On effectue une translation horizontale de $\dfrac{\pi}{3}$ unité vers la droite.

  Le déphasage correspond à un demi-cycle.

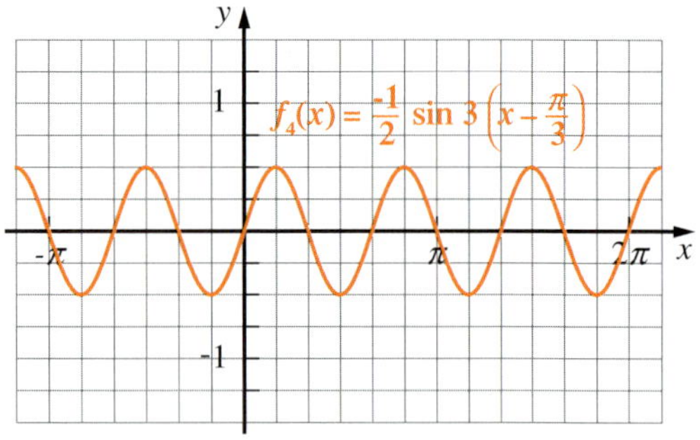

- $k = 1\ (k > 0)$

  On effectue une translation verticale de 1 unité vers le haut.

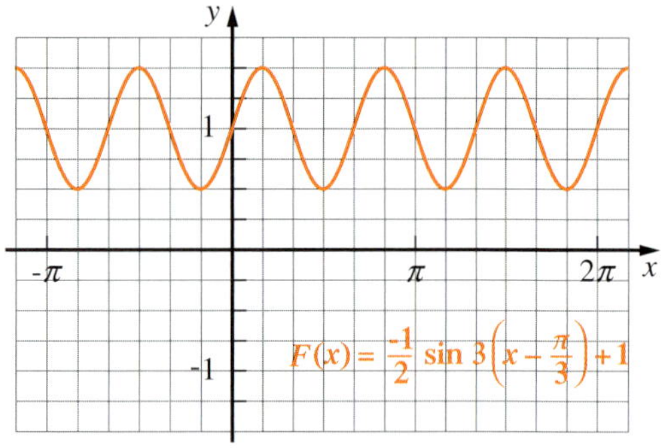

Le graphique de F permet de trouver les caractéristiques de la fonction.

- $dom(F) = \mathbb{R}$ et $ima(F) = \left[\dfrac{1}{2}, \dfrac{3}{2}\right]$.
- L'ordonnée à l'origine est $F(0) = 1$ et le graphique coupe l'axe des y au point $(0, 1)$.
- La fonction F ne possède aucun zéro, puisque le graphique ne coupe pas l'axe des x.
- Sur l'intervalle $\left[0, \dfrac{2\pi}{3}\right]$ (un cycle de la fonction), le tableau de variation est le suivant :

Valeurs de x	0		$\frac{\pi}{6}$		$\frac{\pi}{2}$		$\frac{2\pi}{3}$
Signe de f	+	+	+	+	+	+	+
Croissance de f	1 min. rel.	↗	max. $\frac{5}{2}$	↘	$\frac{1}{2}$ min.	↗	max. rel. 1

La « méthode de la boîte » présentée ci-après permet de tracer facilement le graphique d'une fonction sinusoïdale dont on connaît les valeurs de A, B, h et k.

Observons d'abord le graphique d'une fonction $y = f(\theta) = \sin\theta$.

On construit une boîte qui délimite un cycle complet de la courbe, lorsque θ varie de 0 à 2π. Par des traits pointillés, on sépare la boîte en deux sections horizontales, qui correspondent à l'amplitude, et en quatre sections verticales, qui correspondent aux quatre quadrants du cercle trigonométrique.

La boîte est formée d'un plafond, d'un plancher et de deux murs.

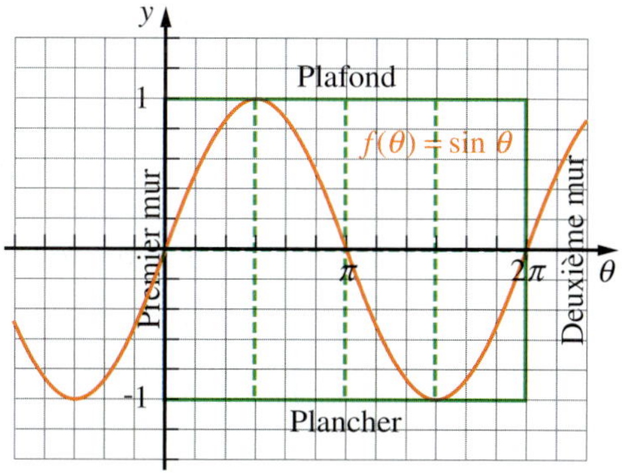

Plafond	C'est la droite horizontale $y = 1$, qui correspond au maximum de la fonction ($\sin\theta = 1$).
Plancher	C'est la droite horizontale $y = -1$, qui correspond au minimum de la fonction ($\sin\theta = -1$).
Premier mur	C'est la droite verticale $\theta = 0$, qui correspond au début d'un cycle.
Deuxième mur	C'est la droite verticale $\theta = 2\pi$, qui correspond à la fin de ce cycle.

Considérons maintenant la fonction $g(x) = y = A\sin B(x - h) + k = A\sin\theta + k$, où $A > 0$, $B > 0$ et $\theta = B(x - h)$.

- Plafond ($\sin\theta = 1$) :

$$y = A\sin\theta + k = A(1) + k = A + k$$

- Plancher ($\sin\theta = -1$) :

$$y = A\sin\theta + k = A(-1) + k = -A + k$$

Les deux droites horizontales $y = A + k$ et $y = -A + k$ correspondent aux extrémités de l'ensemble image.

- Premier mur ($\theta = 0$) :

$$B(x - h) = 0$$
$$x - h = 0 \qquad (\text{car } B \neq 0)$$
$$x = h$$

- Deuxième mur ($\theta = 2\pi$) :

$$B(x - h) = 2\pi$$
$$x - h = \frac{2\pi}{B} \qquad (\text{car } B \neq 0)$$
$$x = h + \frac{2\pi}{B}$$
$$x = h + T \qquad \left(\text{car } T = \frac{2\pi}{|B|} \text{ et } B > 0\right)$$

Les deux droites verticales $x = h$ et $x = h + T$ correspondent au début et à la fin d'un cycle.

Ce cycle débute lorsque $x = h$ (le déphasage) et se termine après une période T.

10

Exemple 10.13

◆ Soit la fonction $y = f_1(x) = 3\sin\left(\pi x - \frac{\pi}{2}\right) + 2$.

On ramène d'abord la règle de correspondance de la fonction à la forme $y = A\sin B(x-h)+k$.

$$y = 3\sin\left(\pi x - \frac{\pi}{2}\right) + 2 = 3\sin\pi\left(x - \frac{1}{2}\right) + 2$$

On a donc $A = 3$ $(A > 0)$, $B = \pi$ $(B > 0)$, $h = \frac{1}{2}$ et $k = 2$.

Posons $\theta = \pi\left(x - \frac{1}{2}\right)$. Ainsi, $y = 3\sin\theta + 2$.

On utilise la méthode de la boîte pour tracer le graphique de la fonction.

- Plafond (max.) : la droite horizontale correspondant à $\sin\theta = 1$

  $y = A + k = 3 + 2 = 5$

- Plancher (min.) : la droite horizontale correspondant à $\sin\theta = -1$

  $y = -A + k = -3 + 2 = -1$

- Premier mur (début du cycle) : la droite verticale correspondant à $\theta = 0$

  $x = h = \frac{1}{2}$

- Deuxième mur (fin du cycle) : la droite verticale correspondant à $\theta = 2\pi$

  $x = h + T = \frac{1}{2} + 2$ $\left(\text{car } T = \frac{2\pi}{|B|} = \frac{2\pi}{\pi} = 2\right)$

  $x = \frac{5}{2}$

Pour tracer le graphique, on place la boîte dans le plan cartésien. On sépare le rectangle en deux sections horizontales égales et en quatre sections verticales aussi égales. On y trace un cycle de la courbe sinusoïdale, en respectant les symétries dues aux quadrants du cercle.

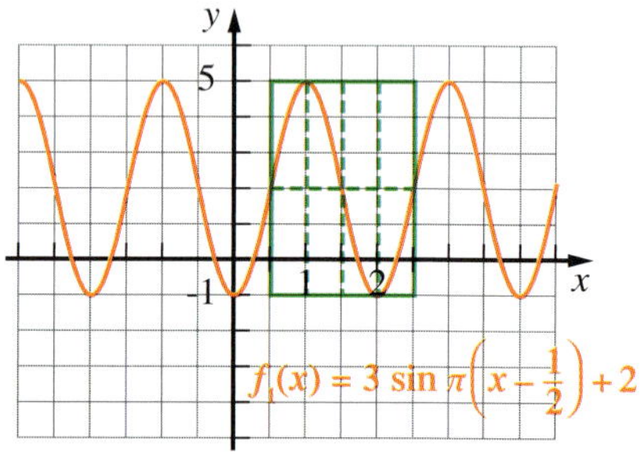

Puisque $A > 0$ et $B > 0$, aucune réflexion n'est nécessaire.

On reproduit ensuite cette portion de courbe autant de fois que nécessaire, selon l'intervalle sur lequel on veut tracer le graphique de la fonction.

10

Si $A < 0$ ou $B < 0$, on construit la boîte en utilisant les valeurs absolues de A et de B. Il faudra ensuite effectuer les réflexions nécessaires pour tracer la courbe.

Exemple 10.14

◆ Soit la fonction $y = f_2(x) = -3 \sin \pi\left(x - \frac{1}{2}\right) + 2$, où $A = -3$, $B = \pi$, $h = \frac{1}{2}$ et $k = 2$.

On construit la même boîte que pour la fonction f_1 de l'exemple 10.13, avec $|A| = 3$.

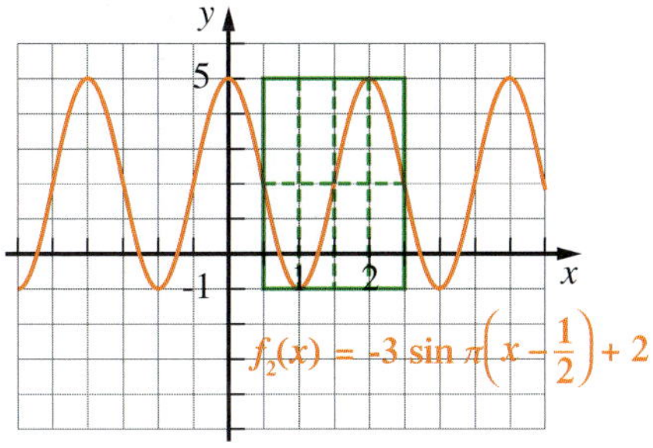

Puisque $A < 0$, on doit effectuer une réflexion par rapport à l'horizontale. Le cycle qu'on tracera dans la boîte commencera donc par la partie de la courbe située sous la ligne horizontale pointillée.

Ainsi, le graphique de f_2 est symétrique à celui de f_1 par rapport à la droite horizontale qui partage la boîte en deux parties égales.

◆ Soit la fonction $f_3(x) = y = 3 \sin (-\pi)\left(x - \frac{1}{2}\right) + 2$, où $A = 3$, $B = -\pi$, $h = \frac{1}{2}$ et $k = 2$.

On construit la même boîte qu'à l'exemple précédent, avec $|B| = \pi$.

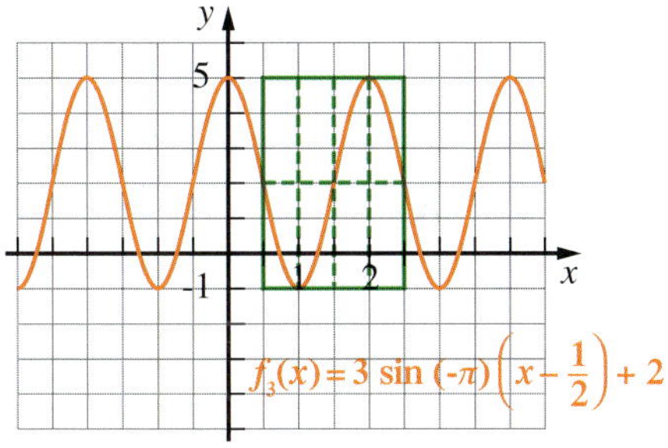

Puisque $B < 0$, on doit effectuer une réflexion verticale qui, comme on l'a vu à la page 409, a le même effet qu'une réflexion horizontale. Le cycle qu'on tracera dans la boîte commencera donc par la partie de la courbe située sous la ligne horizontale pointillée.

Ainsi, $f_3(x) = f_2(x)$, la même fonction qu'à l'exemple précédent.

$$f_3(x) = 3 \sin (-\pi)\left(x - \frac{1}{2}\right) + 2$$

$$= -3 \sin (\pi)\left(x - \frac{1}{2}\right) + 2 \quad \text{(car } \sin(-\theta) = -\sin\theta\text{)}$$

$$= f_2(x)$$

◆ Soit la fonction $f_4(x) = y = -3 \sin (-\pi)\left(x - \frac{1}{2}\right) + 2$, où $A = -3$, $B = -\pi$, $h = \frac{1}{2}$ et $k = 2$.

On construit encore une fois la même boîte, avec $|A| = 3$ et $|B| = \pi$.

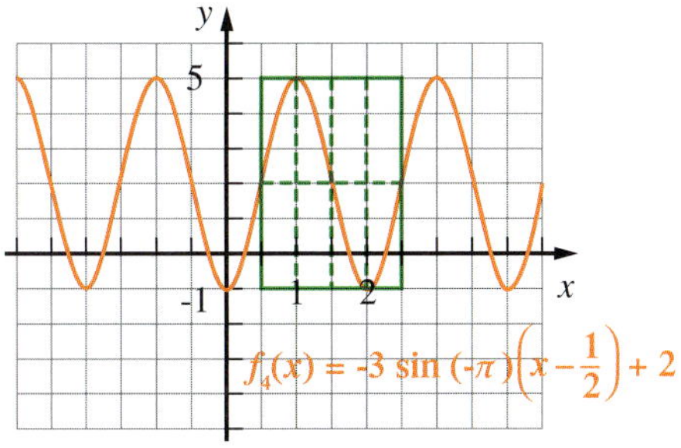

Puisque $A < 0$ et $B < 0$, on doit effectuer deux réflexions successives, qui s'annulent. Le cycle qu'on tracera dans la boîte commencera donc par la partie de la courbe située au-dessus de la ligne horizontale pointillée.

On retrouve donc la fonction f_1 de l'exemple 10.13.

$$f_4(x) = -3 \sin (-\pi)\left(x - \frac{1}{2}\right) + 2 = 3 \sin (\pi)\left(x - \frac{1}{2}\right) + 2 = f_1(x)$$

La méthode de la boîte permet aussi de retrouver facilement la règle de correspondance d'une fonction sinusoïdale dont on connaît le graphique.

Exemple 10.15

◆ Le graphique ci-contre représente une fonction sinusoïdale $g(x) = A \sin B(x-h)+k$.

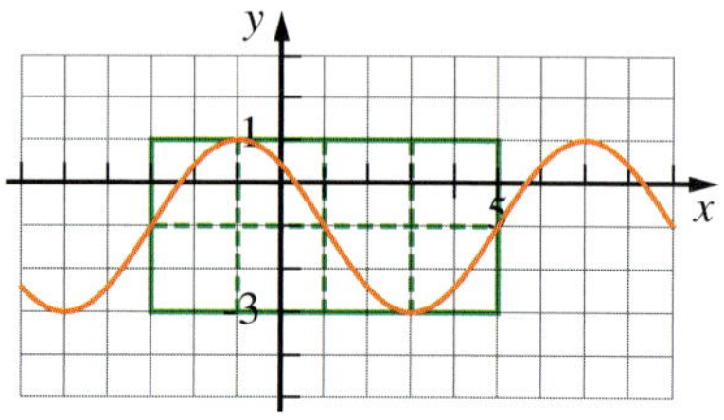

Pour trouver sa règle de correspondance, on trace d'abord une boîte autour d'un cycle de la fonction.

En choisissant un cycle commençant par la partie supérieure de la courbe, on aura $A > 0$ et $B > 0$.

Sur le graphique, on trouve $max(g) = 1$ et $min(g) = -3$.

L'amplitude est donnée par :

$$|A| = \frac{max(g) - min(g)}{2} = \frac{1-(-3)}{2} = 2$$

Puisque $A > 0$, on a $A = 2$.

Le plafond ($y = A + k$) est la droite d'équation $y = 1$.

Ainsi, $A + k = 2 + k = 1$, d'où $k = -1$.

Le paramètre h représente le déplacement horizontal et sa valeur correspond donc au début du cycle (le premier mur). Ainsi, $h = -3$.

La période T correspond à la longueur du cycle. Ainsi, $T = 5-(-3) = 8$.

$$T = \frac{2\pi}{|B|} = \frac{2\pi}{B} \qquad \text{(car } B > 0\text{)}$$

$$B = \frac{2\pi}{T} = \frac{2\pi}{8} = \frac{\pi}{4}$$

On obtient donc $g(x) = A \sin B(x-h)+k = 2 \sin \frac{\pi}{4}(x+3)-1$.

Si on trace la boîte autour d'un autre cycle, on peut obtenir une règle de correspondance avec des paramètres différents, mais cette règle de correspondance est équivalente à celle qu'on vient de trouver.

Par exemple, $h(x) = -2 \sin\left(\frac{-\pi}{4}\right)(x+3)-1$ et $k(x) = 2 \sin \frac{\pi}{4}(x-5)-1$ sont équivalentes à $g(x) = 2 \sin \frac{\pi}{4}(x+3)-1$.

Exercices 10.6

10

1. Pour chacune des fonctions suivantes, indiquer le domaine, l'amplitude, les extremums et l'ensemble image. Tracer une esquisse du graphique.

a) $f(x) = 0{,}2 \sin x$ b) $f(x) = -5 \sin x$ c) $f(x) = \pi \sin x$ d) $f(x) = \frac{-1}{3} \sin x$

2. Trouver la période et la fréquence de chacune des fonctions suivantes et tracer une esquisse du graphique.

a) $f(x) = \sin 3x$ b) $f(x) = \sin \frac{x}{4}$ c) $f(x) = \sin(-\pi x)$ d) $f(x) = \sin\left(\frac{-1}{2\pi}x\right)$

3. Indiquer le déphasage de chacune des fonctions suivantes par rapport à la fonction $f(x) = \sin x$ et tracer une esquisse du graphique.

a) $g(x) = \sin\left(x + \dfrac{\pi}{2}\right)$ b) $g(x) = \sin\,(x+1)$ c) $g(x) = \sin\left(x - \dfrac{\pi}{6}\right)$ d) $g(x) = \sin\,(x - 2\pi)$

4. Tracer le graphique cartésien d'un cycle de chacune des fonctions suivantes. Préciser l'amplitude, la période, la fréquence et le déphasage.

a) $g(x) = \dfrac{3}{2}\sin 2\left(x + \dfrac{\pi}{3}\right) + 1$

b) $g(x) = 2\sin\left(4x - \dfrac{\pi}{4}\right)$

c) $g(x) = \text{-}3\sin\,(2x + \pi) - 2$

d) $g(x) = \text{-}\sin\left(3x + \dfrac{\pi}{6}\right)$

e) $g(x) = \dfrac{1}{2}\sin\left(\text{-}x + \dfrac{\pi}{2}\right)$

f) $g(x) = \text{-}\sin\,(\text{-}x - 1) - 1$

5. Trouver l'amplitude, la période, la fréquence et le déphasage des fonctions sinusoïdales représentées par chacun des graphiques ci-après. Donner la règle de correspondance de la fonction (il y a plusieurs réponses équivalentes possibles).

a)

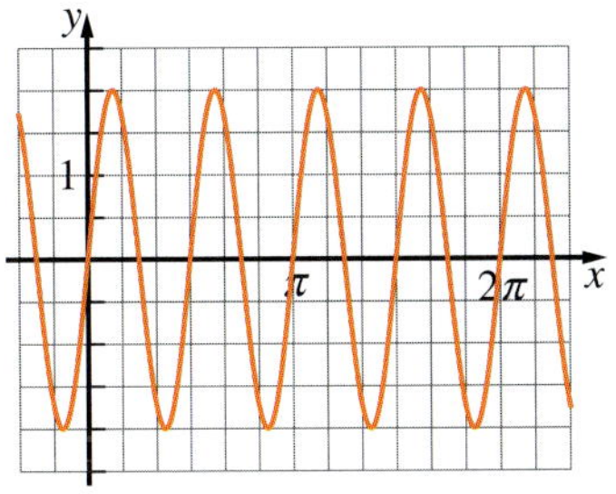

b)

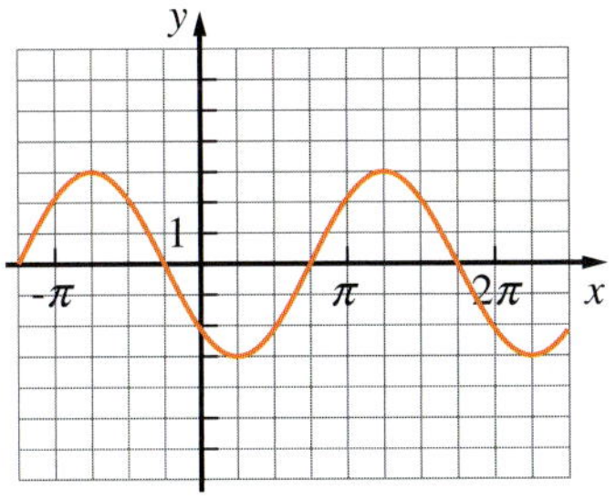

c)

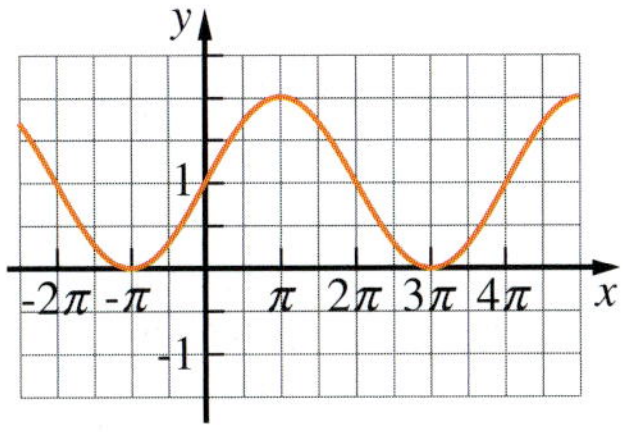

d)

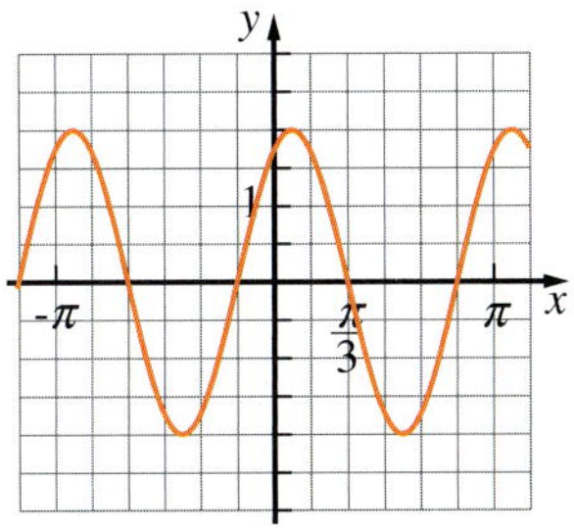

6. L'intensité du son produit par un diapason est donnée par $I(t) = 40\sin\left(\dfrac{\pi}{50}t\right)$, où t représente le temps (en secondes) et I, l'intensité du son (en décibels).

a) Quelle est l'intensité du son après 2 secondes ?

b) Combien de temps l'intensité du son met-elle à atteindre 20 dB la première fois ?

c) Quelle est l'intensité maximale du son ?

d) La fréquence du son (en cycles par seconde) indique s'il est plus ou moins aigu. Quelle est la fréquence du son produit par ce diapason ?

7. Une masse est suspendue au bout d'un ressort. Si on tire sur la masse et qu'on la relâche, on produit un mouvement oscillatoire décrit par $f(t) = 5\sin\,(6t + 3\pi)$, où t représente le temps (en secondes) et $f(t)$, la position verticale de la masse (en centimètres) par rapport à son point de départ.

a) Quelle est l'amplitude du mouvement ?

b) Quelle est la durée d'une oscillation si celle-ci est donnée par la période de la fonction ?

c) Quelle est la fréquence du mouvement ?

8. Le mouvement des marées est décrit chaque jour par une fonction sinusoïdale $f(x) = a \sin(bx + c) + d$, où x représente le temps écoulé depuis minuit (en heures) et $f(x)$, le niveau de la mer. Une échelle de marée (planche verticale graduée) est fixée à un quai. Un jour donné, le niveau de l'eau atteignait 2 m à marée basse et 5 m à marée haute. La fréquence des marées est de deux cycles par jour, et la mer a atteint son plus bas niveau à 3 h.

a) Quelle est l'amplitude du mouvement des marées ?

b) Quelle est la période du mouvement des marées ?

c) Tracer une esquisse du graphique de la fonction f.

d) Quelle est la règle de correspondance de la fonction f ?

Échelle de marées

10.7 Les cinq autres fonctions trigonométriques

Déterminer et interpréter les caractéristiques des fonction cosinus, tangente, cotangente, sécante et cosécante.

La **fonction cosinus** est une fonction dont la règle de correspondance est de la forme $y = f(x) = \cos x$, où $x \in \mathbb{R}$ et où $\cos x$ est l'abscisse du point $P(x)$ sur le cercle trigonométrique.

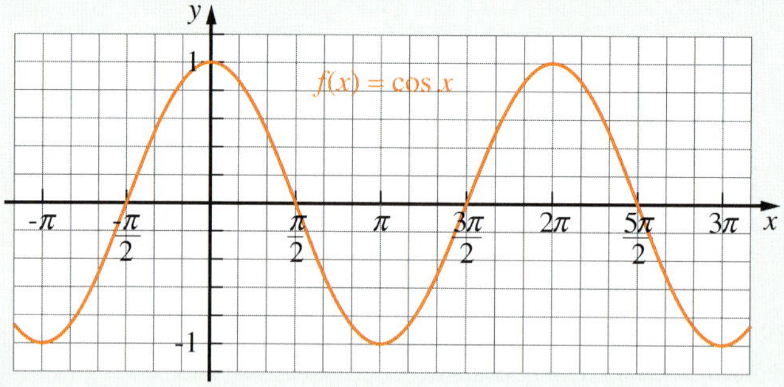

Pour déterminer les caractéristiques du graphique de la fonction cosinus, on tient un raisonnement analogue à celui qu'on a utilisé pour la fonction sinus.

Les caractéristiques de la fonction cosinus

- $dom(\cos) = \mathbb{R}$
- $ima(\cos) = [-1, 1]$
- La fonction est périodique et sa période est $T = 2\pi$.
- L'ordonnée à l'origine est 1 et le graphique coupe l'axe des y au point $(0, 1)$.
- Les zéros sont les valeurs $x = \frac{\pi}{2} + k\pi$, où $k \in \mathbb{Z}$.
- La fonction est positive sur les intervalles de la forme $\left]\frac{-\pi}{2} + 2k\pi, \frac{\pi}{2} + 2k\pi\right[$ et négative sur les intervalles de la forme $\left]\frac{\pi}{2} + 2k\pi, \frac{3\pi}{2} + 2k\pi\right[$, où $k \in \mathbb{Z}$.
- $min(\cos) = -1$, atteint en tout point d'abscisse $x = \pi + 2k\pi$, où $k \in \mathbb{Z}$.

10

- $max(\cos) = 1$, atteint en tout point d'abscisse $x = 2k\pi$, où $k \in \mathbb{Z}$.
- La fonction est croissante sur les intervalles de la forme $[-\pi + 2k\pi,\ 2k\pi]$ et décroissante sur les intervalles de la forme $[2k\pi,\ \pi + 2k\pi]$, où $k \in \mathbb{Z}$.

La **fonction tangente** est une fonction dont la règle de correspondance est de la forme $y = f(x) = \tan x$, où $\tan x = \dfrac{\sin x}{\cos x}$ et $\cos x \neq 0$.

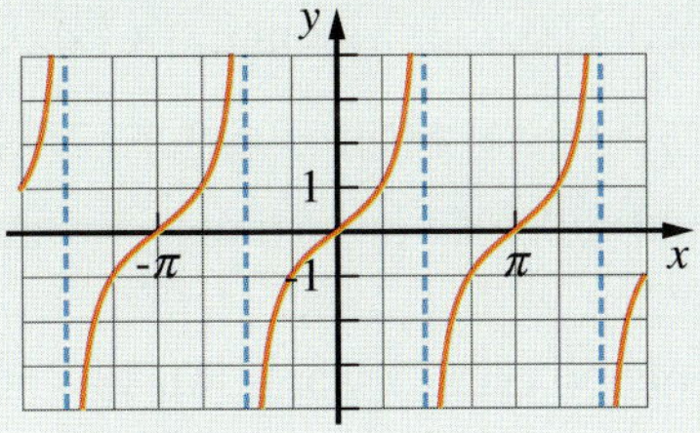

Puisque $\tan x$ est définie par $\tan x = \dfrac{\sin x}{\cos x}$, sa valeur existe à la condition que le dénominateur $\cos x$ soit différent de 0. Les zéros de la fonction cosinus sont les valeurs $x = \dfrac{\pi}{2} + k\pi$, où $k \in \mathbb{Z}$.

Ce sont donc les valeurs qui n'appartiennent pas au domaine de la fonction tangente.

$$dom(\tan) = \mathbb{R} \setminus \left\{ \frac{\pi}{2} + k\pi \;\middle|\; k \in \mathbb{Z} \right\}$$

Toutes les valeurs de x pour lesquelles la fonction n'est pas définie donnent lieu à une asymptote verticale.

Observons le comportement de la tangente dans un petit intervalle autour de $x = \dfrac{\pi}{2}$.

On sait que $\tan x$ est la pente du rayon OP qui joint le centre du cercle trigonométrique et le point $P(x)$.

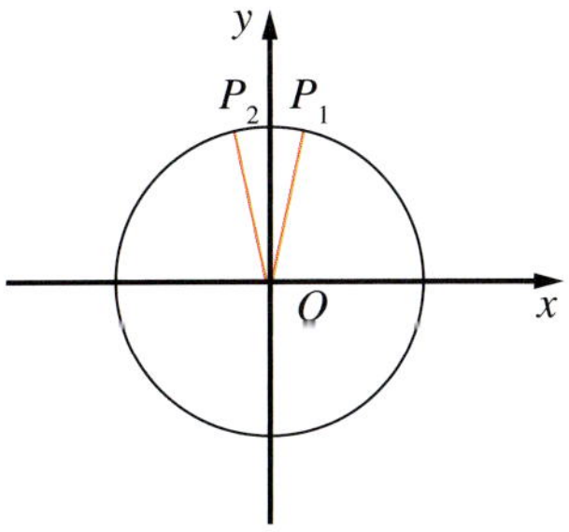

Si $0 < x_1 < \dfrac{\pi}{2}$, la pente de OP_1 est positive et devient de plus en plus grande à mesure que x_1 s'approche de $\dfrac{\pi}{2}$.

Si $\dfrac{\pi}{2} < x_2 < \pi$, la pente de OP_2 est négative et devient de plus en plus petite (grande en valeur absolue) à mesure que x_2 s'approche de $\dfrac{\pi}{2}$.

Sur le graphique de la fonction tangente, la droite d'équation $x = \dfrac{\pi}{2}$ est une asymptote verticale de laquelle le graphique de la fonction tangente s'approche des deux côtés, vers le haut à gauche de la droite $\left(x < \dfrac{\pi}{2}\right)$, et vers le bas à droite $\left(x > \dfrac{\pi}{2}\right)$.

Les zéros de la fonction tangente sont les mêmes que ceux de la fonction sinus.

$$\tan x = 0 \Leftrightarrow \frac{\sin x}{\cos x} = 0$$
$$\Leftrightarrow \sin x = 0$$

Le graphique permet de déterminer les autres caractéristiques de la fonction.

10

Les caractéristiques de la fonction tangente

- $dom(\tan) = \mathbb{R} \setminus \left\{..., \frac{-3\pi}{2}, \frac{-\pi}{2}, \frac{\pi}{2}, \frac{3\pi}{2}, ...\right\} = \mathbb{R} \setminus \left\{\frac{\pi}{2} + k\pi \;\middle|\; k \in \mathbb{Z}\right\}$
- $ima(\tan) = \mathbb{R}$
- Les droites d'équation $x = \frac{\pi}{2} + k\pi$, où $k \in \mathbb{Z}$, sont les asymptotes verticales de la fonction.
- La fonction est périodique et sa période est $T = \pi$.
- L'ordonnée à l'origine est 0 et le graphique coupe l'axe des y au point (0, 0).
- Les zéros sont les valeurs $x = k\pi$, où $k \in \mathbb{Z}$.
- La fonction est positive sur les intervalles de la forme $\left]k\pi, \frac{\pi}{2} + k\pi\right[$ et négative sur les intervalles de la forme $\left]\frac{-\pi}{2} + k\pi, k\pi\right[$, où $k \in \mathbb{Z}$.
- La fonction est croissante sur les intervalles de la forme $\left]\frac{-\pi}{2} + k\pi, \frac{\pi}{2} + k\pi\right[$, où $k \in \mathbb{Z}$.
- Elle n'a ni minimum ni maximum.

L'étude approfondie des fonctions sécante, cosécante et cotangente ne fait pas l'objet de ce cours. Il est toutefois utile de savoir reconnaître leurs graphiques.

La **fonction sécante** est une fonction dont la règle de correspondance est de la forme $y = f(x) = \sec x$, où $\sec x = \frac{1}{\cos x}$ et $\cos x \neq 0$.

$$dom(\sec) = \mathbb{R} \setminus \left\{..., \frac{-3\pi}{2}, \frac{-\pi}{2}, \frac{\pi}{2}, \frac{3\pi}{2}, ...\right\}$$
$$= \mathbb{R} \setminus \left\{x \in \mathbb{R} \;\middle|\; x = \frac{\pi}{2} + k\pi, \text{ où } k \in \mathbb{Z}\right\}$$
$$ima(\sec) = \mathbb{R} \setminus]-1, 1[=]-\infty, -1] \cup [1, +\infty[$$

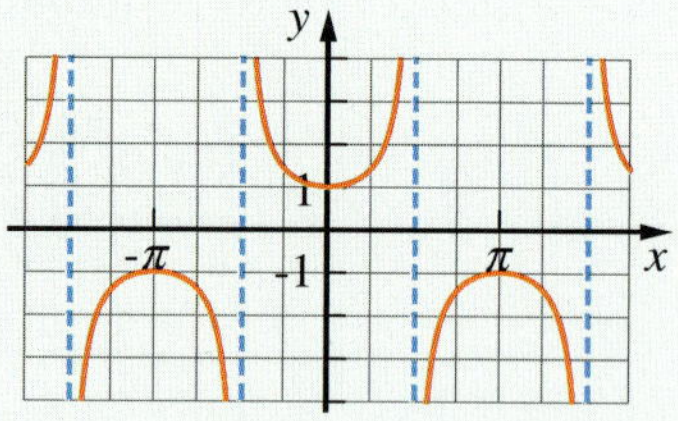

La **fonction cosécante** est une fonction dont la règle de correspondance est de la forme $y = f(x) = \csc x$, où $\csc x = \frac{1}{\sin x}$ et $\sin x \neq 0$.

$$dom(\csc) = \mathbb{R} \setminus \{..., -2\pi, -\pi, 0, \pi, 2\pi, ...\}$$
$$= \mathbb{R} \setminus \{x \in \mathbb{R} \mid x = k\pi, \text{ où } k \in \mathbb{Z}\}$$
$$ima(\csc) = \mathbb{R} \setminus]-1, 1[=]-\infty, -1] \cup [1, +\infty[$$

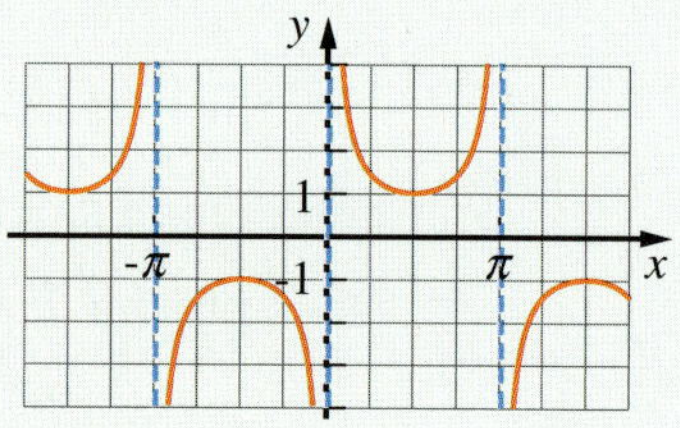

La **fonction cotangente** est une fonction dont la règle de correspondance est de la forme $y = f(x) = \cot x$, où $\cot x = \frac{\cos x}{\sin x}$ et $\sin x \neq 0$.

$$dom(\cot) = \mathbb{R} \setminus \{..., -2\pi, -\pi, 0, \pi, 2\pi, ...\}$$
$$= \mathbb{R} \setminus \{x \in \mathbb{R} \mid x = k\pi, \text{ où } k \in \mathbb{Z}\}$$
$$ima(\cot) = \mathbb{R}$$

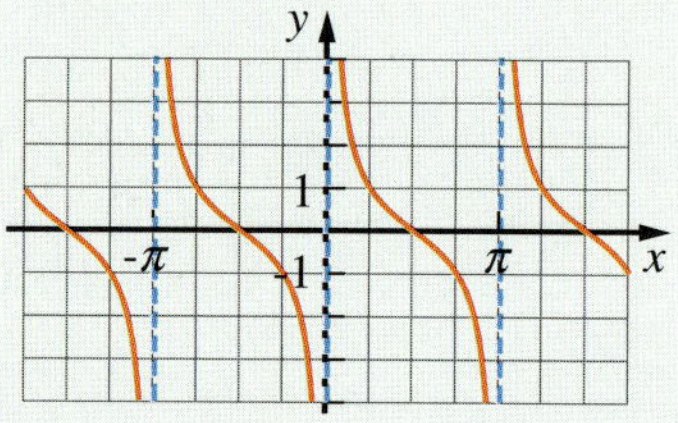

Exercices 10.7

1. a) Construire un tableau de valeurs pour x et $\cos x$, avec les valeurs de x correspondant aux points remarquables du cercle trigonométrique où $x \in \left[0, \frac{\pi}{2}\right]$.

b) À l'aide du tableau de valeurs, tracer le graphique de la fonction $f(x) = \cos x$ sur l'intervalle $\left[0, \frac{\pi}{2}\right]$. Utiliser ensuite la symétrie du cercle trigonométrique pour tracer le graphique sur $[-\pi, 3\pi]$.

c) À partir de ce graphique, vérifier les caractéristiques de la fonction $f(x) = \cos x$ énoncées aux pages 418 et 419.

2. Le graphique de la fonction $g(x) = \cos x$ est une translation horizontale de celui de la fonction $f(x) = \sin x$.

a) De combien d'unités faut-il déplacer le graphique de la fonction sinus vers la gauche pour obtenir le graphique de la fonction cosinus ?

b) Exprimer la règle de correspondance de la fonction cosinus sous la forme $g(x) = \sin(x - h)$.

3. À partir du cercle trigonométrique, expliquer pourquoi la fonction tangente change de signe lorsqu'on « traverse » une asymptote verticale.

4. Sachant que $\tan t$ est la pente du rayon qui joint le centre du cercle trigonométrique et le point $P(t)$, expliquer comment on peut en déduire la période de la fonction tangente.

5. Tracer, dans un même plan, les graphiques des fonctions $f(x) = \tan x$ et $g(x) = \cot x$. Trouver les points d'intersection des deux courbes et justifier ce résultat à l'aide du cercle trigonométrique.

6. Donner la période et la forme générale de l'équation des asymptotes de chacune des fonctions suivantes.

a) $f(x) = \cot x$ b) $f(x) = \sec x$ c) $f(x) = \csc x$

10.8 Les réciproques des fonctions trigonométriques

Trouver un arc dont on connaît le sinus, le cosinus, la tangente, la cotangente, la sécante ou la cosécante.

Lorsqu'on connaît le sinus d'un angle, on peut chercher à connaître la valeur de cet angle. Par exemple, on peut trouver les valeurs de x telles que $\sin x = \frac{\sqrt{2}}{2}$.

Il existe une infinité de solutions, dont $x = \frac{-5\pi}{4}$, $x = \frac{\pi}{4}$, $x = \frac{3\pi}{4}$, etc.

Puisque la fonction sinus permet de trouver la valeur d'un sinus lorsqu'on connaît l'arc (ou l'angle), la réciproque (*voir le chapitre 4, page 189*) permet de trouver les arcs (ou les angles) lorsqu'on connaît le sinus.

Posons $y = \sin x$ et cherchons la réciproque de cette fonction.

1. On remplace x par y et y par x.

$$x = \sin y$$

2. On isole y dans cette nouvelle expression.

On ne peut pas le faire en utilisant les opérations algébriques, mais on peut définir y par la phrase « y est un nombre réel (arc ou angle) dont le sinus vaut x ».

Pour une valeur donnée de $x \in [-1, 1]$, il existe une infinité de valeurs de y telles que $x = \sin y$.

La réciproque de la fonction sinus n'est donc pas une fonction.

Par convention, on désigne par arcsin x (lire « arc sinus de x ») la seule valeur de y comprise entre $\frac{-\pi}{2}$ et $\frac{\pi}{2}$ inclusivement. La règle de correspondance $y = \arcsin x$ définit alors une fonction.

y	est	le nombre réel (arc, angle) dans $\left[\frac{-\pi}{2}, \frac{\pi}{2}\right]$	dont le sinus	vaut x
y	=	arc	sin	x
$y = \arcsin x$				

$y = \arcsin x$ est l'arc (l'angle) dont le sinus vaut x et tel que $y \in \left[\frac{-\pi}{2}, \frac{\pi}{2}\right]$.

$$y = \arcsin x \Leftrightarrow x = \sin y \text{ et } y \in \left[\frac{-\pi}{2}, \frac{\pi}{2}\right]$$

À moins qu'il ne soit précisé que l'angle est mesuré en degrés, on indique la valeur de $y = \arcsin x$ en radians.

Exemple 10.16

- Pour évaluer arcsin 1, on doit trouver l'angle θ tel que $\sin \theta = 1$ et $\theta \in \left[\frac{-\pi}{2}, \frac{\pi}{2}\right]$. En observant le cercle trigonométrique, on trouve que $\theta = \frac{\pi}{2}$. Ainsi, $\arcsin 1 = \frac{\pi}{2}$.
- $\arcsin\left(\frac{-\sqrt{3}}{2}\right) = \frac{-\pi}{3}$, car $\sin\left(\frac{-\pi}{3}\right) = \frac{-\sqrt{3}}{2}$ et $\frac{-\pi}{3} \in \left[\frac{-\pi}{2}, \frac{\pi}{2}\right]$.
- arcsin 2 n'est pas défini, car un sinus est toujours compris entre -1 et 1.

Une calculatrice scientifique permet de calculer un arcsinus. L'arcsinus est parfois désigné par [$\sin^{-1}$] (le « -1 » n'est pas un exposant; c'est l'indication de la fonction réciproque comme dans f^{-1}). Avec certains modèles de calculatrices, il faut une combinaison de deux touches pour calculer sa valeur ([INV] [sin] ou [2nd] [sin], par exemple). Le manuel d'instruction de votre calculatrice est toujours la meilleure référence pour apprendre à utiliser celle-ci. En mode « radians », la valeur de l'angle est affichée en radians, alors qu'elle est affichée en degrés si la calculatrice est en mode « degrés ». Ainsi, on obtiendra arcsin (-0,5) ≈ -0,523 598 776 $\left(\text{la valeur approximative de } \frac{-\pi}{6}\right)$ si la calculatrice est en mode « radians », et arcsin (-0,5) ≈ -30 si la calculatrice est en mode « degrés ». On a bien $\frac{-\pi}{6}$ rad = -30°.

On peut définir de la même façon les réciproques des autres fonctions trigonométriques. Dans chacun des cas, la notation « arc » est réservée à l'unique valeur comprise dans un intervalle correspondant à un demi-cercle ou dans l'union de deux intervalles correspondant à deux quarts de cercle. Le choix de cet ensemble image peut varier selon les auteurs. Pour les fonctions arcsin, arccos et arctan, nous choisissons les intervalles utilisés par une calculatrice.

Les **réciproques des fonctions trigonométriques** sinus, cosinus et tangente sont définies par :

- $y = \arcsin x$ est l'arc (l'angle) dont le sinus vaut x et tel que $y \in \left[\frac{-\pi}{2}, \frac{\pi}{2}\right]$ (quadrants I et IV).

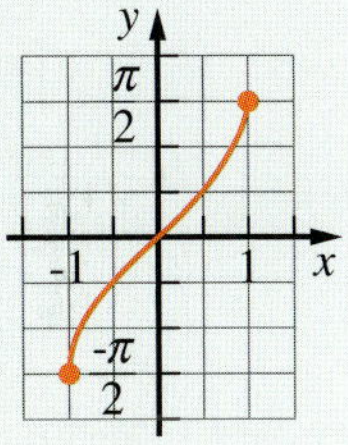

- $y = \arccos x$ est l'arc (l'angle) dont le cosinus vaut x et tel que $y \in [0, \pi]$ (quadrants I et II).

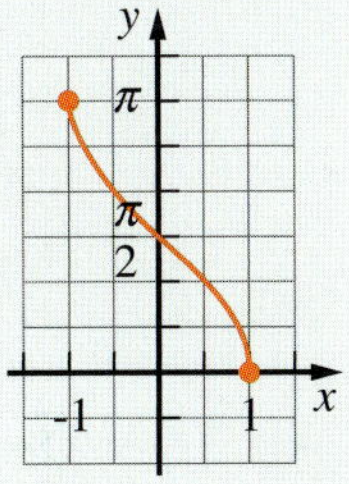

- $y = \arctan x$ est l'arc (l'angle) dont la tangente vaut x et tel que $y \in \left]\frac{-\pi}{2}, \frac{\pi}{2}\right[$ (quadrants I et IV).

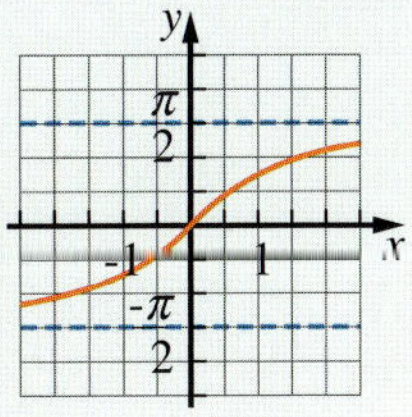

Exemple 10.17

◆ arccos (-1) = π, car cos π = -1 et $\pi \in [0, \pi]$.

◆ arccos 6,8 n'est pas défini, car un cosinus ne peut être supérieur à 1.

◆ arctan (-5) ≈ -1,3734, car tan (-1,3734) ≈ -5 et -1,3724 $\in \left]\frac{-\pi}{2}, \frac{\pi}{2}\right[$.

On ne trouve pas de fonctions arcsec, arccsc et arccot sur les calculatrices. Il peut être utile de connaître les formules de transformation ci-après qui permettent de les exprimer selon les termes des trois autres fonctions réciproques.

Les relations entre les fonctions arc

$$\text{arcsec } x = \text{arccos}\frac{1}{x} \text{ si } (x \leq -1 \text{ ou } x \geq 1); \qquad \text{arcsec } x \in [0, \pi] \setminus \left\{\frac{\pi}{2}\right\}$$

$$\text{arccsc } x = \text{arcsin}\frac{1}{x} \text{ si } (x \leq -1 \text{ ou } x \geq 1); \qquad \text{arccsc } x \in \left[\frac{-\pi}{2}, \frac{\pi}{2}\right] \setminus \{0\}$$

$$\text{arccot } x = \text{arctan}\frac{1}{x} \text{ si } x \neq 0 \text{ et arccot } 0 = \frac{\pi}{2}; \quad \text{arccot } x \in \left[\frac{-\pi}{2}, \frac{\pi}{2}\right] \setminus \{0\}$$

Exemple 10.18

- $\text{arcsec } 2{,}4 = \text{arccos } \dfrac{1}{2{,}4} \approx 1{,}1410$
- $\text{arccot } \pi = \text{arctan } \dfrac{1}{\pi} \approx 0{,}3082$
- $\text{arccsc}\left(\dfrac{-1}{2}\right)$ n'est pas défini, car arcsin (-2) ne l'est pas (un sinus est toujours compris entre -1 et 1).

Exercices 10.8

1. Évaluer chacun des nombres ci-dessous sans la calculatrice.

a) $\text{arccos } \dfrac{\sqrt{2}}{2}$

b) $\text{arctan}\left(-\sqrt{3}\right)$

c) $\text{arccos } 1 - \text{arccos } (-1)$

d) $\text{arcsin}\left(\cos \dfrac{\pi}{6}\right)$

e) $\text{arctan}\left(\tan \dfrac{\pi}{6}\right)$

f) arcsec 2

g) arccsc (-1)

h) $\text{arccot } \sqrt{3}$

i) $\sec\left(\text{arccos } \dfrac{1}{2}\right)$

2. Évaluer chacun des nombres ci-dessous avec une calculatrice.

a) $\text{arccos } 0{,}45$

b) arctan 12

c) $\text{arcsin } (-0{,}4692)$

d) $\text{arccos } (-0{,}777)$

e) $\text{arctan } (-0{,}001)$

f) $\text{arcsin } \dfrac{3}{4}$

g) arcsec 100

h) $\text{arccot } \dfrac{14}{39}$

i) $\text{arccsc}\left(\dfrac{-\pi}{3}\right)$

10.9 Les identités trigonométriques

- Démontrer des identités trigonométriques.
- Utiliser des identités pour simplifier des expressions trigonométriques.

Une **identité** est une égalité vraie pour toutes les valeurs de son domaine.

Nous avons étudié les identités algébriques au chapitre 3 (*voir la page 106*). Nous verrons dans cette section comment reconnaître et démontrer des identités trigonométriques.

Exemple 10.19

- $\tan x = \dfrac{\sin x}{\cos x}$ est une identité trigonométrique, car cette égalité est vraie pour toutes les valeurs de son domaine, soit toutes les valeurs de x pour lesquelles $\cos x \neq 0$.
- $\sin x = \cos x$ n'est pas une identité. C'est une égalité vraie pour une infinité de valeurs de x (tous les x de la forme $\dfrac{\pi}{4} + k\pi$, où $k \in \mathbb{Z}$), mais c'est aussi une égalité fausse pour une infinité de valeurs de x (tous les autres nombres réels).

Les identités sont particulièrement utiles en trigonométrie. Elles permettent notamment de simplifier des expressions complexes ou de transformer des équations avant de les résoudre.

On peut démontrer facilement la plupart des identités de base. Plutôt que de toutes les mémoriser, on devrait retenir celles qu'on utilise le plus souvent ou dont la démonstration est plus longue, et redécouvrir les autres au besoin.

Certaines identités trigonométriques sont tellement utiles qu'on les a regroupées sous l'appellation « identités fondamentales ».

Les identités exprimant les liens entre les rapports trigonométriques

$$\cos^2 t + \sin^2 t = 1$$

$$1 + \tan^2 t = \sec^2 t$$

$$\cot^2 t + 1 = \csc^2 t$$

On utilise la notation « $\sin^2 t$ » pour simplifier l'écriture de $(\sin t)^2$. Il ne faut pas confondre $\sin^2 t$, qui est le carré du sinus de t, et $\sin t^2$, le sinus du carré de t.

$$\sin^2 t \neq \sin t^2$$

On démontre la première identité à l'aide du théorème de Pythagore.

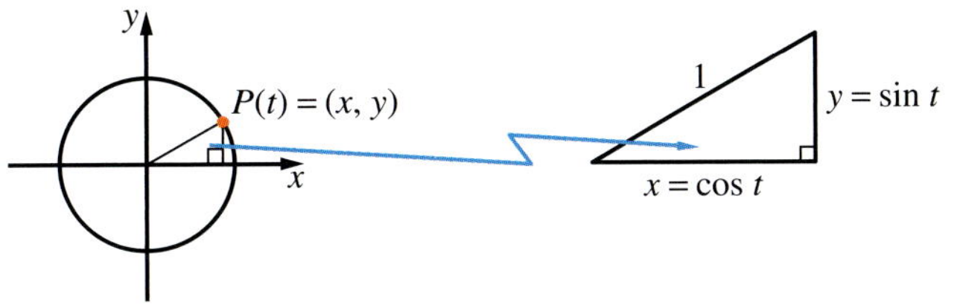

$$x^2 + y^2 = 1^2 \quad \text{(théorème de Pythagore)}$$

$$(\cos t)^2 + (\sin t)^2 = 1$$

$$\cos^2 t + \sin^2 t = 1$$

La démonstration des deux autres identités est proposée en exercice.

Exemple 10.20

- Soit un nombre réel x tel que $\sin x = 0{,}12$. Cherchons la valeur de $\cos x$.

$$\cos^2 x + \sin^2 x = 1$$
$$\cos^2 x = 1 - \sin^2 x$$
$$\cos x = \pm\sqrt{1 - \sin^2 x}$$
$$\cos x = \pm\sqrt{1 - (0{,}12)^2} = \pm\sqrt{0{,}9856} \approx \pm 0{,}993$$

Selon la position de $P(x)$ sur le cercle (dans le premier ou le deuxième quadrant), on retient la solution $\cos x \approx 0{,}993$ ou la solution $\cos x \approx -0{,}993$.

- Cherchons une expression équivalente à $\tan^2 a + 3 \sec^2 a$ qui contient un seul rapport trigonométrique. On peut remplacer $\sec^2 a$ par $1 + \tan^2 a$.

$$\tan^2 a + 3\sec^2 a = \tan^2 a + 3(1 + \tan^2 a)$$
$$= \tan^2 a + 3 + 3\tan^2 a$$
$$= 4\tan^2 a + 3$$

D'autres identités permettent de calculer le sinus et le cosinus d'une somme ou d'une différence d'angles.

Les identités sur la somme ou la différence d'angles

$$\sin(u + v) = \sin u \cos v + \cos u \sin v \qquad \cos(u + v) = \cos u \cos v - \sin u \sin v$$
$$\sin(u - v) = \sin u \cos v - \cos u \sin v \qquad \cos(u - v) = \cos u \cos v + \sin u \sin v$$

On admettra ces identités sans démonstration. Il faudra donc les mémoriser.

En posant $2u = u + u$ et en utilisant les identités précédentes, on obtient les identités pour le double d'un angle.

Les identités donnant le sinus et le cosinus du double d'un angle

$$\sin 2u = 2 \sin u \cos u$$
$$\cos 2u = \cos^2 u - \sin^2 u$$

$$\sin(u + v) \neq \sin u + \sin v$$
$$\sin 2u \neq 2 \sin u$$
$$\sin^2 u \neq \sin u^2$$

D'autres identités permettent de trouver les coordonnées d'un point symétrique ou d'un point obtenu par l'ajout d'un quart de tour.

Les identités reliant deux angles

$$\sin(\pi - t) = \sin t \qquad \cos(\pi - t) = -\cos t$$

$$\sin(\pi + t) = -\sin t \qquad \cos(\pi + t) = -\cos t$$

$$\sin(-t) = -\sin t \qquad \cos(-t) = \cos t$$

$$\sin\left(\frac{\pi}{2} - t\right) = \cos t \qquad \cos\left(\frac{\pi}{2} - t\right) = \sin t$$

$$\sin\left(\frac{\pi}{2} + t\right) = \cos t \qquad \cos\left(\frac{\pi}{2} + t\right) = -\sin t$$

Ces identités sont également valables pour des angles donnés en degrés, sachant que π rad = 180° et que $\frac{\pi}{2}$ rad = 90°.

On peut démontrer ces identités en utilisant les formules d'addition énoncées précédemment, puis les vérifier facilement à l'aide du cercle trigonométrique.

Pour démontrer la propriété $\sin(\pi - t) = \sin t$, on utilise l'identité de la différence d'angles.

$$\begin{aligned}\sin(u - v) &= \sin u \cos v - \cos u \sin v \\ \sin(\pi - t) &= \sin \pi \cos t - \cos \pi \sin t \\ &= 0(\cos t) - (-1)\sin t \\ &= \sin t\end{aligned}$$

Vérifions cette identité sur le cercle trigonométrique.

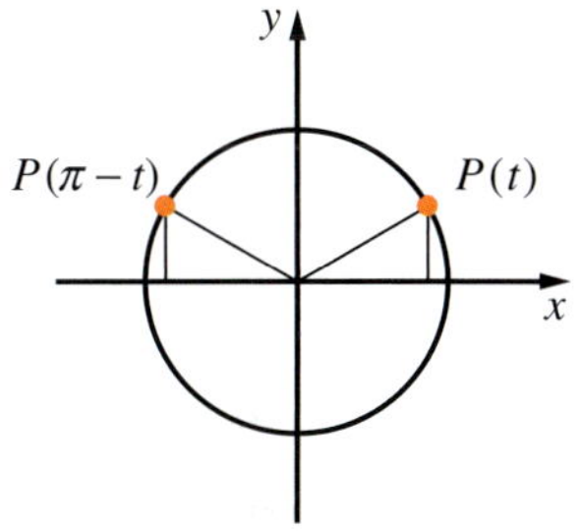

Soit $P(t)$ un point quelconque du cercle. Le point $P(\pi - t)$ est symétrique à $P(t)$ par rapport à l'axe des y.

Les deux triangles sont isométriques. Les deux sinus ont donc la même valeur absolue.

$\sin(\pi - t) = \sin t$, puisque les sinus ont le même signe.

On peut démontrer des identités similaires pour les tangentes, les sécantes, les cotangentes et les cosécantes en transformant ces dernières en sinus et en cosinus.

Exemple 10.21

◆ Montrons que $\tan(\pi - x) = -\tan x$.

$$\tan(\pi - x) = \frac{\sin(\pi - x)}{\cos(\pi - x)} = \frac{\sin x}{-\cos x} = -\tan x$$

10

Il est possible de démontrer les identités trigonométriques plus complexes en utilisant les définitions des fonctions trigonométriques, les identités démontrées précédemment et les méthodes algébriques habituelles (opérations, simplifications, etc.).

Il n'existe aucune méthode infaillible permettant de démontrer une identité. Il faut souvent faire preuve d'imagination et d'intuition, et faire parfois quelques essais infructueux avant d'arriver à la bonne solution.

Afin d'éviter de tourner en rond, il est souvent préférable de développer un seul membre de l'égalité (habituellement le plus complexe) jusqu'à ce qu'on obtienne le second. Ce n'est toutefois pas une règle absolue. Puisque la démonstration consiste à obtenir une expression déjà connue (le second membre de l'égalité), la forme de cette expression (somme, produit, etc.) guidera le choix des opérations de transformation à effectuer.

Il est généralement plus facile de travailler avec les fonctions sinus et cosinus qu'avec les quatre autres fonctions trigonométriques. Après avoir choisi le membre de l'égalité qu'on veut développer, on le transforme en définissant tous ses termes en sinus et en cosinus.

Les exemples ci-après présentent quelques méthodes de démonstration d'identités. D'autres méthodes permettent d'arriver au même résultat.

Exemple 10.22

◆ Démontrons que $\tan t + \cot t = \sec t \csc t$.

On transforme le membre de gauche jusqu'à ce qu'on obtienne celui de droite.

$$\begin{aligned}\tan t + \cot t &= \frac{\sin t}{\cos t} + \frac{\cos t}{\sin t} && \text{(définition de } \tan t \text{ et } \cot t\text{)}\\ &= \frac{\sin^2 t + \cos^2 t}{\cos t \sin t} && \text{(addition des deux fractions)}\\ &= \frac{1}{\cos t \sin t} && \text{(identité } \sin^2 t + \cos^2 t = 1\text{)}\\ &= \frac{1}{\cos t} \times \frac{1}{\sin t}\\ &= \sec t \csc t && \text{(définition de } \sec t \text{ et } \csc t\text{)}\end{aligned}$$

L'identité est démontrée, puisqu'on a obtenu le second membre de l'égalité.

◆ Démontrons que $\dfrac{1-\cos t}{\sin t} = \dfrac{\sin t}{1+\cos t}$.

$$\left(\frac{1-\cos t}{\sin t}\right)\left(\frac{1+\cos t}{1+\cos t}\right) = \frac{\sin t}{1+\cos t} \quad \text{(multiplication du numérateur et du dénominateur par le conjugué du numérateur)}$$

$$\frac{1-\cos^2 t}{\sin t(1+\cos t)} = \frac{\sin t}{1+\cos t}$$

$$\frac{\sin^2 t}{\sin t(1+\cos t)} = \frac{\sin t}{1+\cos t} \quad \text{(identité } \sin^2 t = 1-\cos^2 t\text{)}$$

$$\frac{\sin t}{1+\cos t} = \frac{\sin t}{1+\cos t}$$

◆ Démontrons que $\dfrac{\cos t}{1-\sin t} = \dfrac{1}{\cos t} + \tan t$.

On transforme d'abord le membre de droite afin d'exprimer la tangente en termes de sinus et de cosinus. On développe ensuite le membre de droite (le plus complexe) jusqu'à ce qu'on obtienne le membre de gauche.

10

$$\begin{aligned}\frac{1}{\cos t}+\tan t &= \frac{1}{\cos t}+\frac{\sin t}{\cos t} && \text{(définition de } \tan t\text{)}\\ &= \frac{1+\sin t}{\cos t} && \text{(addition des deux fractions)}\\ &= \frac{1+\sin t}{\cos t}\times\frac{1-\sin t}{1-\sin t} && \text{(multiplication du numérateur et du dénominateur par } 1-\sin t\text{, le dénominateur cherché)}\\ &= \frac{1-\sin^2 t}{\cos t(1-\sin t)} && \text{(multiplication des deux fractions)}\\ &= \frac{\cos^2 t}{\cos t\,(1-\sin t)} && \text{(identité } \cos^2 t = 1-\sin^2 t\text{)}\\ &= \frac{\cos t}{1-\sin t} && \text{(simplification de la fraction)}\end{aligned}$$

L'identité est donc vérifiée.

Exercices 10.9

1. À l'aide de l'identité $\cos^2 t+\sin^2 t=1$, démontrer que :

a) $1+\tan^2 t=\sec^2 t$ b) $\cot^2 t+1=\csc^2 t$

2. Trouver la valeur de $\cos t$ et de $\tan t$, sachant que le point $P(t)$ est situé dans le deuxième quadrant et que $\sin t=0{,}3$.

3. Transformer l'expression $2\sin^2 t+3\cos^2 t-\tan^2 t$ pour qu'elle ne contienne que des sinus.

4. Utiliser l'une des identités fondamentales pout vérifier si les points ci-dessous appartiennent au cercle trigonométrique.

a) $\left(\frac{1}{2},\frac{\sqrt{3}}{2}\right)$ b) $\left(\frac{1}{4},\frac{3}{4}\right)$ c) $\left(\frac{3}{5},\frac{4}{5}\right)$ d) $\left(\frac{-1}{2},\frac{\sqrt{5}}{2}\right)$

5. Évaluer chacun des nombres ci-dessous sans la calculatrice.

a) $\sin\frac{\pi}{4}$ et $\cos\frac{\pi}{4}$

b) $\sin\frac{\pi}{6}$ et $\cos\frac{\pi}{6}$

c) $\sin\frac{\pi}{4}+\sin\frac{\pi}{6}$

d) $\sin\left(\frac{\pi}{4}+\frac{\pi}{6}\right)$

e) $2\sin\frac{\pi}{4}$

f) $\sin\left(2\times\frac{\pi}{4}\right)$

g) $\sin^2\left(\frac{\pi}{6}\right)+\cos^2\left(\frac{\pi}{6}\right)$

h) $\cos\left(\frac{-\pi}{6}\right)$

i) $\cos\left(\frac{\pi}{4}-\frac{\pi}{6}\right)$

j) $\tan\left(\frac{\pi}{4}+\frac{\pi}{6}\right)$

k) $\cos\left(\frac{3\pi}{2}+\frac{\pi}{3}\right)$

l) $\sin\left(\frac{3\pi}{4}-\frac{\pi}{6}\right)$

6. En posant $2u=u+u$ et en utilisant les identités de sommes d'angles, démontrer chacune des identités suivantes.

a) $\sin 2u=2\sin u\cos u$ b) $\cos 2u=\cos^2 u-\sin^2 u$

10

7. Calculer la valeur de chacun des nombres ci-dessous, sachant que $P(u)$ est situé dans le premier quadrant, $P(v)$ est dans le deuxième quadrant, $\sin u = 0{,}7$ et $\sin v = 0{,}4$.

a) $\cos u$
b) $\cos v$
c) $\sin(u+v)$
d) $\cos(v-u)$
e) $\sin 2u$
f) $\cos 2v$
g) $\cos(-u)$
h) $\sin(\pi+v)$
i) $\tan\left(\dfrac{\pi}{2}-u\right)$

8. Démontrer chacune des identités ci-dessous en utilisant les identités d'addition, puis les vérifier à l'aide du cercle trigonométrique.

a) $\sin(\pi+x) = -\sin x$
b) $\cos(-x) = \cos x$
c) $\cos(\pi-x) = -\cos x$
d) $\cos\left(\dfrac{\pi}{2}-x\right) = \sin x$

9. a) Exprimer $\tan\left(x+\dfrac{\pi}{2}\right)$ en fonction de $\tan x$.

b) Utiliser le résultat précédent pour démontrer que le produit des pentes de deux droites perpendiculaires est -1.

10. Démontrer chacune des identités suivantes.

a) $\cos t \csc t = \cot t$
b) $\sin a \sec a = \tan a$
c) $1-2\sin^2 t = 2\cos^2 t - 1$
d) $\sec^2\theta + \csc^2\theta = \sec^2\theta\csc^2\theta$
e) $\sec t - \tan t \sin t = \cos t$
f) $(1-\sin^2\theta)(1+\tan^2\theta) = 1$
g) $\dfrac{\sec x - \csc x}{\sec x + \csc x} = \dfrac{\tan x - 1}{\tan x + 1}$
h) $\dfrac{1-\sin t}{\cos t} = \dfrac{\cos t}{1+\sin t}$
i) $\cos^4 t - \sin^4 t = \cos^2 t - \sin^2 t$
j) $\sec^4 t - \sec^2 t = \tan^4 t + \tan^2 t$
k) $\tan x + \dfrac{\cos x}{1+\sin x} = \sec x$
l) $\dfrac{\sin a}{1+\cos a} + \dfrac{1+\cos a}{\sin a} = 2\csc a$
m) $\dfrac{\tan t - \sin t}{\sin^3 t} = \dfrac{\sec t}{1+\cos t}$
n) $\cos^4 a - \sin^4 a = \cos 2a$
o) $\sin(u+v) + \sin(u-v) = 2\sin u \cos v$
p) $\dfrac{\sin 2t}{1+\cos 2t} = \tan t$
q) $\dfrac{\sin^3\theta + \cos^3\theta}{\sin\theta + \cos\theta} = 1 - \sin\theta\cos\theta$
r) $(\sec\theta + \csc\theta)(\sin\theta + \cos\theta) = \sec\theta\csc\theta + 2$

10.10 Les équations trigonométriques

10

Résoudre des équations contenant des expressions trigonométriques.

Pour résoudre une équation contenant des expressions trigonométriques, on la transforme d'abord en une ou plusieurs équations équivalentes de la forme $\sin x = a$, $\cos x = b$, etc. On cherche ensuite sur le cercle trigonométrique les valeurs de x qui satisfont à ces conditions ou on les évalue avec une calculatrice.

Une équation trigonométrique possède en général une infinité de solutions. On appelle **solutions principales** celles qui sont comprises dans l'intervalle $[0, 2\pi[$ (le premier tour de cercle).

Exemple 10.23

◆ Soit l'équation $2\sin t - 1 = 0$. Son domaine est $\mathbb{R}$.

On isole d'abord sin t.

$$2 \sin t - 1 = 0$$
$$2 \sin t = 1$$
$$\sin t = \frac{1}{2}$$

Les solutions de cette équation sont les valeurs de t pour lesquelles le sinus vaut $\frac{1}{2}$.

On peut trouver ces valeurs sur le cercle trigonométrique, puisque ce sont des arcs remarquables.

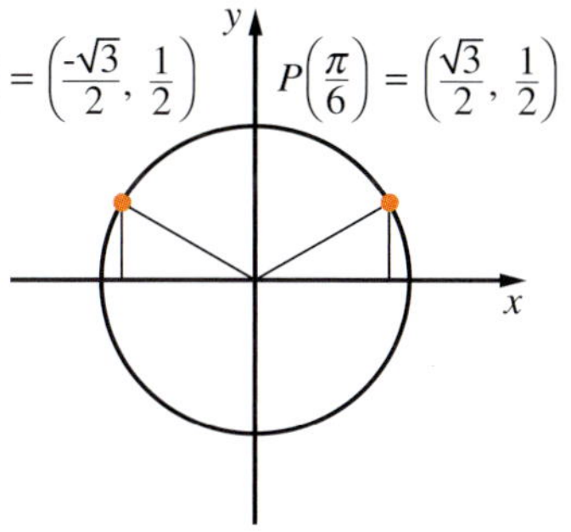

Les solutions principales sont $t = \frac{\pi}{6}$ et $t = \frac{5\pi}{6}$, qu'on vérifie dans l'équation initiale.

$$2 \sin \frac{\pi}{6} - 1 = 2\left(\frac{1}{2}\right) - 1 = 1 - 1 = 0 \text{ et } 2 \sin \frac{5\pi}{6} - 1 = 2\left(\frac{1}{2}\right) - 1 = 1 - 1 = 0$$

On obtient les autres solutions de l'équation en faisant des tours complets (multiples de 2π) à partir de l'une ou l'autre des solutions principales.

L'ensemble solution de l'équation $2 \sin t - 1 = 0$ est donc :

$$\left\{ t \in \mathbb{R} \;\middle|\; t = \frac{\pi}{6} + 2k\pi \text{ ou } t = \frac{5\pi}{6} + 2k\pi, \text{ où } k \in \mathbb{Z} \right\}$$

◆ Soit l'équation $\tan \theta = 3 \sin \theta$.

On transforme d'abord le membre de gauche pour obtenir des sinus et des cosinus.

$$\frac{\sin \theta}{\cos \theta} = 3 \sin \theta$$

Le domaine de cette équation est l'ensemble des valeurs de θ telles que $\cos \theta \neq 0$.

Rappelons qu'on ne peut pas diviser les deux membres de l'équation par $\sin \theta$, car il se peut que $\sin \theta = 0$. On multiplie plutôt les deux membres de l'égalité par le dénominateur $\cos \theta$, on ramène le membre de droite à 0 et on factorise.

$$\frac{\sin \theta}{\cos \theta} = 3 \sin \theta$$

$$\cos \theta \left(\frac{\sin \theta}{\cos \theta}\right) = \cos \theta \,(3 \sin \theta)$$ (multiplication des deux membres par $\cos \theta \neq 0$)

$$\sin \theta = 3 \cos \theta \sin \theta$$

$$\sin \theta - 3 \cos \theta \sin \theta = 0$$ (membre de droite ramené à 0)

$$\sin \theta(1 - 3 \cos \theta) = 0$$ (factorisation)

$$\sin \theta = 0 \quad \text{ou} \quad 1 - 3 \cos \theta = 0$$ (règle du produit nul)

$$\sin \theta = 0 \quad \text{ou} \quad \cos \theta = \frac{1}{3}$$

10

On peut trouver les valeurs de θ pour lesquelles $\sin \theta = 0$ sur le cercle trigonométrique, puisque ce sont des arcs remarquables.

Les solutions principales sont $\theta = 0$ et $\theta = \pi$.

Les solutions de $\cos \theta = \frac{1}{3}$ ne sont pas des arcs remarquables. Puisqu'on ne peut pas les trouver directement sur le cercle trigonométrique, on utilise une calculatrice.

$\theta = \arccos \frac{1}{3} \approx 1{,}231$ est une solution.

La calculatrice ne donnant qu'une valeur, on trouve l'autre par symétrie sur le cercle trigonométrique.

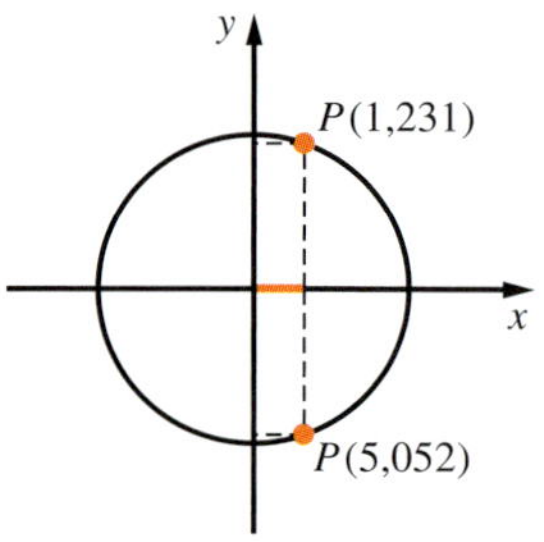

$\theta = 2\pi - \arccos \frac{1}{3} \approx 6{,}283 - 1{,}231$, soit approximativement 5,052

Les solutions principales de cette équation sont donc 0, π, 1,231 et 5,052, qu'on peut vérifier dans l'équation initiale. L'ensemble solution est l'ensemble suivant :

$$\left\{x \in \mathbb{R} \,\middle|\, x = 2k\pi,\ x = \pi + 2k\pi,\ x \approx 1{,}231 + 2k\pi \text{ ou } x \approx 5{,}052 + 2k\pi, \text{ où } k \in \mathbb{Z}\right\}$$

Les solutions de l'équation $\tan \theta = 3 \sin \theta$ sont aussi les solutions du système $\begin{cases} y = \tan \theta \\ y = 3 \sin \theta \end{cases}$.

Les solutions communes aux deux équations sont les abscisses des points d'intersection des deux courbes.

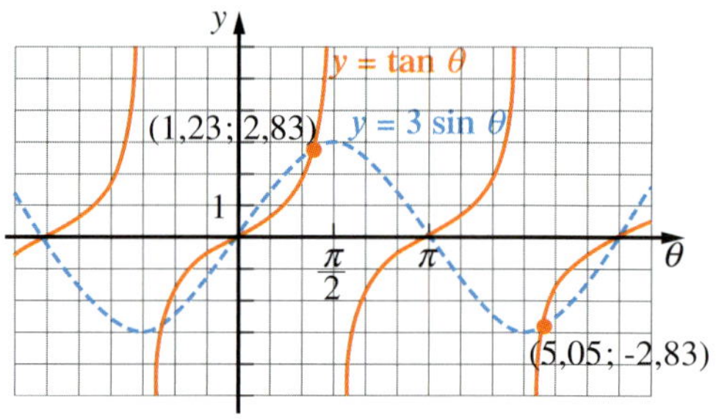

◆ Soit l'équation $\sin^2 t + 2\sin t - 3 = 0$. Son domaine est $\mathbb{R}$.

L'équation est de la forme $ax^2 + bx + c = 0$.

On remplace $\sin t$ par x dans l'équation initiale et on résout l'équation quadratique par factorisation.

$$\sin^2 t + 2 \sin t - 3 = 0$$
$$x^2 + 2x - 3 = 0$$
$$(x+3)(x-1) = 0$$

$$x + 3 = 0 \quad \text{ou} \quad x - 1 = 0$$
$$x = -3 \quad \text{ou} \quad x = 1$$
$$\sin t = -3 \quad \text{ou} \quad \sin t = 1$$

On doit rejeter la solution $\sin t = -3$, puisqu'un sinus est toujours compris dans l'intervalle $[-1, 1]$.

La solution $\sin t = 1$ donne $t = \frac{\pi}{2}$. C'est la solution principale, qu'on vérifie dans l'équation initiale.

L'ensemble solution est $\left\{x \in \mathbb{R} \,\middle|\, x = \frac{\pi}{2} + 2k\pi, \text{ où } k \in \mathbb{Z}\right\}$.

L'utilisation des fonctions trigonométriques réciproques ne donne pas toujours une solution principale, puisque l'ensemble image des fonctions arcsin et arctan contient des valeurs négatives.

Par exemple, si $\tan t = -1$, on obtient $\arctan(-1) = \frac{-\pi}{4}$ et $\frac{-\pi}{4} \notin [0, 2\pi[$. Sur le cercle trigonométrique, on trouve les solutions principales $t = \frac{3\pi}{4}$ et $t = \frac{7\pi}{4}$.

Exercices 10.10

1. Trouver les solutions principales de chacune des équations suivantes.

a) $2\sin x - \sqrt{3} = 0$

b) $\tan t = 1$

c) $3\cos x = 2$

d) $(\sin\theta - 4)(2\cos\theta + 1) = 0$

e) $\sin x \cot x = 0$

f) $(\tan t - 2)(4\sin t + 3) = 0$

g) $\cos\frac{x}{2} = \frac{1}{2}$

h) $2\sin 3a = \sqrt{2}$

i) $2\cos\theta = \sec\theta$

j) $\sqrt{2}\sin x = \tan x$

k) $12\sin^2 t - 4\sin t - 1 = 0$

l) $5\cos^2 a - 22\cos a + 8 = 0$

10.11 La trigonométrie du triangle

- Trouver les mesures des angles et des côtés d'un triangle rectangle en utilisant les rapports trigonométriques.
- Utiliser la loi des sinus et la loi des cosinus pour trouver les mesures des angles et des côtés d'un triangle quelconque.

La plupart des problèmes concrets qu'on peut résoudre en recourant à la trigonométrie font intervenir un triangle, souvent rectangle. On peut définir chacun des six rapports trigonométriques dans un triangle rectangle comme un rapport entre les mesures de deux côtés de ce triangle, comme vous l'avez déjà vu au secondaire. Pour les angles du premier quadrant du cercle, ces définitions sont équivalentes à celles de la section 10.4.

On place un triangle rectangle AOB dans le plan cartésien, de telle façon que le sommet O coïncide avec le centre du cercle trigonométrique et que la base OB repose sur la partie positive de l'axe des x. On abaisse ensuite la perpendiculaire CD, où C est le point d'intersection de l'hypoténuse avec le cercle. On forme ainsi un petit triangle rectangle COD.

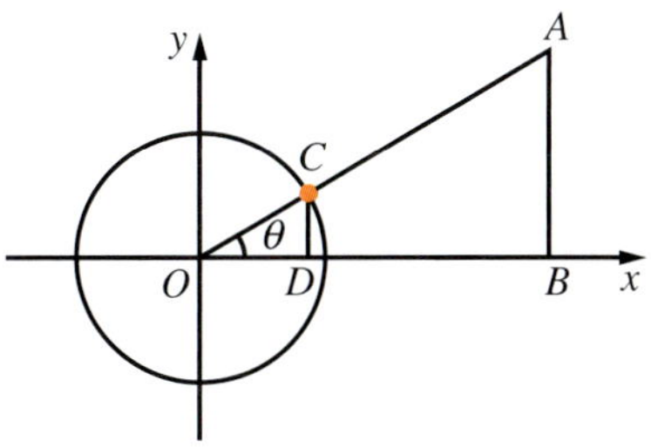

Soit θ la mesure de l'angle au sommet O.

$OC = 1$ (c'est le rayon du cercle trigonométrique), $CD = \sin\theta$ et $OD = \cos\theta$. Les triangles OCD et OAB sont semblables, puisque leurs angles homologues sont isométriques.

Ainsi, les rapports entre les mesures des côtés homologues sont égaux (*voir le chapitre 9, page 375*).

On a par exemple :

$$\frac{CD}{AB} = \frac{OC}{OA}$$
$$\frac{CD}{OC} = \frac{AB}{OA}$$
$$\frac{\sin\theta}{1} = \frac{AB}{OA}$$
$$\sin\theta = \frac{\text{côté opposé à l'angle } \theta}{\text{hypoténuse}}$$

On obtient la définition du cosinus et de la tangente de la même façon.

La trigonométrie du triangle est donc un cas particulier de la trigonométrie du cercle.

Les rapports trigonométriques dans un triangle rectangle

Dans un triangle rectangle dont θ est l'un des angles aigus :

$$\sin\theta = \frac{\text{côté opposé à l'angle } \theta}{\text{hypoténuse}} \qquad \csc\theta = \frac{\text{hypoténuse}}{\text{côté opposé à l'angle } \theta}$$

$$\cos\theta = \frac{\text{côté adjacent à l'angle } \theta}{\text{hypoténuse}} \qquad \sec\theta = \frac{\text{hypoténuse}}{\text{côté adjacent à l'angle } \theta}$$

$$\tan\theta = \frac{\text{côté opposé à l'angle } \theta}{\text{côté adjacent à l'angle } \theta} \qquad \cot\theta = \frac{\text{côté adjacent à l'angle } \theta}{\text{côté opposé à l'angle } \theta}$$

Les définitions précédentes sont données sous une forme courte qui permet de mieux les mémoriser. Il va de soi que les rapports sont ceux des mesures des côtés.

On remarque que la sécante, la cosécante et la cotangente sont définies respectivement comme l'inverse des rapports cosinus, sinus et tangente. On peut donc résoudre tous les problèmes en n'utilisant que le sinus, le cosinus et la tangente. On pourrait même se limiter à l'utilisation du sinus et du cosinus, puisque $\tan\theta = \frac{\sin\theta}{\cos\theta}$.

Dans un triangle rectangle, les rapports trigonométriques sont toujours positifs, puisqu'on les obtient en divisant des mesures de côtés.

Les rapports trigonométriques permettent de trouver certaines mesures manquantes d'un triangle. Tout comme au chapitre 9, nous nous permettrons d'omettre le mot « unité » lorsque l'unité de mesure n'est pas connue. On écrira $a = 5$ cm ou $b = 12$ km, mais simplement $c = 8$ pour signifier $c = 8$ unités.

Exemple 10.24

◆ Soit un triangle ABC rectangle en C.

Sachant que $\angle A = 50°$ et que $c = 10$, on peut trouver la mesure de $\angle B$ et celles des côtés a et b.

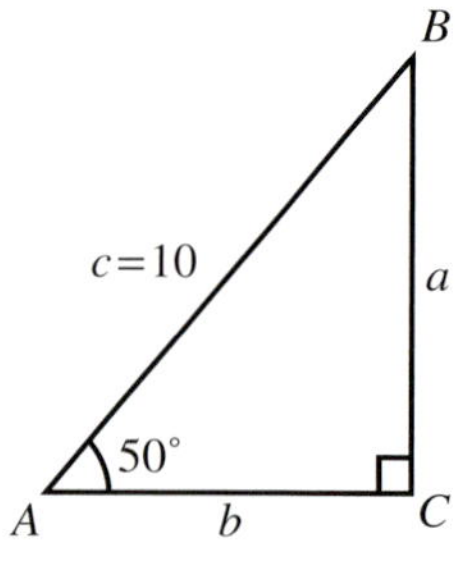

- $\angle B = 90° - \angle A = 90° - 50° = 40°$
- $\sin A = \frac{\text{côté opposé à l'angle } A}{\text{hypoténuse}} = \frac{a}{c}$

10

$\sin 50° = \dfrac{a}{10}$

$a = 10 \sin 50° \approx 10(0,7660)$, soit environ 7,66 unités

- $\cos A = \dfrac{\text{côté adjacent à l'angle } A}{\text{hypoténuse}} = \dfrac{b}{c}$

  $\cos 50° = \dfrac{b}{10}$

  $b = 10 \cos 50° \approx 10(0,6428)$, soit environ 6,428 unités

◆ Soit un triangle ABC rectangle en C.

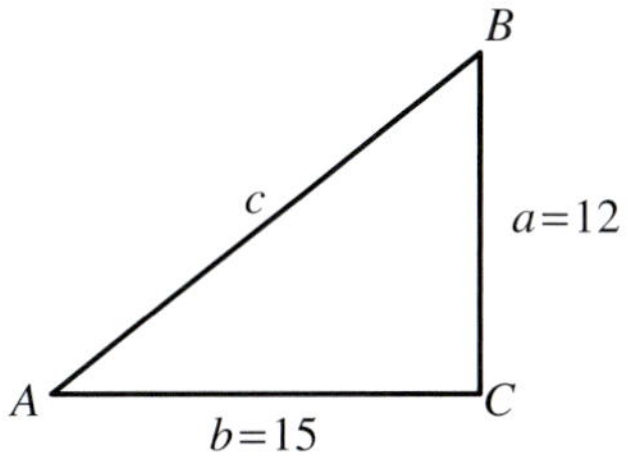

Sachant que $a = 12$ et que $b = 15$, on peut trouver la mesure des deux angles aigus et de l'hypoténuse c.

- $\tan A = \dfrac{\text{côté opposé à l'angle } A}{\text{côté adjacent à l'angle } A} = \dfrac{a}{b} = \dfrac{12}{15} = 0,8$

  On cherche l'angle dont la tangente vaut 0,8.

  On obtient $\angle \text{A} = \arctan 0,8 \approx 38,7°$.

- $\angle B = 90° - \angle A \approx 90° - 38,7°$, soit environ 51,3°.
- On peut calculer la mesure de l'hypoténuse c à l'aide du théorème de Pythagore.

  $c^2 = a^2 + b^2 = 12^2 + 15^2 = 369$

  $c = \sqrt{369} \approx 19,2$

Les rapports trigonométriques permettent de calculer la longueur d'une corde et l'aire d'un segment circulaire (*voir le chapitre 9, page 373*) lorsqu'on connaît l'angle au centre qui les détermine et le rayon du cercle.

Exemple 10.25

◆ Soit un cercle de rayon 10 cm et un angle au centre $\angle AOB = \theta = 100°$. Cherchons la longueur de la corde AB et l'aire du segment circulaire déterminé par cette corde et l'arc $\overset{\frown}{ADB}$.

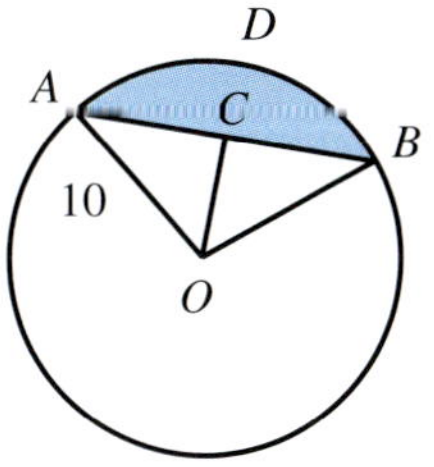

Dans le triangle AOB, traçons la hauteur OC. Les triangles rectangles AOC et BOC ainsi formés sont isométriques :

- $OA = OB$, car ce sont des rayons du cercle.
- OC est leur hauteur commune.
- $AC = BC$, puisqu'un rayon perpendiculaire à une corde partage celle-ci en deux segments de longueur égale.

Dans le triangle rectangle AOC :

$\angle AOC = \dfrac{\theta}{2} = 50°$

$\sin 50° = \dfrac{AC}{OA} = \dfrac{AC}{10}$, d'où $AC = 10 \sin 50° \approx 7,66$ cm

10

Ainsi, $AB = 2AC \approx 15{,}32$ cm, la longueur de la corde AB.

On obtient l'aire du segment ADB en soustrayant l'aire du triangle AOB de celle du secteur $AOBD$.

$$\text{aire du secteur } AOBD = \frac{100°}{360°} \times \pi r^2 = \frac{100°}{360°} \times 100\pi \approx 87{,}27 \text{ cm}^2$$

D'après le théorème de Pythagore :

$$OC^2 = OB^2 - AC^2$$

$$OC = \sqrt{OB^2 - AC^2} \approx \sqrt{10^2 - 7{,}66^2} \approx 6{,}43 \text{ cm}$$

$$\text{aire du } \Delta\ AOB = \frac{AB \times OC}{2} \approx \frac{15{,}32 \times 6{,}43}{2}, \text{ soit environ } 49{,}25 \text{ cm}^2$$

aire du segment ADB = aire du secteur – aire du triangle $\approx 87{,}27 - 49{,}25$,

soit approximativement 38,02 cm^2

Dans un triangle quelconque (non rectangle), on ne peut pas utiliser les rapports trigonométriques définis dans le triangle rectangle. Il existe toutefois des relations entre les angles et les longueurs des côtés du triangle.

La loi des sinus

Dans tout triangle ABC :

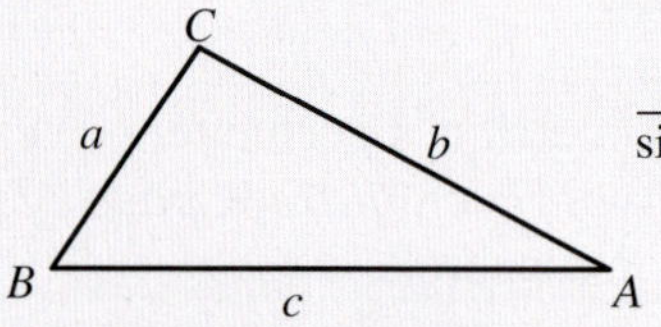

$$\frac{a}{\sin A} = \frac{b}{\sin B} = \frac{c}{\sin C}$$

Soit un triangle quelconque ABC.

On abaisse la hauteur CD, de longueur h.

On crée ainsi deux triangles rectangles, ACD et BDC.

En utilisant les rapports trigonométriques des triangles rectangles, on obtient :

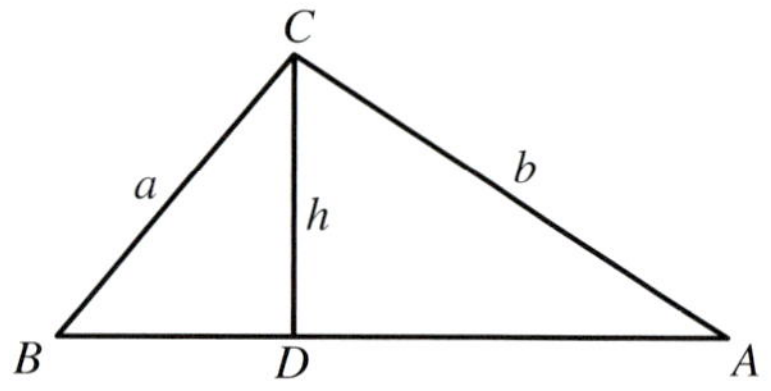

$$\sin A = \frac{h}{b}, \text{ d'où } h = b \sin A$$

$$\sin B = \frac{h}{a}, \text{ d'où } h = a \sin B$$

On pose l'égalité entre ces deux valeurs de h.

$$a \sin B = b \sin A$$

$$\frac{a \sin B}{\sin A \sin B} = \frac{b \sin A}{\sin A \sin B}$$

$$\frac{a}{\sin A} = \frac{b}{\sin B}$$

10

On peut démontrer les autres égalités de la même façon.

L'utilisation de la loi des sinus

La loi des sinus est utile lorsqu'on connaît :

- soit la longueur d'un côté et la mesure de deux angles ;
- soit les longueurs de deux côtés et la mesure de l'angle opposé à l'un de ces côtés.

Pour résoudre des problèmes avec des triangles quelconques, on utilisera souvent l'identité $\sin(180° - \theta) = \sin\theta$, l'équivalent en degrés de l'identité $\sin(\pi - \theta) = \sin\theta$.

Il faut en tenir compte lorsqu'on utilise la calculatrice pour trouver un angle dont on connaît le sinus. L'équation $\sin A = k$, où $0 < k < 1$, possède deux solutions comprises entre 0° et 180°. La calculatrice n'en donne qu'une (un angle aigu). Il faudra déduire la deuxième solution (un angle obtus) à l'aide de l'identité précédente, et vérifier si ces solutions sont acceptables en fonction des données du problème.

Exemple 10.26

◆ Soit le triangle ABC ci-dessous tel que $a = 8$, $\angle A = 35°$ et $\angle B = 40°$.

Cherchons la mesure de l'angle C et des côtés b et c.

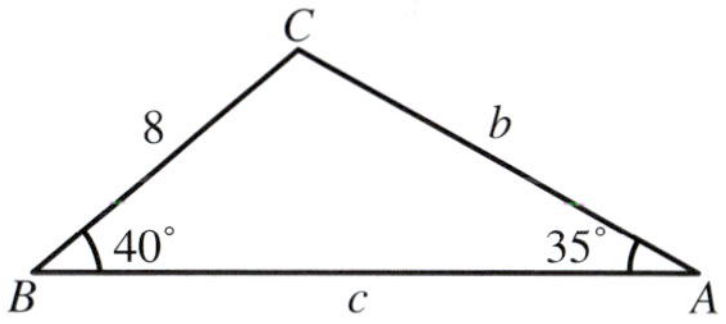

- $\angle C = 180° - (35° + 40°) = 105°$
- On utilise la loi des sinus pour trouver b.

$$\frac{b}{\sin B} = \frac{a}{\sin A}$$

$$\frac{b}{\sin 40°} = \frac{8}{\sin 35°}$$

$$b = \frac{8 \sin 40°}{\sin 35°} \approx \frac{8(0{,}6428)}{0{,}5736} \approx 8{,}97$$

- La loi des sinus permet aussi de trouver c.

$$\frac{c}{\sin C} = \frac{a}{\sin A}$$

$$\frac{c}{\sin 105°} = \frac{8}{\sin 35°}$$

$$c = \frac{8 \sin 105°}{\sin 35°} \approx \frac{8(0{,}9659)}{0{,}5736} \approx 13{,}47$$

◆ Soit le triangle ABC ci-dessous tel que $a = 12$, $b = 20$ et $\angle B = 52°$.

Cherchons la mesure des angles A et C ainsi que celle du côté c.

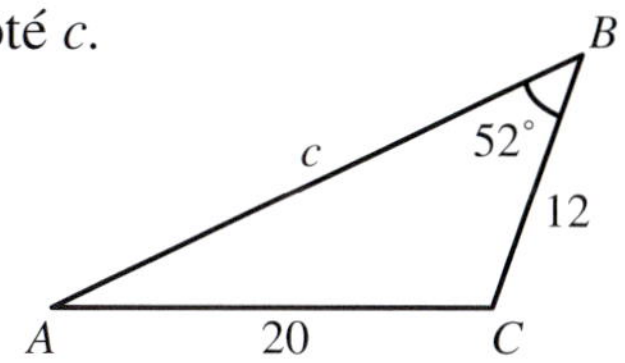

- On utilise la loi des sinus pour trouver $\sin A$.

$$\frac{b}{\sin B} = \frac{a}{\sin A}$$

$$\sin A = \frac{a \sin B}{b}$$

$$\sin A = \frac{12 \sin 52°}{20} \approx \frac{12(0{,}7880)}{20} \approx 0{,}4728$$

$$\angle A \approx \arcsin 0{,}4728$$

10

On évalue arcsin $0,4728$ avec une calculatrice en mode degrés.

$$\angle A \approx 28,2°$$

Puisque sin $(180° - \theta) = \sin \theta$, l'équation sin $A \approx 0,4728$ possède une autre solution :

$$\angle A \approx 180° - 28,2°, \text{ soit environ } 151,8°$$

On doit toutefois rejeter cette dernière solution, puisque la somme des angles du triangle dépasserait alors 180°.

- $\angle C \approx 180° - (52° + 28,2°)$, soit environ 99,8°
- On utilise la loi des sinus pour trouver c.

$$\frac{c}{\sin C} = \frac{a}{\sin A}$$

$$c = \frac{a \sin C}{\sin A}$$

$$c \approx \frac{12 \sin 99,8°}{0,4728} \approx \frac{12(0,9854)}{0,4728} \approx 25,01$$

◆ Soit un triangle ABC tel que $a = 30$, $b = 10$ et $\angle B = 25°$.

Cherchons la mesure du côté c et des angles A et C.

$$\sin A = \frac{a \sin B}{b} = \frac{30 \sin 25°}{10}$$

$$\approx \frac{30(0,4226)}{10}$$

soit environ 1,2678.

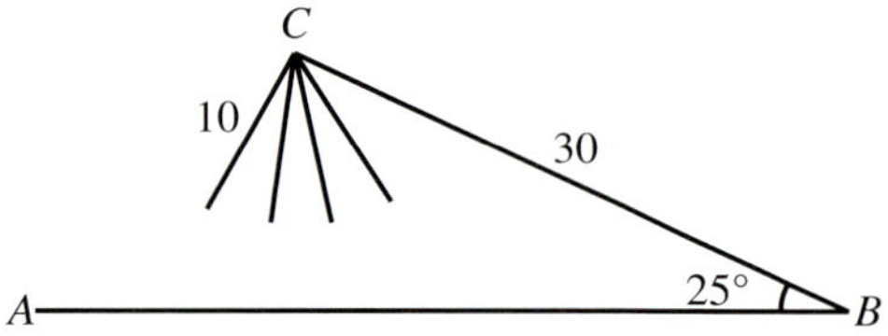

Puisqu'un sinus est toujours compris dans l'intervalle $[-1, 1]$, il n'existe aucune solution. Il est donc impossible de construire un tel triangle.

◆ Soit un triangle ABC tel que $a = 30$, $b = 20$ et $\angle B = 25°$.

Cherchons la mesure du côté c et des angles A et C.

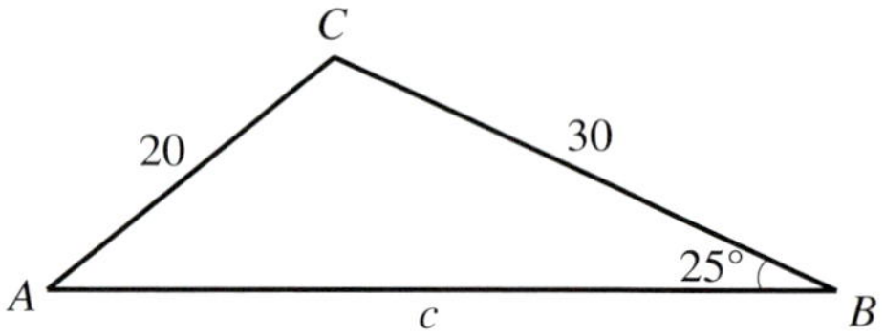

- On utilise la loi des sinus pour trouver l'angle A.

$$\sin A = \frac{a \sin B}{b} = \frac{30 \sin 25°}{20} \approx \frac{30(0,4226)}{20}, \text{ soit environ } 0,6339$$

$\angle A \approx$ arcsin $0,6339$ est une solution. On trouve alors $\angle A \approx 39,3°$.

Puisque sin $(180° - \theta) = \sin \theta$, l'équation possède une autre solution :

$$\angle A \approx 180° - 39,3°, \text{ soit environ } 140,7°$$

C'est une solution acceptable, car on peut alors calculer la mesure d'un angle C tel que la somme des angles du triangle est 180°.

- Si $\angle A \approx 39,3°$, on obtient $\angle C \approx 180° - (25° + 39,3°)$, soit environ 115,7°.

  Si $\angle A \approx 140,7°$, on obtient $\angle C \approx 180° - (25° + 140,7°)$, soit environ 14,3°.

10

- On utilise la loi des sinus pour trouver c.

  Si $\angle C \approx 115{,}7°$, on obtient :

  $$c = \frac{b \sin C}{\sin B}$$

  $$c \approx \frac{20 \sin 115{,}7°}{\sin 25°} \approx \frac{20(0{,}9011)}{0{,}4226} \approx 42{,}64$$

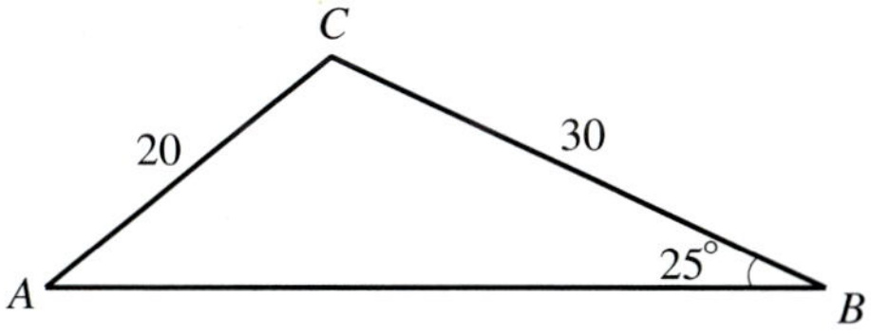

  Si $\angle C \approx 14{,}3°$, on obtient :

  $$c = \frac{b \sin C}{\sin B}$$

  $$c \approx \frac{20 \sin 14{,}3°}{\sin 25°} \approx \frac{20(0{,}2470)}{0{,}4226} \approx 11{,}69$$

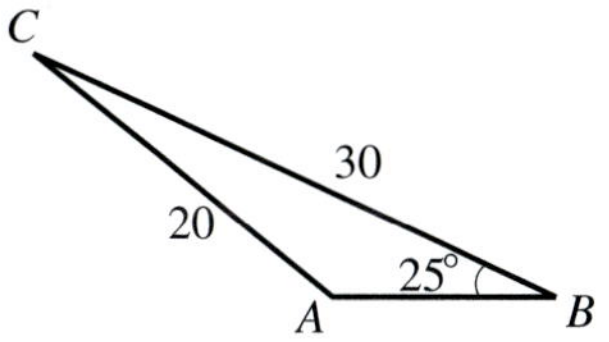

  L'énoncé du problème permet donc de construire deux triangles différents.

La loi des cosinus

Dans tout triangle ABC :

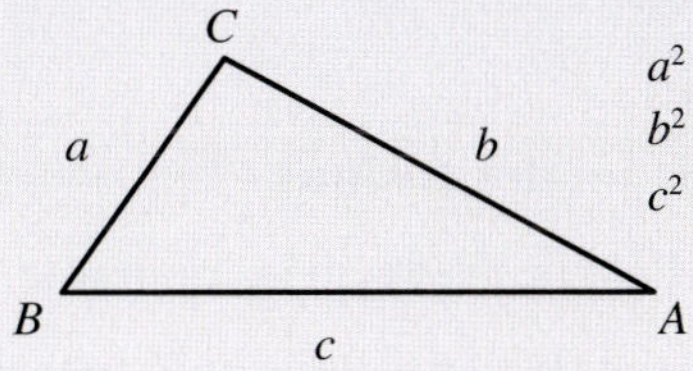

$$a^2 = b^2 + c^2 - 2bc \cos A$$
$$b^2 = a^2 + c^2 - 2ac \cos B$$
$$c^2 = a^2 + b^2 - 2ab \cos C$$

Soit un triangle quelconque ABC. On abaisse la hauteur CD, de longueur h. On crée ainsi deux triangles rectangles, ACD et BDC, dont les bases mesurent respectivement d et e.

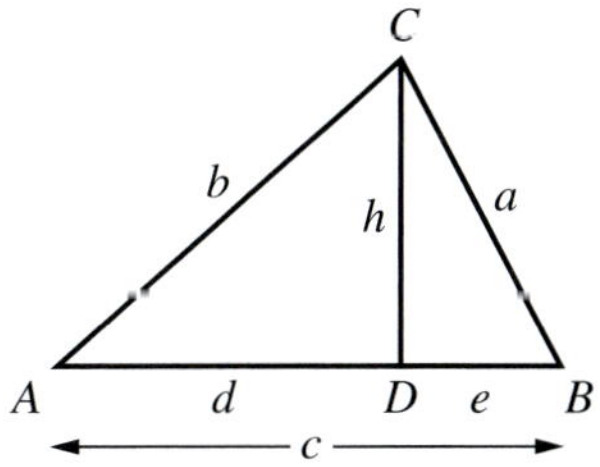

D'après le théorème de Pythagore :

1. $a^2 = h^2 + e^2$
2. $h^2 = b^2 - d^2$

De la relation $c = d + e$, on déduit :

3. $d = c - e$
4. $e = c - d$

D'après la définition d'un cosinus, $\cos A = \dfrac{d}{b}$, d'où :

5. $d = b \cos A$

Ces cinq égalités permettent de démontrer la loi des cosinus.

$a^2 = h^2 + e^2$ (égalité 1)

$a^2 = b^2 - d^2 + e^2$ (égalité 2)

$a^2 = b^2 - (c-e)^2 + e^2$ (égalité 3)

$a^2 = b^2 - (c^2 - 2ce + e^2) + e^2$

$a^2 = b^2 - c^2 + 2ce$

$a^2 = b^2 - c^2 + 2c(c-d)$ (égalité 4)

$a^2 = b^2 - c^2 + 2c(c - b\cos A)$ (égalité 5)

$a^2 = b^2 - c^2 + 2c^2 - 2bc\cos A$

$a^2 = b^2 + c^2 - 2bc\cos A$

UN AUTRE NOM POUR LA LOI DES COSINUS

En Algérie, la loi des cosinus est appelée la « loi d'al-Kashi ». L'astronome perse Ghiyath al-Din Jamshid Mas'ud al-Kashi (v. 1390 – v. 1450) est connu par ailleurs pour la précision de la table des sinus. Il y a de quoi, puisque sa table repose sur l'évaluation de sin 1° à 18 décimales après la virgule. C'est deux fois plus de décimales que ce qu'affichent les calculatrices.

L'utilisation de la loi des cosinus

La loi des cosinus est utile lorsqu'on connaît :

- soit les longueurs de deux côtés et la mesure de l'angle compris entre ces côtés ;
- soit les longueurs des trois côtés.

Dans un triangle, deux angles qui n'ont pas la même mesure ont des cosinus différents. Le cosinus est positif si l'angle est aigu, négatif si l'angle est obtus, et nul si l'angle est droit. Ainsi, l'équation $\cos A = k$, où $-1 < k < 1$, possède une seule solution comprise entre 0° et 180°.

Dans le cas d'un triangle ABC rectangle en A, la loi des cosinus est équivalente à la relation de Pythagore.

$a^2 = b^2 + c^2 - 2bc\cos A$

$a^2 = b^2 + c^2 - 2bc(0)$

$a^2 = b^2 + c^2$

Exemple 10.27

◆ Soit le triangle ABC ci-dessous tel que $a = 9$, $b = 12$ et $\angle C = 20°$.

Cherchons la mesure du côté c et des angles A et B.

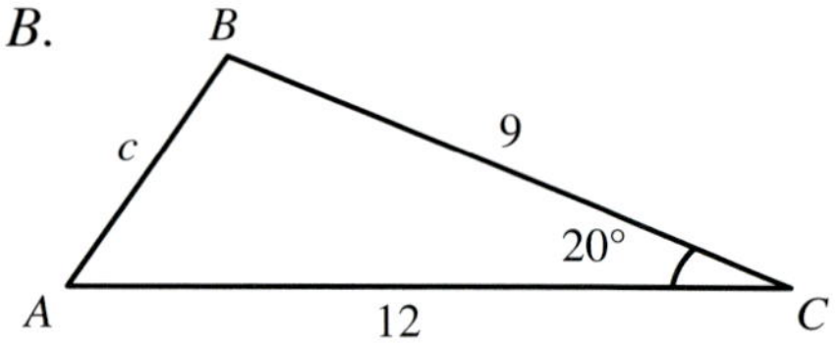

- On utilise la loi des cosinus pour trouver c.

$$c^2 = a^2 + b^2 - 2ab\cos C$$

$$c = \sqrt{a^2 + b^2 - 2ab\cos C}$$

On ne retient que la racine positive, puisqu'on cherche la mesure d'un côté, qui ne peut être négative.

$$c = \sqrt{9^2 + 12^2 - 2(9)(12)\cos 20°} \approx 4{,}69$$

Pour trouver la mesure de l'angle A, on utilise la forme $a^2 = b^2 + c^2 - 2bc \cos A$ de la loi des cosinus.

$$a^2 = b^2 + c^2 - 2bc\cos A$$

$$2bc \cos A = b^2 + c^2 - a^2$$

$$\cos A = \frac{b^2 + c^2 - a^2}{2bc} \approx \frac{12^2 + (4{,}69)^2 - 9^2}{2(12)(4{,}69)} \approx 0{,}7551$$

$\angle A \approx \arccos 0{,}7551$ est la seule solution dans le triangle. On a donc $\angle A \approx 41°$.

- $\angle B \approx 180° - (20° + 41°)$, ce qui donne $\angle B \approx 119°$.

◆ Soit un triangle ABC tel que $a = 10$, $b = 15$ et $c = 20$.

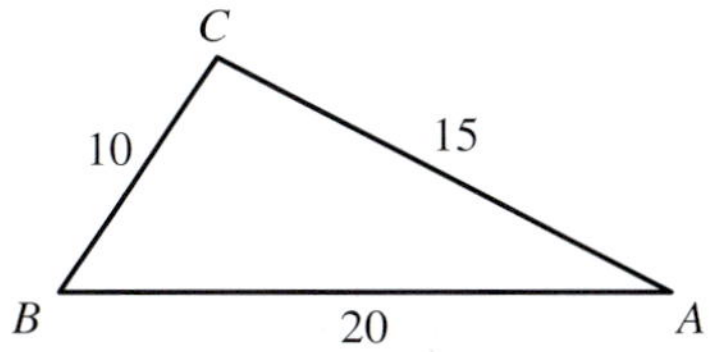

Cherchons la mesure de chacun des trois angles.

On sait que le problème comporte une seule solution, puisque la mesure des trois côtés définit un triangle unique.

- On utilise la loi des cosinus pour trouver le plus grand angle. C'est l'angle C, opposé au côté le plus long.

$$c^2 = a^2 + b^2 - 2ab\cos C$$

$$2ab\cos C = a^2 + b^2 - c^2$$

$$\cos C = \frac{a^2 + b^2 - c^2}{2ab} = \frac{10^2 + 15^2 - 20^2}{2(10)(15)} = \text{-}0{,}25$$

Ainsi, $\angle C = \arccos(\text{-}0{,}25) \approx 104{,}5°$.

- Il est certain que les deux autres angles sont aigus, puisque l'angle C est obtus et que la somme des angles du triangle est 180°. On peut donc utiliser la loi des sinus et on obtiendra une solution unique.

$$\sin A = \frac{a \sin C}{c}$$

$$\sin A \approx \frac{10 \sin 104{,}5°}{20} \approx \frac{10(0{,}9681)}{20} \approx 0{,}4841$$

On a donc $\angle A \approx \arcsin(0{,}4841)$, soit $\angle A \approx 29°$. C'est la seule solution acceptable.

- $\angle B \approx 180° - (29° + 104{,}5°)$, c'est-à-dire $\angle B \approx 46{,}5°$.

10

Exercices 10.11

1. Dans un triangle rectangle ABC, l'hypoténuse AB mesure 25 cm et $\sin A = 0{,}2$. Trouver la mesure de BC.

2. Le triangle ABC est rectangle en C, $\angle A = 37°$ et $c = 253$ cm. Trouver les mesures des côtés a et b ainsi que celle de $\angle B$.

3. Le triangle ABC est rectangle en C, $a = 35$ cm et $c = 72$ cm. Trouver la mesure du côté b ainsi que celles de $\angle A$ et de $\angle B$.

4. Pour chacun des triangles rectangles ABC ci-dessous, trouver les angles et les côtés manquants.

   a) $\angle A = 90°$, $c = 46$ et $a = 100$
   b) $\angle A = 90°$, $\angle B = 15°$ et $a = 4$
   c) $\angle B = 90°$, $\angle C = 42°$ et $a = 50$
   d) $\angle C = 90°$, $a = 210$ et $b = 250$
   e) $\angle C = 90°$, $\angle A = 38°$ et $c = 75$
   f) $\angle B = 90°$, $\angle C = 50°$ et $a = 50$
   g) $\angle A = 90°$, $a = 200$ et $b = 150$
   h) $\angle A = 90°$, $b = 24$ et $c = 30$

5. Calculer l'aire du segment circulaire déterminé par un angle de 80° dans un cercle de 50 cm de rayon.

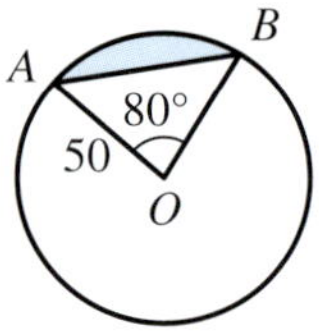

6. Soit une corde AB mesurant 6 cm dans un cercle de 4 cm de rayon.

   a) Trouver l'aire du segment circulaire ACB.
   b) Trouver l'aire du segment circulaire ADB.

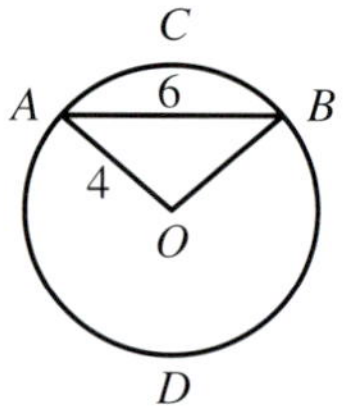

7. Pour chacun des triangles ABC décrits ci-dessous, trouver les angles et les côtés manquants. Il peut exister plus d'une solution.

   a) $\angle A = 33°$, $a = 18$ et $c = 24$
   b) $\angle A = 46°$, $b = 10$ et $c = 14$
   c) $\angle B = 38°$, $\angle C = 27°$ et $a = 50$
   d) $a = 18$, $b = 13$ et $c = 6$
   e) $\angle C = 60°$, $\angle A = 20°$ et $b = 75$
   f) $a = 6$, $b = 4$ et $c = 9$
   g) $\angle B = 20°$, $a = 200$ et $b = 150$
   h) $\angle A = 65°$, $b = 24$ et $c = 30$

10.12 Applications et synthèse des connaissances

Résoudre des problèmes de synthèse faisant appel aux connaissances acquises dans les dix premiers chapitres.

10.12.1 La résolution de problèmes avec des triangles

La trigonométrie permet de résoudre de nombreux problèmes où il faut calculer des distances. Elle est particulièrement utile en arpentage, en topométrie, en navigation maritime et en navigation aérienne.

Pour résoudre un problème de trigonométrie, on dessine d'abord le triangle, on note les angles et les côtés connus, puis on calcule les mesures manquantes à l'aide des rapports trigonométriques (triangle rectangle), de la loi des sinus ou de la loi des cosinus (triangle quelconque).

Dans les problèmes faisant appel à la trigonométrie, on situe souvent les objets selon l'angle sous lequel on les observe.

10

On appelle **angle d'élévation** ou **angle de dépression** l'angle formé par l'horizontale et la droite imaginaire qui relie l'observateur à l'objet observé.

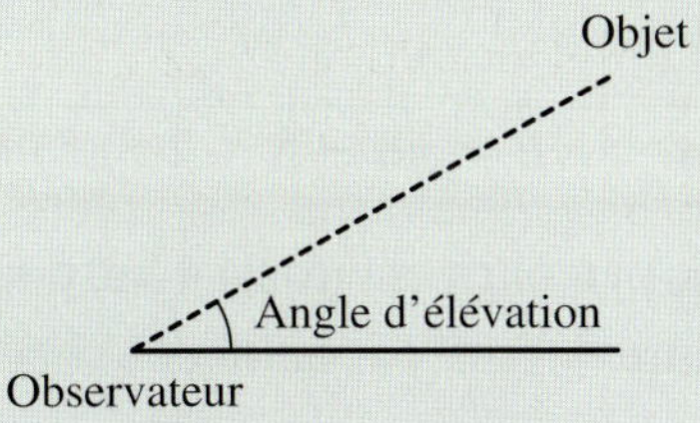

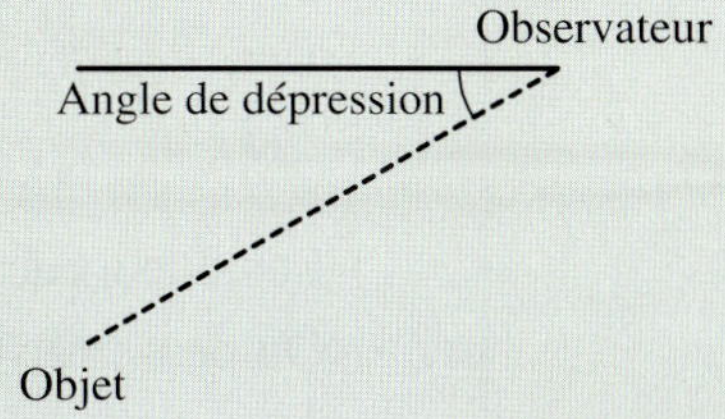

Exemple 10.28

- Un enfant tient un cerf-volant au bout d'une corde mesurant 125 m. Si la corde forme un angle de 40° avec l'horizontale, à quelle hauteur, au-dessus de la main de l'enfant, le cerf-volant se trouve-t-il ?

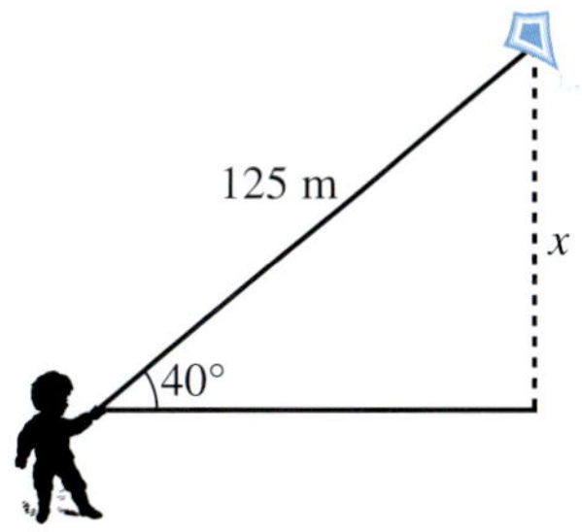

Soit x la hauteur du triangle rectangle ci-contre.

On connaît la longueur de l'hypoténuse et on cherche la longueur du côté opposé à l'angle de 40°. Il faut donc recourir au sinus.

$$\sin 40° = \frac{x}{125}$$
$$x = 125 \sin 40°$$

Ainsi, $x \approx 125(0{,}6428)$, soit environ 80,35 m.

- La photo ci-contre a été prise au Costa Rica. La libellule était posée sur une brindille à une distance d'environ 1,5 m du photographe et à la hauteur de ses épaules. Ce dernier estime que la distance verticale entre son œil et la brindille était d'environ 16 cm.

Ces données permettent de calculer l'angle de dépression sous lequel il a photographié la libellule.

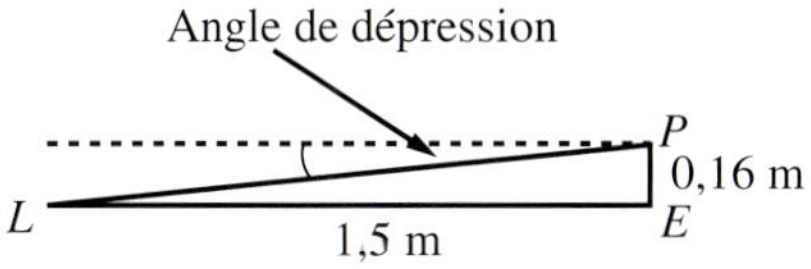

Puisqu'on connaît la mesure des deux côtés de l'angle droit du triangle, on utilise la tangente.

$$\tan L = \frac{\text{côté opposé à l'angle } L}{\text{côté adjacent à l'angle } L} = \frac{0{,}16 \text{ m}}{1{,}5 \text{ m}} = 0{,}1\overline{06}$$

$$\angle L = \arctan 0{,}1\overline{06} \approx 6{,}1°$$

L'angle de dépression est égal à $\angle L$, puisque ce sont des angles alternes-internes (situés entre deux droites parallèles, de part et d'autre d'une droite sécante).

- Des skieurs de fond partent en randonnée dans les bois. Ils parcourent d'abord 5 km en ligne droite, puis ils effectuent un virage de 150° vers la droite et continuent en ligne droite sur une distance de 8 km. Ils veulent revenir à leur point de départ en ligne droite. On veut calculer la mesure de l'angle du virage qu'ils devront effectuer et la distance qu'ils devront parcourir.

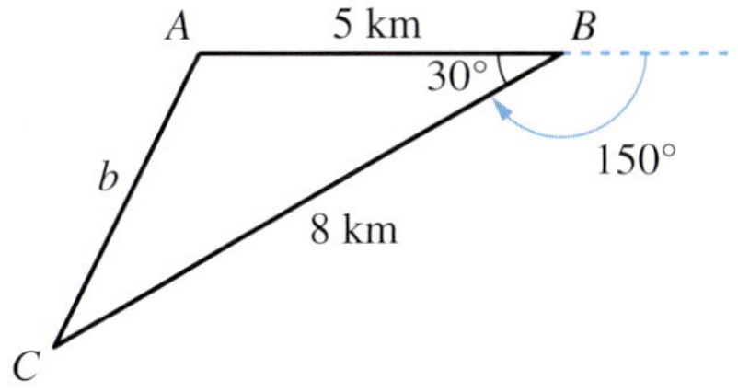

D'après l'énoncé du problème, $a = 8$ km, $c = 5$ km et $\angle B = 30°$.

10

- Puisqu'on connaît les mesures de deux côtés du triangle et celle de l'angle compris entre ces côtés, on utilise la loi des cosinus pour trouver la mesure du côté *b*.

$$b^2 = a^2 + c^2 - 2ac \cos B$$

$$b = \sqrt{a^2 + c^2 - 2ac \cos B} = \sqrt{8^2 + 5^2 - 2(8)(5) \cos 30°} \approx 4{,}4$$

Les skieurs devront donc parcourir environ 4,4 km pour revenir à leur point de départ.

- On peut trouver la mesure de $\angle C$ par la loi des sinus.

$$\sin C = \frac{c \sin B}{b} \approx \frac{5 \sin 30°}{4{,}4} \approx 0{,}5682$$

Ainsi, $\angle C \approx \arcsin 0{,}5682$, soit environ 34,6°.

Les skieurs devront donc effectuer un virage de $180° - 34{,}6° = 145{,}4°$ approximativement.

10.12.2 Les fonctions composées

Les exemples qui suivent montrent comment trouver le domaine et les zéros de fonctions composées contenant des expressions trigonométriques. Ils vous permettront de réviser les connaissances acquises aux chapitres précédents.

Exemple 10.29

◆ Soit la fonction $f(x) = \dfrac{x}{\tan x - 1}$.

Le dénominateur de la fraction ne peut être nul. On doit donc exclure du domaine les valeurs de x telles que $\tan x - 1$, c'est-à-dire celle pour lesquelles $\tan x = 1$.

Ainsi, $dom(f) = \mathbb{R} \setminus \left\{ \frac{\pi}{4} + k\pi \middle| \; k \in \mathbb{Z} \right\}$.

Les zéros de cette fonction sont les zéros du numérateur de la fraction.

Le seul zéro de la fonction est donc $x = 0$.

◆ Soit la fonction $f(x) = \log(\cos x + 2)$.

Le domaine de f est l'ensemble des valeurs de x telles que l'argument du logarithme est positif.

$$\cos x + 2 > 0$$

$$\cos x > -2$$

Cette dernière inégalité est toujours vraie, puisque $-1 \leq \cos x \leq 1$.

Ainsi, $dom(f) = \mathbb{R}$.

Les zéros de la fonction f sont les solutions de l'équation $f(x) = 0$.

$$\log(\cos x + 2) = 0$$

$$\cos x + 2 = 1 \quad (\log a = 0 \Leftrightarrow a = 1)$$

$$\cos x = -1$$

10

La solution principale de cette équation est $x = \pi$. L'ensemble solution est $\left\{x \in \mathbb{R} \mid x = \pi + 2k\pi, \text{ où } k \in \mathbb{Z}\right\}$.

◆ Soit la fonction $f(x) = \dfrac{1}{\ln(\tan x - 1)}$, qu'on étudie sur l'intervalle $[0, \pi[$.

Pour trouver le domaine de *f*, il faut poser les conditions suivantes :

- On doit avoir $x \in dom(\tan)$.

  Il faut donc exclure $x = \dfrac{\pi}{2}$.

- L'argument du logarithme doit être positif.

  $$\tan x - 1 > 0$$
  $$\tan x > 1$$

  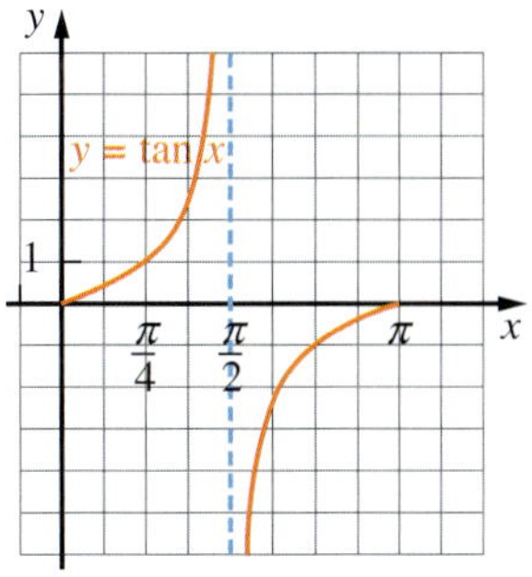

  On sait que $\tan x = 1$ si $x = \dfrac{\pi}{4}$. Le graphique de la fonction tangente ci-contre permet de voir que, si on se limite à l'intervalle $[0, \pi[$, la valeur de $\tan x$ est supérieure à 1 si $x \in \left]\dfrac{\pi}{4}, \dfrac{\pi}{2}\right[$.

- Le dénominateur de la fraction ne doit pas être nul. Il faut donc exclure son zéro.

  $$\ln(\tan x - 1) = 0$$
  $$\tan x - 1 = 1 \qquad (\ln a = 0 \Leftrightarrow a = 1)$$
  $$\tan x = 2$$
  $$x = \arctan 2 \approx 1,2$$

  Ainsi, sur l'intervalle $[0, \pi[$, on obtient $dom(f) = \left]\dfrac{\pi}{4}, \dfrac{\pi}{2}\right[\setminus \{\arctan 2\}$, où $\arctan 2 \approx 1,2$.

10.12.3 Les fonctions périodiques

Les fonctions trigonométriques sont périodiques, mais elles ne sont pas les seules.

Certains phénomènes physiques sont représentés par des fonctions périodiques du temps, aussi appelées des « ondes ». Par exemple, dans un circuit électronique, on retrouve des ondes de courant et des ondes de tension. Un oscilloscope est un instrument de mesure qui permet de « voir » des ondes de tension en sélectionnant des échelles appropriées. L'écran d'un oscilloscope à deux voies peut afficher simultanément deux ondes présentes dans un circuit donné. Voici quelques formes d'ondes possibles.

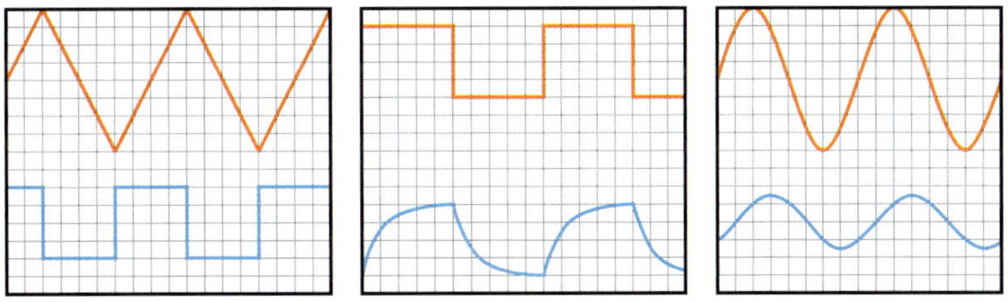

Certaines images contiennent des segments de droites verticales et ne représentent pas des fonctions. En réalité, les lignes « verticales » sont des droites de pentes trop grandes (en valeur absolue) pour être perceptibles avec l'échelle de temps sélectionnée.

En combinant la forme d'une onde et les échelles utilisées, on peut représenter graphiquement ces ondes dans un plan cartésien. Là où on trouve des segments verticaux sur l'écran de l'oscilloscope, on verra une « interruption » dans le graphique de la fonction.

La fréquence d'une onde, soit le nombre de cycles par seconde, s'exprime en hertz (Hz).

Exemple 10.30

◆ L'écran de gauche (*voir à la page précédente*) affiche deux ondes présentes dans un circuit : v_1 est « triangulaire » et v_2 est « carrée ». Ces ondes sont représentées ci-dessous dans le plan cartésien. La tension v est en volts (V) et le temps, en microsecondes ($1\ \mu s = 10^{-6}$ s).

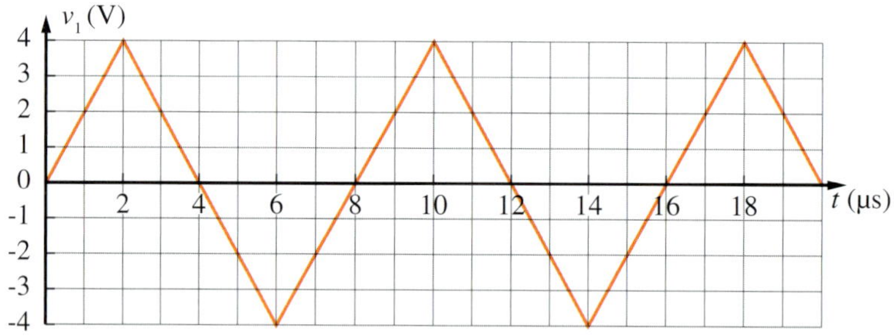

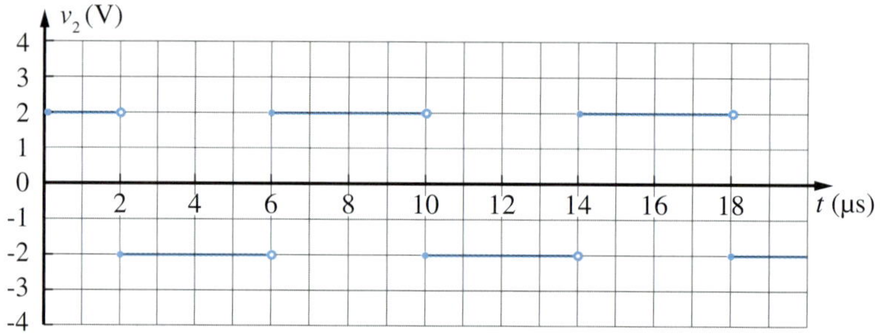

On constate que les deux fonctions sont périodiques de période $T = 8\ \mu s$.

Leur fréquence est $F = \dfrac{1}{8}$ cycle par microseconde ou $F = \dfrac{1}{8} \times 10^6$ cycles par seconde, soit 125 000 Hz ou 125 kHz.

L'amplitude de v_1 est $A_1 = 4$ V et celle de v_2 est $A_2 = 2$ V.

On exprime leur règle de correspondance par les équations des segments de droite qui forment leur graphique. Pour le premier cycle :

$$v_1 = \begin{cases} 2t & \text{si} \quad 0 \leq t < 2 \\ -2t + 8 & \text{si} \quad 2 \leq t < 6 \\ 2t - 16 & \text{si} \quad 6 \leq t < 8 \end{cases} \quad \text{et} \quad v_2 = \begin{cases} 2 & \text{si} \quad 0 \leq t < 2 \\ 0 & \text{si} \quad 2 \leq t < 6 \\ 2 & \text{si} \quad 6 \leq t < 8 \end{cases}$$

Pour déterminer la règle de correspondance de v_1 sur le second cycle, on utilise le paramètre $h = 8$, qui correspond à la période. On remplace t par $(t - 8)$, ce qui a pour effet que chaque nouveau cycle est obtenu par une translation horizontale de $h = 8$ unités vers la droite.

$$v_1 = \begin{cases} 2(t-8) & \text{si} \quad 8 \leq t < 10 \\ -2(t-8) + 8 & \text{si} \quad 10 \leq t < 14 \\ 2(t-8) - 16 & \text{si} \quad 14 \leq t < 16 \end{cases}, \text{ soit } v_1 = \begin{cases} 2t - 16 & \text{si} \quad 8 \leq t < 10 \\ -2t + 24 & \text{si} \quad 10 \leq t < 14 \\ 2t - 32 & \text{si} \quad 14 \leq t < 16 \end{cases}$$

10

Exercices 10.12

1. Quel angle les rayons du soleil forment-ils avec l'horizon lorsqu'un clocher de 26 m de hauteur projette sur le sol une ombre de 15 m ?

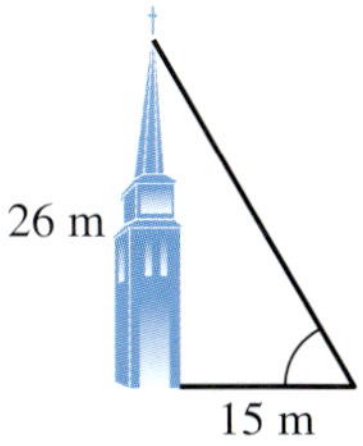

2. Par une nuit de brouillard, le gardien d'un phare aperçoit un signal de détresse lancé par un bateau. Du sommet du phare situé à 18 m au-dessus du niveau de la mer, l'angle de dépression du bateau est de 12°. À quelle distance du phare le bateau se trouve-t-il ?

3. Un arpenteur doit mesurer la distance horizontale qui sépare une voie ferrée d'une maison située en haut d'une colline. Il mesure d'abord la distance entre la voie ferrée et la maison le long de la pente et il obtient 200 m. Ses instruments lui permettent ensuite de calculer que l'angle d'élévation de la maison, à partir de la voie ferrée, est de 27°.

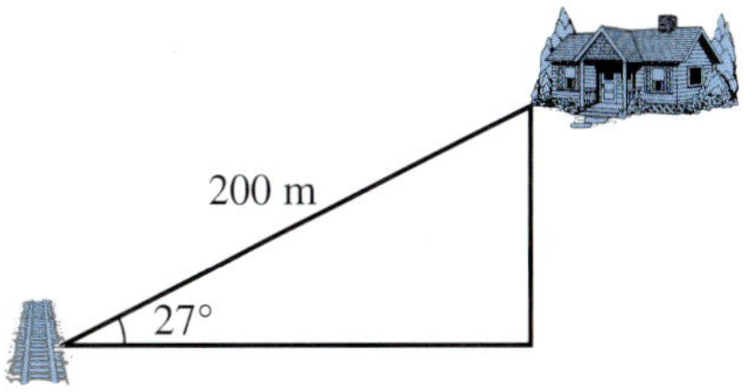

a) Quelle est la distance horizontale entre la voie ferrée et la maison ?

b) À quelle hauteur la maison se trouve-t-elle par rapport au niveau de la voie ferrée ?

4. Sur une route de montagne, on trouve les deux panneaux ci-contre en haut d'une côte. Un peu plus loin, un autre panneau indique que l'altitude est de 1200 m. Quelle distance a-t-on parcourue entre les deux panneaux indiquant l'altitude ?

5. On a installé une antenne au bord du toit d'un édifice. À une distance de 20 m de l'édifice, l'angle d'élévation du sommet de l'antenne est de 45° et celui de sa base est de 30°. Quelle est la hauteur de l'antenne ?

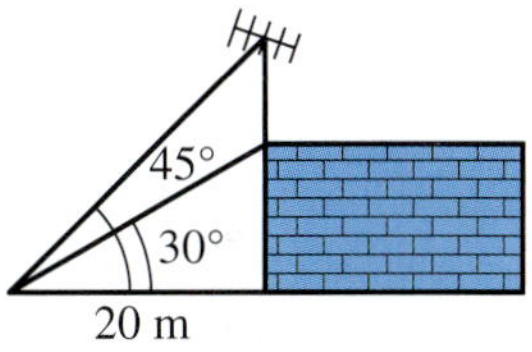

6. Deux randonneurs partent d'un même point et prennent des directions formant un angle de 32°. Une heure plus tard, le premier a franchi 3 km alors que le second n'a parcouru que 2,2 km. À quelle distance sont-ils l'un de l'autre ?

7. Les villes de Genève (Suisse), Chamonix et Grenoble (France) sont situées aux sommets d'un triangle imaginaire. Quel est l'angle formé par les deux droites qui joignent respectivement Grenoble à Genève et Grenoble à Chamonix ?

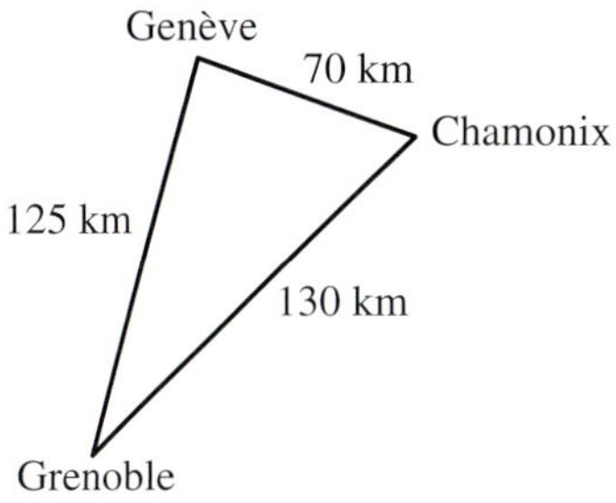

8. Une route forme un angle de 15° avec l'horizontale. Une tour est située à 30 m du bas de la pente et l'angle d'observation de son sommet par rapport à la route mesure 40°. Quelle est la hauteur de la tour ?

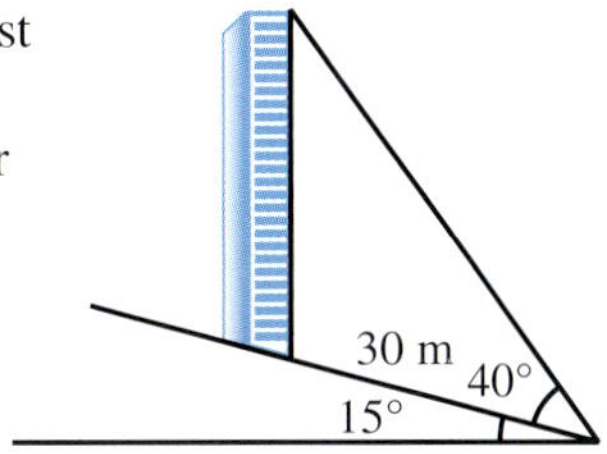

9. Trouver le domaine et les zéros de chacune des fonctions suivantes.

a) $f(x) = \dfrac{x^2 - 4}{2 \sin x - 1}$

b) $f(x) = \dfrac{2 \sin x - 1}{x^2 - 4}$

c) $f(x) = 5^{\sin x}$

d) $f(x) = \log(\sin^2 x)$

e) $f(x) = \cos\left(\dfrac{1}{x}\right)$

f) $f(x) = \dfrac{\cos x}{\cos x - 5}$

g) $f(x) = \sqrt{\sin x - 1}$

h) $f(x) = \cos\sqrt{x}$

10. En plaçant les sondes d'un oscilloscope à différents endroits d'un circuit alimenté par une source de tension alternative (CA) de forme sinusoïdale, on obtient les ondes représentées ci-contre, où la tension est en volts (V) et le temps, en microsecondes ($1\ \mu s = 10^{-6}$ s).

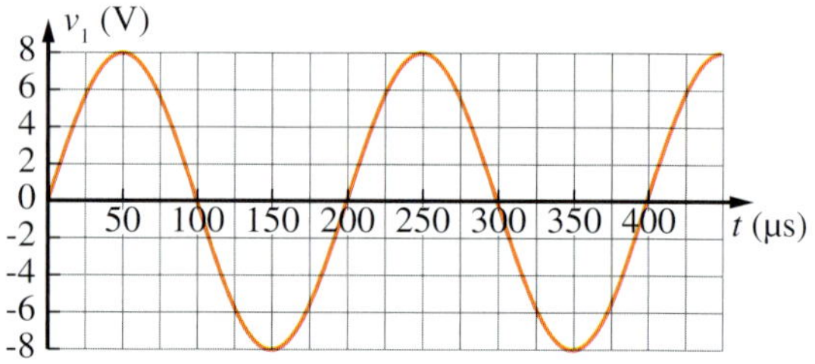

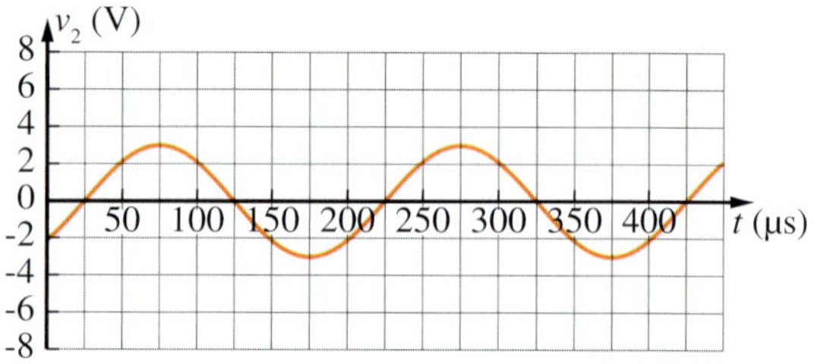

a) Donner la règle de correspondance de la fonction $f_1(t) = v_1$. Préciser sa période, sa fréquence (en hertz) et son amplitude.

b) Donner la règle de correspondance de la fonction $f_2(t) = v_2$. Préciser sa période, sa fréquence et son amplitude.

c) Quel est le déphasage de v_2 par rapport à v_1 ?

d) Calculer v_1 et v_2 au temps $t = 50\ \mu s$.

e) Dans le premier cycle de f_1, après combien de temps la tension à la source est-elle de 4 V ?

11. Un circuit comprenant un condensateur est alimenté par une onde reproduisant l'effet d'une source de tension constante (CC) de 4 V combinée à un interrupteur. Le condensateur se charge durant la première partie du cycle et se décharge durant la seconde.

Sur les graphiques des deux fonctions, le temps est exprimé en millisecondes ($1\ ms = 10^{-3}$ s).

Tension de la source en fonction du temps

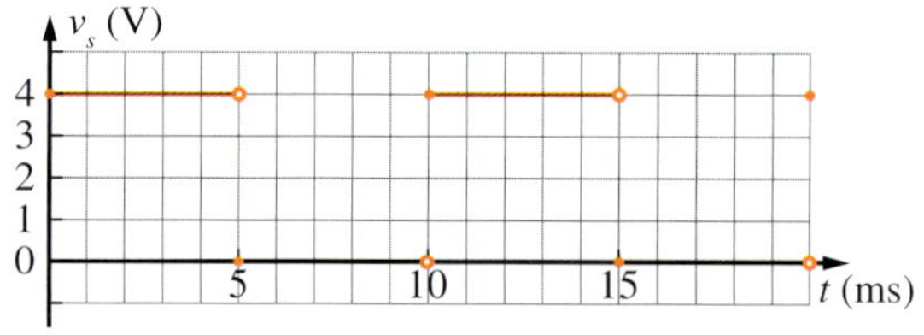

Tension aux bornes du condensateur en fonction du temps

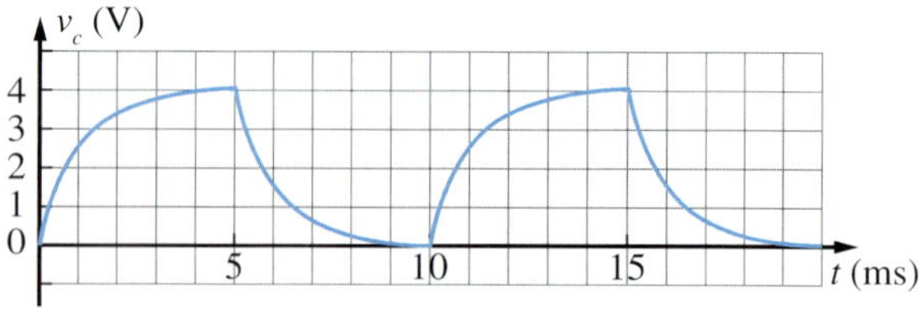

a) Donner la règle de correspondance de $f_s(t) = v_s$ pour les deux premiers cycles. Préciser l'amplitude, la période et la fréquence (en hertz) de la fonction.

b) Sachant que $v_c = \begin{cases} 4(1 - e^{-t}) & \text{si } 0 \leq t < 5 \\ 4\,e^{-(t-5)} & \text{si } 5 \leq t < 10 \end{cases}$ pour le premier cycle, trouver la règle de correspondance de $f_c(t) = v_c$ pour le deuxième cycle. Préciser l'amplitude, la période et la fréquence de la fonction.

c) Calculer la tension de la source et la tension aux bornes du condensateur après 6 ms.

d) Dans le premier cycle, trouver les valeurs de t pour lesquelles $v_c = 2$ V.

Exercices récapitulatifs

1. Évaluer chacune des expressions suivantes sans la calculatrice.

a) $\cos \dfrac{-26\pi}{3}$

b) $\sin \dfrac{17\pi}{2}$

c) $\tan \dfrac{9\pi}{4}$

d) $\sin^2 12 + \cos^2 12$

e) $\sin \dfrac{13\pi}{4} - \cos \dfrac{11\pi}{3} - 2 \sec \pi$

f) $\left(\tan \dfrac{\pi}{3}\right)\left(\cot \dfrac{\pi}{3}\right)$

2. Faire l'analyse complète de la fonction $f(x) = -2 \sin\left(3x - \dfrac{\pi}{2}\right)$.

3. Tracer le graphique de la fonction $f(x) = \left|\cos 2\pi x\right|$.

4. Trouver la règle de correspondance de la fonction sinusoïdale représentée par le graphique ci-dessous.

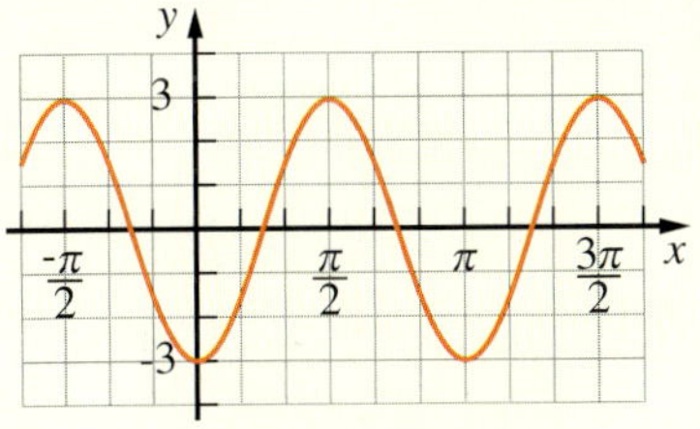

5. Évaluer $\arcsin 0,2 - 3 \arccos 0,8 + \arctan(-5)$.

6. Démontrer chacune des identités suivantes.

a) $(\sec x \cot^2 x)(1 - \cos^2 x) = \cos x$

b) $\dfrac{1}{\cos^2 t} - \dfrac{1}{\cot^2 t} = 1$

7. Trouver les solutions principales de chacune des équations suivantes.

a) $4 \cos x = 3 \sec x$

b) $3 \tan x + \cot x = 5 \csc x$

c) $2(\cos^2 x - \sin^2 x) = 1$

d) $3 \sin^2 x + 13 \sin x - 10 = 0$

8. Pendant une excursion de nuit au cours de laquelle ils se dirigent à la boussole, des louveteaux aperçoivent un arbre très élevé. Les garçons s'interrogent sur sa hauteur. La cheftaine de la meute leur explique comment évaluer la hauteur de l'arbre : « Prenez une lampe de poche, déposez-la au sol, dirigez le faisceau vers la cime de l'arbre et mesurez l'angle que forme la lampe avec le sol. Avancez ensuite de 25 m et répétez l'expérience. » La première fois, l'angle mesure 20° ; la seconde fois, il mesure 40°. Quelle est la hauteur de l'arbre ?

Un peu d'histoire

Les réponses à certaines de ces questions se trouvent dans ce chapitre. Un peu de réflexion ou de recherche sera nécessaire pour répondre aux questions en bleu.

9. a) Quelle est la signification du mot « trigonométrie » ?

b) En quelle année ce mot apparaît-il pour la première fois dans un ouvrage scientifique ?

c) À qui doit-on cet ouvrage ?

10. Vos grands-parents ne possédaient sans doute pas de calculatrice pendant leurs études secondaires. Quel outil utilisaient-ils pour calculer la valeur d'un rapport trigonométrique ? Sauriez-vous où trouver un tel outil dans votre cégep ?

11. Quelle est la particularité de la table des sinus de l'astronome perse Ghiyath al-Din Jamshid Mas'ud al-Kashi ?

12. a) Quelle théorie, révolutionnaire à l'époque, Copernic a-t-il défendue ?

b) Quel nom (en un mot) donne-t-on à cette théorie ?

11 Les vecteurs du plan

Objectif général

Résoudre des problèmes faisant appel aux vecteurs géométriques et algébriques du plan.

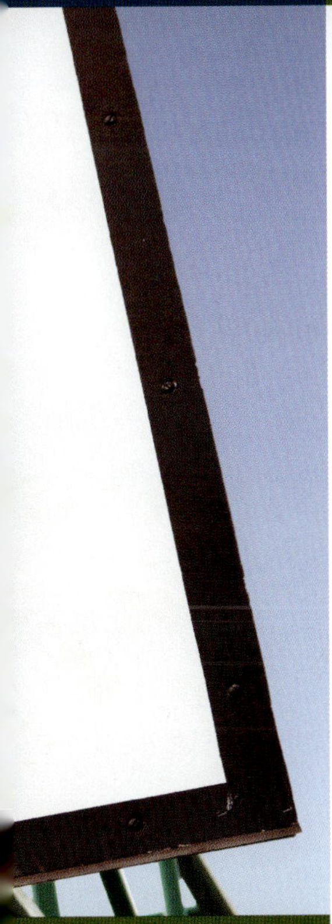

Le mot « vecteur » signifie « qui transporte ». Un insecte ou un animal infecté d'une maladie qu'il peut transmettre à l'homme est considéré comme un vecteur de cette maladie (*voir la représentation ci-dessous*). Une invention peut être un vecteur de progrès. Les réseaux sociaux sont des vecteurs de communication. En typographie, on appelle « polices vectorielles » les caractères qu'on peut tracer en suivant des instructions qui décrivent les déplacements à effectuer pour en obtenir le contour.

Représentation de vecteurs de transmission d'une maladie

En mathématique, un vecteur est un segment de droite orienté (une flèche) qui possède une longueur, un sens et une direction.

On utilise souvent les vecteurs en physique pour représenter des déplacements, des vitesses, des forces, par exemple. Le calcul vectoriel peut servir, entre autres, à calculer l'effet combiné du courant et du vent sur une embarcation ou la direction et la vitesse d'un ballon de basketball selon la poussée et l'angle de tir, etc. On utilise aussi les vecteurs dans de nombreuses autres disciplines.

Exercices préliminaires

Avant d'entreprendre l'étude de ce chapitre, vous devriez connaître et maîtriser les notions suivantes. Si vous ne pouvez pas répondre à une question donnée, reportez-vous aux chapitres précédents.

Les droites (*voir le chapitre 5*)

1. Quelle est la relation entre les pentes des droites de chacune des paires suivantes ?

a) $D_1 // D_2$ b) $D_3 \perp D_4$

2. Quelle est la longueur du segment de droite AB joignant les points $A(2, 5)$ et $B(-1, 4)$?

Les triangles (*voir le chapitre 9*)

3. Quelle est la longueur de l'hypoténuse du triangle rectangle dont les côtés de l'angle droit mesurent 2 cm et 8 cm ?

4. Soit un triangle ABC tel que $AB = 2$, $BC = 3$ et $AC = 4$. En sachant que $\Delta\, DEF \sim \Delta\, ABC$, que EF est le côté homologue à BC et que $EF = 12$, calculer les mesures des deux autres côtés du triangle DEF.

5. Montrer qu'une diagonale d'un parallélogramme partage celui-ci en deux triangles isométriques.

La trigonométrie (*voir le chapitre 10*)

6. Quelle est la mesure (en degrés) de l'angle θ tel que $0° \leq \theta < 180°$ et $\cos \theta = 0,83$?

7. Soit un triangle ABC tel que $AB = 4$, $BC = 5$ et $AC = 7$. Calculer la mesure des angles de ce triangle.

8. Tracer le graphique de la fonction $f(x) = 2\sin\left(3\left(x - \frac{\pi}{4}\right)\right)$. Préciser son amplitude, sa période, sa fréquence et son déphasage par rapport à la fonction $g(x) = \sin x$.

11.1 Les vecteurs géométriques

Décrire et interpréter les caractéristiques d'un vecteur géométrique du plan.

Un **vecteur** est un segment de droite orienté, représenté par une flèche reliant deux points.

Le point de départ est l'**origine** du vecteur, et le point d'arrivée (la pointe de la flèche), son **extrémité**.

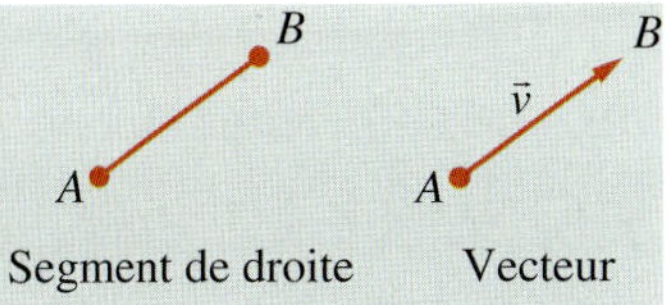

On désigne un vecteur par une lettre minuscule surmontée d'une flèche ($\vec{v}$) ou en précisant ses extrémités ($\overrightarrow{AB}$).

L'**orientation** d'un vecteur est donnée par l'angle θ qu'il forme avec l'horizontale. On mesure cet angle dans le sens antihoraire, en partant d'un point situé sur la droite horizontale, à droite de l'origine du vecteur.

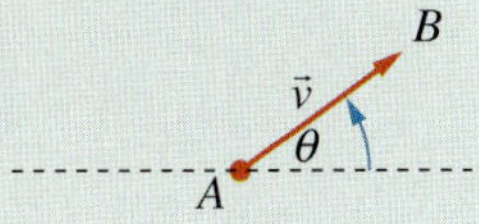

La **norme** (ou **module**) du vecteur, désignée par $\|\vec{v}\|$ ou par $\|\overrightarrow{AB}\|$, est sa longueur. C'est la distance entre les points A et B.

On utilise la double barre afin de distinguer la norme d'un vecteur et la valeur absolue d'un nombre réel.

L'orientation d'un vecteur précise une **direction** (déterminée par la pente de la droite qui supporte le vecteur) et un **sens** (indiqué par la pointe de la flèche).

Si on considère un vecteur comme le rayon d'un cercle, on constate que son angle d'orientation est compris dans l'intervalle $[0°, 360°[$.

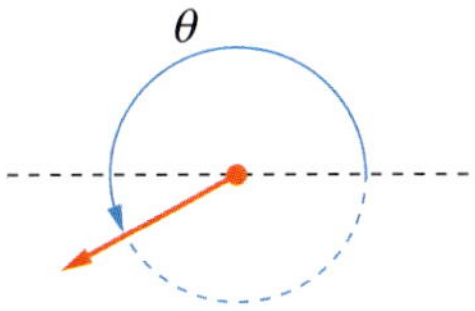

Exemple 11.1

◆ La figure ci-contre représente un vecteur $\overrightarrow{CD}$ dont l'orientation est donnée par l'angle $\theta = 225°$ et dont la norme est $\|\overrightarrow{CD}\| = 7$ cm.

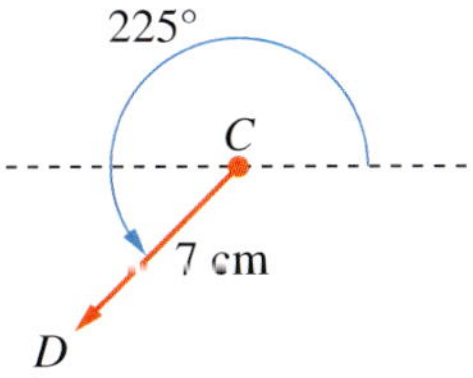

Le **vecteur nul** est un vecteur de longueur 0, désigné par $\vec{0}$.

$\|\vec{0}\| = 0$ et l'orientation du vecteur nul n'est pas définie.

Un **vecteur unitaire** est un vecteur de longueur 1.

Le vecteur nul est unique. Sa longueur étant nulle, son origine et son extrémité coïncident : il est donc représenté par un point. Son orientation n'étant pas définie, il ne peut pas être associé à la pente d'une droite.

Il existe une infinité de vecteurs unitaires, qui se distinguent par leur orientation.

Les propriétés de la norme et de l'orientation d'un vecteur

La norme $\|\overrightarrow{AB}\|$ d'un vecteur $\overrightarrow{AB}$ est toujours positive ou nulle.

$$\|\overrightarrow{AB}\| \geq 0$$

L'angle d'orientation θ d'un vecteur non nul $\overrightarrow{AB}$ est toujours compris dans l'intervalle $[0°, 360°[$.

$$0° \leq \theta < 360°$$

Lorsqu'un vecteur est placé dans le plan cartésien, on peut utiliser la formule de distance entre deux points (*voir le chapitre 9, page 381*) pour calculer sa norme et les rapports trigonométriques afin de trouver son angle d'orientation.

Exemple 11.2

◆ Soit le vecteur $\overrightarrow{AB}$ ci-contre, dont l'origine est le point $A(5, 3)$ et l'extrémité, le point $B(1, \text{-}2)$.

$\|\overrightarrow{AB}\|$ est la distance entre A et B.

$$\|\overrightarrow{AB}\| = \sqrt{(1-5)^2 + (\text{-}2-3)^2} = \sqrt{41} \approx 6{,}4$$

Le segment AB associé au vecteur $\overrightarrow{AB}$ est l'hypoténuse d'un triangle rectangle dont on peut tracer les côtés de l'angle droit. Le point $C(1, 3)$ est le sommet de l'angle droit.

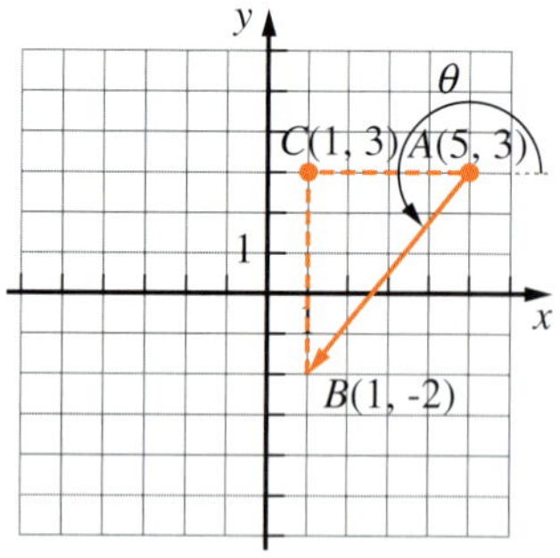

$$AC = |5-1| = 4 \text{ et } BC = |3-(\text{-}2)| = 5$$

$$\tan A = \frac{BC}{AC} = \frac{5}{4} = 1{,}25$$

$$\angle A = \arctan 1{,}25 \approx 51{,}3°$$

L'angle d'orientation du vecteur, mesuré dans le sens antihoraire, est donc $\theta = 180° + \angle A \approx 231{,}3°$.

- Deux vecteurs $\vec{u}$ et $\vec{v}$ sont **équipollents** (ou équivalents) s'ils ont la même orientation (même sens et même direction) et la même norme. On écrit alors $\vec{u} = \vec{v}$.
- Deux vecteurs $\vec{u}$ et $\vec{v}$ non nuls sont **colinéaires** si les droites qui les supportent sont parallèles. On écrit alors $\vec{u} \mathbin{/\!/} \vec{v}$. Le vecteur nul est considéré comme colinéaire à tout vecteur.
- Deux vecteurs $\vec{u}$ et $\vec{v}$ de même norme sont **opposés** s'ils sont colinéaires, mais orientés dans le sens contraire (la valeur absolue de la différence entre les mesures de leurs angles d'orientation est de 180°). On écrit alors $\vec{u} = \text{-}\vec{v}$ ou $\vec{v} = \text{-}\vec{u}$.
- Deux vecteurs $\vec{u}$ et $\vec{v}$ sont **orthogonaux** si les droites qui les supportent sont perpendiculaires. On écrit alors $\vec{u} \perp \vec{v}$.

Exemple 11.3

◆ Soit les vecteurs $\vec{s}$, $\vec{t}$, $\vec{u}$, $\vec{v}$, $\vec{w}$ et $\vec{z}$ ci-dessous.

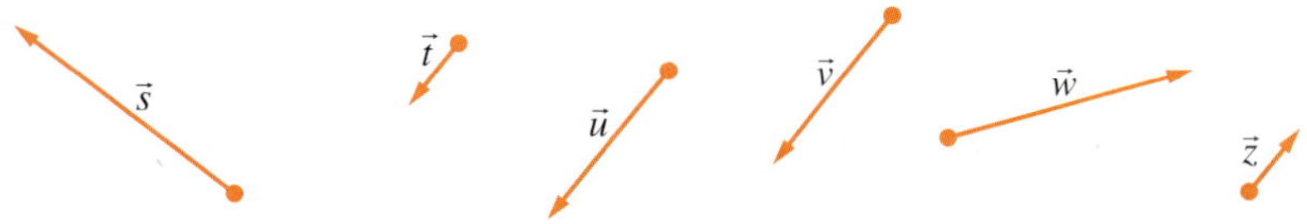

- Les vecteurs $\vec{u}$ et $\vec{v}$ sont équipollents, car une fois qu'ils sont superposés, leur origine et leur extrémité coïncident. Ils ont donc la même orientation et la même norme.

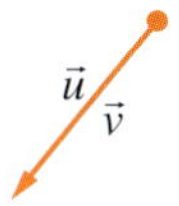

- Les vecteurs $\vec{t}$ et $\vec{u}$ ne sont pas équipollents. Ils ont la même orientation, mais sont de longueurs différentes.

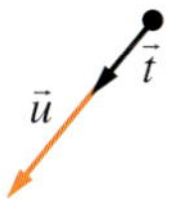

- Les vecteurs $\vec{t}$, $\vec{u}$, $\vec{v}$ et $\vec{z}$ sont colinéaires, car ils sont supportés par des droites parallèles.

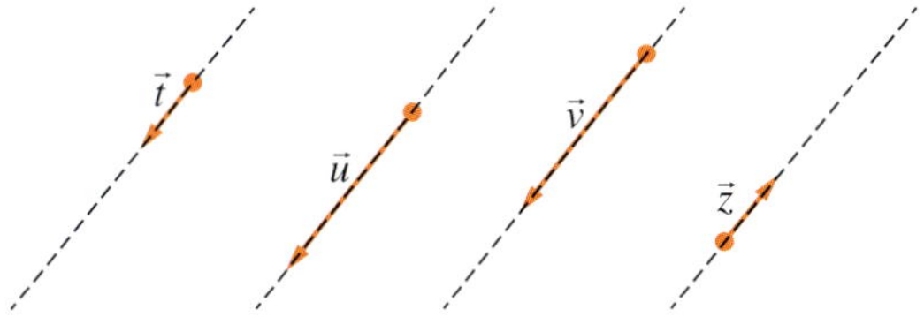

- Les vecteurs $\vec{t}$ et $\vec{z}$ ne sont pas équipollents. Ils ont la même norme et la même direction (ils sont supportés par des droites parallèles), mais n'ont pas le même sens. Ils sont opposés.

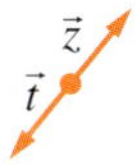

- Les vecteurs $\vec{v}$ et $\vec{w}$ ne sont pas colinéaires, car ils sont supportés par des droites sécantes. Ils ne sont donc pas équipollents.

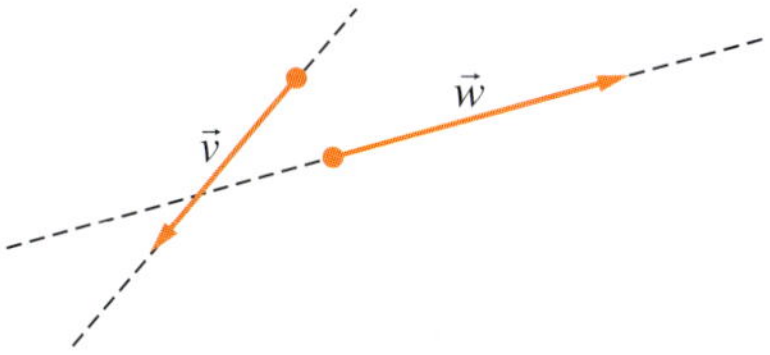

- Les vecteurs $\vec{s}$ et $\vec{t}$ sont orthogonaux, car ils sont supportés par des droites perpendiculaires.

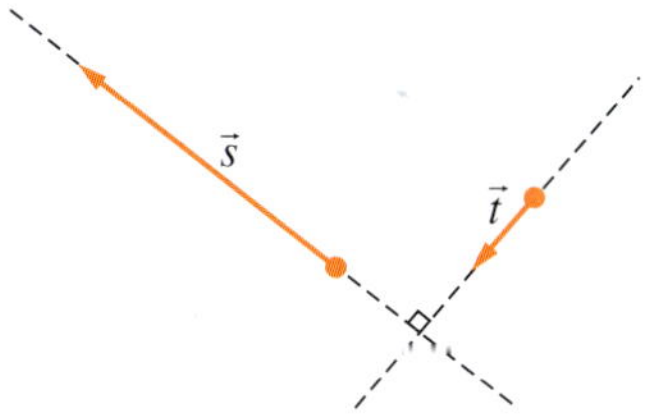

◆ Soit le vecteur $\overrightarrow{AB}$ ci-contre.

Son opposé est le vecteur $-\overrightarrow{AB} = \overrightarrow{BA}$.

Les angles d'orientation de $\overrightarrow{AB}$ et de $\overrightarrow{BA}$ sont respectivement $\theta_1 = 30°$ et $\theta_2 = 210°$.

$$\theta_2 = \theta_1 + 180°$$

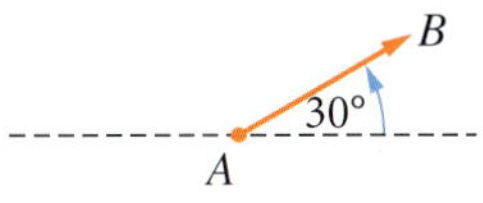

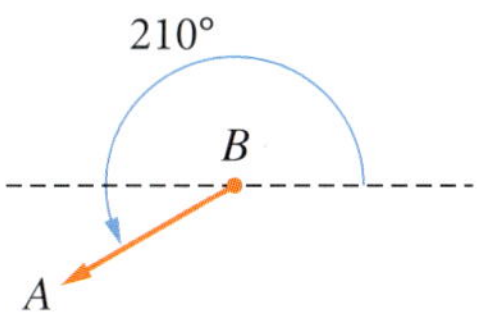

11

Exercices 11.1

1. Déterminer l'origine, l'extrémité, l'angle d'orientation et la norme de chacun des vecteurs représentés ci-dessous.

a) 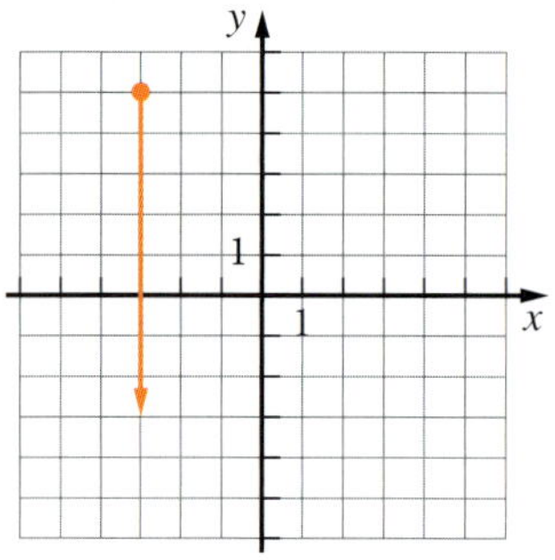

c) 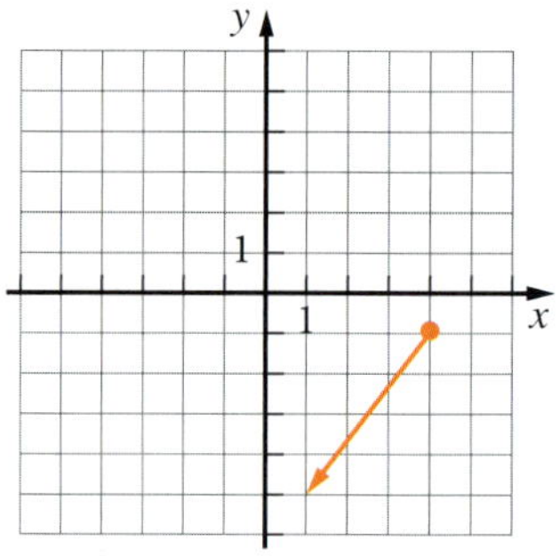

b) 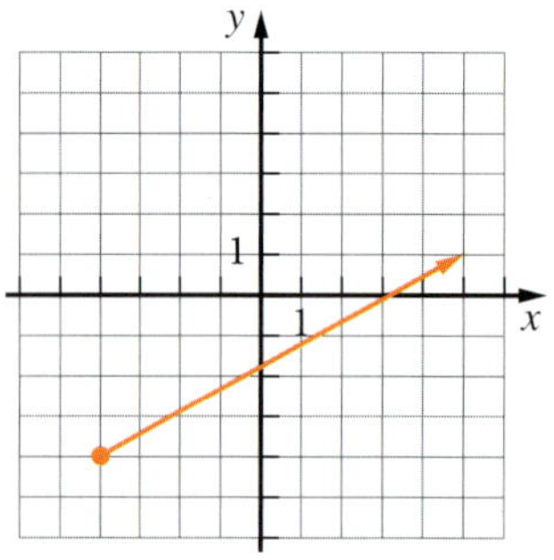

d) 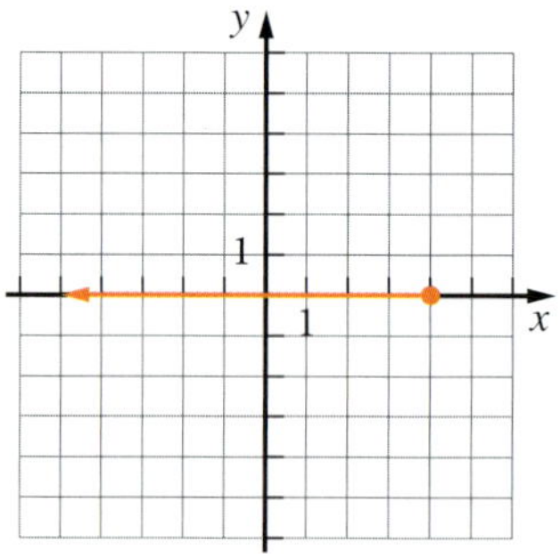

2. Représenter graphiquement deux vecteurs qui sont :

a) colinéaires ; b) équipollents ; c) opposés ; d) orthogonaux.

3. Dans le tableau ci-dessous, indiquer « Toujours », « Parfois » ou « Jamais » selon que la phrase « Si $\vec{u}$ et $\vec{v}$ sont…, alors ils sont… » est toujours vraie, est parfois vraie ou n'est jamais vraie.

Si $\vec{u}$ et $\vec{v}$ sont…,	**alors ils sont…**			
	équipollents	**colinéaires**	**opposés**	**orthogonaux**
équipollents	Toujours			
colinéaires		Toujours		
opposés			Toujours	
orthogonaux				Toujours

4. Représenter graphiquement un vecteur possédant les caractéristiques suivantes.

a) $\|\overrightarrow{AB}\| = 3$ cm et $\theta = 40°$.

b) $\|\overrightarrow{CD}\| = 2$ cm et $\theta = 220°$.

c) $\overrightarrow{EF}$, avec $E(-3, 1)$ et $F(2, -2)$.

d) $\overrightarrow{GH}$ est l'opposé de $\overrightarrow{EF}$.

e) $\overrightarrow{KL}$ est équipollent à $\overrightarrow{CD}$.

f) $\overrightarrow{MN}$ est un vecteur unitaire et $\theta = 180°$.

11.2 Les opérations sur les vecteurs

Effectuer des opérations d'addition, de soustraction et de multiplication par un scalaire sur des vecteurs du plan.

L'**angle θ entre deux vecteurs** non nuls est le plus petit angle ($0 \leq \theta \leq 180°$) formé par ces deux vecteurs lorsque leurs origines coïncident.

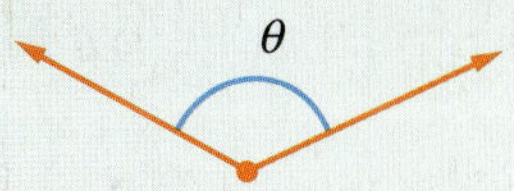

L'angle entre deux vecteurs colinéaires est $\theta = 0°$ si les deux vecteurs ont le même sens; il est $\theta = 180°$ si les deux vecteurs sont de sens contraires.

On appelle **scalaire** une quantité non vectorielle dont la valeur est un nombre réel.

La multiplication d'un vecteur par un scalaire a pour effet de multiplier sa norme par la valeur absolue du scalaire. Le vecteur obtenu est supporté par la même droite que le vecteur initial.

La multiplication d'un vecteur par un scalaire

Si $\vec{u}$ est un vecteur dont l'angle d'orientation est θ et si k est un scalaire, le produit $\vec{v} = k\vec{u}$ est un vecteur tel que:

- $\|\vec{v}\| = |k|\,\|\vec{u}\|$;
- si $k > 0$, $\vec{v}$ a la même orientation (même sens et même direction) que $\vec{u}$;
- si $k < 0$, $\vec{v}$ a la même orientation que $-\vec{u}$ et son angle d'orientation est $\theta \pm 180°$ (on choisit le signe de façon à obtenir un angle entre 0° et 360°);
- si $k = 0$, $0\vec{u} = \vec{0}$;
- $k\vec{0} = \vec{0}$.

Exemple 11.4

◆ Soit le vecteur $\vec{u}$ ci-dessous tel que $\|\vec{u}\| = 2$ et $\theta_1 = 40°$.

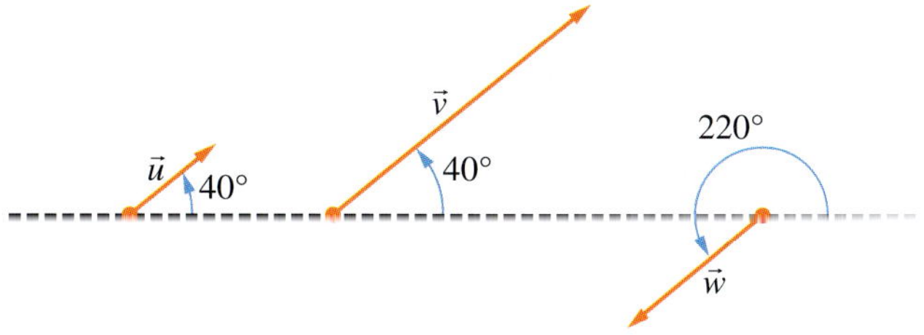

- Le vecteur $\vec{v} = 3\vec{u}$ est tel que $\|\vec{v}\| = |3|\,\|\vec{u}\| = 3\,\|\vec{u}\| = 3 \times 2 = 6$.

  $\vec{v}$ a la même orientation que $\vec{u}$. L'angle d'orientation de $\vec{v}$ est $\theta_2 = \theta_1 = 40°$.

- Le vecteur $\vec{w} = \frac{-3}{2}\vec{u}$ est tel que $\|\vec{w}\| = \left|\frac{-3}{2}\right|\|\vec{u}\| = \frac{3}{2}\|\vec{u}\| = \frac{3}{2} \times 2 = 3$.

  Le sens de $\vec{w}$ est opposé à celui de $\vec{u}$. L'angle d'orientation de $\vec{w}$ est $\theta_3 = \theta_1 + 180° = 40° + 180° = 220°$.

11

Les vecteurs colinéaires et la multiplication par un scalaire

Deux vecteurs non nuls $\vec{u}$ et $\vec{v}$ sont colinéaires si et seulement si on peut trouver un scalaire k tel que $\vec{v} = k\vec{u}$. La valeur de k est alors unique.

Exemple 11.5

◆ Soit les vecteurs $\vec{u}$, $\vec{v}$ et $\vec{w}$ représentés ci-dessous.

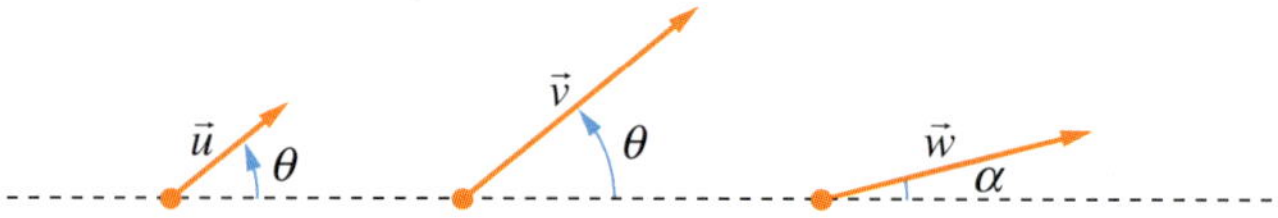

Les vecteurs $\vec{u}$ et $\vec{v}$ sont colinéaires (ils sont supportés par des droites parallèles):

$$\vec{v} = 2\vec{u} \text{ et } \vec{u} = \frac{1}{2}\vec{v}$$

On ne peut pas exprimer $\vec{w}$ sous la forme $\vec{w} = k\vec{u}$, puisque ces deux vecteurs n'ont pas la même orientation ($\theta \neq \alpha$) et que la multiplication par un scalaire ne modifie pas la pente de la droite qui supporte le vecteur.

L'addition de deux vecteurs par la méthode du triangle

Pour additionner deux vecteurs $\vec{u}$ et $\vec{v}$:

1. On place l'origine de $\vec{v}$ (ou d'un représentant équipollent) à l'extrémité de $\vec{u}$.
2. On relie l'origine de $\vec{u}$ à l'extrémité de $\vec{v}$. On obtient alors le vecteur résultant $\vec{u} + \vec{v}$.

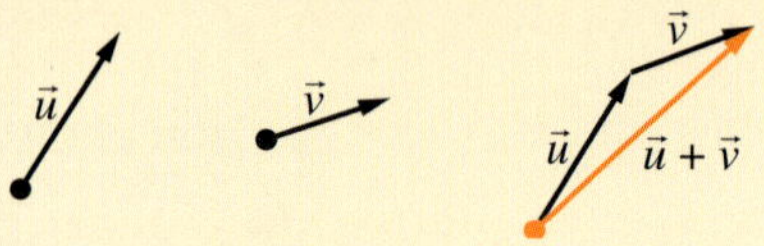

L'addition de deux vecteurs par la méthode du parallélogramme

Pour additionner deux vecteurs $\vec{u}$ et $\vec{v}$:

1. On fait coïncider l'origine des deux vecteurs (ou de représentants équipollents).
2. On complète le parallélogramme dont les deux vecteurs constituent des côtés.
3. Le vecteur résultant $\vec{u} + \vec{v}$ est la diagonale du parallélogramme issue de l'origine des vecteurs.

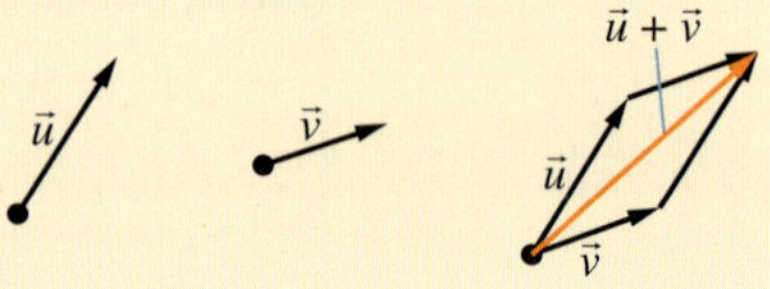

Les deux méthodes sont équivalentes.

Exemple 11.6

◆ Soit les vecteurs $\vec{u}$ et $\vec{v}$ représentés ci-dessous.

On obtient le même vecteur somme avec les deux méthodes. En effet, les deux triangles ombrés sont isométriques (mêmes mesures d'angles et de côtés) et les deux vecteurs somme ont la même orientation.

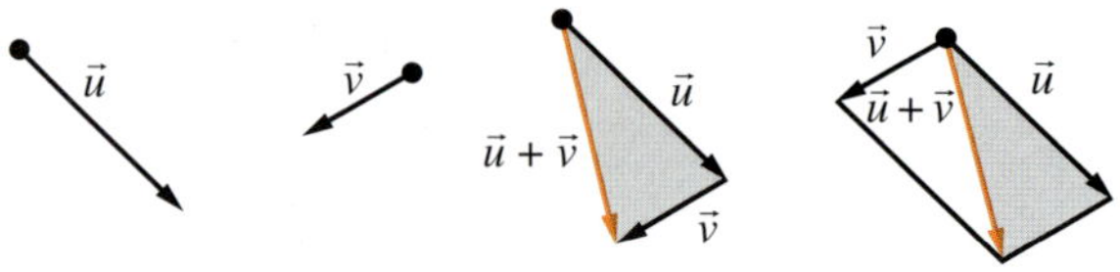

La loi de Chasles, du nom du mathématicien Michel Chasles (1793-1880), permet d'effectuer la somme de plusieurs vecteurs.

La loi de Chasles

Si $\overrightarrow{AX_1}, \overrightarrow{X_1X_2}, \overrightarrow{X_2X_3}, ..., \overrightarrow{X_{n-1}X_n}, \overrightarrow{X_nB}$ sont des vecteurs tels que l'origine de l'un est l'extrémité du précédent :

$$\overrightarrow{AX_1} + \overrightarrow{X_1X_2} + \overrightarrow{X_2X_3} + ... + \overrightarrow{X_{n-1}X_n} + \overrightarrow{X_nB} = \overrightarrow{AB}$$

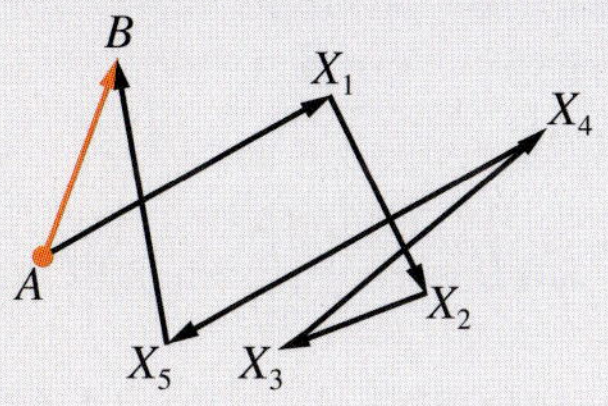

La soustraction de deux vecteurs

Pour soustraire deux vecteurs $\vec{u}$ et $\vec{v}$, il suffit de faire l'addition de $\vec{u}$ et de l'opposé de $\vec{v}$ (le vecteur $-\vec{v}$).

$$\vec{u} - \vec{v} = \vec{u} + (-\vec{v})$$

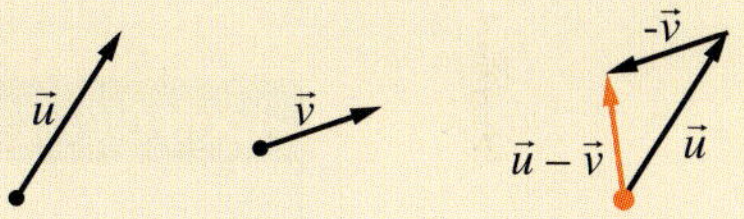

L'addition de vecteurs possède des propriétés semblables à celles de l'addition des nombres réels.

Quelques propriétés de l'addition de vecteurs

- $\vec{u} + \vec{v}$ est un vecteur.
- $\vec{u} + \vec{v} = \vec{v} + \vec{u}$ (commutativité)
- $\vec{u} + (\vec{v} + \vec{w}) = (\vec{u} + \vec{v}) + \vec{w}$ (associativité)
- $\vec{u} + \vec{0} = \vec{0} + \vec{u} = \vec{u}$ ($\vec{0}$ est l'élément neutre de l'addition.)
- $\vec{u} + (-\vec{u}) = (-\vec{u}) + \vec{u} = \vec{0}$ ($-\vec{u}$ est l'inverse additif.)

La loi des sinus et la loi des cosinus (*voir le chapitre 10, section 10.11*) permettent de calculer la norme et l'angle d'orientation d'un vecteur somme.

Exemple 11.7

◆ Soit le vecteur $\vec{u}$ tel que $||\vec{u}|| = 6$ et $\theta_1 = 15°$, et le vecteur $\vec{v}$ tel que $||\vec{v}|| = 3$ et $\theta_2 = 60°$.

La figure ci-contre fournit les données permettant de calculer l'angle α.

$$\alpha = (180° - 60°) + 15° = 135°$$

On utilise la loi des cosinus pour calculer la norme du vecteur $\vec{u} + \vec{v}$.

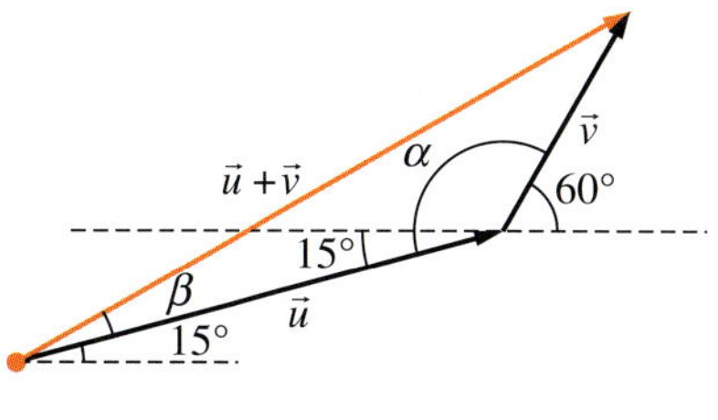

$$||\vec{u}+\vec{v}||^2 = ||\vec{u}||^2 + ||\vec{v}||^2 - 2||\vec{u}||\,||\vec{v}||\cos\alpha$$
$$= 6^2 + 3^2 - (2)(3)(6)(\cos 135°) \approx 70{,}46$$
$$||\vec{u}+\vec{v}|| \approx \sqrt{70{,}46}, \text{ soit approximativement } 8{,}39$$

Pour trouver l'angle d'orientation de $\vec{u}+\vec{v}$, on doit d'abord calculer la mesure de l'angle β en utilisant la loi des sinus.

$$\frac{\sin\alpha}{||\vec{u}+\vec{v}||} = \frac{\sin\beta}{||\vec{v}||}$$
$$\frac{\sin 135°}{8{,}39} \approx \frac{\sin\beta}{3}$$
$$\sin\beta \approx \frac{3\sin 135°}{8{,}39}, \text{ soit approximativement } 0{,}2527$$

$\beta \approx \arcsin 0{,}2527$, d'où $\beta \approx 14{,}6°$.

L'angle d'orientation θ du vecteur $\vec{u}+\vec{v}$ est calculé à partir de l'horizontale et ainsi $\theta = \beta + 15° \approx 14{,}6° + 15°$, soit approximativement 29,6°.

Exercices 11.2

1. Pour chacun des vecteurs $\vec{u}$ ci-dessous, représenter graphiquement $\frac{1}{2}\vec{u}$ et $-2\vec{u}$.

a)

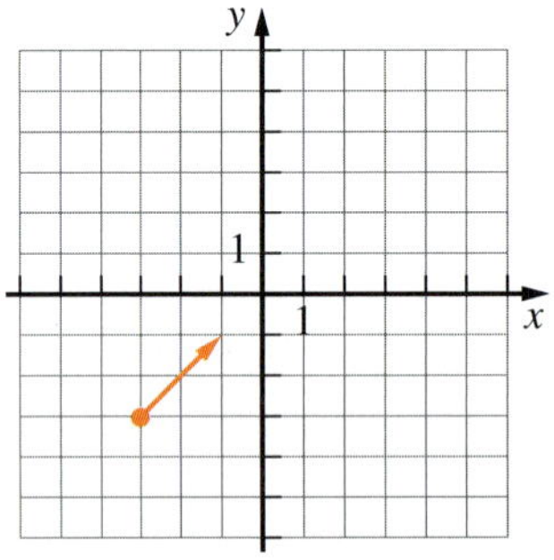

b)

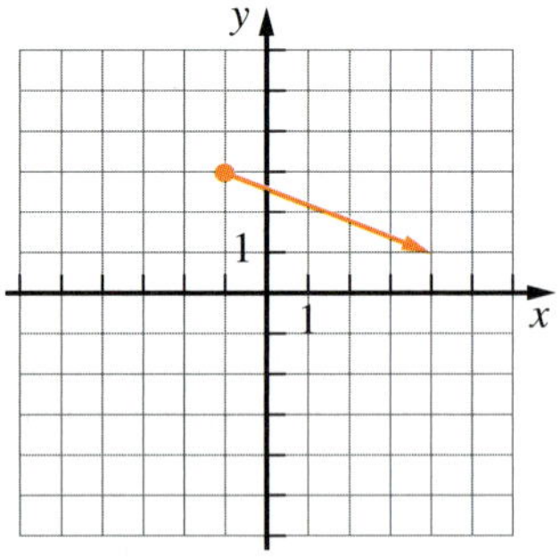

2. En utilisant les sommets du parallélépipède ci-contre comme extrémités des vecteurs, déterminer un vecteur résultant de chacune des opérations suivantes.

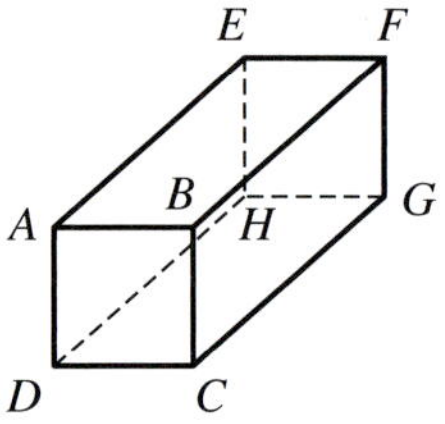

a) $\overrightarrow{AB}+\overrightarrow{AE}$

b) $\overrightarrow{CD}+\overrightarrow{BF}$

c) $\overrightarrow{FG}+\overrightarrow{CB}$

d) $\overrightarrow{AF}+\overrightarrow{ED}$

e) $\overrightarrow{EG}-\overrightarrow{DH}$

f) $\overrightarrow{AB}+\overrightarrow{AE}+\overrightarrow{AD}$

g) $\overrightarrow{BC}-\overrightarrow{DC}-\overrightarrow{BD}$

h) $\overrightarrow{HC}-\overrightarrow{HA}-\overrightarrow{EC}$

i) $\overrightarrow{GH}+\overrightarrow{BE}-\overrightarrow{CE}-\overrightarrow{FA}$

j) $\overrightarrow{AG}+\overrightarrow{CB}+\overrightarrow{EC}+\overrightarrow{GA}$

3. Soit les vecteurs $\vec{u}$ (où $||\vec{u}|| = 4$ et $\theta_1 = 30°$), $\vec{v}$ (où $||\vec{v}|| = 3$ et $\theta_2 = 90°$) et $\vec{w}$ (où $||\vec{w}|| = 5$ et $\theta_3 = 200°$). Représenter graphiquement chacun des vecteurs ci-dessous et calculer sa norme et son angle d'orientation.

a) $\vec{u}+\vec{v}$

b) $\vec{u}-\vec{v}$

c) $\vec{u}+\vec{w}$

d) $\vec{u}-\vec{w}+\vec{u}$

e) $\vec{u}-3\vec{v}$

f) $\vec{u}+2\vec{v}$

g) $(\vec{u}+\vec{v})+(\vec{v}-\vec{w})$

h) $2\vec{u}-\vec{v}+\frac{3}{5}\vec{w}$

4. Démontrer que le segment de droite reliant le point milieu de deux côtés d'un triangle est parallèle au troisième côté et que sa longueur est la moitié de celle du troisième côté.

11.3 Les vecteurs algébriques et le produit scalaire

- Représenter un vecteur du plan sous sa forme algébrique.
- Calculer le produit scalaire de deux vecteurs du plan.

Dans les deux premières sections de ce chapitre, nous avons étudié les vecteurs du plan sous leur forme géométrique. On peut aussi les traiter de façon algébrique, en les exprimant sous la forme d'un couple (x, y).

La **forme algébrique** d'un vecteur $\vec{v}$ est un couple (x, y) qui donne les coordonnées de l'extrémité d'un vecteur équipollent d'origine (0, 0). Ce sont les **coordonnées rectangulaires** du vecteur $\vec{v}$.

Exemple 11.8

◆ On peut exprimer le vecteur $\overrightarrow{AB}$ ci-dessous sous la forme rectangulaire $\vec{v} = (-3, 4)$.

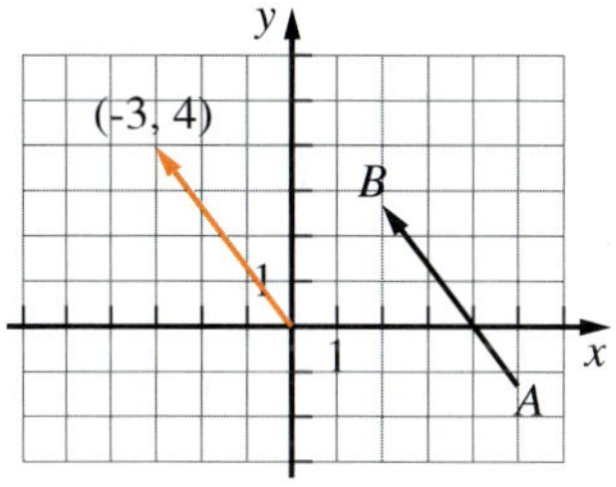

En effet, le vecteur équipollent à $\overrightarrow{AB}$ dont l'origine est le point (0, 0) a pour extrémité le point (-3, 4).

On calcule sa norme et son angle d'orientation comme à l'exemple 11.2.

$$\|\vec{v}\| = \sqrt{(-3)^2 + 4^2} = \sqrt{25} = 5$$

$$\theta = \arctan\left(\frac{4}{-3}\right)$$

La calculatrice donne la solution $\theta \approx -53{,}1°$. Puisque le point (-3, 4) est situé dans le deuxième quadrant, on retient la solution $\theta \approx -53{,}1° + 180°$, soit $\theta \approx 126{,}9°$.

Les opérations sur les vecteurs en forme algébrique

Multiplication par un scalaire : si $\vec{u} = (x, y)$, alors $k\vec{u} = (kx, ky)$.

Addition de vecteurs : si $\vec{u} = (x_1, y_1)$ et $\vec{v} = (x_2, y_2)$, alors $\vec{u} + \vec{v} = (x_1 + x_2, y_1 + y_2)$.

On peut donc facilement additionner deux vecteurs ou multiplier un vecteur par un scalaire en utilisant leur forme algébrique.

Les figures ci-après illustrent l'équivalence entre le résultat de ces opérations en forme algébrique et le résultat obtenu avec la représentation géométrique.

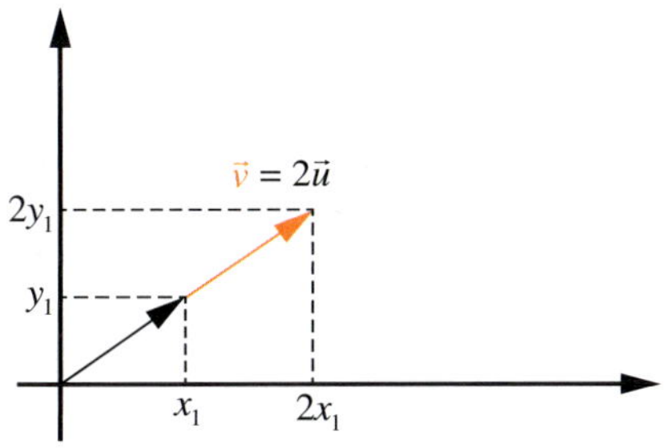

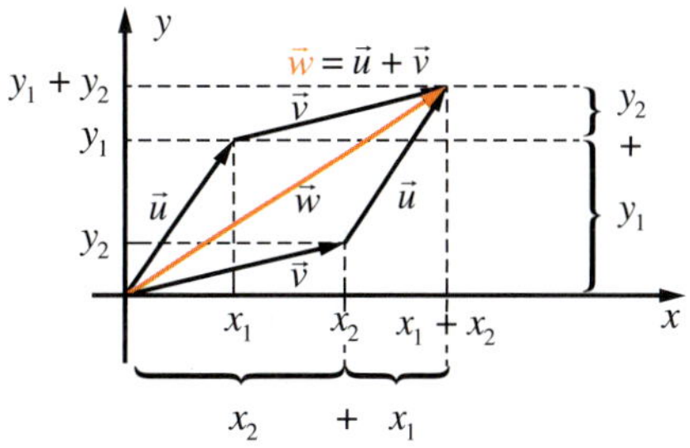

Exemple 11.9

◆ Soit les vecteurs $\vec{u} = (2, 1)$ et $\vec{v} = (-3, 4)$.

- $2\vec{u} = 2(2, 1) = (2(2), 2(1)) = (4, 2)$
- $\vec{u} + \vec{v} = (2, 1) + (-3, 4) = (2 + (-3), 1 + 4) = (-1, 5)$
- $\vec{v} - 2\vec{u} = (-3, 4) - 2(2, 1) = (-3 - 2(2), 4 - 2(1)) = (-7, 2)$

Le vecteur résultant est illustré sur le graphique ci-contre.

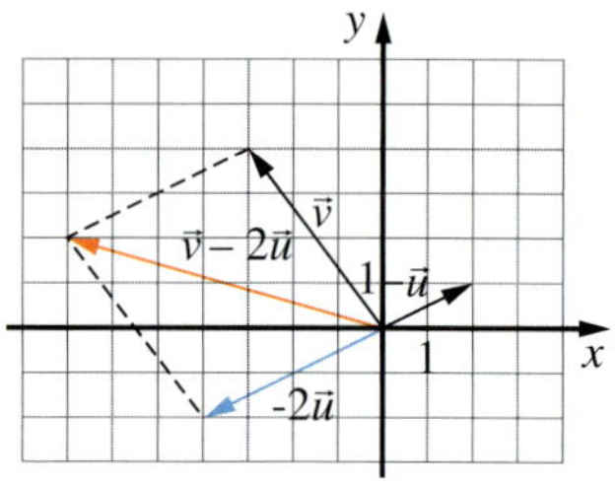

Le **produit scalaire** de deux vecteurs $\vec{u}$ et $\vec{v}$ est défini par :

$\vec{u} \cdot \vec{v} = ||\vec{u}||\,||\vec{v}|| \cos \theta$, où θ est l'angle formé par les deux vecteurs $(0° \leq \theta \leq 180°)$

Le résultat du produit scalaire est un scalaire.

Exemple 11.10

◆ Soit $\vec{u}$ et $\vec{v}$ deux vecteurs qui forment entre eux un angle $\theta = 60°$ et tels que $||\vec{u}|| = 4$ et $||\vec{v}|| = 7$.

$$\vec{u} \cdot \vec{v} = ||\vec{u}||\,||\vec{v}|| \cos \theta = 4 \times 7 \cos 60° = 28(0{,}5) = 14$$

Le calcul du produit scalaire avec la forme algébrique

Si $\vec{u} = (a, b)$ et $\vec{v} = (c, d)$, leur produit scalaire est donné par :

$$\vec{u} \cdot \vec{v} = ac + bd$$

Exemple 11.11

◆ Soit $\vec{u} = (5, 2)$ et $\vec{v} = (-2, 1)$ ci-contre.

$$\vec{u} \cdot \vec{v} = ac + bd = 5(-2) + (2)(1) = -8$$

Ce résultat permet de trouver l'angle entre les deux vecteurs.

$$||\vec{u}|| = \sqrt{5^2 + 2^2} = \sqrt{29}$$

$$||\vec{v}|| = \sqrt{(-2)^2 + 1^2} = \sqrt{5}$$

$$\vec{u} \cdot \vec{v} = ||\vec{u}||\,||\vec{v}|| \cos \theta$$

$$\cos \theta = \frac{\vec{u} \cdot \vec{v}}{||\vec{u}||\,||\vec{v}||} = \frac{-8}{\sqrt{29} \times \sqrt{5}} \approx -0{,}6643$$

$$\theta = \arccos(-0{,}6643) \approx 131{,}6°$$

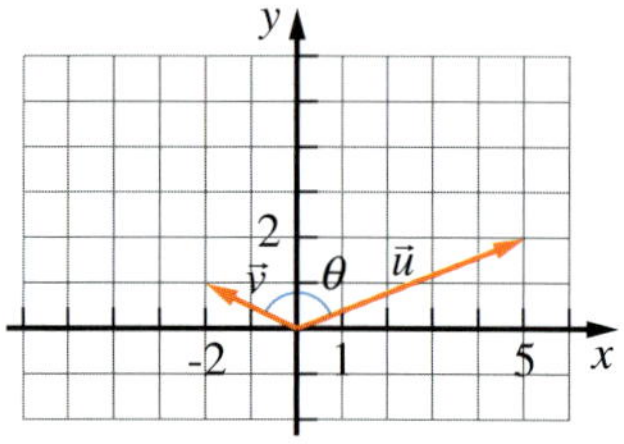

Le produit scalaire permet entre autres de vérifier si deux vecteurs non nuls sont orthogonaux.

Le produit scalaire de vecteurs orthogonaux

Deux vecteurs $\vec{u}$ et $\vec{v}$ non nuls sont orthogonaux si et seulement si leur produit scalaire est nul.

$$\vec{u} \perp \vec{v} \Leftrightarrow \vec{u} \cdot \vec{v} = 0$$

Voici la preuve de cette propriété.

Soit $\vec{u}$ et $\vec{v}$ deux vecteurs non nuls :

- Si $\vec{u} \perp \vec{v}$, alors l'angle θ entre les deux vecteurs mesure 90°.

  On a donc $\vec{u} \cdot \vec{v} = ||\vec{u}||\,||\vec{v}||\cos 90° = 0$, car $\cos 90° = 0$.
- Si $\vec{u} \cdot \vec{v} = 0$, alors $\vec{u} \cdot \vec{v} = ||\vec{u}||\,||\vec{v}||\cos\theta = 0$.

  Puisque $\vec{u}$ et $\vec{v}$ sont des vecteurs non nuls, on obtient $\cos\theta = 0$, où $0° \leq \theta \leq 180°$.

  Ainsi, $\theta = 90°$ et les deux vecteurs sont donc orthogonaux.

Exemple 11.12

◆ Soit $\vec{u} = (3, 1)$ et $\vec{v} = (\text{-}2, 6)$.

$$\vec{u} \cdot \vec{v} = 3(\text{-}2) + 1(6) = 0$$

Les deux vecteurs sont donc orthogonaux, comme on peut le vérifier sur le graphique ci-dessous.

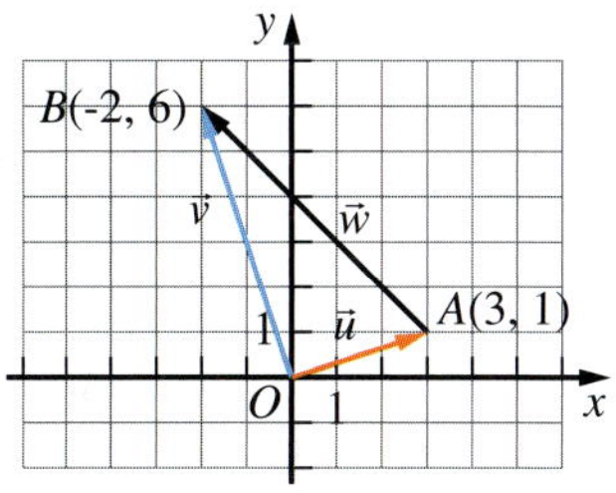

$$||\vec{u}|| = \sqrt{3^2 + 1^2} = \sqrt{10}$$

$$||\vec{v}|| = \sqrt{(\text{-}2)^2 + 6^2} = \sqrt{40}$$

$$||\vec{w}|| = \sqrt{(\text{-}2 - 3)^2 + (6 - 1)^2} = \sqrt{50}$$

Ainsi, $||\vec{u}||^2 + ||\vec{v}||^2 = 10 + 40 = 50 = ||\vec{w}||^2$.

D'après le théorème de Pythagore, le vecteur $\vec{w}$ est donc l'hypoténuse d'un triangle rectangle.

Exercices 11.3

1. Calculer le produit scalaire $\vec{u} \cdot \vec{v}$ pour chaque paire de vecteurs ci-dessous.

a) $\vec{u} = (\text{-}2, 3)$ et $\vec{v} = (1, 5)$

b)

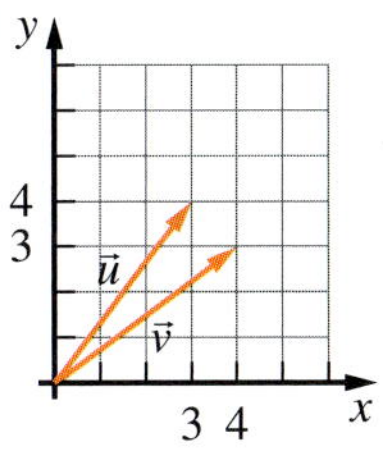

c) $\vec{u} = (4, 1)$ et $\vec{v} = (\text{-}3, 5)$

d)

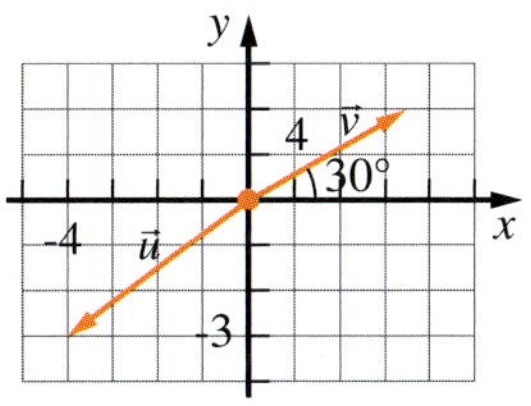

2. Trouver l'angle entre les vecteurs de chaque paire ci-dessous.

a) $\vec{u} = (\text{-}1, 0)$ et $\vec{v} = (3, 3)$

b) $\vec{u} = \left(1, \sqrt{3}\right)$ et $\vec{v} = \left(\text{-}1, \sqrt{3}\right)$

c) $\vec{u} = (\text{-}5, \text{-}2)$ et $\vec{v} = (4, \text{-}10)$

d) $\vec{u} = (1, \text{-}2)$ et $\vec{v} = (\text{-}2, 4)$

3. Vérifier si les vecteurs ci-dessous sont orthogonaux.

a) $\vec{u} = (4, 0)$ et $\vec{v} = (0, -2)$

b) $\vec{u} = (-1, 4)$ et $\vec{v} = (-3, -1)$

c) $\vec{u} = (4, 2)$ et $\vec{v} = (3, -6)$

d) $\vec{u} = \left(\frac{1}{2}, \frac{\sqrt{3}}{2}\right)$ et $\vec{v} = \left(\frac{-\sqrt{3}}{2}, \frac{1}{2}\right)$

4. Soit un triangle ABC dont les sommets sont $A(6, 5)$, $B(1, 3)$ et $C(3, -2)$. Montrer que ce triangle est rectangle.

5. Trouver la valeur de a pour laquelle les vecteurs $\vec{u} = (a, 2)$ et $\vec{v} = (4, -9)$ sont orthogonaux.

11.4 Applications et synthèse des connaissances

Résoudre des problèmes de synthèse faisant appel aux connaissances acquises dans les onze chapitres.

Les vecteurs permettent de résoudre des problèmes dans différents domaines. Entre autres, le produit scalaire possède des applications dans plusieurs sciences.

Le diagramme ci-contre illustre l'action d'une force constante $\vec{F}$ (en newtons) sur un objet qui se déplace de $\|\vec{r}\|$ mètres en suivant le vecteur $\vec{r}$.

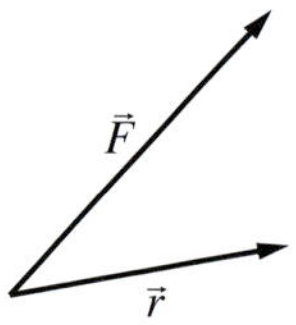

On appelle « travail » (noté W et exprimé en joules) l'énergie fournie par cette force lorsque l'objet se déplace. Le travail est donné par $W = \vec{F} \cdot \vec{r}$.

Exemple 11.13

◆ On déplace un objet du point $A(2, 2)$ au point $B(6, 5)$ en appliquant une force $\vec{F} = (4, 9)$.

On peut représenter la situation par le diagramme ci-contre, où le déplacement est représenté par le vecteur $\vec{r} = \overrightarrow{AB} = (6-2, 5-2) = (4, 3)$.

$$W = \vec{F} \cdot \vec{r} = (4, 9) \cdot (4, 3) = 4 \times 4 + 9 \times 3 = 43 \text{ joules}$$

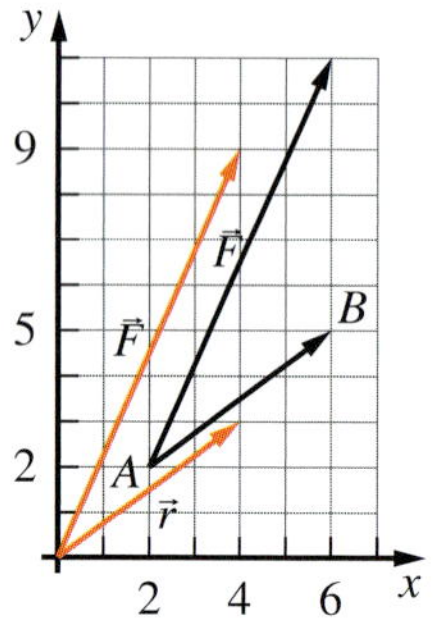

En économie, on utilise souvent des vecteurs à plusieurs dimensions pour décrire le montant des ventes, le coût, le prix de vente, etc. L'exemple suivant illustre un cas simple où on se limite à des vecteurs à deux dimensions, c'est-à-dire des vecteurs pouvant être représentés dans le plan cartésien.

Exemple 11.14

◆ Un magasin vend les chaussures Extra à 175 $ la paire et les chaussures Super à 250 $ la paire.

On représente le nombre de ventes par un vecteur $\vec{n} = (n_1, n_2)$, où n_1 est le nombre de paires de chaussures de marque Extra, et n_2, le nombre de paires de marque Super. Par exemple, si on a vendu 22 paires de chaussures Extra et 33 paires de chaussures Super, on aura $\vec{n} = (22, 33)$.

11

Le vecteur $\vec{p} = (175, 250)$ représente les prix de vente respectifs de ces chaussures.

Le produit scalaire $\vec{n} \cdot \vec{p}$ permet de calculer le revenu total.

$$\vec{n} \cdot \vec{p} = (n_1, n_2) \cdot (175, 250) = 175n_1 + 250n_2 = 175 \times 22 + 250 \times 33 = 12\,100\ \$$$

Nous avons vu au chapitre 4 (*voir la page 178*) comment additionner deux fonctions.

On peut additionner facilement deux fonctions sinusoïdales qui ont la même fréquence (même période, donc même valeur absolue de B) et le même déphasage (même valeur de h).

Par exemple, si $f_1(x) = A_1 \sin(B(x-h))$ et $f_2(x) = A_2 \sin(B(x-h))$, où $B > 0$, la fonction somme $f = f_1 + f_2$ est définie par :

$$\begin{aligned} f(x) &= (f_1 + f_2)(x) \\ &= f_1(x) + f_2(x) \\ &= A_1 \sin(B(x-h)) + A_2 \sin(B(x-h)) \\ &= (A_1 + A_2)\sin(B(x-h)) \\ &= A \sin(B(x-h)) \end{aligned}$$

On obtient alors une fonction sinusoïdale de même fréquence (donc de même période), de même déphasage et d'amplitude $A = A_1 + A_2$.

Le problème est plus complexe si les deux fonctions n'ont pas le même déphasage ($h_1 \neq h_2$).

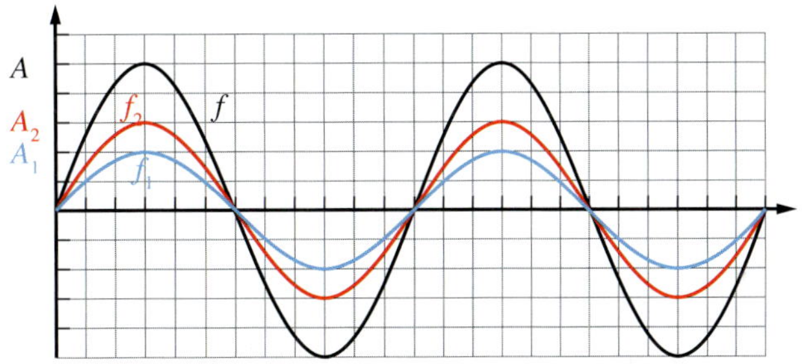

On a alors $f(x) = (f_1 + f_2)(x) = A_1 \sin(B(x-h_1)) + A_2 \sin(B(x-h_2))$.

On n'arrivera pas, avec de simples identités trigonométriques, à exprimer f sous la forme simplifiée $f(x) = A\sin(B(x-h))$.

C'est là que les vecteurs nous viennent en aide, avec une méthode utilisée en technologies du génie électrique.

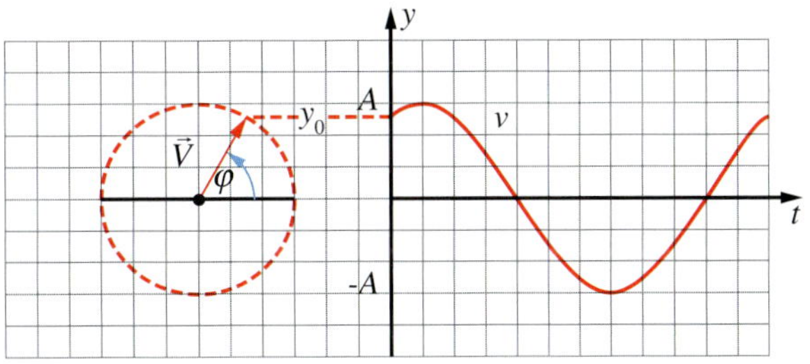

À une onde sinusoïdale $y = v(t) = A\sin(B(t-h))$, où $B > 0$, on associe un vecteur $\vec{V}$ de norme $\|\vec{V}\| = A$, dont l'origine se situe à la hauteur de l'axe horizontal. L'extrémité de $\vec{V}$ se trouve sur la circonférence du cercle de rayon A centré à l'origine du vecteur, au point d'ordonnée $y = v(0) = y_0$. Ce vecteur est appelé « vecteur de phase » et noté $\vec{V} = A\angle\varphi$, où A est la norme de $\vec{V}$ et φ, son angle d'orientation ($-\pi \leq \varphi \leq \pi$). C'est la « forme polaire » de la notation d'un vecteur.

Sur le cercle, on a $y_0 = A \sin \varphi$, qui est aussi l'ordonnée à l'origine de l'onde :

$$y_0 = v(0) = A \sin(-Bh), \text{ d'où } \varphi = -Bh + 2k\pi \ (k \in \mathbb{Z}).$$

Ainsi, $y = v(t) = A \sin(B(t-h)) = A \sin(Bt + \varphi)$.

Pour effectuer l'addition de deux ondes v_1 et v_2 ayant la **même fréquence** (l'exemple est présenté pour $B > 0$), on détermine leurs vecteurs de phase :

$$v_1(t) = A_1 \sin(B(t-h_1)) = A_1 \sin(Bt - Bh_1) = A_1 \sin(Bt + \varphi_1) \Rightarrow \vec{V}_1 = A_1 \angle \varphi_1$$

$$v_2(t) = A_2 \sin(B(t-h_2)) = A_2 \sin(Bt - Bh_2) = A_2 \sin(Bt + \varphi_2) \Rightarrow \vec{V}_2 = A_2 \angle \varphi_2$$

On additionne ces vecteurs pour obtenir $\vec{V} = \vec{V}_1 + \vec{V}_2$. On utilise la géométrie et la trigonométrie pour déterminer la norme A de $\vec{V}$ et son angle d'orientation φ.

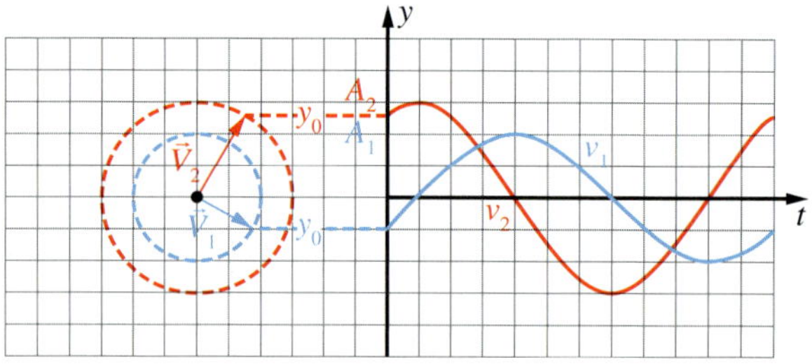

$v_1(t) = A_1 \sin(B(t-h_1)) \Rightarrow \vec{V}_1 = A_1 \angle \varphi_1$

$v_2(t) = A_2 \sin(B(t-h_2)) \Rightarrow \vec{V}_2 = A_2 \angle \varphi_2$

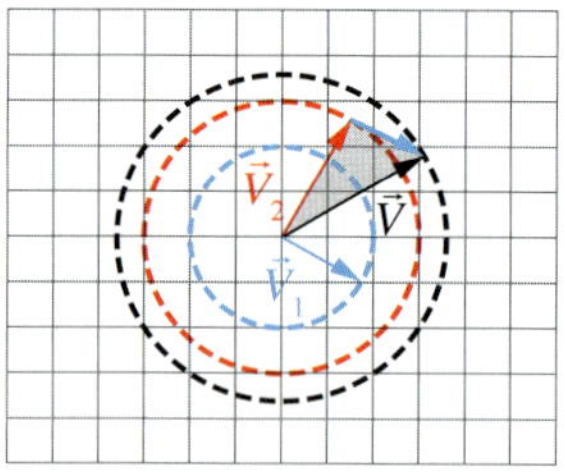

$\vec{V} = \vec{V}_1 + \vec{V}_2 = A \angle \varphi$

Le vecteur $\vec{V} = A \angle \varphi$ est le vecteur de phase de l'onde $v(t) = v_1(t) + v_2(t)$.

On aura alors $v(t) = A \sin(Bt + \varphi)$ et on pourra tracer le graphique de v comme on l'a vu au chapitre 10 (*voir la page 413*).

Voyons le lien entre le vecteur $\vec{V}$ et le graphique de v.

On représente le vecteur $\vec{V}$ en marge d'un plan cartésien, son origine à la hauteur de celle du plan et son extrémité sur un cercle de rayon A. Le point correspondant à l'instant $t = 0$ et à l'ordonnée $y = y_0$ de son extrémité, soit $(0, y_0)$, appartient au graphique de l'onde $y = v(t)$. L'ordonnée à l'origine de l'onde est donc $v(0) = y_0 = A \sin \varphi$.

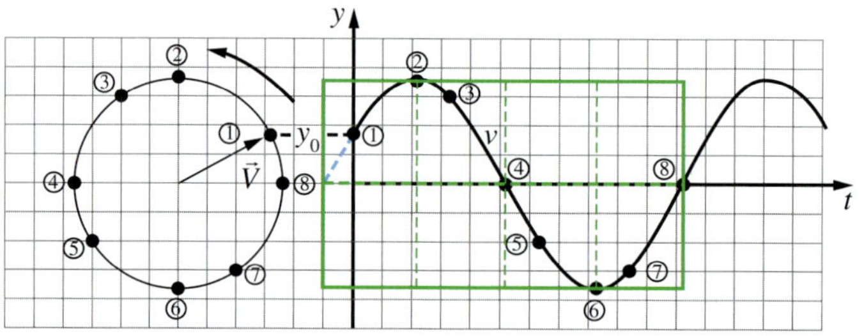

À partir de $t = 0$, le vecteur $\vec{V}$ effectue une rotation autour de son origine, dans le sens antihoraire ($B > 0$), à une vitesse angulaire constante de 2π radians (un tour) en T secondes (une période). Le déplacement angulaire de $\vec{V}$ est donc proportionnel au temps écoulé, c'est-à-dire à la distance horizontale entre les deux points du graphique de v. On peut établir les correspondances données dans le tableau suivant.

11

Déplacement angulaire du vecteur $\vec{V}$	Distance horizontale entre les deux points du graphique de v
2π rad	T unités
1 rad	$\frac{T}{2\pi}$ unités
φ rad	$\frac{\varphi T}{2\pi}$ unités
$\frac{2\pi}{T}$ rad $= B$ rad (car $B > 0$)	1 unité

Ainsi, à chaque point du cercle correspond un point du graphique de l'onde (on a indiqué quelques paires de points sur la figure qui précède). Le premier tour du cercle de $\vec{V}$ ainsi que le premier cycle de l'onde $y = v(t)$ sont effectués en T secondes.

Les points du graphique de la page précédente correspondant à un tour de cercle ont des abscisses comprises dans un intervalle de longueur T. Selon le tableau qui précède, la position horizontale de $\vec{V}$ a été atteinte à $t = \frac{-\varphi T}{2\pi} = \frac{-\varphi}{B} = h$, le déphasage.

La boîte tracée sur le graphique montre un cycle de la fonction.

$$v(t) = A\sin(Bt + \varphi) = A\sin\left(B\left(t + \frac{\varphi}{B}\right)\right) = A\sin\left(B\left(t - \left(-\frac{\varphi}{B}\right)\right)\right) = A\sin\big(B(t-h)\big)$$

Les subdivisions de la boîte correspondent aux quadrants du cercle placé à la gauche du graphique.

Puisque les vecteurs $\vec{V}_1$, $\vec{V}_2$ et $\vec{V}$ tournent tous les trois à la même vitesse, ils forment à tout instant le même triangle, positionné différemment dans le plan, et on a toujours $\vec{V} = \vec{V}_1 + \vec{V}_2$. Donc, à tout instant t, l'ordonnée y de l'extrémité de $\vec{V}$ est la somme des ordonnées des extrémités de $\vec{V}_1$ et $\vec{V}_2$, $y = y_1 + y_2$, ce qui confirme que $\vec{V} = \vec{V}_1 + \vec{V}_2$ est le vecteur de phase de $v(t) = v_1(t) + v_2(t)$.

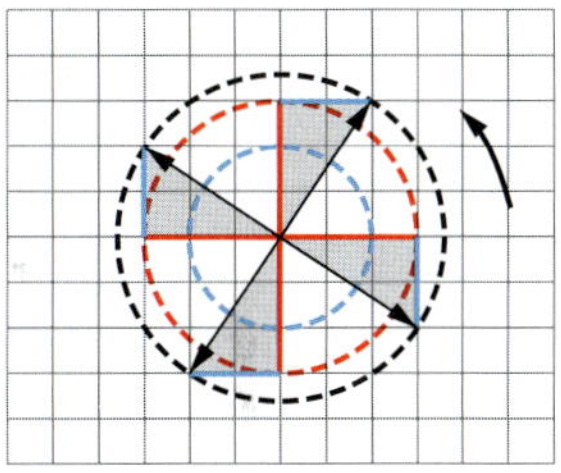

L'addition (soustraction) de fonctions sinusoïdales de même fréquence

- On détermine $\vec{V}_1 = A_1\angle\varphi_1$ et $\vec{V}_2 = A_2\angle\varphi_2$, respectivement les vecteurs de phase des fonctions v_1 et v_2.
- On additionne $\vec{V}_1$ et $\vec{V}_2$ (ou on soustrait V_2 de V_1) : $\vec{V} = \vec{V}_1 \pm \vec{V}_2$.
- On détermine la norme et la direction du résultat : $\vec{V} = A\angle\varphi$.
- On retrouve la règle de correspondance de $v = v_1 \pm v_2$ à partir de sa fréquence et de son vecteur de phase $\vec{V}$: $v(t) = A\sin(Bt + \varphi) = A\sin(Bt - Bh) = A\sin(B(t-h))$.

Cette méthode est valide pour toutes les fonctions sinusoïdales de même fréquence, même si elles ne représentent pas des ondes.

11

Exemple 11.15

◆ Soit $v_1(t) = 2\sin\left(100\,\pi t + \frac{\pi}{3}\right)$ et $v_2(t) = 3\sin\left(100\,\pi t - \frac{\pi}{6}\right)$, où le temps t est en secondes.

$$v_1(t) = 2\sin\left(100\,\pi\left(t + \frac{1}{300}\right)\right) \quad \text{et} \quad v_2(t) = 3\sin\left(100\pi\left(t - \frac{1}{600}\right)\right)$$

Dans les deux cas, on a $B = 100\pi$. Les deux fonctions ont donc la même période et la même fréquence :

$$T = \frac{2\pi}{B} = 0{,}02 \text{ s, soit } 20 \text{ ms}$$

$$F = \frac{1}{T} = 50 \text{ cycles par seconde, soit } 50 \text{ hertz}$$

Pour additionner les deux ondes, on détermine les vecteurs de phase $\vec{V_1} = A_1\angle\varphi_1$ et $\vec{V_2} = A_2\angle\varphi_2$. On utilise ensuite les rapports trigonométriques pour obtenir les coordonnées rectangulaires de ces deux vecteurs (*voir l'exemple 11.2*).

$$v_1(0) = 2\sin\left(\frac{\pi}{3}\right), \text{ d'où } \vec{V_1} = A_1\angle\varphi_1 = 2\angle\left(\frac{\pi}{3}\right)$$

$$\vec{V_1} = \left(2\cos\frac{\pi}{3}, 2\sin\frac{\pi}{3}\right) \approx (1\,;1{,}732)$$

$$v_2(0) = 3\sin\left(\frac{-\pi}{6}\right), \text{ d'où } \vec{V_2} = A_2\angle\varphi_2 = 3\angle\left(\frac{-\pi}{6}\right)$$

$$\vec{V_2} = \left(3\cos\left(\frac{-\pi}{6}\right), 3\sin\left(\frac{-\pi}{6}\right)\right) \approx (2{,}598\,;\text{-}1{,}5)$$

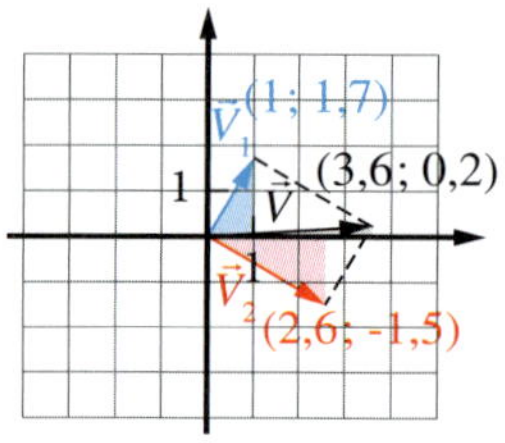

Le vecteur somme est donné par :

$$\vec{V} = \vec{V_1} + \vec{V_2} \approx (1 + 2{,}598\ ;\ 1{,}732 - 1{,}5), \text{ d'où } \vec{V} \approx (3{,}598\ ;\ 0{,}232)$$

On utilise le théorème de Pythagore et la trigonométrie pour trouver la forme polaire de $\vec{V}$.

$$A \approx \sqrt{3{,}598^2 + 0{,}232^2} \approx 3{,}606$$

$$\varphi \approx \arctan\left(\frac{0{,}232}{3{,}598}\right) \approx 0{,}064 \text{ rad}$$

$$v(t) = v_1(t) + v_2(t) = A\sin(Bt + \varphi)$$
$$\approx 3{,}606\sin(100\pi t + 0{,}064)$$

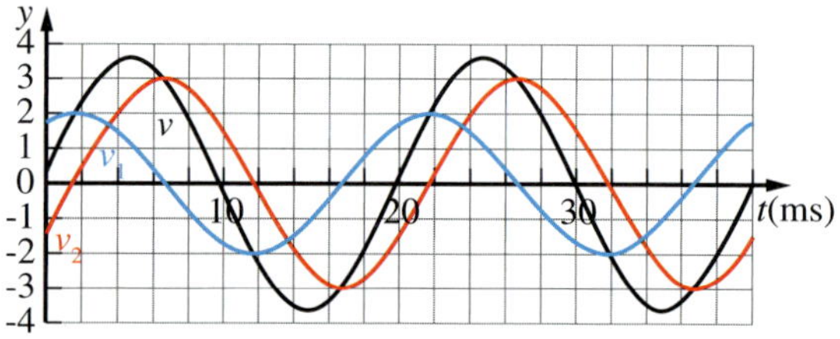

On a donc $v(t) \approx 3{,}606\sin(100\pi\ (t + 205 \times 10^{-6}))$, avec $A \approx 3{,}606$, $B = 100\pi$ et $h \approx \text{-}205 \times 10^{-6}$. Ces données permettent de tracer le graphique ci-dessus (*voir le chapitre 10, section 10.6*).

11

Exercices 11.4

1. Un bateau se dirige vers le sud à une vitesse de 25 nœuds. Un courant marin de 10 nœuds se déplace vers le nord-ouest.

a) Représenter graphiquement la situation.

b) Déterminer la vitesse réelle du bateau et sa direction.

2. Le vent souffle à 50 km/h avec un angle de 30° en direction nord-est, comme l'indique la figure ci-dessous. Un pilote d'avion veut se diriger en direction nord-ouest avec un angle de 130°. S'il veut conserver une vitesse de 400 km/h par rapport au sol, quelle direction doit-il suivre et quelle doit être sa vitesse de vol ?

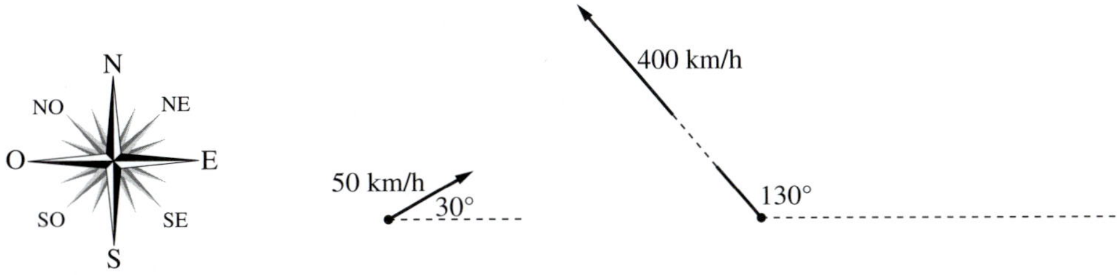

3. Sur une route parfaitement horizontale, une dépanneuse tire une voiture sur une distance de 200 m. La figure ci-dessous illustre cette situation. Calculer W, le travail effectué.

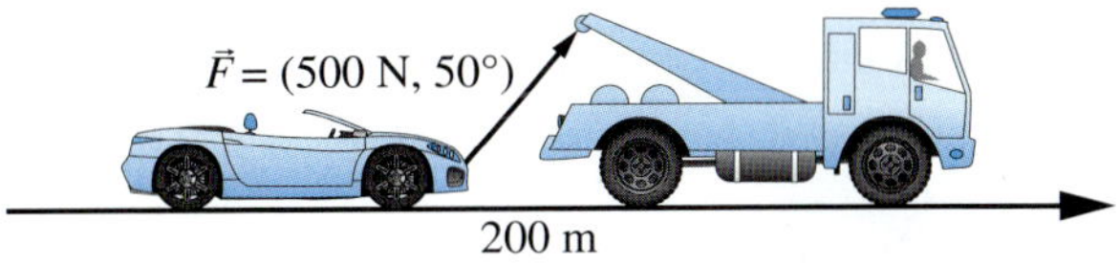

4. Un magasin propose à ses clients deux modèles de raquette de tennis. Le vecteur $\vec{n} = (n_1, n_2)$ représente le nombre de raquettes de chaque modèle vendues au cours d'une année et le vecteur $\vec{v} = (v_1, v_2)$ représente leurs prix de vente respectifs.

a) Que représente le produit scalaire $\vec{n} \cdot \vec{v}$?

b) Définir un vecteur coût $\vec{c}$ qui représente le prix payé par le magasin pour chaque modèle de raquette. Exprimer le profit annuel du magasin sur la vente de ces raquettes, en fonction de $\vec{n}$, de $\vec{v}$ et de $\vec{c}$.

5. a) Si $v_1(t) = 5\sin\left(120\,\pi t - \dfrac{\pi}{4}\right)$ et $v_2(t) = 2\sin\left(120\,\pi t + \dfrac{\pi}{6}\right)$, utiliser les vecteurs pour calculer la fonction somme $v = v_1 + v_2$. Tracer le graphique de chacune des fonctions (choisir $t = 2$ ms comme échelle de l'axe horizontal).

b) Si $v_1(t) = 3\sin\left(200\,\pi t + \dfrac{\pi}{2}\right)$ et $v_2(t) = 7\sin\left(200\,\pi t + \dfrac{\pi}{6}\right)$, utiliser les vecteurs pour calculer la fonction différence $v = v_2 - v_1$. Tracer le graphique de chacune des fonctions (choisir $t = 1$ ms comme échelle de l'axe horizontal).

Exercices récapitulatifs

1. Soit les vecteurs $\vec{u}$ (où $\|\vec{u}\| = 5$ et $\theta_1 = 60°$), $\vec{v}$ (où $\|\vec{v}\| = 8$ et $\theta_2 = 90°$) et $\vec{w}$ (où $\|\vec{w}\| = 4$ et $\theta_3 = 220°$). Représenter graphiquement chacun des vecteurs ci-dessous, et calculer la norme et l'angle d'orientation.

a) $\vec{u} + \vec{v}$

b) $\vec{u} - \vec{v}$

c) $\vec{u} + \vec{v} + \vec{w}$

d) $\vec{u} + 2\vec{v}$

2. Représenter graphiquement les vecteurs possédant les caractéristiques suivantes.

a) $\|\overrightarrow{AB}\| = 4$ cm et $\theta = 50°$

b) $\|\overrightarrow{CD}\| = 3$ cm et $\theta = 230°$

c) $\overrightarrow{EF}$ est l'opposé de $\overrightarrow{CD}$.

3. Soit A et B deux points directement opposés de chaque côté d'une rivière de 1 km de largeur. Une kayakiste part du point A en ramant parallèlement à AB, à une vitesse de 6 km/h. La vitesse du courant perpendiculaire à AB est de 8 km/h.

Kayakiste qui traverse une rivière

a) À quelle vitesse la kayakiste s'éloigne-t-elle du point A ?

b) À quelle distance du point B arrivera-t-elle de l'autre côté de la rivière ?

c) Combien de temps lui faudra-t-il pour traverser la rivière ?

d) Quelle direction devrait-elle prendre si elle veut arriver directement au point B ?

e) Combien de temps lui faudrait-il pour traverser la rivière s'il n'y avait pas de courant ?

4. Trouver l'angle entre chaque paire de vecteurs ci-dessous.

a)

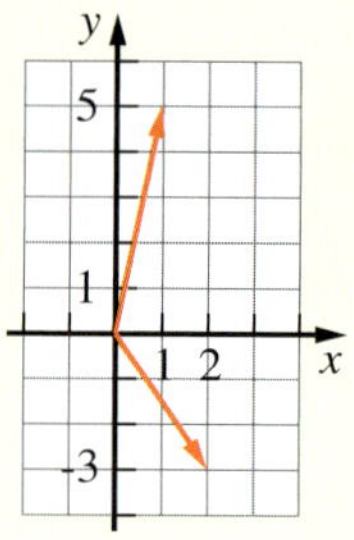

b)

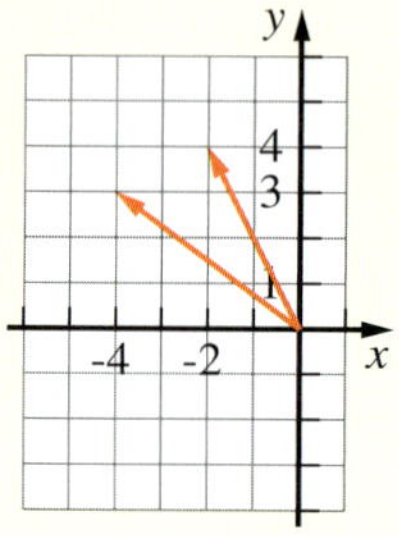

5. Soit un triangle ABC dont les sommets sont $A(6, 4)$, $B(1, 2)$ et $C(3, -3)$. À l'aide du produit scalaire, démontrer que ce triangle est rectangle.

Chapitre 1

Exercices 1.1 (page 7)

1. a) $\frac{2}{3} \in \mathbb{Q}$ et $\frac{2}{3} \in \mathbb{R}$

b) $-17 \in \mathbb{Z}$, $-17 \in \mathbb{Q}$ et $-17 \in \mathbb{R}$

c) $1000 \in \mathbb{N}$, $1000 \in \mathbb{Z}$, $1000 \in \mathbb{Q}$ et $1000 \in \mathbb{R}$

d) $0,\overline{3} \in \mathbb{Q}$ et $0,\overline{3} \in \mathbb{R}$

e) $3,12112111211112 \in \mathbb{Q}'$ et $3,12112111211112 \in \mathbb{R}$

2. a), b), d), f), g), h), i) et j)

3.

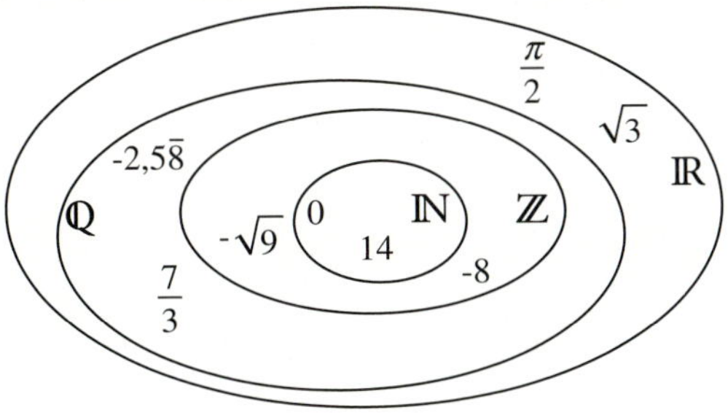

4. a) $1,6\overline{0}$ c) $-0,41\overline{6}$ e) $37,28\overline{703}$

b) $3,\overline{142\,857}$ d) $2,\overline{207}$

5. $0,\overline{355\,446}$

6.

	$\mathbb{N}$	$\mathbb{Z}$	$\mathbb{Q}$	$\mathbb{Q}'$	$\mathbb{R}$
5	$\in$	$\in$	$\in$	$\notin$	$\in$
0	$\in$	$\in$	$\in$	$\notin$	$\in$
-3	$\notin$	$\in$	$\in$	$\notin$	$\in$
$\frac{5}{9}$	$\notin$	$\notin$	$\in$	$\notin$	$\in$
-0,57	$\notin$	$\notin$	$\in$	$\notin$	$\in$
$\sqrt{31}$	$\notin$	$\notin$	$\notin$	$\in$	$\in$
$12,5\overline{423}$	$\notin$	$\notin$	$\in$	$\notin$	$\in$
π	$\notin$	$\notin$	$\notin$	$\in$	$\in$
$\frac{16}{8}$	$\in$	$\in$	$\in$	$\notin$	$\in$
$\sqrt{-4}$	$\notin$	$\notin$	$\notin$	$\notin$	$\notin$
$-\sqrt{9}$	$\notin$	$\in$	$\in$	$\notin$	$\in$

7. a) Compréhension ; $\{10, 20, 30, 40, ...\}$

b) Extension ; $\{x \in \mathbb{Z} \mid x$ est le cube d'un entier$\}$

c) Compréhension ; $\left\{0, \frac{1}{2}, \frac{2}{3}, \frac{3}{4}, ...\right\}$

d) Extension ; $\{x \in \mathbb{Z} \mid x$ est une puissance négative de $10\}$

e) Extension ;

$\{x \in \mathbb{N} \mid x$ est un nombre premier entre 10 et $30\}$

Exercices 1.2 (page 12)

1. a) $[2, 15[$

b) $]-\infty, 4[$

c) $[-1, 0]$

d) $[3, +\infty[$

e) $]12, 15[$

f) $\left]\frac{1}{4}, \frac{5}{2}\right[$

g) $[2, 5[$

h) $]-\infty, +\infty[$

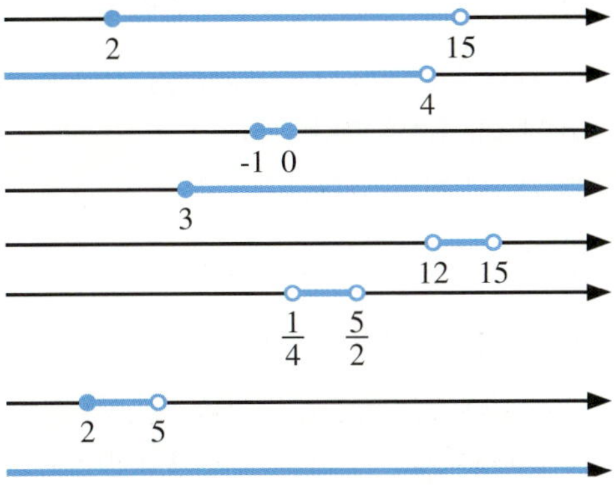

2. a) $\{x \in \mathbb{R} \mid 5 \leq x < 8\}$

b) $\left\{x \in \mathbb{R} \,\middle|\, x > \frac{1}{2}\right\}$

c) $\{x \in \mathbb{R} \mid x \leq 6\}$

d) $\{x \in \mathbb{R} \mid 0 \leq x \leq 10\}$

3. a) $[-4, 3]$; $\{x \in \mathbb{R} \mid -4 \leq x \leq 3\}$

b) $]-\infty, 6[$; $\{x \in \mathbb{R} \mid x < 6\}$

c) $[-8, -2[$; $\{x \in \mathbb{R} \mid -8 \leq x < -2\}$

d) $]-\pi, +\infty[$; $\{x \in \mathbb{R} \mid x > -\pi\}$

Exercices 1.3 (page 14)

1. a) Faux   d) Faux   g) Vrai

b) Vrai   e) Faux   h) Vrai

c) Faux   f) Vrai   i) Faux

2. a) $\mathbb{N} \subseteq \mathbb{R}$

b) $\frac{5}{8} \in \mathbb{Q}$

c) $\left\{\frac{5}{8}\right\} \subseteq \mathbb{Q}$

d) $]-5, 15[\subseteq [-5, 15]$

e) $\varnothing \subseteq]7, 8[$

f) $0,75 \subset \left\{\frac{3}{4}\right\}$

g) $\{10, 11, 12\} \subseteq [10, 12]$

h) $]-\infty, 2] = \{x \in \mathbb{R} \mid \leq 2\}$

i) $\{0,\overline{6}\} = \left\{\frac{2}{3}\right\}$

Exercices 1.4 (page 16)

1. a) $\{2, 3, 4, 5, 7\}$ d) $\varnothing$ g) $\{3, 5, 7\}$

b) $\{0, 7, 10\}$ e) $\{0, 10\}$ h) $\{0, 7, 10\}$

c) $\{2, 4\}$ f) $\{2, 4, 5\}$

2. a) $\{x \in \mathbb{R} \mid 18 \leq x \leq 36$ ou $100 < x < 101\}$

b) $\{x \in \mathbb{R} \mid x = 15\}$

c) $\{x \in \mathbb{R} \mid x \neq 2\}$

d) $\{x \in \mathbb{N} \mid 0 \leq x \leq 74\}$

3. a) b) c) d)

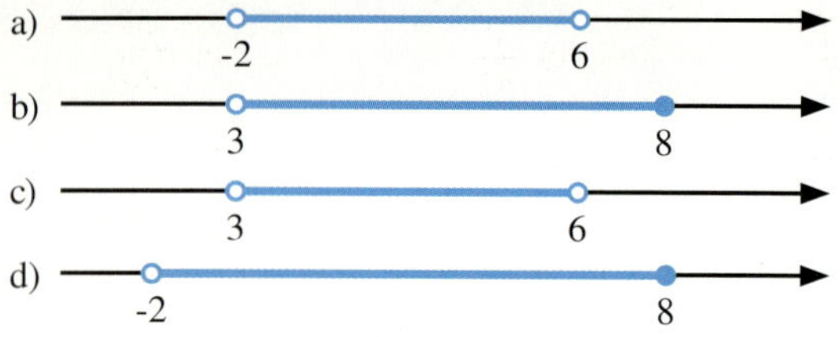

4. $]-\infty, -3[\cup]-3, +\infty[$

5. Laissé à l'étudiant

6. $[-5, +\infty[\setminus \{2, 7\}$

7. $\mathbb{Q}' = \mathbb{R} \setminus \mathbb{Q}$

Exercices 1.5 (page 18)

1. 23, 29, 31, 37, 41, 43 et 47

2. {2}

3. a) PPCM : 154 700
PGCD : 10
b) PPCM : 51 480
PGCD : 6
c) PPCM : 8820
PGCD : 28
d) PPCM : 3139
PGCD : 1

4. PPCM : ab ; PGCD : 1

5. Laissé à l'étudiant

6. 120

7. a) 28 b) Laissé à l'étudiant

Exercices 1.6 (page 22)

1. a) 0 b) 1

2. a) 8 b) 0 c) -2 d) 6 e) 28 f) 24 g) 12 h) 3 i) 63

3. 0

4. a) 16 b) -3 c) 100 d) 51 e) -36 f) 0

5. a) Vrai b) Faux c) Faux d) Faux

6. a) $8 + (4 \times 3) = 20$
b) $7 \times 4 - (2 + 6) = 20$
c) $40 \div (9 \times 2 - 4^2) = 20$
d) $1 \div (5 \div (9^2 + 19)) = 20$

7. a) $1 + 11 - 2 + 22 - 33$
b) $-7 - 5 \times 4 + 3 - 10 + 12$
c) $10 + 5 \times 2 - 3 - 1 + 3 \times 4 + 7 - 6 \times 2$

Exercices 1.7 (page 26)

1. $\frac{80}{72}$

2. a) $\frac{5}{12}$ b) $\frac{-4}{11}$ c) $\frac{43}{1000}$ d) $\frac{101}{5}$ e) $\frac{28}{33}$ f) $\frac{2}{3}$ g) $\frac{13}{29}$ h) $\frac{1}{25}$

3. $\frac{-9}{4}, \frac{-11}{30}, \frac{6}{21}, \frac{2}{3}, \frac{75}{100}$ et $\frac{74}{75}$

4. a) $\frac{97}{60}$ b) $\frac{-263}{300}$ c) $\frac{25}{28}$ d) $\frac{16}{13}$ e) $\frac{13}{16}$ f) $\frac{18}{5}$ g) $\frac{283}{60}$ h) $\frac{-22}{15}$ i) $\frac{7}{20}$ j) $\frac{1}{15}$ k) $\frac{28}{5}$ l) $\frac{-17}{24}$

Exercices 1.8 (page 30)

1. a) 8 b) $\frac{1}{8}$ c) -8 d) -8 e) 16 f) $\frac{1}{16}$ g) 16 h) -16 i) $\frac{-1}{8}$ j) 8 k) 9 l) $\frac{1}{16}$ m) 24 n) 625 o) 97 p) 162

2. a) 5^6 b) 8^3 c) 7^6 d) 3^3 e) 30^6 f) $8^3 \times 9^2$ g) $\frac{1}{11^{80}}$ h) $-2^5 \times 5$ i) $\frac{1}{14^{14}}$ j) 2^{69} k) 0 l) 1

3. a) -8 b) -17 c) 62,5 d) 1296 e) 0 f) $\frac{7}{6}$

4. a) Faux b) Vrai c) Faux d) Vrai

5. a) $4(5^3) + 6(12^3)$; 10 868 cm^3
b) $4(6 \times 5^2) + 6(6 \times 12^2)$; 5784 cm^2

Exercices 1.9 (page 35)

1. a) $\sqrt[4]{5}$ b) $\sqrt[7]{8^3}$ c) $3\sqrt{2}$ d) $\frac{1}{\sqrt[5]{10^2}}$

2. a) $5^{\frac{1}{2}}$ b) $3^{\frac{1}{5}}$ c) $2^{\frac{5}{3}}$ d) $20^{\frac{-1}{2}}$

3. a) 3 b) 4 c) 27 d) $\frac{4}{5}$ e) 2015 f) 3

4. a) $2\sqrt{15}$ b) $10\sqrt{5}$ c) $3\sqrt[3]{2}$ d) $2\sqrt[4]{5}$

5. a) $\sqrt{15}$ b) $\sqrt{3} + \sqrt{5}$ c) $5\sqrt{7}$ d) 8 e) 1 f) 3 g) $5\sqrt{3}$ h) $\frac{5}{4}\sqrt{2}$ i) $4 - \sqrt{6}$ j) -2 k) $-\sqrt{2}$ l) $12 + 2\sqrt{35}$

6. a) 88,831 3... b) 248 832 c) 5 764 801 d) 24,866 4... e) 9,353 4... f) 24,062 4... g) 948,678 5... h) 2 300 000 555 i) Non définie

Exercices récapitulatifs (page 37)

1. a) Vrai b) Faux c) Faux d) Vrai e) Faux f) Vrai

2. a) $[-0{,}01\,;\,0]$
b) $]-\infty, 999[$
c) $]77, 88]$
d) $]-\infty, -\pi[\cup]\,\pi, +\infty[$
e) $]0, 1[\setminus \left\{\frac{1}{2}\right\}$
f) $]-\infty, +\infty[\setminus \{1, 2, 3\}$

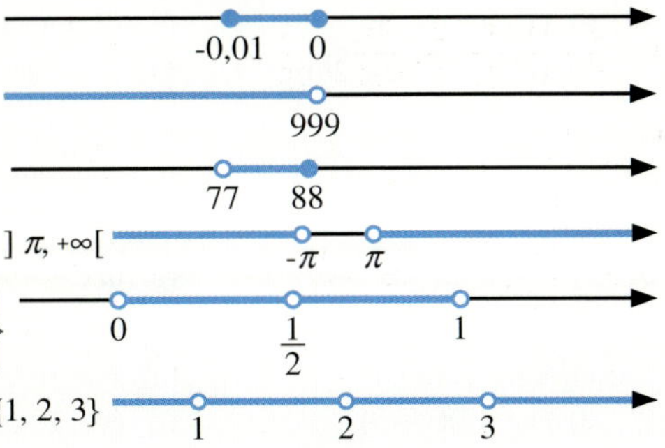

3. Non, impossible d'énumérer toutes les valeurs entre *a* et *b*.

4. a) 22 c) 159 e) $\frac{9}{64}$ g) 625 i) -1
b) 41 d) 8 f) -625 h) 96 j) -1

5. a) $\frac{41}{500}$ b) $\frac{3}{4}$ c) $\frac{16}{25}$

6. a) $\frac{11}{12}$ c) $\frac{2}{55}$ e) $\frac{-37}{30}$
b) $\frac{-99}{350}$ d) 2 f) $\frac{8}{45}$

7. a) 12^9 d) 47^{10} g) $2^{13} \times 5$ j) 30^{11}
b) $\frac{1}{39^3}$ e) -1 h) 5^4
c) 3^{18} f) $\frac{1}{(2)(3)}$ i) $\frac{3^{10}}{2^{22}}$

8. a) 10 c) 27 e) 1
b) 3 d) $\frac{2}{3}$ f) -2

9. a) $\sqrt{14}$ c) 6 e) 4
b) $2\sqrt{17}$ d) $-36\sqrt{2}$ f) $\frac{7\sqrt{2}}{10}$

Chapitre 2

Exercices préliminaires (page 40)

1.

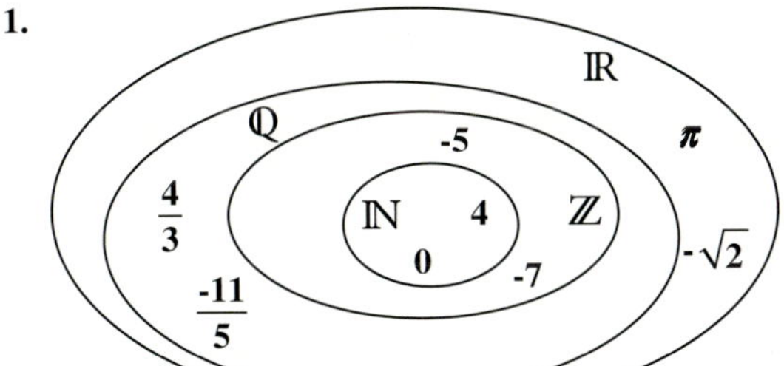

2. a) $\{x \in \mathbb{R} \mid -2 \le x \le 4\}$
b) $\{x \in \mathbb{R} \mid 12 < x \le 20\}$
c) $\{x \in \mathbb{R} \mid 0 < x < 1\}$
d) $\{x \in \mathbb{R} \mid x < 5\}$
e) $\{x \in \mathbb{R} \mid x \ge -6\}$

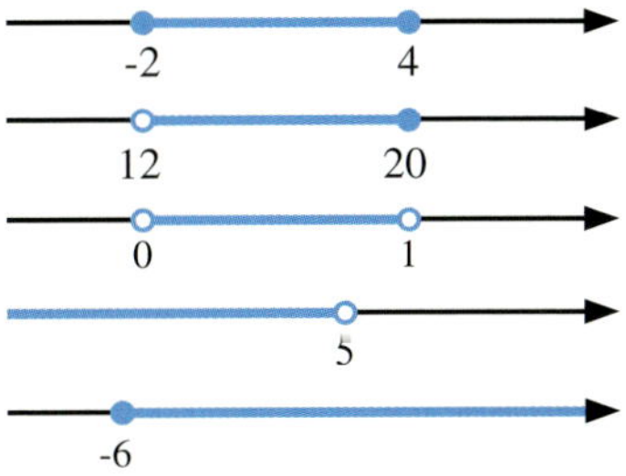

3. $]-\infty, 2[\cup]2, +\infty[$; $\mathbb{R} \setminus \{2\}$

4. $\mathbb{R} \setminus \{-1, 0, 2, 3\}$

5. PPCM : 231 000 PGCD : 100

6. a) 31 b) 49 c) -7 d) -50 e) -22 f) 0

7. a) $\frac{103}{60}$ b) $\frac{9}{8}$ c) $\frac{7}{12}$ d) $\frac{-29}{24}$ e) $\frac{169}{8}$ f) -1

8. a) $\frac{-125}{8}$ c) 3×7^6 e) $\frac{8}{9}$
b) -1 d) 3 f) $2\sqrt{15} + 2\sqrt{5} + \sqrt{3} + 1$

2. a) 4 c) -6 e) 0 g) 2
b) 7 d) 1 f) 4

3. Laissé à l'étudiant

4. a) 37 b) -11 c) $\frac{83}{25}$ d) 5

5. a) $a = c$, $k = 2$ et $b = 0$ b) $c = 3$

6. a) 8,775 m b) 20,4 m

7. 1124,86 $

8. a) x, un nombre ; $x^2 + x^3$
b) x, un nombre ; $x + x^2 + x^3 + x^4 + x^5$
c) x, un nombre ; $7x - 4x^2 + 12$
d) x, le nombre d'heures travaillées par semaine ; $12x$
e) x, la largeur du rectangle ; $x(x + 10)$ cm²
f) x, la longueur d'un côté du fond ;
$x^2 + 100x + 1800$ cm².
Si $x = 200$ cm, alors l'aire totale est de 61 800 cm².

Exercices 2.1 (page 44)

1. b), c), e), h) et i)

Exercices 2.2 (page 53)

1. a) x^8 d) 4^8x^8 g) $\frac{3^2}{x^{14}yz^{32}}$
b) x^{12} e) $\frac{2^3y^9}{x^{17}}$ h) 3^{n^2}
c) $\frac{1}{x^4}$ f) $\frac{2^2y^{14}}{3^2x^4}$ i) 1

2. a) $\frac{3}{4}x^5 + \frac{7}{10}x^2 - \frac{1}{15}x + \frac{2}{3}$; 5 et 2 ; 5
b) $2x^3y + x^3 + xy^3 + 5xy^2 - x + 10$; 4 et 4 ; 4
c) $3x^3 + 5x^2 - 7x - 5$; 3 et 2 ; 3
d) $4x^3 + 3x^2 - 7x + 9$; 3 et 3 ; 3
e) $-2x^2 + 4x - 11$; 3 et 3 ; 2
f) $(a + b - 1)x + (b - a + 1)y + 2c + 2$; 1, 1 et 1 ; 1

3. Laissé à l'étudiant

4. a) $-3a - b + c$ b) $-x^2 + 8x - 7$ c) $2a^2b^2 - b^3 + 6a^2b^3 - 7a^2b$ d) $\frac{-7}{3}+\frac{2}{5}xy-\frac{3}{4}x^2$

5. a) $-2x + 2y - 3z$ b) $-2x^2 - 3x + 1$ c) $-x^4 + 2x^3 - 5x^2 + x$ d) $x^4 - x^3 + 3x^2 + 5x - 2$ e) $-2x^3y - 18$ f) $\frac{26}{15}x^2-\frac{26}{15}xy-\frac{1}{6}$

6. a) $-x^2 + 2x + 4$ b) $-a - 2b$ c) $8x - 2y$ d) 0 e) $6 - 4x^2 + 2xy + y^2$ f) $2b$

7. a) $(a + b) + (c + d)$ b) $(a + b) + (c - d)$ c) $(a + b) - (c - d)$ d) $(a + b) - (c + d)$ e) $(a - b) - (c - d)$ f) $(2x + 3y) - (4x^2 - 6y^2) - (9x^3 + y^3)$

8. a) $-10x^3y4z$ b) $12x^9 - 15x^8 + 3x^7 - 21x^6$ c) $6x^2 + 13x - 28$ d) $20x^3 - 13x^2 - 17x + 3$ e) $x^3 - 2xy^2 + y^3$ f) $x^3 - 6x^2y + 12xy^2 - 8y^3$ g) $t^2 - s^2$ h) $t^2 + 2ts + s^2$ i) $x^2 + 2xy + y^2 - z^2$ j) $8x^3 - 125$ k) $6x^3 - 41x^2 - 9x + 14$ l) $x^3-\frac{1}{6}x^2-\frac{4}{3}xy+\frac{2}{9}y$

9. a) $6x^2 + 7x - 3 = (2x + 3)(3x - 1)$
b) $2x^3 + 13x^2 + 14x + 5 = (x + 5)(2x^2 + 3x - 1) + 10$
c) $2x^3 + 3x^2 + 5x - 8 = (x^2 + 2x + 3)(2x - 1) + (x - 5)$
d) $x^3 + 3x^2y + 3xy^2 + y^3 = (y + x)(x^2 + 2xy + y^2)$
e) $3x^2 + x^5 + x^3 + 47 - 28x = (x^3 - 1)(x^2 + 1) + 4x^2 - 28x + 48$
f) $x^4 - 1 = (x - 1)(x^3 + x^2 + x + 1)$
g) $x^3 - y^3 = (x - y)(x^2 + xy + y^2)$
h) $6x^3+x^2-x+1=(4x-1)\left(\frac{3}{2}x^2+\frac{5}{8}x-\frac{3}{32}\right)+\frac{29}{32}$

10. a) $2x^2 + x - 6$ b) $5x - 6$ c) $5x - 3$ d) $x^2 + 10x$ e) $3x - 8$ f) $-x^4 + 6x^3 - 9x^2 + x + 1$ g) $-3x^2 - 20x - 12$ h) $x^4 + 2x^3 - 35x^2 - 36x + 324$ i) $-x^2 + 11x + 33$ j) $12x^2 + 16$

11. a) $P=\left(3+\frac{\pi}{2}\right)x+2;\ A=\left(1+\frac{\pi}{8}\right)x^2+x$
b) $P=\left(3+\frac{\pi}{2}\right)h-\left(2+\frac{\pi}{2}\right);\ A=\left(1+\frac{\pi}{8}\right)h^2-\left(1+\frac{\pi}{4}\right)h+\frac{\pi}{8}$
c) $P=(6+\pi)r+2;\ A=\left(4+\frac{\pi}{2}\right)r^2+2r$

Exercices 2.3 (page 68)

1. a) $-3(x + z)$ b) $x(y + 1)$ c) $9xy(2x - 3y)$ d) $x(x^3 - x^2 - 2x + 1)$ e) $x^2(y^4 + xy^2 + xy^5 - x^4)$ f) $7a(3a^2x + 2a - 6)$ g) $(2x - 1)(3x + 5)$ h) $(x - y)(a + b - 1)$ i) $x^4(3x + 2)^5(33x + 10)$ j) $2x(x^2 - 1)^3(x^2 + 3)^2(7x^2 + 9)$

2. a) $(x + b)(x + c)$ b) $(2x - 3a)(3x + 2b)$ c) $(a - b)(x - z)$ d) $(a + bc)(xy - z)$ e) $(a - b)(x - 1)$ f) $(7ax + 2y)(2a - 3x)$. g) $(y - 1)(y^2 + 1)$ h) $(x + my)(x - 4y)$ i) $(x - y)(a + b + c)$ j) $(a - b - c)(x - y)$

3. a) $(x - 6)(x - 5)$ b) $(y - 4)(y - 3)$ c) $(x + 8)(x - 7)$ d) $(x + 12)(x - 3)$ e) $(z - 19)(z - 5)$ f) Ne se factorise pas. g) $(x + 10)(x + 4)$ h) $(x + 3a)(x + 2a)$ i) $(ax - 5c)(ax + 2c)$ j) $(ax + 7c^2)(ax + 2c^2)$ k) $(x + 10)(x + 3)$ l) $(x - 10)(x - 3)$ m) $(x + 15)(x - 2)$ n) $(x - 15)(x + 2)$ o) $(x - a)(x + b)$

4. a) $(x + 1)(2x + 1)$ b) $(x + 3)(3x + 1)$ c) $(x + 8)(2x - 1)$ d) $(x - 7)(3x + 2)$ e) $(15z - 2)(z - 5)$ f) $(2x - 3)(3x + 1)$ g) $(x + 5)(4x + 3)$ h) $(y - 6)(7y - 2)$ i) $(3 - x)(1 + 4x)$ j) $(-x - 1)(3x + 4)$ k) $(x + 1)(2x + 3)$ l) $(x + 3)(2x - 1)$ m) $(x - 3)(2x + 1)$ n) $(x - 1)(2x - 3)$ o) $(8x + a)(3x - 4a)$

5. a) $(x + 9)^2$ c) $(x + 4)^2$ d) $(5y - 1)^2$ g) $(3x - c^2)^2$ j) $(x + a + 1)^2$

6. a) $10x$ b) $18xa$ c) $100xc$ d) $25x^2$ e) x^2 f) $49x^2$

7. a) $(x + 11)^2$ b) $(x + 1)^2$ c) $(12 - x)^2$ d) $(9y + 4)^2$ e) $(2a^3x - 3)^2$ f) Non décomposable g) $((x + 1) + 3)^2 = (x + 4)^2$ h) $(z + (z + 3))^2 = (2z + 3)^2$

8. a) $x^2 + 4x + 4$
b) $x^2 - 2xc + c^2$
c) $x^2 + 4xa + 4a^2$
d) $9a^4x^2 - 24a^2bx + 16b^2$
e) $x^2 + 2x(b + c) + b^2 + 2bc + c^2$
f) $x^2 - 2x(b + c) + b^2 + 2bc + c^2$

9. b), c), e) et f)

10. a) $(x - c)(x + c)$ d) $(ax - 3b^3)(ax + 3b^3)$ e) $(3x - 2a)(3x + 2a)$ f) $((a + b) - (c + d)) \cdot ((a + b) + (c + d))$

11. a) $(a^2 - 5x)(a^2 + 5x)$
b) $(6 - 7a^3x)(6 + 7a^3x)$
c) $(11x - 9a^4)(11x + 9a^4)$
d) $(z - 8)(z + 8)$
e) $(1 + 10y)(1 - 10y)$
f) Ne se factorise pas. Ce n'est pas une différence de carrés.
g) $(x + 2 + a)(x + 2 - a)$
h) $(a - x - 2)(a + x + 2)$
i) $(3x - 2)(-x + 8)$

12. a) $x^2 - 36$ b) $9x^2 - 25$ c) $4a^2x^2 - b^2$ d) $64x^2 - 49c^6$

13. a) $(x+7)(2x-1)$
b) $2(2x+1)(x-2)$
c) $\left(x-\sqrt{5}\right)\left(x+\sqrt{5}\right)$
d) $(y+3)(2y-5)$
e) $\left(x+\frac{1}{2}-\frac{\sqrt{5}}{2}\right)\left(x+\frac{1}{2}+\frac{\sqrt{5}}{2}\right)$
f) Ne se factorise pas.
g) $3\left(t-\frac{5}{6}-\frac{\sqrt{13}}{6}\right)\left(t-\frac{5}{6}+\frac{\sqrt{13}}{6}\right)$
h) Ne se factorise pas.
i) $-5\left(x-1-\frac{\sqrt{5}}{5}\right)\left(x-1+\frac{\sqrt{5}}{5}\right)$

14. a) $(x+2)(x^2-2x+4)$
b) $(a-1)(a^2+a+1)$
c) $(2x+3y)(4x^2-6xy+9y^2)$
d) $(5-6b^4)(25+30b^4+36b^8)$
e) $(xy+8z)(x^2y^2-8xyz+64z^2)$
f) $(10y^{100}-z^5)(100y^{200}+10y^{100}z^5+z^{10})$
g) $(0{,}2x+0{,}3)(0{,}04x^2-0{,}06x+0{,}09)$
h) $(x+y+a)((x+y)^2-a(x+y)+a^2)$
i) $(1-(a+b))(1+(a+b)+(a+b)^2)$

15. a) $(4x-9)(4x+9)$
b) $(xy-1)(x^2y^2+xy+1)$
c) $(x+8)(x+7)$
d) Ne se factorise pas.
e) $(x-c)(x-2d)$
f) $(3x+7)(3x+7)$
g) Ne se factorise pas.
h) $2\left(z+\frac{9}{4}+\frac{\sqrt{33}}{4}\right)\left(z+\frac{9}{4}-\frac{\sqrt{33}}{4}\right)$
i) $x(4x+b)^2$
j) $4x(x-2)(x^2+2x+4)$
k) $a(a^3+a^2+4a+32)$
l) $2x^3(3x-4)(3x+4)$
m) $(x^2+4)(x-2)(x+2)$
n) $x^4(x-2)(x^2+2x+4)$
o) $(y+3)(y+2)(y-2)$
p) $(7x^2-5y^3z)(7x^2-5y^3z)$
q) $x(y+3x)(y^2-3xy+9x^2)$
r) $(x^6+1)(x^6+1)$
s) $3x(3x-1)(3x-4)$
t) $(a+b+c)(a+b-c)$
u) $(x+2)(x-2)(x+1)(x-1)$
v) $-3\left(x+1-\frac{2\sqrt{3}}{3}\right)\left(x+1+\frac{2\sqrt{3}}{3}\right)$
w) $(x-y)(x+y+1)$
x) $(x+y-5)(x+y+5)$
y) $(1-a-b)(1+a+b)$
z) $(x+y)(x^2-xy+y^2+1)$

16. a) $3x^4(x-9)^5(11x-45)$
b) $8x^3(x^2+1)(x+1)(x-1)$
c) $(x-4)^4(x+2)^7(13x-22)$
d) $40(2x-3)^9(4x+7)^4(3x+2)$
e) $16x(x^2+3)^3(7-x^2)^3(2-x^2)$

Exercices 2.4 (page 76)

1. a) $x(3-7x)$; 0 et $\frac{3}{7}$
b) $a(1+x)(1-x)$; -1 et 1
c) Ne se factorise pas.
d) $(4x-5)(4x-5)$; $\frac{5}{4}$
e) $(x+3)(x-4)$; -3 et 4
f) $4x(x+3)(x-3)$; -3, 0 et 3
g) $(2x+3)(3x-5)$; $\frac{-3}{2}$ et $\frac{5}{3}$
h) $(3x+11)(3x-11)$; $\frac{-11}{3}$ et $\frac{11}{3}$
i) $(x+a)(x+b)$; $-a$ et $-b$

2. $2x^4+9x^3-173x^2+84x$

3. $100x^2-85x+15$

4. $-5x^2+10x+40$; $a=-5$ et $b=10$

5. -3 et -2

6. Laissé à l'étudiant

7. a) 1 b) 0 c) 2 d) 1

8. a) -5
b) Aucun
c) $\frac{1-\sqrt{17}}{8}$ et $\frac{1+\sqrt{17}}{8}$
d) Aucun
e) $\frac{-\sqrt{95}}{5}$ et $\frac{\sqrt{95}}{5}$
f) -1
g) $\frac{3-\sqrt{31}}{2}$ et $\frac{3+\sqrt{31}}{2}$
h) 0,03
i) $\frac{2}{3}-\frac{\sqrt{70}}{6}$ et $\frac{2}{3}+\frac{\sqrt{70}}{6}$
j) 0 et $\frac{1}{65}$

9. a) $\frac{-25}{24}$ b) $\pm 2\sqrt{10}$ c) 0 d) $\frac{-9}{8}$

10. Laissé à l'étudiant

11. Laissé à l'étudiant

12. a) 10 mètres b) Environ 4,46 secondes

13. a) $l=30-2x$; $L=50-2x$; $h=x$
b) $(30-2x)(50-2x)x$, d'où $V=4x^3-160x^2+1500x$
c)]0, 15[

14. a) $(20+x)(800-7x)$ b) 115

Exercices 2.5 (page 86)

1. a) $\mathbb{R}\setminus\{-4\}$
b) $\mathbb{R}\setminus\{-3, 5\}$
c) $\mathbb{R}\setminus\{0, 11\}$
d) $\mathbb{R}$
e) $\mathbb{R}$
f) $\mathbb{R}\setminus\{-2, 5\}$
g) $\mathbb{R}\setminus\left\{\frac{-7}{3}\right\}$
h) $\mathbb{R}\setminus\left\{0, \frac{1}{3}, \frac{4}{3}\right\}$
i) $\mathbb{R}\setminus\left\{0, \frac{-5}{2}, \frac{5}{2}, -6, -2\right\}$
j) $\mathbb{R}\setminus\{-a, a, -b\}$
k) $\mathbb{R}\setminus\{-b, a\}$
l) $\mathbb{R}\setminus\{0\}$
m) $\mathbb{R}\setminus\{-5, 7\}$
n) $\mathbb{R}\setminus\{-b\}$, $a \neq b$
o) $\mathbb{R}\setminus\{-5\}$
p) $\mathbb{R}$

q) $\mathbb{R}\setminus\{-3, 3\}$

r) $\mathbb{R}\setminus\{1\}$

s) $\mathbb{R}$

t) $\mathbb{R}\setminus\{-12\}$

2. Laissé à l'étudiant

3. a) $\mathbb{R}\setminus\{-4, 0\}$ et $\mathbb{R}\setminus\{-4\}$; les fractions sont équivalentes pour tout $x \in \mathbb{R}\setminus\{-4, 0\}$.

b) $\mathbb{R}\setminus\{-3\}$ et $\mathbb{R}\setminus\{-3\}$; les fractions ne sont pas équivalentes.

c) $\mathbb{R}\setminus\{-3\}$ et $\mathbb{R}\setminus\{-3\}$; les fractions sont équivalentes pour tout $x \in \mathbb{R}\setminus\{-3\}$.

d) $\mathbb{R}\setminus\{-2, 2\}$ et $\mathbb{R}\setminus\{2\}$; les fractions ne sont pas équivalentes.

e) $\mathbb{R}\setminus\left\{\frac{-5}{3}\right\}$ et $\mathbb{R}$; les fractions ne sont pas équivalentes.

f) $\mathbb{R}\setminus\left\{-2, \frac{-8}{5}\right\}$ et $\mathbb{R}\setminus\{-2\}$; les fractions sont équivalentes pour tout $x \in \mathbb{R}\setminus\left\{-2, \frac{-8}{5}\right\}$.

4. a) $25xy$

b) $(2x-5)(x-9)$

c) $(a+y)^3$

d) $(3x-2)(3x+2)$

e) $(9x^2-16)(3x-4)$

f) $(x+2)(7x^2+5x-18)$

g) $15x^6(10x+7)$

h) $-15(x^3-y^3)(x^2-xy+y^2)$

5. a) $\dfrac{1}{3x+4}$, pour tout $x \in \mathbb{R}\setminus\left\{\frac{-4}{3}, \frac{4}{3}\right\}$

b) $\dfrac{x+8}{3x-1}$, pour tout $x \in \mathbb{R}\setminus\left\{\frac{1}{3}, 6\right\}$

c) La fraction ne se simplifie pas.

d) $\dfrac{x-2}{3(x^2+1)}$, pour tout $x \in \mathbb{R}$

e) $\dfrac{-(x-6)}{(6+x)}$ ou $\dfrac{6-x}{6+x}$, pour tout $x \in \mathbb{R}\setminus\{-6, 6\}$

f) $-y-3x$, pour tout $x \neq \dfrac{y}{3}$

g) $\dfrac{a(x-4)}{x+5}$, pour tout $x \in \mathbb{R}\setminus\{-5,-4\}$ et $a \neq 0$

h) -1, où $b^2-ab-a^2 \neq 0$

i) $x^4+a^2x^2+a^4$, pour tour $x \neq -a$ et $x \neq a$

6. a) $\dfrac{14x}{(2x+7)^5}$; $\mathbb{R}\setminus\left\{\frac{-7}{2}\right\}$

b) $\dfrac{-26(2x+3)^3}{(x-5)^3}$; $\mathbb{R}\setminus\{5\}$

c) $\dfrac{-18x(x^2-1)^2}{(x^2-4)^4}$; $\mathbb{R}\setminus\{-2,2\}$

d) $\dfrac{2(x^2+5x+4)(-x^4-10x^3-12x^2+2x+5)}{(1+x^3)^3}$; $\mathbb{R}\setminus\{-1\}$

7. a) $30a^4b^3c^2$; $\dfrac{25ab^2c^2}{30a^4b^3c^2}$ et $\dfrac{3ax}{30a^4b^3c^2}$

b) $(x+3)(x-3)$; $\dfrac{(x-2)(x-3)}{(x+3)(x-3)}$ et $\dfrac{x^2+3}{(x+3)(x-3)}$

c) $(x-2)(x+1)(x+3)$; $\dfrac{2x(x+3)}{(x-2)(x+1)(x+3)}$ et $\dfrac{(4+x)(x+1)}{(x-2)(x+1)(x+3)}$

d) $(x+2)(2x+1)(4x-7)$; $\dfrac{(x+4)(4x-7)}{(x+2)(2x+1)(4x-7)}$ et $\dfrac{3(2x+1)}{(x+2)(4x-7)(2x+1)}$

e) $5(6-x)(x+2)$; $\dfrac{(5-x)(x+2)}{5(6-x)(x+2)}$ et $\dfrac{5(-x-2)}{5(6-x)(x+2)}$

f) $(x+4)^2(x-4)$; $\dfrac{(x+3)(x+4)}{(x+4)^2(x-4)}$ et $\dfrac{(x+3)(x-4)}{(x+4)^2(x-4)}$

g) $x(x+3)^2(x^2-3x+9)$; $\dfrac{2x(x)(x+3)}{x(x+3)^2(x^2-3x+9)}$ et $\dfrac{(2x+1)(x^2-3x+9)}{x(x+3)^2(x^2-3x+9)}$

h) $(2-a)^2(2+a)$; $\dfrac{(a+1)(2-a)}{(2-a)^2(2+a)}$ et $\dfrac{(a+3)(2+a)}{(2-a)^2(2+a)}$

Exercices 2.6 (page 94)

1. a) $\dfrac{2x+5}{(x+3)(x+2)}$; $\mathbb{R}\setminus\{-3,-2\}$

b) $\dfrac{2(x-1)}{(x-2)(x+1)}$; $\mathbb{R}\setminus\{-2, -1, 2\}$

c) $\dfrac{x^2}{(x-1)(x^2+x+1)}$: $\mathbb{R}\setminus\{1\}$

d) $\dfrac{a^2+x^2}{a+x}$; $\mathbb{R}\setminus\{-a\}$

e) $\dfrac{y^2+3y+6}{6(y+2)^2}$; $\mathbb{R}\setminus\{-2\}$

f) $\dfrac{2x^3}{(1+x)(1-x)(1+x^2)}$; $\mathbb{R}\setminus\{-1, 0, 1\}$

2. a) $\dfrac{(x+3)(x-1)}{(x+1)} = \dfrac{x^2+2x-3}{x+1}$; $\mathbb{R}\setminus\{-1, 1\}$

b) $\dfrac{x-1}{x+1}$; $\mathbb{R}\setminus\{-4, -1, 1, 4\}$

c) -1 ; $\mathbb{R}\setminus\{-2, 3\}$

d) $\dfrac{3x+1}{x+4}$; $\mathbb{R}\setminus\left\{-6, -4, \frac{-1}{3}\right\}$

e) $\dfrac{(x+4)(x-3)}{(x+2)(x+8)}$; $\mathbb{R}\setminus\{-8, -3, -2, 2, 4, 8\}$

f) $(x-b)(x+b)$; $\mathbb{R}\setminus\{-b, b\}$

3. a) $\dfrac{4}{3x}$; $x \neq 0,\ b \neq 0,\ 2x \neq -3b$

b) $\dfrac{2(x+1)}{3(x-1)}$; $\mathbb{R}\setminus\{-\sqrt{5}, 1, 3, \sqrt{5}\}$

c) $\dfrac{x(x+3)}{x+4}$; $\mathbb{R}\setminus\{-4, -2, 0\}$

d) $\dfrac{x}{x+1}$; $\mathbb{R}\setminus\{-2, -1, 0\}$

e) $\dfrac{(1-x)(4x+1)}{(5x-2)}$; $\mathbb{R} \setminus \left\{-1, \dfrac{2}{5}, \dfrac{4}{3}\right\}$

f) $\dfrac{(x+y)^2}{xy}$; $x \neq 0,\ y \neq 0$

g) $a+x$; $a \neq 0,\ x \neq 0$

h) $\dfrac{1}{x}$; $\mathbb{R} \setminus \{-1, 0, 1\}$

i) $\dfrac{(x+4)(x+4)}{(x^2+4x+16)(x-8)}$; $\mathbb{R} \setminus \{-16, -8, -4, 4, 16\}$

j) $\dfrac{1}{b(a+b)}$; $b \neq 0,\ a \neq -b$

4. a) $\dfrac{y+x}{x(y-1)}$ d) $\dfrac{1}{2x^2-1}$ g) $\dfrac{4}{x^2}$

b) $\dfrac{x^2-y^2}{x^2+y^2}$ e) $\dfrac{1+x}{1+x^2}$ h) $\dfrac{-4(2x+1)(x-1)}{x(x-4)}$

c) $\dfrac{-x-1}{x^2(3+x)}$ f) $\dfrac{t^2-t+1}{2t-1}$

5. a) $\dfrac{(3+2x)^2}{10(2-x)}$ b) i) $0{,}64\overline{2}$ ii) $2{,}5$ iii) $7{,}2$

Exercices 2.7 (page 99)

1. a) $x^{\frac{1}{2}}y^{\frac{3}{5}}$ d) x^3 g) $x^{\frac{1}{2}}y^{\frac{1}{4}}$

b) $x^{\frac{5}{4}}y^{\frac{4}{5}}$ e) $(x+2)^{\frac{1}{12}}$ h) $(x+y)^{\frac{7}{3}}$

c) $\dfrac{3^{\frac{2}{3}}}{x^{\frac{1}{6}}}$ f) $\sqrt{(x+3)(x-3)}$ i) $x^{\frac{1}{6}}$

2. a) $[-2{,}5\,;+\infty[$ c) $\mathbb{R}$ e) $[0, +\infty[$

b) $]-\infty, 4[$ d) $]3, +\infty[$ f) $[-1, +\infty[\setminus \{0\}$

3. a) $|4-5x|$ c) $\sqrt[5]{(x-1)(x+3)}$ e) $\dfrac{x+3\sqrt{x}}{\sqrt{x}-2}$

b) $4-5x$ d) $\sqrt{x+3}$ f) $\dfrac{\sqrt{x^2}+x^2\sqrt{x+1}}{x+1}$

4. a) $\dfrac{2\sqrt{x}}{3x}$ f) $\dfrac{(x+3)\sqrt{3x-5}+(x+3)\sqrt{4-x}}{4x-9}$

b) $\dfrac{2}{5}\sqrt{5x}$ g) $\dfrac{(2x-1)\sqrt{3x+2}+(2x-1)\sqrt{3x-2}}{4}$

c) $\dfrac{\sqrt{x}+6}{x-36}$ h) $\dfrac{\sqrt{x^2-4x}-x+4}{4}$

d) $\dfrac{x+10\sqrt{x}+25}{x-25}$ i) $\sqrt{ax}+\sqrt{b}$

e) $x\left(\sqrt{x+1}-\sqrt{x}\right)$

Exercices récapitulatifs (page 100)

1. $11x^4 - 7x + 12$, par exemple

2. $-3x - 4y - 43z$

3. a) $-5x^2 + 2xy - xy^2 - 6$

b) $4t^2 + 4tu - 4tv + u^2 - 2uv + v^2$

c) $35xy + 12xy^2 - 20y^3 + 18x - 45y^2$

d) $2x^5 - 16x^4 + 32x^3 - 7x^2 + 9x - 16$

e) $9x^3 - 36x^2 + 59x - 49$ h) $2x + 1$

f) $\dfrac{5ax^2y^2}{2}$ i) $3x-4-\dfrac{3}{x^2+2x+1}$

g) $3x^3y^6-\dfrac{7xy}{5}+1$ j) $(2x - 3)(4x^2 + 9)$

4. a) $3ax^2y[2y^2 + 5axy - 7x^3]$ k) Ne se factorise pas.

b) $(5x - 3y)(5x - 3y)$ l) $(x + 3y)(x + 4)$

c) $(4x - 5y)(1 - 5x)$ m) $4(3x + 4)(2x - 5)$

d) $2t(t - 16)$ n) $5x^3(x - 3)(x + 3)$

e) $(x - 10)(x + 9)$ o) $3\left(x-\dfrac{3}{2}-\dfrac{\sqrt{21}}{6}\right)\left(x-\dfrac{3}{2}+\dfrac{\sqrt{21}}{6}\right)$

f) $2(3x + 7)(x - 4)$ p) $(x + y)(x^2 - xy + y^2 + 2)$

g) $(m + 2n)(x - 8y)$ q) $2\left(x-\dfrac{3}{4}-\dfrac{\sqrt{57}}{4}\right)\left(x-\dfrac{3}{4}+\dfrac{\sqrt{57}}{4}\right)$

h) $(11x - 8)(11x + 8)$ r) $(x + 3 - y)(x + 3 + y)$

i) $(y^2 - 0{,}1)(y^4 + 0{,}1y^2 + 0{,}01)$ s) $6x(x - 4)^3(3x - 4)$

j) Ne se factorise pas. t) $10(2x + 1)^4(4x - 3)^3(8x - 1)$

5. a) 0 et $\dfrac{5}{9}$ e) -4, 0 et 4

b) Aucun zéro f) $-0{,}75$ et $2{,}5$

c) $\dfrac{7}{3}$ g) Aucun zéro

d) -3 et 5 h) $\dfrac{1-\sqrt{13}}{6}$ et $\dfrac{1+\sqrt{13}}{6}$

6. $30x^2 - 26x + 4$

7. $a = -6$ et $b = -12$

8. a) $c=\dfrac{9}{16}$ b) $c<\dfrac{9}{16}$ c) $c>\dfrac{9}{16}$

9. a) $\mathbb{R} \setminus \left\{\dfrac{8}{3}\right\}$ b) $\mathbb{R} \setminus \{-2, 7\}$ c) $\mathbb{R} \setminus \left\{\dfrac{-4}{5}, \dfrac{1}{3}\right\}$ d) $\mathbb{R} \setminus \{-4, 0, 4\}$

10. a) $\dfrac{x-1}{x+1}$; $\mathbb{R} \setminus \{-4, -1, 1, 4\}$ c) $\dfrac{y(x-y)}{x(x+y)}$; $x \neq 0,\ x \neq -y,\ x \neq y$

b) 1 ; $\{-1, 0, 1\}$ d) $\dfrac{(x+8)}{(x-1)}$; $\mathbb{R} \setminus \{-8, -2, -1, 1\}$

11. a) $\dfrac{4ab}{(2a-b)(2a+b)}$ b) $\dfrac{y(x-y)}{x(x+y)}$

12. a) $\left[\dfrac{9}{4}, +\infty\right[$ c) $[0, +\infty[$

b) $]-12, +\infty[$ d) $]-\infty, 2] \setminus \{0\}$

13. a) $|x+100|$ b) $\sqrt{x+1}$ c) $\dfrac{\sqrt{x+1}+2}{5}$

14. a) $\dfrac{-2\sqrt{3x}}{15x}$ c) $\dfrac{(2x-1)\left(\sqrt{2x+1}+\sqrt{2x-1}\right)}{2}$

b) $\dfrac{4x+20\sqrt{x}+25}{4x-25}$

Chapitre 3

Exercices préliminaires (page 104)

1. a) $]-1, 4]$

b) $[8, +\infty[$

c) $]-\infty, 3[\cup [6, +\infty[$

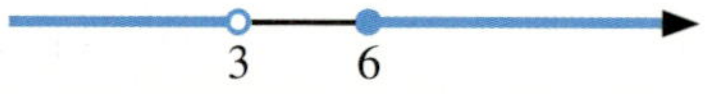

d) $[0, 5[$

2. a) $-2x(x-6)$ b) $(2x-9)(2x+9)$ c) Ne peut être factorisé. d) $(2x+5)(2x+5)$ e) $(x-8)(x+2)$ f) $(3x+4)(2x-1)$ g) $2\left(x-1+\frac{\sqrt{10}}{2}\right)\left(x-1-\frac{\sqrt{10}}{2}\right)$ h) Ne peut être factorisé.

3. a) 0 et -5 b) $\frac{-7}{3}$ et $\frac{7}{3}$ c) Aucun zéro d) $\frac{-11}{2}$ e) -3 et 7 f) $\frac{-1-\sqrt{31}}{5}$ et $\frac{-1+\sqrt{31}}{5}$ g) $\frac{1-\sqrt{41}}{4}$ et $\frac{1+\sqrt{41}}{4}$ h) Aucun zéro

4. a) $\mathbb{R}\setminus\left\{-4, \frac{3}{2}\right\}$ b) $\mathbb{R}\setminus\left\{\frac{-2}{3}\right\}$ c) $\mathbb{R}\setminus\{1, 3\}$ d) $\mathbb{R}$

5. a) $(x-4)(x-5)$; $\frac{3x(x-5)}{(x-4)(x-5)}$ et $\frac{(x+1)(x-4)}{(x-5)(x-4)}$

b) $30(x-2)(x+2)$; $\frac{5x(x-2)}{5(6x+12)(x-2)}$ et $\frac{6}{2(15x^2-60)}$

c) $(x+5)(x-4)(x+1)$;
$\frac{x+1}{(x^2+x-20)(x+1)}$ et $\frac{-2x(x-4)}{(x^2+6x+5)(x-4)}$

d) $(x-3)(x-3)(-x-1)$;
$\frac{x(-x-1)}{(x^2-6x+9)(-x-1)}$ et $\frac{(x-1)(x-3)}{(-x^2+2x+3)(x-3)}$

6. a) $\frac{2x-5}{x-1}$; $\mathbb{R}\setminus\{-1, 1\}$ b) $\frac{x^2}{x+3}$; $\mathbb{R}\setminus\{-3, 0, 2\}$ c) $\frac{x^2+16}{x+4}$; $\mathbb{R}\setminus\{-4\}$ d) $\frac{-(x+1)}{2x+3}$; $\mathbb{R}\setminus\left\{\frac{-3}{2}, 1\right\}$

7. a) $\frac{-2}{(x+2)(x+4)}$; $\mathbb{R}\setminus\{-4, -2\}$

b) $\frac{5x+7}{2(x+1)^2(x+2)}$; $\mathbb{R}\setminus\{-2, -1\}$

c) $\frac{12-x}{x+6}$; $\mathbb{R}\setminus\{-6\}$

d) $\frac{x^2+4x-18}{(x+4)(x-2)}$; $\mathbb{R}\setminus\{-4, -1, 2\}$

8. a) $3x-5$, où $x \geq \frac{5}{3}$ b) $x-\sqrt{x}-6$, où $x \geq 0$ c) $\frac{2(x+1)}{5\sqrt{2x-3}}$, où $x > 1{,}5$ d) $4x+3$, où $x \geq -1$

Exercices 3.1 (page 108)

1. a) $\mathbb{R}$; 6 est une solution.
b) $\mathbb{R}$; 0 est une solution.
c) $\mathbb{R}$; -2 n'est pas une solution.
d) $\mathbb{R}\setminus\{0\}$; 0 n'est pas une solution.

2. a) $\mathbb{R}$; non b) $\mathbb{R}$; oui c) $\mathbb{R}\setminus\{0\}$; oui d) $\mathbb{R}$; non e) $\mathbb{R}$; non f) $\mathbb{R}$; oui

3. a) $\mathbb{R}$ b) $\mathbb{R}\setminus\{0\}$ c) $\mathbb{R}\setminus\{-2, 0\}$ d) $\{x \in \mathbb{R} \mid x \geq 0\}$ e) $\mathbb{R}$ f) $\mathbb{R}\setminus\{-4, -3, 3\}$

4. a) Propriété 2 b) Propriété 3

5. Laissé à l'étudiant

Exercices 3.2 (page 113)

1. a) $x=\frac{7}{5}$ b) $t=\frac{1}{2}$ c) $z=0$ d) Aucune solution e) $x=\frac{36}{113}$ f) $x=\frac{a-2b}{a}$ g) $x=\frac{-a^2-b}{2a}$ h) $y=\frac{107}{296}$ i) $y=-2{,}1$ j) $x=\frac{39}{42}$

2. 155, 156 et 157

3. a) 97 % b) Non

4. 14 ans

5. 240 ha et 160 ha

6. 5 bancs et 58 spectateurs

7. 1 h 5 min $27,\overline{27}$ sec

Exercices 3.3 (page 120)

1. a) -3 et 4 b) 1 et 2 c) $\frac{-11}{3}$ et $\frac{11}{3}$ d) 0 et $\frac{3}{7}$ e) $\frac{-1}{3}$ et 5 f) 0 et $\frac{a}{10}$ g) -7 et -3 h) -8 et 1 i) -6 et -5 j) $\frac{-3}{2}$ et $\frac{5}{3}$ k) Aucune solution l) 0 et m m) $\frac{5}{4}$ n) $\frac{-1}{3}$ et $\frac{5}{2}$ o) -8 et 5 p) 2 et 4

2. a) -1 et 8 b) $\frac{-1}{2}$ et $\frac{3}{7}$ c) Aucune solution d) $\frac{-\sqrt{15}}{3}$ et $\frac{\sqrt{15}}{3}$ e) $\frac{19-\sqrt{1801}}{40}$ et $\frac{19+\sqrt{1801}}{40}$ f) $\frac{-11-3\sqrt{21}}{6}$ et $\frac{-11+3\sqrt{21}}{6}$ g) $\frac{-3}{2}$ et $\frac{1}{4}$ h) $\frac{-1}{2}$ i) 0 j) 0 et $\frac{5}{9}$

k) $\frac{-1-\sqrt{33}}{4}$ et $\frac{-1+\sqrt{33}}{4}$

l) Aucune solution

m) -1 et $\frac{1}{4}$

n) $\frac{0,25 \pm \sqrt{1,1345}}{0,4}$

o) Aucune solution

p) $\frac{-v-\sqrt{v^2-4un}}{2u}$ et $\frac{-v+\sqrt{v^2-4un}}{2u}$

3. Laissé à l'étudiant

4. Laissé à l'étudiant

5. -17 et -16 ou 16 et 17

6. 7 et 9

7. $\frac{1+\sqrt{5}}{2}$; longueur

8. 3 cm sur 12 cm

9. 6 m

10. Base : $2\sqrt{5}$ m ; hauteur : $\sqrt{5}$ m

11. Carreau de céramique : 20 cm de côté
Carreau de vinyle : 30 cm de côté
Aire du plancher : 18 m^2

12. Environ 0,99 m

13. a) $c = \sqrt{2}r$ b) 20 cm

14. 3 cm

15. 0,5 seconde

16. 660 étudiants à 3,95 $

17. 22 logements et le loyer mensuel est de 440 $.

18. a) 4 ; 12 ; 24 b) 2(x(x + 1)) c) 11 sur 11 d) 1 ; 5 ; 14 e) 55 f) $1^2 + 2^2 + 3^2 + \ldots + n^2$

Exercices 3.4 (page 127)

1. a) $\left\{\frac{-20}{3}\right\}$ b) {0,1} c) ∅ d) $\left\{\frac{-7}{18}\right\}$ e) ∅ f) $\left\{\frac{-8}{45}\right\}$ g) $\left\{\frac{-5}{3}\right\}$ h) $\left\{\frac{-41}{6}\right\}$ i) {-7} j) $\left\{\frac{11}{4}\right\}$

2. a) $\left\{\frac{c-b}{a}\right\}$ b) $\left\{\frac{a}{a-1}\right\}$ c) $\left\{\frac{3c-1}{c-2}\right\}$ d) $\left\{\frac{2ab}{a+b}\right\}$ e) $\left\{\frac{a+b}{2}\right\}$ f) $\left\{\frac{a^2-2b^2}{3a-4b}\right\}$

3. a) {-10}
b) $\{2-2\sqrt{5},\ 2+2\sqrt{5}\}$
c) {-2, 12}
d) {3, 5}
e) ∅
f) $\{-\sqrt{5}, \sqrt{5}\}$
g) {-1, 1}
h) {0}
i) ∅
j) {-5, 2}
k) $\left\{\frac{2}{3}, 1\right\}$
l) $\left\{\frac{1-\sqrt{21}}{10}, \frac{1+\sqrt{21}}{10}\right\}$

4. a) $\left\{-4, \frac{16}{5}\right\}$ b) $\left\{\frac{-5}{3}, \frac{-3}{2}, -1\right\}$ c) $\{2-\sqrt{5}, 2+\sqrt{5}\}$

5. 7 et 8

6. a) $2x + \frac{2500}{x}$ b) Largeur : 25 m ; longueur : 50 m

7. Portion 1 : 70 km/h ; portion 2 : 90 km/h

8. 8 personnes

Exercices 3.5 (page 130)

1. a) < b) < c) < d) > e) < f) >

2. a) 3 b) 12 c) -10 d) $\frac{1}{2}$

Exercices 3.6 (page 132)

1. a)]5, +∞[b) $\left[\frac{1}{6}, +\infty\right[$ c) $\left]-\infty, \frac{14}{5}\right[$ d)]-∞, 1] e) $\left]\frac{7}{20}, +\infty\right[$ f) IR g) $\left[\frac{-85}{9}, +\infty\right[$ h) ∅ i) ∅

2. 49 et 51

3. {26, 28, 30, 32, …}

4. [49 %, 100 %]

5. Entre 58,82 $ et 88,23 $

6. 25 minutes

7. 693,5 km

Exercices 3.7 (page 136)

1. a) $\left]-\infty, \frac{-3}{2}\right] \cup [5, +\infty[$
b)]-∞, -3[∪]2, +∞[
c) $\left]\frac{-1}{2}, \frac{2}{3}\right[$
d)]0, 7[
e) ∅
f)]-∞, -5] ∪ [5, +∞[
g) {-3}
h) IR \ {-5}
i) $\left]-\infty, \frac{-4}{3}\right[\cup]1, +\infty[$
j) IR

Exercices 3.8 (page 138)

1. a)]-3, 1[
b)]-2, 4]
c) $]-\infty, -4[\cup \left]1, \frac{3}{2}\right[\cup]3, +\infty[$
d)]-5, +∞[
e)]-5, -3] ∪ {0} ∪ [3, 5[
f)]-4, 0[∪]4, +∞[
g)]-∞, -3[∪]4, +∞[
h)]-∞, 1[
i) $\left]-\infty, \frac{2}{3}\right] \cup \left]\frac{3}{2}, 2\right] \cup]4, +\infty[$
j) ∅

Exercices 3.9 (page 143)

1. a) $\left]-\infty, \frac{3}{4}\right]$ b) $]-\infty, 200[$ c) $[-11, +\infty[\setminus \{15\}$ d) $\varnothing$ e) $]0, +\infty[$ f) $]-\infty, -10] \cup [10, +\infty[$ g) $]3, 5]$ h) $[-3, 1[$ i) $\mathbb{R} \setminus \{0\}$ j) $]-\infty, -10[\cup]-1, +\infty[$

2. a) $\frac{149}{3}$ b) -8 et 5 c) 16 d) 2 et 3 e) 6 f) 3 g) $\frac{197}{7}$ h) -11 et 2 i) $\frac{13}{4}$ j) 0 et $\frac{1}{3}$ k) 5 l) -2

Exercices récapitulatifs (page 144)

1. $(x+1)^2 = x^2 + 2x + 1$

2. a) 1,5 b) -14 c) 72,5 d) $\frac{1}{a^2} - 1$

3. $\frac{360}{7}$ cm

4. a) $\left\{-6, \frac{5}{4}\right\}$ b) $\left\{-1, \frac{1}{4}\right\}$ c) $\left\{-2, \frac{1}{3}\right\}$ d) $\varnothing$ e) $\left\{0, \frac{3}{2}\right\}$ f) $\left\{\frac{2-\sqrt{19}}{3}, \frac{2+\sqrt{19}}{3}\right\}$ g) $\varnothing$ h) $\left\{\frac{-7}{2}, \frac{-3}{4}\right\}$ i) $\left\{\frac{1}{6}, 1\right\}$ j) $\left\{\frac{-k-\sqrt{k^2+12}}{2}, \frac{-k+\sqrt{k^2+12}}{2}\right\}$

5. Côté du carré : environ 5,244 cm ; rayon du cercle : environ 6,244 cm.

6. $(3+3\sqrt{2})$ cm

7. a) Aucune valeur b) Aucune valeur c) $x = \frac{a(a-6)}{3(a-1)}$ d) $x \in \{-2, 1, 4\}$

8. a) $\left\{x \in \mathbb{R} \,\middle|\, x > \frac{19}{3}\right\}$ b) $\mathbb{R}$ c) $\left\{x \in \mathbb{R} \,\middle|\, x \leq \frac{17}{11}\right\}$ d) $\left\{x \in \mathbb{R} \,\middle|\, x \geq \frac{49}{8}\right\}$

9. a) $]-\infty, -6] \cup [2, +\infty[$ b) $\mathbb{R}$ c) $]-\infty, -10] \cup [10, +\infty[$ d) $\left[\frac{-3}{2}, \frac{5}{3}\right]$ e) $\mathbb{R} \setminus \{-4\}$ f) $\mathbb{R}$

10. a) $]-\infty, -3] \cup \left]\frac{-3}{2}, 3\right]$ b) $]-\infty, 1[\setminus \{-3\}$ c) $]-3, -2[\cup]4, +\infty[$ d) $]-\infty, -3] \cup \left[\frac{-5}{2}, +\infty\right[$

11. a) $[4, +\infty[$ b) $]-\infty, -7] \cup [5, +\infty[$ c) $[2, +\infty[$ d) $]-\infty, -4[\cup [-2, +\infty[$

12. a) $\left\{\frac{245}{12}\right\}$ b) $\{14\}$ c) $\{25\}$ d) $\{7\}$

Chapitre 4

Exercices préliminaires (page 148)

1. a) $]-1, 0[\cup]0, 4]$ b) $]-\infty, 2[\cup]2, 5[\cup]5, 8[\cup]8, +\infty[$ c) $]5, 6]$ d) $[0, 12[$

2. a) $\mathbb{R}$ b) $\mathbb{R} \setminus \{-1\}$ c) $\mathbb{R}$ d) $]-\infty, 0] \cup [6, +\infty[$

3. a) -4 et 4 b) Aucun c) Aucun d) $\frac{7}{3}$

4. a) 1 et 8 b) 0 et $\frac{5}{2}$ c) -3 d) Aucun

5. a) $\left[\frac{10}{3}, +\infty\right[$ b) $]-1, 7[$ c) $]-3, 5[\setminus \{0\}$ d) $\left]-\infty, \frac{-1}{2}\right] \cup [0, 3[$

Exercices 4.1 (page 151)

1. a) Oui b) Oui c) Non d) Oui

2. a) Non b) Non c) Oui d) Oui e) Oui f) Non

3. a) $y = \frac{1}{3}x$ b) $y = x^3 + 3x$ c) $A = l(l+12)$ d) $d = 80h$ e) $c = 3{,}3 + 1{,}6k$ f) $a = 3(s+1) - 1$

4. a) $\frac{1}{3}$ b) 0 c) Non définie d) Non définie e) 79 f) 304 g) $\frac{\sqrt{c}}{c+2}$ h) $3x^2 + 6xh + 3h^2 + 4$ i) $2x + h - 5$

Exercices 4.2 (page 153)

1. a) $\mathbb{R}$ b) $]5, +\infty[$ c) $\mathbb{R} \setminus \{-5, -2\}$ d) $\mathbb{R} \setminus \{-10, 0, 10\}$ e) $[2, +\infty[\setminus \{8\}$ f) $\mathbb{R}$ g) $\mathbb{R} \setminus \{32\}$ h) $\varnothing$ i) $]4, 10]$

2. a) [0 km, 100 km] b) {2000, 2001, 2002, ..., 2013, 2014}

Exercices 4.3 (page 158)

1. a) Fonction, non injective b) Fonction, non injective c) Pas une fonction d) Fonction injective

2. a) $dom(f) = \mathbb{R}$ et $ima(f) = [-2, +\infty[$

b) $dom(f) = \mathbb{R}$ et $ima(f) = \{2\}$

c) $dom(f) = \mathbb{R}$ et $ima(f) = \mathbb{R}$

d) $dom(f) =]-3, 0] \cup [1, 3] \cup]4, +\infty[$ et $ima(f) = [-1, 3[\cup [4, +\infty[$

3. a)

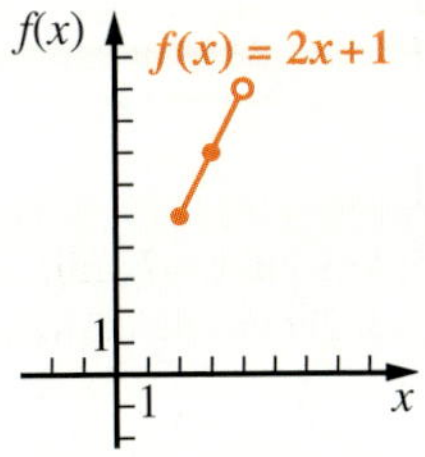

b)

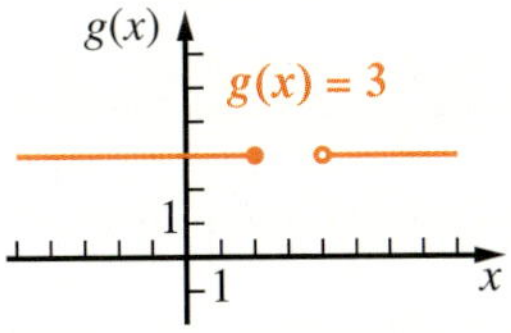

c)

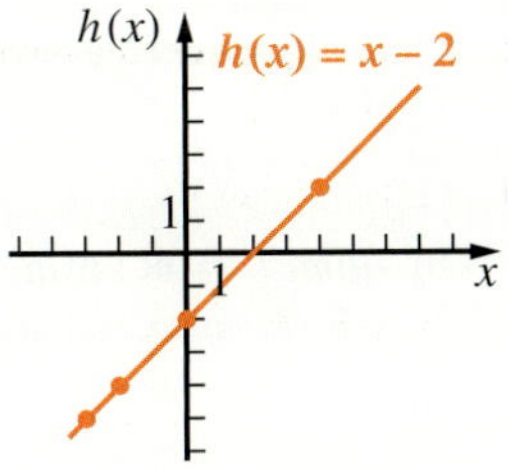

d)

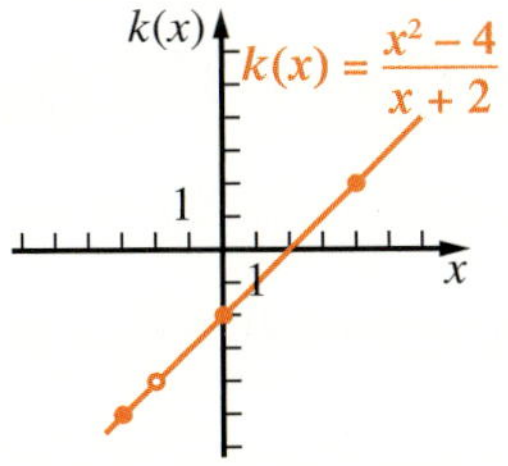

e) Laissé à l'étudiant

4. a) $\mathbb{R}$

b) $]-\infty, 5]$

c) i) $f(2) = 5$ ii) $f(0) = 2$ iii) $f(-4) = 0$

d) 4

e) -6, -4, -1 et 4

f) 1 et environ 2,75

g) Négatif

Exercices 4.4 (page 161)

1. a) -3, 0 et 4 ; 0

b) 4 ; 4

c) Aucun zéro ; $0 \notin dom(f)$

d) -5, 3 et 5 ; 4

2. Laissé à l'étudiant

3. a) $\left(\frac{5}{2}, 0\right)$ et (0, -5)

b) (-1, 0), (6, 0) et (0, -6)

c) (0, 12)

d) $\left(\frac{2}{5}, 0\right)$ et $\left(0, \frac{-2}{3}\right)$

e) $\left(\frac{-10}{3}, 0\right)$, (2, 0) et (0, 0)

f) Aucun

4. a) -50

b) (-50, 0)

5. Par exemple : $y = -2(x + 2)(x - 7)$

6. $0 \notin dom(f)$ et $0 \notin ima(f)$

7. Laissé à l'étudiant

Exercices 4.5 (page 166)

1. a) $f(x) > 0$ si $x \in]-\infty, -4[\cup]-4, 1[\cup]3, +\infty[$; $f(x) = 0$ si $x \in \{-4, 1, 3\}$; $f(x) < 0$ si $x \in]1, 3[$

b) $f(x) = 0$ si $x \in \{-3, 4\}$; $f(x) < 0$ si $x \in \mathbb{R} \setminus \{-3, 4\}$

c) $f(x) > 0$ si $x \in]-5, -3[\cup]2, +\infty[$; $f(x) = 0$ si $x \in \{-5, -3, 2\}$; $f(x) < 0$ si $x \in]-\infty, -5[\cup]-3, 2[$

d) $f(x) > 0$ si $x \in]-\infty, -3[\cup]3, +\infty[$; $f(x) = 0$ si $x \in \{-3, 3\}$; $f(x) < 0$ si $x \in]-3, 3[$

e) $f(x) > 0$ si $x \in]-\infty, -2[\cup]2, +\infty[$; $f(x) = 0$ si $x = -2$; $f(x) < 0$ si $x \in]-2, 2[$

f) $f(x) > 0$ si $x \in [-3, +\infty[$; $f(x) < 0$ si $x \in]+\infty, -3[$

2. Laissé à l'étudiant

3. a) $f(x) < 0$ si $x \in \left]\frac{5}{4}, +\infty\right[$; $f(x) = 0$ si $x = \frac{5}{4}$; $f(x) > 0$ si $x \in \left]-\infty, \frac{5}{4}\right[$

b) $f(x) < 0$ si $x \in]-\infty, 5[\cup]5, +\infty[$; $f(x) = 0$ si $x = 5$; $f(x)$ ne sera jamais positive.

c) $f(x) < 0$ si $x \in]-\infty, -4[\cup \left]\frac{1}{2}, +\infty\right[$; $f(x) = 0$ si $x = -4$; $f(x) > 0$ si $x \in \left]-4, \frac{1}{2}\right[$

d) $f(x) < 0$ si $x \in]-\infty, 0[\cup \left]0, \frac{5}{2}\right[$; $f(x) > 0$ si $x \in \left]\frac{5}{2}, +\infty\right[$; $f(x)$ n'est jamais nulle.

e) $f(x) < 0$ si $x \in \left]-\infty, \frac{-1}{3}\right[\cup]10, +\infty[$; $f(x) = 0$ si $x \in \left\{\frac{-1}{3}, 0, 10\right\}$; $f(x) > 0$ si $x \in \left]\frac{-1}{3}, 0\right[\cup]0, 10[$

f) $f(x) < 0$ si $x \in]6, +\infty[$; $f(x) = 0$ si $x = 6$; $f(x) > 0$ si $x \in]-\infty, 6[$

g) $f(x) < 0$ si $x \in \left]\frac{-9}{5}, \frac{-2}{3}\right[\cup]4, +\infty[$; $f(x) = 0$ si $x = \frac{-9}{5}$; $f(x) > 0$ si $x \in \left]-\infty, \frac{-9}{5}\right[\cup \left]\frac{-2}{3}, 4\right[$

h) $f(x) < 0$ si $x \in]-\infty, -10[\cup]0, 10[$; $f(x) = 0$ si $x = 0$; $f(x) > 0$ si $x \in]-10, 0[\cup]10, +\infty[$

4. a)

x	$-\infty$	-5		-1		2		5	$+\infty$
$f(x)$	−	0	+	0	+	0	−	0	+

b)

x	-4		-1		3		5
$f(x)$	0	+	0	−	0	+	∄

c)

x	$-\infty$	-4		-1		2	$+\infty$
$f(x)$	+	0	−	0	+	∄	+

d)

x	$-\infty$ $+\infty$
$f(x)$	+

5. Laissé à l'étudiant

Exercices 4.6 (page 171)

1. a) f est croissante sur $[-2, 1]$ et décroissante sur $]-\infty, -2]$ et sur $[1, +\infty[$.

b) f est décroissante sur $]-\infty, -3]$, sur $[0, 3]$ et sur $[4, +\infty[$, et constante sur $[-3, 0]$ et sur $[3, 4]$.

2. Laissé à l'étudiant

3. a) Cette fonction n'a ni minimum ni maximum.
dom$(f) = \mathbb{R}$; *ima*$(f) = \mathbb{R}$.
b) *max*$(f) = 5$; il est atteint lorsque $x = -3$;
min$(f) = -2$; il est atteint lorsque $x = 4$.
Elle possède un maximum relatif au point (5, 0) et un minimum relatif au point (-5, 1).
dom$(f) = [-5, 5]$; *ima*$(f) = [-2, 5]$
c) *min*$(f) = -1$; il est atteint lorsque $x = -3$.
Cette fonction n'a pas de maximum.
Elle possède un maximum relatif au point (-1, 5) et un minimum relatif au point (2, 3).
dom$(f) = \mathbb{R}$; *ima*$(f) = [-1, +\infty]$.
d) Cette fonction n'a ni maximum ni minimum.
Elle possède un maximum relatif au point (3, 1) et un minimum relatif au point (0, -2).
dom$(f) =]-2, +\infty[$; *ima*$(f) =]-\infty, 2[$.

4. Laissé à l'étudiant
5. Laissé à l'étudiant
6. Laissé à l'étudiant

Exercices 4.7 (page 175)

1. a) *dom*$(f) = [-7, 6[$; (0, 1) ; (-7, 0) et (-1, 0)

Valeurs de x	-7		-4		-1		3		6
Signe de f	0	+	+	+	0	+	+	+	∄
Croissance de f	0 min.	↗	max. 3	↘	0 min.	↗	max. 4	↘	∄

b) *dom*$(f) = \mathbb{R}$; (0, -0,6) ; (-3, 0), (1, 0) et (4, 0)

Valeurs de x	$-\infty$	-3		-1		1		2,5		4	$+\infty$
Signe de f	+	0	–	–	–	0	+	+	+	0	–
Croissance de f	↘			-1 min.	↗			max. 2	↘		

c) *dom*$(f) = \mathbb{R}$; (0, 3) ; (-3, 0)

Valeurs de x	$-\infty$	-3	$+\infty$
Signe de f	–	0	+
Croissance de f	↗		

d) *dom*$(f) = [-6, -1[\cup [0, 4]$; (0, 4) ; (-5, 0)

Valeurs de x	-6		-5		-3		-1		0		4
Signe de f	+	+	0	–	–	–	∄	∄	+	+	+
Croissance de f	max. 1	↘			-2 min.	↗	∄	∄	max. 4	↘	2 min.

2. a) *dom*$(f) =]-2, 5]$; min. abs. -1, lorsque $x = 0$; max. abs. 2, lorsque $x = 4$; min. rel. au point (5, 1)

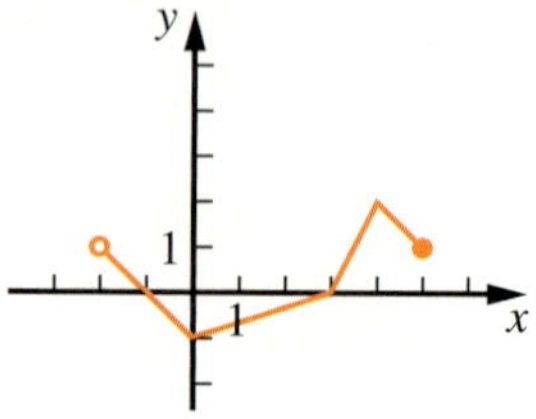

b) *dom*$(f) = \mathbb{R}$; min. abs. -5, lorsque $x = 7$; min. rel. au point (-1, -3) ; max. rel. au point (3, 2) ; pas de maximum absolu

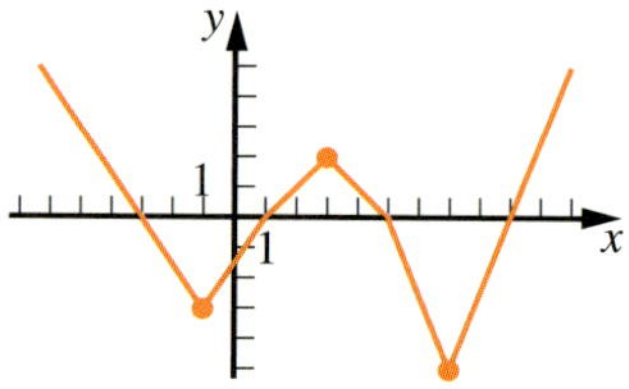

c) *dom*$(f) = \mathbb{R}$; max. rel. au point (-2, 3) ; min. rel. au point (3, -2) ; pas de minimum ni de maximum absolus

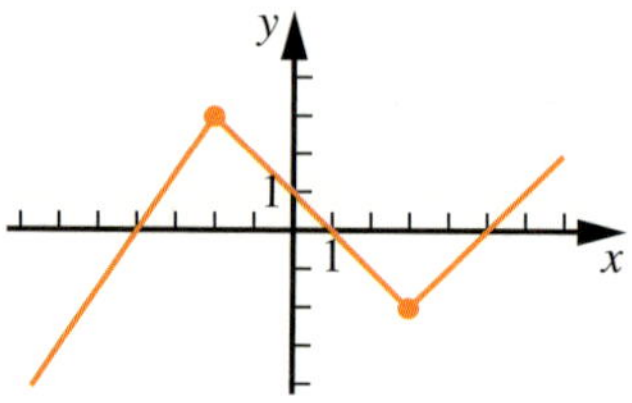

d) *dom*$(f) = [-5, 5]$; max. abs. 6, lorsque $x = 0$; min. abs. 0, lorsque $x = -3$ et lorsque $x = 3$; max. rel. aux points (-5, 3) et (5, 3)

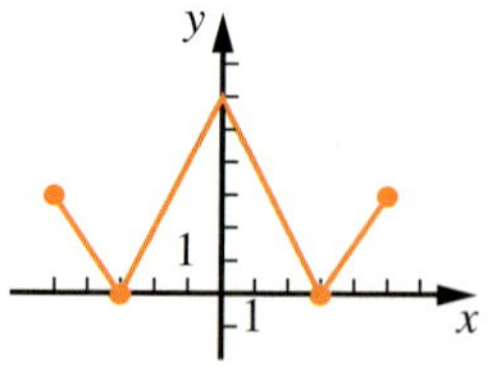

3. a) 10 m au-dessus de la surface de l'eau
b) i) 11 m ii) 1 m
c) Environ 11,25 m
d) 1 seconde
e) 2 secondes
f) 0,25 m
g) 10 m
h) Après 2 secondes, soit au moment d'entrer dans l'eau
i) 7,5 m/s
j) $f(1,5)$ représente la position du plongeur au-dessus de la surface de l'eau, 1,5 seconde après son impulsion.
k) $f(1) = 10$ signifie que le plongeur a pris 1 seconde pour revenir à sa hauteur initiale.

4. a) 130 minutes
b) 110 km/h
c) 70 km/h
d) 75 minutes
e) Au début de son trajet
f) 90 km/h ; 70 minutes ; un ralentissement à 90 km/h à la 70e minute du trajet.
g) 10 minutes

Exercices 4.8 (page 180)

1. a) $dom(f) = \mathbb{R} \setminus \{5\}$ et $dom(g) =]-\infty, 3]$

b) i) $\frac{1}{6}$ et 2

ii) 0 et $\sqrt{3}$

iii) -1,5 et 0

iv) Non définie et non définie

c) i) Pour $a = -1$, $\frac{13}{6}$;
pour $a = 0$, $\sqrt{3}$;
pour $a = 3$, -1,5 ;
pour $a = 5$, non définie.

ii) Pour $a = -1$, $\frac{-11}{6}$;
pour $a = 0$, $-\sqrt{3}$;
pour $a = 3$, -1,5 ;
pour $a = 5$, non définie.

iii) Pour $a = -1$, $\frac{1}{3}$;
pour $a = 0$, 0 ;
pour $a = 3$, 0 ;
pour $a = 5$, non définie.

iv) Pour $a = -1$, $\frac{1}{12}$;
pour $a = 0$, 0 ;
pour $a = 3$, non définie ;
pour $a = 5$, non définie.

v) Pour $a = -1$, 12 ;
pour $a = 0$, non définie ;
pour $a = 3$, 0 ;
pour $a = 5$, non définie.

vi) Pour $a = -1$, 4 ;
pour $a = 0$, 3 ;
pour $a = 3$, 0 ;
pour $a = 5$, non définie.

d) i) $y = \frac{x}{x-5} + \sqrt{3-x}$; $]-\infty, 3]$

ii) $y = \frac{x}{x-5} - \sqrt{3-x}$; $]-\infty, 3]$

iii) $y = \frac{x\sqrt{3-x}}{x-5}$; $]-\infty, 3]$

iv) $y = \frac{x}{(x-5)\sqrt{3-x}}$; $]-\infty, 3[$

v) $y = \frac{(x-5)\sqrt{3-x}}{x}$; $]-\infty, 3] \setminus \{0\}$

vi) $y = 3 - x$; $]-\infty, 3]$

2. a)

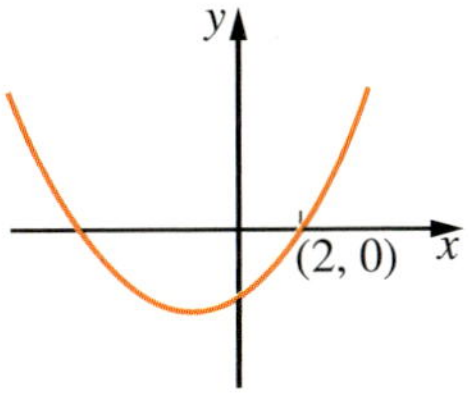

c)

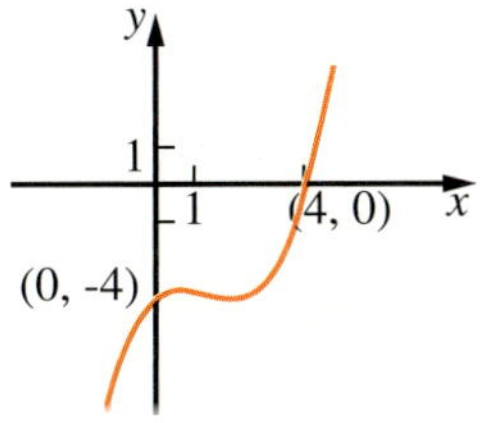

b)

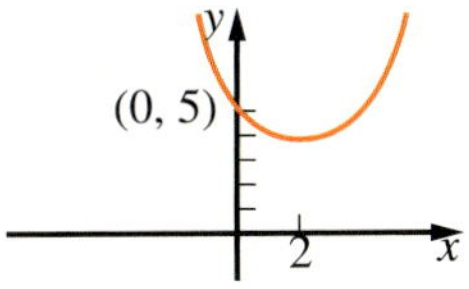

d)

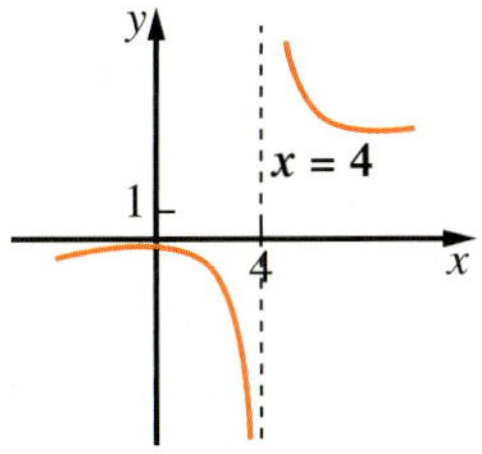

Exercices 4.9 (page 185)

1. a) $\frac{2x+9}{x^2+4x+5}$

b) $\frac{5x^2+2x}{x^2+1}$

c) $\frac{-6x^2+7}{9x^4-6x^2+2}$

d) $\frac{2\sqrt{x^2-5}+5}{x^2-4}$

e) $\frac{5x^4-8x^3+6x^2}{x^4+16x^2-24x+9}$

f) $\frac{(5x^2+4x+15)(x^2+1)}{x^4+6x^2+20x+26}$

2. a) 5 b) $\frac{1}{25}$ c) Non définie d) $\frac{1}{46}$

3. a) $y=\left(\frac{5}{3x-2}\right)^2-1$

b) $y=\frac{5}{3x^2-5}$

c) $y=\sqrt{5-x^2}$

d) $y=x^4-2x^2$

e) $y=\frac{5}{3\sqrt{4-x}-2}$

f) $y=\sqrt{\frac{12x-13}{3x-2}}$

g) $y=3-x$

h) $y=\frac{15x-10}{19-6x}$

i) $y=\sqrt{4-\sqrt{4-x}}$

4. a) $y=\frac{2x}{1-5x}$; $\mathbb{R} \setminus \left\{0, \frac{1}{5}\right\}$

b) $y=\sqrt{3x+3}$; $[-1, +\infty[$

c) $y=\frac{8}{2x+9}$; $\mathbb{R} \setminus \left\{\frac{-9}{2}\right\}$

d) $y = 3x + 1$; $[2, +\infty[$

5. a) $p(x) = 4{,}25\left(\frac{7500}{x}-100\right)$ b) 850 $

Exercices 4.10 (page 189)

1. a)

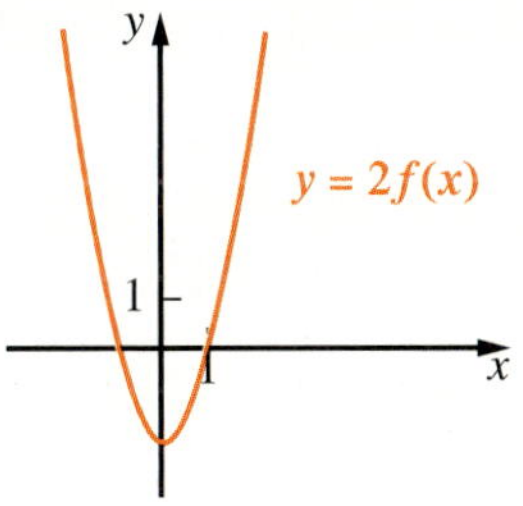

e)

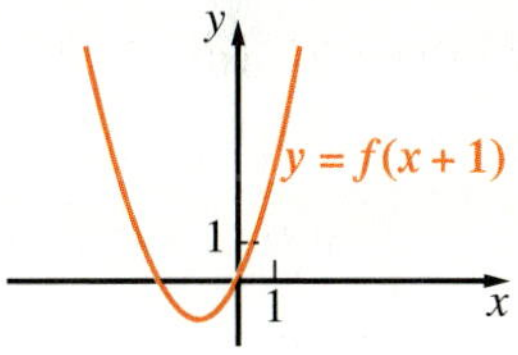

b)

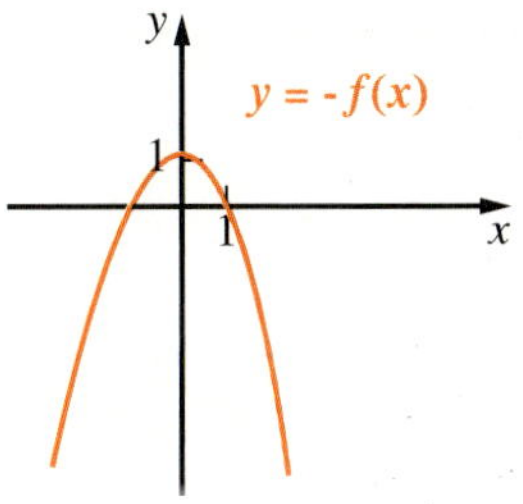

f)

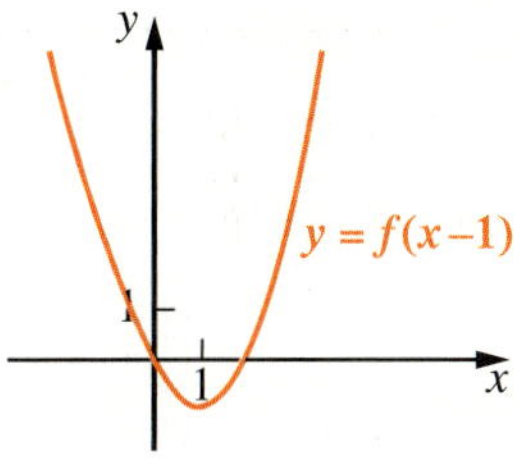

c)

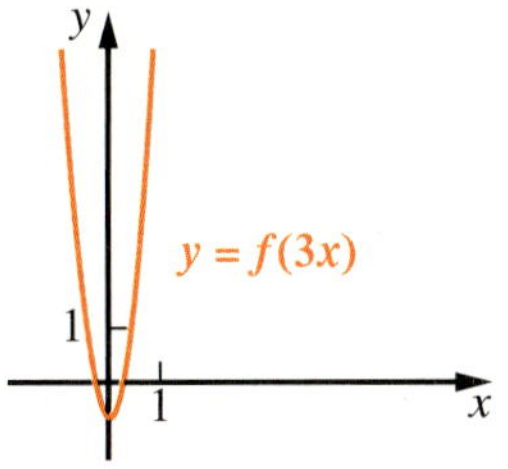

g)

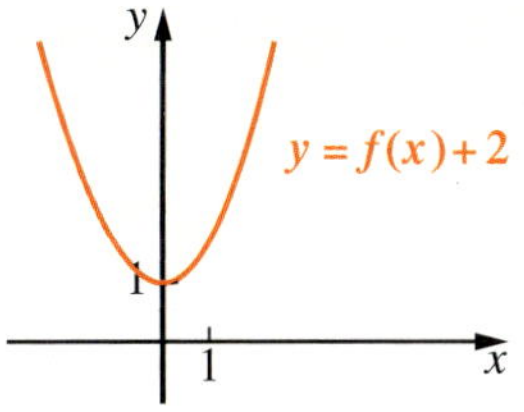

d)

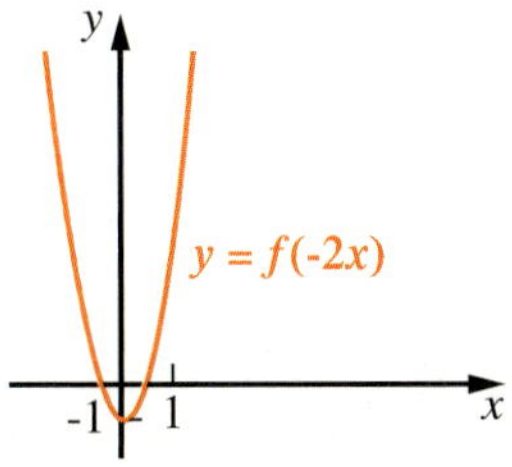

h)

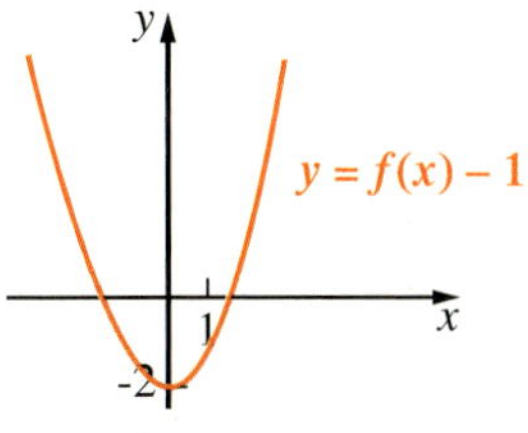

i)

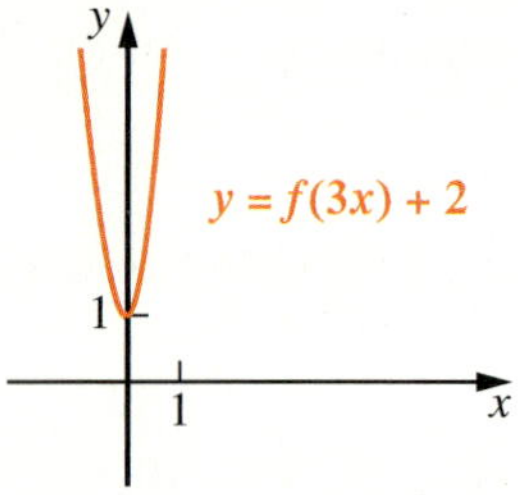

k)

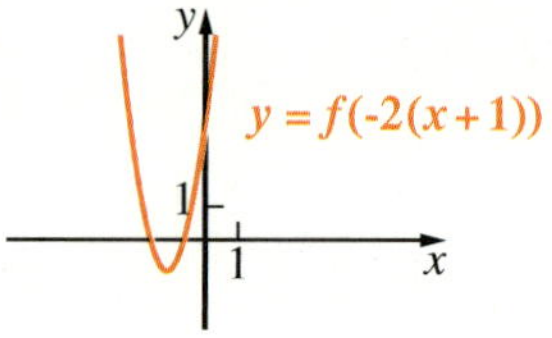

j)

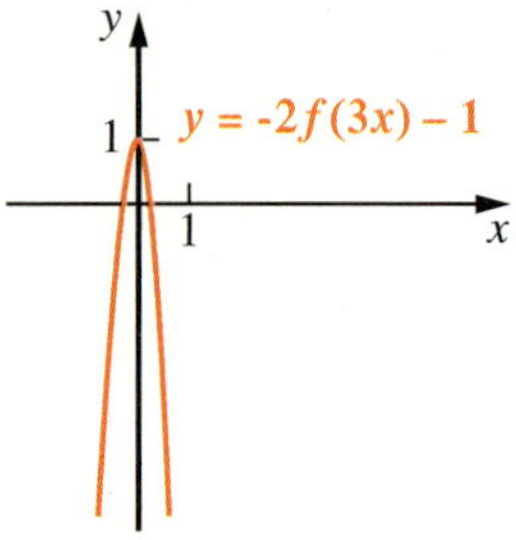

l)

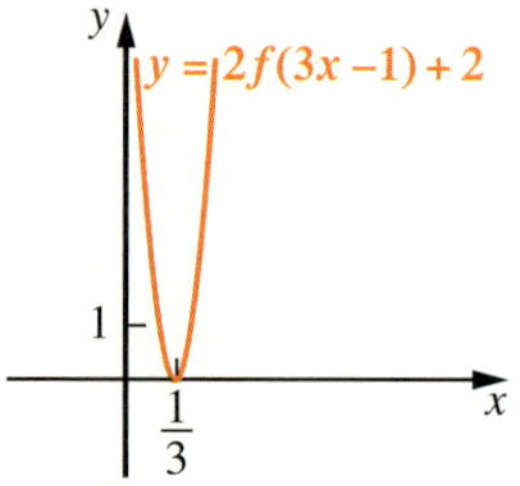

Exercices 4.11 (page 195)

1. a) $\frac{4}{3}$ b) $\frac{12}{5}$ c) 5 d) $\frac{-16}{7}$

2. a) $f^{-1}(x) = \frac{x+3}{4}$

b) $f^{-1}(x) = \frac{3+7x}{1-2x}$

c) $f^{-1}(x) = \frac{6x+1}{4+x}$

d) $f^{-1}(x) = \frac{4x+2}{3}$

e) $f^{-1}(x) = \frac{3}{4(5-x)}$

f) $f^{-1}(x) = \sqrt[5]{4x-1}$

g) $f^{-1}(x) = \frac{x^2+4}{3}$

h) $f^{-1}(x) = \frac{1}{2x^2}$

3. a)

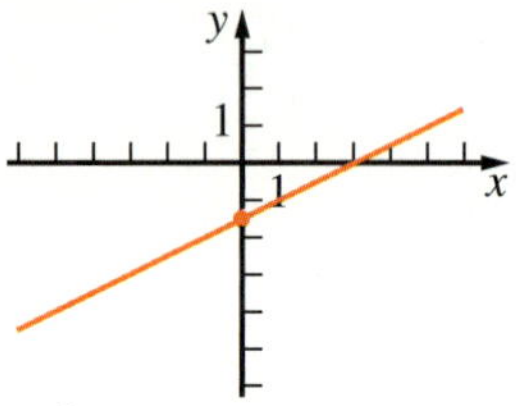

f^{-1} est une fonction.

b)

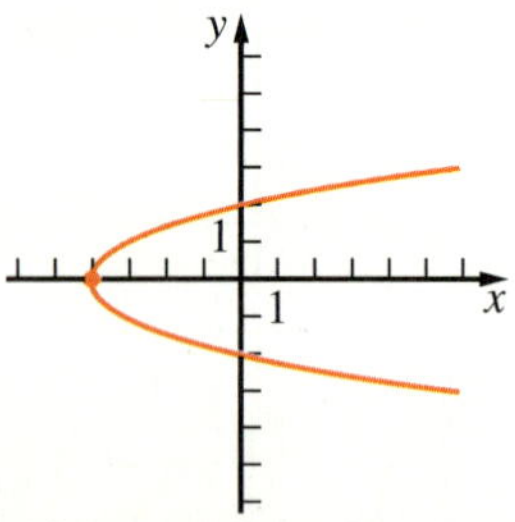

f^{-1} n'est pas une fonction.

c)

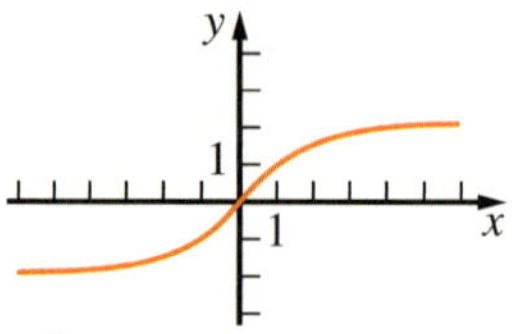

f^{-1} est une fonction.

d)

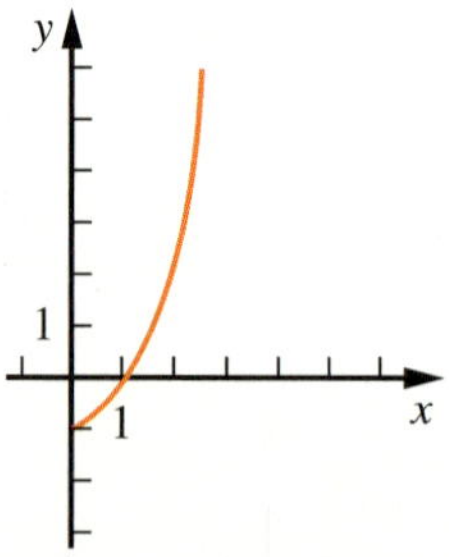

f^{-1} est une fonction.

Exercices 4.12 (page 198)

1. a) i) -1 ii) 2 iii) 2 iv) $\frac{1}{4}$ v) 4

b) $6-a$

c) $c+2$

d)

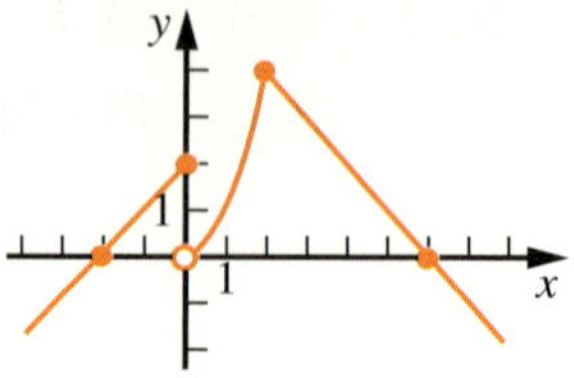

e) $dom(f) = \mathbb{R}$ et $ima(f) =]-\infty, 4]$

2. a)

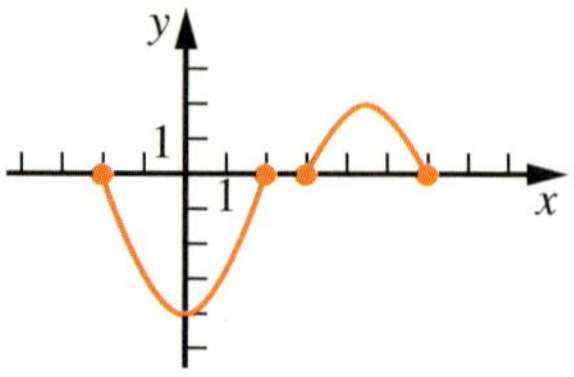

b) $dom(f) = [-2, 2] \cup [3, 6]$ et $ima(f) = \left[-4, \frac{9}{4}\right]$

c) Les zéros sont -2, 2, 3 et 6.

d) i) Non définie ii) -4 iii) 0 iv) Non définie v) 2

3. a) 1500 $

b) 1400 $

c) 16 personnes

d) $dom(f(x)) = \{1, 2, ..., 150\}$

e) $max(f) = 1500$

f) $min(f) = 1000$

g) Laissé à l'étudiant

h) Soit x le nombre de personnes et C le coût.

$$C(x) = \begin{cases} 1500 & \text{si} \quad x \in \{1, 2, ..., 15\} \\ 1400 & \text{si} \quad x \in \{16, 17, ..., 30\} \\ 1300 & \text{si} \quad x \in \{31, 32, ..., 45\} \\ 1200 & \text{si} \quad x \in \{46, 47, ..., 60\} \\ 1100 & \text{si} \quad x \in \{61, 62, ..., 75\} \\ 1000 & \text{si} \quad x \in \{76, 77, ..., 150\} \end{cases}$$

4. a) 2 h ; -4 °C

b) -4

c) La température n'a jamais été de 0 °C.

d) $f(4) = -6$

e) $f(10) = -12$

f) $g(d) = \begin{cases} 20 & \text{si} \quad d \geq 0 \\ 20 + 0{,}2d & \text{si} \quad d < 0 \end{cases}$

g) $g(-12) = 17{,}60$ $

h) $(g \circ f)(10)$

Exercices récapitulatifs (page 200)

1. a) $\frac{29}{3}$

b) Non définie

c) Non définie

d) 0

e) $\frac{x^3 - 9x^2 + 27x - 25}{x-3}$

f) $\frac{35}{3}$

g) $\frac{-245}{4}$

h) 0

i) Non définie

j) $\frac{29}{3}$

k) $\sqrt{6}$

l) -1

m) 15

n) $\sqrt[3]{-2}$

o) 1

2. a) $\mathbb{R}$

b) $\mathbb{R} \setminus \left\{\frac{-5}{2}\right\}$

c) $\left[\frac{-7}{4}, +\infty\right[$

d) $\mathbb{R}$

e) $[-2, +\infty[\setminus \{3\}$

f) $]-\infty, -4] \cup [3, +\infty[$

3. a) $\mathbb{R} \setminus \{0\}$

b) $\frac{5}{2}$ et -3

c) $f(x) < 0$ si $x \in \,]-3, 0[\cup \left]0, \frac{5}{2}\right[$; $f(x) = 0$ si $x \in \left\{-3, \frac{5}{2}\right\}$;

$f(x) > 0$ si $x \in \,]-\infty, -3[\cup \left]\frac{5}{2}, +\infty\right[$

4.

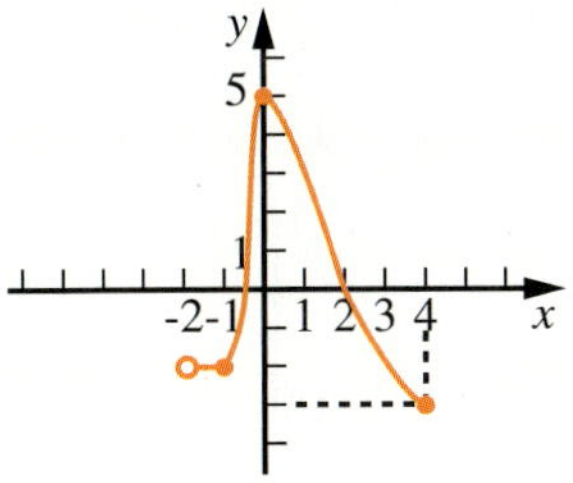

5.

Valeurs de x	-5		-4		-1,75		-1		$\frac{-1}{2}$		2		3	+∞
Signe de f	+	+	+	+	0	–	–	–	0	+	+	+	0	+
Croissance de f	1 min.	↗	max. 3		↘		-1 min.		↗		max. 5	↘	0 min.	↗

6. a) $y = \frac{4 + x^2}{x(3x+2)}$

b) $\mathbb{R} \setminus \left\{0, \frac{-2}{3}\right\}$

7.

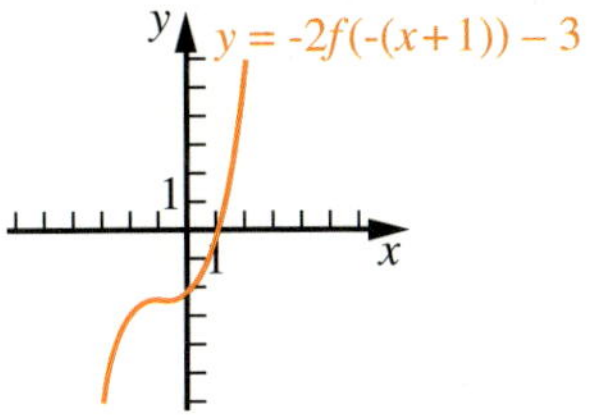

8. a) $f^{-1}(x) = \frac{3}{4x-1}$

b) $(f \circ f^{-1})(x) = x$; $(f^{-1} \circ f)(x) = x$

9. a) $f(x) = 200 + 30x$, exprimé en dollars

b) $dom(f) = \{x \in \mathbb{N} \mid 0 \leq x \leq 60\}$ (en supposant que le vendeur travaille cinq jours par semaine)

c) 920 $

d) $g(d) = \frac{4}{5}d - 150$, exprimé en dollars

e) $d = f(x)$ (salaire hebdomadaire)
$dom(g) = ima(f)$
$dom(g) = \{200, 230, 260, 290, ..., 2000\}$

f) $(g \circ f)(x) = 24x + 10$ représente les économies hebdomadaires du vendeur en fonction du nombre d'encylopédies vendues.

g) $h(s) = \frac{s - 200}{30}$; $h = f^{-1}$

10. a) $dom(f) = \{0 ; 0{,}01 ; 0{,}02 ; ... ; 50{,}00\}$

b) $x = 0$ et $x = 50$. Le fabricant n'a aucun revenu si les calculatrices se vendent 0 $ ou 50 $ l'unité.

c) 6000 $

d) 20 $ ou 30 $

e) 25 $, 6250 $

f) [25, 50]. Les revenus diminuent parce que les ventes sont moins nombreuses si la calculatrice coûte plus de 25 $.

11. a) $dom(f) = \mathbb{R}$

b)

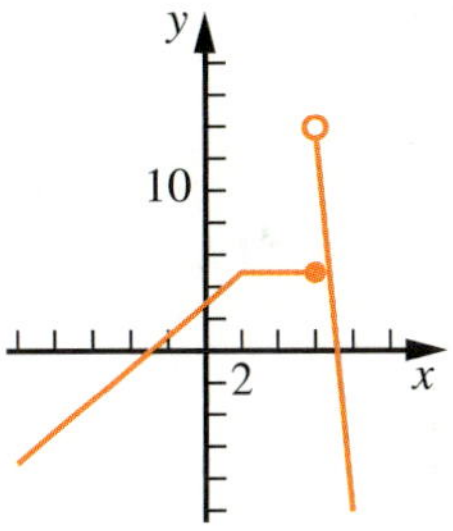

c) i) 2

ii) 5

iii) 5

iv) 5

v) -50

Chapitre 5

Exercices préliminaires (page 204)

1. a) $]-\infty, 4]$ b) $]-\infty, -10]$ c) $]2, 6]$ d) $]-\infty, +\infty[$

2. a) et b)

3. $\mathbb{R}$

4. Un seul

5. a) $\{-6, 5\}$

b) $\{-1, 4\}$

c) $\mathbb{R}$

d) $\left[\frac{4}{3}, +\infty\right[$

e) $\left]\frac{4}{3}, +\infty\right[$

f) $\left]-\infty, \frac{1}{11}\right]$

6. $dom(f) = \,]-\infty, 3]$; $ima(f) = \,]-\infty, 4]$; -2, 1 et 3 sont les zéros de f; $max(f) = 4$.

Valeurs de x	-∞	-2		-1		1		2		3
Signe de f	–	0	+	+	+	0	–	–	–	0
Croissance de f		↗		max. 4		↘		-2 min.	↗	max. 0

7. a) $y = \frac{-6x+9}{5}$; $\mathbb{R}$

b) $y = \frac{-6x-17}{5}$; $\mathbb{R}$

c) $y = \frac{-5x+1}{2}$; $\mathbb{R}$

d) $y = x$; $\mathbb{R}$

e) $y = x$; $\mathbb{R}$

f) $y = \frac{1-2x}{15x-20}$; $\mathbb{R} \setminus \left\{\frac{4}{3}\right\}$

Exercices 5.1 (page 209)

1. a) 5 b) 5 c) 5 d) 5 e) 5 f) 5

2. $f(x) = 3$

3. a) $\frac{3}{2}$ b) $\frac{3}{2}$ c) $\frac{3}{2}$

4. a) $f(x) = 3$; $dom(f) = \mathbb{R}$; (0, 3) ; $ima(f) = \{3\}$.

Valeurs de x	$-\infty$ $+\infty$
Signe de f	+
Croissance de f	→ $min(f) = max(f) = 3$

b) $f(x) = 0$; $dom(f) = \mathbb{R}$; (0, 0) ; $ima(f) = \{0\}$.

Valeurs de x	$-\infty$ $+\infty$
Signe de f	0
Croissance de f	→ $min(f) = max(f) = 0$

c) $f(x) = -3x + 4$; $dom(f) = \mathbb{R}$; (0, 4) ; $\left(\frac{4}{3}, 0\right)$; $ima(f) = \mathbb{R}$.

Valeurs de x	$-\infty$	$\frac{4}{3}$	$+\infty$
Signe de f	+	0	–
Croissance de f	↘		

d) $f(x) = \frac{1}{4}x + 1$; $dom(f) = \mathbb{R}$; (0, 1) ; (-4, 0) ;

$ima(f) = \mathbb{R}$.

Valeurs de x	$-\infty$	-4	$+\infty$
Signe de f	–	0	+
Croissance de f	↗		

5. a) $f(x) = 8x - 10$; $dom(f) = \mathbb{R}$; (0, -10) ; $\left(\frac{5}{4}, 0\right)$; $ima(f) = \mathbb{R}$.

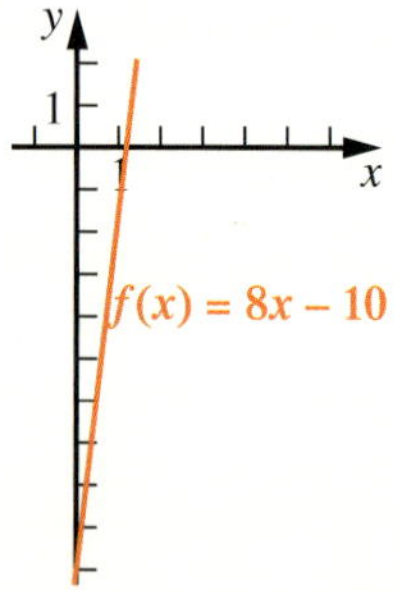

Valeurs de x	$-\infty$	$\frac{5}{4}$	$+\infty$
Signe de f	–	0	+
Croissance de f	↗		

b) $f(x) = -5$; $dom\,f = \mathbb{R}$; (0, -5) ; $ima(f) = \{-5\}$.

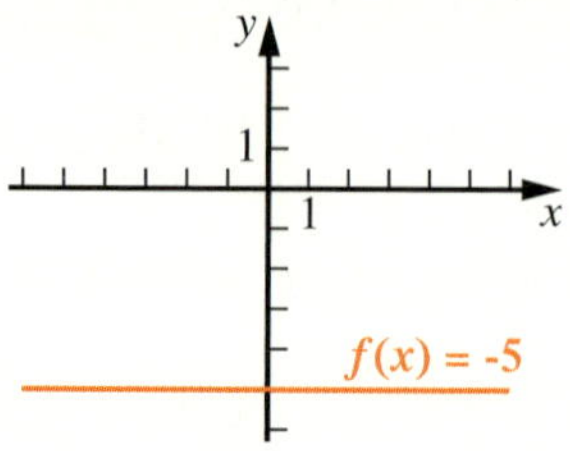

Valeurs de x	$-\infty$ $+\infty$
Signe de f	–
Croissance de f	→ $min(f) = max(f) = -5$

c) $f(x) = -5x$; $dom(f) = \mathbb{R}$; (0, 0) ; $ima(f) = \mathbb{R}$.

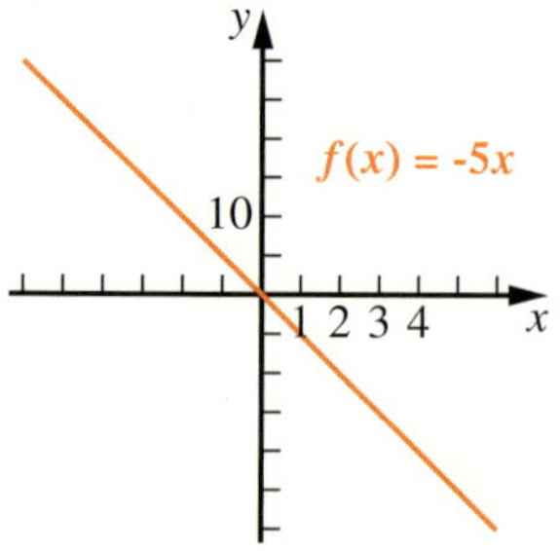

Valeurs de x	$-\infty$	0	$+\infty$
Signe de f	+	0	–
Croissance de f	↘		

d) $f(x) = -x + 3$; $dom(f) = \mathbb{R}$; (0, 3) ; (3, 0) ; $ima(f) = \mathbb{R}$.

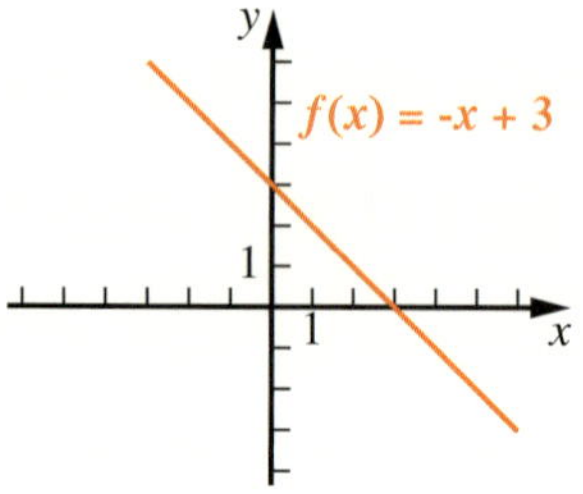

Valeurs de x	$-\infty$	3	$+\infty$
Signe de f	+	0	–
Croissance de f	↘		

6. a)

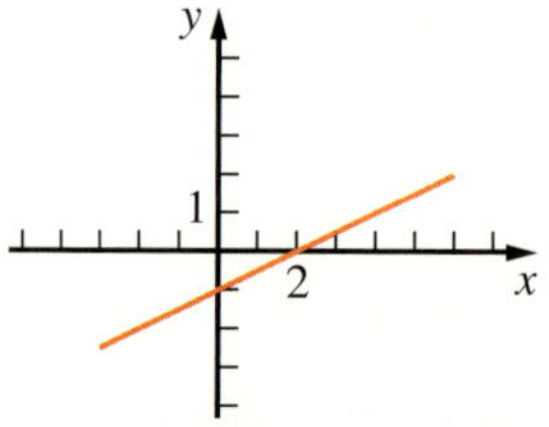

b)

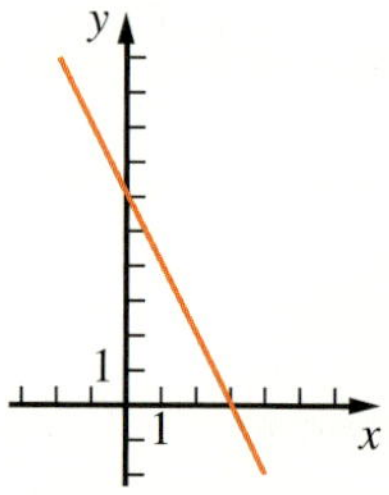

7. a) Fonction linéaire

x : largeur du rectangle en mètres ; p : périmètre

$p(x) = 4x + 6$

Domaine contextuel : $[0, +\infty[$

b) Fonction constante
a : année ; n : nombre de jours
$n(a) = 30$
Domaine contextuel : {..., 2014, 2015, 2016, ...}

c) Fonction linéaire
x : nombre de spectateurs ; r : recette
$r(x) = 20x$, en dollars
Domaine contextuel : {0, 1, 2, 3, ...}

d) Fonction linéaire
x : nombre de spectateurs ; p : profit
$p(x) = 20x - 2000$, en dollars
Domaine contextuel : {0, 1, 2, 3, ...}

8. a) 8500 litres   d) 510 L/h
b) $16,\overline{6}$ heures   e) 7352,5 litres
c) $[0 ; 16,\overline{6}] ; [0, 8500]$ f) Environ 10,8 heures

9. a) $y = x - 1$ c) $y = -2x + 3$ e) $y = \frac{x+5}{2}$
b) $y = \frac{2x-5}{-x+4}$ d) $y = -2x + 9$ f) $y = -x + 4$

10. Laissé à l'étudiant

Exercices 5.2 (page 216)

1. a) $\frac{1}{3}$ b) $\frac{5}{3}$ c) 0

2. $c = -9$

3. a) $y = 4x - 1$ c) $y = 10$
b) $y = -5x - 21$ d) $y = \frac{-4}{3}x + \frac{1}{3}$

4. a) $y = \frac{7}{16}x - \frac{13}{16}$ c) $y = 6$
b) $y = \frac{-8}{7}x$ d) $x = 6$

5. $y = \frac{3}{4}x - 9$

6. a) $y = 2x + 3$ c) $y = \frac{-2}{3}x$
b) $y = -3x - 2$ d) $y = \frac{1}{5}x - 4$

7. a) Sécantes quelconques
b) Sécantes perpendiculaires
c) Parallèles confondues
d) Parallèles distinctes
e) Sécantes perpendiculaires

8. $y = 2x + 11$

9. $2y + 3x - 3 = 0$

Exercices 5.3 (page 221)

1. a) $x = 1, y = 2$; droites sécantes
b) Aucune solution ; droites parallèles distinctes
c) $x = 4, y = -2$; droites sécantes
d) Infinité de solutions de forme $\left(x, \frac{-3}{4}x + 3\right)$; droites parallèles confondues

2. a)

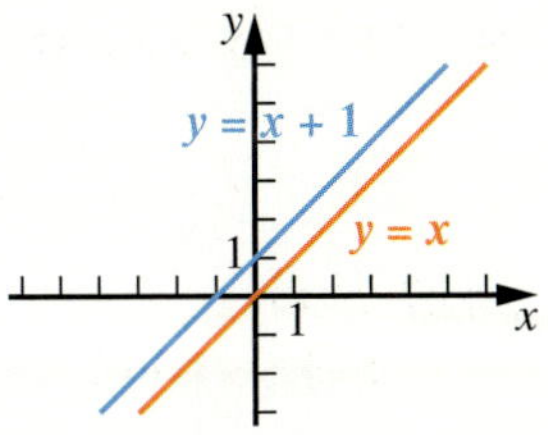

Aucune solution

b)

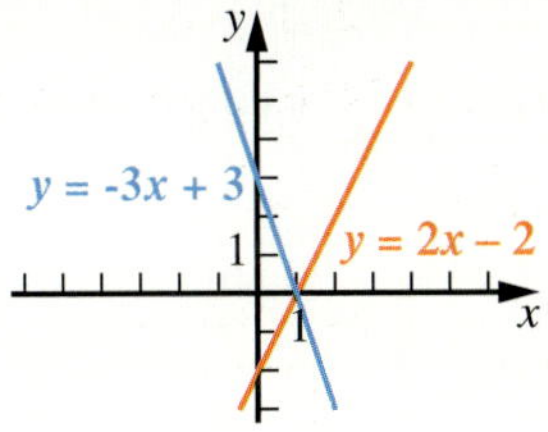

Une solution, $x = 1, y = 0$

c)

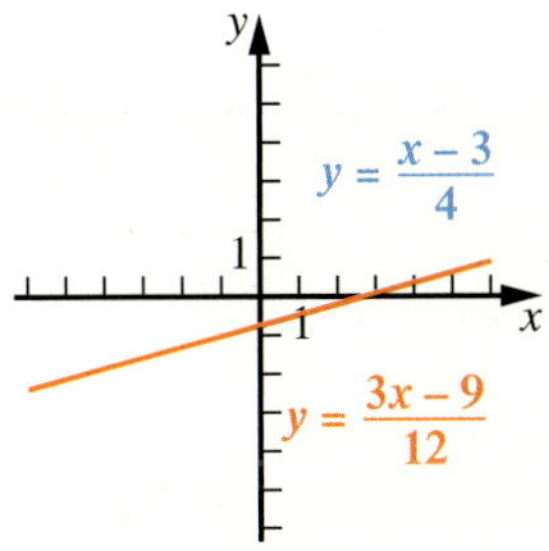

Infinité de solutions $\{(x, y) \mid x - 3 = 4y\}$

d)

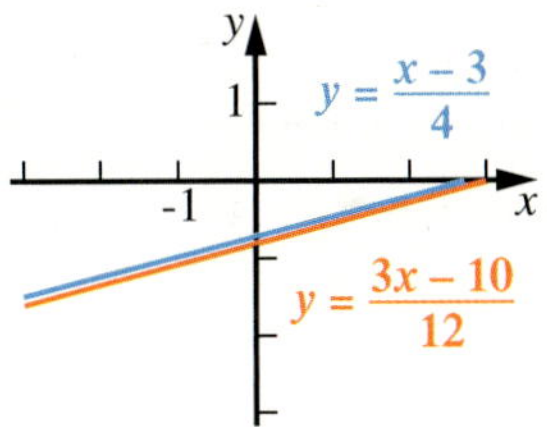

Aucune solution

3. 41 tables à 2 places et 9 tables à 4 places

4. 12 nuits

5. 42 chargements pour les camions à 3 tonnes et 33 chargements pour les camions à 5 tonnes

Exercices 5.4 (page 229)

1. a) 12   c) 8   e) 5
b) 20   d) 32   f) Non définie

2.

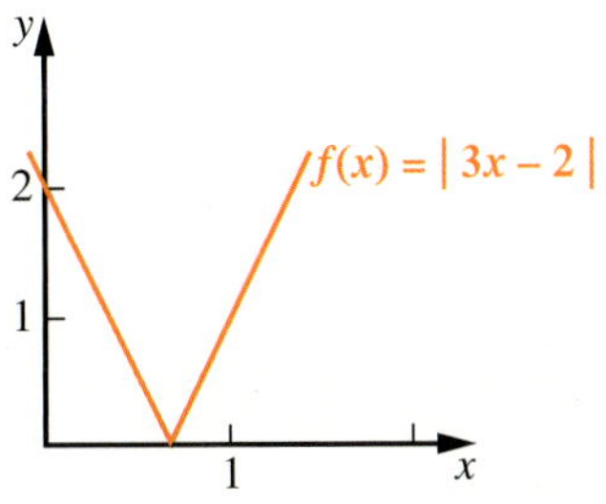

$dom(f) = \mathbb{R}$; $ima(f) = [0, +\infty[$;

$f(x) = 0$ si $x = \frac{2}{3}$;

f est positive sur $\mathbb{R} \setminus \left\{\frac{2}{3}\right\}$; f est nulle si $x = \frac{2}{3}$;

f n'est jamais négative ;

intervalle de croissance : $\left[\frac{2}{3}, +\infty\right[$;

intervalle de décroissance : $\left]-\infty, \frac{2}{3}\right]$;

$min(f) = 0$ lorsque $x = \frac{2}{3}$; sommet au point $\left(\frac{2}{3}, 0\right)$.

3. a) $f(x) = |4 - x^2|$

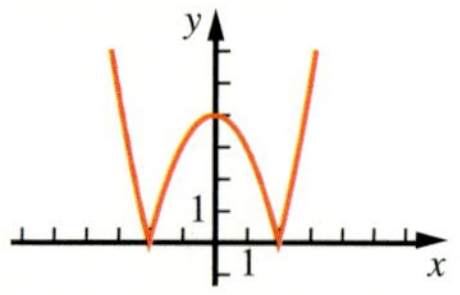

b) $f(x) = \frac{x(x+3)(x-4)}{10}$

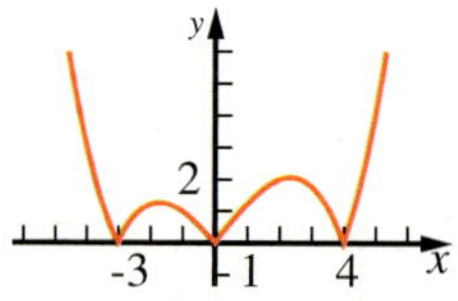

4. a) $f(x) = \frac{-1}{2}|x - 3|$

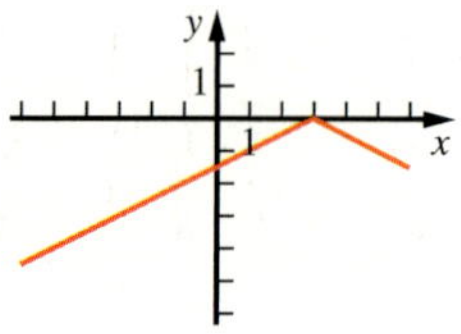

c) $f(x) = |x| + |x + 1|$

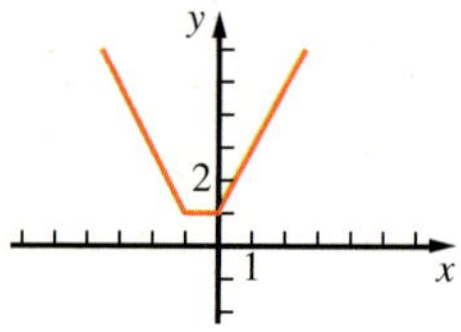

b) $f(x) = |2(x - 1)| - 3$

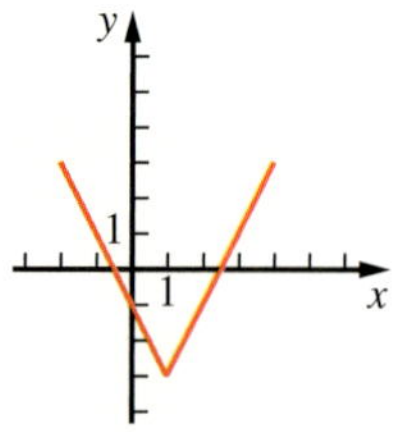

5. a) $f(x) = |2x|$ b) $f(x) = |x + 4|$

6. a) -4 ou 4 e) $\frac{5}{7}$

b) -2 ou $\frac{10}{3}$ f) $\frac{-1}{7}$ ou $\frac{1}{5}$

c) Aucune solution g) $\frac{-7}{6}$ ou $\frac{1}{6}$

d) 4 h) Aucune solution

7. a) 400 mg/cm^3 c) Après 17 heures

b) Après 8 heures

8. a)

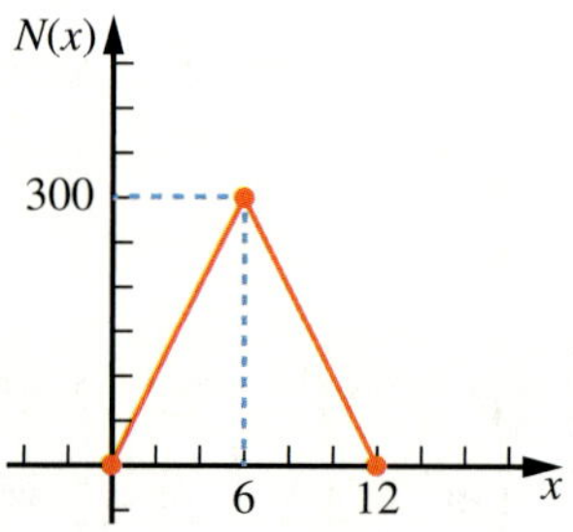

b) 300 baigneurs ; 15 heures

c) 21 heures d) 13 h et 17 h

9. a) $f(x) = 10 - 0{,}5|x - 98|$ c) 94 g/L ou 102 g/L

b) 8,5 points

10. a) $]-3, 7[$ f) $\varnothing$

b) $\left]-\infty, \frac{-5}{2}\right] \cup \left[\frac{-1}{2}, +\infty\right[$ g) $\left[\frac{-7}{3}, \frac{11}{3}\right]$

c) $]-\infty, 1[$ h) $\left]\frac{1}{4}, +\infty\right[$

d) $\left]-\infty, \frac{3}{10}\right]$ i) $\left[\frac{4}{9}, +\infty\right]$

e) $\left]\frac{1}{4}, +\infty\right[$ j) $\left]-\infty, \frac{3}{2}\right[$

11. a) $|T - a| \leq 0{,}4$ °C b) [22,2 °C ; 23 °C]

12. a) $|x - 200| \leq 6$ b) [194 ml, 206 ml]

Exercices récapitulatifs (page 231)

1. a) dom$(f) = \mathbb{R}$; (0, -4) ; $ima(f) = -4$.

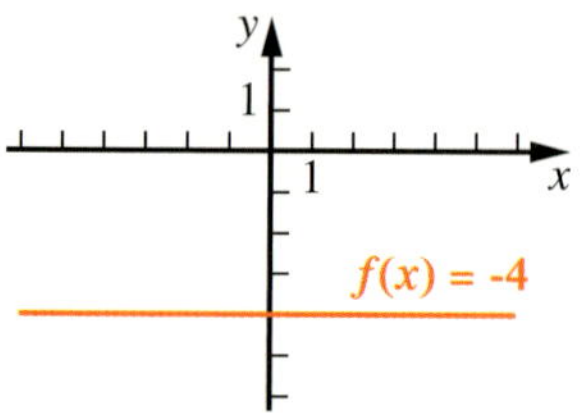

Valeurs de x	$-\infty$ $+\infty$
Signe de f	–
Croissance de f	→ min(f) = max(f) = -4

b) $dom(f) = \mathbb{R}$; (0, 5) ; (0, 5) ; $\left(\frac{-5}{3}, 0\right)$; $ima(f) = \mathbb{R}$.

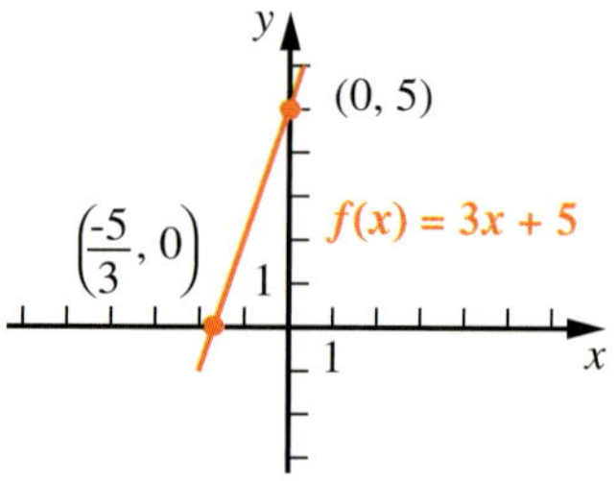

Valeurs de x	$-\infty$	$\frac{-5}{3}$	$+\infty$
Signe de f	–	0	+
Croissance de f	↗		

c) $dom(f) = \mathbb{R}$; (0, 0) ; $ima(f) = [0, +\infty[$.

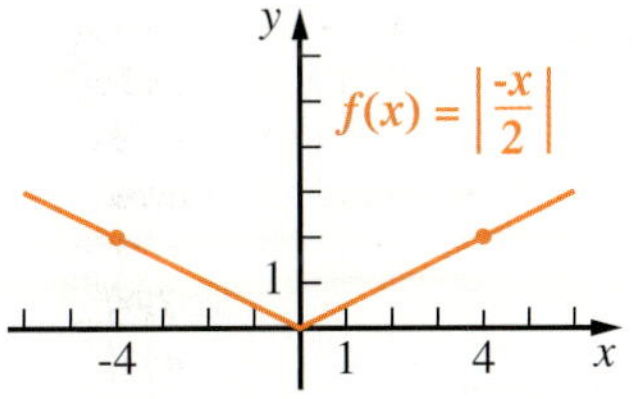

Valeurs de x	$-\infty$	0	$+\infty$
Signe de f	+	0	+
Croissance de f	↘	0 min.	↗

2. a) 30 °C

b) 212 °F

c) -40 °C = -40 °F

d) Non ; 160 °C et 320 °F ; -12,3 °F et -24,6 °C approx.

e) $\frac{5}{9}$

f) $\frac{5}{9}$ °C/°F

g) $\frac{50}{9}$ °C

h) Fonction linéaire, donc toujours le même taux de variation

i) 32

j) $]-\infty, 32[$

3. a) $\left\{\left(11, \frac{20}{3}\right)\right\}$

b) Aucune solution

c) {(1, 2)}

d) $\left\{(x, y) \,\middle|\, y = \frac{(-1-x)}{3}\right\}$

4. Laissé à l'étudiant

5. 9 voitures, 41 motocyclettes

6. a) 3 et 11

b) $\left[\frac{-13}{3}, \frac{17}{3}\right]$

c) $\frac{5}{7}$ et 5

d) $\left]-\infty, \frac{5}{7}\right[$

e) $\frac{1}{7}$

f) $\left]-1, \frac{1}{3}\right[$

Chapitre 6

Exercices préliminaires (page 234)

1. a) -5 et $\frac{3}{2}$

b) -1,5 et 1,5

c) -3

d) $\varnothing$

e) -3,5 et $\frac{1}{3}$

f) $\frac{-5-\sqrt{37}}{2}$ et $\frac{-5+\sqrt{37}}{2}$

g) -6,5 et 3

h) 3 et 4

i) 3,25

2. a)]-4, -1[b) $\varnothing$ c) $\left[\frac{-1}{2}, 4\right] \setminus \{0\}$

3. a) $dom(f) = \mathbb{R}$; -5 et -2 ; 10

b) $dom(f) = \mathbb{R} \setminus \{3\}$; -2,5 ; $\frac{5}{3}$

c) $dom(f) = \left[\frac{2}{3}, +\infty\right[$; $\frac{2}{3}$; n'existe pas

4. $dom(f) =]-5, +\infty[$; $ima(f) =]-\infty, 3]$
$f(x) < 0$ si $]-5, -4[\cup]1, +\infty[$
$f(x) = 0$ si $x = -4$, $x = -2$ ou $x = 1$
$f(x) > 0$ si $x \in]-4, -2[\cup]-2, 1[$
La courbe de f coupe l'axe des y au point (0, 3).
f est croissante sur]-5, -3] et sur [-2, 0].
f est décroissante sur [-3, -2] et sur $[0, +\infty[$.

5. $y = -3x - 2$

6. a) $\left(\frac{11}{9}, \frac{46}{9}\right)$; sécantes

b) (2, 0) ; sécantes

c) (1,5 ; -2) ; sécantes

Exercices 6.1 (page 237)

1. a) $a = 3$, $b = 5$ et $c = -6$

b) $a = \frac{-1}{\pi}$, $b = 0$ et $c = \frac{4}{\pi}$

e) $a = \frac{1}{4}$, $b = \sqrt{2}$ et $c = \frac{-1}{5}$

2. a) $a = 2$, $b = -5$ et $c = 7$; ouverte vers le haut ; $\mathbb{R}$;
$f(-5) = 82$, $f(0) = 7$ et $f(10) = 157$.

b) $a = -3$, $b = 0$ et $c = 5$; ouverte vers le bas ; $\mathbb{R}$;
$f(-5) = -70$, $f(0) = 5$ et $f(10) = -295$.

c) $a = -1$, $b = 4$ et $c = -4$; ouverte vers le bas ; $\mathbb{R}$;
$f(-5) = -49$, $f(0) = -4$ et $f(10) = -64$.

d) $a = \frac{-1}{2}$, $b = \frac{1}{3}$ et $c = \frac{1}{4}$; ouverte vers le bas ; $\mathbb{R}$;
$f(-5) = \frac{-167}{12}$, $f(0) = \frac{1}{4}$ et $f(10) = \frac{-557}{12}$.

Exercices 6.2 (page 241)

1. a) Les zéros sont -4 et -3.

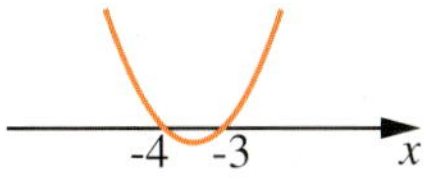

b) Les zéros sont $\frac{-3}{2}$ et $\frac{3}{2}$.

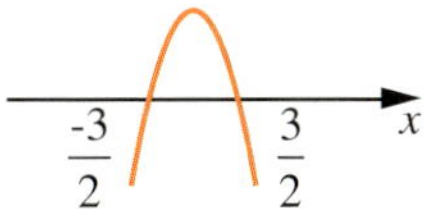

c) Les zéros sont $\frac{-5}{3}$ et 0.

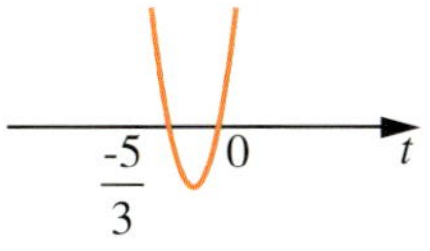

d) $-x^2 - 100$ n'a pas de zéro.

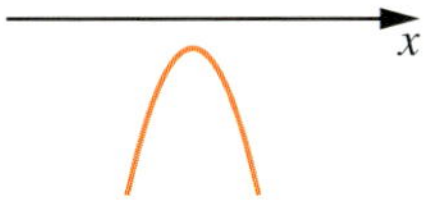

e) Il y a un seul zéro : $\frac{1}{3}$.

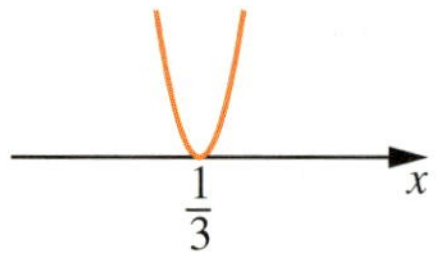

f) Les zéros sont $\frac{-2}{3}$ et $\frac{1}{2}$.

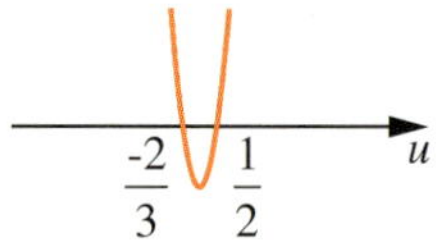

g) $16x^2 + 1$ n'a pas de zéro.

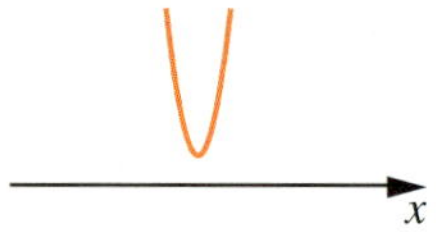

h) Les zéros sont -7 et 5.

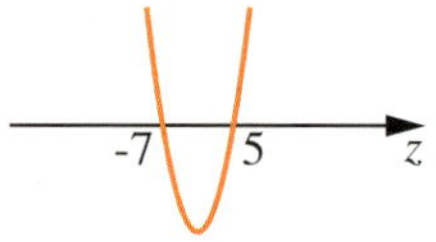

i) Les zéros sont $\frac{-7}{3}$ et $\frac{1}{2}$.

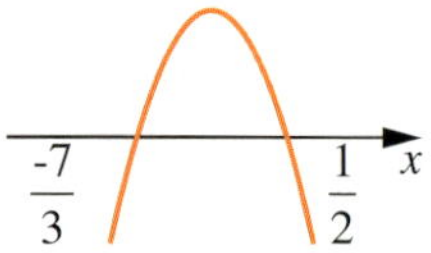

j) Il y a un seul zéro : 0.

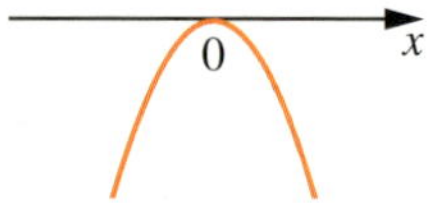

k) Les zéros sont 0 et $\frac{1}{2}$.

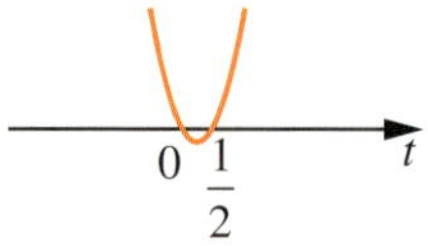

l) Les zéros sont $\frac{-4}{5}$ et 9.

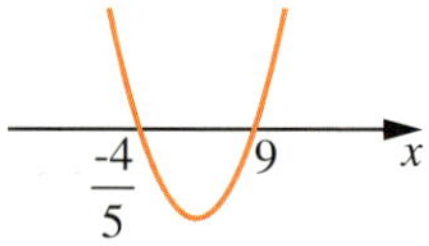

2. a) Deux zéros ; -3 et -1

b) Aucun zéro

c) Un zéro ; -2,5

d) Aucun zéro

e) Un zéro ; 9

f) Deux zéros ; $\frac{-1}{2}$ et 3

g) Aucun zéro.

h) Un zéro ; $\frac{1}{3}$

i) Deux zéros ; $\frac{1-\sqrt{29}}{2}$ et $\frac{1+\sqrt{29}}{2}$

j) Deux zéros ; $\frac{4}{3}$ et $\frac{3}{2}$

k) Deux zéros ; -6 et $\frac{3}{8}$

l) Deux zéros ; 0 et $\frac{5}{2}$

3. a) Point d'intersection avec l'axe des y : (0, -6)

Points d'intersection avec l'axe des x : (-2, 0) et (3, 0)

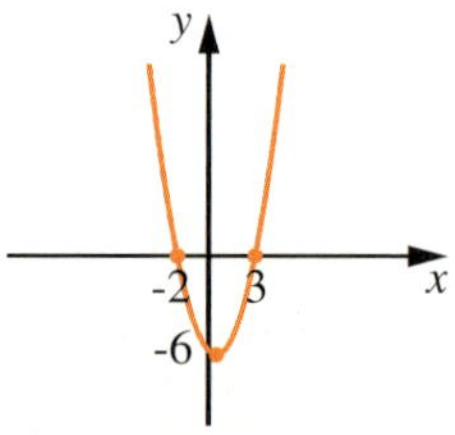

b) Point d'intersection avec l'axe des y : (0, 4)

Aucun point d'intersection avec l'axe des x : ($f(x) > 0$)

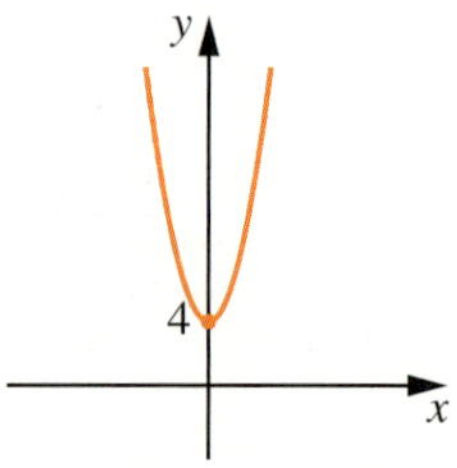

c) Point d'intersection avec l'axe des y : (0, -1)

Point d'intersection avec l'axe des x : $\left(\frac{1}{2}, 0\right)$

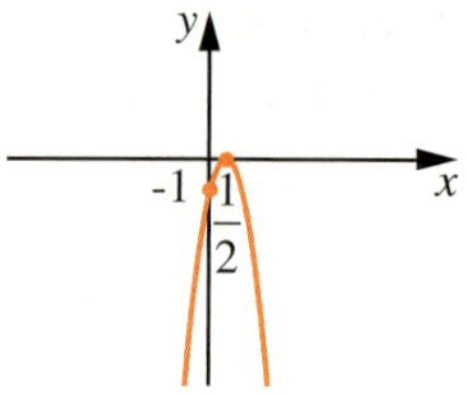

d) Point d'intersection avec l'axe des y : (0, -18)

Points d'intersection avec l'axe des x : (-6, 0) et $\left(\frac{3}{8}, 0\right)$

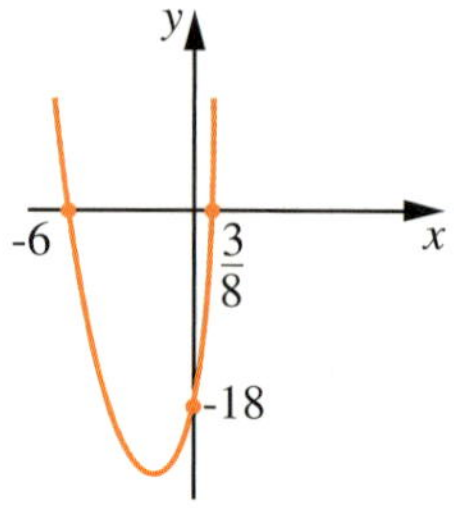

e) Point d'intersection avec l'axe des y : (0, -6)

Points d'intersection avec l'axe des x : (-3, 0) et (-2, 0)

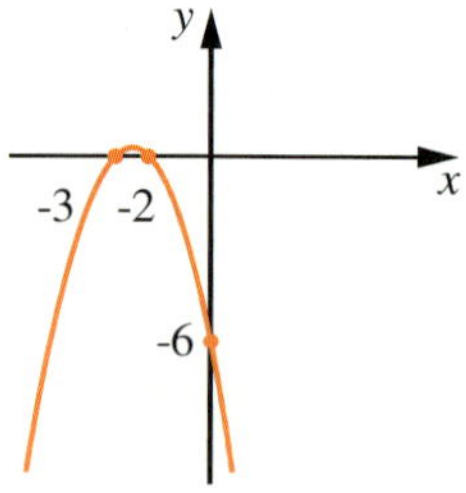

f) Point d'intersection avec l'axe des y : (0, 25)

Point d'intersection avec l'axe des x : $\left(\frac{-5}{3}, 0\right)$

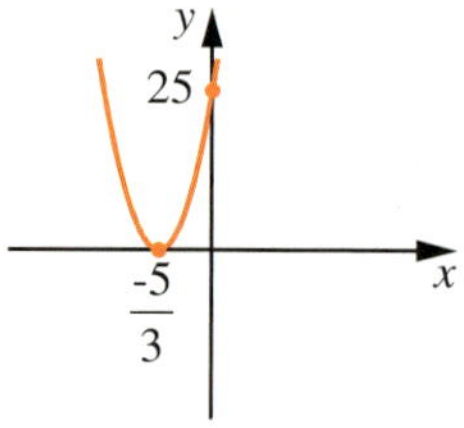

g) Point d'intersection avec l'axe des y : (0, -100)

Points d'intersection avec l'axe des x : (-10, 0) et (10, 0)

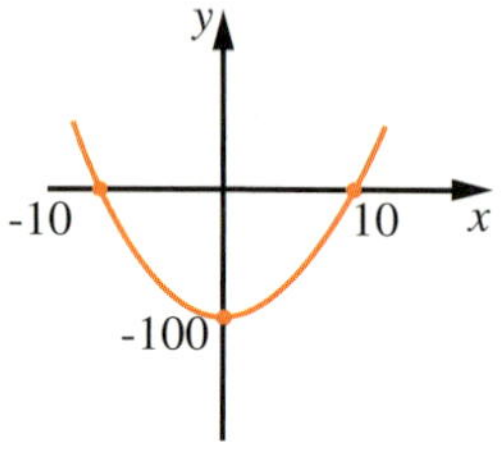

h) Point d'intersection avec l'axe des y : (0, 5)

Aucun point d'intersection avec l'axe des x : ($f(x) > 0$)

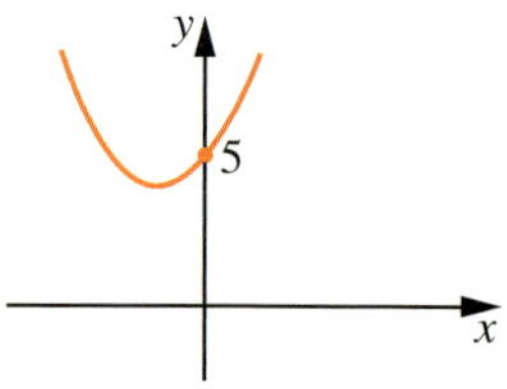

i) Point d'intersection avec l'axe des y : (0, 0)

Point d'intersection avec l'axe des x : (0, 0)

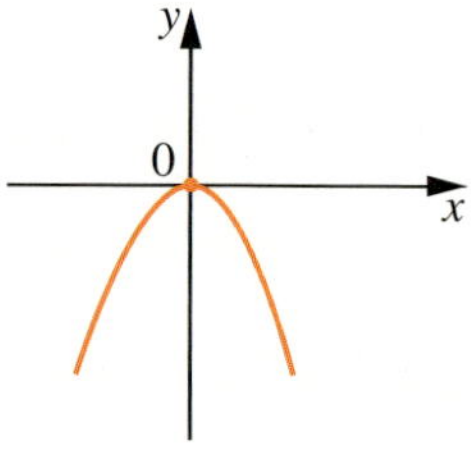

4. a) Si $a < 0$ et si $4 - 4ac = 0$ (un zéro)
b) Si $a > 0$ et si $4 - 4ac < 0$ (aucun zéro)

5. a) $b = -6$ et $b = 6$ b) $-6 < b < 6$

Exercices 6.3 (page 247)

1. a) $x = \frac{-5}{4}$ c) $t = 0$ e) $u = 0$
b) $x = 1$ d) $x = \frac{15}{16}$ f) $x = 1$

2. a) Sommet : $\left(\frac{1}{4}, \frac{23}{8}\right)$; $min(f) = \frac{23}{8}$ pour $x = \frac{1}{4}$
b) Sommet : $(0, 0)$; $min(f) = 0$ pour $x = 0$
c) Sommet : $\left(\frac{-1}{5}, \frac{1}{5}\right)$; $max(f) = \frac{1}{5}$ pour $x = \frac{-1}{5}$
d) Sommet : $\left(\frac{1}{2}, \frac{5}{4}\right)$; $max(f) = \frac{5}{4}$ pour $x = \frac{1}{2}$
e) Sommet : $(0, -6)$; $min(f) = -6$ pour $x = 0$
f) Sommet : $\left(\frac{2}{3}, \frac{-4}{3}\right)$; $min(f) = \frac{-4}{3}$ pour $x = \frac{2}{3}$

3. a) $\left[\frac{-49}{8}, +\infty\right[$ c) $\left[\frac{139}{28}, +\infty\right[$ e) $]-\infty, -4]$
b) $]-\infty, 4]$ d) $\left[\frac{-49}{3}, +\infty\right[$ f) $[0, +\infty[$

4. a) -3 et 5 b) $f(x) = -2x^2 + 4x + 30$

Exercices 6.4 (page 251)

1. a) $f(x) > 0$ pour tout $x \in \mathbb{R}$
b) $f(x) < 0$ si $x < -5$ ou $x > 5$; $f(x) = 0$ si $x = -5$ ou $x = 5$; $f(x) > 0$ si $-5 < x < 5$
c) $f(x) < 0$ si $\frac{-2}{5} < x < 3$; $f(x) = 0$ si $x = \frac{-2}{5}$ ou $x = 3$;
$f(x) > 0$ si $x < \frac{-2}{5}$ ou $x > 3$
d) $f(x) = 0$ si $x = \frac{3}{2}$; $f(x) > 0$ si $x \in \mathbb{R} \setminus \left\{\frac{3}{2}\right\}$
e) $f(x) < 0$ si $x \in \mathbb{R} \setminus \{-4\}$; $f(x) = 0$ si $x = -4$
f) $f(x) > 0$ pour tout $x \in \mathbb{R}$
g) $f(x) < 0$ si $x \in \mathbb{R} \setminus \{0\}$; $f(x) = 0$ si $x = 0$
h) $f(x) < 0$ si $0 < x < 2$; $f(x) = 0$ si $x = 0$ ou $x = 2$;
$f(x) > 0$ si $x < 0$ ou $x > 2$
i) $f(x) < 0$ si $\frac{-1}{2} < x < \frac{-1}{3}$; $f(x) = 0$ si $x = \frac{-1}{2}$ ou $x = \frac{-1}{3}$;
$f(x) > 0$ si $x < \frac{-1}{2}$ ou $x > \frac{-1}{3}$

2. a) $]-\infty, -3[\cup]2, +\infty[$ d) $\varnothing$
b) $\left]\frac{-1}{2}, \frac{2}{3}\right[$ e) $\left\{\frac{-1}{2}\right\}$
c) $]0, 7[$ f) $\mathbb{R}$
g) $\left]-\infty, \frac{-4}{3}\right] \cup [5, +\infty[$ l) $]-\infty, -3] \cup [4, +\infty[$
h) $]-\infty, -5] \cup [5, +\infty[$ m) $]-\infty, -4[\cup]5, +\infty[$
i) $\left]-\infty, \frac{-4}{3}\right[\cup]1, +\infty[$ n) $\left]-\infty, \frac{-3}{5}\right] \cup [0, +\infty[$
j) $\{-3\}$ o) $\mathbb{R} \setminus \{-5\}$
k) $\left[-6, \frac{-1}{6}\right]$

Exercices 6.5 (page 252)

1. a) f est décroissante sur $\left]-\infty, \frac{-3}{2}\right]$ et croissante sur $\left[\frac{-3}{2}, +\infty\right[$.
b) f est décroissante sur $\left[\frac{-1}{4}, +\infty\right[$ et croissante sur $\left]-\infty, \frac{-1}{4}\right]$.
c) f est décroissante sur $]-\infty, 2]$ et croissante sur $[2, +\infty[$.
d) f est décroissante sur $]-\infty, 0]$ et croissante sur $[0, +\infty[$.
e) f est décroissante sur $\left[\frac{3}{2}, +\infty\right[$ et croissante sur $\left]-\infty, \frac{3}{2}\right]$.
f) f est décroissante sur $]-\infty, 0]$ et croissante sur $[0, +\infty[$.

2. a) a est négatif. b) Maximum ; 3 c) $x = 3$

3. a) f est décroissante sur $]-\infty, -5]$ et croissante sur $[-5, +\infty[$.
b) $f(x) = 2x^2 + 20x + 50$

Exercices 6.6 (page 257)

1. a) $dom(f) = \mathbb{R}$; la parabole est ouverte vers le haut.
(-3, 0) et (7, 0) ; (0, -21) ; (2, -25) ; minimum : -25 ;
$x = 2$; $ima(f) = [-25, +\infty[$

Valeurs de x	$-\infty$	-3		2		7	$+\infty$
Signe de f	+	0	−	−	−	0	+
Croissance de f	↘			-25 min.	↗		

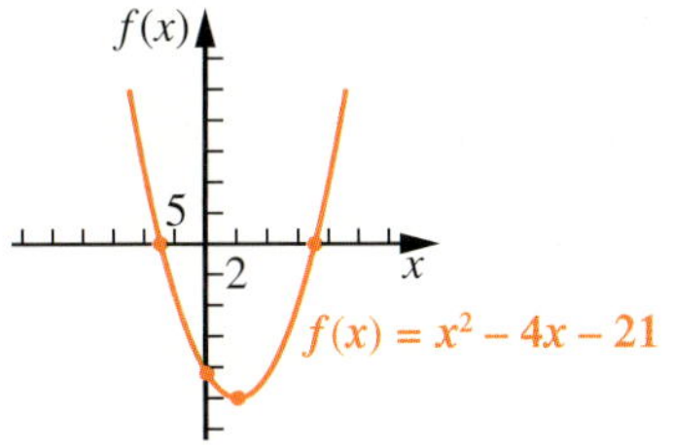

b) $dom(f) = \mathbb{R}$; la parabole est ouverte vers le haut.
Pas de point d'intersection avec l'axe des x.
(0, 6) ; (2, 2) ; minimum : 2 ; $x = 2$; $ima(f) = [2, +\infty[$

Valeurs de x	$-\infty$	2	$+\infty$
Signe de f	+	+	+
Croissance de f	↘	2 min.	↗

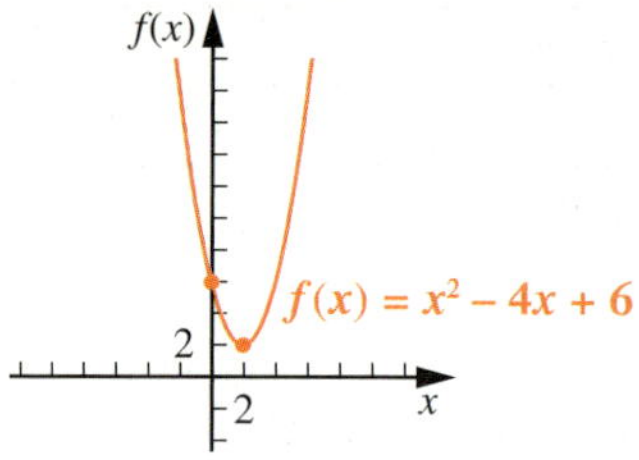

c) $dom(f) = \mathbb{R}$; la parabole est ouverte vers le bas.
(1, 0) ; (0, -5); (1, 0) ; maximum : 0 ; $x = 1$; $ima(f) =]-\infty, 0]$

Valeurs de x	$-\infty$	1	$+\infty$
Signe de f	–	0	–
Croissance de f	↗	max. 0	↘

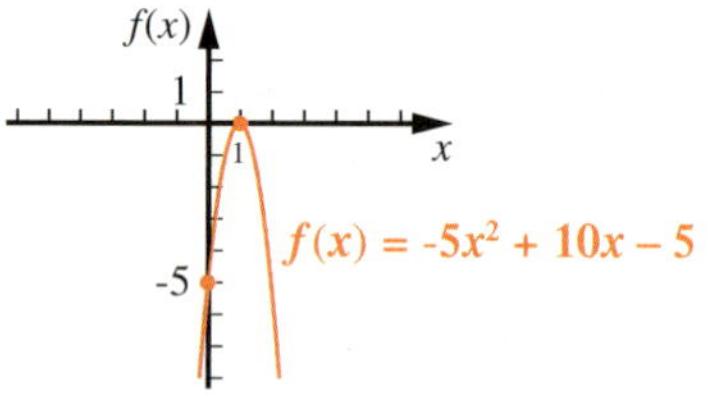

d) $dom(f) = \mathbb{R}$; la parabole est ouverte vers le haut.
(0, 0) et (9, 0) ; (0, 0)

$\left(\frac{9}{2}, -81\right)$; minimum : -81 ; $x = \frac{9}{2}$; $ima(f) = [-81, +\infty[$

Valeurs de x	$-\infty$	0		$\frac{9}{2}$		9	$+\infty$
Signe de f	+	0	–	–	–	0	+
Croissance de f	↘			-81 min.	↗		

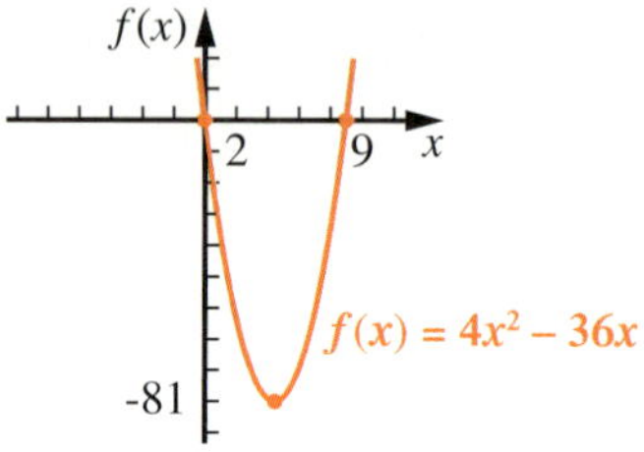

e) $dom(f) = \mathbb{R}$; la parabole est ouverte vers le bas.
(-2, 0) et (2, 0) ; (0, 12) ; (0, 12) ; maximum : 12 ; $x = 0$;
$ima(f) =]-\infty, 12]$

Valeurs de x	$-\infty$	-2		0		2	$+\infty$
Signe de f	–	0	+	+	+	0	–
Croissance de f	↗			max. 12	↘		

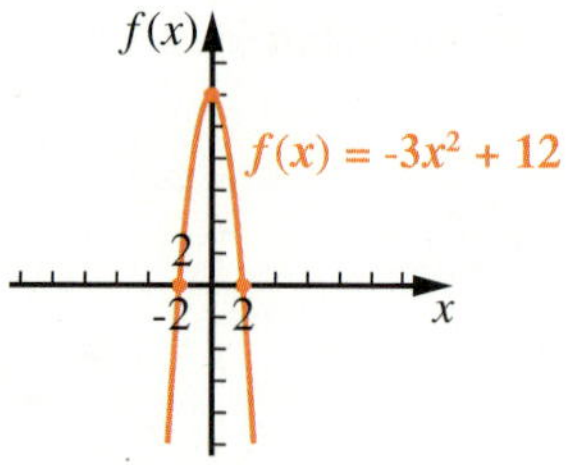

f) $dom(f) = \mathbb{R}$; la parabole est ouverte vers le bas.
(-1, 0) et (8, 0) ; (0, 8)

$\left(\frac{7}{2}, \frac{81}{4}\right)$; maximum : $\frac{81}{4}$; $x = \frac{7}{2}$; $ima(f) = \left]-\infty, \frac{81}{4}\right]$

Valeurs de x	$-\infty$	-1		$\frac{7}{2}$		8	$+\infty$
Signe de f	–	0	+	+	+	0	–
Croissance de f	↗			max. $\frac{81}{4}$	↘		

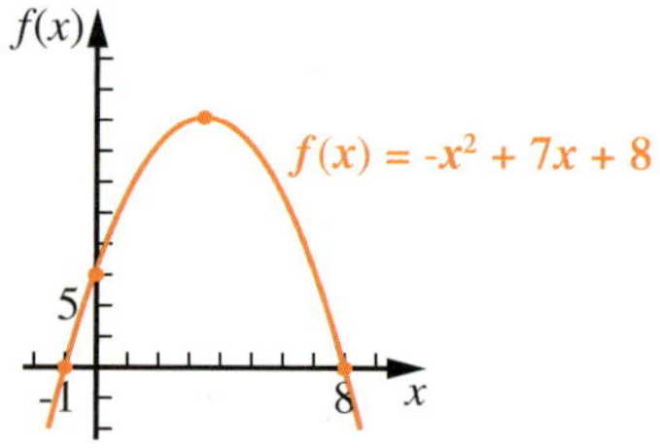

2. a) $dom(f) =]-\infty, 2]$; la parabole est ouverte vers le haut.
(-5, 0) et (1, 0) ; (0, -5) ; (-2, -9) ; minimum : -9 ; $x = -2$;
$ima(f) = [-9, +\infty[$

Valeurs de x	$-\infty$	-5		-2		1		2
Signe de f	+	0	–	–	–	0	+	
Croissance de f	↘			-9 min.	↗			max. 7

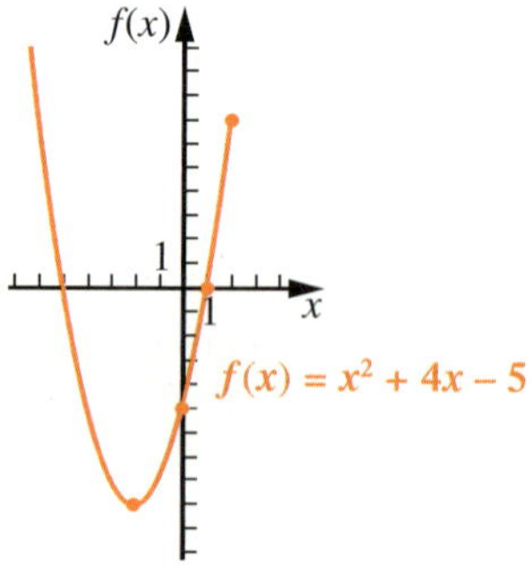

b) $dom(f) =]3, +\infty[$; la parabole est ouverte vers le bas.
Pas de point d'intersection avec les axes.
Pas de minimum ni de maximum.
$ima(f) =]-\infty, 0[$

Valeurs de x	3	$+\infty$
Signe de f	∄	–
Croissance de f		↘

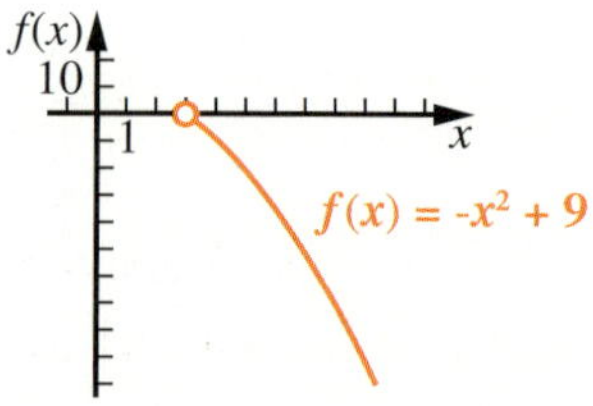

c) $dom(f) = [-3, 2[$; la parabole est ouverte vers le haut.
Pas d'intersection avec l'axe des x.

$(0,3)$; $\left(\frac{-1}{4}, \frac{23}{8}\right)$; minimum: $\frac{23}{8}$; $x = \frac{-1}{4}$; $ima(f) = \left[\frac{23}{8}, 18\right]$

Valeurs de x	-3		$\frac{-1}{4}$		2
Signe de f	+	+	+	+	$\nexists$
Croissance de f	max. 18	↘	$\frac{23}{8}$ min.		↗

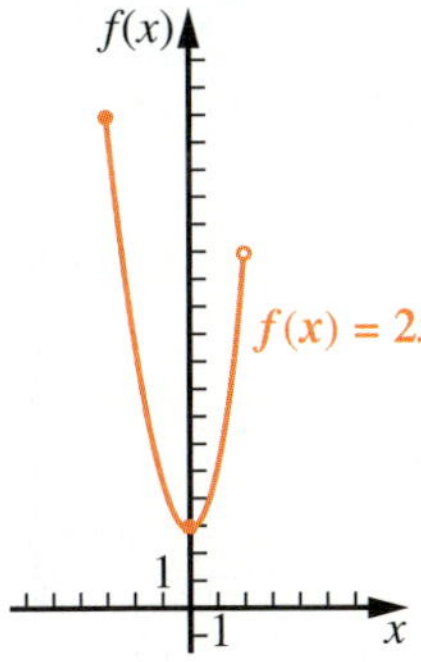

d) $dom(f) =]-2, 4]$; la parabole est ouverte vers le bas.
Point d'intersection avec les axes : (0, 0)
(0, 0) ; maximum : 0 ; $x = 0$; $ima(f) =]-80, 0]$

Valeurs de x	-2		0		4
Signe de f	$\nexists$				
Croissance de f		↗	max. 0	↘	-80 min.

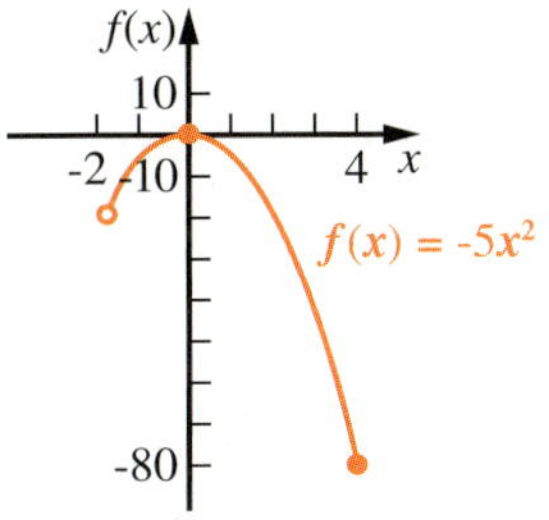

3. a) $dom(f) = \mathbb{R}$
$a > 0$, car la parabole est ouverte vers le haut.
La parabole ne coupe pas l'axe des x, donc aucun zéro.
(0, 5) ; (-2, 1)
L'axe de symétrie est $x = -2$.
$ima(f) = [1, +\infty[$

Valeurs de x	$-\infty$	-2	$+\infty$
Signe de f	+	+	+
Croissance de f	↘	min. 1	↗

b) $dom(f) = \mathbb{R}$
$a < 0$, car la parabole est ouverte vers le bas.
La parabole coupe l'axe des x aux points (1, 0) et (5, 0).
L'axe de symétrie est $x = 3$.
$ima(f) =]-\infty, 4]$

Valeurs de x	$-\infty$	1		3		5	$+\infty$
Signe de f	−	0	+	+	+	0	−
Croissance de f	↗			4 max.	↘		

Exercices 6.7 (page 262)

1. a) Forme factorisée ;
forme générale : $f(x) = -3x^2 - 3x + 6$;
forme canonique : $f(x) = -3\left(x + \frac{1}{2}\right)^2 + \frac{27}{4}$

b) Forme générale ;
forme factorisée : $f(x) = (3x - 4)(2x + 1)$;
forme canonique : $f(x) = 6\left(x - \frac{5}{12}\right)^2 - \frac{121}{24}$

c) Forme générale ;
forme factorisée : ne se factorise pas ;
forme canonique : $f(x) = (x + 1)^2 + 2$

d) Forme canonique ;
forme générale : $f(x) = x^2 - 4x - 5$;
forme factorisée : $f(x) = (x - 5)(x + 1)$

2. a) $g(x) = 2(x - 1)^2 + 5$

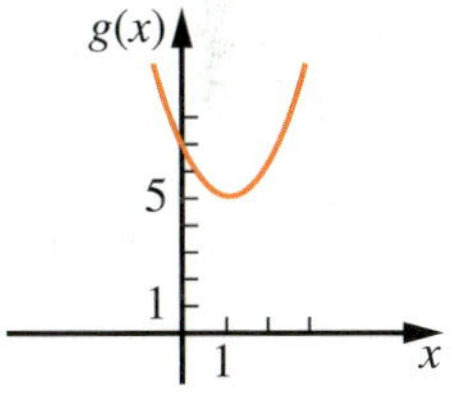

b) $g(x) = -(x + 3)^2 - 4$

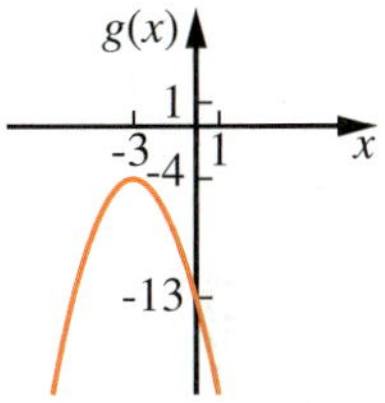

c) $g(x) = -3(x + 2)^2 + 7$

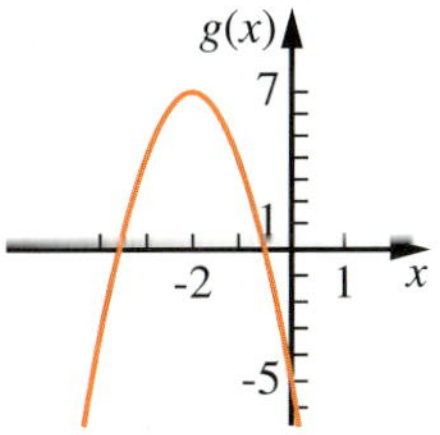

d) $g(x) = 9\left(x - \frac{2}{3}\right)^2 + 9$

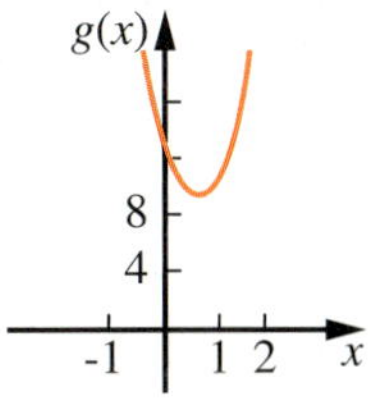

e) $g(x) = 5(x + 0)^2 + 6$

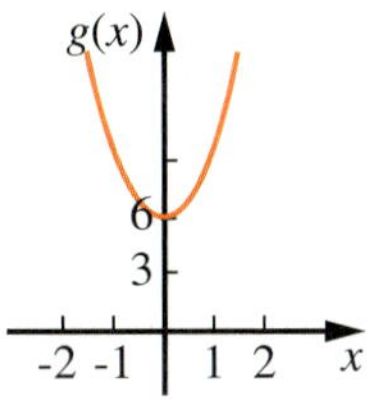

CORRIGÉ

6

f) $g(x) = 0{,}01(x + 50)^2 - 24{,}75$

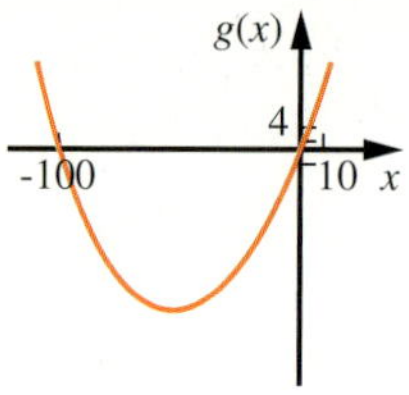

3. a) $f(x) = 3x^2 + 21x + 36$
   b) $f(x) = -2x^2 - 20x - 50$
   c) $f(x) = 2x^2 + 2x - 12$
   d) $f(x) = 3x^2 - 12x - 15$
   e) $f(x) = 3x^2 - 27x + 42$
   f) $f(x) = x^2 - 2x - 8$
   g) $f(x) = 3x^2 - 24x + 48$
   h) $f(x) = \frac{-7}{81}x^2 + \frac{56}{81}x + \frac{455}{81}$
   i) $f(x) = -10x^2 - 20x - 4$
   j) $f(x) = 5x^2 + 30x$

4. a) $f(x) = 9 - x^2$
   b) $f(x) = \frac{5(x-2)^2}{4}$
   c) $f(x) = \frac{x^2 + 6x + 9}{2}$
   d) $f(x) = -0{,}25(x^2 + 2x - 11)$

Exercices 6.8 (page 266)

1. a) 2,75 m b) 26 m c) 18 m d) 1,4 s
2. a) $A(x) = 10 - 2x^2$ b) 5,5 m^2 c) Environ 1,58 m
3. a) 20 °C b) 2 heures c) 5 heures d) -4,5 °C après 3,5 heures
4. a) $N(m) = -50m^2 + 100m + 750$ b) 350 visiteurs
5. a) 399 poupées b) $p(n) = -0{,}24n^2 + 144n - 19\,200$
6. a) [30, 60] b) $f(x) = -2x^2 + 180x - 3600$ c) 250 $ d) 40 $ ou 50 $ e) 45 $
7. Largeur ∈ [5 m, 15 m] et longueur + largeur = 20 m
8. 10 ans
9. 2,4 secondes

Exercices 6.9 (page 273)

1. a) $dom(f) = [0, +\infty[$; $ima(f) =]-\infty, 4]$; un zéro : $x = \frac{16}{9}$

Valeurs de x	0	$\frac{16}{9}$	$+\infty$
Signe de f	+	0	–
Croissance de f	↘		

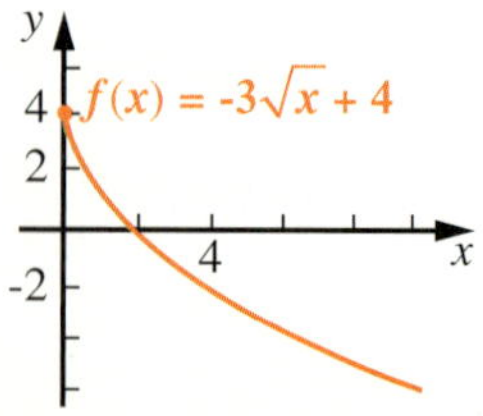

b) $dom(f) = [-1, +\infty[$; $ima(f) = [0, +\infty[$; un zéro : $x = -1$

Valeurs de x	-1	$+\infty$
Signe de f	0	+
Croissance de f	↗	

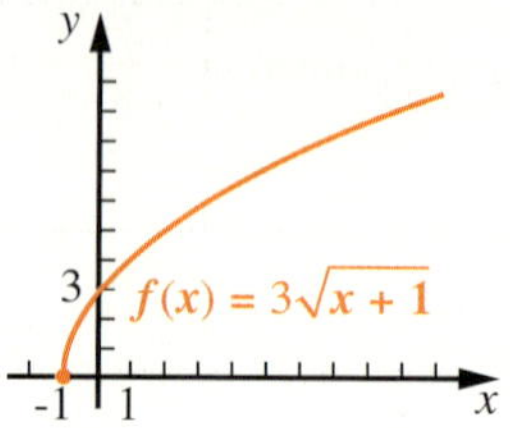

c) $dom(f) =]-\infty, 2]$; $ima(f) =]-\infty, 5]$; un zéro : $x = -23$

Valeurs de x	$-\infty$	-23	2
Signe de f	–	0	+
Croissance de f	↗		

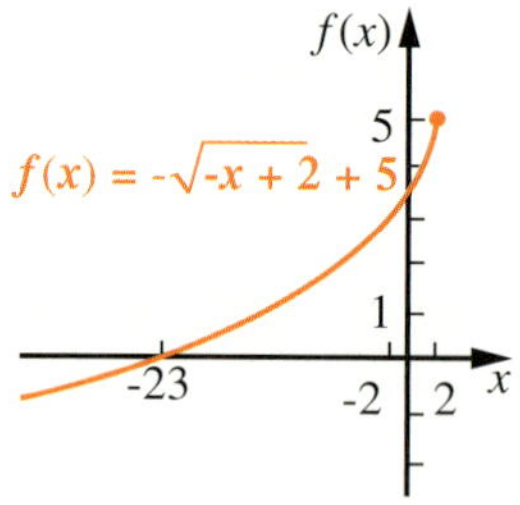

d) $dom(f) = [1, +\infty[$; $ima(f) = [-4, +\infty[$; un zéro : $x = 5$

Valeurs de x	1	5	$+\infty$
Signe de f	–	0	+
Croissance de f	↗		

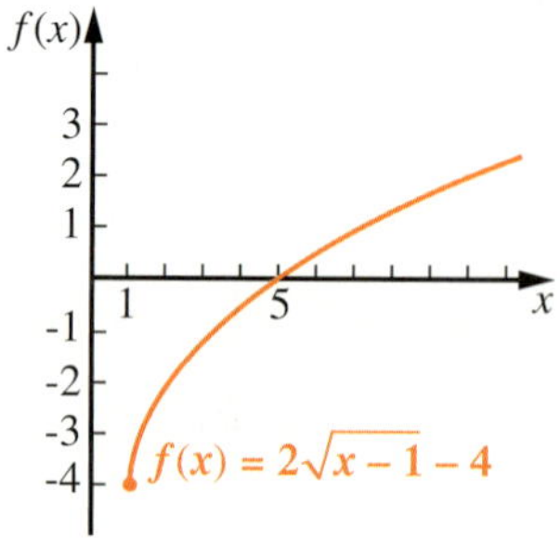

e) $dom(f) =]-\infty, 2]$; $ima(f) =]-\infty, -1]$; aucun zéro

Valeurs de x	$-\infty$	2
Signe de f	–	
Croissance de f	↗	

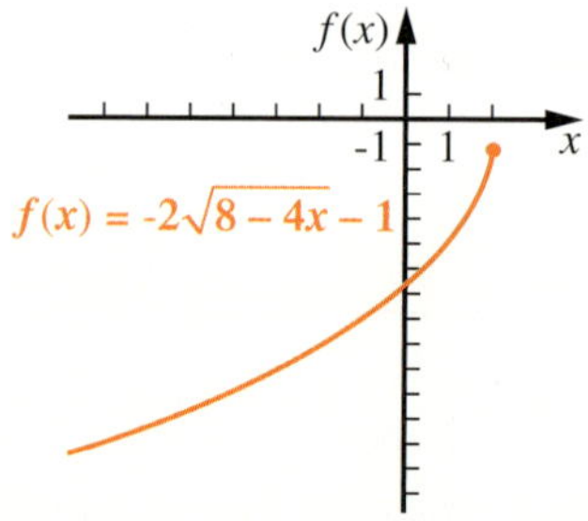

f) $dom(f) = \left[\frac{-1}{2}, +\infty\right[$; $ima(f) = \left[\frac{3}{2}, +\infty\right[$; aucun zéro

Valeurs de x	$\frac{1}{2}$ $+\infty$
Signe de f	$+$
Croissance de f	↗

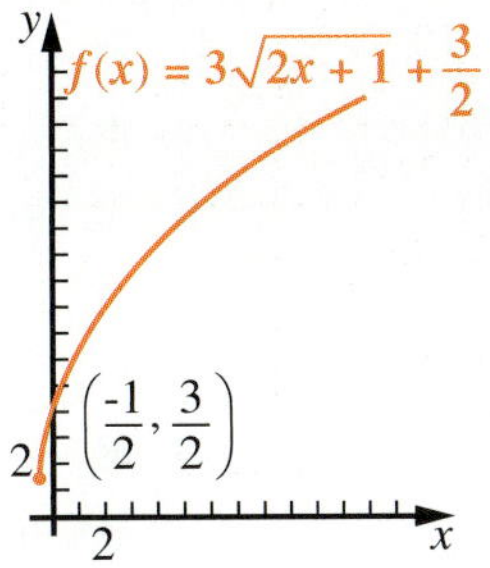

2. a)

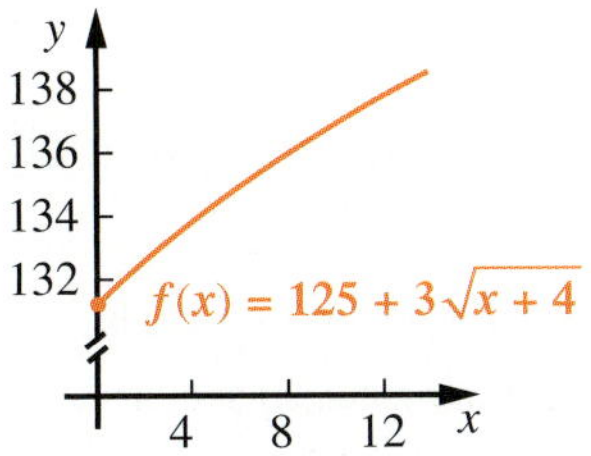

b) 131 habitants c) 134 habitants d) 12 ans

3. a) Environ 341,74 m/s b) Environ 9,987 °C c) -273 °C

4. a) Environ 2,2 s c) Environ 15,9 m
b) Environ 2,23 m d) Environ 19,4 s

5. a) $c(x) = \sqrt{x}$ m c) 48 m
b) $L(x) = 4\sqrt{x}$ m d) Environ 31,1 m^2

6. a) $L(x) = 4\sqrt{x} + 4\sqrt{x+21}$ c) 2 cm et 5 cm
b) 4 cm^2 d) 8 cm et 20 cm

Exercices 6.10 (page 280)

1. a) (0, 1) et (2, 11)
(0, 1) et (2, 11)

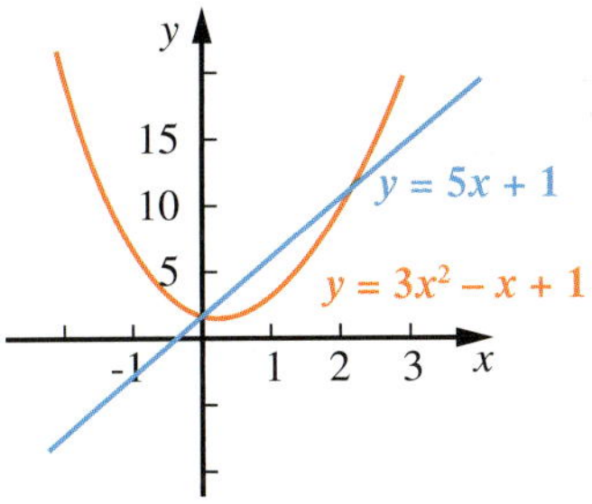

b) (1, 0) et (3, 2)

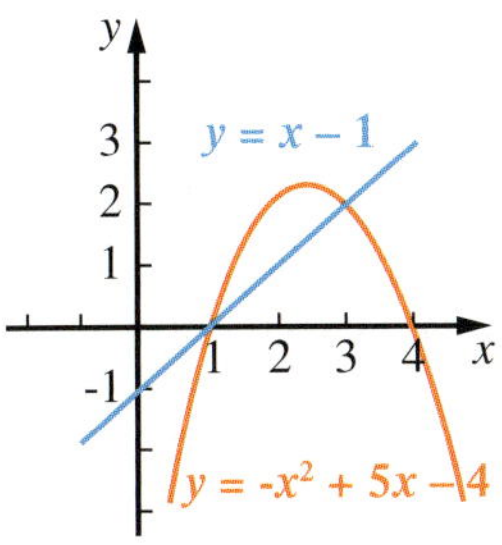

c) $\left(\frac{-1}{2}, \frac{1}{2}\right)$ et (2, 8)

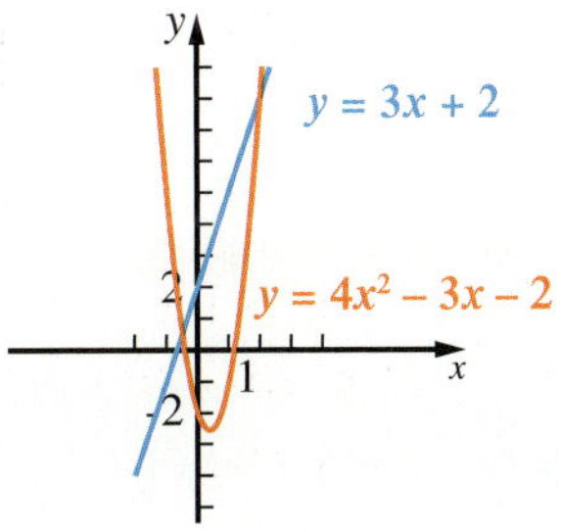

d) Aucun point d'intersection

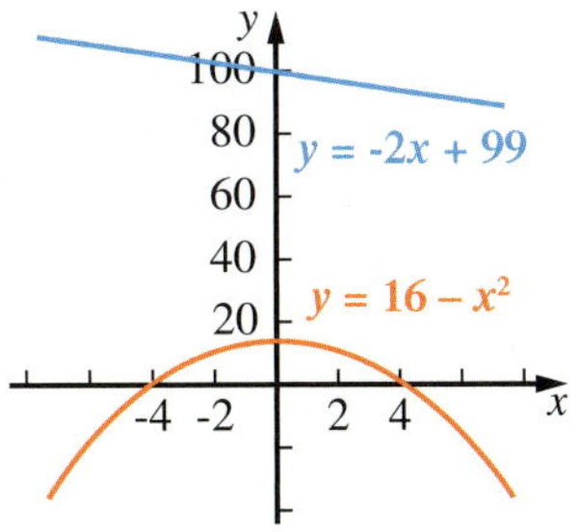

e) $\left(\frac{-3-\sqrt{77}}{2}, 10\right)$ et $\left(\frac{-3+\sqrt{77}}{2}, 10\right)$

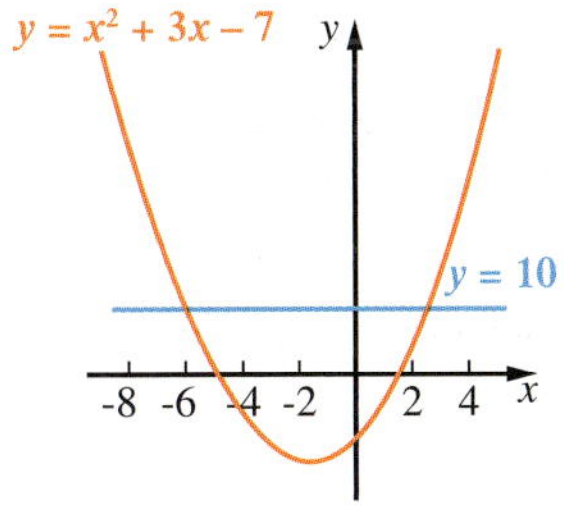

f) Aucun point d'intersection

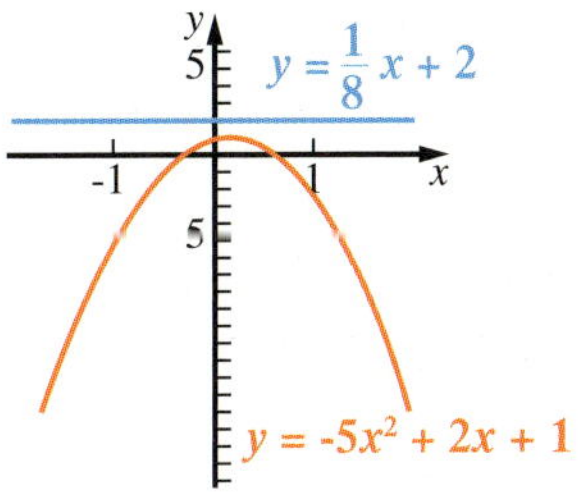

2. a)

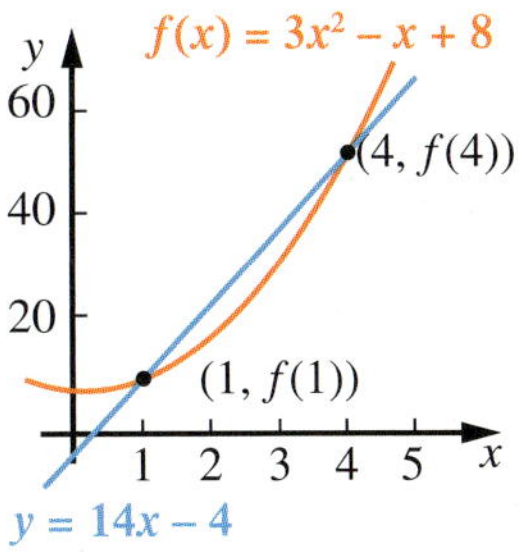

b)

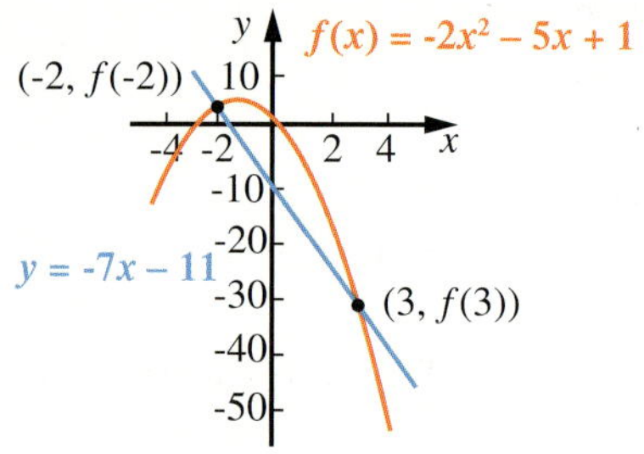

c)

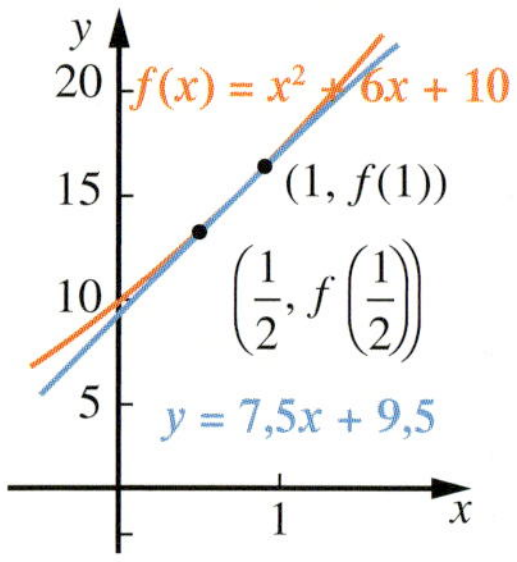

3. a) (-3, 0) et (3, 0)

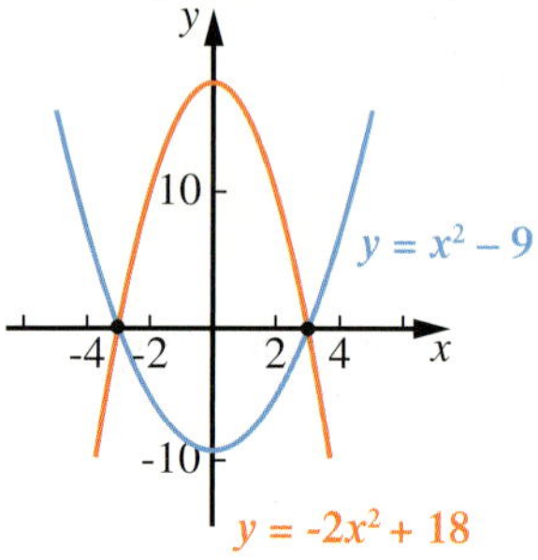

b) Aucun

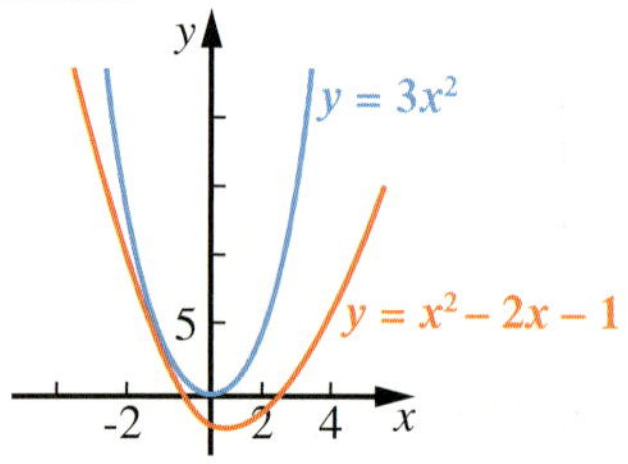

c) (1, -3)

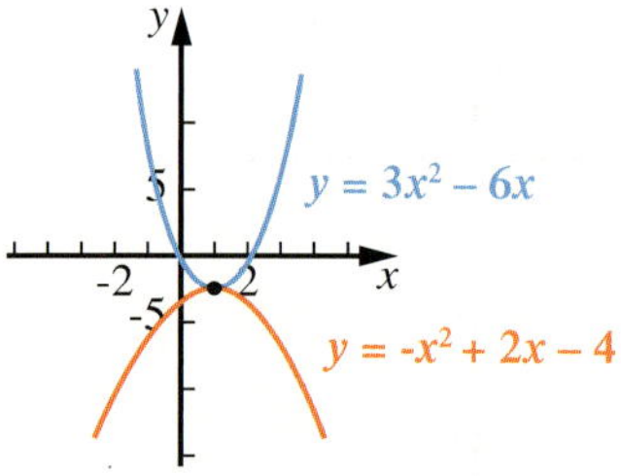

d) $(-\sqrt{2}, 3-4\sqrt{2})$ et $(\sqrt{2}, 3+4\sqrt{2})$

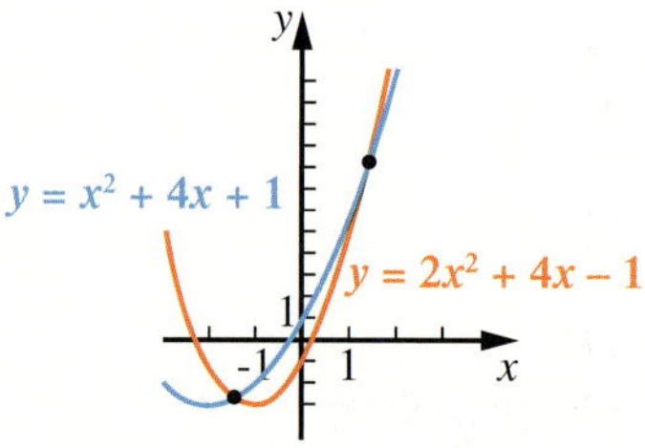

4. a) 2π cm/cm b) 10π cm^2/cm c) 17π cm^2/cm

5. a) 81π cm^3 b) 63π cm^3/cm c) 9π cm^3/cm

6. a) $\mathbb{R} \setminus \{-8, -7\}$

b) $]-\infty, -10] \cup [10, +\infty[$

c) $]-\infty, -10[\cup]10, +\infty[$

d) $\mathbb{R} \setminus \{-6, 0, 6\}$

e) $]-\infty, 3] \setminus \{-5\}$

f) $\mathbb{R} \setminus \{-2, 0, 2\}$

g) $]2, +\infty[$

h) $\mathbb{R}$

i) $[-6, 6]$

j) $\mathbb{R} \setminus \left\{\frac{-7-\sqrt{309}}{10}, \frac{-7+\sqrt{309}}{10}\right\}$

k) $]2, +\infty[$

l) $\mathbb{R}$

m) $\mathbb{R}$

n) $]0, +\infty[$

o) $\left]-\infty, \frac{-1}{7}\right] \cup \left[\frac{3}{2}, +\infty\right[$

p) $\mathbb{R}$

q) $]-3, 4[$

r) $\mathbb{R} \setminus \{-9, 4\}$

Exercices récapitulatifs (page 282)

1. a) $dom(f) = \mathbb{R}$

La parabole est ouverte vers le haut.

Les points d'intersection avec l'axe des x sont (-5, 0) et (2, 0).

Le point d'intersection avec l'axe des y est (0, -10).

$\left(\frac{-3}{2}, \frac{-49}{4}\right)$; minimum: $\frac{-49}{4}$; $x = \frac{-3}{2}$; $ima(f) = \left[\frac{-49}{4}, +\infty\right[$

x	$-\infty$	-5		$\frac{-3}{2}$		2	$+\infty$
$f(x)$	+	0	−	−	−	0	+
$f(x)$	↘			$\frac{-49}{4}$ min.			↗

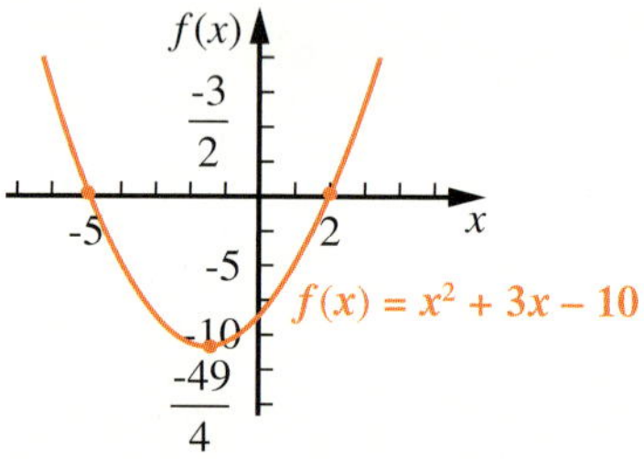

b) $dom(f) = \mathbb{R}$

La parabole est ouverte vers le haut.

Il n'y a aucun point d'intersection avec l'axe des x.

Le point d'intersection avec l'axe des y est (0, 1).

$\left(\frac{-1}{6}, \frac{11}{12}\right)$; minimum: $\frac{11}{12}$; $x = \frac{-1}{6}$; $ima(f) = \left[\frac{11}{12}, +\infty\right[$

x	$-\infty$	$\frac{-1}{6}$	$+\infty$
$f(x)$	+	+	+
$f(x)$	↘	$\frac{11}{12}$ min.	↗

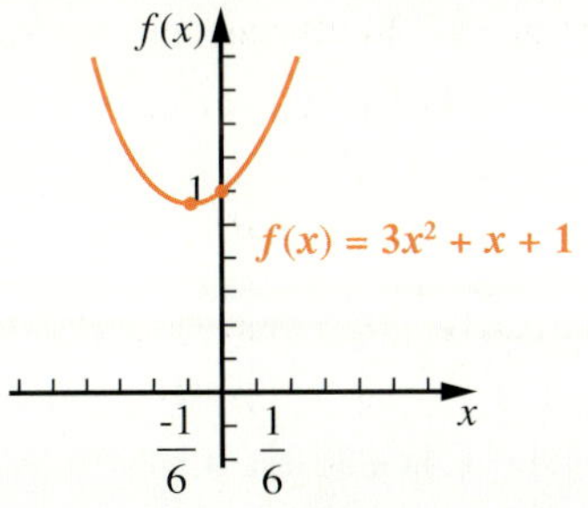

c) $dom(f) = \mathbb{R}$
La parabole est ouverte vers le haut.
Les points d'intersection avec l'axe des x sont (-3, 0) et (3, 0).
Le point d'intersection avec l'axe des y est (0, -45).
(0, -45) ; minimum : -45 ; $x = 0$; $ima(f) = [-45, +\infty[$

x	$-\infty$	-3		0		3	$+\infty$
$f(x)$	+	0	−	−	−	0	+
$f(x)$	↘			-45 min.			↗

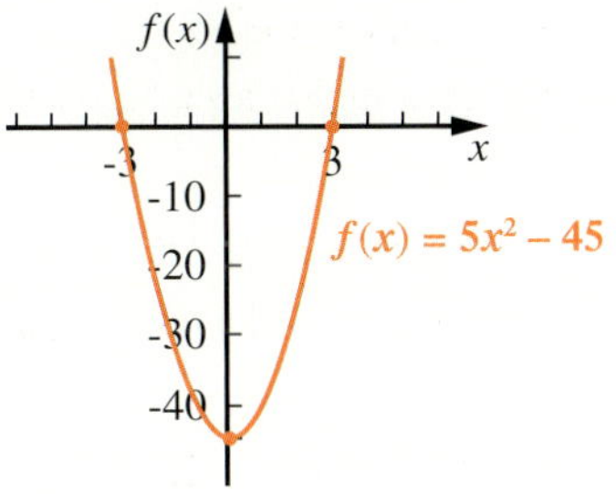

d) $dom(f) = \mathbb{R}$
La parabole est ouverte vers le bas.
(-6, 0) et (1, 0)
Le point d'intersection avec l'axe des y est (0, 6).
$\left(\frac{-5}{2}, \frac{49}{4}\right)$; maximum : $\frac{49}{4}$; $x = \frac{-5}{2}$; $ima(f) = \left]-\infty, \frac{49}{4}\right]$

x	$-\infty$	-6		$\frac{-5}{2}$		1	$+\infty$
$f(x)$	−	0	+	+	+	0	−
$f(x)$	↗			$\frac{49}{4}$ max.			↘

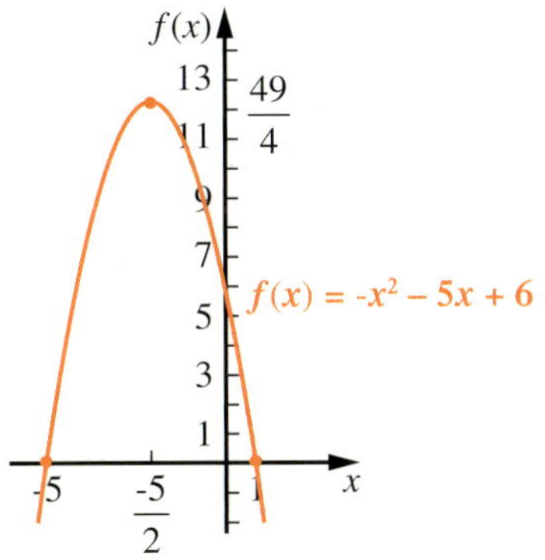

2. $f(x) = -2x^2 + 16x + 96$

3. $f(x) = \frac{1}{4}x^2 + \frac{5}{2}x + \frac{69}{4}$

4. a) $f(x) = -20x^2 + 40x$
b) $dom(f) = [0, 2]$
c) 19,2 cm
d) 0,5 seconde
e) 1 seconde

5. a) $\mathbb{R}$
b) $\left[\frac{-3}{2}, \frac{5}{3}\right]$
c) $\mathbb{R} \setminus \{-4\}$
d) $]-\infty, -10] \cup [10, +\infty[$
e) $\mathbb{R}$
f) $]-\infty, 0] \cup [10, +\infty[$

6. -9 et -8 ou 8 et 9

7. a) $f(x) = (x + 4)^2 - 5$

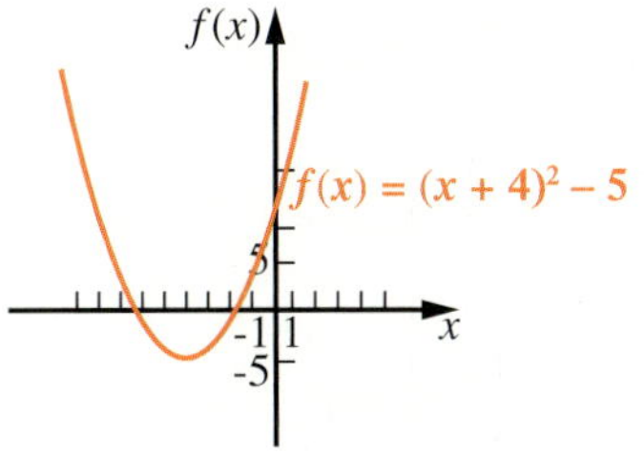

b) $f(x) = -(x - 1)^2 - 4$

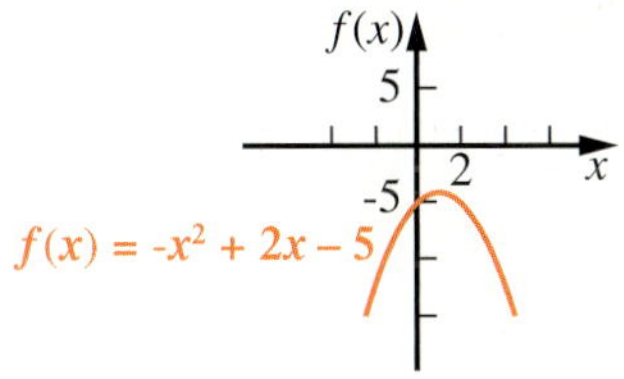

c) $f(x) = 9\left(x - \frac{2}{3}\right)^2 + 0$

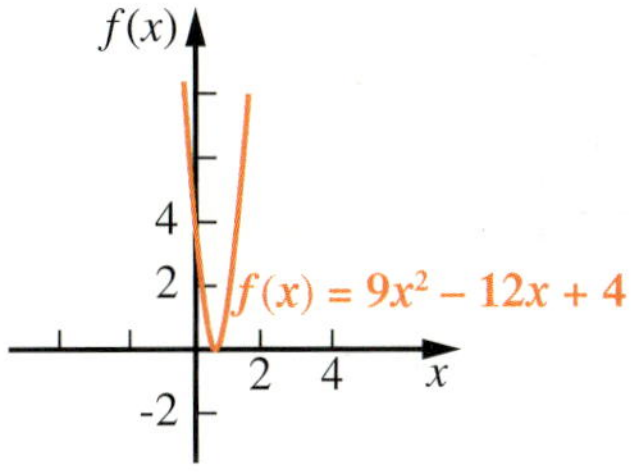

d) $f(x) = -3(x - 0)^2 - 4$

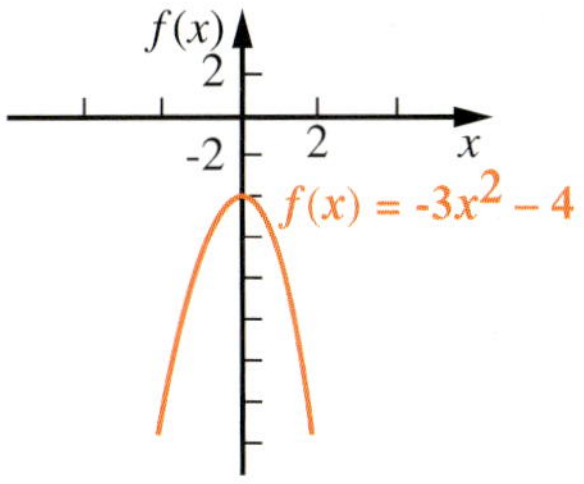

8. a) (1, 6)

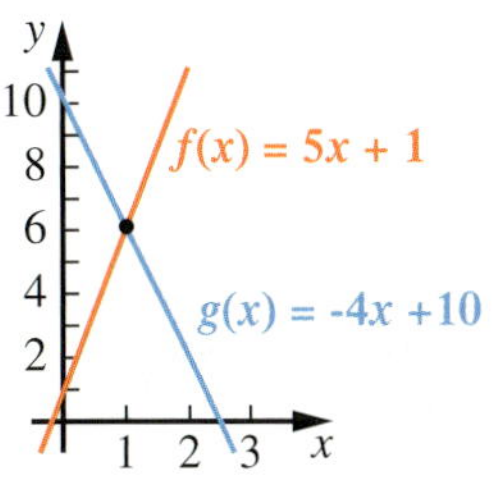

CORRIGÉ

6

b) (-3, -4) et (-1, -2)

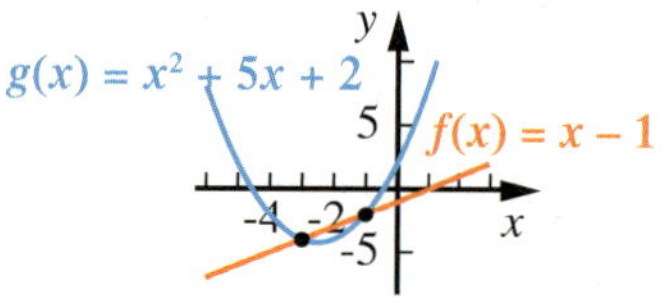

c) (-4, 0) et (0, -4)

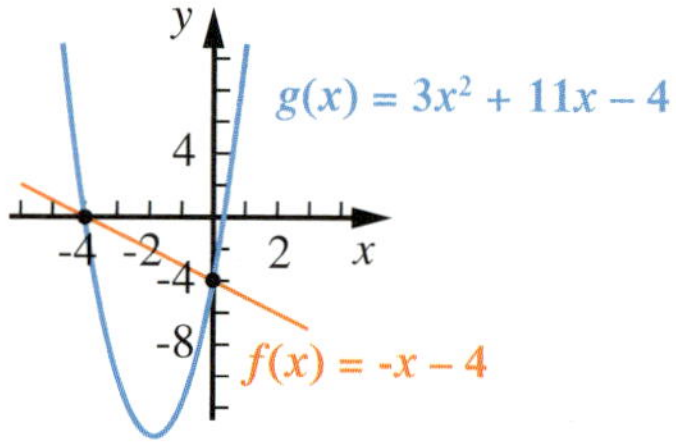

d) Aucun

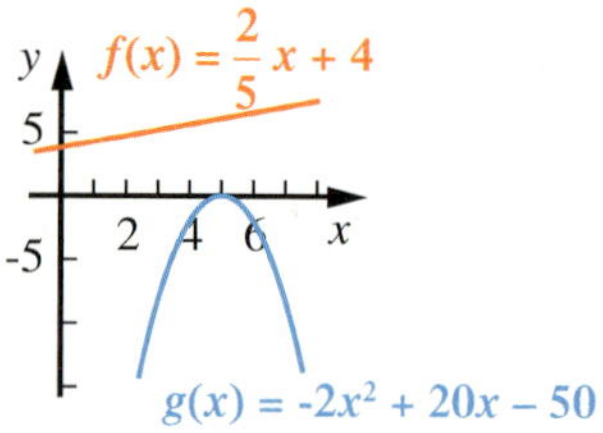

e) (-1, -3)

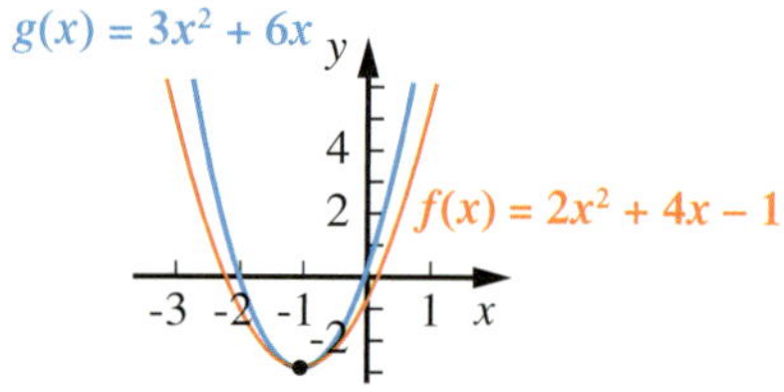

f) (-4, 0) et (1, 0)

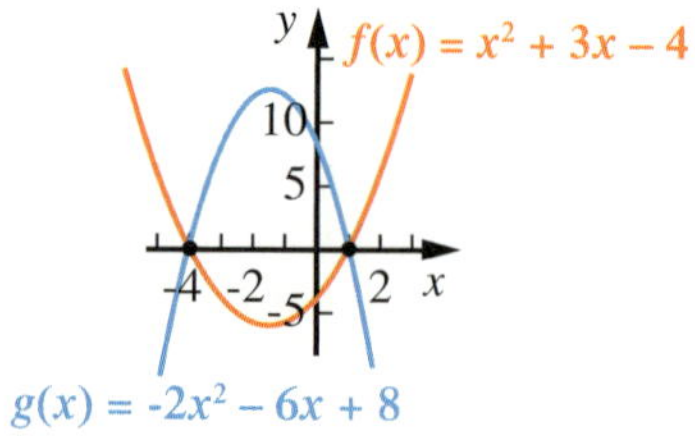

9. $y = -6x + 8$

10. a) $f(x) = -x^2 - x - 2$

b) $f(x) = 2x^2 - 4x + 2$

c) $f(x) = \dfrac{x^2 - 6x + 9}{2}$

d) $f(x) = \begin{cases} -x^2 - 1 & \text{si} \quad x \leq 1 \\ 2x - 4 & \text{si} \quad x > 1 \end{cases}$

e) $f(x) = \begin{cases} x^2 - 4x + 3 & \text{si} \quad x \leq 4 \\ 3 & \text{si} \quad x > 4 \end{cases}$

f) $f(x) = \begin{cases} x^2 + 3x & \text{si} \quad -3 \leq x \leq 0 \\ 3x - x^2 & \text{si} \quad 0 < x < 3 \end{cases}$

11.

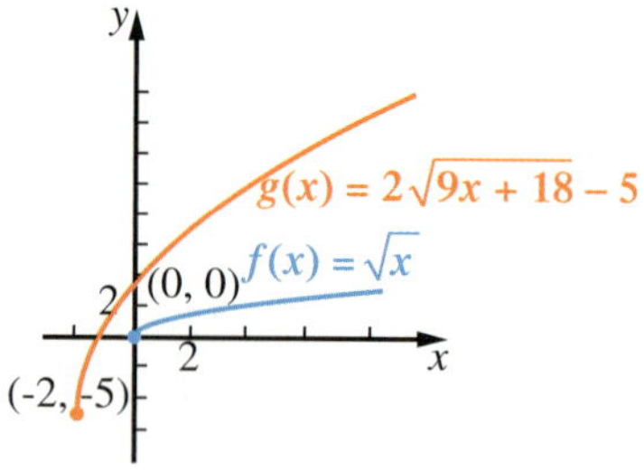

$dom(g) = [-2, +\infty[$ et $ima(g) = [-5, +\infty[$;
la fonction possède un seul zéro : $x = -1{,}30\overline{5}$;
l'ordonnée à l'origine est $6\sqrt{2} - 5$;
g est croissante sur $[-2, +\infty[$; $min(g) = -5$, lorsque $x = -2$;
la fonction ne possède pas de maximum ;
l'extrémité du graphique est le point (-2, -5).

$g(x) < 0$ sur $\left[-2 ; -1{,}30\overline{5}\right[$; $g(x) = 0$ si $x = -1{,}30\overline{5}$;
$g(x) > 0$ sur $\left]-1{,}30\overline{5} ; +\infty\right[$

12. a) $\mathbb{R} \setminus \{-9, -8\}$
b) $]-\infty, -9] \cup [9, +\infty[$
c) $]-\infty, -9[\cup]9, +\infty[$
d) $[3, +\infty[$
e) $\mathbb{R} \setminus \left\{-2, -\sqrt{2}, \sqrt{2}, 2\right\}$
f) $]-5, +\infty[\setminus \{0, 5\}$
g) $[10, +\infty[$
h) $]-\infty, 5] \setminus \{-6, 4\}$

Chapitre 7

Exercices préliminaires (page 286)

1. a) $2x^2(x + 25)$; $\{-50, 0\}$
b) $(x - 1)(x - 11)$; $\{1, 11\}$
c) Non factorisable ; aucun
d) $(4x - 1)(-x + 3)$; $\left\{\frac{1}{4}, 3\right\}$

2. a) $\dfrac{-2x^3 + 3x^2 + 6x - 1}{2x(x^2 - 1)}$
b) $2x - \dfrac{10}{3} + \dfrac{\left(\frac{43}{3}\right)}{(3x + 4)}$
c) $\dfrac{3(x + 2)}{5(x^2 + 4)}$; $(x \neq -2, x \neq 2)$
d) $\dfrac{3(x - 4)}{2x}$; $(x \neq 4)$

3. a) $\dfrac{-1}{2}$ ou $\dfrac{5}{3}$ b) Aucune solution c) $\dfrac{-9}{19}$ d) 4

4. a) $]-\infty, 1[$
b) $]-\infty, -6[\cup]6, +\infty[$
c) $]-\infty, 0[\cup]0{,}125 ; +\infty[$
d) $]-\infty, -3] \cup \left]0, \frac{1}{5}\right[$

5. a) $dom(f) = \mathbb{R} \setminus \{-3\}$; $x = -4$
b) $dom(f) =]-\infty, -2] \cup [2, +\infty[$; $\{-2, 2\}$
c) $dom(f) = \mathbb{R}$; $x = 0$
d) $dom(f) =]2, +\infty[$; aucun

6. $dom(f) = \mathbb{R}$; $ima(f) =]-\infty, 3]$
$(-1 - \sqrt{3}, 0)$ et $(-1 + \sqrt{3}, 0)$; (0, 2)
$f(x) < 0$ si $x \in \left]-\infty, -1 - \sqrt{3}\right[\cup \left]-1 + \sqrt{3}, +\infty\right[$
$f(x) = 0$ si $x \in \left\{-1 - \sqrt{3}, -1 + \sqrt{3}\right\}$
$f(x) > 0$ si $x \in \left]-1 - \sqrt{3}, -1 + \sqrt{3}\right[$

Valeurs de x	$-\infty$	$-1-\sqrt{3}$		-1		$-1+\sqrt{3}$	$+\infty$
Signe de f	$-$	0	+	+	+	0	$-$
Croissance de f	↗			3 max.	↘		

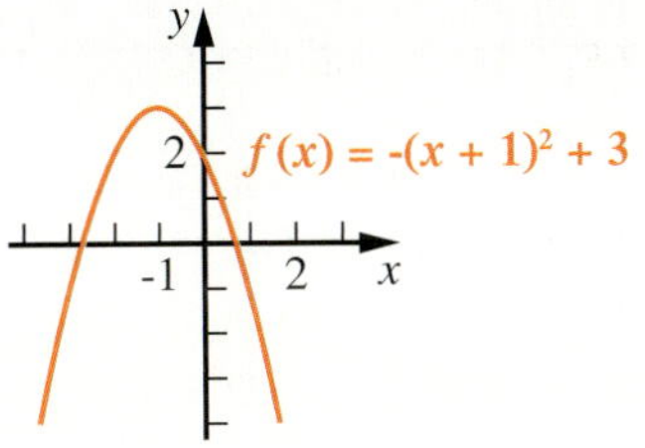

7. a) $(f \circ g)(x) = \dfrac{5x^2+16}{2x^2+5}$ c) $f^{-1}(x) = \dfrac{x+1}{2x-5}$

b) $(g \circ f)(x) = \dfrac{37x^2-2x+4}{(2x-1)^2}$ d) $(f \circ f^{-1})(x) = x$

8. $D_1 : y = 3x - 2$; $D_2 : y = \dfrac{-1}{3}x + 3$; $\left(\dfrac{3}{2}, \dfrac{5}{2}\right)$

9. $f(x) = -2(x+3)^2 + 1$

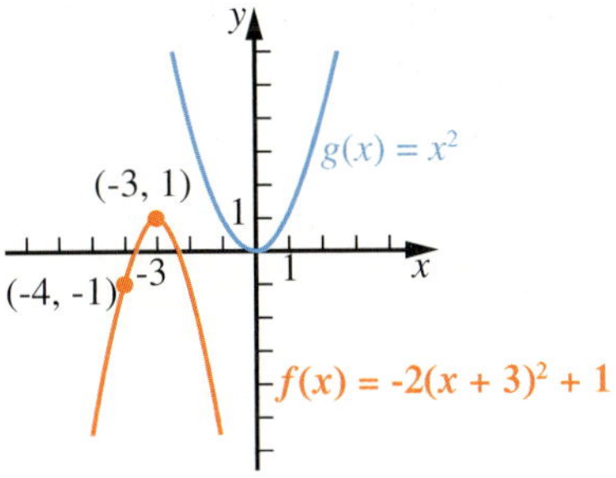

Exercices 7.1 (page 289)

1. a), b), c), d) et f)

2. a) $dom(f) = \mathbb{R} \setminus \left\{\dfrac{-7}{2}\right\}$; $x = 5$

b) $dom(f) = \mathbb{R} \setminus \{-7, 7\}$; $x = \dfrac{8}{5}$

c) $dom(f) = \mathbb{R}$; $x \in \{-6, 3\}$

d) $dom(f) = \mathbb{R} \setminus \{-\sqrt{3}, 0, \sqrt{3}\}$; aucun zéro

e) $dom(f) = \mathbb{R} \setminus \{-4\}$; $x = \dfrac{-10}{3}$

f) $dom(f) = \mathbb{R} \setminus \{5\}$; $x \in \{2, 3\}$

g) $dom(f) = \mathbb{R} \setminus \{-4, 0\}$; aucun zéro

h) $dom(f) = \mathbb{R} \setminus \left\{0, \dfrac{1}{3}\right\}$; $x \in \{-5, 3\}$

i) $dom(f) = \mathbb{R} \setminus \left\{\dfrac{3}{2}, 10\right\}$; $x \in \left\{\dfrac{-11-\sqrt{274}}{-9}, \dfrac{-11+\sqrt{274}}{-9}\right\}$

Exercices 7.2 (page 303)

1. a) $f(x) = \dfrac{12x-113}{x-10}$

b) $f(x) = \dfrac{-13}{x+4} + 3$

c) $f(x) = \dfrac{-12x+29}{2x-5} = \dfrac{\frac{-1}{2}}{x-\frac{5}{2}} - 6$

d) $f(x) = \dfrac{\frac{10}{9}}{x-\frac{4}{3}} + \dfrac{1}{3}$

e) $f(x) = \dfrac{2x-9}{x-4} = \dfrac{-1}{x-4} + 2$

f) $f(x) = \dfrac{\frac{-7x}{10}+\frac{9}{10}}{x-3} = \dfrac{\frac{-6}{5}}{x-3} - \dfrac{7}{10}$

2. a) $dom(f) = \mathbb{R} \setminus \{5\}$; $ima(f) = \mathbb{R} \setminus \{2\}$

(0 ; 2,2) ; (5,5 ; 0) ; A. V. : $x = 5$; A. H. : $y = 2$

Valeurs de x	$-\infty$	5		5,5	$+\infty$
Signe de f	+	∄	$-$	0	+
Croissance de f	↗	∄	↗		

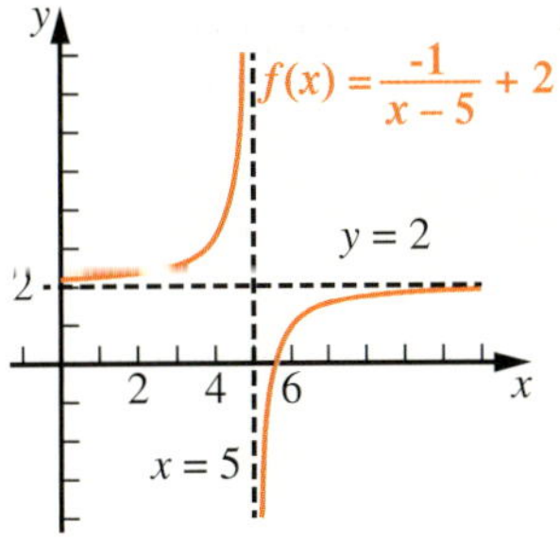

b) $dom(f) = \mathbb{R} \setminus \{0\}$; $ima(f) = \mathbb{R} \setminus \{-1\}$

(4, 0) ; A. V. : $x = 0$; A. H. : $y = -1$

Valeurs de x	$-\infty$	0		4	$+\infty$
Signe de f	$-$	∄	+	0	$-$
Croissance de f	↘	∄	↘		

CORRIGÉ

7

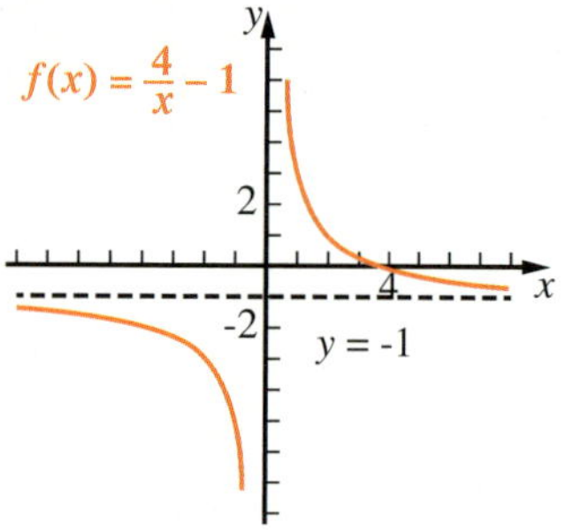

c) $dom(f) = \mathbb{R} \setminus \left\{\frac{1}{2}\right\}$; $ima(f) = \mathbb{R} \setminus \{4\}$

$(0, 1)$; $\left(\frac{1}{8}, 0\right)$; A. V. : $x = \frac{1}{2}$; A. H. : $y = 4$

Valeurs de x	$-\infty$	$\frac{1}{8}$		$\frac{1}{2}$	$+\infty$
Signe de f	+	0	−	∄	+
Croissance de f	↘			∄	↘

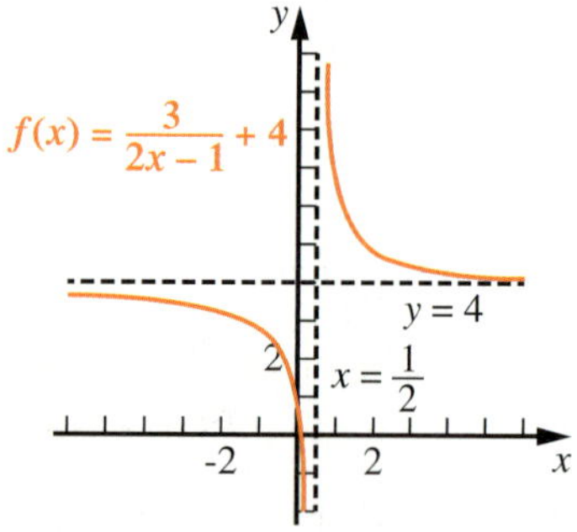

d) $dom(f) = \mathbb{R} \setminus \{-2\}$; $ima(f) = \mathbb{R} \setminus \{1\}$
$(0; -0{,}5)$; $(1, 0)$; A. V. : $x = -2$; A. H. : $y = 1$

Valeurs de x	$-\infty$	-2		1	$+\infty$
Signe de f	+	∄	−	0	+
Croissance de f	↗	∄	↗		

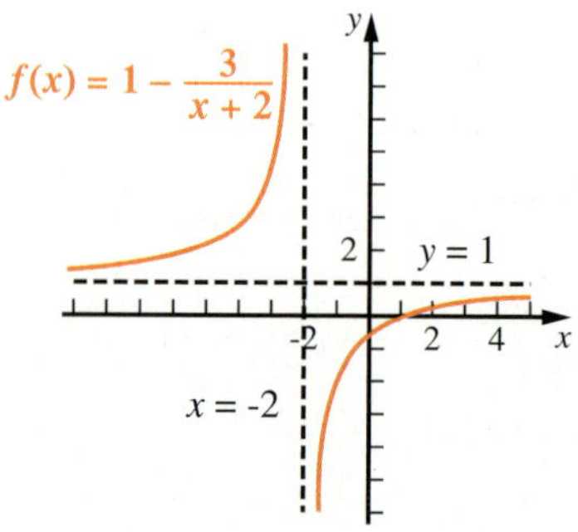

e) $dom(f) = \mathbb{R} \setminus \{-1\}$; $ima(f) = \mathbb{R} \setminus \{1\}$
$(0, 2)$; $(-2, 0)$; A. V. : $x = -1$; A. H. : $y = 1$

Valeurs de x	$-\infty$	-2		-1	$+\infty$
Signe de f	+	0	−	∄	+
Croissance de f	↘			∄	↘

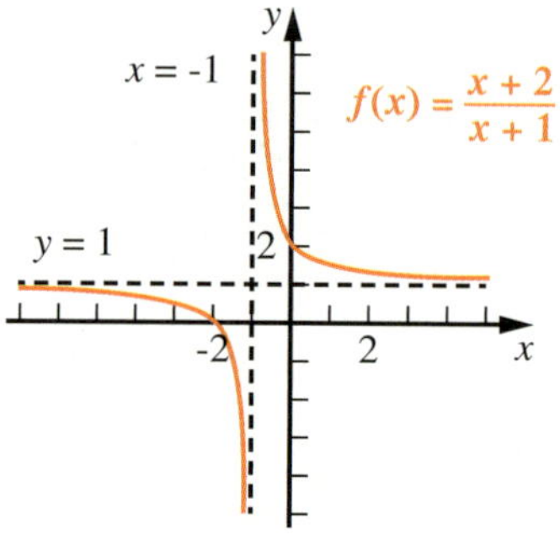

f) $dom(f) = \mathbb{R} \setminus \left\{\frac{5}{2}\right\}$; $ima(f) = \mathbb{R} \setminus \{1\}$

$\left(0, \frac{1}{5}\right)$; $\left(\frac{1}{2}, 0\right)$; A. V. : $x = \frac{5}{2}$; A. H. : $y = 1$

Valeurs de x	$-\infty$	$\frac{1}{2}$		$\frac{5}{2}$	$+\infty$
Signe de f	+	0	−	∄	+
Croissance de f	↘			∄	↘

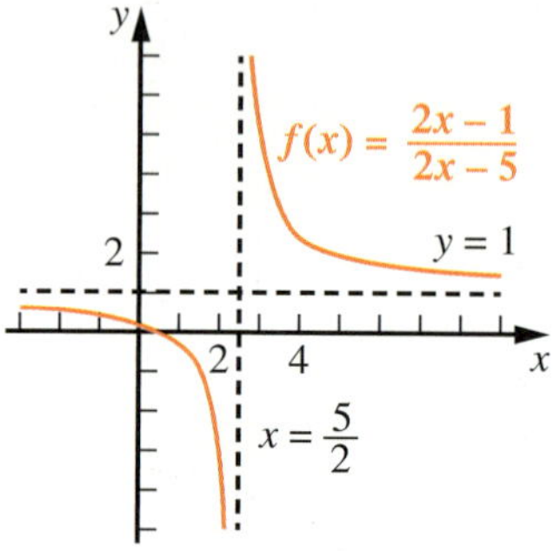

g) $dom(f) = \mathbb{R} \setminus \{0\}$; $ima(f) = \mathbb{R} \setminus \left\{\frac{-1}{4}\right\}$

$(3, 0)$; A. V. : $x = 0$; A. H. : $y = \frac{-1}{4}$

Valeurs de x	$-\infty$	0		3	$+\infty$
Signe de f	−	∄	+	0	−
Croissance de f	↘	∄	↘		

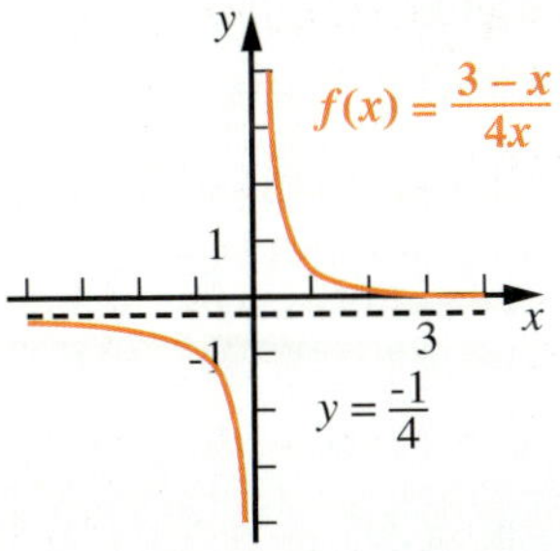

h) $dom(f) = \mathbb{R} \setminus \left\{\frac{-3}{2}\right\}$; $ima(f) = \mathbb{R} \setminus \left\{\frac{-3}{4}\right\}$

$\left(0, \frac{-1}{6}\right)$; $\left(\frac{-1}{3}, 0\right)$; A. V. : $x = \frac{-3}{2}$; A. H. : $y = \frac{-3}{4}$

Valeurs de x	$-\infty$	$\frac{-3}{2}$		$\frac{-1}{3}$	$+\infty$
Signe de f	−	∄	+	0	−
Croissance de f	↘	∄	↘		

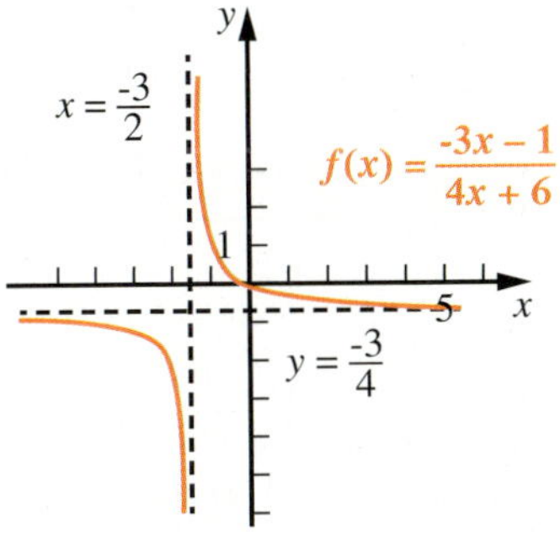

i) $dom(f) = \mathbb{R} \setminus \{3\}$; $ima(f) = \mathbb{R} \setminus \{-2\}$

$\left(0, \frac{1}{3}\right)$; $\left(\frac{-1}{2}, 0\right)$; A. V. : $x = 3$; A. H. : $y = -2$

Valeurs de x	$-\infty$	$\frac{-1}{2}$		3	$+\infty$
Signe de f	−	0	+	∄	−
Croissance de f	↗			∄	↗

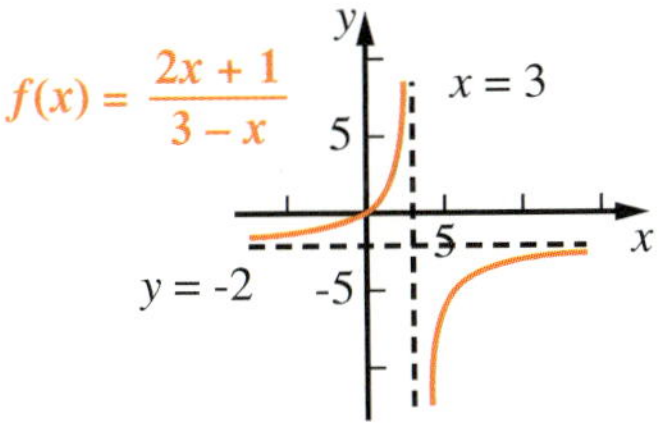

3. a) $y = \frac{-3}{x}$

b) $y = \frac{-3x-4}{x-2} = \frac{2}{x+2} - 3$

c) $y = \frac{2x-7}{x-3} = \frac{-1}{x-3} + 2$

d) $y = \frac{4-4x}{x} = \frac{4}{x} - 4$

e) $y = \frac{x+\frac{1}{3}}{x+\frac{2}{3}} = \frac{\frac{-1}{3}}{x+\frac{2}{3}} + 1$

f) $y = \frac{\frac{-10}{4}x - \frac{1}{4}}{x+\frac{1}{2}} = \frac{1}{x+\frac{1}{2}} - \frac{5}{2}$

4. a) $f(x) = \frac{-5}{x+2} + 4$

b) $f(x) = \frac{20x-1000}{x-10}$

c) $f(x) = \frac{3}{x-3}$

d) $f(x) = \frac{-500x + 49\,800}{x-100}$

e) $f(x) = \frac{1{,}5}{x}$

5. a) $f^{-1}(x) = \frac{12x+3}{x}$; $dom(f) = \mathbb{R} \setminus \{12\}$; $ima(f) = \mathbb{R} \setminus \{0\}$;
$dom(f^{-1}) = \mathbb{R} \setminus \{0\}$; $ima(f^{-1}) = \mathbb{R} \setminus \{12\}$

b) $f^{-1}(x) = \frac{4x+3}{3x-2}$; $dom(f) = \mathbb{R} \setminus \left\{\frac{4}{3}\right\}$; $ima(f) = \mathbb{R} \setminus \left\{\frac{2}{3}\right\}$;
$dom(f^{-1}) = \mathbb{R} \setminus \left\{\frac{2}{3}\right\}$; $ima(f^{-1}) = \mathbb{R} \setminus \left\{\frac{4}{3}\right\}$

c) $f^{-1}(x) = \frac{-10x+1}{-9x+7}$; $dom(f) = \mathbb{R} \setminus \left\{\frac{10}{9}\right\}$; $ima(f) = \mathbb{R} \setminus \left\{\frac{7}{9}\right\}$;
$dom(f^{-1}) = \mathbb{R} \setminus \left\{\frac{7}{9}\right\}$; $ima(f^{-1}) = \mathbb{R} \setminus \left\{\frac{10}{9}\right\}$

d) $f^{-1}(x) = \frac{-4}{x-1}$; $dom(f) = \mathbb{R} \setminus \{0\}$; $ima(f) = \mathbb{R} \setminus \{1\}$;
$dom(f^{-1}) = \mathbb{R} \setminus \{1\}$; $ima(f^{-1}) = \mathbb{R} \setminus \{0\}$

e) $f^{-1}(x) = \frac{2}{x+8} + \frac{7}{3}$; $dom(f) = \mathbb{R} \setminus \left\{\frac{7}{3}\right\}$; $ima(f) = \mathbb{R} \setminus \{-8\}$;
$dom(f^{-1}) = \mathbb{R} \setminus \{-8\}$; $ima(f^{-1}) = \mathbb{R} \setminus \left\{\frac{7}{3}\right\}$

f) $f^{-1}(x) = \frac{x-7}{3x-32}$; $dom(f) = \mathbb{R} \setminus \left\{\frac{1}{3}\right\}$; $ima(f) = \mathbb{R} \setminus \left\{\frac{32}{3}\right\}$;
$dom(f^{-1}) = \mathbb{R} \setminus \left\{\frac{32}{3}\right\}$; $ima(f^{-1}) = \mathbb{R} \setminus \left\{\frac{1}{3}\right\}$

6. Laissé à l'étudiant

Exercices 7.3 (page 307)

1. a) $L = \frac{1500}{x}$, exprimée en mètres.

b) $y = \frac{3000}{x} + 2x$, exprimée en mètres.

c) 25 m sur 60 m

2. a)

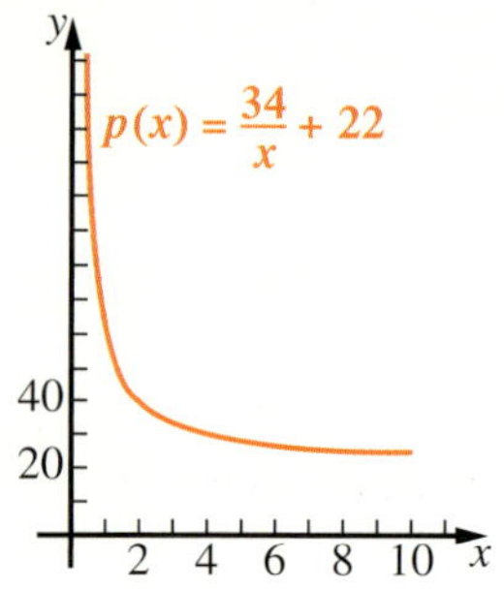

b) 90 %
c) 51 mois
d) $y = 22$
e) Laissé à l'étudiant

3. a) $C(x) = \dfrac{3000x + 700\,000}{x}$

b) $C(500) = 4400$ \$ et $C(10\,000) = 3070$ \$

c) p : profit ; r : revenu ; $r(500) = 2\,000\,000$ \$
$p(500) = 2\,000\,000 - 2\,200\,000 = -200\,000$
La compagnie accusera une perte de 200 000 \$.
$r(10\,000) = 40\,000\,000$ \$
$p(10\,000) = 40\,000\,000 - 30\,700\,000 = 9\,300\,000$ \$

4. a) $d(x) = 200 + \dfrac{150}{x}$ b) 275 km

5. a) 5760
b) Environ 82,3 ans
c) Environ 71
d) Laissé à l'étudiant

6. a) 1,25 ; chaque dollar investi rapporte 1,25 \$.

b) $y = 1{,}6$; le ratio de rentabilité s'approche de 1,6.

c) $x = -400$; x ne peut pas être négatif.

d) $\{1, 2, 3, \ldots, 4999, 5000\}$

e)

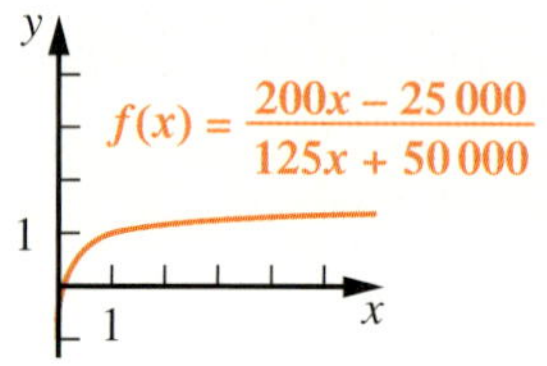

7. Directement proportionnelle

a) Environ 34,9 minutes b) 860 km/h

8. Inversement proportionnelle

a) $V(P) = \dfrac{k}{p}$ b) $1{,}\overline{3}$ litre

9. Inversement proportionnelle

a) $N(r) = \dfrac{10\,000}{\pi r}$ b) 106,1 tours

Exercices 7.4 (page 314)

1. Laissé à l'étudiant

2. a) $dom(f) = \mathbb{R} \setminus \{2\}$; $x = -3$
$f(x) < 0$ si $x \in\ ]-\infty, 2[$; $f(x) = 0$ si $x = -3$;
$f(x) > 0$ si $x \in\ ]2, +\infty[$

b) $dom(f) = [-10, +\infty[\ \setminus \{0\}$; $x = -10$
$f(x) = 0$ si $x = -10$; $f(x) > 0$ si $x \in\ ]-10, 0[\ \cup\ ]0, +\infty[$

c) $dom(f) =]-\infty, -2[\ \cup\ ]2, +\infty[$; aucun zéro
$f(x) > 0$ si $x \in\ ]-\infty, -2[\ \cup\ ]2, +\infty[$

d) $dom(f) =]-\infty, -9[\ \cup [5, +\infty[$; $x = 5$
$f(x) = 0$ si $x = 5$; $f(x) > 0$ si $x \in\ ]-\infty, -9[\ \cup\ ]5, +\infty[$

e) $dom(f) = \mathbb{R} \setminus \{-5\}$; $x = 5$
$f(x) < 0$ si $x \in\ ]-\infty, 5[\ \setminus \{-5\}$; $f(x) = 0$ si $x = 5$;
$f(x) > 0$ si $x \in\ ]5, +\infty[$

f) $dom(f) = \mathbb{R} \setminus \{5\}$; $x = 3$
$f(x) = 0$ si $x = 3$; $f(x) > 0$ si $x \in \mathbb{R} \setminus \{3, 5\}$

3. a) (-5, -1) et (1, 5)
b) (2, -1)
c) (0, -4)
d) (0,5 ; 4)
e) (0, 0)
f) (-2, 0) et $\left(\dfrac{11+\sqrt{29}}{2}; 3{,}192\ldots\right)$

4.

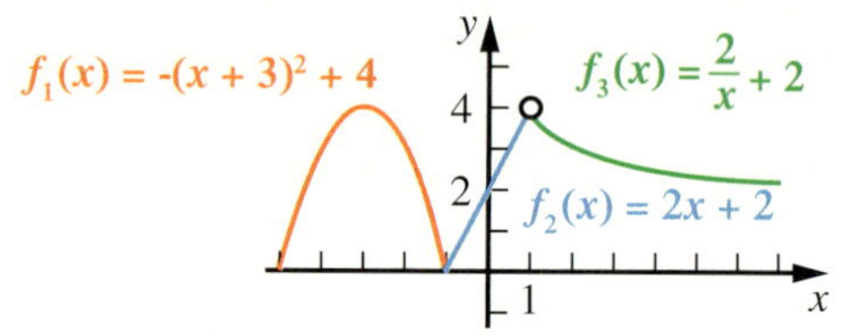

$dom(f) = [-5, +\infty[\ \setminus \{1\}$; $ima(f) = [0, 4]$
$f(x) = 0$ si $x \in \{-5, -1\}$; $f(x) > 0$ si $x \in\ ]-5, +\infty[\ \setminus \{-1, 1\}$
f est croissante sur [-5, -3] et sur [-1, 1[.
f est décroissante sur [-3, -1] et sur]1, +∞[.

5. $$f(x) = \begin{cases} \dfrac{1}{x+4} & \text{si } -4 < x \leq -2 \\ \dfrac{1}{x+2} & \text{si } -2 < x \leq 0 \\ \dfrac{1}{x} & \text{si } 0 < x \leq 2 \\ \dfrac{1}{x-2} & \text{si } 2 < x \leq 4 \end{cases}$$

6. $f(x) = \left|\dfrac{1}{x}\right|$

7. $f(x) = \begin{cases} 2 \text{ si } x < 0 \\ 0 \text{ si } x > 0 \end{cases}$

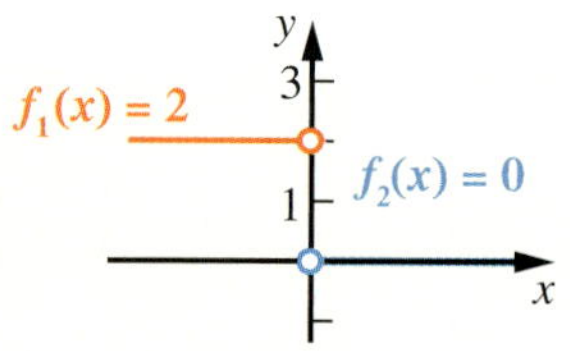

Exercices récapitulatifs (page 315)

1. a)

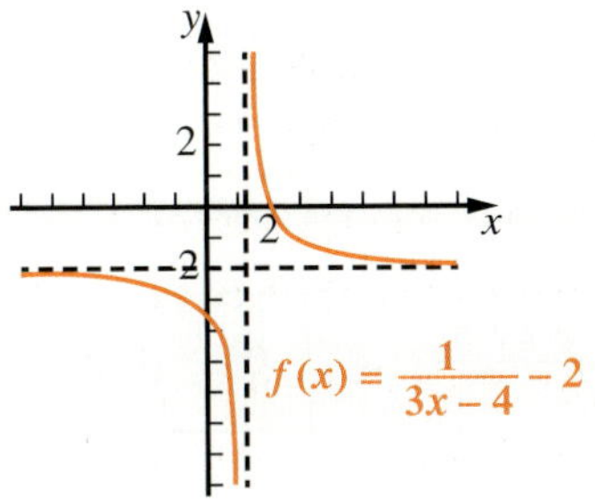

Hyperbole centrée à $\left(\frac{4}{3}, -2\right)$

$dom(f) = \mathbb{R} \setminus \left\{\frac{4}{3}\right\}$; $ima(f) = \mathbb{R} \setminus \{-2\}$

$f(x) = 0$ si $x = \frac{13}{6}$

$\left(0, \frac{-13}{4}\right)$; $\left(\frac{13}{6}, 0\right)$; A. V. : $x = \frac{4}{3}$; A. H. : $y = -2$

La fonction n'a ni minimum ni maximum.

Décroissante sur $\left]-\infty, \frac{4}{3}\right[$ et sur $\left]\frac{4}{3}, +\infty\right[$

$f(x) < 0$ sur $\left]-\infty, \frac{4}{3}\right[\cup \left]\frac{13}{6}, +\infty\right[$;

$f(x) = 0$ si $x = \frac{13}{6}$; $f(x) > 0$ sur $\left]\frac{4}{3}, \frac{13}{6}\right[$

b)

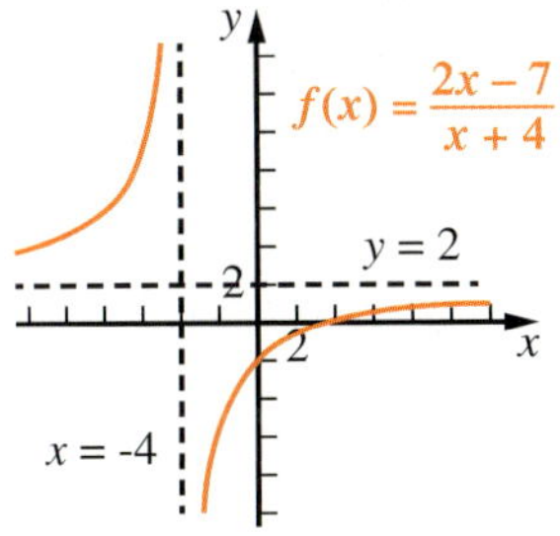

Hyberbole centrée à (-4, 2)

$dom(f) = \mathbb{R} \setminus \{-4\}$; $ima(f) = \mathbb{R} \setminus \{2\}$

$f(x) = 0$ si $x = \frac{7}{2}$

$\left(0, \frac{-7}{4}\right)$; $\left(\frac{7}{2}, 0\right)$; A. V. : $x = -4$; A. H. : $y = 2$

La fonction n'a ni minimum ni maximum.

Croissante sur]-∞, -4[et sur]-4, +∞[

$f(x) < 0$ sur $\left]-4, \frac{7}{2}\right[$; $f(x) = 0$ si $x = \frac{7}{2}$;

$f(x) > 0$ si $x \in\ ]-\infty, -4[\cup \left]\frac{7}{2}, +\infty\right[$

2. a) $f(x) = \frac{-x+2}{x} = \frac{2}{x} - 1$ b) $f(x) = \frac{2x+5}{x+3} = \frac{-1}{x+3} + 2$

3. $f(x) = \frac{4x+9}{x+2} = \frac{1}{x+2} + 4$

4. a) $f^{-1}(x) = \frac{3x-5}{2x-4}$; $\mathbb{R} \setminus \{2\}$

b) $f^{-1}(x) = \frac{-5}{2(x+1)} - \frac{15}{2}$; $\mathbb{R} \setminus \{-1\}$

5. a) $c = 32(8{,}8275) = 282{,}48$

$y = \frac{282{,}48}{x}$, où y est exprimé en litres par 100 km et x est exprimé en milles par gallon impérial, où $x > 0$.

b)

Milles par gallon impérial	20	28	42,8	27,2
Litres par 100 km	14,1	10,1	6,6	10,4

c) $y = \frac{282{,}48}{x}$, où y est exprimé en milles par gallon impérial et x est exprimé en litres par 100 km.

6. a) 1,142... gramme

b) 22,5 secondes

c)

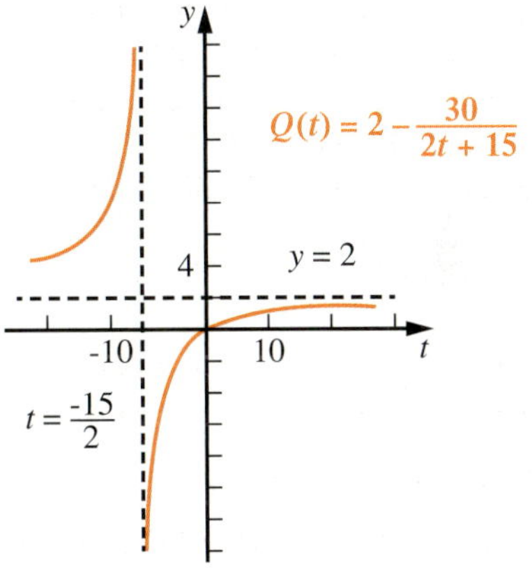

$dom(Q) = \mathbb{R} \setminus \left\{\frac{-15}{2}\right\}$; $ima(Q) = \mathbb{R} \setminus \{2\}$

Fonction croissante sur $\left]-\infty, \frac{-15}{2}\right[$ et sur $\left]\frac{-15}{2}, +\infty\right[$

$Q(t) < 0$ sur $\left]\frac{-15}{2}, 0\right[$; $Q(t) = 0$ si $t = 0$;

$Q(t) > 0$ sur $\left]-\infty, \frac{-15}{2}\right[\cup\ ]0, +\infty[$

$y = 2$ (asymptote horizontale)

$t = \frac{-15}{2}$ (asymptote verticale)

d) (0, 0) ; la quantité de produit C au début de la réaction est nulle.

7. a) $dom(f) = [-5, +\infty[\setminus \{0\}$; $x = -5$

Valeurs de x	-5		0	+∞
$\sqrt{x+5}$	0	+	+	+
$2x^2$	+	+	0	+
$\frac{\sqrt{x+5}}{2x^2}$	0	+	∄	+

b) $dom(f) =]-\infty, -3[\cup [2, +\infty[$; $x = 2$

Valeurs de x	$-\infty$	-3		2	$+\infty$
$x-2$	−	−		0	+
$x+3$	−	0		+	+
$\sqrt{\dfrac{x-2}{x+3}}$	+	∄	∄	0	+

c) $dom(f) = \mathbb{R}$; aucun

Valeurs de x	$-\infty$ $+\infty$
x^2+3x+4	+
$\dfrac{x^2+3x+4}{\sqrt{x^2+3x+4}}$	+

d) $f(x) = \dfrac{x+4}{x-5} - \dfrac{2-x}{x} = \dfrac{2x^2-3x+10}{x(x-5)}$

$dom(f) = \mathbb{R} \setminus \{0, 5\}$; aucun

Valeurs de x	$-\infty$	0		5	$+\infty$
$2x^2-3x+10$	+	+	+	+	+
x	−	0	+	+	+
$x-5$	−	−	−	0	+
$\dfrac{2x^2-3x+10}{x(x-5)}$	+	∄	−	∄	+

e) $dom(f) = \mathbb{R} \setminus \{0\}$; $x = -2, x = -5$

Valeurs de x	$-\infty$	-5		-2		0	$+\infty$
$x+2$	−	−	−	0	+	+	+
$x+5$	−	0	+	+	+		+
x^3	−	−	−	−	−	0	+
$\dfrac{(x+2)(x+5)}{x^3}$	−	0	+	0	−	∄	+

f) $dom(f) = \mathbb{R} \setminus \{0\}$; aucun

Valeurs de x	$-\infty$	0	$+\infty$
$\lvert x \rvert$	+	0	+
x	−	0	+
$\dfrac{\lvert x \rvert}{x}$	−	∄	+

8. (1, 2) et (4, -1)

Chapitre 8

Exercices préliminaires (page 318)

1. a) $\dfrac{13}{16}$ b) 1 c) 9 d) 1000

2. a) $\left\{\dfrac{-4}{3}, \dfrac{3}{2}\right\}$ c) $\{6\}$

b) $\left\{\dfrac{-5-\sqrt{65}}{2}, \dfrac{-5+\sqrt{65}}{2}\right\}$ d) $\{2\}$

3. a) $[-1, 1]$ b) $\{1,5\}$ c) $[-3, 0[\cup]1, +\infty[$

4. a) $dom(f) = \mathbb{R} \setminus \{1\}$; $x = -3$

b) $dom(f) =]-\infty, -5] \cup [5, +\infty[$; $x = -5$ et $x = 5$

c) $dom(f) = \mathbb{R} \setminus \{-1, 0\}$; aucun

d) $dom(f) =]4, +\infty[$; aucun

5. a) $dom(f) = \mathbb{R} \setminus \{-2\}$; $ima(f) = \mathbb{R} \setminus \{3\}$

$\left(0, \dfrac{5}{2}\right), \left(\dfrac{-5}{3}, 0\right)$

$f(x) < 0$ si $x \in \left]-2, \dfrac{-5}{3}\right[$; $f(x) = 0$ si $x = \dfrac{-5}{3}$;

$f(x) > 0$ si $x \in]-\infty, -2[\cup \left]\dfrac{-5}{3}, +\infty\right[$

A. H. : $y = 3$; A. V. : $x = -2$

Le graphique est une hyperbole de centre (-2, 3).

La fonction n'a ni minimum ni maximum.

f est croissante sur $]-\infty, -2[$ et sur $]-2, +\infty[$.

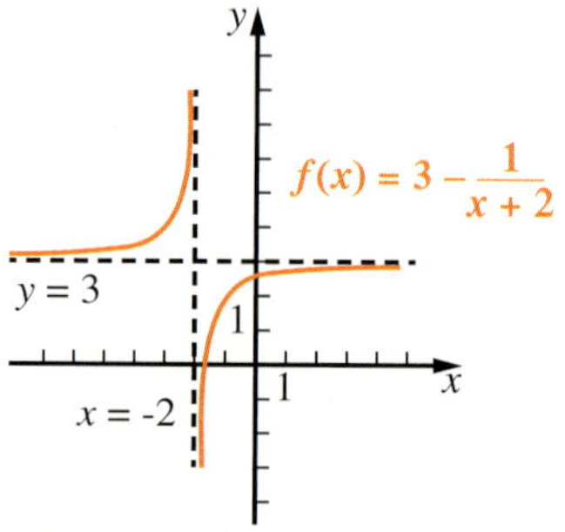

6. a) $f^{-1}(x) = \dfrac{2x+1}{x-3}$ c) $(f^{-1} \circ f)(x) = x$

b) $(f \circ f^{-1})(x) = x$

Exercices 8.1 (page 324)

1. a) 5^{2x+3} f) 50^x k) b^x

b) 14^{20+x-x^2} g) 9^{x+1} l) 3^{n^2}

c) 12^{-x^2+4x-4} h) 10^{x^3} m) e

d) $\dfrac{7^{6x^2-7x}}{2^x}$ i) 1 n) $\dfrac{4^{5x^3-5x^2}5^{5x^3-5x^2}}{3^{2x^2}}$

e) 5^{5x-8} j) 2^{-x^2+8x+5} o) x^{-4x^2+x}

8

2. $2^{555} > 5^{222}$

3. a) $f(-2)=\frac{1}{4}$; $f(-1)=\frac{1}{2}$; $f(0)=1$; $f(1)=2$; $f(2)=4$

b) $f(-2)=4$; $f(-1)=2$; $f(0)=1$; $f(1)=\frac{1}{2}$; $f(2)=\frac{1}{4}$

c) $f(-2)=\frac{1}{9}$; $f(-1)=\frac{1}{3}$; $f(0)=1$; $f(1)=3$; $f(2)=9$

d) $f(-2)=100$; $f(-1)=10$; $f(0)=1$; $f(1)=0{,}1$; $f(2)=0{,}01$

e) $f(-2)=\frac{1}{2}$; $f(-1)=\sqrt{\frac{2}{2}}$; $f(0)=1$; $f(1)=\sqrt{2}$; $f(2)=2$

f) $f(-2)=\frac{1}{e^2}$; $f(-1)=\frac{1}{e}$; $f(0)=1$; $f(1)=e$; $f(2)=e^2$

4. a) $dom(f)=\mathbb{R}$; $ima(f)=]0, +\infty[$

b) $dom(f)=\mathbb{R}$; $ima(f)=[0, +\infty[$

c) $dom(f)=\mathbb{R}$; $ima(f)=]0, +\infty[$

d) $dom(f)=[0, +\infty[$; $ima(f)=[0, +\infty[$

5.

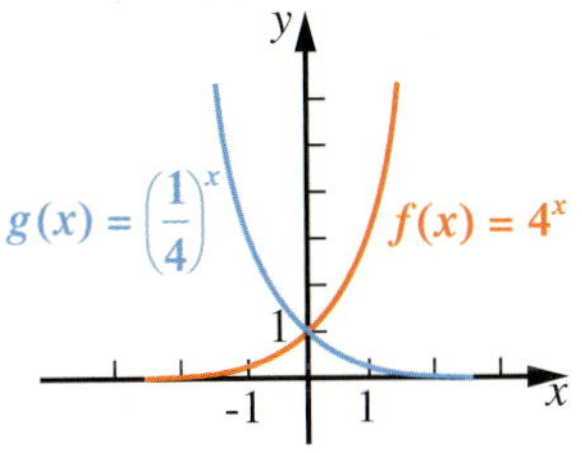

$f(x)=4^x$; $dom(f)=\mathbb{R}$; $ima(f)=]0, +\infty[$

A. H.: $y=0$; $(0, 1)$; $f(x)>0$ sur $\mathbb{R}$

f est croissante et concave vers le haut.

$g(x)=\left(\frac{1}{4}\right)^x$; $dom(g)=\mathbb{R}$; $ima(g)=]0, +\infty[$

A. H.: $y=0$; $(0, 1)$; $g(x)>0$ sur $\mathbb{R}$

g est décroissante et concave vers le haut.

6. a) $y=5^x$ b) $y=2^x$ c) $y=3^x$ d) $y=10^x$

7. a) $y=4^x$ b) $y=\left(\frac{1}{5}\right)^x$

8. a) 24^{-8} b) $(0{,}25)^{\frac{1}{10}}$ c) $\left(\frac{3}{5}\right)^{45}$ d) $200^{\sqrt{3}}$ e) $15^{\frac{1}{7}}$ f) $\left(\frac{1}{2}\right)^{-19}$

Exercices 8.2 (page 329)

1. a) $2(343)^x - 1$ b) $\frac{-1}{8}(64)^x + 8$ c) $15\left(\frac{1}{3}\right)^x + 2$ d) $-3\left(\frac{1}{16}\right)^x + 1$

2. a) $(0, 6)$; $y=-4$

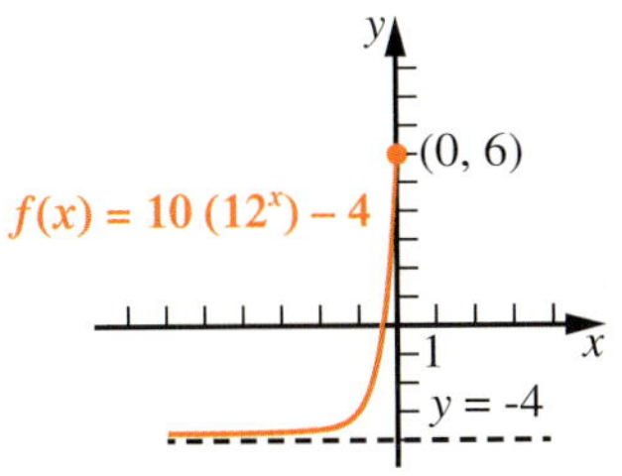

b) $(0, 8)$; $y=3$

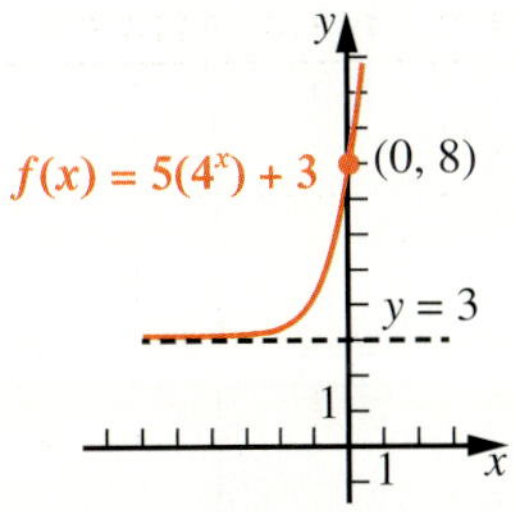

c) $(0, -4)$; $y=-1$

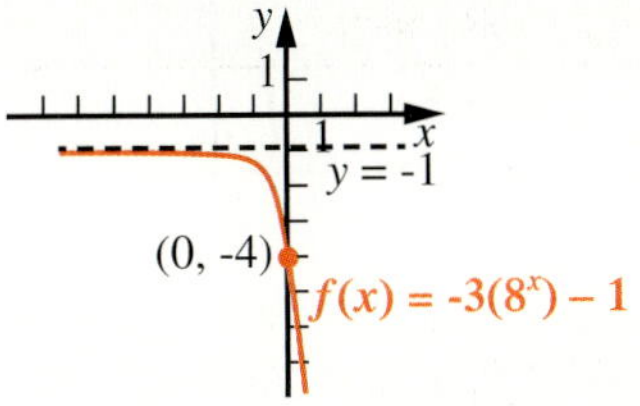

3. a) $dom(f)=\mathbb{R}$; $(0; 2{,}625)$; A. V.: $y=\frac{-3}{8}$

La fonction est décroissante et concave vers le haut.

$ima(f)=\left]\frac{-3}{8}, +\infty\right[$; $(3, 0)$

$f(x)>0$ si $x\in\,]-\infty, 3[$; $f(x)=0$ si $x=3$;
$f(x)<0$ si $x\in\,]3, +\infty[$

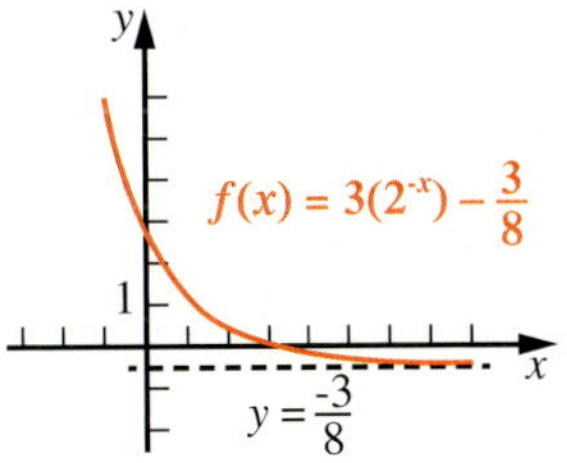

b) $dom(f)=\mathbb{R}$; $(0; -3{,}375)$; A. V.: $y=\frac{-3}{8}$

La fonction est croissante et concave vers le bas.

$ima(f)=\left]-\infty, \frac{-3}{8}\right[$

$f(x)<0$ si $x\in\mathbb{R}$

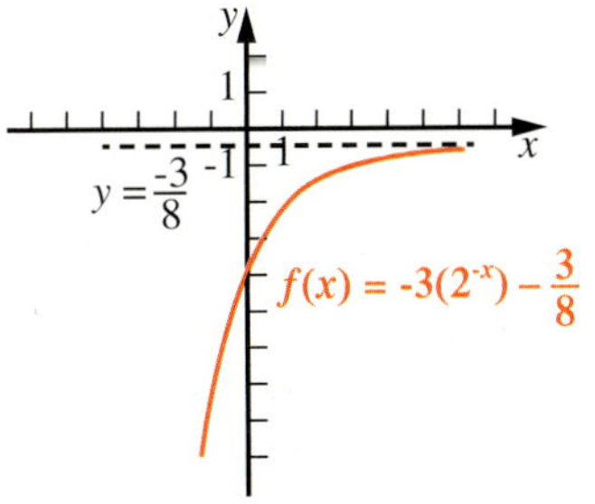

c) $dom(f)=\mathbb{R}$; $(0, -2)$; A. V.: $y=1$
La fonction est croissante et concave vers le bas.
$ima(f)=]-\infty, 1[$

$\left(\frac{\ln 3}{\ln 2}\right)$

$f(x)<0$ si $x\in\left]-\infty, \frac{\ln 3}{\ln 2}\right[$; $f(x)=0$ si $x=\frac{\ln 3}{\ln 2}$;

$f(x) > 0$ si $x \in \left]\frac{\ln 3}{\ln 2}, +\infty\right[$

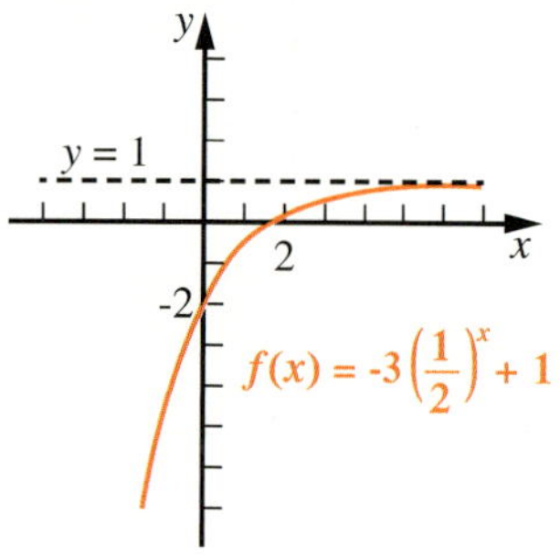

4. a) $y = 2(3^x) - 1$ b) $y = -\left(\frac{1}{3}\right)^x + 2$

Exercices 8.3 (page 331)

1. a) $\left\{\frac{2}{3}\right\}$ e) $\left\{\frac{-2}{3}\right\}$ i) $\left\{\frac{-2}{7}\right\}$ m) $\{-8, 2\}$
b) $\{-2\}$ f) $\{3\}$ j) $\left\{\frac{-1}{6}\right\}$ n) $\left\{\frac{19}{12}\right\}$
c) $\left\{\frac{1}{4}\right\}$ g) $\{9\}$ k) $\{5\}$ o) $\{-1, 1\}$
d) $\{-1, 1\}$ h) $\left\{\frac{-5}{2}\right\}$ l) $\{-2\}$

2. $x = 3$

Exercices 8.4 (page 337)

1. a) $5^2 = 25$ c) $7^0 = 1$ e) $e^{1,6} \approx 5$
b) $2^{-2} = \frac{1}{4}$ d) $10^3 = 1000$ f) $a^c = b$

2. a) $\log_2 8 = 3$ c) $\log 0,0001 = -4$ e) $\log_a 1 = 0$
b) $\log_{\frac{3}{4}} \frac{16}{9} = -2$ d) $\ln 20 \approx 3$ f) $\log_u w = v$

3. a) 3 g) 1 m) $\frac{-1}{2}$
b) -4 h) 1 n) -3
c) -4 i) $\frac{4}{3}$ o) 4
d) 1 j) -2 p) Non définie
e) 0 k) $\frac{1}{2}$ q) 2
f) 5 l) Non définie r) Non définie

4. a) 3 c) 5 e) 54
b) 50 d) 27 f) 5

5. $f(x) = \log_3 x$; $dom(f) =]0, +\infty[$ et ima$(f) = \mathbb{R}$
A. V. : $x = 0$; $(1, 0)$ et $(3, 1)$
$f(x) < 0$ si $x \in]0, 1[$; $f(x) = 0$ si $x = 1$;
$f(x) > 0$ si $x > 1$
La fonction est croissante et concave vers le bas sur $]0, +\infty[$.

$g(x) = \log_{\frac{1}{3}} x$; $dom(g) =]0, +\infty[$ et $ima(g) = \mathbb{R}$
A. V. : $x = 0$; $(1, 0)$ et $\left(\frac{1}{3}, 1\right)$
$g(x) > 0$ si $x \in]0, 1[$; $g(x) = 0$ si $x = 1$;
$g(x) < 0$ si $x \in]1, +\infty[$
La fonction est décroissante et concave vers le haut sur $]0, +\infty[$.

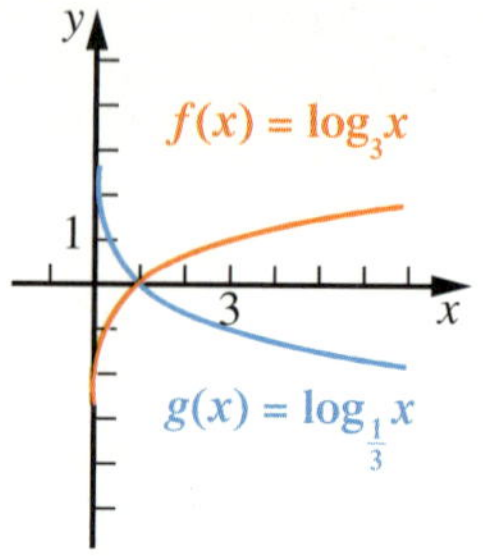

6. a) $y = \log_4 x$ d) $y = \log_7 x$ g) $y = \log_{\frac{1}{3}} x$
b) $y = \log_2 x$ e) $y = \log_5 x$ h) $y = \log_6 x$
c) $y = \log_{\frac{1}{10}} x$ f) $y = \log x$

7. a) Nul d) Positif g) Positif
b) Négatif e) Négatif h) Positif
c) Positif f) Positif

Exercices 8.5 (page 343)

1. Laissé à l'étudiant

2. a) $\log_2 12 + \log_2 35$ g) $2 \log_a x + 3 \log_a y + 4$
b) $\log_5 34 - \log_5 125$ h) $n(\log_b a + \log_b c - \log_b k)$
c) $6 \log 27 = 18 \log 3$ i) $\log_a (x + y)$
d) $-\ln 273$ j) $2 \log (x + 1) - \log (x - 3)$
e) $\frac{1}{2} \log_b 15$ k) $-\log_a 2 - \log_a x$
f) 2 l) $\log_3 (2x + 1) + \log_3 (x - 5)$

3. a) $\log_b (xyz)$ e) $\log_d c$ i) $\log x^5$
b) $\log_b\left(\frac{20}{3}\right)$ f) $\ln\left(\frac{6}{35}\right)$ j) $\log_b (xy)$
c) $\log_b\left(\frac{x}{a^2}\right)$ g) $\log \frac{5}{\sqrt{a}}$
d) $\log_b\left(\frac{2^3 \times 7^5}{4^2}\right)$ h) $\log_{\frac{1}{2}}\left(\frac{a^2}{b^3}\right)$

4. 50

5. $\frac{137}{20}$

6. a) 0,778 e) 1,431 i) 1,301
b) 0,176 f) 1,079 j) 3,301
c) 3,612 g) 0,1204 k) 1,585
d) 0,2385 h) -0,051 l) 0,631

7. a) 0,3010… g) 17,1919… m) 1,6609…
b) 0,4771… h) -0,6020… n) Non défini
c) 0,6989… i) -1,1086… o) -4,1059…
d) 0,7781… j) 8,9587… p) 4,3546…
e) 0,7781 k) 2,3219…
f) 0,1436… l) -1,2953…

Exercices 8.6 (page 348)

1. a) 64   b) $\frac{-8}{9}$ c) 4   d) 24   e) 2   f) 2   g) $\frac{-1}{3}$ h) 24   i) 3   j) 9   k) 1,4649…   l) 0,3933…   m) 0,0798…   n) -0,8267…

2. a) $\sqrt{5} = 2,2360\ldots$ b) -0,5437…   c) 121,5   d) 1   e) $\frac{1+\sqrt{29}}{2} = 3,1925\ldots$ f) 0,7387…   g) 4   h) 2,6940…   i) -0,2725…   j) 3,5413…

Exercices 8.7 (page 351)

1. a) $dom(g) =]2, +\infty[\,; x = 2\,; (3, 0)$

b) $dom(g) =]-4, +\infty[\,; x = -4\,; \left(\frac{-11}{3}, 0\right); (0, \log_3 4 + 1)$

c) $dom(g) =]0, +\infty[\,; x = 0\,; \left(\frac{1}{32}, 0\right)$

d) $dom(g) =]0, +\infty[\,; x = 0\,; (1, 0)$

e) $dom(g) =]-\infty, 2[\,; x = 2\,; (1, 0); (0, 2 \log 2)$

f) $dom(g) =]0, +\infty[\,; x = 0\,; (1, 0)$

2. a) $dom(f) =]-1, +\infty[$; A. V. : $x = -1$

f est décroissante sur $]-1, +\infty[$; f est concave vers le haut.

$ima(f) = \mathbb{R}$; (0, 0)

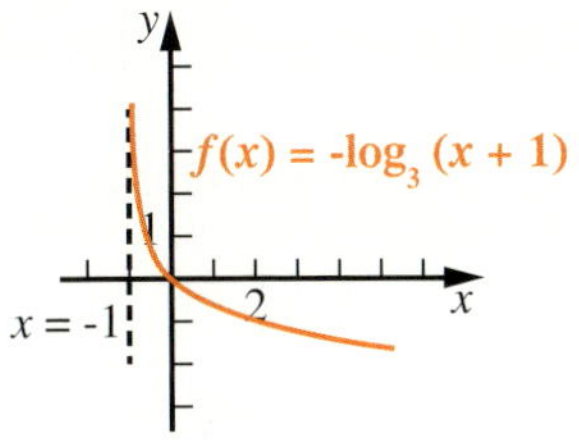

b) $dom(f) = \left]\frac{3}{4}, +\infty\right[$; A. V. : $x = \frac{3}{4}$

f est croissante sur $\left]\frac{3}{4}, +\infty\right[$; f est concave vers le bas.

$ima(f) = \mathbb{R}$; (1, 0)

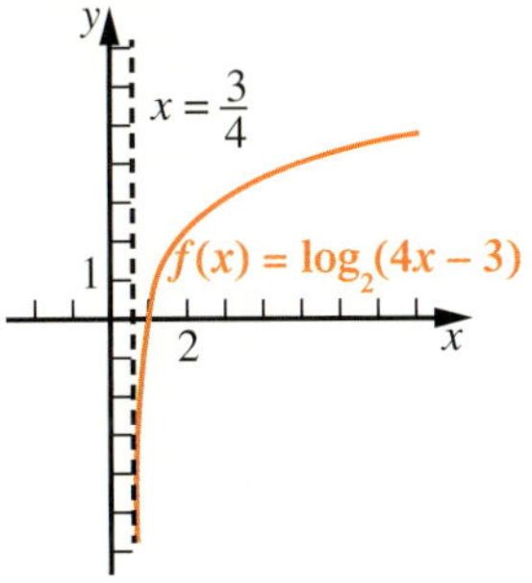

c) $dom(f) =]0, +\infty[$; A. V. : $x = 0$

f est croissante sur $]0, +\infty[$; f est concave vers le bas.

$ima(f) = \mathbb{R}$; (2, 0)

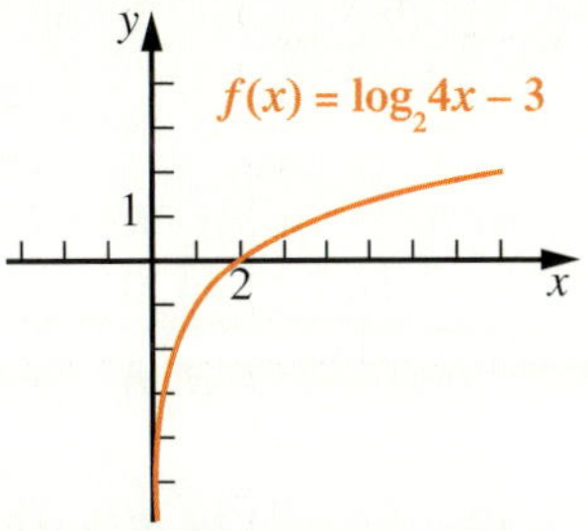

d) $dom(f) =]-\infty, 1[$; A. V. : $x = 1$

f est décroissante sur $]-\infty, 1[$; f est concave vers le bas.

$ima(f) = \mathbb{R}$; (0, 3) ; $(1 - 10^{-1,5}, 0)$

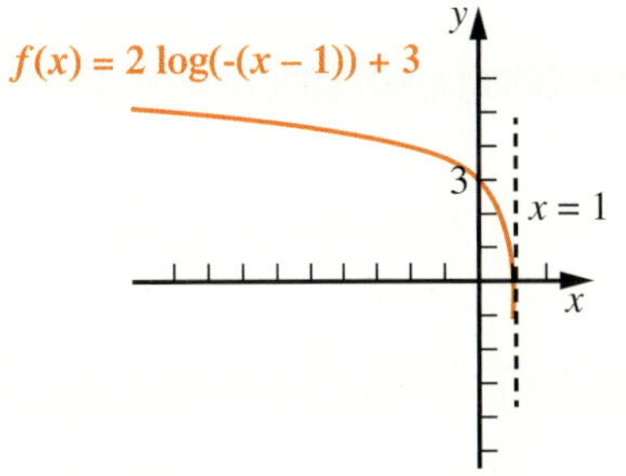

Exercices 8.8 (page 353)

1. a) $N(t) = 2^t$, où $x \in \{0, 1, 2, ...\}$ b) 2^{24} cellules   c) $\frac{\ln 500}{\ln 2}$ d) $C(x) = 2^{24x}$

2. a) $N(x) = 3^x$, où $x \in \{0, 1, 2, ...\}$ b) 81 appels   c) 6 étapes   d) 1093 membres

3. a) $N(a) = 3000(1{,}05)^a$, où $a \in \{0, 1, 2, ...\}$ b) 3646 étudiants   c) 6 ans

4. a) $M(t) = 100(0{,}8)^t$, où $t \geq 0$.   b) 1,153 g   c) 3,11 ans

5. a) $A(t) = 1000(1{,}04)^t$, où $t \in \{0, 1, 2, ...\}$

b) 1216,65 $

c) 18 années

d) $A(t) = 1000(1{,}02)^{2t}$; 1219 $

e) $t(d) = \frac{1}{\ln 1{,}04} \ln\left(\frac{d}{1000}\right)$

6. Environ 21,7 %

7. a) 8192 $ b) 2 ans

8. 5590 ans

9. a) 539 cas   b) 1370 cas   c) 4898 cas   d) 1,045   e) 562,32   f) Guinée ; la base b g) Liberia ; le paramètre a

10. a) 7   b) 10^{-8} c) 10^{-pH}

Exercices 8.9 (page 358)

1. a) $[3, +\infty[$ b) $]4, +\infty[$ c) $\mathbb{R}$ d) $]-5, 5[$

e) $\mathbb{R}$

f) $]5, +\infty[\setminus \{6\}$

g) $]-\infty, -2[\cup]1, 2[$

h) $]-7, 3[$

i) $\left]-\infty, \dfrac{3}{2}\right[$

j) $]1, +\infty[$

k) $\mathbb{R} \setminus \left\{\dfrac{\ln 4}{2\ln 9}\right\}$

l) $\mathbb{R} \setminus \{-5, -2\}$

m) $]0, +\infty[$

n) $]0, +\infty[\setminus \left\{\dfrac{1}{81}, 3\right\}$

2. a) $(3{,}701..., 0{,}431...)$ d) $(3, 3{,}169...)$

b) $(-0{,}333..., 0{,}793...)$ e) $\left(-1, \dfrac{1}{9}\right)$ et $(1, 9)$

c) $(97, 194)$ et $(0, 0)$ f) $(0, 0)$

Exercices récapitulatifs (page 359)

1. a) 3^{-x^2+6x+4} c) b^{5x^2-4x-9}

b) 4^{x^2} d) $(a+b)^{4x-2}$

2. a) $f(x) = 2^x$ c) $h(x) = \log_2 x$

b) $g(x) = \left(\dfrac{1}{2}\right)^x$ d) $k(x) = -2^x$

3. a) $\{3\}$ c) $\{\log_4 11 + 3\}$

b) $\left\{\dfrac{-6}{5}\right\}$ d) $\left\{\dfrac{\ln 5 + 4\ln 3}{\ln 7 - \ln 3}\right\}$

4. $dom(f) = \mathbb{R}$; $(0; 1{,}5)$; A. H. : $y = -1{,}5$

L'asymptote est active à gauche, puisque $b = 2 > 1$.

$ima(f) =]-1{,}5 ; +\infty[$; $(-1, 0)$

$f(x) < 0$ si $x < -1$; $f(x) = 0$ si $x = -1$;

$f(x) > 0$ si $x > -1$

La fonction est croissante et concave vers le haut.

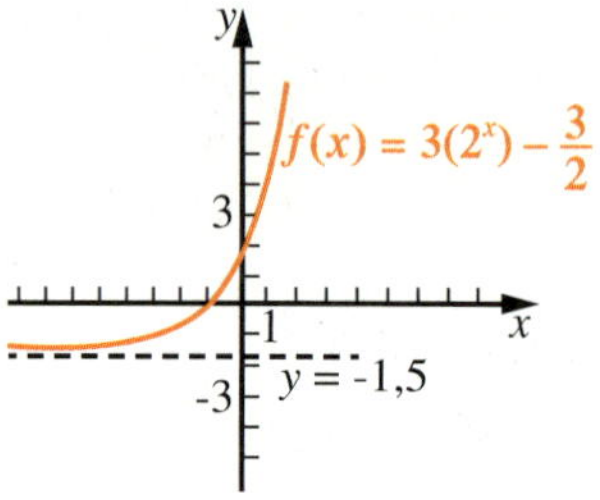

5. 911,12 $

6. a) -4 b) -5 c) 3,091… d) 3,839… e) 4 f) 1,098…

7. a) $\log \dfrac{800}{81}$ b) $\log_2 7\sqrt[3]{6}$ c) $\log_a \left(\dfrac{xy}{z}\right)^{\frac{2}{5}}$ d) $\log_3 \left(\dfrac{1}{4}\right)$

8. 16

9. a) $2\log_3 a + 6\log_3 b$ c) $\dfrac{1}{2}\ln(5-x)$

b) $n\log_b a - n\log_b c + n$ d) $3\log(x+1) - \log(x-12)$

10. a) $x = 245$ c) $x = \dfrac{e^4}{6}$ e) $x = 0$ ou $x = 5$

b) $x = 1000$ d) $x = 1$ f) Aucune valeur

11. $dom(f) =]-\infty, 3[$; A. V. : $x = 3$

$(-13, 0)$; $(0; -2415…)$

La courbe de f est décroissante et concave vers le bas sur $]-\infty, 3[$.

$f(x) > 0$, si $x \in]-\infty, -13[$; $f(x) = 0$, si $x = -13$;

$f(x) < 0$, si $x \in]-13, +\infty[$

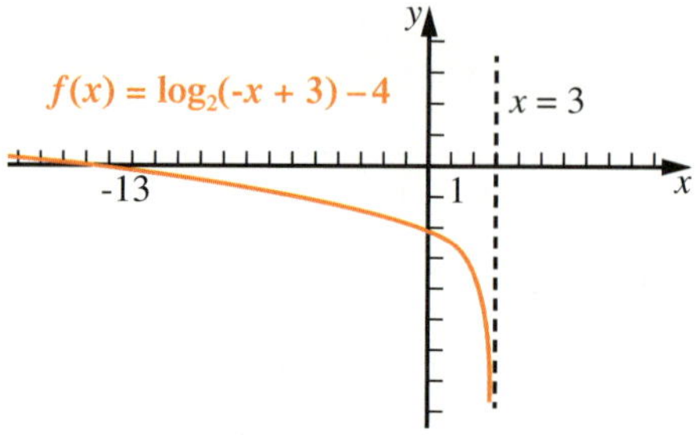

12. a) $]-1, 5[$ c) $]0, +\infty[\setminus \{e\}$ e) $]5, +\infty[$

b) $]-\infty, 5[$ d) $]0, +\infty[$ f) $]0, +\infty[\setminus \left\{\dfrac{1}{8}\right\}$

Chapitre 9

Exercices préliminaires (page 362)

1. $y = \dfrac{3}{5}x + \dfrac{11}{5}$

2. $y = \dfrac{3}{5}x - \dfrac{21}{20}$

3. Soit a_1 la pente de D_1 et a_2 la pente de D_2.

a) $a_1 = a_2$ b) $(a_1)(a_2) = -1$

4. $y = \dfrac{1}{2}x + \dfrac{9}{2}$

5. a) $\left(\dfrac{4}{3}, \dfrac{14}{3}\right)$ b) $\left(\dfrac{8}{3}, 7\right)$

Exercices 9.1 (page 366)

1. a) $\angle A$, $\angle C$ et $\angle D$ b) $\angle E$ c) $\angle F$ d) $\angle B$ e) $\angle G$ f) $\angle A$ et $\angle D$ g) $\angle D$ et $\angle F$

2. a) $\angle HGC$ et $\angle GHB$; $\angle HGD$ et $\angle GHA$

b) $\angle EGC$ et $\angle FHB$; $\angle EGD$ et $\angle AHF$

c) $\angle CGH$ et $\angle AHF$; $\angle EGD$ et $\angle GHB$;
$\angle AHG$ et $\angle CGE$; $\angle FHB$ et $\angle HGD$

d) $\angle FHB$ et $\angle AHG$; $\angle FHA$ et $\angle BHG$;
$\angle HGD$ et $\angle CGE$; $\angle HGC$ et $\angle DGE$

e) i) 138° ; angles extérieurs supplémentaires
ii) 42° ; angles opposés par le sommet
iii) 138° ; angles supplémentaires
iv) 42° ; angles alternes-externes
v) 180° ; angles supplémentaires

3. Elles sont perpendiculaires

Exercices 9.2 (page 369)

1. 60°

2. 40°

3. $BC = 5$

4. $\{5, 12, 13\}$

5. $\dfrac{5\sqrt{2}}{2}$ cm

6. 6 m et $6\sqrt{3}$ m

7. 30 cm

8. Laissé à l'étudiant

9. $\sqrt{50^2 - 35^2} + \sqrt{110^2 - 35^2} \approx 140$ cm

10. a) 42 unités^2 b) 240 unités^2

11. Environ 5,6 m

Exercices 9.3 (page 374)

1. a) $2,\overline{2}\pi$ cm b) $13,\overline{4}\pi$ cm c) $44,\overline{4}\pi$ cm

2. $\left(\dfrac{180}{\pi}\right)^\circ$

3. a) 48° b) 31° c) 20° d) Environ 18,9°

4. Laissé à l'étudiant

5. Environ 12,8

6. $\dfrac{100}{\pi}$ cm^2

7. $10\sqrt{\pi}$ cm

8. $\dfrac{10}{9}\pi$ cm^2

9. $\left(\dfrac{50}{3}\pi - 25\sqrt{3}\right)$ u^2

10. $\dfrac{20}{9}\pi$

11. a) Partie blanche, 60° ; partie bleue, 30°.

b) Section Cuba, $\dfrac{1}{6}$; section Caméra vidéo, $\dfrac{1}{6}$;
section Costa Rica, $\dfrac{1}{6}$; section Lecteur DVD, $\dfrac{1}{6}$;
section bleue, $\dfrac{1}{12}$.

c) $\dfrac{1}{3}$ d) $\dfrac{2}{3}$ e) $\dfrac{1}{6}$ f) $\dfrac{1}{2}$

Exercices 9.4 (page 379)

1. P_1 et P_6 ; P_3 et P_5 ; P_2 et P_7

2. a) $x = 12$; $y = 24$ c) $x° = 100°$; $y = 4$
b) $x = 2,4$; $y = 8$

3. $\overline{AC} = 35,\overline{5}$; $\overline{EF} = 14$

4. Laissé à l'étudiant

5. Arrière-Pays est situé à 54 km de Canton-Fleuri ;
Basses-Terres est situé à 84 km de Canton-Fleuri.

6. 15 m

7. a) Oui, l'aire de chaque figure est de 64 cm^2.
b) Non, elles n'ont pas la même aire.
c) Oui, chaque région ombrée a une aire de $\left(c^2 - \dfrac{\pi c^2}{4}\right)$u^2.
d) Oui, l'aire de chaque figure est la même.

8. 6,148... cm sur 9,148... cm

9. $\sqrt{300}$ cm

10. 6,45 cm

11. a) Le volume de la pyramide est trois fois plus petit que le volume du cube.
b) $\dfrac{b}{\sqrt[3]{3}}$

12. a) 25 cm^2 c) $\dfrac{15}{3}$
b) 125 cm^3 d) 54 cm^2 et 27 cm^3

Exercices 9.5 (page 384)

1. $\overline{AB} = \sqrt{20}$; $\overline{AC} = \sqrt{45}$; $\overline{BC} = \sqrt{65}$

2. $12 + 3\sqrt{2}$

3. 12 u^2

4.

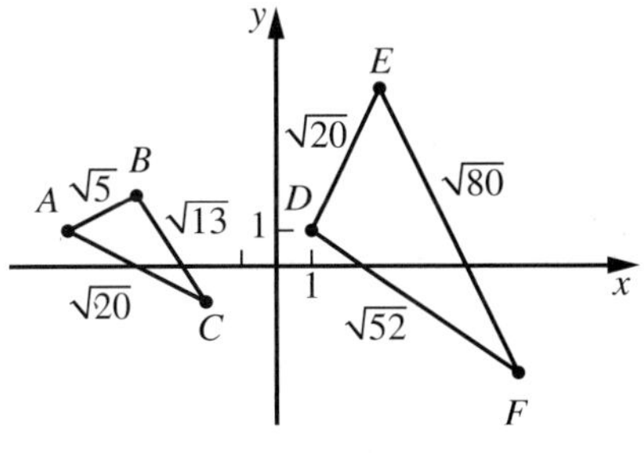

$\dfrac{\sqrt{5}}{\sqrt{20}} = \dfrac{\sqrt{20}}{\sqrt{80}} = \dfrac{\sqrt{13}}{\sqrt{52}} = \dfrac{1}{2}$

Puisque leurs trois côtés homologues sont proportionnels (CCC), on a que $\Delta\, ABC \sim \Delta\, DEF$.

5. Laissé à l'étudiant

6. a) $M(1,5\,;\,0)$

$BM: y = 8x - 12$

$d = \sqrt{16,25}$

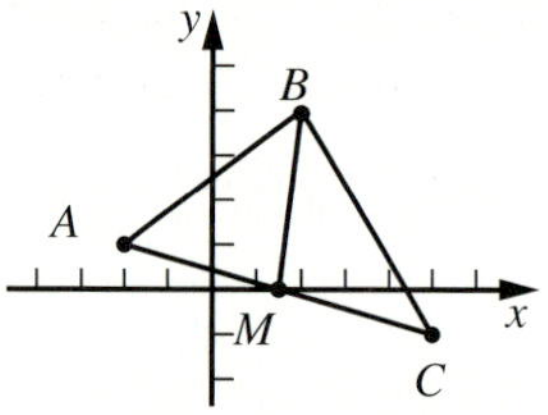

b) $MP: y = \dfrac{7}{2}x - \dfrac{21}{4}$

Longueur : Environ 3,4

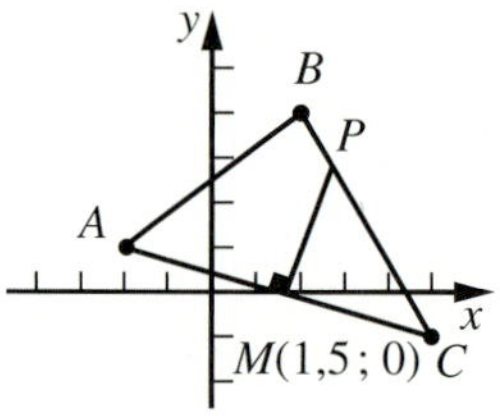

7. Pente de $AB = 6$

Pente de $BC = \dfrac{-2}{12} = \dfrac{-1}{6}$

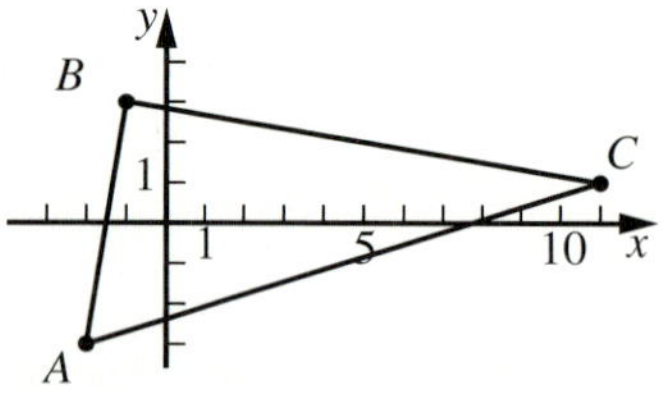

Donc le triangle ABC est rectangle en B.

Hypoténuse : $\sqrt{185}$; Aire : 37 u^2

8. $\overline{AB} = \sqrt{17}$; $\overline{BC} = \sqrt{68}$; $\overline{AC} = \sqrt{85}$

Puisque $\left(\sqrt{85}\right)^2 = \left(\sqrt{17}\right)^2 + \left(\sqrt{68}\right)^2$, le triangle est rectangle en B.

Aire = 17 u^2

9. Laissé à l'étudiant

Exercices récapitulatifs (page 385)

1. a) Environ 7,1 u^2 b) 12,5 u^2
2. Hauteur : environ 2,77 ; médiane : environ 4,12 ; médiatrice : environ 1,50
3. Circonférence : $\sqrt{65}\pi$ unités ; aire : $16,25\pi$ u^2
4. $\dfrac{45}{16}$ u^2
5. 128π cm^2, c'est-à-dire environ 402 cm^2 ; 8,44... cm de côté ; 428,33... cm^2
6. a) $x = 14$ b) $x = 24$ c) $x \approx 63,2$
7. a) 60° b) 33° c) 31° d) 54°
8. a) 186,56 m
   b) 219,29 m
   c) Environ 21 501 m^2
   d) Environ 139 133 m^2 ; 2 598 069,2 m^3
   e) Non
9. Laissé à l'étudiant

Chapitre 10

Exercices préliminaires (page 388)

1. a) $\mathbb{R}$; non b) $\mathbb{R}$; oui c) $\mathbb{R} \setminus \{0\}$; non d) $\mathbb{R} \setminus \{-1\}$; oui
2. a) -1 et 3 b) -1 et 1,5 c) 1 et 2,4
3. $f^{-1}(x) = \dfrac{2-x}{3x+1}$
4. Laissé à l'étudiant
5. -1 ; $y = -x + 2$
6. a) $x = \dfrac{\ln 5}{\ln 15}$ b) Aucune solution
7. 15 cm
8. 16 et $8\sqrt{3}$

Exercices 10.1 (page 394)

1. a)

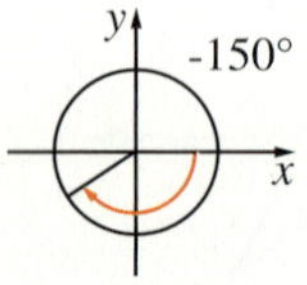

c)

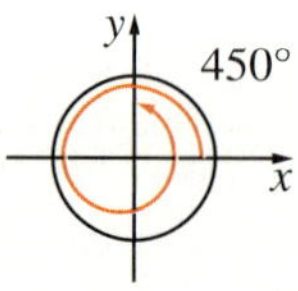

b)

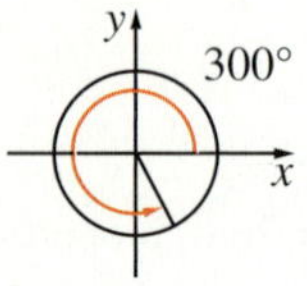

d)

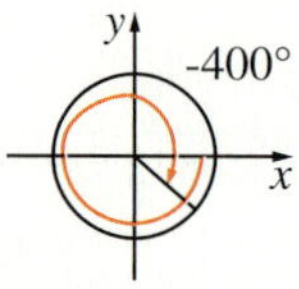

e)

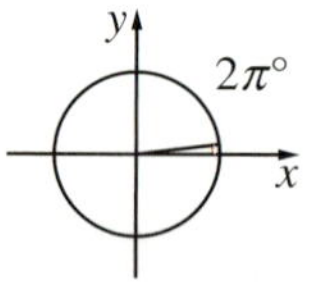

g)

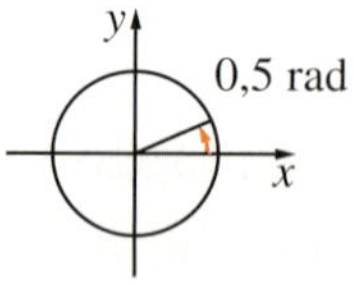

f)

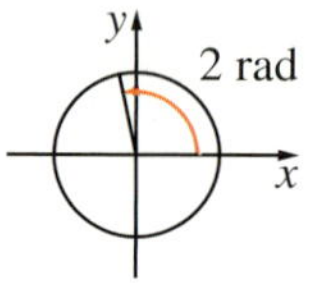

h)

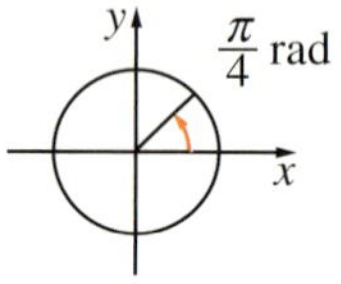

2. a) $\dfrac{-5}{12}\pi$ rad $\approx$ -1,31 rad
   b) $\dfrac{10}{3}\pi$ rad $\approx$ 10,47 rad
   c) $\dfrac{31}{18}\pi$ rad $\approx$ 5,41 rad
   d) $\dfrac{2}{15}\pi$ rad $\approx$ 0,42 rad
3. a) $\approx$ 171,89° b) 150° c) -15° d) 1305°
4. a) 3,490... unités
   b) 18,849... unités
   c) 1,9 unité
   d) 19,634... unités
5. a) 10 rad et 572,95...°
   b) 6,14... rad et 351,89...°
   c) 9,42... rad et 540°
   d) 0,95... rad et 54,71...°
6. a) IV
   b) IV
   c) I
   d) III
   e) I
   f) I
   g) IV
   h) III
   i) II
   j) IV
   k) II
   l) Aucun, il est situé sur l'axe des x entre les quadrants I et IV.

Exercices 10.2 (page 399)

1. a) (-1, 0) d) $\left(\frac{-\sqrt{3}}{2}, \frac{1}{2}\right)$ g) $\left(\frac{1}{2}, \frac{-\sqrt{3}}{2}\right)$

   b) (1, 0) e) $\left(\frac{-1}{2}, \frac{-\sqrt{3}}{2}\right)$ h) $\left(\frac{-\sqrt{3}}{2}, \frac{1}{2}\right)$

   c) $\left(\frac{-\sqrt{2}}{2}, \frac{-\sqrt{2}}{2}\right)$ f) (0, -1)

2. a) $\frac{-\sqrt{3}}{2}$ d) 0 g) $\frac{-\sqrt{3}}{2}$ j) 0

   b) $\frac{1}{2}$ e) $\frac{1}{2}$ h) $\frac{-\sqrt{3}}{2}$ k) 0

   c) $\frac{\sqrt{2}}{2}$ f) $\frac{-\sqrt{2}}{2}$ i) $\frac{\sqrt{3}}{2}$ l) 0

3. a) $\pi, 3\pi, 5\pi, ..., -\pi, -3\pi, -5\pi, ...$

   b) $\frac{\pi}{2}, \frac{5\pi}{2}, \frac{9\pi}{2}, ..., \frac{-3\pi}{2}, \frac{-7\pi}{2}, \frac{-11\pi}{2}, ...$

   c) $\frac{\pi}{6}, \frac{13\pi}{6}, \frac{25\pi}{6}, ..., \frac{-11\pi}{6}, \frac{-23\pi}{6}, \frac{-35\pi}{6}, ...$

   d) $\frac{3\pi}{4}, \frac{11\pi}{4}, \frac{19\pi}{4}, ..., \frac{-5\pi}{4}, \frac{-13\pi}{4}, \frac{-21\pi}{4}, ...$

   e) $\frac{5\pi}{3}, \frac{11\pi}{3}, \frac{17\pi}{3}, ..., \frac{-\pi}{3}, \frac{-7\pi}{3}, \frac{-13\pi}{3}, ...$

   f) $\frac{5\pi}{4}, \frac{13\pi}{4}, \frac{21\pi}{4}, ..., \frac{-3\pi}{4}, \frac{-11\pi}{4}, \frac{-19\pi}{4}, ...$

4. $t = \frac{5\pi}{6}$

5. $t = \frac{13\pi}{4}$

Exercices 10.3 (page 401)

1. a) (0,634... ; -0,772...) f) (-0,677... ; -0,735...)

   b) (0,843... ; -0,536...) g) (0,222... ; -0,974...)

   c) (0,858... ; 0,512...) h) (0,539... ; 0,842...)

   d) (0,841... ; 0,540...) i) (1, 0)

   e) (-0,887... ; 0,459...)

2. a) 0,906... d) -0,781... g) 0,154...

   b) 0,342... e) -0,984... h) 0,382...

   c) -0,756... f) -1 i) -0,907...

3. a) cos 1° b) sin 2° c) cos 1° d) cos 2°

Exercices 10.4 (page 403)

1. a) $-\sqrt{3}$ g) $\sqrt{2}$

   b) $\frac{2\sqrt{3}}{3}$ h) 0

   c) -1 i) $\frac{-\sqrt{3}}{3}$

   d) Non définie, car sin $9\pi = 0$ j) -1

   e) $\frac{\sqrt{3}}{3}$ k) 0

   f) $\frac{-2\sqrt{3}}{3}$ l) -1

2. a) 1,466... d) -0,635... g) 0,409...

   b) -1,253... e) 2,448... h) -0,216...

   c) -1,670... f) 1,312...

3. Laissé à l'étudiant

4. a) II ou IV b) $\left(\frac{-\sqrt{2}}{2}, \frac{\sqrt{2}}{2}\right)$

5. $3\sqrt{3} - 4$

6. $\frac{-\sqrt{3}}{3}$

Exercices 10.5 (page 407)

1.

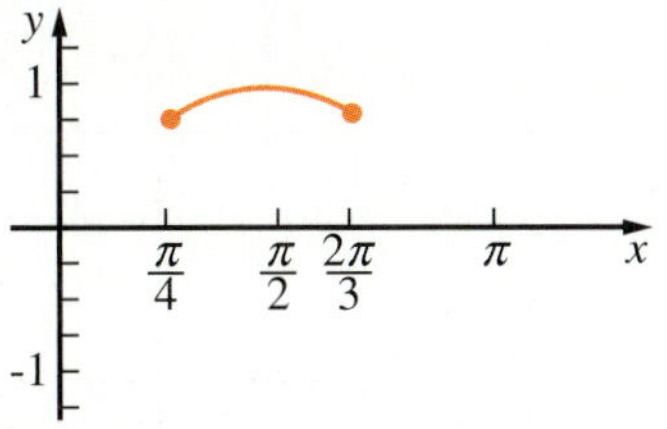

2. 7π, 8π, 9π, 10π et 11π

3. La fonction est croissante sur $\left[\frac{7\pi}{2}, \frac{9\pi}{2}\right]$; elle est décroissante sur $\left[3\pi, \frac{7\pi}{2}\right]$ et sur $\left[\frac{9\pi}{2}, 5\pi\right]$.

4. $\left(\frac{-7\pi}{2}, 1\right), \left(\frac{-3\pi}{2}, 1\right), \left(\frac{\pi}{2}, 1\right), \left(\frac{5\pi}{2}, 1\right), \left(\frac{9\pi}{2}, 1\right)$

5. Laissé à l'étudiant

Exercices 10.6 (page 416)

1. a) $dom(f) = \mathbb{R}$; amplitude : 0,2 ; -0,2 et 0,2 ; $ima(f) = [-0,2 ; 0,2]$

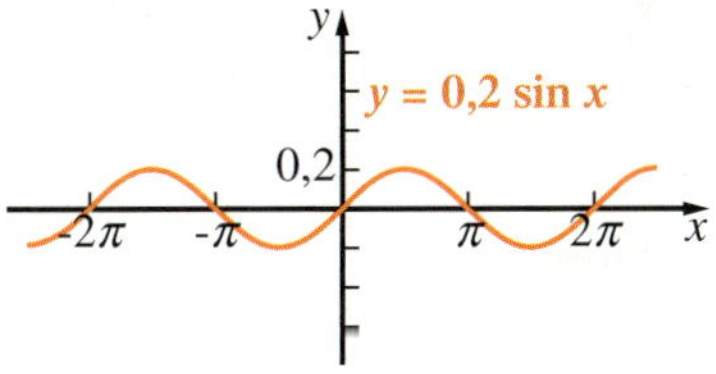

   b) $dom(f) = \mathbb{R}$; amplitude : 5 ; -5 et 5 ; $ima(f) = [-5, 5]$

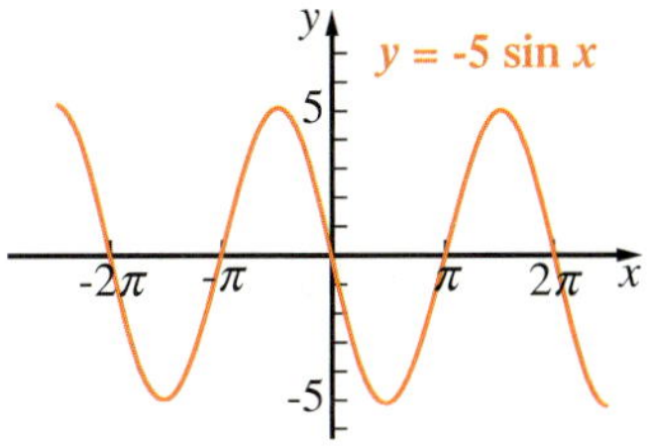

   c) $dom(f) = \mathbb{R}$; amplitude : π; $-\pi$ et π; $ima(f) = [-\pi, \pi]$

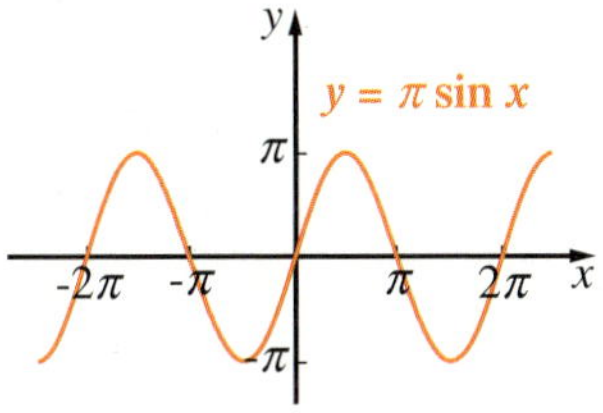

d) $dom(f) = \mathbb{R}$; amplitude : $\frac{1}{3}$; $\frac{-1}{3}$ et $\frac{1}{3}$; $ima(f) = \left[\frac{-1}{3}, \frac{1}{3}\right]$

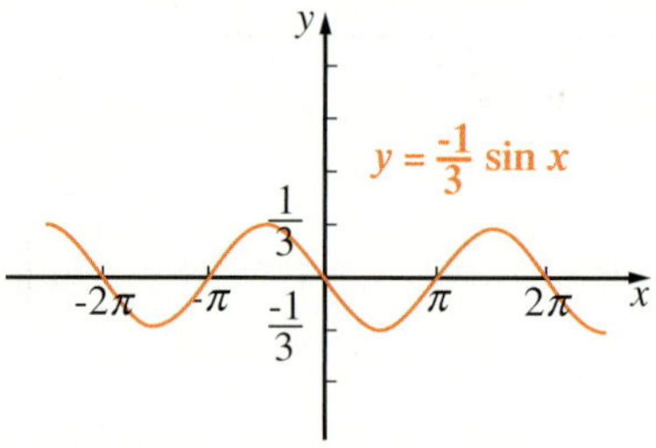

2. a) Période = $\frac{2\pi}{3}$; fréquence = $\frac{3}{2\pi}$

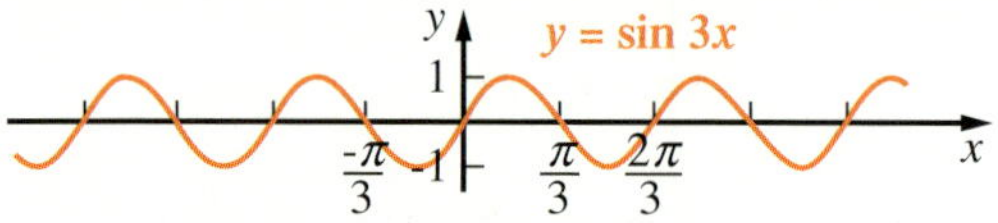

b) Période = 8π; fréquence = $\frac{1}{8\pi}$

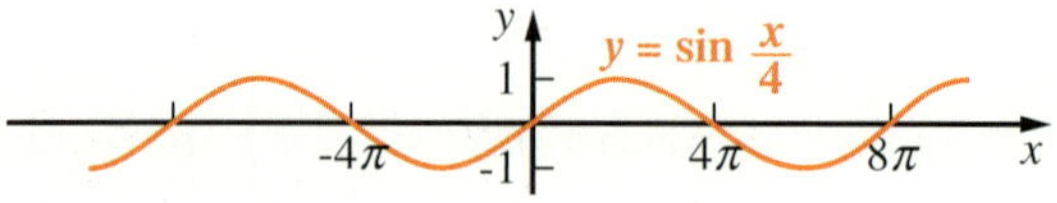

c) Période = 2 ; fréquence = $\frac{1}{2}$

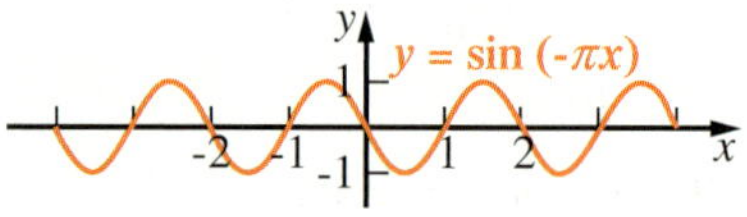

d) Période = $4\pi^2$; fréquence = $\frac{1}{4\pi^2}$

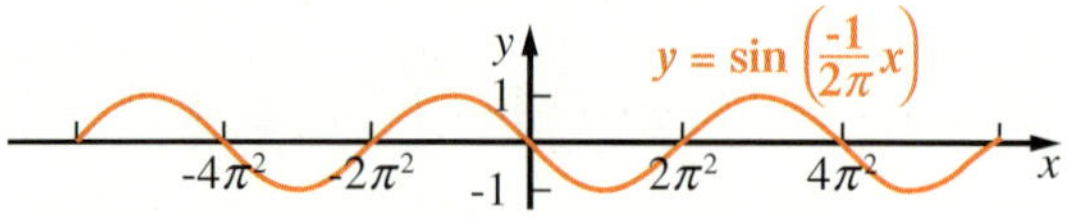

3. a) Déphasage = $\frac{-\pi}{2}$

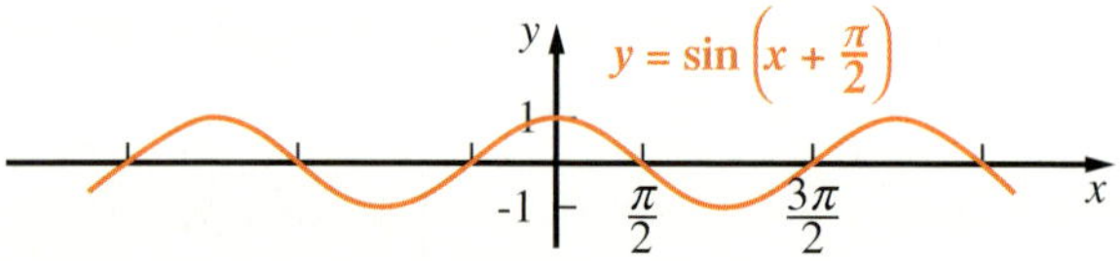

b) Déphasage = -1

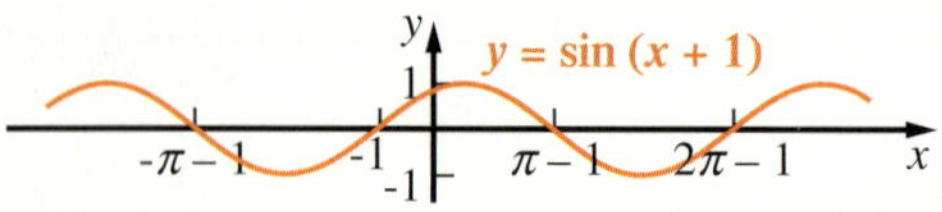

c) Déphasage = $\frac{\pi}{6}$

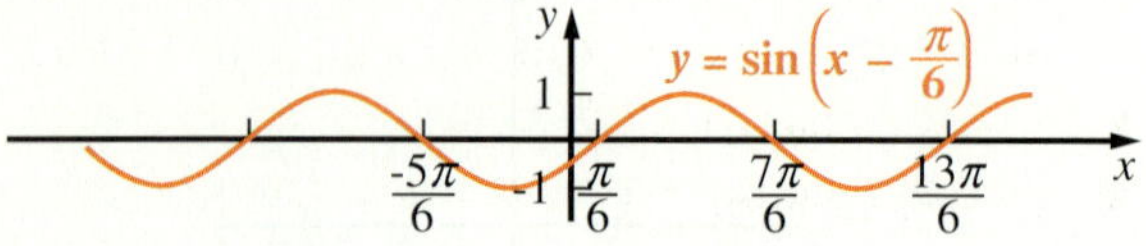

d) Déphasage = 2π

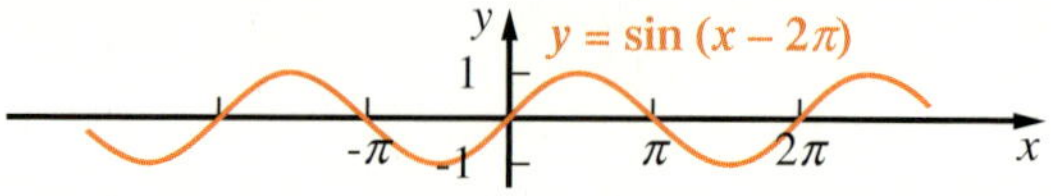

4. a) $\frac{3}{2}$; π ; $\frac{1}{\pi}$; $\frac{-\pi}{3}$

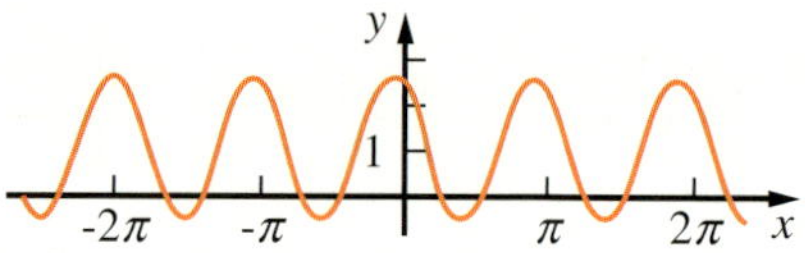

b) 2 ; $\frac{\pi}{2}$; $\frac{2}{\pi}$; $\frac{\pi}{16}$

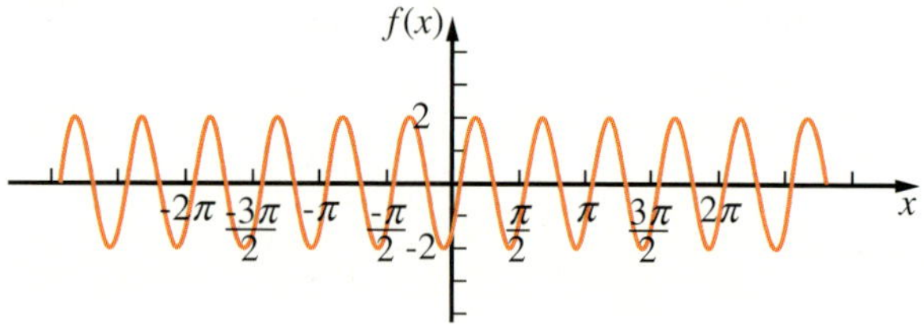

c) 3 ; π ; $\frac{1}{\pi}$; $\frac{-\pi}{2}$

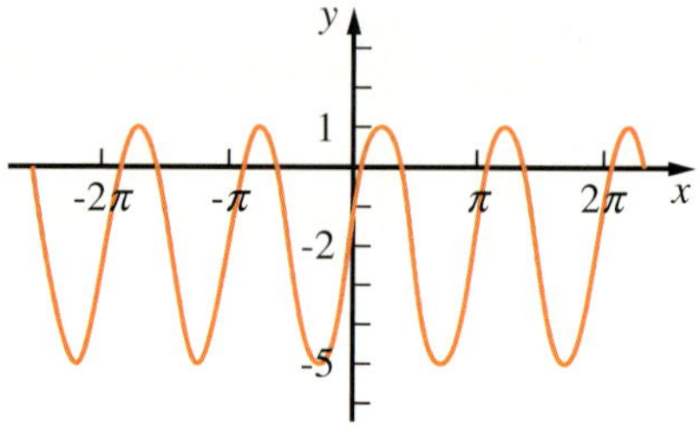

d) 1 ; $\frac{2\pi}{3}$; $\frac{3}{2\pi}$; $\frac{-\pi}{18}$

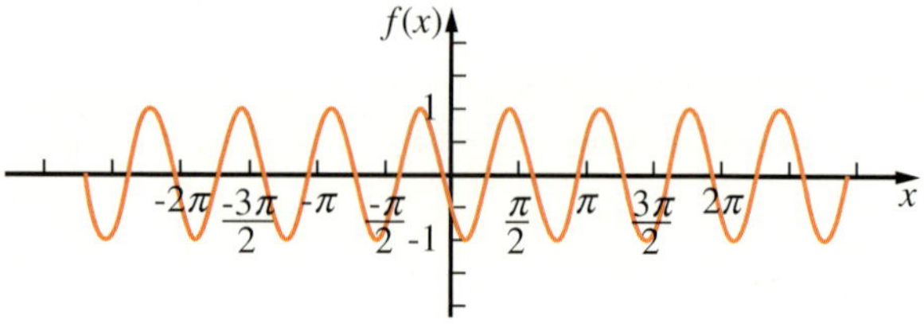

e) $\frac{1}{2}$; 2π ; $\frac{1}{2\pi}$; $\frac{\pi}{2}$

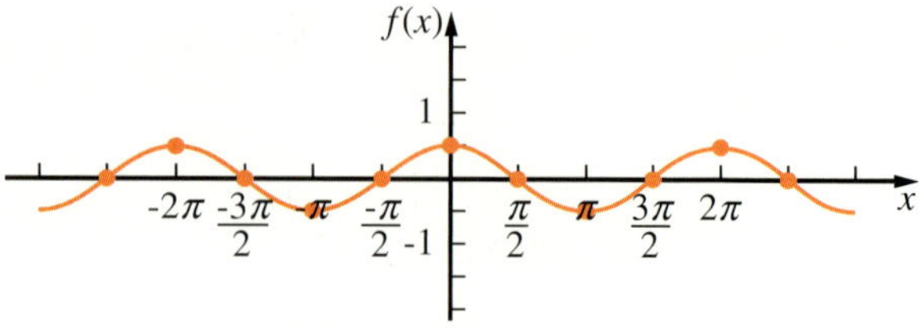

f) 1 ; 2π ; $\frac{1}{2\pi}$; -1

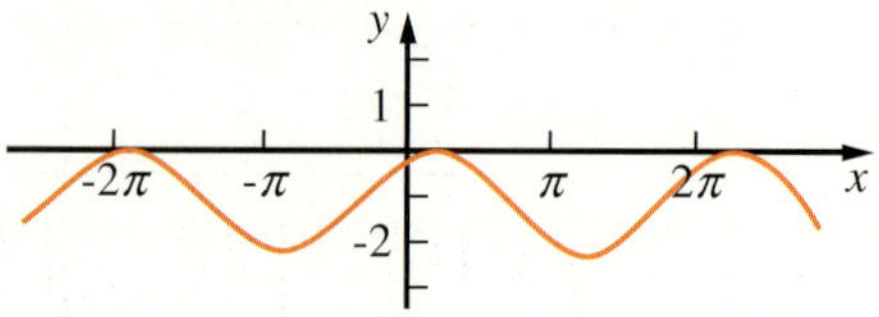

5.

	Amplitude	Période	Fréquence	Déphasage
a)	2	$\frac{\pi}{2}$	$\frac{2}{\pi}$	0
b)	3	2π	$\frac{1}{2\pi}$	$\frac{3\pi}{4}$
c)	1	4π	$\frac{1}{4\pi}$	-2π
d)	2	π	$\frac{1}{\pi}$	$\frac{-\pi}{6}$

a) $f(x) = 2\sin(4x)$

b) $f(x) = 3\sin\left(x - \frac{3\pi}{4}\right)$

c) $f(x) = \sin\left(\frac{x}{2}\right) + 1$

d) $f(x) = 2\sin\left(2x + \frac{\pi}{3}\right)$

6. a) $I \approx 5{,}01$ dB

b) $t = 8{,}\overline{3}$ s

c) 40 dB

d) $\frac{1}{100}$ cycle/s

7. a) 5 cm b) $\frac{\pi}{3}$ c) $\frac{3}{\pi}$ oscillation/s

8. a) 1,5 m

b) 12 heures pour 1 cycle

c)

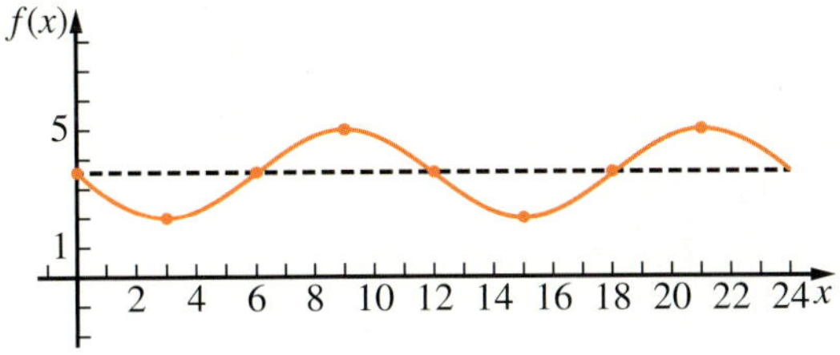

d) $f(x) = 1{,}5\sin\left(\frac{\pi}{6}x - \pi\right) + 3{,}5$

Exercices 10.7 (page 421)

1. a)

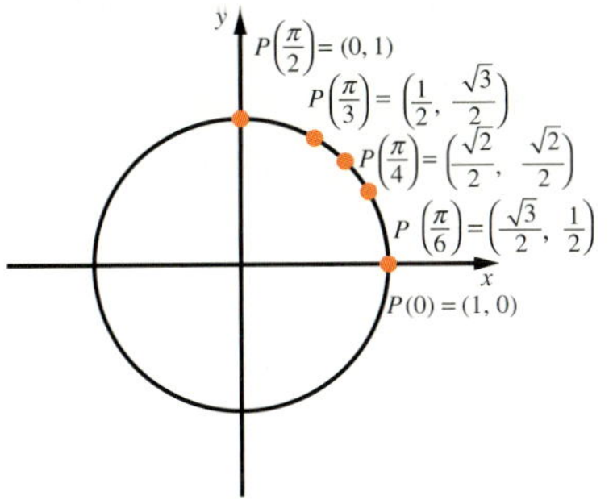

x	0	$\frac{\pi}{6}$	$\frac{\pi}{4}$	$\frac{\pi}{3}$	$\frac{\pi}{2}$
$y = \cos x$	1	$\frac{\sqrt{3}}{2} \approx 0{,}86$	$\frac{\sqrt{2}}{2} \approx 0{,}71$	$\frac{1}{2}$	0
(x, y)	(0, 1)	$\left(\frac{\pi}{6}, \frac{\sqrt{3}}{2}\right)$	$\left(\frac{\pi}{4}, \frac{\sqrt{2}}{2}\right)$	$\left(\frac{\pi}{3}, \frac{1}{2}\right)$	$\left(\frac{\pi}{2}, 0\right)$

b)

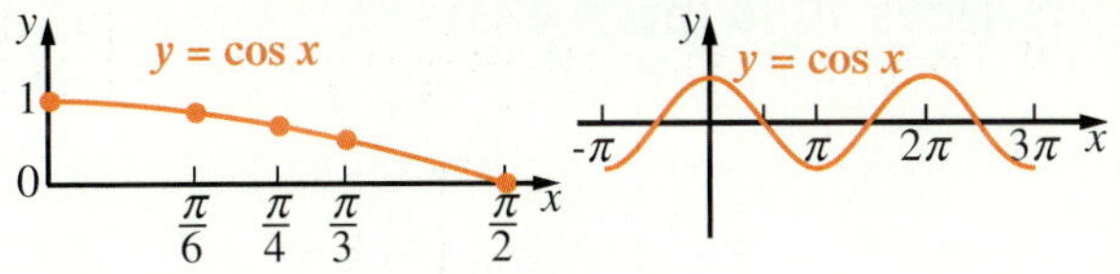

c) Laissé à l'étudiant

2. a) $\frac{\pi}{2}$ unité

b) $\cos x = \sin\left(x + \frac{\pi}{2}\right)$

3. Laissé à l'étudiant

4. Laissé à l'étudiant

5. Laissé à l'étudiant

6. a) π ; $x = k\pi$, où $k \in \mathbb{Z}$

b) 2π ; $x = \frac{\pi}{2} + k\pi$, où $k \in \mathbb{Z}$

c) 2π ; $x = k\pi$, où $k \in \mathbb{Z}$

Exercices 10.8 (page 424)

1. a) 45° b) -60° c) -180° d) 60° e) 30° f) 60° g) -90° h) 30° i) 2

2. a) 63,25...° b) 1,48... c) -27,98...° d) 2,46... e) -0,05...° f) 48,59...° g) 89,42...° h) 1,22... i) -1,26...

Exercices 10.9 (page 429)

1. Laissé à l'étudiant

2. $\cos t = -0{,}953...$; $\tan t = -0{,}314...$

3. Laissé à l'étudiant

4. a) Oui b) Non c) Oui d) Non

5. a) $\sin\left(\frac{\pi}{4}\right) = \frac{\sqrt{2}}{2}$; $\cos\left(\frac{\pi}{4}\right) = \frac{\sqrt{2}}{2}$

b) $\sin\left(\frac{\pi}{6}\right) = \frac{1}{2}$; $\cos\left(\frac{\pi}{6}\right) = \frac{\sqrt{3}}{2}$

c) $\frac{\sqrt{2}+1}{2}$

d) $\frac{\sqrt{6}+\sqrt{2}}{4}$

e) $\sqrt{2}$

f) 1

g) 1

h) $\frac{\sqrt{3}}{2}$

i) $\frac{\sqrt{6}+\sqrt{2}}{4}$

j) $\frac{\sqrt{6}+\sqrt{2}}{\sqrt{6}-\sqrt{2}}$

k) $\frac{\sqrt{3}}{2}$

l) $\frac{\sqrt{6}+\sqrt{2}}{4}$

6. Laissé à l'étudiant

7. a) 0,7141... b) -0,9165... c) -0,3559... d) -0,3745... e) 0,9997... f) 0,68 g) 0,7141... h) -0,4 i) 1,0202...

8. Laissé à l'étudiant

9. Laissé à l'étudiant

10. Laissé à l'étudiant

Exercices 10.10 (page 433)

1. a) $\frac{\pi}{3}; \frac{2\pi}{3}$

b) $\frac{\pi}{4}; \frac{5\pi}{4}$

c) 0,841... ; 5,442...

d) $\frac{2\pi}{3}; \frac{4\pi}{3}$

e) $\frac{\pi}{2}; \frac{3\pi}{2}$

f) 1,1071... ; 3,9896... ; 4,2487... ; 5,4351...

g) $\frac{2\pi}{3}$

h) $\frac{\pi}{12}; \frac{\pi}{4}; \frac{3\pi}{4}; \frac{11\pi}{12}; \frac{17\pi}{12}; \frac{19\pi}{12}$

i) $\frac{\pi}{4}; \frac{3\pi}{4}; \frac{5\pi}{4}; \frac{7\pi}{4}$

j) $0; \frac{\pi}{4}; \pi; \frac{7\pi}{4}; 2\pi$

k) $\frac{\pi}{6}; \frac{5\pi}{6}$; 3,3090...; 6,1157...

l) 1,1592... ; 5,1239...

Exercices 10.11 (page 441)

1. 5 cm

2. $a = 152{,}259...$ cm ; $b = 202{,}054...$ cm ; $\angle B = 53°$

3. $b = 62{,}920...$; $\angle A = 29{,}085...°$; $\angle B = 60{,}914...°$

4. a) $b = 88{,}791...$; $\angle C = 27{,}387...°$; $\angle B = 62{,}612...°$

b) $\angle C = 75°$; $c = 3{,}863...$; $b = 1{,}035...$

c) $\angle A = 48°$; $b = 67{,}281...$; $c = 45{,}020...$

d) $c = 326{,}496...$; $\angle A = 40{,}030...°$; $\angle B = 49{,}969...°$

e) $\angle B = 52°$; $a = 46{,}174...$; $b = 59{,}100...$

f) $\angle A = 40°$; $b = 77{,}786...$; $c = 59{,}587...$

g) $c = 132{,}287...$; $\angle B = 48{,}590...°$; $\angle C = 41{,}409...°$

h) $a = 38{,}418...$; $\angle B = 38{,}659...°$; $\angle C = 51{,}340...°$

5. 514,31... cm^2

6. a) 5,63... cm^2 b) 44,63... cm^2

7. a) $\angle C \approx 46{,}6°$; $\angle B \approx 100{,}4°$; $b \approx 32{,}51$ où $\angle C \approx 133{,}4°$; $\angle B \approx 13{,}6$; $b \approx 7{,}75$

b) $a \approx 10{,}1$; $\angle B \approx 45{,}6°$; $\angle C \approx 88{,}4°$

c) $\angle A = 115°$; $c \approx 25$; $b \approx 34$

d) $\angle A \approx 139{,}7°$; $\angle B \approx 27{,}8°$; $\angle C \approx 12{,}4°$

e) $\angle B = 100°$; $c \approx 65{,}95$; $a \approx 26{,}04$

f) $\angle C \approx 127{,}16°$; $\angle A \approx 32{,}08°$; $\angle B \approx 20{,}76$

g) $\angle A \approx 27{,}13°$; $\angle C \approx 132{,}87$; $c \approx 321{,}43$

h) $\angle B \approx 47{,}6°$; $\angle C \approx 67{,}4°$; $a \approx 29{,}45$

Exercices 10.12 (page 447)

1. Environ 60°

2. Environ 84,7 m

3. a) Environ 178,2 m b) Environ 90,8 m

4. Environ 2518 m

5. Environ 8,45 m

6. Environ 1,63 km

7. Environ 31,8°

8. Environ 33,6 m

9. a) $\mathbb{R} \setminus \left\{..., \frac{-11\pi}{6}, \frac{-7\pi}{6}, \frac{\pi}{6}, \frac{5\pi}{6}, \frac{13\pi}{6}, \frac{17\pi}{6}, ...\right\}; \{-2, 2\}$

b) $\mathbb{R} \setminus \{-2, 2\}; \left\{..., \frac{-11\pi}{6}, \frac{-7\pi}{6}, \frac{\pi}{6}, \frac{5\pi}{6}, \frac{13\pi}{6}, \frac{17\pi}{6}, ...\right\}$

c) $\mathbb{R}$; aucun

d) $\mathbb{R} \setminus \{k\pi \mid k \in \mathbb{Z}\}; \left\{..., \frac{-3\pi}{2}, \frac{-\pi}{2}, \frac{\pi}{2}, \frac{3\pi}{2}, ...\right\}$

e) $\mathbb{R} \setminus \{0\}; \left\{\frac{2}{(2k+1)\pi} \,\middle|\, k \in \mathbb{Z}\right\}$

f) $\mathbb{R}$; $\left\{\left(\frac{2k+1}{2}\right)\pi\right\}$, où $k \in \mathbb{Z}$

g) $\mathbb{R}$; $\left\{..., \frac{-7\pi}{2}, \frac{-3\pi}{2}, \frac{\pi}{2}, \frac{5\pi}{2}, \frac{9\pi}{2}, ...\right\}$; $\left\{..., \frac{-7\pi}{2}, \frac{-3\pi}{2}, \frac{\pi}{2}, \frac{5\pi}{2}, \frac{9\pi}{2}, ...\right\}$

h) $\{x \in \mathbb{R} \mid x \geq 0\}; \left\{\frac{((2k+1)\pi)^2}{4}\right\}$ où $k \in \mathbb{N}$

10. a) $v_1 = 8 \sin\left(\frac{\pi}{100}t\right)$; $T = 200$ µs ; $F = 5$ kHz ; $A = 8$ V

b) $v_2 = 3 \sin\left(\frac{\pi}{100}(t-25)\right)$; $T = 200$ µs ; $F = 5$ kHz ; $A = 3$ V

c) $h = 25$ µs

d) $v_1 = 8$ V et $v_2 \approx 2{,}12$ V

e) $t = 16{,}\overline{6}$ µs et $t = 83{,}\overline{3}$ µs

11. a) $v_s = \begin{cases} 4 & \text{si } 0 \leq t < 5 \text{ ou } 10 \leq t < 15 \\ 0 & \text{si } 5 \leq t < 10 \text{ ou } 15 \leq t < 20 \end{cases}$;

$A = 2$ V ; $T = 10$ ms ; $F = 100$ Hz

b) $v_c = \begin{cases} 4(1 - e^{-(t-10)}) & \text{si } 10 \leq t < 15 \\ 4e^{-(t-15)} & \text{si } 15 \leq t < 20 \end{cases}$;

$A = 2$ V ; $T = 10$ ms ; $F = 100$ Hz

c) $v_s = 0$ et $v_c = 4\,e^{-1} \approx 1{,}47$ V

d) $t \approx 0{,}69$ ms et $t \approx 5{,}69$ ms

Exercices récapitulatifs (page 449)

1. a) -0,5 b) 1 c) 1 d) 1 e) $\frac{3-\sqrt{2}}{2}$ f) 1

2. $dom(f) = \mathbb{R}$; période : $\frac{2\pi}{3}$; amplitude : 2 ; déphasage : $\frac{\pi}{6}$

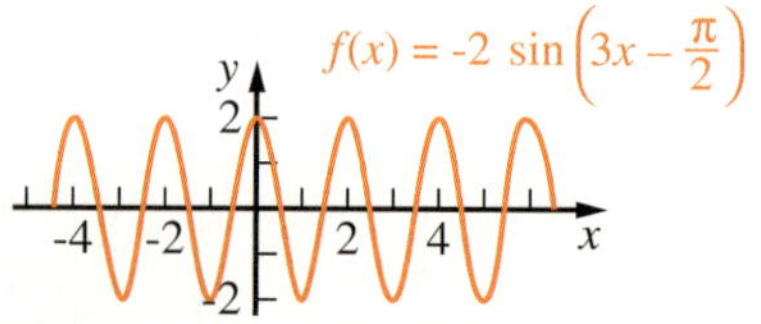

Fonction croissante sur :

$..., \left[\frac{-\pi}{3}, 0\right]$ sur $\left[\frac{\pi}{3}, \frac{2\pi}{3}\right]$ sur $\left[\pi, \frac{4\pi}{3}\right]$ sur...

$\left[\frac{(2k+1)\pi}{3}, \frac{(2k+1)\pi}{3} + \frac{\pi}{3}\right]$ sur...

Fonction décroissante sur :

$..., \left[\frac{-2\pi}{3}, \frac{-\pi}{3}\right]$ sur $\left[0, \frac{\pi}{3}\right]$ sur $\left[\frac{4\pi}{3}, \frac{5\pi}{3}\right]$ sur...

$\left[\frac{2k\pi}{3}, \frac{2k\pi}{3} + \frac{\pi}{3}\right]$ sur...

Zéros : $\left\{..., \frac{-\pi}{6}, \frac{\pi}{6}, \frac{\pi}{2}, \frac{5\pi}{6}, ...\right\}$

$f(x) > 0$ si $x \in ... \cup \left]\frac{-\pi}{6}, \frac{\pi}{6}\right[\cup \left]\frac{\pi}{2}, \frac{5\pi}{6}\right[\cup \left]\frac{7\pi}{6}, \frac{9\pi}{6}\right[\cup ...$

$f(x) = 0$ si $x \in \left\{..., \frac{-\pi}{6}, \frac{\pi}{6}, \frac{\pi}{2}, \frac{5\pi}{6}, ...\right\}$

$f(x) < 0$ si $x \in ... \cup \left]\frac{-\pi}{2}, \frac{-\pi}{6}\right[\cup \left]\frac{\pi}{6}, \frac{\pi}{2}\right[\cup \left]\frac{5\pi}{6}, \frac{7\pi}{6}\right[\cup ...$

3.

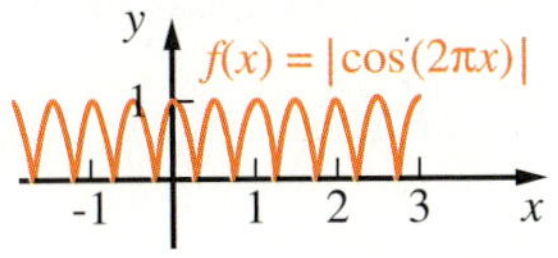

4. $f(x) = 3 \sin 2\left(x - \frac{\pi}{4}\right)$

5. -177,76...°

6. a) $\sec x \cot^2 x(1 - \cos^2 x) = \frac{1}{\cos x} \cdot \frac{\cos^2 x}{\sin^2 x} \sin^2 x$

$= \cos x$

b) $\frac{1}{\cos^2 t} - \frac{1}{\cot^2 t} = \frac{1}{\cos^2 t} - \tan^2 t$

$= \frac{1}{\cos^2 t} - \frac{\sin^2 t}{\cos^2 t}$

$= \frac{1 - \sin^2 t}{\cos^2 t}$

$= \frac{\cos^2 t}{\cos^2 t} = 1$

7. a) $\frac{\pi}{6}; \frac{5\pi}{6}; \frac{7\pi}{6}; \frac{11\pi}{6}$

b) $\frac{\pi}{3}; \frac{5\pi}{3}$

c) $\frac{\pi}{6}; \frac{5\pi}{6}; \frac{7\pi}{6}; \frac{11\pi}{6}$

d) 41,810...° ; 138,189...°

8. Environ 16,1 m

Chapitre 11

Exercices préliminaires (page 452)

1. Soit a_1 la pente de D_1 et a_2 la pente de D_2.

a) $a_1 = a_2$

b) $a_1 \cdot a_2 = -1$

2. $\sqrt{10}$

3. $2\sqrt{17}$ cm

4. $\overline{DE} = 8$ et $\overline{DF} = 16$

5. $\overline{AD} = \overline{BC}$ et $\overline{AB} = \overline{DC}$

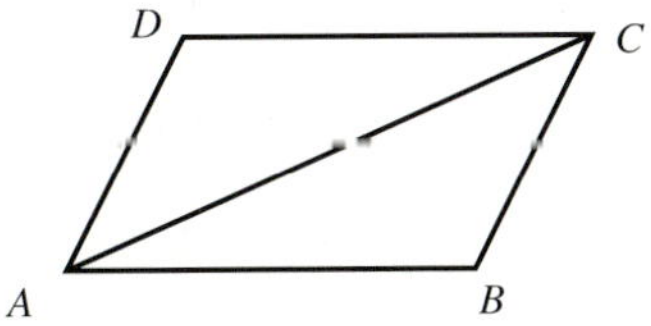

AC est commun aux deux triangles, donc les triangles *BAC* et *DCA* sont isométriques (CCC).

6. Environ 33,9°

7. $\angle A = 44,41...°$; $\angle B = 101,53...°$; $\angle C = 34,04...°$

8.

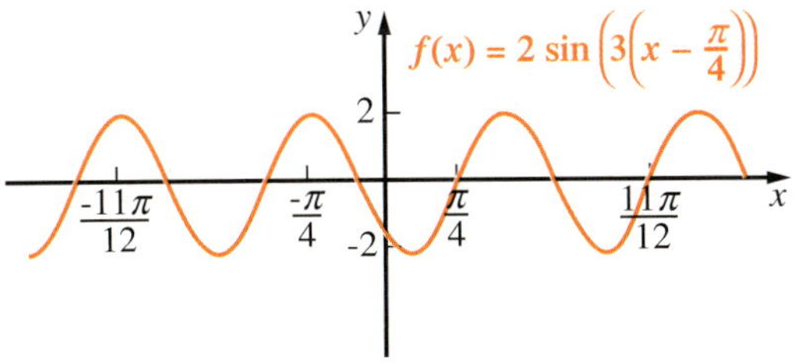

Amplitude : 2 ; période : $\frac{2\pi}{3}$; fréquence : $\frac{3}{2\pi}$; déphasage : $\frac{\pi}{4}$

Exercices 11.1 (page 456)

1. a) (-3, 5) ; (-3, -3) ; 270° ; 8

b) (-4, -4) ; (5, 1) ; env. 29° ; 10,29

c) (4, -1) ; (1, -5) ; env. 233° ; 5

d) (4, 0) ; (-5, 0) ; 180° ; 9

2. Laissé à l'étudiant

3.

Si $\vec{u}$ et $\vec{v}$ sont...	alors ils sont...			
	équipollents	colinéaires	opposés	orthogonaux
équipollents	Toujours	Toujours	Jamais	Jamais
colinéaires	Parfois	Toujours	Parfois	Jamais
opposés	Jamais	Toujours	Toujours	Jamais
orthogonaux	Jamais	Jamais	Jamais	Toujours

4. a)

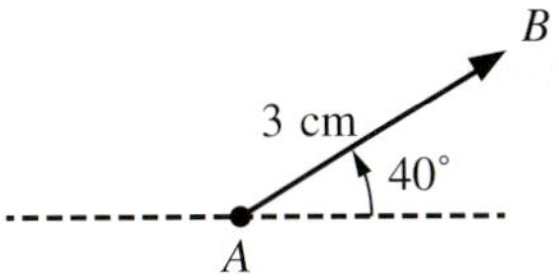

b)

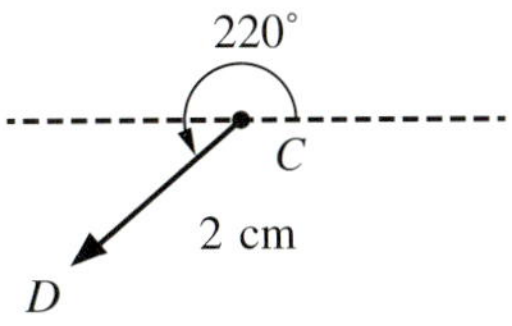

c)

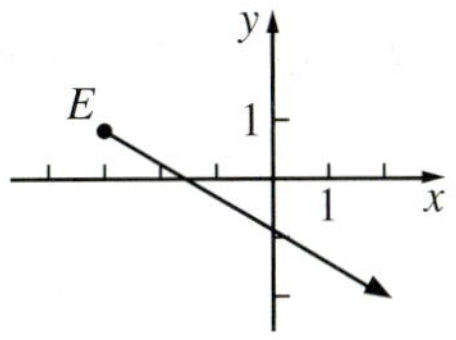

d)

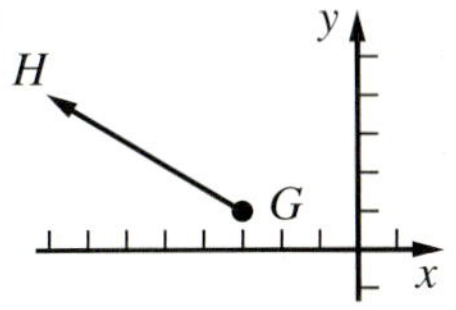

e)

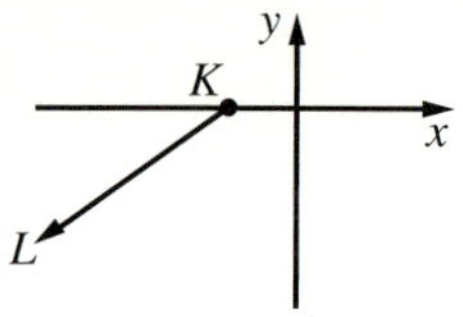

f)

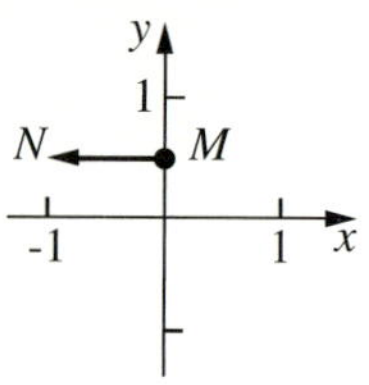

Exercices 11.2 (page 460)

1. a)

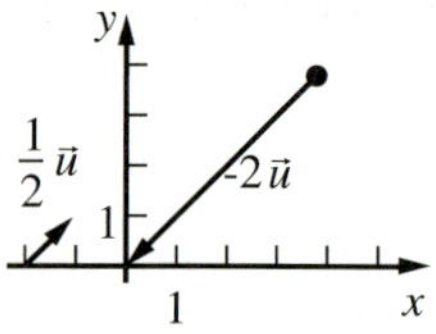

b)

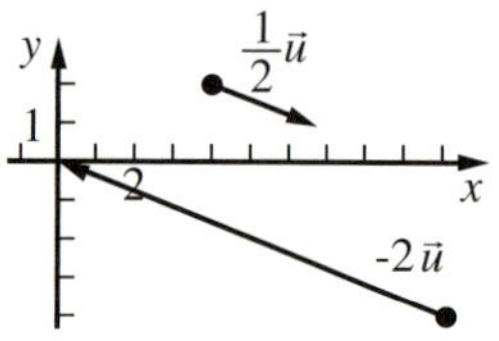

2. a) $\overrightarrow{AF}$ b) $\overrightarrow{CH}$ c) $\vec{0}$ d) $\overrightarrow{CH}$ e) $\overrightarrow{EC}$ f) $\overrightarrow{AG}$ g) $\vec{0}$ h) $\overrightarrow{AE}$ i) $\overrightarrow{BG}$ j) $\overrightarrow{EB}$

3. Les représentations sont laissées à l'étudiant.

a) $\sqrt{37}$; 55,284...°
b) $\sqrt{13}$; 343,897...°
c) 1,267... ; 166,783...°
d) 12,953... ; 26,156...°
e) $\sqrt{61}$; 296,329...°
f) 8,717... ; 66,586...°
g) 12,685... ; 49,948...°
h) 4,109... ; 359,637...°

4. Laissé à l'étudiant

Exercices 11.3 (page 463)

1. a) 13 b) 24 c) -7 d) $-8\sqrt{3}-6$

2. a) 135° b) 60° c) 90° d) 180°

3. a) $\vec{u}\cdot\vec{v}=0$, donc les vecteurs sont orthogonaux.

b) $\vec{u}\cdot\vec{v}=-1$, donc les vecteurs ne sont pas orthogonaux.

c) $\vec{u}\cdot\vec{v}=0$, donc les vecteurs sont orthogonaux.

d) $\vec{u}\cdot\vec{v}=0$, donc les vecteurs sont orthogonaux.

4. $\overrightarrow{BA}=(5,2)$, $\overrightarrow{BC}=(2,-5)$.

$\overrightarrow{BA}\cdot\overrightarrow{BC}=0$, donc le triangle est rectangle en B.

5. $a=4{,}5$

Exercices 11.4 (page 468)

1. a)

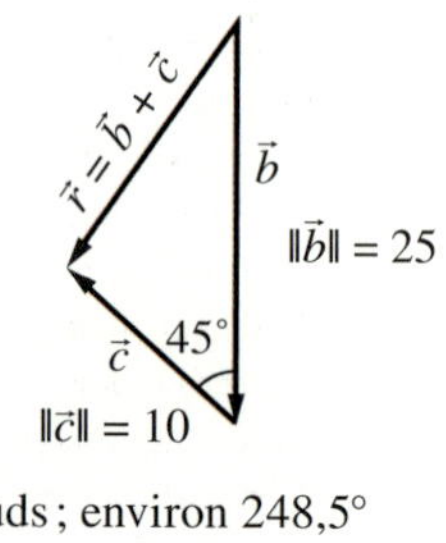

b) Environ 19,3 nœuds ; environ 248,5°

2. Environ 136,8° à une vitesse approximative de 412 km/h

3. 64 278,76... joules

4. a) Le revenu total b) $\vec{c}=(c_1,c_2)$; profit $=\vec{n}\cdot\vec{v}-\vec{n}\cdot\vec{c}$

5. a) $v_1(t)+v_2(t)\approx 5{,}846\sin(120\pi t-0{,}449)$

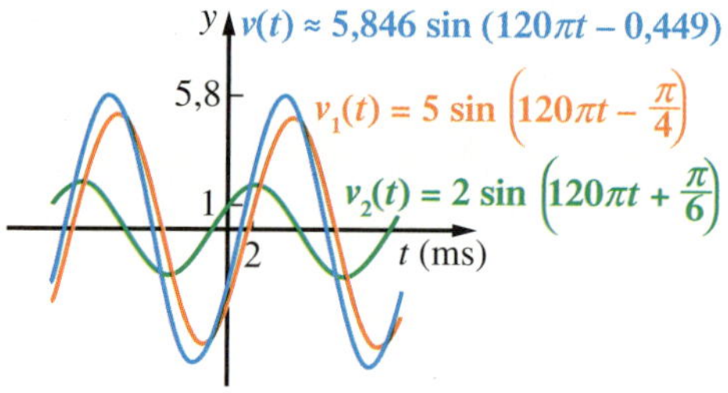

b) $v_2-v_1\approx 6{,}083\sin(200\pi t+0{,}082)$

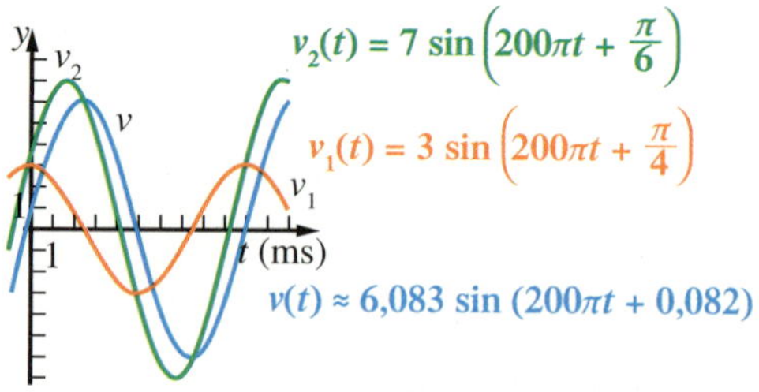

Exercices récapitulatifs (page 470)

1. Les représentations sont laissées à l'étudiant.

a) 12,58... ; 78,53...°
b) 4,44... ; 304,26...°
c) 9,77... ; 93,30...°
d) 20,48... ; 82,98...°

2. a)

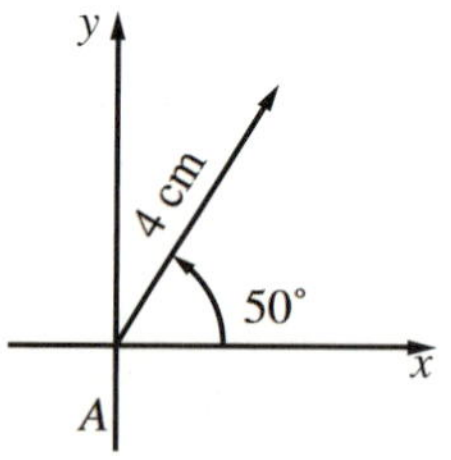

c)

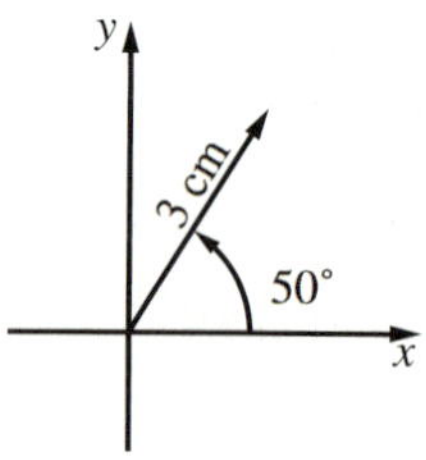

b)

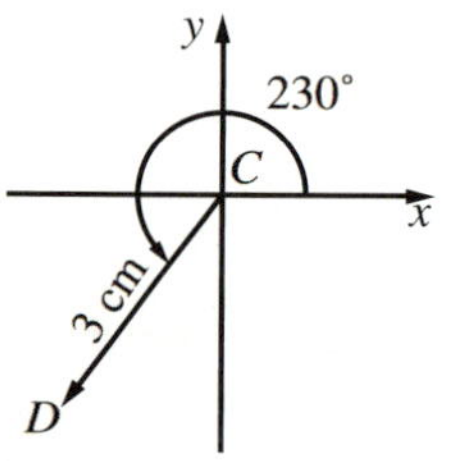

3. a) 10 km/h b) $1,\overline{3}$ km c) 10 minutes d) Impossible e) 10 minutes

4. a) 135° b) 26,56...°

5. $\overrightarrow{BA}=(5,2)$ et $\overrightarrow{BC}=(2,-5)$

$\overrightarrow{BA}\cdot\overrightarrow{BC}=10-10=0$, d'où le triangle est rectangle en B.

Index

S

T

U

V

Z